深入理解
Android 内核设计思想

第 2 版 | 上册

林学森 ◆ 著

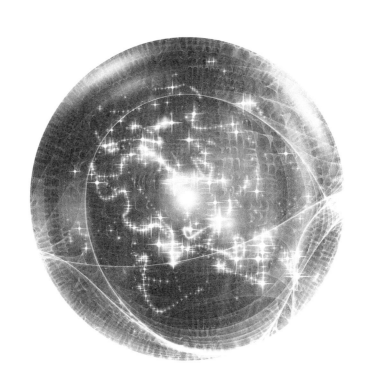

人民邮电出版社

北京

图书在版编目（CIP）数据

深入理解Android内核设计思想：全2册 / 林学森著. -- 2版. -- 北京：人民邮电出版社，2017.7
ISBN 978-7-115-45263-4

Ⅰ. ①深… Ⅱ. ①林… Ⅲ. ①移动终端－应用程序－程序设计 Ⅳ. ①TN929.53

中国版本图书馆CIP数据核字(2017)第105893号

内 容 提 要

全书从操作系统的基础知识入手，全面剖析进程/线程、内存管理、Binder机制、GUI显示系统、多媒体管理、输入系统、虚拟机等核心技术在Android中的实现原理。书中讲述的知识点大部分来源于工程项目研发，因而具有较强的实用性，希望可以让读者"知其然，更知其所以然"。本书分为编译篇、系统原理篇、应用原理篇、系统工具篇，共4篇25章，基本涵盖了参与Android开发所需具备的知识，并通过大量图片与实例来引导读者学习，以求尽量在源码分析外为读者提供更易于理解的思维方式。

本书既适合Android系统工程师，也适合于应用开发工程师来阅读，从而提升Android开发能力。读者可以在本书潜移默化的学习过程中更深刻地理解Android系统，并将所学知识自然地应用到实际开发难题的解决中。

◆ 著　　　　林学森
　　责任编辑　张　涛
　　责任印制　焦志炜

◆ 人民邮电出版社出版发行　北京市丰台区成寿寺路11号
　　邮编　100164　电子邮件　315@ptpress.com.cn
　　网址　http://www.ptpress.com.cn
　　北京九州迅驰传媒文化有限公司印刷

◆ 开本：787×1092　1/16
　　印张：63.75　　　　　　　2017年7月第2版
　　字数：1681千字　　　　　2024年11月北京第29次印刷

定价：158.00元（上、下册）

读者服务热线：(010)81055410　印装质量热线：(010)81055316
反盗版热线：(010)81055315
广告经营许可证：京东市监广登字 20170147 号

第 2 版前言

Android 系统的诞生地——美国硅谷。

Google 大楼前摆放着 Android 的最新版本雕塑，历史版本则被放置在 Android Statues Park 中

写第 2 版前言时，笔者刚好在美国加州硅谷等地公事出差访问。其间我一直在思考的问题是，美国硅谷（Silicon Valley）在近几十年时间里长盛不衰的原因是什么？技术的浪潮总是一波接着一波的，谁又会在不远的将来接替 Google 的 Android 系统，在操作系统领域成为下一轮的弄潮儿？我们又应该如何应对这种"长江后浪推前浪"的必然更迭呢？

从历史的长河来看，新技术、新事物的诞生往往和当时的大背景有着不可分割的关系。如果我们追溯硅谷的发展史，会发现其实它相对于美国很多传统地区来说还是非常年轻的。"硅谷"这个词是在 1971 年的 "Silicon Valley in the USA" 系列报导文章中才首次出现的。20 世纪四五十年代开始，硅谷就像一匹脱了缰的野马一般，"一发不可收拾"。从早期的 Hewlett-Packard 公司，到仙童、AMD、Intel 以及后来的 Apple、Yahoo!等众多世界一流企业，硅谷牢牢把握住了科技界的几次大变革，成功汇集了美国 90%以上的半导体产业，逐步呈现出"生生不息"的景象。

但为什么是硅谷，而不是美国其他地区成为高科技行业的"发动机"呢？

古语有云，"天时、地利、人和，三者不得，虽胜有殃"。

现在我们回过头来看这段历史，应该说硅谷早期的发展和当时的世界大环境有很大关系——更确切地说，正是美国国防工业的发展诉求，才给了硅谷创业初期的"第一桶金"。只有"先活下来，才有可能走得更远"。而接下来社会对半导体工业需求的爆炸式增长，同样让硅谷占据了"天时"的优势，再接再厉最终走上良性循环。

密密麻麻的硅谷大企业
（引用自 cdn.com）

硅谷的"地利"和"人和"，可能主要体现在：
（1）Stanford University

斯坦福大学校园

Stanford University 在硅谷的发展过程中起到了非常关键的作用。20 世纪 50 年代的时候，这所大学还并不是很起眼，各方面条件都比较糟糕，她的毕业生也多数会去东海岸寻求就业机会。后来她的一位教授 Frederick Terman 看到了产业和学术的接合点，从学校里划分出一大块空地来鼓励学生创业，并且指导其中两位学生创立了 Hewlett-Packard 公司。随后的几年他又成立了

Stanford Research Park，这也同时是后来全球各高科技园区的起点，并吸引了越来越多的公司加入。在那段时间里，相信起到核心催化作用的是"产"+"学"的高度结合——将科技产品不断推陈出新产生经济效益，然后再回馈到研究领域。在几十年的跨度里，很多顶尖公司（Google、Yahoo!、HP 等）的创始人都出自该校。有统计显示 Standford 师生及校友创造了硅谷一半以上的总产值，其影响力可见一斑。

（2）便利的地理环境

整个硅谷地区面积并不是很大，属于温带海洋性气候，全年平均温度在 13℃～24℃，污染很小。同时，它依林傍海，陆、海、空都可以很好地与外界相连，这样一来自然有利于人才的引入。

（3）鼓励创新，完善的专利保护机制

从法律上讲，硅谷每年有超过 4000 项的专利申请，工程师和律师的比例达到了 10：1。在创新点得到保护的同时，也使得初创公司能够得到进一步的发展，从而避免它们被扼杀在摇篮中。从观念上来说，硅谷人对知识产权还是非常尊重的，他们大多认为剽窃是没有技术含量的，相当于"涸泽而渔"。

（4）完善的风投体系，并容忍失败

事实上在硅谷创业，其成本和失败率都很高——其中能存活 3～5 年的公司只有 10%～20%。一方面，风险投资方需要高度容忍这样的失败率；另一方面，在允许快速试错的同时，风险投资方又可以从某些成功中获得巨大收益——硅谷就是一个可以达到这种矛盾平衡的神奇所在地。

"三十年河东，三十年河西"，技术的浪潮总是在不断演进的。从 Symbian、Black Berry，到 Android、iOS，历史经验告诉我们没有一项技术是会永远一成不变的。所以我们在技术领域的探索过程中，既要拿"鱼"，更要学会"渔"——前者是为当前的工作而努力，后者则是为我们的未来做投资。以 Android 操作系统为例，事实上我们除了"知其然"外，还更应该学习它的内部设计思想——即"知其所以然"。当我们真正地理解了那些"精华"所在以后，那么相信以后再遇到任何其他的操作系统，就都可以做到"触类旁通"了。也只有这样，或许才能在快速变革的科技领域中把握住脉搏，立于不败之地。

林学森
于美国硅谷

关于本书第 2 版

在第 1 版上市的这两年时间里，不断有读者来信分享他们阅读本书时的感想和心得，笔者首先要在这里衷心地向大家说声感谢！正是你们的支持和肯定，才有了《深入理解 Android 内核设计思想》（第 2 版）的诞生。

其中有不少读者提到了他们希望在本书后续更新中看到的内容，包括 Android 虚拟机的内部实现原理、Android 的安全机制、Gradle 自动化构建工具等——这些要求都在本次版本更新中得到了体现。

需要特别说明的是，第 2 版中的所有新增和有更新的部分都是基于 Android 最新的 N 版本展开的。由于 Android 版本的更新换代很快，且版本间的差异巨大，导致书中很多内容几乎需要全部重写。另外笔者写书都是在下班后的业余时间进行的，所以即便是每晚奋笔疾书到深夜，再加上周末和节假日时间（如果没有加班工作的话），最后发现更新全书所需时间依然要大于 Android 系统的发布间隔。为了让读者可以早日阅读到大家感兴趣的内容，本次版本的部分章节保留了第 1 版的原有内容——本书下一次再版时会争取将它们更新到 Android 的最新版本。这一点希望得到大家的谅解，谢谢！

致谢

感谢我目前任职公司的领导和同事们，是你们的帮助和支持，才让我更快地融入到了这个大家庭中。在一个到处都是"聪明人"和具有"狼性奋斗者"精神的公司里，每天的进步和知识积累都是让人愉悦的。

感谢人民邮电出版社的编辑，你们的专业态度和处理问题的人性化，是所有作者的"福音"。

感谢我的家人林进跃、张建山、林美玉、杨惠萍、林惠忠、林月明，没有你们的鼓励与理解，就没有本书的顺利出版。

感谢我的妻子张白杨的默默付出，是你工作之外还无怨无悔地在照顾着我们可爱的宝宝，才让我有充足的时间和精力来写作。

感谢所有读者的支持，是你们赋予了我写作的动力。另外，因为个人能力和水平有限，书中难免会有不足之处，希望读者不吝指教，一起探讨学习，作者的联系方式是：xuesenlin@alumni.cuhk.net。编辑联系和投稿邮箱是：zhangtao@ptpress.com.cn。本书读者交流 QQ 群为 216840480。

作者

第1版前言

写本书的原因

4次大幅改版，N次修订，前后历时近3年，本书终于要与读者见面了。

在这3年的时间里，Android系统不断更新换代，书本内容也尽可能紧随其步伐——我总是会在第一时间下载到工程源码，然后系统性地比对和研究每次改版后的差异。可以说本书伴随着Android的高速发展，完整地见证了它给大家带来的一次又一次惊喜。

在这么长的写作跨度中，有一个问题始终萦绕在我的脑海中，即"为什么写这本书"？

市面上讲解操作系统的著作很多，主要风格有两种。

- 理论型

高校中采用的操作系统教材多数属于这种类型。它们主要阐述通用的计算机理论与原理，一般不会针对某个具体的操作系统做详细剖析。这类书籍是我们进入计算机科学的"敲门砖"。只有基础打得扎实，研究市面上任何一款操作系统才能做到"有的放矢"。

- 实用型

这类书籍以讲解某个具体的操作系统为主，如市面上就有非常多的关于Windows和Linux系统的。前者因为不开源，谁也不可能深入代码级别进行讲解；而后者则恰恰相反，任何人都能轻松获取到完整的内核源码。在Linux之父经典名言"Read the f***king Source Code"的鼓励下，无数有志之士投入到"代码汪洋"的分析中，从中细细感受大师们的设计艺术。

那么本书属于什么类型呢？个人认为更贴切地说，就是上面两种的结合。

本书的一个主要宗旨是希望读者可以由浅入深地逐步理解Android系统的方方面面。因而在每章节内容的编排上，采用由整体到局部的线索铺展开来——先让读者有一个直观感性的认识，明白"是什么""有什么用"，然后才剖析"如何做到的"。这样的一个好处是读者在学习过程中不容易产生困惑；否则如果直接切入原理，长篇大论地分析代码，仅一大堆函数调用就可能让人失去学习的方向。这样的结果往往是，读者花了非常多的时间来理清函数关系，但始终不明白代码编写者的意图，甚至连这些函数想实现什么功能都无法完全理解。

本书希望可以从更高的层次，即抽象的、反映设计者思想的角度去理解系统。而在思考的过程中，大部分情况下我们都将从读者容易理解的基础知识开始讲起。就好比画一张素描画一样——先给出一张白纸，勾勒出整体框架，然后针对重点部位细细加工，最后才能还原出完整的画面。另外，本书在对系统原理本身进行讲解的同时，也最大程度地结合工程项目中可能遇到的难点，理论联系实际地进行解析。希望这样的方式既能让读者真正学习到Android系统的设计思想，也能学有所用，增加一些实际的项目开发经验和技巧。

本书的主要内容

细心的读者会发现本书章节中包含了"Android和OpenGL ES""信息安全基础概述"等看似与本书无关的内容——有些人可能会产生疑问，是否有此必要？

根据我们多年的 Android 项目开发和培训经验,答案就是"非常有必要"。举个例子,Android 的显示系统是围绕 OpenGL ES 来展开的,后者是它的"根基"。但另外,并非所有开发人员都深谙 OpenGL ES。这样导致的结果就是他们在学习显示系统的过程中,有一种"四处碰壁"的感觉——实践证明,正是这些因素直接打击到了大家学习 Android 系统的信心。

因此我们在讲解系统实现原理之前,会最大程度地为读者提炼出所需的背景知识。有了这样的铺垫,相信对大家学习 Android 内核大有裨益。

本书在内容选择上依据的是"研发人员(包括系统开发和应用程序开发)参与实际 Android 项目所需具备的知识",因而具有较强的实用性。全书共分为 4 篇,涵盖了编译、系统原理、应用原理和系统工具等多个方面。

其中第一篇不仅详细介绍了 Android 源码的下载及编译过程,为读者呈现了"Hello World"式的入门向导——更为重要的是,结合编译系统的架构和内部原理,为各厂家定制自己的 Android 产品提供了参考范例。

Android 本质上只是市面上众多主流的操作系统之一。所以在系统原理的讲解过程中,我们将首先引导读者从计算机体系结构、经典的操作系统理论(比如进程/线程管理、进程间通信等)的角度来思考问题——包括 Android 在内的任何操作系统内核在实现过程中都"逃"不出这些经典的理论范畴。本书虽然是剖析 Android 系统的,但更希望读者可以从中学到"渔",而不仅仅是"鱼"。

从动态运行的角度来理解,Android 内核是由众多系统服务组成的,如 ActivityManagerService、GUI 系统中的 SurfaceFlinger、音频系统中的 AudioFlinger、输入系统 InputManagerService 等。而各服务之间通信的基础就是 Binder 机制。本书在阐述它们错综复杂的关系中,遵循由"整体到局部""由点及面"的科学方法,将知识点深入浅出地铺展开来,希望为读者全面理解 Android 内核提供"思维捷径"。

与其他讲解 Android 应用程序的书籍不同,本书在分析 APK 应用程序时的立足点是它的内部实现原理。如 Intent 匹配规则、应用程序的资源适配过程、字符编码的处理、Widget 机制、应用程序的编译打包等都是应用开发人员在工作中经常会遇到的难题。通过系统性地解析隐藏在这些实现背后的原理,有助于他们彻底摆脱困惑,加深对应用开发的理解。

不论是系统工程师还是应用开发人员,Android 调试工具都至关重要。但我们在实际工作中发现,不少研发人员对这些工具"只知其一,不知其二"。因而系统工具篇中将针对常用调试工具进行全面解析,希望由此可以让大家学习到如何"举一反三",真正把它们的作用发挥得"淋漓尽致"。

本书的主要特点

(1)通过大量情景图片与实例引导读者学习,以求尽量在源码分析外为读者提供更易于理解的思维路径。

(2)作者在展开一个话题时,通常会由浅入深、由总体框架再到细节实现。这样可以保证读者能跟得上分析的节奏,并且"有根有据可循",尽可能防止部分读者阅读技术书籍时"看了后面忘了前面"的现象。

(3)目前市面上不少 Android 书籍仍停留在 Android 2.3 或者更早期的版本。虽然原理类似,但对于开发人员来说,他们需要与项目研发相契合的技术书籍。本书希望尽可能紧随 Android 的更新步伐,为读者了解最新的 Android 技术提供帮助。

(4)本书的出发点仍是操作系统的经典原理,并以此为根基扩展分析 Android 中的具体实现机制——贯穿其中的是经久不衰的理论知识。

（5）本书所阐述的知识点大部分来源于工程项目研发的经验总结，因而具有较强的实用性，希望可以让读者"知其然，更知其所以然"。做到真正贴近读者，贴近开发需求。

致谢

感谢王益民董事长、钟宝英女士长期以来的关心、信任和支持——你们在很多方面都是我们学习的楷模。衷心祝愿王总企业蒸蒸日上、再创辉煌；衷心祝愿钟小姐事事顺心如意、永葆青春。

感谢人民邮电出版社的编辑，你们的专业态度和处理问题的人性化，是所有作者的"福音"。

感谢我的家人、长辈和朋友林进跃、林美玉、林惠忠、刘冰、林月明、温艳，感谢你们长期以来对我工作和生活上无微不至的关心和支持。

感谢所有读者的支持，是你们赋予了我写作的动力。另外，因为个人能力和水平有限，书中可能还有不足之处，希望读者不吝指教，一起探讨学习，作者的联系方式是：xuesenlin@alumni.cuhk.net。编辑联系和投稿邮箱是：zhangtao@ptpress.com.cn。

目 录

第 1 篇　Android 编译篇

第 1 章　Android 系统简介 ···············2
- 1.1　Android 系统发展历程 ··············2
- 1.2　Android 系统特点 ·····················4
- 1.3　Android 系统框架 ·····················8

第 2 章　Android 源码下载及编译 ······11
- 2.1　Android 源码下载指南 ············11
  - 2.1.1　基于 Repo 和 Git 的版本管理 ·····················11
  - 2.1.2　Android 源码下载流程 ·····12
- 2.2　原生 Android 系统编译指南 ····16
  - 2.2.1　建立编译环境 ···············16
  - 2.2.2　编译流程 ······················19
- 2.3　定制产品的编译与烧录 ···········22
  - 2.3.1　定制新产品 ···················22
  - 2.3.2　Linux 内核编译 ············26
  - 2.3.3　烧录/升级系统 ··············27
- 2.4　Android Multilib Build ·············28
- 2.5　Android 系统映像文件 ············31
  - 2.5.1　boot.img ·························32
  - 2.5.2　ramdisk.img ···················34
  - 2.5.3　system.img ····················35
  - 2.5.4　Verified Boot ·················35
- 2.6　ODEX 流程 ·····························37
- 2.7　OTA 系统升级 ·························39
  - 2.7.1　生成升级包 ···················39
  - 2.7.2　获取升级包 ···················40
  - 2.7.3　OTA 升级——Recovery 模式 ······························41
- 2.8　Android 反编译 ·······················44
- 2.9　NDK Build ·······························46
- 2.10　第三方 ROM 的移植 ··············48

第 3 章　Android 编译系统 ···············50
- 3.1　Makefile 入门 ···························50
- 3.2　Android 编译系统 ····················52
  - 3.2.1　Makefile 依赖树的概念 ·····53
  - 3.2.2　Android 编译系统抽象模型 ·······························53
  - 3.2.3　树根节点 droid ···············54
  - 3.2.4　main.mk 解析 ·················55
  - 3.2.5　droidcore 节点 ···············59
  - 3.2.6　dist_files ························61
  - 3.2.7　Android.mk 的编写规则 ···61
- 3.3　Jack Toolchain ··························64
- 3.4　SDK 的编译过程 ·····················68
  - 3.4.1　envsetup.sh ·····················68
  - 3.4.2　lunch sdk-eng ·················70
  - 3.4.3　make sdk ························75
- 3.5　Android 系统 GDB 调试 ·········85

第 2 篇　Android 原理篇

第 4 章　操作系统基础 ······················90
- 4.1　计算机体系结构（Computer Architecture） ·······90
  - 4.1.1　冯·诺依曼结构 ············90
  - 4.1.2　哈佛结构 ······················90
- 4.2　什么是操作系统 ······················91
- 4.3　进程间通信的经典实现 ···········93
  - 4.3.1　共享内存（Shared Memory） ··············94
  - 4.3.2　管道（Pipe） ···············95
  - 4.3.3　UNIX Domain Socket ······97
  - 4.3.4　RPC（Remote Procedure Calls） ······························99
- 4.4　同步机制的经典实现 ·············100
  - 4.4.1　信号量（Semaphore） ····100
  - 4.4.2　Mutex ···························101
  - 4.4.3　管程（Monitor） ········101
  - 4.4.4　Linux Futex ··················102
  - 4.4.5　同步范例 ·····················103

4.5 Android 中的同步机制············104
　4.5.1 进程间同步——Mutex······104
　4.5.2 条件判断——Condition······105
　4.5.3 "栅栏、障碍"
　　　　——Barrier··············107
　4.5.4 加解锁的自动化操作
　　　　——Autolock············108
　4.5.5 读写锁——Reader
　　　　WriterMutex············109
4.6 操作系统内存管理基础············110
　4.6.1 虚拟内存
　　　　（Virtual Memory）······110
　4.6.2 内存保护
　　　　（Memory Protection）···113
　4.6.3 内存分配与回收············113
　4.6.4 进程间通信——mmap···114
　4.6.5 写时拷贝技术
　　　　（Copy on Write）·······115
4.7 Android 中的 Low
　　Memory Killer·····················115
4.8 Android 匿名共享内存
　　（Anonymous Shared Memory）···118
　4.8.1 Ashmem 设备···············118
　4.8.2 Ashmem 应用实例·······122
4.9 JNI ·····································127
　4.9.1 Java 函数的本地实现······127
　4.9.2 本地代码访问 JVM·········130
4.10 Java 中的反射机制················132
4.11 学习 Android 系统的两条线索···133

第 5 章 Android 进程/线程和
　　　　程序内存优化·············134

5.1 Android 进程和线程··············134
5.2 Handler, MessageQueue,
　　Runnable 与 Looper··············140
5.3 UI 主线程——ActivityThread······147
5.4 Thread 类····························150
　5.4.1 Thread 类的内部原理·····150
　5.4.2 Thread 休眠和唤醒·······151
　5.4.3 Thread 实例···············155
5.5 Android 应用程序如何利用
　　CPU 的多核处理能力············157
5.6 Android 应用程序的典型启
　　动流程·································157

5.7 Android 程序的内存管理与优化·····159
　5.7.1 Android 系统对内存使用
　　　　的限制··························159
　5.7.2 Android 中的内存泄露与
　　　　内存监测······················160

第 6 章 进程间通信——Binder········166

6.1 智能指针·····························169
　6.1.1 智能指针的设计理念·····169
　6.1.2 强指针 sp ····················172
　6.1.3 弱指针 wp ····················173
6.2 进程间的数据传递载体
　　——Parcel···························179
6.3 Binder 驱动与协议·················187
　6.3.1 打开 Binder 驱动
　　　　——binder_open·········188
　6.3.2 binder_mmap···············189
　6.3.3 binder_ioctl··················192
6.4 "DNS"服务器——Service
　　Manager(Binder Server)·········193
　6.4.1 ServiceManager 的启动···193
　6.4.2 ServiceManager 的构建···194
　6.4.3 获取 ServiceManager 服
　　　　务——设计思考············199
　6.4.4 ServiceManagerProxy······203
　6.4.5 IBinder 和 BpBinder·······205
　6.4.6 ProcessState 和
　　　　IPCThreadState············207
6.5 Binder 客户端——Binder Client·····237
6.6 Android 接口描述语言——AIDL····242
6.7 匿名 Binder Server·················254

第 7 章 Android 启动过程·············257

7.1 第一个系统进程（init）·········257
　7.1.1 init.rc 语法···················257
　7.1.2 init.rc 实例分析············260
7.2 系统关键服务的启动简析·······261
　7.2.1 Android 的 "DNS 服务器"
　　　　——ServiceManager······261
　7.2.2 "孕育"新的线程和进程
　　　　——Zygote···················261
　7.2.3 Android 的 "系统服务"
　　　　——SystemServer········274

7.2.4　Vold 和 External Storage
存储设备 ················· 276
7.3　多用户管理 ························· 282

第 8 章　管理 Activity 和组件运行状态的系统进程——Activity ManagerService（AMS）······284

8.1　AMS 功能概述 ····················· 284
8.2　管理当前系统中 Activity
状态——Activity Stack ········ 286
8.3　startActivity 流程 ················ 288
8.4　完成同一任务的"集合"
——Activity Task ··············· 296
　8.4.1　"后进先出"——Last In,
First Out ··················· 297
　8.4.2　管理 Activity Task ······· 298
8.5　Instrumentation 机制 ·········· 300

第 9 章　GUI 系统——SurfaceFlinger ····305

9.1　OpenGL ES 与 EGL ············ 305
9.2　Android 的硬件接口——HAL ···· 307
9.3　Android 终端显示设备的"化身"
——Gralloc 与 Framebuffer ······· 309
9.4　Android 中的本地窗口 ······· 313
　9.4.1　FramebufferNativeWindow ··· 315
　9.4.2　应用程序端的本地窗口
——Surface ··············· 321
9.5　BufferQueue 详解 ················ 325
　9.5.1　BufferQueue 的内部原理 ···· 325
　9.5.2　BufferQueue 中的缓冲区
分配 ························· 328
　9.5.3　应用程序的典型绘图
流程 ························· 333
　9.5.4　应用程序与 BufferQueue
的关系 ····················· 339
9.6　SurfaceFlinger ······················ 343
　9.6.1　"黄油计划"——Project
Butter ······················ 343
　9.6.2　SurfaceFlinger 的启动 ······ 347
　9.6.3　接口的服务端——Client ··· 351
9.7　VSync 的产生和处理 ··········· 355
　9.7.1　VSync 信号的产生和
分发 ························· 355
　9.7.2　VSync 信号的处理 ········· 361

9.7.3　handleMessageTransaction ····· 363
9.7.4　"界面已经过时/无效，需要重
新绘制"——handleMessage
Invalidate ·················· 367
9.7.5　合成前的准备工作
——preComposition ······ 369
9.7.6　可见区域
——rebuildLayerStacks ···· 371
9.7.7　为"Composition"搭建环境
——setUpHWComposer ···· 375
9.7.8　doDebugFlashRegions ······· 377
9.7.9　doComposition ············· 377

第 10 章　GUI 系统之"窗口管理员"
——WMS ······················· 385

10.1　"窗口管理员"——WMS 综述 ··· 386
　10.1.1　WMS 的启动 ············· 388
　10.1.2　WMS 的基础功能 ······· 388
　10.1.3　WMS 的工作方式 ······· 389
　10.1.4　WMS，AMS 与 Activity
间的联系 ················· 390
10.2　窗口属性 ··························· 392
　10.2.1　窗口类型与层级 ········· 392
　10.2.2　窗口策略
（Window Policy） ······ 396
　10.2.3　窗口属性
（LayoutParams）········ 398
10.3　窗口的添加过程 ················ 400
　10.3.1　系统窗口的添加过程 ····· 400
　10.3.2　Activity 窗口的添加
过程 ······················· 409
　10.3.3　窗口添加实例 ············ 412
10.4　Surface 管理 ······················ 416
　10.4.1　Surface 申请流程
（relayout） ·············· 416
　10.4.2　Surface 的跨进程传递 ···· 420
　10.4.3　Surface 的业务操作 ······ 422
10.5　performLayoutAndPlace
SurfacesLockedInner ············ 423
10.6　窗口大小的计算过程 ········· 424
10.7　启动窗口的添加与销毁 ····· 433
　10.7.1　启动窗口的添加 ········· 433
　10.7.2　启动窗口的销毁 ········· 437
10.8　窗口动画 ··························· 438

		10.8.1　窗口动画类型 ················439
		10.8.2　动画流程跟踪——Window
			　　　StateAnimator ·············440
		10.8.3　AppWindowAnimator ······444
		10.8.4　动画的执行过程 ············446
第 11 章　让你的界面炫彩起来的 GUI
		　　　　系统——View 体系 ·············452
	11.1　应用程序中的 View 框架 ···········452
	11.2　Activity 中 View Tree 的
		　　创建过程 ·······························455
	11.3　在 WMS 中注册窗口 ················461
	11.4　ViewRoot 的基本工作方式 ········463
	11.5　View Tree 的遍历时机 ············464
	11.6　View Tree 的遍历流程 ············468
	11.7　View 和 ViewGroup 属性 ·········477
		11.7.1　View 的基本属性 ············477
		11.7.2　ViewGroup 的属性 ·········482
		11.7.3　View、ViewGroup 和
			　　　ViewParent ··············482
		11.7.4　Callback 接口 ················482
	11.8　"作画"工具集——Canvas ·······484
		11.8.1　"绘制 UI"——Skia ······485
		11.8.2　数据中介——Surface.
			　　　lockCanvas ················486
		11.8.3　解锁并提交结果——unlock
			　　　CanvasAndPost ···········490
	11.9　draw 和 onDraw ····················491
	11.10　View 中的消息传递 ···············497
		11.10.1　View 中 TouchEvent
			　　　　的投递流程 ············497
		11.10.2　ViewGoup 中 Touch-
			　　　　Event 的投递流程 ·····500
	11.11　View 动画 ···························504
	11.12　UiAutomator ······················509
第 12 章　"问渠哪得清如许，为有源头
		　　　　活水来"——InputManager
		　　　　Service 与输入事件 ············514
	12.1　事件的分类 ···························514
	12.2　事件的投递流程 ·····················517
		12.2.1　InputManagerService ······518
		12.2.2　InputReaderThread ·········519
		12.2.3　InputDispatcherThread ····519
		12.2.4　ViewRootImpl 对事件
			　　　的派发 ······················523
	12.3　事件注入 ······························524
第 13 章　应用不再同质化——音频系统··526
	13.1　音频基础 ·······························527
		13.1.1　声波 ····························527
		13.1.2　音频的录制、存储
			　　　与回放 ······················527
		13.1.3　音频采样 ······················528
		13.1.4　Nyquist–Shannon 采样
			　　　定律 ·························530
		13.1.5　声道和立体声 ················530
		13.1.6　声音定级——Weber–
			　　　Fechner law ···············531
		13.1.7　音频文件格式 ················532
	13.2　音频框架 ·······························532
		13.2.1　Linux 中的音频框架 ······532
		13.2.2　TinyAlsa ······················534
		13.2.3　Android 系统中的
			　　　音频框架 ···················536
	13.3　音频系统的核心——Audio-
		　　Flinger ·································538
		13.3.1　AudioFlinger 服务的
			　　　启动和运行 ···············538
		13.3.2　AudioFlinger 对音频
			　　　设备的管理 ···············540
		13.3.3　PlaybackThread 的
			　　　循环主体 ···················547
		13.3.4　AudioMixer ··················551
	13.4　策略的制定者——Audio-
		　　PolicyService ·························553
		13.4.1　AudioPolicyService
			　　　概述 ·························554
		13.4.2　AudioPolicyService
			　　　的启动过程 ···············556
		13.4.3　AudioPolicyService
			　　　与音频设备 ···············558
	13.5　音频流的回放——AudioTrack ···560
		13.5.1　AudioTrack 应用实例 ·····560
		13.5.2　AudioPolicyService
			　　　的路由实现 ···············567

4

13.6 音频数据流 ·················· 572
　13.6.1 AudioTrack 中的音频流 ··· 573
　13.6.2 AudioTrack 和 AudioFlinger
　　　　 间的数据交互 ············ 576
　13.6.3 AudioMixer 中的
　　　　 音频流 ···················· 582
13.7 音量控制 ······················ 584
13.8 音频系统的上层建筑 ········ 588
　13.8.1 从功能入手 ··············· 588
　13.8.2 MediaPlayer ············· 589
　13.8.3 MediaRecorder ·········· 592
　13.8.4 一个典型的多媒体
　　　　 录制程序 ·················· 595
　13.8.5 MediaRecorder
　　　　 源码解析 ·················· 596

　13.8.6 MediaPlayerService 简析···598
13.9 Android 支持的媒体格式 ········ 600
　13.9.1 音频格式 ····················· 600
　13.9.2 视频格式 ····················· 601
　13.9.3 图片格式 ····················· 601
　13.9.4 网络流媒体 ·················· 602
13.10 ID3 信息简述 ···················· 602
13.11 Android 多媒体文件管理 ········ 606
　13.11.1 MediaStore ················· 607
　13.11.2 多媒体文件信息的
　　　　　存储"仓库"
　　　　　——MediaProvider ········ 608
　13.11.3 多媒体文件管理中
　　　　　的"生产者"
　　　　　——MediaScanner ········ 611

第 1 篇

Android 编译篇

第 1 章　Android 系统简介
第 2 章　Android 源码下载及编译
第 3 章　Android 编译系统

第 1 章 Android 系统简介

美国当地时间 2015 年 5 月 28 日,"Google I/O 2016"大会在旧金山市的 Moscone Center 举行。会议公布的官方数据如下:
- 全球已经激活的 Android 设备达到 9 亿次;
- Google Play 中收录了超过 70 万的应用程序;
- 应用程序安装量达到 480 亿次;
- 132 个以上的国家或地区销售 Android 设备;
- 超过 190 个国家或地区可以下载到免费的 Android 应用程序。

2016 年,Google 则直接把大会地址从传统的 Moscone Center 改到了 Shoreline 公园的户外,吸引了成千上万来自全球各地的科技爱好者。

从 2008 年 9 月 Google 发布 Android 1.0 版本开始,Android 已经走过了 8 个年头。在这短短的几年间,这个以机器人为 Logo 的操作系统不仅席卷了全球各地的手机市场,而且与 iOS、Windows Phone 形成三足鼎立之势,更渗透到传统与新兴电子产业的方方面面。越来越多的电子产品已开始采用 Android 系统,如 Android 电视、平板电脑、MP4 等与人们日常生活息息相关的电子设备。

那么,Android 势不可当的魅力从何而来呢?本章将试着以 Android 系统的发展历史为主线,先为读者提供最直观的背景知识,从而为以后的"透过现象看本质"打下一定的基础。

1.1 Android 系统发展历程

"Android"一词先天就充满着天才们改变世界的梦想味。虽然一件杰出的作品并不能只靠"名号",但毋庸置疑的是,一个叫得响又耐人寻味的名称总会使人产生不自觉的亲近感。这或许就是每个 Android 版本都会有个代号的原因。下面来看看各个版本对应的 Android "外号",如表 1-1 所示。

表 1-1 Android 各版本的代号

Code name	Version	API level
(no code name)	1.0	API level 1
(no code name)	1.1	API level 2
Cupcake(纸杯蛋糕)	1.5	API level 3, NDK 1
Donut(甜甜圈)	1.6	API level 4, NDK 2
Éclair(松饼)	2.0	API level 5
Éclair	2.0.1	API level 6
Éclair	2.1	API level 7, NDK 3
Froyo(冻酸奶)	2.2.x	API level 8, NDK 4

续表

Gingerbread（姜饼）	2.3 - 2.3.2	API level 9, NDK 5
Gingerbread	2.3.3 - 2.3.7	API level 10
Honeycomb（蜂巢）	3.0	API level 11
Honeycomb	3.1	API level 12, NDK 6
Honeycomb	3.2.x	API level 13
Ice-creamSandwich（冰激凌三明治）	4.0.1 - 4.0.2	API level 14, NDK 7
Ice-creamSandwich	4.0.3 - 4.0.4	API level 15
Jelly Bean（果冻豆）	4.1.x	API level 16
Jelly Bean	4.2.x	API level 17
Jelly Bean	4.3.x	API level 18
KitKat	4.4.x	API level 19
KitKat with wearable extensions	4.4W	API level 20
Lollipop	5.0.1	API level 21
Lollipop	5.1.1	API level 22
Marshmallow	6.0	API level 23
Nougat	7.0	API level 24
Nougat	7.1.1	API level 25

"Android"一词来源于法国作家 Auguste Villiers de l'Isle-Adam 的科幻小说《L'ève future》（未来夏娃），是机器人的意思。因此，最初每个系统版本的命名也都是以全球著名的机器人为参考的，如"AstroBoy"。后来由于版权问题，才改为以食物的方式取名。不过 Android 的 Logo 仍然是机器人的形象，如图 1-1 所示。

▲图 1-1　Android 官方 Logo

和很多著名的科技企业一样，Android 的创始人 Andy Rubin 也是一个技术狂人。在创立 Android 公司前，他曾完成多项当时被称为"过于超前"的产品研发，并取得了一定的成绩。而创办 Android，最初的目的是提供一款开放式的移动平台系统。从 2003 年 10 月 Andy Rubin 开始启动这一系统的研究，Android 便正式走上历史的舞台。以下是关于这个系统的一些重要历史事件。

- 2003 年 10 月，Andy Rubin 在加利福尼亚州成立 Android 公司。
- 2005 年 4 月，Google 收购 Android。
- 2007 年 11 月，Google 成立 OHA（Open Handset Alliance）联盟，成员包括 Google、Broadcom、HTC、Intel、LG、Marvell、Motorola、NVIDIA、Qualcomm、Samsung 等通信行业和芯片制造领域的巨头。随后几年，这个联盟又陆续有不少公司加入，如著名的 Arm 公司、中国的华为等。
- 2007 年 11 月，Google 成立"Android Open Source Project"（AOSP）。这一项目的起步标志着 Android 系统首次公开面向全世界的开发者与使用者。

AOSP 的宗旨是：

Android Open Source Project is to create a successful real-world product that improves the mobile experience for end users。

因为是开源开放的组织，所以意味着每个人都可以参与进来，并为整个项目的发展添砖加瓦。如果读者有意愿成为其中的一员，可以参考该组织的相关说明（http://source.android.com/source/index.html）。

- 2007年11月，Android Beta版本发布。
- 2007年11月，Android 第一个SDK版本发布。
- 2008年9月，Android 1.0版本正式发布。

至此，Android 版本的发布驶入正常轨道，保持着每年多次升级的速度，并加入越来越多的创新功能。

关于 Android 每个版本的特性及改版后一些重要变化的详细说明，请参阅官方网站 overview.html。相信经过仔细比对各个版本的变化，读者会发现 Android 系统确实一直在秉承其"为终端用户提供更好的移动设备体验"的宗旨。

1.2 Android 系统特点

在这一节中，我们将从观察者的角度来客观评价 Android 系统某些突出的特点。这些分析中既包含了其值得肯定的诸多优点，也不吝指出其需要持续改善的地方。只有正确全面地了解一个系统所存在的优缺点，才可能在开发的过程中"知己知彼，百战不殆"，真正让系统为我们所用。

1. 开放与扩展性

相对于 iOS 和 Windows Phone 阵营，Android 操作系统最大的特点就是开放性；而且有别于个别开源项目的"藏藏掖掖"和"犹抱琵琶半遮面"，Android 几乎所有源码都可以免费下载到。无论是公司组织，还是个人开发者，Android 对于下载者基本没有限制，也没有下载权限的认证束缚。关于如何下载系统源码的完整描述，请参考下一章节。

当然，这并不代表开发者可以随意使用 Android 源码。事实上，Android 遵循的是 Apache 开源软件许可证。因此，所有跨越许可证规定范畴的行为都将是被禁止的。希望了解更多 Apache 协议条款详情的读者，可以自行查阅其官方说明。

不过在大部分情况下，Android 操作系统仍然被认为是"高度自由"的。这也是越来越多的厂商选择 Android 作为下一代产品基础平台最主要的原因之一。可以想象，在其他操作系统对其授权的设备动辄收取每台高达几十甚至数百美元专利费的情况下，采用 Android 开源系统理论上就意味着降低成本。

另外，由于整个操作系统是开源的，从而给诸多产品制造商、软件开发商提供了创新的土壤环境。各厂商可以根据自己的需求，来完成对原生态系统的修改。大多数情况下，这种修改只是基于上层 UI 交互的"二次包装"，而保留底层系统的大框架。这就好比 Google 为大家免费提供了已经盖好的办公大楼，虽然是毛坯房，但相较于"万丈高楼平地起"的艰辛，显然已经为我们节约了大量的项目时间；而且我们可以通过"装修"把主要精力倾注在用户看得到的地方，从而更大限度地摆脱"产品同质化"。事实上，目前全球范围内已经有非常多这样的"装修范例"。大到跨国企业、运营商，小到一些初创的设计公司，都选择在 Android 系统上进行"界面"改造，再冠以新的操作系统名号。其中也不乏一些成功者，根据不同的地域环境、文化差异、使用习惯而定制出新的系统——这些具有"本地化"风格的"办公楼"往往比原生态系统更贴近当地消费者，因此受到热烈追捧。

而这一切，都要归功于 Android 系统的开放性。

2. 合理的分层架构

要学习 Android 系统，就不得不提它的分层架构。早期版本的 Android 系统框架包括4层，即 Linux Kernel、Library and Runtime、Application Framework 及 Application。后来因为版权相关

原因在 Kernel 层之上新增了一个 Hardware Abstraction Layer。我们会在后续小节对各层功能适当地展开讨论。

由此可见，Android 系统是一个"杂合体"，即便说其"包罗万象"也一点不为过。它包括了 prebuilt、bionic 等在内的不少开源项目。管理这些项目显然不是件容易的事，这也是 Android 系统提供 Repo 工具，而不是直接使用 Git 来进行版本管理的原因之一（详见后续章节的描述）。

在面对这么多独立项目的时候，合理的分层架构就显得异常重要——既要保证系统功能的完整性，也要确保各项目的相对独立性。Android 系统成功地做到了这一点，整个软件栈条理清晰，分工明确。一方面，它将底层复杂性与移植难度尽可能隐藏起来；另一方面，则提供尽可能方便的上层 API 接口，为开发者设计实现各种应用程序打下了坚实的基础。

3. 易用强大的 SDK

SDK（Software Development Kit）是操作系统与开发者之间的接口，也可以看成一个系统对外的窗口。对于广大的开发者而言，能否借助这个工具在尽可能短的周期内设计出符合需求而又稳定可靠的应用程序，是评判一个操作系统 SDK 好坏的重要标准之一。

Android 系统的大部分应用程序可以基于 Java 来开发。如果读者曾参与过大型的 C/C++研发项目（特别是面向嵌入式系统的），一定不会忘记加班加点解决内存泄露或者空指针异常的那些无眠夜。Java 语言对这些软件开发中最令人头疼的问题进行了强有力的改造，不但提供了垃圾回收机制，而且彻底隐藏了指针的使用。即便程序出现了崩溃，通常情况下也可以根据调用栈及各种 Log 来定位出问题的根源。这无疑为我们快速解决问题、保证程序稳定性提供了很好的平台基础。

Android 系统通过总结应用程序的开发规律，提供了 Activity、Service、Broadcast Receiver 及 Content Provider 四大组件；并且和 MFC 类似，设计了人性化的向导模式来帮助开发者便捷地生成工程原型。可以说，这些都为项目开发节约了不少宝贵时间。

另外，Android SDK 覆盖面相当广，且仍在持续扩充中。从线程管理、进程间通信等程序设计基础到各种界面组件的应用，只要是开发者能想到的，几乎都可以在 SDK 中找到现成的调用接口。而对一些界面特效的封装，使得开发者可以高效地设计出各种绚丽的 UI 效果，进而让 Android 系统加分良多。

4. 不断改进的交互界面

Android 版本的更迭是一件让无数人兴奋的事。除了那些令人眼前一亮的新功能外，不断改进的用户交互界面也是吸引用户的一个重要因素。我们可以明显地从新老版本的对比中寻找到 Google 追求绝佳用户体验的决心。

下面先来看看 Gingerbread（2.3 版本）的 Launcher 与 Camera 界面，如图 1-2 所示。

然后来看看后续版本上的变化，如图 1-3 所示。

▲图 1-2　Launcher 和 Camera 界面

▲图 1-3　后续 Android 版本变化

可以发现，新的版本相较于以前，不但在 UI 界面的色彩搭配、布局上有了很大提高，用户交互也更趋于人性化。这种对于用户最直观的"艺术盛宴"展示，促使越来越多的人投身到 Android 阵营中。

5. 逐步完善的生态系统

IT 业界长期以来都有一个共识——开发一个操作系统（OS）并不是最难的，而基于这个新的操作系统建立完整的生态系统才是最大的难点。用一句老话来说，颇有点"打江山易，守江山难"的味道。

那么，什么是基于 OS 的生态系统（ecosystem）呢？虽然我们一再听到媒体在大肆宣扬这个词，但目前还没有人能给出权威、严谨的解释来阐述这个特殊"生态系统"的定义与形成。本书下面所提出的释义也未必能完整解读这个词，读者可以带着自己的理解深入思考。

Ecosystem 原本是生态学中的一个概念。简单而言，它体现了一定时间和空间内能量的可循环平衡流动，例如，自然界的生态系统组成如下。

- 无机环境，包括太阳、有机物质、无机物质等非生物环境。
- 生产者。
- 消费者。
- 分解者。

因此，它们之间所体现出的能量循环如图 1-4 所示。

生产者依靠无机环境制造食物，并实现自养；而消费者则需要消耗其他生物来生存发展；分解者最终将有机物分解为可被生产者重新利用的物质。这样，就构成了整个生态链的循环。

针对 Android 生态系统，我们可以得到以下的类比，如图 1-5 所示。

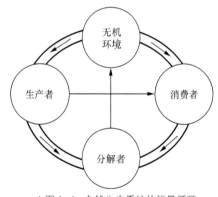

▲图 1-4　自然生态系统的能量循环

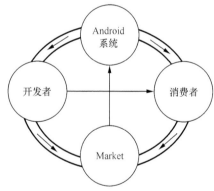

▲图 1-5　Android 生态系统假想

在 Android 生态系统中：
- Android 系统提供了底层基础平台；
- 开发者通过研发新产品来获取利润，或者提供相应服务；
- 消费者使用这些产品或服务来满足自身需求；
- Market 提供了开发者与消费者间资金支付与交易的平台，加快了生物间的"能量"流动。

当然，这只是本书对 Android 生态系统的一个初步设想，实际情况一定更复杂。但客观来说，Google 一方面既在努力打造"双赢"的市场机制，以吸引更多的开发者介入；另一方面也在提高为消费者服务的能力，如图 1-6 所示。

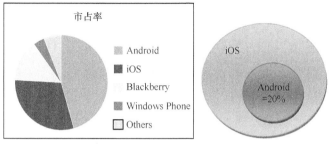

▲图 1-6　各操作系统平台占有率及开发者赢利对比

虽然最新的调查报告显示，依靠 Android 软件赢利的开发者寥寥无几，还远远比不上 iOS 系统赢利模式成熟（见图 1-6）。但同时也应该看到，随着整个 Android 市场占有率的提升以及 Google 一系列措施的实行，Android 生态系统正在逐步完善，前景一片光明。

6. 阵营良莠不齐

开源是一把"双刃剑"，它带来的一个突出问题就是阵营混乱。和一些操作系统需要收取高额的加盟费用不同，Android 的免费开源大大降低了开发商的准入门槛。因此，出现了"人人都可以做手机"的局面。无论是资本、研发实力雄厚的大型企业，还是初出茅庐没有太多经验的小公司，都在不断进入这个生态圈。这既是 Android 系统的优势，同时也是隐患。

因为每个厂商都可以根据自己的需求来改造原生态系统，从而难免造成整个 Android 阵营的分裂；而且，有的开发商也在努力基于 Android 建立自己的生态系统。这无疑会对 Android 的整体发展产生一定的影响。如果这些状况在今后一段时间里无法得到解决，那么很可能阻滞 Android 的进一步发展壮大。

7. 系统运行速度有待改善

使用过 Android 相关产品的用户一定有这样的体验，那就是开机慢。一个针对目前市面上主流 Android 设备的不完全统计显示，Android 产品的平均开机时间超过了 1 分钟，有的甚至达到 5 分钟以上。对于某些需要快速实时响应的电子设备而言（比如车载电子导航一体机，往往需要在汽车启动后非常短的时间内完成操作系统开机，以显示倒车影像），这样的"龟速"显然是很难让人接受的。

值得欣慰的是，Google 也正致力于运行速度的改进。随着新版本的不断发布，我们已经可以明显地感受到 Android 在这方面所做的努力与成效。

8. 兼容性问题

对于 Android 平台的应用开发者而言，最头疼的恐怕并不是某项创新功能的研发，而是对市面上多种设备的适配。在这方面，iOS 的开发人员有绝对的优势，因为他们面对的往往只是一款机器（如 iPhone6、iPhone7），而且屏幕尺寸、分辨率等系统属性也都是固定已知的，如图 1-7 所示。

Android 系统由于开源、生产商众多，致使产品形态五花八门。以手机为例，为消费者所熟识的全球大型 Android 手机开发商就已经超过了 20 个。而这些厂商还有各自不同的产品型号——这也就意味着屏幕大小、分辨率等各种硬件参数的差异。按照目前行业的普遍经验，开发一款成熟的 Android 手机应用软件，需要适配 200 款以上不同厂商的手机，以保证软件发布后不至于出现大规模的用户投诉。如果是面向海外市场，则需要兼容的终端产品数量可能还会更多。

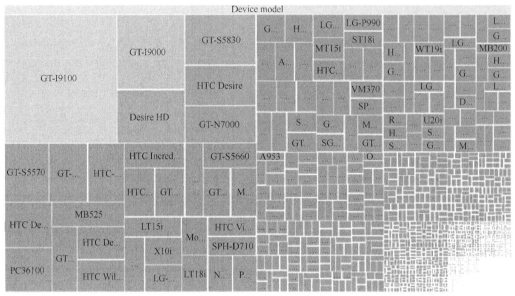

▲图 1-7　OpenSignalMaps 对市面上主流 Android 手机品牌的跟踪结果

虽然 Android 针对这一问题有一定的解决方法（详见本书应用原理篇的相关章节），但以实际开发经验来看，暂时还没有很好地解决难题的方法。

1.3　Android 系统框架

Android 系统框架如图 1-8 所示。

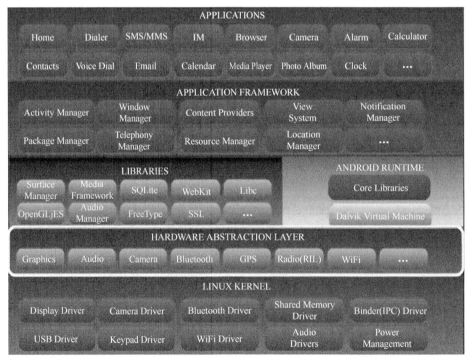

▲图 1-8　Android 系统 5 层框架图

1.3 Android 系统框架

> **注意** 引用自 2008 年的 Google I/O 大会《Anatomy & Physiology of an Android》主题演讲，作者 Patrick Brady。

前面说过，Android 系统是由众多子项目组成的。从编程语言的角度来看，这些项目主要是使用 Java 和 C/C++来实现的；从整体系统框架而言，分成内核层、硬件抽象层、系统运行库层、应用程序框架层以及应用程序层。本书的一个主要宗旨是希望读者可以由浅入深地逐步理解 Android 系统的方方面面。因而在每章节内容的编排上，我们采用了由整体到局部的线索来铺展开——先让读者有一个直观感性的认识，明白"是什么""有什么用"，然后才剖析"如何做到的"。这样做的一个好处是读者在学习的过程中不容易产生困惑。否则如果直接切入原理，长篇大论地分析代码，仅一大堆函数调用就可能让人失去学习的方向。这样的结果往往是读者花了非常多的时间来理清函数关系，但始终不明白代码编写者的意图，甚至连这些函数想实现什么功能都无法完全理解。

本书希望可以从更高的层次，即抽象的、反映代码设计思想和设计者初衷的角度去理解系统。而在思考的过程中，大部分情况下我们都将从读者容易理解的基础开始讲起。就好比画一张素描，先给出一张白纸，勾勒出整体的框架，然后针对重点部位细细加工，最后才能还原出完整的画面。另外，本书在对系统原理本身进行讲解的同时，也最大程度地结合工程项目中可能遇到的问题，理论联系实际地进行解析。希望这样的方式既能让读者真正学习到 Android 系统的设计思想，也能学有所用，增加一些实际的项目开发经验和技巧。

接下来的内容将对 Android 系统的 5 层框架做一个简单描述。

- 内核层

Android 的底层是基于 Linux 操作系统的。从严格意义上来讲，它属于 Linux 操作系统的一个变种。Android 选择在 Linux 内核的基础上来搭建自己的运行平台有几个好处。

首先，避开了与硬件直接打交道。Linux 经过多年的发展，这方面工作正是它的强项，其表现可以说相当优秀。更为难能可贵的是，Linux 本身也是开源的，所以 Android 系统没有必要花费额外的时间去做重复工作。

其次，基于 Linux 系统的驱动开发可扩展性很强。这对于嵌入式系统而言非常重要，因为每款产品在硬件上或多或少都会有差异，如果驱动开发不能做到高度可扩展和易用性，那么 Android 系统的移植工作将是无止境的噩梦。

值得一提的是，Android 的工程项目中并没有包括内核源码——内核源码的具体下载方式可以参见下一章节。

- 硬件抽象层

大家可能都有这样的疑问，既然 Linux 内核是专职与硬件打交道的，为什么又杀出个"程咬金"硬件抽象层（HAL）呢？没错，这个"人物"一开始并没有出现在 Android 的"剧本"中，其出场是有一定历史原因的。

HAL 的第一次亮相要追溯到 2008 年的 Google I/O 大会上。当时 Google 员工 Patrick Brady 发表了一篇名为《Anatomy & Physiology of an Android》的演讲，并在其中提出了带 HAL 的 Android 新架构。根据这份文档的描述，HAL 是：

（1）User space C/C++ library layer；

（2）Defines the interface that Android requires hardware "drivers" to implement；

（3）Separates the Android platform logic from the hardware interface.

也就是说,它希望通过定义硬件"驱动"的接口来进一步降低 Android 系统与硬件的耦合度。另外,由于 Linux 遵循的是 GPL 协议(注意,Android 开源项目基于 Apache 协议),意味着其下的所有驱动都应该是开源的——这点对于部分厂商来说是无法接受的。因而,Android 提供了一种"打擦边球"的做法来规避这类问题。我们会在后续章节中继续讲解关于 HAL 的更多知识。

- 系统运行库层

这一层中包含了支撑整个系统正常运行的基础库。由于这些库多数由 C/C++实现,因此也被一些开发人员称为"C 库层",以区别于应用程序框架层。Android 中很多系统运行库实际上都是成熟的开源项目,如 WebKit、OpenGL、SQLite 等。我们并不要求读者去理解所有库的内部原理,这样做不现实。重点在于 Android 系统是如何有机地与这些库建立联系,从而保证整个设备的稳定运作的。

- 应用程序框架层

与系统运行库被称为"C 库层"相对应,应用程序框架层往往被冠以"Java 库"的称号。这是因为框架层所提供的组件一般都用 Java 语言编写而成,它们一方面为上层应用程序提供了 API 接口;另一方面也囊括了不少系统级服务进程的实现,是与 Android 应用程序开发者关系最直接的一层。

- 应用程序层

目前 Android 的软件开发分为两个方向,即系统移植与应用程序的开发。

对于一名出色的应用程序员而言,不仅要了解该使用哪些系统 API 接口去完成一个功能,还要尽可能了解这些接口及其下的系统底层框架是如何实现的。虽然理解系统运行原理对于应用开发者来说并不是必需的,但在很多情况下却可以极大地提高程序员分析问题的能力,也可在产品性能优化方面产生积极的作用。

第 2 章 Android 源码下载及编译

在分析 Android 源码前,首先要学会如何下载和编译系统。本章将向读者完整地呈现 Android 源码的下载流程、常见问题以及处理方法,并从开发者的角度来理解如何正确地编译出 Android 系统(包括原生态系统和定制设备)。

后面,我们将在此基础上深入到编译脚本的分析中,以"庖丁解牛"的方式来还原一个庞大而严谨的 Android 编译系统。

2.1 Android 源码下载指南

2.1.1 基于 Repo 和 Git 的版本管理

Git 是一种分布式的版本管理系统,最初被设计用于 Linux 内核的版本控制。本书工具篇中对 Git 的使用方法、原理框架有比较详细的剖析,建议读者先到相关章节阅读了解。

Git 的功能非常强大,速度也很快,是当前很多开源项目的首选工具。不过 Git 也存在一定的缺点,如相对于图形界面化的工具没那么容易上手、需要对内部原理有一定的了解才能很好地运用、不支持断点续传等。

为此,Google 提供了一个专门用于下载 Android 系统源码的 Python 脚本,即 Repo。

在 Repo 环境下,版本修改与提交流程是:

- 用 Repo 创建新的分支,通常情况下不建议在 master 分支上操作;
- 开发者根据需求对项目文件进行修改;
- 利用 git add 命令将所做修改进行暂存;
- 利用 git commit 命令将修改提交到仓库;
- 利用 repo upload 命令将修改提交到代码服务器上。

由此可见,Repo 与我们在工具篇中讨论的 Git 流程有些许不同,差异主要体现在与远程服务仓库的交互上;而本地的开发仍然是以原生的 Git 命令为主。下面我们讲解 Repo 的一些常用命令,读者也可以拿它和 Git 进行仔细比较。

1. 同步

同步操作可以让本地代码与远程仓库保持一致。它有两种形式。

如果是同步当前所有的项目:

```
$ repo sync
```

或者也可以指定需要同步的某个项目:

```
$ repo sync [PROJECT1] [PROJECT2]…
```

2. 分支操作

创建一个分支所需的命令：

```
$ repo start <BRANCH_NAME>
```

也可以查看当前有多少分支：

```
  $ repo branches
```

或者：

```
$ git branch
```

以及切换到指定分支：

```
$ git checkout <BRANCH_NAME>
```

3. 查询操作

查询当前状态：

```
$ repo status
```

查询未提交的修改：

```
$ repo diff
```

4. 版本管理操作

暂存文件：

```
$git add
```

提交文件：

```
$git commit
```

如果是提交修改到服务器上，首先需要同步一下：

```
$repo sync
```

然后执行上传指令：

```
$repo upload
```

2.1.2 Android 源码下载流程

了解了 Repo 的一些常规操作后，这一小节接着分析 Android 源码下载的全过程。这既是剖析 Android 系统原理的前提，也是让很多新手感到困惑的地方——源码下载可以作为初学者了解 Android 系统的 "Hello World"。

值得一提的是，Android 官方建议我们务必确保编译系统环境符合以下几点要求：

- Linux 或者 Mac 系统

在虚拟机上或是其他不支持的系统（例如 Windows）上编译 Android 系统也是可能的，事实上 Google 鼓励大家去尝试不同的操作系统平台。不过 Google 内部针对 Android 系统的编译和测试工作大多是在 Ubuntu LTS(14.04) 上进行的。因而建议开发人员也都选择同样的操作系统版本来开展工作，经验告诉我们这样可以少走很多弯路。

如果是在虚拟机上运行的 Linux 系统，那么理论上至少需要 16GB 的 RAM/Swap 才有可能完成整个 Android 系统的编译。

- 对于 Gingerbread(2.3.X)及以上的版本，64 位的开发环境是必需的。其他旧的 Android 系统版本可以采用 32 位的开发环境。
- 需要至少 100GB 以上的磁盘空间才能完成系统的一系列编译过程——仅源码大小就已经将近 10GB 了。
- Python 2.6-2.7，开发人员可以从 Python 官网上下载。
- GNU Make 3.81-3.82，开发人员可以从 Gnu 官网上下载。
- 如果是编译最新版本的 Android N 系统，那么需要 Java8(OpenJDK)。后续编译章节我们还会专门介绍。
- Git 1.7 以上版本，开发人员可以从 Git 官网上下载。

要特别提醒大家的是，以下所有步骤都是在 Ubuntu 操作系统中完成的（"#" 号后面表示注释内容）。

1. 下载 Repo

```
$ cd ~   #进入 home 目录
$ mkdir bin #创建 bin 目录用于存放 Repo 脚本
$ PATH=~/bin:$PATH #将 bin 目录加入系统路径中
$ curl https://storage.googleapis.com/git-repo-downloads/repo > ~/bin/repo #curl
#是一个基于命令行的文件传输工具，它支持非常多的协议。这里我们利用 curl 来将 repo 保存到相应目录下
$ chmod a+x ~/bin/repo
```

注：有很多开发者反映上面的地址经常无法成功访问。如果读者也有类似困扰，可以试试下面这个：

```
$curl http://android.googlesource.com/repo > ~/bin/repo
```

另外，国内不少组织（特别是教育机构）也对 Android 做了镜像，如清华大学提供的开源项目（TUNA）的 mirror 地址如下：

```
https://aosp.tuna.tsinghua.edu.cn/
```

下面是 TUNA 官方对 Android 代码库的使用帮助节选：

```
Android 镜像使用帮助
参考 Google 教程https://source.android.com/source/downloading.html,将 https://android.google
source.com/ 全部使用 git://aosp.tuna.tsinghua.edu.cn/android/ 代替即可。
本站资源有限，每个 IP 限制并发数为 4，请勿使用 repo sync-j8 这样的方式同步。
替换已有的 AOSP 源代码的 remote。
如果你之前已经通过某种途径获得了 AOSP 的源码（或者你只是 init 这一步完成后），你希望以后通过 TUNA 同步
AOSP 部分的代码,只需要将.repo/manifest.xml 把其中的AOSP 这个remote 的fetch 从https://android.
googlesource.com 改为 git://aosp.tuna.tsinghua.edu.cn/android/。

<manifest>
   <remote  name="aosp"
-          fetch="https://android.googlesource.com"
+          fetch="git://aosp.tuna.tsinghua.edu.cn/android/"
           review="android-review.googlesource.com" />
   <remote  name="github"
这个方法也可以用来在同步 Cyanogenmod 代码的时候从 TUNA 同步部分代码
```

下载 repo 后，最好进行一下校验，各版本的校验码如下所示：

```
对于 版本 1.17, SHA-1 checksum 是: ddd79b6d5a7807e911b524cb223bc3544b661c28
对于 版本 1.19, SHA-1 checksum 是: 92cbad8c880f697b58ed83e348d06619f8098e6c
对于 版本 1.20, SHA-1 checksum 是: e197cb48ff4ddda4d11f23940d316e323b29671c
对于 版本 1.21, SHA-1 checksum 是: b8bd1804f432ecf1bab730949c82b93b0fc5fede
```

2. Repo 配置

在开始下载源码前，需要对 Repo 进行必要的配置。
如下所示：

```
$ mkdir source #用于存放整个项目源码
$ cd source
$ repo init -u https://android.googlesource.com/platform/manifest
############以下为注释部分#########
init 命令用于初始化 repo 并得到近期的版本更新信息。如果你想获取某个非 master 分支的代码，需要在命令最后加上 -b 选项。如：
$ repo init -u https://android.googlesource.com/platform/manifest -b android-4.0.1_r1
完成配置后，repo 会有如下提示：
repo initialized in /home/android
这时在你的机器 home 目录下会有一个 .repo 目录，用于记录 manifest 等信息##########
######
```

3. 下载源码

完成初始化动作后，就可以开始下载源码了。根据上一步的配置，下载到的可能是最新版本或者某分支版本的系统源码。

```
$ repo sync
```

由于整个 Android 源码项目非常大，再加上网络等不确定因素，运气好的话可能 1～2 个小时就能品尝到 "Android 盛宴"；运气不好的话，估计一个礼拜也未必能完成这一步——如果下载一直失败的话，读者也可以尝试到网上搜索别人已经下载完成的源码包，因为通常在新版本发布后的第一时间就有热心人把它上传到网上了。

可以看到在 Repo 的帮助下，整个下载过程还是相当简单直观的。

提示：如果你在下载过程中出现暂时性的问题（如下载意外中断），可以多试几次。如果一直存在问题，则很可能是代理、网关等原因造成的。更多常见问题的描述与解决方法，可以参见下面这个网址。

```
http://source.android.com/source/known-issues.html
```

典型的 repo 下载界面如图 2-1 所示。

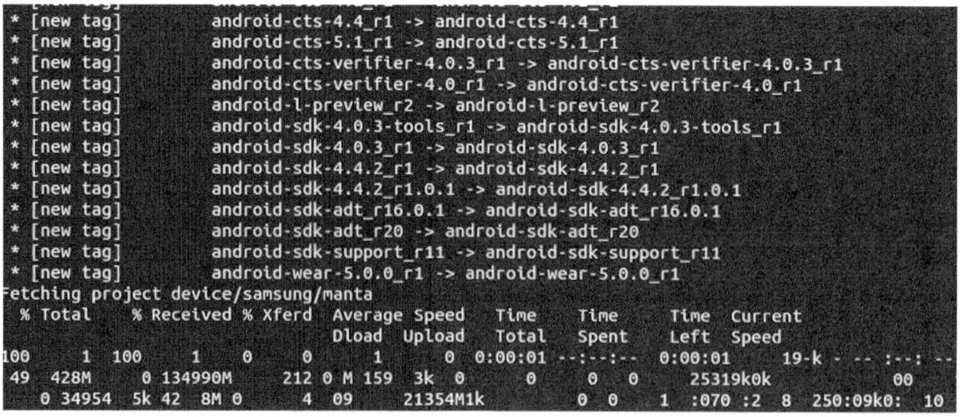

▲图 2-1 原生 Android 工程的典型下载界面

Android 系统本身是由非常多的子项目组成的，这也是为什么我们需要 repo 来统一管理 AOSP 源码的一个重要原因，如图 2-2 所示（部分）。

2.1 Android 源码下载指南

```
platform/external/alsa-lib
platform/external/android-clat
platform/external/android-cmake
platform/external/android-mock
platform/external/androidplot
platform/external/angle
platform/external/AntennaPod/afollestad    b/27076782
platform/external/AntennaPod/AntennaPod    b/27076782
platform/external/AntennaPod/AudioPlayer   b/27076782
platform/external/ant-glob
```

▲图 2-2 子项目

另外，不同子项目之间的 branches 和 tags 的区别如图 2-3 所示。

```
Branches                    Branches                Branches
master                      master                  master
donut-release               brillo-m10-dev          gingerbread
donut-release2              brillo-m10-release      gingerbread-mr4-release
eclair-passion-release      brillo-m7-dev           gingerbread-release
eclair-release              brillo-m7-mr-dev        ics-factoryrom-2-release
eclair-sholes-release       brillo-m7-release       ics-mr0
eclair-sholes-release2      brillo-m8-dev           ics-mr0-release
froyo                       brillo-m8-release       ics-mr1
froyo-release               brillo-m9-dev           ics-mr1-release
gingerbread                 brillo-m9-release       ics-plus-aosp
More...                     More...                 More...

Tags                        Tags                    Tags
android-n-preview-2         android-n-preview-2     android-n-preview-2
android-6.0.1_r31           android-6.0.1_r31       android-6.0.1_r31
android-6.0.1_r30           android-6.0.1_r30       android-6.0.1_r30
android-cts-5.0_r5          gradle_2.0.0            android-cts-5.0_r5
android-cts-5.1_r6          studio-2.0              android-cts-5.1_r6
android-cts-6.0_r5          android-cts-5.0_r5      android-cts-6.0_r5
android-6.0.1_r24           android-cts-5.1_r6      android-6.0.1_r24
```

▲图 2-3 Android 各子项目的分支和标签
（左：frameworks/base，中：frameworks/native，右：/platform/libcore）

当我们使用 repo init 命令初始化 AOSP 工程时，会在当前目录下生成一个 repo 文件夹，如图 2-4 所示。

▲图 2-4 repo 文件

其中 manifests 本身也是一个 Git 项目,它提供的唯一文件名为 default.xml,用于管理 AOSP 中的所有子项目(每个子项目都由一个 project 标签表示):

```
<project path="art" name="platform/art" groups="pdk" />
<project path="bionic" name="platform/bionic" groups="pdk" />
<project path="bootable/recovery" name="platform/bootable/recovery" groups="pdk" />
<project path="cts" name="platform/cts" groups="cts,pdk-cw-fs,pdk-fs" />
```

另外,default.xml 中记录了我们在初始化时通过 -b 选项指定的分支版本,例如 "android-n-preview-2":

```
<default revision="refs/tags/android-n-preview-2"
         remote="aosp"
         sync-j="4" />
```

这样当执行 repo sync 命令时,系统就可以根据我们的要求去获取正确的源码版本了。

> 友情提示:经常有读者询问阅读 Android 源码可以使用哪些工具。除了著名的 Source Insight 外,另外还有一个名为 SlickEdit 的 IDE 也是相当不错的(支持 Windows、Linux 和 Mac),建议大家可以对比选择最适合自己的工具。

2.2 原生 Android 系统编译指南

任何一个项目在编译前,都首先需要搭建一个完整的编译环境。Android 系统通常是运行于类似 Arm 这样的嵌入式平台上,所以很可能涉及交叉编译。

什么是交叉编译呢?

简单来说,如果目标平台没有办法安装编译器,或者由于资源有限等无法完成正常的编译过程,那就需要另一个平台来辅助生成可执行文件。如很多情况下我们是在 PC 平台上进行 Android 系统的研发工作,这时就需要通过交叉编译器来生成可运行于 Arm 平台上的系统包。需要特别提出的是,"平台"这个概念是指硬件平台和操作系统环境的综合。

交叉编译主要包含以下几个对象。

宿主机(Host):指的是我们开发和编译代码所在的平台。目前不少公司的开发平台都是基于 X86 架构的 PC,操作系统环境以 Windows 和 Linux 为主。

目标机(Target):相对于宿主机的就是目标机。这是编译生成的系统包的目标平台。

交叉编译器(Cross Compiler):本身运行于宿主机上,用于产生目标机可执行文件的编译器。

针对具体的项目需求,可以自行配置不同的交叉编译器。不过我们建议开发者尽可能直接采用国际权威组织推荐的经典交叉编译器。因为它们在 release 之前就已经在多个项目上测试过,可以为接下来的产品开发节约宝贵的时间。表 2-1 所示给出了一些常见的交叉编译器及它们的应用环境。

表 2-1　　常用交叉编译器及应用环境

交叉编译器	宿主机	目标机
armcc	X86PC(windows),ADS 开发环境	Arm
arm-elf-gcc	X86PC(windows),Cygwin 开发环境	Arm
arm-linux-gcc	X86PC(Linux)	Arm

2.2.1 建立编译环境

本书所采用的宿主机是 X86PC(Linux),通过表 2-1 可知在编译过程中需要用到 arm-linux-gcc 交叉编译器(注:Android 系统工程中自带了交叉编译工具,只要在编译时做好相应的配置即可)。

2.2 原生 Android 系统编译指南

接下来我们分步骤来搭建完整的编译环境,并完成必要的配置。所选取的宿主机操作系统是 Ubuntu 的 14.04 版本 LTS(这也是 Android 官方推荐的)。为了不至于在编译过程中出现各种意想不到的问题,建议大家也采用同样的操作系统环境来执行编译过程。

Step1. 通用工具的安装

表 2-2 给出了所有需要安装的通用工具及它们的下载地址。

表 2-2　　　　　　　　　　　通用编译工具的安装及下载地址

通 用 工 具		安装地址、指南
Python 2.X		Python 官方网址
GNU Make 3.81 -- 3.82		官方网址
JDK	Java 8 针对 Kitkat 以上版本	最新的 Android 工程已经改用 OpenJDK,并要求为 Java 8 及以上版本。这点大家应该特别注意,否则可能在编译过程中遇到各种问题。具体安装方式见下面的描述
	JDK 6 针对 Gingerbread 到 Kitkat 之间的版本	Java 官方网址
	JDK 5 针对 Cupcake 到 Froyo 之间版本	
Git 1.7 以上版本		Git 官方网址

对于开发人员来说,他们习惯于通过以下方法安装 JDK(如果处于 Ubuntu 系统下):

Java 6:

```
$ sudo add-apt-repository "deb http://archive.canonical.com/ lucid partner"
$ sudo apt-get update
$ sudo apt-get install sun-java6-jdk
```

Java 5:

```
$ sudo add-apt-repository "deb http://archive.ubuntu.com/ubuntu hardy main multiverse"
$sudo add-apt-repository "deb http://archive.ubuntu.com/ubuntu hardy-updates main multiverse"
$ sudo apt-get update
$ sudo apt-get install sun-java5-jdk
```

但是随着 Java 的版本变迁及 Sun(已被 Oracle 收购)公司态度的转变,目前获取 Java 的方式也发生了很大变化。基于版权方面的考虑(大家应该已经听说了 Oracle 和 Google 之间的官司恩怨),Android 系统已经将 Java 环境切换到了 OpenJDK,安装步骤如下所示:

```
$ sudo apt-get update
$ sudo apt-get install openjdk-8-jdk
```

首先通过上述命令 install OpenJDK 8,成功后再进行如下配置:

```
$ sudo update-alternatives --config java
$ sudo update-alternatives --config javac
```

如果出现 Java 版本错误的问题,make 系统会有如下提示:

```
************************************************************
You are attempting to build with the incorrect version
of java.

Your version is: WRONG_VERSION.
The correct version is: RIGHT_VERSION.

Please follow the machine setup instructions at
    https://source.android.com/source/download.html
************************************************************
```

Step2. Ubuntu 下特定工具的安装

注意，这一步中描述的安装过程是针对 Ubuntu 而言的。如果你是在其他操作系统下执行的编译，请参阅官方文档进行正确配置；如果你是在虚拟机上运行的 Ubuntu 系统，那么请至少保留 16GB 的 RAM/SWAP 和 100GB 以上的磁盘空间，这是完成编译的基本要求。

- Ubuntu 14.04

```
$ sudo apt-get install bison g++-multilib git gperf libxml2-utils make zlib1g-dev:i386 zip
```

- Ubuntu 12.04

所需的命令如下：

```
$ sudo apt-get install git gnupg flex bison gperf build-essential \
  zip curl libc6-dev libncurses5-dev:i386 x11proto-core-dev \
  libx11-dev:i386 libreadline6-dev libgl1-mesa-glx:i386 \
  libgl1-mesa-dev g++-multilib mingw32 tofrodos \
  python-markdown libxml2-utils xsltproc zlib1g-dev:i386
$ sudo ln -s /usr/lib/i386-linux-gnu/mesa/libGL.so.1 /usr/lib/i386-linux-gnu/libGL.so
```

- Ubuntu 10.04 - 11.10

需要安装的程序比较多，不过我们还是可以通过 apt-get 来轻松完成。

具体命令如下：

```
$ sudo apt-get install git-core gnupg flex bison gperf build-essential \
  zip curl zlib1g-dev libc6-dev lib32ncurses5-dev ia32-libs \
  x11proto-core-dev libx11-dev lib32readline5-dev lib32z-dev \
  libgl1-mesa-dev g++-multilib mingw32 tofrodos python-markdown \
  libxml2-utils xsltproc
```

注意，如果以上命令中存在某些包找不到的情况，可以试试以下命令：

```
$ sudo apt-get install git-core gnupg flex bison gperf libsdl-dev libesd0-dev libwxgtk2.6-dev build-essential zip curl libncurses5-dev zlib1g-dev openjdk-6-jdk ant gcc-multilib g++-multilib
```

如果你的操作系统刚好是 Ubuntu 10.10，那么还需要：

```
$ sudo ln -s /usr/lib32/mesa/libGL.so.1 /usr/lib32/mesa/libGL.so
```

如果你的操作系统刚好是 Ubuntu 11.10，那么还需要：

```
$ sudo apt-get install libx11-dev:i386
```

Step3. 设立 ccache（可选）

如果你经常执行 "make clean"，或者需要经常编译不同的产品类别，那么 ccache 还是有用的。它可以作为编译时的缓冲，从而加快重新编译的速度。

首先，需要在.bashrc 中加入如下命令。

```
export USE_CCACHE=1
```

如果你的 home 目录是非本地的文件系统（如 NFS），那么需要特别指定（默认情况下它存放于~/.ccache）：

```
export CCACHE_DIR=<path-to-your-cache-directory>
```

在源码下载完成后，必须在源码中找到如下路径并执行命令：

```
prebuilt/linux-x86/ccache/ccache -M 50G
#推荐的值为 50-100GB，你可以根据实际情况进行设置
```

2.2 原生 Android 系统编译指南

Step4. 配置 USB 访问权限

USB 的访问权限在我们对实际设备进行操作时是必不可少的（如下载系统程序包到设备上）。在 Ubuntu 系统中，这一权限通常需要特别的配置才能获得。

可以通过修改 /etc/udev/rules.d/51-android.rules 来达到目的。

例如，在这个文件中加入以下命令内容：

```
# adb protocol on passion (Nexus One)
SUBSYSTEM=="usb", ATTR{idVendor}=="18d1", ATTR{idProduct}=="4e12", MODE="0600", OWNER="<username>"
# fastboot protocol on passion (Nexus One)
SUBSYSTEM=="usb", ATTR{idVendor}=="0bb4", ATTR{idProduct}=="0fff", MODE="0600", OWNER="<username>"
# adb protocol on crespo/crespo4g (Nexus S)
SUBSYSTEM=="usb", ATTR{idVendor}=="18d1", ATTR{idProduct}=="4e22", MODE="0600", OWNER="<username>"
# fastboot protocol on crespo/crespo4g (Nexus S)
SUBSYSTEM=="usb", ATTR{idVendor}=="18d1", ATTR{idProduct}=="4e20", MODE="0600", OWNER="<username>"
# adb protocol on stingray/wingray (Xoom)
SUBSYSTEM=="usb", ATTR{idVendor}=="22b8", ATTR{idProduct}=="70a9", MODE="0600", OWNER="<username>"
# fastboot protocol on stingray/wingray (Xoom)
SUBSYSTEM=="usb", ATTR{idVendor}=="18d1", ATTR{idProduct}=="708c", MODE="0600", OWNER="<username>"
# adb protocol on maguro/toro (Galaxy Nexus)
SUBSYSTEM=="usb", ATTR{idVendor}=="04e8", ATTR{idProduct}=="6860", MODE="0600", OWNER="<username>"
# fastboot protocol on maguro/toro (Galaxy Nexus)
SUBSYSTEM=="usb", ATTR{idVendor}=="18d1", ATTR{idProduct}=="4e30", MODE="0600", OWNER="<username>"
# adb protocol on panda (PandaBoard)
SUBSYSTEM=="usb", ATTR{idVendor}=="0451", ATTR{idProduct}=="d101", MODE="0600", OWNER="<username>"
# fastboot protocol on panda (PandaBoard)
SUBSYSTEM=="usb", ATTR{idVendor}=="0451", ATTR{idProduct}=="d022", MODE="0600", OWNER="<username>"
# usbboot protocol on panda (PandaBoard)
SUBSYSTEM=="usb", ATTR{idVendor}=="0451", ATTR{idProduct}=="d00f", MODE="0600", OWNER="<username>"
# usbboot protocol on panda (PandaBoard ES)
SUBSYSTEM=="usb", ATTR{idVendor}=="0451", ATTR{idProduct}=="d010", MODE="0600", OWNER="<username>"
```

如果严格按照上述 4 个步骤来执行，并且没有任何错误——那么恭喜你，一个完整的 Android 编译环境已经搭建完成了。

2.2.2 编译流程

上一小节我们建立了完整的编译环境，可谓"万事俱备，只欠东风"，现在就可以执行真正的编译操作了。

下面内容仍然采用分步的形式进行讲解。

Step1. 执行 envsetup 脚本

脚本文件 envsetup.sh 记录着编译过程中所需的各种函数实现，如 lunch、m、mm 等。你可以根据需求进行一定的修改，然后执行以下命令：

```
$ source ./build/envsetup.sh
```

也可以用点号代替 source：

```
$ . ./build/envsetup.sh
```

Step2. 选择编译目标

编译目标由两部分组成，即 BUILD 和 BUILDTYPE。表 2-3 和表 2-4 给出了详细的解释。

表 2-3　　　　　　　　　　　　　BUILD 参数详解

BUILD	设　　备	备　　注
Full	模拟器	全编译，即包括所有的语言、应用程序、输入法等
full_maguro	maguro	全编译，并且运行于 Galaxy Nexus GSM/HSPA+ ("maguro")
full_panda	panda	全编译，并且运行于 PandaBoard ("panda")

可见 BUILD 可用于描述不同的目标设备。

表 2-4　　　　　　　　　　　　　BUILDTYPE 参数详解

BUILDTYPE	备　　注
User	编译出的系统有一定的权限限制，通常用来发布最终的上市版本
userdebug	编译出的系统拥有 root 权限，通常用于调试目的
Eng	即 engineering 版本

可见 BUILDTYPE 可用于描述各种不同的编译场景。

选择不同的编译目标，可以使用以下命令：

```
$ lunch BUILD-BUILDTYPE
```

如我们执行命令"lunch full-eng"，就相当于编译生成一个用于工程开发目的，且运行于模拟器的系统。

如果不知道有哪些产品类型可选，也可以只敲入"lunch"命令，这时会有一个列表显示出当前工程中已经配置过的所有产品类型（后续小节会讲解如何添加一款新产品）；然后可以根据提示进行选择，如图 2-5 所示。

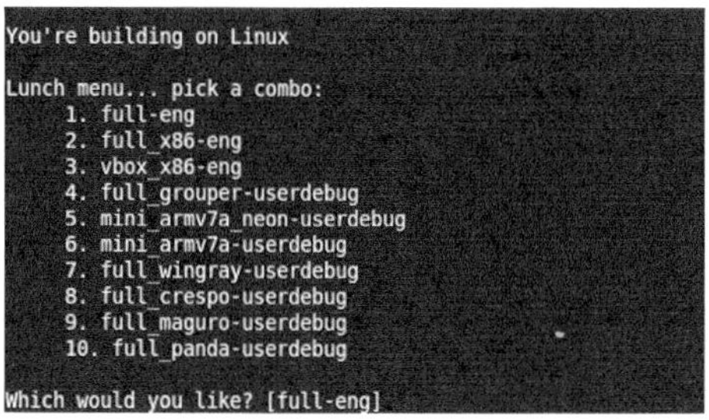

▲图 2-5　使用"lunch"来显示所有产品

Step3. 执行编译命令

最直接的就是输入如下命令：

```
$ make
```

对于 2.3 以下的版本，整个编译过程在一台普通计算机上需要 3 小时以上的时间。而对于 JellyBean 以上的项目，很可能会花费 5 小时以上的时间（这取决于你的宿主机配置）。

如果希望充分利用 CPU 资源，也可以使用 make 选项"-jN"。N 的值取决于开发机器的 CPU 数、每颗 CPU 的核心数以及每个核心的线程数。

例如，你可以使用以下命令来加快编译速度：

```
$ make -j4
```

有个小技巧可以为这次编译轻松地打上 Build Number 标签，而不需要特别更改脚本文件，即在 make 之前输入如下命令：

```
$ export BUILD_NUMBER=${USER}-'date +%Y%m%d-%H%M%S'
```

在定义 BUILD_NUMBER 变量值时要特别注意容易引起错误的符号，如"$""&"":""/""\"
"<"">"等。

这样我们就成功编译出 Android 原生态系统了——当然，上面的 "make" 指令只是选择默认的产品进行编译。假如你希望针对某个特定的产品来执行，还需要先通过上一小节中的 "lunch" 进行相应的选择。

接下来看看如何编译出 SDK。这是很多开发者，特别是应用程序研发人员所关心的。因为很多时候通过 SDK 所带的模拟器来调试 APK 应用，比在真机上操作要来得高效且便捷；而且模拟器可以配置出各种不同的屏幕参数，用以验证应用程序的"适配"能力。

SDK 是运行于 Host 机之上的，因而编译过程根据宿主操作系统的不同会有所区别。详细步骤如下：

Mac OS 和 Linux

（1）下载源码，和前面已经讲过的源码下载过程没有任何区别。

（2）执行 envsetup.sh。

（3）选择 SDK 对应的产品。

```
$ lunch sdk-eng
```

提示：如果通过 "lunch" 没有出现 "sdk" 这个种类的产品也没有关系，可以直接输入上面的命令。

（4）最后，使用以下命令进行 SDK 编译：

```
$ make sdk
```

Windows

运行于 Windows 环境下的 SDK 编译需要基于上面 Linux 的编译结果（注意只能是 Linux 环境下生成的结果，而不支持 MacOS）。

（1）执行 Linux 下 SDK 编译的所有步骤，生成 Linux 版的 SDK。

（2）安装额外的支持包。

```
$ sudo apt-get install mingw32 tofrodos
```

（3）再次执行编译命令，即：

```
$ . ./build/envsetup.sh
$ lunch sdk-eng
$ make win_sdk
```

这样我们就完成 Windows 版本 SDK 的编译了。

当然上面编译 SDK 的过程也同样可以利用多核心 CPU 的优势。例如：

```
$ make -j4 sdk
```

面向 Host 和 Target 的编译结果都存放在源码工程 out 目录下，分为两个子目录。

- host：SDK 生成的文件存放在这里。例如：
  - MacOS
    out/host/darwin-x86/sdk/android-sdk_eng.<build-id>_mac-x86.zip
  - Windows
    out/host/windows/sdk/android-sdk_eng.${USER}_windows/
- target：通过 make 命令生成的文件存放在这里。

另外，启动一个模拟器可以使用以下命令。

```
$ emulator [OPTIONS]
```

模拟器提供的启动选项非常丰富，读者可以参见本书工具篇中的详细描述。

2.3 定制产品的编译与烧录

上一小节我们学习了原生态 Android 系统的编译步骤,为大家进一步理解定制设备的编译流程打下了基础。Android 系统发展到今天,已经在多个产品领域得到了广泛的应用。相信有一个问题是很多人都想了解的,那就是如何在原生态 Android 系统中添加自己的定制产品。

2.3.1 定制新产品

仔细观察整个 Android 源码项目可以发现,它的根目录下有一个 device 文件夹,其中又包含了诸如 samsung、moto、google 等厂商名录,如图 2-6 所示。

在 Android 编译系统中新增一款设备的过程如下。

Step 1. 和图 2-6 所列的各厂商一样,我们也最好先在 device 目录下添加一个以公司命名的文件夹。当然,Android 系统本身并没有强制这样做(后面会看到 vendor 目录也是可以的),只不过规范的做法有利于项目的统一管理。

然后在这个公司名目录下为各产品分别建立对应的子文件夹。以 samsung 为例,其文件夹中包含的产品如图 2-7 所示。

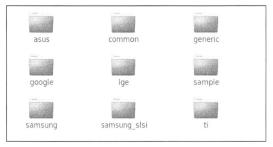

▲图 2-6 device 文件夹下的厂商目录

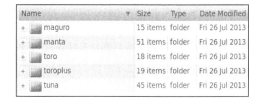

▲图 2-7 一个厂商通常有多种产品

完成产品目录的添加后,和此项目相关的所有特定文件都应该优先放置到这里。一般的组织结构如图 2-8 所示。

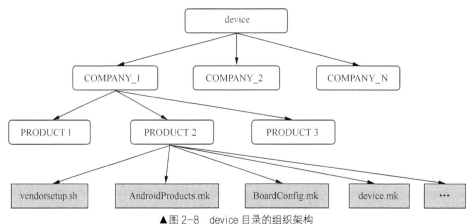

▲图 2-8 device 目录的组织架构

由图 2-8 最后一行可以看出,一款新产品的编译需要多个配置文件(sh、mk 等)的支持。我们按照这些文件所处的层级进行一个系统的分类,如表 2-5 所示。

表 2-5　　　　　　　　　　　　定制新设备所需的配置文件分类

层　　级	作　　用
芯片架构层（Architecture）	产品所采用的硬件架构，如 ARM、X86 等
核心板层（Board）	硬件电路的核心板层配置
设备层（Device）	外围设备的配置，如有没有键盘
产品层（Product）	最终生成的系统需要包含的软件模块和配置，如是否有摄像头应用程序、默认的国家或地区语言等

也就是说，一款产品由底层往上的构建顺序是：芯片架构→核心板→设备→产品。这样讲可能有点抽象，给大家举个具体的例子。我们知道，当前嵌入式领域市场占有率最高的当属 ARM 系列芯片。但是首先，ARM 公司本身并不生产具体的芯片，而只授权其他合作伙伴来生产和销售半导体芯片。ARM 架构就是属于最底层的硬件体系，需要在编译时配置。其次，很多芯片设计商（如三星）在获得授权后，可以在 ARM 架构的基础上设计出具体的核心板，如 S5PV210。接下来，三星会将其产品进一步销售给有需要的下一级厂商，如某手机生产商。此时就要考虑整个设备的硬件配置了，如这款手机是否要带有按键、触摸屏等。最后，在确认了以上 3 个层次的硬件设计后，我们还可以指定产品的一些具体属性，如默认的国家或地区语言、是否带有某些应用程序等。

后续的步骤中我们将分别讲解与这几个层次相关的一些重要的脚本文件。

Step 2. vendorsetup.sh

虽然我们已经为新产品创建了目录，但 Android 系统并不知道它的存在——所以需要主动告知 Android 系统新增了一个"家庭成员"。以三星 toro 为例，为了让它能被正确添加到编译系统中，首先就要在其目录下新建一个 vendorsetup.sh 脚本。这个脚本通常只需要一个语句。具体范例如下：

```
add_lunch_combo full_toro-userdebug
```

大家应该还记得前一小节编译原生态系统的第一步是执行 envsetup.sh，函数 add_lunch_combo 就是在这个文件中定义的。此函数的作用是将其参数所描述的产品（如 full_toro-userdebug）添加到系统相关变量中——后续 lunch 提供的选单即基于这些变量产生的。

那么，vendorsetup.sh 在什么时候会被调用呢？

答案也是 envsetup.sh。这个脚本的大部分内容是对各种函数进行定义与实现，末尾则会通过一个 for 循环来扫描工程中所有可用的 vendorsetup.sh，并执行它们。具体源码如下：

```
# Execute the contents of any vendorsetup.sh files we can find.
for f in `test -d device && find device -maxdepth 4 -name 'vendorsetup.sh' 2> /dev/null` \
         `test -d vendor && find vendor -maxdepth 4 -name 'vendorsetup.sh' 2> /dev/null`
do
    echo "including $f"
    . $f
Done

unset f
```

可见，默认情况下编译系统会扫描如下路径来查找 vendorsetup.sh：

```
/vendor/
/device/
```

注：vendor 这个目录在 4.3 版本的 Android 工程中已经不存在了，建议开发者将产品目录统一放在 device 中。

打一个比方，上述步骤有点类似于超市的工作流程：工作人员（编译系统）首先要扫描仓库（vendor 和 device 目录），统计出有哪些商品（由 vendorsetup.sh 负责记录），并通过一定的方式（add_lunch_combo@envsetup.sh）将物品上架，然后消费者才能在货架上挑选（lunch）自己想要的商品。

Step 3. 添加 AndroidProducts.mk。消费者在货架上选择（lunch）了某样"商品"后，工作人员的后续操作（如结账、售后等）就完全基于这个特定商品来展开。编译系统会先在商品所在目录下寻找 AndroidProducts.mk 文件，这里记录着针对该款商品的一些具体属性。不过，通常我们只在这个文件中做一个"转向"。如：

```
/*device/samsung/toro/AndroidProducts.mk*/
PRODUCT_MAKEFILES := \
    $(LOCAL_DIR)/aosp_toro.mk \
    $(LOCAL_DIR)/full_toro.mk
```

因为 AndroidProducts.mk 对于每款产品都是通用的，不利于维护管理，所以可另外新增一个或者多个以该产品命名的 makefile（如 full_toro.mk 和 aosp_toro.mk），再让前者通过 PRODUCT_MAKEFILES "指向"它们。

Step4. 实现上一步所提到的某产品专用的 makefile 文件（如 full_toro.mk 和 aosp_toro.mk）。可以充分利用编译系统已有的全局变量或者函数来完成任何需要的功能。例如，指定编译结束后需要复制到设备系统中的各种文件、设置系统属性（系统属性最终会写入设备/system 目录下的 build.prop 文件中）等。以 full_toro.mk 为例：

```
/*device/samsung/toro/full_toro.mk*/
#将apns等配置文件复制到设备的指定目录中
PRODUCT_COPY_FILES += \
    device/samsung/toro/bcmdhd.cal:system/etc/wifi/bcmdhd.cal \
    device/sample/etc/apns-conf_verizon.xml:system/etc/apns-conf.xml \
…
# 继承下面两个 mk 文件
$(call inherit-product, $(SRC_TARGET_DIR)/product/aosp_base_telephony.mk)
$(call inherit-product, device/samsung/toro/device_vzw.mk)
# 下面重载编译系统中已经定义的变量
PRODUCT_NAME :=full_toro       #产品名称
PRODUCT_DEVICE := toro         #设备名称
PRODUCT_BRAND := Android       #品牌名称
…
```

这部分的变量基本上以"PRODUCT_"开头，我们在表 2-6 中对其中常用的一些变量做统一讲解。

表 2-6　　　　　　　　　　PRODUCT 相关变量

变量	描述
PRODUCT_NAME	产品名称，最终会显示在系统设置中的"关于设备"选项卡中
PRODUCT_DEVICE	设备名称
PRODUCT_BRAND	产品所属品牌
PRODUCT_MANUFACTURER	产品生产商
PRODUCT_MODEL	产品型号
PRODUCT_PACKAGES	系统需要预装的一系列程序，如 APKs
PRODUCT_LOCALES	所支持的国家语言。格式如下： [两字节语言码]-[两字节国家码] 如 en_GB de_DE 各语言间以空格分隔
PRODUCT_POLICY	本产品遵循的"策略"，如： android.policy_phone android.policy_mid
PRODUCT_TAGS	一系列以空格分隔的产品标签描述

续表

变　量	描　述
PRODUCT_PROPERTY_OVERRIDES	用于重载系统属性。 格式：key=value 示例：ro.product.firmware=v0.4rc1 dalvik.vm.dexopt-data-only=1 这些属性最终会被存储在系统设备的/system/build.prop 文件中

Step 5. 添加 BoardConfig.mk 文件。这个文件用于填写目标架构、硬件设备属性、编译器的条件标志、分区布局、boot 地址、ramdisk 大小等一系列参数（参见下一小节对系统映像文件的讲解）。下面是一个范例（因为 toro 中的 BoardConfig 主要引用了 tuna 的 BoardConfig 实现，所以我们直接讲解后者的实现）：

```
#/*device/samsung/tuna/BoardConfig.mk*/
TARGET_CPU_ABI := armeabi-v7a ## eabi 即 Embedded application binary interface
TARGET_CPU_ABI2 := armeabi
…
TARGET_NO_BOOTLOADER := true ##不编译 bootloader
…
BOARD_SYSTEMIMAGE_PARTITION_SIZE := 685768704#system.img 分区大小
BOARD_USERDATAIMAGE_PARTITION_SIZE := 14539537408#userdata.img 的分区大小
BOARD_FLASH_BLOCK_SIZE := 4096 #flash 块大小
…
BOARD_WLAN_DEVICE         := bcmdhd #wifi 设备
```

可以看到，这个 makefile 文件中涉及的变量大部分以 "TARGET_" 和 "BOARD_" 开头，且数量众多。相信对于第一次编写 BoardConfig.mk 的开发者来说，这是一个不小的挑战。那么，有没有一些小技巧来加速学习呢？

答案是肯定的。

各大厂商在自己产品目录下存放的 BoardConfig.mk 样本就是我们学习的绝佳材料。通过比较可发现，这些文件大部分都是雷同的。所以我们完全可以先从中复制一份（最好选择架构、主芯片与自己项目相当的），然后根据产品的具体需求进行修改。

Step 6. 添加 Android.mk。这是 Android 系统下编译某个模块的标准 makefile。有些读者可能分不清楚这个文件与前面几个步骤中的 makefile 有何区别。我们举例说明，如果 Step1-Step5 中的文件用于决定一个产品的属性，那么 Android.mk 就是生产这个 "产品" 某个 "零件" 的 "生产工序"。——要特别注意，只是某个 "零件" 而已。整个产品是需要由很多 Android.mk 生产出的 "零件" 组合而成的。

Step7. 完成前面 6 个步骤后，我们就成功地将一款新设备定制到编译系统中了。接下来的编译流程和原生态系统是完全一致的，这里不再赘述。

值得一提的是，/system/build.prop 这个文件的生成过程也是由编译系统控制的。具体处理过程在/build/core/Makefile 中，它主要由以下几个部分组成：

- /build/tools/buildinfo.sh

这个脚本用于向 build.prop 中输出各种<key> <value>组合，实现方式也很简单。下面是其中的两行节选：

echo "ro.build.id=$BUILD_ID"

echo "ro.build.display.id=$BUILD_DISPLAY_ID"

- TARGET_DEVICE_DIR 目录下的 system.prop
- ADDITIONAL_BUILD_PROPERTIES
- /build/tools/post_process_props.py

清理工作，将黑名单中的项目从最终的 build.prop 中移除。

开发人员在定制一款新设备时，可以根据实际情况将自己的配置信息添加到上述几个组成部分中，以保证设备的正常运行。

2.3.2 Linux 内核编译

不同产品的硬件配置往往是有差异的。比如某款手机配备了蓝牙芯片，而另一款则没有；即便是都内置了蓝牙模块的两款手机，它们的生产商和型号也很可能不一样——这就不可避免地要涉及内核驱动的移植。前面我们分析的编译流程只针对 Android 系统本身，而 Linux 内核和 Android 的编译是独立的。因此对于设备开发商来说，还需要下载、修改和编译内核版本。

接下来以 Android 官方提供的例子来讲解如何下载合适的内核版本。

这个范例基于 Google 的 Panda 设备，具体步骤如下。

Step1. 首先通过以下命令来获取到 git log：

```
$ git clone https://android.googlesource.com/device/ti/panda
$ cd panda
$ git log --max-count=1 kernel
```

这样就得到了 panda kernel 的提交值，在后续步骤中会用到。

Step2. Google 针对 Android 系统提供了以下可用的内核版本：

```
$ git clone https://android.googlesource.com/kernel/common.git
$ git clone https://android.googlesource.com/kernel/exynos.git
$ git clone https://android.googlesource.com/kernel/goldfish.git
$ git clone https://android.googlesource.com/kernel/msm.git
$ git clone https://android.googlesource.com/kernel/omap.git
$ git clone https://android.googlesource.com/kernel/samsung.git
$ git clone https://android.googlesource.com/kernel/tegra.git
```

上述命令的每一行都代表了一个可用的内核版本。

那么，它们之间有何区别呢？

- exynos，适用于 Samsung Exynos 芯片组；
- goldfish，适用于模拟平台；
- msm，适用于 ADP1，ADP2，Nexus One 以及 Qualcomm MSM 芯片组；
- omap，适用于 PandaBoard 和 Galaxy Nexus 以及 TI OMAP 芯片组；
- samsung，适用于 Nexus S 以及 Samsung Hummingbird 芯片组；
- tegra，适用于 Xoom 以及 NVIDIA Tegra 芯片组；
- common，则是通用版本。

由此可见，与 Panda 设备相匹配的是 omap.git 这个版本的内核。

Step3. 除了 Linux 内核，我们还需要下载 prebuilt。具体命令如下：

```
$ git clone https://android.googlesource.com/platform/prebuilt
$ export PATH=$(pwd)/prebuilt/linux-x86/toolchain/arm-eabi-4.4.3/bin:$PATH
```

Step4. 完成以上步骤后，就可以进行 Panda 内核的编译了：

```
$ export ARCH=arm
$ export SUBARCH=arm
$ export CROSS_COMPILE=arm-eabi-
$ cd omap
$ git checkout <第一步获取到的值>
$ make panda_defconfig
$ make
```

整个内核的编译相对简单，读者可以自行尝试。

2.3.3 烧录/升级系统

将编译生成的可执行文件包通过各种方式写入硬件设备的过程称为烧录（flash）。烧录的方式有很多，各厂商可以根据实际的需求自行选择。常见的有以下几种。

（1）SD 卡工厂烧录方式

当前市面上的 CPU 主芯片通常会提供多种跳线方式，来支持嵌入式设备从不同的存储介质（如 Flash、SD Card 等）中加载引导程序并启动系统。这样的设计显然会给设备开发商带来更多的便利。研发人员只需要将烧录文件按一定规则先写入 SD 卡，然后将设备配置为 SD 卡启动。一旦设备成功启动后，处于烧写模式下的 BootLoader 就会将各文件按照要求写入产品存储设备（通常是 FLASH 芯片）的指定地址中。

由此可见 Bootloader 的主要作用有两个：其一是提供下载模式，将组成系统的各个 Image 写入到设备的永久存储介质中；其二才是在设备开机过程中完成引导系统正常启动的重任。

一个完整的 Android 烧录包至少需要由 3 部分内容（即 Boot Loader，Linux Kernel 和 Android System）组成。我们可以利用某种方式对它们先进行打包处理，然后统一写入设备中。一般情况下，芯片厂商（如 Samsung）会针对某款或某系列芯片提供专门的烧录工具给开发人员使用；否则各产品开发商需要根据实际情况自行研发合适的工具。

总的来说，SD 卡的烧录手法以其操作简便、不需要 PC 支持等优点被广泛应用于工厂生产中。

（2）USB 方式

这种方式需要在 PC 的配合下完成。设备首先与 PC 通过 USB 进行连接，然后运行于 PC 上的客户端程序将辅助 Android 设备来完成文件烧录。

（3）专用的烧写工具

比如使用 J-Tag 进行系统烧录。

（4）网络连接方式

这种方式比较少见，因为它要求设备本身能接入网络（局域网、互联网），这对于很多嵌入式设备来说过于苛刻。

（5）设备 Bootloader+fastboot 的模式

这也就是我们俗称的"线刷"。需要特别注意的是，能够使用这种升级模式的一个前提是设备中已经存在可用的 Bootloader，因而它不能被运用于工厂烧录中（此时设备中还未有任何有效的系统程序）。

当然，各大厂商通常还会在这种模式上做一些"易用性的封装"（譬如提供带 GUI 界面的工具），从而在一定程度上降低用户的使用门槛。

迫使 Android 设备进入 Bootloader 模式的方法基本上大同小异，下面这两种是最常见的：

通过"fastboot reboot-bootloader"命令来重启设备并进入 Bootloader 模式；

在关机状态下，同时按住设备的"音量减"和电源键进入 Bootloader 模式。

（6）Recovery 模式

和前一种方式类似，Recovery 模式同样不适用于设备首次烧录的场景。"Recovery"的字面意思是"还原"，这也从侧面反映出它的初衷是帮助那些出现异常的系统进行快速修复。由于 OTA 这种得到大规模应用的升级方式同样需要借助于 Recovery 模式，使得后者逐步超出了原先的设计范畴，成为普通消费者执行设备升级操作的首选方式。我们将在后续小节中对此做更详细的讲解。

2.4 Android Multilib Build

早期的 Android 系统只支持 32 位 CPU 架构的编译,但随着越来越多的 64 位硬件平台的出现,这种编译系统的局限性就突显出来了。因而 Android 系统推出了一种新的编译方式,即 Multilib build。可想而知,这种编译系统上的改进需要至少满足两个条件:

- 支持 64-bit 和 32-bit

64 位和 32 位平台在很长一段时间内都需要"和谐共处",因而编译系统必须保证以下几个场景。

Case1:支持只编译 64-bit 系统。
Case2:支持只编译 32-bit 系统。
Case3:支持编译 64 和 32bit 系统,64 位系统优先。
Case4:支持编译 32 和 64 位系统,32 位系统优先。

- 在现有编译系统基础上不需要做太多改动

事实上 Multilib Build 提供了比较简便的方式来满足以上两个条件,我们将在下面内容中学习到它的具体做法。

(1)平台配置

BoardConfig.mk 用于指定目标平台相关的很多属性,我们可以在这个脚本中同时指定 Primary 和 Secondary 的 CPU Arch 和 ABI:

与 Primary Arch 相关的变量有 TARGET_ARCH、TARGET_ARCH_VARIANT、TARGET_CPU_VARIANT 等,具体范例如下:

```
TARGET_ARCH := arm64
TARGET_ARCH_VARIANT := armv8-a
TARGET_CPU_VARIANT := generic
TARGET_CPU_ABI := arm64-v8a
```

与 Secondary Arch 相关的变量有 TARGET_2ND_ARCH、TARGET_2ND_ARCH_VARIANT、TARGET_2ND_CPU_VARIANT 等,具体范例如下:

```
TARGET_2ND_ARCH := arm
TARGET_2ND_ARCH_VARIANT := armv7-a-neon
TARGET_2ND_CPU_VARIANT := cortex-a15
TARGET_2ND_CPU_ABI := armeabi-v7a
TARGET_2ND_CPU_ABI2 := armeabi
```

如果希望默认编译 32-bit 的可执行程序,可以设置:

```
TARGET_PREFER_32_BIT := true
```

通常 lunch 列表中会针对不同平台提供相应的选项,如图 2-9 所示。

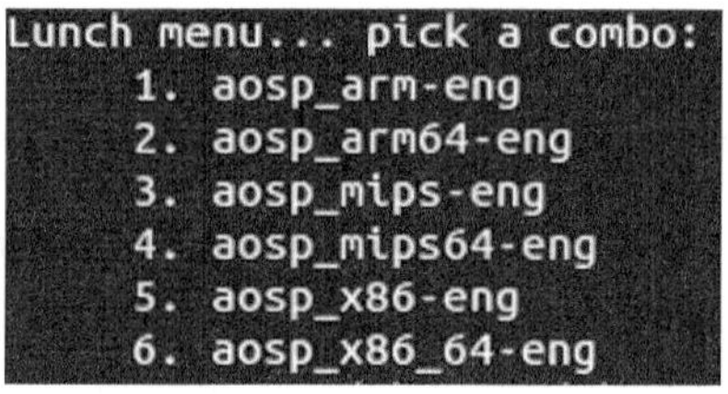

```
Lunch menu... pick a combo:
     1. aosp_arm-eng
     2. aosp_arm64-eng
     3. aosp_mips-eng
     4. aosp_mips64-eng
     5. aosp_x86-eng
     6. aosp_x86_64-eng
```

▲图 2-9 相应的选项

当开发者选择不同平台时，会直接影响到 TARGET_2ND_ARCH 等变量的赋值，从而有效控制编译流程。比如图 2-10 中左、右两侧分别对应我们使用 lunch 1 和 lunch 2 所产生的结果，大家可以对比下其中的差异。

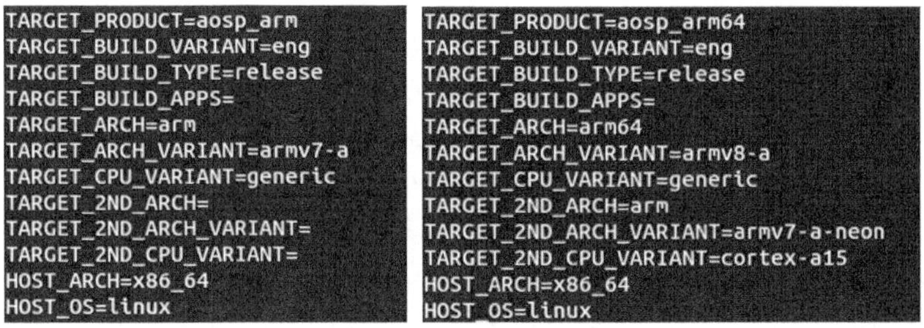

```
TARGET_PRODUCT=aosp_arm            TARGET_PRODUCT=aosp_arm64
TARGET_BUILD_VARIANT=eng           TARGET_BUILD_VARIANT=eng
TARGET_BUILD_TYPE=release          TARGET_BUILD_TYPE=release
TARGET_BUILD_APPS=                 TARGET_BUILD_APPS=
TARGET_ARCH=arm                    TARGET_ARCH=arm64
TARGET_ARCH_VARIANT=armv7-a        TARGET_ARCH_VARIANT=armv8-a
TARGET_CPU_VARIANT=generic         TARGET_CPU_VARIANT=generic
TARGET_2ND_ARCH=                   TARGET_2ND_ARCH=arm
TARGET_2ND_ARCH_VARIANT=           TARGET_2ND_ARCH_VARIANT=armv7-a-neon
TARGET_2ND_CPU_VARIANT=            TARGET_2ND_CPU_VARIANT=cortex-a15
HOST_ARCH=x86_64                   HOST_ARCH=x86_64
HOST_OS=linux                      HOST_OS=linux
```

▲图 2-10 控制编译流程

另外，还可以设置 TARGET_SUPPORTS_32_BIT_APPS 和 TARGET_SUPPORTS_64_BIT_APPS 来指明需要为应用程序编译什么版本的本地库。此时需要特别注意：

- 如果这两个变量被同时设置，那么系统会编译 64-bit 的应用程序——除非你设置了 TARGET_PREFER_32_BIT 或者在 Android.mk 中对变量做了重载；
- 如果只有一个变量被设置了，那么就只编译与之对应的应用程序；
- 如果两个变量都没有被设置，那么除非你在 Android.mk 中做了变量重载，否则默认只编译 32-bit 应用程序。

那么在支持不同位数的编译时，所采用的 Tool Chain 是否有区别？答案是肯定的。

如果你希望使用通用的 GCC 工具链来同时处理两种 Arch 架构，那么可以使用 TARGET_GCC_VERSION_EXP；反之你可以使用 TARGET_TOOLCHAIN_ROOT 和 2ND_TARGET_TOOLCHAIN_ROOT 来为 64 和 32 位编译分别指定不同的工具链。

（2）单模块配置

我们当然也可以针对单个模块来配置 Multilib。

- 对于可执行程序，编译系统默认情况下只会编译出 64-bit 的版本。除非我们指定了 TARGET_PREFER_32_BIT 或者 LOCAL_32_BIT_ONLY。
- 对于某个模块依赖的库的编译方式，会和该模块有紧密关系。简单来讲 32-bit 的库或者可执行程序依赖的库，会被以 32 位来处理;对于 64 位的情况也同样如此。

需要特别注意的是，在 make 命令中直接指定的目标对象只会产生 64 位的编译。举一个例子来说，"lunch aosp_arm64-eng" → "make libc" 只会编译 64-bit 的 libc。如果你想编译 32 位的版本，需要执行 "make libc_32"。

描述单模块编译的核心脚本是 Android.mk，在这个文件里我们可以通过指定 LOCAL_MULTILIB 来改变默认规则。各种取值和释义如下所示：

- "first"

只考虑 Primary Arch 的情况

- "both"

同时编译 32 和 64 位版本

- "32"

只编译 32 位版本

- "64"

只编译 64 位版本

- " "

这是默认值。编译系统会根据其他配置来决定需要怎么做，如 LOCAL_MODULE_TARGET_ARCH，LOCAL_32_BIT_ONLY 等。

如果你需要针对某些特定的架构来做些调整，那么以下几个变量可能会帮到你：

- LOCAL_MODULE_TARGET_ARCH

可以指定一个 Arch 列表，例如"arm x86 arm64"等。这个列表用于指定你的模块所支持的 arch 范围，换句话说，如果当前正在编译的 arch 不在列表中将导致本模块不被编译：

- LOCAL_MODULE_UNSUPPORTED_TARGET_ARCH

如其名所示，这个变量起到和上述变量相反的作用。

- LOCAL_MODULE_TARGET_ARCH_WARN
- LOCAL_MODULE_UNSUPPORTED_TARGET_ARCH_WARN

这两个变量的末尾多了个"WARN"，意思就是如果当前模块在编译时被忽略，那么会有 warning 打印出来。

各种编译标志也可以打上与 Arch 相应的标签，如以下几个例子：

- LOCAL_SRC_FILES_arm, LOCAL_SRC_FILES_x86
- LOCAL_CFLAGS_arm, LOCAL_CFLAGS_arm64
- LOCAL_LDFLAGS_arm, LOCAL_LDFLAGS_arm64

我们再来看一下安装路径的设置。对于库文件来说，可以使用 LOCAL_MODULE_RELATIVE_PATH 来指定一个不同于默认路径的值，这样 32 位和 64 位的库都会被放置到这里。对于可执行文件来说，可以分别使用以下两类变量来指定文件名和安装路径：

- LOCAL_MODULE_STEM_32, LOCAL_MODULE_STEM_64

分别指定 32 位和 64 位下的可执行文件名称。

- LOCAL_MODULE_PATH_32, LOCAL_MODULE_PATH_64

分别指定 32 位和 64 位下的可执行文件安装路径。

（3）Zygote

支持 Multilib Build 还需要考虑一个重要的应用场合，即 Zygote。可想而知，Multilib 编译会产生两个版本的 Zygote 来支持不同位数的应用程序，即 Zygote64 和 Zygote32。早期的 Android 系统中，Zygote 的启动脚本被直接书写在 init.rc 中。但从 Lollipop 开始，这种情况一去不复返了。我们来看一下其中的变化。

```
/*system/core/rootdir/init.rc*/
import /init.${ro.hardware}.rc
import /init.${ro.zygote}.rc
```

根据系统属性 ro.zygote 的不同，init 进程会调用不同的 zygote 描述脚本，从而启动不同版本的"孵化器"。以 ro.zygote 为"zygote64_32"为例，具体脚本如下：

```
/*system/core/rootdir/init.zygote64_32.rc*/
service zygote /system/bin/app_process64 -Xzygote /system/bin --zygote --start-system
-server --socket-name=zygote
    class main
    socket zygote stream 660 root system
    onrestart write /sys/android_power/request_state wake
    onrestart write /sys/power/state on
    onrestart restart media
    onrestart restart netd

service zygote_secondary /system/bin/app_process32 -Xzygote /system/bin --zygote --
```

```
socket-name=zygote_secondary
    class main
    socket zygote_secondary stream 660 root system
    onrestart restart zygote
```

这个脚本描述的是 Primary Arch 为 64，Secondary Arch 为 32 位时的情况。因为 zygote 的承载进程是 app_process，所以我们可以看到系统同时启动了两个 Service，即 app_process64 和 app_process32。关于 zygote 启动过程中的更多细节，读者可以参考本书的系统启动章节，我们这里先不进行深入分析。

因为系统需要有两个不同版本的 zygote 同时存在，根据前面内容的学习我们可以断定，zygote 的 Android.mk 中一定做了同时编译 32 位和 64 位程序的配置：

```
/*frameworks/base/cmds/app_process/Android.mk*/
LOCAL_SHARED_LIBRARIES := \
    libcutils \
    libutils \
    liblog \
    libbinder \
    libandroid_runtime

LOCAL_MODULE:= app_process
LOCAL_MULTILIB := both
LOCAL_MODULE_STEM_32 := app_process32
LOCAL_MODULE_STEM_64 := app_process64
include $(BUILD_EXECUTABLE)
```

上面这个脚本可以作为需要支持 Multilib build 的模块的一个范例。其中 LOCAL_MULTILIB 告诉系统，需要为 zygote 生成两种类型的应用程序；而 LOCAL_MODULE_STEM_32 和 LOCAL_MODULE_STEM_64 分别用于指定两种情况下的应用程序名称。

2.5 Android 系统映像文件

通过前面几个小节的学习，我们已经按照产品需求编译出自定制的 Android 版本了。编译成功后，会在 out/target/product/[YOUR_PRODUCT_NAME]/目录下生成最终要烧录到设备中的映像文件，包括 system.img, userdata.img, recovery.img, ramdisk.img 等。初次看到这些文件的读者一定想知道为什么会生成这么多的映像、它们各自都将完成什么功能。

这是本小节所要回答的问题。

Android 中常见 image 文件包的解释如表 2-7 所示。

表 2-7　　　　　　　　　　Android 系统常见 image 释义

Image	Description
boot.img	包含内核启动参数、内核等多个元素（详见后面小节的描述）
ramdisk.img	一个小型的文件系统，是 Android 系统启动的关键
system.img	Android 系统的运行程序包（framework 就在这里），将被挂载到设备中的/system 节点下
userdata.img	各程序的数据存储所在，将被挂载到/data 目录下
recovery.img	设备进入"恢复模式"时所需要的映像包
misc.img	即"miscellaneous"，包含各种杂项资源
cache.img	缓冲区，将被挂载到/cache 节点中

它们的关系可以用图 2-11 来表示。

接下来对 boot、ramdisk、system 三个重要的系统 image 进行深入解析。

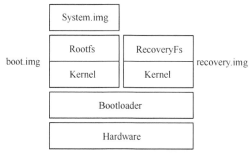

▲图 2-11　关系图

2.5.1　boot.img

理解 boot.img 的最好方法就是学习它的制作工具——mkbootimg，源码路径在 system/core/mkbootimg 中。这个工具的语法规则如下：

```
mkbootimg  --kernel <filename> --ramdisk <filename>
[ --second <2ndbootloader-filename>]  [ --cmdline <kernel-commandline> ]
[ --board <boardname> ]  [ --base <address> ]
[ --pagesize <pagesize> ]  -o|--output <filename>
```

- --kernel：指定内核程序包（如 zImage）的存放路径；
- --ramdisk：指定 ramdisk.img（下一小节有详细分析）的存放路径；
- --second：可选，指第二阶段文件；
- --cmdline：可选，内核启动参数；
- --board：可选，板名称；
- --base：可选，内核启动基地址；
- --pagesize：可选，页大小；
- --output：输出名称。

那么，编译系统是在什么地方调用 mkbootimg 的呢？

其一就是 droidcore 的依赖中，INSTALLED_BOOTIMAGE_TARGET，如图 2-12 所示。

其二就是生成 INSTALLED_BOOTIMAGE_TARGET 的地方（build/core/Makefile），如图 2-13 所示。

可见 mkbootimg 程序的各参数是由 INTERNAL_BOOTIMAGE_ARGS 和 BOARD_MKBOOTIMG_ARGS 来指定的，而这两者又分别取决于其他 makefile 中的定义。如 BoardConfig.mk 中定义的 BOARD_KERNEL_CMDLINE 在默认情况下会作为 --cmdline 参数传给 mkbootimg；BOARD_KERNEL_BASE 则作为 --base 参数传给 mkbootimg。

▲图 2-12　droidcore 的依赖　　　　▲图 2-13　生成 INSTALLED_BOOTIMAGE_TARGET 的地方

按照 Bootimg.h 中的描述，boot.img 的文件结构如图 2-14 所示。

各组成部分如下：

1. boot header

存储内核启动"头部"——内核启动参数等信息,占据一个 page 空间,即 4KB 大小。Header 中包含的具体内容可以通过分析 Mkbootimg.c 中的 main 函数来获知,它实际上对应 boot_img_hdr 这个结构体:

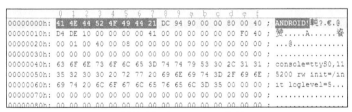

▲图 2-14 boot.img 的文件结构

```
/*system/core/mkbootimg/Bootimg.h*/
struct boot_img_hdr
{
    unsigned char magic[BOOT_MAGIC_SIZE];
    unsigned kernel_size;  /* size in bytes */
    unsigned kernel_addr;  /* physical load addr */
    unsigned ramdisk_size; /* size in bytes */
    unsigned ramdisk_addr; /* physical load addr */
    unsigned second_size;  /* size in bytes */
    unsigned second_addr;  /* physical load addr */
    unsigned tags_addr;    /* physical addr for kernel tags */
    unsigned page_size;    /* flash page size we assume */
    unsigned unused[2];    /* future expansion: should be 0 */
    unsigned char name[BOOT_NAME_SIZE]; /* asciiz product name */
    unsigned char cmdline[BOOT_ARGS_SIZE];
    unsigned id[8]; /* timestamp / checksum / sha1 / etc */
};
```

这样讲有点抽象,下面举个实际的 boot.img 例子,我们可以用 UltraEditor 或者 WinHex 把它打开,如图 2-15 所示。

可以看到,文件最起始的 8 个字节是 "ANDROID!",也称为 BOOT_MAGIC;后续的内容则包括 kernel_size, kernel_addr 等,与上述的 boot_img_hdr 结构体完全吻合。

▲图 2-15 boot header 实例

2. kernel

内核程序是整个 Android 系统的基础,也被"装入" boot.img 中——我们可以通过 --kernel 选项来指定内核映射文件的存储路径。其所占据的大小为:

```
n pages=(kernel_size + page_size - 1) / page_size
```

由此可以看出,boot.img 中的各元素必须是页对齐的。

3. ramdisk

不仅是 kernel,boot.img 中也包含了 ramdisk.img。其所占据大小为:

```
m pages=(ramdisk_size + page_size - 1) / page_size
```

可见也是页对齐的。

其他关于 ramdisk 的详细描述请参照下一小节,这里先不做解释。

4. second stage

这一项是可选的。其占据大小为：

```
o pages= (second_size + page_size - 1) / page_size
```

这个元素通常用于扩展功能，默认情况下可以忽略。

2.5.2 ramdisk.img

无论什么类型的文件，从计算机存储的角度来说都只不过是一堆"0""1"数字的集合——它们只有在特定处理规则的解释下才能表现出意义。如 txt 文本用 Ultra Editor 打开就可以显示出里面的文字；jpg 图像文件在 Photoshop 工具的辅助下可以让用户看到其所包含的内容。而文本与 jpeg 图像文件本质上并没有区别，只不过存储与读取这一文件的"规则"发生了变化——正是这些"五花八门"的"规则"才创造出成千上万的文件类型。

另外，文件后缀名也并不是必需的，除非操作系统用它来鉴别文件的类型。而更多情况下，后缀名的存在只是为了让用户有个直观的认识。如我们会认为"*.txt"是文本文档、"*.jpg"是图片等。

Android 的系统文件以".img"为后缀名，这种类型的文件最初用来表示某个 disk 的完整复制。在从原理的层面讲解这些系统映像之前，可以通过一种方式来让读者对这些文件有个初步的感性认识（下面的操作以 ramdisk.img 为例，其他映像文件也是类似的）。

首先对 ramdisk.img 执行 file 命令，得到如下结果：

```
$file ramdisk.img
ramdisk.img: gzip compressed data, from Unix
```

这说明它是一个 gZip 的压缩文件。我们将其改名为 ramdisk.img.gz，再进行解压。具体命令如下：

```
$gzip -d ramdisk.img.gz
```

这时会得到另一个名为 ramdisk.img 的文件，不过文件类型变了：

```
$file ramdisk.img
ramdisk.img: ASCII cpio archive (SVR4 with no CRC)
```

由此可知，这时的 ramdisk.img 是 CPIO 文件了。

再来执行以下操作：

```
$cpio -i -F ramdisk.img
3544 blocks
```

这样就解压出了各种文件和文件夹，范例如图 2-16 所示。

▲图 2-16 范例

可以清楚地看到，常用的 system 目录、data 目录以及 init 程序（系统启动过程中运行的第一个程序）等文件都包含在 ramdisk.img 中。

这样我们可以得出一个大致的结论，ramdisk.img 中存放的是 root 根目录的镜像（编译后可以在 out/target/product/[YOUR_PRODUCT_NAME]/root 目录下找到）。它将在 Android 系统的启动过程中发挥重要作用。

2.5.3 system.img

要将 system.img 像 ramdisk.img 一样解压出来会相对麻烦一些。不过方法比较多，除了以下提到的方式，读者还可以尝试使用 unyaffs（参考 http://code.google.com/p/unyaffs/ 或者 http://code.google.com/p/yaffs2utils/）来实现。

这里我们采取 mount 的方法，这是目前最省时省力的解决方式。

步骤如下：

- simg2img

编译成功后，这个工具的可执行文件在 out/host/linux-x86/bin 中。

源码目录 system/extras/ext4_utils。

将此工具复制到与 system.img 同一目录下。

执行如下命令可以查询 simg2img 的用法：

```
$ ./simg2img --h
Usage: simg2img <sparse_image_file><raw_image_file>
```

对 system.img 执行：

```
$ ./simg2img system.img system.img.step1
```

- mount

将上一步得到的文件通过以下操作挂载到 system_extracted 中：

```
$ mkdir system_extracted
$ sudo mount -o loop system.img.step1 system_extracted
```

最终我们得到如图 2-17 所示的结果。

▲图 2-17　结果图

这说明该 image 文件包含了设备/system 节点中的相关内容。

2.5.4 Verified Boot

Android 领域的开放性催生了很多第三方 ROM 的繁荣（例如市面上 "五花八门" 的 Recovery、定制的 Boot Image、System Image 等），同时也给系统本身的安全性带来了挑战。

从 4.4 版本开始，Android 结合 Kernel 的 dm-verity 驱动能力实现了一个名为 "Verified Boot" 的安全特性，以期更好地保护系统本身免受恶意程序的侵害。我们在本小节将向大家讲解这一特性的基本原理，以便读者们在无法成功利用 fastboot 写入 image 时可以清楚地知道隐藏在背后的真正原因。

我们先来熟悉表 2-8 所示的术语。

当设备开机以后，根据 Boot State 和 Device State 的状态值不同，有如图 2-18 所示几种可能性。

表 2-8　Verified Boot 相关术语

术语	释义
dm-verity	Linux kernel 的一个驱动,用于在运行时态验证文件系统分区的完整性(判断依据是 Hash Tree 和 Signed metadata)
Boot State	保护等级,分为 GREEN、YELLOW、ORANGE 和 RED 四种
Device State	表明设备接受软件刷写的程度,通常有 LOCKED 和 UNLOCKED 两种状态
Keystore	公钥合集
OEM key	Bootloader 用于验证 boot image 的 key

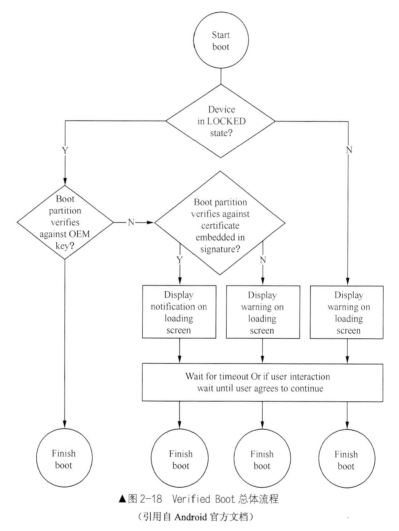

▲图 2-18　Verified Boot 总体流程
（引用自 Android 官方文档）

最下方的 4 个圆圈颜色分别为：GREEN、YELLOW、RED 和 ORANGE。例如当前设备的 Device State 是 LOCKED，那么就首先需要经历 OEM KEY Verification——如果通过的话 Boot State 是 GREEN，表示系统是安全的；否则需要进入下一轮的 Signature Verification，其结果决定了 Boot State 是 YELLOW 或者是 RED（比较危险）。当然，如果当前设备本身就是 UNLOCKED 的，那就不用经过任何检验——不过它和 YELLOW、RED 一样的地方是，都会在屏幕上显式地告诫用户潜在的各种风险。部分 Android 设备还会要求用户主动做出选择后才能正常启动，如图 2-19 所示典型示例。

如果设备的 Device State 发生切换的话（fastboot 就提供了类似的命令，只不过大部分设备都需要解锁码才能完成），那么系统中的 data 分区将会被擦除，以保证用户数据的安全。

▲图 2-19　典型示例

我们知道，Android 系统在启动过程中要经过 Bootloader->Kernel->Android 三个阶段，因而在 Verified Boot 的设计中，它对分区的看护也是环环相扣的。具体来说，Bootloader 承担 boot 和 recovery 分区的完整性校验职责；而 Boot Partition 则需要保证后续的分区，如 system 的安全性。另外，Recovery 的工作和 Boot 是基本类似的。

不过，由于分区文件大小有差异，具体的检验手段也是不同的。结合前面小节对 boot.img 的描述，其在增加了 verified boot 后的文件结构变化如图 2-20 所示。

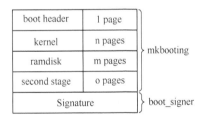

▲图 2-20　文件结构变化

除了 mkbootimg 来生成原始的 boot.img 外，编译系统还会调用另一个新工具，即 boot_signer（对应源码目录 system/extras/verity）来在 boot.img 的尾部附加一个 signature 段。这个签名是针对 boot.img 的 Hash 结果展开的，默认使用的 key 在/build/target/product/security 目录下。

而对于某些大块分区（如 System Image），则需要通过 dm-verity 来验证它们的完整性。关于 dm-verity 还有非常多的技术细节，限于篇幅我们不做过多讨论，但强烈建议读者自行查阅相关资料做进一步深入学习。

2.6　ODEX 流程

ODEX 是 Android 旧系统的一个优化机制。对于很多开发人员来说，ODEX 可以说是既熟悉又陌生。熟悉的原因在于目前很多手机系统，或者 APK 中的文件都从以前的格式变成了如图 2-21 和图 2-22 所示的样子。

而陌生的原因在于有关 ODEX 的资料并不是很多，不少开发人员对于 ODEX 是什么，能做什么以及它的应用流程并不清楚——这也是我们本小节所要向大家阐述的内容。

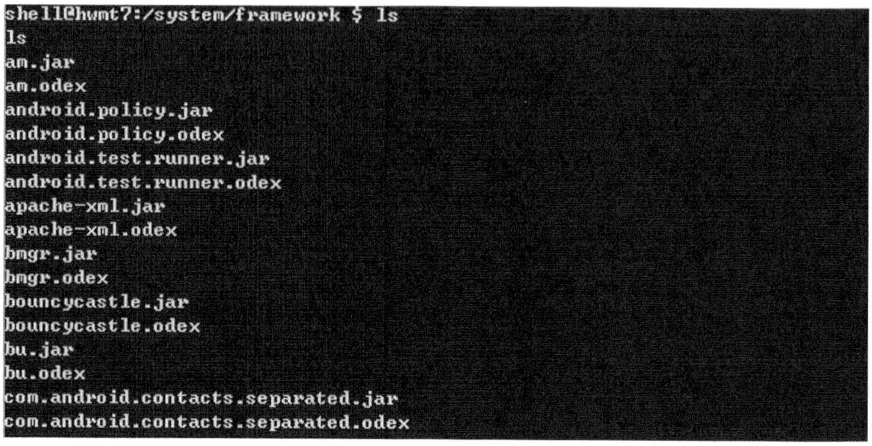

▲图 2-21 系统目录 system/framework 下的文件列表

ODEX 是 Optimized Dalvik Executable 的缩写，从字面意思上理解，就是经过优化的 Dalvik 可执行文件。Dalvik 是 Android 系统（目前已经切换到 Art 虚拟机）中采用的一种虚拟机，因而经过优化的 ODEX 文件让我们很自然地想到可以为虚拟机的运行带来好处。

事实上也的确如此——ODEX 是 Google 为了提高 Android 运行效率做出努力的成果之一。我们知道，Android 系统中不少代码是使用 Java 语言编写的。编译系统首先会将一个 Java 文件编译成 class 的形式，进而再通过一个名为 dx 的工具来转换成 dex 文件，最后将 dex 和资源等文件压缩成 zip 格式的 APK 文件。换句话说，一个典型的 Android APK 的组成结构如图 2-23 所示。

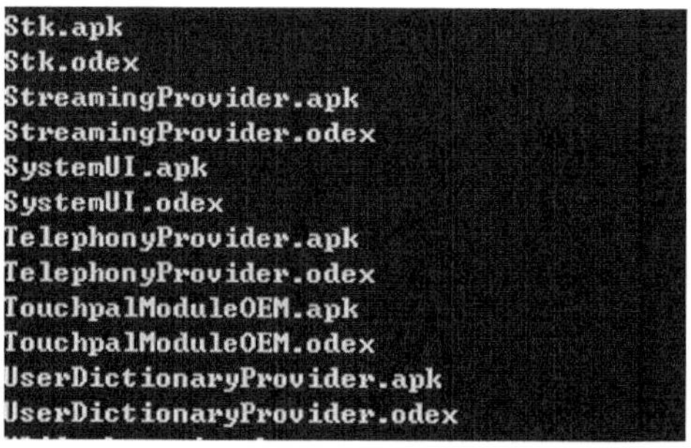

▲图 2-22 系统目录/system/app 下的文件列表　　　　▲图 2-23 APK 的组成结构

本书的 Android 应用程序编译和打包章节将做更为详细介绍。现在大家只要知道 APK 中有哪些组成元素就可以了。当应用程序启动时，系统需要提取图 2-23 中的 dex（如果之前没有做过 ODEX 优化的话，或者/data/dalvik-cache 中没有对应的 ODEX 缓存），然后才能执行加载动作。而 ODEX 则是预先将 DEX 提取出来，并针对当前具体设备做了优化工作后的产物，这样做除了能提高加载速度外，还有如下几个优势：

- 加大了破解程序的难度

ODEX 是在 dex 基础上针对当前具体设备所做的优化，因而它和生成时所处的具体设备有很大关联。换句话说，除非破解者能提供与 ODEX 生成时相匹配的环境文件（比如 core.jar、ext.jar、framework.jar、services.jar 等），否则很难完成破解工作。这就在无形中提高了系统的安全性。

- 节省了存储空间

按照 Android 系统以前的做法，不仅 APK 中需要存放一个 dex 文件，而且/data/dalvik-cache 目录下也会有一个 dex 文件，这样显然会浪费一定的存储空间。相比之下，ODEX 只有一份，而且它比 dex 所占的体积更小，因而自然可以为系统节省更多的存储空间。

2.7 OTA 系统升级

前面我们讨论了系统包烧录的几种传统方法，而 Android 系统其实还提供了另一种全新的升级方案，即 OTA（Over the Air）。OTA 非常灵活，它既可以实现完整的版本升级，也可以做到增量升级。另外，用户既可以选择通过 SD 卡来做本地升级，也可以直接采用网络在线升级。

不论是哪种升级形式，都可以总结为 3 个阶段：
- 生成升级包；
- 获取升级包；
- 执行升级过程。

下面我们来逐一分析这 3 个阶段。

2.7.1 生成升级包

升级包也是由系统编译生成的，其编译过程本质上和普通 Android 系统编译并没有太大区别。如果想生成完整的升级包，具体命令如下：

```
$make otapackage
```

> **注意** 生成 OTA 包的前提是，我们已经成功编译生成了系统映像文件（system.img 等）。

最终将生成以下文件：

```
out/target/product/[YOUR_PRODUCT_NAME]/[YOUR_PRODUCT_NAME]-ota-eng.[UID].zip
```

而生成差分包的过程相对麻烦一些，不过方法也很多。以下给出一种常用的方式：

➢ 将上一次生成的完整升级包复制并更名到某个目录下，如~/OTA_DIFF/old_target_file.zip；

➢ 对源文件进行修改后，用 make otapackage 编译出一个新的 OTA 版本；

➢ 将本次生成的 OTA 包更名后复制到和上一个升级包相同的目录下，如~/OTA_DIFF/new_target_file.zip；

➢ 调用 ota_from_target_files 脚本来生成最终的差分包。

这个脚本位于：

```
build/tools/releasetools/ota_from_target_files
```

值得一提的是，完整升级包的生成过程其实也使用了这一脚本。区分的关键就在于使用时是否提供了-i 参数。

其具体语法格式是：

```
ota_from_target_files [Flags] input_target_files output_ota_package
```

所有 Flags 参数释义如表 2-9 所示。

表 2-9　　　　　　　　　　　　　　ota_from_target_files 参数

参　　　数	说　　　明
-b (--board_config)　<file>	在新版本中已经无效
-k (--package_key) <key>	<key>用于包的签名 默认使用 input_target-files 中的 META/misc_info.txt 文件 如果此文件不存在，则使用 build/target/product/security/testkey
-i (--incremental_from)　<file>	该选项用于生成差分包
-w (--wipe_user_data)	由此生成的 OTA 包在安装时会自动擦除 user data 分区
-n (--no_prereq)	忽略时间戳检查
-e (--extra_script)　<file>	将<file>内容插入 update 脚本的尾部
-a (--aslr_mode)　<on|off>	是否开启 ASLR 技术 默认为开

在这个例子中，我们可以采用以下命令生成一个 OTA 差分包：

```
./build/tools/releasetools/ota_from_target_files-i  ~ /OTA_DIFF/old_target_file.zip ~
/OTA_DIFF/new_target_file.zip
```

这样生成的 update.zip 就是最终可用的差分升级包。一方面，差分升级包体积较小，传输方便；但另一方面，它对升级的设备有严格要求，即必须是安装了上一升级包版本的那些设备才能正常使用本次的 OTA 差分包。

2.7.2　获取升级包

如图 2-24 所示，有两种常见的渠道可以获取到 OTA 升级包，分别是在线升级和本地升级。

1．在线升级

开发者将编译生成的 OTA 包上传至网络存储服务器上，然后用户可以直接通过终端访问和下载升级文件。通常我们把下载到的 OTA 包存储在设备的 SD 卡中。

在线升级的方式涉及两个核心因素。

● 服务器端的架构

设备厂商需要架构服务器来存放、管理 OTA 包，并为客户端提供包括查询在内的多项服务。

● 客户端与服务器的交互方式

客户终端如何与服务器进行交互，是否需要认证，OTA 包如何传输等都是需要考虑的。

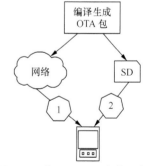

▲图 2-24　获取 OTA 升级包的两种方式

由此可见，在线升级方式要求厂商提供较好的硬件环境来解决用户大规模升级时可能引发的问题，因而成本较高。不过这种方式对消费者来说比较方便，而且可以实时掌握版本的最新动态，所以对凝聚客户有很大帮助。目前很多主流设备生产商（如 HTC）和第三方的 ROM 开发商（如 MIUI）都提供了在线升级模式。

服务器和客户端的一种理论交互方案可以参见图 2-25 所示的图例。

步骤如下：

➢　在手动升级的情况下，由用户发出升级的指令；而在自动升级的情况下，则由程序根据一定的预设条件来启动升级流程。比如设定了开机自动检查是否有可用的更新，那么每次机器启动后都会去服务器取得最新的版本信息。

2.7 OTA 系统升级

> 无论是手动还是自动升级，都必须通过服务器查询信息。与服务器的连接方式是多种多样的，由开发人员自行决定。在必要的情况下，还应该使用加密连接。

> 如果一切顺利，我们就得到了服务器上最新升级文件的版本号。接下来需要将这个版本号与本地安装的系统版本号进行比较，决定是否进入下一步操作。

> 如果服务器上的升级文件要比本地系统新（在制定版本号规则时，应尽量考虑如何可以保证新旧版本的快速比较），那么升级继续；否则中止升级流程——且若是手动升级的情况，一定要提示用户中止的原因，避免造成不好的用户体验。

> 升级文件一般都比较大（Android 系统文件可能达到几百 MB）。这么大的数据量，如果是通过移动通信网络（GSM\WCDMA\CDMA\TD-SCDMA 等）来下载，往往不现实。因此如果没有事先知会用户而自动下载的话，很可能会引起用户的不满。"提示框"的设计也要尽可能便利，如可以让用户快捷地启用 Wi-Fi 通道进行下载。

> 下载后的升级文件需要存储在本地设备中才能进入下一步的升级。通常这一文件会直接被放置在 SD 卡的根目录下，命名为 update.zip。

> 接下来系统将自动重启，并进入 RecoveryMode 进行升级。

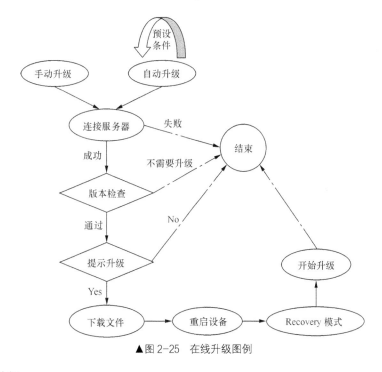

▲图 2-25 在线升级图例

2. 本地升级

OTA 升级包并非一定要通过网络在线的方式才可以下载到——只要条件允许，就可以从其他渠道获取到升级文件 update.zip，并复制到 SD 卡的根目录下，然后手动进入升级模式（见下一小节）。

在线升级和本地升级各有利弊，开发商应根据实际情况来提供最佳的升级方式。

2.7.3 OTA 升级——Recovery 模式

经过前面小节的讲解，现在我们已经准备好系统升级文件了（不论是在线还是本地升级），接下来就进入 OTA 升级最关键的阶段——Recovery 模式，也就是大家俗称的"卡刷"。

Recovery 相关的源码主要在工程项目的如下目录中：

\bootable\recovery

因为涉及的模块比较多，这个文件夹显得有点杂乱。我们只挑选与 Recovery 刷机有关联的部分来进行重点分析。

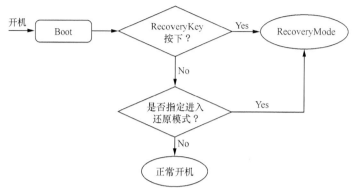

▲图 2-26　进入 RecoveryMode 的流程

图 2-26 所示是 Android 系统进入 RecoveryMode 的判断流程，可见在如下两种情况下设备会进入还原模式。

- 开机过程中检测到 RecoveryKey 按下

很多 Android 设备的 RecoveryKey 都是电源和 Volume+的组合键，因为这两个按键在大部分设备上都是存在的。

- 系统指定进入 RecoveryMode

系统在某些情况下会主动要求进入还原模式，如我们前面讨论的"在线升级"方式——当 OTA 包下载完成后，系统需要重启然后进入 RecoveryMode 进行文件的刷写。

当进入 RecoveryMode 后，设备会运行一个名为"Recovery"的程序。这个程序对应的主要源码文件是/bootable/recovery/ recovery.cpp，并且通过如下几个文件与 Android 主系统进行沟通。

（1）/cache/recovery/command　　　INPUT

Android 系统发送给 recovery 的命令行文件，具体命令格式见后面的表格。

（2）/cache/recovery/log　　　OUTPUT

recovery 程序输出的 log 文件。

（3）/cache/recovery/intent　　　OUTPUT

recovery 传递给 Android 的 intent。

当 Android 系统希望开机进入还原模式时，它会在/cache/recovery/command 中描述需要由 Recovery 程序完成的"任务"。后续 Recovery 程序通过解析这个文件就可以知道系统的"意图"，如表 2-10 所示。

表 2-10　　　　　　　　　　CommandLine 参数释义

Command Line	Description
--send_intent=anystring	将 text 输出到 recovery.intent 中
--update_package=path	安装 OTA 包
--wipe_data	擦除 user data，然后重启
--wipe_cache	擦除 cache（不包括 user data），然后重启
--set_encrypted_filesystem=on|off	enable/disable 加密文件系统
--just_exit	直接退出，然后重启

2.7 OTA 系统升级

由表格所示的参数可以知道 Recovery 不但负责 OTA 的升级，而且也是"恢复出厂设置"的实际执行者，如图 2-27 所示。

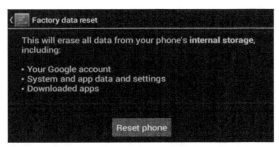

▲图 2-27 系统设置中的"恢复出厂设置"

接下来分别讲解这两个功能在 Recovery 程序中的处理流程。

恢复出厂设置。

（1）用户在系统设置中选择了"恢复出厂设置"。

（2）Android 系统在/cache/recovery/command 中写入"--wipe_data"。

（3）设备重启后发现了 command 命令，于是进入 recovery。

（4）recovery 将在 BCB（bootloader control block）中写入"boot-recovery"和"--wipe_data"，具体是在 get_args()函数中——这样即便设备此时重启，也会再进入 erase 流程。

（5）通过 erase_volume 来重新格式化/data。

（6）通过 erase_volume 来重新格式化/cache。

（7）finish_recovery 将擦除 BCB，这样设备重启后就能进入正常的开机流程了。

（8）main 函数调用 reboot 来重启。

上述过程中的 BCB 是专门用于 recovery 和 bootloader 间互相通信的一个 flash 块，包含了如下信息：

```
struct bootloader_message {
    char command[32];
    char status[32];
    char recovery[1024];
};
```

依据前面对 Android 系统几大分区的讲解，BCB 数据应该存放在哪个 image 中呢？没错，是 misc。

OTA 升级具体如下。

（1）OTA 包的下载过程参见前一小节的介绍。假设包名是 update.zip，存储在 SDCard 中。

（2）系统在/cache/recovery/command 中写入"--update_package=[路径名]"。

（3）系统重启后检测到 command 命令，因而进入 recovery。

（4）get_args 将在 BCB 中写入"boot-recovery" 和 "--update_package=..."——这样即便此时设备重启，也会尝试重新安装 OTA 升级包。

（5）install_package 开始安装 OTA 升级包。

（6）finish_recovery 擦除 BCB，这样设备重启后就可以进入正常的开机流程了。

（7）如果 install 失败的话：

- prompt_and_wait 显示错误，并等待用户响应；
- 用户重启（比如拔掉电池等方式）。

（8）main 调用 maybe_install_firmware_update，OTA 包中还可能包含 radio/hboot firmware 的更新，具体过程略。

（9）main 调用 reboot 重启系统。

总体来说，整个 Recovery.cpp 源文件的逻辑层次比较清晰，读者可以基于上述流程的描述来对照并阅读代码。

2.8 Android 反编译

目前我们已经学习了 Android 原生态系统及定制产品的编译和烧录过程。和编译相对的，却同样重要的是反编译。比如，一个优秀的"用毒"高手往往也会是卓越的"解毒"大师，反之亦然。大自然的一个奇妙之处即万事万物都是"相生相克"的，只有在竞争中才能不断地进步和发展。

首先要纠正不少读者可能会持有的观点——"反编译"就是去"破解"软件。应该说，破解一款软件的确需要用到很多反编译的知识，不过这并不是它的全部用途。比如笔者就曾经在开发过程中利用反编译辅助解决了一个 bug，在这里和读者分享一下。

问题是这样的：开发人员 A 修改了 framework 中的某个文件，然后通过正常的编译过程生成了 image，再将其烧录到了机器上。但奇怪的是，文件的修改并没有体现出来（连新加的 log 也没有打印出来）。显然，出现问题的可能是下列步骤中的任何一个，如图 2-28 所示。

▲图 2-28　可能出现问题的几个步骤

可疑点为：

- 程序没有执行到打印 log 的地方

因为加 log 的那个函数是系统会频繁调用到的，而且 log 就放在函数开头没有加任何判断，所以这个可能性被排除。

- log 被屏蔽

打印 log 所用的方法与此文件中其他地方所用的方法完全一致，而且其他地方的 log 确实成功输出了，所以也排除这一可能性。

- 修改的文件没有被编译到

虽然 Android 的编译系统非常强大，但是难免会有 bug，因而这个可能性还是存在的。那么如何确定我们修改的文件真的被编译到了呢？此时反编译就有了用武之地了。

- 文件确实被编译到，但是烧录时出现了问题

这并不是空穴来风，确实发生过开发人员因为粗心大意烧错版本的"事故"（对于某些细微修改，编译系统不会主动产生新的版本号）。通过反编译机器上的程序，然后和原始文件进行比较，我们可以清楚地确认机器中运行的程序是不是预期的版本。

由上述分析可知，反编译是确定该问题最直接的方式。

Android 反编译过程按照目标的不同分为如下两类（都是基于 Java 语言的情况）。

- APK 应用程序包的反编译。
- Android 系统包（如本例中的 framework）的反编译。

不论针对哪种目标对象，它们的步骤都可以归纳为如图 2-29 所示。

APK 应用安装包实际上是一个 Zip 压缩包，使用 Zip 或 WinRAR 等软件打开后里面有一个"classes.dex"文件——这是 Dalvik JVM 虚拟机支持的可执行文件（Dalvik Executable）。关于这个文件的生成过程，可以参见本书应用篇中对 APK 编译过程的介绍。换句话说，classes.dex 这个文件包含了所有的可执行代码。

2.8 Android 反编译

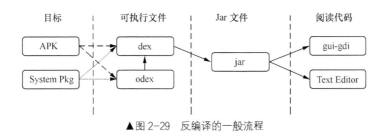

▲图 2-29 反编译的一般流程

由前面小节的学习我们知道，odex 是 classes.dex 经过 dex 优化（optimize）后产生的。一方面，Dalvik 虚拟机会根据运行需求对程序进行合理优化，并缓存结果；另一方面，因为可以直接访问到程序的 odex，而不是通过解压缩包去获取数据，所以无形中加快了系统开机及程序的运行速度。

针对反编译过程，我们首先是要取得程序的 dex 或者 odex 文件。如果是 APK 应用程序，只需要使用 Zip 工具解压缩出其中的 classes.dex 即可（有的 APK 原始的 classes.dex 会被删除，只保留对应的 odex 文件）；而如果是包含在系统 image 中的系统包（如 framework 就是在 system.img 中），就需要通过其他方法间接地将其原始文件还原出来。具体步骤可以参见前一小节的介绍。

取得 dex/odex 文件后，我们将它转化成 Jar 文件。

- odex

目前已经有不少研究项目在分析 Android 的逆向工程，其中最著名的就是 smali/baksmali。可以在这里下载到它的最新版本：

```
http://code.google.com/p/smali/downloads/list
```

"smali" 和 "baksmali" 分别对应冰岛语中 "assembler" 和 "disassembler"。为什么要用冰岛语命名呢？答案就是 Dalvik 这个名字实际上是冰岛的一个小渔村。

如果是 odex，需要先用 baksmali 将其转换成 dex。具体语法如下：

```
$ baksmali -a <api_level> -x <odex_file> -d <framework_dir>
```

-a 指定了 API Level，-x 表示目标 odex 文件，-d 指明了 framework 路径。因为这个工具需要用到诸如 core.jar，ext.jar，framework.jar 等一系列 framework 包，所以建议读者直接在 Android 源码工程中 out 目录下的 system/framework 中进行操作，或者把所需文件统一复制到同一个目录下。

范例如下（1.4.1 版本）：

```
$ java -jar  baksmali-1.4.1.jar  -a 16  -x  example.odex
```

如果是要反编译系统包中的 odex（如 services.odex），请参考以下命令：

```
$java -Xmx512m -jar baksmali-1.4.1.jar -a 16 -c:core.jar:bouncycastle.jar:ext.jar:framework.jar:android.policy.jar:services.jar:core-junit.jar -d framework/ -x services.odex
```

更多语法规则可以通过以下命令获取：

```
$ java -jar  baksmali-1.4.1.jar  --help
```

执行结果会被保存在一个 out 目录中，里面包含了与 odex 相应的所有源码，只不过由 smali 语法描述。读者如果有兴趣的话，可以阅读以下文档来了解 smali 语法：

```
http://code.google.com/p/smali/wiki/TypesMethodsAndFields
```

当然对于大部分开发人员来说，还是希望能反编译出最原始的 Java 语言文件。此时就要再将 smali 文件转化成 dex 文件。具体命令如下：

```
$ java -jar  smali-1.4.1.jar out/ -o  services.dex
```

于是接下来的流程就是 dex→Java，请参考下面的说明。

- dex

前面我们已经成功将 odex "去优化" 成 dex 了，离胜利还有一步之遥——将 dex 转化成 jar 文件。目前比较流行的工具是 dex2jar，可以在这里下载到它的最新版本：

http://code.google.com/p/dex2jar/downloads/list

使用方法也很简单，具体范例如下：

```
$ ./dex2jar.sh  services.dex
```

上面的命令将生成 services_dex2jar.jar，这个 Jar 包中包含的就是我们想要的原始 Java 文件。那么，选择什么工具来阅读 Jar 中的内容呢？在本例中，我们只是希望确定所加的 log 是否被正确编译进目标文件中，因而可以使用任何常用的文本编辑器查阅代码。而如果希望能更方便地阅读代码，推荐使用 jd-gui，它是一款图形化的反编译代码阅读工具。

这样，整个反编译过程就完成了。

顺便提一下，目前，几乎所有的 Android 程序在编译时都使用了"代码混淆"技术，反编译后的结果和原始代码还是有一定差距，但不影响我们理解程序的主体架构。"代码混淆"可以有效地保护知识产权，防止某些不法分子恶意剽窃，或者篡改源码（如添加广告代码、植入木马等），建议大家在实际的项目开发中尽量采用。

2.9 NDK Build

我们知道 Android 系统下的应用程序主要是由 Java 语言开发的，但这并不代表它不支持其他语言，比如 C++和 C。事实上，不同类型的应用程序对编程语言的诉求是有区别的——普通 Application 的 UI 界面基本上是静态的，所以，利用 Java 开发更有优势；而游戏程序，以及其他需要基于 OpenGL（或基于各种 Game Engine）来绘制动态界面的应用程序则更适合采用 C 或者 C++语言。

伴随着 Android 系统的不断发展，开发者对于 C/C++语言的需求越来越多，也使得 Google 需要不断完善它所提供的 NDK 工具链。NDK 的全称是 Native Development Kit，可以有效支撑 Android 系统中使用 C/C++等 Native 语言进行开发，从而让开发者可以：

- 提高程序运行效率

完成同样的功能，Java 虚拟机理论上来说比 C/C++要耗费更多的系统资源。因而，如果程序本身对运行性能要求很高的话，建议利用 NDK 进行开发。

- 复用已有的 C 和 C++库

好处是显而易见，即最大程度地避免重复性开发。

NDK 的安装很简单，在 Windows 下只要下载一个几百 MB 的自解压包然后双击打开它就可以了。NDK 文件夹可以被放置到磁盘中的任何位置，不过为了操作方便，建议开发者可以设置系统环境变量来指向其中的关键程序。NDK 既支持 Java 和 C/C++混合编程的模式，也允许我们只开发纯 Native 实现的程序。前者需要用到 JNI 技术(即 Java Native Interface)，它的神奇之处在于可以让两种看似没有瓜葛的语言间进行无缝的调用。例如下面是一个 JNI 的实例：

```
public class MyActivity extends Activity {
  /**
  * Native method implemented in C/C++
  */
  public native void jniMethodExample();
}
```

MyActivity 是一个 Java 类，它的内部包含一个声明为 Native 的成员变量，即 jniMethodExample。这个函数的实现是通过 C/C++完成的，并被编译成 so 库来供程序加载使用。更多 JNI 的细节，我们将在后续章节进行详细介绍。

本小节我们将通过一个具体实例来着重讲解如何利用 NDK 来为应用程序执行 C/C++的编译。

在此之前，请确保你已经下载并解压了 NDK 包，并为它设置了正确的系统环境变量。这个例子中将包含如下几个文件，我们统一放在一个 JNI 文件夹中：

- Android.mk；
- Application.mk；
- testNative.cpp。

Android.mk 用于描述一个 Android 的模块，包括应用程序、动态库、静态库等。它和我们本章节讲解的用法基本一致，因而不再赘述。

Application.mk 用于描述你的程序中所用到的各个 Native 模块（可以是静态或者动态库，或者可执行程序）。这个脚本中常用的变量不多，我们从中挑选几个核心的来讲解：

1. APP_PROJECT_PATH

指向程序的根目录。当然，如果你是按照 Android 系统默认的结构来组织工程文件的话，这个变量是可选的。

2. APP_OPTIM

用于指示当前是 release 或者 debug 版本。前者是默认的值，将会生成优化程度较高的二进制文件；调试模式则会生成未优化的版本，以便保留更多的信息来帮助开发者追踪问题。在 AndroidManifest.xml 的<application>标签中声明 android:debuggable 会将默认值变更为 debug，不过 APP_OPTIM 的优先级更高，可以重载 debuggable 的设置。

3. APP_CFLAGS

设置对全体 module 有效的 C/C++编译标志。

4. APP_LDFLAGS

用于描述一系列链接器标志，不过只对动态链接库和可执行程序有效。如果是静态链接库的情况，系统将忽略这个值。

5. APP_ABI

用于指示编译所针对的目标 Application Binary Interface，默认值是 armeabi。可选值如表 2-11 所示。

表 2-11　　　　　　　　　　　　　　　　可选值

指　令　集	ABI 值
Hardware FPU instructions on ARMv7 based devices	APP_ABI := armeabi-v7a
ARMv8 AArch64	APP_ABI := arm64-v8a
IA-32	APP_ABI := x86
Intel64	APP_ABI := x86_64

续表

指 令 集	ABI 值
MIPS32	APP_ABI := mips
MIPS64 (r6)	APP_ABI := mips64
All supported instruction sets	APP_ABI := all

文件 testNative.cpp 中的内容就是程序的源码实现，对此 NDK 官方提供了较为完整的 Samples 供大家参考，涵盖了 OpenGL、Audio、Std 等多个方面，有兴趣的读者可以自行下载分析。

那么有了这些文件后，如何利用 NDK 把它们编译成最终产物呢？

最简单的方式就是采用如下的命令：

```
cd <project>
$ <ndk>/ndk-build
```

其中 ndk-build 是一个脚本，等价于：

```
$GNUMAKE -f <ndk>/build/core/build-local.mk
<parameters>
```

<ndk>指的是 NDK 的安装路径。

可见使用 NDK 来编译还是相当简单的。另外，除了常规的编译外，ndk-build 还支持多种选项，譬如：

"clean"表示清理掉之前编译所产生的各种中间文件；

"-B"会强制发起一次完整的编译流程；

"NDK_LOG=1"用于打开 NDK 的内部 log 消息；

……

2.10 第三方 ROM 的移植

除了本章所描述的 Android 原生代码外，开发人员也可以选择一些知名的第三方开源 ROM 来进行学习，譬如 CyanogenMod。

可在 CyanogenMod（简称 CM）的官方网址下载。

它目前的最新版本是基于 Android 6.0 的 CM 13，并同时支持 Google Nexus、HTC、Huawei、LG 等多个品牌的众多设备。CyanogenMod 的初衷是将 Android 系统移植到更多的没有得到 Google 官方支持的设备中，所以有的时候 CM 针对某特定设备的版本更新时间可能比设备厂商来得还要早。

那么 CyanogenMod 是如何做到针对多种设备的移植和适配工作的呢?我们将在接下来的内容中为大家揭开这个问题的答案。图 2-30 是 CM 的整体描述图。

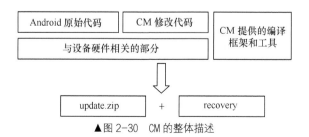

▲图 2-30 CM 的整体描述

下面我们分步骤进行讲解。

Step1. 前期准备

在做 Porting 之前，有一些准备工作需要我们去完成。

（1）获取设备的 Product Name、Code Name、Platform Architecture、Memory Size、Internal Storage Size 等信息

这些数据有很多可以从/system/build.prop 文件中获得，不过前提条件是手机需要被 root。

（2）收集设备对应的内核源码

根据 GPL 开源协议的规定，Android 厂商必须公布受 GPL 协议保护的内容，包括内核源码。因而实现这一步是可行的，只是可能会费些周折。

（3）获取设备的分区信息

Step2. 建立 3 个核心文件夹

分别是：

- device/[vendor]/[codename]/

设备特有的配置和代码将保存在这个路径下。

- vendor/[vendor]/[codename]/

这个文件夹中的内容是从原始设备中拉取出来的，由此可见主要是那些没有源代码可以生成的部分，例如一些二进制文件。

- kernel/[vendor]/[codename]/

专门用于保存内核版本源码的地方。

CM 提供了一个名为 mkvendor.sh 的脚本来帮助创建上述文件夹的"雏形"，有兴趣的读者可以参见 build/tools/device/mkvendor.sh 文件。不过很多情况下还需要开发者手工修改其中的部分文件，例如 device 目录下的 BoardConfig.mk、device_[codename].mk、cm.mk、recovery.fstab 等核心文件。

Step3. 编译一个用于测试的 recovery image

编译过程和普通 CM 编译的最大区别在于选择 make recoveryimage。如果在 recovery 模式下发现 Android 设备的硬件按键无法使用，那么可以尝试修改/device/[vendor]/[codename]/recovery/recovery_ui.cpp 中的 GPIO 配置。

Step4. 为上述的 device 目录建立 github 仓库，以便其他人可以访问到。

Step5. 填充 vendor 目录

可以参考 CM 官网上成熟的设备范例提供的 extract-files.sh 和 setup-makefiles.sh，并据此完成适合自己的这两个脚本。

Step6. 通过 CM 提供的编译命令最终编译出 ROM 升级包，并利用前面生成的 recovery 来将其刷入到设备中。这个过程很可能不是"一蹴而就"的，需要不断调试和修改，直至成功。

当然，限于篇幅我们在本小节只是讲解了 CM 升级包的核心制作过程，读者如果有兴趣的话可以查阅 Cyanogenmod 官方网站来获取更多细节详情。

第 3 章 Android 编译系统

3.1 Makefile 入门

如果读者曾在 Linux 环境下开发过程序,那么对 Makefile 一定不会陌生。简单而言,Makefile 提供了一种机制,让使用者可以有效地组织"工作"。注意这里只使用"工作"这个词,而不是"编译"。这是因为 Makefile 并不一定是用来完成编译工作。事实上它本身只是一种"规则"的执行者,而使用者具体通过它来做什么则没有任何限制。如既可以用它来架构编译系统,也能用来生成文档,或者单纯地打印 log 等。

从中可以看出,理解 Makefile 的"规则"才是我们学习的重点。只要学会了"渔",自然就什么"鱼"都不缺了。

和 shell、python 等类似,Makefile 也是一个脚本,由 make 程序来解析。目前软件行业有多款优秀的 make 解析程序,如 GNU make(Android 中采用的)、Visual Studio 中的 nmake 等。尽管在表现形式上会有些差异,但"万变不离其宗",它们都是通过以下基础规则扩展起来的:

```
TARGET: PREREQUISITES
    COMMANDS
```

> **注意** 每个 COMMAND 前都必须有一个 TAB 制表符。

这个看起来简单得不能再简单的规则,在经过一次次的扩展修饰后,便构建成最终我们看到的各种庞大工程的编译系统。在 Makefile 规则中,TARGET 是需要生成的目标文件,PREREQUISITES 代表了目标所依赖的所有文件。当 PREREQUISITES 文件中有任何一个比 TARGET 新时,那么都会触发下面 COMMAND 命令的执行。COMMAND 的具体内容取决于使用者的需求,如调用 GCC 编译器、生成某个文档等。

下面我们通过一个简单的例子(Linux 环境下,采用 GCC 编译器来生成一个可运行程序)来讲解这个规则的使用方法。

范例项目包括的主要工程文件和说明如表 3-1 所示。

表 3-1 工程文件和说明

文 件 名	描 述
main.c	主函数所在文件
utility.h	提供了一个测试函数(getNumber)的声明
utility.c	提供了函数 getNumber 的实现。getNumber 函数只是简单地返回一个值,没有其他特别的功能
Makefile	用于编译整个工程

我们先来看一下各工程文件中主要的源码节选。

(1) main.c 中将打印一条语句，输出 getNumber()函数的返回值。

```c
#include <stdio.h>
#include "utility.h"

int main(int argc, char *argv[])
{
    printf("Hello, getNumber=%d\n", getNumber());
    return 0;
}
```

(2) utility.h 中，仅仅是对 getNumber 进行了函数声明。

```c
int getNumber();
```

(3) utility.c 中，给出了 getNumber 的函数实现。

```c
#include "utility.h"

int getNumber()
{
    return 2;
}
```

(4) Makefile 文件，是编译过程的"规划者"。

```makefile
SimpleMakefile:main.o utility.o
    gcc -o SimpleMakefile main.o utility.o

main.o:main.c
    gcc -c main.c

utility.o:utility.c
    gcc -c utility.c
```

根据前面提到的"基础规则"，这个脚本共有 3 个 TARGET，即 SimpleMakefile、main.o 及 utility.o。其中 SimpleMakefile 依赖于后两者，而 main.o 和 utility.o 则又分别由对应的 C 文件编译生成。

最后我们通过调用 make 命令来生成 SimpleMakefile 可执行文件。运行结果如下：

```
ding/Foundation_Ex01_SimpleMakefile$ ./SimpleMakefile
Hello, getNumber=2
```

这是一个非常简单的 Makefile 示例，但"麻雀虽小，五脏俱全"，它向我们清晰地展示了一个 Makefile 的编写过程。Make 工具本身是非常强大的，有很多隐含规则来帮助开发者快速构建一个复杂的编译体系。如利用它的自动推导功能，可以简化对象间的依赖关系；还可以加入各种变量以避免多次重复输入。如下面就是 SimpleMakefile 程序的另一个 Makefile 版本，和前一个相比显然更简洁明了。

```makefile
OBJECT = main.o utility.o

SimpleMakefile:$(OBJECT)
    gcc -o SimpleMakefile $(OBJECT)
```

另外，我们还需要不断熟悉 Android 编译系统中常见的一些 Makefile 的高级用法。例如下面这两种。

(1) Target-Specific Variable

这是一种局部作用域的变量，它只对特定的目标起效果。譬如下面这个例子中的 PRIVATE_DEX_FILE 变量：

```
/*build/core/package_internal.mk*/
ifdef LOCAL_DEX_PREOPT
$(built_odex): PRIVATE_DEX_FILE := $(built_dex)
# Use pattern rule - we may have multiple built odex files.
$(built_odex) : $(dir $(LOCAL_BUILT_MODULE))% : $(built_dex)
    $(hide) mkdir -p $(dir $@) && rm -f $@
```

```
    $(add-dex-to-package)
    $(hide) mv $@ $@.input
    $(call dexpreopt-one-file,$@.input,$@)
    $(hide) rm $@.input
endif
```

我们知道，Make 会首先构建出依赖树，然后才会根据用户选择目标来执行相应的编译操作。换句话说，当 Make 执行到上述脚本语句时，并不会触发 COMMANDS 部分的执行。那么如果我们直接在 COMMANDS（在这个场景中，add-dex-to-package 会调用到 PRIVATE_DEX_FILE）中使用$(built_dex)这种全局变量会发生什么事呢？

因为 package_internal.mk 是 APK 编译模板的内部实现（可以参考后续小节的介绍），所以它在整个系统编译过程中会被多次调用。换句话说，$(built_dex)的值是不断在变化中的。而当原先的$(built_odex)在执行自己的 COMMANDS 时，$(built_dex)的值早已经"物是人非"了，所以，在 COMMANDS 中直接调用它有可能导致不可预期的错误。例如 PRIVATE_DEX_FILE 就是属于$(built_odex)规则中的特定私有变量（这也是变量名中"PRIVATE"所表达的含义）。因而，无论外界环境如何变化，PRIVATE_DEX_FILE 的值在定义它的目标规则中都是不变的，这样一来就有效保证了编译执行阶段的准确性。

（2）Static Pattern Rules

另一个 Android 编译脚本中常见的 Makefile 语法是 Static Pattern Rules。它的典型格式中带有两个":"，如下所示：

```
TARGETS ...: TARGET-PATTERN: DEP-PATTERNS ...
    COMMANDS
```

静态模式语法经常被应用于多目标的场景。如下所示就是一个简单的范例：

```
foo.o tcc.o bar.o : %.o : %.c
```

在这个例子中，TARGET-PATTERN 带有一个"%"，它与 TARGETS 集合中的元素进行匹配，便可以得到词干（STEM）：foo tcc bar;得到的词干再和 DEP-PATTERNS 中的"%"进行组合，从而为不同目标生成正确的依赖对象（foo.c tcc.c bar.c）。

除此之外，Makefile 实际上还有很多高级用法和规则，希望读者能自行查阅相关资料做进一步了解，以便为后续更好地理解 Android 编译系统打下坚实的基础。

3.2 Android 编译系统

很多人在初次分析 Android 的编译系统时，都会有一种感觉——这是一头让人"胆寒的怪兽"。因为它正好符合怪兽的两个特点，即功力深厚且体积庞大，甚至可以说有点臃肿。这在一定程度上也加重了我们分析它内部结构的难度。就如同漫步在崇山峻岭或深山野林一般，如果缺乏很明确的指引，那么稍有不慎便会迷失方向。

事实上 Android 编译系统也是经过了数次不断地迭代演进，才成长为今天大家所看到的"怪兽"。特别是在 Google 收购 Android 系统不久后的 2006 年，他们曾对编译系统动过一次"大手术"。核心目标有两个：

- 让依赖关系分析更为可靠，以保证可以正确判断出需要被编译的模块；
- 让不必要被编译的模块也可以被准确判断出来，以提高编译效率。

在那次重构中，Android 遵循了多个设计原则和策略，包括但不限于：

（1）同一套代码支持编译出不同的构建目标。例如既可以编译出运行于设备端的软件包，也可以编译出 Host 平台上的各种工具（模拟器、辅助工具等）。

（2）Non-Recursive Make：1997 年的时候有一篇非常有名的论文，名为《Recursive Make Considered Harmful》，其核心思想是我们在大型项目中应该采用唯一的 Makefile 来组织所有文件的自动化编译，并对比了它和传统的多 Makefile 的优势。相信这篇论文对当年重构过程起到了很大的影响，可以说直到今天，Android 编译系统的主体框架还是采用 Non-Recursive 的方式。有兴趣的读者可以阅读一下这篇论文。

（3）可以对项目中的任意模块进行单独的编译验证。比如我们只更改了 Art 虚拟机所对应的 libart.so，那么就应该能做到只以这个 so 库为中心来开展编译工作，而不需要每次都是整个项目编译。

（4）编译所产生的中间过程文件，以及最终的编译结果和源代码需要在存储目录上分离等。

在本节内容的组织上，我们将采取由上而下、由整体到局部的方式将 Android 编译系统所涉及的各个重要方面一一理顺。希望通过这种分析手法，让读者可以逐步摸清整个编译机制的内部架构，而不致牵绊于各种宏、函数、变量、目录结构等细枝末节。另外，希望读者在阅读接下来内容的过程中还可以同步思考一下编译系统的几个设计原则具体是如何实现的，以期达到触类旁通的效果。

3.2.1 Makefile 依赖树的概念

细心的读者应该已经注意到了，前一小节的 SimpleMakefile 中各 TARGET 的依赖关系实际上可以组成一棵树，本书将其称为"Makefile 依赖树"。

我们仍以上一小节的工程项目为例，给出它的依赖树，如图 3-1 所示。

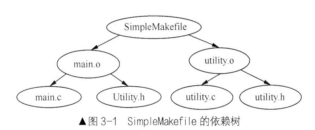

▲图 3-1 SimpleMakefile 的依赖树

这种树型结构为我们按照由上而下的顺序分析 Android 编译系统提供了可能，接下来几个小节的内容就是由此展开的。

3.2.2 Android 编译系统抽象模型

我们对 Android 编译系统进行抽象，其顶层模型如图 3-2 所示。

▲图 3-2 Android 编译系统的抽象模型

因为是基于 Makefile 实现的，所以，整个编译系统的核心仍然是如何有效地构建出依赖树；Android 系统的编译过程涉及 Java、C/C++等多种语言，而且还分为 Host 和 Target 等不同的目标平台，因而它的运行环境相对复杂，需要我们在初始化环节做好环境的搭建工作（例如当前的 JDK 和 Make 的版本是否满足要求）；编译的执行过程本质上和传统的 Make 实现没有太大差异，只不过因为 Android 工程非常庞大，所以初学者往往很难在短时间内全部掌握；编译系统的另一个重要任务则是打包，包括 system.img、boot.img、userdata.img 等，我们在后续小节会有更深入的分析。

3.2.3　树根节点 droid

树根节点一定是整个编译系统的最终目标产物吗？

答案既可能是肯定的，也可能是否定的。

肯定的一面，是因为有些树根节点（比如 SimpleMakefile）确实是整个工程项目的"目标产物"——它是真实存在的"生成物"；而更多情况下，特别是对 Android 系统这种庞然大物而言，它的树根节点往往只是一个"伪目标"——它的确是代表了编译系统的"终极目标意愿"，本身却不是一个真正的"TARGET"。

我们先从 Android 源码工程的根目录分析起，其下的 Makefile 文件是其编译系统的起点。可以看到，它只是一个简单的文件转向，直接引用了另一个 Makefile 文件（build/core/main.mk）。具体如下所示：

```
/*Makefile*/
### DO NOT EDIT THIS FILE ###
include build/core/main.mk
### DO NOT EDIT THIS FILE ###
```

这个被引用的 main.mk 文件有上千行代码，对于 Makefile 文档来说是比较大的。另外，它又进一步引用了很多其他脚本文件，使得整个文件的内部结构看起来杂乱无章。即便有不少注释，仍让很多初学者"望而却步"。

基于这个原因，如果一开始我们就照着 Makefile 文件一行行解释，很可能会"事倍功半"。建议大家牢记 Makefile 依赖树的概念，以树根节点作为切入点寻求突围。当然，Android 系统的依赖树可不像 SimpleMakefile 例子那样一目了然。如何找出它的根节点，并以此为基础逐步构建出一棵完整的依赖树还是需要花点工夫的。这要求我们对 Make 的工作原理有一定程度的理解。所需知识点总结如下：

（1）需要强调的是，编译系统中往往有不止一棵依赖树存在。比如我们在 Android 系统下使用"make"命令和"make sdk"的编译结果会迥然不同，这是因为它们分别执行了两棵不同的依赖树。

在没有显式指定编译目标的情况下（使用不带任何参数的"make"命令来执行编译），那么第一个符合要求的目标会被 Make 作为默认的依赖树根节点。这条规则也同样提醒我们在书写 Makefile 时一定要注意各 Target 的排放顺序。如果不慎将 clean 等目标放在最开始的位置，很可能会导致异常情况。

（2）原则上 Make 程序会对 makefile 中的内容按照顺序进行逐条解析。一个典型的解析过程分为三大步骤，即：

- 变量赋值、环境检测等初始化操作；
- 按照规则生成所有依赖树；
- 根据用户选择的依赖树，从叶到根逐步生成目标文件。

掌握了上面 Makefile 的基本规则后，对照 main.mk 就可以很快找出，"make"命令对应的依赖树的根节点是 droid。它是这样定义的：

```
/*build/core/Main.mk*/
# This is the default target.  It must be the first declared target.
.PHONY: droid
DEFAULT_GOAL := droid
$(DEFAULT_GOAL):
```

从注释中也可以佐证我们的猜测，即 droid 就是"default target"，而且"It must be the first declared target"——只不过这里的 droid 还是一个空的"规则"，相当于是我们预先占了个位置以保证它是第一个出现的目标。

3.2 Android 编译系统

那么，droid 的真正"规则"是在哪里定义的呢？

仔细观察的话，会发现 main.mk 后续内容还有多个地方对 droid 进行了定义。而且根据 TARGET_BUILD_APPS 值的不同，出现了两个分支。如下源码所示：

```
ifneq ($(TARGET_BUILD_APPS),) ##只编译APP, 而不是整个系统
  …
.PHONY: apps_only
apps_only: $(unbundled_build_modules)
droid: apps_only ##这种情况下droid只依赖于apps_only

else #非TARGET_BUILD_APPS的情况,此时需要编译整个系统
  $(call dist-for-goals, droidcore, \
    $(INTERNAL_UPDATE_PACKAGE_TARGET) \
    $(INTERNAL_OTA_PACKAGE_TARGET) \
    $(SYMBOLS_ZIP) \
    $(INSTALLED_FILES_FILE) \
    $(INSTALLED_BUILD_PROP_TARGET) \
    $(BUILT_TARGET_FILES_PACKAGE) \
    $(INSTALLED_ANDROID_INFO_TXT_TARGET) \
    $(INSTALLED_RAMDISK_TARGET) \
    $(INSTALLED_FACTORY_RAMDISK_TARGET) \
$(INSTALLED_FACTORY_BUNDLE_TARGET) \
)
  …
droid: droidcore dist_files##当编译整个系统时, droid 的依赖关系
endif # TARGET_BUILD_APPS
```

从上面这段代码可以看出，我们既可以编译整个系统，也可以选择只编译 App。第二种情况使用的场景比较少——此时 droid 只依赖于 apps_only，而后者又进一步取决于$(unbundled_build_modules)变量，有兴趣的读者可以自行分析。

编译整个系统是我们的首选，即上述代码中"else"部分的内容。很显然，这时候 droid 有两个 PREREQUISITES: droidcore 和 dist_files，如图 3-3 所示。

我们将在后续几个小节具体分析 droidcore 和 dist-files。

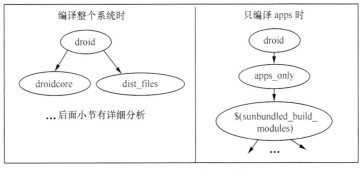

▲图 3-3　droid 的依赖树

3.2.4　main.mk 解析

讲解 droidcore 和 dist_files 之前，我们先完整分析下 main.mk 脚本文件的架构。除了构建 droid 等依赖树外，main.mk 有一大半的内容是为了完成以下几点。

➢ 对编译环境的检测

比如 Java 版本是否符合要求，当前机器上的 make 环境必须高于特定版本等。如果这些检查没有通过，一般情况下系统会终止编译。

➢ 进行一些必要的前期处理

比如说整个项目工程是否需要先进行清理工作，部分工具的安装等。

➢ 引用其他 Makefile 文件

这点在整个 main.mk 中处处可见，如引用 config.mk，cleanbuild.mk 等。

➢ 设置全局变量

这些全局变量决定了编译的具体实现过程。

➢ 各种函数的实现

Android 编译系统中定义了不少函数，它们提供了各种问题的统一解决方案。比如 print-vars 函数用于打印一串变量列表，my-dir 可以知道当前所处的路径等。这些函数对我们自己编写 Makefile 文件也有一定的指导意义。

根据前一章节内容的讲解，为 Android 系统添加一款定制设备需要涉及如下几个脚本文件。

```
vendorsetup.sh
AndroidProducts.mk
BoardConfig.mk
Android.mk
```

其中 vendorsetup.sh 是在 envsetup.sh 中被调用的，其他几个 Makefile 的调用时序图及调用关系如图 3-4 所示。

从图 3-4 中可以清楚地看到，Android.mk 是最后才被 main.mk 调用的。换句话说，前面的步骤都是在决定选择"什么产品"以及"产品的属性"，而最后才是考虑该产品的"零件"组成——每个"零件"都由一个 Android.mk 描述。比如我们生产一台电视机，先是通过读取配置来获知电视的具体属性（多大尺寸、是否 LCD、是否壁挂等），最后才是考虑它的具体"零件"组成（某品牌的屏幕、螺丝、支架等）。

整个编译过程中起主导作用的是 main.mk，我们从它的文件名就可以看出来。和 main.mk 同样重要的还有 config.mk，这个专职"配置"的脚本可以说是"产品的设计师"——除了 BoardConfig.mk 和 AndroidProducts.mk 这两个"定制设备"必备的文件外，其他诸如 javac.mk（用于选取合适的 java 编译器）、envsetup.mk（负责环境变量的定义）等 Makefile 也都属于其管辖范围。另外，BUILD 系列变量（即 BUILD_HOST_STATIC_LIBRARY、BUILD_STATIC_LIBRARY）也是在这里赋值的。

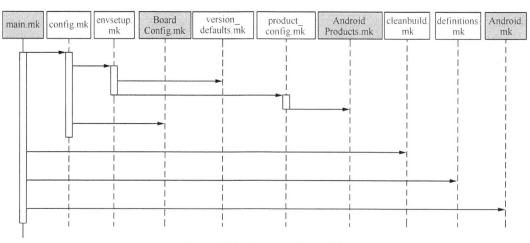

▲图 3-4　各主要 Makefile 的调用时序图

3.2 Android 编译系统

表 3-2 所示是对 Android 编译系统中涉及的主要 Makefile 文件的统一解释，可供有需要的读者参考。

表 3-2　　　　　　　　　　　　　主要 Makefile 文件释义

Name	Description
main.mk	整个编译系统的主导文件
config.mk	产品配置的主导文件
base_rules.mk	编译系统需要遵循的基础规则定义。其中最重要的变量之一是 ALL_MODULES，它负责将各 Android.mk 中的 LOCAL_MODULE 添加到全局依赖树中，从而保证所有的模块都参与到整个系统的编译中。 另两个起到关键作用的变量是 LOCAL_BUILT_MODULE 和 LOCAL_INSTALLED_MODULE（添加到 ALL_MODULES 的是 my_register_name，而后者则依赖于这两个变量），典型的赋值如下： LOCAL_BUILT_MODULE=out/target/product/generic/obj/JAVA_LIBRARIES/framework_intermediates/javalib.jar LOCAL_INSTALLED_MODULE=out/target/product/generic/system/framework/framework.jar
build_id.mk	版本 id 号的定义
cleanbuild.mk	clean 操作的定义
clear_vars.mk	清空以 LOCAL 开头的相关系统变量，下一小节会看到它的应用场景
definitions.mk	提供了大量实用函数的定义
envsetup.mk	配置编译时的环境变量，注意要与 envsetup.sh 区分开来
executable.mk	负责 BUILD_EXECUTABLE 的具体实现
java.mk	负责与 java 语言相关的编译实现，是 java_library.mk 是基础。 参见表后面的示意图
host_executable.mk	负责 BUILD_HOST_EXECUTABLE 的具体实现
host_static_library.mk	负责 BUILD_HOST_STATIC_LIBRARY 的具体实现 另外，其他类型的 BUILD_XX 变量也都有其对应的 Makefile 文件实现，此处不再赘述
product_config.mk	产品级别的配置，属于 config 的一部分
version_defaults.mk	负责生成版本信息，默认格式为： BUILD_NUMBER := eng.$(USER).$(shell date +%Y%m%d.%H%M%S)

编译生成 Java 库的典型依赖关系如图 3-5 所示。

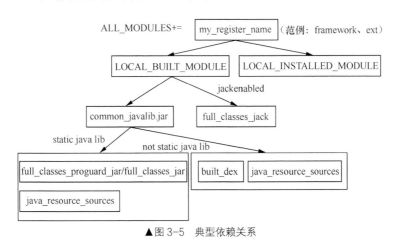

▲图 3-5　典型依赖关系

Java.mk 中定义了多个中间和最终产物的生成规则，包括：

```
LOCAL_INTERMEDIATE_TARGETS += \
    $(full_classes_compiled_jar) \
    $(full_classes_jarjar_jar) \
    $(full_classes_emma_jar) \
    $(full_classes_jar) \
    $(full_classes_proguard_jar) \
    $(built_dex_intermediate) \
    $(full_classes_jack) \
    $(noshrob_classes_jack) \
    $(built_dex) \
    $(full_classes_stubs_jar)
```

上述这些变量的具体描述如表 3-3 所示。

表 3-3　　　　　　　　　　　　　　具体的描述

变　　量	对应的具体产物	生　成　规　则
full_classes_compiled_jar	classes-no-debug-var.jar 或者 classes-full-debug.jar	**$(full_classes_compiled_jar)**: \ $(java_sources) \ $(java_resource_sources) \ $(full_java_lib_deps) \ $(jar_manifest_file) \ $(layers_file) \ $(RenderScript_file_stamp) \ $(proto_java_sources_file_stamp) \ $(LOCAL_MODULE_MAKEFILE) \ $(LOCAL_ADDITIONAL_DEPENDENCIES) $(transform-java-to-classes.jar)
full_classes_jarjar_jar	classes-jarjar.jar	当存在 JarJar 规则时： **$(full_classes_jarjar_jar)**: $(full_classes_compiled_jar) (LOCAL_JARJAR_RULES) | $(JARJAR) 　　@echo JarJar: $@ 　　$(hide) java -jar $(JARJAR) process $(PRIVATE_JARJAR_RULES) $< $@
full_classes_emma_jar	lib/ classes-jarjar.jar	**$(full_classes_emma_jar)**: $(full_classes_jarjar_jar) | $(EMMA_JAR) 　　$(transform-classes.jar-to-emma)
full_classes_jar	classes.jar	**$(full_classes_jar)**: $(full_classes_emma_jar) | $(ACP) 　　@echo Copying: $@ 　　$(hide) $(ACP) -fp $< $@
full_classes_proguard_jar	proguard.classes.jar 或者 noproguard.classes.jar	**$(full_classes_proguard_jar)** : $(full_classes_jar) $(extra_input_jar) $(my_support_library_sdk_raise) $(proguard_flag_files) | $(ACP) $(PROGUARD) 　　$(call transform-jar-to-proguard)
built_dex_intermediate	no-local（或者 with-local）/ classes.dex	**$(built_dex_intermediate)**: $(full_classes_proguard_jar) $(DX) 　　$(transform-classes.jar-to-dex)
full_classes_jack	classes.jack	**$(full_classes_jack)**: $(jack_all_deps) 　　@echo Building with Jack: $@ 　　$(java-to-jack)
built_dex	classes.dex	**$(built_dex)**: **$(built_dex_intermediate)** | $(ACP) 　　@echo Copying: $@ 　　$(hide) mkdir -p $(dir $@) 　　$(hide) rm -f $(dir $@)/classes*.dex 　　$(hide) $(ACP) -fp $(dir $<)/classes*.dex $(dir $@) ifneq ($(GENERATE_DEX_DEBUG),) 　　$(install-dex-debug) endif

请大家注意观察表 3-3 中的黑色加粗字体，不难发现 java.mk 中的这几个变量之间存在着相互依赖关系，可以说是"环环相扣"：

built_dex-> built_dex_intermediate -> full_classes_proguard_jar -> full_classes_jar->full_classes_emma_jar->full_classes_jarjar_jar->full_classes_compiled_jar->java_sources+java_resource_sources+full_java_lib_deps+jar_manifest_file…

当然，如果开启了 Jack 编译，那么依赖关系会有所不同。Jack 与传统编译方式一个重要的区别就是，它会直接生成最终的 dex 文件——不过在 Static Java Library 的情况下它还需要生成.jack 文件。

3.2.5 droidcore 节点

在编译整个 Android 系统（而不是只有 App）的情况下，droid 依赖于 droidcore 和 dist_files。这一小节先来分析下 droidcore 节点的生成过程。其规则定义如下：

```
# Build files and then package it into the rom formats
.PHONY: droidcore
droidcore: files \
    systemimage \
    $(INSTALLED_BOOTIMAGE_TARGET) \
    $(INSTALLED_RECOVERYIMAGE_TARGET) \
    $(INSTALLED_USERDATAIMAGE_TARGET) \
    $(INSTALLED_CACHEIMAGE_TARGET) \
    $(INSTALLED_VENDORIMAGE_TARGET) \
    $(INSTALLED_FILES_FILE)
```

可以看到，droidcore 依赖于如表 3-4 所示的几个 Prerequisites。

表 3-4　　　　　　　　　　　　　droidcore 的 prerequisites

Prerequisite	Description
files	代表其所依赖的"先决条件"的集合，没有实际意义
systemimage	将生成 system.img
$(INSTALLED_BOOTIMAGE_TARGET)	将生成 boot.img
$(INSTALLED_RECOVERYIMAGE_TARGET)	将生成 recovery.img
$(INSTALLED_USERDATAIMAGE_TARGET)	将生成 userdata.img
$(INSTALLED_CACHEIMAGE_TARGET)	将生成 cache.img
$(INSTALLED_VENDORIMAGE_TARGET)	将生成 vendor.img
$(INSTALLED_FILES_FILE)	将生成 installed-files.txt，用于记录当前系统中预安装的程序、库等模块

这几个"先决条件"的产生原理都类似，因而我们只挑选前几个来做重点分析。

1. files

定义如下：

```
# All the droid stuff, in directories
.PHONY: files
files: prebuilt \
    $(modules_to_install) \
    $(INSTALLED_ANDROID_INFO_TXT_TARGET)
```

（1）prebuilt。"prebuilt"也是一个伪目标，它依赖于$(ALL_PREBUILT)变量。ALL_PREBUILT 机制只用于早期的版本，目前已经被废弃，建议大家使用它的替代品 PRODUCT_COPY_FILES。

（2）modules_to_install。如其名称所示，这个变量描述了系统需要安装的模块。

```
modules_to_install := $(sort \
    $(ALL_DEFAULT_INSTALLED_MODULES) \
    $(product_FILES) \
    $(foreach tag,$(tags_to_install),$($(tag)_MODULES)) \
    $(call get-tagged-modules, shell_$(TARGET_SHELL)) \
    $(CUSTOM_MODULES) \
    )
```

由此可见，这些模块被分为五部分，最核心的是下面两种。

➢ product_FILES

编译该产品涉及的相关文件。与 product_FILES 有直接联系的是 product_MODULES，后者则是基于 PRODUCT_PACKAGES 的处理结果。简而言之，product_FILES 是各 modules（比如 framework，Browser）需要安装文件的列表。

➢ tags_to_install 所对应的 Modules

在 Android 编译机制中，模块是可以指定编译标志的，如 user、debug、eng、tests。通过给各模块打上相应标志，可以在编译时有选择地避开某些无用的功能部件。

比如开发人员在当次编译时特别指定了 eng 标志，那么所有与此无关的模块都将被排除在最终生成的系统之外。具体而言，$(tag)_MODULES 变量赋值后得到的是 eng_MODULES，后者又由函数 get-tagged-modules 来进一步填充：

```
eng_MODULES := $(sort \
    $(call get-tagged-modules,eng) \
    $(call module-installed-files, $(PRODUCTS.$(INTERNAL_PRODUCT).PRODUCT_PACKAGES_ENG)) \
)
debug_MODULES := $(sort \
    $(call get-tagged-modules,debug) \
    $(call module-installed-files, $(PRODUCTS.$(INTERNAL_PRODUCT).PRODUCT_PACKAGES_DEBUG)) \
)
```

接下来我们分析 get-tagged-modules 的函数实现：

```
# Given an accept and reject list, find the matching
# set of targets.  If a target has multiple tags and
# any of them are rejected, the target is rejected.
# Reject overrides accept.
# $(1): list of tags to accept
# $(2): list of tags to reject
#TODO(dbort): do $(if $(strip $(1)),$(1),$(ALL_MODULE_TAGS))
#TODO(jbq): as of 20100106 nobody uses the second parameter
define get-tagged-modules
$(filter-out \
    $(call modules-for-tag-list,$(2)), \
        $(call modules-for-tag-list,$(1)))
endef
```

可以看到，这个函数并不只单纯寻找符合 tag 要求的候选者，而是综合考虑了"可接受"和"拒绝"两种情况。简单来说，当一个目标既有"可接受"标签，又有"拒绝"标签时，它仍然会被淘汰。

"可接受"对象的查找则由 modules-for-tag-list 来实现。其定义如下：

```
# Given a list of tags, return the targets that specify
# any of those tags.
# $(1): tag list
define modules-for-tag-list
$(sort $(foreach tag,$(1),$(ALL_MODULE_TAGS.$(tag))))
endef
```

需要注意的是，main.mk 在后续编译过程中还会对 modules_to_install 进行若干次过滤，目的就是去掉不符合条件和重复无效的部分。

（3）$(INSTALLED_ANDROID_INFO_TXT_TARGET)的生成流程和前两个变量相似，读者可以作为练习自行分析。

2. systemimage

systemimage 的规则定义在 build/core/Makefile 中：

```
$(INSTALLED_SYSTEMIMAGE): $(BUILT_SYSTEMIMAGE) $(RECOVERY_FROM_BOOT_PATCH) | $(ACP)
    @echo "Install system fs image: $@"
    $(copy-file-to-target)
    $(hide) $(call assert-max-image-size,$@ $(RECOVERY_FROM_BOOT_PATCH),$(BOARD_SYSTEMIMAGE_PARTITION_SIZE),yaffs)

systemimage: $(INSTALLED_SYSTEMIMAGE)
```

不难看出，这个规则中最重要的 Prerequisite 是$(BUILT_SYSTEMIMAGE)，它和 systemimage 一样也是在同一个 Makefile 文件中定义的。最终 system.img 文件就是通过它来生成的，采用的 COMMAND 是：

```
$(call build-systemimage-target,$@)
```

参数"$@"是 Makefile 定义的一个自动化变量，代表所有 targets 的集合。

这样就可以成功编译出 system.img 了。

总的来说，droidcore 负责生成系统的所有可运行程序包，包括 system.img、boot.img、recovery.img 等。

3.2.6 dist_files

根节点 droid 还有另一个依赖，即 dist_files。它在整个编译项目中只出现了一次，如：

```
# dist_files only for putting your library into the dist directory with a full build.
.PHONY: dist_files
```

按照 Android 的设计，当这个目标节点起作用时，会在 out 目录下产生专门的 dist 文件夹，用于存储多种分发包。而通常情况下，它既不做任何工作，也不会对我们理解整个编译系统产生影响，因此读者可以选择跳过。

3.2.7 Android.mk 的编写规则

一棵大树的繁茂和枝叶的多寡是息息相关的。一方面，只有苗壮的枝干才能提供足够的养分来供给它的众多细枝末叶；另一方面，树叶的光合作用同样可以滋养整棵大树，从而使其呈现出欣欣向荣之态。

我们曾不止一次地提到过，Android 系统是由非常多的子项目组成的。一款优秀的开放式操作系统，除了要能在原生态系统中预先兼容诸多第三方模块外，还应该具有良好的后期动态扩展性。比如一家互联网厂商希望将其自行研发的某个 APK 应用程序集成进 Android 系统中；或者某家主打"音乐概念"的手机公司打算把某个音频解析库编译进系统版本中。

那么，良好的动态扩展性对这两家公司而言就意味着不需要花太多时间去关心整个 Android 编译体系的运作原理，就能完成以上两个需求——这就像驾驶员适当地了解发动机内部结构能让他们在道路上更得心应手，但我们不能因此就强制要求大家必须理解发动机原理才能开车。

这就是 Android.mk 的一大意义所在。

Android.mk 在整个源码工程中随处可见，保守估计其总体数量在一千个以上。

那么如此之多的文件，又是如何整合进庞大的编译系统而保证不会出错的呢？下面的代码是将源码工程中所有 Android.mk 添加进编译系统的处理过程（在 main.mk 中定义）：

```
ifneq ($(ONE_SHOT_MAKEFILE),)
include $(ONE_SHOT_MAKEFILE)
CUSTOM_MODULES := $(sort $(call get-tagged-modules,$(ALL_MODULE_TAGS)))
FULL_BUILD :=
# Stub out the notice targets, which probably aren't defined
# when using ONE_SHOT_MAKEFILE.
NOTICE-HOST-%: ;
NOTICE-TARGET-%: ;

else # ONE_SHOT_MAKEFILE

#
# Include all of the makefiles in the system
#
# Can't use first-makefiles-under here because
# --mindepth=2 makes the prunes not work.
subdir_makefiles := \
    $(shell build/tools/findleaves.py --prune=out --prune=.repo --prune=.git $(subdirs) Android.mk)

include $(subdir_makefiles)

endif # ONE_SHOT_MAKEFILE
```

第 3 章　Android 编译系统

变量 ONE_SHOT_MAKEFILE 和编译选项有关。如果选择了编译整个工程项目，那么这个变量就是空的；否则如果使用了诸如"make mm"之类的部分编译命令时，那么在 mm 的实现里会对 ONE_SHOT_MAKEFILE 进行必要的赋值。

在编译整个工程的情况下，系统所找到的所有 Android.mk 将会先存入 subdir_makefiles 变量中，随后一次性 include 进整个编译文件中。

接下来，我们选取 adb 项目作为例子详细解释 Android.mk 的编写规则及一些注意事项。之所以挑选 adb 程序，是因为本书的工具篇中还会对其内部原理进行剖析——理解一个程序很重要的前提就是读懂它的 Makefile，这将为我们后期的学习打下一定的基础。

Adb 的源码路径在 system/core/adb 中，我们只摘抄其 Android.mk 中的核心实现。具体如下所示：

```
LOCAL_PATH:= $(call my-dir)  /*LOCAL_PATH 的位置先于 CLEAR_VARS*/
include $(CLEAR_VARS)
/*CLEAR_VARS 的定义在/build/core/clear_vars.mk 中，它清除了上百个除 LOCAL_PATH 外的变量。因而
CLEAR_VARS 通常被认为是一个编译模块的开始标志*/

USB_SRCS :=
EXTRA_SRCS :=
/*adb 内部定义的两个变量，将在不同的操作系统环境下赋予不同的文件值。因为不同的操作系统所需的 usb 驱动
是不一样的，所以有此区分*/
ifeq ($(HOST_OS),linux)  /*Linux 环境下*/
  USB_SRCS := usb_linux.c
  EXTRA_SRCS := get_my_path_linux.c
  LOCAL_LDLIBS += -lrt -ldl -lpthread
  LOCAL_CFLAGS += -DWORKAROUND_BUG6558362
endif
…/*省略其他操作系统下的类似处理*/
LOCAL_SRC_FILES := \
      adb.c \
      …
      $(EXTRA_SRCS) \
      $(USB_SRCS) \
      utils.c \
      usb_vendors.c
/*LOCAL_SRC_FILES 是一个很重要的变量，它定义了本模块编译所涉及的所有源文件。可以看到，adb 自定义
  的两个变量，即 USB_SRCS 和 EXTRA_SRCS 也在这里被加入到了编译列表中*/
…
ifneq ($(USE_SYSDEPS_WIN32),)
  LOCAL_SRC_FILES += sysdeps_win32.c/*根据实际情况来扩展 LOCAL_SRC_FILES 变量*/
else
  LOCAL_SRC_FILES += fdevent.c
endif

LOCAL_CFLAGS += -O2 -g -DADB_HOST=1  -Wall  -Wno-unused-parameter
LOCAL_CFLAGS += -D_XOPEN_SOURCE -D_GNU_SOURCE
/*上面两行用于添加编译标志，这在编译过程中会起作用*/
LOCAL_MODULE := adb/*所要生成的模块的名称*/
…
LOCAL_STATIC_LIBRARIES := libzipfile libunz libcrypto_static $(EXTRA_STATIC_LIBS)/*
编译过程中要用到的库*/
…
include $(BUILD_HOST_EXECUTABLE)
/*这个语句是整个 Android.mk 的重点。BUILD_HOST_EXECUTABLE 表示我们希望生成一个 HOST 可执行程序。
当然，你也可以根据需要来选择其他 "BUILD_XXX" 变量，详见后面的总结。每一个编译模块从 CLEAR_VARS 开始，
到这里结束*/

/*到目前为止的语句仅定义了 adb host 工具的生成过程，这个程序将运行于开发环境所处的机器上。如在 Windows
操作系统中的 Eclipse 集成开发环境中开展产品研发，那么 adb host 就运行在 Windows 中。它实际上分饰
adb client 和 adb server 两个角色(通过源码中的 ADB_HOST 宏进行区分)。我们从上面 LOCAL_SRC_FILES
所包含的具体文件中也可以看出一些端倪。更多 adb 的分析，请参照本书工具篇中相关章节。*/

/*以下内容是 adbd 的编译配置，这个程序运行于设备端*/
include $(CLEAR_VARS)/*第二个模块编译的开始标志*/
LOCAL_SRC_FILES := \
      adb.c \
```

```
        …
        Utils.c
/*从 LOCAL_SRC_FILES 变量可以发现，adb daemon 和 adb host 所涉及的文件是有重叠的*/
…/*省略和第一个模块中类似的语句*/
LOCAL_MODULE := adbd/*模块名称*/
…
LOCAL_STATIC_LIBRARIES := libcutils libc libmincrypt
include $(BUILD_EXECUTABLE)/*到这里为止，第二个模块的编译配置结束，最终生成 adbd 可执行程序*/
```

通过以上对 Android.mk 文件的分析，我们了解到 ADB 工具分为两部分，即 ADB Host（Client 和 Server）和 ADB Daemon。前者将和开发环境运行于同一机器平台中，后者则面向设备本身。

上述脚本代码中用到的所有 Android 编译系统提供的函数与变量，我们都特别标注了出来。从中可以看到，通过 Android.mk 添加一个编译模块到系统中的顺序如下：

- LOCAL_PATH；
- CLEAR_VARS；
- LOCAL_SRC_FILES；
- LOCAL_CFLAGS（可选）；
- LOCAL_MODULE；
- LOCAL_STATIC_LIBRARIES（可选）；
- BUILD_HOST_EXECUTABLE/BUILD_EXECUTABLE 等。

最后，总结下 Android.mk 的几个使用要点。

（1）我们可以把 Android.mk 的处理步骤与食品制作过程做个类比。

- 准备食材。包括 LOCAL_SRC_FILES，LOCAL_MODULE，LOCAL_STATIC_LIBRARIES 的收集。虽然每道菜都会有不同的原料需求，但细心的厨师（Android 编译系统）事先都考虑到了。他做好了合理的分类（调味类、肉类、蔬菜类等），并提供了完整的清单。我们所要做的工作就是按照这些清单逐项采购。
- 烹饪菜肴。准备好食材以后，就可以开始佳肴的烹饪了。得益于 Android 编译系统的用心，这个过程比我们想象中的简单很多。因为同一道菜的烧制工序是一样的，所以 Google 事先就把这些步骤集合起来，并做好了各种模板，如 BUILD_STATIC_LIBRARY，BUILD_SHARED_LIBRARY，BUILD_EXECUTABLE 等。一旦顾客点了哪道菜，我们只要调用这些固有模板就可以轻松完成整个烹饪过程，非常方便。

（2）每个 Android.mk 都允许同时煮几道菜，每个清单将以下面的语句开始：

```
include $(CLEAR_VARS)
```

并以如下语句结束：

```
include $(BUILD_XXX)
```
注：BUILD_XXX 代表上面所提及的各个编译模板

（3）表 3-5 所示是在编写 Android.mk 时所涉及的常用重要变量，供读者参考。

表 3-5　　　　　　　　　　　Android.mk 中常用的重要变量解析

变量名	说明
LOCAL_PATH	用于确定源码所在的目录，最好把它放在 CLEAR_VARS 变量引用的前面。因为它不会被清除，每个 Android.mk 只需要定义一次即可
CLEAR_VARS	它清空了很多以"LOCAL_"开头的变量（LOCAL_PATH 除外）。由于所有的 Makefile 都是在一个编译环境中执行的，因此变量的定义理论上都是全局的，在每个模块编译开始前进行清理工作是必要的
LOCAL_MODULE	模块名，需保证在整个编译系统中是唯一存在的，而且中间不可以有空格
LOCAL_MODULE_PATH	模块的输出路径

续表

变 量 名	说　明
LOCAL_SRC_FILES	模块编译过程所涉及的源文件。如果是 Java 程序,可以考虑调用 all-subdir-java-files 来一次性添加目录（包括子目录）下所有的 Java 文件 因为有 LOCAL_PATH，这里只需要给出文件名（相对路径）即可；而且编译系统有比较强的推导功能，可以自动计算依赖关系
LOCAL_CC	用于指定 C 编译器
LOCAL_CXX	用于指定 C++编译器
LOCAL_CPP_EXTENSION	用于指定特殊的 C++文件后缀名
LOCAL_CFLAGS	C 语言编译时的额外选项
LOCAL_CXXFLAGS	C++语言编译时的额外选项
LOCAL_C_INCLUDES	编译 C 和 C++程序所需的额外头文件
LOCAL_STATIC_LIBRARIES	编译所需的静态库列表
LOCAL_SHARED_LIBRARIES	编译所需的共享库列表
LOCAL_JAVA_LIBRARIES	编译时所需的 JAVA 类库
LOCAL_LDLIBS	编译时所需的链接选项
LOCAL_COPY_HEADERS	安装应用程序时所需复制的头文件列表，需要和 LOCAL_COPY_HEADERS_TO 变量配合使用
LOCAL_COPY_HEADERS_TO	上述头文件列表的复制目的地
BUILD_HOST_STATIC_LIBRARY BUILD_HOST_SHARED_LIBRARY BUILD_STATIC_LIBRARY BUILD_RAW_STATIC_LIBRARY BUILD_SHARED_LIBRARY BUILD_EXECUTABLE BUILD_RAW_EXECUTABLE BUILD_HOST_EXECUTABLE BUILD_PACKAGE BUILD_HOST_PREBUILT BUILD_PREBUILT BUILD_MULTI_PREBUILT BUILD_JAVA_LIBRARY BUILD_STATIC_JAVA_LIBRARY BUILD_HOST_JAVA_LIBRARY BUILD_DROIDDOC BUILD_COPY_HEADERS BUILD_KEY_CHAR_MAP	各种形式的编译模板，如生成设备端或者 Host 端的静态、动态库文件（Java 和 C/C++等），可执行文件，文档等 需要大家特别注意的是 BUILD_JAVA_LIBRARY 和 BUILD_STATIC_JAVA_LIBRARY 之间的区别。后者生成的 Java Library 既不会被安装，也不会被放到 Java 的 Classpath 中。而 BUILD_JAVA_LIBRARY 得到的 Java 库是具有"共享"性质的，可以为多个程序所共用（会被复制到/system/framework 中）

在本章的学习中，我们先从最基础的 Makefile 语法规则入手，导出了依赖树的概念；然后按照由上而下的顺序，逐步梳理出编译一个完整的 Android 版本所涉及的几个重要节点。

Android 编译系统是非常庞大的，所包括的节点和文件数量远不止本章所描述的。不过，我们的目的是让读者掌握一种有效的分析编译系统的方法——相信只要按照本章的分析方法，再一步步地进行推导论断，整个 Android 编译体系就会"水落石出"了。

3.3 Jack Toolchain

从 6.0 版本开始，Android 编译系统中一个比较大的变化是采用了全新的 Java 编译链，即 Jack（Java Android Compiler Kit）。

3.3 Jack Toolchain

Jack 的主要任务是取代以前版本中的 javac、ProGuard、jarjar、dx 等诸多工具，以一种全新的方式来将 Java 源文件编译成 Android 的 Dex 字节码。它的优势在于可以加快编译速度，具有内建的 shrinking、obfuscation、repackaging 和 multidex 等功能，并且完全开源，如图 3-6 所示。

Jack 有自己的文件格式，这就不可避免地需要利用一个工具来将它与传统的.jar 文件进行转换——即 Jill（Jack Intermediate Library Linker）。如图 3-7 所示。

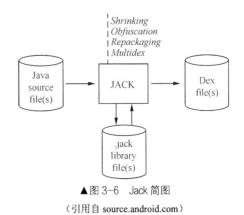

▲图 3-6　Jack 简图

（引用自 source.android.com）

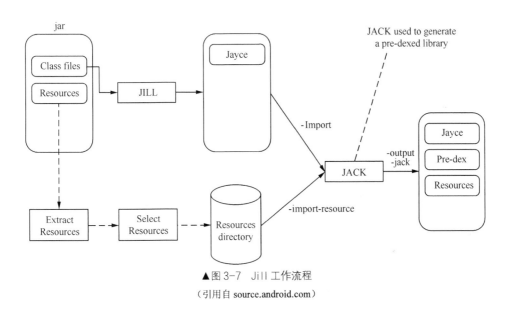

▲图 3-7　Jill 工作流程

（引用自 source.android.com）

接下来我们重点讲解一下 Jack 在 Android 系统工程编译中的一些特点，以便大家可以学以致用。虽然 Android 官方承诺使用 Jack 的情况和以往的编译过程没有任何区别，但事实上总还是会出现因为 Jack 而导致编译失败的情况。譬如笔者就曾在 M 版本编译中遇到过如图 3-8 所示的问题。

▲图 3-8　编译时出现的问题

想要解决上述这个错误，首先就得理解 Jack 在编译系统中的工作过程。

Jack 可以加快编译速度的一个重要原因是提供了一个能随时待命的 Server，与以往的 JRE JVM 相比，这种方式显然可以节省启动和初始化的时间（这有点类似于 Gradle 的做法）。当然，如果一直没有新的编译任务到达，一定时长后，Jack Server 也会自动关闭，以避免对系统资源的无端消耗。

Jack Server 对应的配置文件是$HOME/.jack，其中包含了如表 3-6 所示的一些重要信息。

表 3-6　　　　　　　　　　　　　　　重要的信息

Config Item	Description
SERVER=true	启用 Jack Server 功能，默认情况下是打开的
SERVER_PORT_SERVICE=8072	设置 Server 用于编译功能的端口号
SERVER_PORT_ADMIN=8073	设置 Server 用于管理功能的端口号
SERVER_COUNT=1	目前还未用到
SERVER_NB_COMPILE=4	并行编译的最大数量
SERVER_TIMEOUT=60	没有编译任务多长时间后 Server 应该关闭自身
SERVER_LOG=${SERVER_LOG:=$SERVER_DIR/jack-$SERVER_PORT_SERVICE.log}	设置 Server 运行时 Log 文件的存储路径
JACK_VM_COMMAND=${JACK_VM_COMMAND:=java}	在 Host 机上启动一个 JVM 实例的默认命令

根据前述问题的 Log 描述，我们不难发现编译失败的缘由是无法启动 Jack Server。针对这种情况最可疑的原因就是 Server 所需的端口已经被 Host 机中其他程序占用了。所以解决办法就是在.jack 配置文件中对 Jack Server 的端口号进行重新调整（建议选一个高位不常用的端口号，避免冲突）。

不过很遗憾，更改端口号对笔者的这个编译错误没有产生任何效果。再仔细观察一下编译过程输出的 Log，可以发现另一个可疑点（开发人员也可以查看 Jack Server 输出的 Log 文件来定位问题），如图 3-9 所示。

```
Launching background server java -Dfile.encoding=UTF-8 -Xms2560m
```
▲图 3-9　发现问题

可以看到 Jack Server 为虚拟机申请了高达 2560m 的堆内存，而笔者给编译 Android 系统的虚拟机环境只配置了 2GB 的内存，所以显然也会导致失败。解决的办法也很简单，就是扩大内存配额，然后重试——这次问题确实得到了解决，并成功完成了整个编译过程，参见图 3-12。

我们再来观察一下 Jack 编译链下的中间文件。

其中 BUILD_JAVA_LIBRARY 的中间文件状态如图 3-10 所示。

而 BUILD_STATIC_JAVA_LIBRARY 的中间文件状态如图 3-11 所示。

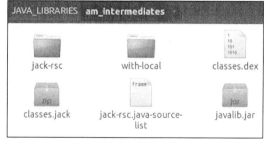

▲图 3-10　Jack 不再输出旧版本中的 classes.jar 等文件

3.3 Jack Toolchain

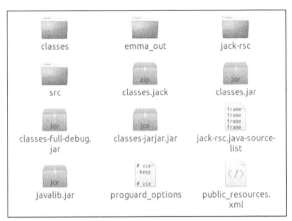

▲图 3-11 中间文件夹状态

不难发现，Jack 并不输出中间状态的 jar 文件，而是直接得到最终的 dex 产物——这也是它会导致一些分析工具失效的原因，例如著名的 Jacoco 代码覆盖率工具。

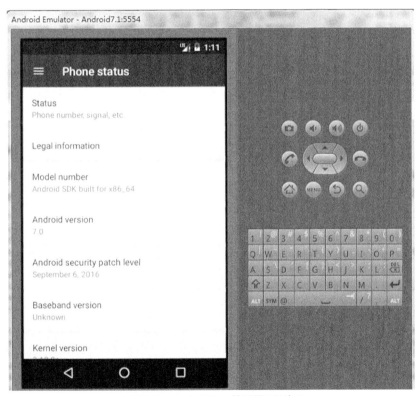

▲图 3-12 Android 7.x 模拟器运行效果

由于 Jack 是一项 experimental 的特性，或多或少都存在着一些 bug，所以，大家在开发过程中，（包括应用程序和系统开发）如果遇到了确实是由于 Jack 所引发的问题，而且这个问题暂时还无法得到解决的话，那么可以选择不用 Jack 来进行编译（注意：并不是所有情况下都适用，比如存在其他依赖关系的时候）。具体做法是在 Android.mk 中添加如下语句：

```
LOCAL_JACK_ENABLED := disabled
```

3.4 SDK 的编译过程

采用 Android 系统的设备厂商越来越多，不少公司便开始考虑如何编译出具有自己特色的扩展 SDK。这种做法除了满足开发人员的需求外，还可以通过 SDK 来开放设备自身的优势，从而吸引更多的用户，提高市场竞争力。因而我们觉得很有必要分析一下 SDK 的生成过程，以便大家可以根据自己的需求来进行定制修改。

简单来说，SDK 是 Android 系统提供给开发人员的一个"工具集"。它的典型文件结构大致如图 3-13 所示。

接下来我们按照编译 Android SDK 的步骤来进行讲解，并从编译脚本内部实现的角度来分析它的整个生成过程，同时也希望可以让读者借此更深入地理解 Android 编译系统。

▲图 3-13 Android SDK 的典型文件结构

3.4.1 envsetup.sh

相信通过前面章节的学习，大家都知道在编译 Android 系统之前，首先需要执行 build 目录下的 envsetup.sh 脚本。这个脚本中除了包含后续步骤所需的函数定义外，还会做很多准备工作。具体如下所示：

```
function hmm() {
cat <<EOF
Invoke ". build/envsetup.sh" from your shell to add the following functions to your environment:
- lunch:   lunch <product_name>-<build_variant>
- tapas:   tapas [<App1> <App2> ...] [arm|x86|mips|armv5|arm64|x86_64|mips64] [eng|userdebug|user]
- croot:   Changes directory to the top of the tree.
- m:       Makes from the top of the tree.
- mm:      Builds all of the modules in the current directory, but not their dependencies.
- mmm:     Builds all of the modules in the supplied directories, but not their dependencies.
         To limit the modules being built use the syntax: mmm dir/:target1,target2.
- mma:     Builds all of the modules in the current directory, and their dependencies.
- mmma:    Builds all of the modules in the supplied directories, and their dependencies.
- cgrep:   Greps on all local C/C++ files.
- ggrep:   Greps on all local Gradle files.
- jgrep:   Greps on all local Java files.
- resgrep: Greps on all local res/*.xml files.
- mangrep: Greps on all local AndroidManifest.xml files.
- sepgrep: Greps on all local sepolicy files.
- sgrep:   Greps on all local source files.
- godir:   Go to the directory containing a file.
Environemnt options:
- SANITIZE_HOST: Set to 'true' to use ASAN for all host modules. Note that
  ASAN_OPTIONS=detect_leaks=0 will be set by default until the
  build is leak-check clean.
Look at the source to view more functions. The complete list is:
EOF
T=$(gettop)
local A
A=""
  for i in `cat $T/build/envsetup.sh | sed -n "/^[ \t]*function /s/function \([a-z_]*\).*/\1/p" | sort | uniq`; do
  A="$A $i"
  done
  echo $A
}
```

从 hmm 函数可以大概看出 envsetup.sh 所提供的功能，如表 3-7 所示。

表 3-7　　　　　　　　envsetup.sh 脚本提供的主要函数释义

函　　数	描　　述
croot	回到树的根位置，即 AOSP 工程的根目录
m	从树根节点开始执行 make
mm	make 当前目录下的所有模块，但是不包括它们的依赖
mmm	make 指定目录下的模块，但是不包括它们的依赖
mma	make 当前目录下的所有模块，以及它们的依赖
mmma	make 指定目录下的模块，以及它们的依赖
cgrep	只针对所有 C/C++ 文件执行 grep 命令
ggrep	只针对所有 gradle 文件执行 grep 命令
jgrep	只针对所有 Java 文件执行 grep 命令
resgrep	只针对所有 res/*.xml 文件执行 grep 命令
mangrep	只针对所有 AndroidManifest.xml 文件执行 grep 命令
sepgrep	只针对所有 sepolicy 文件执行 grep 命令
sgrep	针对所有源代码文件执行 grep 命令
godir	转到包含指定文件的目录下

除了提供很多实用的函数外，envsetup.sh 在文件的最后还会扫描和加载 device 和 vendor 目录下的 vendorsetup.sh 文件，具体如下所示：

```
for f in 'test -d device && find -L device -maxdepth 4 -name 'vendorsetup.sh' 2> /dev/null' \
        'test -d vendor && find -L vendor -maxdepth 4 -name 'vendorsetup.sh' 2> /dev/null'
do
    echo "including $f"
    . $f
done
```

需要特别注意的是，上述脚本对 vendorsetup.sh 文件的扫描深度为 4。由前面章节的学习我们知道，vendorsetup.sh 会通过 add_lunch_combo 命令来为 lunch 添加一条加载项，如图 3-14 是*星手机的一个实例。

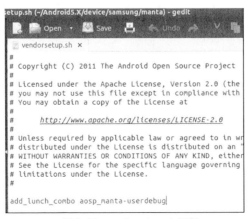

▲图 3-14　vendorsetup.sh 示例

当 envsetup.sh 执行结束后，将会打印出搜寻到的 vendorsetup.sh，如图 3-15 所示。

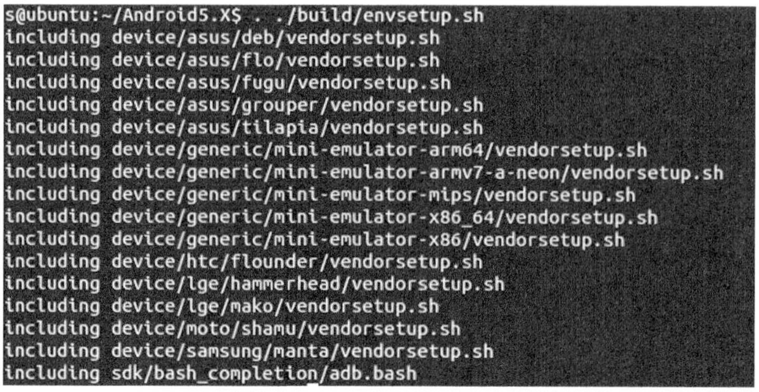

```
s@ubuntu:~/Android5.X$ . ./build/envsetup.sh
including device/asus/deb/vendorsetup.sh
including device/asus/flo/vendorsetup.sh
including device/asus/fugu/vendorsetup.sh
including device/asus/grouper/vendorsetup.sh
including device/asus/tilapia/vendorsetup.sh
including device/generic/mini-emulator-arm64/vendorsetup.sh
including device/generic/mini-emulator-armv7-a-neon/vendorsetup.sh
including device/generic/mini-emulator-mips/vendorsetup.sh
including device/generic/mini-emulator-x86_64/vendorsetup.sh
including device/generic/mini-emulator-x86/vendorsetup.sh
including device/htc/flounder/vendorsetup.sh
including device/lge/hammerhead/vendorsetup.sh
including device/lge/mako/vendorsetup.sh
including device/moto/shamu/vendorsetup.sh
including device/samsung/manta/vendorsetup.sh
including sdk/bash_completion/adb.bash
```

▲图 3-15　打印的信息

3.4.2　lunch sdk-eng

完成 envsetup.sh 的初始化后，我们就可以执行下一步命令了，即 lunch sdk-eng。

大家应该还记得 lunch 命令的用法：要么在 lunch 后加上 product-variant 参数，要么不带任何参数，从而让编译系统打印出当前可选的产品列表，如图 3-16 所示。

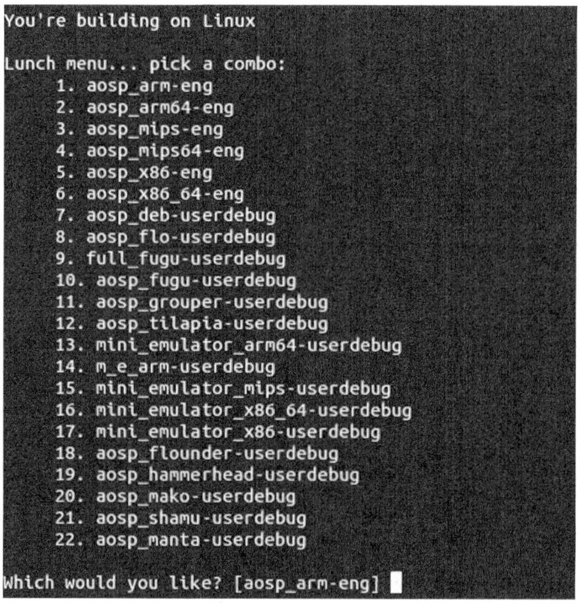

```
You're building on Linux

Lunch menu... pick a combo:
     1. aosp_arm-eng
     2. aosp_arm64-eng
     3. aosp_mips-eng
     4. aosp_mips64-eng
     5. aosp_x86-eng
     6. aosp_x86_64-eng
     7. aosp_deb-userdebug
     8. aosp_flo-userdebug
     9. full_fugu-userdebug
     10. aosp_fugu-userdebug
     11. aosp_grouper-userdebug
     12. aosp_tilapia-userdebug
     13. mini_emulator_arm64-userdebug
     14. m_e_arm-userdebug
     15. mini_emulator_mips-userdebug
     16. mini_emulator_x86_64-userdebug
     17. mini_emulator_x86-userdebug
     18. aosp_flounder-userdebug
     19. aosp_hammerhead-userdebug
     20. aosp_mako-userdebug
     21. aosp_shamu-userdebug
     22. aosp_manta-userdebug

Which would you like? [aosp_arm-eng]
```

▲图 3-16　产品的列表

看了上述列表，不少读者可能会有疑惑——编译 SDK 使用的命令 lunch sdk-eng 并没有在列表中，那么它是合法的吗？

答案是肯定的。实际上 lunch 提供的列表是由开发者在 vendorsetup.sh 或其他文件中通过 add_lunch_combo 提供的，并不是必需的；而真正的重点在于 lunch product-variant 在执行过程中如何验证 product 和 variant 的合法性。

（1）lunch 针对 product 的合法性检查

```
function lunch()
{
```

3.4 SDK 的编译过程

```
   local answer

   if [ "$1" ] ; then    ##如果lunch命令带参数，则记录下来
      answer=$1
   else
      print_lunch_menu    ##否则打印出产品列表供开发者选择
      echo -n "Which would you like? [aosp_arm-eng] "
      read answer    ##读取用户的选择
   fi

   local selection=

   if [ -z "$answer" ]    ##如果用户什么也没选
   then
      selection=aosp_arm-eng    ##默认选择一个
   elif (echo -n $answer | grep -q -e "^[0-9][0-9]*$")    ##如果是数字，表示是从列表中选择的
   then
      if [ $answer -le ${#LUNCH_MENU_CHOICES[@]} ]    ##数字有效
      then
           selection=${LUNCH_MENU_CHOICES[$(($answer-1))]}    ##读取相应的值
      fi
   elif (echo -n $answer | grep -q -e "^[^\-][^\-]*-[^\-][^\-]*$")        ##lunch带参数
   then
        selection=$answer
   fi

   if [ -z "$selection" ]       ##这时selection不应该为空了
   then
       echo
       echo "Invalid lunch combo: $answer"
       return 1
   fi

   export TARGET_BUILD_APPS=

   local product=$(echo -n $selection | sed -e "s/-.*$//")    ##从参数中取出product
   check_product $product    ##检验product是否合法，下面我们会有详细分析
   if [ $? -ne 0 ]## "$?" 用于检查上一个函数的退出码，这里是指check_product
   then
      echo
      echo "** Don't have a product spec for: '$product'"
      echo "** Do you have the right repo manifest?"
      product=
   fi

   local variant=$(echo -n $selection | sed -e "s/^[^\-]*-//")    ##参数中取variant
   check_variant $variant    ##检验variant是否合法，下面我们会有详细分析
   if [ $? -ne 0 ]## "$?" 用于检查上一个函数的退出码，这里是指check_variant
   then
      echo
      echo "** Invalid variant: '$variant'"
      echo "** Must be one of ${VARIANT_CHOICES[@]}"
      variant=
   fi

   if [ -z "$product" -o -z "$variant" ]
   then
       echo
       return 1
   fi

   export TARGET_PRODUCT=$product    ##将结果值传递给全局变量
```

```
    export TARGET_BUILD_VARIANT=$variant
    export TARGET_BUILD_TYPE=release

    echo

    set_stuff_for_environment
    printconfig
}
```

可以看到，检查 product 的合法性主要依靠的是 check_product 这个函数，具体如下所示：

```
function check_product()
{
    T=$(gettop)
    if [ ! "$T" ]; then
        echo "Couldn't locate the top of the tree.  Try setting TOP." >&2
        return
    fi
    TARGET_PRODUCT=$1 \
    TARGET_BUILD_VARIANT= \
    TARGET_BUILD_TYPE= \
    TARGET_BUILD_APPS= \
    get_build_var TARGET_DEVICE > /dev/null
    # hide successful answers, but allow the errors to show
}
```

这个函数看起来很简单，什么也没做，奥妙就在于最后的 get_build_var TARGET_DEVICE。我们接下来看一下 get_build_var 又做了哪些工作。要特别注意的是，TARGET_PRODUCT 被赋予了第 1 个参数值，即$product，在我们这个例子中就是 sdk。

```
function get_build_var()
{
    T=$(gettop)##回到AOSP工程根目录
    if [ ! "$T" ]; then
        echo "Couldn't locate the top of the tree.  Try setting TOP." >&2
        return
    fi
    (\cd $T; CALLED_FROM_SETUP=true BUILD_SYSTEM=build/core \
     command make --no-print-directory -f build/core/config.mk dumpvar-$1)
}
```

这个函数首先回到工程的根目录，然后为几个变量赋值，它们都将在后续过程中发挥作用。最后，它调用了 make 命令，执行的脚本是/build/core/config.mk，而且将目标对象设置为 dumpvar-$1，其中$1 即 get_build_var 的调用参数 TARGET_DEVICE。那么这个 TARGET_DEVICE 的值是什么呢？

```
/*build/core/config.mk*/
…
include $(BUILD_SYSTEM)/envsetup.mk
…
include $(BUILD_SYSTEM)/combo/javac.mk
…
include $(BUILD_SYSTEM)/dumpvar.mk
```

可以看到，config.mk 的主要目的如其名所示，就是为了做各种配置工作，而这其中非常重要的一步配置是通过 envsetup.mk 这个脚本完成的。读者应该特别注意，将这个 envsetup.mk 与之前提到的 envsetup.sh 区分开来：

```
/*build/core/envsetup.mk*/
…
include $(BUILD_SYSTEM)/product_config.mk
…
board_config_mk := \
    $(strip $(wildcard \
        $(SRC_TARGET_DIR)/board/$(TARGET_DEVICE)/BoardConfig.mk \
        $(shell test -d device && find device -maxdepth 4 -path '*/$(TARGET_DEVICE)/BoardConfig.mk') \
        $(shell test -d vendor && find vendor -maxdepth 4 -path '*/$(TARGET_DEVICE)/BoardConfig.mk') \
    ))
```

从上面的脚本可以清楚地看到，BoardConfig.mk 的赋值与 TARGET_DEVICE 有关系，因而后者一定要在前者之前被确定下来，更确切来讲就是在 product_config.mk 中了：

```
/*build/core/product_config.mk*/
…
include $(BUILD_SYSTEM)/node_fns.mk
include $(BUILD_SYSTEM)/product.mk
include $(BUILD_SYSTEM)/device.mk

ifneq ($(strip $(TARGET_BUILD_APPS)),)
# An unbundled app build needs only the core product makefiles.
all_product_configs := $(call get-product-makefiles,\
    $(SRC_TARGET_DIR)/product/AndroidProducts.mk)
else
# Read in all of the product definitions specified by the AndroidProducts.mk
# files in the tree.
all_product_configs := $(get-all-product-makefiles)
endif
…
ifneq (,$(filter product-graph dump-products, $(MAKECMDGOALS)))
# Import all product makefiles.
$(call import-products, $(all_product_makefiles))
else
# Import just the current product.
ifndef current_product_makefile  ##如果出现错误，编译脚本就会停止，这也是 lunch 检查的真正意义
$(error Can not locate config makefile for product "$(TARGET_PRODUCT)")
endif
ifneq (1,$(words $(current_product_makefile)))
$(error Product "$(TARGET_PRODUCT)" ambiguous: matches $(current_product_makefile))
endif
$(call import-products, $(current_product_makefile))
endif  # Import all or just the current product makefile
TARGET_DEVICE := $(PRODUCTS.$(INTERNAL_PRODUCT).PRODUCT_DEVICE)
…
```

脚本 node_fns.mk、product.mk 和 device.mk 引入了很多函数定义，它们会在后续查找产品定义的操作中产生作用。比如接下来的 get-product-makefiles 和 get-all-product-makefiles 的定义就在 product.mk 中。

如果 TARGET_BUILD_APPS 不为空，那么证明本次并不是全编译，所以只要把核心的产品定义引用进来就可以了。核心产品是由$(SRC_TARGET_DIR)/product/AndroidProducts.mk 提供的，即/build/target/product/AndroidProducts.mk：

```
ifneq ($(TARGET_BUILD_APPS),)
PRODUCT_MAKEFILES := \
    $(LOCAL_DIR)/aosp_arm.mk \
    $(LOCAL_DIR)/full.mk \
    $(LOCAL_DIR)/generic_armv5.mk \
    $(LOCAL_DIR)/aosp_x86.mk \
    $(LOCAL_DIR)/full_x86.mk \
    $(LOCAL_DIR)/aosp_mips.mk \
    $(LOCAL_DIR)/full_mips.mk \
    $(LOCAL_DIR)/aosp_arm64.mk \
```

```
        $(LOCAL_DIR)/aosp_mips64.mk \
        $(LOCAL_DIR)/aosp_x86_64.mk
else
PRODUCT_MAKEFILES := \
        $(LOCAL_DIR)/core.mk \
        $(LOCAL_DIR)/generic.mk \
        $(LOCAL_DIR)/generic_x86.mk \
        $(LOCAL_DIR)/generic_mips.mk \
        $(LOCAL_DIR)/aosp_arm.mk \
        $(LOCAL_DIR)/full.mk \
        $(LOCAL_DIR)/aosp_x86.mk \
        $(LOCAL_DIR)/full_x86.mk \
        $(LOCAL_DIR)/aosp_mips.mk \
        $(LOCAL_DIR)/full_mips.mk \
        $(LOCAL_DIR)/aosp_arm64.mk \
        $(LOCAL_DIR)/aosp_mips64.mk \
        $(LOCAL_DIR)/aosp_x86_64.mk \
        $(LOCAL_DIR)/full_x86_64.mk \
        $(LOCAL_DIR)/sdk_phone_armv7.mk \
        $(LOCAL_DIR)/sdk_phone_x86.mk \
        $(LOCAL_DIR)/sdk_phone_mips.mk \
        $(LOCAL_DIR)/sdk_phone_arm64.mk \
        $(LOCAL_DIR)/sdk_phone_x86_64.mk \
        $(LOCAL_DIR)/sdk_phone_mips64.mk \
        $(LOCAL_DIR)/sdk.mk \
        $(LOCAL_DIR)/sdk_x86.mk \
        $(LOCAL_DIR)/sdk_mips.mk \
        $(LOCAL_DIR)/sdk_arm64.mk \
        $(LOCAL_DIR)/sdk_x86_64.mk
endif
```

可以看到，在确定产品定义时仍然会区分当前是否是全编译的情况。不管是哪种情况，收集到的产品定义项都会放到 PRODUCT_MAKEFILES 中。需要特别注意的是，PRODUCT_MAKEFILES 实际上只是一个文件列表的集合，那么这些文件的具体内容会在什么时候进行解析呢？答案就是前述的 product_config.mk 中的 get-product-makefiles 和 get-all-product-makefiles。这两个函数会逐一取出 PRODUCT_MAKEFILES 列表中的每一个文件名，组成一个路径，然后通过 include 将脚本中的内容读取进来。我们以 sdk.mk 这个列表项为例，它的部分内容节选如下：

```
/*sdk.mk*/
$(call inherit-product, $(SRC_TARGET_DIR)/product/sdk_phone_armv7.mk)
PRODUCT_NAME := sdk

/*sdk_phone_armv7.mk*/
$(call inherit-product, $(SRC_TARGET_DIR)/product/sdk_base.mk)
# Overrides
PRODUCT_BRAND := generic
PRODUCT_NAME := sdk_phone_armv7
PRODUCT_DEVICE := generic

/*sdk_base.mk*/
PRODUCT_PROPERTY_OVERRIDES :=
PRODUCT_PACKAGES := \
    ApiDemos \
    CubeLiveWallpapers \
    CustomLocale \
    Development \
    DevelopmentSettings \
    Dialer \
    EmulatorSmokeTests \
...
```

上述的内容可谓"环环相扣"，颇有点"继承"的关系。这种实现方式可以很好地分离各个脚本的职责，值得大家借鉴。

再回到前面的 TARGET_DEVICE 的赋值中来。还记得 product_config.mk 中的最后一行是怎么给 TARGET_DEVICE 赋值的吗？我们再把它列出来：

TARGET_DEVICE := $(PRODUCTS.$(INTERNAL_PRODUCT).PRODUCT_DEVICE)

大家肯定会有疑问，这个 PRODUCTS 又是从何而来的呢？它是对所有产品的一个记录集。具体而言，就是调用了 product.mk 中的 import-products，后者又引用了 import-nodes——这个函数则会对 PRODUCTS 和 DEVICES 等变量进行赋值，从而才能保证 TARGET_DEVICE 可以取到正确的值。

总结来说，对 product 的整个检查过程无非是做了两件事：

- 对各种变量进行赋值，保证后续编译的正常运行；
- 在出现错误时直接终止脚本运行，从而有效保证了 product 的准确性。这一点才是体现"合法性检查"的关键核心；而且当 check_product 检查过程中出现错误时，$?不为0，这样函数退出后就可以通过这一变量进行出错判断，如下所示：

```
if [ $? -ne 0 ]
   then
       echo
       echo "** Don't have a product spec for: '$product'"
       echo "** Do you have the right repo manifest?"
       product=
   fi
```

（2）lunch 对 variant 合法性的检查

和 check_product 类似，check_variant 用于检查 variant 的合法性，在我们这个例子中就是"eng"：

```
/*/build/envsetup.sh*/
VARIANT_CHOICES=(user userdebug eng)
function check_variant()
{
    for v in ${VARIANT_CHOICES[@]}
    do
        if [ "$v" = "$1" ]
        then
            return 0
        fi
    done
    return 1
}
```

可以看到，check_variant 的实现相当简单，直接从 VARIANT_CHOICES 数组（只有 user、userdebug 和 eng 三种）中逐一取出元素进行比较，一旦有匹配的就返回 0；函数结束时仍然没有找到匹配的则返回 1。后面一种情况下，$? -ne 0 会被判定为真，因而脚本在执行过程中将打印出错误，表示当前 variant 是无效的。

3.4.3 make sdk

本小节我们重点分析 make sdk 这一命令的处理流程，它和编译各种系统 image 有不小的差异。不过和其他 image 一样，sdk 的编译脚本主体在 Main.mk 中。我们节选出其中的关键部分：

```
/*build/core/Main.mk*/

is_sdk_build :=           ##用于标志当前是否是 sdk 编译

ifneq ($(filter sdk win_sdk sdk_addon,$(MAKECMDGOALS)),)##判断是否为 sdk 编译
is_sdk_build := true
endif
…
ifdef is_sdk_build
```

```makefile
# Detect if we want to build a repository for the SDK
sdk_repo_goal := $(strip $(filter sdk_repo,$(MAKECMDGOALS)))
MAKECMDGOALS := $(strip $(filter-out sdk_repo,$(MAKECMDGOALS)))

ifneq ($(words $(filter-out $(INTERNAL_MODIFIER_TARGETS) checkbuild emulator_tests
target-files-package,$(MAKECMDGOALS))),1)
$(error The 'sdk' target may not be specified with any other targets)
endif

# TODO: this should be eng I think.  Since the sdk is built from the eng
# variant.
tags_to_install := debug eng
ADDITIONAL_BUILD_PROPERTIES += xmpp.auto-presence=true
ADDITIONAL_BUILD_PROPERTIES += ro.config.nocheckin=yes
else # !sdk
endif
…
# Bring in all modules that need to be built.
ifeq ($(HOST_OS),windows)
SDK_ONLY := true
endif

ifeq ($(SDK_ONLY),true)
include $(TOPDIR)sdk/build/windows_sdk_whitelist.mk
include $(TOPDIR)development/build/windows_sdk_whitelist.mk

# Exclude tools/acp when cross-compiling windows under linux
ifeq ($(findstring Linux,$(UNAME)),)
subdirs += build/tools/acp
endif

else # !SDK_ONLY
#
# Typical build; include any Android.mk files we can find.
#
subdirs := $(TOP)
FULL_BUILD := true
endif # !SDK_ONLY
…
include $(BUILD_SYSTEM)/Makefile
…
.PHONY: sdk
ALL_SDK_TARGETS := $(INTERNAL_SDK_TARGET)
sdk: $(ALL_SDK_TARGETS)
$(call dist-for-goals,sdk win_sdk, \
    $(ALL_SDK_TARGETS) \
    $(SYMBOLS_ZIP) \
    $(INSTALLED_BUILD_PROP_TARGET) \
)
```

上面这段脚本的关键之一在于 dist-for-goals 这个函数，它的定义如下：

```makefile
/*build/core/distdir.mk*/
define dist-for-goals
$(foreach file,$(2), \
  $(eval fw := $(subst :,$(space),$(file))) \
  $(eval src := $(word 1,$(fw))) \
  $(eval dst := $(word 2,$(fw))) \
  $(eval dst := $(if $(dst),$(dst),$(notdir $(src)))) \
  $(if $(filter $(_all_dist_src_dst_pairs),$(src):$(dst)),\  ##如果已经处理过
    $(eval $(call add-dependency,$(1),$(DIST_DIR)/$(dst))),\  ##那么只添加依赖
    $(eval $(call copy-one-dist-file,\    ##如果没有处理过的情况
      $(src),$(DIST_DIR)/$(dst),$(1)))\
      $(eval _all_dist_src_dst_pairs += $(src):$(dst))\
  )\
)
endef
```

这个函数用于记录 goal 所需要的全部 src:dst 对。它带有两个参数，即：

3.4 SDK 的编译过程

- $(1)

代表目标对象 goal 的集合，比如上面脚本中对应的是 sdk win_sdk。

- $(2)

为上述参数中的 goal 指定所需的 dist 文件列表。如果 dist 文件中包含冒号，那么 ":" 之后的表示它在 dist 文件夹中的名称。

dist-for-goals 函数会遍历$(2)中 dist 文件列表的所有 file，并执行以下操作。

（1）将 file 包含的冒号替换成空格。其中 subst 和 eval 都是 makefile 提供的函数，eval 的函数原型为：

```
$(eval arg).
```

这个函数比较特殊，它可以将其他变量和函数的解析结果添加到 make 的语法规则中。为了达到这一目标，eval 的参数会被扩展两次：第一次是由 eval 函数来扩展，然后当它被作为 makefile 语法解析时又会被扩展一次。

（2）fw 的空格前半部分是 src，后半部分是 dst。

（3）if 函数的语法规则为：

```
$(if <condition>,<then-part> ) 或者 $(if <condition>,<then-part>,<else-part> )
```

所以$(if $(dst),$(dst),$(notdir $(src)))的意思就是如果 dst 不为空，那么就取 dst 作为结果；否则取 src 路径中的文件名作为结果。这样就保证了用户没有特别指定 dst 的情况下它有一个默认值。

（4）filter 函数的语法规则为：

```
$(filter <pattern…>,<text> )
```

即应用 pattern 模式来过滤 text 中的内容，允许有多个 pattern 存在。

所以$(filter $(_all_dist_src_dst_pairs)，$(src):$(dst))用于判断 src:dst 这个组合对在_all_dist_src_dst_pairs 中是否已经存在。如果是的话，接下来就只调用 add-dependency 来为 goal 添加依赖关系；否则就需要将其复制到 dst 中。

我们再回到 main.mk 中。可以看到，sdk 这个目标依赖于$(ALL_SDK_TARGETS)，即$(INTERNAL_SDK_TARGET)，那么后面这个变量又是从哪来的呢？

答案就是 build/core/Makefile，它会被 include 到 main.mk 中：

```
include $(BUILD_SYSTEM)/Makefile
```

不光是 sdk，实际上大部分系统 image 的依赖关系都是在 Makefile 这个文件中指定的，可以说它是这些目标生成规则的"集大成者"。我们看一下与 sdk 相关的部分：

```
/*build/core/Makefile*/
INTERNAL_SDK_TARGET := $(sdk_dir)/$(sdk_name).zip ####Comment 1
…
$(INTERNAL_SDK_TARGET): $(deps)####Comment 2
    @echo "Package SDK: $@"
    $(hide) rm -rf $(PRIVATE_DIR) $@
    …
    if [ $$FAIL ]; then exit 1; fi ##如果执行过程中产生错误，直接结束
    $(hide) echo $(notdir $(SDK_FONT_DEPS)) | tr " " "\n" > $(SDK_FONT_TEMP)/fontsInSdk.txt
    $(hide) ( \
        ATREE_STRIP="strip -x" \
        $(HOST_OUT_EXECUTABLES)/atree \ ####Comment 3
        $(addprefix -f ,$(PRIVATE_INPUT_FILES)) \
            -m $(PRIVATE_DEP_FILE) \
            -I . \
            -I $(PRODUCT_OUT) \
            -I $(HOST_OUT) \
            -I $(TARGET_COMMON_OUT_ROOT) \
```

```
                    -v "PLATFORM_NAME=android-$(PLATFORM_VERSION)" \
                    -v "OUT_DIR=$(OUT_DIR)" \
                    -v "HOST_OUT=$(HOST_OUT)" \
                    -v "TARGET_ARCH=$(TARGET_ARCH)" \
                    -v "TARGET_CPU_ABI=$(TARGET_CPU_ABI)" \
                    -v "DLL_EXTENSION=$(HOST_SHLIB_SUFFIX)" \
                    -v "FONT_OUT=$(SDK_FONT_TEMP)" \
                    -o $(PRIVATE_DIR) && \
        $(PRIVATE_DIR)/system-images/android-$(PLATFORM_VERSION)/$(TARGET_CPU_ABI)/NOTICE.txt && \
            cp -f $(tools_notice_file_txt) $(PRIVATE_DIR)/platform-tools/NOTICE.txt && \
            HOST_OUT_EXECUTABLES=$(HOST_OUT_EXECUTABLES) HOST_OS=$(HOST_OS) \
                development/build/tools/sdk_clean.sh $(PRIVATE_DIR) && \
            chmod -R ug+rwX $(PRIVATE_DIR) && \
            cd $(dir $@) && zip -rq $(notdir $@) $(PRIVATE_NAME) \ ###压缩sdk包
    ) || ( rm -rf $(PRIVATE_DIR) $@ && exit 44 )
```

Comment 1：将 INTERNAL_SDK_TARGET 赋值为$(sdk_dir)/$(sdk_name).zip，其中 sdk_dir 指的是 $(HOST_OUT)/sdk/$(TARGET_PRODUCT)，即 /out/host/sdk/$(TARGET_PRODUCT)；而 sdk_name 则为 android-sdk_$(FILE_NAME_TAG)，典型情况下的值为：

```
#       linux-x86   --> android-sdk_12345_linux-x86
#       darwin-x86  --> android-sdk_12345_mac-x86
#       windows-x86 --> android-sdk_12345_windows
```

Comment 2：INTERNAL_SDK_TARGET := $(sdk_dir)/$(sdk_name).zip，下面是这个变量在典型情况下的值为：out/host/linux-x86/sdk/sdk/android-sdk_eng.s_linux-x86.zip。

由前面的分析可知，sdk 这个伪目标依赖于 INTERNAL_SDK_TARGET，后者则实际上依赖于$(deps)——这个变量是一个生成物的列表，如下截图是部分节选：

```
deps=out/target/product/generic/obj/NOTICE.txt out/host/linux-x86/obj/
NOTICE.txt out/target/common/docs/offline-sdk-timestamp out/target/product/
generic/sdk-symbols-eng.s.zip out/target/product/generic/system.img out/target/
product/generic/userdata.img out/target/product/generic/ramdisk.img out/target/
product/generic/sdk/sdk-build.prop out/target/product/generic/system/
build.prop out/target/product/generic/system/bin/monkey out/target/product/
generic/system/usr/share/bmd/RFFspeed_501.bmd out/target/product/generic/system/
usr/share/bmd/RFFstd_501.bmd out/target/product/generic/system/bin/bmgr out/
target/product/generic/system/bin/ime out/target/product/generic/system/bin/
input out/target/product/generic/system/bin/pm out/target/product/generic/
system/bin/svc  out/host/linux-x86/bin/aapt out/host/linux-x86/bin/adb out/host/
linux-x86/bin/aidl out/host/linux-x86/bin/backtrace_test32 out/host/linux-x86/
bin/backtrace_test64 out/host/linux-x86/bin/bcc out/host/linux-x86/bin/
bcc_compat out/host/linux-x86/bin/dalvikvm out/host/linux-x86/bin/dalvikvm32
out/host/linux-x86/bin/dalvikvm64 out/host/linux-x86/bin/dex2oat out/host/linux-
x86/bin/dexdeps out/host/linux-x86/bin/dexdump out/host/linux-x86/bin/dexlist
out/host/linux-x86/bin/dmtracedump out/host/linux-x86/bin/dx out/host/linux-x86/
bin/etc1tool out/host/linux-x86/bin/fastboot out/host/linux-x86/bin/
hierarchyviewer1 out/host/linux-x86/bin/hprof-conv out/host/linux-x86/bin/ld.mc
out/host/linux-x86/bin/llvm-rs-cc out/host/linux-x86/bin/make_ext4fs out/host/
linux-x86/bin/oatdump out/host/linux-x86/bin/patchoat out/host/linux-x86/bin/
simpleperf out/host/linux-x86/bin/split-select out/host/linux-x86/bin/sqlite3
out/host/linux-x86/bin/tzdatacheck out/host/linux-x86/bin/zipalign out/host/
linux-x86/framework/commons-compress-1.0.jar out/host/linux-x86/framework/
dexdeps.jar out/host/linux-x86/framework/dx.jar out/host/linux-x86/framework/
emmalib.jar out/host/linux-x86/framework/hierarchyviewer.jar out/host/linux-x86/
```

它代表了生成 sdk 需要编译的所有中间产物。那么这么多文件内容又是如何产生的呢？

```
/*build/core/Makefile*/

deps := \
    $(target_notice_file_txt) \
    $(tools_notice_file_txt) \
    $(OUT_DOCS)/offline-sdk-timestamp \
    $(SYMBOLS_ZIP) \
    $(INSTALLED_SYSTEMIMAGE) \
    $(INSTALLED_USERDATAIMAGE_TARGET) \
    $(INSTALLED_RAMDISK_TARGET) \
    $(INSTALLED_SDK_BUILD_PROP_TARGET) \
    $(INSTALLED_BUILD_PROP_TARGET) \
    $(ATREE_FILES) \
```

```
        $(sdk_atree_files) \
        $(HOST_OUT_EXECUTABLES)/atree \
        $(HOST_OUT_EXECUTABLES)/line_endings \
        $(SDK_FONT_DEPS)
```

我们知道,SDK 包含的东西比较多,除了各种文档和 framework 中间件(android.jar)外,还有平台工具、字体,以及各种 image 文件(如 system 和 userdata,这些都是模拟器运行所必需的)等。

因为 deps 变量所涉及的内容比较多,我们接下来会挑选 android.jar 这个最重要的文件作为例子进行讲解,读者也可以根据需要自行分析其他产物。

Comment 3:可以看到 deps 变量中有不少与 atree 相关的文件,它们是 sdk 最终产物的描述文件。比如下面这个范例:

```
/*development/build/sdk.atree*/
…
# host tools from out/host/$(HOST_OS)-$(HOST_ARCH)/
bin/adb                             strip platform-tools/adb
bin/fastboot                        strip platform-tools/fastboot
bin/sqlite3                         strip platform-tools/sqlite3
bin/dmtracedump                     strip platform-tools/dmtracedump
bin/etc1tool                        strip platform-tools/etc1tool
bin/hprof-conv                      strip platform-tools/hprof-conv
```

Atree 文件中的内容分为两列,左边一列表达的是 "source",右边则是 "destination"。大家应该已经想到了,既然有 atree 格式的描述文件,那么一定会有工具来解析这些格式。

完成这一任务的是 atree,它所支持的主要参数选项及释义如表 3-8 所示。

表 3-8   工具 atree 参数选项表

Option	Description
-f FILELIST	FILELIST 是文件列表,其中的文件用于记录需要被复制的一系列文件名
-I INPUTDIR	指定基准目录,帮助 atree 查找上述的被复制文件
-o OUTPUTDIR	指定复制的目标路径
-l	使用硬链接,而不是真的复制文件
-m DEPENDENCY	输出一个 make 格式的文件
-v VAR=VAL	在读取输入文件过程中,将 $VAR 替换成 VAL
-d	调试模式,用于输出额外的信息

对照上述的参数选项列表,我们再来重点看下 Comment 3 部分的实现:

```
ATREE_STRIP="strip -x" \
        $(HOST_OUT_EXECUTABLES)/atree \ ####Comment 3
        $(addprefix -f ,$(PRIVATE_INPUT_FILES)) \ ####-f 选项
            -m $(PRIVATE_DEP_FILE) \
            -I . \
            -I $(PRODUCT_OUT) \
            -I $(HOST_OUT) \
            -I $(TARGET_COMMON_OUT_ROOT) \
            -v "PLATFORM_NAME=android-$(PLATFORM_VERSION)" \
            -v "OUT_DIR=$(OUT_DIR)" \
            -v "HOST_OUT=$(HOST_OUT)" \
            -v "TARGET_ARCH=$(TARGET_ARCH)" \
            -v "TARGET_CPU_ABI=$(TARGET_CPU_ABI)" \
            -v "DLL_EXTENSION=$(HOST_SHLIB_SUFFIX)" \
            -v "FONT_OUT=$(SDK_FONT_TEMP)" \
            -o $(PRIVATE_DIR) && \
```

其中，-f 选项所带的参数是$(PRIVATE_INPUT_FILES)，后者因为是一个文件列表，所以需要通过 addprefix 为它们全部加上-f 选项。那么$(PRIVATE_INPUT_FILES)具体包含了哪些文件呢？

由前面的脚本文件不难分析出，$(PRIVATE_INPUT_FILES)实际上等价于 sdk_atree_files，进一步来讲，就是包含了如下的文件：

```
sdk_atree_files := \
    $(atree_dir)/sdk.exclude.atree \
    $(atree_dir)/sdk-$(HOST_OS)-$(SDK_HOST_ARCH).atree
…
$(atree_dir)/sdk-android-$(TARGET_CPU_ABI).atree
…
$(atree_dir)/sdk.atree
```

其中 atree_dir 指定的是 development/build，这个目录下包含了不少 atree 文件，如下所示：

- sdk.atree
- sdk.exclude.atree
- sdk-android-arm64-v8a.atree
- sdk-android-armeabi.atree
- sdk-android-armeabi-v7a.atree
- sdk-android-mips.atree
- sdk-android-x86.atree
- sdk-android-x86_64.atree
- sdk-darwin-x86.atree
- sdk-linux-x86.atree
- sdk-windows-x86.atree

以我们关心的 android.jar 为例，与它相对应的描述语句如下所示：

```
# the uper-jar file that apps link against. This is the public API
${OUT_DIR}/target/common/obj/PACKAGING/android_jar_intermediates/android.jar
platforms/${PLATFORM_NAME}/android.jar
```

也就是说，通过 atree 文件可以将 out 目录下编译生成的 android.jar 复制到 sdk 目标路径下的 platforms/${PLATFORM_NAME}/文件夹中。现在的问题转变为，android.jar 又是如何生成的呢？

答案就在 development/build/Android.mk 中，我们一起来看一下：

```
# ===== SDK jar file of stubs =====
# A.k.a the "current" version of the public SDK (android.jar inside the SDK package).
sdk_stub_name := android_stubs_current
stub_timestamp := $(OUT_DOCS)/api-stubs-timestamp
include $(LOCAL_PATH)/build_android_stubs.mk

.PHONY: android_stubs
android_stubs: $(full_target)
…
# android.jar is what we put in the SDK package.
android_jar_intermediates := $(TARGET_OUT_COMMON_INTERMEDIATES)/PACKAGING/android_jar_intermediates
android_jar_full_target := $(android_jar_intermediates)/android.jar

$(android_jar_full_target): $(full_target)
	@echo Package SDK Stubs: $@
	$(hide)mkdir -p $(dir $@)
	$(hide)$(ACP) $< $@

ALL_SDK_FILES += $(android_jar_full_target)
```

其中 android_jar_full_target 是 android.jar 中 out 目录中的绝对路径，即$(TARGET_OUT_COMMON_INTERMEDIATES)/PACKAGING/android_jar_intermediates/android.jar，而且它依赖于 full_target 变量——从名称上可以猜到，这个变量用于记录所有 android.jar 包中所需的文件。

根据 make 的规则，一旦 full_target 比目标 android_jar_full_target 新，那么就会执行以下的命令，包括：

- 打印出"Package SDK Stubs:[目标对象]"。
- 新建 android_jar_full_target 所指向的目录，即$(TARGET_OUT_COMMON_INTERMEDIATES)/PACKAGING/android_jar_intermediates。
- 调用$(ACP)执行实际的复制和打包工作。

$(ACP)是 Android 编译系统提供的专门用于跨平台复制的一个工具，源码路径是/build/tools/acp。它的用法如下：

```
acp [OPTION] SOURCE DEST
```

那么 SOURCE，即 full_target 包含了哪些内容呢？

我们需要在 build_android_stubs.mk 中寻找答案，如下所示：

```
/*development/build/build_android_stubs.mk*/
# Build an SDK jar file out of the generated stubs
intermediates := $(TARGET_OUT_COMMON_INTERMEDIATES)/JAVA_LIBRARIES/$(sdk_stub_name)_intermediates
full_target := $(intermediates)/classes.jar
src_dir := $(intermediates)/src
classes_dir := $(intermediates)/classes
framework_res_package := $(call intermediates-dir-for,APPS,framework-res,,COMMON)/package-export.apk

$(full_target): PRIVATE_SRC_DIR := $(src_dir)
$(full_target): PRIVATE_INTERMEDIATES_DIR := $(intermediates)
$(full_target): PRIVATE_CLASS_INTERMEDIATES_DIR := $(classes_dir)
$(full_target): PRIVATE_FRAMEWORK_RES_PACKAGE := $(framework_res_package)

$(full_target): $(stub_timestamp) $(framework_res_package)
    @echo Compiling SDK Stubs: $@
    $(hide) rm -rf $(PRIVATE_CLASS_INTERMEDIATES_DIR)   ###Step1
    $(hide) mkdir -p $(PRIVATE_CLASS_INTERMEDIATES_DIR)
    $(hide) find $(PRIVATE_SRC_DIR) -name "*.java" > \
        $(PRIVATE_INTERMEDIATES_DIR)/java-source-list ###Step2
    $(hide) $(TARGET_JAVAC) -encoding ascii -bootclasspath "" \
            -g $(xlint_unchecked) \
            -extdirs "" -d $(PRIVATE_CLASS_INTERMEDIATES_DIR) \
            \@$(PRIVATE_INTERMEDIATES_DIR)/java-source-list \
        || ( rm -rf $(PRIVATE_CLASS_INTERMEDIATES_DIR) ; exit 41 ) ###Step3
    $(hide) if [ ! -f $(PRIVATE_FRAMEWORK_RES_PACKAGE) ]; then \
        echo Missing file $(PRIVATE_FRAMEWORK_RES_PACKAGE); \
        rm -rf $(PRIVATE_CLASS_INTERMEDIATES_DIR); \
        exit 1; \
    fi; ###Step4
    $(hide) unzip -qo $(PRIVATE_FRAMEWORK_RES_PACKAGE) -d $(PRIVATE_CLASS_INTERMEDIATES_DIR)
    $(hide) (cd $(PRIVATE_CLASS_INTERMEDIATES_DIR) && rm -rf classes.dex META-INF)
    $(hide) mkdir -p $(dir $@)
    $(hide) jar -cf $@ -C $(PRIVATE_CLASS_INTERMEDIATES_DIR) .
    $(hide) jar -u0f $@ -C $(PRIVATE_CLASS_INTERMEDIATES_DIR) resources.arsc ###Step5
```

脚本 build_android_stubs.mk 有两个类似于入参的变量，分别是：

（1）sdk_stub_name：SDK stub 的名称。Stub 源代码应该已经生成在$(TARGET_OUT_COMMON_INTERMEDIATES)/JAVA_LIBRARIES/$(sdk_stub_name)_intermediates 目录中。在这个例子中对应的就是$(TARGET_OUT_COMMON_INTERMEDIATES)/JAVA_LIBRARIES/android_stubs_current_intermediates

（2）stub_timestamp：生成的源码所依赖的时间戳文件

总的来说，build_android_stubs.mk 脚本的目标是编译一个 classes.jar，换句话讲就是我们需要的 android.jar。而被编译的所有源文件必须已经生成到上述的 android_stubs_current_intermediates 文件夹中了，这是由 droiddoc.mk 来完成的，我们后续将会有进一步分析。

现在先来看一下如何编译和打包 classes.jar（即脚本中的 full_target 变量）。

Step1. 首先通过整个文件夹删除来清理掉$(intermediates)/classes 目录中的内容，然后再重新创建这个文件夹。

Step2. 查找$(intermediates)/src 目录下以“java”为后缀的所有文件，并把结果记录到$(intermediates)/java-source-list 中，以供后续使用。

Step3. 这是关键的一个步骤，即通过调用 javac 来完成编译工作。其中 encoding 参数用于指明文件的编码格式，以保证编译能顺利进行。其他参数的官方释义如图 3-17 所示。

```
-g                         Generate all debugging info
-g:none                    Generate no debugging info
-g:{lines,vars,source}     Generate only some debugging info
-nowarn                    Generate no warnings
-verbose                   Output messages about what the compiler is doing
-deprecation               Output source locations where deprecated APIs are used
-classpath <path>          Specify where to find user class files and annotation processors
-cp <path>                 Specify where to find user class files and annotation processors
-sourcepath <path>         Specify where to find input source files
-bootclasspath <path>      Override location of bootstrap class files
-extdirs <dirs>            Override location of installed extensions
-endorseddirs <dirs>       Override location of endorsed standards path
-proc:{none,only}          Control whether annotation processing and/or compilation is done.
-processor <class1>[,<class2>,<class3>...] Names of the annotation processors to run; bypasses default discovery process
-processorpath <path>      Specify where to find annotation processors
-d <directory>             Specify where to place generated class files
-s <directory>             Specify where to place generated source files
-implicit:{none,class}     Specify whether or not to generate class files for implicitly referenced files
-encoding <encoding>       Specify character encoding used by source files
-source <release>          Provide source compatibility with specified release
-target <release>          Generate class files for specific VM version
-version                   Version information
-help                      Print a synopsis of standard options
-Akey[=value]              Options to pass to annotation processors
-X                         Print a synopsis of nonstandard options
-J<flag>                   Pass <flag> directly to the runtime system
-Werror                    Terminate compilation if warnings occur
@<filename>                Read options and filenames from file
```

▲图 3-17　官方释义

最后通过@<filename>来把前一步生成的 java-source-list 中记录的所有 Java 文件读取出来，然后执行编译过程，中间文件输出到$(intermediates)/classes 中。

Step4. 如果 PRIVATE_FRAMEWORK_RES_PACKAGE 文件缺失，则终止操作并报错。

Step5. 这一步主要是针对前述的步骤进行清理和打包工作。

首先将 framework_res_package 所指向的 apk 通过 unzip 命令进行解压，结果也同样输出到$(intermediates)/classes 中。在以后章节的学习中我们会发现，apk 实际上就是 zip 包。大家可以尝试在 Windows 操作系统下通过 WinRAR 等类似软件打开一个实际的 apk 自行验证下。紧接着删除掉解压后的 classes.dex 和 META-INF 文件夹，换言之我们要的是 apk 中的 res 目录和 resources.arsc。

一切准备就绪，现在就只剩下打包了。大家应该已经猜到了，classes.jar 就是$(intermediates)/classes 文件夹内容的集成。具体操作分为两步，即：

```
    jar -cf $@ -C $(PRIVATE_CLASS_INTERMEDIATES_DIR) .
```

创建 classes.jar 文件，然后将$(intermediates)/classes 内容打包进去。

```
    jar -u0f $@ -C $(PRIVATE_CLASS_INTERMEDIATES_DIR) resources.arsc
```

更新 jar 包。

接下来我们再分析一下 $(intermediates)/src 中的源文件是如何生成的。

大家可以先思考一下，最有可能生成 stub source 的脚本是哪一个？回答这个问题，要先了解 android.jar 中的内容是什么。我们来看图 3-18 所示的界面。

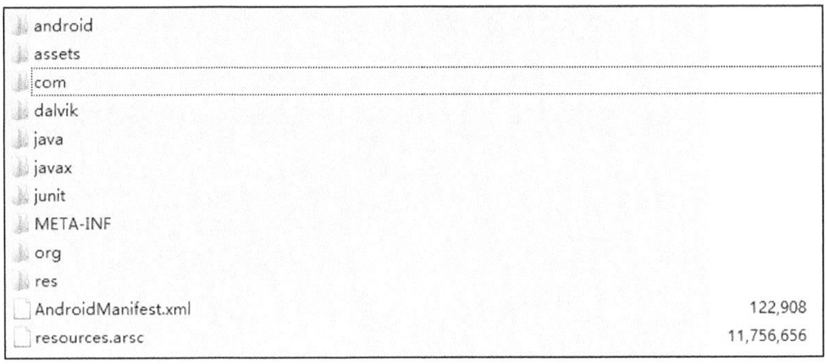

▲图 3-18　android.jar 中包含的内容

是不是感觉非常熟悉？没错，它们和 framework 的组成基本上是一致的，只不过后者包含了实现体，而 android.jar 只是"空壳"，即 Stub（桩），如图 3-19 所示。

▲图 3-19　android.jar 中不包含实现体

（左：android/view 目录下的 View.class　右：View.class 中的所有函数体实现都只是抛出一个异常。）

所以生成 android.jar 所需 Stub 源码的地方很可能在 framework 中，即/frameworks/base/Android.mk。我们来实际验证一下：

```
# ====  the system api stubs ===================================
include $(CLEAR_VARS)

LOCAL_SRC_FILES:=$(framework_docs_LOCAL_API_CHECK_SRC_FILES)
LOCAL_INTERMEDIATE_SOURCES:=$(framework_docs_LOCAL_INTERMEDIATE_SOURCES)
LOCAL_JAVA_LIBRARIES:=$(framework_docs_LOCAL_API_CHECK_JAVA_LIBRARIES)
LOCAL_MODULE_CLASS:=$(framework_docs_LOCAL_MODULE_CLASS)
LOCAL_DROIDDOC_SOURCE_PATH:=$(framework_docs_LOCAL_DROIDDOC_SOURCE_PATH)
LOCAL_DROIDDOC_HTML_DIR:=$(framework_docs_LOCAL_DROIDDOC_HTML_DIR)
LOCAL_ADDITIONAL_JAVA_DIR:=$(framework_docs_LOCAL_API_CHECK_ADDITIONAL_JAVA_DIR)
LOCAL_ADDITIONAL_DEPENDENCIES:=$(framework_docs_LOCAL_ADDITIONAL_DEPENDENCIES)

LOCAL_MODULE := system-api-stubs

LOCAL_DROIDDOC_OPTIONS:=\
        $(framework_docs_LOCAL_DROIDDOC_OPTIONS) \
        -stubs $(TARGET_OUT_COMMON_INTERMEDIATES)/JAVA_LIBRARIES/android_system_stubs_current_intermediates/src \
        -showAnnotation android.annotation.SystemApi \
```

```
            -api $(INTERNAL_PLATFORM_SYSTEM_API_FILE) \
            -removedApi $(INTERNAL_PLATFORM_SYSTEM_REMOVED_API_FILE) \
            -nodocs

LOCAL_DROIDDOC_CUSTOM_TEMPLATE_DIR:=build/tools/droiddoc/templates-sdk

LOCAL_UNINSTALLABLE_MODULE := true
include $(BUILD_DROIDDOC)
```

果然如此。具体生成 stub 借助的是 droiddoc，也就是 BUILD_DROIDDOC 变量所指向的 droiddoc.mk：

```
/*build/core/config.mk*/
…
BUILD_DROIDDOC:= $(BUILD_SYSTEM)/droiddoc.mk
```

在调用这个脚本之前，需要给几个重要的变量赋值，包括 LOCAL_MODULE_CLASS、LOCAL_SRC_FILES 和 LOCAL_DROIDDOC_OPTIONS 等。

这些变量将作为 droiddoc 最终产生目标"文档"产物的基础——在我们这个例子中，"文档"意味着 stub source。

我们只节选 droiddoc.mk 中与最终产物生成有关联的语句，以便大家可以更好地理解整个过程：

```
ifneq ($(strip $(LOCAL_DROIDDOC_USE_STANDARD_DOCLET)),true) ###droiddoc 分支
…
else ###标准 doclet 分支
$(full_target): $(full_src_files) $(full_java_lib_deps)
    @echo Docs javadoc: $(PRIVATE_OUT_DIR)
    @mkdir -p $(dir $@)
    $(call prepare-doc-source-list,$(PRIVATE_SRC_LIST_FILE),$(PRIVATE_JAVA_FILES), \
            $(PRIVATE_SOURCE_INTERMEDIATES_DIR) $(PRIVATE_ADDITIONAL_JAVA_DIR))
    $(hide) ( \
        javadoc \ ###javadoc是生成doc的关键，其余工作都是围绕它展开的
            -encoding UTF-8 \
            $(PRIVATE_DROIDDOC_OPTIONS) \
            \@$(PRIVATE_SRC_LIST_FILE) \
            -J-Xmx1024m \
            -XDignore.symbol.file \
            $(PRIVATE_PROFILING_OPTIONS) \
            $(addprefix -classpath ,$(PRIVATE_CLASSPATH)) \
            $(addprefix -bootclasspath ,$(PRIVATE_BOOTCLASSPATH)) \
            -sourcepath $(PRIVATE_SOURCE_PATH)$(addprefix :,$(PRIVATE_CLASSPATH)) \
            -d $(PRIVATE_OUT_DIR) \
            -quiet \
        && touch -f $@ \
    ) || (rm -rf $(PRIVATE_OUT_DIR) $(PRIVATE_SRC_LIST_FILE); exit 45)
endif
```

目前编译系统对 doclet 的实现方式进行了改进，从而出现了上述脚本中的 if 和 else 语句，即标准的 doclet 和 doclava。不过这些并不是我们这里需要关心的重点，读者有兴趣的话可以自行查阅相关资料进行分析。

相信大家应该都听说过 javadoc 这个工具，它的基本用法如图 3-20 所示。

这样一来 android.jar 所需的 stub 就可以成功生成了，其他的中间件的处理过程也是类似的。一旦它们都处于 Ready 状态后，make sdk 就可以将它们打包，并最终完成 Android SDK 的编译。

```
usage: javadoc [options] [packagenames] [sourcefiles] [@files]
-overview <file>          Read overview documentation from HTML file
-public                   Show only public classes and members
-protected                Show protected/public classes and members (default)
-package                  Show package/protected/public classes and members
-private                  Show all classes and members
-help                     Display command line options and exit
-doclet <class>           Generate output via alternate doclet
-docletpath <path>        Specify where to find doclet class files
-sourcepath <pathlist>    Specify where to find source files
-classpath <pathlist>     Specify where to find user class files
-exclude <pkglist>        Specify a list of packages to exclude
-subpackages <subpkglist> Specify subpackages to recursively load
-breakiterator            Compute 1st sentence with BreakIterator
-bootclasspath <pathlist> Override location of class files loaded
                          by the bootstrap class loader
-source <release>         Provide source compatibility with specified release
-extdirs <dirlist>        Override location of installed extensions
-verbose                  Output messages about what Javadoc is doing
-locale <name>            Locale to be used, e.g. en_US or en_US_WIN
-encoding <name>          Source file encoding name
-quiet                    Do not display status messages
-J<flag>                  Pass <flag> directly to the runtime system
-X                        Print a synopsis of nonstandard options

Provided by Standard doclet:
-d <directory>                    Destination directory for output files
-use                              Create class and package usage pages
-version                          Include @version paragraphs
-author                           Include @author paragraphs
-docfilessubdirs                  Recursively copy doc-file subdirectories
-splitindex                       Split index into one file per letter
-windowtitle <text>               Browser window title for the documenation
```

▲图 3-20　javadoc 界面

3.5 Android 系统 GDB 调试

GDB 是 GNU Project Debugger 的缩写，它也是很多开源软件的调试利器。对于 Android 这样一个庞大的系统，难免会在开发过程中遇到一些“难缠”的问题，这其中一个非常重要的解决办法就是通过 GDB 进行调试，因而我们觉得有必要向大家介绍一下 GDB 工具在 Android 系统中的典型用法。

实际上 Android 编译系统也已经为开发者使用 GDB 做了一些便利的工作，如/build/envsetup.sh：

```
function gdbclient()
{
   local OUT_ROOT=$(get_abs_build_var PRODUCT_OUT) ##得到 out 目录
   local OUT_SYMBOLS=$(get_abs_build_var TARGET_OUT_UNSTRIPPED)
   local OUT_SO_SYMBOLS=$(get_abs_build_var TARGET_OUT_SHARED_LIBRARIES_UNSTRIPPED)
   local OUT_VENDOR_SO_SYMBOLS=$(get_abs_build_var TARGET_OUT_VENDOR_SHARED_LIBRARIES
_UNSTRIPPED)
   local OUT_EXE_SYMBOLS=$(get_symbols_directory)
##得到 Symbols 目录，这是 GDB 将目标对象与源文件进行对应的关键

   local PREBUILTS=$(get_abs_build_var ANDROID_PREBUILTS)
    ##Prebuilts 目录下有很多 GDB 相关的工具
   local ARCH=$(get_build_var TARGET_ARCH) ##ARCH 决定了需要使用哪一个具体的 GDB 客户端
   local GDB

   case "$ARCH" in
       arm) GDB=arm-linux-androideabi-gdb;;
       arm64) GDB=arm-linux-androideabi-gdb; GDB64=aarch64-linux-android-gdb;;
       mips|mips64) GDB=mips64el-linux-android-gdb;;
       x86) GDB=x86_64-linux-android-gdb;;
```

```
            x86_64) GDB=x86_64-linux-android-gdb;;
            *) echo "Unknown arch $ARCH"; return 1;;
        esac ##通过 ARCH 来选定 GDB 客户端,通常这些客户端工具保存在 prebuilts 目录下

        if [ "$OUT_ROOT" -a "$PREBUILTS" ]; then
            local EXE="$1" ###EXE 代表的是需要被调试的应用程序
            if [ "$EXE" ] ; then
                EXE=$1
                if [[ $EXE =~ ^[^/].* ]] ; then
                    EXE="system/bin/"$EXE
                fi
            else
                EXE="app_process" ##默认情况下调试 app_process
            fi

            local PORT="$2" ##端口号,必须与 gdbserver 保持一致
            if [ "$PORT" ] ; then
                PORT=$2
            else
                PORT=":5039" ##端口号默认为 5039
            fi

            local PID="$3" ##PID 表示被调试对象的进程号,也可以只提供进程名,后面情况下需要解析成进程号
            if [ "$PID" ] ; then
                if [[ ! "$PID" =~ ^[0-9]+$ ]] ; then
                    PID=`pid $3`
                    if [[ ! "$PID" =~ ^[0-9]+$ ]] ; then
                        PID='adb shell ps | \grep $3 | \grep -v ":" | awk '{print $2}''
                        if [[ ! "$PID" =~ ^[0-9]+$ ]]
                        then
                            echo "Couldn't resolve '$3' to single PID"
                            return 1
                        else
                            echo ""
                            echo "WARNING: multiple processes matching '$3' observed, using root process"
                            echo ""
                        fi
                    fi
                fi
                adb forward "tcp$PORT" "tcp$PORT" ##端口映射
                local USE64BIT="$(is64bit $PID)"
                adb shell gdbserver$USE64BIT $PORT --attach $PID & ##gdbserver attach
                sleep 2
            else
                echo ""
                echo "If you haven't done so already, do this first on the device:"
                echo "    gdbserver $PORT /system/bin/$EXE"
                echo " or"
                echo "    gdbserver $PORT --attach <PID>"
                echo ""
            fi

            OUT_SO_SYMBOLS=$OUT_SO_SYMBOLS$USE64BIT
            OUT_VENDOR_SO_SYMBOLS=$OUT_VENDOR_SO_SYMBOLS$USE64BIT
            echo >|"$OUT_ROOT/gdbclient.cmds" "set solib-absolute-prefix $OUT_SYMBOLS"
            echo >>"$OUT_ROOT/gdbclient.cmds" "set solib-search-path $OUT_SO_SYMBOLS:$OUT_SO_SYMBOLS/hw:$OUT_SO_SYMBOLS/ssl/engines:$OUT_SO_SYMBOLS/drm:$OUT_SO_SYMBOLS/egl:$OUT_SO_SYMBOLS/soundfx:$OUT_VENDOR_SO_SYMBOLS:$OUT_VENDOR_SO_SYMBOLS/hw:$OUT_VENDOR_SO_SYMBOLS/egl"
            echo >>"$OUT_ROOT/gdbclient.cmds" "source $ANDROID_BUILD_TOP/development/scripts/gdb/dalvik.gdb"
            echo >>"$OUT_ROOT/gdbclient.cmds" "target remote $PORT"
```

```
        ###将 GDB 需要的一些参数写入脚本文件中
        ...
        local WHICH_GDB=
        # 64-bit exe found
        if [ "$USE64BIT" != "" ] ; then
            WHICH_GDB=$ANDROID_TOOLCHAIN/$GDB64
        # 32-bit exe / 32-bit platform
        elif [ "$(get_build_var TARGET_2ND_ARCH)" = "" ]; then
            WHICH_GDB=$ANDROID_TOOLCHAIN/$GDB
        # 32-bit exe / 64-bit platform
        else
            WHICH_GDB=$ANDROID_TOOLCHAIN_2ND_ARCH/$GDB
        fi
        ###WHICH_GDB 是 GDB 客户端的绝对路径

        gdbwrapper $WHICH_GDB "$OUT_ROOT/gdbclient.cmds" "$OUT_EXE_SYMBOLS/$EXE"
    else
        echo "Unable to determine build system output dir."
    fi
}
```

综合上面的分析，可以发现 gdbclient 函数的实现是围绕两个方面展开的。为了让大家可以更快地理解使用 gdb 的整个过程，下面我们以调试 surfaceflinger 为例来讲解。

（1）gdb server

这是运行在 Android 设备端（量产的设备中很可能会被移除）的一个监听服务，通常路径为 /system/bin/gdbserver。

Gdbserver 有两个使用场景。

- attach

如果被调试的程序已经在运行，那么我们就需要"attach"上它。在这种情况下，我们最好能先通过 ps 命令来获取到被测试对象的 PID。比如 attach surfaceflinger，那么先利用 adb shell ps 来找到 surfaceflinger 的进程号，接着在 adb shell 中使用如下命令：

```
gdbserver --attach :5039 [PID]
```

其中":5039"表示 gdbserver 将在 localhost 的 5039 端口进行监听。

- 启动被调试对象

上述的 attach 用于调试已经在运行的被测对象，而如果希望从头开始调试目标对象，那么可以采用这个场景。以 surfaceflinger 为例，以下命令可以启动一个新的 surfaceflinger 程序来进行调试：

```
gdbserver :5039 /system/bin/surfaceflinger
```

（2）gdb client

当 gdbserver 处于监听状态下时，我们就可以启动 gdb 客户端了。

首先需要切换到 Android 工程的根目录下，然后执行：

```
source /build/envsetup.sh
```

这个步骤是为了保证我们可以正常使用各种函数。

接下来就可以启动 gdbclient 了，下面是调试 surfaceflinger 所用的命令：

```
gdbclient  surfaceflinger  :5039  [PID]
```

也就是对应前面看到的$1,$2,$3 各变量。其中":5039"和[PID]都需要与 gdbserver 中的保持一致，才能保证正常连接。

一切顺利的话，此时 gdb client 和 gdb server 就已经建立连接了。我们可以通过 gdb 提供的一系列丰富的命令进行各种调试工作。

第 2 篇

Android 原理篇

第 4 章　操作系统基础

第 5 章　Android 进程/线程和程序内存优化

第 6 章　进程间通信——Binder

第 7 章　Android 启动过程

第 8 章　管理 Activity 和组件运行状态的系统进程——ActivityManager Service（AMS）

第 9 章　GUI 系统——SurfaceFlinger

第 10 章　GUI 系统之"窗口管理员"——WMS

第 11 章　让你的界面炫彩起来的 GUI 系统——View 体系

第 12 章　"问渠哪得清如许，为有源头活水来"——InputManager Service 与输入事件

第 13 章　应用不再同质化——音频系统

第 4 章 操作系统基础

4.1 计算机体系结构（Computer Architecture）

硬件是软件的基石，所有的软件功能最终都是由硬件来实现的。无论是复杂的数学运算、图像处理，还是简单的文本显示、编辑，其软件实现首先都是架构在硬件之上，然后由此逐层不断抽象堆叠而起的。因此，要彻底理解软件，没有一定的硬件基础是不行的。

当然，硬件是一个笼统而宽泛的概念。我们不能强制要求软件工程师都能理解每个电子元器件的电气特性，或者先学习电路排版作图然后编写程序。这就像汽车与驾驶员的关系：要求驾驶员必须透彻理解发动机的原理和内部构造才能开车显然是行不通的，但能了解发动机工作机理的驾驶员就一定能在开车的过程中受益匪浅。

计算机体系结构作为一门学科，是软件和硬件的抽象体，也是所有开发者的入门课。它对于我们理解程序设计，特别是操作系统原理，有十分重要的意义。

4.1.1 冯·诺依曼结构

冯·诺依曼（Von Neumann）是 20 世纪公认的最伟大的科学家之一。他的贡献领域相当广泛，Von Neumann architecture 就是其中之一。

冯·诺依曼结构（Von Neumann Architecture）又被称为"冯诺依曼模型"或者"普林斯顿结构"，起源于 Neumann 在 1945 年发表的一篇关于 EDVAC（Electronic Discrete variable Automatic Computer，电子离散变量自动计算机）的论文。

就是在这篇文章中，他提出了两个对计算机领域产生了深远影响的观点。

- 采用二进制，抛弃十进制

根据电子元件的工作特点，冯诺依曼提出了使用二进制的设想。他认为这将极大简化计算机设备的逻辑线路，后来的事实也验证了他的这一推断。

- 程序存储（stored-program）

除了二进制，他还建议计算机能实现程序存储和程序控制。具体而言，程序指令和数据都存放在同一内存储器中，因此它们的宽度是一样的。不过程序与数据共享同一总线在一定程度上也成了制约冯诺依曼机器的瓶颈。

冯诺依曼结构中包含了运算器、控制器、输入输出设备等元素，其关系如图 4-1 所示。

从早期的 EDVAC 到现代很多最先进的计算机，都采用了冯诺依曼结构，可见其影响之深。

4.1.2 哈佛结构

值得一提的是，哈佛结构（Harvard Architecture）并不是作为冯诺依曼结构的对立面出现的；

相反,它们都属于 stored-program 类型体系。区别就在于前者的指令与数据并不保存在同一个存储器中,即哈佛结构是对冯诺依曼结构的改进与完善,其关系如图 4-2 所示。

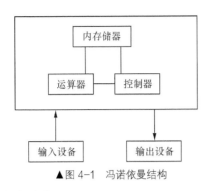

▲图 4-1 冯诺依曼结构

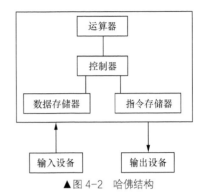

▲图 4-2 哈佛结构

这意味着:
- 指令与数据可以有不同的数据宽度;
- 执行速度更快。

由于取指令和数据无法同步进行,冯诺依曼结构的执行速率并不占优势。而采用哈佛结构的计算机由于指令和数据的单独存储,可以在执行操作的同时预读下一条指令,所以在一定程度上可以提高其吞吐量。

哈佛结构的缺点在于构架复杂且需要两个存储器,因而通常会被运用在对速度有特殊需求且成本预算相对较高的场合。目前市面上采用哈佛结构的芯片包括 ARM 公司的 ARM9、ARM11,以及 ATMEL 公司的 AVR 系列等。

不论是何种结构,它们所包含的基本元素都是不变的,即:
- CPU(中央处理器);
- 内存储器;
- 输入设备;
- 输出设备。

其中输入和输出设备一般会统称为 I/O 设备(外存储器实际上也归于这一类)。因而,最后可以把计算机结构简化为:
- 中央处理器;
- 内存储器;
- I/O 设备。

无论是哪款操作系统(如 Windows、Linux、Android 等),都是建构在计算机体系结构之上的。脱离了这一点,操作系统就会变成"无源之水"。

本书接下来所有章节的内容都是基于这一理解展开的,希望读者也能以体系结构为线索贯穿整个 Android 系统的学习。

4.2 什么是操作系统

其实有很多概念我们在平常的工作学习中都会经常碰到,如操作系统、体系结构等。然而真正需要对它们进行精确定义时,大部分人却可能会有一种无所适从、似懂非懂的感觉。这说明我们以前对它们"只知其然,而不知其所以然"——仅仅是在有意或者无意的情况下泛泛地了解一下,并没有尝试从本质上去深层次地挖掘。

那么，到底什么是操作系统呢？

发展到今天，市面上可供用户选择的操作系统已经具备相当的数量；而且出于版权及成本等因素的考虑，针对不同领域的操作系统如"雨后春笋"般还在不断涌现。

这些操作系统可以按照不同的角度进行分类，如表 4-1 所示。

表 4-1　　　　　　　　　　　　　　　操作系统分类

分 类 角 度	示　　　例
应用领域	• 桌面型操作系统 • 服务器型操作系统 • 嵌入式操作系统
支持的用户数	• 单用户，如 DOS • 多用户，如 Windows、UNIX
实时性	• 实时操作系统，如 RTOS、VRTX • 分时系统，如 UNIX、Mac OS
指令长度	• 8 bit • 16 bit • 32 bit • 64 bit
分布性（distributed）	• 分布式操作系统 • 网络操作系统
源码开放程度	• 开源系统，如 Linux、Android • 闭源系统，如 Windows、MAC OS
UNIX 系列	• UNIX-like，如 Minix、UNIX、Xinu • Non-UNIX-like，如 Windows
与 POSIX 的兼容性	• 兼容 POSIX，如 Linux • 不兼容或不完全兼容 POSIX

面对如此众多的操作系统，我们希望可以提取出它们的共性。

人们常说"艺术来源于生活，却又高于生活"。同样的，我们也可以从工作、生活中的相关"片断"来理解操作系统。比如：

- 操作系统对硬件设备本身是有要求的

比如市面上 Android 系统面对的多是手机、平板这些嵌入式领域，以 ARM 芯片为主；而 Windows XP、Windows 7/Windows 8 系列则基本应用在 PC 市场。当然，你可能也会从新闻上看到某些"牛人"将 Android "移植"（而不是直接使用）到了 PC 上。

这些线索告诉我们，操作系统必须针对"硬件"来研发。

- 同一款操作系统可以安装在不同型号的机器上

比如采用 Android 系统的手机、平板数量众多。同样的，Windows 系列操作系统也可以安装在不同品牌配置的 PC 上。由此我们可以做出推断，操作系统是针对某些"硬件架构"的，如 ARM、x86 等。

- 操作系统提供可用的人机交互界面

登录 Windows 系统后，我们可以在不安装任何程序的情况下浏览硬盘中的文件；原生态的 Android 系统中用户也可以直接进行短信编辑、通话等操作，这都得益于操作系统预装的各种人机交互程序。

- 操作系统支持用户编写和安装程序

这是操作系统真正的魅力所在，也是 OS 生态圈能得以循环的关键。在 Windows 环境中编写任意类型的应用程序（游戏、文本编辑工具、浏览器等），几乎都可以调用 Microsoft 提供的各种现成的 API；在 Android 中开发 APK 应用，同样是基于 SDK 或者 NDK 来完成的，而不是直接与底层硬件打交道。

基于上面的几点分析，我们可以大致得出操作系统的共同特征，如图 4-3 所示。

操作系统"肩负"两大重任。

- 面向下层

管理硬件。这里的硬件是笼统的概念，它包含了 CPU、内存、Flash、各种 I/O 设备等系统中所有硬件组成元素。

- 面向上层

一方面，操作系统需要为用户提供可用的人机交互界面；另一方面，它还负责为第三方程序的研发提供便捷、可靠、高效的 API（Application Programming Interface）。这样

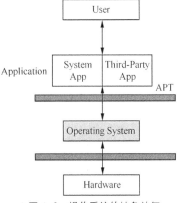

▲图 4-3 操作系统的抽象特征

上层应用的设计实现就可以不用直接面向硬件，从而大大缩短了应用开发的时间。

由此，我们可以给操作系统下一个简洁的定义。

计算机操作系统是负责管理系统硬件，并为上层应用提供稳定编程接口和人机交互界面的软件集合。

这一概念虽然浅显，却是我们在学习操作系统（而不仅仅是 Android）时的指南针。因为它指出了操作系统最核心的工作，即硬件管理与抽象。任何类型的操作系统都逃不出这个范畴。

操作系统作为"硬件大管家"，任重而道远。特别是随着硬件的不断发展，会有越来越多的"成员"加入这个"大家庭"中。所以一款成功的操作系统，往往是数以千计的工程师花费几年、日夜奋战的结晶。而 Android 系统的诞生年头还很短，何以能风靡各大领域呢？

其中一个非常重要的原因，就是 Android 系统是基于 Linux Kernel 的。

Google 员工 Patrick Brady，曾在 2008 年的 I/O 大会上做过一篇名为《Android Anatomy and Physiology》的主题演讲。其中提到过 Android 采用 Linux 内核的原因（Why Linux Kernel）。摘录如下：

- Great memory and process management;
- Permissions-based security model;
- Proven driver model;
- Support for shared libraries;
- It's already open source!

从中可以看出，操作系统的难点包括了进程和内存管理、硬件驱动的支持等。而这些正是 Linux 的长处所在。更为可贵的是，内核本身也是开源项目——于是 Android 与 Linux "一拍即合"，遂成一方霸业。

虽然 Android 系统的底层完全基于 Linux Kernel 来实现，但并不代表它可以彻底"撒手不管"；相反，对于进程/线程和内存的管理，Android 本身也做了不少努力。接下来的几个小节，我们会先向读者讲解内核的进程/线程相关基础知识，然后兼顾 Android 在这上面所做的"特色"工作。

4.3 进程间通信的经典实现

我们知道，操作系统中的各个进程通常运行于独立的内存空间中，并且有严格的机制来防止进程间的非法访问。但是，这并不代表进程与进程不允许互相通信；相反，进程间通信是操作系统中一个重要的概念，应用非常广泛。举个实用的例子，我们常用的 Windows 操作系统中的剪贴板，就可以让用户轻松地从一个程序中复制信息到另一个毫无关联的程序中。

广义地讲，进程间通信（Inter-process communication，IPC）是指运行在不同进程（不论是否在同一台机器）中的若干线程间的数据交换，具体如图 4-4 所示。

▲图 4-4　IPC 释义

从这个定义可以看到：

- IPC 中参与通信的进程既可运行在同一台机器上，也允许它们存在于各自的设备环境中（RPC）。如果进程是跨机器运行的，则通常由网络连接在一起，这无疑给进程间通信的实现增加了难度。后续小节有专门针对这种情况的讨论，如图 4-5 所示。
- 实现方式多种多样。原则上，任何跨进程的数据交换都可以称为进程间通信。除了传统意义上的消息传递、管道等，还可以使用一些简单的方法来实现对性能要求不高的进程通信。比如：
  - 文件共享

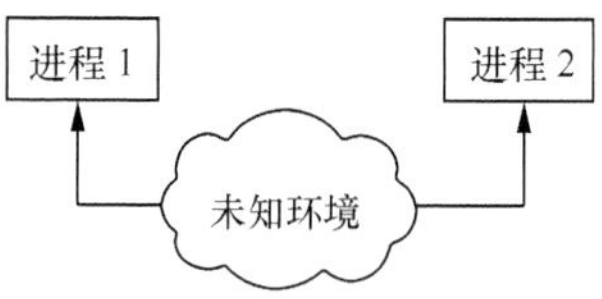

比如两个进程间约定以磁盘上的某个文件作为信息交互的媒介。在这种情况下，要特别注意不同进程访问共享文件时的同步问题。

- 操作系统提供的公共信息机制

▲图 4-5　进程间通信的未知因素

比如 Windows 上的注册表对于所有进程来说都是可以访问的，因而在特定情况下也能作为进程间信息交换的平台。

虽然各操作系统所采用的进程间通信机制可以说五花八门，但以下将要讨论的几种却因其高效、稳定等优点而几乎被广泛应用于所有操作系统中。

4.3.1　共享内存（Shared Memory）

共享内存是一种常用的进程间通信机制。由于两个进程可以直接共享访问同一块内存区域，减少了数据的复制操作，因而速度上的优势比较明显。一般情况下，实现内存共享的步骤如图 4-6 所示。

Step1. 创建内存共享区

图 4-6 中进程 1 首先通过操作系统提供的 API 从内存中申请一块共享区域——比如在 Linux 环境中可以通过 shmget 函数来实现（参见后面的表格说明）。生成的共享内存块将与某个特定的 key（即 shmget 的第一个参数）进行绑定。

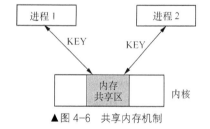

▲图 4-6　共享内存机制

Step2. 映射内存共享区

成功创建了内存共享区后，我们需要将它映射到进程 1 的空间中才能进一步操作。在 Linux 环境下，这一步可以通过 shmat 来实现。

Step3. 访问内存共享区

进程 1 已经创建了内存共享区，那么进程 2 如何访问到它呢？没错，就是利用第一步中的 key。具体而言，进程 2 只要通过 shmget，并传入同一个 key 值即可。然后进程 2 执行 shmat，将这块内存映射到它的空间中。

Step4. 进程间通信

共享内存的各个进程实现了内存映射后，便可以利用该区域进行信息交换。由于内存共享本身并没有同步的机制，所以参与通信的诸进程需要自己协商处理。

Step5. 撤销内存映射区

完成了进程间通信后，各个进程都需要撤销之前的映射操作。在 Linux 中，这一步可以通过 shmdt 来实现。

Step6. 删除内存共享区

最后必须删除共享区域，以便回收内存。在 Linux 环境中，可以通过 shctl 函数来实现。

表 4-2 详细讲解了 Linux 中内存共享机制的各函数实现。

表 4-2　　　　　　　　　　　内存共享机制相关函数说明

函数原型	头文件	参数说明		
		参数名	方向	说明
int shmget(key_t key, size_t size, int shmflg);	<sys/ipc.h> <sys/shm.h>	key	IN	两种情况下系统会为 shmget 创建一块新的内存共享区： （1）key 值为 IPC_PRIVATE （2）key 不为 IPC_PRIVATE，但 shmflg 指定了 IPC_CREAT 标志
		size	IN	申请的共享区的大小，以字节为单位。但要注意，Linux 下分配的内存大小都是页的整数倍
		shmflg	IN	IPC_CREAT：申请新建区域 IPC_EXCL：和 IPC_CREAT 共同使用。如果指定的区域已经存在，则返回错误 mode_flags：参照 open 函数中的 mode 参数 SHM_HUGETLB：使用"huge pages"机制来申请（Linux 2.6 后版本有效） SHM_NORESERVE：此区域不保留 swap 空间
		返回值	OUT	内存共享区域的 id 值，用于唯一识别该区域
char *shmat(int shmid , void *shmaddr , int shmflag);	<sys/types.h> <sys/ipc.h> <sys/shm.h>	shmid	IN	共享内存区的 id 值，是由 shmget 成功执行后返回的
		shmaddr	IN	将共享内存区映射到指定地址。可以为 0，此时系统将自动分配地址
		shmflag	IN	同 shmget
		返回值	OUT	成功执行后，返回该内存区的起始地址
int shmdt(char *shmaddr);	<sys/types.h> <sys/ipc.h> <sys/shm.h>	shmaddr	IN	同 shmat
		返回值	OUT	0 表示成功，否则表示失败
int shmctl(int shmid , int cmd , struct shmid_ds *buf);	<sys/shm.h>	shmid	IN	同 shmget 的返回值
		cmd	IN	控制命令，可选值如下： IPC_STAT：状态查询，结果存入 buf 中 IPC_SET：在权限允许的情况下，将共享内存状态更新为 buf 中的数据 IPC_RMID：删除共享内存段
		buf	IN/OUT	如上所述
		返回值	OUT	0 表示成功，否则表示失败

4.3.2　管道（Pipe）

管道也是操作系统中常见的一种进程间通信方式，它适用于所有 POSIX 系统以及 Windows 系列产品。

Pipe 这个词很形象地描述了通信双方的行为，即进程 A 与进程 B。

➤ 分立管道的两边，进行数据的传输通信。

➤ 管道是单向的，意味着一个进程中如果既要"读"也要"写"的话，那么就得建立两根管道。这点很像水管的特性，通常水流只做正向或反向行进。

➤ 一根管道同时具有"读取"端（read end）和"写入"端（write end）。比如进程 A 从 write end 写入数据，那么进程 B 就可以从 read end 读取到数据。

➤ 管道有容量限制。即当 pipe 满时，写操作（write）将阻塞；反之，读操作（read）也会阻塞。2.6.11 版本以前的 Linux 内核，管道的容量和 page size 是一致的，之后版本中改为 65536 字节。

在 Linux 环境中使用 pipe 的流程和一般的文件操作类似，下面给大家提供一个范例：

```c
/*Linux 中的管道示例*/
#include <sys/wait.h>
#include <stdio.h>
#include <stdlib.h>
#include <unistd.h>
#include <string.h>

int main(int argc, char *argv[])
{
    int    pipe_fd[2];//管道的 read end 和 write end
    pid_t  child_pid;//子进程
    char   pipe_buf;//管道数据
    memset(pipe_fd, 0, sizeof(int)*2);//初始化

    if (pipe(pipe_fd) == -1) {/*通过 pipe 接口打开管道，pipe_fd[0]和 pipe_fd[1]分别代表读、写端*/
        /*出错处理*/
        return -1;
    }

    child_pid= fork(); //fork 一个子进程
    if (child_pid == -1) {
    /*出错处理*/
    return -1;
    }

    if (child_pid == 0) {    /*子进程中的操作*/
        close(pipe_fd[1]); /*关闭写端，因为子进程负责读取*/
        while (read(pipe_fd[0], &pipe_buf, 1) > 0)/*从管道中读取一个 char*/
            write(STDOUT_FILENO, &pipe_buf, 1);/*读取成功，输出*/
        close(pipe_fd[0]); /*关闭读取端*/
        return 0; /*成功*/
    } else {   /*父进程中的操作*/
        close(pipe_fd[0]);    /*和子进程相对应，关闭读取端*/
        write(pipe_fd[1], "H", 1);/*写入一个字符"H"*/
        close(pipe_fd[1]); /*关闭写入端*/
        wait(NULL);  /*等待子进程*/
        return 0;/*成功*/
    }
}
```

这个例子的结果就是父进程向管道写入一个"H"字符，然后子进程读取后输出。从中可以学到：

（1）Linux 提供了 pipe 接口来打开一个管道。函数原型如下：

```
int pipe(int pipefd[2], int flags);
```

其中第一个参数代表了成功打开后的管道的两端。

（2）根据 fork 的特性，当 child_pid 等于 0 时，代表的是子进程；否则，是父进程。所以，最后的"if"，"else"部分分别对管道执行了读和写操作。

（3）示例中因为父子进程间的特殊关系，使得两者共享管道文件描述符（即变量 pipe_fd）成为可能。读者肯定会想到，如果两个进程没有任何关系怎么办呢？

对于这个范例，答案就是"无法实现"。

这也就是后来"Named Pipe"（也被称为 FIFO）得以发展的原因。作为 Pipe 的扩展，它改变了前者的"匿名"方式。另外，Named Pipe 的生命周期也不再是随进程结束而完结，其"system-persistent"特性要求我们在不使用它时一定要主动删除。

关于 Named Pipe 的更多信息，建议读者作为练习自行查阅相关资料。

4.3.3 UNIX Domain Socket

不少读者因为学习 TCP/IP 协议才接触到 Socket，它在网络（比如 Internet）通信领域获得了广泛的应用，被称为 Network Socket。对于运行在同一机器内的进程间通信，Network Socket 也完全能够胜任，只不过执行效率未必让人满意。

UNIX Domain Socket（UDS）是专门针对单机内的进程间通信提出来的，有时也被称为 IPC Socket。两者虽然在使用方法上类似，但内部实现原理却有着很大区别。大家所熟识的 Network Socket 是以 TCP/IP 协议栈为基础的，需要分包、重组等一系列操作。而 UDS 因为是本机内的"安全可靠操作"，实现机制上并不依赖于这些协议。

Android 中使用最多的一种 IPC 机制是 Binder，其次就是 UDS。相关资料显示，2.2 版本以前的 Android 系统，曾使用 Binder 作为整个 GUI 架构中的进程间通信基础。后来因某些原因不得不弃之而用 UDS，可见后者还是有一定优势的。

使用 UDS 进行进程间通信的典型流程如图 4-7 所示。

如果读者做过 Internet Socket 的开发，一定会觉得图 4-7 非常熟悉。UDS 的基本流程与传统 Socket 一致，只是在参数上有所区分。下面向读者提供一个 UDS 的范例，功能如下：

> 服务器端监听 IPC 请求；
> 客户端发起 IPC 申请；
> 双方成功建立起 IPC 连接；
> 客户端向服务器端发送数据，证明 IPC 通信是有效的。

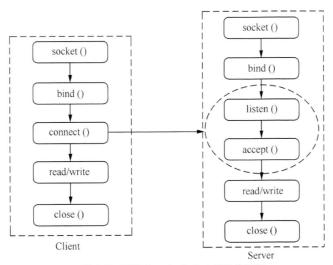

▲图 4-7 UNIX Domain Socket 的通信流程

源码分为 Client 和 Server 两部分：

第4章　操作系统基础

```c
/*Server 端代码*/
#include <stdio.h>
#include <stdlib.h>
#include <errno.h>
#include <string.h>
#include <sys/socket.h>  //引用的是 socket 头文件
#include <sys/un.h>
#include <sys/types.h>

#define UDS_PATH  "uds_test"
int main(void)
{
    int socket_srv=-1;
    int socket_client=-1;
    int t=-1;
    int len=0;
    struct sockaddr_un  addr_srv, addr_client;  /*注意地址格式与 Network Socket 的区别*/
    char str[100];//用于接收通信数据
    memset(str, 0, sizeof(char)*100);//初始化

    if ((socket_srv = socket(AF_UNIX, SOCK_STREAM, 0)) <0) {/*首先取得一个 socket。UNIX
                                    系统支持 AF_INET, AF_UNIX, AF_NS 等几种 domain 类型。
                                    UDS 对应于 AF_UNIX, 而不是 AF_INET。*/
        return -1;
    }
    addr_srv.sun_family = AF_UNIX;
    strcpy(addr_srv.sun_path, UDS_PATH);  //设置 path name
    if(bind(socket_srv, (struct sockaddr *)&addr_srv,offsetof(struct sockaddr_un, sun_path)
    + strlen(addr_srv.sun_path))<0)  {/*将这个 socket 与地址进行绑定*/
    return -1;
    }

    if (listen(socket_srv, 10) <0) {/*开始监听客户端的连接请求。第二个参数是支持的最大连接数*/
    return -1;
    }

    while(1) {
        int nRecv;
        sz = sizeof(addr_client);
        if ((socket_client = accept(socket_srv, (struct sockaddr *)&addr_client, &sz))
                     == -1) {/*要特别注意,accept 返回的 socket 和刚刚我们创建的不是
                             同一个。另外 addr_client 是客户端的地址*/
            return -1;
         }
        if (nRecv =recv(socket_client, str, 100, 0)<0) {/*接收数据*/
            close(socket_client);
            break;
        }
        if (send(socket_client, str, nRecv, 0) < 0) {/*将接收到的数据返回客户端*/
            close(socket_client);
            break;
        }
        close(socket_client);//传输完毕,关闭连接
    }
    return 0;
}
```

客户端代码如下:

```c
#include <stdio.h>
#include <stdlib.h>
#include <errno.h>
#include <string.h>
#include <sys/socket.h>  //也是引用 socket 头文件
#include <sys/un.h>
#include <sys/types.h>

#define UDS_PATH "uds_test"
```

4.3 进程间通信的经典实现

```c
/*客户端的部分操作和服务器是类似的，我们不再赘述*/
int main(void)
{
    int socket_client =-1;
    int data_len =0;
    int addr_size =0;
    struct sockaddr_un addr_srv;
    char str[100];
    memset(str, 0, sizeof(char)*100);
    strcpy(str, "This is a test for UDS");

    if ((socket_client = socket(AF_UNIX, SOCK_STREAM, 0)) <0) {
     return -1;
    }

    addr_srv.sun_family = AF_UNIX;
    strcpy(addr_srv.sun_path, UDS_PATH);
    addr_size = offsetof(struct sockaddr_un, sun_path) + strlen(addr_srv.sun_path);
    if (connect(socket_client, (struct sockaddr *)&addr_srv, addr_size) <0) {/*Server
                             处于监听状态,Client 则通过这个函数与之建立连接*/
     return -1;
    }

    if (send(socket_client, str, strlen(str), 0) <0) {/*发送数据给服务器端进程*/
      close(socket_client);
      return -1;
    }
    if ((data_len=recv(socket_client, str, 100, 0)) > 0) {/*接收服务器返回的数据*/
       str[data_len] = '\0';
       printf("echo from server: %s", str);
    } else {
       close(socket_client);
     return -1;
    }
    close(socket_client);
    return 0;
}
```

可以看到，建立一个 Unix Domain Socket 的过程还是相对烦琐的，特别是服务器端进程。考虑到这一点，UDS 特别提供了一个便捷的函数，即 socketpair()——它可以大大简化通信双方的工作，因而在实际项目中有不少应用。

后续章节在对 Android 系统的分析过程中，还会碰到基于 UDS 的进程间通信，希望本小节讲解的知识和范例可以帮助大家打下一定的基础。

4.3.4 RPC（Remote Procedure Calls）

从名称上可以看出，RPC 涉及的通信双方通常运行于两台不同的机器中。在 RPC 机制中，开发人员不需要特别关心具体的中间传输过程是如何实现的，这种"透明性"可以较大程度地降低研发难度，如图 4-8 所示。

一般而言，一个完整的 RPC 通信需要以下几个步骤：
● 客户端进程调用 Stub 接口；
● Stub 根据操作系统的要求进行打包，并执行相应的系统调用；
● 由内核来完成与服务器端的具体交互，它负责将客户端的数据包发给服务器端的内核；
● 服务器端 Stub 解包并调用与数据包匹配的进程；

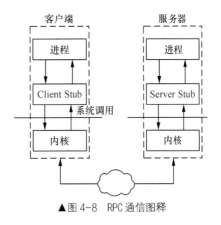

▲图 4-8 RPC 通信图释

- 进程执行操作；
- 服务器以上述步骤的逆向过程将结果返回给客户端。

4.4 同步机制的经典实现

既然操作系统支持多个进程（多线程）的并发执行，那么它们之间难免会出现相互制约的情况。比如两个进程（线程）需要共享唯一的硬件设备，或者同一块内存区域；又或者像生产流水线一样，进程（线程）的工作依赖于另一方对共享资源的执行结果——换句话说，它们存在协同关系。同步机制不但是操作系统的实现重点，在应用程序的设计中也具有举足轻重的作用，因而有必要先对它们进行集中分析。

从定义上来讲，如果多个（包括两个）进程间存在时序关系，需要协同工作以完成一项任务，则称为同步；如果它们并不满足协同的条件，而只是因为共享具有排他性的资源时所产生的关系，则称为互斥。当然，这样的理论定义既枯燥又难懂，大家可以结合具体的例子来理解。

互斥（Mutual Exclusion）问题是由荷兰专家 Edsger W.Dijkstra 于 1965 年在一篇名为《Solution of a problem in concurrent programming control》的 Paper 中首次提出的。经过几十年的发展，互斥机制已经得到了广泛的应用，并出现了很多有效的解决方案——这其中既有硬件的实现，也有软件的实现，本书介绍的重点是后者。

接下来我们将分若干小节详细讲解操作系统中常见的几种同步机制，然后在此基础上分析 Android 系统具体是如何实现同步机制的。

4.4.1 信号量（Semaphore）

信号量与 PV 原语操作是由 Dijkstra 发明的，也是使用最为广泛的互斥方法之一。它包括以下几个元素：

- Semaphore S（信号量）；
- Operation P（来自荷兰语 proberen，意为 test），有时也表达为 wait()；
- Operation V（来自荷兰语 verhogen，意为 increment），有时也表达为 signal()。

Semaphore S 用于指示共享资源的可用数量。P 原语可以减小 S 计数，V 则增加它的计数。由此可知当某个进程想进入共享区时，首先要执行 P 操作；同理，想退出共享区时执行 V 操作。PV 原语都属于原子操作（Atomic Operations），意味着它们的执行过程是不允许被中断的。

描述 PV 原语如图 4-9 所示。

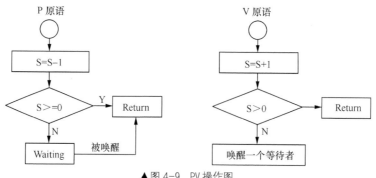

▲图 4-9　PV 操作图

P 操作的执行过程：

- 信号量 S 自减 1；

> 如果此时 S 仍然 ≥0，说明共享资源此时是允许访问的，因而调用者将直接返回，然后开始操作共享资源；
> 否则的话就要等待别人主动释放资源，这种情况下调用者会被加入等待队列中，直到后续被唤醒；
> 当某人释放了共享资源后，处于等待队列中的相关（取决于具体情况）对象会被唤醒，此时该对象就具备了资源的访问权。

V 操作的执行过程：
> 信号量 S 自增 1；
> 此时如果 S>0，说明当前没有希望访问资源的等待者，所以直接返回；
> 否则 V 操作要唤醒等待队列中的相关对象，对应 P 操作中的最后一步。

由此可见，Dijkstra 的信号量机制只需要有限的几个元素和简单的操作就能解决同步问题，这也是它能产生深远影响的一大原因。

4.4.2 Mutex

Mutex 是 Mutual Exclusion 的缩写，其释义为互斥体。那么，它和 Semaphore 有什么区别和联系呢？

根据计算机领域的普遍观点，如果资源允许多个对象同时访问，称为 Counting Semaphores；而对于只允许取值 0 或 1（即 locked/unlocked）的 Semaphore，则叫作 Binary Semaphore。后者可以认为与本小节的 Mutex 具有相同的性质。换句话说，Mutex 通常是对某一排他资源的共享控制——要么这个资源被占用（locked），要么就是可以访问的（unlocked）。在很多操作系统中，Binary Semaphore 和 Mutex 没有本质差异，前者是特定的 Semaphore 机制，而后者相较于 Semaphore 在实现上则更为简单。

4.4.3 管程（Monitor）

管程是由 C.A.R.Hoare 和 Per Brinch Hansen 提出来的，并在 Hansen's Concurrent Pascal Language 中得到实现。它实际上是对 Semaphore 机制的延伸和改善，是一种控制更为简单的同步手段。

根据前面的分析，我们知道 Semaphore 机制要求用户成对配套地使用 P 和 V 操作原语。对于简单的应用场合，这不容易引发问题。而一旦涉及庞大且复杂的系统，就难免让人产生"不识庐山真面目，只缘身在此山中"的感觉。这就好比 C/C++语言中的 new/delete 操作，假如只是简短的几句代码，通常不会产生内存泄露的问题。可如果是写一个操作系统呢？其中的工作量大得惊人，而且一定会是由很多人协作完成的。在这种情况下，如果没有很好的机制来约束内存的分配和释放，那么产生内存泄露、野指针等问题的可能性就很大了。

采用 Semaphore 机制的程序易读性相对较差，对于信号量的管理也分散在各个参与对象中，因而有可能由此引发一系列问题，如死锁、进程饿死等。为了使资源的互斥访问更利于维护，科学家们提出了管程的概念。如下：

管程（Monitor）是可以被多个进程/线程安全访问的对象（object）或模块（module）。

管程中的方法都是受 mutual exclusion 保护的，意味着在同一时刻只允许有一个访问者使用它们。另外，管程还具备如下属性：
- 安全性；
- 互斥性；
- 共享性。

很多流行的编程语言中都实现了管程机制，如 Delphi、Java、Python、Ruby、C#等。

4.4.4 Linux Futex

Futex（Fast Userspace muTEXes）是由 Hubertus Franke 等人发明的一种同步机制，首次出现在 Linux 2.5.7 版本，并在 2.6.x 中成为内核主基线的一部分。它的核心优势已经体现在其名称中了，即 "Fast"。Futex 的 "快" 主要体现于它在应用程序空间中就可以应对大多数的同步场景（只有当需要仲裁时才会进入内核空间），这样一来节省了不少系统调用和上下文切换的时间。

Futex 在 Android 中的一个重要应用场景是 ART 虚拟机。如果 Android 版本中开启了 ART_USE_FUTEXES 宏，那么 ART 虚拟中的同步机制就会以 Futex 为基石来实现。下面所示的就是 ART 中使用相当频繁的互斥机制：

```
/*art/runtime/base/mutex.cc*/
void Mutex::ExclusiveLock(Thread* self) {…
  if (!recursive_ || !IsExclusiveHeld(self)) {
#if ART_USE_FUTEXES //通过 Futex 来实现互斥加锁
    bool done = false;
    do {
      int32_t cur_state = state_.LoadRelaxed();
      if (LIKELY(cur_state == 0)) {
        done = state_.CompareExchangeWeakAcquire(0 /* cur_state */, 1 /* new state */);
      } else {
        ScopedContentionRecorder scr(this, SafeGetTid(self), GetExclusiveOwnerTid());
        num_contenders_++;
        if (futex(state_.Address(), FUTEX_WAIT, 1, nullptr, nullptr, 0) != 0) {
          if ((errno != EAGAIN) && (errno != EINTR)) {
            PLOG(FATAL) << "futex wait failed for " << name_;
          }
        }
        num_contenders_--;
      }
    } while (!done);
    DCHECK_EQ(state_.LoadRelaxed(), 1);
#else //不启用 Futex 的情况下，通过传统的 pthread 来实现
    CHECK_MUTEX_CALL(pthread_mutex_lock, (&mutex_));
#endif
    DCHECK_EQ(exclusive_owner_, 0U);
    exclusive_owner_ = SafeGetTid(self);
    RegisterAsLocked(self);
  }
  recursion_count_++;
  …
}
```

上述的 Mutex 加锁操作可以分为两部分，其一是开启了 ART_USE_FUTEXES 的情况，此时通过 Futex 来实现;其二则是使用传统的 pthread API 来完成相同的功能。

其中 state_ 是一个 AtomicInteger 变量，而 AtomicInteger 的定义如下：

```
typedef Atomic<int32_t> AtomicInteger;
```

即原子类型的 int32。

Mutex 加锁的基本逻辑是：如果可以获取到锁，则直接返回；否则就进入挂起状态。第二种情况下是调用 futex 函数来完成的，后者由 bionic 提供，它会在内部使用到 SYS_futex 这个系统调用。

函数 futex 共有 6 个参数，其原型如下所示：

```
static inline int futex(volatile int *uaddr, int op, int val, const struct timespec *timeout,
                        volatile int *uaddr2, int val3)
```

第一个参数 uaddr 指向的是 futex word——即一个 4 字节的 interger，在我们这个场景中具体对应的是 state_。

第二个参数 op 代表 operation，即需要执行的操作，目前只支持两种，即 FUTEX_WAIT 和 FUTEX_WAKE。

第三个参数 val 的含义根据 op 的不同而有所差异。

后面几个参数只有在某些特殊情况下才需要，在我们这个场景中可以直接略过。

如果调用 futex 时提供的操作指令是 FUTEX_WAIT，通常意味着 futex word 保持 val 值（acquired）可能需要等待较长时间。可以看到，我们利用原子操作在用户态获取到了 futex word，然后调用 futex 函数——这两个操作之间有一个明显的时间差。换句话说，当我们调用 futex 时情况有可能已经变化了。这也是需要在 futex 的第一个参数传入 futex word 的原因之一，即内核可以据此自行判断当前的最新状态。

对于不存在竞争的情况下，采用 futex 机制在用户态就可以完成锁的获取，而不需要通过系统调用进入内核态，从而提高了效率。

4.4.5 同步范例

理解了以上几种同步机制的原理后，我们再来分析一个范例，即经典的生产者与消费者问题。Android 系统源码中有多个地方都应用了这个经典模型，如音频子系统里 AudioTrack 和 AudioFlinger 间的数据交互。

相信读者对此问题（"The producer-consumer problem"，也称为"The bounded-buffer problem"）并不陌生。描述如下：

两个进程共享一块大小为 N 的缓冲区——其中一个进程负责往里填充数据（生产者），而另一个进程则负责往里读取数据（消费者）。问题的核心有两点：

- 当缓冲区满时，禁止生产者继续添加数据，直到消费者读取了部分数据后；
- 当缓冲区空时，消费者应等待对方继续生产后再执行操作。

具体如图 4-10 所示。

如果使用信号量来解决这个问题，需要用到 3 个 Semaphore。功能分别如下：

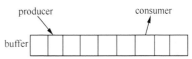

▲图 4-10 The producer-consumer problem

- S_emptyCount：用于生产者获取可用的缓冲区空间大小，初始值为 N。
- S_fillCount：用于消费者获取可用的数据大小，初始值为 0。
- S_mutex：用于操作缓冲区，初始值为 1。

对于生产者来说，执行步骤如下：

➢ 循环开始；
➢ Produce_item；
➢ P（S_emptyCount）；
➢ P（S_mutex）；
➢ Put_item_to_buffer；
➢ V（S_mutex）；
➢ V（S_fillCount）；
➢ 继续循环。

对于消费者来说，执行步骤如下：

➢ 循环开始；
➢ P（S_fillCount）；
➢ P（S_mutex）；

- Read_item_from_buffer；
- V（S_mutex）；
- V（S_emptyCount）；
- Consume；
- 继续循环。

一开始，S_emptyCount 的值为 N，S_fillCount 的值为 0，所以消费者在 P（S_fillCount）后处于等待状态。而生产者首先生产一件产品，然后获取 S_emptyCount——因为它为 N，处于可访问状态，所以产品可以被放入 buffer 中。之后生产者通过 V（S_fillCount）来增加可用产品的计数，并唤醒正于这个 Semaphore 上等待的消费者。于是消费者开始读取数据，并利用 V（S_emptyCount）来表明 buffer 又空出了一个位置。

生产者和消费者就是如此循环反复来完成整个工作，这样我们就通过 Semaphore 机制保证了生产者和消费者的有序执行。

4.5 Android 中的同步机制

学习了操作系统中同步机制的基础原理后，我们再来看 Android 具体是如何做的，又有哪些改进。值得一提的是，不论什么样的操作系统，其技术本质都类似，而更多的是把这些核心的理论应用到符合自己需求的场景中。目前 Android 封装的同步类包括：

- Mutex

头文件是 frameworks/native/include/utils/Mutex.h

Android 中的 Mutex 只是对 pthread 提供的 API 的简单再封装，所以函数声明和实现体都放在同一个头文件中，这样做也方便了调用者的操作。

另外，Mutex 中还包含一个 AutoLock 的嵌套类，它是利用变量生命周期特点而设计的一个辅助类。

- Condition

头文件是 frameworks/native/include/utils/Condition.h

Condition 是"条件变量"在 Android 系统中的实现类，后面的分析中我们将看到它是依赖 Mutex 来完成的。

- Barrier

头文件是 frameworks/native/services/surfaceflinger/Barrier.h

Barrier 是同时基于 Mutex 和 Condition 实现的一个模型。本书在 AudioFlinger 和 SurfaceFlinger 这两个章节都会碰到它的使用场景，并做了详尽的分析。建议大家以理论结合实例来理解，这样可能会事半功倍。

4.5.1 进程间同步——Mutex

我们先来看 Mutex 类中的一个 enum 定义。如下所示：

```
class Mutex {
public:
    enum {
        PRIVATE = 0,//只限同一进程间的同步
        SHARED = 1//支持跨进程间的同步
    };
```

这说明 Mutex 既可以处理进程内同步的情况，也能完美解决进程间同步的问题。

4.5 Android 中的同步机制

如果在 Mutex 构造时指定它的 type 是 SHARED 的话，说明它是适用于跨进程共享的。此时 Mutex 将进一步调用 pthread_mutexattr_setpshared 接口来为这个互斥量设置 PTHREAD_PROCESS_SHARED 属性。Android 中使用 SHARED 类型 Mutex 的地方有不少，如本书音频系统章节中 AudioTrack 与 AudioFlinger 就驻留在两个不同的进程中，所以它们的 Mutex 变量就是以如下方式构造的：

```
/*frameworks/av/media/libmedia/AudioTrack.cpp*/
audio_track_cblk_t::audio_track_cblk_t():
lock(Mutex::SHARED), cv(Condition::SHARED), user(0), server(0), …
{…
}
```

与 Semaphore 不同的是，Mutex 只有两种状态，即 0 和 1。所以这个类只提供了 3 个重要的接口函数：

```
status_t    lock();   //获取资源锁
void        unlock(); //释放资源锁
status_t    tryLock(); /*不论成功与否都会及时返回, 而不是等待*/
```

当调用者希望访问临界资源时，它必须先通过 lock() 来获得资源锁。如果此时资源可用，这个函数将马上返回；否则，会进入阻塞等待，直到有人释放了资源锁并唤醒它。释放资源锁调用的是 unlock()，同时正在等待使用这个锁的其他对象就会被唤醒，然后继续执行它的任务。另外，Mutex 还特别提供了一个 tryLock() 来满足程序的多样化需求。这个函数仅会"试探性"地查询资源锁是否可用——如果答案是肯定的就获取它，然后成功返回（返回值为 0），从这一点看它和 lock() 的表现是一样的；但在资源暂不可用的情况下，它并不会进入等待，而同样是立即返回，只是返回值不为 0。

这三个函数的实现很简单，具体源码如下：

```
inline status_t Mutex::lock() {
    return -pthread_mutex_lock(&mMutex);//变量 mMutex 的类型是 pthread_mutex_t
}
inline void Mutex::unlock() {
    pthread_mutex_unlock(&mMutex);
}
inline status_t Mutex::tryLock() {
    return -pthread_mutex_trylock(&mMutex);
}
```

所以我们说，Mutex 实际上只是基于 pthread 接口的再封装。

4.5.2 条件判断——Condition

Condition 的字面意思是"条件"。换句话说，它的核心思想是判断"条件是否已经满足"——满足的话马上返回，继续执行未完成的动作；否则就进入休眠等待，直到条件满足时有人唤醒它。

可能有读者会问，这种情况用 Mutex 能实现吗？理论上讲，的确是可以的。举一个例子，假设两个线程 A 和 B 共享一个全局变量 vari，且它们的行为如下。

Thread A：不断去修改 vari，每次改变后的值未知。

Thread B：当 vari 为 0 时，它需要做某些动作。

显而易见，A 和 B 都想访问 vari 这个共享资源，属于 Mutex 的问题领域。但需要商榷的细节是：线程 A 的"企图"仅仅是获得 vari 的访问权；而线程 B 则"醉翁之意不在酒"，其真正等待的条件是"vari 等于 0"。

那么如果用 Mutex 去完成的话，线程 B 就只能通过不断地读取 vari 来判断条件是否满足，有点类似于下面的伪代码：

```
while(1)//死循环,直到条件满足时退出
{
    acquire_mutex_lock(vari);//获取 vari 的 Mutex 锁
    if(0 == vari)  //条件满足
    {
        release_mutex_lock(vari);//释放锁
        break;
    }
    else
    {
        release_mutex_lock(vari);//释放锁
        sleep();//休眠一段时间
    }
}
```

对于线程 B 而言,什么时候达到条件(vari==0)是未知的,这点和其他只是使用 vari 的线程(比如线程 A)有很大不同,因而采用轮询的方式显然极大地浪费了 CPU 时间。

再举一个生活中的例子,以加深大家的理解。比如有一个公共厕所,假设同时只能供一个人使用。现在把希望使用这一资源的人分为两类:其一当然是正常使用厕所的用户(类似于线程 A);其二就是更换厕纸的工作人员(类似于线程 B)。如果我们使用 Mutex 来解决这一资源同步共享问题,会发生什么情况呢?

首先对于用户来说并不会产生太大的影响,他们仍然正常排队、使用、归还。

但对于工作人员来说就有点麻烦了。在 Mutex 机制下,工作人员也需要和其他人一样正常排队。只有等排到他时,他才能进去看下厕纸是否用完——用完就更换,否则就什么也不做直接退出,然后继续排队等待,如此循环往复。假设排一次队需要 5 分钟,而工作人员进去后需要更换厕纸的概率只有 1/10。那么可想而知,这位工作人员的效率是相当低的,因为他的时间都浪费在等待"厕纸为空"上了。

所以,我们需要寻找另一种模型来解决这一特殊的同步场景。

可行的方法之一是工作人员不需要排队,而是由其他人通知他厕所缺纸的事件。这样做既减少了排队人员的数量,提高了资源的使用率,同时也改善了工作人员的办事效率,可谓一举两得。

Condition 就是按照这样的思路提出来的:

```
class Condition {
public:
    enum { //和 Mutex 一样,它支持跨进程共享
        PRIVATE = 0,
        SHARED = 1
    };
     …
    status_t wait(Mutex& mutex); //在某个条件上等待
    status_t waitRelative(Mutex& mutex, nsecs_t reltime); /*也是在某个条件上等待,增加了超
                                                            时退出功能*/
    void signal(); //条件满足时通知相应等待者
    void broadcast(); //条件满足时通知所有等待者
private:
#if defined(HAVE_PTHREADS)
    pthread_cond_t mCond;
#else
    void*    mState;
#endif
};
```

从 Condition 提供的几个接口函数中,我们有如下疑问。

- 既然 wait()是在等待某个"条件"满足,那么如何去描述这个"条件"呢?

在整个 Condition 类的源码实现中，我们都看不到与条件相关的变量或者操作。这是因为，Condition 实际上是一个"半成品"，它并不理会具体的"条件"是什么样的——理由很简单，在不同的情况下，用户所设定的"条件"形式都可能不同。Condition 想要提供一种"通用的解决方案"，而不是针对某些具体的"条件样式"去设计。比如"条件"既可能是"某变量 A 为 True"，也可以是"变量 A 达到值 100"，或者"变量 A 等于 B"等。这些是 Condition 所无法预料的，因此它能做的就是提供一个"黑盒"及"黑盒"的操作手法，而不必去理会盒子里是什么。

- 为什么需要 mutex？

相信大家都注意到了，wait 和 waitRelative 接口都带有一个 Mutex& mutex 变量，这是很多人不解的地方——既然都有 Condition 这一互斥方法了，为什么还要把 Mutex 牵扯进来呢？

由于 Condition 本身的不完整性，如果直接从理论角度分析估计比较生硬，所以我们将结合下一小节的 Barrier 来为大家解答上述两个问题。

4.5.3 "栅栏、障碍"——Barrier

Condition 表示"条件"，而 Barrier 表示"栅栏、障碍"。后者是对前者的一个应用，即 Barrier 是填充了"具体条件"的 Condition，这给我们理解 Condition 提供了一个很好的范例：

顺便提一下，Barrier 类是专门为 SurfaceFlinger 而设计的，并不是像 Mutex，Condition 一样作为常用的 Utility 提供给整个 Android 系统使用。不过，这不影响我们对它的分析：

```
/*frameworks/native/services/surfaceflinger/Barrier.h*/
class Barrier
{
public:
    inline Barrier() : state(CLOSED) { }
    inline ~Barrier() { }
    void open() {
        Mutex::Autolock _l(lock);
        state = OPENED;
        cv.broadcast();
    }
    void close() {
        Mutex::Autolock _l(lock);
        state = CLOSED;
    }
    void wait() const {
        Mutex::Autolock _l(lock);
        while (state == CLOSED) {
            cv.wait(lock);
        }
    }
private:
    enum { OPENED, CLOSED };
    mutable     Mutex       lock;
    mutable     Condition   cv;
    volatile    int         state;
};
```

Barrier 总共提供了 3 个接口函数，即 wait()，open()和 close()。既然说它是 Condition 的实例，那么"条件"是什么呢？稍微观察一下就会发现，是其中的变量 state==OPENED；另一个状态当然就是 CLOSED——这有点类似于汽车栅栏的开启和关闭。在汽车通过前，它必须要先确认栅栏是开启的，于是调用 wait()。如果条件不满足，那么汽车就只能停下来等待。这个函数首先获取一个 Mutex 锁，然后才是调用 Condition 对象 cv，为什么呢？我们知道 Mutex 是用于保证共享资源的互斥使用的，这说明 wait()中接下来的操作涉及了对某一互斥资源的访问，即 state 这个变量。可以想象一下，假如没有一把对 state 访问的锁，那么当 wait 与 open/close 同时去操作它时，有没有可能引起问题呢？

假设有如下步骤。

Step 1. 线程 A 通过 wait()取得 state 值，发现是 CLOSED。

Step 2. 线程 B 通过 open()取得 state 值，将其改为 OPENED。

Step 3. open()唤醒正在等待的线程。因为此时线程 A 还没有进入睡眠，所以实际上没有线程需要唤醒。

Step4. 另外，线程 A 因为 state==CLOSED，所以进入等待，但这时候的栅栏实际上已经开启了，这将导致 wait()调用者所在线程得不到唤醒。

这样就很清楚了，对于 state 的访问必须有一个互斥锁的保护。

接下来，我们分析 Condition::wait()的实现：

```
inline status_t Condition::wait(Mutex& mutex) {
    return -pthread_cond_wait(&mCond, &mutex.mMutex);
}
```

和 Mutex 一样，直接调用了 pthread 提供的 API 方法。

pthread_cond_wait 的逻辑语义如下。

Step1. 释放锁 mutex。

Step2. 进入休眠等待。

Step3. 唤醒后再获取 mutex 锁。

也就是经历了先释放，再获取锁的过程，为什么这么设计呢？

由于 wait 即将进入休眠等待，假如此时它不先释放 Mutex 锁，那么 open()/close()又如何能访问"条件变量" state 呢？这无疑会使程序陷入互相等待的死锁状态。所以它需要先行释放锁，再进入睡眠。之后因为 open()操作完毕会释放锁，也就让 wait()有机会再次获得这一 Mutex 锁。

同时我们注意到，判断条件是否满足的语句是一个 while 循环：

```
while (state == CLOSED) {…
```

这样做也是合理的。假设我们在 close()的末尾也加一个 broadcast()或者 signal()，那么 wait()同样会被唤醒，但是条件满足了吗？显然没有。所以 wait()只能再次进入等待，直到条件真正为 OPENED 为止。

值得注意的是，wait()函数的结尾会自动释放 Mutex 锁（因为_l 是一个 Autolock 变量，详见下一小节）。也就是说 wait()返回时，程序已经不再拥有对共享资源的锁了，笔者认为，如果接下来的代码还有对共享资源的操作，那么就应该再次获取锁，否则还是会出错。举个前面的例子，当 wait()返回时，我们的确可以认为此时汽车栅栏是已经打开的。但是因为释放了锁，很有可能在汽车发动的过程中，又有人把它关闭了。这导致的后果就是汽车会直接撞上栅栏而引起事故。Barrier 通常被用于对某线程是否初始化完成进行判断，这种场景具有不可逆性——既然已经初始化了，那么后期就不可能再出现"没有初始化"的情况，因而即便 wait()返回后没有获取锁也被认为是安全的。

条件变量 Condition 是和互斥锁 Mutex 同样重要的一种资源保护手段，大家务必要理解清楚。当然，我们更多的是从使用的角度去学习，至于 pthread_cond_wait 内部是如何实现的，因为涉及具体的硬件平台，可以暂时不去深究。

4.5.4 加解锁的自动化操作——Autolock

在 Mutex 类的内部还有一个 Autolock 嵌套类，从字面上看它应该是为了实现加、解锁的自动化操作，那么如何实现呢？

其实很简单，看看这个类的构造和析构函数大家就明白了：

4.5 Android 中的同步机制

```
class Autolock {
public:
    inline Autolock(Mutex& mutex) : mLock(mutex)  { mLock.lock(); }
    inline Autolock(Mutex* mutex) : mLock(*mutex) { mLock.lock(); }
    inline ~Autolock() { mLock.unlock(); }
private:
    Mutex& mLock;
};
```

也就是说，当 Autolock 构造时，会主动调用内部成员变量 mLock 的 lock()方法来获取一个锁。而析构时的情况正好相反，调用它的 unlock()方法释放锁。这样假如一个 Autolock 对象是局部变量的话，那么它在生命周期结束时就会自动把资源锁解。除了前一小节中遇到的_l 变量外，我们再举个 AudioTrack 中的例子。如下所示：

```
/*frameworks/av/media/libmedia/AudioTrack.cpp*/
uint32_t audio_track_cblk_t::framesAvailable()
{
    Mutex::Autolock _l(lock);
    return framesAvailable_l();
}
```

变量_l 是一个 Autolock 对象，它在构造时会主动去获取 audio_track_cblk_t 中的 lock 锁。而当 framesAvailable()结束时，_l 的生命周期也随之完结，于是它在析构函数中又会 unlock 这个锁。这虽然是一个不起眼的小技巧，但在某些情况下可以有效防止开发人员因没有配套使用 lock/unlock 而酿成"悲剧"。

4.5.5 读写锁——ReaderWriterMutex

Android Art 虚拟机中用到互斥和锁操作的地方非常多，为此它实现了一整套自己的 mutex 机制，大家可以参考 art/runtime/base 目录并结合本书的虚拟机章节了解详情。

本小节我们重点分析一下 Art 虚拟机中的一种特殊 mutex，即 ReaderWriterMutex。从字面意思上来理解，它代表的是"读写锁"。与普通的 mutex 相比，它主要提供了如下一些差异接口：

```
void ExclusiveLock(Thread* self) ACQUIRE();
void ExclusiveUnlock(Thread* self) RELEASE();
bool ExclusiveLockWithTimeout(Thread* self, int64_t ms, int32_t ns)
    EXCLUSIVE_TRYLOCK_FUNCTION(true);
void SharedLock(Thread* self) ACQUIRE_SHARED() ALWAYS_INLINE;
void SharedUnlock(Thread* self) RELEASE_SHARED() ALWAYS_INLINE;
```

其中 Exclusive 和 Shared 分别代表 Write 和 Read 权限，这也很好地诠释了这种锁的特点是允许有多个对象共享 Read 锁，但同时却只能有唯一一个对象拥有 Write 锁。ReaderWriterMutex 可以有以下 3 种状态。

- Free：还没有被任何对象所持有的情况。
- Exclusive：当前被唯一一个对象持有的情况。
- Shared：被多个对象持有的情况。

各个状态间所允许的操作及操作结果如表 4-3 所示。

表 4-3　　　　　　　　　　ReaderWriterMutex 状态表

State	ExclusiveLock	ExclusiveUnlock	SharedLock	SharedUnlock
Free	Exclusive	error	SharedLock(1)	error
Exclusive	Block	Free	Block	error
Shared(n)	Block	error	SharedLock(n+1)	Shared(n-1) or Free

ReaderWriterMutex 的内部实现并不复杂，它的基础仍然是普通的 mutex，并且根据系统是否启用 Futex 在实现上会有所差异。大家可以参考/art/runtime/base/mutex.cc 来了解详情。

4.6 操作系统内存管理基础

不论什么类型的操作系统，内存管理都是绝对的重点和难点。

简单来说，内存管理（Memory Management）旨在为系统中的所有 Task 提供稳定可靠的内存分配、释放与保护机制。可能有读者会问，我们学习 Android 系统还需要了解 Linux Kernel 的内存管理机制吗？

答案是肯定的。不论是 Android 中的音频系统、GUI 系统，还是 Binder 的实现机理等，都与内存管理是息息相关的。甚至可以说，任何操作系统的运行都只是在"玩内存游戏"。当然，没有内核基础的读者也不要因此而觉得"前途漫漫无归路"，事实上"内存游戏"再精彩，其底层原理都基本不变。因此，需要重点理解以下几个核心：

➢ 虚拟内存；
➢ 内存分配与回收；
➢ 内存保护。

接下来我们将通过若干小节来和读者一起"补缺补漏"，从而为后续的 Android 学习扫清道路。

4.6.1 虚拟内存（Virtual Memory）

计算机出现的早期物理内存普遍很小，不过因为当时程序的体积也不大，所以不会有什么问题。然而随着软件的发展，动辄以 GB 为单位的程序比比皆是。在这种情况下，如何保证这些软件能在大多数机器上运行呢？

一种最直接的方式就是加大物理内存，使得机器能一次性读入任何程序。这样的"理想是很丰满的"，但"现实却很骨感"。且不论硬件的升级意味着成本的增加，即便把内存加大到 16G 以上，问题还是没有得到根本的解决——程序体积仍然可能超过它。换句话说，这样的设备是不可靠的，因为我们不清楚它什么时候会遭遇宕机。

虚拟内存的出现为大体积程序的运行提供了可能。它的基本思想是。

➢ 将外存储器的部分空间作为内存的扩展，如从硬盘划分出 4GB 大小。
➢ 当内存资源不足时，系统将按照一定算法自动挑选优先级低的数据块，并把它们存储到硬盘中。
➢ 后续如果需要用到硬盘中的这些数据块，系统将产生"缺页"指令，然后把它们交换回内存中。
➢ 这些操作都是由操作系统内核自动完成的，对上层应用"完全透明"。

理解虚拟内存机制，首先要学习 3 种不同的地址空间。

1. 逻辑地址（Logical Address）

它也称为"相对地址"，是程序编译后所产生的地址。逻辑地址由两部分组成：

● Segment Selector（段选择子）

用于描述逻辑地址所处的段，16bit。格式如下：

其中的 TI 指"Table Indicator"、RPL 指"Request Privilege Level"。从 TI 的名称可以猜测到，它和某种"Table"有关。具体而言，就是 GDT（Global Descriptor Table）及 LDT（Local Descriptor Table）。它们都用于记录各种段描述符（Segment Descriptors），而表本身的存储地址则由 GDTR 和 LDTR 两个 CPU 寄存器来保存。GDT 的有效范围是全局的，同时系统也允许各进程创建自己的本地表（LDT）以增加额外的段。

这样就很清楚了，段选择子中的 INDEX 就是 GDTR/LDTR 中的"序号"——具体是哪个表，则由"Table Indicator"来区分：0 表示 GDT，1 表示 LDT。

- Offset

用于描述段内的偏移值，32bit。

CPU 提供了专用的寄存器来承载段选择子，如表 4-4 所示。

表 4-4　　　　　　　　　　　　　　段寄存器

寄存器名称	描 述
CS	Code Segment Register，代码段寄存器
DS	Data Segment Register，全局与静态数据段寄存器
SS	Stack Segment Register，堆栈段寄存器
ES	Extra Segment Register，附加数据段寄存器
FS	通用段寄存器
GS	

对于开启段页式内存管理的机器而言，逻辑地址需要经过两次变换才能得到最终的物理地址，如图 4-11 所示。

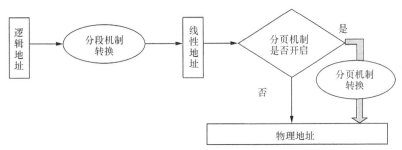

▲图 4-11　地址空间的转换过程简图

早期的机器并没有任何虚拟地址的概念，被称为"实模式"内存管理。而后期发展出来的设备即使提供了虚拟地址的硬件实现，但为了兼容早期的操作系统，机器在开机时仍然会处于"实模式"——直到系统程序做好准备工作后才切换到相应的"保护模式"。

需要注意的是，并不是所有系统都同时支持段页式的内存管理。有些操作系统只提供了页式的管理机制，而 Linux 内核虽然理论上是段页式的，但也只是实现了分页机制（分段机制只用到其中一部分功能）。关于这部分内容，读者可以参考相关资料来了解。

2. 线性地址（Linear Address）

线性地址是逻辑地址经过分段机制转换后形成的。其基本思想是。

➢ 根据段选择子中的 TI 字段，得知段描述符存储在 GDT 或者 LDT 中。
➢ 通过 GDTR/LDTR 获得 GDT/LDT 的存储地址。
➢ 根据段选择子中的 INDEX 字段，到 GDT/LDT 中查找到对应的段描述符。

➢ 根据段描述符获得此段的基地址。
➢ 由基地址+段内偏移值得到线性地址。

逻辑地址到线性地址的转换如图 4-12 所示。

3. 物理地址（Physical Address）

物理地址空间很好理解，它是指机器真实的物理内存所能表示的地址空间范围。比如对于只有 64KB 内存的系统来说，其物理地址范围是 0x0000～0xFFFF。任何操作系统，最终都需要通过真实的物理地址来访问内存。

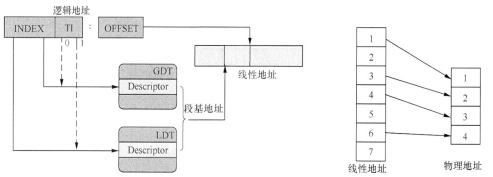

▲图 4-12　逻辑地址到线性地址的转换简图　　▲图 4-13　线性地址到物理地址的转换实例

当系统开启了分页机制后，线性地址也需要经过一次转换才是物理地址。为了便于大家理解这个转换过程，举个实例如图 4-13 所示。

在这个例子中，有两个概念需要先说明一下。

● 页

与分段机制不同的是，分页机制的操作对象是固定大小的内存块，称为"页"。一般情况下，页的大小为 4KB。

● 页框

与页的概念相对应，页框是对物理内存的最小操作单位。显然，页和页框的大小必须完全一致，即 4KB。

如图 4-13 所示，线性地址中的 1、3、4、6 页分别对应物理内存中的 1、2、3、4 页框。这就意味着，如果一个线性地址刚好落在页 3 的范围中（线性地址是由页基址和偏移地址组成的，即线性地址=页基址+页内偏移量），那么它对应的物理内存地址在页框 2 中（即物理地址=页框 2 基址+页内偏移量）。

当前与物理内存没有映射关系的页（比如 2、5、7 页），说明它们并不在内存中，因此访问时会产生一个缺页中断。此时操作系统会自动介入处理，利用一定的算法将当前不常用的页调出内存，从而为"缺失页"腾出位置，然后将"缺失页"从外存储器重新取回，最后返回中断点继续操作。由于这些操作对访问者都是透明的，它们并不会感觉到"缺页"事件，从而保证了上层程序的稳定运行。

当然，实际的内核分页机制比这个例子要复杂得多，不过我们暂时只要掌握基础原理即可。有兴趣的读者可以在此基础上深入分析 Kernel 的具体实现。

本小节主要通过讲解 3 种类型的地址（逻辑地址、线性地址、物理地址），为读者完整地还原了操作系统虚拟地址的概念与转换原理。相信大家会在后续 Android 各子系统的学习中受益匪浅。

4.6.2 内存保护（Memory Protection）

最初的操作系统中，并没有严格意义的内存保护机制。对于内存的访问约束完全基于程序编写人员的自觉性——这种做法显然是不可靠的。一方面，没有任何软件程序是十全十美的，它们或多或少都存在 Bug，如内存越界；另一方面，那些"不怀好意"的程序可以很容易地攻击和破坏系统中的数据。

人们逐渐认识到内存保护的必要性，并将其列入内存管理的重点。当然，保护方法也越来越多、越来越全面，如上一小节所提到的分段和页式管理。因为每个进程的逻辑地址和物理地址都不是直接对应的，任何进程都没有办法访问到它管辖范围外的内存空间——即便刻意产生的内存越界与非法访问，操作系统也会马上阻止并强行关闭程序，从而有力地保障应用程序和操作系统的安全和稳定。

4.6.3 内存分配与回收

对应用程序而言，内存的分配和回收是它们最关心的。换句话说，这是程序开发者与操作系统内存管理模块间的直接交互点，如图 4-14 所示。

既然是操作系统的重要组成部分，内存管理模块也同样遵循操作系统的定义，即为"上层建筑"控制和使用硬件（内存储器）提供有效的接口方法。Linux Kernel 所面对的核心问题包括但不限于：

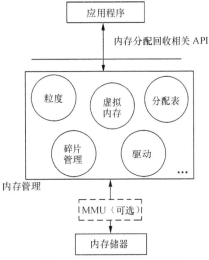

▲图 4-14　内存管理与上层程序

1. 保证硬件无关性

每个硬件平台的物理内存型号、大小甚至架构（比如不同的体系结构）等都可能是不一样的。这种差异绝不能体现在应用程序上，操作系统应尽可能实现向上的"透明"。

2. 动态分配内存和回收

需要考虑的问题很多，如如何为内存划分不同的使用区域；分配的粒度问题，即分配的最小单位；如何管理和区别已经使用和未使用的内存；如何回收和再利用等。

3. 内存碎片

和磁盘管理一样，内存也一样会有碎片的问题。

举个简单的例子，如图 4-15 所示。

在这个例子中，假设初始状态有 6 块未使用的内存单元。随着程序不断地申请使用，前面 5 块已经成功分配。此时若某程序释放了第 2 块单元，那么最后将会有两块不连续的未使用内存单元存在——碎片形成。

另外，内核既要保证内存分配的合理性，也要考虑整体机制的高效性。内存的分配和回收是非常频繁的，如果没有办法实现高效管理，将会极大地影响系统的稳定性。

在 Android 系统中，内存的分配与回收分为两个方向。

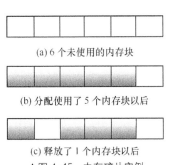

▲图 4-15　内存碎片实例

➢ Native 层

本地层的程序基本上是由 C/C++编写的，与开发人员直接相关的内存函数包括 malloc/free、new/delete 等。由于动态分配的内存需要人工管理，根据项目的开发经验——当工程达到一定数量级（特别是像操作系统这样的大工程）时，很容易出现各种问题，如野指针、空指针。我们将在本书的智能指针章节详细总结常见的一些内存致命 Bug，并分析它们出现的原因；同时，通过对智能指针实现原理的分析来向读者阐述 Google 作为 Android 系统的缔造者又是如何有效避免这些让无数开发者头疼的问题的。

➢ Java 层

大多数 Android 的应用程序都由 Java 语言编写。Java 相对于 C 在内存管理上做了很多努力，可以帮助开发人员在一定程度上摆脱内存的各种困扰。但是，Java 本身并不是万能的，需要研发者在程序设计过程中保持良好的内存使用规范，并对 Android 提供的内存管理机制有比较深入的理解。本书后续的章节将在分析系统原理的基础上进一步去理解上层应用的实现，希望可以为读者开发应用程序提供一些帮助。

4.6.4 进程间通信——mmap

本节末尾顺便讲解一下 mmap 函数，它是兼容 POSIX 协议的一个系统调用。Linux Kernel 和 Android 系统中都频繁使用到了这个函数。比如上层应用在使用 Binder 驱动前，就必须通过 mmap()来为其正常工作提供环境。

正如其名所示（Memory Map），mmap 可以将某个设备或者文件映射到应用进程的内存空间中，这样访问这块内存就相当于对设备/文件进行读写，而不需要再通过 read()、write()了。由此可见，理论上 mmap 也可以用于进程间通信，即通过映射同一块物理内存来共享内存。这种方式因为减少了数据复制的次数，在一定程度上能提高进程间通信的效率。

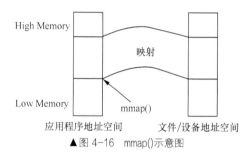

▲图 4-16 mmap()示意图

我们通过图 4-16 来加深对 mmap()的理解。

这个函数提供了不少参数选项供用户使用。其函数原型为：

```
void *mmap(void *addr, size_t len, int prot, int flags, int fd, off_t offset);
```

我们来看看几个参数的具体含义。

- addr

指出文件/设备应该被映射到进程空间的哪个起始地址。这个参数如果为空，则由内核驱动自行决定被映射的地址。

- len

指出被映射到进程空间中内存块的大小。

- prot

指定了被映射内存的访问权限，常用的有如下几种。

➢ PROT_READ：内存页可读。
➢ PROT_WRITE：内存页可写。
➢ PROT_EXEC：内存页是可执行的。
➢ PROT_SEM：内存页可用于 atomic 操作。

> PROT_NONE：内存页不可访问。
- flags

指定了程序对内存块所做改变将造成的影响，常用的有如下几种。

> MAP_SHARED：对内存块的修改将被保存到文件中。
> MAP_PRIVATE：对内存块的修改是 private 的，即只在局部范围内有效。
> MAP_FIXED：使用指定的映射起始地址。
> MAP_ANONYMOUS：匿名映射，也就是说可以不和任何文件进行关联，同时将 fd 参数设为-1。这是一种比较特殊的映射方式，通常需要进程间有一定关系才能实现。

- fd

被映射到进程空间的文件的描述符，通常是由 open() 返回的。

- offset

指定了从文件的哪一部分开始映射，一般设为 0。

- 返回值

这个函数的返回值分为两类：成功时为 0，否则就是错误码。

理解了 mmap 的使用方法后，读者可以结合本书的 Binder 章节来综合分析它在内核中的实现原理，并从中进一步巩固本小节所学习的虚拟内存等概念。

这样我们就完整分析了一个典型操作系统所具有的内存管理的核心功能。可以看出，内存管理所涉及的内容不仅非常多，而且很繁杂——这也是 Android 基于 Linux 的好处之一。Linux Kernel 的内存管理机制是"有口皆碑"的；而且经过这么多年的验证，已经相当稳定成熟。因此 Android 完全可以"站在巨人的肩膀上"，去完成更多有意义的事情。比如下一小节将讲解的 Low Memory Killer，就是 Android 在"巨人肩膀上"建立的"低内存处理机制"。

4.6.5 写时拷贝技术（Copy on Write）

COW（Copy on Write）是 Linux 中一个非常关键的技术。它的基本思想用一句话来概括，就是多个对象在起始时共享某些资源（如代码段、数据段），直到某个对象需要修改该资源时才拥有自己的一份拷贝。从这个描述不难发现，COW 完全可以被用到虚拟内存管理之外的其他地方——只要它符合 COW 的预设场景。

当我们调用 fork() 函数生成一个子进程时，内核并没有马上为这个"另立门户"的孩子分配自己的物理内存，而是仍然共享父进程的固有资源。这样一来"分家"过程就非常快了——理论上只需要注册一个"门户"就可以了。而如果新进程对现有资源"不是很满意"，希望自己去做些修改，那么此时才需要为它提供自己的"施展空间"。特别是如果子进程在 fork() 之后很快地调用了 exec（概率很大），从而载入与父进程迥异的映像，那么 COW 的存在显然可以较大程度地避免不必要的资源操作，从而提升了运行速度。

4.7 Android 中的 Low Memory Killer

嵌入式设备的一个普遍特点是内存容量相对有限。当运行的程序超过一定数量，或者涉及复杂的计算时，很可能出现内存不足，进而导致系统卡顿的现象。Android 系统也不例外，它同样面临着设备物理内存短缺的困境。另外，细心的开发者应该已经注意到了，对于已经启动过一次的 Android 程序，再一次启动所花的时间明显减少了。原因就在于 Android 系统并不马上清理那些已经"淡出视野"的程序（比如调用 Activity.finish 退出 UI 界面）。换句话说，它们在一定的时间里仍然驻留在内存中（虽然用户已经感觉不到它们的存在）。这样做的好处是明显的，即下一次启动不需要再为程序重新创建一个进程；坏处也同样存在，那就是加大了内存 OOM（Out Of Memory）的概率。

那么，应该如何掌握平衡点呢？

熟悉 Linux 的开发人员应该知道，底层内核有自己的内存监控机制，即 OOMKiller。一旦发现系统的可用内存达到临界值，这个 OOM 的管理者就会自动跳出来"收拾残局"。根据策略的不同，OOM 的处理手段略有差异。不过它的核心思想始终是：

按照优先级顺序，从低到高逐步杀掉进程，回收内存。

优先级的设定策略一方面要考虑对系统的损害程度（例如系统的核心进程,优先级通常较高），另一方面也希望尽可能多地释放无用内存。根据经验，一个合理的策略至少要综合以下几个因素：

> 进程消耗的内存；
> 进程占用的 CPU 时间；
> oom_adj（OOM 权重）。

我们先来了解下 Linux Kernel 中的 OOM Killer。内核所管理的进程都有一个衡量其 oom 权重的值，存储在/proc/<PID>/oom_adj 中。根据这一权重值以及上面所提及的若干其他因素，系统会实时给每个进程评分，以决定 OOM 时应该杀死哪些进程。比如 oom_score 分数越低的进程，被杀死的概率越小，或者说被杀死的时间越晚。

这个值存储在/proc/<PID>/oom_score 中。下面所示分别是 PID 为 427 和 415 的两个进程的 oom 数值。

基于 Linux 内核 OOM Killer 的核心思想，Android 系统扩展出了自己的内存监控体系。因为 Linux 下的"内存杀手"要等到系统资源"濒临绝境"的情况下才会产生效果，而 Android 则实现了"不同梯级"的 Killer。

Android 系统为此开发了一个专门的驱动，名为 Low Memory Killer（LMK）。源码路径在内核工程的 drivers/staging/android/Lowmemorykiller.c 中。先来看看它的驱动加载函数：

```
static int __init lowmem_init(void)
{
    task_free_register(&task_nb);
    register_shrinker(&lowmem_shrinker);
    return 0;
}
module_init(lowmem_init);
```

可见 LMK 向内核线程 kswapd 注册了一个 shrinker 的监听回调，实现体为 lowmem_shrinker。当系统的空闲页面低于一定阈值时，这个回调就会被执行。

Lowmemorykiller.c 中定义了两个数组，分别如下：

```
static int lowmem_adj[6] = {
    0,
    1,
    6,
    12,
};
static int lowmem_adj_size = 4; //下面的数值以此为单位（页大小）
static size_t lowmem_minfree[6] = {
    3 * 512,  /* 6MB */
    2 * 1024, /* 8MB */
    4 * 1024, /* 16MB */
    16 * 1024, /* 64MB */
};
```

4.7 Android 中的 Low Memory Killer

第一个数组 lowmem_adj 最多有 6 个元素（默认只定义了 4 个），它表示可用内存容量处于"某层级"时需要被处理的 adj 值；第二个数组则是对"层级"的描述。举个例子，lowmem_minfree 的第一个元素是 3*512，即 3*512*lowmem_adj_size=6MB。也就是说，当可用内存小于 6MB 时，Killer 需要清理 adj 值为 0（即 lowmem_adj 的第一个元素）以下的那些进程。其中 adj 的取值范围是–17～15，数字越小表示进程级别越高（通常只有 0～15 被使用）。

LMK 的实现如图 4-17 所示。

值得一提的是，这两个数组（lowmem_adj 和 lowmem_adj_size）只是系统的预定义值，我们还可以根据项目的实际需求来做定制。Android 系统提供了相应的文件来供我们修改这两组值。路径如下：

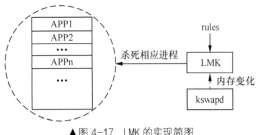

▲图 4-17 LMK 的实现简图

```
/sys/module/lowmemorykiller/parameters/adj
/sys/module/lowmemorykiller/parameters/minfree
```

比如，可以在 init.rc（系统启动时由 init 进程解析的一个脚本，参见后续章节）中加入这样的语句：

```
write /sys/module/lowmemorykiller/parameters/adj      0,8
write /sys/module/lowmemorykiller/parameters/minfree1024,4096
```

ActivityManagerService 中有一个名为 updateOomLevels 的函数，其内部实现原理也是通过写上面这两个文件来实现的。此外，AMS 在运行时还会根据系统的当前配置自动修正 adj 和 minfree，以尽可能适配不同的硬件。具体如下所示：

```
# cat /sys/module/lowmemorykiller/parameters/adj
cat /sys/module/lowmemorykiller/parameters/adj
0,1,2,4,9,15
# cat /sys/module/lowmemorykiller/parameters/minfree
cat /sys/module/lowmemorykiller/parameters/minfree
5181,6727,8273,10321,11868,14458
```

讨论完 LMK 所采用的"rules"后，我们再来从程序进程的角度进行分析。显然，当 LMK 执行清理工作时，它需要知道当前系统中所有进程的 adj 归属情况。换句话说，即系统如何给进程评定 adj 等级。

默认情况下，Android 会将所有进程划归为如表 4-5 所示的若干种 adj。

表 4-5　　　　　　　　　　　　Android 进程所属 ADJ 值

ADJ	Description
HIDDEN_APP_MAX_AD= 15	当前只运行了不可见的 Activity 组件的进程
HIDDEN_APP_MIN_ADJ = 9	
SERVICE_B_ADJ = 8	B list of Service。和 A list 相比，它们对用户的黏合度要小一些
PREVIOUS_APP_ADJ = 7	用户前一次交互的进程。按照用户的使用习惯，人们经常会在几个常用进程间切换，所以这类进程得到再次运行的概率比较大
HOME_APP_ADJ = 6	Launcher 进程，它对于用户的重要性不言而喻
SERVICE_ADJ = 5	当前运行了 application service 的进程
BACKUP_APP_ADJ = 4	用于承载 backup 相关操作的进程
HEAVY_WEIGHT_APP_ADJ= 3	重量级应用程序进程
PERCEPTIBLE_APP_ADJ = 2	这类进程能被用户感觉到但不可见，如后台运行的音乐播放器
VISIBLE_APP_ADJ = 1	有前台可见的 Activity 的进程，如果轻易杀死这类进程将严重影响用户的体验

续表

ADJ	Description
FOREGROUND_APP_ADJ = 0	当前正在前台运行的进程，也就是用户正在交互的那个程序
PERSISTENT_PROC_ADJ = -12	Persistent 性质的进程，如 telephony
SYSTEM_ADJ = -16	系统进程

除了表 4-5 所示的系统的评定标准，我们有没有办法自己来改变进程的 adj（在 Android 中，被称为 oom_adj）值呢？

答案是肯定的且方法不是唯一的。

1. 写文件

和前面的 adj 和 minfree 类似，进程的 oom_adj 也可以通过写文件的形式来修改，路径为 /proc/<PID>/oom_adj。比如 init.rc 中就有如下语句：

```
on early-init
    write /proc/1/oom_adj-16
```

PID 值为 1 的进程是 init 程序，这里将此进程的 adj 改为 –16，以保证它不会被杀死。

2. android:persistent

对于某些非常重要的应用程序，我们不希望它们被系统杀死。一个最简单的方法就是在它的 AndroidManifest.xml 文件中给 "application" 标签添加 "android:persistent=true" 属性。不过将应用程序设置为常驻内存要特别慎重，如果应用程序本身不够完善，而系统又不能通过正常方式回收它的话，则有可能导致意想不到的问题。

4.8 Android 匿名共享内存（Anonymous Shared Memory）

Anonymous Shared Memory（简称 Ashmem）是 Android 特有的内存共享机制，它可以将指定的物理内存分别映射到各个进程自己的虚拟地址空间中，从而便捷地实现进程间的内存共享。不过其本质还是没有超出前面小节介绍的基础知识，只能算是对以上经典理论的应用与改进。

4.8.1 Ashmem 设备

Ashmem 的实现依托于 /dev/ashmem 设备，其源码数量很少，核心文件在 Linux 工程中：

```
/common/mm/ashmem.c
/common/include/linux/ashmem.h
```

这两个文件都不长，我们主要关心 ashmem 设备的以下几个问题：
- 设备节点是什么时候创建的；
- 设备对应的操作函数有哪些，如 open、mmap、ioctl 等，以及它们的实现原理；
- 它与 linux 中的内存共享机制的区别与联系。

当 Android 系统启动时，init 程序会读取 init.rc 文件进行解析。ueventd 就是这时启动的，如下：

```
on early-init
    …
    start ueventd
```

4.8 Android 匿名共享内存(Anonymous Shared Memory)

进程 ueventd 对应的源码在/system/core/init/Ueventd.c 中,来看看它的 main 函数实现。

```
int ueventd_main(int argc, char **argv)
{
    struct pollfd ufd;
    int nr;
    char tmp[32];
    …
    ueventd_parse_config_file("/ueventd.rc");
    snprintf(tmp, sizeof(tmp), "/ueventd.%s.rc", hardware);
    ueventd_parse_config_file(tmp);
    …
```

可见,默认情况下 ueventd 会去解析 ueventd.rc 和 ueventd.<hardware>.rc 文件来加载指定的设备。以 ueventd.rc 为例,它的格式大概如下:

```
/dev/null               0666        root        root
/dev/zero               0666        root        root
/dev/full               0666        root        root
/dev/ptmx               0666        root        root
/dev/tty                0666        root        root
/dev/random             0666        root        root
/dev/urandom            0666        root        root
/dev/ashmem             0666        root        root
/dev/binder             0666        root        root
```

包括 binder、ashmem 在内的一系列设备节点信息都会在这里被读取到系统中(不过此时未必马上创建节点)。具体细节大家可以自行深入分析,我们这里的重点是 ashmem 设备相关的处理流程。先从 ashmem 的 init 入口来看看它是什么类型的设备:

```
/*ashmem.c*/
static int __init ashmem_init(void)
{
    int ret;
    ashmem_area_cachep = kmem_cache_create("ashmem_area_cache",
                    sizeof(struct ashmem_area), 0, 0, NULL);
    …
    ashmem_range_cachep = kmem_cache_create("ashmem_range_cache",
                    sizeof(struct ashmem_range), 0, 0, NULL);
    …
    ret = misc_register(&ashmem_misc);
    …
    return 0;
}
```

很明显,ashmem 是一个 misc 设备(主设备号 10),所以它使用 misc_register 进行注册。设备的描述如下:

```
static struct miscdevice ashmem_misc = {
    .minor = MISC_DYNAMIC_MINOR,
    .name = "ashmem",
    .fops = &ashmem_fops,
};
```

其实现了如下所示的文件操作接口:

```
static struct file_operations ashmem_fops = {
    .owner = THIS_MODULE,
    .open = ashmem_open,
    .release = ashmem_release,
    .read = ashmem_read,
    .llseek = ashmem_llseek,
    .mmap = ashmem_mmap,
    .unlocked_ioctl = ashmem_ioctl,
    .compat_ioctl = ashmem_ioctl,
};
```

全局变量 ashmem_area_cachep 和 ashmem_range_cachep 是通过 kmem_cache_create()创建的 kmem_cache 对象。其中第一个函数参数是这个 cache 的名称，第二个参数是 cache 大小，随后的参数分别表示对齐方式、标志以及构造函数。

我们知道，Linux 内核在内存管理上有 Slab、Slub 和 Slob 三种机制。Slab 是在 2.6.23 版本以前内核所采用的默认分配手段，之后则以 Slub 来代替。Slob 则是更适合嵌入式系统的一种内存管理机制。这里面涉及很多内核实现细节，大家若有兴趣可以参阅相关资料。这里我们只要明白内核提供了一整套高效的内存分配和回收机制即可。

这两个 cache 是 ashmem 后续一系列操作的基础，进程间的匿名共享内存将从这里分配。

接下来，我们依次分析 ashmem_open、ashmem_mmap 和 ashmem_ioctl。

1. ashmem_open

```
static int ashmem_open(struct inode *inode, struct file *file)
{
    struct ashmem_area *asma;
    int ret;
    …
    asma = kmem_cache_zalloc(ashmem_area_cachep, GFP_KERNEL);
    …
    INIT_LIST_HEAD(&asma->unpinned_list);
    memcpy(asma->name, ASHMEM_NAME_PREFIX, ASHMEM_NAME_PREFIX_LEN);
    asma->prot_mask = PROT_MASK;
    file->private_data = asma;
    return 0;
}
```

可以看到 open 主要做了两个工作，首先是从 ashmem_area_cachep 分配一块 ashmem_area 内存，然后对这块共享内存做了一些初始化操作，包括名称、权限等，并把它记录在 file->private_data 中。这样，后续就可以通过 file 来访问到这块共享内存了。

2. ashmem_mmap

```
static int ashmem_mmap(struct file *file, struct vm_area_struct *vma)
{
    struct ashmem_area *asma = file->private_data;/*取出上一步保存的asma*/
    int ret = 0;

    mutex_lock(&ashmem_mutex);//互斥锁

    /* 在做 mmap 前，一定要先通过 ioctl 设置大小，我们后面还会讲到 */
    if (unlikely(!asma->size)) {
        ret = -EINVAL;
        goto out;
    }

    /* 所请求的权限保护必须与我们给 asma 分配的权限相匹配 */
    if (unlikely((vma->vm_flags & ~calc_vm_prot_bits(asma->prot_mask)) &
                        calc_vm_prot_bits(PROT_MASK))) {
        ret = -EPERM;
        goto out;
    }
    …
    if (!asma->file) {//当前还没创建 backing file
        char *name = ASHMEM_NAME_DEF;
        struct file *vmfile;
        if (asma->name[ASHMEM_NAME_PREFIX_LEN] != '\0')
            name = asma->name;

        /* 创建 ashmem 的临时支持文件 */
        vmfile = shmem_file_setup(name, asma->size, vma->vm_flags);
        …
```

4.8 Android 匿名共享内存（Anonymous Shared Memory）

```
            asma->file = vmfile;
    }
    get_file(asma->file);

    if (vma->vm_flags & VM_SHARED)
        shmem_set_file(vma, asma->file);  //内存映射
    else {
        if (vma->vm_file)
            fput(vma->vm_file);
        vma->vm_file = asma->file;
    }
    vma->vm_flags |= VM_CAN_NONLINEAR;

out:
    mutex_unlock(&ashmem_mutex);
    return ret;
}
```

在 Linux 系统中，mmap 可以把一个文件（这里指/dev/ashmem 设备文件）映射到进程虚拟空间中，从而使得程序可以像使用内存一样去操作文件。前一小节我们已经专门讲解过 mmap 的使用方法了，此处不再赘述。

对于 ashmem_mmap 有两点疑问：

➢ /dev/ashmem 这个文件中的内存空间从何而来？
➢ 使用 ashmem 的进程很多，共享内存的双方是如何建立关联的？假设有两对希望通过 ashmem 来实现匿名内存共享的进程（P11/P12 和 P21/P22），那么 ashmem 是如何正确区分它们的呢？

在上面这个函数中，首先通过 private_data 取得这个进程的 asma，它是在 ashmem_open 时创建的。在取得互斥锁后，还需要检查 asma->size 是否合法，这个大小值是通过后面要讲到的 ioctl 设置的。如果 asma->file 为空，说明这是第一个访问该共享空间的进程。可以看到，其中最关键的就是 shmem_file_setup 函数。这个函数是 Linux 提供的，目的就是在 tmpfs 中创建一个临时文件，用于进程间的内存共享。由此可见，Android 的 ashmem 实际上是借用并扩展了 Linux Kernel 的内存共享机制。

再来看第二个疑问。可以先猜想下，即使用 ashmem 来共享，内存的双方应该拥有一个共同的 tmpfs 中的临时文件（即 asma->file）。理由如下：

当 asma->file 为空时，ashmem 会为这个进程创建临时文件，并把它记录在 asma->file 中，这可以看作 P11 或 P21 的工作。而后 P12 或者 P22 执行 mmap 时，假如 asma->file 不为空呢？此时自然不会再创建一个 tmpfs 临时文件，而是直接调用 shmem_set_file 做好内存映射。换句话说，只要 P11/P21 与 P12/P22 拥有同一个 tmpfs 临时文件的 fd 描述符，则第二个问题就迎刃而解了。

下一小节我们将专门分析 Android 系统中的一个实例来证明上述猜测，如图 4-18 所示。

3. ashmem_ioctl

在 ashmem_mmap 的开头，程序需要判断 asma->size 的合法性，这是 ashmem_ioctl

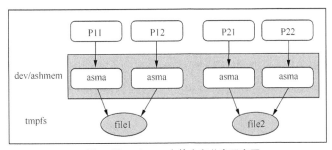

▲图 4-18 ashmem 中的内存共享示意图

提供的诸多功能之一：

```
static long ashmem_ioctl(struct file *file, unsigned int cmd, unsigned long arg)
{
    struct ashmem_area *asma = file->private_data;
    long ret = -ENOTTY;

    switch (cmd) {
    case ASHMEM_SET_NAME://设置名称
        ret = set_name(asma, (void __user *) arg);
        break;
    case ASHMEM_GET_NAME://获取名称
        ret = get_name(asma, (void __user *) arg);
        break;
    case ASHMEM_SET_SIZE://设置大小
        ret = -EINVAL;
        if (!asma->file) {
            ret = 0;
            asma->size = (size_t) arg;
        }
        break;
    …
    }
    return ret;
}
```

这个函数的实现相对简单，即根据 ioctl 命令来做相应的操作——比如设置和获取 size 大小、名称等，并将信息保存到各个进程自己的 asma 中。

4.8.2　Ashmem 应用实例

上一小节我们分析了/dev/ashmem 设备驱动中 3 个重要函数的源码实现。Android 系统就是基于 ashmem 设备来实现跨进程内存共享的，如 MemoryDealer。

MemoryDealer 可以看作对 ashmem 的封装，源码位于 frameworks/native/libs/binder 中，可见它与 Binder 机制有直接关联。MemoryDealer 在 Android 中有不少应用场景，如音频系统中的 AudioFlinger 就是通过它来与 AudioTrack 实现跨进程的音频数据传递的。建议读者把本小节的分析范例和音频系统章节结合起来理解，从而一目了然。

先来看 AudioFlinger 这边的操作：

```
AudioFlinger::Client::Client(const sp<AudioFlinger>& audioFlinger, pid_t pid)
    : RefBase(),
      mAudioFlinger(audioFlinger),
      mMemoryDealer(new MemoryDealer(1024*1024, "AudioFlinger::Client")),
```

MemoryDealer 内部有两个重要的成员变量，即 mHeap 和 mAllocator。从名称上可以看出，mAllocator 是一个"内存分配器"，它服务的对象是"内存承载体"——mHeap。举个例子，mHeap 就像餐厅座位，而 mAllocator 则是服务员。当客人有用餐请求时，服务员需要根据具体人数来安排他们。服务员可采用的分配策略多种多样，总的原则就是尽量满足大部分顾客的需求。

从实现上来看，mHeap 是一个 MemoryHeapBase 对象。构造函数如下：

```
MemoryHeapBase::MemoryHeapBase(size_t size, uint32_t flags, char const * name)…
{
    const size_t pagesize = getpagesize();
    size = ((size + pagesize-1) & ~(pagesize-1));
    int fd = ashmem_create_region(name == NULL ? "MemoryHeapBase" : name, size);
    if (fd >= 0) {
        if (mapfd(fd, size) == NO_ERROR) {//空间映射
            …
        }
    }
}
```

4.8 Android 匿名共享内存（Anonymous Shared Memory）

变量 fd 是由 ashmem_create_region 返回的文件描述符，可想而知它一定是打开/dev/ashmem 所产生的。这个函数在 system/core/libcutils/Ashmem-host.c 和 system/core/libcutils/Ashmem-dev.c 中都有实现。以"host"结尾的是提供给模拟器的，而以"dev"为后缀的则是为真实设备服务的。我们只看后面文件中的实现：

```
int ashmem_create_region(const char *name, size_t size)
{
    int fd, ret;
    fd = open(ASHMEM_DEVICE, O_RDWR);
    …
    if (name) {
        char buf[ASHMEM_NAME_LEN];
        strlcpy(buf, name, sizeof(buf));
        ret = ioctl(fd, ASHMEM_SET_NAME, buf);//设置名称
        if (ret < 0)
            goto error;
    }
    ret = ioctl(fd, ASHMEM_SET_SIZE, size);//设置大小
    …
}
```

果不其然，首先就打开了 ASHMEM_DEVICE="/dev/ashmem"这个设备，然后依次执行 ASHMEM_SET_NAME 和 ASHMEM_SET_SIZE 这两个 ioctl 命令，这也和我们前面的分析吻合。

打开 ashmem 后，接下来要把设备空间映射到进程中来，也就是 mapfd 函数实现的功能：

```
status_t MemoryHeapBase::mapfd(int fd, size_t size, uint32_t offset)
{
    …
    if ((mFlags & DONT_MAP_LOCALLY) == 0) {
        void* base = (uint8_t*)mmap(0,size,PROT_READ|PROT_WRITE, MAP_SHARED,fd, offset);
        …
        mBase = base;
        mNeedUnmap = true;
    } else {
        …
    }
    mFD = fd;
    mSize = size;
    mOffset = offset;
    return NO_ERROR;
}
```

MemoryHeapBase 内部有一系列成员变量来保存共享内存相关的数据，如 mBase 就是共享内存映射到进程空间中的内存起点，mFD 是 ashmem 设备相对应的文件描述符，mSize 是被映射空间的大小等。

这样 ashmem 设备就为 AudioFlinger 开辟了一块共享内存，那么如何让 AudioTrack 也知道这块内存呢？根据前一小节的猜测，AudioTrack 是通过文件描述符 fd 来与这块共享区建立关联的。那么问题转化为：怎么把 fd 这个值传给 AudioTrack？

大家可能马上会想到 Binder 机制。没错，确实是通过它来实现的。

AudioTrack 先通过 getCblk 来获得一个 IMemory 对象：

```
sp<IAudioTrack> track = audioFlinger->createTrack(…);
sp<IMemory> cblk = track->getCblk();
```

其中的 track 变量是 AudioTrack 与 AudioFlinger 的连接通道。按照 Binder 机制的实现原理，track->getCblk()最终执行的是 TrackBase（此时已经在 AudioFlinger 进程）中的 getCblk：

```
sp<IMemory> getCblk() const { return mCblkMemory; }
```

123

而这个 mCblkMemory 则是由 TrackBase 在构造时申请的：

```
mCblkMemory = client->heap()->allocate(size);
```

这里的 client->heap 就是前面所说的 MemoryDealer，它的 allocate()函数会返回由 MemoryHeapBase 申请的内存映射空间：

```
sp<IMemory> MemoryDealer::allocate(size_t size)
{
    sp<IMemory> memory;
    const ssize_t offset = allocator()->allocate(size);
                            //通过"服务员"来分配"座位"，不过这里暂时
                            //只得到"座位号"
    if (offset >= 0) {
        memory = new Allocation(this, heap(), offset, size);//分配到的"座位"
    }
    return memory;
}
```

按照前面所做的类比，allocator 是"服务"员，于是通过它可以安排到"座位"。不过并不是 mHeap 本身，而是 Allocation，我们来分析下原因。

Allocation 构造函数：

```
/*frameworks/native/libs/binder/MemoryDealer.cpp*/
Allocation::Allocation(const sp<MemoryDealer>& dealer,
        const sp<IMemoryHeap>& heap, ssize_t offset, size_t size)
    : MemoryBase(heap, offset, size), mDealer(dealer)
{
#ifndef NDEBUG
    void* const start_ptr = (void*)(intptr_t(heap->base()) + offset);
    memset(start_ptr, 0xda, size);
#endif
}
```

IMemoryHeap 和 IMemory 是什么关系呢？前者是 MemoryHeapBase 的父类，后者则是 Allocation 的父类。这几个类的取名并不是太合理，很容易引起混乱，它们的关系如图 4-19 所示。

也就是当 Allocation 构造时，由第二个参数传入的就是 IMemoryHeap 对象，对应的是前面我们分析过的 MemoryHeapBase，这样 IMemory 和 IMemoryHeap 就建立了关联。

分析完 AudioFlinger（Server）这一侧，我们回到 AudioTrack（Client）端。也就是：

```
sp<IMemory> cblk = track->getCblk();
```

我们知道 cblk 是一个 IMemory 对象，那么它是 BnMemory 吗？不是。这是由 Binder 的实现原理决定的。Server 端是 BnMemory，那么 Client 端对应的通常就应该是 BpMemory。这些细节我们将在后续的 Binder 原理章节进行详细解释，这里要记住 cblk 实际上是一个 BpMemory。

cblk 此时还没有接触到真正的共享内存——需要由接下来的代码从 IMemory 中进一步获取：

```
mCblk = static_cast<audio_track_cblk_t*>(cblk->pointer());
```

变量 mCblk 的数据类型是 audio_track_cblk_t。按照我们的猜测，它的内部一定会存储共享内存被映射到 AudioTrack 进程空间中的虚拟地址（mmap 后的结果）。换句话说，cblk->pointer 从表面上看很简单，但实际上它要完成：

➢ 得到 AudioFlinger 中创建的这块共享内存的地址；
➢ 将这个地址进一步转化成 AudioTrack 可以直接访问的虚拟地址。

4.8 Android 匿名共享内存（Anonymous Shared Memory）

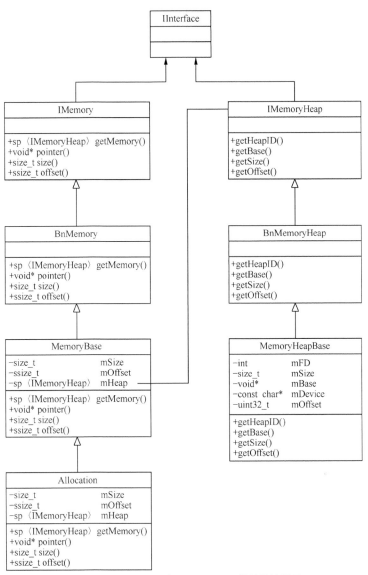

▲图 4-19　IMemory 和 ImemoryHeap 的继承关系图

前面说过，两个进程在 ashmem 中之所以能共享同一内存，是因为它们使用了一样的 ashmem 文件描述符。这就是 cblk->pointer 要完成的重点所在。

因为 cblk 是 BpMemory，而 BpMemory 也继承自 IMemory，关系如图 4-20 所示。

所以 cblk->pointer，实际上就是 IMemory::pointer()。具体源码如下：

```
/*frameworks/native/libs/binder/IMemory.cpp*/
void* IMemory::pointer() const {
    ssize_t offset;
    sp<IMemoryHeap> heap = getMemory(&offset);
    void* const base = heap!=0 ? heap->base() : MAP_FAILED;
    if (base == MAP_FAILED)
        return 0;
```

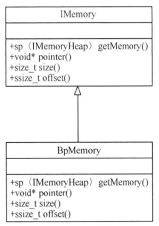

▲图 4-20　Client 端的 IMemory

```
    return static_cast<char*>(base) + offset;
}
```

这个函数首先调用 BpMemory::getMemory 得到 IMemoryHeap，也就是 BpMemoryHeap，然后调用其 base()方法（base 实际上就直接调用了 getBase）：

```
void* BpMemoryHeap::getBase() const {
    assertMapped();
    return mBase;
}
```

很精练的两句话，看来玄机应该就在下面这个函数中了：

```
void BpMemoryHeap::assertMapped() const
{
    if (mHeapId == -1) {//当前是第一次调用，说明还没有做过映射
        sp<IBinder> binder(const_cast<BpMemoryHeap*>(this)->asBinder());
        sp<BpMemoryHeap> heap(static_cast<BpMemoryHeap*>(find_heap(binder).get()));
        heap->assertReallyMapped();
        ...
    }
}
```

假如 mHeapId == -1，说明还没有把共享内存映射到虚拟空间中来。考虑到一个进程可能会有多个 BpMemoryHeap 对应同一块共享内存，因而它使用 find_heap 来判断是否已经存在一个与 binder 相对应的 heap。如果是直接增加计数返回即可，否则还需要做映射。具体实现如下：

```
void BpMemoryHeap::assertReallyMapped() const
{
    if (mHeapId == -1) {
        Parcel data, reply;
        data.writeInterfaceToken(IMemoryHeap::getInterfaceDescriptor());
        status_t err = remote()->transact(HEAP_ID, data, &reply);
        int parcel_fd = reply.readFileDescriptor();//获取AudioFlinger 进程端对应的 ashmem
                                                    //设备文件描述符
        ...
        int fd = dup( parcel_fd );
        ...
        Mutex::Autolock _l(mLock);
        if (mHeapId == -1) {
            mRealHeap = true;
            mBase = mmap(0, size, access, MAP_SHARED, fd, offset);
            ...
        }
}
```

如果大家暂时还看不懂 writeInterfaceToken、Parcel、remote()->transact 等变量和函数方法是什么意思，建议先放一放，等学习了 Binder 章节后再回过头来分析。简单地说，remote()->transact 就是向 Server 端发起了一个请求（HEAP_ID），即得到文件描述符。如下 BnMemoryHeap 源码所示：

```
status_t BnMemoryHeap::onTransact(uint32_t code, const Parcel& data, Parcel* reply,
                    uint32_t flags)
{
    switch(code) {
      case HEAP_ID: {
            CHECK_INTERFACE(IMemoryHeap, data, reply);
            reply->writeFileDescriptor(getHeapID());
            ...
        }
    ...
}
```

函数 getHeapID 的实现如下：

```
/*frameworks/native/libs/binder/MemoryHeapBase.cpp*/
int MemoryHeapBase::getHeapID() const {
    return mFD;
}
```

所以，reply.readFileDescriptor 得到的就是在 AudioTrack 中可用的 ashmem 文件描述符。接着就可以通过这个 fd 进行 mmap 了，从而成功地将 AudioFlinger 中创建的共享内存映射到 AudioTrack 所在的进程空间中。

Android 系统中的匿名共享机制涉及了设备驱动、Binder 原理等一系列技术，所以初学者可能很难理解。建议大家在充分学习相关基础知识后，再集中精力攻克这一难关。

4.9 JNI

在后续章节的原理分析中，我们经常要涉及 JNI（Java Native Interface）这一概念。它是一种允许运行于 JVM 的 Java 程序去调用（反向亦然）本地代码（通常 JNI 面向的本地代码是用 C、C++以及汇编语言编写的）的编程框架。本地代码通常与硬件或者操作系统有关联，因而会在一定程度上破坏 Java 本身的可移植性。不过有时这种方法是必需的，如 Android 系统中就采用了大量 JNI 手段去调用本地层的实现库。

通常有以下 3 种情况需要用到 JNI。
- 应用程序需要一些平台相关的 feature 的支持，而 Java 无法满足。
- 兼容以前的用其他语言书写的代码库。使用 JNI 技术可以让 Java 层的代码访问到这些旧库，实现一定程度的代码复用。
- 应用程序的某些关键操作对运行速度要求较高。这部分代码可以用底层语言如汇编来编写，再通过 JNI 向 Java 层提供访问接口。

JNI 在 Android 系统中扮演了非常重要的角色，我们有必要先对它进行讲解。其主要涉及以下两方面。

- Java Code->Native Code

Java 语言如何调用本地层的函数方法与变量。

- Native Code->Java Code

虽然多数情况下都是 APK 应用程序通过 Java 源码去调用本地层代码，但在有些情况下本地层代码也同样需要访问 Java 层的实现——包括用 Java 实现的函数与变量。

4.9.1 Java 函数的本地实现

创建一个可供 Java 代码调用的本地函数的步骤如下：
- 将需要本地实现的 Java 方法加上 native 声明；
- 使用 javac 命令编译 Java 类；
- 使用 javah 生成.h 头文件；
- 在本地代码中实现 native 方法；
- 编译上述的本地方法，生成动态链接库；
- 在 Java 类中加载这一动态链接库；
- Java 代码中的其他地方可以正常调用这一 native 方法。

下面我们以一个范例来说明这一过程：

```
/*TestJNI.java*/
class TestJNI
{
    private native void testJniAdd(int v1, int v2);  //用 native 关键字声明
    public void test()
    {
        System.out.println ("The result:" + testJniAdd(2,3));
```

```
    }
    public static void main(String args[])
    {
        TestJNI JniExample = new TestJNI();
        JniExample.test();
    }
    static
    {
        System.loadLibrary("testJniLib");/*加载本地代码实现库*/
    }
}
```

接下来，首先使用 javac 编译上面的 TestJNI.java，生成 TestJNI.class。然后利用 javah 生成 TestJNI.h 文件，其中就包含了 JNI 方法的声明体：

```
JNIEXPORT void JNICALL Java_TestJNI_testJniAdd (JNIEnv *, jobject, jint, jint);
```

有了 TestJNI.h 后，我们将上述的函数声明用本地语言来实现。功能很简单——直接将两个数值相加的和返回给调用者：

```
JNIEXPORT void JNICALL Java_TestJNI_testJniAdd(JNIEnv * env, jobject obj, jint value1, jint value2)
{
    return value1 + value2;
}
```

最后，只要将上述包含 JNI 方法的文件（比如.c、.cpp 等。这里有一个小技巧来快速创建它们，就是将上面 javah 生成的.h 改个后缀名，这样所有的声明体和头文件引用都不用再手工输入了）编译成动态链接库，然后让 TestJNI 加载进去，整个 JNI 框架就运行起来了。

关于如何编译生成动态链接库，已经有非常多的参考资料——比如利用 VS Studio，或者采用某些开源的小工具等。其实，Android 系统本身也提供了非常方便的实现来完成这一功能——NDK（Native Development Kit）。

这里简要介绍下如何通过 NDK 生成 JNI 库。首先当然是要下载 NDK 包，可以从 Android 官网获取到。

然后，依次执行以下步骤来编译动态库。

- 将之前生成的 Jni 本地源码文件放在工程某个目录下，建议是<project>/jni/
- 在<project>/jni 中生成一个 Android.mk 文件来描述本地源码。下面是一个范例：

```
/*Android.mk*/
LOCAL_PATH := $(call my-dir)
include $(CLEAR_VARS)

LOCAL_MODULE    := testJniLib
LOCAL_SRC_FILES := testJniLib.c

include $(BUILD_SHARED_LIBRARY)
```

> **注意**　我们要编译的是"BUILD_SHARED_LIBRARY"。

- 在<project>/jni 中生成一个 Application.mk（可选）。
- 利用如下命令执行编译：

```
cd <project>
<ndk>/ndk-build
```

从上面的 Java_TestJNI_testJniAdd 方法中，我们看到诸如 JNIEnv、jobject 这样的参数类型，而 Java 层的 testJniAdd 本身并没有带这两个参数。第一反应是它们应该为类似于 C++中的 this 指针，即代表了类的一个实例化对象。事实上也确实如此，JNIEnv 的定义如下：

```
typedef const struct JNINativeInterface *JNIEnv;
```

JNINativeInterface 是一个 JNI 的本地接口，包含了很多实用函数（稍后我们再做详细分析），而 jobject 则代表了这个本地类方法对应的 Java 类实例。

Java_TestJNI_testJniAdd 函数中的最后两个参数，才是函数的真正入参。不过和我们之前看到的数据类型不同，它们是 jint，而不是 int。这是因为 JNI 已经对所有的标准数据类型做了相应的 typedef，可以参照表 4-6 和表 4-7。

表 4-6　　　　　　　　　　　　JNI 基础类型对照表

Java 类型	本地类型	说　　明
boolean	jboolean	unsigned 8 bits
byte	jbyte	signed 8 bits
char	jchar	unsigned 16 bits
short	jshort	signed 16 bits
int	jint	signed 32 bits
long	jlong	signed 64 bits
float	jfloat	32 bits
double	jdouble	64 bits
void	void	void

表 4-7　　　　　　　　　　　　J NI 引用数据类型对照表

Java 类型	本地类型	Java 类型	本地类型
All objects	jobject	char []	jcharArray
java.lang.Class instances	jclass	short []	jshortArray
java.lang.String instances	jstring	int []	jintArray
arrays	jarray	long []	jlongArray
object []	jobjectArray	float []	jfloatArray
boolean []	jbooleanArray	double []	jdoubleArray
byte []	jbyteArray	java.lang.Throwable objects	jthrowable

基础类型的变量可以在 Java 和本地代码间进行复制，而 Java 对象需要通过引用类型进行传递。JVM 需要跟踪所有它传递给本地代码的对象实例，这样才能保证它们不被垃圾回收器收回。而当本地代码不再使用这些对象时，也要及时通知 JVM。

这里再顺便介绍一下 Type Signature，它是数据类型的标签，如表 4-8 所示。

表 4-8　　　　　　　　　　　　　Type Signature

Java Type	Type Signature	Java Type	Type Signature
boolean	Z	float	F
byte	B	double	D
char	C	fully-qualified-class	L fully-qualified-class
short	S	type[]	[type
int	I	method type	(arg-types) ret-type
long	J		

比如一个 Java 方法：

```
long aMethod(int n, String s, int[] arr);
```

那么就可以表示为：

```
(ILjava/lang/String;[I]J
```

其中，括号里表示的是函数方法的参数，尾部是返回值。这样的表达方式看起来非常简洁，而且可以用字符串的形式来表达，因此在 JNI 中使用非常广泛。

4.9.2 本地代码访问 JVM

上一小节我们讲解了如何为一个 Java 函数创建本地实现，但这并不是 JNI 的全部。试想一下，既然 Java 可以调用 C/C++等语言编写的源码，那么反过来是否也可行呢？答案是肯定的。本地层同样可以访问 JVM 空间，这是 JNI 的另一个重要组成部分。本小节中我们将向大家展示如何做到这种"逆向"的操作。

先来看看前面提到的 JNIEnv 类型的变量，它是本地代码函数中的第一个参数，代表了一个 JNI interface pointer。其本质是指向了一个函数列表的指针，如图 4-21 所示。

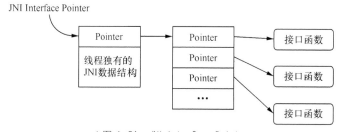

▲图 4-21　JNI Interface Pointer

JNI Interface Pointer 之所以没有直接做成"硬编码"形式的函数调用，而采用如图 4-21 所示的函数指针形式，是为了给 JNI 的实现带来更多灵活性。它有点类似于 C++中虚函数的概念，在运行时才会动态决定需要真正被调用的目标函数。

JNI 通过名称和 Type Signatures 来访问 Java 类中的域（fields）和方法（methods）。比如下面两行语句：

```
jmethodID mid = env->GetMethodID(cls, "methodExample", "(ILjava/lang/String;)D");
        /*首先通过名称"methodExample"和它的 type signature 来找到这个方法的 ID 值*/
jdouble result = env->CallDoubleMethod(obj, mid, 10, str);
        /*通过相应的 CallXXXMethod()来访问到此 ID 值所指向的方法*/
```

除了域和方法，JNI 其实还提供了一系列的函数来完成对 Java 的各种访问和控制，如异常处理、本地和全局引用、字符串操作、数组操作和反射支持等。这些函数都包含在了 JNIEnv 这个变量中，因而每个本地函数都能使用它的第一个参数来获取 JNI 为它们提供的丰富的功能接口。

由于这个函数指针列表中包含的接口数量众多，接下来我们只挑选其中常用的一部分操作来做简单的介绍。有需要的读者可以参阅 Oracle 官方文档来做进一步了解。

```
Version Information
jint GetVersion(JNIEnv *env);
```

返回本地方法接口的版本号，即：

```
JDK/JRE 1.1, GetVersion() --> 0x00010001.
JDK/JRE 1.2, GetVersion() --> 0x00010002.
JDK/JRE 1.4, GetVersion() --> 0x00010004.
```

```
JDK/JRE 1.6, GetVersion() --> 0x00010006.
```

Class Operations

```
jclass FindClass(JNIEnv *env, const char *name);
```

参数说明：

```
env: JNI Interface Pointer
name: fully-qualified class name, 即用 "/" 隔开的完整的 package name
```

从 Java2 SDK release 1.2 开始，FindClass 自动定位与此本地方法相关联的 class loader。如果此本地方法属于 system class，则不会有相对应的 class loader。此时便会使用：ClassLoader.getSystem ClassLoader；否则将由相应的 loader 来完成 name 所指定的 class 的加载。

Accessing Fields of Objects

（1）jfieldID GetFieldID (JNIEnv *env, jclass clazz,const char *name, const char *sig);

参数说明：

```
env: JNI Interface Pointer
clazz: Java class object
name: 以 0 为结束符的 UTF-8 编码字符串，表示域名
sig: 以 0 为结束符的 UTF-8 编码字条串，表示域名的标签
```

返回值：成功则返回 field ID，否则就是 null。

此函数返回一个类实例（非静态）中的域的 ID，这个域由参数中的 name 和 signature 指定。只有先得到了某个域的 ID 值，才能使用 Get 和 set 方法来继续对它进行操作。

（2）NativeType Get<type>Field(JNIEnv *env, jobject obj,jfieldID fieldID);

通过上面接口获取到 field ID 后，我们可以进一步取得此 field 的值。

参数值的含义和 GetFieldID 是一样的，此处不再赘述。要注意的是<type>代表了不同数据类型的 field，如 Object、Boolean、Byte 等：

```
GetObjectField()        //Field 的类型为 object
GetBooleanField()       //Field 的类型为 boolean
GetByteField()          //Field 的类型为 byte
GetCharField()          //Field 的类型为 char
GetShortField()         //Field 的类型为 short
```

（3）void Set<type>Field(JNIEnv *env, jobject obj, jfieldID fieldID,NativeType value);

设置 field 的值，它和 Get<type>Field 的参数差别在于最后的 NativeType，即需要给这个域设定新的值。和 Get 一样，type 指代了不同数据类型的 field。

Calling Instance Methods

（1）jmethodID GetMethodID (JNIEnv *env, jclass clazz,const char *name, const char *sig);

返回一个类或接口对象中的方法（非静态）的 ID 值。

参数说明：

```
env: JNI Interface Pointer
clazz: Java class object
name: 以 0 为结束符的 UTF-8 编码字符串，代表方法名称
sig: 以 0 为结束符的 UTF-8 编码字符串，代表方法的 method signature
```

（2）NativeType Call<type>Method(JNIEnv *env, jobject obj,jmethodID methodID, ...);

```
NativeType Call<type>MethodA(JNIEnv *env, jobject obj,jmethodID methodID, jvalue *args);
NativeType Call<type>MethodV(JNIEnv *env, jobject obj,jmethodID methodID, va_list args);
```

通过 GetMethodID 获得方法的 ID 后，就可以利用这个值来调用相应的 Java 方法了。上面列出的 3 个函数的区别在于它们传递参数的机制不同。

- Call<type>Method

从函数的声明可以看出，这种方式的调用会将参数全部直接放在 method ID 后面。

- Call<type>MethodA

以数组的形式传递参数，即先将所有参数放入 args 变量中。

- Call<type>MethodV

以 va_list 的形式传递参数。

<type>类型和之前提到的几个函数都是一样的，下面举几个例子：

```
CallVoidMethod()
CallVoidMethodA()
CallVoidMethodV()
CallObjectMethod()
CallObjectMethodA()
CallObjectMethodV()
CallBooleanMethod()
CallBooleanMethodA()
CallBooleanMethodV()
```

我们在描述方法和域的访问函数时，都特别强调了是针对非静态的情况。对于静态的方法与域，JNI 还有专门的访问方式。不过原理都是大同小异的，请读者参考相关文档。而 JNI 提供的诸如字符串、数组等操作都比较简单，这里不再详细讨论。

在后续章节的分析中，我们还会针对具体场景对 JNI 做进一步讲解。

4.10 Java 中的反射机制

Java 中创建一个 Class 类最常见的方式如下：

```
FileOutputStream fout = new FileOutputStream(fd);
```

这种情况意味着我们在编译期便可以确定 Class 类型。此时编译器可以对 new 关键字做很多优化工作，所以这种场景下的运行效率通常是最好的，是开发人员的首选方式。

而对于那些无法在编译阶段就得到确定的 Class 类的情况，我们希望有一种技术可以在程序运行过程中去动态地创建一个对象——这就是反射机制。反射机能够赋予程序检查和修正运行时行为的能力，下面我们就以 Class 类的动态创建为例，简单分析一下其内部的实现原理：

```
Class<?> clazz = null;
    try {
        clazz = Class.forName("android.media.MediaMetadataRetriever");
        instance = clazz.newInstance();
        Method method = clazz.getMethod("setDataSource", String.class);
        method.invoke(instance, filePath);
```

Class.forName 通过 native 函数 classForName 调用到本地层，在 Android N 版本中对应的具体函数如下：

```
/*art/runtime/native/java_lang_Class.cc*/
static jclass Class_classForName(JNIEnv* env, jclass, jstring javaName,
jboolean initialize, jobject javaLoader) {
  ScopedFastNativeObjectAccess soa(env);
  ScopedUtfChars name(env, javaName);
  …
  Handle<mirror::ClassLoader> class_loader(hs.NewHandle(soa.Decode<mirror::ClassLoader
*>(javaLoader)));
  ClassLinker* class_linker = Runtime::Current()->GetClassLinker();
  Handle<mirror::Class> c(
```

```
        hs.NewHandle(class_linker->FindClass(soa.Self(), descriptor.c_str(),
class_loader)));
   …
   return soa.AddLocalReference<jclass>(c.Get());
}
```

可见，forName 最终是通过 ClassLinker::FindClass 来找到目标类对象的。反射机制提供的其他接口也是类似的——只有经过虚拟机的统一管理，才有可能既为程序提供灵活多样的动态能力，同时又保证了程序的正常运行。

对于 ClassLinker 的进一步分析，读者可以参考本书的虚拟机章节。

4.11 学习 Android 系统的两条线索

本章详细讲解了操作系统的一系列基础知识，包括计算机体系的结构、操作系统的概念以及操作系统的一大核心，即进程间通信和内存管理机制。另外，我们还穿插讲解了这些知识点在 Android 系统中的应用与扩展（其中 Android 的进程/线程管理和进程间通信因为内容较多，将在后面两个章节进行专门讲解）——目的就是为读者分析 Android 的各子系统原理打下坚实的理论基础。

本书接下来的内容编排有两条线索。
- 主线：操作系统的体系结构、硬件组成。
- 辅线：在主线的基础上，以 Android 系统的 5 层框架为辅，逐一解析各层框架中的重要元素，或拾级而上，或深入浅出，直至问题的最根源处。

通过以上解释，读者应该可以想象得到本书的内容编排其实是立体的，即平面（各子系统）+高度（每个元素在 5 层结构上都有所体现）的形式——更为重要的一点，这同时也是 Android 系统的设计线索。

我们以"进程管理"为例，如图 4-22 所示。

希望读者无论是阅读本书，还是研究 Android 系统，都能牢牢把握住这两条线索——相信一定会有不少收获。

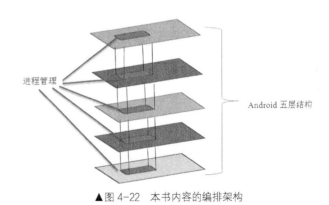

▲图 4-22 本书内容的编排架构

第 5 章　Android 进程/线程和程序内存优化

5.1 Android 进程和线程

进程（Process）是程序的一个运行实例，以区别于"程序"这一静态的概念；而线程（Thread）则是 CPU 调度的基本单位。当前大部分的操作系统都支持多任务运行，这一特性让用户感到计算机好像可以同时处理很多事情。显然在只有一个 CPU 核心的情况下，这种"同时"是一种假象。它是操作系统采用分时的方法，为正在运行的多个任务分配合理的、单独的 CPU 时间片来实现的。举一个例子，假设当前系统中有 5 个任务，如果采用"平均分配"法且时间片为 10ms 的话，那么各个任务每隔 40ms 就能被执行一次。只要机器速度够快，用户的感觉就是所有任务都在同步运行。

那么，Android 中的程序和进程具体是什么概念呢？

我们知道，一个应用程序的主入口一般都是 main 函数，这基本上成了程序开发的一种规范——它是"一切事物的起源"。而 main()函数的工作也是千篇一律的。总结如下：

➢ 初始化

比如 Windows 环境下通常要创建窗口、向系统申请资源等。

➢ 进入死循环

并在循环中处理各种事件，直到进程退出。

这种模型是"以事件为驱动"的软件系统的必然结果，因此几乎存在于任何操作系统和编程语言中。

当然，这种"一切从零开始"的开发模式显然太过费时费力。为了简化开发人员的工作，很多 IDE（Integrated Development Environment）工具将程序编制中烦琐而又一成不变的部分抽取出来，以向导模板的方式自动完成。这样工程人员就可以把精力放在更多有意义的事情上。比如 MFC 编程，它提供给软件人员的入口就摆脱了传统的主函数，而是强调"图形控件"为中心的开发模式——只要通过简单的操作就可以得到带各种 UI 界面的程序框架。Android 的做法与此相似。比如可以通过 Eclipse 环境搭配 Android 专用的 ADT 工具，来快速生成各种应用程序的原型；也可以利用 layout 来布局自己的 UI 界面。

IDE 也带来了一些弊端。对于 Android 应用开发者而言，通常面对的都是 Activity、Service 等组件，并不需要特别关心进程是什么。因而产生了一些误区，如部分研发者认为系统四大组件就是进程的载体。

这些组件确实很符合我们对进程的印象。不过很可惜，它们不能算是完整的进程实例，最多只能算是进程的组成部分。从 AndroidManifest.xml 中也可以得到一点提示——这个 xml 文件是对

应用程序的声明和描述,如范例所示:

```
<manifest xmlns:android="http://schemas.android.com/apk/res/android" package="com.
android.launchperf">
 <application android:label="Launch Performance">
  <activity android:name="SimpleActivity" android:label="Simple Activity">
   <intent-filter>
    <action android:name="android.intent.action.MAIN" />
    <category android:name="android.intent.category.DEFAULT" />
   </intent-filter>
  </activity>
…
```

可以看到,Activity 的外围有一个名为<application>的标签。换句话说,四大组件只是"application"的"零件"。本小节接下来的内容中将通过几个实验来让读者有个更全面的认识,这将对大家后续理解 ActivityManagerService,Binder 进程间通信产生积极的意义。

实验内容如表 5-1 所示。

表 5-1　　　　　　　　　　　　进程和线程实验列表

序　号	参　与　类	实　验　内　容
1	ActivityThreadTest	通过 Debug 一个普通的 Activity 工程,来观察它运行时的进程情况
2	ServiceThreadTest	通过 Debug 一个普通的 Service 工程,来观察它运行时的进程情况,并与第一个例子进行比较
3	ActivityThreadTest, ActivityThreadTest2	在实验 1 的 package 包中新增一个 Activity,并且前一个 Activity 将通过 startActivity()启动后者。观察进程的变化情况
4	ActivityThreadTest, ActivityThreadTest2	在实验 3 的基础上,论证同一个包中的两个组件是否运行于相同的进程空间中

实验 1

首先我们在 Eclipse 中通过 ADT 向导新建一个普通的 Activity 工程,命名为"ActivityThreadTest",如图 5-1 所示。

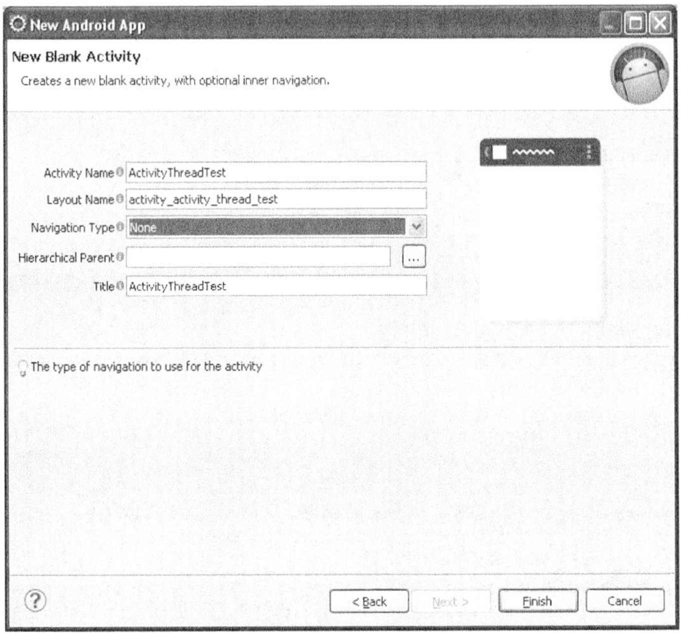

▲图 5-1　新创建一个普通的 Activity 工程

然后在自动生成的源码中的 onCreate()函数入口处打上断点，如下所示。

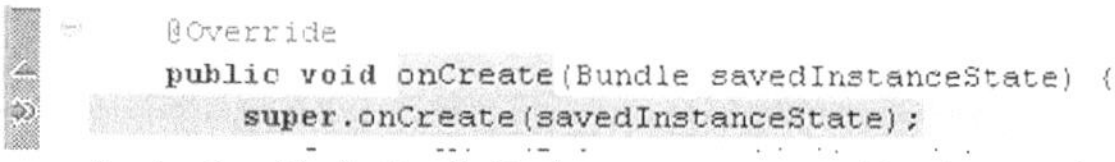

```
@Override
public void onCreate(Bundle savedInstanceState) {
    super.onCreate(savedInstanceState);
```

那么当这个 Activity 启动后，将会生成几个 Thread 呢（是不是只会有一个主线程）？如图 5-2 所示。

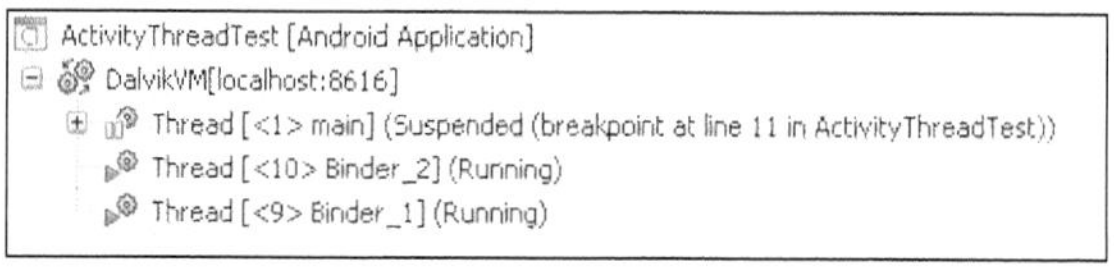

```
ActivityThreadTest [Android Application]
  DalvikVM[localhost:8616]
    Thread [<1> main] (Suspended (breakpoint at line 11 in ActivityThreadTest))
    Thread [<10> Binder_2] (Running)
    Thread [<9> Binder_1] (Running)
```

▲图 5-2　一个 Activity 程序所包含的线程数

一个由向导诞生的、没有任何实际功能的 Activity 程序，居然启动了这么多线程。其中除了有我们最熟悉的 main thread（即图 5-2 中的 Thread[<1> main]）外，还有两个 Binder Thread。

我们还需要从这个实验中解决一个重要问题，即主线程到底是怎么产生的。很简单，看下函数堆栈就知道了，如图 5-3 所示。

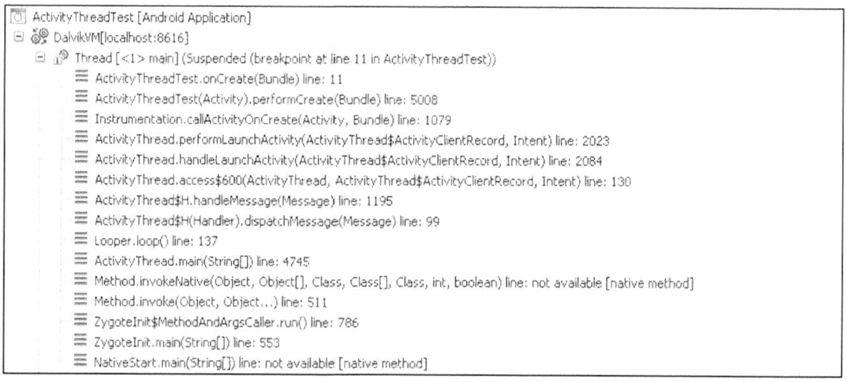

```
ActivityThreadTest [Android Application]
  DalvikVM[localhost:8616]
    Thread [<1> main] (Suspended (breakpoint at line 11 in ActivityThreadTest))
      ActivityThreadTest.onCreate(Bundle) line: 11
      ActivityThreadTest(Activity).performCreate(Bundle) line: 5008
      Instrumentation.callActivityOnCreate(Activity, Bundle) line: 1079
      ActivityThread.performLaunchActivity(ActivityThread$ActivityClientRecord, Intent) line: 2023
      ActivityThread.handleLaunchActivity(ActivityThread$ActivityClientRecord, Intent) line: 2084
      ActivityThread.access$600(ActivityThread, ActivityThread$ActivityClientRecord, Intent) line: 130
      ActivityThread$H.handleMessage(Message) line: 1195
      ActivityThread$H(Handler).dispatchMessage(Message) line: 99
      Looper.loop() line: 137
      ActivityThread.main(String[]) line: 4745
      Method.invokeNative(Object, Object[], Class, Class[], Class, int, boolean) line: not available [native method]
      Method.invoke(Object, Object...) line: 511
      ZygoteInit$MethodAndArgsCaller.run() line: 786
      ZygoteInit.main(String[]) line: 553
      NativeStart.main(String[]) line: not available [native method]
```

▲图 5-3　主线程的函数堆栈

可以清楚地看到，主线程由 ZygoteInit 启动，经由一系列调用后最终才执行 Activity 本身的 onCreate()函数。最重要的是，我们从中了解到 Zygote 为 Activity 创建的主线程是 ActivityThread：

```
/*frameworks/base/core/java/android/app/ActivityThread.java*/
public static void main(String[] args) {
        SamplingProfilerIntegration.start();
        CloseGuard.setEnabled(false);
        Process.setArgV0("<pre-initialized>");
        Looper.prepareMainLooper(); /*只有主线程才能调用这个函数，普通线程应该使用 prepare()，
                                      请参见本章后续小节对 Looper 的讲解*/
        if (sMainThreadHandler == null) {
            sMainThreadHandler = new Handler(); /*主线程对应的 Handler*/
        }

        ActivityThread thread = new ActivityThread(); /*这个 main()是 static 的，
                                                        因此在这里需要创建一个实例*/
        thread.attach(false); /*Activity 是有界面显示的，这个函数将与 WindowManagerService
                                建立联系。详见本书中的显示系统章节*/
        …
        Looper.loop(); /*主循环开始*/
        throw new RuntimeException("Main thread loop unexpectedly exited");/*如果程序运
                                            行到这里，说明退出了上面的 Looper 循环*/
}
```

5.1　Android 进程和线程

那么，用于 Binder 的那些线程又是什么时候创建的呢？这个问题留到后面 Binder 章节再做详细解答。

实验 2

Zygote 为实验 1 中的应用程序分配的主线程是 ActivityThread。这是不是说所有 Android 应用程序的主线程，都是 ActivityThread？所以这个实验中，我们将使用另外一个组件——Service 来构建应用程序（其他组件也是类似的，大家可以试验）。另外，读者还可以思考一下，如果是 Service 组件，它启动时是否也会有这么多线程。换句话说，上面看到的 Binder 线程是不是 Activity 应用进程独有的。

我们启动一个 Service 程序来揭开其中的真相。服务本身并没有什么实质功能，而且为了突出重点很多细节部分都省略了，希望读者注意这点：

```xml
/*ServiceThreadTest 的 AndroidManifest.xml*/
…
<application android:label="@string/app_name"
        android:icon="@drawable/ic_launcher"
        android:theme="@style/AppTheme">
 <service android:name=".ServiceThreadTest">
  <intent-filter/>
 </service>
</application>
…
```

下面是 ServiceThreadTest 的一些主要函数实现：

```java
/*ServiceThreadTest.java*/
public class ServiceThreadTest extends Service
{
    public void onCreate()
    {
        Log.i("ServiceThreadTest", "Service created");/*将断点设在这里*/
    }

    @Override
    public void onDestroy()
    {
        super.onDestroy();
        Log.i("ServiceThreadTest", "Service destroyed");
    }
    @Override
    public void onStart(Intent intent, int startId)
    {
        super.onStart(intent, startId);
        Log.i("ServiceThreadTest", "Service started");
    }
}
```

这样一个简单的 Service 程序就构建完成了。接下来通过 startService() 来启动这个服务，并将断点设在 onCreate() 中，如图 5-4 所示。

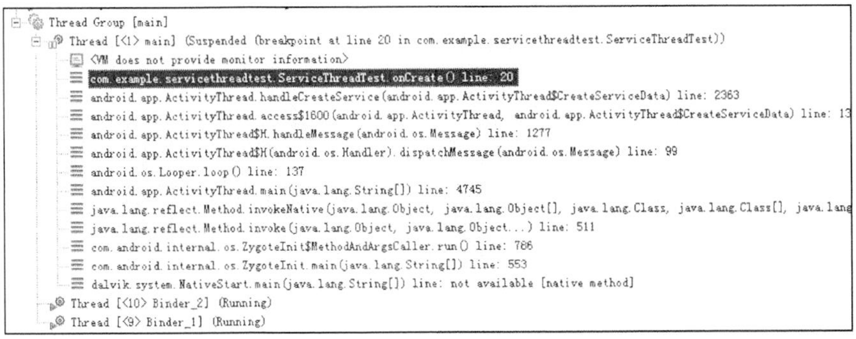

▲图 5-4　一个简单的 Service 程序

根据图 5-4 描述的内容，可以得到以下两个结论。

- Service 也是寄存于 ActivityThread 之中的，并且启动流程和 Activity 基本一致。
- 启动 Service 时，也同样需要两个 Binder 线程的支持。

先记住这两点，后期我们在源码分析中会找到根源所在。

实验 3

上面已经证明了 Activity 和 Service 应用程序的主线程都是 ActivityThread。那么如果同一个程序包中有两个 Activity（或 Service），它们是什么关系？需要有多少线程的支持？

这个实验的代码同样很简单，只是在第一个例子的基础上又增加了一个 Activity，命名为 ActivityThreadTest2：

```
/*AndroidManifest.xml*/
<activity android:name=".ActivityThreadTest" /*第一个 Activity*/
          android:label="@string/title_activity_activity_thread_test" >
 <intent-filter>
  <action android:name="android.intent.action.MAIN" />
  <category android:name="android.intent.category.LAUNCHER" />
 </intent-filter>
</activity>
<activity android:name=".ActivityThreadTest2" /*新增的 Activity*/
          android:label="@string/title_activity_activity_thread_test" >
</activity>
```

在具体源码的实现上，我们在 ActivityThreadTest 中通过 startActivity 来启动第二个 Activity，即 ActivityThreadTest2。这里有一个知识点要清楚：当后者运行起来后，前一个 ActivityThreadTest 并没有完全退出，而是被压入 Activity 栈中。所以当 ActivityThreadTest2 退出时，它可以被重新显示出来：

```
/*ActivityThreadTest.java*/
public void onCreate(Bundle savedInstanceState)
{
    super.onCreate(savedInstanceState);
    Log.i("ActivityThreadTest1", "We are in ThreadTest1");
    setContentView(R.layout.activity_activity_thread_test);
    Intent intentThread2 = new Intent(this, ActivityThreadTest2.class);
    startActivity(intentThread2);/*启动第二个 Activity*/
}
```

看看当断点停在 ActivityThreadTest2 的 onCreate()函数中时，线程的分布情况，如下所示。

```
Thread Group [main]
  Thread [<1> main] (Suspended (breakpoint at line 15 in com.example.activitythreadtest.ActivityThreadTest2))
  Thread [<11> Binder_3] (Running)
  Thread [<10> Binder_2] (Running)
  Thread [<9> Binder_1] (Running)
```

其中揭示了以下几个现象。

➢ 当 ActivityThreadTest2 被执行时，主线程始终只有一个。
➢ 此时 ActivityThreadTest 暂时退出了运行。
➢ Binder 线程数量有所变化，读者在学习了 Binder 章节后就应该知道是什么原因了。

带着这些感观印象，我们进入下一个实验。

实验 4

按照 Android 系统的设计：

"By default, all components of the same application run in the same process and thread (called the "main" thread)"。

上面这句话还可以理解为：对于同一个 AndroidManifest.xml 中定义的四大组件，除非有特别声明（参见后面的讲解），否则它们都运行于同一个进程中（并且均由主线程来处理事件）。

那么，如何证明呢？

根据操作系统的基础知识，如果两个对象处于同一个进程空间中，那么内存区域应该是可共享访问的。所以在本实验中，我们将利用这个原理来论证实验 3 中先后启动的同一个包里的两个 Activity 是否共存于同一个进程中。

先让 ActivityThreadTest 拥有一个 static 的变量，如下所示。

```
/*ActivityThreadTest.java*/
public class ActivityThreadTest extends Activity
{
    static int TestForCoexist = -1; //这个变量一开始的值是-1
    @Override
    public void onCreate(Bundle savedInstanceState)
    {
        super.onCreate(savedInstanceState);
        Log.i("ActivityThreadTest1", "We are in ThreadTest1");
        setContentView(R.layout.activity_activity_thread_test);
        Intent intentThread2 = new Intent(this, ActivityThreadTest2.class);
        TestForCoexist = 2; /*在启动第二个 Activity 前，将它变为 2。如果它们不是处于同一个进
                              程中的话，ActivityThreadTest 是没有办法得到更新后的这个值的。
        */
        startActivity(intentThread2);
    }
    …
}
```

ActivityThreadTest 中有一个静态的变量 TestForCoexist。其初始值为−1，并在 Activity 启动后（onCreate 中）被修改为 2。

接着看看 ActivityThreadTest2 的源码实现：

```
/*ActivityThreadTest2.java*/
public class ActivityThreadTest2 extends Activity
{
    @Override
    public void onCreate(Bundle savedInstanceState)
    {
        super.onCreate(savedInstanceState);
        Log.i("ActivityThreadTest2", "We are in ThreadTest2");
        setContentView(R.layout.activity_activity_thread_test);
        Log.i("ActivityThreadTest2", "TestForCoexist="
                + ActivityThreadTest.TestForCoexit); //实验结果将在这里呈现
    }
    …
}
```

我们运行这个应用程序，来看看最终的输出，如下所示。

PID	TID	Application	Tag	Text
2236	2236	com.example.activitythreadtest	Trace	error opening trace file: No such fil
2236	2236	com.example.activitythreadtest	ActivityThreadTest1	We are in ThreadTest1
2236	2236	com.example.activitythreadtest	ActivityThreadTest2	We are in ThreadTest2
2236	2236	com.example.activitythreadtest	ActivityThreadTest2	TestForCoexit=2

这就足够证明两个 Activity 是在同一个进程空间中了。理由如下：

➢ 第二个 Activity 得到的值是 2。假设二者不是在相同的进程中，ActivityThreadTest2 只是单纯地 import 了 ActivityThreadTest，那么它得到的值应该是初始值−1；而 ActivityThreadTest 对自己进程中变量的修改，对于其他进程是不可见的。

➢ 仔细观察，还会发现二者所处的应用程序 PID 和 TID 值是相同的。这都证明了一个结论，那就是同一个程序包里的两个 Activity 默认确实都运行于同一个进程中。

当然，Android 还提供了特殊的方式让不是同一个包里的组件也可以运行于相同的进程中。优势就是，它们可以非常方便地进行资源共享，而不用经过费时费力的进程间通信。分为两种情况：

1. 针对个别组件

可以在 AndroidManifest.xml 文件中的<activity>、<service>、<receiver>和<provider>（四大组件都支持，可以根据需要来添加）标签中加入 android:process 属性来表明这一组件想要运行在哪个进程空间中。

2. 针对整个程序包

可以直接在<application>标签中加入 android:process 属性来指明想要依存的进程环境。

结论

经过本节的 4 个实验，相信大家对 Android 中的进程和线程已经有了新的认识。下面再来做个小结。

- 四大组件并不是程序（进程）的全部，而只是它的"零件"。
- 应用程序启动后，将创建 ActivityThread 主线程。
- 同一个包中的组件将运行在相同的进程空间中。
- 不同包中的组件可以通过一定的方式运行在一个进程空间中。
- 一个 Activity 应用启动后至少会有 3 个线程：即一个主线程和两个 Binder 线程。

5.2 Handler、MessageQueue、Runnable 与 Looper

相信不少人对这几个概念"深恶痛绝"，因为它们"像雾像雨又像风"——自我感觉都很熟识，如果下一次再相遇，却又陌生得很。这种"隔靴搔痒"的感觉促使我们必须与这些"顽固分子"来个彻底的决断。

先不要想太多，任头脑中随意画一下对这些概念的第一印象，如图 5-5 所示。

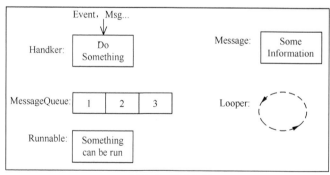

▲图 5-5 概念初探

图 5-5 是我们对这几个概念的"感官"释义，读者可以尝试着思考下是否和自己所想的基本一致。

那么，如果把这些概念糅合在一起，又会是怎样的呢？如图 5-6 所示。

下面来解释图 5-6 的含义。

- Runnable 和 Message 可以被压入某个 MessageQueue 中，形成一个集合

5.2 Handler、MessageQueue、Runnable 与 Looper

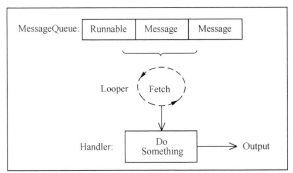

▲图 5-6　Runnable，Message，MessageQueue，Looper 和 Handler 的关系简图

注意，一般情况下某种类型的 MessageQueue 只允许保存相同类型的 Object。图中我们只是为了叙述方便才将它们混放在同一个 MessageQueue 中，实际源码中需要先对 Runnalbe 进行相应转换。

- Looper 循环地去做某件事

比如在这个例子中，它不断地从 MessageQueue 中取出一个 item，然后传给 Handler 进行处理，如此循环往复。假如队列为空，那么它会进入休眠。

- Handler 是真正"处理事情"的地方

它利用自身的处理机制，对传入的各种 Object 进行相应的处理并产生最终结果。

用一句话来概括它们，就是：

Looper 不断获取 MessageQueue 中的一个 Message，然后由 Handler 来处理。

接下来的一系列分析无论多复杂，都是基于这句话展开的，希望读者牢记。

可以看出，上面的几个对象是缺一不可的。它们各司其职，很像一台计算机中 CPU 的工作方式：中央处理器（Looper）不断地从内存（MessageQueue）中读取指令（Message），执行指令（Handler），最终产生结果。当然，到目前为止我们还只是从逻辑的层面理清了它们的关系，接下来将从代码的角度来验证这些假设的真实可靠性。

1. Handler

代码路径：frameworks/base/core/java/android/os/Handler.java

读者有没有注意过，Handler 和线程 Thread 是什么关系：

```
public class Handler {…
    final MessageQueue mQueue;
    final Looper mLooper;
    final Callback mCallback;
```

本小节中几个主要元素的类关系如图 5-7 所示。

从图中可以看出，Handler 和 Thread 确实没有在表象上产生直接的联系。但是因为：

① 每个 Thread 只对应一个 Looper；
② 每个 Looper 只对应一个 MessageQueue；
③ 每个 MessageQueue 中有 N 个 Message；
④ 每个 Message 中最多指定一个 Handler 来处理事件。

由此可以推断出，Thread 和 Handler 是一对多的关系。

Handler 是应用开发人员经常会使用到的一个类。概言之，它有两个方面的作用。

- 处理 Message，这是它作为"处理者"的本职所在。
- 将某个 Message 压入 MessageQueue 中。

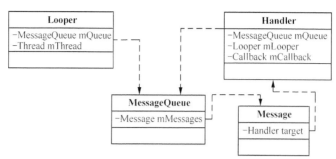

▲图 5-7　Thread 和 Handler 的关系图

实现第一个功能的相应函数声明如下：

```
public void dispatchMessage(Message msg);//对 Message 进行分发
public void handleMessage(Message msg);//对 Message 进行处理
```

Looper 从 MessageQueue 中取出一个 Message 后，首先会调用 Handler.dispatchMessage 进行消息派发；后者则根据具体的策略来将 Message 分发给相应的责任人。默认情况下 Handler 的派发流程是：

→`Message.callback(Runnable 对象)`是否为空

在不为空的情况下，将优先通过 callback 来处理。

→`Handler. mCallback`是否为空

在不为空的情况下，调用 mCallback.handleMessage。

→如果前两个对象都不存在，才调用 `Handler.handleMessage`

由此可见，Handler 的扩展子类可以通过重载 dispatchMessage 或者 handleMessage 来改变它的默认行为。具体选择何种方式取决于项目的实际需求。

Handler 的第二个功能是容易引起开发人员困惑之所在，因为这样的设计形成了 Handler→MessageQueue→Message→Handler 的"循环圈"（见图 5-7）。

相应的功能函数声明如下：

```
1. Post 系列:
final boolean post(Runnable r);
final boolean postAtTime(Runnable r, long uptimeMillis);
…
2. Send 系列:
final boolean        sendEmptyMessage(int what);
final boolean        sendMessageAtFrontOfQueue(Message msg);
boolean        sendMessageAtTime(Message msg, long uptimeMillis);
final boolean        sendMessageDelayed(Message msg, long delayMillis);等等
```

Post 和 Send 两个系列的共同点是它们都负责将某个消息压入 MessageQueue 中；区别在于后者处理的函数参数直接是 Message，而 Post 则需要先把其他类型的"零散"信息转换成 Message，再调用 Send 系列函数来执行下一步。

我们只挑选第一个 Post 函数来分析源码，其逻辑流程如图 5-8 所示。

▲图 5-8　post()的调用逻辑

5.2 Handler, MessageQueue, Runnable 与 Looper

```
public final boolean post(Runnable r)
{
   return  sendMessageDelayed(getPostMessage(r), 0);
}
```

因为调用者提供的是 Runnable 对象，post 需要先将其封装成一个 Message，接着通过对应的 send 函数把它推送到 MessageQueue 中：

```
private static Message getPostMessage(Runnable r) {
    Message m = Message.obtain();  /*Android 系统会维护一个全局的 Message 池。当用户需要使
    用 Message 时，可以通过 obtain 直接获得，而不是自行创建。这样的设计可以避免不必要的资源浪费*/
    m.callback = r;/*将 Runnable 对象设置为 Message 的回调函数*/
    return m;
}
```

当准备好 Message 后，程序调用 sendMessageDelayed 来执行下一步操作。这个函数可以设定延迟多长时间后再发送消息，其内部又通过当前时间+延时时长计算出具体是在哪个时间点（sendMessageAtTime）发送消息。

sendMessageAtTime 函数的源码如下：

```
public boolean sendMessageAtTime(Message msg, long uptimeMillis) {
    MessageQueue queue = mQueue;/*Handler 对应的消息队列*/
    if (queue == null) {/*正常情况下，每个 Thread 都会有一个 MessageQueue 来承载消息，
                        除非发生了意外 queue 才会为空*/
        RuntimeException e = new RuntimeException(
                this + " sendMessageAtTime() called with no mQueue");
        Log.w("Looper", e.getMessage(), e);
        return false;
    }
    return enqueueMessage(queue, msg, uptimeMillis);/*将这个消息压入 MessageQueue 中
*/
}
```

这样我们就将一条由 Runnable 组成的 Message 通过 Handler 成功地压入了 MessageQueue 中。读者可能会觉得很奇怪，最终仍然是依靠 Handler 来处理这一消息的，为什么它不直接执行操作，而是大费周折地先把 Message 压入 MessageQueue 中，然后再处理呢？这其实体现了程序设计一个良好的习惯，即"有序性"。

比如某天你和朋友去健身房运动，正当你在跑步机上气喘吁吁时，旁边有个朋友跟你说："哥们，最近手头紧，借点钱花花。"那么这时候你就有两个选择：

➢ 马上执行

这就意味着你要从跑步机上下来，问清借多少钱，然后马上打开电脑进行网上转账。

➢ 稍后执行

上面的方法在某些场合下是有用且必需的——比如你的朋友等着这笔钱急用。不过大部分情况下"借钱"这种事并不是刻不容缓的，因而你可以跟朋友说："借钱没问题，你先和我秘书约时间，改天我们具体谈细节。"那么在这种情况下，"借钱事件"就先通过秘书写入了 MessageQueue 进行排队。这意味着你并不需要马上从跑步机上下来，中断愉悦的健身运动。

之后秘书会一件件通知你 MessageQueue 上的待办事宜（当然你也可以主动问秘书），直到某个 Message 上标明"借钱事件"时才需要和这位朋友做进一步商谈。在一些场合下这样的处理方式是合情合理的。比如说健身房一小时花费是 10 万元，而你朋友只借 100 元，那么显然"借钱事件"优先级较小，排队处理就是必要的。

下面以框图的形式来加深大家的理解，如图 5-9 所示。

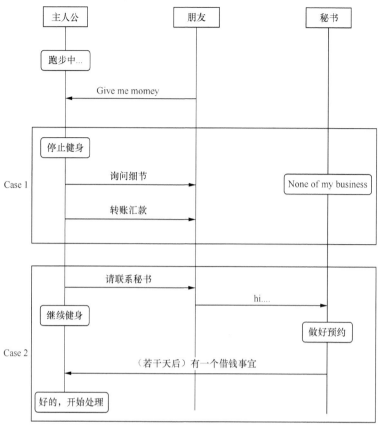

▲图 5-9 两种消息处理方式类比

2. MessageQueue

源码路径：frameworks/base/core/java/android/os。

MessageQueue 正如其名，是一个消息队列，因而它具有"队列"的所有常规操作。包括：

- 新建队列

由其构造函数和本地方法 nativeInit 组成。

其中，nativeInit 会在本地创建一个 NativeMessageQueue 对象，然后直接赋给 MessageQueue 中的成员变量。这一系列的操作实际上都是通过内存指针进行的，详见本书 JNI 章节的描述。

- 元素入队

final boolean enqueueMessage(Message msg, long when);

- 元素出队

final Message next();

- 删除元素

final void removeMessages(Handler h, int what, Object object);

final void removeMessages(Handler h, Runnable r, Object object);

- 销毁队列

和创建过程一样，也是通过本地函数 nativeDestroy 来销毁一个 MessageQueue。

整个 MessageQueue 类的源码数量不多，也并不难理解，这里先不做深入分析。接下来涉及 MessageQueue 的具体应用场景时，我们再有重点地进行了解。

3. Looper

源码路径：frameworks/base/core/java/android/os。

Looper 有点类似于发动机——正是由于它的推动，Handler 甚至整个程序才成为活源之水，不断地处理新的消息。

还记得前面我们将 Handler、MessageQueue、Looper 等概念糅合在一起组合成的那个"大脑印象图"吗？实际上它们在 Android 系统中的源码实现和这个图是比较接近的，只不过还需要做一点修改，如图 5-10 所示。

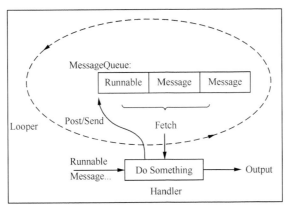

▲图 5-10　更贴近 Android 实现的"印象图"

图中传达了一个信息，即 Looper 中包含了一个 MessageQueue。因此，整个框图就只剩下 Looper 和 Handler（还有多数情况下隐藏得很深的 Thread）之间的关系了。

应用程序使用 Looper 分为两种情况。

➢ 主线程（MainThread）

也就是 ActivityThread，下一小节有详细介绍。

➢ 普通线程

下面是一个使用 Looper 的普通线程范例，名为 LooperThread：

```
class LooperThread extends Thread {
    public Handler mHandler;
    public void run() {
        Looper.prepare();/*一句简单的prepare, 究竟做了些什么工作? */
        mHandler = new Handler() {
            public void handleMessage(Message msg) {
                …/*处理消息的地方。继承 Handler 的子类通常需要修改这个函数*/
            }
        };
        Looper.loop();/*进入主循环*/
    }
}
```

这段代码在 Android 线程中很有典型意义。概括起来只有 3 个步骤：

（1）Looper 的准备工作（prepare）；

（2）创建处理消息的 handler；

（3）Looper 开始运作（loop）。

虽然代码给人的感觉非常简洁，不过乍一看仍有不少地方难以理解。比如整个过程我们都没有看到 Looper 对象的创建，程序最后也只是调用了 Looper.loop，整个系统的循环消息处理机制就

"跑"起来了。另外，mHandler 是如何保证把外部的消息投递到 Looper 所管理的 MessageQueue 中的，或者说 Looper 和 Handler 之间有何隐藏的联系呢？

下面结合上面那段 LooperThread 代码，来逐一品味 Android 呈现出的这一台好戏。

首先是：

```
Looper.prepare();
```

既然要使用 Looper 类的函数，那么 LooperThread 中肯定就得执行如下操作：

```
import android.os.Looper;
```

仔细观察，Looper 里有个非常重要的成员变量：

```
static final ThreadLocal<Looper> sThreadLocal = new ThreadLocal<Looper>();
```

这是一个静态类型的变量，意味着一旦 import 了 Looper 后，sThreadLocal 就已经存在并构建完毕。ThreadLocal 对象是一种特殊的全局变量，因为它的"全局"性只限于自己所在的线程，而外界所有线程（即便是同一进程）一概无法访问到它。这从侧面告诉我们，每个线程的 Looper 都是独立的。

可以猜想下，虽然 Looper 提供了若干 static 的成员函数以方便开发者进行调用，但是它们毕竟只代表了"公共的行为"，其内部一定还需要有针对每个 Thread 的特定数据存储空间。举个例子，Looper 中的这些 static 操作有点类似于银行的普通业务服务窗口，它并不指定任何特定的客户，但是去办理业务的人却又是完全可以区分开来的。为什么呢？因为大家手头都会持有反映自己身份的各种证件和申请表格——sThreadLocal。

因而 sThreadLocal 肯定会创建一个只针对当前线程的 Looper 及其他相关的数据对象，而且这个操作很可能是在 prepare（Looper 总共就两行，这个就很明显了）中。下面来验证一下是不是这样的：

```
private static void prepare(boolean quitAllowed) {
    if (sThreadLocal.get() != null) {/*sThreadLocal.get 返回的是模板类,这个场景中是 Looper。
                              这个判断保证一个 Thread 只会有一个 Looper 实例存在*/
        throw new RuntimeException("Only one Looper may be created per thread");
    }
    sThreadLocal.set(new Looper(quitAllowed));
}
```

上面的最后一个语句验证了我们的猜想：sThreadLocal 的确保存了一个新创建的 Looper 对象。其实 sThreadLocal 这个名字取得不太好，容易引起误解。如果改成 sThreadLocalData，估计大家就能看得更明白些了；而且它还是一个模板类，这就说明它并不存储特定类型的数据，而是任何你感兴趣的东西都可以——出租的是"柜子"，而不是"鞋柜"。

接下来创建一个 Handler 对象，我们单独将它提取出来以方便阅读。

```
public Handler mHandler;
…
mHandler = new Handler() {
    public void handleMessage(Message msg) {…
    }
};
```

可见，mHandler 是 LooperThread 的成员变量，并通过 new 操作创建了一个 Handler 实例。仅从这两行代码来看，并没有什么蹊跷的地方。那么，Handler 到底是如何与 Looper 关联起来的呢？没错，就是构造函数。

Handler 有多个构造函数，比如：

```
public Handler();
public Handler(Callback callback);
public Handler(Looper looper);
public Handler(Looper looper, Callback callback);
```

之所以有这么多构造函数,是因为 Handler 有如下内部变量需要初始化:

```
final MessageQueue mQueue;
    final Looper mLooper;
    final Callback mCallback;
```

我们就以 LooperThread 例子中采用的第一个函数来讲解下它的构造函数:

```
public Handler() {
    /*…省略部分代码*/
    mLooper =Looper.myLooper();/*还是通过 sThreadLocal.get 来获取当前线程中的 Looper 实例*/
    …
    mQueue = mLooper.mQueue;  /*mQueue 是 Looper 与 Handler 之间沟通的桥梁*/
    mCallback = null;
}
```

这样 Handler 和 Looper,MessageQueue 就联系起来了。后续 Handler 执行 Post/Send 两个系列的函数时,会将消息投递到 mQueue 也就是 mLooper.mQueue 中。一旦 Looper 处理到这一消息,它又会从中调用 Handler 来进行处理。

到目前为止,代码就只剩下最后的一句 Looper.loop()了。因为和 ActivityThread 中的内容有重叠,我们统一放在下一小节讲解。

5.3 UI 主线程——ActivityThread

前面我们对 MessageQueue 等几个重要概念进行了串讲,相信读者已对它们有了一定的认识。这一小节将接着上面还没有解决的问题做进一步分析。因为 LooperThread 例子只是一个"壳",也就是说它让我们非常清楚地看到 Android 典型线程里的架构,却没有真正可以运行的"内容"。所以要回答剩余的两个问题,ActivityThread 是一个很好的示例。从名称上看,它是 Activity 所属的线程,也就是大家熟悉的 UI 主线程:

```
/*frameworks/base/core/java/android/app/ActivityThread.java*/
public static void main(String[] args) {
    …
    Looper.prepareMainLooper();//和前面的 LooperThread 不同
    ActivityThread thread = new ActivityThread();//新建一个 ActivityThread 对象
    thread.attach(false);
    if (sMainThreadHandler == null) {
        sMainThreadHandler = thread.getHandler();//主 Handler
    }
    AsyncTask.init();
    Looper.loop();
    throw new RuntimeException("Main thread loop unexpectedly exited");
}
```

如果注意比较上面这段代码与 LooperThread.run()的实现,就可以发现它们在整体架构上是一致的。区别主要体现在:

➢ prepareMainLooper 和 prepare

普通线程只要 prepare 就可以了,而主线程使用的是 prepareMainLooper。

➢ Handler 不同

普通线程生成一个与 Looper 绑定的 Handler 对象就行,而主线程是从当前线程中获取的 Handler(thread.getHandler)。

(1)那么,prepareMainLooper 有什么特殊之处呢?

```
/*frameworks/base/core/java/android/os/Looper.java*/
    public static void prepareMainLooper() {
        prepare(false);//先调用 prepare
        synchronized (Looper.class) {
            if (sMainLooper != null) {
                throw new IllegalStateException("The main Looper has already been prepared.");
            }
            sMainLooper = myLooper();
        }
    }
```

可以看到，prepareMainLooper 也需要用到 prepare。参数 false 表示该线程不允许退出，这和前面的 LooperThread 不一样。经过 prepare 后，myLooper 就可以得到一个本地线程<ThreadLocal>的 Looper 对象，然后将其赋给 sMainLooper。从这个角度来讲，主线程的 sMainLooper 其实和其他线程的 Looper 对象并没有本质的区别。

是不是觉得有点理不清思路？图 5-11 应该会对你有所帮助。

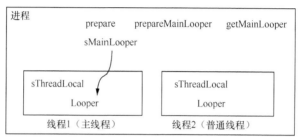

▲图 5-11　Looper 揭密

这个图描述的是一个进程和它内部两个线程的 Looper 情况，其中线程 1 是主线程，线程 2 是普通线程。方框表示它们能访问的范围，如线程 1 就不能直接访问到线程 2 中的 Looper 对象，但二者都可以接触到进程中的各元素。

线程 1：因为是 Main Thread，它使用的是 prepareMainLooper()，这个函数将通过 prepare() 为线程 1 生成一个 ThreadLocal 的 Looper 对象，并让 sMainLooper 指向它。这样做的目的就是其他线程如果要获取主线程的 Looper，只需调用 getMainLooper() 即可。

线程 2：作为普通线程，它调用的是 prepare()；同时也生成了一个 ThreadLocal 的 Looper 对象，只不过这个对象只能在线程内通过 myLooper() 访问。当然，主线程内部也可以通过这个函数访问它的 Looper 对象。

由此可见，Google 玩了一个小技巧，从而巧妙地区分开各线程的 Looper，并界定了它们的访问权限。

（2）sMainThreadHandler。当 ActivityThread 对象创建时，会在内部同时生成一个继承自 Handler 的 H 对象：

```
final H mH = new H();
```

ActivityThread.main 中调用的 thread.getHandler() 返回的就是 mH。

也就是说，ActivityThread 提供了一个"事件管家"，以处理主线程中的各种消息。

接下来我们分析下 loop() 函数，不过在此之前还需要了解点基础知识。本章的开头曾简单提到了 main 函数，它的经典模型用伪代码表示（以 Windows 下的图形程序开发为例）如下：

```
main()
{
    initialize();  //初始化操作
    CreateWindow();//创建窗口
    ShowWindow();//显示窗口
```

```
while(GetMessage()) //不断地获取并执行消息,直至收到退出的消息
{
    TranslateMessage(); //对消息进行必要的前期处理
    DispatchMessage(); //分配消息给相应元素进行处理
}
}
```

这个模型在每个系统平台上的实现细节会有所差异,但本质都是一样的。概括起来重点只有两个:

- 创建处理消息的环境;
- 循环处理消息。

也就是说,消息是推动整个系统动起来的基础,即便操作系统本身也是如此。

有了这个前提,我们再回过头来看 Android 中 Looper.loop 的实现:

```
public static void loop() {
    final Looper me = myLooper();/*loop函数也是静态的,所以它只能访问静态数据。函数myLooper
                                则调用sThreadLocal.get()来获取与之匹配的Looper实例(其实
                                就是取出之前prepare中创建的那个Looper对象)*/
    …
    final MessageQueue queue = me.mQueue;/*正如我们之前所说,Looper中自带一个MessageQueue*/
    …
    for (;;) {//消息循环开始
        Message msg = queue.next();/*从MessageQueue中取出一个消息,可能会阻塞*/
        if (msg == null) {/*如果当前消息队列中没有msg,说明线程要退出了。类比于上面Windows
                          伪代码例子中的 while 判断条件为 0,这样就会结束循环*/
            return; /*直接返回,结束程序*/
        }
    …
        msg.target.dispatchMessage(msg); /*终于开始分派消息了,重心就在这里。变量target其
              实是一个Handler,所以dispatchMessage最终调用的是Handler中的处理函数。*/
    …
        msg.recycle();/*消息处理完毕,进行回收*/
    }
}
```

可以看到,loop()函数的主要工作就是不断地从消息队列中取出需要处理的事件,然后分发给相应的责任人。如果消息队列为空,它很可能会进入睡眠以让出 CPU 资源。而在具体事件的处理过程中,程序会 post 新的事件到队列中。另外,其他进程也可能投递新的事件到这个队列中。APK 应用程序就是不停地执行"处理队列事件"的工作,直到它退出运行,如图 5-12 所示。

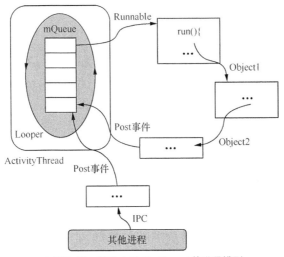

▲图 5-12 基于 ActivityThread 的进程模型

在这个模型图中，ActivityThread 这个主线程从消息队列中取出 Message 后，调用它对应的 Runnable.run 进行具体的事件处理。在处理的过程中，很可能还会涉及一系列其他类的调用（在图中用 Object1、Object2 表示）。而且它们可能还会向主循环投递新的事件来安排后续操作。另外，其他进程也同样可以通过 IPC 机制向这一进程的主循环发送新事件，如触摸事件、按键事件等。这就是 APK 应用程序能 "动起来" 的根本原因。

以上我们看到了 Looper.loop 的处理流程，从而知道它和前面讨论的 Windows 消息处理机制是类似的。最后再来解决一个问题：MessageQueue 是怎么创建出来的？

我们说过，Looper 中带有唯一一个 MessageQueue，是不是这样的呢？

```
/*以下代码还是 Looper.java 中的，不过只提取出 MessageQueue 相关的部分*/
final MessageQueue mQueue;   /*注意它不是 static 的*/
private Looper(boolean quitAllowed) {
    mQueue = new MessageQueue(quitAllowed);  /*new 了一个 MessageQueue，就是它了。
                          也就是说，当 Looper 创建时，消息队列也同时会被创建出来*/
    mRun = true;
    mThread = Thread.currentThread();//Looper 与当前线程建立对应关系
}
```

事实证明 Looper 内部的确管理了一个 MessageQueue，它将作为线程的消息存储仓库，配合 Handler、Looper 一起完成一系列操作。

5.4 Thread 类

首先，提醒大家要正确地区分线程和线程类的概念。线程是操作系统 CPU 资源分配的调度单元，属于抽象的范畴；而线程类的本质仍是可执行代码，在 Java 中当然也就对应一个类。从这一点上看 Thread 和其他类并没有任何区别，只不过 Thread 的属性和方法仅用于完成 "线程管理" 这个任务而已。在 Android 系统中，我们经常需要启动一个新的线程，这些线程大多从 Thread 这个类继承。

5.4.1 Thread 类的内部原理

```
/*libcore/libdvm/src/main/java/java/lang/Thread.java*/
public class Thread implements Runnable {
…
```

可以看到，Thread 实现了 Runnable，也就是说线程是 "可执行的代码"：

```
/*libcore/luni/src/main/java/java/lang/Runnable.java*/
public interface Runnable {
   public void run();
}
```

Runnable 是一个抽象接口类，唯一提供的方法就是 run()。一般情况下，我们是这样使用 Thread 的：

- 方法 1，继承自 Thread

定义一个 MyThread 继承自 Thread，重写它的 run 方法，然后调用：

```
MyThread thr = new MyThread(…);
thr.start();
```

- 方法 2，直接实现 Runnable

Thread 的关键就是 Runnable，因而下面是另一个常见用法：

```
new Thread(Runnable target).start();
```

这两种方法最终都通过 start 启动，它会间接调用上面的 run 实现。如下：

```
public synchronized void start() {
   checkNotStarted();
   hasBeenStarted = true;
   VMThread.create(this, stackSize);/*这里是真正创建一个CPU线程的地方*/
}
```

在此之前，我们一直都运行在"老线程"中，直到 VMThread.create——而实际上真正在新线程中运行的只有 Run 方法，这解释了上面第二种方法通过传入一个 Runnable 也可以奏效的原因。从这个角度来理解，Thread 类只能算是一个中介，任务就是启动一个线程来运行用户指定的 Runnable，而不管这个 Runnable 是否属于自身，如图 5-13 所示。

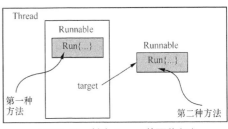

▲图 5-13　创建 Thread 的两种方法

线程有如下几种状态：

```
public enum State {
   NEW, //线程已经创建，但还没有 start
   RUNNABLE, //处于可运行状态，一切就绪
   BLOCKED, //处于阻塞状态，比如等待某个锁的释放
   WAITING, //处于等待状态
   TIMED_WAITING, //等待特定的时间
   TERMINATED //终止运行
}
```

5.4.2　Thread 休眠和唤醒

休眠、等待以及激活唤醒是多线程编程非常重要的环节，也是令很多开发人员难以理解的地方。从逻辑上来讲，线程无非就是运行与不运行两种可能。但是因为不运行的原因有很多，运行的条件也不少，就使得我们不得不对它们进行细化，从而出现诸如休眠、等待、唤醒等一系列拗口的术语。

可以先来想一想线程中与此相关的控制方法都有哪些。

至少有：wait()、notify()、notifyAll()、interrupt()、join()和 sleep()。

1. wait 和 notify/notifyAll

和其他接口方法不同，这 3 个函数是由 Object 类定义的——也就意味着它们是任何类的共有"属性"。那么，为什么要这么设计呢？

官方文档对 wait 的解释是：

"Causes the calling thread to wait until another thread calls the notify() or notifyAll() method of this object."

我们以 WindowManagerService 中的一段代码作为例子来讲解：

```
/*frameworks/base/services/java/com/android/server/SystemServer.java*/
HandlerThread wmHandlerThread = new HandlerThread("WindowManager");/*Handler Thread*/
    wmHandlerThread.start();/*启动线程*/
    Handler wmHandler = new Handler(wmHandlerThread.getLooper());/*wmHandler 和
                                        wmHandlerThread 中的 Looper 建立联系*/
    wmHandler.post(new Runnable() {
       @Override
       public void run() {
          android.os.Process.setThreadPriority(android.os.Process.THREAD_PRIORITY_DISPLAY);
          android.os.Process.setCanSelfBackground(false);
          …
       }
    });
```

上面这段代码的主要目的是启动一个 HandlerThread，并由 wmHandler 变量 post 一个 Runnable 给它，以完成线程优先级等参数的设置。当 SystemServer 调用 WindowManagerService 的 main 函数时，将传入 wmHandler 参数，具体如下所示：

```
/*frameworks/base/services/java/com/android/server/wm/WindowManagerService.java*/
    public   static WindowManagerService main(final Context context, final PowerManager Service pm,
                final DisplayManagerService dm, final InputManagerService im,
                final Handler uiHandler, final Handler wmHandler,
           final boolean haveInputMethods,final boolean showBootMsgs,final boolean onlyCore) {
        final WindowManagerService[] holder = new WindowManagerService[1];
        wmHandler.runWithScissors(new Runnable() {
            @Override
            public void run() {
               holder[0] = new WindowManagerService(context, pm, dm, im,
                        uiHandler, haveInputMethods, showBootMsgs, onlyCore);
            }
        }, 0);
        return holder[0];
    }
```

这个 main 函数的核心是 runWithScissors，注意此时 CPU 仍然运行于 SystemServer 所在的线程中。根据代码注释，runWithScissors 虽然是 Handler.java 中的方法，但并没有在 SDK 中提供；而且有意思的是源码作者自己也认为函数名取得不是很恰当，如果要对外发布最好改为 runUnsafe()。

下面来分析下它的作用：

```
    public final boolean runWithScissors(final Runnable r, long timeout) {
        …
        if (Looper.myLooper() == mLooper) {/*当前线程的Looper和Handler所属Looper是否同一个*/
            r.run();/*是的话直接执行Runnable，返回true*/
            return true;
        }
        BlockingRunnable br = new BlockingRunnable(r);/*否则会涉及到等待，下面详细分析*/
        return br.postAndWait(this, timeout);
    }
```

前面说过，runWithScissors 还是在 SystemServer 这个线程运行的，所以 Looper.myLooper() != mLooper。这也意味着程序接下来将涉及线程等待，具体实现在 postAndWait 中，它所属的类是 BlockingRunnable：

```
        public boolean postAndWait(Handler handler, long timeout) {
            if (!handler.post(this)) {/*投递Runnable到Handler所属的Looper中*/
                return false;
            }
            /*如果成功投递，接下来就需要等待了*/
            synchronized (this) {
                if (timeout > 0) {//如果等待是有时间限制的话
                    …//在本场景中，WindowManagerService传入的值为0，所以不属于这个分支
                } else {//如果需要无限期等待的话
                    while (!mDone) {
                        try {
                            wait();/*走过千山万水后，主角终于出现了*/
                        } catch (InterruptedException ex) {
                        }
                    }
                }
            }
            return true;
        }
```

WindowManagerService 中关于"线程等待"的这一段代码在多个 Android 版本中改动很大。个人认为 Android 4.3 中的写法并不是太好，可读性也一般，不如 Android 4.1 中的做法来得简洁高效。从函数本身的注解来看，开发人员似乎只是把这一改动当成一种试验，相信后续版本还会有更好的解决方案。

函数 postAndWait 在 Handler 中起到的作用就是"投递并等待"。所以函数一开头就把一个 Runnable（即 this）post 到 handler 所在 Looper 中去，大家应该能想到这个 handler 还是 wmHandler。接着分为两种情况：

➢ timeout 大于 0

说明调用者希望是有条件限制的等待，即当 timeup 时会被认为出错，直接返回。这样做的目的是避免异常情况下的"死等待"。不过对于 WindowManagerService 这类系统关键组件，如果它运行不正常整个设备也就基本上"GameOver"了。所以这里的传值是 0，即下一种情况。

➢ timeout 为 0

无限期等待，直到有人来唤醒它。

让线程（即 SystemServer 的运行环境）进入等待所用的是 wait()，那么唤醒它的就是 notify/notifyAll。后者是在什么时候被执行的呢？

可以看看 post 出去的 Runnable 究竟做了些什么。摘录如下：

```
public void run() {
    holder[0] = new WindowManagerService(context, pm, dm, im,
        uiHandler, haveInputMethods, showBootMsgs, onlyCore);
}
```

其实也就是新建了一个 WindowManagerService 对象，并没有我们想要的 notify。大家可以想一想还有哪些地方比较可疑。

没错，就是 BlockingRunnable。这个对象在执行 run 函数时同时会有一个特殊操作，如下：

```
public void run() {
    try {
        mTask.run();
    } finally {
        synchronized (this) {
            mDone = true;
            notifyAll();//通知所有正在等待它的人，"我运行成功了"……
        }
    }
}
```

其实 WindowManagerService 的作者绕了个大圈圈，就是为了表达图 5-14 所示的功能。

当某个线程（比如 SystemServer 所在线程）调用一个 Object（比如 BlockingRunnable）的 wait 方法时，系统就要在这个 Object 中记录这个请求。因为调用者很可能不止一个，所以可使用列表（见图 5-15 的 waiting list）的形式来逐一添加它们。当后期唤醒条件（也就是 BlockingRunnable 执行了 run 后）满足时，Object 既可以使用 notify 来唤醒列表中的一个等待线程，也可以通过 notifyAll 来唤醒列表中的所有线程，如图 5-15 所示。

值得特别注意的是，调用者只有成为 Object 的 monitor 后，才能调用它的 wait 方法。而成为一个对象的 monitor 有以下 3 种途径。

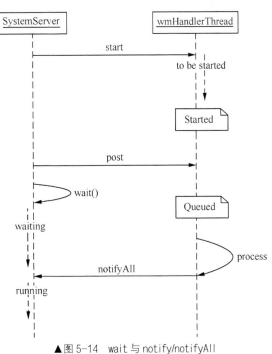

▲图 5-14 wait 与 notify/notifyAll

- 执行这个 object 的 synchronized 方法。
- 执行一段 synchronized 代码，并且是基于这个 object 做的同步。
- 如果 object 是 Class 类，可以执行它的 synchronized static 方法。

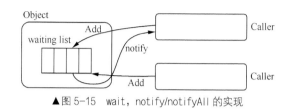

▲图 5-15　wait，notify/notifyAll 的实现

2. interrupt

如果说 wait 是一种"自愿"的行为，那么 interrupt 就是"被迫"的了。调用一个线程的 interrupt 的目的和这个单词的字面意思一样，就是"中断"它的执行过程。此时有以下 3 种可能性。

- 如果 Thread 正被 blocked 在某个 object 的 wait 上，或者 join()，sleep()方法中，那么会被唤醒，中断状态会被清除并接收到 InterruptedException。
- 如果 Thread 被 blocked 在 InterruptibleChannel 的 I/O 操作中，那么中断状态会被置位，并接收到 ClosedByInterruptException，此时 channel 会被关闭。
- 如果 Thread 被 blocked 在 Selector 中，那么中断状态会被置位并且马上返回，不会收到任何 exception。

3. join

join 方法有如下几个原型：

```
public final void join ();
public final void join (long millis, int nanos);
public final void join (long millis);
```

比如：

```
Thread t1 = new Thread(new ThreadA());
Thread t2 = new Thread(new ThreadB());
t1.start();
t1.join();
t2.start();
```

它希望达到的目的就是只有当 t1 线程执行完成时，我们才接着执行后面的 t2.start()。这样就保证了两个线程的顺序执行。而带有时间参数的 join()则多了一个限制，即假如在规定时间内 t1 没有执行完成，那么我们也会继续执行后面的语句，以防止"无限等待"拖垮整个程序。

4. sleep

这个方法是工程项目中使用最广泛的，它和 wait 一样都是属于"自愿"的行为。只不过 wait 是等待某个 object，而 sleep 则是等待时间，一旦设置的时间到了就会被唤醒。原型如下：

```
public static void sleep (long millis, int nanos);
public static void sleep (long time);
```

这个方法比较简单，这里就不详细讲解了。

最后结合这两小节的内容给出 Thread 状态的迁移，具体如图 5-16 所示。

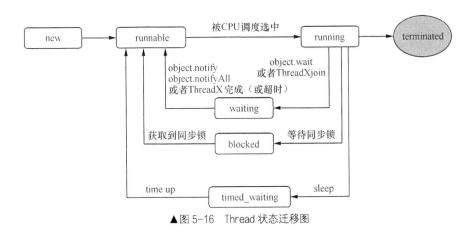

▲图 5-16　Thread 状态迁移图

5.4.3　Thread 实例

为了加深大家对 Thread 的理解，这一小节讲解实际项目工程中的一个典型范例。

其目标是使用 SeekBar（当用户的选择有变化后，会回调 onProgressChanged 函数）来控制系统的音效（比如调整高音部分增益，范围–12～+12db）。要求 UI 界面的响应流畅（要求 1），并且要能实时反映出音效的变化（要求 2），另外系统必须稳定（要求 3）。

假设有如下几个前提。

- 向系统发送音效调整的命令是一个费时的操作（前提 1）。
- 频繁向系统发送调整命令将导致死机（前提 2）。
- 用户的操作是随意没有规律的。有的用户很可能会迅速拉动 SeekBar 的滑杆，也可能慢慢拖动，或者快速来回拖动，这都是未知的。但我们必须保证 UI 界面不出现延滞现象（前提 3）。

对于要求 1，我们首先可以想到的是，将发送命令这一费时的操作放入一个独立的线程中执行。这样就不会影响主线程刷新 UI，保证了界面的流畅。

而根据上述的前提描述，要求 2 和要求 3 是有矛盾的——如果我们需要实时听到音效的变化，则意味着 SeekBar 在变化过程中的数值应该不断地发送给系统，而不是等到用户松开手后才发送最终调整值。但如果按照这样的设计，那么当用户的操作非常迅速或者不停地来回拖动时，又会产生大量的请求命令——根据前提 2，这将导致系统死机，从而违背了要求 3。

另外，既然向系统发送命令是非常耗时的，那么频繁地发送命令也是没有意义的。举个例子，用户在 1 秒以内一下子从–12 拖到了+12 的位置，从而产生了 24 个调整值（当然，SeekBar 实际上可能不会产生这么多次 onProgressChanged，这里假设会有 24 个），而发送每个调整值则需要 500ms。换句话说，即便系统能稳定快速地处理调整请求，也需要等到用户松开手后的 0.5*24–1=11 秒后才能逐步听到音效的变化，这显然没有达到我们的设计目标。

所以解决的办法就是既要向系统不断地发送调整值，以保证用户能实时听到声音变化；而且又不能过于频繁，以保证系统稳定和 UI 界面的流畅。

那么，如何做到呢？

一种理论的办法就是计算用户在单位时间内产生的调整次数，然后进行适当取舍。缺点是明显的——程序很难界定什么样的情况是"频繁"，而且程序的逻辑会由此变得异常复杂，不利于维护和升级。

再来想想有没有其他简单的方法。

当启动一个新线程用于处理调整请求时,显然需要把这些请求先放入消息队列中再排队处理。根据前面的假设,如果用户在 1 秒内产生了 24 个调整值,那么队列中的数量将陆续增加,直到用户操作结束(因为 500ms 才能处理一个)。这些请求值实际上是有优先级的,即后产生的调整值更贴近于用户想得到的效果。根据这一思想,我们可以适当控制消息队列中的元素数量。比如:

- 当产生一个新的调整值时,先清空消息队列,然后才把请求入队;
- 当产生一个新的调整值时,先判断消息队列的数量,根据实际情况删除部分消息,然后才把请求入队。

另外,采用这种方式可以保证最后一个入队的请求总是可以被处理(没有后续的请求能清除它)。这也就意味着用户最终选择的音效值是可以体现出来的。

参考代码如下(BusinessThread):

```java
private Thread mBusinessThread = null;
private boolean mBusinessThreadStarted = false;
private BusinessThreadHandler mBusinessThreadHandler = null;
private void startBusinessThread()
{
    if (true == mBusinessThreadStarted)
        return;
    else
        mBusinessThreadStarted = true;
    mBusinessThread = new Thread(new Runnable()
    {
        @Override
        public void run()
        {
            Looper.prepare();
            mBusinessThreadHandler = new BusinessThreadHandler();
            Looper.loop();
        }
    });
    mBusinessThread.start();
}
```

BusinessThread 重写了 run 方法,并使用 Looper.prepare 和 Looper.loop 来不断处理调整请求。这些请求是通过 mBusinessThreadHandler 发送到 BusinessThread 的消息队列中的。具体如下所示:

```java
publicclass BusinessThreadHandler extendsHandler
{
    publicboolean sendMessage(int what, int arg1, int arg2)//重写 sendMessage
    {
        removeMessages(what);  //清理消息队列中未处理的请求
        returnsuper.sendMessage(obtainMessage(what, arg1, arg2));//发送消息到队列
    }
    publicvoid handleMessage(Message msg)
    {
        switch(msg.what)
        {
        caseMSG_CODE:
            //在这里执行耗时操作
            break;
        default:
            break;
        }

    }
};
```

在 sendMessage 方法中，首先清除了消息队列中还未被处理的请求（可以根据实际需求来调整这里的操作）。这样一方面降低了程序向系统发送请求的频率，加快了响应速度和 UI 界面的流畅性；另一方面也保证了 BusinessThreadHandler 下次取到的是优先级较高的调整请求值——最重要的是，用户能实时听到音效的变化。

这样我们就通过 Thread+Handler+Looper 的组合解决了工程项目中的这个典型问题。

本例为了说明问题，简化了一些控制操作，读者可以根据需要补充完整。

5.5 Android 应用程序如何利用 CPU 的多核处理能力

2012 年的时候，Intel 曾发表过非官方声明，称 Android 系统还没为 CPU 的多核能力做好充足的准备——多核所带来的"弊"甚至多于"利"。这种情况显然不能被 Google 所容忍，并在随后的版本中不断被优化和改善，使得 Android 系统不再为此而广受诟病。

那么，开发人员如何主动去利用 CPU 的多核能力，从而有效提高自身应用程序的性能呢？

答案就是针对 Java-Based 的并行编程技术。听起来有点复杂，但实际上相信大部分人都已经接触过了。第一种方式就是前面小节我们所提到的 Java 线程，它在 Android 系统中同样适用。使用上也和 Java 没有太多区别，我们只要继承 Thread 类或者实现 Runnable 接口就可以了。不过采用这类方法有一点比较麻烦的地方，就是和主线程的通信需要通过 Message Queue——因为只有主线程才能处理 UI 相关的事务，包括 UI 界面更新。

另一种可选的并行编程方法是 AsyncTask，它是 Android 开发的专门用于简化多线程实现的 Helper 类型的类。优点很明显，就是可以不需要通过繁琐的 Looper、Handler 等机制来与 UI 线程通信。Android 官方对其的描述是：

"AsyncTask enables proper and easy use of the UI thread. This class allows to perform background operations and publish results on the UI thread without having to manipulate threads and/or handlers"。

AsyncTask 在设计时的目标是针对比较短时间的后台操作，换句话说，如果你需要在后台长时间执行某些事务的话，我们建议你还是使用 java.util.concurrent 包所提供的 Executor、ThreadPoolExecutor 和 FutureTask 等其它 API 接口。

第三种比较常用的"工作线程"实现模型是 IntentService。大家应该已经猜到了，它是四大组件之一的 Service 的子类，区别就在于 IntentService 可以帮助开发人员以相当简洁的语句（只需要实现 onHandleIntent 接口）来对 Service 进行后台处理，而无需理会其中各种琐屑的中间过程。

总的来说，在 Android 系统中通过多线程编程模型来利用 CPU 的多核能力的途径还是比较多的。除上本小节例举的几个方式外，大家还可以到 Android 官网上查找学习更多类似的实现，并将它们应用到最匹配的需求场景中。

5.6 Android 应用程序的典型启动流程

从上面小节的分析中，我们了解到 Android 系统中一个应用程序的主体是由 ActivityThread 构成的。不过这里面还涉及很多细节，如 ActivityThread 是由谁来创建的，又是在什么时间创建的呢？它和系统服务程序，如 ActivityManagerService，WindowManagerService 之间又有什么联系？了解这些知识有助于我们分析 Android 系统中应用程序框架的设计。

由于 Android 系统是基于 Linux 的，原则上说它的应用程序并不只是 APK 一种类型。换句话说，所有 Linux 支持的应用程序都可以通过一定方式运行在 Android 系统上（比如一些系统级应用程序就是以这种方式存在的，后面章节我们会逐步接触到）。为了叙述的统一，在没有特别说明的情况下，我们所指的应用程序都是 APK 类型的应用程序。它们通常由两种方式在系统中被启动。

- 在 Launcher 中点击相应的应用程序图标启动

这种启动方式大多是由用户发起的。默认情况下 APK 应用程序在 Launcher 主界面上会有一个图标，通过点击它可以启动这个应用程序指定的一个 Activity。

- 通过 startActivity 启动

这种启动方式通常存在于源码内部。比如在 Activity1 中通过 startActivity 来启动 Activity2。

这两种启动方式的流程基本上是一致的，最终都会调用 ActivityManagerService 的 startActivity 来完成。整个调用流程的描述如图 5-17 所示。

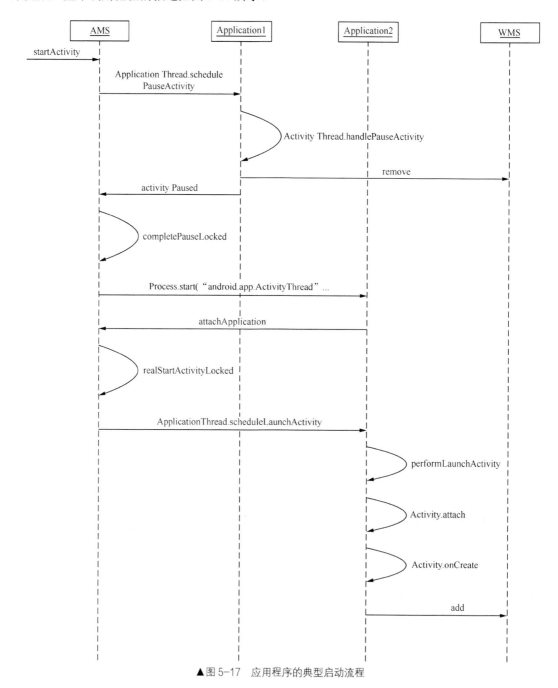

▲图 5-17　应用程序的典型启动流程

无论以什么方式发起一个 Activity 的启动流程，最终都会调用到 AMS 的 startActivity 函数。在 AMS 真正启动一个 Activity 之前，需要经过众多烦琐的判断和准备工作——这些工作在 AMS 内部都由一系列以 startActivity 开头的函数来进行逐步处理。关于这部分内容，我们将在 ActivityManagerService 章节进行详细的分析，这里暂时跳过。

如果一切顺利，AMS 才会最终尝试启动指定的 Activity。如果读者写过 APK 应用程序，应该清楚 Activity 的生命周期中除了 onCreate，onResume 外，还有 onPause，onStop 等。其中的 onPause 就是在此时被调用的——因为 Android 系统规定，在新的 Activity 启动前，原先处于 resumed 状态的 Activity 会被 pause。这种管理方式相比于 Windows 的多窗口系统简单很多，同时也完全可以满足移动设备的一般需求。将一个 Activity 置为 pause 主要是通过此 Activity 所属进程的 ApplicationThread.schedulePauseActivity 方法来完成的。ApplicationThread 是应用程序进程提供给 AMS 的一个 Binder 通道，后面还会讲到。

当收到 pause 请求后，此进程的 ActivityThread 主线程将会做进一步处理。除了我们熟悉的调用 Activity.onPause()等方法外，它还需要通知 WindowManagerService 这一变化——因为用户界面也需要发生改变。做完这些以后，进程通知 AMS 它的 pause 请求已经执行完成，从而使得 AMS 可以接着完成之前的 startActivity 操作。

假如即将启动的 Activity 所属的进程并不存在，那么 AMS 还需要先把它启动起来。这一步由 Process.start 实现，它的第一个入参是 "android.app.ActivityThread"，也就是我们上一小节讨论的应用程序的主线程，然后调用它的 main 函数。

和前面一样，ActivityThread 启动并做好相应初始化工作后，需要调用 attachApplication 来通知 AMS，后者才能继续执行未完成的 startActivity 流程。具体而言，AMS 通过 ApplicationThread.scheduleLaunchActivity 请求应用程序来启动一个指定的 Activity。之后的一系列工作就要依靠应用进程自己来完成，如 Activity 创建 Window，ViewRootImpl，遍历 View Tree 等。关于 Activity 中的详细显示过程，我们将在本书显示系统章节分两部分阐述——第一部分以 View 和 ViewRootImpl 为核心；第二部分则以 WindowManagerService 为核心。

在进入后面章节的学习前，建议读者先熟悉本小节所述的 startActivity 的整个调用流程。实际上，这一看似简单的启动过程，基本涵盖了 Android 系统中的方方面面，如 AMS、WMS、ActivityThread、Activity、ViewRoot、SurfaceFlinger、Window 以及 Binder 通信等，因而可以作为我们深入分析系统的一条线索。

5.7 Android 程序的内存管理与优化

相对于传统桌面型的应用程序，移动终端设备在内存、CPU 和电池等关键资源上对应用程序提出了更严苛的要求。其中内存管理与优化的好坏，直接影响到程序的性能及用户体验，因而是所有开发人员不容忽视的核心环节。

5.7.1 Android 系统对内存使用的限制

Android 是一个支持多任务运行的系统，这意味着每个程序所占用的内存越小，理论上可以同时运行的进程数量就越多。随着硬件设备的不断升级换代，Android 虚拟机系统允许单个进程所能使用的 Heap Size 的上限也在呈现上升趋势。具体来说，这个值是由特定的系统属性 "dalvik.vm.heapsize" 决定的。譬如 Android 5.0 版本中的堆大小是：

```
root@generic_x86:/ # getprop|grep dalvik.vm.heapsize
[dalvik.vm.heapsize]: [48m]
```

一旦进程申请的 heap 空间超过系统的阈值，就会引发 OutOfMemory（OOM）的错误。不过发生这种情况通常只能说明个体情况的"违规"，而不是设备真地已经没有任何可用的内存空间了。

在 Android 系统中查看某个进程中的内存使用情况可以使用 dumpsys 命令，如图 5-18 是针对 Calendar 的一个范例。

```
root@generic_x86:/ # dumpsys meminfo 2008
Applications Memory Usage (kB):
Uptime: 661262 Realtime: 661262

** MEMINFO in pid 2008 [com.android.calendar] **
                   Pss   Private  Private  Swapped     Heap     Heap     Heap
                 Total     Dirty    Clean    Dirty     Size    Alloc     Free
                ------    ------   ------   ------   ------   ------   ------
  Native Heap     2487      2396        0        0     4466     4466     1677
  Dalvik Heap      493       440        0        0      801      448      353
 Dalvik Other      212       212        0        0
        Stack      120       120        0        0
    Other dev        4         0        4        0
     .so mmap      222        60        0        0
    .apk mmap      202         0        0        0
    .dex mmap      748         0      744        0
    code mmap      504         0       20        0
   image mmap      857       464        0        0
   Other mmap        4         4        0        0
      Unknown       45        44        0        0
        TOTAL     5898      3740      768        0     5267     4914     2030
```

▲图 5-18　范例

可以看到 Heap 区域分为两类，即 Native 和 Dalvik。前者是指本地代码的情况，而 Dalvik Heap 特指虚拟机中的堆分配。

值得一提的是，Android 系统允许开发人员在 AndroidManifest.xml 的<application>中将 android:largeHeap 赋值为 true，以便获得更大的 Heap Size。Large Heap Size 的具体值可以通过 getLargeMemoryClass()来取得。不过，这个方法只限于一些确实需要大内存空间的程序（如图像处理类程序），切忌在出现 OOM 时为了偷懒而直接使用它，这样所带来的最终后果通常是得不偿失的。

PSS 是 Proportional Set Size 的缩写。简单来讲，PSS=进程独占的内存页+按比例分配与其他进程共享的内存页。举个例子来说，如果有 2 个内存页被 2 个进程共享，那么它们的 PSS 数量值各增加 1。

Private RAM 表示被你进程独占的那部分内存空间，所以，在程序销毁后会被系统回收。它又可以分为两类，其中 Private Dirty RAM 指的是必须常驻内存的那些页面；相反的，Private Clean RAM 则是可能被 paged out 的那些页面（如果长时间没用）。

其他各种"mmap"内存（如.so、.dex、.oat）特指映射这些对象时所消耗的内存空间。当然，实际的值很可能比我们在 meminfo 中看到的要大。

有了这些基础后，我们在下一小节就可以进一步分析如何做内存监测和内存问题的定位了。

5.7.2　Android 中的内存泄露与内存监测

Android 提供了多种工具来辅助开发人员定位与解决内存相关问题，例如 Logcat、Memory Monitor、Heap Viewer 等。

（1）Logcat

根据虚拟机类型的不同分为两种情况，即 Dalvik 和 ART。

其中 Davlik 下与 GC 相关的 logcat 格式是：

```
D/dalvikvm: <GC_Reason> <Amount_freed>, <Heap_stats>, <External_memory_stats>, <Pause_time>
```

下面是一个范例：

```
D/dalvikvm( 9050): GC_CONCURRENT freed 2049K, 65% free 3571K/9991K, external 4703K/
5261K, paused 2ms+2ms
```

GC Reason 表示发生垃圾回收的原因，可选项比较多，如表 5-2 所示。

表 5-2　　　　　　　　　　　　　　GC Reason 及释义

GC Reason	Description
GC_CONCURRENT	当堆空间超过阈值时（换句话说，内存分配已经成功），产生的并行垃圾回收事件
GC_FOR_MALLOC	当程序试图去分配堆无法满足的空间大小时，系统需要暂停你的程序来回收更多内存
GC_HPROF_DUMP_HEAP	处理 HPROF 请求时产生的 GC
GC_EXPLICIT	主动请求的 GC，比如可以调用 gc() 函数来达到这一效果
GC_EXTERNAL_ALLOC	只适用于 API 等级 10 及以下的版本

<Amount_freed>表示本次 GC 释放的内存数量。
<Heap_stats>表示剩余堆大小占堆空间总大小的百分比。
<External_memory_stats>只适用于 API 等级 10 及以下的版本。
<Pause_time>表示 GC 导致的程序暂停时间。Concurrent 类型下的暂停时间包含两部分：开始时和临近结束时。在我们这个范例中具体值是"paused 2ms+2ms"。

ART 虚拟机和 Dalvik 有不小的差异，它只会在我们主动请求 GC 的情况下才会打印出 logcat（或者 GC 的暂停时间或者总操作时间超过上限）。关于 ART 下的 GC 选项，请大家参考官方文档说明。

（2）Memory Monitor

Memory Monitor 可以在 Android Studio 中启动，用于跟踪程序当前已经分配的和剩余的内存空间大小。如下范例如图 5-19 所示。

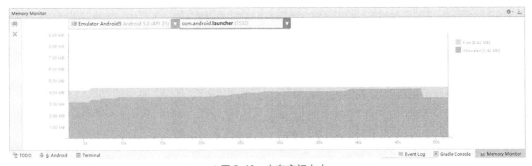

▲图 5-19　内存空间大小

深色的表示已经分配的内存，浅色的表示空闲内存数。左侧的 按钮可以手工触发一次 GC 操作。此时 Logcat 中会输出垃圾回收的情况，例如：

1532-1539/com.android.launcher I/art：Explicit concurrent mark sweep GC freed 146(4KB) AllocSpace objects, 0(0B) LOS objects, 24% free, 4MB/6MB, paused 1.629ms total 15.895ms。

Memory Monitor 可以帮助用户快速定位垃圾回收是否会引起应用程序响应缓慢，或者程序宕机是否与内存不足有关等问题。不过，更多的时候我们需要把它和其他内存工具结合使用才能发挥更大的作用。

（3）Heap Viewer

Heap Viewer 可以从 IDE 或者 Android 的 Android Device Monitor 中启动，界面如图 5-20 所示。

第 5 章　Android 进程/线程和程序内存优化

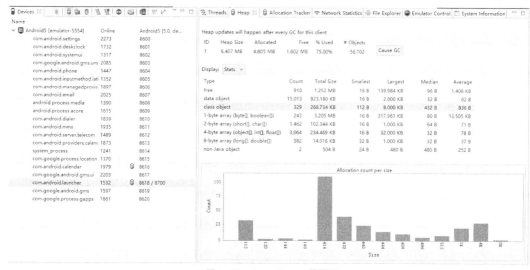

▲图 5-20　Heap Viewer 界面图

在图 5-20 所示的例子中，我们为 com.android.launcher 抓取了当前的 Heap Status。Heap Viewer 会特别提示开发人员："Heap updates will happen after every GC for this client"。右侧的上半部分展示的是最新的 Heap Size、Allocated Size、Free Size 等信息；中间部分是对各种类型的对象进行空间占用分析的结果。比如在这个场景下 class object 共有 329 个，占用 268734KB 大小；下半部分则会对这些对象进行图形化分布，直观显示出各种 size 下的对象的具体数量。

（4）Allocation Tracker

开发人员使用 Android 提供的这些内存工具来定位问题的典型流程是：我们首先使用 Memory Monitor 来观察程序是否会经常性地发生 GC 事件（问题是否存在）——答案如果是肯定的话，再进一步利用 Heap Viewer 来甄别出可疑的对象类型（导致问题的可疑对象是什么），最后再借助于 Allocation Tracker 来确定发生问题的代码在哪个位置（问题是如何产生的）。

Allocation Tracker 也支持从 IDE 或者 Android Device Monitor 中启动。以后者为例，它的整体界面如图 5-21 所示。

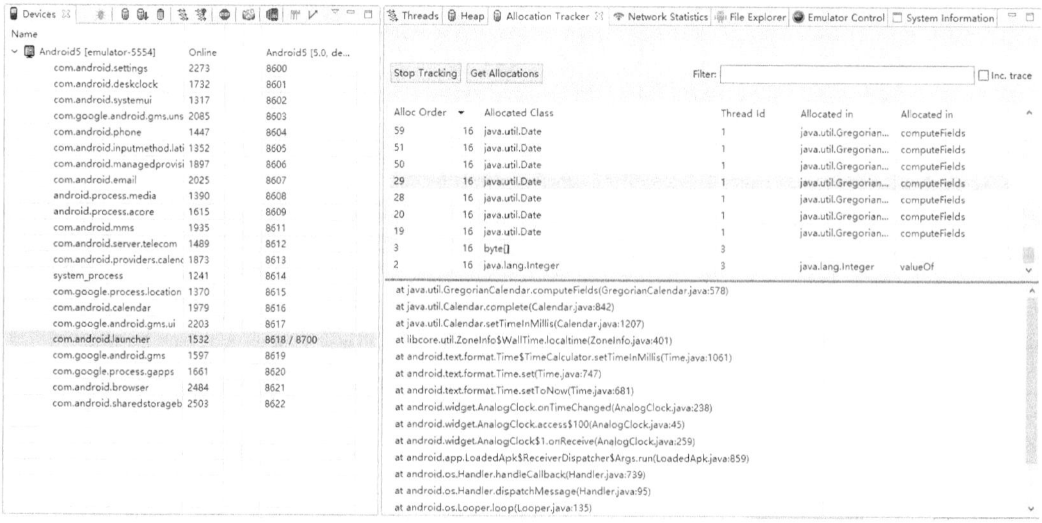

▲图 5-21　Allocation Tracker 界面图

5.7 Android 程序的内存管理与优化

Allocation Tracker 可以获取各个对象的分配情况,包括它们的时间顺序、线程号,以及对象创建时的调用堆栈等完整信息。有了这些数据,我们就可以针对可疑对象"刨根究底"地分析出导致问题的源头在哪里了,从而采取有效的措施彻底解决这些问题。

（5）Memory Analyzer Tool

MAT（Memory Analyzer Tool）是由 Eclipse 社区贡献的一个非常著名的内存分析工具,也是 Java 开发人员常用的内存泄露和内存优化的诊断利器。MAT 支持 HPROF 文件格式,我们可以通过多种方式采集到它所需的数据。譬如 DDMS 就提供了 Dump HPROF 文件的功能,如图 5-22 所示。

▲图 5-22 文件的功能

值得一提的是,MAT 是通用的 Java Heap Analyzer,意味着它的应用范围绝不仅限于 Android 系统。如果大家有其他平台上的 Java 内存问题,同样可以利用这个工具进行分析。从 DDMS 中导出的 HPROF 需要通过转换才能变成标准的 J2SE HPROF 文件。Android SDK 在 platform-tools 目录下提供了现成的 hprof-conv 工具来完成这个工作。

MAT 的功能比较全面,我们下面只介绍开发者最关心的核心功能,如图 5-23 所示。

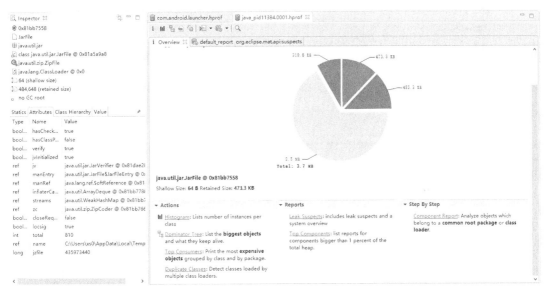

▲图 5-23 MAT 的功能

Overview 页中包含了堆空间中的各种对象的统计信息。其中饼状图表示的是排名前几位的大文件对象。Histogram View 是一个包含所有 class 的列表,以及每个 class 有多少个对象实例。某些特定类型的 class（譬如 Android 应用程序中的 Activity）通常只有一个实例,因而,如果在列表中发现这些对象的数量和预期不符,那么很可能是出现了问题,如图 5-24 所示。

Dominator tree 从不同角度为开发者审视内存分配提供了便利,如图 5-25 所示。

Objects 列表示对应的类的数量。Shallow Heap 代表类对象本身所占用的内存空间,与之相对应的是 Retained Heap——这个值是指对象本身,以及它引用的其他对象（如果一个对象被引用,那么它很可能无法被 GC 回收）所占的空间之和。

Memory Analyzer Tool 同时提供了各类分析报告,其中对开发人员最有价值的可能是 Memory Leak Report。一个范例报告如图 5-26 所示。

报告会先以饼状图的形式直观给出最有可能发生内存泄露的几个对象,紧随其后的是针对这些对象的逐一分析,如图 5-27 所示。

图 5-24 Histogram View

Class Name	Objects	Shallow Heap	Retained Heap
char[]	16,404	1,747,208	>= 1,747,208
byte[]	911	558,128	>= 558,128
java.lang.String	15,925	382,200	>= 1,833,504
java.util.HashMap$Node	5,214	166,848	>= 984,616
int[]	846	95,832	>= 95,832
java.util.HashMap$Node[]	1,879	93,480	>= 1,038,784
java.util.HashMap	1,887	90,576	>= 1,028,784
java.util.Hashtable$Entry	2,222	71,104	>= 517,248
java.util.LinkedHashMap$Entry	1,437	57,480	>= 226,224
java.util.concurrent.ConcurrentHashMap$Node	1,773	56,736	>= 152,824
java.util.jar.Attributes$Name	1,812	43,488	>= 45,272
java.lang.Object[]	721	37,960	>= 442,632
java.lang.Class	2,069	35,976	>= 1,564,384
java.util.TreeMap$Entry	892	35,680	>= 224,952
java.lang.String[]	620	28,768	>= 152,216
com.sun.org.apache.xerces.internal.impl.dv.xs.XSSimpleTypeDecl	139	27,800	>= 60,192
java.util.jar.Attributes	1,717	27,472	>= 451,208

▲图 5-24 Histogram View

Class Name	Objects	Shallow Heap	Retained Heap	Percentage
java.lang.Class	1,561	19,848	1,325,368	33.75%
java.util.jar.JarFile	23	1,472	616,216	15.69%
sun.net.www.protocol.jar.URLJarFile	5	400	499,576	12.72%
sun.misc.Launcher$AppClassLoader	1	80	327,256	8.33%
java.lang.String	1,918	46,032	233,192	5.94%
com.android.sdklib.repository.local.LocalSdk	1	40	176,472	4.49%
com.android.sdkuilib.internal.widgets.AvdSelector$16	1	32	147,000	3.74%
sun.nio.cs.ext.ExtendedCharsets	1	40	78,976	2.01%
char[]	4	58,944	58,944	1.50%
sun.misc.Launcher$ExtClassLoader	1	80	52,664	1.34%
char[][]	1	1,040	51,440	1.31%
com.android.sdklib.internal.androidTarget.PlatformTarget	1	64	46,408	1.18%
sun.security.x509.X509CertImpl	5	400	37,976	0.97%
com.android.utils.GrabProcessOutput$2	1	128	25,432	0.65%
com.android.utils.GrabProcessOutput$1	1	128	25,232	0.64%
java.io.PrintStream	1	32	25,112	0.64%
com.sun.org.apache.xerces.internal.impl.dv.xs.XSSimpleTypeDecl	92	18,400	24,176	0.62%
java.util.PropertyResourceBundle	1	40	22,760	0.58%

▲图 5-25 内存分配

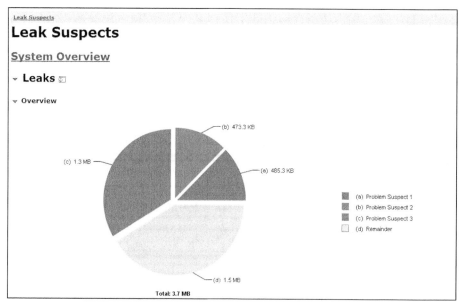

▲图 5-26 范例报告

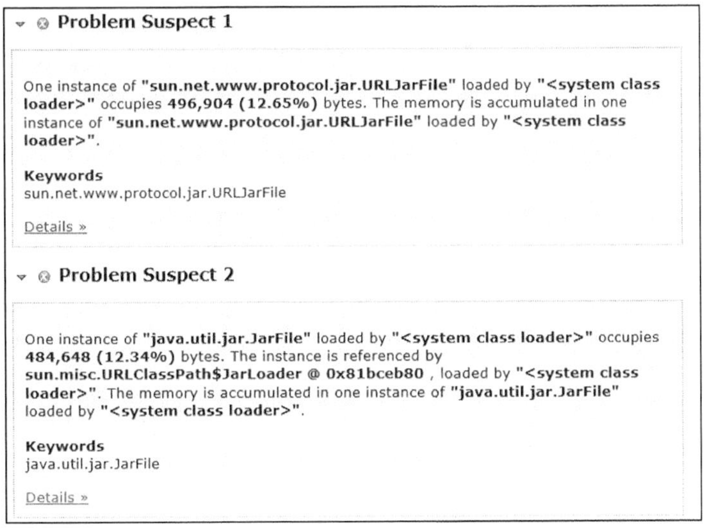

▲图 5-27　对象的分析

单击图 5-27 中的"Details"后还会有与可疑对象相关的更多详细信息。总的来说，Memory Leak 与程序业务逻辑有一定关系，并没有"放之四海皆准"的评价标准。但是 MAT 提供的信息可以让开发人员从"浩瀚"的代码中更快速地筛选出嫌疑对象，以此为基础来最终确定和解决问题。这也是 MAT 在 Java 程序开发中广受欢迎的一个重要原因。由于篇幅有限，关于 MAT 更多强大的功能，希望大家可以自行查阅相关资料来了解。

第 6 章 进程间通信——Binder

我们知道,同一个程序中的两个函数之间能直接调用的根本原因是处于相同的内存空间中。比如有以下两个函数 A 和 B:

```
/*Simple.c*/
void A()
{ B(); }

void B()
{ }
```

因为是在一个内存空间中,虚拟地址的映射规则完全一致(还记得我们在计算机基础章节中讨论过的虚拟内存吗),所以函数 A 和 B 之间的调用关系很简单,如图 6-1 所示。

反之,两个不同的进程,如某 Application1 和 ActivityManagerService(所在的进程),它们是没有办法直接通过内存地址来访问到对方内部的函数或者变量的,如图 6-2 所示。

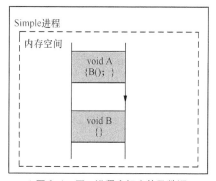

▲图 6-1 同一进程空间中的函数调用

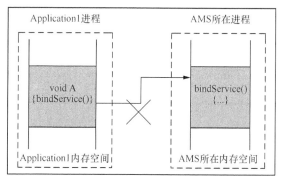

▲图 6-2 跨进程时无法直接访问到对方的内存空间

既然无法"直接"访问到对方进程的内存空间,那有没有"间接"的方法呢?简而言之,这就是 Binder 所要做的工作,如图 6-3 所示。

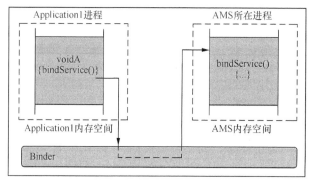

▲图 6-3 基于 Binder 的跨进程内存访问

Binder 给人的第一印象是"捆绑者",即将两个需要建立关系的 object 用某些工具束缚在一起。同时,它又是"黏合剂"——正因为有了 Binder,Android 系统中形形色色的进程与组件才能真正地统一成有机的整体。

简单地说,Binder 是 Android 中使用最广泛的 IPC 机制。我们在之前的计算机基础章节中已经讲解过操作系统经典的进程间通信方式,如信号量、管道、Socket 等。那么,为什么 Android 还要再自己创造一个新的 IPC 机制呢?既然 Binder 可以"力压群雄"而成为主流,必然有其"过人"之处。

本章接下来将为 Binder 做一个全面而彻底的"体检":

- Binder 驱动;
- Service Manager;
- Binder Client;
- Binder Server。

因为 Binder 机制涉及的东西既多且杂,根据项目实践中的经验,很多新手往往学习到中途就迷失了方向。为了避免类似情况的发生,我们有必要先讲述下即将登场的几个主角的概念与功能。希望读者可以先了解"它是什么、有哪些组成元素",进而上升到"为什么会有这些组成、内部原理是什么"。

如果统观 Binder 中的各个组成元素,就会惊奇地发现它和 TCP/IP 网络有很多相似之处:

- Binder 驱动→路由器;
- Service Manager→DNS;
- Binder Client→客户端;
- Binder Server→服务器。

TCP/IP 中一个典型的服务连接过程(比如客户端通过浏览器访问 Google 主页)如图 6-4 所示。

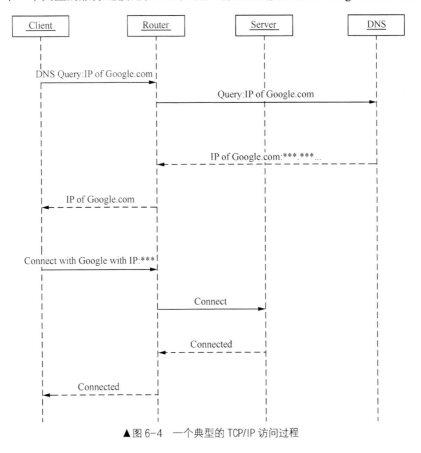

▲图 6-4　一个典型的 TCP/IP 访问过程

在这个简化的流程图中共出现了四种角色，即 Client，Server，DNS 和 Router。它们的目标是让 Client 与 Server 建立连接，主要分为如下几个步骤。

- Client 向 DNS 查询 Google.com 的 IP 地址。

显然，Client 一定得先知道 DNS 的 IP 地址，才有可能向它发起查询。DNS 的 IP 设置是在客户端接入网络前就完成了的，否则 Client 将无法正常访问域名服务器。

当然，如果 Client 已经知晓了 Server 的 IP，那么完全可以跨越这一步而直接与 Server 连接。比如 Windows 操作系统就提供了一个 hosts 文件，用于查询常用网址域名与其 IP 地址的对应关系。当用户需要访问某个网址时，系统会先从这个文件中判断是否已经存有这个域名的对应 IP。如果有就不需要再大费周折地向 DNS 查询了，从而加快访问速度。

- DNS 将查询结果返回 Client。

因而 Client 的 IP 地址对于 DNS 也必须是可知的，这些信息都会被封装在 TCP/IP 包中。

- Client 发起连接。
- Client 在得到 Google.com 的 IP 地址后，就可以据此来向 Google 服务器发起连接了。

在这一系列流程中，我们并没有特别提及 Router 的作用。因为它所担负的责任是将数据包投递到用户设定的目标 IP 中，即 Router 是整个通信结构中的基础。

从这个典型的 TCP/IP 通信中，我们还能得到什么提示呢？

首先，在 TCP/IP 参考模型中，对于 IP 层及以上的用户来说，IP 地址是他们彼此沟通的凭证——任何用户在整个互联网中的 IP 标志符都是唯一的。

其次，Router 是构建一个通信网络的基础，它可以根据用户填写的目标 IP 正确地把数据包发送到位。

最后，DNS 角色并不是必需的，它的出现是为了帮助人们使复杂难记的 IP 地址与可读性更强的域名建立关联，并提供查询功能。而客户端能使用 DNS 的前提是它已经正确配置了 DNS 服务器的 IP 地址。

清楚了网络通信中各个功能模块所扮演的角色，接下来把它与 Binder 做一个对比。

Binder 的原型如图 6-5 所示。

Binder 的本质目标用一句话来描述，就是进程 1（客户端）希望与进程 2（服务器）进行互访。但因为它们之间是跨进程（跨网络）的，所以必须借助于 Binder 驱动（路由器）来把请求正确投递到对方所在进程（网络）中。而参与通信的进程们需要持有 Binder "颁发" 的唯一标志（IP 地址），如图 6-6 所示。

▲图 6-5 Binder 的原型

和 TCP/IP 网络类似，Binder 中的 "DNS" 也并不是必需的——前提是客户端能记住它要访问的进程的 Binder 标志（IP 地址）；而且要特别注意这个标志是 "动态 IP"，这就意味着即使客户端记住了本次通信过程中目标进程的唯一标志，下一次访问仍然需要重新获取，这无疑加大了客户端的难度。"DNS" 的出现可以完美地解决这个问题，用于管理 Binder 标志与可读性更强的 "域名" 间的对应关系，并向用户提供查询功能。

那么在 Binder 机制中，DNS 的角色又由谁来诠释呢？

没错，就是 Service Manager，如图 6-7 所示。

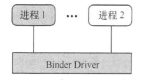

▲图 6-6 Binder 驱动是进程间 "路由" 的关键

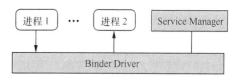

▲图 6-7 Service Manager 所扮演的角色

读者可能会问，既然 Service Manager 是 DNS，那么它的"IP 地址"是什么呢？Binder 机制对此做了特别规定。

Service Manager 在 Binder 通信过程中的唯一标志永远都是 0。

这样所有问题都解决了。

本章接下来几个小节将逐一深入分析 Binder 的各组成元素。

6.1 智能指针

智能指针在整个 Android 工程中使用很广泛，特别是在 Binder 的源码实现中更可谓"比比皆是"。所以，我们有必要先花费一定的时间来学习它。

6.1.1 智能指针的设计理念

Java 和 C/C++的一个重大区别，就是它没有"指针"的概念。这并不代表 Java 不需要使用指针，而是这个"超级武器"被隐藏了起来。"水能载舟，亦能覆舟"，如果读者曾使用 C/C++开发过一些大型项目，就会知道开发人员最头疼的事情莫过于概率性极低（Once）的死机问题——而造成系统宕机的根源，往往就是指针异常。所以 Java 以其他更"安全"的形式向开发人员提供了隐性的"指针"，使得用户既能享受到指针的强大功能，又能尽量避免指针带来的灾难。

C/C++项目中常见的指针问题可以归纳为：

- 指针没有初始化

对指针进行初始化是程序员必须养成的良好习惯，也是指针问题中最容易解决和控制的一个（其实不仅是指针的初始化，新分配的内存块在进行操作前都应视实际情况进行初始化）。

- new 了对象后没有及时 delete

动态分配的内存对象，其生命周期的控制不当常常会引来不少麻烦。

当代码数量不多而且这些动态对象只由一名程序员自己维护时，问题通常不大，因为只要稍微留心就可以实现 new 和 delete 的配套操作；但如果是一个大型工程（特别是多地协同研发的软件项目），由于沟通的不及时或者人员素质的参差不齐，就很可能会出现动态分配的内存没有回收的情况——由此造成的内存泄露问题往往是致命的。

比如 FunctionA()中 new 了一个对象，并作为函数结果返回给调用者，那么原则上这个对象就应该由调用者自行 delete。但是由于某些原因，调用者并没有执行（或者它并不知道要执行）这样的操作，久而久之就会成为系统死机的罪魁祸首。类似的 bug 因为只在某些特定情况下才会发生（比如内存不足），最后表现出来的问题就是偶发性系统宕机——要彻底找出这类问题的根源很可能会是"大海捞针"。

- 野指针

假设有这样一个场景：我们 new 了一个对象 A，并将指针 ptr 指向这个新对象（即 ptr=new A）。当对 A 的使用结束后，我们也主动 delete 了它（delete A），但唯一没做的是将 ptr 指针置空，那么可能出现什么问题呢？

没错，这就是野指针。因为此时如果有"第三方"试图用 ptr 来使用内存对象 A，它首先通过判断发现 ptr 并不为空，自然而然地就认为这个对象还是存在的，其结果也将导致不可预料的死机。

还有一种更头疼的情况：假设 ptr1 和 ptr2 都指向对象 A，后来我们通过 ptr1 释放了 A 的内存空间，并且将 ptr1 也置为 null；但是 ptr2 并不知道它所指向的内存对象已经不存在，此时如果通过 ptr2 来访问 A 也会导致同样的问题。

既然 C/C++中的指针有如此"洪水猛兽"的倾向,那么我们有没有办法来对它进行适当的改善呢?这就是智能指针出现的意义。

在分析 Android 中智能指针的实现原理前,读者应该先思考一下——如果让我们自己来设计智能指针,该怎么做呢?

显然,前面提到的指针常见问题点是解决的重点。所以问题就转化为,如何设计一个能有效防止以上几个致命弱点的智能指针方案。

第一个没有初始化的问题很好解决,只要让智能指针在创建时置为 null 即可。

第二个问题是实现 new 和 delete 的配套。换句话说,new 了一个对象就需要在某个地方及时地 delete 它。既然是智能的指针,那就意味着它应该是一个默默奉献的辛勤工作者,尽可能自动地帮程序员排忧解难,而不是所有事情都需要程序员手工来完成。

要让智能指针自动判断是否需要回收一块内存空间,应该如何设计?

以下我们称内存对象为 object,称智能指针为 SmartPointer,那么:

- SmartPointer 是个类

首先能想到的是,SmartPointer 要能记录 object 的内存地址。也就是说,它的内部应该有一个指针变量指向 object,所以 SmartPointer 是一个类。即:

```
class SmartPointer
{
private:
    void *  m_ptr; //指向object对象
}
```

- SmartPointer 是一个模板类

智能指针并不是针对某种特定类型的对象设计的,因而一定是模拟类。具体如下所示:

```
template <typename T>
class SmartPointer
{
private:
    T*  m_ptr;//指向object对象
}
```

- SmartPointer 的构造函数

根据第一个问题的描述,智能指针的构造函数应将 m_ptr 置空。具体如下所示:
```
template <typename T>
class SmartPointer
{
    inline  SmartPointer() : m_ptr(0) { }
    private:
        T*  m_ptr;//将指向object
}
```

- 引用计数

这是关键的问题点,智能指针怎么知道应该在什么时候释放一个内存对象呢?答案就是"当不需要的时候"释放——这听起来像一句废话,却引导我们从"什么是需要和不需要"这个入口点来思考问题:假设有一个指针指向这个 object,那就必然代表后者是"被需要"的;直到这个指针解除了与内存对象的关系,我们就可以认为这个内存对象已经"不被需要"。

如果有两个以上的指针同时使用内存对象呢?也好办,只要有一个计数器记录着该内存对象"被需要"的个数即可。当这个计数器递减到零时,就说明该内存对象应该"寿终正寝"了。这就是在很多领域都获得了广泛应用的"引用计数"的概念。

不过又有一个问题点接踵而至,那就是由谁来管理这个计数器。

下面我们设计两种计数器管理方式,大家可以比较下它们的优缺点。

1. 计数器由智能指针拥有

这时的情况如图 6-8 所示。

如果当前只有一个智能指针引用了 object，看上去并没有什么大问题。那么，如果有两个（或以上）的智能指针都需要使用 object 呢？如图 6-9 所示。

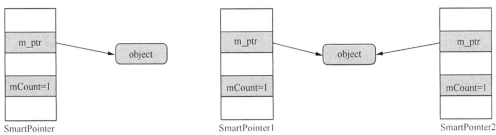

▲图 6-8　计数器由智能指针管理（1/2）　　▲图 6-9　计数器由智能指针管理（2/2）

当 SmartPointer1 释放了自己与 object 的连接后，会将 mCount 减 1——这时候发现计数值已经为零，所以根据设计需要去 delete object。然而令 SmartPointer1 意想不到的情况是此时 SmartPointer2 却还在使用 object——显然这将引发致命的问题。

2. 解决这一问题的唯一方法——计数器由 object 自身持有

我们可以为有计数器需求的内存对象实现一个统一的"父类"——这样只要 object 继承于它就具备了计数的功能。比如下面的范例：

```
template <class T>
class LightRefBase
{
public:
    inline LightRefBase() : mCount(0) { }
    inline void incStrong() const {/*增加引用计数*/
        android_atomic_inc(&mCount);
    }
    inline void decStrong() const {/*减小引用计数*/
        if (android_atomic_dec(&mCount) == 1) {
            delete static_cast<const T*>(this);/*删除内存对象*/
        }
    }
protected:
    inline ~LightRefBase() { }

private:
    mutable volatile int32_t mCount;/*引用计数值*/
};
```

以上代码段中的 LightRefBase 类主要提供了两个方法，即 incStrong 和 decStrong，分别用于增加和减少引用计数值；而且如果当前已经没有人引用内存对象（计数值为 0），它还需要自动释放自己。

那么，incStrong 和 decStrong 这两个函数在什么情况下会被调用呢？既然是引用计数，当然是在"被引用时"，所以这个工作应该由 SmartPointer 完成。如下所示：

```
SmartPointer<TYPE>    smartP = new object;
```

当一个智能指针引用了 object 时，其父类中的 incStrong 就会被调用。这也意味着 SmartPointer 必须要重载它的"="运算符（注意：多数情况下只重载"等号"是不够的，应视具体设计需求而定）：

```
template <typename T>
class SmartPointer
{
    inline  SmartPointer() : m_ptr(0) { }
    ~wp();
    SmartPointer& operator = (T* other);//重载运算符

private:
    T*   m_ptr;//指向object对象
}

template<typename T>
SmartPointer<T>&SmartPointer<T>::operator = (T* other)
{
    if(other != null)
    {
        m_ptr = other;/*指向内存对象*/
        other-> incStrong();/*主动增加计数值*/
    }
    return *this;
}
```

当 SmartPointer 析构时，也应该及时调用 decStrong 来释放引用：

```
template<typename T>
wp<T>::~wp()
{
    if (m_ptr)m_ptr->decStrong();
}
```

经过以上分析后，我们将前一个示意图进行调整，具体如图 6-10 所示。

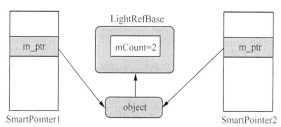

▲图 6-10　引用计数器由内存对象管理

解决了第二个问题，实际上第三个问题也就迎刃而解了。引用计数器的出现使得释放内存对象不再是个别指针的事情，而是对象自己的"内政"——只要有人在使用，它就不会轻易 delete 自身，也就有效地避免了引用它的指针突然变成"野指针"的情况。

理解了本小节讲解的这些基础知识后，接下来将具体分析 Android 中的智能指针实现，包括强指针和弱指针两种。

6.1.2　强指针 sp

看到 sp 很多人会以为是 SmartPointer 的缩写，而实际上它是 StrongPointer 的简写。与 sp 相对应的另一个类是 wp（即 WeakPointer），我们将在下一小节中分析。

经过几次系统改版后，sp 这个类已经被完全移出了 RefBase.h 文件（因而不少读者反映找不到定义 sp 的地方）。最新源码工程中 sp 类的位置在：

```
frameworks/native/include/utils/StrongPointer.h
```

而 wp 以及前一小节所讲述的 LightRefBase 都仍在 RefBase.h 中。

下面来看看 sp 类中一些重要的接口实现：

```cpp
template <typename T>
class sp
{
public:
    inline sp() : m_ptr(0) { }

    sp(T* other);/*常用构造函数*/
    …/*其他构造函数*/
    ~sp();/*析构函数*/
    sp& operator = (T* other);// 重载运算符 "="
    …
    inline  T&      operator* () const  { return *m_ptr; }// 重载运算符 "*"
    inline  T*      operator-> () const { return m_ptr;  }// 重载运算符 "->"
    inline  T*      get() const         { return m_ptr; }
    …
private:
    template<typename Y> friend class sp;
    template<typename Y> friend class wp;
    void set_pointer(T* ptr);
    T* m_ptr;
};
```

大家可能已经注意到了，它和前一小节的 SmartPointer 类在实现上基本是一致的。比如运算符等号的实现为：

```cpp
template<typename T>
sp<T>& sp<T>::operator = (T* other)
{
    if (other) other->incStrong(this);/*增加引用计数*/
    if (m_ptr) m_ptr->decStrong(this);
    m_ptr = other;
    return *this;
}
```

上面这段代码同时考虑了对一个智能指针重复赋值的情况。即当 m_ptr 不为空时，要先撤销它之前指向的内存对象，然后才能赋予其新值。

另外，为 sp 分配一个内存对象并不一定要通过操作运算符（如等号），它的构造函数也是可以的：

```cpp
template<typename T>
sp<T>::sp(T* other)
: m_ptr(other)
{
    if (other) other->incStrong(this);/*因为是构造函数，不用担心 m_ptr 之前已经赋过值*/
}
```

这时 m_ptr 就不用先置为 null，可以直接指向目的对象。

而析构函数的做法和我们的预想也是一样的：

```cpp
template<typename T>
sp<T>::~sp()
{
    if (m_ptr) m_ptr->decStrong(this);
}
```

总的来说，强指针 sp 的实现和前一小节的例子基本相同，此处不再赘述。

6.1.3　弱指针 wp

前面在阐述智能指针的"设计理念"时，其实是以强指针为原型逐步还原出了智能指针作者的"意图"，那么弱指针又是什么呢？

读者可以想象这样一个场景：父对象 parent 指向子对象 child，然后子对象又指向父对象，这就存在了循环引用的现象。

比如有如下两个 class：

```
struct CDad
{
    CChild *myChild;
};

struct CChild
{
    CDad   *myDad;
};
```

那么，它们很可能会产生如图 6-11 所示的关系。

如果不考虑智能指针，这样的情况并不会导致任何问题（而且在项目开发过程中也并不少见）。但是在智能指针的场景下，有没有特别要注意的地方呢？

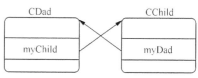

▲图 6-11　对象间互相引用的情况

假设这两个类都具有引用计数器的功能。

➢ 因为 CDad 指向了 CChild，所以后者的引用计数器不为零。

➢ 而 CChild 又指向了 CDad，同样也会使它的计数器不为零。

这有点类似于操作系统中的死锁——因为内存回收者发现两者都是处于"被需要"的状态，当然不能释放，从而形成了恶性循环。

解决这个矛盾的一种有效方法是采用"弱引用"。具体措施如下。

CDad 使用强指针来引用 CChild，而 CChild 只使用弱引用来指向父类。双方规定当强引用计数为 0 时，不论弱引用是否为 0 都可以 delete 自己（在 Android 系统中这个规则是可以调整的，后面会介绍）。这样只要有一方得到了释放，就可以成功避免死锁。聪明的你一定能马上想到另一种可能，即会不会导致野指针的问题。没错，的确会有这方面的顾虑。比如 CDad 因为强指针计数已经到 0，根据规则生命周期就结束了；但此时 CChild 还持有其父类的弱引用，显然如果 CChild 此时用这个指针来访问 CDad 将引发致命的问题。鉴于此，我们还要特别规定：

弱指针必须先升级为强指针，才能访问它所指向的目标对象。

弱指针的主要使命就是解决循环引用的问题。下面具体看看它和强指针有什么区别：

```
template <typename T>
class wp
{
public:
    typedef typename RefBase::weakref_type weakref_type;

    inline wp() : m_ptr(0) { }

    wp(T* other);//构造函数
    …/*其他构造函数省略*/
    ~wp();
    wp& operator = (T* other);//运算符重载
    …
    void set_object_and_refs(T* other, weakref_type* refs);
    sp<T> promote() const;/*升级为强指针*/
    …/*其他方法省略*/

private:
    template<typename Y> friend class sp;
    template<typename Y> friend class wp;

    T*              m_ptr;
    weakref_type*   **m_refs**;
};
```

和 sp 相比，wp 在类定义上有如下重要区别。
- 除了指向目标对象的 m_ptr 外，wp 另外有一个 m_refs 指针，类型为 weakref_type。
- 没有重载->，*等运算符。
- 有一个 prmote 方法来将 wp 提升为 sp。
- 目标对象的父类不是 LightRefBase，而是 RefBase。

> **注意** 这并不是说 sp 不能用 RefBase，要视具体情况而言。

先来看看它的构造函数，再有针对性地解释上面所列的几点：

```
template<typename T>
wp<T>::wp(T* other)
    : m_ptr(other)
{
    if (other) m_refs = other->createWeak(this);
}
```

可以和强指针中的构造方法进行对比，如下所示：

```
if (other) other->incStrong(this);
```

可见 wp 并没有直接增加目标对象的引用计数值，而是调用了 createWeak 方法。这个函数属于前面提到的 RefBase 类，如下所示：

```
class RefBase
{
public:
     void incStrong(const void* id) const;/*增加强引用计数值*/
     void decStrong(const void* id) const;/*减少强引用计数值*/
    …
    class weakref_type    //嵌套类，wp 中用到的就是这个类
    {
    public:
        RefBase* refBase() const;
        void incWeak(const void* id);/*增加弱引用计数值*/
        void decWeak(const void* id);/*减少弱引用计数值*/
        …
    };
    weakref_type*    createWeak(const void* id) const;/*生成一个weakref_type*/
    weakref_type*    getWeakRefs() const;
    …
    typedef RefBase basetype;

protected:
                         RefBase();/*构造函数*/
    virtual              ~RefBase();/*析构函数*/

    //以下参数用于修改 object 的生命周期
    enum {
        OBJECT_LIFETIME_STRONG  = 0x0000,
        OBJECT_LIFETIME_WEAK    = 0x0001,
        OBJECT_LIFETIME_MASK    = 0x0001
    };
    …
    weakref_impl* const mRefs;
};
```

RefBase 嵌套了一个重要的类 weakref_type，也就是前面 m_refs 指针所属的类型。RefBase 中还有一个 mRefs 的成员变量，类型为 weakref_impl。从名称上来看，它应该是 weakref_type 的实现类。如下（分段阅读）：

```
/*frameworks/native/libs/utils/RefBase.cpp*/
class RefBase::weakref_impl : public RefBase::weakref_type //确实是如此
```

```
{
public:
    volatile int32_t    mStrong;/*强引用计数值*/
    volatile int32_t    mWeak;/*弱引用计数值*/
    RefBase* const      mBase;
    volatile int32_t    mFlags;
#if !DEBUG_REFS/*不是debug的情况下*/
    weakref_impl(RefBase* base): mStrong(INITIAL_STRONG_VALUE), mWeak(0)
        , mBase(base), mFlags(0)
    {
    }
    void addStrongRef(const void* /*id*/) { }
    void removeStrongRef(const void* /*id*/) { }
    …
#else    // DEBUG_REFS 宏，即debug的情况下
    weakref_impl(RefBase* base)
        : mStrong(INITIAL_STRONG_VALUE), mWeak(0), mBase(base), mFlags(0)
        , mStrongRefs(NULL), mWeakRefs(NULL)
        , mTrackEnabled(!!DEBUG_REFS_ENABLED_BY_DEFAULT), mRetain(false)
    {
    }
    …
#endif   // DEBUG_REFS 宏结束
}; // RefBase::weakref_impl 类结束
```

从开头的几个变量可以大概猜出 weakref_impl 所做的工作，其中 mStrong 用于强引用计数，mWeak 用于弱引用计数。

宏 DEBUG_REFS 用于指示 release 或 debug 版本。可以看到在 release 版本下，addStrongRef、removeStrongRef 等与 Ref 相关的一系列方法都没有具体实现。也就是说，这些方法实际上是用于调试的，我们在分析时完全可以不用理会。这样一来整个分析也明朗了很多，笔者认为这几个类的写法还是有商榷的余地。

Debug 和 Release 版本都将 mStrong 初始化为 INITIAL_STRONG_VALUE。这个值的定义如下：

```
#define INITIAL_STRONG_VALUE (1<<28)
```

而 mWeak 则初始化为 0。

上面#else 到#endif 之间的部分都是 debug 版本要做的工作，所以都可以略过不看。因而上述代码段中并没有引用计数器相关的控制实现，真正有用的代码在类声明的外面。比如我们在 wp 构造函数中遇到的 createWeak 函数：

```
RefBase::weakref_type* RefBase::createWeak(const void* id) const
{
    mRefs->incWeak(id);/*增加弱引用计数*/
    return mRefs;/*直接返回weakref_type对象*/
}
```

这个函数先增加了 mRefs（也就是 weakref_impl 类型的成员变量）中的弱引用计数值，然后返回这个 mRefs。

相信很多人已经有点迷糊了，其关系如图 6-12 所示。

首先 wp 中的 m_ptr 还是要指向目标对象（继承自 RefBase）。RefBase 的作用类似于设计小节中讨论的 LightRefBase，只不过它还同时提供了弱引用控制以及其他新的功能。

和 LightRefBase 不同，RefBase 不是直接使用 int 变量来保存引用计数值，而是采用了 weakref_type 类型的计数器。这也是可以理解的，因为 RefBase 需要处理多种计数类型。另外，wp 中也同时保存了这个计数器的地址，也就是 wp 中的 m_refs 和 RefBase 中的 mRefs 都指向了计数器。其中 wp 是通过在构造函数中调用目标对象的 createWeak 来获得计数器地址的，而计数器本身是由 RefBase 在构造时创建的。

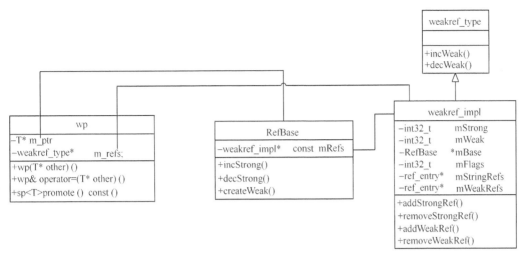

▲图6-12 弱指针机制中各主要类的关系

整个 wp 机制看起来很复杂，但与强指针相比实际上只是启用了一个新的计数器 weakref_impl 而已，其他所有工作都是围绕如何操作这个计数器而展开的。因而接下来的重点就是看看这几个类是如何利用新计数器来达到设计目标的。

需要强调的是，虽然 weakref_impl 是 RefBase 的成员变量，但是 wp 也可以直接控制它，所以整个逻辑显得稍微有点混乱，不知道是不是为了兼容以前版本而遗留下来的问题。

在 createWeak 中，mRefs 通过 incWeak 增加了计数器的弱引用。即：

```
void RefBase::weakref_type::incWeak(const void* id)
{
    weakref_impl* const impl = static_cast<weakref_impl*>(this);
    impl->addWeakRef(id);/*用于调试目的*/
    const int32_t c = android_atomic_inc(&impl->mWeak);
    ALOG_ASSERT(c >= 0, "incWeak called on %p after last weak ref", this);
}
```

这个函数真正有用的语句就是 android_atomic_inc(&impl->mWeak)，它增加了 mWeak 计数器值，而其他部分都与调试相关，我们一概略过。

这样当 wp 构造完成以后，RefBase 所持有的 weakref_type 计数器中的 mWeak 就为 1。后面如果有新的 wp 指向这个目标对象，mWeak 还会持续增加。而如果是 sp 指向它呢？

我们在上一小节中分析过，这时 sp 会调用目标对象的 incStrong 方法来增加强引用计数值。当目标对象继承自 RefBase 时，这个函数的实现是：

```
void RefBase::incStrong(const void* id) const
{
    weakref_impl* const refs = mRefs;
    refs->incWeak(id);/*增加弱引用计数值*/

    refs->addStrongRef(id);
    const int32_t c = android_atomic_inc(&refs->mStrong);/*增加强引用计数值*/
    ALOG_ASSERT(c > 0, "incStrong() called on %p after last strong ref", refs);
    if (c != INITIAL_STRONG_VALUE)    { //判断是不是第一次
        return;/*不是第一次，直接返回*/
    }

    android_atomic_add(-INITIAL_STRONG_VALUE, &refs->mStrong);
    refs->mBase->onFirstRef();
}
```

首先剔除与调试相关的语句，真正的操作如下：

```
refs->incWeak(id);
const int32_t c = android_atomic_inc(&refs->mStrong);
```

也就是同时增加弱引用和强引用计数值。然后还要判断目标对象是不是第一次被引用，其中的 c 变量得到的是"增加之前的值"，因而如果等于 INITIAL_STRONG_VALUE 就说明是第一次——这时候一方面要回调 onFirstRef 通过对象自己被引用，另一方面要对 mStrong 值做下小调整。为什么呢？

我们知道，mStrong 先是被置了 INITIAL_STRONG_VALUE= 1<<28，那么当第一次增加时，它就是 1<<28+1，所以还要再次减掉 INITIAL_STRONG_VALUE 才能得到 1。

看完强弱指针对计数器的操作后，我们再来分析下目标对象在什么情况下会被释放。无非就是考查减少强弱引用时系统所遵循的规则，如下所示是 decStrong 的情况：

```
void RefBase::decStrong(const void* id) const
{
    weakref_impl* const refs = mRefs;
    refs->removeStrongRef(id);/*调试目的*/
    const int32_t c = android_atomic_dec(&refs->mStrong);/*减少强引用计数*/
    ALOG_ASSERT(c >= 1, "decStrong() called on %p too many times", refs);
    if (c == 1) {/*减少后强引用计数值已经降为 0*/
        refs->mBase->onLastStrongRef(id);/*通知事件*/
        if ((refs->mFlags&OBJECT_LIFETIME_MASK) ==OBJECT_LIFETIME_STRONG) {
            delete this;/*删除对象*/
        }
    }
    refs->decWeak(id);/*减少弱引用计数*/
}
```

首先减少 mStrong 计数器，如果发现已经减到 0（即 c==1），就需要回调 onLastStrongRef 通知这一事件，接着执行删除操作（如果标志是 OBJECT_LIFETIME_STRONG 的话）。

特别要注意，减小强引用计数值时还要同时减小弱引用计数值，即最后的 decWeak(id)。其实现如下（分两段阅读）：

```
void RefBase::weakref_type::decWeak(const void* id)
{
    weakref_impl* const impl = static_cast<weakref_impl*>(this);
    impl->removeWeakRef(id);/*调试目的*/
    const int32_t c = android_atomic_dec(&impl->mWeak);/*减小弱引用计数值*/
    ALOG_ASSERT(c >= 1, "decWeak called on %p too many times", this);
    if (c != 1) return;
```

先减小 mWeak 计数值，如果发现还不为 0（即 c!=1），就直接返回；否则就是弱引用计数值也为 0，此时要根据 LIFETIME 标志分别处理：

```
    if ((impl->mFlags&OBJECT_LIFETIME_WEAK) ==OBJECT_LIFETIME_STRONG) {
        if (impl->mStrong == INITIAL_STRONG_VALUE) {
            delete impl->mBase;
        } else {
            delete impl;
        }
    } else {
        impl->mBase->onLastWeakRef(id);
        if ((impl->mFlags&OBJECT_LIFETIME_MASK) ==OBJECT_LIFETIME_WEAK) {
            delete impl->mBase;
        }
    }
}
```

上面这段代码是弱引用的处理核心，主要基于以下标志来处理。

```
enum {
    OBJECT_LIFETIME_STRONG  = 0x0000,
    OBJECT_LIFETIME_WEAK    = 0x0001,
    OBJECT_LIFETIME_MASK    = 0x0001
};
```

每个目标对象都可以通过以下方法来更改它的引用规则。

```
void RefBase::extendObjectLifetime(int32_t mode)
{
    android_atomic_or(mode, &mRefs->mFlags);
}
```

实际上就是改变了 mFlags 标志值——默认情况下它是 0，即 OBJECT_LIFETIME_STRONG。所以当(impl->mFlags&OBJECT_LIFETIME_WEAK) == OBJECT_LIFETIME_STRONG 时，即释放规则受强引用控制的情况。有的读者可能会想，既然是强引用控制，那弱引用还要做什么工作呢？理论上它确实可以直接返回了，不过还有些特殊情况。前面在 incStrong 函数里，我们看到它同时增加了强、弱引用计数值。而增加弱引用时是不会同时增加强引用的，这说明弱引用的值一定会大于等于强引用值。当程序走到这里，弱引用计数值一定为 0，而强引用值有两种可能。

一种是强引用值为 INITIAL_STRONG_VALUE，说明这个目标对象没有被强引用过，也就是说没有办法靠强指针来释放目标，所以需要 delete impl->mBase。

另一种就是在有强引用的情况下，此时要 delete impl，而目标对象会由强引用的 decStrong 来释放。

那么，为什么是在这里 delete 这个计数器呢？weakref_impl 既然是由 RefBase 创建的，那么按理来说也应该由它来删除。实际上 RefBase 也想做这个工作，只是力不从心。其析构函数如下：

```
RefBase::~RefBase()
{
    …
    if (mRefs->mWeak == 0) {
        delete mRefs;
    }
}
```

在这种情况下，RefBase 既然是由 decStrong 删除的，那么从上面 decStrong 的执行顺序上来看 mWeak 值还不为 0，因而并不会被执行。

如果是弱引用控制下的判断规则（即 OBJECT_LIFETIME_WEAK），其实和 decStrong 中的处理一样，要首先回调通知目标对象这一事件，然后才能执行删除操作。

到此我们就分析完 Android 系统中的智能指针源码实现了，小结如下：

- 智能指针分为强指针 sp 和弱指针 wp 两种。
- 通常情况下目标对象的父类是 RefBase——这个基类提供了一个 weakref_impl 类型的引用计数器，可以同时进行强弱引用的控制（内部由 mStrong 和 mWeak 提供计数）。
- 当 incStrong 增加强引用的，也会增加弱引用。
- 当 incWeak 时只增加弱引用计数。
- 使用者可以通过 extendObjectLifetime 设置引用计数器的规则，不同规则下对删除目标对象的时机判断也是不一样的。
- 使用者可以根据程序需求来选择合适的智能指针类型和计数器规则。

6.2 进程间的数据传递载体——Parcel

大家有没有思考过，进程间该如何传递数据的。

下面先来列举生活中的两个例子，以供读者对比参考。

例 1. 快递包裹

比如从深圳快递一件衣服给北京的朋友，有哪些方法呢？显然途径是比较多的。但无论是空运还是汽车、火车运输，在整个传递过程中"衣服"本身始终是没有变过的——朋友拿到的衣服还是原来那件。

例 2. 通过电子邮件发送图片

假设你在深圳通过电子邮件给北京的朋友发送了一张"衣服的图片"，那么当朋友看到它时，已经无法估计这张图片数据在传输过程中被复制过多少次了——但是可以肯定的是，他看到的图像和原始图片绝对是一模一样的。

显然进程间的数据传递和例 2 属于同一种情况，不过略有区别。

如果只是一个 int 型数值，不断复制直到目标进程即可。但如果是某个对象呢？我们可以想象下，同一进程间的对象传递都是通过引用来做的，因而本质上就是传递了一个内存地址。这种方式在跨进程的情况下就无能为力了。由于采用了虚拟内存机制，两个进程都有自己独立的内存地址空间，所以跨进程传递的地址值是无效的。

进程间的数据传递是 Binder 机制中的重要一环，因而有必要对它进行专门的讲解。Android 系统中担负这一重任的就是 Parcel。

Parcel 是一种数据的载体,用于承载希望通过 IBinder 发送的相关信息(包括数据和对象引用)。正是基于 Parcel 这种跨进程传输数据的能力，进程间的 IPC 通信才能更加平滑可靠。Parcel 的英文直译是"打包"，是对"进程间数据传递"的形象描述。上面已经说过，直接传送对象的内存地址的做法是行不通的。那么，如果把对象在进程 A 中占据的内存相关数据打包起来，然后寄送到进程 B 中，由 B 在自己的进程空间中"复现"这个对象，是否可行呢？

Parcel 就具备这种打包和重组的能力。它提供了非常丰富的接口以方便应用程序的使用，详细说明可参见官方文档 http://developer.android.com/reference/android/os/Parcel.html。下面先对这些接口进行一个分类。

1. Parcel 设置相关

毋庸置疑，存入的数据越多，Parcel 所占内存空间也就越大。我们可以通过以下方法来进行相关设置。

dataSize()：获取当前已经存储的数据大小。

setDataCapacity (int size)：设置 Parcel 的空间大小，显然存储的数据不能大于这个值。

setDataPosition (int pos)：改变 Parcel 中的读写位置，必须介于 0 和 dataSize()间。

dataAvail()：当前 Parcel 中的可读数据大小。

dataCapacity()：当前 Parcel 的存储能力。

dataPosition()：数据的当前位置值，有点类似于游标。

dataSize()：当前 Parcel 所包含的数据大小。

2. Primitives

原始类型数据的读写操作。比如：

writeByte(byte)：写入一个 byte。

readByte()：读取一个 byte。

writeDouble(double)：写入一个 double。

readDouble()：读取一个 double。

从中也可以看到读写操作是配套的，用哪种方式写入的数据就要用相应的方式正确读取。另外，数据是按照 host cpu 的字节序来读写的。

3. Primitive Arrays

原始数据类型数组的读写操作通常是先写入用 4 个字节表示的数据大小值，接着才写入数据本身。另外，用户既可以选择将数据读入现有的数组空间中，也可以让 Parcel 返回一个新的数组。此类方法如下：

writeBooleanArray(boolean[])：写入布尔数组。
readBooleanArray(boolean[])：读取布尔数组。
boolean[]createBooleanArray()：读取并返回一个布尔数组。
writeByteArray(byte[])：写入字节数组。
writeByteArray(byte[], int, int)：和上面几个不同的是，这个函数最后面的两个参数分别表示数组中需要被写入的数据起点以及需要写入多少。
readByteArray(byte[])：读取字节数组。
byte[]createByteArray()：读取并返回一个数组。
……

> **注意**　如果写入数据时系统发现已经超出了 Parcel 的存储能力，它会自动申请所需的内存空间，并扩展 dataCapacity；而且每次写入都是从 dataPosition()开始的。

4. Parcelables

遵循 Parcelable 协议的对象可以通过 Parcel 来存取，如开发人员经常用到的 bundle 就是继承自 Parcelable 的。与这类对象相关的 Parcel 操作包括：

writeParcelable(Parcelable, int)：将这个 Parcelable 类的名字和内容写入 Parcel 中，实际上它是通过回调此 Parcelable 的 writeToParcel()方法来写入数据的。
readParcelable(ClassLoader)：读取并返回一个新的 Parcelable 对象。
writeParcelableArray(T[], int)：写入 Parcelable 对象数组。
readParcelableArray(ClassLoader)：读取并返回一个 Parcelable 对象数组。

5. Bundles

上面已提到，Bundle 继承自 Parcelable，是一种特殊的 type-safe 的容器。Bundle 的最大特点就是采用键值对的方式存储数据，并在一定程度上优化了读取效率。这个类型的 Parcel 操作包括：

writeBundel(Bundle)：将 Bundle 写入 parcel。
readBundle()：读取并返回一个新的 Bundle 对象。
readBundle(ClassLoader)：读取并返回一个新的 Bundle 对象，ClassLoader 用于 Bundle 获取对应的 Parcelable 对象。

6. Active Objects

Parcel 的另一个强大武器就是可以读写 Active Objects。什么是 Active Objects 呢？通常我们存入 Parcel 的是对象的内容，而 Active Objects 写入的则是它们的特殊标志引用。所以在从 Parcel 中读取这些对象时，大家看到的并不是重新创建的对象实例，而是原来那个被写入的实例。可以猜想到，能够以这种方式传输的对象不会很多，目前主要有两类。

（1）Binder。Binder 一方面是 Android 系统 IPC 通信的核心机制之一，另一方面也是一个对象。利用 Parcel 将 Binder 对象写入，读取时就能得到原始的 Binder 对象，或者是它的特殊代理实现（最终操作的还是原始 Binder 对象）。与此相关的操作包括：

```
writeStrongBinder(IBinder)
writeStrongInterface(IInterface)
readStrongBinder()
…
```

（2）FileDescriptor。FileDescriptor 是 Linux 中的文件描述符，可以通过 Parcel 的如下方法进行传递。

```
writeFileDescriptor(FileDescriptor), readFileDescriptor()
```

因为传递后的对象仍然会基于和原对象相同的文件流进行操作，因而可以认为是 Active Object 的一种。

7. Untyped Containers

它是用于读写标准的任意类型的 java 容器的。包括：

```
writeArray(Object[]), readArray(ClassLoader), writeList(List), readList(List, ClassLoader) 等
```

Parcel 所支持的类型很多，足以满足开发者的数据传递请求。如果要给 Parcel 找个类比的话，它更像集装箱。理由如下：

- 货物无关性

即它并不排斥所运输的货物种类，电子产品可以，汽车也行，或者零部件也同样接受。

- 不同货物需要不同的打包和卸货方案

比如运载易碎物品和坚硬物品的装箱卸货方式就肯定会有很大不同。

- 远程运输和组装

集装箱的货物通常是要跨洋运输的，有点类似于 Parcel 的跨进程能力。不过集装箱运输公司本身并不负责所运送货物的后期组装。举个例子，汽车厂商需要把一辆整车先拆卸成零部件后才能进行装货运输；到达目的地后，货运公司只需要把货物完整无缺地交由接收方即可，并不负有组装成整车的义务。而 Parcel 则更加敬业，它会依据协议（打包和重组所用的协议必须是配套的）来为接收方提供完整还原出原始数据对象的业务。

接下来，我们看看 Parcel 内部是如何实现的。

应用程序可以通过 Parcel.obtain()接口来获取一个 Parcel 对象。如下所示：

```
/*frameworks/base/core/java/android/os/Parcel.java*/
public static Parcel obtain() {
    final Parcel[] pool = sOwnedPool;/*系统预先产生了一个 Parcel 池，大小为 6 */
    synchronized (pool) {
        Parcel p;
        for (int i=0; i<POOL_SIZE; i++) {
            p = pool[i];
            if (p != null) {
                pool[i] = null; //引用置为空，这样下次就知道这个 Parcel 已经被占用了
                …
                return p;
            }
        }
    }
    return new Parcel(0); //如果 Parcel 池中已空，就新创建一个
}
```

新生成的 Parcel 有何奥妙之处，我们来看看它的构造函数：

6.2 进程间的数据传递载体——Parcel

```
private Parcel(int nativePtr) {
    …
    init(nativePtr);
}
```

这里什么都没有做，只是调用了 init()函数，注意传入的 nativePtr 为 0：

```
private void init(int nativePtr) {
    if (nativePtr != 0) {
        mNativePtr = nativePtr;
        mOwnsNativeParcelObject = false;
    } else { //nativePtr 为 0
        mNativePtr = nativeCreate(); //为本地层代码准备的指针
        mOwnsNativeParcelObject = true;
    }
}
```

Parcel 的 JNI 层实现在/frameworks/base/core/jni 中，实际上 Parcel.java 只是一个简单的中介，最终所有类型的读写操作都是通过本地代码实现的：

```
/*frameworks/base/core/jni/android_os_Parcel.cpp*/
static jint android_os_Parcel_create(JNIEnv* env, jclass clazz)
{
    Parcel* parcel = new Parcel();
    return reinterpret_cast<jint>(parcel);
}
```

所以上面的 mNativePtr 变量实际上是本地层的一个 Parcel(C++)对象。接下来的内容就围绕这个对象展开，分为以下两个关键部分。

- Parcel 中如何存储数据。
- 我们选其中两个代表性的数据类型（String 和 Binder）来分析 Parcel 的处理流程，对应的接口分别是：writeString()/readString()和 writeStrongBinder()/readStrongBinder()。

先来看看 Parcel(cpp)类的构造过程：

```
/*frameworks/native/libs/binder/Parcel.cpp*/
Parcel::Parcel()
{
    initState();
}
void Parcel::initState()
{
    mError = NO_ERROR;
    mData = 0;
    mDataSize = 0;
    mDataCapacity = 0;
    mDataPos = 0;
    mObjects = NULL;
    mObjectsSize = 0;
    …//其他成员变量的初始化省略
}
```

Parcel 对象的初始化过程只是简单地给各个变量赋了初值，并没有我们设想中的内存分配动作。这是因为 Parcel 遵循的是"动态扩展"的内存申请原则，只有在需要时才会申请内存以避免资源浪费。我们先来介绍上面代码段中出现的几个重要变量，因为后面的读写操作实际上就是围绕它们而实施的：

```
status_t        mError;   //错误码
uint8_t*        mData;    //Parcel 中存储的数据，注意它是一个 uint8_t 类型的指针
size_t          mDataSize; //Parcel 中已经存储的数据大小
size_t          mDataCapacity; //最大存储能力
mutable size_t  mDataPos; //数据指针
```

本小节剩余内容将结合一个范例来详细讲解 writeString 的实现原理，而 Binder 对象的读写过程因为与后续小节关系紧密，稍后将统一分析。这个范例是 ServiceManagerProxy 的 getService() 方法中对 Parcel 的操作（后面对 ServiceManagerProxy 有详细分析）。源码如下：

```
Parcel data = Parcel.obtain();
…
data.writeInterfaceToken(IServiceManager.descriptor);
data.writeString(name);
```

第一句代码用于获得一个 Parcel 对象，我们已经分析过——它最终是创建了一个本地的 Parcel 实例，并做了全面的初始化操作。

第二句中的 writeInterfaceToken 用于写入 IBinder 接口标志，所带参数是 String 类型的，如 IServiceManager.descriptor = "android.os.IServiceManager"。

第三句通过 writeString 在 Parcel 中写入需要向 ServiceManager 查询的 Service 名称。

Parcel 在整个 IPC 中的内部传递过程比较烦琐，特别在承载 Binder 数据时更是需要多次转换，因而容易让人失去方向。但不管过程如何曲折，有一点是始终不变的。那就是：

写入方和读取方所使用的协议必须是完全一致的。

正如上面所举集装箱的例子，装货和卸货的规则是成套的，不能装货时用的是对付易碎物品的方式，而卸货时又把它当成坚硬物品。

来看看写入方（ServiceManagerProxy）都"装"了些什么东西到"集装箱"中：

```
status_t Parcel::writeInterfaceToken(const String16& interface)
{
    writeInt32(IPCThreadState::self()->getStrictModePolicy() |STRICT_MODE_PENALTY_GATHER);
    return writeString16(interface);
}
```

这里就不深入看 getStrictModePolicy() 的源码实现了，而只要知道这个函数取得了一个 int 数值即可。因而上面的语句等价于：

```
writeInterfaceToken→writeInt32(policy value)+writeString16(interface)
```

其中 interface 就是"android.os.IServiceManager"。

再来分别看看 writeInt32 和 writeString16 都做了哪些工作：

```
status_t Parcel::writeInt32(int32_t val)
{
    return writeAligned(val);
}
```

这个函数的实现很简单——只包含了一句代码。从函数名来判断，它是将 val 值按照对齐方式写入 Parcel 的存储空间中。换句话说，就是将数据写入 mDataPos 起始的 mData 中（当然，内部还需要判断当前的存储能力是否满足要求、是否要申请新的内存等）：

```
status_t Parcel::writeString16(const String16& str)
{
    return writeString16(str.string(), str.size());
}

status_t Parcel::writeString16(const char16_t* str, size_t len)
{
    if (str == NULL) return writeInt32 (-1); //str 不为空

    status_t err = writeInt32(len); //先写入数据长度
    if (err == NO_ERROR) {
        len *= sizeof(char16_t); //长度*单位大小=占用的空间
```

```
            uint8_t* data = (uint8_t*)writeInplace(len+sizeof(char16_t));
            if (data) {
                memcpy(data, str, len);/*将数据复制到data所指向的位置中*/
                *reinterpret_cast<char16_t*>(data+len) = 0;
                return NO_ERROR;
            }
            err = mError;
        }
        return err;
}
```

整个 writeString16 的处理过程并不难理解: 首先要填写数据的长度, 占据 4 个字节; 然后计算出数据所需占据的空间大小; 最后才将数据复制到相应位置中——writeInplace 就是用来计算复制数据的目标地址的 (下面分段阅读):

```
void* Parcel::writeInplace(size_t len)
{
    const size_t padded = PAD_SIZE(len);
```

PAD_SIZE 用于计算 "当以 4 对齐时, 容纳 len 大小的数据需要多少空间" (注意 len 在传进来时进行了 len *= sizeof(char16_t)), 即:

```
#define PAD_SIZE(s) (((s)+3)&~3)
```

比如 len=3, padded = 4
　　　len =4, padded=4
　　　len=5, padded =8

```
    if (mDataPos+padded < mDataPos) {
        return NULL;
    }
```

如果溢出就直接返回 NULL。

下面代码段先写入尾部的填充数据 (注意, 数据内容本身不在 writeInplace 函数里复制), 手法和 writeAligned 类似:

```
        if ((mDataPos+padded) <= mDataCapacity) {/*数据大小没有超过容量*/
restart_write:
            uint8_t* const data = mData+mDataPos;
            if (padded != len) {/*需要填充尾部的情况*/
#if BYTE_ORDER == BIG_ENDIAN /*如果是 Big Endian 的情况*/
                static const uint32_t mask[4] = {
                    0x00000000, 0xffffff00, 0xffff0000, 0xff000000
                };
#endif
#if BYTE_ORDER == LITTLE_ENDIAN /*如果是 Little Endian 的情况*/
                static const uint32_t mask[4] = {
                    0x00000000, 0x00ffffff, 0x0000ffff, 0x000000ff
                };
#endif
                *reinterpret_cast<uint32_t*>(data+padded-4) &= mask[padded-len];/*填充尾部*/
            }

            finishWrite(padded);/*更新mDataPos*/
            return data;
        }
        /*如果程序执行到这里, 说明数据大小已经超过了 Parcel 的存储能力, 需要扩大容量*/
        status_t err = growData(padded);
        if (err == NO_ERROR) goto restart_write;/*重新开始业务*/
        return NULL;
}/*writeInplace结束*/
```

上面代码段的逻辑是：如果空间足够，就直接进行尾部的填充操作；否则要申请更多的存储空间（growData），然后返回 restart_write 继续执行。尾部需要 padding 多少数据是由 len 和 padded 综合决定的，如当 len=5 时，padded=8，这时就有 3 个字节是填充数据（最多不超过 4）。填充数据的写法采用的是：

```
*reinterpret_cast<uint32_t*>(data+padded-4) &= mask[padded-len];
```

这里先做了 uint32_t 的强制转换，所以后续操作就是以 4 个字节为单位——这样可以一次性把 3 个字节的填充数据（即 mask[3]= 0xff000000 或者 0x000000ff，取决于是 LITTLE_ENDIAN 还是 BIG_ENDIAN）都写入。

最后调用 finishWrite 来调整 mDataPos 指针，并返回 data 的位置以供调用者写入真正的数据内容。

可以看出，writeInplace 用于确认即将写入的数据的起始和结束位置，并做好 padding 工作。我们再回到之前的 writeString16 继续分析。因为有了需要写入的地址（即 data 指针），所以可以直接 memcpy。如下：

```
memcpy(data, str, len);
```

最后写入字符串结束符 0：

```
*reinterpret_cast<char16_t*>(data+len) = 0;
```

通过上面的分析，写入一个 String(writeString16)的步骤：
- writeInt32(len)；
- memcpy；
- padding（有些情况下不需 padding。而且源码实现中这一步是在 memcpy 之前）。

回到 ServiceManagerProxy 中的 getService 里：

```
data.writeInterfaceToken(IServiceManager.descriptor);
data.writeString(name);
```

我们把上面两个语句进行分解，就得到写入方的工作了：

```
WriteInterfaceToken=writeInt32(policy value)+writeString16(interface)
writeString16(interface) = writeInt32(len)+写入数据本身+填充
```

根据上面强调的准则，读取方也必须遵循同样的数据操作顺序。

接下来我们做下验证。

读取方是 Service_manager.c（分段阅读）：

```
/*frameworks/native/cmds/servicemanager/Service_manager.c*/
int svcmgr_handler(struct binder_state *bs, struct binder_txn *txn,
            struct binder_io *msg, struct binder_io *reply)
{…
    uint32_t strict_policy;
    …
    strict_policy = bio_get_uint32(msg);  //取得 policy 值
    s = bio_get_string16(msg, &len);  //取得一个 String16,即上面写入的 interface
    if ((len != (sizeof(svcmgr_id) / 2)) ||
        memcmp(svcmgr_id, s, sizeof(svcmgr_id))) {/*判断 Interface 是否正确？ */
        fprintf(stderr,"invalid id %s\n", str8(s));
        return -1;
    }
```

上面代码段用于判断收到的 interface 是否正确。其中：

```
uint16_t svcmgr_id[] = {
    'a','n','d','r','o','i','d','.','o','s','.',
```

```
'I','S','e','r','v','i','c','e','M','a','n','a','g','e','r'
};
```

可见，和前面的"android.os.IServiceManager"是一样的：

```
switch(txn->code) {
case SVC_MGR_GET_SERVICE:
case SVC_MGR_CHECK_SERVICE:
    s = bio_get_string16(msg, &len);//获取要查询的service name
    ptr = do_find_service(bs, s, len, txn->sender_euid);
    if (!ptr)
        break;
    bio_put_ref(reply, ptr);
    return 0;
```

可以看到，ServiceManager 对数据的读取过程和数据的写入过程确实完全一致。这样我们以 String 为例，完整地分析了 Parcel 对基本数据类型的读写流程。相对于基础数据类型，Binder（Active Object）的跨进程传递要复杂很多，读者在后续小节中即可看到。

6.3 Binder 驱动与协议

"万丈高楼平地起"，无论多复杂的系统都是从最基础的理论一点一滴构建起来的。比如本书前面章节分析过的 Android 编译系统，就是从最简单的 make 规则不断扩展堆叠而成的。Binder 作为 Android 中另一个庞大的体系，虽然代码量多、跨度广，但也同样需要自己的"地基"——Binder 驱动。

我们知道，Android 系统是基于 Linux 内核的，因而它所依赖的 Binder 驱动也必须是一个标准的 Linux 驱动。具体而言，Binder Driver 会将自己注册成一个 misc device，并向上层提供一个 /dev/binder 节点——值得一提的是，Binder 节点并不对应真实的硬件设备。Binder 驱动运行于内核态，可以提供 open()、ioctl()，mmap() 等常用的文件操作。

本小节将主要从用户的角度来解释 Binder 驱动所提供的功能以及它和用户之间的协议，并辅以一定的源码分析。在此之前，我们强烈建议读者能先学习下 Linux 驱动编程的一些基础知识。

Binder 驱动源码在 Kernel 工程的 drivers/staging/android 目录中。

Android 系统为什么把 Binder 注册成 misc device 类型的驱动呢？

这种"杂项"驱动的主设备号统一为 10，次设备号则是每种设备独有的。驱动程序也可以通过设置 MISC_DYNAMIC_MINOR 来由系统动态分配次设备号。

Linux 中的字符设备通常要经过 alloc_chrdev_region()，cdev_init() 等一系列操作才能在内核中注册自己。而 misc 类型驱动则相对简单，只需要调用 misc_register() 就可轻松解决。比如 Binder 中与驱动注册相关的代码：

```
/*drivers/staging/android/Binder.c*/
static struct miscdevice binder_miscdev = {
    .minor = MISC_DYNAMIC_MINOR, /*动态分配次设备号*/
    .name = "binder", /*驱动名称*/
    .fops = &binder_fops /*Binder 驱动支持的文件操作*/
};
static int __init binder_init(void)
{
    …
    ret = misc_register(&binder_miscdev); /*驱动注册*/
    …
}
```

Binder 驱动还需要填写 file_operations 结构体。如下所示：

```
/*drivers/staging/android/Binder.c*/
static const struct file_operations binder_fops = {
    .owner = THIS_MODULE,
    .poll = binder_poll,
    .unlocked_ioctl = binder_ioctl,
    .mmap = binder_mmap,
    .open = binder_open,
    .flush = binder_flush,
    .release = binder_release,
};
```

由此可见，Binder 驱动总共为上层应用提供了 6 个接口——其中使用最多的就是 binder_ioctl，binder_mmap 和 binder_open。而一般文件操作需要用到的 read() 和 write() 则没有出现，这是因为它们的功能完全可以用 ioctl() 和 mmap() 来代替；而且后两者还更加灵活，稍后会做详细讲解。

另外，Binder 所使用的设备驱动入口函数并不是 module_init()，而是：

```
device_initcall(binder_init);
```

这样做的目的可能是 Android 系统并不想支持动态编译的驱动模块。如果读者有动态编译需求的话，可以将其改成 module_init 和 module_exit。

6.3.1 打开 Binder 驱动——binder_open

上层进程在访问 Binder 驱动时，首先就需要打开 /dev/binder 节点，这个操作最终的实现是在 binder_open() 中。如下所示（分段阅读）：

```
/*如果没有特别说明，以下的函数都在Binder.c中*/
static int binder_open(struct inode *nodp, struct file *filp)
{
    struct binder_proc *proc;
    …
    proc = kzalloc(sizeof(*proc), GFP_KERNEL);/*分配空间*/
    if (proc == NULL)
        return -ENOMEM;
```

Binder 驱动会在 /proc 系统目录下生成各种管理信息（比如 /proc/binder/proc，/proc/binder/state，/proc/binder/stats 等）。上面代码段中的 binder_proc 就是管理数据的记录体(每个进程都有独立记录)。

接下来对这个新生成的 proc 对象进行各种初始化操作：

```
get_task_struct(current);
proc->tsk = current;
INIT_LIST_HEAD(&proc->todo); //todo 链表
init_waitqueue_head(&proc->wait); //wait 链表
proc->default_priority = task_nice(current);
```

完成 proc 的初始化后，接下来应该做什么呢？没错，将它加入 Binder 的全局管理中。以下代码段涉及了资源互斥，因而需要使用保护机制：

```
    binder_lock(__func__);/*获取锁
    binder_stats_created(BINDER_STAT_PROC); /*binder_stats是binder中的统计数据载体*/
    hlist_add_head(&proc->proc_node, &binder_procs); /*将proc加入到binder_procs的队
                                                          列头部*/
    proc->pid = current->group_leader->pid;/*进程pid*/
    INIT_LIST_HEAD(&proc->delivered_death);
    filp->private_data = proc; /*将这个proc与filp关联起来，这样下次通过filp就能找到这个
                                 proc了*/
    binder_unlock(__func__); //解除锁
    …
    return 0;
}/*binder_open结束*/
```

到目前为止，Binder 驱动已经为用户创建了一个它自己的 binder_proc 实体，之后用户对 Binder 设备的操作将以这个对象为基础。

6.3.2 binder_mmap

在操作系统基础章节曾经讲解过 mmap()这个系统调用的使用方法。对于 Binder 驱动来说，上层用户调用的 mmap()最终就对应了 binder_mmap()。

先来思考一个问题，Binder 中采用 mmap 的目的是什么呢？我们知道，mmap()可以把设备指定的内存块直接映射到应用程序的内存空间中。但 Binder 本身并不是一个硬件设备，而只是基于内存的"伪硬件"，那么它又映射了什么内存块到应用程序中呢？

假设有两个进程 A 和 B，其中进程 B 通过 open() 和 mmap()后与 Binder 驱动建立了联系，如图 6-13 所示。

从图中可以看到。

- 对于应用程序而言，它通过 mmap()返回值得到一个内存地址（当然这是虚拟地址），这个地址通过虚拟内存转换（分段、分页）后最终将指向物理内存的某个位置。

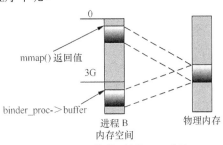

▲图 6-13 进程 B 执行 mmap()后

- 对于 Binder 驱动而言，它也有一个指针（binder_proc->buffer，接下来的代码中会介绍）指向某个虚拟内存地址。而经过虚拟内存转换后，它和应用程序中指向的物理内存处于同一个位置。

这时 Binder 和应用程序就拥有了若干共用的物理内存块。换句话说，它们对各自内存地址的操作，实际上是在同一块内存中执行的。那么，这么做有什么实际意义呢？

别着急，我们再把进程 A 加进来，看看情况又有哪些变化，如图 6-14 所示。

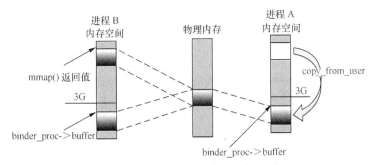

▲图 6-14 进程 A 复制数据到进程 B 中

看看图中都发生了什么。左半部分没有任何变化，即进程 B 和 Binder 共用若干物理内存。右半部分 Binder 驱动通过 copy_from_user()，把进程 A 中的某段数据复制到其 binder_proc->buffer 所指向的内存空间中。这时候我们惊喜地发现，因为 binder_proc->buffer 在物理内存中的位置和进程 B 是共享的，因而进程 B 可以直接访问到这段数据。也就是说，Binder 驱动只用了一次复制，就实现了进程 A 和 B 间的数据共享。

有了初步的认识，我们再来分析源码就容易多了（函数很长，分段阅读）：

```
static int binder_mmap(struct file *filp, struct vm_area_struct *vma)
{
    int ret;
    struct vm_struct *area;
```

```
        struct binder_proc *proc = filp->private_data;/*取出这一进程对应的 binder_proc 对象
*/
        const char *failure_string;
        struct binder_buffer *buffer;
```

先来解释几个重要的变量。

- vm_area_strut   *vma:

描述了一块供应用程序使用的虚拟内存，其中 vma->vm_start 和 vma->vm_end 分别是这块连续的虚拟内存的起止点。

- vm_struct   *area:

上面的 vma 是应用程序中对虚拟内存的描述，相应的 area 变量就是 Binder 驱动中对虚拟内存的描述。

- binder_proc   *proc:

这个变量在上一小节 binder_open 中已经碰到过。它是 Binder 驱动为应用进程分配的一个数据结构，用于存储和该进程有关的所有信息，如内存分配、线程管理等。

在做实际的工作前，Binder 驱动会判断应用程序申请的内存大小是否合理——它最多只支持 4MB 空间的 mmap 操作。如下：

```
if ((vma->vm_end - vma->vm_start) >SZ_4M)
    vma->vm_end = vma->vm_start + SZ_4M;
```

可以看到，当应用程序申请的内存大小超过 4MB 时，并没有直接退出或报异常，而是只满足用户刚好 4MB 的请求：

```
…
if (vma->vm_flags & FORBIDDEN_MMAP_FLAGS) {/*禁止 MMAP 标志*/
    ret = -EPERM;
    failure_string = "bad vm_flags";
    goto err_bad_arg;
}
vma->vm_flags = (vma->vm_flags | VM_DONTCOPY) & ~VM_MAYWRITE;
```

判断 vma 中的标志是否禁止了 mmap，并加入新的标志：

```
mutex_lock(&binder_mmap_lock);
if (proc->buffer) {/*是否已经做过映射*/
    ret = -EBUSY;
    failure_string = "already mapped";
    goto err_already_mapped;
}
```

这里的 proc->buffer 用于存储最终的 mmap 结果（属于 Binder 的那个虚拟内存），因而如果不为空，说明之前已经执行过 mmap 操作。这种情况下 Binder 会判定为错误，并直接跳转到错误处理部分：

```
area = get_vm_area(vma->vm_end - vma->vm_start, VM_IOREMAP);
if (area == NULL) {
    ret = -ENOMEM;
    failure_string = "get_vm_area";
    goto err_get_vm_area_failed;
}
```

上面的 get_vm_area()用于为 Binder 驱动获取一段可用的虚拟内存空间。也就是说，这时候还没有分配实际的物理内存：

```
proc->buffer = area->addr;/*映射后的地址*/
proc->user_buffer_offset = vma->vm_start - (uintptr_t)proc->buffer;
mutex_unlock(&binder_mmap_lock);
```

6.3 Binder 驱动与协议

将 proc 中的 buffer 指针指向这块虚拟内存起始地址，并计算出它和应用程序中相关联的虚拟内存地址（即 vma->vm_start）的偏移量：

```
…
proc->pages = kzalloc(sizeof(proc->pages[0]) * ((vma->vm_end - vma->vm_start) / PAGE
_SIZE), GFP_KERNEL);
if (proc->pages == NULL) {
    ret = -ENOMEM;
    failure_string = "alloc page array";
    goto err_alloc_pages_failed;
}
```

需要注意的是，上面的 kzalloc 只是分配了 pages 数组的空间。这个变量的声明如下：

```
struct page **pages;
```

它是一个二维指针，从名称上看是用于管理物理页面的，也就是用于指示 Binder 申请的物理页面的状态：

```
proc->buffer_size = vma->vm_end - vma->vm_start;
vma->vm_ops = &binder_vm_ops;
vma->vm_private_data = proc;
```

计算虚拟块大小等：

```
if (binder_update_page_range(proc, 1, proc->buffer, proc->buffer + PAGE_SIZE, vma))
{
    ret = -ENOMEM;
    failure_string = "alloc small buf";
    goto err_alloc_small_buf_failed;
}
```

上面的 binder_update_page_range 开始真正地申请物理页面了。下面解释下这个函数的各个参数：

```
binder_update_page_range(struct binder_proc *proc, int allocate,
                         void *start, void *end,
                         struct vm_area_struct *vma);
```

proc：申请内存的进程所持有的 binder_proc 对象。
allocate：是申请还是释放。1 表示申请，0 表示释放。
start：Binder 中虚拟内存起点（页表映射当然是从虚拟内存到物理内存）。
end：Binder 中虚拟内存的终点。
vma：应用程序中虚拟内存段的描述。

对照上面的函数传参会发现，在 mmap 中 Binder 驱动实际上只为进程分配了一页物理内存。虽然它最大支持 4MB 空间的 mmap，但因为这时候还没有数据传输，显然没有必要一下子分配这么大的空间。而且试想一下，如果每个进程都要一次性分配 4MB，那么 25 个进程就需要消耗 100MB 以上的内存，这对于一般的嵌入式设备来说是不现实的。

成功分配了一页物理内存后，我们还需要将这一页内存与应用程序的虚拟内存联系起来，以真正实现共享。有兴趣的读者可以再分析下 binder_update_page_range 的实现：

```
        buffer = proc->buffer;
        INIT_LIST_HEAD(&proc->buffers);
        list_add(&buffer->entry, &proc->buffers);
        buffer->free = 1; //此内存可用
        binder_insert_free_buffer(proc, buffer);
        proc->free_async_space = proc->buffer_size / 2;
        barrier();
        proc->files = get_files_struct(current);
        proc->vma = vma;
        return 0;
```

```
err_alloc_small_buf_failed:
    kfree(proc->pages);
    proc->pages = NULL;
err_alloc_pages_failed:
    vfree(proc->buffer);
    proc->buffer = NULL;
err_get_vm_area_failed:
err_already_mapped:
err_bad_arg:
    printk(KERN_ERR "binder_mmap: %d %lx-%lx %s failed %d\n",
        proc->pid, vma->vm_start, vma->vm_end, failure_string, ret);
    return ret;
}/*binder_mmap结束*/
```

上面的代码段对分配到的内存空间进行管理，主要工作是将其加入相应的链表中。在 binder_proc 中，管理着 3 条链表，分别是：

- list_head buffers;

所有内存块都需要在这里备案。

- rb_root free_buffers;

所有可用的空闲内存。

- rb_root allocated_buffers。

所有已经被分配了的内存。

Binder 驱动中最复杂的部分就是对内存的管理，大家在后面还会不断遇到类似场景。

6.3.3 binder_ioctl

这是 Binder 接口函数中工作量最大的一个，它承担了 Binder 驱动的大部分业务。前面说过，Binder 并不提供 read()和 write()等常规文件操作，因为 binder_ioctl 就可以完全替代它们。

先来看看 binder_ioctl 提供了哪些命令，如表 6-1 所示。

表 6-1　　　　　　　　　　binder_ioctl 支持的命令

命　　令	说　　明
BINDER_WRITE_READ	读写操作，可以用此命令向 Binder 读取或写入数据
BINDER_SET_MAX_THREADS	设置支持的最大线程数。因为客户端可以并发向服务器端发送请求，如果 Binder 驱动发现当前的线程数量已经超过设定值，就会告知 Binder Server 停止启动新的线程
BINDER_SET_CONTEXT_MGR	Service Manager 专用，将自己设置为"Binder 大管家"。系统中只能有一个 SM 存在
BINDER_THREAD_EXIT	通知 Binder 线程退出。每个线程在退出时都应该告知 Binder 驱动，这样才能释放相关资源；否则可能会造成内存泄露
BINDER_VERSION	获取 Binder 版本号

其中 BINDER_WRITE_READ 这个命令是重点，又分为若干子命令，如表 6-2 所示。

表 6-2　　　　　　　　BINDER_WRITE_READ 中支持的子命令

命　　令	说　　明
BC_INCREFS BC_ACQUIRE BC_RELEASE BC_DECREFS	这一组命令用于操作引用计数，可以参考下面的源码分析
BC_INCREFS_DONE BC_ACQUIRE_DONE	和上面的命令有关系，当 BC_INCREFS 和 BC_ACQUIRE 结束时发送

续表

命 令	说 明
BC_ATTEMPT_ACQUIRE BC_ACQUIRE_RESULT	目前版本中还没有实现，会直接返回-EINVAL 的错误码
BC_FREE_BUFFER	用于 Binder 的 buffer 管理
BC_TRANSACTION BC_REPLY	这是 BINDER_WRITE_READ 中最关键的两个命令，Binder 机制中客户与服务器的交互基本上是靠它们完成的。下面会重点介绍其源码实现

BC_REGISTER_LOOPER
BC_ENTER_LOOPER
BC_EXIT_LOOPER
	用于设置 binder looper 的状态，可以参考下一小节 ServiceManager 例子中的描述。当前版本中 looper 共有如下 6 种状态：
	`enum {`
	`    BINDER_LOOPER_STATE_REGISTERED  = 0x01,`
	`    BINDER_LOOPER_STATE_ENTERED     = 0x02,`
	`    BINDER_LOOPER_STATE_EXITED      = 0x04,`
	`    BINDER_LOOPER_STATE_INVALID     = 0x08,`
	`    BINDER_LOOPER_STATE_WAITING     = 0x10,`
	`    BINDER_LOOPER_STATE_NEED_RETURN = 0x20`
	`};`
	左边的三个命令分别对应上面枚举类型中的状态 1，2，3。要特别注意和传统意义的状态不同，这里的状态是可以叠加的。比如对于 BC_ENTER_LOOPER 的处理，其核心语句是：
	thread->looper |= BINDER_LOOPER_STATE_ENTERED

BC_REQUEST_DEATH_NOTIFICATION BC_CLEAR_DEATH_NOTIFICATION	这组命令将会通知目标对象执行 DEATH 操作，以及清除 DEATH NOTIFICATION。显然后者必须在前者成功的基础上才有意义
BC_DEAD_BINDER_DONE	和上面命令是相关联的

本小节中我们先不深入分析源码，因为缺乏具体情景的分析会让大家感觉很枯燥，不容易"理解吸收"。后续解析 Binder Client 如何获取 ServiceManager（Binder Server）提供的服务时，再结合代码进行详细讨论。

最后来做一下小结：Binder 驱动并没有脱离 Linux 的典型驱动模型，提供了多个文件操作接口。其中 binder_ioctl 实现了应用进程与 Binder 驱动之间的命令交互，可以说承载了 Binder 驱动中的大部分业务，因而是学习的重中之重。在本小节的讲解中，我们只列出了 ioctl 所支持的命令种类和含义，并对其中的 BINDER_WRITE_READ 进行了初步分析。这将为接下来大家分析 SM 及 Binder Client 的实现原理打下一定的基础。

6.4 "DNS"服务器——ServiceManager(Binder Server)

通过上一小节的学习，相信大家对 Binder 驱动已经有了一定的认识。

ServiceManager（以下简称 SM）的功能可以类比为互联网中的"DNS"服务器，"IP 地址"为 0。另外，和 DNS 本身也是服务器一样，SM 也是一个标准的 Binder Server。Binder 驱动中提供了专门为 SM 服务的相关命令，接下来将在这些基础上进一步分析 SM 的更多实现细节。

6.4.1 ServiceManager 的启动

既然是 DNS，那么在用户可以浏览网页前就必须就位。SM 也是同样的道理，它要保证在有人使用 Binder 机制前就处于正常的工作状态。那么，具体来说它是什么时候运行起来的呢？

我们很自然地会想到应该是在 init 程序解析 init.rc 时启动的。事实的确如此。如下所示：

```
/*init.rc*/
service servicemanager /system/bin/servicemanager
    class core
    user system
    group system
    critical
    onrestart restart zygote
    onrestart restart media
    onrestart restart surfaceflinger
    onrestart restart drm
```

关于 init.rc 的用法，请读者参考本书系统启动章节。从上面代码段的描述可以看到，一旦 servicemanager 发生问题后重启，其他系统服务 zygote，media，surfaceflinger 和 drm 也会被重新加载。

这个 servicemanager 是用 C/C++ 编写的，源码路径在工程的 /frameworks/native/cmds/servicemanager 目录中，可以先来看看它的 make 文件：

```
LOCAL_PATH:= $(call my-dir)
…
include $(CLEAR_VARS)
LOCAL_SHARED_LIBRARIES := liblog
LOCAL_SRC_FILES := service_manager.c binder.c
LOCAL_MODULE := servicemanager /*生成的可执行文件名为 servicemanager*/
include $(BUILD_EXECUTABLE)/*编译可执行文件*/
```

要特别提醒的是，servicemanager 所对应的 c 文件是 service_manager.c 和 binder.c。源码工程中还有其他诸如 ServiceManager.cpp 的文件存在，但并不属于 SM 程序。

SM 本身的代码并不多，主要的文件只有上面 makefile 中描述的两个。但是它完整地描述了上层应用通过 Binder 驱动来构建一个 Binder Server 的过程，这也是我们下一小节所要分析的重点。

6.4.2 ServiceManager 的构建

DNS 虽然特殊，本质上却也是一个网络服务器；与此类似，SM 自身也同样是 Binder Server（在 Android 系统中，Binder Server 的另一个常见称谓是 "×× Service"，如 Media Service）。

先来看看 SM 启动后都做了哪些工作：

```
/*frameworks/native/cmds/servicemanager/Service_manager.c*/
int main(int argc, char **argv)
{
    struct binder_state *bs;
    void *svcmgr = BINDER_SERVICE_MANAGER;
    bs = binder_open(128*1024);
    if (binder_become_context_manager(bs)) { /*将自己设置为 Binder "大管家"，整个 Android
                系统只允许一个 ServiceManager 存在，因而如果后面还有人调用这个函数就会失败*/
        ALOGE("canno t become context manager (%s)\n", strerror(errno));
        return -1;
    }
    svcmgr_handle = svcmgr;
    binder_loop(bs, svcmgr_handler); //进入循环，等待客户的请求
    return 0;
}
```

首先给变量 svcmgr 赋初值，宏的定义如下：

```
#define BINDER_SERVICE_MANAGER((void*) 0)
```

接着调用 binder_open 打开 Binder 设备。这个函数里面还有不少其他工作，稍后再专门介绍。所以，main 函数里主要做了以下几件事：

6.4 "DNS"服务器——ServiceManager(Binder Server)

- 打开 Binder 设备，做好初始化；
- 将自己设置为 Binder 大管家；
- 进入主循环。

那么，具体来说需要做哪些初始化呢？

```
/*frameworks/native/cmds/servicemanager/Binder.c */
struct binder_state *binder_open(unsigned mapsize)
{
    struct binder_state *bs; /*这个结构体记录了 SM 中有关于 Binder 的所有信息,
                              如 fd、map 的大小等*/
    bs = malloc(sizeof(*bs));
    …
    bs->fd = open("/dev/binder", O_RDWR); //打开 Binder 驱动节点
    …
    bs->mapsize = mapsize; //mapsize 是 SM 自己设的, 为 128*1024, 即 128K
    bs->mapped = mmap(NULL, mapsize, PROT_READ, MAP_PRIVATE, bs->fd, 0);
    …
    return bs;
fail_map:
    close(bs->fd); //关闭 file
fail_open:
    free(bs);
    return 0;
}
```

关于 mmap 的用法，在操作系统章节以及前面的 Binder 驱动中都有过详细讲解，如果读者还不是很清楚，请复习查阅。根据上面代码段中的参数设置可知：

- 由 Binder 驱动决定被映射到进程空间中的内存起始地址；
- 映射区块大小为 128KB；
- 映射区只读；
- 映射区的改变是私有的，不需要保存文件；
- 从文件的起始地址开始映射。

下面来看看 main 函数中的第二步操作，即将 servicemanager 注册成 Binder 机制的"大管家"：

```
int binder_become_context_manager(struct binder_state *bs)
{
    return ioctl(bs->fd, BINDER_SET_CONTEXT_MGR, 0);
}
```

如我们在驱动小节所讲解的，只要向 Binder Driver 发送 BINDER_SET_CONTEXT_MGR 的 ioctl 命令即可。因为 servicemanager 启动得很早，能保证它是系统中第一个向 Binder 驱动注册成"管家"的程序。

所有准备工作已经就绪，SM 可以开始等待客户端的请求——这一部分工作才是 SM 的重点和难点。我们先从 binder_loop()入手来看看 SM 是如何处理请求的（分段阅读）：

```
void binder_loop(struct binder_state *bs, binder_handler func)
{
    int res;
    struct binder_write_read bwr; /*这是执行 BINDER_WRITE_READ 命令所需的数据格式*/
    unsigned readbuf[32];/*一次读取容量*/
```

在 Binder Server 进入循环前，它要先告知 Binder 驱动这一状态变化。下面这段代码就是为了完成这项工作：

```
    bwr.write_size = 0;//这里只是先初始化为 0,下面还会再赋值
    bwr.write_consumed = 0;
    bwr.write_buffer = 0;
    readbuf[0] = BC_ENTER_LOOPER;/*命令*/
    binder_write(bs, readbuf, sizeof(unsigned)); //这个函数很简单, 读者可以自行分析
```

然后 SM 就进入了循环。大家可以先想一想，循环体中需要做些什么。

没错，和典型的基于事件驱动的程序循环框架类似。

- 从消息队列中读取消息。
- 如果消息是"退出命令"，则马上结束循环；如果消息为空，则继续读取或者等待一段时间后再读取；如果消息不为空且不是退出命令，则根据具体情况进行处理。
- 如此循环往复直到退出。

不过 SM 中没有消息队列，它的"消息"（或称"命令"）是从 Binder 驱动那里获得的：

```
for (;;) {
    bwr.read_size = sizeof(readbuf);/*readbuf 的大小为 32 个 unsigned*/
    bwr.read_consumed = 0;
    bwr.read_buffer = (unsigned) readbuf;/*读取的消息存储到 readbuf 中*/
    res = ioctl(bs->fd, BINDER_WRITE_READ, &bwr); //读取"消息"
    ...
    res = binder_parse(bs, 0, readbuf, bwr.read_consumed, func);//处理这条消息
    if (res == 0) {
        ALOGE("binder_loop: unexpected reply?!\n");
        break;
    }
    if (res < 0) {
        ALOGE("binder_loop: io error %d %s\n", res, strerror(errno));
        break;
    }
}
}/*binder_loop 结束*/
```

由此可见，SM 遵循以下几个步骤。

- 从 Binder 驱动读取消息

通过发送 BINDER_WRITE_READ 命令实现——这个命令既可读取也可写入，具体要看 bwr.write_size 和 bwr.read_size。因为这里 write_size 的初始化值为 0，而 read_size 为 sizeof(readbuf)，所以 Binder 驱动只执行读取操作。

- 处理消息

调用 binder_parse 来解析消息。

- 不断循环，而且永远不会主动退出（除非出现致命错误）

再来看看 binder_parse 的处理（分段阅读）：

```
int binder_parse(struct binder_state *bs, struct binder_io *bio,
        uint32_t *ptr, uint32_t size, binder_handler func)
             /*func 函数在 SM 中对应 svcmgr_handler()*/
{
    int r = 1;
    uint32_t *end = ptr + (size / 4); //一个 uint32_t 占用 4 个字节

    while (ptr < end) {
        uint32_t cmd = *ptr++;/*一个 cmd 占用一个 uint32_t,因而取得 cmd 后跳过这段空间*/
        ...
```

函数首先计算数据的终点（end），然后进入 while 循环（直到所有数据处理完成）。数据的头部是 cmd，代表了程序接下来要处理的具体命令——其中 BR_NOOP，BR_TRANSACTION_COMPLETE 以及操作引用计数的一组命令（BR_INCREFS 等）并不需要特别处理。如下所示：

```
        switch(cmd) {
        case BR_NOOP:
            break;
        case BR_TRANSACTION_COMPLETE:
            break;
        case BR_INCREFS:
        case BR_ACQUIRE:
```

```
        case BR_RELEASE:
        case BR_DECREFS:
            …
            ptr += 2;
            break;
        case BR_TRANSACTION: {/*下面会详细分析这个命令*/
            struct binder_txn *txn = (void *) ptr;/*binder_txn和Binder驱动中的binder_
        transaction_data是类似的*/
            …
            binder_dump_txn(txn); //dump追踪
            if (func) { //这个函数是svcmgr_handler()*/
                unsigned rdata[256/4];
                struct binder_io msg;
                struct binder_io reply;
                int res;
                bio_init(&reply, rdata, sizeof(rdata), 4);
                bio_init_from_txn(&msg, txn);
                res = func(bs, txn, &msg, &reply);/*具体处理消息*/
                binder_send_reply(bs, &reply, txn->data, res);/*回应消息处理结果*/
            }
            ptr += sizeof(*txn) / sizeof(uint32_t);/*处理完成，跳过这一段数据*/
            break;
        }
        case BR_REPLY: {
            struct binder_txn *txn = (void*) ptr;/*REPLY和TRANSACTION所用数据结构一致，
           "tx"经常被用来表示"收"和"发"两种双向操作*/
            …
            binder_dump_txn(txn);//追踪调试
            if (bio) {
                bio_init_from_txn(bio, txn);
                bio = 0;
            } else {
                /* todo FREE BUFFER */
            }
            ptr += (sizeof(*txn) / sizeof(uint32_t)); //跳过了这个命令所占空间
            r = 0;
            break;
        }
        …
}/*binder_parse结束*/
```

和在 Binder 驱动中的情况一样，我们要重点关注下 BR_TRANSACTION 和 BR_REPLY（特别是前者）。

1. BR_TRANSACTION

对 BR_TRANSACTION 命令的处理主要由 func 来完成，然后将结果返回给 Binder 驱动。

为了保持连贯性，我们紧接着来看看 func 函数的实现，再分析 BR_REPLY 的处理。因为 ServiceManager 是为了完成"Binder Server Name"（域名）和"Server Handle"（IP 地址）间对应关系的查询而存在的，所以可推测出它提供的服务应该至少包括以下几种。

- 注册

当一个 Binder Server 创建后，它们要将自己的[名称，Binder 句柄]对应关系告知 SM 进行备案。

- 查询

即应用程序可以向 SM 发起查询请求，以获知某个 Binder Server 所对应的句柄。

- 其他信息查询

比如 SM 版本号、当前的状态等。当然，这一部分不是必需的，可以不实现。

函数很长（分段阅读）：

```
int svcmgr_handler(struct binder_state *bs, struct binder_txn *txn,
            struct binder_io *msg, struct binder_io *reply)
{
```

```
struct svcinfo *si;
uint16_t *s;
unsigned len;
void *ptr;
uint32_t strict_policy;
int allow_isolated;

if (txn->target != svcmgr_handle) //SM 的 handle 为 0
    return -1;

strict_policy = bio_get_uint32(msg);
s = bio_get_string16(msg, &len);
if ((len != (sizeof(svcmgr_id) / 2)) ||
    memcmp(svcmgr_id, s, sizeof(svcmgr_id))) {
    fprintf(stderr,"invalid id %s\n", str8(s));
    return -1;
}
```

bio_XX 系列函数为取出各种类型的数据提供了便利，之后就要根据具体的命令来进行处理。

- SVC_MGR_GET_SERVICE。
- SVC_MGR_CHECK_SERVICE：

上面两个命令是一样的，都是根据 Server 名称查找到它的 handle 值。

- SVC_MGR_ADD_SERVICE：

用于注册一个 Binder Server。

- SVC_MGR_LIST_SERVICES：

获取列表中的对应 Server。

如下所示：

```
switch(txn->code) {
case SVC_MGR_GET_SERVICE:
case SVC_MGR_CHECK_SERVICE:
    s = bio_get_string16(msg, &len);
    ptr = do_find_service(bs, s, len, txn->sender_euid);/*这个函数执行查找操作。SM 中维
                         护有一个全局的 svclist 变量，用于保存所有 Server 的注册信息。
                         整个查找过程没有涉及很复杂的逻辑，因而我们就不做进一步的讲解了*/
    if (!ptr)
        break;
    bio_put_ref(reply, ptr);/*保存查询结果，以返回给客户端*/
    return 0;
```

查询的过程很简单，主要是调用 do_find_service 来遍历内部列表，并返回目标 Server 对象，最后将结果存入 reply 中：

```
case SVC_MGR_ADD_SERVICE:
    s = bio_get_string16(msg, &len);
    ptr = bio_get_ref(msg);
    allow_isolated = bio_get_uint32(msg) ? 1 : 0;
    if (do_add_service(bs, s, len, ptr, txn->sender_euid, allow_isolated))/*这个函数
                                                 具体执行添加操作*/
        return -1;
    break;
```

注册 Binder Server 的过程也类似：首先要在 SM 所维护的数据列表中查找是否已经有对应的节点存在；否则需要创建一个新的节点来记录这个 Server。然后将这个 Server 中所带的信息写入列表的相应节点中，以备后期查询：

```
case SVC_MGR_LIST_SERVICES: {
    unsigned n = bio_get_uint32(msg);
    si = svclist;//所有 Server 信息都保存于此
    while ((n-- > 0) && si)
        si = si->next;
    if (si) {
```

```
            bio_put_string16(reply, si->name);//保存结果
            return 0;
        }
        return -1;
    }
    default:
        ALOGE("unknown code %d\n", txn->code);
        return -1;
    }
    …
}
```

Service Manager 的功能架构比较简洁——其内部维护着一个 svclist 列表,用于存储所有 Server 相关信息（以 svcinfo 为数据结构），查询和注册都是基于这个表展开的。

函数 svcmgr_handler 处理完成后，binder_parse 会进一步通过 binder_send_reply 来将执行结果回复给底层 Binder 驱动，进而传递给客户端。然后 binder_parse 会进入下一轮的 while 循环，直到 ptr < end 为 fasle——此时说明 Service Manager 上一次从驱动层读取的消息都已处理完成，因而它还会继续向 Binder Driver 发送 BINDER_WRITE_READ 以查询有没有新的消息。如果有的话就处理；否则会进入休眠等待。

2. BR_REPLY

这样我们就完成了对 BR_TRANSACTION 命令处理过程的分析。现在回到 binder_parse 函数，接着往下看 BR_REPLY（还记得吗？我们之前是在 binder_parse 中一直往下追踪的）的处理，其实都大同小异，所以下面只截取部分关键代码：

```
case BR_REPLY: {
        struct binder_txn *txn = (void*) ptr;
        …
        if (bio) {
            bio_init_from_txn(bio, txn);
            bio = 0;
        } else {
            /* todo FREE BUFFER */
        }
        ptr += (sizeof(*txn) / sizeof(uint32_t));
        r = 0;
        break;
    }
```

可以看到，SM 对 BR_REPLY 并没有实质性的动作。这也是正常的，因为 SM 是为别人服务的，并没有向其他 Binder Server 主动发起请求的情况。总的来说，SM 的逻辑比较清晰，功能也单一，没有太多难以理解的地方。而 Java 层的应用程序在使用 Binder 驱动时就没有这么直接，大家在后面的几个小节中就可以体会到了。

6.4.3 获取 ServiceManager 服务——设计思考

经过前两个小节的努力，ServiceManager 已经成功地运转起来了。那么，我们该如何获取它所提供的服务呢？准确地说，获取 SM 服务是 Binder Client（即后一个小节的分析范畴）需要做的工作之一。不过 SM 是 Binder Server 中的典型范例，以此为切入点相信可以让读者更好地理解 Binder 庞大的"上层建筑"，因而我们选择在 SM 小节中对 Binder Client 进行初步的解析。

不少读者会有疑问，既然 SM 是基于 native 代码实现的，那么获取 SM 服务是不是也必须用 native 语言来实现呢？答案就是——它们之间并没有必然的联系。换句话说，所有 Binder Client 或者 Binder Server 都是围绕 Binder 驱动展开的，因而只要能正常使用 Binder 驱动，采用哪种编程语言都是可以的。

本小节主要讲述 Java 层的应用程序如何使用 SM 服务。

如果读者之前分析过 Java 层 Binder 机制的源码，相信会发现这其中涉及一大堆拗口的术语，如代理（proxy）、本地（native）、接口（interface）等；以及一系列让人无比头疼的 BpBinder、BnBinder、Iterface、Ibinder、asInterface、asBinder、transaction 等类和方法。从项目经验来看，正是这些源码不断涌现出的费解的实现方式阻碍了很多人理解和学习 Binder 的脚步。

一些参考资料会直接列出这些类之间的继承关系，从而组成一张庞大的类图。但其实这样的学习方式效果并不好，很多初学者看了之后更加迷糊。所以本书希望找到一种更好的方法，以帮助大家真正地理解 Binder。

总结市面上的一些教材，我们认为可能犯了"本末倒置"的错误——即先给大家看了答案，然后才来讲解问题本身。好比是先看到了答案——10，然后再来推断为什么是 10（甚至可以说是赶着"思路"往 10 这个方向"凑"）。但这无疑是没有结果的，因为 5+5=10，但 4+6 也同样等于 10。因而可想而知，这种方法的最好结果顶多是个别聪明人真的反推出了 10=5+5，但这并不一定是最好的答案。

反观 Binder 的学习也是一样，我们不应该一开始就看到 proxy, native 这些东西，因为它们是解决"如何提供 Binder Server 服务"这个问题答案的一部分。正确的方法，或许应该从 Binder 和 SM 设计的角度出发，去思考如果要提供 SM 的某个功能，则应该怎么做。我相信 Binder 的创始人也是经历了这样的一段反复思索论证过程后才最终确定下来最适合 Binder 机制的实现方式的。

接下来我们就根据前面几个小节学习的知识来充分思考下：如果要访问 SM(Binder Server)的服务，流程应该是怎么样的呢？

无非就是以下几步：

- 打开 Binder 设备；
- 执行 mmap；
- 通过 Binder 驱动向 SM 发送请求（SM 的 handle 为 0）；
- 获得结果。

不要怀疑，核心工作确实只有这些。不过一些具体细节还需要再商榷，比如：

- 向 SM 发起请求的 Binder Client 可能是 Android 的 APK 应用程序，所以 SM 必须要提供 Java 层接口。
- 如果每个 Binder Client 都要亲力亲为地执行以上几个步骤来获取 SM 服务，那么可想而知会浪费不少时间。Android 系统当然也想到了这一点，所以它会提供更好的封装来使整个 SM 调用过程更精简实用。
- 如果应用程序代码中每次使用 SM 服务（或者其他 Binder Server 服务），都需要打开一次 Binder 驱动、执行 mmap，其后果就是消耗的系统资源会越来越多，直到崩溃。一个有效的解决办法是每个进程只允许打开一次 Binder 设备，且只做一次内存映射——所有需要使用 Binder 驱动的线程共享这一资源。

问题转化为：如果让我们来设计一个符合上述要求的 Binder Client，应该怎么做？

1. ProcessState 和 IPCThreadState

首先能想到的是要创建一个类来专门管理每个应用进程中的 Binder 操作——更为重要的是，执行 Binder 驱动的一系列命令对上层用户必须是"透明的"。

这个类就是 **ProcessState**。

另外在 Binder 驱动小节中，我们看到 binder_proc 中有 threads 红黑树用于管理该进程中所有线程的 IPC 业务。这说明仅有 ProcessState 是不够的，进程中的每一个线程都应该有与 Binder 驱

6.4 "DNS" 服务器——ServiceManager(Binder Server)

动自由沟通的权利——而且基于 Binder 的 IPC 是阻塞的，这样能保证个别 thread 在做进程间通信时不会卡死整个应用程序。

与 Binder 驱动进行实际命令通信的是 **IPCThreadState**。

2. Proxy

有了上面两个类，应用程序现在可以与 Binder 驱动通信了。原则上我们还是可以通过发送 BINDER_WRITE_READ 等 Binder 支持的命令来与其交互，从而一步步得到 SM 提供的服务。不过这样的做法显然过于呆板和烦琐，聪明的读者一定能想到还需要对 SM 提供的服务进行封装。

把这个 SM 服务的封装取名为 ServiceManagerProxy（字面意思就是"SM 的代理"）如何？代理这个词在 Binder 中使用得较多，那么为什么称为代理呢？举个生活中的例子可能会让大家更清楚些。比如在中国大陆，留学生办理"国外学历认证"原则上是要到北京的教育部留学服务中心（cscse）的。我们假设留学服务中心提供的这个服务是 cscse.getCertification(materials)，其中的 materials 代表办理该业务所要提供的所有有效证件材料。由于留学生很可能居住在全国各地，很少有人能专门前往北京办理。为了解决这个问题，服务中心便在各大城市都设立了自己的代理点，即 cscseproxy。这些代理点为留学生提供的是本地的服务（Proxy 和其使用者是在同一个进程中的）。而在业务办理上，如材料的要求方面，服务中心和所有办理点的标准肯定是一样的，即它们已经设定了统一的 Icscse 接口。

现在代理点正常营业了，那么它提供的接口是怎样的呢？

没错，是 cscseproxy.getCertification(materials)，而且 materials 和 cscse 的要求也一定是完全一致的。对于留学生而言，他们通过本地的代理就成功实现了与远在北京的留学中心的"跨进程"交互。最关键的是，那些烦琐的中间流程是不需要他们关心的，因为代理提供的接口和服务中心的接口并没有任何区别。

要设计 ServiceManagerProxy，首先要明确我们要的最终效果是怎样的，即设计目标的设定。既然是封装，当然是希望提高这个模块与其他模块的无关性和便利性。比如下面的伪代码就给出了一个很好的例子，描述了应用程序如何通过 ServiceManagerProxy 来快速获取 SM 服务（这个例子是通过 SM 来查询 WindowManagerService 的 Binder 句柄。注意：下面的代码只是示范代理可以做成什么样子，和 Android 系统中真正的 ServiceManagerProxy 实现略有差异）：

```
/*应用程序获取 SM 服务示例*/
//Step1. 创建 ServiceManagerProxy
ServiceManagerProxy sm = new ServiceManagerProxy(new BpBinder(HANDLE));

//Step2. 通过 ServiceManagerProxy 获取 SM 的某项服务
IBinder   wms_binder =  sm.getService("window");
```

也就是说，应用程序只需要两步就可以得到 ServiceManager 提供的服务。

上面的代码示例的确可以给调用者带来便利，接下来的难点就是如何实现这个目标了。

（1）ServiceManagerProxy 的接口。ServiceManagerProxy 所能提供的服务和服务端的 SM 必须是一致的，如 getService，addService 等。把这些方法提取出来，就是 ServiceManagerProxy 的接口。我们给它取名为 IServiceManager，如下所示（大家先忽略它的参数）：

```
public interface IServiceManager
{
    public IBinder getService(String name) throws RemoteException;
    public IBinder checkService(String name) throws RemoteException;
    public void addService(String name, IBinder service, boolean allowIsolated)throws    RemoteException;
    public String[] listServices() throws    RemoteException;
}
```

很显然，ServiceManagerProxy 需要继承自 IServiceManager，如图 6-15 所示。

（2）接口实现。以 getService 为例，要取得 ServiceManager 的这个服务，至少有两部分工作。

➢ 与 Binder 建立关系

因为进程中已经有了 ProcessState 和 IPCThreadState 这两个专门与 Binder 驱动通信的类，所以 Java 层代码使用 Binder 驱动实际上是基于它们来完成的。我们称为 BpBinder。

➢ 向 Binder 发送命令，从而获得 SM 提供的服务。

这样以 Service Manager 为例，便从设计层面思考了 Binder 机制的"上层建筑"实现。希望大家在后续小节的源码分析中，可以紧紧抓住本小节推导出的设计思想，否则很容易迷失方向。

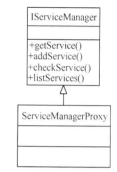

▲图 6-15 继承自 IServiceManager

总结如下：

Binder 机制确实是太繁杂了，它不仅涉及 Binder 驱动，而且还需要同时为 Java，C/C++等各个系统层服务，所以各种类名和概念层出不穷——其调用流程用"山路十八弯"来形容一点不为过。

为了让大家更好地理解 Binder 原理，我们在这一小节中尽可能采用引导式的讲解方法，通过问题→思考→解答来尽可能还原 Binder 设计者的意图。到目前为止，读者应该至少明白了以下内容。

➢ Binder 架构

它的主体包括驱动、SM、Binder Client 和 Binder Server。通过与经典的 TCP/IP 服务类比，我们不难理解每个模块的功能。

➢ Binder 驱动

驱动是其他元素的基础。这一部分内容虽然代码较多，但并不算复杂，只要用心去看一定可以理解透彻。

➢ Service Manager

SM 既是 Binder 框架的支撑者，同时也是一个标准的 Server。因而我们以它为例向大家阐述了 Binder Server 的设计理念。在这一过程中出现了很多对象（如 Proxy），不过都没有给出具体的源码（代码一多，大脑堆栈太深就容易溢出）。

可以用一张图来概括 Binder 机制，如图 6-16 所示。

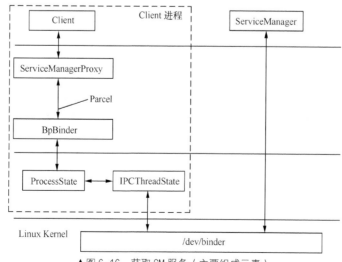

▲图 6-16 获取 SM 服务（主要组成元素）

6.4 "DNS"服务器——ServiceManager(Binder Server)

图 6-16 中 Client 表示 Binder Client，即使用 Binder 机制来获取服务的客户端。它的内部结构由下而上依次为 ProcessState/IPCThreadState→BpBinder→Proxy→User。不论是 Client 或者 Service Manager，它们的工作都是基于 Binder Driver 完成的。该图描绘了 Binder 模型中"上层建筑"的各个组成元素，如果大家在以后源码分析过程中迷失方向，请回到这里再次理顺它们所扮演的角色。

接下来我们就结合源码（以 Service Manager 的 getService 服务为重点贯穿整个分析过程）分别介绍 ServiceManagerProxy、Binder 封装以及 ProcessState/IPCThreadState 等。

6.4.4 ServiceManagerProxy

前一小节思考"设计意图"时，我们曾通过一小段伪代码描述了 ServiceManagerProxy 的一种实现方案——Android 系统中的具体实现与此基本类似，只不过它在 ServiceManagerProxy 上又加了一层封装，即 ServiceManager.java。

这样应用程序使用 ServiceManager 就更加方便了，连 ServiceManagerProxy 对象都不用创建，如下所示：

```
ServiceManager.getService(name);
```

因为 ServiceManager 中的所有服务接口都是 static 的，因而用户不需要额外创建任何类对象就可以直接使用 SM 的功能。我们来看看 getService 的内部实现。

```
/*frameworks/base/core/java/android/os/ServiceManager.java*/
public static IBinder getService(String name) {
    try {
        IBinder service = sCache.get(name);//查询缓存
        if (service != null) {
            return service;//从缓存中找到结果，直接返回
        } else {
            return getIServiceManager().getService(name);//向SM发起查询
        }
    } catch (RemoteException e) {
        Log.e(TAG, "error in getService", e);
    }
    return null;
}
```

这个函数的逻辑很简单，其中 sCache 用于记录 getService 的历史查询结果——所以程序每次都会首先到这里翻阅记录，以加快查询速度。如果不存在的话，才会调用 getIServiceManager().getService 发起一条查询请求：

```
private static IServiceManager getIServiceManager() {
    if (sServiceManager != null) {
        return sServiceManager;//返回一个 IServiceManager 对象
    }
    // Find the service manager
    sServiceManager =ServiceManagerNative.asInterface(BinderInternal.getContextObject());
    return sServiceManager;
}
```

程序首先判断 sServiceManager 是否为空，以防止多次重复操作。如果是第一次使用 SM，则调用 ServiceManagerNative.asInterface(BinderInternal.getContextObject())来获取一个 IServieManager。到目前为止，我们还是没有看到 ServiceMangerProxy，不过出现了一个新的类 ServiceManagerNative：

```
/*frameworks/base/core/java/android/os/ServiceManagerNative.java*/
static public IServiceManager asInterface(IBinder obj)
{
    if (obj == null) {
        return null;
```

```
        }
        IServiceManager in = (IServiceManager)obj.queryLocalInterface(descriptor);
        if (in != null) {
            return in;
        }
        return new ServiceManagerProxy(obj);
    }
```

从这个函数的注释可以发现，它负责将一个 Binder 对象转换成 IServiceManager，并在必要的时候创建 ServiceManagerProxy。

这里的 IBinder 对象（obj）是通过 BinderInternal.getContextObject()得到的，我们先不深究其内部实现，把它当成与底层 Binder 沟通的工具即可。函数的处理逻辑分为以下两部分。

- queryLocalInterface

查询本地是否已经有 IServiceManager 存在。

- 如果没有查询到，则新建一个 ServiceManagerProxy

这一小节的主角终于出现了，作为 SM 的代理，可想而知 ServiceManagerProxy 必定是要与 Binder 驱动通信的，因而它的构造函数中传入了 IBinder 对象：

```
public ServiceManagerProxy(IBinder remote) {
    mRemote = remote;
}
```

可以看到，它只是简单地记录了这个 IBinder 对象。这就像我们电话订餐一样，IBinder 是餐馆的电话号码，通常都是先把它记下来，等需要的时候再通过这个号码获取餐馆提供的服务。比如 getService()这个接口：

```
    public IBinder getService(String name) throws RemoteException {
        Parcel data = Parcel.obtain();
        Parcel reply = Parcel.obtain();
        data.writeInterfaceToken(IServiceManager.descriptor);
        data.writeString(name);
        mRemote.transact(GET_SERVICE_TRANSACTION, data, reply, 0);/*利用IBinder对象执行
                                                                            命令*/
        IBinder binder = reply.readStrongBinder();
        reply.recycle();
        data.recycle();
        return binder;
    }
```

这个函数实现分为以下 3 部分。

- 准备数据

也就是通过 Parcel 打包数据。在前面的小节对 Parcel 有专门的介绍，不清楚的读者可以回头看看。

- IBinder.transact

利用 IBinder 的 transact 将请求发送出去，而不用理会 Binder 驱动的 open，mmap 以及一大堆具体的 Binder 协议中的命令。所以这个 IBinder 一定会在内部使用 ProcessState 和 IPCThreadState 来与 Binder 驱动进行通信。

- 获取结果

上面 transact 后，我们就可以直接获取到结果了。如果大家用过 socket，就知道这是一种阻塞式的函数调用。因为涉及进程间通信，结果并不是马上就能获取到，所以 Binder 驱动一定要先将调用者线程挂起，直到有了结果才能把它唤醒。这样做的好处就是调用者可以像进程内函数调用一样去编写程序，而不必考虑很多 IPC 的细节。后面我们还会做详细分析。

6.4 "DNS"服务器——ServiceManager(Binder Server)

是不是很简单？实际工作只有下面这句：

```
mRemote.transact(GET_SERVICE_TRANSACTION, data, reply, 0);
```

很多内部细节都已经隐藏起来了。这里需要注意一下，就是客户端和服务器端所使用的业务代码要一致，如上面的 GET_SERVICE_TRANSACTION。它的定义是：

```
int GET_SERVICE_TRANSACTION = IBinder.FIRST_CALL_TRANSACTION;
```

按照 IBinder 的定义：

```
int FIRST_CALL_TRANSACTION  = 0x00000001;
```

所以这个业务码是 1。

再来看 Service_manager.c 中的业务码说明：

```
enum {
    SVC_MGR_GET_SERVICE = 1, //对应的就是上面的那个业务
    SVC_MGR_CHECK_SERVICE,
    SVC_MGR_ADD_SERVICE,
    SVC_MGR_LIST_SERVICES,
};
```

这样客户端与服务器端的业务代码就保持一致了。值得一提的是，ServiceManger 这个 Binder Server 比较特殊——它主动提供了上面这个 enum 结构来定义业务码。通常情况下，使用 AIDL 产生的 Binder Server 会自动生成这些业务码，而不需要手工编写。

6.4.5 IBinder 和 BpBinder

我们的目标是为应用程序使用 ServiceManager 服务提供便利的实现——其中的核心是 ServiceManagerProxy，其外围又包装了 ServiceManager.java 和 ServiceManagerNative，这些都在上一小节介绍过。

在创建 ServiceManagerProxy 时，传入了一个 IBinder 对象，然后借助于它的 transact 方法，可以方便地与 Binder 驱动进行通信。那么，IBinder 内部是如何实现的？这就是本小节的讲解重点。

和 ServiceManagerProxy 一样，用户希望能通过尽可能精简的步骤来使用 Binder 的功能。Binder 提供的功能可以统一在 IBinder 中表示，至少要有如下接口方法：

```
/*frameworks/base/core/java/android/os/IBinder.java*/
public interface IBinder {
    public IInterface queryLocalInterface(String descriptor);
    public boolean transact(int code, Parcel data, Parcel reply, int flags)
                    throws Remote Exception;
    …
}
```

此外，还应该有获取 IBinder 对象的一个类，即 BinderInternal。提供的相应方法是：

```
/*frameworks/base/core/java/com/android/internel/os/BinderInternal.java*/
public class BinderInternal {
    public static final native IBinder getContextObject();
    …
}
```

大家一定注意到了，这个方法是 native 的。因为和 Binder 驱动打交道，最终都得通过 JNI 调用本地代码来实现。这样我们还得写 JNI 层的 BinderInternal，如下所示：

```
/*frameworks/base/core/jni/android_util_Binder.cpp*/
static jobject android_os_BinderInternal_getContextObject(JNIEnv* env, jobject clazz
)
{
    sp<IBinder> b = ProcessState::self()->getContextObject(NULL);
```

```
    return javaObjectForIBinder(env, b);
}
```

有的读者可能会奇怪为什么取名为ContextObject呢？Context即"背景、上下文"，这里可以理解为运行时态的上下文。换句话说，是因为IPC和整个Process或者Thread都是有紧密关联的。更进一步，基本上每个Process都需要IPC通信。既然如此，IPC就可以作为进程的基础配置存在。作为IPC中的基础元素之一，Binder就是这个Context中的重要一环，因而称为ContextObject。

我们再回到getContextObject这个方法中来。和预想的一样，它确实是通过ProcessState来实现的，后一个小节会做具体分析。然后把ProcessState中创建的对象转化成Java层的IBinder对象。

IBinder只是一个接口类，显然还会有具体的实现类继承于它。在Native层，这就是BpBinder（BpBinder.cpp）；而在Java层，则是Binder.java中的BinderProxy。事实上，ProcessState::self()->getContextObject(NULL)返回的就是一个BpBinder对象。图6-17描述了它们的关系。

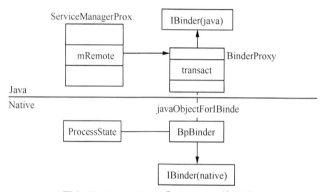

▲图6-17　BinderProxy和BpBinder的关系简图

BinderProxy和BpBinder分别继承自Java和Native层的IBinder接口。其中BpBinder是由ProcessState创建的，而BinderProxy是由javaObjectForIBinder()函数通过JNI的NewObject()创建的。

下面看看调用mRemote->transact时的实现：

```
/*frameworks/base/core/java/android/os/Binder.java*/
final class BinderProxy implements IBinder {
    public native boolean transact(int code, Parcel data, Parcel reply,
        int flags) throws RemoteException;
    …
}
```

BinderProxy中的transact就是一个native接口，真正的实现还是在android_util_Binder.cpp中（这个文件容纳了很多类的实现，因而显得很杂）：

```
static jboolean android_os_BinderProxy_transact(JNIEnv* env, jobject obj,
    jint code, jobject dataObj, jobject replyObj, jint flags) // throws RemoteException
{
    …
    Parcel* data = parcelForJavaObject(env, dataObj);
    …
    Parcel* reply = parcelForJavaObject(env, replyObj);
    …
    IBinder* target = (IBinder*)env->GetIntField(obj, gBinderProxyOffsets.mObject);
    …
    status_t err = target->transact(code, *data, reply, flags);
    …
    signalExceptionForError(env, obj, err, true /*canThrowRemoteException*/);
    return JNI_FALSE;
}/*android_os_BinderProxy_transact结束*/
```

传参中的 dataObj 和 replyObj 分别对应 BinderProxy.transact 中的第 2、3 个参数（即 Parcel data 和 Parcel reply），需要先把它们转成 native 中的 Parcel 实现。

可以猜想到的是，前面通过 javaObjectForIBinder 将一个 BpBinder 转化成 BinderProxy，这里一定会做反向转化。全局变量 gBinderProxyOffsets.mObject 记录的是 BinderProxy 中 mObject 的 jfieldID，后面就可以通过 JNI 的 GetIntField 来获得这个 int 值了，即 BpBinder 对象的内存地址（可以参考本书 JNI 章节的介绍）。

最后就是通过 BpBinder.transact 来处理用户的 Binder 请求：

```
/*frameworks/native/libs/binder/BpBinder.cpp*/
status_t BpBinder::transact(uint32_t code, const Parcel& data, Parcel* reply, uint32_t flags)
{
    // Once a binder has died, it will never come back to life.
    if (mAlive) {
        status_t status=IPCThreadState::self()->transact(mHandle,code,data,reply, flags);
        if (status == DEAD_OBJECT) mAlive = 0;
        return status;
    }
    return DEAD_OBJECT;
}
```

此时发现绕了个大大的圈子，最终还是通过 IPCThreadState 及 ProcessState 来实现的，这也验证了我们之前的设想。因为 Android 既有 Java 应用程序，又有 Native 层实现，所以导致整个结构看起来非常复杂。我们在下一小节会详细讲解这两个类的实现。

6.4.6 ProcessState 和 IPCThreadState

本小节将重点分析 ProcessState 和 IPCThreadState。

其中实现 ProcessState 的关键点在于。

- 保证同一个进程中只有一个 ProcessState 实例存在；而且只有在 ProcessState 对象创建时才打开 Binder 设备以及做内存映射。
- 向上层提供 IPC 服务。
- 与 IPCThreadState 分工合作，各司其职。

以下是 ProcessState 的源码路径：/frameworks/native/libs/binder。

第一个问题很好解决，源代码如下所示：

```
/*/frameworks/native/libs/binder/ProcessState.cpp*/
sp<ProcessState> ProcessState::self()
{
    Mutex::Autolock _l(gProcessMutex);
    if (gProcess != NULL) {
        return gProcess;
    }
    gProcess = new ProcessState;//创建对象
    return gProcess;
}
```

从上面的代码段可以知道，访问 ProcessState 需要使用 ProcessState::Self()。如果当前已经有实例（gProcess 不为空）存在，就直接返回这个对象；否则，新建一个 ProcessState。它的构造函数如下：

```
ProcessState::ProcessState()
    : mDriverFD(open_driver()) //要注意这里"别有洞天"
    , mVMStart(MAP_FAILED), mManagesContexts(false)
    , mBinderContextCheckFunc(NULL), mBinderContextUserData(NULL)
    , mThreadPoolStarted(false), mThreadPoolSeq(1)
{
    if (mDriverFD >= 0) {   //成功打开/dev/binder
```

```
        #if !defined(HAVE_WIN32_IPC)
            mVMStart = mmap(0, BINDER_VM_SIZE, PROT_READ, MAP_PRIVATE | MAP_NORESERVE,
                        mDriverFD, 0); /*开始执行mmap,内存块大小为:
                                      BINDER_VM_SIZE=((1*1024*1024)-(4096 *2)),即接近1M 的空间*/
            …
        #else
            mDriverFD = -1;
        #endif
    }
```

ProcessState 的构造函数中初始化了很多变量——最重要的是,它调用 open_driver()打开了 /dev/binder 节点。我们再复习一下使用 Binder 驱动所需要做的准备工作:首先是打开 binder 节点,然后执行 mmap()——具体而言,映射的内存块大小为 BINDER_VM_SIZE。

前面小节中我们在获取 IBinder 时使用了 BinderInternal 中的 getContextObject(),这个方法最终的实现就是在 ProcessState 中。如下所示:

```
sp<IBinder> ProcessState::getContextObject(const sp<IBinder>& caller)
{
    return getStrongProxyForHandle(0); //传入 0,代表 Service Manager
}
```

接着看下面的函数实现:

```
sp<IBinder> ProcessState::getStrongProxyForHandle(int32_t handle)//handle 为 0
{
    sp<IBinder> result;  //需要返回的 IBinder
    AutoMutex _l(mLock);

handle_entry* e = lookupHandleLocked(handle);/*查找一个 Vector 表 mHandleToObject,
                                      这里保存了这个进程已经建立的 Binder 相关信息*/
    if (e != NULL) { /*如果上面的表中没有找到相应节点,会自动添加一个。
                      所以这里的变量 e 正常情况下都不会为空*/
        IBinder* b = e->binder;
        if (b == NULL || !e->refs->attemptIncWeak(this)) {
            b = new BpBinder(handle); //BpBinder 出现了
            e->binder = b;
            if (b) e->refs = b->getWeakRefs();
            result = b;
        } else {
          result.force_set(b);
                e->refs->decWeak(this);
        }
    }
    return result;
}
```

通过上面的代码,我们知道 ProcessState 中有一个全局列表来记录所有与 Binder 对象相关的信息,而每个表项是一个 handle_entry,包含了如下数据:

```
        struct handle_entry {
            IBinder* binder;
            RefBase::weakref_type* refs;
        };
```

其中的 binder 属性实际上是一个 BpBinder,而且程序只有在以下两种情况下才会生成一个 BpBinder。

- 在列表中没有找到对应的 BpBinder。
- 虽然从列表中查找到了对应的节点,但是没有办法顺利对这个 BpBinder 增加 weak reference。

BpBinder 在之前的 Binder 封装中已经介绍过,它是 Native 层的 Binder 代理,最后会由 javaObjectForIBinder 转化为 Java 层的 BinderProxy。我们来看看它的构造函数:

6.4 "DNS"服务器——ServiceManager(Binder Server)

```
/*BpBinder.cpp*/
BpBinder::BpBinder(int32_t handle)
    : mHandle(handle)  //如果是 SM, handle 为 0
    , mAlive(1), mObitsSent(0), mObituaries(NULL)
{…
    extendObjectLifetime(OBJECT_LIFETIME_WEAK);
    IPCThreadState::self()->incWeakHandle(handle);
}
```

我们在这个构造函数中看到了一个熟悉的智能指针的设置方法,即 extendObjectLifetime (OBJECT_LIFETIME_WEAK),说明这个 BpBinder 一定会继承于提供引用计数的基类。具体而言,BpBinder 的父类是 Ibinder。而后者:

```
class IBinder : public virtual RefBase
```

可见 BpBinder 所使用的引用计数基类是 RefBase,它同时支持强弱两种引用计数。在这里设置了 OBJECT_LIFETIME_WEAK,表示目标对象的生命周期受弱指针控制。这样 ProcessState::getContextObject 就得到了一个 BpBinder,并且其中的 mHandle 代表了这个 Proxy 的主人(比如 SM 就是 0),之后传递给 Client 时才转换成 IBinder。

IPCThreadState 又是什么时候出场的呢?可以这么说,有需要的时候才会创建。为了和 ProcessState 一样保持"单实例",我们也需要通过 IPCThreadState::self()来访问它——只不过前者是"进程中的单实例",而后者是"线程中的单实例"。

我们知道,同一个进程中的全局变量是可以在多个线程中访问到的。这种做法一方面给程序带来了便利,另一方面也有其劣势。比如访问这些变量需要同步机制的配合,在一定程度上降低了执行效率。另外,有的变量则希望只在本线程内是全局的,其他线程是无法访问到的——显然纯粹的全局变量无法满足这个要求。

TLS(Thread Local Storage)机制就是为了解决上述这个问题而提出来的。它能保证某个变量仅在自己线程内访问有效,而其他线程中得到的是这个变量的独立复本,互不干扰:

```
/*frameworks/native/libs/binder/IPCThreadState.cpp*/
IPCThreadState* IPCThreadState::self()
{
    if (gHaveTLS) {  //这个变量的初始值为 false
restart:   //当启用 TLS 后,重新回到这
        const pthread_key_t k = gTLS;
        IPCThreadState* st = (IPCThreadState*)pthread_getspecific(k);
        if (st) return st;
        return new IPCThreadState;
    }

    if (gShutdown) return NULL;

    pthread_mutex_lock(&gTLSMutex);
    if (!gHaveTLS) {
        if (pthread_key_create(&gTLS, threadDestructor) != 0) {
            pthread_mutex_unlock(&gTLSMutex);
            return NULL;
        }
        gHaveTLS = true;  //以后都是 TLS 了
    }
    pthread_mutex_unlock(&gTLSMutex);
    goto restart;//返回 restart 接着执行
}
```

我们来仔细分析上面这个函数的逻辑。

当第一次被调用时，gHaveTLS 为 false，因而不会进入第一个 if 判断中，也不会创建 IPCThreadState。但是随后它就会进入第二个 if 判断并启动 TLS，然后返回 restart 处新建一个 IPCThreadState。当以后再被调用时，gHaveTLS 为 true：如果本线程已经创建过 IPCThreadState，那么 pthread_getspecific 就不为空；否则返回一个新建的 IPCThreadState。

这样我们就有效地保证了"线程单实例"的目的。

下面来看看 IPCThreadState 的构造函数以及几个重要变量：

```
IPCThreadState::IPCThreadState()
    : mProcess(ProcessState::self()),  //ProcessState 整个进程只有一个
      mMyThreadId(androidGetTid()),    //当前的线程 id
      mStrictModePolicy(0), mLastTransactionBinderFlags(0)
{
    pthread_setspecific(gTLS, this);
    clearCaller();
    mIn.setDataCapacity(256);  /*mIn 是一个 Parcel, 从名称可以看出来，它是用于接收
                                 Binder 发过来的数据的，最大容量为 256*/
    mOut.setDataCapacity(256); /*mOut 也是一个 Parcel, 它是用于存储要发送给 Binder
                                 的命令数据的，最大容量为 256*/
}
```

前面 BpBinder 构造函数的最后调用了 IPCThreadState 的 incWeakHandle 用于增加 Binder Service 的弱引用计数值（这里指 Service Manager），它实际上是向 Binder 驱动发送了一个 BC_INCREFS 命令。如下所示：

```
void IPCThreadState::incWeakHandle(int32_t handle)
{
    LOG_REMOTEREFS("IPCThreadState::incWeakHandle(%d)\n", handle);
    mOut.writeInt32(BC_INCREFS);
    mOut.writeInt32(handle);
}
```

除此之外，还有 decWeakHandle, incStrongHandle, decStrongHandle 来与 Binder 协议中的其他命令相对应。

IPCThreadState 负责与 Binder 驱动进行具体的命令交互（ProcessState 只是负责打开了 Binder 节点并做 mmap），因而它的 transact 函数非常重要。下面我们就看看其内部的实现（分段阅读）：

```
status_t IPCThreadState::transact(int32_t handle, uint32_t code, const Parcel& data,
                                  Parcel* reply, uint32_t flags)
{
```

大家还记得吗？我们一直是以 ServiceManager 提供的 getService()方法为线索来追踪代码的。到目前为止调用流程是这样的：

getService@ServiceManagerProxy→transact@BinderProxy→transact@BpBinder→transact@IPCThreadState。

针对 getService，transact 函数中各参数的值分别是：

- handle 是 0；
- code 为 GET_SERVICE_TRANSACTION；
- data。

getService@ServiceManagerProxy 函数中对 data 的操作代码摘录如下：

```
data.writeInterfaceToken(IServiceManager.descriptor);
data.writeString(name); /*这里的 name 是指要查询的服务名，如 "window" 表示
                          WindowManagerService*/。
```

- flags 为 0

6.4 "DNS"服务器——ServiceManager(Binder Server)

函数一开始会对 data 进行检查:

```
status_t err = data.errorCheck(); //检查 data 是否有效
flags |= TF_ACCEPT_FDS;
```

Transaction 共有 4 种 flag,如下所示。

TF_ONE_WAY:这个名字取得有点怪,它表示当前业务是异步的,不需要等待。

TF_ROOT_OBJECT:所包含的内容是根对象。

TF_STATUS_CODE:所包含的内容是 32-bit 的状态值。

TF_ACCEPT_FDS = 0x10:允许回复中包含文件描述符。

因为开始的 flags 为 0,所以经过这一步后 flags 的值是 TF_ACCEPT_FDS。

接下来 transact 就要整理数据,把它打包成 Binder 驱动协议规定的格式了。这个过程由 writeTransactionData 来完成(注意:这个函数只是整理数据,并把结果存入 mOut 中。而在 talkWithDriver()方法中才会将命令真正发送给 Binder 驱动):

```
if (err == NO_ERROR) {
    LOG_ONEWAY(">>>> SEND from pid %d uid %d %s", getpid(), getuid(),
        (flags & TF_ONE_WAY) == 0 ? "READ REPLY" : "ONE WAY");
    err = writeTransactionData(BC_TRANSACTION, flags, handle,code, data, NULL);
}
```

出错处理:

```
if (err != NO_ERROR) {
    if (reply) reply->setError(err);
    return (mLastError = err);
}
```

到目前为止,命令还在 mOut 中。那么,什么时候才会发出去呢?

```
if ((flags & TF_ONE_WAY) == 0) { //不是异步,根据上面的flags可知走的是这里
    if (reply) {//reply 对象不为空
        err = waitForResponse(reply); //看起来应该是在这里面发送命令
    } else {
        Parcel fakeReply;//做一个假的 reply 对象
        err = waitForResponse(&fakeReply);
    }
    ...
} else { //异步的情况
    err = waitForResponse(NULL, NULL);
}
return err;
}/*transact 结束*/
```

到目前为止,transact 只是把 transaction 数据按照 Binder 协议的要求填写好了。它至少还有几件事要做:

- BC_TRANSACTION 属于 BINDER_WRITE_READ 的子命令,因而数据外面还要再包一层描述信息。
- 数据还没有真正发送出去。
- 之前我们已经说过基于 Binder 的 IPC 多半都是阻塞型的,但是还没看到具体是如何实现的。

我们先来看看 waitForResponse 做了些什么工作:

```
status_t IPCThreadState::waitForResponse(Parcel *reply, status_t *acquireResult)
{
    int32_t cmd;
    int32_t err;
    while (1) { //循环等待结果
        if ((err=talkWithDriver()) < NO_ERROR) break; /*处理与 Binder 间的交互命令*/
```

```
        err = mIn.errorCheck();
        if (err < NO_ERROR) break; //出错退出
        if (mIn.dataAvail() == 0) continue; //mIn 中没有数据,继续循环
        cmd = mIn.readInt32(); //读取回复数据
        //接下来是对回复数据的处理,我们暂时略过,后面再回过头来分析
        …
}/*waitForResponse 结束*/
```

上面代码段中的 reply 不为空,acquireResult 为空。

实际上函数 waitForResponse 解决了前面提出的 3 个问题。其中 talkWithDriver(这个函数后面有详细分析)会将已有数据进行必要的包装,然后发送给 Binder 驱动。接下来根据用户的配置会决定是否要等待结果:当程序走到 mIn.errorCheck() 时,说明已收到 Binder 驱动的回复。这通常意味着 Binder Server 已经执行了相关请求(比如 getService),并返回了结果。

为了让大家能将整个过程连贯起来,我们先不看 waitForResponse 对回复的处理,而是接着分析 talkWithDriver 这个函数。

IPCThreadState 中与 Binder 驱动真正进行通信的地方就在 talkWithDriver 里,如下所示(分段阅读)。

```
status_t IPCThreadState::talkWithDriver(bool doReceive)
{
    if (mProcess->mDriverFD <= 0) {//Binder 驱动设备还没打开
        return -EBADF;
    }
    binder_write_read bwr; /*读写都使用这个数据结构*/
    const bool needRead = mIn.dataPosition() >= mIn.dataSize();
    const size_t outAvail = (!doReceive || needRead) ? mOut.dataSize() : 0;
```

当 mIn 需要去读取(needRead),同时调用者又希望读取时(即 doReceive 为 true),我们就不能写 mOut。

Parcel(mIn)的数据处理如图 6-18 所示。

在前面小节中,我们介绍过 Parcel 中有几个重要的内部变量 mData,mDataSize,mDataCapacity,mDataPos 等。其中 mData 是指向某个内存地址的,表示 Parcel 所包含的内部数据在内存中的起始地址。而其他变量则是相对于 mData 来计算的,如 mDataSize 是指当前 Parcel 中已经有的数据量;mDataPos 是当前已经处理过的数据量。

顺便分析下 mOut,大家可以进行比较,如图 6-19 所示。

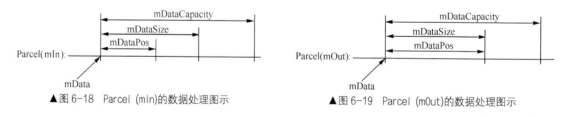

▲图 6-18 Parcel (mIn)的数据处理图示　　▲图 6-19 Parcel (mOut)的数据处理图示

因为 mDataPos 表示"当前已经处理过的数据量",对于 mIn 来说,读取数据就是"处理";而对于 mOut 来说,写入才是"处理",所以两者会有一定的差异。可想而知,当 mOut 要变成 mIn 时(A 给 B 传 parcel,对于 A 来说是写入,对于 B 则是读取)这些内部变量需要进行相应的调整,后面将看到:

```
    bwr.write_size = outAvail;
    bwr.write_buffer = (long unsigned int)mOut.data();
```

在 bwr 中填写需要 write 的内容和大小:

6.4 "DNS" 服务器——ServiceManager(Binder Server)

```
    if (doReceive && needRead) {
        bwr.read_size = mIn.dataCapacity();
        bwr.read_buffer = (long unsigned int)mIn.data();
    } else {
        bwr.read_size = 0;
        bwr.read_buffer = 0;
    }
```

然后在 bwr 中填写需要 read 的数据请求：

```
    ...
    if ((bwr.write_size == 0) && (bwr.read_size == 0)) return NO_ERROR;
```

如果请求中既没有要读的数据，也没有要写的数据，那么就直接返回：

```
    bwr.write_consumed = 0;
    bwr.read_consumed = 0;
    status_t err;
    do {
    #if defined(HAVE_ANDROID_OS)//如果是 Android 系统
        if (ioctl(mProcess->mDriverFD, BINDER_WRITE_READ, &bwr) >= 0)
            err = NO_ERROR;
        else
            err = -errno;
    #else
        err = INVALID_OPERATION;
    #endif
        ...
    } while (err == -EINTR);
```

这个循环的条件是 err 为-EINTR，因而一般情况下不会发生。真正与 Binder 驱动进行通信的代码只有一句，即：

```
ioctl(mProcess->mDriverFD, BINDER_WRITE_READ, &bwr);
```

稍后我们进入 Binder 驱动进行详细的情景分析：

```
    if (err >= NO_ERROR) {
        if (bwr.write_consumed > 0) {
            if (bwr.write_consumed < (ssize_t)mOut.dataSize())
                mOut.remove(0, bwr.write_consumed);
            else
                mOut.setDataSize(0);
        }
        if (bwr.read_consumed > 0) {
            mIn.setDataSize(bwr.read_consumed);
            mIn.setDataPosition(0);
        }...
        return NO_ERROR;
    }
    return err;
}
```

执行完 ioctl 后，通过 bwr.write_consumed 和 bwr.read_consumed 可以知道 Binder 驱动对我们请求的 BINDER_WRITE_READ 命令的处理情况，然后对 mIn 和 mOut 做善后清理。

- write_consumed>0

说明 Binder 驱动消耗了 mOut 中的数据，因而就要把这部分已经处理过的数据移除掉。这分为两种情况：如果消耗的数据量小于 mOut 中的总数据量，就单独去掉这部分数据；否则，就直接设置当前总数据量为 0。

- read_consumed>0

和上面的判断类似，此时说明 Binder 驱动已经成功帮我们读取到了数据，并写入了 mIn.data() 所指向的内存地址（即前面图 6-19 中所示的 mData 指针）中。所以，设置 mDataSize 和 mDataPos 为合适的值。

前面 Binder 驱动小节中曾经讨论过 binder_ioctl 这个函数的实现，但因为当时还缺乏具体的应用场景而没有做细致分析。现在我们就可以带着 getService()这个请求再次进入函数的源码中。

接下来重点看看 BINDER_WRITE_READ 命令的执行过程（分段阅读）：

```
/*(内核工程) drivers/staging/android/Binder.c*/
static long binder_ioctl(struct file *filp, unsigned int cmd, unsigned long arg)
{
    int ret;
    struct binder_proc *proc = filp->private_data; /*从filp中取出proc变量，即
                                binder_open中动态创建的实例*/
    struct binder_thread *thread;
    unsigned int size = _IOC_SIZE(cmd); //命令的大小
    void __user *ubuf = (void __user *)arg;
```

我们知道，Binder 的执行过程多数是阻塞型的（或者说是同步操作）。换句话说，通过 Binder 去调用服务进程提供的接口函数，那么此函数执行结束时结果就已经产生，不涉及回调机制。比如用户使用 getService 向 ServiceManager 发起查询请求——函数的返回值就是查询的结果，意味着用户不需要提供额外的回调函数来接收结果。

Binder 是如何做到这一点的呢？可以想到的方法有很多，其中常见的一种就是让调用者进程暂时挂起，直到目标进程返回结果后，Binder 再唤醒等待的进程。如下所示：

```
ret = wait_event_interruptible(binder_user_error_wait, binder_stop_on_user_error < 2);
if (ret)
    goto err_unlocked;
```

这个 wait_event_interruptible 定义如下：

```
#define wait_event_interruptible(wq, condition)                 \
({                                                              \
    int __ret = 0;                                              \
    if (!(condition))                                           \
        __wait_event_interruptible(wq, condition, __ret);       \
    __ret;                                                      \
})
```

也就是说，如果 condition 满足的话就直接返回 0；否则，调用__wait_event_interruptible 进入可中断的挂起状态：

```
#define __wait_event_interruptible(wq, condition, ret)          \
do {                                                            \
    DEFINE_WAIT(__wait);                                        \
                                                                \
    for (;;) {                                                  \
        prepare_to_wait(&wq, &__wait, TASK_INTERRUPTIBLE);      \
        if (condition)                                          \
            break;                                              \
        if (!signal_pending(current)) {                         \
            schedule();                                         \
            continue;                                           \
        }                                                       \
        ret = -ERESTARTSYS;                                     \
        break;                                                  \
    }                                                           \
    finish_wait(&wq, &__wait);                                  \
} while (0)
```

6.4 "DNS" 服务器——ServiceManager(Binder Server)

宏定义 __wait_event_interruptible 里有个 for 死循环,跳出循环的条件是 condition 已经满足要求。首先它将自己置为 TASK_INTERRUPTIBLE,也就是可中断挂起状态,然后进行 schedule 调度。可想而知,因为已经不是处于可运行状态,所以将不再分配到 CPU 时间,直到有人把它唤醒。醒来后还是得先检查 condition 是否已经满足,否则将再次处于可中断挂起状态。

这里因为 binder_stop_on_user_error 是小于 2 的,所以不会被挂起:

```
binder_lock(__func__);
```

此时 ioctl 已经取出之前为用户创建的 proc 结构体,并计算出命令的大小。接下来的操作将在保护区中进行:

```
thread = binder_get_thread(proc);
if (thread == NULL) {
    ret = -ENOMEM;
    goto err;
}
```

上面的代码中,binder_get_thread 将首先向 proc 中的 threads 链表查询是否已经添加了当前线程的节点,如果没有则插入一个表示当前线程的新节点。需特别注意的是,threads 链表是按 pid 大小排序的,这样可以加快查询速度。

到目前为止准备工作结束,可以处理具体的命令了:

```
switch (cmd) {
case BINDER_WRITE_READ: {
    struct binder_write_read bwr;
    if (size != sizeof(struct binder_write_read)) {
        ret = -EINVAL;
        goto err;
    }
```

首先判断 buffer 大小是否符合要求,然后开始从用户空间复制数据:

```
    if (copy_from_user(&bwr, ubuf, sizeof(bwr))) {//从用户空间复制数据
        ret = -EFAULT;
        goto err;
    }
    …
```

还记得我们在 ioctl_mmap 中的讲解吗?如果还不太清楚上面代码是做什么的,请返回 Binder 驱动小节进行复习。

成功从用户空间取得数据后,接下来就开始执行 write/read 操作。

在 talkWithDriver 中,我们根据实际情况分别填写了 write 和 read 请求,因而这里也会区分对待:

```
    if (bwr.write_size > 0) { //有数据需要写
        ret = binder_thread_write(proc, thread, (void __user *)bwr.write_buffer,
            bwr.write_size, &bwr.write_consumed); /*这个函数我们下面再专门分析*/
        if (ret < 0) { //成功执行返回 0,负数表示有错误发生
            bwr.read_consumed = 0; //告诉调用者已读取的数据大小为 0
            if (copy_to_user(ubuf, &bwr, sizeof(bwr)))/*复制数据到用户空间*/
                ret = -EFAULT;
            goto err;
        }
    }
```

上面这段代码首先判断用户是否请求写入数据,然后调用 binder_thread_write:

```
    if (bwr.read_size > 0) { //需要读数据
        ret = binder_thread_read(proc, thread, (void __user *)bwr.read_buffer,
            bwr.read_size,&bwr.read_consumed, filp->f_flags & O_NONBLOCK); /*通过
                                               这个函数来读 取用户需要的数据*/
```

```
                if (!list_empty(&proc->todo))
                    wake_up_interruptible(&proc->wait);
                if (ret < 0) {
                    if (copy_to_user(ubuf, &bwr, sizeof(bwr)))
                        ret = -EFAULT;
                    goto err;
                }
            }
            ...
            if (copy_to_user(ubuf, &bwr, sizeof(bwr))) {
                ret = -EFAULT;
                goto err;
            }
            break;
        } //case BINDER_WRITE_READ 结束
    ...//其他命令处理过程省略
}//binder_ioctl 结束
```

然后通过 read_size 判断用户是否请求读取数据。不管是读取还是写入，Binder 驱动只是发挥中间人的作用，真正处理请求的还是 Binder Client 和 Binder Server 通信双方。

通过上面的代码我们只能大概了解到读写操作的流程，接下来将以 binder_thread_write()为例来具体分析内部的实现细节。这个函数很长，我们仍然截取关键部分逐步讲解：

```
int binder_thread_write(struct binder_proc *proc, struct binder_thread *thread,
            void __user *buffer, int size, signed long *consumed)
{
```

在 getService()这一场景下，各主要参数的值如下。

- proc

调用者进程。

- thread

调用者线程。

- buffer:

即 bwr.write_buffer。在 talkWithDriver 中，它被设置为：

```
bwr.write_buffer = (long unsigned int)mOut.data();
```

因而就是 writeTransactionData 中对 mOut 写入的数据，主要有两部分：

```
mOut.writeInt32(cmd);
mOut.write(&tr, sizeof(tr));
```

其中 cmd 是 BC_TRANSACTION，tr 是一个 binder_transaction_data 数据结构的变量。

- size

即 bwr.write_size。

- consumed

即 bwr.write_consumed：

```
    uint32_t cmd;
    void __user *ptr = buffer + *consumed; //忽略已经处理过的部分
    void __user *end = buffer + size; //buffer 尾部
```

这里的 ptr 和 end 分别指向 buffer 需要处理的数据起点和终点。

应该知道的是，buffer 中可以包含不止一个命令和其对应的数据，因而接下来的代码将采用循环的形式来处理所有命令：

```
    while (ptr < end && thread->return_error == BR_OK) {
        if (get_user(cmd, (uint32_t __user *)ptr)) //获取一个 cmd
            return -EFAULT;
```

6.4 "DNS"服务器——ServiceManager(Binder Server)

```
            ptr += sizeof(uint32_t); /*跳过cmd所占的空间大小,
                                    这样子指针就指向下面需要处理的数据了*/
            if (_IOC_NR(cmd) < ARRAY_SIZE(binder_stats.bc)) {/*统计数据*/
                binder_stats.bc[_IOC_NR(cmd)]++;
                proc->stats.bc[_IOC_NR(cmd)]++;
                thread->stats.bc[_IOC_NR(cmd)]++;
            }
```

这里取出的 cmd 为 BC_TRANSACTION,我们略过其他无关代码:

```
            switch (cmd) {
            …
            case BC_TRANSACTION:
            case BC_REPLY: {
                struct binder_transaction_data tr;/*这组命令的格式为
                                                cmd| binder_transacttion_data */
                if (copy_from_user(&tr, ptr, sizeof(tr)))  //从用户空间取得tr结构
                    return -EFAULT;
                ptr += sizeof(tr); //跳过tr所占空间
                binder_transaction(proc, thread, &tr, cmd == BC_REPLY);/*具体执行命令*/
                break;
            }
            …//其他命令的处理省略
}// binder_thread_write 结束
```

获取了用户空间的 binder_transaction_data 结构体变量后,紧接着程序进入 binder_transaction 进行处理(这个函数可以说是 Binder 中最长的,不过也是最关键的)。值得一提的是,此函数被同时用于处理 BC_TRANSACTION 和 BC_REPLY 两种命令——理论上来讲这种杂糅的方式并不是太好,这么做可能是两者间确实有关联,部分代码也是共用的,不过易读性就比较差了:

```
static void binder_transaction(struct binder_proc *proc,
                struct binder_thread *thread,
                struct binder_transaction_data *tr, int reply)
{
```

这个函数的入参和上面 binder_thread_write 基本类似,此处不再赘述:

```
    struct binder_transaction *t;
    struct binder_work *tcomplete;
    size_t *offp, *off_end;
    struct binder_proc *target_proc;
    struct binder_thread *target_thread = NULL;
    struct binder_node *target_node = NULL;
    struct list_head *target_list;
    wait_queue_head_t *target_wait;
    struct binder_transaction *in_reply_to = NULL;
    struct binder_transaction_log_entry *e;
    uint32_t return_error;
```

先讲解一下这个函数中涉及的几个重要变量。

- target_proc

从名称可以看出,它是目标对象所在的进程。在我们这个场景中,就是 ServiceManager。而获取目标所在进程是 binder_transaction 的重点之一。

- target_thread

同上。

- t

表示一个 transaction 操作。

- tcomplete

表示一个未完成的操作。因为一个 transcation 通常涉及两个进程 A 和 B,当 A 向 B 发送了请求后,B 需要一段时间来执行;此时对于 A 来说就是一个"未完成的操作"——直到 B 返回结果后,Binder 驱动才会再次启动 A 来继续执行:

```
        e = binder_transaction_log_add(&binder_transaction_log);
        e->call_type = reply ? 2 : !!(tr->flags & TF_ONE_WAY);
        e->from_proc = proc->pid;
        e->from_thread = thread->pid;
        e->target_handle = tr->target.handle;
        e->data_size = tr->data_size;
        e->offsets_size = tr->offsets_size;
```

上面这段代码用于添加 log 信息,我们可以跳过。

因为这个函数要处理 BC_TRANSACTION 和 BC_REPLY 两种情况,所以必须将它们先区分开来。显然这里是 BC_TRANSACTION,即 reply 为 false:

```
    if (reply) {
         ...//BC_REPLY 的情况,省略代码
    } else {//这个分支就是 BC_TRANSACTION 的情况
        if (tr->target.handle) {/*handle 不为 0 的情况*/
            struct binder_ref *ref;
            ref = binder_get_ref(proc, tr->target.handle);
            …
            target_node = ref->node;
        } else {/*handle 为 0,即目标为 Service Manager*/
            target_node = binder_context_mgr_node;
            …
        }
```

对 BC_TRANSACTION 的处理分为几个步骤。上面这段代码就是第一步,即取得目标对象所对应的 target_node。如果 target.handle 为 0,代表 target 是 Service Manager,因而可以直接使用 binder_context_mgr_node 这个全局变量;否则,就调用 binder_get_ref 来查找是否存在一个符合 handle 要求的 node:

```
        e->to_node = target_node->debug_id;
        target_proc = target_node->proc;//目标进程
        …
        if (!(tr->flags & TF_ONE_WAY) && thread->transaction_stack) {
            struct binder_transaction *tmp;
            tmp = thread->transaction_stack;
            …
            while (tmp) {
                if (tmp->from && tmp->from->proc == target_proc)
                    target_thread = tmp->from;
                tmp = tmp->from_parent;
            }
        }
    }
```

第二步,找出目标对象的 target_proc 和 target_thread:

```
    if (target_thread) {
        e->to_thread = target_thread->pid;
        target_list = &target_thread->todo;
        target_wait = &target_thread->wait;
    } else {
        target_list = &target_proc->todo;
        target_wait = &target_proc->wait;
    }
    e->to_proc = target_proc->pid;
```

第三步,根据第二步的结果得到 target_list 和 target_wait,分别用于表示 "todo" 和 "wait" 列表:

```
    t = kzalloc(sizeof(*t), GFP_KERNEL);
    …
```

6.4 "DNS"服务器——ServiceManager(Binder Server)

第四步,生成一个 binder_transaction 变量(即上面代码中的 t)用于描述本次要进行的 transaction——最后将其加入 target_thread->todo 中。这样当目标对象被唤醒时,它就可以从这个队列中取出需要做的工作:

```
tcomplete = kzalloc(sizeof(*tcomplete), GFP_KERNEL);
…
```

第五步,生成一个 binder_work 变量(即上面代码中的 tcomplete)用于说明当前调用者线程有一宗未完成的 transaction——它最后会被添加到本线程的 todo 队列中:

```
…
if (!reply && !(tr->flags & TF_ONE_WAY))
    t->from = thread;
else
    t->from = NULL;
t->sender_euid = proc->tsk->cred->euid;
t->to_proc = target_proc;
t->to_thread = target_thread;
t->code = tr->code;
t->flags = tr->flags;
t->priority = task_nice(current);
t->buffer = binder_alloc_buf(target_proc, tr->data_size,
    tr->offsets_size, !reply && (t->flags & TF_ONE_WAY));
if (t->buffer == NULL) {
    return_error = BR_FAILED_REPLY;
    goto err_binder_alloc_buf_failed;
}
t->buffer->allow_user_free = 0;
t->buffer->debug_id = t->debug_id;
t->buffer->transaction = t;
t->buffer->target_node = target_node;
if (target_node)
    binder_inc_node(target_node, 1, 0, NULL);
```

第六步,填写 binder_transaction 数据。一个 binder_transaction 包含的信息比较多,我们结合当前场景描述其中的重点部分。

- 调用者信息

如 t→from,表示这个 transaction 是由谁发起的。

- 目标对象信息

如 t→to_proc 和 t→to_thread,分别表示目标所在的进程和线程。这里对应的是 ServiceManager。

- transaction 相关信息

如 t→code 是面向 Binder Server 的请求码,getService()服务对应的是 GET_SERVICE_TRANSACTION。

t→buffer 是为了完成本条 transaction 所申请的内存,也就是 Binder 驱动小节中 mmap 所管理的内存区域:

```
offp = (size_t *)(t->buffer->data + ALIGN(tr->data_size, sizeof(void *)));

if (copy_from_user(t->buffer->data, tr->data.ptr.buffer, tr->data_size)) {
    binder_user_error("binder: %d:%d got transaction with invalid "
        "data ptr\n", proc->pid, thread->pid);
    return_error = BR_FAILED_REPLY;
    goto err_copy_data_failed;
}
if (copy_from_user(offp, tr->data.ptr.offsets, tr->offsets_size)) {
    binder_user_error("binder: %d:%d got transaction with invalid "
        "offsets ptr\n", proc->pid, thread->pid);
    return_error = BR_FAILED_REPLY;
    goto err_copy_data_failed;
```

```
        }
        if (!IS_ALIGNED(tr->offsets_size, sizeof(size_t))) {
            binder_user_error("binder: %d:%d got transaction with "
                "invalid offsets size, %zd\n",
                proc->pid, thread->pid, tr->offsets_size);
            return_error = BR_FAILED_REPLY;
            goto err_bad_offset;
        }
```

第七步，申请到 t→buffer 内存后，我们可以从用户空间把数据复制过来。因为 t→buffer 所指向的内存空间和目标对象是共享的，所以只需要一次复制就把数据从 Binder Client 复制到 Binder Server 中了。具体过程在前面小节中已经阐述过，读者如果不清楚可以回头看看。

接下来是一个很长的 for 循环，它用来处理数据中的 binder_object 对象。因为 getService()是向 Service Manager 查询一个对象，因而这一部分代码暂时可以略过，等到 Service Manager 根据用户请求写入一个 object 时，我们再来分析：

```
        off_end = (void *)offp + tr->offsets_size;
        for (; offp < off_end; offp++) {
            …//对binder_object对象的处理，暂时略过
        }
        if (reply) {
            BUG_ON(t->buffer->async_transaction != 0);
            binder_pop_transaction(target_thread, in_reply_to);
        } else if (!(t->flags & TF_ONE_WAY)) { //在这个场景下执行此分支
            BUG_ON(t->buffer->async_transaction != 0);
            t->need_reply = 1;
            t->from_parent = thread->transaction_stack;
            thread->transaction_stack = t;
        } else {
            BUG_ON(target_node == NULL);
            BUG_ON(t->buffer->async_transaction != 1);
            if (target_node->has_async_transaction) {
                target_list = &target_node->async_todo;
                target_wait = NULL;
            } else
                target_node->has_async_transaction = 1;
        }
```

如果用户没有指定 TF_ONE_WAY 标志，则将这个 transaction 的 need_reply 置为 1，并记录本次 transaction 以备后期查询：

```
        t->work.type = BINDER_WORK_TRANSACTION;
        list_add_tail(&t->work.entry, target_list);//加入目标的处理队列中
        tcomplete->type = BINDER_WORK_TRANSACTION_COMPLETE;
        list_add_tail(&tcomplete->entry, &thread->todo);//当前线程有一个未完成的操作
        if (target_wait)
            wake_up_interruptible(target_wait);//唤醒目标
        return;
```

关键的一步来了，如我们之前所述——t 最终会被加入对方的 todo 队列中，tcomplete 被加入调用者自己的 todo 队列中，然后开始唤醒目标对象（如果需要的话），即 Service Manager：

```
err_get_unused_fd_failed:
err_fget_failed:
err_fd_not_allowed:
err_binder_get_ref_for_node_failed:
err_binder_get_ref_failed:
err_binder_new_node_failed:
err_bad_object_type:
err_bad_offset:
err_copy_data_failed:
    …//错误处理，代码省略
}//binder_transaction 结束
```

Service Manager 被唤醒后，系统就要分两条路进行。

1. Service Manager 被唤醒后，Binder Client 端的处理

一方面，调用者 Binder Client 在执行完 binder_transaction 后，首先返回 binder_thread_write，因为这个函数已经没有什么可以做的了，就直接返回到 binder_ioctl。此时 binder_ioctl 已经执行完用户的 write 请求，紧接着就要判断用户是否还有 read 请求。为了方便阅读，我们把这段代码单独列出。如下所示：

```
if (bwr.read_size > 0) {
    ret = binder_thread_read(proc, thread, (void __user *)bwr.read_buffer,
    bwr.read_size, &bwr.read_consumed, filp->f_flags & O_NONBLOCK);
    if (!list_empty(&proc->todo))
        wake_up_interruptible(&proc->wait);
    if (ret < 0) {
        if (copy_to_user(ubuf, &bwr, sizeof(bwr)))
            ret = -EFAULT;
        goto err;
    }
}
if (copy_to_user(ubuf, &bwr, sizeof(bwr))) {
    ret = -EFAULT;
    goto err;
}
```

和 write 请求类似，用户通过设置 read_size 来表示他希望读取的数据以及数据量大小。接着程序调用 binder_thread_read 来执行具体的读取过程。对于这个函数的分析和 binder_thread_write 大致相同，因而我们只挑选部分重点来讲解。如下所示：

```
static int binder_thread_read(struct binder_proc *proc,
              struct binder_thread *thread,
              void __user *buffer, int size,
              signed long *consumed, int non_block)
{
```

首先来看看函数的几个入参。其中 proc 和 thread 分别是调用者的进程和线程。参数 buffer 很明显是调用者提供的写入空间，也就是 IPCThreadState 中的 mIn 数据存储空间。其后的 size 是要读取的最大数据量，也就是 mIn 的容量。而 consumed 对应 mIn.read_consumed=0：

```
    void __user *ptr = buffer + *consumed;
    void __user *end = buffer + size;

    int ret = 0;
    int wait_for_proc_work;
    if (*consumed == 0) {
        if (put_user(BR_NOOP, (uint32_t __user *)ptr))
            return -EFAULT;
        ptr += sizeof(uint32_t);
    }
```

和 binder_thread_write 类似，ptr 和 end 分别指向数据的起始和终点。如果 read_consumed=0，则写入一个 BR_NOOP：

```
    …
    while (1) {
        uint32_t cmd;
        struct binder_transaction_data tr;
        struct binder_work *w;
        struct binder_transaction *t = NULL;

        if (!list_empty(&thread->todo))//todo 列表是否为空
            w = list_first_entry(&thread->todo, struct binder_work, entry);
        else if (!list_empty(&proc->todo) && wait_for_proc_work)
            w = list_first_entry(&proc->todo, struct binder_work, entry);
        else {
```

```
                if (ptr - buffer == 4 && !(thread->looper &BINDER_LOOPER_STATE_NEED_ RETURN))
                    goto retry;
                break;
        }
```

在前面的 binder_thread_write 中,我们把一个 binder_work 添加到 thread→todo 队列中,因而这里的 w 不会为空,类型为 BINDER_WORK_TRANSACTION_COMPLETE:

```
            if (end - ptr < sizeof(tr) + 4)
                break;

            switch (w->type) {…
            case BINDER_WORK_TRANSACTION_COMPLETE: {
                cmd = BR_TRANSACTION_COMPLETE;
                if (put_user(cmd, (uint32_t __user *)ptr))//写入上述的 cmd
                    return -EFAULT;
                ptr += sizeof(uint32_t);

                binder_stat_br(proc, thread, cmd);//统计信息
                list_del(&w->entry);
                kfree(w);
                binder_stats_deleted(BINDER_STAT_TRANSACTION_COMPLETE);
            } break;
            …//省略其他无关 case
    }//while 循环结束
    …
    return 0;
}//binder_thread_read 结束
```

可见在对 BINDER_WORK_TRANSACTION_COMPLETE 的处理中,程序又写入了一个 BR_TRANSACTION_COMPLETE,后面可以重点看看 IPCThreadState 是如何处理的。

总的来说,binder_thread_read 读取了两个命令,即 BR_NOOP 和 BR_TRANSACTION_COMPLETE。完成以后仍旧回到 binder_ioctl,继而返回 IPCThreadState 中的 talkWithDriver。前面已经分析过,如果 write_consumed 和 read_consumed 都大于 0,那么 mOut 和 mIn 会做出相应的调整,最后回到 waitForResponse 的主循环中:

```
    while (1) {
        if ((err=talkWithDriver()) < NO_ERROR) break;//前面做了那么多工作,但还没脱离这个函数的范畴
        err = mIn.errorCheck();/*错误检查*/
        if (err < NO_ERROR) break;/*数据有错误*/
        if (mIn.dataAvail() == 0) continue;/*如果没有可用数据,进入下一轮循环*/
```

我们在源码中已经绕了一个大圈,但实际上都只是围绕 talkWithDriver 展开的。当函数返回时,说明 mIn 已有数据,我们就接着之前的代码看下具体是如何处理的:

```
            cmd = mIn.readInt32();//读取 cmd
            switch (cmd) {
            case BR_TRANSACTION_COMPLETE:
                if (!reply && !acquireResult) goto finish;
                break;
             …
             default:
                err = executeCommand(cmd);
                if (err != NO_ERROR) goto finish;
                break;
            }
```

这个 switch 分支并没有专门针对 BR_NOOP 的 case,因而它会进入 default 中,继而执行 executeCommand。不过实际上什么也不做:

```
status_t IPCThreadState::executeCommand(int32_t cmd)
{     …
    switch (cmd) {
    case BR_NOOP:
```

6.4 "DNS"服务器——ServiceManager(Binder Server)

```
            break;
        }
    }
```

执行完 BR_NOOP 后,因为没有跳出 while 主循环,还会再进入一次 talkWithDriver。不过因为此时 mIn 中还有其他数据没读完,mIn.dataPosition() < mIn.dataSize(),所以 read_size 和 write_size 都为 0,也就不会调用 ioctl 了。

接着程序处理 BR_TRANSACTION_COMPLETE,分为两种情况。假如是同步就需要继续执行主循环,即前面 while(1)中的内容;否则,就直接跳转到 finish 结束整个操作。这里是第一种情况,即程序还会再次调用 talkWithDriver 与 Binder 驱动进行交互。

第二次进入 talkWithDriver,稍微有点变化的是 bwr.write_size=0,而 bwr.read_size 还是大于 0。所以在 binder_ioctl 中,就不需要执行 binder_thread_write 了,可直接进入 binder_thread_read 中。因为这个函数之前已经分析过,下面只重点列出有区别的地方:

```
static int binder_thread_read(struct binder_proc *proc, struct binder_thread *thread,
                   void __user *buffer, int size, signed long *consumed, int non_block)
{
    void __user *ptr = buffer + *consumed;
    void __user *end = buffer + size;

    int ret = 0;
    int wait_for_proc_work;

    if (*consumed == 0) {
        if (put_user(BR_NOOP, (uint32_t __user *)ptr))
            return -EFAULT;
        ptr += sizeof(uint32_t);
    }

retry:
    wait_for_proc_work = thread->transaction_stack == NULL &&list_empty(&thread-> todo);
//是否要等待?
    ...
```

首先还是放入一个 BR_NOOP,然后判断是否要 wait_for_proc_work。由于 thread->transaction_stack 到目前为止还不为空,而且前一次操作已经处理了 todo 队列,所以调用者唯一能做的就是等待 Service Manager 的结果。因而,它最终将通过如下语句进入睡眠等待:

```
        if (wait_for_proc_work) {//wait_for_proc_work 为 false
            ...
        } else {
            if (non_block) { //non_block 为 false
                if (!binder_has_thread_work(thread))
                    ret = -EAGAIN;
            } else
                ret = wait_event_freezable(thread->wait, binder_has_thread_work(thread));
        /*进入等待,直到 Service Manager 来唤醒*/
        }
```

这样我们就分析完调用者这边在唤醒 Service Manager 后的工作了——它将最终进入等待。

2. Service Manager 被唤醒后的操作

要回答这个问题,首先得知道 SM 在睡眠前执行到了哪里。根据前几个小节对 SM 的讲解,它在启动后首先进行了一系列的初始化操作,然后通知 Binder 驱动它即将进入循环状态,最后通过一个 for 语句不断解析客户端的请求。如下所示:

```
    for (;;) {
        bwr.read_size = sizeof(readbuf);
        bwr.read_consumed = 0;
        bwr.read_buffer = (unsigned) readbuf;
```

```
            res = ioctl(bs->fd, BINDER_WRITE_READ, &bwr);//向 Binder 驱动读写数据
            …
            res = binder_parse(bs, 0, readbuf, bwr.read_consumed, func);//解析
            …
        }
```

由以上代码段可知，除非发生意外错误，否则 SM 将一直在这个 for 循环中响应 Binder Client 的请求。这个主循环一开始设置了 bwr.read_size = sizeof(readbuf)，即 read_size>0，而 write_size=0。因而进入 binder_ioctl 后，只会执行 binder_thread_read，此时又会发生什么情况呢？

```
static int binder_thread_read(struct binder_proc *proc, struct binder_thread *thread,
                  void __user *buffer, int size, signed long *consumed, int non_block)
{
    …//无关部分一律省略
retry:
    wait_for_proc_work = thread->transaction_stack == NULL &&list_empty(&thread-> todo
);
```

和前面调用者进程遇到的情况一样，后面这两个条件都成立，wait_for_proc_work 就为 true。所以：

```
    if (wait_for_proc_work) {
        …
        if (non_block) {
            if (!binder_has_proc_work(proc, thread))
                ret = -EAGAIN;
        } else
            ret = wait_event_freezable_exclusive (proc->wait,
                                    binder_has_proc_work (proc, thread));
    } else {
        …
    }
```

也就是说，SM 将通过 wait_event_freezable_exclusive 进入睡眠等待，直到有人唤醒它。

这样我们就知道 SM 需要从哪一步开始执行了。它醒来后首先会检查自己的 todo 队列是否有需要处理的事项——根据前面的分析，此时这个队列放的是 Binder Client 提交的 getService()的请求。如下所示：

```
while (1) {
    …
    struct binder_work *w;
    …
    switch (w->type) {
    case BINDER_WORK_TRANSACTION: {//需要处理这个业务
        t = container_of(w, struct binder_transaction, work);
    } break;
    …
}
```

业务的类型为 BINDER_WORK_TRANSACTION。处理过程并不复杂，主要是把用户的请求复制到 Service Manager 中并对各种队列进行调整。有兴趣的读者可以自己分析。

通过 binder_ioctl 读取到 getService()请求后，SM 将调用 binder_parse 进行解析，最后再次调用 ioctl 与驱动交互，如下所示：

```
        /*frameworks/native/cmds/servicemanager/Binder.c*/
        res = ioctl(bs->fd, BINDER_WRITE_READ, &bwr);/*SM 醒来后首先读取到用户请求，
                                                    然后返回到这里*/
        res = binder_parse(bs, 0, readbuf, bwr.read_consumed, func); /*紧接着调用这个函数对
                                                    getService 请求进行解析*/
```

ServiceManager 中的 binder_parse 函数前面已经介绍过，这里结合 getService()这个场景再分析一次：

6.4 "DNS"服务器——ServiceManager(Binder Server)

```c
/*frameworks/native/cmds/servicemanager/Binder.c*/
int binder_parse(struct binder_state *bs, struct binder_io *bio, uint32_t *ptr, uint
32_t size, binder_handler func)
{
    int r = 1;
    uint32_t *end = ptr + (size / 4);/*数据终点*/

    while (ptr < end) {
        uint32_t cmd = *ptr++;//取出cmd
        switch(cmd) {
        …//忽略其他无关case
        case BR_TRANSACTION: {
            struct binder_txn *txn = (void *) ptr;
            binder_dump_txn(txn);//dump调试
            if (func) {
                unsigned rdata[256/4];
                struct binder_io msg;
                struct binder_io reply; //注意reply变量的数据类型
                int res;

                bio_init(&reply, rdata, sizeof(rdata), 4); //为reply初始化
                bio_init_from_txn(&msg, txn);
                res = func(bs, txn, &msg, &reply); //由svcmgr_handler处理请求
                binder_send_reply(bs, &reply, txn->data, res); //将reply发给Binder驱动
            }
            ptr += sizeof(*txn) / sizeof(uint32_t);
            break;
        }
    }
    return r;
}
```

上面这段代码分为以下步骤来处理BR_TRANSACTION：

- 初始化reply；
- 通过func函数，即svcmgr_handler来具体处理用户请求；
- 将处理结果通过Binder驱动返回给发送请求的客户端。

特别说明一下，reply是一个binder_io变量，这是Service Manager内部的一种数据类型。其主要的内部成员释义如下：

```c
struct binder_io
{
    char *data;            /* 数据区当前地址 */
    uint32_t *offs;        /* offset区当前地址 */
    uint32_t data_avail;   /* 数据区剩余空间 */
    uint32_t offs_avail;   /* offset区剩余空间 */

    char *data0;           /* 数据区起始地址 */
    uint32_t *offs0;       /* offset区起始地址 */
    uint32_t flags;
    uint32_t unused;
};
```

这几个成员变量的取名确实不太合理，严重影响了大脑运转。记住，它其实是划分了两个区域，即data区和offs区；而每个区又分别有个起始地址和当前地址。所以，一共有data、data0、offs和offs0共4个地址指针。

先来看看如何初始化reply：

```c
void bio_init(struct binder_io *bio, void *data,uint32_t maxdata, uint32_t maxoffs)
{
    uint32_t n = maxoffs * sizeof(uint32_t); //最大可偏移4个，共16字节

    if (n > maxdata) { //maxdata为256
        bio->flags = BIO_F_OVERFLOW;
        bio->data_avail = 0;
```

```
            bio->offs_avail = 0;
            return;
        }

        bio->data = bio->data0 = (char *) data + n;
        bio->offs = bio->offs0 = data;
        bio->data_avail = maxdata - n;
        bio->offs_avail = maxoffs; //注意它的起始值是4，不是16
        bio->flags = 0;
    }
```

和 Parcel 相比较，我们可以得出初步的结论：binder_io 是 Service Manager 内部用于存储 binder object 的一种数据结构。

接着程序调用 res = func(bs, txn, &msg, &reply)来处理，而 func 已经被注册为 svcmgr_handler。这些知识在前面几个小节都已经分析过，下面再复习一下：

```
    switch(txn->code) {
    case SVC_MGR_GET_SERVICE:
    case SVC_MGR_CHECK_SERVICE:
        s = bio_get_string16(msg, &len);
        ptr = do_find_service(bs, s, len, txn->sender_euid);/*查找符合要求的Service*/
        if (!ptr)
            break;
        bio_put_ref(reply, ptr);/*将结果存入 reply 中*/
```

在 svcmgr_handler 中，针对 getService 请求（SVC_MGR_GET_SERVICE），首先调用 do_find_service 进行查找：如果顺利的话就会返回一个 void*类型的 ptr，这就是最后要转化成 IBinder 的那个指针。然后把这个指针写入 reply 中，即上面的 binder_io 变量。

读者可能会有这样的疑问：ptr 是个什么值呢？要回答这个问题，就要看 addService 时在 Service Manger 中存入了什么。在 SM 中添加一个 Service 的过程和 getService 非常类似，重复的部分不再赘述，直接来看看 Service Manager 对 SVC_MGR_ADD_SERVICE 的处理：

```
    case SVC_MGR_ADD_SERVICE:
        s = bio_get_string16(msg, &len);
        ptr = bio_get_ref(msg);
        allow_isolated = bio_get_uint32(msg) ? 1 : 0;
        if (do_add_service(bs, s, len, ptr, txn->sender_euid, allow_isolated))
            return -1;
        break;
```

可见，ptr 这个值是在 bio_get_ref 中获得的：

```
void *bio_get_ref(struct binder_io *bio)
{
    struct binder_object *obj;
    obj = _bio_get_obj(bio);
    …
    if (obj->type == BINDER_TYPE_HANDLE)
        return obj->pointer;

    return 0;
}
```

简要说下这个函数的逻辑：它根据用户传进来的 binder_object 的类型，即 obj→type 来为前面的 ptr 赋值。Binder 中共有以下几种 object 类型，在 Binder.h 中定义：

```
enum {
 BINDER_TYPE_BINDER      = B_PACK_CHARS('s', 'b', '*', B_TYPE_LARGE),
 BINDER_TYPE_WEAK_BINDER = B_PACK_CHARS('w', 'b', '*', B_TYPE_LARGE),
 BINDER_TYPE_HANDLE      = B_PACK_CHARS('s', 'h', '*', B_TYPE_LARGE),
 BINDER_TYPE_WEAK_HANDLE = B_PACK_CHARS('w', 'h', '*', B_TYPE_LARGE),
 BINDER_TYPE_FD          = B_PACK_CHARS('f', 'd', '*', B_TYPE_LARGE),
};
```

6.4 "DNS"服务器——ServiceManager(Binder Server)

其中前两种只能是针对 Binder Client 和 Binder Server 在同一个进程中的情况,而后两种因为传递的是 Binder 句柄也就没有任何限制了。比如,A 知道一家著名餐馆的电话号码,之后把它给了 B,那么 B 就可以在任何时候凭借这个电话号码与餐馆建立联系了。

一个 Binder Client 调用 ServiceManager.addService 将自己添加到 Service Manager 时,实际上一开始这个 object 的类型是 BINDER_TYPE_BINDER;不过到了 Binder 驱动中,这个值就变成了 BINDER_TYPE_HANDLE。或者也可以这样理解:BINDER_TYPE_BINDER 代表的是内存地址,所以直接发送给另一个进程并没有实际的意义;而 BINDER_TYPE_HANDLE 是这个 object 在 Binder 驱动中的 id 号——通过这个号码最终可以找到对应的目标 Client/Server。Binder 驱动负责对它们进行转换,代码如下所示。

```
static void binder_transaction(struct binder_proc *proc,struct binder_thread *thread,
                    struct binder_transaction_data *tr, int reply)
{
        …
        switch (fp->type) {
        case BINDER_TYPE_BINDER:
        case BINDER_TYPE_WEAK_BINDER: {
            …
            if (fp->type == BINDER_TYPE_BINDER)
                fp->type = BINDER_TYPE_HANDLE;//类型变了
            else
                fp->type = BINDER_TYPE_WEAK_HANDLE;
            fp->handle = ref->desc;//值也相应的产生了变化
            …
}
```

因而 bio_get_ref 产生的对象最终的类型是 BINDER_TYPE_HANDLE,ptr 就是 Binder 的句柄值。得到这个句柄值后,我们需要把它写入回复中:

```
bio_put_ref(reply, ptr);
```

由之前对 reply 的初始化操作可知,reply 中的 offset 区域得到 16 字节的空间,其余为 data 区域。回到 bio_put_ref 中看看对 reply 做了什么操作:

```
void bio_put_ref(struct binder_io *bio, void *ptr)//这个函数的 bio 参数就指向了 reply
{
    struct binder_object *obj;

    if (ptr)
        obj = bio_alloc_obj(bio); //ptr 是之前 SM 查表得到的服务对应的句柄
    else
        obj = bio_alloc(bio, sizeof(*obj));
    …
    obj->flags = 0x7f | FLAT_BINDER_FLAG_ACCEPTS_FDS;
    obj->type = BINDER_TYPE_HANDLE; //注意这个类型,后面还会遇到
    obj->pointer = ptr; //将 ptr 保存到 obj 中
    obj->cookie = 0;
}
```

这个函数没有返回值,因而可以猜想到新创建的 obj 一定会与 reply 有直接的关系。答案可以从下面这个函数中找到:

```
static struct binder_object *bio_alloc_obj(struct binder_io *bio)
{
    struct binder_object *obj;
    obj = bio_alloc(bio, sizeof(*obj));//确定 obj 的具体地址
    if (obj && bio->offs_avail) {
        bio->offs_avail--; //个数减一
        *bio->offs++ = ((char*) obj) - ((char*) bio->data0);/*原来 offset 区域是用来记录每次
                        data 区域的写入大小的,这是"可变长度数据"的一种存储方法*/
        return obj;
    }
```

```
        bio->flags |= BIO_F_OVERFLOW;
        return 0;
}
```

上面代码段中的 bio_alloc 和上面分析过的 writeInplace 作用类似,即确定将要写入数据的起始和结束位置,同样以 4 对齐,所以 obj 就指向可以写入的数据区起始位置(这个位置是在 reply 的 data 区域中的)。这意味着对 obj 写入数据,实际上就是写入 reply 的 data 区域中。

到这里基本上就清楚了,reply 存入了一个 binder_object 数据结构,类型为 BINDER_TYPE_HANDLE。而 binder_objcet.pointer 中是 SM 查找到的 Service 的指针(将最终被转换成 Ibinder)。

一切准备就绪后,SM 便要将结果发送给 Binder 驱动。可想而知,数据格式必须遵守 Binder 协议的规定,因而填充过程很重要:

```
void binder_send_reply(struct binder_state *bs,struct binder_io *reply,void *buffer_
to_free,int status)
{
    struct {
        uint32_t cmd_free;
        void *buffer;
        uint32_t cmd_reply;
        struct binder_txn txn;//对应 Binder 驱动中的 binder_transaction_data 数据格式
    } __attribute__((packed)) data;

    data.cmd_free = BC_FREE_BUFFER;
    data.buffer = buffer_to_free;
    data.cmd_reply = BC_REPLY; //注意这里的命令类型
    data.txn.target = 0;
    data.txn.cookie = 0;
    data.txn.code = 0;
    if (status) {
    …//省略,status 用于指示之前操作有没有 error
    } else {//没有 error 的情况
        data.txn.flags = 0;
        data.txn.data_size = reply->data - reply->data0;
        data.txn.offs_size = ((char*) reply->offs) - ((char*) reply->offs0);
        data.txn.data = reply->data0; //reply 中数据区起始地址
        data.txn.offs = reply->offs0; //offset 区起始地址
    }
    binder_write(bs, &data, sizeof(data));//写入 Binder 驱动
}
```

这个函数里又定义了一个数据结构 data,其中最重要的变量是 txn。可以看到,txn 中保存了 reply 中的数据和 offset 区的起始地址:

```
int binder_write(struct binder_state *bs, void *data, unsigned len)
{
    struct binder_write_read bwr;
    int res;
    bwr.write_size = len;
    bwr.write_consumed = 0;
    bwr.write_buffer = (unsigned) data; //将 data 传入到 bwr 中
    bwr.read_size = 0;//不读取数据,只写入
    bwr.read_consumed = 0;
    bwr.read_buffer = 0;
    res = ioctl(bs->fd, BINDER_WRITE_READ, &bwr); //与 Binder 驱动交互
    …
    return res;
}
```

这个函数中有两个重要步骤。

● 将相关数据填入 binder_write_read。不管之前 SM 定义了多少内部数据结构,它与 Binder 驱动交互就得遵守后者的数据规范,包括 binder_write_read 和 binder_txn 等。
● 调用 ioctl 将命令发送给 Binder Driver。

6.4 "DNS"服务器——ServiceManager(Binder Server)

然后就进入 binder_ioctl→binder_thread_write→binder_transaction 进行处理,这和我们之前分析的情况基本大同小异,因而下面只列出不同的部分。

首先会进入 binder_thread_write,命令类型为 BC_REPLY。由以前的分析可知,它和 BC_TRANSACTION 一样都是在 binder_transaction 中处理的:

```
static void binder_transaction(struct binder_proc *proc, struct binder_thread *thread,
                    struct binder_transaction_data *tr, int reply)
{
    …//这些变量和之前的分析是完全一致的,不再赘述
    if (reply) {//BC_REPLY 的情况
        in_reply_to = thread->transaction_stack;//找到要"reply"给谁
        …
        thread->transaction_stack = in_reply_to->to_parent;
        target_thread = in_reply_to->from;//目标对象所在线程
        …
        target_proc = target_thread->proc;//目标对象所在进程
    } else {//BC_TRANSACTION 的情况
        …
    }
```

和 BC_TRANSACTION 同理,BC_REPLY 显然也要先找到目标进程/线程,即谁发起了这个 transaction。根据之前的分析,Service Manager 会在 thread->transaction_stack 中保存这一信息,因而就有根可寻了。如下:

```
in_reply_to = thread->transaction_stack;
```

有了这个基础,其他的就都好办了:

```
target_thread = in_reply_to->from;
target_proc = target_thread->proc;
    if (target_thread) {
        e->to_thread = target_thread->pid;
        target_list = &target_thread->todo;
        target_wait = &target_thread->wait;
    } else {
        target_list = &target_proc->todo;
        target_wait = &target_proc->wait;
    }
```

紧接着找出目标的 target_list 和 target_wait,这在后面都要用到:

```
    /* TODO: reuse incoming transaction for reply */
    t = kzalloc(sizeof(*t), GFP_KERNEL);
    …
    tcomplete = kzalloc(sizeof(*tcomplete), GFP_KERNEL);
    …
```

还是和 BC_TRANSACTION 类似,BC_REPLY 也生成了 t 和 tcomplete。其中 t 是给目标对象的,而 tcomplete 是给命令发起者自己的。只不过这里的目标和命令发起者与之前相反——目标对象是 Binder Client,BC_REPLY 的发起者是 Service Manager:

```
    if (!reply && !(tr->flags & TF_ONE_WAY))
        t->from = thread;
    else
        t->from = NULL;
    …//给变量 t 赋值过程省略(和 BC_TRANSACTION 完全一样)
    if (copy_from_user(t->buffer->data, tr->data.ptr.buffer, tr->data_size)) {
            /*从 ServiceManager 进程空间复制数据*/
        …
    }
    if (copy_from_user(offp, tr->data.ptr.offsets, tr->offsets_size)) {
        …
    }
    …
```

上面这段代码主要给 t 赋值，和 BC_TRANSACTION 完全一样，读者可以看看。不过因为 Service Manager 这次带了一个 binder_object，所以接下来要对这个 object 进行必要的处理（即之前讲解过的 BINDER_TYPE_HANDLE 和 BINDER_TYPE_BINDER 之间的转换）。如下所示：

```
off_end = (void *)offp + tr->offsets_size;/*offset 区域的结束地址*/
for (; offp < off_end; offp++) {/*object 可能不只一个*/
    struct flat_binder_object *fp;
    …
    fp = (struct flat_binder_object *)(t->buffer->data + *offp);/*获取一个object*/
    switch (fp->type) {
    …
    case BINDER_TYPE_HANDLE:
    case BINDER_TYPE_WEAK_HANDLE: {//如果这个object 的类型是 HANDLE
        struct binder_ref *ref = binder_get_ref(proc, fp->handle);
        …
        if (ref->node->proc == target_proc) {//目标进程和object 所属进程是同一个的情况
            if (fp->type == BINDER_TYPE_HANDLE)
                fp->type = BINDER_TYPE_BINDER;//直接可以使用内存地址
            else
                fp->type = BINDER_TYPE_WEAK_BINDER;
            fp->binder = ref->node->ptr;
            fp->cookie = ref->node->cookie;
            binder_inc_node(ref->node, fp->type == BINDER_TYPE_BINDER,
                                0, NULL);
            …
        } else {/*object 不在目标进程的范围*/
            struct binder_ref *new_ref;
            new_ref = binder_get_ref_for_node(target_proc, ref->node);
            …
            fp->handle = new_ref->desc;
            binder_inc_ref(new_ref, fp->type == BINDER_TYPE_HANDLE, NULL);
            …
        }
    } break;
    …
    default:
        …//出错处理
    }
}
```

上面代码段只保留 BINDER_TYPE_HANDLE 的处理，因为这是 Service Manager 传过来的 Binder Object 的类型（见 Service Manager 中的 bio_put_ref）。可以看到，这里主要对最终会传递给调用者的 Binder Object 进行了一次转换。

- binder_get_ref

通过 handle 值查找与此 binder object 相关联的 binder_ref，这个是调用 addService 服务时创建的。

- 调用 getService 服务的进程和 Binder Object 所属进程是不是同一个？

正如我们一直强调的，不同进程间的内存空间是没有办法直接相互访问的；反之，如果它们属于同一个进程空间，那么就可以直接将 Binder Object 的内存地址传给调用者；否则，调用者就只能通过 handle 值来与对方通信了。

因为一般情况下 ref->node->proc 不会等于 target_proc，所以程序走的是上述代码段的 else 分支。大家可以根据上面的分析进行理解：

```
if (reply) {
    BUG_ON(t->buffer->async_transaction != 0);
    binder_pop_transaction(target_thread, in_reply_to);
} else if (!(t->flags & TF_ONE_WAY)) {
    …
} else {
    …
}
t->work.type = BINDER_WORK_TRANSACTION;//业务类型
```

6.4 "DNS"服务器——ServiceManager(Binder Server)

```
        list_add_tail(&t->work.entry, target_list);//添加到目标进程的 todo 队列中
        tcomplete->type = BINDER_WORK_TRANSACTION_COMPLETE;
        list_add_tail(&tcomplete->entry, &thread->todo);//添加一个"未完成业务"到发起者队列中
        if (target_wait)
            wake_up_interruptible(target_wait);//唤醒目标进程
        return;
        …
}
```

一切准备就绪后,就要唤醒目标进程了。还记得吗? 当时 getService 的调用者 Binder Client 在经过一系列的函数调用后,即: waitForResponse(IPCThreadState)→talkWithDriver (IPCThreadState)→binder_ioctl(Binder.c)→binder_thread_read(Binder.c),就进入睡眠等待了——此时它发起的服务请求已经有回复了,所以就需要重新唤醒起它来接收结果。

而 Service Manager 的队列中也加入了一个类型为 BINDER_WORK_TRANSACTION_COMPLETE 的 tcomplete,因而它首先会通过 binder_thread_read 读取并处理这个事项,然后在第二次的 binder_thread_read 中再次进入睡眠等待,直到有 Binder Client 向它发起新的服务请求。

下面看看当调用者被唤醒后的操作。前面已经分析过,这时 Binder Client 是在 binder_thread_read 中睡眠的。具体是:

```
ret = wait_event_freezable (thread->wait, binder_has_thread_work(thread));
```

我们接着这条语句往下走:

```
        …
        while (1) {
            uint32_t cmd;
            struct binder_transaction_data tr;
            struct binder_work *w;
            struct binder_transaction *t = NULL;

            if (!list_empty(&thread->todo))//todo list 中有可处理事项
                w = list_first_entry(&thread->todo, struct binder_work, entry);
            else if (!list_empty(&proc->todo) && wait_for_proc_work)
                w = list_first_entry(&proc->todo, struct binder_work, entry);
            else {…
            }
```

前面 Service Manager 在 thread->todo 队列中插入了一个工作事项,这里就通过 w 把它取出来:

```
        if (end - ptr < sizeof(tr) + 4)
            break;
        switch (w->type) {
        case BINDER_WORK_TRANSACTION: {
            t = container_of(w, struct binder_transaction, work);
        } break;
        }
```

这个 binder_work 的类型是 BINDER_WORK_TRANSACTION,通过 w 在 binder_transaction 中的位置取得 t:

```
        …
        if (t->buffer->target_node) {
            struct binder_node *target_node = t->buffer->target_node;
            tr.target.ptr = target_node->ptr;
            tr.cookie =  target_node->cookie;
            …
            cmd = BR_TRANSACTION;//注意业务类型
        } else {
            …
        }
        tr.code = t->code;
        tr.flags = t->flags;
        tr.sender_euid = t->sender_euid;
```

```
        if (t->from) {
            struct task_struct *sender = t->from->proc->tsk;
            tr.sender_pid = task_tgid_nr_ns(sender,current->nsproxy->pid_ns);
        } else {
            tr.sender_pid = 0;
        }

        tr.data_size = t->buffer->data_size;//数据区域大小
        tr.offsets_size = t->buffer->offsets_size;//offset 区域大小
        tr.data.ptr.buffer = (void *)t->buffer->data +proc->user_buffer_offset;
                                                            /*数据区域*/
        tr.data.ptr.offsets = tr.data.ptr.buffer +ALIGN(t->buffer->data_size,
                                        sizeof(void *));//offset 区域
```

上面这段代码用于准备将要发送给调用者进程的数据，其中的逻辑比较简单且大多已经讲解过，读者可以自行分析各个变量的含义：

```
        if (put_user(cmd, (uint32_t __user *)ptr))
            return -EFAULT;
        ptr += sizeof(uint32_t);
        if (copy_to_user(ptr, &tr, sizeof(tr)))//将数据复制到用户空间中
            return -EFAULT;
        ptr += sizeof(tr);
```

将准备好的数据复制到调用者空间中：

```
        ...
        list_del(&t->work.entry);//删除 t
        t->buffer->allow_user_free = 1;
        if (cmd == BR_TRANSACTION && !(t->flags & TF_ONE_WAY)) {
            t->to_parent = thread->transaction_stack;
            t->to_thread = thread;
            thread->transaction_stack = t;
        } else {
            ...
        }
        break;
    }
```

对 t 的处理已经结束，因而可以把它删除；而且如果不是 BR_TRANSACTION 的话，就不用再保存 transaction_stack。这样调用者就执行完 binder_thread_read 了，之后它先返回 binder_ioctl，然后回到用户进程空间中的 talkWithDriver。因为读取到了数据，程序还需要对 mIn 进行调整，之前已经多次讲解过，这里不再赘述。

最后回到 waitForResponse@IPCThreadState，来看看它对 BR_REPLY 的处理：

```
        case BR_REPLY:
        {
            binder_transaction_data tr;
            err = mIn.read(&tr, sizeof(tr));//读取数据

            if (err != NO_ERROR) goto finish;
            if (reply) {
                if ((tr.flags & TF_STATUS_CODE) == 0) {
                    reply->ipcSetDataReference(reinterpret_cast<const uint8_t*>
(tr.data. ptr.buffer),tr.data_size, reinterpret_cast<const size_t*>(tr.data.ptr.offsets),
                            tr.offsets_size/sizeof(size_t), freeBuffer, this);
                } else {...//错误处理
                }
            } else {...//当 reply 为 NULL 的情况
            }
        }
        goto finish;//跳出 while 循环，从而结束 waitForResponse
```

6.4 "DNS" 服务器——ServiceManager(Binder Server)

程序首先从 mIn 中读取到 transaction 的标准格式数据，即 tr。我们知道 reply 是不为空的，且 tr.flags 中也不含有 TF_STATUS_CODE 标志，所以上面代码段中最重要的一句就是调用 ipcSetDataReference 对数据进行处理，它是 Parcel.cpp 中的一个函数：

```cpp
void Parcel::ipcSetDataReference(const uint8_t* data, size_t dataSize,
                const size_t* objects, size_t objectsCount, release_func relFunc,
                void* relCookie)
{
    freeDataNoInit();
    mError = NO_ERROR;
    mData = const_cast<uint8_t*>(data);
    mDataSize = mDataCapacity = dataSize;
    mDataPos = 0;
    ALOGV("setDataReference Setting data pos of %p to %d\n", this, mDataPos);
    mObjects = const_cast<size_t*>(objects);
    mObjectsSize = mObjectsCapacity = objectsCount;
    mNextObjectHint = 0;
    mOwner = relFunc;
    mOwnerCookie = relCookie;
    scanForFds();
}
```

先来看看函数的几个入参：

- data；
- dataSize；
- objects；
- objectsCount。

前面两个参数分别表示数据区及它的大小，后面两个就是 Binder Object 区（offset 区）和它的大小。在我们的场景中，Object 的个数是 1。

在这个例子中，调用者向 Service Manager 发起了 getService(name)请求，因而对它而言最重要的数据就是 name 所对应的 Binder Object——可以猜想到 ipcSetDataReference 这个函数必定与此有关联。它把从 Binder Driver 中读取的 Service Manager 的回复（存储在 mIn 中）填入 reply 这个 Parcel 中，以供后续程序读取时使用。这样整个函数的逻辑就很简单，主要是做了些赋值操作，大家可以自行阅读。

当 waitForResponse 处理完 BR_REPLY 后，就直接跳转（goto）到 finish 来结束整个 while 主循环了。之后通过层层返回，最终来到我们 getService 场景的发源地，即 ServiceManagerProxy 中的 getService()中（注意，此时已经到了 Java 层）：

```
    mRemote.transact(GET_SERVICE_TRANSACTION, data, reply, 0);/*还记得吗？本小节的大部分
                                                        代码都是基于这个"起点"展开的*/
            IBinder binder = reply.readStrongBinder();
            //执行到这里，说明已经收到Service Manager 的回复了
            reply.recycle();
            data.recycle();
            return binder;
```

执行完 transact 后，reply 中就有我们想要的查询结果了。不过流程并未结束，还需要将这一结果读取出来，并转换成 Ibinder，即 readStrongBinder。我们跳过此函数的中间过程，直接来分析其 native 层的实现：

```cpp
sp<IBinder> Parcel::readStrongBinder() const
{
    sp<IBinder> val;
    unflatten_binder(ProcessState::self(), *this, &val);
    return val;
}
```

通常情况下，unfaltten_binder 和 flatten_binder 是需要配套使用的，不过在此场景中 Service Manager 并没有直接使用 Parcel，而是使用了与 flatten_binder 等价的其他实现：

```
status_t unflatten_binder(const sp<ProcessState>& proc,const Parcel& in, sp<IBinder>* out)
{
    const flat_binder_object* flat = in.readObject(false); /*读取一个 Binder Object*/
    if (flat) {
        switch (flat->type) {
            case BINDER_TYPE_BINDER://同进程的话是这种类型
                *out = static_cast<IBinder*>(flat->cookie);
                return finish_unflatten_binder(NULL, *flat, in);
            case BINDER_TYPE_HANDLE://不同进程的话是这种类型
                *out = proc->getStrongProxyForHandle(flat->handle);
                return finish_unflatten_binder(static_cast<BpBinder*>(out->get()),*flat, in);
        }
    }
    return BAD_TYPE;
}
```

看到 flat_binder_object 大家应该很熟悉吧，所有的努力都是冲这个来的。首先从 reply 这个 Parcel 中读取出 flat_binder_object，然后根据类型来区分处理。关于 binder type 已经有过多次讲解，这里显然是属于 BINDER_TYPE_HANDLE 这种情况，因而就调用 getStrongProxyForHandle 为这个 Handle 生成一个 Proxy(BpBinder)。这个函数之前也已经碰到过（handle 为 0 的情况，即 Service Manager），这里再来看看对于普通 Binder Server 会有什么不同：

```
sp<IBinder> ProcessState::getStrongProxyForHandle(int32_t handle)
{
    sp<IBinder> result;
    AutoMutex _l(mLock);

    handle_entry* e = lookupHandleLocked(handle);//先查找当前记录

    if (e != NULL) {//e 通常情况不会是 NULL
        IBinder* b = e->binder;
        if (b == NULL || !e->refs->attemptIncWeak(this)) {
            b = new BpBinder(handle); //无法增加引用或者 b 为 NULL
            e->binder = b;
            if (b) e->refs = b->getWeakRefs();
            result = b;
        } else {
            result.force_set(b);
            e->refs->decWeak(this);
        }
    }
    return result;
}
```

可以看到，主体流程没有任何差异。首先查找本地是否已经有这个 IBinder 记录，以避免重复操作；否则就通过 new BpBinder 创建一个新的 Proxy（即便有记录，但增加引用时失败也同样要重新创建），最重要的就是为这个新 BpBinder 添加 handle 值属性。最终返回给调用者的是一个 sp 指针，内部指向这个 BpBinder（强制类型转换成了 Ibinder）。

成功通过 readStrongBinder 获取到 IBinder 对象后，getService@ServiceManagerProxy 的任务就结束了，最终 ServiceManager.getService 的调用者得到的就是这个对象。这样我们以 ServiceManager 提供的 getService 服务为例，完整地剖析了 Binder Client 获取 Binder Server 的全过程。

虽然本小节目标很简单（获取 getService 服务），但因为同时涉及了 JNI、Binder 驱动、Binder 上层建筑等一系列处理流程，使得整个分析过程可谓"山路十八弯"，困难重重。其中的一些重点元素罗列如下：

- ServiceManagerProxy

当某个 Binder Server 在启动时，会把自己的名称 name 与对应的 Binder 句柄值保存在 ServiceManager 中。调用者通常只知道 Binder Server 的名称，所以必须先向 Service Manager 发起查询请求，就是 getService(name)。

而 Service Manager 自身也是一个 Server，就好像互联网上的 DNS 服务器本身也需要提供 IP 地址才能被访问一样。只不过这个 IP 地址是预先就设定好了的（句柄值为 0），因而任何 Binder Client 都可以直接通过 0 这个 Binder 句柄创建一个 BpBinder，再通过 Binder 驱动去获取 Service Manager 的服务。具体而言，就是调用 BinderInternal.getContextObject()来获得 Service Manager 的 BpBinder。

Android 系统同时支持 Java 与 C/C++层的 Binder 机制，因而很多对象都必须有"双重身份"，如 BpBinder 在 Java 层以 IBinder 来表示。对于 Service Manager 而言，IBinder 的真正持有者与使用者是 ServiceManagerProxy——它是 Service Manager 在本地的代表，我们在设计小节曾以"留学服务中心"为例做过类比。

- ProcessState 和 IPCThreadState

大多数程序都有 IPC 的需要，而进程间通信本身又是非常烦琐的，因而 Android 系统特别为程序进程使用 Binder 机制封装了两个实现类，即 ProcessState 和 IPCThreadState。从名称上可以看出，前者是进程相关的，而后者是线程相关的。ProcessState 负责打开 Binder 驱动设备，进行 mmap()等准备工作；而如何与 Binder 驱动进行具体的命令通信则由 IPCThreadState 来完成。

在 getService()这个场景中，调用者是从 Java 层的 IBinder.transact()开始，层层往下调用到 IPCThreadState.transact()，然后通过 waitForResponse 进入主循环——直至收到 Service Manager 的回复后才跳出循环，并将结果再次层层回传到应用层。本小节的大部分源码内容就是在 waitForResponse 里展开的。

真正与 Binder 驱动打交道的地方是 talkWithDriver 中的 ioctl()，整个流程中多次调用了这个函数。

- Binder 驱动

在这个场景中，主要涉及了 Binder 驱动提供的 binder_ioctl, binder_thread_write, binder_thread_read 和 binder_transaction 等几个重要的函数实现。Binder 驱动通过巧妙的机制来使数据的传递更加高效，即只需要一次复制就可以把数据从一个进程复制到另一个进程。Binder 中还保存着大量的全局以及进程相关的变量，用于管理每个进程/线程的状态、内存申请和待办事项等一系列复杂的数据信息。正是这些变量的有效协作，才使得整个 Binder 通信真正"动"了起来。

- Service Manager 的实现

ServiceManager 在 Android 系统启动之后就运行起来了，并通过 BINDER_SET_CONTEXT_MGR 把自己注册成 Binder "大管家"。它在做完一系列初始化后，在最后一次 ioctl 的 read 操作中会进入睡眠等待，直到有 Binder Client 发起服务请求而被 Binder 驱动唤醒。

Service Manager 唤醒后，程序分为两条主线索：其一，Service Manager 端将接着执行 read 操作，把调用者的具体请求读取出来，然后利用 binder_parse 解析，再根据实际情况填写 transaction 信息，最后把结果通过 BR_REPLY 命令（也是 ioctl）返回 Binder 驱动。

其二，发起 getService 请求的 Binder Client 在等待 Service Manager 回复的过程中会进入休眠，直到被 Binder 驱动再次唤醒——它和 Service Manager 一样也是在 read 中睡眠的，因而醒来后继续执行读取操作。这一次得到的就是 Service Manager 对请求的执行结果。程序先把结果填充到 reply 这个 Parcel 中，然后通过层层返回到 ServiceManagerProxy，再利用 Parcel.readStrongBinder 生成一个 BpBinder，最终经过类型转换为 IBinder 对象后传给调用者。

这样整个 ServiceManager.getService()的流程就都分析完了。不过对于调用者来说，万里长征才刚刚开始。得到的 IBinder 对象要先经过 asInterface 做一次包装，如 ServiceManager 的 BpBinder 就被包装成了 IserviceManager（实际上就是一个 ServiceManagerProxy）。这么做的目的在于可以让应用程序更加方便地使用 Service Manager 提供的服务（其他 Binder Server 也类似）。这些知识点在本小节的分析过程中都已经讲解过，大家如果还有疑问，可以回头复习下。

总结整个 getService 的调用流程，如图 6-20 所示。

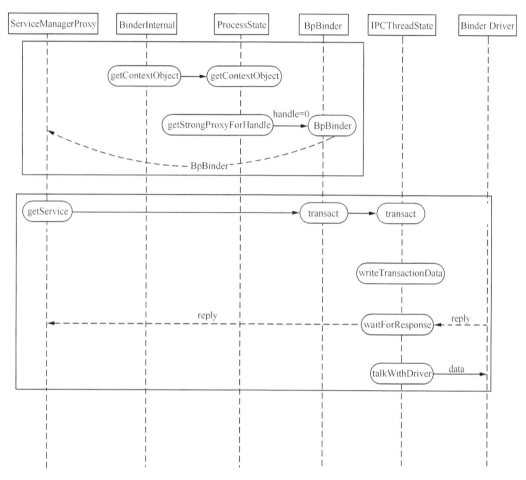

▲图 6-20　getService 调用流程图

图 6-20 分为两部分，上半部分是获取 IBinder（BpBinder，BinderProxy）的过程（实际上其中还涉及 ServiceManager.java 和 ServiceManagerNative.java。为了避免发生混乱，我们是从 ServiceManagerProxy 开始讲解的，因而和代码中的实现有略微差别，不过不影响整体），下半部分是 getService 的执行过程。

本小节结合 Service Manager 给大家详细讲解了 Binder Client 和它获取 Binder Server 服务的全过程。Service Manager 作为 Binder Server 有其"特殊性"——而正是借助于这种特殊性我们才能更简洁明了地勾勒出"Binder 框架"，从而也为下一小节分析更具典型意义的 Binder Client 打下坚实的基础。

6.5 Binder 客户端——Binder Client

大家对 "Binder" 这个词可能会比较陌生，不过提起诸如 bindService 这样的接口方法，相信大家就会有共鸣了——顾名思义，这个函数是希望 "绑定某项服务"。而之所以称为 "绑定"，是因为发起请求的应用程序和目标服务程序原本并没有任何直接联系，它们都是独立运行的个体。换句话说，它们之间的连接属于进程间的通信，因而需要一种可以把两者 "绑定" 在一起的机制——Binder。

本小节将从应用开发者的角度来理解 Binder 机制，特别是 Binder Client。

大家先来做个发散练习，把头脑中与 Binder 和应用开发有关的记忆充分挖掘出来，然后把它们 "串" 起来。

1. Binder 是什么

它是众多进程间通信的一种。进程间通信是每个操作系统都需要提供的，我们在操作系统基础章节学习到了多种 IPC；并且通过本章前面几小节的讲解，相信大家对 Binder 的实现原理也有了更深的认识，如图 6-21 所示。

2. 应用程序与 Binder

Binder 的最大 "消费者" 是 Java 层的应用程序。图 6-21 虽然简单，却概括了 Binder 的实质，即它是进程间的通信桥梁。接下来我们还需要沿着这条线索继续挖掘。图中所示的进程 1 是一种泛指，那么一个进程需要满足什么条件，或者说要做哪些准备工作才有资格使用 Binder 呢？从应用开发人员的角度来看，这似乎并不在他们的考虑范围，因为一般情况下他们可以在程序代码的任何位置通过 bindService，startActivity 以及 sendBroadcast 等一系列接口方法来实现与其他进程的交互，如图 6-22 所示。

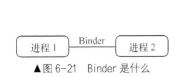

▲图 6-21 Binder 是什么

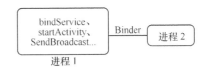

▲图 6-22 从应用开发人员的使用角度看 Binder

有了 Binder Driver，Service Manager 的努力，以及 Android 系统专门面向应用开发提供的 Binder 强有力的封装，才能使应用程序之间顺利地进行无缝通信。我们从四大组件中就可以看出一些端倪。

➢ Activity

通过 startActivity 可以启动目标进程。

➢ Service

任何应用程序都可以通过 startService 或 bindService 来启动特定的服务，而不论后者是不是跨进程的。

顺便提一下，这两种启动方式的区别主要体现在它们的生命周期上，如图 6-23 所示。

➢ Broadcast

任何应用程序都可以通过 sendBroadcast 来发送一个广播，且无论广播处理者是不是在同一个进程中。

➢ intent

四大组件的上述操作中，多数情况下并不会特别指明需要由哪个目标应用程序来响应请求——它们会先通过一个被称为"intent"的对象表达出"意愿"，然后由系统找出最匹配的应用进程来完成相关工作。这样的设计极大地增强了系统的灵活性。举个例子，当用户点击了"Browser"按键后，他的"用意"（intent）是"浏览网页"，而至于是用哪个具体应用程序来响应这个"意愿"，则需要根据系统的具体情况来决定——假如同时有几个目标"候选者"（比如用户同时安装了多款浏览器），那么用户有权利来做最终的选择。关于 Intent 以及它的最佳匹配过程，在本书应用篇中有详细讲解。

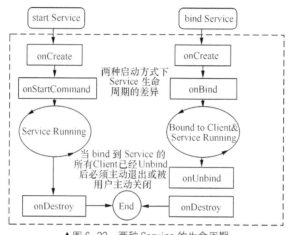

▲图 6-23　两种 Service 的生命周期

一方面，Android 系统在底层 Binder 机制的基础上做了进一步的封装来满足应用程序的研发需求，从而使开发者不需要关心太多 Binder 的内部细节就可以实现各种跨进程的交互功能；而另一方面，也是开发人员对 Binder 原理感到陌生的一大主因——Android 做得如此完美，以至于我们并没有感觉到进程间通信的"痕迹"。

下面将会选取 bindService 为例，向大家充分揭示隐藏在这些接口背后的 Binder 内部原理。

从上面的分析可知，应用程序"进程 1"只需要调用 Android 已经提供的一系列接口方法就可以与"进程 2"实现跨进程交互。那么，在这一过程中"进程 2"的具体工作是什么呢？我们会很自然地想到，在 TCP/IP 通信中，当客户端发起连接请求时，服务器端必定是处于监听状态。这种 C/S 模型的交互方式在前几节分析 Binder Client 和 Binder Server 时已经被证实，如 Service Manager 就是在一个不断读取消息的循环中处理客户端的请求的。

值得一提的是，从 Android 应用程序的角度来看，Service 组件并不等同于 Binder Server。换句话说，它并不是一定要处于运行状态才能接收请求。Service 组件的生命周期起始于 startService 或者 bindService。而不管是哪一种启动方式，都是在客户端发出连接请求后才执行的，可见 Service 组件本身不存在"持续监听"的状态。

前一个小节给出了 Binder 的主体框架图，这里再从应用程序的角度对它进行完善，如图 6-24 所示。

由图可知，整个框架被一分为二，分别代表了 Binder 机制中对应用程序可见和隐藏的两部分。

● 可见部分

Android 系统提供给应用程序的接口，组成了可见部分，包括 bindService、startActivity 等。

6.5 Binder 客户端——Binder Client

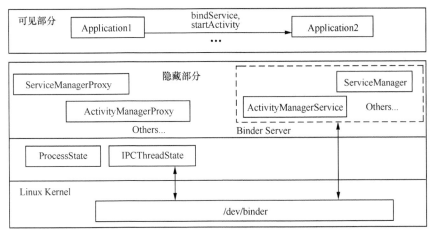

▲图 6-24 从应用开发角度看 Binder 主体框架

- 隐藏部分

应用程序只需要通过上述可见接口便可以方便地完成 IPC 通信，但可以肯定的是隐藏在其后庞大的 Binder 通信原理还是没有变。

为了让大家可以更清楚地看到整个"隐藏部分"的内部实现，接下来选取一个范例进行剖析。如图 6-25 所示，Application1 中的某个 Activity 通过 bindService(intent)来试图启动符合 intent 描述的 Service 服务——最终 Application2 中的 Service 将被运行。

▲图 6-25 bindService 简图

应用程序如何能依托 bindService 来启动系统中其他进程提供的 Service 呢？别急，读者可以先来"庖丁解牛"——必定需要以下几个步骤才能完成这一操作目标。

- Step1. 应用程序填写 Intent，调用 bindService 发出请求。
- Step2. 收到请求的 bindService（此时还在应用程序的运行空间中）将与 ActivityManagerService(AMS)取得联系。根据前面几个小节的分析，为了获得 AMS 的 Binder 句柄值，我们还要事先调用 ServiceManager.getService，这里就已经涉及进程间通信了。在得到 AMS 的句柄值后，程序才能真正地向它发起请求（关于 ActivityManagerService 服务的详细讲解，可以参见本书后续章节）。
- Step3. AMS 基于特定的"最优匹配策略"，从其内部存储的系统所有服务组件的资料中找到与 Intent 最匹配的一个，然后向它发送 Service 绑定请求（这一步也是进程间通信）——注意，如果目标进程还不存在的话，AMS 还要负责把它启动起来。这部分知识在前面章节"应用程序的典型启动流程"中已分析过。
- Step4. "被绑定"的服务进程需要响应绑定，执行具体操作，并在成功完成后通知 AMS；然后由后者再回调发起请求的应用程序（回调接口是 ServiceConnection）。

由此可见，一个看似简单的 bindService 原来内部"大有乾坤"。但是为什么 Application1 在 Activity 中只需要调用 bindService 即可，而丝毫不见上述的烦琐过程呢？

我们知道，基于 Activity 应用程序的继承关系如图 6-26 所示。

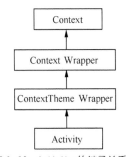

▲图 6-26 Activity 的继承关系简图

由此可知，Activity 继承关系的"根"是 Context。从字面意思来理解，Context 是"上下文环境"。运用到应用程序的场景中，就是指和一个 Application 环境相关的全局性信息。比如 startActivity、startService、sendBroadcast、getResources 等，都是每一个应用程序与生俱来的能力——好比每一个人生来就会呼吸、一个鼻子两个眼睛一样，是它的固有属性和功能。关于 Context 此处不再做过多渲染，有兴趣的读者看下代码就很清楚了，这里把它理解为应用程序的"全局而天生的能力"就行了。

所以 bindService 自然也是包含在 Context 里面的。具体而言，Context 只是提供了抽象的接口，功能则是在 ContextWrapper 中实现的：

```
/*frameworks/base/core/java/android/content/ContextWrapper.java*/
    public boolean bindService(Intent service, ServiceConnection conn,int flags) {
        return mBase.bindService(service, conn, flags); //mBase是什么？
    }
```

这个类取名为 ContextWrapper 是有一定道理的，因为它并不是 Context 环境实现的主体，更多的只是为 mBase 做了个转向功能。

上述变量 mBase 也是一个 Context 对象，最新版本中是由 ContextImpl 来实现的（bindService 直接调用 bindServiceAsUser）：

```
/*frameworks/base/core/java/android/app/ContextImpl.java*/
public boolean bindServiceAsUser(Intent service,ServiceConnection conn,int flags,
        UserHandle user) {…
    int res = ActivityManagerNative.getDefault().bindService(
        mMainThread.getApplicationThread(), getActivityToken(),
        service, service.resolveTypeIfNeeded(getContentResolver()),
        sd, flags, userId); /*ActivityManager 出现了，证明了我们猜测的第 2 步*/
    …
}
```

那么，应用程序又是如何找到 AMS 并与之建立联系的呢？

和 ServiceManager 一样，AMS 也同样提供了 ActivityManagerNative 和 ActivityManagerProxy，具体如下：

```
/*frameworks/base/core/java/android/app/ActivityManagerNative.java*/
static public IActivityManager getDefault() {
    return gDefault.get(); /*得到默认的 IActivityManager 对象*/
}
```

这个 gDefault.get() 得到的是什么？

```
/*frameworks/base/core/java/android/app/ActivityManagerNative.java*/
private static final Singleton<IActivityManager> gDefault =new Singleton <IActivityManager>() {
/*Singleton，即"单实例"是一种常见的设计模式，它保证某个对象只会被创建一次。
  当调用 gDefault.get()时，会先进行内部判断:如果该对象已经存在，就直接返回它的现有值;否则才
  需要通过内部 create()新建一个对象实例*/
    protected IActivityManager create() {
        IBinder b = ServiceManager.getService("activity");/*通过 ServiceManager Service
                        取得 ActivityManagerService 的 IBinder 对象*/
        …
        IActivityManager am = asInterface(b); /*创建一个可用的 ActivityManagerProxy*/
        …
        return am;
    }
};
```

看出什么了吗？ActivityManagerNative 的作用之一，就是帮助调用者方便快速地取得一个 ActivityManagerProxy。这和 ServiceManagerProxy 及 ServiceManagerNative 的作用基本一致，只不过在细节上有略微差异。

6.5 Binder 客户端——Binder Client

在 gDefault 这个单实例中，获取一个有效的 IActivityManager 对象需要两个步骤，即：
- 得到 IBinder（BpBinder）；
- 将 IBinder 转化为 Iinterface（在这个场景中，是 IactivityManager）。

因为 ServiceManager 提供了一系列静态方法，使得第一个步骤显得很简洁。

顺便说一下，ActivityManagerNative 的另一个作用是为 ActivityManagerService 的实现提供便利。如果仔细观察，就会发现 ActivityManagerNative 里有如下方法：

```
public boolean onTransact(int code, Parcel data, Parcel reply, int flags)throws Remote
Exception {
    switch (code) {
    case START_ACTIVITY_TRANSACTION:
    {
        …
        int result = startActivity(app, intent, resolvedType,
            grantedUriPermissions, grantedMode, resultTo, resultWho,
            requestCode, onlyIfNeeded, debug, profileFile,
            profileFd, autoStopPro filer);
        …
    }
```

这样在 AMS 里只要继承自 ActivityManagerNative，就已经将用户的业务请求码与自己的内部实现函数连接了起来，是不是很方便？源代码如下：

```
/*frameworks/base/services/java/com/android/server/am/ActivityManagerService.java*/
public final class ActivityManagerService extends ActivityManagerNative/*果然继承了
                                                                ActivityManagerNative*/
    implements Watchdog.Monitor, BatteryStatsImpl.BatteryCallback {
…
```

因而可以这么说，ActivityManagerNative（其他服务的 Native 也是一样的）既是面向调用者的，也是面向服务实现本身的，只不过这个 Native 的名称取得容易产生歧义。

经过上面代码的分析，Application1 和 Application2 的进程间通信还应该再加上 ServiceManager 和 ActivityManagerService 的支持，如图 6-27 所示。

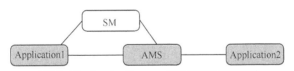

▲图 6-27 Service Manager 对进程间通信的支持

记住，不管形式怎么变，整个 IPC 通信都是基于 Binder 驱动来开展的。因而建议读者在思考问题时最好以 Binder 驱动为中心，以看得更"透彻"。

当应用程序需要通过 ServiceManager 来查询某个 Binder Server 时，调用的是 getService 方法。相关知识在前面小节已经详细分析过，这里再大概复习几个关键点。直接面向应用程序的是 Service Manager.java，它提供了多个 static 接口供调用者获取 ServiceManager 提供的服务，如 Service Manager.getService。这些静态函数内部通过 getIServiceManager 来得到 ServiceManagerProxy 对象——后者作为 SM 的本地代理，将利用 IBinder 来"穿越" JNI 层调用到对应的 BpBinder，进而使用 ProcessState 和 IPCThreadState 的相关接口，最终经由 Binder 驱动完成与 ServiceManager 的通信。

先总结一下到目前为止的函数调用过程，如图 6-28 所示。

从图 6-28 中可以看到，"万里长征"还只是走了前两步（Step1 和 Step2），即 Application1 已经可以访问到 AMS，并向后者请求 bindService 了。接下来 AMS 要针对 bindService 中指定的 Intent 进行一系列匹配工作，然后确定需要启动的 Service 及它所属的进程。这部分内容与 AMS 的工作原理有很大关系，我们将在后续章节进行统一解答。

第 6 章　进程间通信——Binder

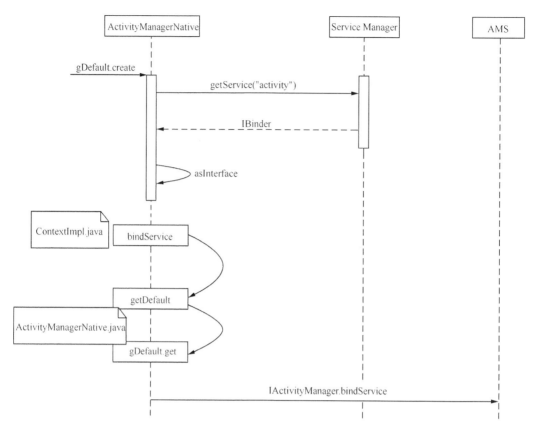

▲图 6-28　bindService 调用流程

本小节以一个简单的接口函数 bindService 为切入点，向大家展示了隐藏在应用程序背后的 Binder 机制。从中可以看出，Google 为了简化应用开发人员的工作可谓用心良苦——不过由此带来的一个负面影响就是，整个 Binder 的 "上层建筑" 显得非常烦琐。希望读者在学习这部分知识时，能够始终掌握 "Binder 驱动" 这一核心，并在此基础上层层递进来逐步理解 Android 所做的封装，相信就能跳出冗长的代码 "陷阱" 了。

6.6　Android 接口描述语言——AIDL

AIDL 是 Android Interface Description Language 的简写。从名称上看它是一种语言，而且是专门用于描述接口的语言。准确地说，它是用于定义客户端/服务端通信接口的一种描述语言。这么说大家可能觉得比较抽象，接下来我们尝试从另一个角度来理解。

如前面小节反复强调的，Service Manager 本身也是一个 Binder Server，为 Binder Client 提供了一系列服务接口。仅从 Service Manager 的实现来看，构建一个 Binder Server 所需的工作如下。

1. 启动的时机

比如 SM 是开机的时候通过 init.rc 文件启动的，这就保证了它是系统中第一个注册成 "服务大管家" 的 Service。

2. 提供一致的服务接口

显然，一个 Binder Server 应该向公众暴露它所能提供的服务；而且客户端使用的服务接口和服务端实现的服务接口必须是完全一致的。

SM 中的服务接口是 IServiceManager。客户端本地进程中的 ServiceManagerProxy 及 ServiceManagerNative 都继承自这个接口。而它的服务端是直接用 C 语言实现的（Service_manager.c），所以不存在继承的说法。不过通过分析其内部 binder_parse 函数可知，它还是保持了与客户端接口的一致。

3. 与 Binder 驱动的交互方式

一个 Binder Server 需要与 Binder Driver 做哪些交互呢？除去一系列必要的初始化以外（open、mmap 等），就是要通过不断地 ioctl 来循环读写数据。比如 SM 就是通过 binder_loop 函数中的一个 for 死循环来完成这一工作的。

4. 外界如何能访问到这个 Server 的服务

一个 Server 最终的价值在于向 Client 提供服务，所以自然会有一个问题，即 Client 如何去访问一个 Server？回想一下前几个小节讲过的关于 Binder Server 的知识，至少有两种方法是可行的。

方法 1：Server 在 ServiceManager 中注册。

这种方法普遍存在于 Android 系统服务中，如 ActivityManagerService、WindowManagerService 等都在 ServiceManager 中做了注册。调用者只要通过 ServiceManager.getService(SERVICE_NAME) 就可以获取到 Binder Server 的本地代理，然后与之通信。

方法 2：通过其他 Server 作为中介。

这是一种"匿名"的方法。换句话说，这种类型的 Binder Server 不需要在 ServiceManager 中注册。那么，客户端如何访问它呢？

没错，就是通过一个"第三方"的"实名"Server——因为是实名的，调用者可以通过 ServiceManager 来首先访问到它，然后由它提供的接口获取"匿名"者的 Binder 句柄。举个互联网中的例子，我们访问某服务器 A 通常要先由 DNS 做域名解析，获取到 IP 地址后才能访问网站。但这不是唯一可行的方法。假设服务器 B 已经在 DNS 中注册，并且通过服务器 B 可以得到 A 的 IP 地址，那么理论上客户端就可以这么做：

通过 DNS 获得服务器 B 的 IP 地址→访问服务器 B→向服务器 B 查询 A 的 IP 地址→访问服务器 A

在这种情况下，实际上服务器 B 就扮演了 DNS 的角色。

我们把这种实现方式称为"匿名"Binder Server。它在 Android 系统中也比较常见，如后面章节中将会讲解的 WindowSession 就属于这一类。

以上几点就是一个 Binder Server 构建所需要做的核心内容。我们在 Service Manager 的学习中会发现，它基本上是靠开发人员一行行手工编写出来的。那么，有没有其他更简捷的方式来实现一个 Binder Server 呢？

答案就是 AIDL。

当然，不管是手工还是自动，所要做的核心内容并没有太大变化；只是自动化可以帮助开发人员更快速地组建出 Binder Server。本小节内容将通过一个范例来分析采用 AIDL 究竟可以为 Binder Server 带来哪些便利以及它的内部实现原理。

这个范例是本书显示系统章节中将会重点讨论的 WindowManagerService。

（1）先来看看启动时机的问题。和其他系统服务一样，WMS 是在 SystemServer 中启动的，具体过程可以参见 WMS 章节，这里暂且跳过。

（2）再来看看 AIDL 是如何保证接口的一致性的。使用 AIDL 首先要书写一个 *.aidl 文件来描述这个 Server。比如：

```
/*IWindowManager.aidl*/
interface IWindowManager
{…
IWindowSession openSession(in IInputMethodClient client,in IInputContext inputContext);
…
}
```

为了让大家看得更清楚些，上述代码段只保留了 openSession 一个接口方法，其余部分可以参考 WindowManagerService 章节的描述。

AIDL 的语法细节这里就不详细讲解了。这个 IWindowManager.aidl 文件经过工具转化后，成为以下内容：

```
/*IWindowManager.java*/
public interface IWindowManager extends android.os.IInterface
{
public static abstract class Stub extends android.os.Binder //Stub 表示一个"桩"
    implements android.view.IWindowManager
{
public static android.view.IWindowManager asInterface(android.os.IBinder obj)
{
…
}
@Override public android.os.IBinder asBinder()
{
return this;
}
@Override public boolean onTransact(int code, android.os.Parcel data,
android.os.Parcel reply, int flags) throws android.os.RemoteException
{
switch (code)
{
case TRANSACTION_openSession:
{
…
}…
}
return super.onTransact(code, data, reply, flags);
}
private static class Proxy implements android.view.IwindowManager
//Proxy 就是"代理"，我们已经多次讲解
{
private android.os.IBinder mRemote;
…
@Override public android.os.IBinder asBinder()
{
return mRemote;
}
@Override public android.view.IWindowSession
 openSession(com.android.internal.view.IInputMethodClient client,
 com.android.internal.view.IInputContext inputContext) throws android.os.RemoteException
{
…
}
} //Proxy 结束
}//Stub 结束
…
static final int TRANSACTION_openSession =(android.os.IBinder.FIRST_CALL_TRANSACTION + 3);
/*自动分配业务码，大家可以和 ServiceManager 中的手工分配做下对比*/
}//IWindowManager 结束
```

6.6 Android 接口描述语言——AIDL

这个文件很长，而且因为通过 AIDL 工具自动生成的内容没有格式，看起来比较吃力。我们尽可能省略掉无关部分，并将重要的 3 个类高亮显示，即 IwindowManager、IWindowManager.Stub 和 IWindowManager.Stub.Proxy。后两个类是嵌套类，并继承自 IWindowManager。

- **IWindowManager**

一般以大写字母 I 开头的表示一个 Interface。在 AIDL 中，所有的服务接口都继承于 Iinterface，然后在此基础上声明与此 Server 服务相关的方法。比如 IWindowManager 中除了两个嵌套类外，其末尾还包含了它提供的服务 openSession、getRealDisplaySize、hasSystemNavBar 等接口的原型。

- **IWindowManager.Stub**

还记得 ServiceManagerNative 吗？Stub 的作用和它类似。它包含了一个嵌套类（Stub.Proxy），以及各种常用的接口方法（如 asInterface，asBinder 等），其中最重要的一个就是 onTransact。我们知道 ServiceManagerNative 是同时面向服务器和客户端的，Stub 也同样如此。在实际使用中，一个 Binder Server 的实现类通常继承自 Stub。而 Stub 又继承自 Binder 并实现了该 Server 的 IXX 接口，如 IWindowManager 的实现类 WindowManagerService：

```
public class WindowManagerService extends IWindowManager.Stub
```

至于为什么要继承自 Binder 类，后面会有详细分析。

- **IWindowManager.Stub.Proxy**

Proxy 即代理，功能和 ServiceManager Proxy 类似。因而这个类是面向 Binder Client 的，它可以让调用者轻松地构造出 Binder Server 的本地代理对象。

具体如图 6-29 所示。

这样通过 AIDL 就为 WMS 这个 Binder Server 生成了统一的服务接口。

（3）接下来看第三个问题，即基于 AIDL 的 Binder Server 如何与 Binder 驱动进行交互。在 Service Manager 的实现中，它通过死循环不停地执行 ioctl 来获取用户的请求。而一个 Client 在获取 Service Manager 的服务时，则是通过 ProcessState 和 IPCThreadState 来处理各种细节。那么，WindowManagerService 这个使用 AIDL 的 Server 又是如何实现的呢？

如果读者只是单纯地阅读 WMS 的源码，可能很难发现谜底所在，所以需要换一种思路。

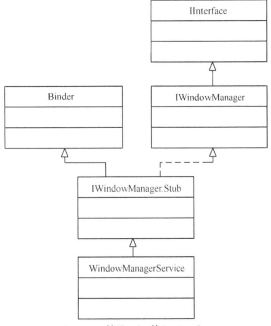

▲图 6-29 基于 AIDL 的 Binder Server

我们在系统的启动过程章节讲解过系统服务（比如 WindowManagerService、PowerManagerService、LocationManagerService 等）相关的知识——这些服务统一都在 SystemServer.java 中启动。而在这之前，即 System_init.cpp 中其实还隐藏着这么一段代码：

```
/*frameworks/base/cmds/system_server/library/System_init.cpp*/
extern "C" status_t system_init()
{
    …
    ALOGI("System server: entering thread pool.\n");
    ProcessState::self()->startThreadPool();
```

```
        IPCThreadState::self()->joinThreadPool();
    }
```

通过这两句代码，整个系统服务进程就进入类似于 Service Manager 中的 binder_loop 循环了。因为后续在 SystemServer 中启动的所有系统服务都运行于同一个进程中，所以它们就没有必要再单独与 Binder 驱动进行交互。下面具体看看这两句代码都做了些什么：

```
/*frameworks/native/libs/binder/ProcessState.cpp*/
void ProcessState::startThreadPool()
{
    AutoMutex _l(mLock);
    if (!mThreadPoolStarted) {
        mThreadPoolStarted = true;//表明已经启动了线程池了，避免重复操作
        spawnPooledThread(true);//产生一个线程池，注意传参为 true
    }
}
```

其中 mThreadPoolStarted 用来标识 ThreadPool 是否已经开启。上述代码段的重点还在 spawnPooledThread 中：

```
void ProcessState::spawnPooledThread(bool isMain)//这里的参数为 true
{
    if (mThreadPoolStarted) {
        String8 name = makeBinderThreadName();/*为线程池取名*/
        ALOGV("Spawning new pooled thread, name=%s\n", name.string());
        sp<Thread> t = new PoolThread(isMain);/*生成线程池对象*/
        t->run(name.string());//运行
    }
}
```

这个函数的逻辑很简单，首先为 PoolThread 取一个名字，然后新建 PoolThread 对象，最后执行 run 函数（从中也可以看出，线程池必定是一个 Thread 子类）：

```
/*frameworks/native/libs/utils/Threads.cpp*/
status_t Thread::run(const char* name, int32_t priority, size_t stack)
{…
    if (mCanCallJava) {
        res = createThreadEtc(_threadLoop,this, name, priority, stack, &mThread);
    } else {
        res = androidCreateRawThreadEtc(_threadLoop,this, name, priority, stack, &mThread);
    }
    …
}
int Thread::_threadLoop(void* user)
{
    …
    result = self->threadLoop();
}
```

本地层的 Thread 和 Java 层的实现还是有所区别的，如上面代码段所示。它的 run 函数最终调用的是 PoolThread 的 threadLoop：

```
class PoolThread : public Thread
{…
protected:
    virtual bool threadLoop()
    {
        IPCThreadState::self()->joinThreadPool(mIsMain);//注意这个函数
        return false;
    }
    const bool mIsMain;
};
```

可以看到，在 threadLoop 中也调用了一次 joinThreadPool，而且 mIsMain 为 true。

这样就进入 joinThreadPool 了。它的功能类似于 Service Manager 中 binder.c 的 binder_loop：

```
void IPCThreadState::joinThreadPool(bool isMain)
{
    mOut.writeInt32(isMain ? BC_ENTER_LOOPER : BC_REGISTER_LOOPER);//是否是BINDER主循环?
    …
    status_t result;
    do {//这就是 Binder Server 处理消息的主循环了
        int32_t cmd;
        …
        result = talkWithDriver();//这个函数前面小节中已经分析过了
        if (result >= NO_ERROR) {
            size_t IN = mIn.dataAvail();//有没有可读数据?
            if (IN < sizeof(int32_t)) continue;
            cmd = mIn.readInt32();//读取一个 cmd
            …
            result = executeCommand(cmd);//执行 cmd
        }
        …
        if(result == TIMED_OUT && !isMain) {//超时,而且不是主要的 Binder 循环,就可以结束了
            break;
        }
    } while (result != -ECONNREFUSED && result != -EBADF);
    …
    mOut.writeInt32(BC_EXIT_LOOPER);//告知 Binder 驱动退出循环
    talkWithDriver(false);
}
```

上面的 while 主循环不断地 talkWithDriver 然后 executeCommand，这和 binder_loop 的主体框架基本是一致的——也就解决了 Binder Server 如何与 Binder 驱动通信的问题。

（4）最后还有一个疑问是我们必须要搞清楚的，即当一个进程中有多个 Binder Server 存在时，基于 AIDL 的实现是如何正确区分它们的（因为 ProcessState 是单实例）？

在 ServiceManager 中，这并不是问题。因为整个 SM 进程就一个 Server，只要 Binder 驱动有数据要处理，当然非它莫属（直接调用 binder_parse 进行处理即可）。而当一个进程中存在多个 Binder Server（比如 SystemServer 就是这种情况，其所在进程中有 WindowManagerService、ActivityManagerService 等一系列系统服务）时，IPCThreadState 是如何把 Binder 驱动的消息准确投递给对应的 Server 的？

有的读者可能会想，让 IPCThreadState 记录下进程中的所有 Binder Server 即可。理论上的确可行，不过显然会使程序的逻辑变得复杂——因为我们想要做的是向上层隐藏一切与 Binder 底层相关的操作，做到"无缝"连接。

来看看 executeCommand 是怎么做到的：

```
status_t IPCThreadState::executeCommand(int32_t cmd)
{
    BBinder* obj;
    RefBase::weakref_type* refs;
    status_t result = NO_ERROR;
    switch (cmd) {…
    case BR_TRANSACTION:
    {
        binder_transaction_data tr;
        result = mIn.read(&tr, sizeof(tr));/*读取业务请求*/
        …
        Parcel buffer;
        buffer.ipcSetDataReference(einterpret_cast<const uint8_t*>(tr.data.ptr.buffer),
            tr.data_size,
            reinterpret_cast<const size_t*>(tr.data.ptr.offsets),
```

```
                        tr.offsets_size/sizeof(size_t),freeBuffer, this);/*填充成 Parcel 数据*/
            …
            Parcel reply;
            …
            if (tr.target.ptr) {/*如果 target 中指定了目标对象*/
                sp<BBinder> b((BBinder*)tr.cookie);/*强制类型转换为 BBinder*/
                const status_t error = b->transact(tr.code, buffer, &reply, tr.flags);
                if (error < NO_ERROR) reply.setError(error);
                } else {
                    const status_t error = the_context_object->transact(tr.code, buffer,&reply,
                    tr.flags);
                    if (error < NO_ERROR) reply.setError(error);
                }
                …
            }
            break;
              …
        }
        …
        return result;
    }
```

在对 BR_TRANSACTION 的处理中，首先整理出请求数据，然后分成两种情况。

- tr.target.ptr 不为 null

将 tr.cookie 强制转换成一个 BBinder，最后调用 BBinder->transact 来处理请求。

- tr.target.ptr 为 null

此时使用默认的 the_context_object 来处理请求。

通常情况下程序走的是上面的分支，看来这个 BBinder 就是 Server 和 IPCThreadState 沟通的桥梁。那么，BBinder 又是什么时候生成的呢？而且为什么 Client 发起的请求中会知道这个信息？

细心的读者在刚才 IWindowManager.java 中应该已经发现了，Stub 是继承于 Binder 的。即：

```
public static abstract class Stub extends android.os.Binder
```

因为 Stub 类在构造时只是简单地调用 attachInterface 来设置了 owner 和 descriptor，我们直接来看看 Binder 的构造：

```
/*frameworks/base/core/java/android/os/Binder.java*/
    public Binder() {
        init();
        …
    }
```

这个 init 是一个 native 函数，具体实现如下：

```
/*frameworks/base/core/jni/android_util_Binder.cpp*/
static void android_os_Binder_init(JNIEnv* env, jobject obj)
{
    JavaBBinderHolder* jbh = new JavaBBinderHolder();
    …
    jbh->incStrong((void*)android_os_Binder_init);
    env->SetIntField(obj, gBinderOffsets.mObject, (int)jbh);
}
```

上述代码段首先生成一个 JavaBBinderHolder 对象，从名称上看它是 BBinder 的载体，内部持有一个 JavaBBinder 的弱引用，而后者又继承自 BBinder。另外，它提供了一个 get 方法用于获取内部的这个 JavaBBinder 的强引用（通过 promote 转换），后面还会碰到这个方法的使用场景。值得注意的是，这里新建的 JavaBBinderHolder 对象并没有立刻生成 JavaBBinder，而是要等到有人调用时它才会真正创建出来。

6.6 Android 接口描述语言——AIDL

接着 init 函数增加了强引用计数，并通过 JNI 把这个 JavaBBinderHolder 的指针值保存到 Binder 的 mObject 内部变量中，以便后续使用。这样我们就很清楚了，当一个基于 AIDL 的 Server 创建时，它就已经"有预谋"地要生成 BBinder 了。这个"预谋"等到有人真正使用它来进行跨进程传递时，才会实施。比如在创建 WMS 的同时，会把它注册到 Service Manager 中：

```
/*frameworks/base/services/java/com/android/server/SystemServer.java*/
Slog.i(TAG, "Window Manager");
wm = WindowManagerService.main(context, power, display, inputManager,
            uiHandler, wmHandler,factoryTest != SystemServer.FACTORY_TEST_LOW_LEVEL,
            !firstBoot, onlyCore);
ServiceManager.addService(Context.WINDOW_SERVICE, wm);
```

关于 ServiceManager 前面小节已经详细分析过，这里看下 addService 的核心内容（注意，ServiceManager 并不是和 WindowManagerService 一样运行在系统服务进程中，而是通过 init.rc 启动）：

```
public void addService(String name, IBinder service, boolean allowIsolated)throws RemoteException {
    Parcel data = Parcel.obtain();
    …
    data.writeStrongBinder(service);//写入一个 StrongBinder
    …
}
```

上面的语句中使用了 writeStrongBinder 将 service（在这个场景中，也就是 WindowManagerService 自身）写入 Parcel 中：

```
/*frameworks/base/core/jni/android_os_Parcel.cpp*/
static void android_os_Parcel_writeStrongBinder(JNIEnv* env, jclass clazz, jint nativePtr,jobject object)
{
    Parcel* parcel = reinterpret_cast<Parcel*>(nativePtr);
    if (parcel != NULL) {
        const status_t err = parcel->writeStrongBinder(ibinderForJavaObject(env, object));
        …
    }
}
```

我们直接从 JNI 的实现看起。当生成一个 Parcel(java)对象时，会在构造函数中通过 nativeCreate 同时生成一个 native 层的 Parcel 对象，并将它的内存地址保存到 Parcel(java)中，即上面代码中的 nativePtr。另外函数入参里的 object 是一个 IBinder(java)对象，需要通过 ibinderForJavaObject 进行转化。如下所示：

```
/*frameworks/base/core/jni/android_util_Binder.cpp*/
sp<IBinder> ibinderForJavaObject(JNIEnv* env, jobject obj)
{
    if (obj == NULL) return NULL;
    if (env->IsInstanceOf(obj, gBinderOffsets.mClass)) {
        JavaBBinderHolder* jbh = (JavaBBinderHolder*)env->GetIntField(obj, gBinderOffsets.mObject);
        return jbh != NULL ? jbh->get(env, obj) : NULL;
    }
    …
    return NULL;
}
```

这个函数中出现了我们前面看到的 JavaBBinderHolder，它是通过 Binder.mObject 变量保存的。因而这里再利用 gBinderOffsets.mObject 把它取出来，紧接着调用 JavaBBinderHolder.get 方法：

```
    sp<JavaBBinder> get(JNIEnv* env, jobject obj)
    {
        AutoMutex _l(mLock);
        sp<JavaBBinder> b = mBinder.promote();
        if (b == NULL) {/*第一次*/
            b = new JavaBBinder(env, obj);
            mBinder = b;
        }
        return b;
    }
```

因为是第一次调用,所以需要 new 一个 JavaBBinder 对象,它实际上是一个 BBinder。这样 ibinderForJavaObject 得到的是一个 JavaBBinder 的强指针,接下来看下如何把它写入 Parcel 中:

```
/*frameworks/native/libs/binder/Parcel.cpp */
status_t Parcel::writeStrongBinder(const sp<IBinder>& val)
{
    return flatten_binder(ProcessState::self(), val, this);
}
```

上面代码段直接调用了 flatten_binder:

```
/*frameworks/native/libs/binder/Parcel.cpp*/
status_t flatten_binder(const sp<ProcessState>& proc,const sp<IBinder>& binder,
                        Parcel* out)
{
    flat_binder_object obj;

    obj.flags = 0x7f | FLAT_BINDER_FLAG_ACCEPTS_FDS;
    if (binder != NULL) {
        IBinder *local = binder->localBinder();
        if (!local) {
            …
        } else {/*走的是这个分支*/
            obj.type = BINDER_TYPE_BINDER;
            obj.binder = local->getWeakRefs();
            obj.cookie = local;
        }
    } else {
        …
    }

    return finish_flatten_binder(binder, obj, out);/*把 obj 写入 Parcel 中*/
}
```

首先变量 binder 不为 null,而且 binder->localBinder()得到 BBinder 自身也不为空,所以 obj 的类型是 BINDER_TYPE_BINDER;cookie 记录的是 BBinder 这个对象。最后调用 finish_flatten_binder 把 obj 写入 out 中,即通过 writeObject 把 obj 写到 Parcel 空间的相应位置。经过这一系列操作后,我们就把一个 Binder 对象填充到 Parcel 中了。当后续向 Binder 驱动发起 ioctl 时,它会作为数据的一部分发过去。我们来看看这部分的处理:

```
/*(内核工程): drivers/staging/android/Binder.c*/
static void binder_transaction(struct binder_proc *proc,struct binder_thread *thread,
                    struct binder_transaction_data *tr, int reply)
{
    …
    off_end = (void *)offp + tr->offsets_size;/*offset 区域(也就是存放 object 的地方)的终点*/
    for (; offp < off_end; offp++) {/*object 很有可能不只一个,所以逐个处理*/
        struct flat_binder_object *fp;
        …
```

```
            fp = (struct flat_binder_object *)(t->buffer->data + *offp);
            switch (fp->type) {
            case BINDER_TYPE_BINDER:/*BINDER 类型的情况下*/
            case BINDER_TYPE_WEAK_BINDER: {
                struct binder_ref *ref;
                struct binder_node *node = binder_get_node(proc, fp->binder);
                    /*查找是否有此记录*/
                if (node == NULL) {/*这是一个新节点*/
                    node = binder_new_node(proc, fp->binder, fp->cookie);
                    …
                }
                …
                ref = binder_get_ref_for_node(target_proc, node);
                …
                if (fp->type == BINDER_TYPE_BINDER)
                    fp->type = BINDER_TYPE_HANDLE;//做转换
                else
                    fp->type = BINDER_TYPE_WEAK_HANDLE;
                fp->handle = ref->desc;
                …
            } break;
            …
}
```

在 Binder 驱动的设计中，只要用户携带一个 Binder 对象"路过"它，就会被记录下来。在上面的代码中，binder_get_node 会查找当前 proc 中的 nodes 树中是否已经存在这一 Binder 对象（以 fp→binder 为关键字），否则就生成 binder_new_node 一个 binder_node 节点并把它加入 nodes 树中。因而属于当前 Proc 的所有 Binder 对象在驱动中都是有记录的：

```
struct binder_node {
    …
    union {
        struct rb_node rb_node;
        struct hlist_node dead_node;
    };
    struct binder_proc *proc; //此 Binder 对象所属的进程
    …
    void __user *ptr;    //fp->binder
    void __user *cookie;//额外信息，比如这个场景中对应的是 BBinder 对象的内存地址
    …
};
```

在这个场景中，WindowManagerService 这个 Binder 对象就记录在 Android 系统服务进程中。那么，Client 是如何找到它的呢?因为我们在 target_proc 中要添加一个指向此 binder_node 的引用：binder_get_ref_for_node。这个函数会查找 proc->refs_by_node 树中是不是已经存在这样的节点，否则就生成一个 binder_ref 节点并按顺序加入 refs_by_node 树中：

```
struct binder_ref {
    …
    struct rb_node rb_node_desc;
    struct rb_node rb_node_node;
    …
    struct binder_proc *proc; //binder_node 所属的进程
    struct binder_node *node; //这个 ref 所指向的 binder_node
    uint32_t desc; //ref 编号，逐渐递增
    …
};
```

这个数据结构中有两个红黑树节点，即 rb_node_desc 和 rb_node_node，前者将使 binder_ref 被加入 proc-> refs_by_desc 树（desc 可能是 description 的缩写），而后者则加入 refs_by_node。为

什么同一个节点要加入两棵树中呢？一种合理的解释是这两种排序方法可以在不同的场合提高检索效率。另外，desc 编号是随着新节点的加入而不断递增的，因而能保证它的唯一性。执行完这些操作后，fp->type 类型就被改成 BINDER_TYPE_HANDLE，而 fp->handle 则是 ref->desc。当 target 被唤醒时，它的 proc 中已经有了指向 binder_node 的 binder_ref 节点了，而且 fp 中记录了此 binder_ref 的 desc 值。

清楚了 BBinder 的由来后，我们接着刚才的 executeCommand 函数往下看：

```
sp<BBinder> b((BBinder*)tr.cookie);
const status_t error = b->transact(tr.code, buffer, &reply, tr.flags);
```

这里首先调用了 BBinder 的 transact 函数：

```
/*frameworks/native/libs/binder/Binder.cpp*/
status_t BBinder::transact(uint32_t code, const Parcel& data, Parcel* reply, uint32_t flags)
{
    data.setDataPosition(0);

    status_t err = NO_ERROR;
    switch (code) {
        case PING_TRANSACTION:
            reply->writeInt32(pingBinder());
            break;
        default:
            err = onTransact(code, data, reply, flags);
            break;
    }
    …
    return err;
}
```

除了 PING_TRANSACTION 的情况外，其他事项一律调用 onTransact 来处理。而 JavaBBinder 重载了这个方法：

```
/*JavaBBinder@android_util_Binder.cpp*/
virtual status_t onTransact(uint32_t code, const Parcel& data, Parcel* reply,
                            uint32_t flags = 0)
{
    JNIEnv* env = javavm_to_jnienv(mVM);
    IPCThreadState* thread_state = IPCThreadState::self();
    const int strict_policy_before = thread_state->getStrictModePolicy();
    thread_state->setLastTransactionBinderFlags(flags);
    jboolean res = env->CallBooleanMethod(mObject, gBinderOffsets.**mExecTransact**,
                            code, (int32_t)&data, (int32_t)reply, flags);
    …
}
```

显然这个函数的重点就是调用 Java 层 Binder 对象（即 ADIL 中 Stub 类的父类）的某个接口来把用户请求传递过去。这个接口是 Binder.execTransact，已经预先存储在 gBinderOffsets.mExecTransact 了：

```
/*Binder.java*/
private boolean execTransact(int code, int dataObj, int replyObj,int flags) {
    Parcel data = Parcel.obtain(dataObj);
    Parcel reply = Parcel.obtain(replyObj);
    boolean res;
    try {
        res = onTransact(code, data, reply, flags);
    } catch (RemoteException e) {
        …
    return res;
}
```

终于把 Binder Client 的请求传递到 Binder(java)了，因为涉及 JNI 的中间处理过程，使得整个逻辑显得臃肿而复杂。事情还没结束，因为每个 Binder Server 肯定会有自己的业务码，所以它们都要重写 onTransact 接口，如 WindowManagerService.java 中：

```java
@Override
public boolean onTransact(int code, Parcel data, Parcel reply, int flags)throws Remote Exception {
    try {
        return super.onTransact(code, data, reply, flags);
    } catch (RuntimeException e) {
        …
    }
}
```

这个 onTransact 似乎什么也没做。

是的。由于 AIDL 自动生成的 Stub 类也重写了 onTransact，而且已经为开发者做好了无缝跳转，所以我们在编写基于 AIDL 的 Server 时，只要实现相应的业务处理接口就行了。比如：

```java
/*IWindowManager.java*/
@Override publicboolean onTransact(int code, android.os.Parcel data, android.os.Parcel reply, int flags)throws android.os.RemoteException
{
switch(code)
{
case TRANSACTION_openSession:
{
…
android.view.IWindowSession _result = this.openSession(_arg0, _arg1);
reply.writeNoException();
reply.writeStrongBinder((((_result!=null))?(_result.asBinder()):(null)));
returntrue;
}
```

上面代码中的 this.openSession 会调用 openSession@WindowManagerService.java，而且还负责将结果写入 Parcel 并通过 Binder 驱动返回给调用者——对比 SM 中的手工实现是不是方便了很多？

这样我们就以 WindowManagerService 为例，完整地分析了基于 AIDL 的 Binder Server 的实现流程。

最后小结一下，仍然按照本节开头提出的几个疑问来展开。

- 启动时机问题

WMS 是在 System_Server 中启动的。

- 如何提供一致的服务接口

通过分析 aidl 文件以及由它转化生成的 java 接口文件，我们知道一个 AIDL 接口包括了 IwindowManager、IWindowManager.Stub 和 IWindowManager.Stub.Proxy 三个重要类。后两者分别面向于 WMS 的服务端和 Binder Client 本地代理的实现，且都继承于 IWindowManager，因而就保证了 Client 和 Server 是在完全一致的服务接口上进行通信的。

- 如何与 Binder 驱动交互的

通过解析，我们发现原来系统服务进程在一开始就调用了：

```
ProcessState::self()->startThreadPool();
IPCThreadState::self()->joinThreadPool();
```

它们将导致程序最终进入一个类似于 binder_loop 的主循环。因而，在这个进程中的 Binder 对象都可以不用单独与驱动进行交互。

- Client 如何准确地访问到目标进程中的 Binder Server

有两种方式可以让 Binder Server 可知,其一是通过在 SM 中注册,也就是 WMS 所属的情况。其二就是下一小节我们会谈到的匿名 Server 实现。对于实名的 Server,当它利用 addService 来把自身注册到 SM 中时,会"路过"Binder 驱动,而后者就会按计划把这一 Binder 对象链接到 proc->nodes,以及 target_proc-> refs_by_desc 和 target_proc-> refs_by_node 中。在这一场景中,proc 是系统服务进程,而 target_proc 则是 SM。也就是说,SM 中拥有了一个描述 WMS 的 binder_node 的引用。这样当一个 Binder Client 通过 getService 向 SM 发起查询时,后者就可以准确地告知这个调用者它想访问的 WMS 节点所在的位置。这就是前面我们在分析 executeCommand 函数时,Client 发过来的请求中会记录着 WMS 的 BBinder 对象地址的原因。

6.7 匿名 Binder Server

前一小节我们讨论的 WindowManagerService 服务,通过 addService 把自己注册到了 Service Manager 中,因而任何 Binder Client 都可以通过 SM 的 getService 接口来获取它的一个引用。我们称这种类型的 Binder Server 为"实名"Server。

而事实上,Android 系统中还存在着另一种 Binder Server,它们并不在 Service Manager 中注册——我们称之为"匿名"的 Binder Server。匿名性带来的一个直接好处是安全系数的提高,如某个应用程序提供了某种 Server 服务,但并不希望面向公众开放。显然实名的 Server 无法避免外界的访问——任何第三方的程序都可以通过 Service Manager 提供的 getService 来获取到这一 Server。而"匿名"方式的 Binder Server 则可以很好地解决这一问题。

本小节将以后续显示系统中将会出现的 IWindowSession 为例来分析"匿名"Server 的内部实现。

先来看看 IWindowSession 的接口文件:

```
/*frameworks/base/core/java/android/view/IWindowSession.aidl*/
interface IWindowSession {
    int add(IWindow window, int seq, in WindowManager.LayoutParams attrs,
            in int viewVisibility, out Rect outContentInsets,
            out InputChannel outInputChannel);
    …//其他接口省略
}
```

这个 aidl 文件经过工具转化后,核心内容如下:

```
public interface IWindowSession extends android.os.IInterface
{public static abstract class Stub extends android.os.Binder implements android.view. IWindowSession
{
...
@Override public boolean onTransact(int code, android.os.Parcel data, android.os.
Parcel reply, int flags) throws android.os.RemoteException
{
switch (code)
{
...
case TRANSACTION_add:
{
…
}
...
}
return super.onTransact(code, data, reply, flags);
}
private static class Proxy implements android.view.IWindowSession
{
```

```
private android.os.IBinder mRemote;
...
@Override public int add(…) throws android.os.RemoteException
{
…
}
...
}
static final int TRANSACTION_add =(android.os.IBinder.FIRST_CALL_TRANSACTION + 0);
...
}
public int add(…) throws android.os.RemoteException;
...
}
```

除了业务处理相关的代码外，它和前一小节的 IWindowManager 基本上类似，因而此处不再赘述了。我们知道，一个匿名的 Binder Server 必须借助于其他手段才能被 Client 访问到。比如 IWindowSession 就是靠 WindowManagerService 这一实名 Server 提供的 openSession 获取的。代码段如下所示：

```
/*frameworks/base/core/java/android/view/WindowManagerGlobal.java*/
    public static IWindowSession getWindowSession() {
        synchronized (WindowManagerGlobal.class) {
            if (sWindowSession == null) {//全局变量，用于避免重复操作
                try {
                    …
                    IWindowManager windowManager = getWindowManagerService();//获取WMS
                    sWindowSession = windowManager.openSession(
                        imm.getClient(), imm.getInputContext());//通过WMS的接口获取IWindow Session
                    …
                } catch (RemoteException e) {
                    Log.e(TAG, "Failed to open window session", e);
                }
            }
            return sWindowSession;
        }
    }
```

Android 4.3 中把与 WindowManager 相关的元素都统一封装到了 WindowManagerGlobal.java 中，包括上面的 IWindowSession。在 getWindowSession 的实现中，WMS 属于实名的 Binder Server，因而可以通过调用 getWindowManagerService→IWindowManager.Stub.asInterface(ServiceManager.getService("window"))来获取到它的本地代理；而 IWindowSession 则是"匿名"的，它必须经由前者提供的 openSession 接口来间接地访问到：

```
/*frameworks/base/services/java/com/android/server/wm/WindowManagerService.java*/
    public IWindowSession openSession(IInputMethodClient client,
                                      IInputContext input Context) {
        …
        Session session = new Session(this, client, inputContext);
        return session;
    }
```

这个时候 Session（它是 IWindowSession 服务器端的实现）才被真正地创建起来。顺便说一下，在生成 Session 对象时，同时传入了 this 指针（即 WMS 自身），这样后续这个 Session 对象就可以把从应用程序收到的请求转发给 WMS 了。

有了这个 IWindowSession 代理以后，我们就可以像使用其他 Binder Server 一样获得它的服务了。比如在 ensureTouchMode@ViewRootImpl.java 中：

```
mWindowSession.setInTouchMode(inTouchMode);
```

最后小结一下：一个匿名 Binder Server 与实名 Server 的差异主要就在于后者是通过 Service Manager 来获得对它的引用；而前者则是以其他实名 Server 为中介来传递这一引用信息，仅此而已。另外，对于 Binder 驱动而言，只要是"路过"它且以前没有出现过的 Binder 对象，都会被记录下来。所以：

- 实名 Binder Server

通过 addService 把 Server 添加到 SM 时是它第一次"路过"驱动，因而会被记录到 binder_node 中，并在 SM 的进程信息中添加 binder_ref 引用。这样后面有客户端需要查询时，SM 就能准确得出这一 Server 所在的 binder_node 位置了。

- 匿名 Binder Server

在这个场景中，IWindowSession 是靠 WMS 来传递的；并且要等到 Binder Client 调用 openSession 时才真正地生成一个 Session 对象——这个对象作为 reply 结果值时会第一次"路过" Binder 驱动——此时就会被记录到系统服务进程的 proc->nodes 中（注意，IWindowSession 也存在于系统服务进程中），并且 target_proc（也就是 ViewRootImpl 所在进程）会有一个 binder_ref 指向这一 binder_node 节点。

第 7 章　Android 启动过程

7.1　第一个系统进程（init）

Android 设备的启动必须经历 3 个阶段，即 Boot Loader、Linux Kernel 和 Android 系统服务，默认情况下它们都有各自的启动界面。

严格来说，Android 系统实际上是运行于 Linux 内核之上的一系列"服务进程"，并不算一个完整意义上的"操作系统"。这些进程是维持设备正常工作的关键，而它们的"老祖宗"就是 init。

作为 Android 中第一个被启动的进程，init 的 PID 值为 0。它通过解析 init.rc 脚本来构建出系统的初始运行形态——其他 Android 系统服务程序大多是在这个"rc"脚本中描述并被相继启动的。Init.rc 不但语法相对简单，而且因为采用了纯文本的编写方式，所以可读性很高，是开发商控制 Android 系统启动状态的一大"利器"。

接下来首先讲解 init.rc 脚本的语法规则。

7.1.1　init.rc 语法

Google 对于 init.rc 的注解很少，唯一的官方文档可能就是/system/core/init/Readme.txt。所以本小节的分析主要基于两个依据——除了这个 Readme 文件外，就是 init 进程的源码实现（与 init.rc 解析相关的代码大部分集中在 Init_parser.c 中）。

一个完整的 init.rc 脚本由 4 种类型的声明组成，即：
- Action（动作）；
- Commands（命令）；
- Services（服务）；
- Options（选项）。

首先需要了解一些通用的语法规则：
➢ 注释以井号键（"#"）开头；
➢ 关键字和参数以空格分隔，每个语句以行为单位；
➢ C 语言风格的反斜杠转义字符（"\"）可以用来为参数添加空格；
➢ 为了防止字符串中的空格把其切割成多个部分，我们需要对其使用双引号；
➢ 行尾的反斜杠用来表示下面一行是同一行；
➢ Actions（动作）和 Services（服务）暗示着一个新语句的开始，这两个关键字后面跟着的 commands（命令）或者 options（选项）都属于这个新语句；
➢ Actions（动作）和 Services（服务）有唯一的名字，如果出现和已有动作或服务重名的，将会被当成错误忽略掉。

接下来详细分析各组成元素。

1. Actions（动作）

动作的一般格式如下：

```
on <trigger> ##触发条件
    <command1> ##执行命令
    <command2>##可以执行多个命令
    <command3>
    …
```

从上面的描述可以知道，一个 Action 其实就是响应某事件的过程。即当<trigger>所描述的触发事件产生时，依次执行各种 command（同一事件可以对应多个命令）。从源码实现的角度来说，当相应的事件发生后，系统会对 init.rc 中的各<trigger>进行匹配——只要发现符合条件的 Action，就会把它加入"命令执行队列"的尾部（除非这个 Action 在队列中已经存在），然后系统再对这些命令按顺序执行。

2. Commands（命令）

命令将在所属事件发生时被一个个地执行。

表 7-1 列出了 init 中定义的一些常见事件。

表 7-1　　　　　　　　　　　　Init.rc 中常见触发事件

Trigger	Description
boot	这是 init 程序启动后触发的第一个事件
<name>=<value>	当属性<name>满足特定<vaule>时触发。后面有关于属性的进一步介绍
device-added-<path> device-removed-<path>	当设备节点添加/删除时触发此事件
service-exited-<name>	当指定的服务<name>存在时触发

针对这些事件，有如表 7-2 所示命令可供使用。

表 7-2　　　　　　　　　　　　init.rc 中的常见命令

Command	Description
exec <path> [<argument>]*	Fork 并执行一个程序，其路径为<path>。这条命令将阻塞直到该程序启动完成，因此它有可能造成 init 程序在某个点不停地等待
export <name><value>	设置某个环境变量<name>的值为<value>。这是对全局有效的，即其后所有进程都将继承这个变量
ifup <interface>	使网络接口<interface>成功连接
import <filename>	解析另一个配置文件，名为<filename>，以扩展当前配置
hostname <name>	设置主机名为<name>
chdir <directory>	更改工作目录为<directory>
chmod <octal-mode><path>	更改文件访问权限
chown <owner><group><path>	更改文件所有者和组群
chroot <directory>	更改根目录位置
class_start <serviceclass>	启动由<serviceclass>类名指定的所有相关服务，如果它们不在运行状态的话
class_stop <serviceclass>	停止所有由<serviceclass>指定的服务，如果它们当前正在运行的话

续表

Command	Description
domainname <name>	设置域名
insmod <path>	在<path>路径上安装一个模块
mkdir <path>[mode] [owner] [group]	在<path>路径上新建一个目录
mount <type><device><dir> [<mountoption>]*	尝试在指定路径上挂载一个设备
setkey	目前未定义
setprop <name><value>	设置系统属性<name>的值为<value>
setrlimit <resource><cur><max>	设置一种资源的使用限制。这个概念亦存在于 Linux 系统中，<cur>表示软限制，<max>表示硬限制。更多详情请参考 Linux 资料
start <service>	这个命令将启动一个服务，如果它没有处于运行状态的话
stop <service>	这个命令将停止一个服务，如果它当前正在运行的话
symlink <target><path>	创建一个<path>路径的链接，目标为<target>
sysclktz <mins_west_of_gmt>	设置基准时间，如果当前时间是 GMT，这个值是 0
trigger <event>	触发一个事件
write <path><string> [<string>]*	打开一个文件，并写入一个或多个字串

3. Services（服务）

Services 其实是可执行程序，它们在特定选项的约束下会被 init 程序运行或者重启（Service 可以在配置中指定是否需要退出时重启，这样当 Service 出现异常 crash 时就可以有机会复原）。它的一般格式为：

```
service <name><pathname> [ <argument> ]*
    <option>
    <option>
    ...
```

➢ <name>

表示此 service 的名称。

➢ <pathname>

此 service 所在路径。因为是可执行文件，所以一定有存储路径。

➢ <argument>

启动 service 所带的参数。

➢ <option>

对此 service 的约束选项（后面有详细列表说明）。

4. Options（选项）

Services 中的可用选项如表 7-3 所示。

表 7-3　　　　　　　　　　　Services 中的可用选项

Option	Description
critical	表明这是对设备至关重要的一个服务。如果它在四分钟内退出超过四次，则设备将重启进入恢复模式
disabled	此服务不会自动启动，而是需要通过显式调用服务名来启动
setenv <name><value>	设置环境变量<name>为某个值<value>

续表

Option	Description
socket <name><type><perm> [<user> [<group>]]	创建一个名为/dev/socket/<name>的 unix domain socket,然后将它的 fd 值传给启动它的进程 有效的<type>值包括 dgram,stream 和 seqpacket。而 user 和 group 的默认值是 0
user <username>	在启动服务前将用户切换至<username>,默认情况下用户都是 root
group <groupname> [<groupname>]*	在启动服务前将用户组切换至<groupname>
oneshot	当此服务退出时,不要主动去重启它
class <name>	为该服务指定一个 class 名。同一个 class 的所有服务必须同时启动或者停止。默认情况下服务的 class 名是"default"
onrestart	当此服务重启时,执行某些命令

综合以上的分析会发现,其实 init.rc 的语法可以用一个统一的形式来理解。如下所示:

```
On<SOMETHING-HAPPENED>
<WHAT-TO-DO>
```

对于 Action 来说,它是当<trigger>发生时去执行命令;而对于 Service 来说,它是 always 发生的(不需要启动触发条件),然后去启动指定的可执行文件(并且由 Option 来限制执行条件)。

7.1.2　init.rc 实例分析

本小节通过分析一个 init.rc 范例来进一步理解它的语法规则:

```
on boot#boot 事件
    export PATH /sbin:/system/sbin:/system/bin    #响应 boot 事件,设置系统环境变量
    export LD_LIBRARY_PATH /system/lib            #响应 boot 事件,设置库路径
    mkdir /dev #创建/dev 目录
    mkdir /proc #创建/proc 目录
    mkdir /sys #创建/sys 目录。这时还没有超出 on boot 的作用范围,下同
    mount tmpfs tmpfs /dev
    mkdir /dev/pts
    mkdir /dev/socket
    mount devpts devpts /dev/pts
    mount proc proc /proc
    mount sysfs sysfs /sys #以上几行用于挂载文件系统以及创建新的目录
    write /proc/cpu/alignment 4 #打开文件,并写入数值
    ifup lo #建立 lo 网络连接
    hostname localhost #设置主机名
    domainname localhost #设置域名
    mount yaffs2 mtd@system /system
    mount yaffs2 mtd@userdata /data
    import /system/etc/init.conf #导入另一个配置文件
    class_start default #启动所有标志为 default 的服务
service adbd /sbin/adbd #启动 adbd 服务进程
    user adb
    group adb # Adbd 是 android debug bridge daemon 的缩写,它为开发者与设备之间建立了一条通道。
             # 我们将在本书工具篇中对 adb 进行详细分析。
service usbd /system/bin/usbd -r
    user usbd
    group usbd
    socket usbd 666 #启动 usbd 服务。
service zygote /system/bin/app_process -Xzygote /system/bin --zygote
    socket zygote 666 #启动 zygote 服务。Zygote 是系统的"孵化器",负责生产"进程"
on device-added-/dev/compass
    start akmd    #当增加了/dev/compass 节点后,启动 akmd 服务
on device-removed-/dev/compass
    stop akmd #当移除了/dev/compass 节点后,停止 akmd 服务
service akmd /sbin/akmd
    disabled
```

```
user akmd
group akmd #因为这里对 akmd 服务使用了 disabled 选项，所以系统不会主动去启动它。而是要等到上面
          #描述的/dev/compass 节点出现时，才显式地调用此服务
```

7.2 系统关键服务的启动简析

作为 Android 系统的第一个进程，init 将通过解析 init.rc 来陆续启动其他关键的系统服务进程——其中最重要的就是 ServiceManager、Zygote 和 SystemServer。

7.2.1 Android 的"DNS 服务器"——ServiceManager

ServiceManager 是 Binder 机制中的"DNS 服务器"，负责域名（某 Binder 服务在 ServiceManager 注册时提供的名称）到 IP 地址（由底层 Binder 驱动分配的值）的解析。

ServiceManager 是在 Init.rc 里描述并由 init 进程启动的。如下所示：

```
/*sytem/core/rootdir/Init.rc*/
service servicemanager /system/bin/servicemanager
    class core
    user system
    group system
    critical
    onrestart restart healthd
    onrestart restart zygote
    onrestart restart media
    onrestart restart surfaceflinger
    onrestart restart drm
```

可以看到，servicemanger 是一个 Linux 程序。它在设备中的存储路径是/system/bin/servicemanager，源码路径则是/frameworks/native/cmds/servicemanager。

ServiceManager 所属 class 是 core，其他同类的系统进程包括 ueventd、console(/system/bin/sh)、adbd 等。根据 core 组的特性，这些进程会同时被启动或停止。另外，critical 选项说明它是系统的关键进程——意味着如果进程不幸地在 4 分钟内异常退出超过 4 次，则设备将重启并进入还原模式。当 ServiceManager 每次重启时，其他关键进程如 Zygote、media、surfaceflinger 等也会被 restart。

7.2.2 "孕育"新的线程和进程——Zygote

Zygote 这个词的字面意思是"受精卵"，因而可以"孕育"出一个"新生命"。正如其名所示，Android 中大多数应用进程和系统进程都是通过 Zygote 来生成的。

接下来具体分析下 Zygote 是如何启动的。

和 ServiceManager 类似，Zygote 也是由 init 解析 rc 脚本时启动的。早期的 Android 版本中 Zygote 的启动命令直接被书写在 init.rc 中。但随着硬件的不断升级换代，Android 系统不得不面对 32 位和 64 位机器同时存在的状况，因而，对 Zygote 的启动也需要根据不同的情况区分对待：

```
/*system/core/rootdir/init.rc*/
import /init.${ro.hardware}.rc
import /init.${ro.zygote}.rc
```

根据系统属性 ro.zygote 的具体值，我们需要加载不同的描述 Zygote 的 rc 脚本。譬如下面是一个典型的例子：

- init.zygote32.rc
- init.zygote32_64.rc
- init.zygote64.rc
- init.zygote64_32.rc

其中 zygote32 和 zygote64 分别对应 32 位和 64 位机器的情况;而 zygote32_64 和 zygote64_32 则是 Primary Arch 和 Secondary Arch 的组合。我们以 init.zygote64.rc 为例，相关代码如下：

```
service zygote /system/bin/app_process64 -Xzygote /system/bin --zygote --start-system-server
    class main
    socket zygote stream 660 root system
    onrestart write /sys/android_power/request_state wake
    onrestart write /sys/power/state on
    onrestart restart media
    onrestart restart netd
```

从上面这段脚本描述可以看出：

```
ServiceName: zygote
Path: /system/bin/app_process64
Arguments: -Xzygote /system/bin --zygote --start-system-server
```

Zygote 所属 class 为 main，而不是 core。和其同 class 的系统进程有 netd、debuggerd、rild 等。

从 zygote 的 path 路径可以看出，它所在的程序名叫 "app_process64"，而不像 ServiceManager 一样在一个独立的程序中。通过指定 --zygote 参数，app_process 可以识别出用户是否需要启动 zygote。那么，app_process 又是何方神圣呢？

这个命名有些"怪异"的程序源码路径在/frameworks/base/cmds/app_process 中，先来看看它的 Android.mk：

```
LOCAL_PATH:= $(call my-dir)

include $(CLEAR_VARS)

LOCAL_SRC_FILES:= \
    app_main.cpp

LOCAL_SHARED_LIBRARIES := \
    libcutils \
    libutils \
    liblog \
    libbinder \
    libandroid_runtime

LOCAL_MODULE:= app_process
LOCAL_MULTILIB := both
LOCAL_MODULE_STEM_32 := app_process32
LOCAL_MODULE_STEM_64 := app_process64
include $(BUILD_EXECUTABLE)
```

上述是构建 Multilib（64 位和 32 位系统）的一个编译脚本范例。其中 LOCAL_MULTILIB 用于指示你希望针对的硬件平台架构。可选值如下：

- "32"

表示只编译 32 位版本。

- "64"

表示只编译 64 位版本。

- "both"

表示同时编译 32 位和 64 位的版本。

- " "

表示由系统根据其他变量来决定要编译的目标。

这些知识点我们在本书的编译章节已经做过详细分析，不清楚的读者可以回头复习。

从上面的描述可以很明显地看到，app_process 其实扮演了一个类似于"壳"的角色，那么它容纳了哪些"内容"呢？

只要分析一下 app_process 的主函数实现就知道答案了：

```cpp
/*frameworks/base/cmds/app_process/App_main.cpp*/
int main(int argc, char* const argv[])
{…
    AppRuntime runtime(argv[0], computeArgBlockSize(argc, argv));//Android 运行时环境
    …
    bool zygote = false;
    bool startSystemServer = false;
    bool application = false;
    String8 niceName;
    String8 className;

    ++i;  // Skip unused "parent dir" argument.
    while (i < argc) {
        const char* arg = argv[i++];
        if (strcmp(arg, "--zygote") == 0) { //当前进程是否用于承载 zygote
            zygote = true;
            niceName = ZYGOTE_NICE_NAME;
        } else if (strcmp(arg, "--start-system-server") == 0) {//是否需要启动 system server
            startSystemServer = true;
        } else if (strcmp(arg, "--application") == 0) {
            application = true;
        } else if (strncmp(arg, "--nice-name=", 12) == 0) {
            niceName.setTo(arg + 12);
        } else if (strncmp(arg, "--", 2) != 0) {
            className.setTo(arg);
            break;
        } else {
            --i;
            break;
        }
    }
    …
    if (zygote) {
        runtime.start("com.android.internal.os.ZygoteInit", args);
    } else if (className) {
        runtime.start("com.android.internal.os.RuntimeInit", args);
    } else {
        …
    }
}
```

这个函数用于解析启动 app_process 时传入的参数，具体如下。

--zygote：表示当前进程用于承载 zygote。

--start-system-server：是否需要启动 system server。

--application：启动进入独立的程序模式。

--nice-name：此进程的"别名"。

对于非 zygote 的情况下，在上述参数的末尾会跟上 main class 的名称，而后的其他参数则属于这个 class 的主函数入参；对于 zygote 的情况，所有参数则会作为它的主函数入参使用。

在我们这个场景中，init.rc 指定了--zygote 选项，因而 app_process 接下来将启动"ZygoteInit"并传入"start-system-server"。之后 ZygoteInit 会运行于 Java 虚拟机上，为什么？

原因就是 runtime 这个变量——它实际上是一个 AndroidRuntime 对象，其 start 函数源码如下：

```cpp
/*frameworks/base/core/jni/AndroidRuntime.cpp*/
void AndroidRuntime::start(const char* className, const char* options)
{
    …
    JNIEnv* env;
    if (startVm(&mJavaVM, &env) != 0) {//启动虚拟机
        return;
    }
```

```
        onVmCreated(env);//虚拟机启动后的回调
        …
    }
```

对于虚拟机的具体启动和运行过程，本书的 ART 虚拟机一章有详细介绍，请大家参考阅读。我们这里假设 VM 可以成功启动，并进入 ZygoteInit 的执行中：

```java
/*frameworks/base/core/java/com/android/internal/os/ZygoteInit.java*/
public static void main(String argv[]) {
    try {…
        boolean startSystemServer = false;
        String socketName = "zygote";
        String abiList = null;
        for (int i = 1; i < argv.length; i++) {
            if ("start-system-server".equals(argv[i])) {
                startSystemServer = true;//需要启动 System Server
            } else if (argv[i].startsWith(ABI_LIST_ARG)) {
                abiList = argv[i].substring(ABI_LIST_ARG.length());
            } else if (argv[i].startsWith(SOCKET_NAME_ARG)) {
                socketName = argv[i].substring(SOCKET_NAME_ARG.length());
            } else {
                throw new RuntimeException("Unknown command line argument: " + argv[i]);
            }
        }

        if (abiList == null) {
            throw new RuntimeException("No ABI list supplied.");
        }

        registerZygoteSocket(socketName);//注册一个 Socket
        preload();//预加载各类资源
        …
        if (startSystemServer) {
            startSystemServer(abiList, socketName);//后面对此函数进行详细分析
        }

        Log.i(TAG, "Accepting command socket connections");
        runSelectLoop(abiList);

        closeServerSocket();
    } catch (MethodAndArgsCaller caller) {
        caller.run();
    } catch (RuntimeException ex) {
        Log.e(TAG, "Zygote died with exception", ex);
        closeServerSocket();
        throw ex;
    }
}
```

ZygoteInit 的主函数并不复杂，它主要完成两项工作：

- 注册一个 Socket

Zygote 是"孵化器"，一旦有新程序需要运行时，系统会通过这个 Socket（完整的名称为 ANDROID_SOCKET_zygote）在第一时间通知"总管家"，并由它负责实际的进程孵化过程。

- 预加载各类资源

函数 preload 用于加载虚拟机运行时所需的各类资源，包括：

```
        preloadClasses();
        preloadResources();
        preloadOpenGL();
        preloadSharedLibraries();
```

从名称中相信不难看出上述各个 preload 函数的作用。以 preloadClasses 为例，它负责加载和初始化常用的一些 classes。这些需要预加载的 classes 被记录在 framework.jar 的 preloaded-classes 中，如下例子所示：

```
# Classes which are preloaded by com.android.internal.os.ZygoteInit.
# Automatically generated by frameworks/base/tools/preload/WritePreloadedClassFile.
java.
# MIN_LOAD_TIME_MICROS=1250
# MIN_PROCESSES=10
android.R$styleable
android.accounts.Account
android.accounts.Account$1
android.accounts.AccountManager
android.accounts.AccountManager$12
android.accounts.AccountManager$13
android.accounts.AccountManager$6
android.accounts.AccountManager$AmsTask
android.accounts.AccountManager$AmsTask$1
android.accounts.AccountManager$AmsTask$Response
android.accounts.AccountManagerFuture
android.accounts.IAccountManager
android.accounts.IAccountManager$Stub
android.accounts.IAccountManager$Stub$Proxy
android.accounts.IAccountManagerResponse
android.accounts.IAccountManagerResponse$Stub
android.accounts.OnAccountsUpdateListener
…
```

从程序可以看到，preloaded-classes 中含有多达数千个 classes，而且包括了 libcore 里的重要基础资源，例如 android.system、android.util 等。另外，从 preloaded-classes 文件头中的注释可以看出，这个记录表示通过 frameworks/base/tools/preload/WritePreloadedClassFile.java 生成的。感兴趣的读者可以自行阅读这个文件了解其中的细节。

- 启动 System Server

如果 app_process 的调用参数中带有"--start-system-server"，那么此时就会通过 startSystemServer 来启动 System Server，我们将在稍后对这个函数进行具体分析。

Zygote 在前期主要担任启动系统服务的工作，后期则又担当"程序孵化"的重任。但是 Zygote 只在 init.rc 中被启动一次，它如何协调好这两项工作的关系呢？我们可以推断一下，上述的 startSystemServer 应该会新建一个专门的进程来承载系统服务的运行，而后 app_process 所在的进程则转变为 Zygote 的"孵化器"守护进程。那么是不是这样子的呢？

```
/* frameworks/base/core/java/com/android/internal/os/ZygoteInit.java */
private static boolean startSystemServer(String abiList, String socketName)
        throws MethodAndArgsCaller, RuntimeException {
    …
    /* Hardcoded command line to start the system server */
    String args[] = {
        "--setuid=1000",
        "--setgid=1000",
        "--setgroups=1001,1002,1003,1004,1005,1006,1007,1008,1009,1010,1018,
                 1032,3001,3002,3003,3006,3007",
        "--capabilities=" + capabilities + "," + capabilities,
        "--runtime-init",
        "--nice-name=system_server",
        "com.android.server.SystemServer",
    };
    ZygoteConnection.Arguments parsedArgs = null;

    int pid;

    try {
        parsedArgs = new ZygoteConnection.Arguments(args);
        ZygoteConnection.applyDebuggerSystemProperty(parsedArgs);
        ZygoteConnection.applyInvokeWithSystemProperty(parsedArgs);

        /* Request to fork the system server process */
        pid = Zygote.forkSystemServer(
```

```
                       parsedArgs.uid, parsedArgs.gid,
                       parsedArgs.gids,
                       parsedArgs.debugFlags,
                       null,
                       parsedArgs.permittedCapabilities,
                       parsedArgs.effectiveCapabilities);  //果然需要fork一个新进程
        } catch (IllegalArgumentException ex) {
            throw new RuntimeException(ex);
        }

        if (pid == 0) {//子进程，即System Server所承载进程
            if (hasSecondZygote(abiList)) {
                waitForSecondaryZygote(socketName);
            }

            handleSystemServerProcess(parsedArgs);//启动各System Server
        }

        return true;
    }
```

上述代码段又出现了我们熟悉的 fork 流程——forkSystemServer 在内部利用 UNIX 的 fork 机制创建了一个新进程；而这个"新生儿"（即 pid==0 分支）会在随后的执行过程中通过 handleSystemServerProcess 来启动各种支撑系统运行的 System Server。

在跟踪 System Server 的具体启动过程之前，我们先来为 Zygote 接下来的工作做一个分析。与我们之前所见的 fork 处理流程不同的是，startSystemServer 中并没有为父进程专门开辟一个代码分支，因而这个函数最后会通过 return true 而返回到 ZygoteInit 的主函数中。紧随其后的语句就是：

```
runSelectLoop(abiList);
```

从 runSelectLoop 的函数名称可以猜到，这很可能会是一个"死循环"——除非 Zygote 退出或者出现异常才会跳出循环：

```
/* frameworks/base/core/java/com/android/internal/os/ZygoteInit.java */
private static void runSelectLoop(String abiList) throws MethodAndArgsCaller {
    ArrayList<FileDescriptor> fds = new ArrayList<FileDescriptor>();
    ArrayList<ZygoteConnection> peers = new ArrayList<ZygoteConnection>();
    FileDescriptor[] fdArray = new FileDescriptor[4];

    fds.add(sServerSocket.getFileDescriptor());
    peers.add(null);//添加null是为了保持fds和peers的一致性

    int loopCount = GC_LOOP_COUNT;//设定多少次循环才调用垃圾回收函数gc()，数值为10
    while (true) {//确实如我们所料，是一个死循环
        int index;
        if (loopCount <= 0) {
            gc();//达到10次循环，做一次gc
            loopCount = GC_LOOP_COUNT;
        } else {
            loopCount--;
        }

        try {
            fdArray = fds.toArray(fdArray);
            index = selectReadable(fdArray);
        } catch (IOException ex) {
            throw new RuntimeException("Error in select()", ex);
        }

        if (index < 0) {//出错的情况
            throw new RuntimeException("Error in select()");
        } else if (index == 0) {//有新的连接请求
            ZygoteConnection newPeer = acceptCommandPeer(abiList);
```

```
                peers.add(newPeer);
                fds.add(newPeer.getFileDescriptor());
            } else {//已建立的连接中有客户端发过来的数据需要处理
                boolean done;
                done = peers.get(index).runOnce();

                if (done) {
                    peers.remove(index);
                    fds.remove(index);
                }
            }
        }
    }
}
```

从程序中可以看到,runSelectLoop 的主体的确是一个 while 死循环,它将作为 zygote 的守护体存在。因为 zygote 此时运行在虚拟机环境中,所以它需要考虑垃圾回收的问题。不过这是一项非常耗时的操作,如果操作过于频繁,每次回收的垃圾并不会很多,那么就得不偿失。所以上述函数中设定了 GC_LOOP_COUNT 为 10,意味着 while 每循环十次才会调用一次 gc()。那么 while 执行一轮都完成了哪些工作呢?

我们从 sServerSocket.getFileDescriptor()获取到的是前面通过 registerZygoteSocket 创建的 Server Socket 的文件描述符,它会被添加到一个 ArrayList<FileDescriptor>类型的 fds 变量中。这同时也意味着 zygote 中不光只有一个 Socket 产生。具体而言,while 循环中会先通过如下两个语句来判断当前哪个 fd 处于可读状态:

```
fdArray = fds.toArray(fdArray);
index = selectReadable(fdArray);
```

当 fds 这个 ArrayList 指示的某个文件有可读数据时,返回的 index 值就代表此文件对应的 file descriptor 在队列中的序列。另外,这个函数还有一个特殊的返回值:0。因为 fds 中的第一个元素为 Zygote 的 Server Socket,所以 index 为 0 代表了有新的连接请求。这和网络连接中的 Socket 概念是一致的。

- index ==0

此时我们需要通过 acceptCommandPeer 来接受来自客户端的连接,产生一个新的 Zygote Connection,然后分别更新 peers 和 fds。为了保证这两个列表中的对象序列号保持一致,可以看到 peers 在初始化时专门添加了一个 null,对应的是 Zygote Server Socket 这个"监听者"。

- index >0

此时说明已经建立的 Socket 连接中有来自客户端的数据需要处理,完成具体工作的是 runOnce,下面我们详细分析一下这个函数:

```
/*frameworks/base/core/java/com/android/internal/os/ZygoteConnection.java*/
boolean runOnce() throws ZygoteInit.MethodAndArgsCaller {
    String args[];
    Arguments parsedArgs = null;
    FileDescriptor[] descriptors;
    …
    try{…
        checkTime(startTime, "zygoteConnection.runOnce: preForkAndSpecialize");
        pid = Zygote.forkAndSpecialize(parsedArgs.uid, parsedArgs.gid,
                        parsedArgs.gids, parsedArgs.debugFlags, rlimits,
                    parsedArgs.mountExternal, parsedArgs.seInfo,
            parsedArgs.niceName, fdsToClose, parsedArgs.instructionSet,
            parsedArgs.appDataDir);
        checkTime(startTime, "zygoteConnection.runOnce: postForkAndSpecialize");
    } catch (IOException ex) {
        logAndPrintError(newStderr, "Exception creating pipe", ex);
    } catch (ErrnoException ex) {
        logAndPrintError(newStderr, "Exception creating pipe", ex);
```

```
            } catch (IllegalArgumentException ex) {
                logAndPrintError(newStderr, "Invalid zygote arguments", ex);
            } catch (ZygoteSecurityException ex) {
                logAndPrintError(newStderr,
                        "Zygote security policy prevents request: ", ex);
            }

            try {
                if (pid == 0) {
                    // in child
                    IoUtils.closeQuietly(serverPipeFd);
                    serverPipeFd = null;
                    handleChildProc(parsedArgs, descriptors, childPipeFd, newStderr);
                    return true;
                } else {
                    IoUtils.closeQuietly(childPipeFd);
                    childPipeFd = null;
                    return handleParentProc(pid, descriptors, serverPipeFd, parsedArgs);
                }
            } finally {
                IoUtils.closeQuietly(childPipeFd);
                IoUtils.closeQuietly(serverPipeFd);
            }
        }
```

这个函数比较长，其中有两个地方需要我们重点关注：

- 创建承载应用程序的新进程

这是在意料之中的，zygote 需要为每个新启动的应用程序生成自己独立的进程。不过 runOnce 中并没有直接使用 fork 来完成这一工作，而是调用了 forkAndSpecialize，我们稍后会分析这个函数的实现。另外，新创建的进程中一定需要运行应用程序本身的代码，这一部分工作是在 handleChildProc 中展开的。

- 父进程的"扫尾"工作

执行完上述的任务后，父进程还需要做一些清尾工作才算"大功告成"。包括：将子进程加入进程组；正确关闭文件；调用方返回结果值等。

Specialize 的字面意思是"专门化"，表达了 forkAndSpecialize 在"孵化"的同时也把它转变为 Android 应用程序的目标。函数 forkAndSpecialize 的处理分为 3 个阶段，即 preFork、nativeForkAndSpecialize 以及 postForkCommon：

```
/*frameworks/base/core/java/com/android/internal/os/Zygote.java*/
public static int forkAndSpecialize(int uid, int gid, int[] gids, int debugFlags,
        int[][] rlimits, int mountExternal, String seInfo, String niceName,
        int[] fdsToClose, String instructionSet, String appDataDir) {
    long startTime = SystemClock.elapsedRealtime();
    VM_HOOKS.preFork();
    checkTime(startTime, "Zygote.preFork");
    int pid = nativeForkAndSpecialize(
            uid, gid, gids, debugFlags, rlimits, mountExternal, seInfo, niceName,
            fdsToClose, instructionSet, appDataDir);
    checkTime(startTime, "Zygote.nativeForkAndSpecialize");
    VM_HOOKS.postForkCommon();
    checkTime(startTime, "Zygote.postForkCommon");
    return pid;
}
```

中间过程限于篇幅我们不去深究，接下来直接分析 preFork 在 Zygote 中对应的实现：

```
/*art/runtime/native/dalvik_system_ZygoteHooks.cc*/
static jlong ZygoteHooks_nativePreFork(JNIEnv* env, jclass) {
  Runtime* runtime = Runtime::Current();
  CHECK(runtime->IsZygote()) << "runtime instance not started with -Xzygote";
```

```
    runtime->PreZygoteFork();
    // Grab thread before fork potentially makes Thread::pthread_key_self_ unusable.
    Thread* self = Thread::Current();
    return reinterpret_cast<jlong>(self);
}
```

这里的 Runtime 实例具体而言指的是 Zygote 进程中的运行环境,我们在本书虚拟机章节中会有详细分析。而 runtime→PreZygoteFork 又会间接调用 Heap::PreZygoteFork,从而完成堆空间的初始操作。

函数 nativeForkAndSpecialize 是一个 native 方法,具体对应的实现是 com_android_internal_os_Zygote_nativeForkAndSpecialize,后者则又进一步调用了 ForkAnd SpecializeCommon:

```
/*frameworks/base/core/jni/com_android_internal_os_Zygote.cpp*/
static pid_t ForkAndSpecializeCommon(JNIEnv* env, uid_t uid, gid_t gid,
                                    jintArray javaGids,
                                    jint debug_flags, jobjectArray javaRlimits,
                                    jlong permittedCapabilities,
                                    jlong effectiveCapabilities,
                                    jint mount_external,
                                    jstring java_se_info, jstring java_se_name,
                                    bool is_system_server, jintArray fdsToClose,
                                    jstring instructionSet, jstring dataDir) {
    uint64_t start = MsTime();
    SetSigChldHandler();
    ckTime(start, "ForkAndSpecializeCommon:SetSigChldHandler");

    pid_t pid = fork();//这里才真正孵化出一个新进程

    if (pid == 0) {…//子进程中

        env->CallStaticVoidMethod(gZygoteClass, gCallPostForkChildHooks, debug_flags,
                                  is_system_server ? NULL : instructionSet);
        …
    } else if (pid > 0) {
        //父进程,这里什么也不做,因为 runOnce 中有处理
    }
    return pid;
}
```

这个函数首先会 fork 一个新进程,并在 pid==0 这一分支中为孵化的进程完成一系列初始化操作,而后执行 CallStaticVoidMethod。其中 gZygoteClass 对应的是"com/android/internal/os/Zygote",而 gCallPostForkChildHooks 则是 Zygote 这个类中的成员函数 callPostForkChildHooks——从名称可以看出用于执行孵化后的一些处理工作。ForkAndSpecializeCommon 也还没有涉及与应用程序相关的具体业务,这部分工作会由 runOnce 中的 handleChildProc 来完成,核心代码如下:

```
/*frameworks/base/core/java/com/android/internal/os/ZygoteConnection.java */
private void handleChildProc(Arguments parsedArgs,
        FileDescriptor[] descriptors, FileDescriptor pipeFd, PrintStream newStderr)
        throws ZygoteInit.MethodAndArgsCaller {…
    if (parsedArgs.niceName != null) {//子进程的别名
        Process.setArgV0(parsedArgs.niceName);
    }

    if (parsedArgs.runtimeInit) {…
    } else {//应用程序的 ActivityThread 将在这里被执行
        String className;
        try {
            className = parsedArgs.remainingArgs[0];//实际对应的是 ActivityThread
        } catch (ArrayIndexOutOfBoundsException ex) {
```

```
            logAndPrintError(newStderr,
                    "Missing required class name argument", null);
            return;
        }

        String[] mainArgs = new String[parsedArgs.remainingArgs.length - 1];
        System.arraycopy(parsedArgs.remainingArgs, 1,
                mainArgs, 0, mainArgs.length);//className 主函数的参数

        if (parsedArgs.invokeWith != null) {…//invoke-with 的情况
        } else {
            ClassLoader cloader;
            if (parsedArgs.classpath != null) {
                cloader = new PathClassLoader(parsedArgs.classpath,
                        ClassLoader.getSystemClassLoader());
            } else {
                cloader = ClassLoader.getSystemClassLoader();
            }

            try {//执行 main 函数
                ZygoteInit.invokeStaticMain(cloader, className, mainArgs);
            } catch (RuntimeException ex) {
                logAndPrintError(newStderr, "Error starting.", ex);
            }
        }
    }
}
```

这个函数的任务用一句话来概况，就是找到并执行目标进程的入口函数。Android 系统中所有应用程序理论上都是由 Zygote 启动的；而且从本小节的分析中，我们不难发现 Zygote 会为新启动的应用程序 fork 一个进程。不过和传统的内核中的 fork+exec 的作法不同的地方是，Zygote 中并不会执行 exec()。这在某些情况下就会造成一些障碍，比如无法使用 valgrind 来监测程序的内存泄露情况。为了响应开发人员的类似需求，Android 系统特别提供了一种 Wrapper 实现，并通过 parsedArgs.invokeWith 来加以控制。有兴趣的读者可以自行搜索相关资料了解其中的详情。

在 handleChildProc 这个函数中，最重要的参数之一是 className。可以看到，handleChildProc 会把 className 对应的类加载到内存中，然后执行其中的 main 函数。那么这个 className 具体是指什么呢？

要回答这个问题并不是件容易的事，需要大家对应用程序的启动流程有一个全局的认识。本书的其他章节对此有详细介绍，有需要的读者可以穿插阅读。我们这里假设当前流程已经到了 ActivityManagerService，它会向 Zygote 发起一个创建新进程的请求，如下所示：

```
/*frameworks/base/services/core/java/com/android/server/am/ActivityManagerService.java*/
 private final void startProcessLocked(ProcessRecord app, String hostingType,
         String hostingNameStr, String abiOverride, String entryPoint,
         String[] entryPointArgs) {…
    Process.ProcessStartResult startResult = Process.start(entryPoint,
             app.processName, uid, uid, gids, debugFlags, mountExternal,
             app.info.targetSdkVersion, app.info.seinfo,
             requiredAbi, instructionSet,
             app.info.dataDir, entryPointArgs);//这些参数将被转化为 Arguments 中的成员变量
    …
```

Process 的字面意思虽然是进程，但其实它只属于"进程类"，或者称为"进程管家"会贴切些。Process.start 显然是去启动一个新的进程以承载业务，而函数的第一个参数 entryPoint，即我们在 handleChildProc 中看到的 className。这是因为 ActivityManagerService 传递过来的字符串形式的参数列表会被 Arguments.parseArgs 解析成 Arguments 中的各成员变量，比如表 7-4 所示。

7.2 系统关键服务的启动简析

表 7-4   各成员变量

参 数 格 式	对应的成员变量
"--setuid="	uid
"--setgid="	gid
"--target-sdk-version="	targetSdkVersion
"--runtime-init"	runtimeInit
"-classpath"	classpath
"--nice-name="	nicename
剩余的参数	remainingArgs

className 对应的是表 7-1 中的 remainingArgs[0]。

现在问题转化为，ActivityManagerService 中的 entryPoint 是如何得来的呢？它的来源简单来讲就是下面这个语句：

```
if (entryPoint == null) entryPoint = "android.app.ActivityThread";
```

换句话说，Zygote 中主动执行的类是 ActivityThread，这同时也是我们熟知的 Android 应用程序的"主线程"：

```
/*frameworks/base/core/java/android/app/ActivityThread.java*/
public static void main(String[] args) {…
    Looper.prepareMainLooper();

    ActivityThread thread = new ActivityThread();
    thread.attach(false);

    if (sMainThreadHandler == null) {
        sMainThreadHandler = thread.getHandler();
    }

    AsyncTask.init();

    Looper.loop();

    throw new RuntimeException("Main thread loop unexpectedly exited");
}
```

上述的代码段我们在本书操作系统基础知识章节已经接触过了，这里再一次列出来，以便大家可以把各知识点"串联"起来。

到目前为止，我们已经分析了 Zygote 作为守护进程时，如何为 Android 应用程序的启动而服务的。在本小节剩余的内容中，大家将学习到它另一方面的工作，即引导系统各重要服务的启动过程。

从前面的分析可以知道，System Server 的启动是在 startSystemServer 中完成的。Zygote 首先会利用 Zygote.forkSystemServer 来孵化出一个子进程，然后在 pid==0 的分支中调用 handleSystemServerProcess，后者在函数的末尾又会进一步调用 RuntimeInit.zygoteInit:

```
/*frameworks/base/core/java/com/android/internal/os/RuntimeInit.java */
public static final void zygoteInit(int targetSdkVersion, String[] argv,
ClassLoader classLoader) throws ZygoteInit.MethodAndArgsCaller {…
    commonInit();
    nativeZygoteInit();

    applicationInit(targetSdkVersion, argv, classLoader);
}
```

函数 zygoteInit 通过 3 个方面来完成初始化，分别是：
- commonInit

通用部分的初始化，包括设置默认的 uncaught exception handler（具体对应的是 RuntimeInit 中的 UncaughtHandler 类）；为 HttpURLConnection 准备好默认的 HTTP User-Agent (User Agent 包含了与系统浏览器相关的一系列信息，如"Dalvik/1.1.0 (Linux; U; Android Eclair Build/MASTER)".); 开启 trace 模式（只在 emulator 下才有必要）等。

- nativeZygoteInit

这是一个本地初始化函数，也是 zygoteInit 中的重点，我们稍后做重点分析。

- applicationInit

这个函数的声明为：private static void applicationInit(int targetSdkVersion, String[] argv, ClassLoader classLoader);从中可以看出它是程序运行的"起点"。在我们这个场景中，程序指的是 System Servers，而"入口"是什么呢？这就和第二个参数 argv 有关系。这个 String[]实际上包含了两个重要的成员变量，即 startClass 和 startArgs。而这两个变量的赋值可以追溯到 startSystemServer 中，具体代码如下：

```
String args[] = {
    "--setuid=1000",
    "--setgid=1000",
    "--setgroups=1001,1002,1003,1004,1005,1006,1007,1008,
       1009,1010,1018,1032,3001,3002,3003,3006,3007",
    "--capabilities=" + capabilities + "," + capabilities,
    "--runtime-init",
    "--nice-name=system_server",
    "com.android.server.SystemServer",
};
```

换句话说，startClass 对应的就是 com.android.server.SystemServer。因而 applicationInit 最终将调用 main@SystemServer：

```
public static void main(String[] args) {
    new SystemServer().run();
}
```

经过上面的初始化后，程序现在会有两个分支，其一是 nativeZygoteInit 主导的本地系统服务的启动；另一个则是 applicationInit 负责的 Java 层系统服务的启动。

（1）本地系统服务的启动

在 JNI 机制中，Native 函数在 Java 层会有一个声明，然后在本地层得到真正的实现。那么当我们调用了 Java 层的函数后，系统是如何找到 Native 中与之对应的函数的呢？通常情况下，Native 中的 C++文件命名是以 Java 层的 package 为基础的，如 Java 层的包名为 com.android.internal.XX，那么其对应的 JNI 层文件则是 com_android_internal_XX。不过这种对应关系并不是绝对不变的，可以根据开发人员的需求进行调整。譬如我们上面的 ZygoteInit 所在的 Java 包是 com.android.internal.os，而实际上 JNI 的实现则为 AndroidRuntime.cpp。开发人员一定要学会这其中的规则，才能快速找到自己所需的资源。

AndroidRuntime 表明这个 class 的任务是"负责 Android 的运行时环境"。当我们调用了 nativeZygoteInit 后，实际上是执行了 com_android_internal_os_RuntimeInit_nativeZygoteInit@AndroidRuntime.cpp，如下所示：

```
static void com_android_internal_os_RuntimeInit_nativeZygoteInit(JNIEnv* env, jobject clazz)
{
    gCurRuntime->onZygoteInit();
}
```

全局变量 gCurRuntime 是一个 AndroidRuntime 的对象，结合本节前面内容的学习，大家应该能想到实际上 AndroidRuntime 是一个父类，真正的实现则在 App_main.cpp 中的 AppRuntime。当我们新建 AppRuntime 对象时，它的父类的构造函数会被调用，并为 gCurRuntime 赋值。上述的 onZygoteInit 也在这个 App_main.cpp 文件中，如下所示：

```
/*frameworks/base/cmds/app_process/App_main.cpp*/
virtual void onZygoteInit()
    {…
        sp<ProcessState> proc = ProcessState::self();
        ALOGV("App process: starting thread pool.\n");
        proc->startThreadPool();
    }
```

上面这段代码是 Binder 机制中的重要组成部分，其中 startThreadPool 将开启 Binder 线程池以保证其他进程可以正确访问到 Zygote 所提供的服务。Zygote 通过 JNI 和回调的方式非常巧妙地把本地层和 Java 层、SystemServer 和 app process 关联起来了。

关于 Binder 的更多信息，请大家参考本书相关章节的详细分析。

（2）Java 层系统服务的启动

Java 层的系统服务比较多，它们各司其职，缺一不可。我们知道，Zygote 会为 System Server 的运行启动和初始化虚拟机，并通过入口 main@SystemServer.java 开启"系统服务之旅"。不过 main 函数只起到"门"的作用，它又会直接调用 SystemServer().run()，后者才是真正实现服务的地方：

```
/*frameworks/base/services/java/com/android/server/SystemServer.java*/
private void run() {…
        SystemProperties.set("persist.sys.dalvik.vm.lib.2",
          VMRuntime.getRuntime().vmLibrary());
        …
        android.os.Process.setThreadPriority(
                android.os.Process.THREAD_PRIORITY_FOREGROUND);
        android.os.Process.setCanSelfBackground(false);
        Looper.prepareMainLooper();//准备主循环体

        // Initialize native services.
        System.loadLibrary("android_servers");//加载本地服务库
        nativeInit();//本地服务初始化

        …

        // Initialize the system context.
        createSystemContext();

        // Create the system service manager.
        mSystemServiceManager = new SystemServiceManager(mSystemContext);
        LocalServices.addService(SystemServiceManager.class, mSystemServiceManager);

        // Start services.
        try {
           startBootstrapServices();
           startCoreServices();
           startOtherServices();//分别启动各种类型的System Server
        } catch (Throwable ex) {…
        }
        …
        Looper.loop();//进入死循环，直到设备关机
        throw new RuntimeException("Main thread loop unexpectedly exited");
    }
```

System Server 在启动前首先需要做很多初始化设置，包括将 VM 的版本记录到系统变量中，设置线程优先级，设置堆的使用率等。我们知道，Android 系统服务会被分为两类，其一是 Java 层的，其二是本地层的。后者具体是由 System.loadLibrary("android_servers")实现的，而 Java 层的服务将在下一小节做重点分析。

通过以上讲解，我们可以看到 app_process 就是系统服务的"根据地"。它在 init 进程的帮助下，通过 Zygote 逐步建立起各 SystemServer 的运行环境，继而为上层的"繁殖壮大"提供"土壤环境"。

图 7-1 对本小节所涉及内容进行了总结。

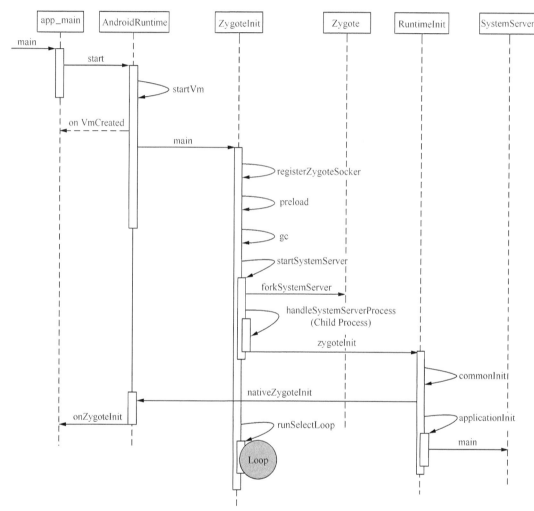

▲图 7-1 Zygote 和 System Server 的启动流程

7.2.3 Android 的"系统服务"——SystemServer

SystemServer 是 Android 进入 Launcher 前的最后准备。由其名称就可看出，它提供了众多由 Java 语言编写的"系统服务"。

由上一小节的学习可知，一旦我们在 init.rc 中为 Zygote 指定了启动参数--start-system-server，那么 ZygoteInit 就会调用 startSystemServer 来进入 SystemServer。而且系统服务又分别分为 Java 层和本地层两类。其中 Native 层服务的实现体在 android_servers 中，需要在 run@SystemServer

中首先通过 System.loadLibrary("android_servers")加载到内存中才能使用。而 nativeInit 则负责为启动本地层服务而努力。这部分实现在 Android 的历版变迁中改动不小，特别是对两类系统服务的管辖范围有不小差异。以最新的 Android 版本而言，它实际上在本地层只留下 Sensor 服务了：

```
/*frameworks/base/services/core/jni/com_android_server_SystemServer.cpp*/
static void android_server_SystemServer_nativeInit(JNIEnv* env, jobject clazz) {
    char propBuf[PROPERTY_VALUE_MAX];
    property_get("system_init.startsensorservice", propBuf, "1");
    if (strcmp(propBuf, "1") == 0) {
        // Start the sensor service
        SensorService::instantiate();
    }
}
```

上述代码段用于 SensorService 的启动和初始化。Android 系统中的 Sensor 可以理解为比较小的硬件器件，如光线、陀螺仪、重力感应等。它们在属性特征上相对一致，而在数据量上则普遍不大。传统的 Android 模拟器对其中一些 Sensor 实现了简单的模拟，功能有限。市面上也有一些厂商为了便于开发者调测应用程序，推出了专门的器件模拟功能，而且与 IDE 进行了"无缝集成"。大家有兴趣的话可以自行上网搜索了解。

我们再回到 Java 层来看一下这类系统服务是如何管理的。从代码中可以看到，这部分 Server 又可细分为 3 类，如下所示：

- Bootstrap Services

BootStrap 的原意是"引导程序"，用在这里则代表系统服务中最核心的那一部分。另外，这些 Services 间相互的依赖关系比较强，因而需要在一起统一管理启动，具体对应的是 startBootstrapServices 这个函数。按照 Android 的建议，如果你自己添加的系统服务和它们也有较强的依赖，那么可以与这类系统服务统一放置，否则就应该考虑下面所述的另两类服务：

```
/*frameworks/base/services/java/com/android/server/SystemServer.java*/
private void startBootstrapServices() {
        mInstaller = mSystemServiceManager.startService(Installer.class);
        mActivityManagerService = mSystemServiceManager.startService(
                ActivityManagerService.Lifecycle.class).getService();
        mActivityManagerService.setSystemServiceManager(mSystemServiceManager);
        mPowerManagerService = mSystemServiceManager.startService(PowerManagerService.class);
        mActivityManagerService.initPowerManagement();
        mDisplayManagerService = mSystemServiceManager.startService(DisplayManagerService.class);
        mSystemServiceManager.startBootPhase(SystemService.PHASE_WAIT_FOR_DEFAULT_DISPLAY);

        // Only run "core" apps if we're encrypting the device.
        String cryptState = SystemProperties.get("vold.decrypt");
        if (ENCRYPTING_STATE.equals(cryptState)) {
            Slog.w(TAG, "Detected encryption in progress - only parsing core apps");
            mOnlyCore = true;
        } else if (ENCRYPTED_STATE.equals(cryptState)) {
            Slog.w(TAG, "Device encrypted - only parsing core apps");
            mOnlyCore = true;
        }

        // Start the package manager.
        Slog.i(TAG, "Package Manager");
        mPackageManagerService = PackageManagerService.main(mSystemContext, mInstaller,
                mFactoryTestMode != FactoryTest.FACTORY_TEST_OFF, mOnlyCore);
        mFirstBoot = mPackageManagerService.isFirstBoot();
        mPackageManager = mSystemContext.getPackageManager();

        Slog.i(TAG, "User Service");
```

```
            ServiceManager.addService(Context.USER_SERVICE, UserManagerService.getInstance());

            // Initialize attribute cache used to cache resources from packages.
            AttributeCache.init(mSystemContext);

            // Set up the Application instance for the system process and get started.
            mActivityManagerService.setSystemProcess();
        }
```

大家应该注意到了，上面的函数中被调用最多的语句是 mSystemServiceManager.startService。这和旧版本 Android 系统中服务"各自为政"的做法有不小差异，换句话说，目前所有 System Service 都统一由 SystemServiceManager 来管理。

System Service Manager 首先会启动 Installer，这是为了让 Installer 可以优先完成初始化，并完成关键目录（如/data/user）的创建。这些都是其他服务可以顺利启动的先决条件。接下来启动的系统服务是 ActivityManagerService，我们在其他章节会做专门的分析，这里先不赘述。

在 AMS 之后相继启动的服务包括电源管理 Power Manager、Display Manager、PackageManager 等，最后调用 setSystemProcess 来添加进程相关的服务，如 meminfo、gfxinfo、dbinfo、cpuinfo 等，从而完成最核心部分系统服务的启动。

- Core Services

Core Service 相对于 BootStrap 的优先级略低，主要包括 LED 和背光管理器、电池电量管理器、应用程序使用情况（Usage Status）管理器等。

- Other Services

这部分服务在 3 类 Service 中优先级最低，但数量却最多。比如 AccountManagerService、VibratorService、MountService、NetworkManagementService、NetworkStatsService、ConnectivityService、WindowManagerService、UsbService、SerialService、AudioService 等。这些服务全面构筑起 Android 系统这座"参天大厦"，为其他进程、应用程序的正常运行奠定了基础。

最后，SystemServer 通过 Looper.loop()进入长循环中，并依托 onZygoteInit 中启动的 Binder 服务接受和处理外界的请求——Android 系统的"万里长征"终于开始了。

7.2.4　Vold 和 External Storage 存储设备

和 iOS 不同的是，Android 系统支持多种存储设备，包括外置的 SDCARD、U 盘等。这些存储设备的管理机制在不同的 Android 版本中差异很大，我们将在本小节做一个简单的介绍。

Android 系统中的内/外存储设备定义如下：

- Internal Storage

按照 Android 的设计理念，Internal Storage 代表的是/data 存储目录。所以目前不少文件管理器事实上混淆了 Internal Storage 的概念，请大家特别注意。

- External Storage

所有除 Internal Storage 之外的可存储区域，参见下面的详细描述。

从物理设备的角度来看，External Storage 由如下几种类型组成：

- Emulated Storage

Android 设备中存在的一个典型做法，是从 Internal Storage（如 Flash）中划分一定的区域（如 1GB）来作为外部存储设备，称为 Emulated Storage。

- SDCARD/USB Devices

通过扩展卡槽或者 USB 端口来扩展设备的存储能力，也是 Android 设备中的常见情况。

另外在某些场合，Android 6.0 之前的 External Storage 会被称为 Traditional Storage，从这个角度看它又可以细分成 emulated 和 portable storage 两个类型。Portable 顾名思义就是指那些没有和系统绑定在一起的，可以随时移除的设备。正是由于这类设备的"暂时性和不稳定性"，它们并不适合用于存储一些敏感数据，例如系统代码、应用程序数据等。Android 6.0 则引入了一种叫做"Adoptable Storage"的存储概念，简单来说就是让外部设备可以像内部设备一样被处理。

为了达到上述的效果，被"adopted"的存储设备需要格式化并经过加密过程，以保证数据的安全性。当然，系统会在用户插入新的外部设备时首先询问是否要把它变为 adoptable storage。如果答案是肯定的才会执行这些处理；否则还是把它当成普通的存储设备，如图 7-2 所示。

Android 系统中的外部存储设备由 Vold 和 Mount Service 来统一管理。其中 Vold 对应的源码路径是：AOSP/system/vold。它是通过 init.rc 启动的，如下所示：

▲图 7-2 存储设备

```
on post-fs-data
…
    start vold
```

值得一提的是 FUSE services 也不再放在 init.rc 中统一加载，而改由 vold 根据具体情况来动态决定是否需要启动。

Vold 在启动以后，会通过 NETLINK 和内核取得联系，并根据后者提供的 event 来构建存储设备管理系统。和以往版本不同的是，Vold 的配置文件不再是 vold.fstab，而变成了 /fstab.<ro.hardware>。例如 AOSP/device/fugu/fstab.fugu：

```
/dev/block/by-name/system     /system    ext4    ro,noatime                                                              wait
/dev/block/by-name/cache      /cache     ext4    nosuid,nodev,noatime,barrier=1,data=ordered                             wait,check
/dev/block/by-name/userdata   /data      ext4    nosuid,nodev,noatime,discard,barrier=1,data=ordered,noauto_da_alloc wait,check
/dev/block/by-name/factory    /factory   ext4    nosuid,nodev,noatime,barrier=1,data=ordered                             wait
/dev/block/by-name/misc       /misc      emmc    defaults                                                                defaults
/dev/block/zram0              none       swap    defaults                                               zramsize=104857600
/devices/*/dwc3-host.2/usb*   auto       auto    defaults                                               voldmanaged=usb:auto,encryptable=userdata
```

Android 6.0 及以后版本中，根据设备具体情况不同主要有如下几种典型配置：

（1）Emulated primary only

即只有 Emulated Storage 的情况，此时 fstab.device 的配置范例如下：

```
/devices/*/xhci-hcd.0.auto/usb* auto auto defaults
                                voldmanaged=usb:auto
```

（2）Physical primary only

即只有一个外置物理存储设备的情况，此时 fstab.device 的配置范例如下：

```
/devices/platform/mtk-msdc.1/mmc_host* auto auto defaults
voldmanaged=sdcard0:auto,encryptable=userdata,noemulatedsd
```

（3）Emulated primary, physical secondary

有两个外置的物理存储设备，它们会被分别设定为 primary 和 secondary，此时 fstab.device 的配置范例如下：

```
/devices/platform/mtk-msdc.1/mmc_host* auto auto defaults
voldmanaged=sdcard1:auto,encryptable=userdata
```

fstab 的语法规则如下：

`<src> <mnt_point> <type> <mnt_flags> <fs_mgr_flags>`

src：在 sysfs 文件系统下用于描述设备的节点的路径。

mnt_point：设备挂载点。

type：文件系统类型。

mnt_flags：最新版本的 vold 会忽略这一项。

fs_mgr_flags：对于没有包含"voldmanaged="的一律会被忽略，换句话说"voldManaged"表示的是它可以被 vold 管理。

Vold 在启动过程中会通过 process_config 函数来处理 fstab 配置文件，并把它们存储在 VolumeManager 的全局变量中。后续当收到内核的 NetlinkEvent (add)时，VolumeManager 再在 handleBlockEvent 中根据规则判断本次事件是否和之前记录的 fstab 配置相匹配——如果答案是肯定的话，则新创建一个 Disk 对象来管理，并将它们统一添加到 mDisks 中，如图 7-3 所示。

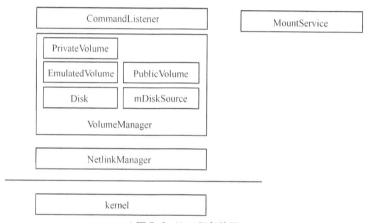

▲图 7-3 Vold 框架简图

我们不难发现，Emulated Storage 所需的存储空间来源于设备的 data 分区。换句话说，Emulated Storage 的存储空间和 data 分区是共享存储区域的。Emulated Storage 当然也是由 Volume Manager 来统一管理的，如下所示：

```
/*system/vold/VolumeManager.cpp*/
int VolumeManager::start() {…
    CHECK(mInternalEmulated == nullptr);
    mInternalEmulated = std::shared_ptr<android::vold::VolumeBase>(
            new android::vold::EmulatedVolume("/data/media"));
    mInternalEmulated->create();
    return 0;
}
```

VolumeManager::start 会被 vold 的 main 函数调用，因而从 Vold 的角度来看所有 Android 设备都是带有 Emulated Storage 的，只不过最终是否需要执行 mount 操作则由 MountService 来决定。从 EmulatedVolume 构造函数的参数可以看到，它在 data 分区中对应的路径是/data/media。VolumeManager 的全局变量 mInternalEmulated 用于记录系统的 Emulated Storage。

接下来 mInternalEmulated->create()除了给 Storage 创建运行环境外，还会向 MountService 发

送一个 VolumeCreated 的消息，并将自身的状态迁移到 kUnmounted。MountService 收到这一信息后，会根据系统的实际情况决定是否挂载这个 Storage——如果答案是肯定的话，那么它会回应一个 mount 指令给 vold，而后者对此的处理过程中会进一步调用到 doMount 函数——这个函数最关键的步骤之一是 fork 一个新进程，用于运行/system/bin/sdcard。

例如 domount@EmulatedVolume.cpp 中的如下代码段：

```
if (!(mFusePid = fork())) {
    if (execl(kFusePath, kFusePath,
            "-u", "1023", // AID_MEDIA_RW
            "-g", "1023", // AID_MEDIA_RW
            "-m",
            "-w",
            mRawPath.c_str(),
            label.c_str(),
            NULL)) {
        PLOG(ERROR) << "Failed to exec";
    }

    LOG(ERROR) << "FUSE exiting";
    _exit(1);
}
```

变量 kFusePath 指向的是"/system/bin/sdcard"，我们可以通过 execl 系统调用将其启动起来。Sdcard daemon 对应的源代码目录是 AOSP/system/core/sdcard。

Sdcard daemon 属于 Fuse Service。Fuse 的全称是"Filesystem in Userspace"，即在用户态实现的一种 File System。它的典型框架如图 7-4 所示。

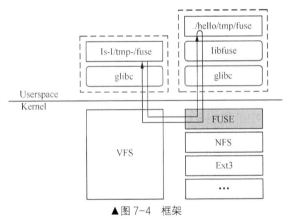

▲图 7-4 框架

（引用自 Wikipedia）

当使用者（左半部分）希望访问 FUSE 文件系统时，这一请求会经过 Kernel 的 VFS 首先传递给 FUSE 对应的驱动模块，然后再通知到用户层的 fuse 管控程序（例如这个场景中的 sdcard）。后者处理请求完成后会将结果数据返回给最初的调用者，从而完成一次交互过程。可见与传统的文件系统相比，FUSE 文件系统因为处理层次较多，所以在效率上注定会存在不足的地方。不过"瑕不掩瑜"，FUSE 文件系统的灵活性依然为其获得了广泛的应用。

了解了 FUSE 文件系统后，我们再来看 sdcard daemon 是怎么做的。简单来说它会执行以下几个核心操作。

- 将/dev/fuse 挂载到 3 个目标路径下

这几个目标路径分别是：/mnt/runtime/default/%s、/mnt/runtime/read/%s 和/mnt/runtime/write/%s，其中 "%s" 代表的是 Volume 的 label，在 Emulated Storage 这个场景下对应的是 "emulated"。

- 创建 3 个线程

在代码中对应的是 thread_default、thread_read 和 thread_write。这 3 个线程启动后都会进入 for 死循环，然后不停地从自己对应的 fuse->fd（即打开/dev/fuse 产生的文件描述符）中读取 fuse 模块发过来的消息命令，并根据命令的具体类型（例如 FUSE_READ、FUSE_WRITE、FUSE_OPEN 等）执行处理函数。

为什么我们需要将/dev/fuse 挂载到 3 个路径下，并通过不同的线程来管理呢？这和 Android 6.0 中引入的 Runtime Permission 有关系。

不同于以往 Install Time Permissions（应用程序所需的权限是在安装或者版本升级过程中赋予的）这种"一刀切"的管理方式，Runtime permission 允许用户在程序运行到某些特别功能时再动态决定是否赋予程序相应的权限。这样带来的好处是用户可以更清楚地知道应用程序需要（或者已经授予了）哪些权限，以实现更为"透明"的管理。不过 Runtime Permission 只对那些系统认为危险的权限进行保护，大家可以利用如下命令获取详细的权限列表：

```
adb shell pm list permissions -g -d
```

下面是某 Android 6.0 设备执行上述命令后的结果截图。

从图中可以看到读写外置存储设备的权限就在此列。

从开发者的角度来看，当应用程序运行到需要 Runtime Permission 的功能时（也有应用程序在启动时一口气申请所有 Runtime Permission，从而导致很不好的用户体验，这种做法是不推荐的），手动调用相应的系统 API 进行权限申请，此时会弹出类似下面的对话框供用户选择，如图 7-5 所示。

如果用户拒绝了应用程序的权限请求，并且勾选了"Never ask again…"，那么应用程序下次再申请同一权限时系统将直接拒绝。这种情况下应用程序的一种常见处理方法是自行弹出一个提示框，阐述申请此权限的重要性，以保证用户可以被充分说服，并手动去系统设置中进行授权操作。范例如图 7-6 所示。

▲图 7-5　对话框

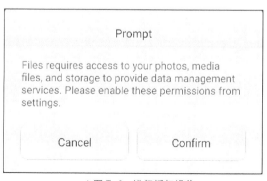

▲图 7-6　进行授权操作

可见 Runtime Permission 权限管理方式的一种很重要的特性就是要求应用程序的权限可以在运行过程中进行动态调整，而且不能导致应用程序的重启。这其中就涉及 Package Manager Service、Activity Manager Service、Zygote 等多个系统服务，我们按照顺序逐一阐述。

首先需要关注的是应用程序启动时的初始化权限处理，此时 AMS 在 startProcessLocked 中会做如下处理：

```
/*frameworks/base/services/core/java/com/android/server/am/ActivityManagerService.java*/
private final void startProcessLocked(ProcessRecord app, String hostingType,
    String hostingNameStr, String abiOverride, String entryPoint, String[] entryPointArgs) {…
try {
        checkTime(startTime, "startProcess: getting gids from package manager");
        final IPackageManager pm = AppGlobals.getPackageManager();
        permGids = pm.getPackageGids(app.info.packageName, app.userId);
        MountServiceInternal mountServiceInternal = LocalServices.getService(
            MountServiceInternal.class);
        mountExternal = mountServiceInternal.getExternalStorageMountMode(uid,
                app.info.packageName);
} catch (RemoteException e) {
throw e.rethrowAsRuntimeException();
}
    …
    Process.ProcessStartResult startResult = Process.start(entryPoint,
            app.processName, uid, uid, gids, debugFlags, mountExternal,
            app.info.targetSdkVersion, app.info.seinfo, requiredAbi,
            instructionSet, app.info.dataDir, entryPointArgs);
```

我们需要特别注意的是 mountExternal 这个变量的赋值过程，它将为后续 Zygote 中的 bind mount 提供参考。从上面的代码段不难看出，mountExternal 是由 MountService 提供的，其代码实现如下所示：

```
    public int getExternalStorageMountMode(int uid, String packageName) {
        // No locking - CopyOnWriteArrayList
        int mountMode = Integer.MAX_VALUE;
        for (ExternalStorageMountPolicy policy : mPolicies) {
            final int policyMode = policy.getMountMode(uid, packageName);
            if (policyMode == Zygote.MOUNT_EXTERNAL_NONE) {
                return Zygote.MOUNT_EXTERNAL_NONE;
            }
            mountMode = Math.min(mountMode, policyMode);
        }
        if (mountMode == Integer.MAX_VALUE) {
            return Zygote.MOUNT_EXTERNAL_NONE;
        }
        return mountMode;
    }
```

这个函数的处理逻辑是：遍历所有的 Policy 规则，并从中挑选出数值最小的 MountMode——按照由小而大的顺序排列，它们依次是：MOUNT_EXTERNAL_NONE、MOUNT_EXTERNAL_DEFAULT、MOUNT_EXTERNAL_READ 和 MOUNT_EXTERNAL_WRITE。应用程序的 MountMode 的具体取值主要由 PMS 的 checkUidPermission 来判断，而后者则会根据 APP 在 AndroidManifest 中申请 WRITE_MEDIA_STORAGE、READ_EXTERNAL_STORAGE 和 WRITE_EXTERNAL_STORAGE 等权限的情况来给出结论。

当 Zygote 孵化出一个应用程序进程后，会在 MountEmulatedStorage 中对 Mount Mode 做进一步处理，核心实现如下：

```
    if (unshare(CLONE_NEWNS) == -1) {
        ALOGW("Failed to unshare(): %s", strerror(errno));
        return false;
    }
    String storageSource;
```

```
        if (mount_mode == MOUNT_EXTERNAL_DEFAULT) {
            storageSource = "/mnt/runtime/default";
        } else if (mount_mode == MOUNT_EXTERNAL_READ) {
            storageSource = "/mnt/runtime/read";
        } else if (mount_mode == MOUNT_EXTERNAL_WRITE) {
            storageSource = "/mnt/runtime/write";
        } else {
            // Sane default of no storage visible
            return true;
        }
        if (TEMP_FAILURE_RETRY(mount(storageSource.string(), "/storage",
                NULL, MS_BIND | MS_REC | MS_SLAVE, NULL)) == -1) {…
}
```

我们不得不承认 Android 的很多新功能是和 Linux Kernel 的更新换代息息相关的,例如上述代码段中就用到了 mount namespace、bind mount 等多项内核技术。建议大家可以先自行查阅相关资料了解这些技术。

Android 6.0 中引入了如下几个被称为"View"的 mount point:

- /mnt/runtime/default

提供给没有特殊权限的应用程序,以及 adbd 等系统组件所在的 root namespace。

- /mnt/runtime/read

提供给那些具有 READ_EXTERNAL_STORAGE 权限的应用程序。

- /mnt/runtime/write

提供给那些具有 WRITE_EXTERNAL_STORAGE 权限的应用程序。

透过不同的"View"所能"看到"的 Mount Tree 是不一样的,从而实现了程序在外部存储上的分权限管理。更为重要的是,采用这种实现方式在应对 Runtime Permission 变化时是不需要重启应用程序就可以生效的。具体来说,当程序取得 Storage 新的 Runtime Permission 以后,PMS 会通过 MountService 向 Vold 的 CommandListener 发送一条名为"remount_uid"的命令,后者则进一步将消息传递给 Vold 的 VolumeManager::remountUid 函数——在这个函数中就可以对相应的进程进行"视角"的重新调整,从而达到我们的预期效果。

其他 Runtime Permission 的实现原理也是类似的,大家可以自行分析了解。

7.3 多用户管理

Android 的多用户管理功能并不算流行,但是它会影响到不少模块的内部实现,譬如存储管理、权限管理等(参考上一小节)。因而我们放在本章节做一个简单的介绍,以便读者在遇到类似场景时有一个清楚的认识。

多用户管理意味着我们可以在同一台设备中支持多个使用者。类似于 Windows 系统中的做法,Android 中的用户也是分类型的,具体如下所示。

- Primary

这是设备的第一个同时也是首选的用户,类似于 Windows 中的 Administrator。Primary User 是不能被删除的,而且会一直处于运行状态。另外,它拥有一些特殊的权限和设置项。

- Secondary

这是被添加到设备中的除 primary user 外的其他用户。它可以被移除,并且不能影响设备中的其他用户。

- Guest

临时性的 secondary user,系统中同时只能有一个 Guest user。

用户类型也直接决定了它们的权限范围，例如只有 primary user 才拥有对 phone call 和 texts 的完全控制权。而 secondary 默认情况下只能接听电话，而无权拨打或者操作短信功能。当然，这也取决于 Settings->Users 中针对 secondary user 的授权情况。

用户安装的程序虽然都在/data/app 目录下，但是它们的数据存储位置则有所差异。具体来说，/data/data 目录下保存的是 Primary User 的数据，而其他用户的数据则被放置于/data/user/<uid>/中（/data/user/0 和/data/data 中的内容是一致的）。

不过从 Android 5.0 开始，多用户的特性默认情况下是被关闭的。我们需要修改以下配置文件来打开：

```
/*frameworks/base/core/res/res/values/config.xml*/
    <!-- Maximum number of supported users -->
    <integer name="config_multiuserMaximumUsers">1</integer>
    <!-- Whether UI for multi user should be shown -->
    <bool name="config_enableMultiUserUI">false</bool>
```

设备商可以根据需要来修改上述两个配置项，只有这样才能开启设备的多用户功能。

第 8 章 管理 Activity 和组件运行状态的系统进程——ActivityManagerService（AMS）

ActivityManagerService（AMS）是 Android 提供的一个用于管理 Activity（和其他组件）运行状态的系统进程，也是我们编写 APK 应用程序时使用得最频繁的一个系统服务。

本章内容编排如下：

- AMS 功能概述

虽然开发者经常会使用到 AMS 提供的一些功能，但可能鲜有机会对它进行统一的整理与分析。因此我们先对 AMS 的功能进行整体概述，从而为后面分析其内部实现打下基础。

- ActivityStack

理解了 AMS 所需完成的功能后，我们会深入代码层来讲解它们的实现——其中最重要的两个核心就是 ActivityStack 和 ActivityTask。

从名称就可以看出，ActivityStack 是 Activity 的记录者与管理者，同时也为 AMS 管理系统运行情况提供了基础。

- ActivityTask

Task 是 Android 应用程序中的一大利器，而且其中涉及的逻辑关系相对复杂，因而我们专门用一个小节具体讲解。

8.1　AMS 功能概述

和 WMS 一样，AMS 也是寄存于 systemServer 中的。它会在系统启动时，创建一个线程来循环处理客户的请求。值得一提的是，AMS 会向 ServiceManager 登记多种 Binder Server 如"activity" "meminfo" "cpuinfo" 等——不过只有第一个 "activity" 才是 AMS 的 "主业"，并由 ActivityManagerService 实现；剩余服务的功能则是由其他类提供的。

先来看看 AMS 的启动过程。如下所示：

```
/*frameworks/base/services/java/com/android/server/SystemServer.java*/
public void run() {
    …
    Slog.i(TAG, "Activity Manager");
    context = ActivityManagerService.main(factoryTest); //启动AMS
    …
    ActivityManagerService.setSystemProcess(); //向 Service Manager 注册
    …
}
```

ActivityManagerService 提供了一个静态的 main 函数，通过它可以轻松地启动 AMS。然后还需要调用 setSystemProcess 来把这个重要系统服务注册到 ServiceManager。由此可见它和 WMS 一样，都是"实名"的 Binder Server：

```
/*frameworks/base/services/java/com/android/server/am/ActivityManagerService.java*/
    public static final Context main(int factoryTest) {
        AThread thr = new AThread(); //创建 AMS 线程
        thr.start(); //启动 AMS 线程
        synchronized (thr) {
            while (thr.mService == null) {/*注意，这段代码是运行在 SystemServer 所在线程中的。
                    所以通过 mService 是否为空来判断 AMS 成功启动与否；如果是的话就可以返回 SystemServer
                    继续执行，否则就一直等待。Android 在处理"系统级进程"出错时的普遍态度是："既然系统都出错
                    了，任何补救都是无力回天的"，所以它的异常处理部分经常是空的*/
                try {
                    thr.wait();
                } catch (InterruptedException e) {
                }
            }
        }
        …
        m.mMainStack = new ActivityStack(m, context, true); /*创建一个 ActivityStack 对象，
                                            这是 AMS 的核心，很多工作都是围绕它展开的*/
        …
        return context;
    }
```

我们在线程章节讨论过 wait 的用法，这里就是一个典型应用。对于 SystemServer 所在线程来说，它需要等到 AThread（即上述的变量 thr）成功启动后才能继续往下执行。所以当 thr.start()后，就通过 thr.wait()进入等待。那么，什么时候唤醒呢？答案就在 AThread 内部：

```
static class AThread extends Thread {…
    public void run() {…
        synchronized (this) {
            mService = m;
            mLooper = Looper.myLooper();
            notifyAll();
        }
```

上面的 notifyAll 会唤醒所有在 thr 这个 object 所在等待队列上的目标，自然也就包括了 SystemServer 所属线程。这么做的原因是 SystemServer 的后续运行将依赖于 AMS，所以如果在 AMS 还未就绪的情况下就贸然返回，很可能会造成系统宕机。

将 AMS 注册到 ServiceManager 很简单，唯一要注意的是它不只注册了自己一个 Server，而是一系列与进程管理相关的服务。如下所示：

```
    public static void setSystemProcess() {
        try {
            ActivityManagerService m = mSelf;
            ServiceManager.addService("activity", m, true);//AMS 的主业
            ServiceManager.addService("meminfo", new MemBinder(m));//内存使用情况
            …//其他服务省略
        }
```

要了解 AMS 提供的所有功能，最好的方法就是查看 IActivityManager.java。AMS 所做的工作就是围绕这份接口声明展开的——不过因为文件行数比较多，此处不一行行列出，而是直接对它进行分类描述。

1. 组件状态管理

这里的组件不仅仅指 Activity，而是所有四大组件。状态管理包括组件的开启、关闭等一系列操作，如 startActivity、startActivityAndWait、activityPaused、startService、stopService、remove ContentProvider 等。

2. 组件状态查询

这类函数用于查询组件当前的运行情况，如 getCallingActivity、getServices 等。

3. Task 相关

Task 相关的函数包括 removeSubTask、removeTask、moveTaskBackwards、moveTaskToFront 等。本章最后一个小节将会重点介绍 Task。

4. 其他

除了上述类型的函数外，AMS 还提供了不少辅助功能，如系统运行时信息的查询（getMemoryInfo，setDebugApp 等）。

接下来的两个小节，我们主要分析 AMS 中与"组件和 Task 部分"相关功能的实现原理。

8.2 管理当前系统中 Activity 状态——Activity Stack

我们在查看 AMS 代码时，会发现很多地方用到了一个名为 mMainStack 的变量。它是 ActivityStack 类型的对象，并且在 AMS 启动时就创建出来了：

```
/*frameworks/base/services/java/com/android/server/am/ActivityManagerService.java*/
public static final Context main(int factoryTest) {/*main()函数是启动 AMS 的入口*/
    …
    ActivityManagerService m = thr.mService;
    …
    m.mMainStack = new ActivityStack(m, context, true, thr.mLooper);/*生成ActivityStack对象*/
    …
}
```

从名称上看，ActivityStack 是管理当前系统中所有 Activity 状态的一个数据结构。那么，是不是这样的呢？我们来看看这个类里面有哪些重要的成员元素和接口。

以下内容是从 ActivityStack.java 中提取出来的。

1. ActivityState

描述了一个 Activity 所可能经历的所有状态。其定义如下：

```
enum ActivityState {
    INITIALIZING,   //正在初始化
    RESUMED,        //恢复
    PAUSING,        //正在暂停
    PAUSED,         //已经暂停
    STOPPING,       //正在停止
    STOPPED,        //已经停止
    FINISHING,      //正在完成
    DESTROYING,     //正在销毁
    DESTROYED       //已经销毁
}
```

结合 Activity 状态改变时其自身所能收到的回调函数，我们来描述下它的状态迁移图。读者可以将图 8-1 和前面列出的各 Activity 状态做一个对照。

2. ArrayList

除了状态管理外，ActivityStack 中还有一系列不同功能的 ArrayList 成员变量。它们的共同点在于列表元素都是 ActivityRecord——这个类负责记录每个 Activity 的运行时信息。因而也可以看

出，ActivityStack 确实是 AMS 中管理 Activity 的"大仓库"。

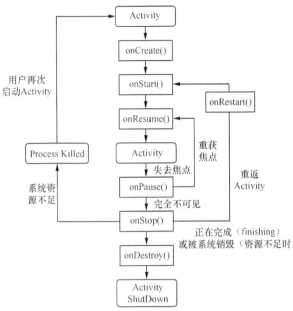

▲图 8-1　Activity 状态迁移图

表 8-1 列出了其中几个重要的 ArrayList。

表 8-1　　　　　　　　ActivityStack 管理的各 ArrayList（部分）

ArrayList	Description
mHistory	所有 Activity 的信息在这里都有记录，直到它被 destroyed
mLRUActivities	正在运行的 Activity 的列表集合，以最近的使用情况来排序，即队头元素是最近使用最少的元素
mStoppingActivities	列表中的 Activity 已经可以被 Stop，但是还得等待下一个 Activity 处于就绪状态
mGoingToSleepActivities	列表中的 Activity 正在进入睡眠状态
mNoAnimActivities	列表中的 Activity 不考虑状态间迁移动画
mFinishingActivities	列表中的 Activity 已经可以被 finished，但还需要等待上一个 Activity 就绪

3. 记录特殊状态下的 Activity

除了上面的 ArrayList 用来描述各种状态下的 Activity 集合外，ActivityStack 还通过以下多个变量来专门记录一些特殊状态下的 Activity 实例，具体如表 8-2 所示。

表 8-2　　　　　　　　　　特殊状态下的 Activity

ActivityRecord	Description
mPausingActivity	当前正在被暂停（pausing）的 Activity
mLastPausedActivity	上一个被暂停的 Activity
mResumedActivity	当前被恢复（resumed）的 Activity，可以为 null
mLastStartedActivity	最近一次被启动的 Activity

以上所述的 3 类变量构成了 ActivityStack 的主框架。如果用一句话来简单概述 AMS 的功能，就是：

"AMS 是通过 ActivityStack（和其他数据结构）来记录、管理系统中的 Activity（和其他组件）状态，并提供查询功能的一个系统服务。"这句话包含了以下几个重点。

1. AMS 的主要工作就是管理、记录、查询

打个比方，AMS 就像户籍登记处。所有新加入或者注销的家庭都需要到这里办理业务；而且它还提供对外的查询功能——这点类似于公安局开具的"户籍证明"，用于表明办证者当前的户口状态。

2. AMS 是系统进程的一部分（确切地说它运行于一个独立的线程中）

从内核的角度来说，AMS 其实也是普通进程中的一部分，只不过它提供的是全局性的系统服务。接着上面打的比方，户籍登记处和家庭一样，也是在一个"房子"（进程）里运行的。它有一套严格的办事规程（线程），来处理户主的各种请求（登记、注销、查询等）。值得一提的是，AMS 的任务只是负责保管 Activity（及其他组件）的状态信息，而像 Activity 中描述的 UI 界面如何在物理屏幕上显示等工作则是由 WindowManagerService 和 SurfaceFlinger 来完成的（后续章节有详细讲解）。

8.3 startActivity 流程

前两个小节理清了 AMS 所能提供的功能以及内部的一些重要变量。那么，AMS 具体是如何开展工作的呢？

如果单纯从理论的角度来分析，大家很可能会有"云里雾里"的感觉。所以本小节将以一个范例为线索，把 AMS 中的主体框架和工作流程贯穿起来——这个例子就是 startActivity()函数的执行过程（在讲解过程中我们会省略 Binder 通信等中间细节，因为这部分内容在前面章节已有详细阐述）。

相信大家对 startActivity(Intent)的功能不会陌生。它用于启动一个目标 Activity——具体是哪个 Activity 则是 AMS 通过对系统中安装的所有程序包进行"Intent 匹配"得到的，并不局限于调用者本身所在的 package 范围。换句话说，startActivity()最终很可能启动的是其他进程中的组件。当系统匹配到某个目标 Activity 后分为两种情况。

- 如果通过 Intent 匹配到的目标对象，其所属程序包中已经有其他元素在运行（意味着该程序进程已启动），那么 AMS 就会通知这个进程来加载运行我们指定的目标 Activity。
- 如果当前 Activity 所属程序没有进程在运行，AMS 就会先启动它的一个实例，然后让其运行目标 Activity。

先大致讲解一下 startActivity()所经历的函数调用流程，从调用方（Activity1）开始：Activity1→startActivity@ContextImpl.java→execStartActivity@Instrumentation.java→startActivity@ActivityManagerService.java。

因而经过层层中转后，调用者发起的 startActivity 最终还是在 AMS 中实现的。接下来的问题就转化为：AMS 内部对 startActivity 是如何处理的？

"理想很丰满，现实很骨感"，看似简单的一个功能，实际上 AMS 要做的工作还是很多的——首先来辨别下 AMS 中 5 个"长相"类似的 startActivity 函数，以防后期混淆。统一列出如下：

- startActivity@ActivityManagerService.java
- startActivityAsUser@ ActivityManagerService.java
- startActivityMayWait@ActivityStack.java

8.3 startActivity 流程

- startActivityLocked@ActivityStack.java
- startActivityUncheckedLocked@ActivityStack.java

这 5 个函数存在先后调用的关系。源代码如下：

```
/*frameworks/base/services/java/com/android/server/am/ActivityManagerService.java*/
   public final int startActivity(IApplicationThread caller, String callingPackage,
         Intent intent, String resolvedType, IBinder resultTo,
         String resultWho, int requestCode, int startFlags,
         String profileFile, ParcelFileDescriptor profileFd, Bundle options) {
      return startActivityAsUser(caller, callingPackage, intent, resolvedType,
                     result To, resultWho, requestCode, startFlags,
                     profileFile, profileFd, options,UserHandle.getCallingUserId());
   }
```

可以看到，startActivityAsUser 与 startActivity 只多了最后一个参数 userId，它表示调用者的用户 ID 值，因而可以通过 Binder 机制的 getCallingUid 获得：

```
   public final int startActivityAsUser(IApplicationThread caller, String calling Package,
         Intent intent, String resolvedType, IBinder resultTo,
         String resultWho, int requestCode, int startFlags, String profileFile,
         ParcelFileDescriptor profileFd, Bundle options, int userId {
      enforceNotIsolatedCaller("startActivity");
      userId = handleIncomingUser(Binder.getCallingPid(), Binder.getCallingUid(), userId,
            false, true, "startActivity", null);
      return mMainStack.startActivityMayWait(caller,-1,callingPackage,intent, resolvedType,
            resultTo, resultWho, requestCode, startFlags, profileFile, profileFd,
            null, null, options, userId);/*这个函数是ActivityStack 提供的*/
   }
```

函数 startActivityAsUser 的一大重点就是做权限检查，包括：

➢ enforceNotIsolatedCaller

检查调用者是否属于被隔离的对象。

➢ handleIncomingUser

调用者是否有权力执行这一操作。

由此也可以看出，5 个"startActivityXX"其实是 5 个执行步骤，而且一旦其中一步出现错误就会中止整个流程。

接着往下分析 startActivityMayWait 这个函数。因为代码很长，我们直接把其中的核心工作提取出来，如图 8-2 所示。

▲图 8-2 startActivityMayWait

根据图 8-2 中的描述，在 startActivityMayWait 中：

- 然是要启动某个符合 Intent 要求的 Activity，那么首先就应确定这个目标 Activity：如果是显式的 Intent，问题很好解决，因为 Intent 信息中已经带有目标 Activity 的相关信息；否则就调用 resolveActivity()进行查找——具体过程可以参见本书应用篇中 Intent 匹配章节的描述。
- 判断目标 Activity 所属进程是不是重量级（heavy-weight）的。如果当前系统中已经存在的重量级进程（mService.mHeavyWeightProcess）不是即将要启动的这个，那么就要给 Intent 重新赋值。
- 调用 startActivityLocked 来进一步执行启动工作。
- 如果 outResult 不为空，还需要将函数的结果写入这个变量中。因为前面 startActivity 传入时此参数为 null，所以这里可以直接略过。

这个函数的名称表明它有可能会"wait"——具体就表现在对 outResult 的处理上。有兴趣的读者可以自行分析，具体如图 8-3 所示。

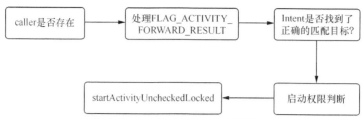

▲图 8-3　startActivityLocked(1)执行流程

紧接着被调用的函数是 startActivityLocked。需要特别注意的是，ActivityStack 中存在两个同名的 startActivityLocked 函数，但参数不同。我们把参数较多的那个称为 startActivityLocked（1），另一个则是 startActivityLocked（2）。Android 源码中的很多函数后面都有 Locked 标志，用于提醒我们必须保证这些函数的线程安全——因为它们涉及不可重入资源的处理。图中所示的是 startActivityLocked（1）函数的处理流程。主要工作是：

Step1@startActivityLocked（1），确保调用者本身的进程是存在的，否则就直接返回 START_PERMISSION_DENIED 错误。这种情况是有可能发生的，如调用者被系统杀死，或者异常退出等。

Step2@startActivityLocked(1)，处理 FLAG_ACTIVITY_FORWARD_RESULT

这个标志具有跨越式传递的作用。比如 Activity1 正常启动了 Activity2，而当 Activity2 启动 Activity3 时使用了这个标志，那么当 Activity3 调用 setResult 时，result 并不会像一般情况中那样传递给 Activity2，而是传递给最初的 Activity1。

为了达到这一目的，就需要将新启动的 Activity3 的 caller 改为 Activity1。具体如下所示：

```
if ((launchFlags&Intent.FLAG_ACTIVITY_FORWARD_RESULT)
        != 0&& sourceRecord != null) {
    if (requestCode >= 0) {
        ActivityOptions.abort(options);
        return ActivityManager.START_FORWARD_AND_REQUEST_CONFLICT;
    }
    resultRecord = sourceRecord.resultTo;
    resultWho = sourceRecord.resultWho;
    requestCode = sourceRecord.requestCode;
    sourceRecord.resultTo = null;
    if (resultRecord != null) {
        resultRecord.removeResultsLocked(sourceRecord, resultWho, requestCode);
    }
}
```

因为在这个标志下，Activity2 已经把接收 result 的目标对象设置为 Activity1，因而它自身不能再通过 startActivityForResult 来启动 Activity3 了，否则就会报 START_FORWARD_AND_REQUEST_CONFLICT 的错误。

Step3@startActivityLocked（1），如果此时还没有找到合适的目标 Activity 来处理 Intent，或者这个目标的 ActivityInfo 为空，都说明这个 Intent 没有办法继续处理了，因此程序会直接报错返回。

Step4@startActivityLocked（1），上面的判断通过后，还需要查验调用者是否有权限来启动指定的 Activity。具体如下所示：

```
final int startAnyPerm = mService.checkPermission(START_ANY_ACTIVITY,
                                    callingPid, callingUid);
```

```
final int componentPerm = mService.checkComponentPermission(aInfo.permission,
            callingPid, callingUid, aInfo.applicationInfo.uid, aInfo.exported);
```

上述这两个权限检查必须全部通过,否则会抛出 SecurityException。

Step5@startActivityLocked (1),生成一个 ActivityRecord 变量 r,记录当前的各项判断结果,然后进一步调用 startActivityUncheckedLocked——这个函数里将涉及一系列启动模式和 Intent 标志的处理,建议读者穿插阅读 ActivityTask 小节中对这些标志的说明。

接下来我们再详细讲解 startActivityUncheckedLocked 这个函数。

Step1@startActivityUncheckedLocked,前期准备

首先得到 Intent 中的启动标志:

```
int launchFlags = intent.getFlags();
```

然后处理 FLAG_ACTIVITY_NO_USER_ACTION。这个标志表示并不是用户"主观意愿"启动的 Activity,而是如来电、闹钟事件等触发的 Activity 启动。

如果调用者指示先不要 resume(doResume 为空),那么我们将 delayedResume 设置为 true。如果使用了 FLAG_ACTIVITY_PREVIOUS_IS_TOP,则 notTop 为 r 本身,否则为空。

Step2@startActivityUncheckedLocked。START_FLAG_ONLY_IF_NEEDED

只在需要的情况下才启动目标,即如果被启动的对象和调用者是同一个,那么就没有必要重复操作。

Step3@startActivityUncheckedLocked。判断是否要启动新的 Task

变量 launchFlags 是用于记录 Activity 的启动方式的。如果 sourceRecord 为空,表明我们应该启动一个新的 task 来容纳目标 Activity,因而需要设置 FLAG_ACTIVITY_NEW_TASK;否则如果 sourceRecord 的 launchMode 为 LAUNCH_SINGLE_INSTANCE,或者目标 ActivityRecord 的 launchMode 为 LAUNCH_SINGLE_INSTANCE 和 LAUNCH_SINGLE_TASK 中的任何一个(launchMode 是在 AndroidManifest 中设置的),也需要在新的 Task 中启动。

Step4@startActivityUncheckedLocked。在启动新 Task 的情况下无法返回结果值

如果上一步骤判断的结果是需要启动一个新的 Task,那么目标 Activity 就和原先的调用者不在一个 Task 中了。由于 startActivity 的结果是没有办法跨越 Task 传递的,这时我们返回一个 RESULT_CANCELED。

```
sendActivityResultLocked(-1, r.resultTo, r.resultWho, r.requestCode,
                    Activity.RESULT_CANCELED, null);
```

Step5@startActivityUncheckedLocked。对于新 Task 的细化处理

```
ActivityRecord taskTop = r.launchMode != ActivityInfo.LAUNCH_SINGLE_INSTANCE
                ? findTaskLocked(intent, r.info)
                : findActivityLocked(intent, r.info);
```

如果不是 LAUNCH_SINGLE_INSTANCE,那么我们调用 findTaskLocked 来找到符合要求的 Task——此 Task 的最顶端就是我们要找的目标 Activity;如果设置了标志 LAUNCH_SINGLE_INSTANCE,说明这个 Activity 所在的 Task 只能容纳目标 Activity 一个实例。这两个函数,即 findTaskLocked 和 findActivityLocked 都有可能返回空。

如果用户设置了 FLAG_ACTIVITY_RESET_TASK_IF_NEEDED,那么执行 resetTaskIfNeededLocked 来清理 Task。如果 START_FLAG_ONLY_IF_NEEDED 不为空,那么有两种可能:要么 resume 顶部的 Activity(doResume 不为空);要么 abort。

如果标志 FLAG_ACTIVITY_NEW_TASK 和 FLAG_ACTIVITY_CLEAR_TASK 同时存在，那么我们清理整个 Task（performClearTaskLocked）；否则如果 FLAG_ACTIVITY_CLEAR_TOP 或者 launchMode 为 singleTask（或 singleInstance），那么就清理目标 Activity 以上的那些元素；否则如果 Task 中最顶层 Activity 就是目标对象，那么我们把整个 Task 提到前台；否则如果设置了标志 FLAG_ACTIVITY_RESET_TASK_IF_NEEDED，那么我们将目标对象加入 Task 顶端。

假如当前 Task 最顶端的 Activity 与我们的目标对象是同一个，那么我们需要确认这个目标是否只能启动一次。

Step6@startActivityUncheckedLocked。接下来的代码是基于 newTask 为 false 的情况，不过也有例外。比如设置了 FLAG_ACTIVITY_NEW_TASK，但是经过前面的判断后 addingToTask 为 false，此时 newTask 还是为真。

Step7@startActivityUncheckedLocked。最后调用 startActivityLocked(2)来真正地执行启动操作。这个函数不仅是 AMS 启动 Activity 的关键，同时也是 Activity 后续能否在 WMS 中得到正常处理的关键。

函数 startActivityLocked(2)是启动 Activity 的最后一站，主要包含以下几方面的工作。

Step1@startActivityLocked(2)。首先，如果目标 Activity 不是在新 task 中启动的，即 newTask 变量为 false，那么程序要找出目标 Activity 位于哪个老 task 中（这可以通过遍历整个 mHistory 列表来实现）。找到后，如果这个 task 当前对用户还不是可见的，那么只需要将它加入 mHistory，并在 WMS 中做好注册，但不启动它。

Step2@startActivityLocked(2)。将这个 Activity 放在 stack 的最顶层，这样才能与用户交互。添加的语句如下：

```
mHistory.add(addPos, r);
r.putInHistory();
r.frontOfTask = newTask;
```

上面代码的第一句在 mHistory 中添加 r(ActivityRecord)对象，第二句则更新 r 内部变量并增加它所在 task 的 Activity 成员计数，最后一句表明这个 Activity 是否为此 task 的 root 元素——如果是新 task 的话，那么答案就是肯定的。

Step3@startActivityLocked(2)。接下来，如果不是 AMS 中的第一个 Activity（mHistory 中个数>0），则执行切换动画（不过这也要取决于 FLAG_ACTIVITY_NO_ANIMATION 标志）。执行的动画类型分为 WindowManagerPolicy.TRANSIT_TASK_OPEN（如果是启动新的 task）及 WindowManagerPolicy.TRANSIT_ACTIVITY_OPEN（不启动新的 task）两种。

Step4@startActivityLocked(2)。一个 Activity 的 UI 界面为了在终端屏幕上显示出来，很重要的一点就是它在 WMS 中必须"有档可查"。这个"档"就是 appToken，它是在 startActivity 中添加的。即：

```
mService.mWindowManager.addAppToken(
    addPos, r.appToken, r.task.taskId, r.info.screenOrientation, r.fullscreen);
```

后续在 WMS 章节中还会看到关于这个 appToken 的更多讲解。

Step5@startActivityLocked(2)。在 ActivityStack 小节，我们说过 Activity 是有 affinity 的——言下之意，就是它们"更亲近"与某些 affinity 相符的 task。因而如果启动了一个新 task，就需要检查是否存在"同兴趣"的其他 Activity。另外，如果用户使用了 FLAG_ACTIVITY_RESET_TASK_IF_NEEDED，就满足"NEEDED"条件了，因而需要调用 resetTaskIfNeededLocked。

Step6@startActivityLocked(2)。调用 resumeTopActivityLocked

至此，startActivity 函数的一系列处理流程就分析完了——只不过 Activity 的启动过程还没有结束。一方面，AMS 会继续调用 resumeTopActivityLocked 来恢复最上层的 Activity，并 pause 之前的 Activity；另一方面，在 Activity 切换的过程中还要首先展示切换动画，然后两个新旧 Activity 还会向 WMS 分别申请和释放 Surface，最终将它们显示/不显示在屏幕上。这些内容会在 WMS 章节中再详细分析。

这里先看看 resumeTopActivityLocked 函数的处理。

Step1@resumeTopActivityLocked。调用 topRunningActivityLocked，用于从 mHistory 中取出 ActivityStack 中最上面有效的 ActivityRecord。代码如下：

```
int i = mHistory.size()-1;//所有Activity的数量
while (i >= 0) {
    ActivityRecord r = mHistory.get(i);
    if (!r.finishing && r != notTop && okToShow(r)) {
        return r;
    }
    i--;
}
return null;
```

其中 notTop 是函数的入参，这里是 null。函数按照顺序从 mHistory 中逐个取出 ActivityRecord 进行判断，直到符合下列要求的元素出现：状态不是 finishing，不等于 notTop（即 null），且可以被显示出来（一种特殊的情况是当系统锁屏时，要求这个 Activity 必须带有 FLAG_SHOW_ON_LOCK_SCREEN 标志）。由 topRunningActivityLocked 返回的 ActivityRecord 结果将赋值给 resumeTopActivityLocked 函数中的 next 变量——要特别注意的是，它有可能为空。比如系统第一次开机时，此时 mHistory 的 size 为 0。

Step2@resumeTopActivityLocked。假如 next 为空，那么我们就要启动 Launcher 主界面。换句话说，无论何时 Android 系统都会有正在运行的 Activity，默认就是 Launcher。

Step3@resumeTopActivityLocked。判断当前正在运行的 Activity 是否就是目标对象（mResumedActivity == next && next.state == ActivityState.RESUMED），如果答案是肯定的就没有必要重复启动了。

Step4@resumeTopActivityLocked。假如目标 Activity 正在 stopping，那么就要终止它的这一操作，即从 mStoppingActivities，mGoingToSleepActivities，mWaitingVisibleActivities 中将它移除，sleeping 标志置 false。

Step5@resumeTopActivityLocked。执行到这里，说明准备工作已经就绪。接下来程序分为几个方向。如果 mPausingActivity 不为空，证明当前正在 pause 前一个 Activity，我们要等待操作结束，所以函数中止，直接返回 false；否则如果 mResumedActivity 不为空，说明前一个 Activity 还在运行，那么就要先执行 pause 操作，流程如图 8-4 所示。

Step6@resumeTopActivityLocked。如果即将启动的 Activity 不是可见的（nowVisible 为 false），将其添加到 mWaitingVisibleActivities 中；否则我们需要隐藏前一个 Activity，即调用 WMS 中的 setAppVisibility (prev.appToken, false)。

Step7@resumeTopActivityLocked。在启动新 Activity 之前，需要通知 WMS 前一个显示的 Activity 即将被隐藏（setAppWillBeHidden）。

Step8@resumeTopActivityLocked。接下来可以正式启动目标 Activity 了。分为两种情况：要么目标 Activity 所属程序已有进程实例在运行；要么 Activity 的承载进程还没有启动。

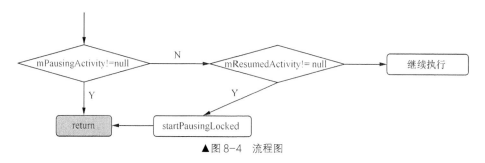

▲图 8-4 流程图

假如是第一种情况,也就是:

```
next.app != null && next.app.thread != null
```

那么我们可以通知 WMS 这个 Activity 已经具备了显示的条件。即:

```
mService.mWindowManager.setAppVisibility(next.appToken, true);
```

然后更新一系列全局变量,如 mResumedActivity;并刷新与此操作相关的统计数据,如 updateCpuStats, addRecentTaskLocked 等。如果有任何正在等待启动结果的对象,我们也要一一通知,然后通过:

```
next.app.thread.scheduleResumeActivity(next.appToken, mService.isNextTransitionForward());
```

告知目标线程要 resume 指定的 Activity。

如果是第二种情况,也就是目标 Activity 所属程序并没有进程在运行的话,那么处理过程就要复杂一些——首先要调用 startSpecificActivityLocked 来启动能承载目标 Activity 的进程。和 startActivity 一样,这个函数会不断调用多个"长相"类似的函数实现,即 startSpecificActivityLocked→ startProcessLocked(1)→startProcessLocked(2),最终调用 Zygote 来启动一个新进程。具体如下所示:

```
Process.ProcessStartResult startResult =
        Process.start("android.app.ActivityThread", app.processName, uid, uid, gids,
                debugFlags,app.info.targetSdkVersion, null, null);
```

由上面的代码段也可以看出,当一个应用程序进程启动时,实际上加载了 ActivityThread 这一主线程。那么,新启动的进程在什么时候会真正运行目标 Activity 呢?

细心的读者一定已经想到了,进程启动后还需要通知 AMS,后者才能继续执行之前未完成的 startActivity。AMS 预留了一段时间来等待这一回调,在不同的设备上标准有所差异:要么是 10 秒,要么是 300 秒。假如被启动的进程没有在指定的时间内完成 attachApplication 回调,那么 AMS 就认为发生了异常。如果新启动的进程在规定时间内正常调用了 attachApplication,那么 AMS 就会判断当前是不是有 Activity 在等待这个进程的启动。如果是的话就调用 realStartActivityLocked (看到源码作者取函数名称时的用心良苦了吧?这时才是真正启动 Activity 的地方。) 继续之前的任务。接着就是应用程序开发人员所熟悉的一系列 Activity 生命周期的开始:onCreate→onStart→onResume 等,并且在 WMS 与 SurfaceFlinger 的配合下,目标 Activity 描述的 UI 界面会呈现到物理屏幕上——至此,整个 startActivity 的流程才算真正完成。

我们用以下函数调用流程图来小结一下本节的内容。AMS 中 startActivity 的过程如图 8-5 所示。

8.3 startActivity 流程

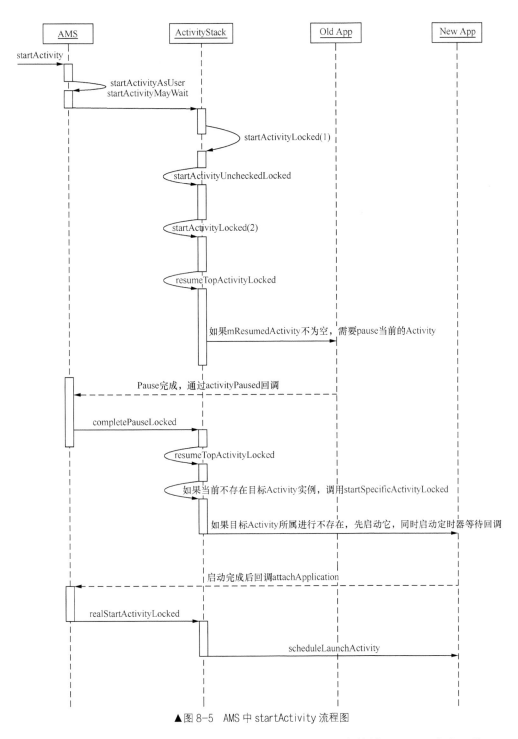

▲图 8-5　AMS 中 startActivity 流程图

值得一提的是，随着 NDK 的不断完善，目前 Android 已经支持纯 C/C++语言实现的 App 了，即 NativeActivity。NDK 目录下的 samples\native-activity 就是一个很好的例子，如下所示：

```
jni
res
AndroidManifest.xml
default.properties
```

可以看到，纯 C/C++工程结构的最大变化就是 src 和 res 文件夹没有了。而 AndroidManifest.xml 中会有如下声明：

```
<activity android:name="android.app.NativeActivity"
        android:label="@string/app_name"
        android:configChanges="orientation|keyboardHidden">
<!-- Tell NativeActivity the name of or .so -->
    <meta-data android:name="android.app.lib_name"
            android:value="native-activity" />
```

看上去是不是和 Java 实现方案中的 Activity 很类似？没错，事实上 Android 系统只是通过一个预先实现的"android.app.NativeActivity"作为中转，为开发者省去了人工编写调用本地代码的"Java 壳"的麻烦——而从应用程序内部原理来说是"换汤不换药"。

那么 C/C++的入口地址在哪里呢？

答案是 android_main。NativeActivity 在 onCreate 时会去加载上述 meta-data 中指定的 so 库，并在其中查找名为"ANativeActivity_onCreate"的函数实现。这个函数不但会为本地层代码运行创建一个新线程，而且会调用到 android_main，这样一来就进入到应用程序自定义的 C/C++处理逻辑中了。

和 SDK 一样，NDK 也提供了丰富的 API 来供应用程序使用。开发者需要 include 模块的头文件，并在 Android.mk 中导入相应的 so 库。这些资源被集中放置在 NDK 的 platforms 目录下（根据 API 等级和机器平台来分类），如图 8-6 所示。

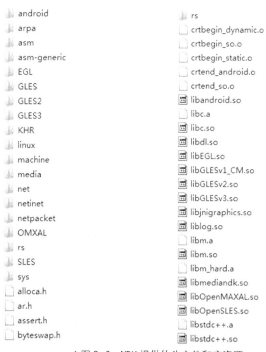

▲图 8-6　NDK 提供的头文件和库资源

8.4　完成同一任务的"集合"——Activity Task

Android 系统中应用程序的一大特色，就是它们不仅可以"装载"众多系统组件，而且可以把这些组件跨进程地组成 ActivityTask。这个特性使得每个应用都不是孤立的，从而能最大限度地实现资源复用。举个例子，一个短信应用程序至少会有"已收短信列表"、"阅读短信"和"编辑短信"3 个子功能——在 Android 体系中它们分别对应 3 个 Activity。

8.4 完成同一任务的"集合"——Activity Task

从程序包（Package）的组织角度来说，这 3 个元素只属于"短信"这个程序。但事实上，Activity 的设计意图已经超越了单一的进程概念。换句话说，这几个 Activity 不仅在"短信"这一程序可以非常方便地互相调用（比如用户在"已收短信列表"中点击任何一条短信就可以进入"短信阅读"），其他需要使用"短信"功能的进程也能通过 startActivity(Intent)来复用它们。比如我们在浏览电话本时，可以将某个人的联系方式通过短信发送出去。电话本程序并不需要专门实现短信的编辑和发送，只需填写这一请求（Intent），然后利用 startActivity(Intent)告诉系统，余下的事情就会有相应的"志愿者"去帮它完成。

在这一过程中，系统先后启动了"联系人详情"和"短信编辑"两个不同进程中的 Activity，来共同完成"通过短信发送联系人信息"的任务，这就是 ActivityTask 概念的直观体现。从数据结构的角度来讲，Task 有先后之分，所以源码实现上采用了 Stack 栈的方式。在本例中，"联系人详情"这个 Activity 是首先启动并被压栈的，随后"栈顶"的位置被"短信编辑"所取代——直到短信发送完成后被销毁，此时就又会"显示"出原来的那个"联系人详情"的 Activity 了。

可以看到，采用 ActivityTask 的处理过程不但符合用户的逻辑思维和使用习惯，并且可以极大地复用系统中的资源。如果当前系统中已经安装了多种同功能的应用程序（比如有多款"短信"应用存在），还可以丰富用户的选择（当然如果 Contacts 应用中自带了短信编辑和发送功能，并强制用户使用，那么用户就没有其他选择了），如图 8-7 所示。

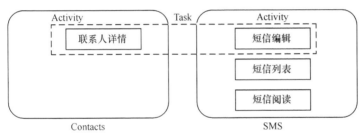

▲图 8-7 ActivityTask 实例

ActivityTask 机制打破了应用程序的常规使用界限，从而增强了用户体验。同时，也给程序的管理和实现增加了一定难度。上面已经说过，Task 运用的是"栈"管理方式，那么在 AMS 中具体是如何实现的呢？当前系统应该不仅有一个 Task，而是众多 Task 的集合，这些 Task 间又有什么联系？用户是否可以控制和调整这些 Task 间的联系呢？

回答是肯定的。Android 系统提供了一系列 Flag 标志来允许用户对 Task 进行实时调整，正确理解和使用这些 flag 无疑会让应用程序更贴近用户的使用习惯。接下来我们将做统一的讲解。

8.4.1 "后进先出"——Last In, First Out

传统意义上"栈"的思想就是"Last In, First Out"。通俗地讲，就是"后进先出"——先入栈的元素会被压在栈底，而后续元素不断往上堆栈。因而出栈时自然是最后的那个元素在先，然后才是下面的元素，直到栈底。

从上述"栈"的概念来衡量，ActivityTask 并不能算是严格意义的 Stack——它在默认情况下和栈是一致的，但比栈提供了更多的操作方式，因而可以理解为"栈的一种变异"。

我们再举个例子来描述下 Android 系统中 ActivityTask "栈"的演变过程。

假设在"短信编辑"这个 Activity 中，用户又启动了另一个 Activity"选择表情"，那么 Activity Task 的变化如图 8-8 所示。

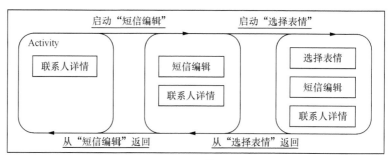

▲图 8-8　Activity Task 的演变

在本例中，当分别启动"短信编辑"和"选择表情"这两个 Activity 时，Activity Task 先后把它们压入栈中。这样一旦用户选择了返回（比如按了 BACK 键），栈顶的元素就会被自动销毁，然后开始显示新的栈顶元素。在"将联系人信息发送出去"这一任务的整个执行过程中，用户并不会明显感觉到应用程序间的切换，而会认为"短信编辑"和"选择表情"也是属于第一个应用程序的。

8.4.2　管理 Activity Task

前一小节所述的 Activity Task 已经能满足开发者的一般需求，但是在某些情况下我们还希望拥有更多的灵活性。比如在启动一个新的 Activity 时，我们可能不希望它和当前的 Activity 处于同一个 Task 中；或者我们希望当新的 Activity 运行时，系统可以先清空当前的 Task 等。Android 系统提供了丰富的接口方法来满足程序员的类似需求——前面讲解 startActivity 时大家也已经有过接触，本小节将做更详尽的介绍。

应用程序可以通过两种方法来影响 Activity Task 的默认行为。

方法 1：在<activity>标签中指定属性

相关的标签属性如下所示。

- android:taskAffinity

Affinity 即"喜好，倾向"，它代表这个 Activity 所希望归属的 Task。在默认情况下，同一个应用程序中的所有 Activity 拥有共同的 Affinity，即<AndroidManifest.xml>中声明的 Package Name。当然也可以主动在<application>中使用 taskAffinity 标签属性来指定整个应用程序的 Affinity。

一个 Activity Task 的 Affinity 属性取决于它的根 Activity。

那么，taskAffinity 在什么情况下产生效果？

（1）当启动 Activity 的 Intent 中带有 FLAG_ACTIVITY_NEW_TASK 标志时。

在默认情况下，目标 Activity 将与 startActivity 的调用者处于同一 Task 中。但如果用户特别指定了 FLAG_ACTIVITY_NEW_TASK，表明它希望为 Activity 重新开设一个 Task。这时就有两种情况：假如当前已经有一个 Task，它的 affinity 与新 Activity 是一样的，那么系统会直接用此 Task 来完成操作，而不是另外创建一个 Task；否则系统需要重启一个 Task。

（2）当 Activity 中的 allowTaskReparenting 属性设置为 true 时。

在这种情况下，Activity 具有"动态转移"的能力。举个前面的"短信"例子，在默认情况下该应用程序中的所有 Activity 具有相同的 affinity。当另一个程序启动了"短信编辑"时，一开始这个 Activity 和启动它的 Activity 处于同样的 Task 中。但如果"短信编辑"Activity 指定了 allowTaskReparenting，且后期"短信"程序的 Task 转为前台，此时"短信编辑"这一 Activity 会被"挪"到与它更亲近的"短信"Task 中。

- android:launchMode

用于指定 Activity 被启动的方式。主要包括两方面的内容：即 Activity 是否为单实例以及 Activity 归属的 Task。根据经验，不少开发者认为 launchMode 比较容易混淆，所以建议大家牢记一点——不论是何种方式，最终被启动的 Activity 通常情况下都要位于 Activity Task 的栈顶（因为只有在栈顶的 Activity 才是可以直接与用户交互的）。一共有 4 种 launchMode，如表 8-3 所示。

表 8-3 launchMode 释义

android:launchMode	Description
standard	默认状态。这种模式下 Activity 是多实例的，意味着系统总是启动一个新的 Activity 来满足要求——即便之前已经存在该 Activity 的实例；并且它归属于调用 startActivity 将其启动的那个 task（除非 Intent 中明确指明 FLAG_ACTIVITY_NEW_TASK，下面我们会讲到）
singleTop	这个模式和上面的 standard 非常类似，它也表明 Activity 是多实例（除下面的情况）的，且 task 的归属也一致。区别在于： 对于 standard，无论何时它都会生成一个新的 Activity 实例；而 singleTop 当遇到目标 Activity 已经存在于目标 task 的栈顶时，会将 Intent 通过 onNewIntent 传给这个 Activity 而不是生成一个新的实例
singleTask	从名称可以看出来，它表明 Activity 是单实例的，Intent 将通过 onNewIntent 传送给已有的实例；而且它总是在一个新的 task 中启动。换句话说，这种类型的 Activity 永远在 task 的根位置。另外，singleTask 允许其他 Activity 进驻到它所在的 task 中，这一点和下面的 singleInstance 不同
singleInstance	和 singleTask 基本一致，不过它不允许其他 Activity 进驻到它所属的 task 中。也就是说，singleInstance 永远都是在一个孤立的 task 中

- android:allowTaskReparenting

这个属性前面讲解过。如果 Activity 没有单独指定这个值，那么它们将继承<application>中的描述。

- android:clearTaskOnLaunch

清除 Task 中所有除 root activity 的元素。可想而知这个属性只对 root activity 设置有效，task 中其他 activity 设置此属性是无效的。

- android:alwaysRetainTaskState

如果用户在一定时间内不再访问 Task，比如说 30 分钟，那么系统就有可能会清除 task 中的状态（只保留 root activity）。设置此属性为"true"可以避免这种情况。

- android:finishOnTaskLaunch

当 Task 被再次启动时，activity 是否需要销毁。这个属性比 allowTaskReparenting 优先级高。也就是说，这种情况下 activity 不会被重新指定 task，而是直接销毁。

方法 2：使用 Intent 标志

除了在标签中声明 task 属性外，我们也可以在启动一个 Activity(startActivity)时通过 Intent 来动态指定所需的 task 属性值。大家可能会有疑惑，Activity 中静态标注的属性和后面 startActivity 所指定的 Intent 不是会有冲突吗？没错，确实会发生这种情况。不过就像交通规则一样，交警的实时手势永远优先于路面标志，因而如果真的有冲突则以 Intent 为准即可。

我们来看看 Intent 中可以指定哪些与 Task 相关的控制信息。

- FLAG_ACTIVITY_NEW_TASK

这个和前面的 singleTask 启动模式的作用是一样的。

- FLAG_ACTIVITY_SINGLE_TOP

这个和前面的 singleTop 启动模式的作用是一样的。

- FLAG_ACTIVITY_CLEAR_TOP

和上面两个不同，launchMode 中没有与此对应的模式。它所代表的含义是：如果要启动的 Activity 已经在当前 task 中运行，那么所有在它之上的 Activity 都将被销毁，并且 Intent 通过 onNewIntent 传给它（这时它会被 resumed）。

另外还有几个 Intent 标志对我们分析 AMS 有帮助，一并列出如下。

- FLAG_ACTIVITY_NO_HISTORY

这个 Activity 将不会被保存在 History Stack 中。同样的效果也可以通过在 AndroidManifest.xml 中添加"android:noHistory"来实现。

- FLAG_ACTIVITY_MULTIPLE_TASK

这个标志需要和 FLAG_ACTIVITY_NEW_TASK 一同使用，否则没有效果。它将阻止系统恢复一个现有的 task（比如我们要启动的 Activity 已经在这个 Task 中）。换句话说，系统总是启动一个新的 task 来容纳要启动的 Activity。

- FLAG_ACTIVITY_EXCLUDE_FROM_RECENTS

如果设置了这个标志，则 Activity 不会被放在系统"最近启动的 Activity 列表"中。

- FLAG_ACTIVITY_BROUGHT_TO_FRONT

在 launchMode 中使用了 singleTask 后，系统会自动加上这个标志。

- FLAG_ACTIVITY_RESET_TASK_IF_NEEDED

使用此标志，当 Activity 在新 task 中启动或者在已有 task 中启动，都会处于 task 的上端。

- FLAG_ACTIVITY_LAUNCHED_FROM_HISTORY

系统自动设置的，说明这个 Activity 是从历史记录中启动的（长按 HOME 键可以调出）。

- FLAG_ACTIVITY_CLEAR_WHEN_TASK_RESET

一般情况下，当从 Launcher 启动应用程序 Activity 时都带有 FLAG_ACTIVITY_RESET_TASK_IF_NEEDED，这样 Task 中所有此 Activity 上面的 Activity 都将被 finish。这个标志就是辅助完成这个功能的。

- FLAG_ACTIVITY_NO_USER_ACTION

Activity 中的 onUserLeaveHint 回调用于指示用户将要离开，它会退出前台。某些情况下这并不是用户主动选择造成的。比如当系统有来电（Incoming Call）或者闹钟事件，由此弹出的 Activity 都不是用户主动去点击启动的，因而带上这个标志可以使前述的回调函数不得到执行。

- FLAG_ACTIVITY_REORDER_TO_FRONT

设置此标志后，如果将要启动的 Activity 已经在 History Stack 中运行，那么我们只是调整其中的顺序将其放到最前端。

- FLAG_ACTIVITY_NO_ANIMATION

此标志表示启动的 Activity 不需要应用动画效果。

- FLAG_ACTIVITY_CLEAR_TASK

此标志将清除与启动的 Activity 相关 task 中的其他元素，只能与 FLAG_ACTIVITY_NEW_TASK 一起用。

- FLAG_ACTIVITY_TASK_ON_HOME

新启动的 Activity 将被放在 task 中 Launcher 的上面（如果存在的话），这样它返回时就会是 Launcher 了。此标志只能与 FLAG_ACTIVITY_NEW_TASK 一起用。

8.5 Instrumentation 机制

谈及"Instrumentation"，读者的第一印象可能是自动化测试。这确实是它在 Android 开发中的一个典型应用场景，不过 Instrumentation 还有其他不少强大的功能。合理利用 Instrumentation 有时可以产生意想不到的效果——譬如迫使两个 APK 运行于同一个进程中，从而达到资源共享的目的。

我们先从用户的角度来讲解如何使用 Instrumentation 所提供的功能。我们知道，Android 系统在/system/bin 下提供了很多"中介"程序来允许外部用户间接使用 System Service，例如 pm、am 等。Instrumentation 是其中 ActivityManager 的核心子功能之一，它的语法规则如下：

```
am instrument [-r] [-e <NAME> <VALUE>] [-p <FILE>] [-w] [--user <USER_ID> | current]
[--no-window-animation] [--abi <ABI>] <COMPONENT>
```

Android 官方对这些选项的释义如表 8-4 所示。

表 8-4　　　　　　　　　　　Instrument 各选项官方释义

Options	Description
-r	print raw results (otherwise decode REPORT_KEY_STREAMRESULT). Use with [-e perf true] to generate raw output for performance measurements.
-e	set argument <NAME> to <VALUE>.　For test runners a common form is [-e <testrunner_flag> <value>[,<value>...]]
-p	write profiling data to <FILE>
-w	wait for instrumentation to finish before returning.　Required for test runners
--user	Specify user instrumentation runs in current user if not specified
--no-window-animation	turn off window animations while running
--abi	Launch the instrumented process with the selected ABI.This assumes that the process supports the selected ABI

其中"-e"用于指定额外的参数，如下所示的常用范例：

```
adb shell am instrument -e class com.lxs.instrument.TestCase -w com.lxs.instrument /
android.test.InstrumentationTestRunner
```

另外，在作为测试工程使用时，<COMPONENT>对应的是<TEST_PACKAGE>/<RUNNER_CLASS>。下面我们重点关注"-e"和<COMPONENT>的处理流程。

用户发起的"am instrument"调用命令将由 runInstrument@am.java 负责解析，其中与<COMPONENT>相关的语句如下：

```
        String cnArg = nextArgRequired();
        ComponentName cn = ComponentName.unflattenFromString(cnArg);
```

变量 cnArg 代表的是 Component 字符串，它可以通过 unflattenFromString 转化为一个 ComponentName 对象。"Unflatten"的规则很简单，就是以"/"为分隔符：前半部分成为 Package，剩余的就是 Class。

"-e"后面跟随的所有[Name, Value]将被保存到一个 Bundle 对象中，并和其他参数一起最终传递给 ActivityManagerService。后者会在与承载进程建立关联后（请参考本书其他章节的分析），由 BindApplication@ActivityThread 来处理这些参数：

```
/*frameworks/base/core/java/android/app/ActivityThread.java*/
private void handleBindApplication(AppBindData data) {…
    if (data.instrumentationName != null) {//instrumentationName 是一个 ComponentName 对象
        InstrumentationInfo ii = null;
        try {
            ii = appContext.getPackageManager().
                getInstrumentationInfo(data.instrumentationName, 0);
        } catch (PackageManager.NameNotFoundException e) {
        }
```

```
                    …
                    mInstrumentationPackageName = ii.packageName;
                    …
                    LoadedApk pi = getPackageInfo(instrApp, data.compatInfo,
                            appContext.getClassLoader(), false, true, false);
                    ContextImpl instrContext = ContextImpl.createAppContext(this, pi);
                    try {
                        java.lang.ClassLoader cl = instrContext.getClassLoader();
                        mInstrumentation = (Instrumentation)
                            cl.loadClass(data.instrumentationName.getClassName()).newInstance();
                    } catch (Exception e) {…
                    }
                    mInstrumentation.init(this, instrContext, appContext,
                            new ComponentName(ii.packageName, ii.name), data.instrumentationWatcher,
                            data.instrumentationUiAutomationConnection);
                    …
            } else {
                mInstrumentation = new Instrumentation();
            }
        …
        try {
            Application app = data.info.makeApplication(data.restrictedBackupMode, null);
            mInitialApplication = app;
            …
            try {
                mInstrumentation.onCreate(data.instrumentationArgs);
            }
            catch (Exception e) {…
            }
            try {
                mInstrumentation.callApplicationOnCreate(app);
            } catch (Exception e) {…
            }
        } finally {
            StrictMode.setThreadPolicy(savedPolicy);
        }
    }
```

AppBindData 中保存了与应用程序启动相关的所有关键数据,其中 data.instrumentationArgs 对应的是"am instrument"命令中"-e"所指定的额外参数;而 data.instrumentationName 对应的是"am instrument"命令中的<COMPONENT>,我们可以根据这个参数构造出用户指定的 Instrumentation 对象(例如 android.test.InstrumentationTestRunner)。当然,如果应用程序并没有 Instrumentation 组件,那么系统会使用默认的 Instrumentation 类。

由 handleBindApplication 的处理逻辑不难发现,一个 Instrumentation 对象的生命周期包括但不限于:

```
newInstance-> init-> onCreate->onStart-> callApplicationOnCreate->callActivityOnCrea
te
->callActivityXXX->onDestroy->…
```

这就是我们在本小节开头所说的,Instrumentation 并不是单纯作为一个测试框架存在的。事实上,Android 官方对它的定义是:

"Base class for implementing application instrumentation code. When running with instrumentation turned on, this class will be instantiated for you **before** any of the application code, allowing you to monitor all of the **interaction the system has with the application**. An Instrumentation implementation is described to the system through an AndroidManifest.xml's <instrumentation> tag."

8.5 Instrumentation 机制

换句话说，Instrumentation 提供了一种允许用户获取（及改变）应用程序与系统之间的交互流程的机制。自动化测试框架可以看成是这种机制的一种典型的应用形式，但绝不是全部。InstrumentationTestRunner 的原理框架如图 8-9 所示。

值得一提的是，在用户没有特别指定自己的 Instrumentation 的情况下，它的很多行为都是"伪实现"或者是"透传"。"伪实现"通常针对的是那些 Instrumentation 自身的行为，譬如 onCreate 就是"空"的：

```
/*frameworks/base/core/java/android/app/Instrumentation.java*/
    public void onCreate(Bundle arguments) {//空实现
}
```

而"透传"则主要面向那些对应用程序元素进行控制的行为，例如 callActivityOnPause：

```
    public void callActivityOnPause(Activity activity) {
        activity.performPause();//默认情况下，将直接调用Activity元素的onPause
}
```

它们之间的关系可以用图 8-10 来表示。

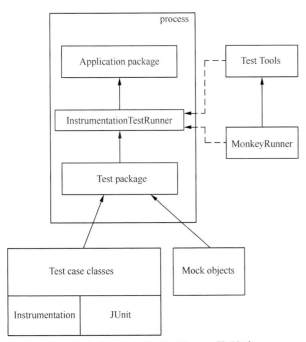

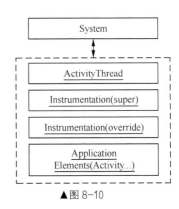

▲图 8-9　InstrumentationTestRunner 原理框架　　　　　　▲图 8-10

Instrumentation 和 ActivityThread 显然是运行于同一进程之中，那么它们是否还处于同一个线程中呢？答案是看情况——默认情况下的确如此，但 Instrumentation 还同时提供了一个 start 函数来将自己"腾挪"到新线程中开展工作，以免给应用程序"造成不必要的麻烦"：

```
/*frameworks/base/core/java/android/app/Instrumentation.java*/
public void start() {
        if (mRunner != null) {
            throw new RuntimeException("Instrumentation already started");
        }
        mRunner = new InstrumentationThread("Instr: " + getClass().getName());
        mRunner.start();
    }
```

从上述代码段中可以看到，我们需要首先调用 start 函数来生成一个名为 InstrumentationThread 的新线程。因为这个线程在启动后还会回调 onStart，所以自定义的 Instrumentation 类所需完成的工作可以放在这个函数中实现。

除了本小节所阐述的内容外，Instrumentation 机制还有很多细节值得我们去推敲，建议大家可以结合 InstrumentationTestRunner 和以下各类 TestCase 来做深入挖掘学习：

- ActivityInstrumentationTestCase2；
- ActivityUnitTestCase；
- AndroidTestCase；
- ApplicationTestCase；
- InstrumentationTestCase；
- ProviderTestCase；
- ServiceTestCase；
- SingleLaunchActivityTestCase。

第 9 章 GUI 系统——SurfaceFlinger

GUI（Graphical User Interface）即"图形用户界面"，可以说在任何 Operating System 中都占据着非常重要的位置，因为它是用户对操作系统最直接的"感官"体验。一款优秀的图形界面系统至少要满足以下几个条件。

- 流畅性

我们认为评判一款 GUI 系统优劣的重要准则之一，就是流畅性。历史经验表明，即便再"炫酷"的 UI 界面，一旦出现经常性的画面"滞后"，最终都会被用户所抛弃。Google 在这一方面既是"饱受煎熬"——Android 系统的流畅性长期以来就是媒体诟病的焦点之一；同时也可谓"用心良苦"——后续小节讲述的"Project Butter"就是其众多努力的成果之一。

- 友好性

因为 GUI 是直接面向终端用户的，可以认为是操作系统的"脸面"。所以一张"和善"的脸，总是会比"凶神恶煞"更"讨喜"。友好性意味着用户操作上的人性化，图形的一致性以及视觉元素上的合理搭配等一系列因素，是一个综合的评判标准。

- 可扩展性

仅有"流畅性"和"友好性"显然还是不够的，GUI 的"可扩展性"也同样重要。扩展意味着开发者或用户可以在系统内建的基础上无限延伸自己的"创意"，如添加新的界面和交互方式、实现更复杂的图形处理功能等。

在进入 GUI 系统的学习前，建议大家先阅读本书应用篇中"Android 和 OpenGL ES"章节的介绍，并参阅 OpenGL ES 的官方指南。因为 Android 的 GUI 系统是基于 OpenGL/EGL 来实现的，如果没有一定的基础知识作为支撑，分析源码时有可能会"事倍功半"。

9.1 OpenGL ES 与 EGL

SurfaceFlinger 虽然是 GUI 系统的核心，但从 OpenGL ES 的角度来讲，其实只能算是一个"应用程序"。

对于没有做过 OpenGL ES 开发的人来讲，理解 SurfaceFlinger 的内部原理还是有一定难度的。不少读者对系统中既有 EGL/OpenGL ES，又有 DisplayHardware、Gralloc、FramebufferNativeWindow 等一系列陌生的模块感到混乱而无序。

的确如此，假如不先厘清这些模块的相互关系，对于我们深入研究整个 Android 显示系统将是一个很大的障碍。鉴于此，我们希望先从框架的高度来审视一下它们之间错综复杂、"剪不断理还乱"的依赖关系。

我们按照由"底层到上层"的顺序来逐步分析图 9-1 中阐述的架构。

（1）Linux 内核提供了统一的 framebuffer 显示驱动。设备节点/dev/graphics/fb*或者/dev/fb*，其中 fb0 表示第一个 Monitor，当前系统实现中只用到了一个显示屏。

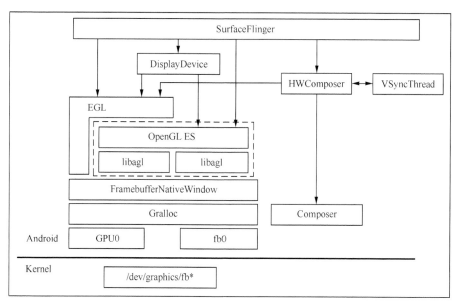

▲图 9-1 SurfaceFlinger 与 OpenGL ES 等模块的关系图

（2）Android 的 HAL 层提供了 Gralloc，包括 fb 和 gralloc 两个设备。前者负责打开内核中的 framebuffer、初始化配置，并提供了 post、setSwapInterval 等操作接口；后者则管理帧缓冲区的分配和释放。这就意味着上层元素只能通过 Gralloc 来间接访问帧缓冲区，从而保证了系统对 framebuffer 的有序使用和统一管理。

另外，HAL 层的另一重要模块是 "Composer" ——如其名所示，它为厂商自定制 "UI 合成" 提供了接口。Composer 的直接使用者是 SurfaceFlinger 中的 HWComposer（有两个 HWComposer，后面我们会详细讲解）——后者除了管理 Composer 的 HAL 模块外，还负责 VSync 信号的产生和控制。VSync 则是 "Project Butter" 工程中加入的一种同步机制，它既可以由硬件产生，也可以通过软件来模拟（VsyncThread），后续有专门的小节进行介绍。

（3）由于 OpenGL ES 是一个通用的函数库，在不同的平台系统上需要被 "本地化" ——把它与具体平台中的窗口系统建立起关联，这样才能保证正常工作。从 FramebufferNativeWindow 这个名称就能判断出来，它就是负责 OpenGL ES 在 Android 平台上本地化的中介之一。后面我们还会看到 Android 应用程序中所使用的另一个 "本地窗口"。

为 OpenGL ES 配置本地窗口的是 EGL。

（4）OpenGL 或者 OpenGL ES 更多的只是一个接口协议，具体实现既可以采用软件，也可以依托于硬件。一方面，这给产品开发带来了灵活性——我们可以根据成本与市场定位来决定硬件配置，满足各种用户需求；另一方面，既然有多种实现的可能，那么 OpenGL ES 在动态运行时是如何取舍的呢？这也是 EGL 的作用之一。它会去读取 egl.cfg 这个配置文件，然后根据用户的设定来动态加载 libagl（软件实现）或者 libhgl（硬件实现）。

（5）SurfaceFlinger 中持有一个成员数组 mDisplays 来描述系统中支持的各种 "显示设备" ——具体有哪些 Display 是由 SurfaceFlinger 在 readyToRun 中判断并赋值的；并且 DisplayDevice 在初始化时还将调用 eglGetDisplay、eglCreateWindowSurface 等接口，并利用 EGL 来完成对 OpenGL ES 环境的搭建。

（6）很多模块都可以调用 OpenGL ES 提供的 API（这些接口以 "gl" 为前缀，如 glViewport、glClear、glMatrixMode、glLoadIdentity 等），包括 SurfaceFlinger、DisplayDevice 等。

（7）与 OpenGL ES 相关的模块可以分为如下几类。
- 配置类

即帮助 OpenGL ES 完成配置的，包括 EGL、DisplayHardware 都可以归为这一类。
- 依赖类

也就是 OpenGL ES 要正常运行起来所依赖的"本地化"的东西，图 9-1 中是指 Framebuffer NativeWindow。
- 使用类

使用者也可能是配置者，如 DisplayDevice 既扮演了构建 OpenGL ES 环境的角色，同时也是它的用户。

如果读者对 EGL 的使用流程、工作方式还不太清楚，强烈建议先阅读官方文档以及本书应用篇中的相关章节，否则会影响后面的学习和理解。

9.2 Android 的硬件接口——HAL

前面章节讲解 Android 系统框架时曾介绍过 HAL 的作用，但还没有对其原理进行深入分析。对于 Android 中很多子系统来说（如显示系统、音频系统等），HAL 都是必不可少的组成部分——HAL 是这些子系统与 Linux Kernel 驱动之间通信的统一接口。

HAL 需要解决如下问题点。
- 硬件接口抽象

HAL 并不是专门针对某个特定的硬件设备来设计的，因而如何从众多类型的设备中提取出它们的共同属性并付诸软件实现是一个关键。
- 接口的稳定性

可想而知，HAL 层的接口是不允许频繁更动的，否则就失去了意义。
- 灵活的使用方法

除了上面两点外，HAL 还需要提供一套灵活的使用方法，以供硬件开发商及上层使用者定制他们的需求。

本小节接下来将围绕上述 3 个关键点展开讨论。

1. 硬件接口抽象

面向对象的设计思想告诉我们，这里的"抽象"涉及了继承关系——"抽象的硬件"是父类，而"具体的硬件"则是子类。这在 C++中很容易实现，但是 HAL 多数是由 C 语言实现的，怎么办呢？

其实很简单，只要让子类数据结构的第一个成员变量是父类结构即可。举个 Gralloc（后面小节会有详细分析）中的例子，定义如下：

```
/*hardware/libhardware/include/hardware/Gralloc.h*/
/* Every hardware module must have a data structure named HAL_MODULE_INFO_SYM
 * and the fields of this data structure must begin with hw_module_t
 * followed by module specific information.
 */
typedef struct gralloc_module_t {
struct hw_module_t common;//必须以此开头
/*后续部分是此模块的特有数据*/
int (*registerBuffer)(struct gralloc_module_t const* module,buffer_handle_t handle);
    …
```

从注释中可以看出：

第 9 章　GUI 系统——SurfaceFlinger

首先，每一个硬件模块都必须有一个名称为 HAL_MODULE_INFO_SYM 的变量。比如 GPS 中的实现：

```
struct hw_module_t HAL_MODULE_INFO_SYM = {
    .tag = HARDWARE_MODULE_TAG,//必须以此作为 tag
    .version_major = 1,
    .version_minor = 0,
    .id = GPS_HARDWARE_MODULE_ID,
    .name = "Goldfish GPS Module",
    .author = "The Android Open Source Project",
    .methods = &gps_module_methods,
};
```

其次，此变量的数据结构要以 hw_module_t（即前面所说的父类）开头，其后的内容才是各硬件模块特有的部分（即子类）。

从效果来看，上面的实现就体现了继承关系，如图 9-2 所示。

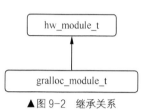

▲图 9-2　继承关系

2. 接口的稳定性

对于某一类硬件设备来说，它所提供的 HAL 接口必须是稳定不变的——Android 系统已经预先定义好了这些接口，硬件设备商只需要按照要求来"填空"即可。HAL 各硬件接口的定义统一放置在工程源码中：

```
hardware/libhardware/include/hardware
```

包括如下几个头文件，如图 9-3 所示。

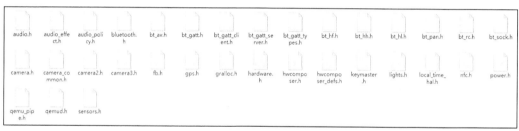

▲图 9-3　几个头文件

对于 Gralloc 来说，它的硬件接口定义如下：

```
typedef struct gralloc_module_t {
    struct hw_module_t common;
    int (*registerBuffer)(struct gralloc_module_t const* module,buffer_handle_t handle);
    int (*unregisterBuffer)(struct gralloc_module_t const* module,
                buffer_handle_t handle);
    int (*lock)(struct gralloc_module_t const* module,buffer_handle_t handle,
            int usage, int l, int t, int w, int h,void** vaddr);
    int (*unlock)(struct gralloc_module_t const* module,buffer_handle_t handle);
    int (*perform)(struct gralloc_module_t const* module,int operation, ... );
    int (*lock_ycbcr)(struct gralloc_module_t const* module,buffer_handle_t handle,
            int usage, int l, int t, int w, int h,struct android_ycbcr *ycbcr);
    /* reserved for future use */
    void* reserved_proc[6];
} gralloc_module_t;
```

后续小节会对上述的一些重要接口分别进行讨论。

3. 灵活的使用方法

举个例子，两款不同的 Android 手机设备 A 与 B，它们分别采用了 GPS1 和 GPS2 两家厂商的 GPS 模块。那么需要思考如下几个问题。

9.3 Android 终端显示设备的"化身"——Gralloc 与 Framebuffer

- 对于 GPS 硬件厂商来说

GPS 硬件厂商事先并不知道有哪些 Android 产品会采用它的模块，也不可能为它们分别维护一套代码；另外，它希望模块的驱动可以同时适配各种不同的 Android 版本（比如 Android4.1、Android4.2、Android4.3 和 Android4.4）。

此时 HAL 的优势就体现出来了——GPS 厂商（比如 GPS1 和 GPS2）只需要按照 Android 的要求来实现 HAL 接口，剩下的事情就迎刃而解了。

- 对于 Android 手机开发商来说

通常情况下，手机开发商只需要移植 GPS 硬件厂商提供的 HAL 库即可（比如 GPS1 和 GPS2 的 HAL 库），其余的事情 Android 系统会自动完成。

- 对于 Android 操作系统的开发团队来说

Android 系统必须提供完整、可靠并且稳定的 HAL 机制，来协助上述硬件厂商与手机开发商的工作。

综上所述，当一款 GPS 模块面向 Android 市场时，其硬件设计厂商需要按照系统的要求实现 HAL 接口；后期有手机开发商采用了此模块后，便将此 HAL 库移植到自己的工程项目中（实际上就是把对应的库文件放置到系统指定的路径中，后面我们还会讲解）；完成上述两个操作后，在设备运行过程中 Android 的 HAL 机制将起作用，并主动到指定位置加载此 GPS 的 HAL 库。因为 HAL 的接口是统一的，上层体系并不需要做任何更改就可以成功控制这款 GPS 模块。

下一小节讲解 Gralloc 时还会涉及 HAL，读者可以结合起来阅读。

9.3 Android 终端显示设备的"化身"——Gralloc 与 Framebuffer

相信做过 Linux 开发的人对 Framebuffer 都不会太陌生，它是内核系统提供的图形硬件的抽象描述。之所以称为 buffer，是因为它也占用了系统存储空间的一部分，是一块包含屏幕显示信息的缓冲区。由此可见，在"一切都是文件"的 Linux 系统中，Framebuffer 被看成了终端显示设备的"化身"。

另外，Framebuffer 借助于 Linux 文件系统向上层应用提供了统一而高效的操作接口，从而让用户空间中运行的程序可以在不做太多修改的情况下去适配多种显示设备——无论它们属于哪家厂商、什么型号，都由 Framebuffer 内部来兼容。

在 Android 系统中，Framebuffer 提供的设备文件节点是/dev/graphics/fb*。因为理论上支持多个屏幕显示，所以 fb 按数字序号进行排列，即 fb0、fb1 等。其中第一个 fb0 是主显示屏幕，必须存在。某 Android 设备的 fb 节点截图如图 9-4 所示。

Android 的各子系统通常不会直接使用内核驱动，而是由 HAL 层来间接引用底层架构。显示系统中也同样如此——它借助于 HAL 层来操作帧缓冲区，而完成这一中介任务的就是 Gralloc。下面我们分几个方面进行介绍。

▲图 9-4　fb 节点截图

1. Gralloc 模块的加载

Gralloc 对应的模块是由 FramebufferNativeWindow（OpenGL ES 的本地窗口之一，后面小节有详细介绍）在构造函数中加载的。即：

```
hw_get_module(GRALLOC_HARDWARE_MODULE_ID, &module);
```

函数 hw_get_module 是上层使用者加载 HAL 库的入口——这意味着不论是哪个硬件厂商提供的 HAL 库（比如 Gralloc 库），我们都只需要通过这个函数来加载它们。

可以看到，针对 Gralloc 传入的硬件模块 ID 名为：

```
#define GRALLOC_HARDWARE_MODULE_ID "gralloc"
```

按照 hw_get_module 的做法，它会在如下路径中查找与 ID 值匹配的库。

```
#define HAL_LIBRARY_PATH1 "/system/lib/hw"
#define HAL_LIBRARY_PATH2 "/vendor/lib/hw"
```

lib 库名有如下几种形式：

```
gralloc.[ro.hardware].so
gralloc.[ro.product.board].so
gralloc.[ro.board.platform].so
gralloc.[ro.arch].so
```

或者当上述系统属性组成的文件名都不存在时，就使用默认的：

```
gralloc.default.so
```

最后这个 default 库是 Android 原生态的实现，源码位置在 hardware/libhardware/modules/gralloc/ 中，它由 gralloc.cpp、framebuffer.cpp 和 mapper.cpp 三个主要源文件编译生成。

2. Gralloc 提供的接口

Gralloc 对应的 HAL 库被成功加载后，我们来具体看看它所提供的一些重要接口。

根据前一小节的分析，Gralloc 是 hw_module_t 的"子类"。后者定义如下：

```
/*hardware/libhardware/include/hardware/Hardware.h*/
typedef struct hw_module_t {…
    struct hw_module_methods_t* methods;//一个 HAL 库必须提供的方法
    …
} hw_module_t;

typedef struct hw_module_methods_t {
    int (*open)(const struct hw_module_t* module, const char* id,
        struct hw_device_t** device);
} hw_module_methods_t;
```

也就是说，任何硬件设备的 HAL 库都必须实现 hw_module_methods_t。目前这个数据结构中只有一个函数指针变量，即 open。当上层使用者调用 hw_get_module 时，系统首先在指定目录中查找并加载正确的 HAL 库，然后通过 open 方法来打开指定的设备。

在 Gralloc 这个例子中，open 接口可以帮助上层使用者打开两种设备。分别是：

```
#define GRALLOC_HARDWARE_FB0 "fb0"
```

以及 #define GRALLOC_HARDWARE_GPU0 "gpu0"

"fb0"就是我们前面所说的"主屏幕"，gpu0 负责图形缓冲区的分配和释放。这两个设备分别由 FramebufferNativeWindow 中的 fbDev 和 grDev 成员变量来管理：

```
/*frameworks/native/libs/ui/FramebufferNativeWindow.cpp*/
FramebufferNativeWindow::FramebufferNativeWindow()
: BASE(), fbDev(0), grDev(0), mUpdateOnDemand(false)
{…
    err = framebuffer_open(module, &fbDev); //打开 fb 设备
    err = gralloc_open(module, &grDev);//打开 gralloc 设备
```

上述代码段中的两个 open 函数由 hardware/libhardware/include/hardware 目录下的 Fb.h 和 Gralloc.h 头文件提供，是打开 fb 及 gralloc 设备的便捷实现。可想而知，framebuffer_open 和 gralloc_open 最终

9.3 Android 终端显示设备的"化身"——Gralloc 与 Framebuffer

调用的肯定还是 hw_module_methods_t 中的 open 方法，只是函数参数有所差异——fb 对应的设备名为 GRALLOC_HARDWARE_FB0；gralloc 则是 GRALLOC_HARDWARE_GPU0。

Android 原生态的 Gralloc 实现在 hardware/libhardware/modules/gralloc 中。读者会发现，除了 hw_module_t 和 gralloc_module_t 外，各硬件厂商还定义了另一个"私密"的数据结构，即 private_module_t。比如 Gralloc 中：

```
struct private_module_t {
    gralloc_module_t base;//gralloc_module_t 中的第一个元素是 hw_module_t
    struct private_handle_t* framebuffer;
    uint32_t flags;
    …
}
```

private_module_t 从名称上可以看出来，它是该硬件厂商私密的数据部分。因而整个"继承"关系如图 9-5 所示。

原生态的 Gralloc 实现中，open 方法接口对应的是 gralloc_device_open@Gralloc.cpp。这个函数会根据设备名来判断是打开 fb 还是 gralloc 设备。

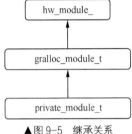

▲图 9-5 继承关系

```
/*hardware/libhardware/modules/gralloc/Gralloc.cpp*/
int gralloc_device_open(const hw_module_t* module, const char* name, hw_device_t** device)
{
    int status = -EINVAL;
    if (!strcmp(name, GRALLOC_HARDWARE_GPU0)) {//打开 gralloc 设备
        …
    } else {
        status = fb_device_open(module, name, device);//否则就是 fb 设备
    }
    return status;
}
```

先来大概看看 framebuffer 设备的打开过程：

```
/*hardware/libhardware/modules/gralloc/Framebuffer.cpp*/
int fb_device_open(hw_module_t const* module, const char* name, hw_device_t** device)
{
    int status = -EINVAL;
    if (!strcmp(name, GRALLOC_HARDWARE_FB0)) {//设备名是否正确
        fb_context_t *dev = (fb_context_t*)malloc(sizeof(*dev));//分配 hw_device_t 空间，这是一个"壳"
        memset(dev, 0, sizeof(*dev));//初始化，良好的编程习惯
        …
        dev->device.common.close = fb_close;//这几个接口是 fb 设备的核心
        dev->device.setSwapInterval = fb_setSwapInterval;
        dev->device.post = fb_post;
        …
        private_module_t* m = (private_module_t*)module;
        status = mapFrameBuffer(m);//内存映射，以及参数配置
        if (status >= 0) {
            …
            *device = &dev->device.common;//"壳"和"核心"的关系
        }
    }
    return status;
}
```

其中 fb_context_t 是 framebuffer 内部使用的一个类，它包含了众多信息，而函数参数 device 的内容只是其内部的 device.common。这种"通用和特殊属性"并存的编码风格在 HAL 库中很常见，大家要习惯。

数据类型 fb_context_t 里的唯一成员就是 framebuffer_device_t，这是对 frambuffer 设备的统一描述。一个标准的 fb 设备通常要提供如下接口实现。

- int (*post)(struct framebuffer_device_t* dev, buffer_handle_t buffer);

将 buffer 数据 post 到显示屏上。要求 buffer 必须与屏幕尺寸一致,并且没有被 locked。这样 buffer 内容将在下一次 VSYNC 中被显示出来。

- int (*setSwapInterval)(struct framebuffer_device_t* window, int interval);

设置两个缓冲区交换的时间间隔。

- int (*setUpdateRect)(struct framebuffer_device_t* window, int left, int top, int width, int height);

设置刷新区域,需要 framebuffer 驱动支持"update-on-demand"。也就是说,在这个区域外的数据很可能被认为无效。

我们再来解释下 framebuffer_device_t 中一些重要的成员变量,如表 9-1 所示。

表 9-1 framebuffer_device_t 中的重要成员变量

变量		描述
uint32_t	flags	标志位,指示 framebuffer 的属性配置
uint32_t uint32_t	width; height;	framebuffer 的宽和高,以像素为单位
int	format	framebuffer 的像素格式,比如:HAL_PIXEL_FORMAT_RGBA_8888HAL_PIXEL_FORMAT_RGBX_8888 HAL_PIXEL_FORMAT_RGB_888 HAL_PIXEL_FORMAT_RGB_565 等
loat float	xdpi; ydpi;	x 和 y 轴的密度(dot per inch)
float	fps	屏幕的每秒刷新频率。假如无法从设备获取这个值,Android 系统会默认设置为 60Hz
int int	minSwapInterval; maxSwapInterval;	该 framebuffer 支持的最小和最大的缓冲交换时间

到目前为止,我们还没看到系统是如何打开 Kernel 层的 fb 设备以及如何对 fb 进行配置的。这些工作都是在 mapFrameBuffer()中完成的。这个函数首先尝试打开(调用 open 接口,权限为 O_RDWR)如下路径中的 fb 设备:

```
"/dev/graphics/fb%u"或者 "/dev/fb%u"
```

其中%u 当前的实现中只用到了"0",即当前的系统实现中只会打开一个 fb 设备(虽然从趋势上看 Android 是要支持多屏幕显示的)。成功打开 fb 后,我们可以通过:

```
ioctl(fd, FBIOGET_FSCREENINFO, &finfo);
ioctl(fd, FBIOGET_VSCREENINFO, &info)
```

来得到显示屏的一系列参数,同时通过:

ioctl(fd, FBIOPUT_VSCREENINFO, &info)来对底层 fb 进行配置。

另外,函数 mapFrameBuffer 的另一重要任务就是为 fb 设备做内存映射。主要源码语句如下:

```
void* vaddr = mmap(0, fbSize, PROT_READ|PROT_WRITE, MAP_SHARED, fd, 0);
module->framebuffer->base = intptr_t(vaddr);
memset(vaddr, 0, fbSize);
```

由上述代码段可知,映射地址保存在 module->framebuffer->base。变量 module 对应的是前面 hw_get_module(GRALLOC_HARDWARE_MODULE_ID, &module)得到的 hw_module_t(被强制类型转化为 private_module_t)。

接下来再看看系统打开 gralloc 设备的过程,它相对于 fb 简单些。如下所示:

```
/*hardware/libhardware/modules/gralloc/Gralloc.cpp*/
int gralloc_device_open(const hw_module_t* module, const char* name, hw_device_t** device)
{
```

```
        int status = -EINVAL;
        if (!strcmp(name, GRALLOC_HARDWARE_GPU0)) {
            gralloc_context_t *dev;//做法和 fb 类似
            dev = (gralloc_context_t*)malloc(sizeof(*dev));//分配空间
            /* initialize our state here */
            memset(dev, 0, sizeof(*dev));
            …
            dev->device.alloc = gralloc_alloc; //从提供的接口来看,gralloc 主要负责"分配和释放"操作
            dev->device.free = gralloc_free;
            …
}
```

上述代码段中与 fb 相似的部分我们就不多做介绍了。因为 gralloc 担负着图形缓冲区的分配与释放,所以它提供的两个最重要的接口是 alloc 和 free。这里暂时先不深入分析,后续会有讲解。

我们以图 9-6 来对 Gralloc 做下小结。

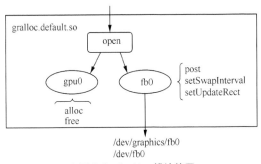

▲图 9-6 Gralloc 模块简图

9.4 Android 中的本地窗口

在 OpenGL 的学习过程中,我们不断提及"本地窗口"(Native Window)这一概念。简单而言,Native Window 为 OpenGL 与本地窗口系统之间搭建了"桥梁",所以成为 OpenGL 能否兼容多种系统(如 Windows,Android)的关键。那么对于 Android 系统来说,它是如何将 OpenGL ES 本地化的呢?或者说,它提供了什么样的本地窗口?

根据整个 Android 系统的 GUI 设计理念,我们不难猜想到至少需要两种本地窗口。

- 面向管理者(SurfaceFlinger)

既然 SurfaceFlinger 扮演了系统中所有 UI 界面的管理者,那么它无可厚非需要直接或间接地持有"本地窗口"。我们知道,这个窗口就是 FramebufferNativeWindow。

- 面向应用程序

这类本地窗口是 Surface。

可能有的读者会感到困惑,一个系统设计一种本地窗口不就可以了吗?为什么需要两个甚至更多呢?理论上我们的确可以只通过一个本地窗口来实现,如图 9-7 所示。

上面这个窗口系统中,由 Native Window 来管理 Framebuffer。打个比方,OpenGL 就像一台通用的打印机一样,只要输入正确的

▲图 9-7 理想的窗口系统

指令,就能按照要求输出结果;而 Native Window 则是"纸",它是用来承载 OpenGL 的输出结果的。OpenGL 并不介意 Native Window 是 A4 或者 A6 纸,甚至是塑料纸也没有关系,这些对它来说都只是"本地窗口"。

我们再来思考下,这种理想模型能否符合 Android 的要求。假如整个系统仅有一个需要显示 UI 的程序,我们有理由相信它可以胜任。但是如果有 N 个 UI 程序的情况会怎样呢?

一个系统设备中显然只会有一个帧缓冲区 Framebuffer，而按照"理想窗口系统"的设计，每个应用程序都需要各自使用和管理 Framebuffer——其结果就会像"幼儿园"的几个小朋友共用一块画板来涂鸦一样，可谓"五彩斑斓""创意无限"。

那么该如何改进呢？如图 9-8 所示。

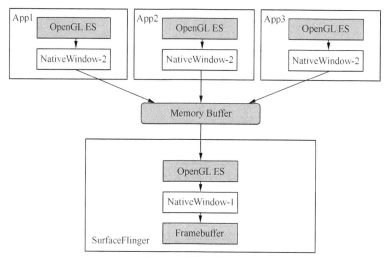

▲图 9-8　改进的窗口系统

在这个改进的窗口系统中，我们有了两类本地窗口，即 NativeWindow-1 和 NativeWindow-2。第一类窗口是能直接显示在终端屏幕上的——它使用了帧缓冲区；而后一类本地窗口实际上是从内存缓冲区中分配的空间。

当系统中存在多个需要显示 UI 的应用程序时，一方面这种改进设计保证了它们都能获得一个"本地窗口"；另一方面这些"本地窗口"也都可以被有序地显示到终端屏幕上——因为 SurfaceFlinger 会收集所有程序的显示需求，对它们进行统一的图像混合操作，然后输出到自己的 NativeWindow-1 上。

当然，这个改进的窗口系统有一个前提，即应用程序与 SurfaceFlinger 都是基于 OpenGL ES 来实现的。有没有其他选择呢？答案是肯定的。比如应用程序完全可以采用 Skia 等第三方的图形库，只要它们与 SurfaceFlinger 间的"协议"保持不变即可，如图 9-9 所示。

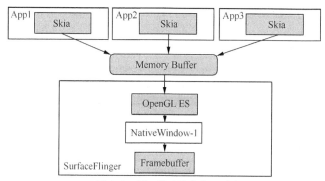

▲图 9-9　另一类改进的窗口系统

从理论上来说，上述两类改进的窗口系统都是可行的。不过对于开发人员，特别是没有 OpenGL ES 项目经验的人而言，前一类改进方案的门槛相对较高。而事实上，Android 系统同时提供了这两种方案来供上层选择。正常情况下我们按照 SDK 向导生成的 APK 应用程序，属于后面的情况；而对于希望使用 OpenGL ES 来完成复杂界面渲染的应用开发者来说，也可以使用 Android 系统封装的 GLSurfaceView（或其他方式）来达到目标。

在接下来的源码分析中，我们将对本小节提及的"改进系统"做进一步验证。

9.4.1 FramebufferNativeWindow

我们知道，EGL 需要通过本地窗口来为 OpenGL/OpenGL ES 创造环境。其函数原型如下：

```
EGLSurface eglCreateWindowSurface( EGLDisplay dpy, EGLConfig config,
NativeWindowType window, const EGLint *attrib_list);
```

显然不论是哪一类本地窗口，都必须要与 NativeWindowType 保持一致，否则就无法正常使用 EGL 了。先从数据类型的定义来看看这个 window 参数有什么特别之处：

```
/*frameworks/native/opengl/include/egl/Eglplatform.h*/
typedef EGLNativeWindowType  NativeWindowType;//注意这两种数据类型其实是一样的
…
#if defined(_WIN32) || defined(__VC32__) && !defined(__CYGWIN__) && !defined(__SCITECH_SNAP__)
 /* Win32 和 WinCE 系统下的定义 */
…
typedef HWND    EGLNativeWindowType;
#elif defined(__WINSCW__) || defined(__SYMBIAN32__)  /* Symbian 系统 */
…
typedef void *EGLNativeWindowType;
#elif defined(__ANDROID__) || defined(ANDROID)/* Android 系统 */
struct ANativeWindow;
…
typedef struct ANativeWindow* EGLNativeWindowType;
…
#elif defined(__unix__)/* UNIX 系统 */
…
typedef Window   EGLNativeWindowType;
#else
#error "Platform not recognized"
#endif
```

我们以表 9-2 来概括在不同的操作系统平台下 EGLNativeWindowType 所对应的具体数据类型。

表 9-2　不同操作系统平台下的 EGLNativeWindowType

操 作 系 统	数 据 类 型
Win32, WinCE	HWND，即句柄
Symbian	Void*
Android	ANativeWindow*
UNIX	Window
其他	暂时不支持

由于 OpenGL ES 并不是只针对某一个特定的操作系统平台设计的，因而需要考虑兼容性和可移植性。这个 EGLNativeWindowType 就是一个例子，它在不同的系统中对应的是不同的数据类型，如 Android 中就指的是 ANativeWindow 指针。

ANativeWindow 的定义在 Window.h 头文件中：

```
/*system/core/include/system/Window.h*/
struct ANativeWindow
{…
    const uint32_t flags; //与 Surface 或 updater 有关的属性
    const int    minSwapInterval;//所支持的最小交换间隔时间
    const int    maxSwapInterval;//所支持的最大交换间隔时间
```

```
        const float xdpi; //水平方向的密度,以 dpi 为单位
        const float ydpi;//垂直方向的密度,以 dpi 为单位
        intptr_t   oem[4];//为 OEM 定制驱动所保留的空间
        int (*setSwapInterval)(struct ANativeWindow* window, int interval);
        int (*dequeueBuffer)(struct ANativeWindow* window,
               struct ANativeWindowBuffer** buffer, int* fenceFd);
        int (*queueBuffer)(struct ANativeWindow* window,
               struct ANativeWindowBuffer* buffer, int fenceFd);
        int (*cancelBuffer)(struct ANativeWindow* window,
               struct ANativeWindowBuffer* buffer, int fenceFd);
        int (*query)(const struct ANativeWindow* window,int what, int* value);
        int (*perform)(struct ANativeWindow* window,int operation, ... );
        void* reserved_proc[2];
    };
```

我们在表 9-3 中详细解释 ANativeWindow 这个数据结构中的几个重要成员函数。

表 9-3　　　　　　　　　　ANativeWindow 成员函数解析

Member Function	Description
setSwapInterval	设置交换间隔时间,后面会讲解 swap 的作用
dequeueBuffer	EGL 通过这个接口来申请一个 buffer。从前面我们所举的例子来说,两个本地窗口所提供的 buffer 分别来自于 "帧缓冲区" 和内存空间。单词 "dequeue" 的字面意思是 "出队列"。这从侧面告诉我们,一个 Window 所包含的 buffer 很可能不止一份
queueBuffer	当 EGL 对一块 buffer 渲染完成后,它调用这个接口来 unlock 和 post buffer
cancelBuffer	这个接口可以用来取消一个已经 dequeued 的 buffer,但要特别注意同步的问题
query	用于向本地窗口咨询相关信息
perform	用于执行本地窗口支持的各种操作,比如: NATIVE_WINDOW_SET_USAGE NATIVE_WINDOW_SET_CROP NATIVE_WINDOW_SET_BUFFER_COUNT NATIVE_WINDOW_SET_BUFFERS_TRANSFORM NATIVE_WINDOW_SET_BUFFERS_TIMESTAMP 等

从上面对 ANativeWindow 的描述可以看出,它更像一份"协议",规定了一个本地窗口的形态和功能。这对于支持多种本地窗口的系统是必需的,因为只有这样我们才能针对某种特定的平台窗口来填充具体的实现。

这个小节中我们需要分析 FramebufferNativeWindow 是如何履行这份"协议"的。

FramebufferNativeWindow 本身代码并不多,下面分别选取其构造函数及 dequeue 函数来分析。其他部分的实现都类似,大家可以参考阅读。

1. FramebufferNativeWindow 构造函数

根据 FramebufferNativeWindow 所完成的功能,可以大概推测出它的构造函数里应该至少完成如下初始化操作。

➢ 加载 GRALLOC_HARDWARE_MODULE_ID 模块,详细流程在 Gralloc 小节已经解释过了。

➢ 分别打开 fb 和 gralloc 设备。我们在 Gralloc 小节也已经分析过,打开后的设备由全局变量 fbDev 和 grDev 管理。

➢ 根据设备的属性来给 FramebufferNativeWindow 赋初值。

➢ 根据 FramebufferNativeWindow 的实现来填充 ANativeWindow 中的"协议"。

➢ 其他一些必要的初始化。

9.4 Android 中的本地窗口

下面从源码的角度来分析上述每个步骤具体是怎么实现的:

```
/*frameworks/native/libs/ui/FramebufferNativeWindow.cpp*/
FramebufferNativeWindow::FramebufferNativeWindow()
    : BASE(), fbDev(0), grDev(0), mUpdateOnDemand(false)
{
    hw_module_t const* module;
    if (hw_get_module(GRALLOC_HARDWARE_MODULE_ID, &module) == 0) {…//加载模块
        int stride;
        int err;
        int i;
        err = framebuffer_open(module, &fbDev);
        err = gralloc_open(module, &grDev);//分别打开 fb 和 gralloc
        /*上面这部分内容我们在前几个小节已经分析过了,不清楚的可以回头看一下*/
        …
        if(fbDev->numFramebuffers >= MIN_NUM_FRAME_BUFFERS &&
            fbDev->numFramebuffers <= MAX_NUM_FRAME_BUFFERS){//根据 fb 设备属性获得 buffer 数
            mNumBuffers = fbDev->numFramebuffers;
        } else {
            mNumBuffers = MIN_NUM_FRAME_BUFFERS;//否则就采用最少的 buffer 数值,即 2
        }
        mNumFreeBuffers = mNumBuffers;//可用的 buffer 个数,初始时是所有 buffer 可用
        mBufferHead = mNumBuffers-1;
        …
        for (i = 0; i < mNumBuffers; i++) //给每个 buffer 初始化
        {
            buffers[i] = new NativeBuffer(fbDev->width, fbDev->height, fbDev->format,
                        GRALLOC_ USAGE _HW_FB);
        }//NativeBuffer 是什么?

        for (i = 0; i < mNumBuffers; i++) //给每个 buffer 分配空间
        {
            err = grDev->alloc(grDev, fbDev->width, fbDev->height, fbDev->format,
                    GRALLOC_USAGE_HW_FB, &buffers[i]->handle, &buffers[i]->stride);
            …
        }
            /*为本地窗口赋属性值*/
        const_cast<uint32_t&>(ANativeWindow::flags) = fbDev->flags;
        const_cast<float&>(ANativeWindow::xdpi) = fbDev->xdpi;
        const_cast<float&>(ANativeWindow::ydpi) = fbDev->ydpi;
        const_cast<int&>(ANativeWindow::minSwapInterval) =fbDev->minSwapInterval;
        const_cast<int&>(ANativeWindow::maxSwapInterval) = fbDev->maxSwapInterval;
    } else {
        ALOGE("Couldn't get gralloc module");
    }
    /*以下代码段开始履行窗口 "协议" */
    ANativeWindow::setSwapInterval = setSwapInterval;
    ANativeWindow::dequeueBuffer = dequeueBuffer;
    ANativeWindow::queueBuffer = queueBuffer;
    ANativeWindow::query = query;
    ANativeWindow::perform = perform;
    /*下面这几个接口已经被废弃了,不过为了保持兼容性,暂时还是保留的*/
    ANativeWindow::dequeueBuffer_DEPRECATED = dequeueBuffer_DEPRECATED;
    ANativeWindow::lockBuffer_DEPRECATED = lockBuffer_DEPRECATED;
    ANativeWindow::queueBuffer_DEPRECATED = queueBuffer_DEPRECATED;
}
```

这个函数逻辑上很简单,开头一部分我们已经分析过,此处不再赘述。需要重点关注的是 FramebufferNativeWindow 是如何分配 buffer 的。换句话说,其 dequeue 方法所获得的缓冲区是从何而来的。

成员变量 mNumBuffers 代表了 FramebufferNativeWindow 所管理的 buffer 总数。它取决于两个方面:首先从 fb 设备中取值,即 numFramebuffers;否则就默认定义为 MIN_NUM_FRAME_BUFFERS。如下所示:

```
#define MIN_NUM_FRAME_BUFFERS  2
#define MAX_NUM_FRAME_BUFFERS  3
```

可见 Android 系统认为最少的 buffer 数为 2，最大为 3。

有人可能会觉得奇怪，既然 FramebufferNativeWindow 对应的是真实的物理屏幕，那么为什么还需要两个 buffer 呢？

假设我们需要绘制这样一个 UI 画面，包括两个三角形和 3 个圆形，如图 9-10 所示。

接下来大家可以思考下只采用一个 buffer 时的情况。这意味着我们是直接以屏幕为画板来实时做画——我们画什么，屏幕上就显示什么。以图 9-10 为例，如果每一个三角形或圆形都需要 0.5s 的绘图时间，那么总计耗时应该是 0.5*5=2.5s。换句话说，不同时间点时用户在屏幕上所看到的画面如图 9-11 所示。

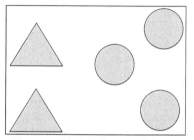

▲图 9-10　希望在屏幕上显示的完整结果

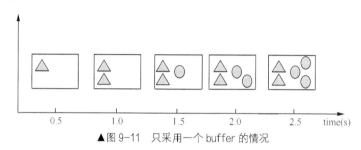

▲图 9-11　只采用一个 buffer 的情况

对于用户来说，将看到一个不断刷新的画面。通俗地讲，就是画面很"卡"。特别是对于图像刷新很频繁的场景（比如大型游戏），用户的体验就会更差。那么，有什么解决的办法呢？我们知道，出现这种现象的原因就是程序直接以屏幕为绘图板，把还没有准备就绪的图像直接呈现给了用户。换句话说，如果可以等到整幅图像绘制完成以后再刷新到屏幕上，那么用户在任何时候看到的都是正确而完整的画面，问题也就解决了。图 9-12 解释了采用两个缓冲区时的情况。

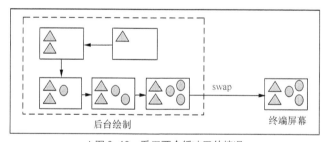

▲图 9-12　采用两个缓冲区的情况

图 9-12 中所阐述的就是通常所称的"双缓冲"（Double-Buffering）技术。除此之外，其实还有三缓冲（Triple Buffering）、四缓冲（Quad Buffering）等，我们将它们统称为"多缓冲"（Multiple Buffering）机制。

理解了为什么需要双缓冲以后，我们再回过头来看 FramebufferNativeWindow 的构造函数。接下来要解决的另一个问题是：多个缓冲区空间是从哪里分配的？通过前几个小节的知识可知，应该是要向 HAL 层的 Gralloc 申请。

FramebufferNativeWindow 构造函数中的第一个 for 循环里先给各 buffer 创建相应的实例（new NativeBuffer），其中的属性值都来源于 fbDev，如宽、高、格式等。紧随其后的就是调用 Gralloc 设备的 alloc()方法：

```
err = grDev->alloc(grDev, fbDev->width, fbDev->height, fbDev->format,
GRALLOC_USAGE_HW_FB, &buffers[i]->handle, &buffers[i]->stride);
```

注意第 5 个参数，它代表所要申请的缓冲区的用途，定义在 hardware/libhardware/include/hardware/Gralloc.h 中，目前已经支持几十种。比如：

➢ GRALLOC_USAGE_HW_TEXTURE

缓冲区将用于 OpenGL ES Texture。

➢ GRALLOC_USAGE_HW_RENDER

缓冲区将用于 OpenGL ES 的渲染。

➢ GRALLOC_USAGE_HW_2D

缓冲区会提供给 2D 硬件图形设备。

➢ GRALLOC_USAGE_HW_COMPOSER

缓冲区用于 HWComposer HAL 模块。

➢ GRALLOC_USAGE_HW_FB

缓冲区用于 framebuffer 设备。

➢ GRALLOC_USAGE_HW_VIDEO_ENCODER

缓冲区用于硬件视频编码器。

……

这里申请的缓冲区是要在终端屏幕上显示的，所以申请的 usage 类型是 GRALLOC_USAGE_HW_FB，对应的 Gralloc 中的实现是 gralloc_alloc_framebuffer@Gralloc.cpp；假如是其他用途的缓冲区申请，则对应 gralloc_alloc_buffer@Gralloc.cpp。不过，如果底层只允许一个 buffer（不支持 page-flipping 的情况），那么 gralloc_alloc_framebuffer 也同样可能只返回一个 ashmem 中申请的"内存空间"，真正的"帧缓冲区"则要在 post 时才会被用到。

所有申请到的缓冲区都需要由 FramebufferNativeWindow 中的全局变量 buffers[MAX_NUM_FRAME_BUFFERS]来记录，每个数据元素是一个 NativeBuffer。这个类的定义如下：

```
class NativeBuffer : public ANativeObjectBase<ANativeWindowBuffer,
        NativeBuffer,LightRefBase<NativeBuffer>>
{…
```

可见这个"本地缓冲区"继承了 ANativeWindowBuffer 的特性，后者的定义在/system/core/include/system/Window.h 中：

```
typedef struct ANativeWindowBuffer
{…
    int width; //宽
    int height;//高
    …
    buffer_handle_t handle;/*代表内存块的句柄,比如ashmem 机制。可以参考本书的共享内存章节*/
    …
} ANativeWindowBuffer_t;
```

另外，当前可用（free）的 buffer 数量由 mNumFreeBuffers 管理，这个变量的初始值也是 mNumBuffers，即总共有 2 或 3 个可用缓冲区。在程序后续的运行过程中，始终由 mBufferHead 来指向下一个将被申请的 buffer（注意：不是下一个可用 buffer）。也就是说，每当用户向 FramebufferNativeWindow 申请一个 buffer 时（dequeueBuffer），这个 mBufferHead 就会增加 1；一旦它的值超过最大值，则还会变成 0，如此就实现了循环管理。后面在讲解 dequeueBuffer 时再详细解释。

一个本地窗口包含了很多属性值，如各种标志（flags）、横纵坐标的密度值等。这些数值都可以从 fb 设备中查询到，我们需要将它们赋予刚生成的 FramebufferNativeWindow 实例的属性。

最后，就应该履行 ANativeWindow 的接口协议了。FramebufferNativeWindow 会将其对应的成员函数逐个填充到 ANativeWindow 的函数指针中。比如：

```
ANativeWindow::setSwapInterval = setSwapInterval;
ANativeWindow::dequeueBuffer = dequeueBuffer;
```

……

这样子 OpenGL ES 才能通过一个 ANativeWindow 来与本地窗口系统建立正确的连接。下面我们详细分析其中 dequeueBuffer 的实现。

2. dequeueBuffer

这个函数虽然很短（只有二十几行），却是 FramebufferNativeWindow 中的核心。OpenGL ES 就是通过它来分配一个可用于渲染的缓冲区的：

```
int FramebufferNativeWindow::dequeueBuffer(ANativeWindow* window, ANativeWindowBuffer*
* buffer, int* fenceFd)
{
    FramebufferNativeWindow* self = getSelf(window); /*Step1*/
    Mutex::Autolock _l(self->mutex);/*Step2*/
    …
    /*Step3. 计算 mBufferHead */
    int index = self->mBufferHead++;
    if (self->mBufferHead >= self->mNumBuffers)
        self->mBufferHead = 0;//循环

    /*Step4. 如果当前没有可用缓冲区*/
    while (!self->mNumFreeBuffers) {
        self->mCondition.wait(self->mutex);
    }
    /*Step5. 如果有人释放了缓冲区*/
    self->mNumFreeBuffers--;
    self->mCurrentBufferIndex = index;
    *buffer = self->buffers[index].get();
    *fenceFd = -1;
    return 0;
}
```

Step1@FramebufferNativeWindow::dequeueBuffer，这里先将入参中 ANativeWindow 类型的变量 window 强制转化为 FramebufferNativeWindow。因为前者是后者的父类，所以这样的转化当然是有效的。不过细心的读者可能会发现，为什么函数入参中还要特别传入一个 ANativeWindow 对象的内存地址，直接使用 FramebufferNativeWindow 的 this 指针不行吗？这么做很可能是为了兼容各种平台。大家应该注意到 ANativeWindow 是一个 Struct 数据类型，而在 C 语言中 Struct 是没有成员函数的，所以我们通常是用函数指针的形式来模拟一个成员函数，如这个 dequeueBuffer 在 ANativeWindow 的定义就是一个函数指针，而且系统并没有办法预先知道最终填充到 ANativeWindow 中的函数指针实现（如 FramebufferNativeWindow::dequeueBuffer）里是否可以使用 this 指针，所以在参数中带入一个 window 变量就是必要的。

Step2@ FramebufferNativeWindow::dequeueBuffer，获得一个 Mutex 锁。因为接下来的操作涉及资源互斥区，自然需要有一个保护措施。这里采用的是 Autolock，意味着 dequeueBuffer 函数结束后会自动释放 Mutex。

Step3@ FramebufferNativeWindow::dequeueBuffer，前面我们介绍过 mBufferHead 变量，这里来看看它的实际使用。首先 index 得到的是 mBufferHead 所代表的当前位置，然后 mBufferHead 增加 1。由于我们是循环利用多个缓冲区的，所以如果这个变量的值大于或等于 mNumBuffers，那么就需要把它置为 0。也就是说，mBufferHead 的值永远只能是[0-2]中的一个。

Step4@ FramebufferNativeWindow::dequeueBuffer，mBufferHead 并不代表它所指向的缓冲区是可用的。假如当前的 mNumFreeBuffers 表明已经没有多余的缓冲区空间，那么我们就需要等待有人释放 buffer 后才能继续操作。这里使用到 Condition 这一同步机制，如果读者感觉不熟悉请参考本书进程章节的详细描述。可以肯定的是，这里调用了 mCondition.wait，那么必然有其他地方要唤醒它——具体的就是在 queueBuffer() 中，大家可以验证下是否如此。

Step5@ FramebufferNativeWindow::dequeueBuffer，一旦成功获取到一个 buffer 后，程序要把可用的 buffer 计数值减 1（mNumFreeBuffers--）。另外 mBufferHead 前面已经做过自增（++）处理，这里就不用再做特别工作。

这样我们就完成了 Android 系统中 FramebufferNativeWindow 本地窗口的分析。接下来的小节将继续讲解另一个重要的 Native Window。

9.4.2 应用程序端的本地窗口——Surface

针对应用程序端的本地窗口是 Surface，和 FramebufferNativeWindow 一样，它必须继承 AnativeWindow：

```
class Surface
    : public ANativeObjectBase<ANativeWindow, Surface, RefBase>
```

这个本地窗口当然也需要实现 ANativeWindow 所制定的"协议"，我们关注的重点是它与前面的 FramebufferNativeWindow 有什么不同。Surface 的构造函数只是简单地给 ANativeWindow::dequeueBuffer 等函数指针及内部变量赋了初值。由于整个函数的功能很简单，我们只摘录部分核心内容：

```
/*frameworks/native/libs/gui/Surface.cpp*/
Surface::Surface(const sp<IGraphicBufferProducer>& bufferProducer): mGraphicBufferProduc er(bufferProducer)
{/*给 ANativeWindow 中的函数指针赋值*/
    ANativeWindow::setSwapInterval  = hook_setSwapInterval;
    ANativeWindow::dequeueBuffer    = hook_dequeueBuffer;
    …
    /*为各内部变量赋值，因为此时用户还没有发起申请，所以大部分变量的初始值是 0*/
    mReqWidth = 0;
    mReqHeight = 0;
    …
    mDefaultWidth = 0;
    mDefaultHeight = 0;
    mUserWidth = 0;
    mUserHeight = 0;…
}
```

Surface 是面向 Android 系统中所有 UI 应用程序的，即它承担着应用进程中的 UI 显示需求。基于这点，可以推测出其内部实现至少要考虑以下几点。

➢ 面向上层实现（主要是 Java 层）提供绘制图像的"画板"

前面说过，这个本地窗口分配的内存空间不属于帧缓冲区，那么具体是由谁来分配的，又是如何管理的呢？

➢ 它与 SurfaceFlinger 间是如何分工的

显然 SurfaceFlinger 需要收集系统中所有应用程序绘制的图像数据，然后集中显示到物理屏幕上。在这个过程中，Surface 扮演了什么样的角色呢？

我们先来解释下这个类中一些重要的成员变量，如表 9-4 所示。

表 9-4　　　　　　　　　　　Surface 部分成员变量一览

成员变量	说明
sp<IGraphicBufferProducer> mGraphicBufferProducer	这个变量是 Surface 的核心，很多"协议"就是通过它实现的，后面会有详细讲解。值得一提的是，它已经多次改名，4.1 的版本中叫作 mSurfaceTexture，后更名为 mBufferProducer，而目前最新版本则是 mGraphicBufferProducer。从中也可以看出，Google 开发人员希望为它取一个更容易理解的名称。"Producer"很好地解释了这个变量的作用
BufferSlot mSlots[NUM_BUFFER_SLOTS]	从名称上不难看出，这是 Surface 内部用于存储 buffer 的地方，容量 NUM_BUFFER_SLOTS 最多可达 32 个。BufferSlot 类的内部又由一个 GraphicBuffer 和一个 dirtyRegion 组成，当用户 dequeueBuffer 时才会分配真正的空间
uint32_t mReqWidth	Surface 中有多组相似的宽/高变量，它们之间是有区别的。这里的宽和高是指下一次 dequeue 时将会申请的尺寸，初始值都是 1
uint32_t mReqHeight	
uint32_t mReqFormat	和上面两个变量类似，这是指下次 dequeue 时将会申请的 buffer 的像素格式，初始值是 PIXEL_FORMAT_RGBA_8888
uint32_t mReqUsage	指下次 dequeue 时将会指定的 usage 类型
Rect mCrop	Crop 表示"修剪"，这个变量将在下次 queue 时用于修剪缓冲区，可以调用 setCrop 来设置具体的值
int mScalingMode	同样，这个变量将用于下次 queue 时对缓冲区进行 scale，可以调用 setScalingMode 来设置具体的值
uint32_t mTransform	用于下次 queue 时的图形翻转等操作（Transform）
uint32_t mDefaultWidth	默认情况下的缓冲区宽高值
uint32_t mDefaultHeight	
uint32_t mUserWidth	如果不为零的话，就是应用层指定的值，而且会覆盖前面的 mDefaultWidth/mDefaultHeight
uint32_t mUserHeight	
sp<GraphicBuffer> mLockedBuffer	访问这 3 个变量需要资源锁的保护，接下来还会有分析
sp<GraphicBuffer> mPostedBuffer	
Region mDirtyRegion	

从这些内部变量的描述中，大家可以了解到两点：Surface 将通过 mGraphicBufferProducer 来获取 buffer，而且这些缓冲区会被记录在 mSlots 数组中。接下来我们分析其中的实现细节。

前面 Surface 构造函数里大家看到 ANativeWindow 中的函数指针赋予的是各种以 hook 开头的函数，而这些 hook_XX 内部又直接"钩住"了 Surface 中真正的实现。比如 hook_dequeueBuffer 对应的是 dequeueBuffer——这就好像"钩子"的功能一样，所以得名为 hook：

```
int Surface::dequeueBuffer(android_native_buffer_t** buffer,int *fenceFd) {…
    Mutex::Autolock lock(mMutex);
    int buf = -1;
    /*Step1. 宽高计算*/
    int reqW = mReqWidth ? mReqWidth : mUserWidth;
    int reqH = mReqHeight ? mReqHeight : mUserHeight;
    /*Step2. dequeueBuffer 得到一个缓冲区*/
    sp<Fence> fence;
    status_t result = mGraphicBufferProducer->dequeueBuffer(&buf, &fence,
                         reqW, reqH, mReqFormat, mReqUsage);/*生产者发挥作用了*/
    …
sp<GraphicBuffer>&gbuf(mSlots[buf].buffer);/*注意 buf 是一个 int 值，
                                  代表的是 mSlots 数组序号*/
    …
    if ((result & IGraphicBufferProducer::BUFFER_NEEDS_REALLOCATION) || gbuf == 0) {
        result = mGraphicBufferProducer->requestBuffer(buf, &gbuf);//申请空间
```

```
            ...
        }
    ...
    *buffer = gbuf.get();
}
```

Step1@Surface::dequeueBuffer。图形缓冲区一定有宽高属性,具体的值由 mReqWidth/mReqHeight 或者 mUserWidth/mUserHeight 决定,其中前者的优先级比后者高。

Step2@Surface::dequeueBuffer。如前面所述,真正执行 dequeueBuffer 操作的确实是 mGraphicBufferProducer(IGraphicBufferProducer)。Surface 中的这个核心成员变量的来源可以有两个:作为 Surface 的构造函数参数传入;或者 Surface 的子类通过直接调用 setIGraphicBufferProducer 来生成。

在应用进程环境中,属于后者。

大致流程是:ViewRootImpl 持有一个 Java 层的 Surface 对象(即 mSurface),初始时是空的。后续 ViewRootImpl 将向 WindowManagerService 发起 relayout 请求,此时 mSurface 才被赋予真正有效的值。WindowManagerService 会先让 WindowStateAnimator 生成一个 SurfaceControl,然后通过 Surface.copyFrom()函数将其复制到 mSurface 中。这个复制函数会通过 native 接口 nativeCreateFromSurfaceControl 来生成本地 Surface(C++)对象,具体是在 android_view_Surface.cpp 文件中。JNI 函数 nativeCreateFromSurfaceControl 将从 SurfaceControl 中提取出 Surface(C++),最终记录到 Surface(Java)的成员变量中。这样,后期我们就可以从此变量中还原出底层的 Surface 对象了。

Android 源码工程中有很多类的名称都带有"Surface",取名极其混乱。下面通过图 9-13 来帮助大家理顺它们的关系。

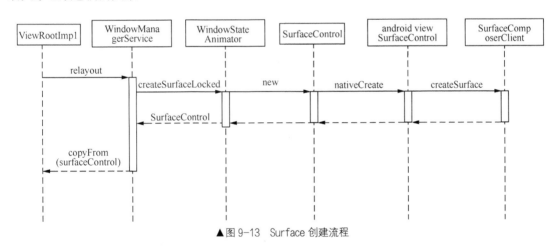

▲图 9-13 Surface 创建流程

从图 9-13 中可以看到,Surface 由 SurfaceControl 管理,而后者又由 SurfaceComposerClient 创建。我们可以感觉到,程序应该越来越接近 SurfaceFlinger 了:

```
/*frameworks/native/libs/gui/SurfaceComposerClient.cpp*/
sp<SurfaceControl> SurfaceComposerClient::createSurface(const String8& name,uint32_t w,
                                    uint32_t h,PixelFormat format,uint32_t flags)
{
    sp<SurfaceControl> sur;
    if (mStatus == NO_ERROR) {
        sp<IBinder> handle;
        sp<IGraphicBufferProducer> gbp;
        status_t err = mClient->createSurface(name, w, h, format, flags, &handle, &gbp);
        //生成一个 Surface
        ...
        if (err == NO_ERROR) {
            sur = new SurfaceControl(this, handle, gbp);//SurfaceControl 是"本地"的对象
```

```
        }
    }
    return sur;
}
```

上述代码段中，mClient 是一个 ISurfaceComposerClient 的 sp 指针，程序通过它来生成一个 Surface。值得注意的是，SurfaceControl 对象并不是由 ISurfaceComposerClient 的 createSurface 直接生成的——此函数的参数中包括了 gbp，即前面所说的"buffer 生产者"。从中我们可以了解到，真正与 SurfaceFlinger 间有联系的应该就是 gbp。

ISurfaceComposerClient 的服务器端实现是谁？

```
void SurfaceComposerClient::onFirstRef() {
    sp<ISurfaceComposer> sm(ComposerService::getComposerService());
    if (sm != 0) {
        sp<ISurfaceComposerClient> conn = sm->createConnection();
        if (conn != 0) {
            mClient = conn;
            mStatus = NO_ERROR;
        }
    }
}
```

由此可见，ISurfaceComposerClient 是由 ISurfaceComposer::createConnection 生成的。在这一过程中，总共涉及了 3 个匿名的 Binder Server，它们所提供的接口如表 9-5 所示。

表 9-5   与 Surface 相关的 3 个匿名 Binder 服务

匿名 Binder	提供的接口
ISurfaceComposer	createConnection
ISurfaceComposerClient	virtual status_t createSurface(…,sp<IGraphicBufferProducer>* gbp)=0; virtual status_t destroySurface(const sp<IBinder>& handle) = 0;

IGraphicBufferProducer	status_t requestBuffer(int slot, sp<GraphicBuffer>* buf);
	status_t setBufferCount(int bufferCount);
	status_t dequeueBuffer(…);
	status_t queueBuffer(…);
	void cancelBuffer(int slot);
	int query(int what, int* value);
	status_t setSynchronousMode(bool enabled);
	status_t connect(int api, QueueBufferOutput* output);
	status_t disconnect(int api);

表中的 3 个匿名 Binder 是环环紧扣的，即我们访问的顺序只能是 ISurfaceComposer→IsurfaceComposerClient→IGraphicBufferProducer。当然，匿名 Binder 一定是需要由一个实名 Binder 来提供的，它就是 SurfaceFlinger——这个系统服务是在 ServiceManager 中"注册在案"的。具体是在 SurfaceComposerClient::onFirstRef() 这个函数中，通过向 ServiceManager 查询名称为"SurfaceFlinger"的 Binder Server 来获得的。不过和其他常见 Binder Server 不同的是，SurfaceFlinger 虽然在 ServiceManager 中注册的名称为"SurfaceFlinger"，但它在服务器端实现的 Binder 接口却是 ISurfaceComposer，因而 SurfaceComposerClient 得到的其实是 ISurfaceComposer。大家要特别注意这点，否则可能会引起混乱：

```
//我们可以从 SurfaceFlinger 的继承关系中看出这一区别，如下代码片断
class SurfaceFlinger :
    public BinderService<SurfaceFlinger>, //在 ServiceManager 中注册为"SurfaceFlinger"
    public BnSurfaceComposer, //实现的接口却叫 ISurfaceComposer，不知道为什么要这么设计…
```

绕了一大圈，我们接着分析前面 Surface::dequeueBuffer 函数的实现。目前读者应该已经清楚 mGraphicBufferProducer 的由来了。接下来程序利用这个变量来 dequeueBuffer。

那么，IGraphicBufferProducer 在服务器端又是由谁来实现的呢？

因为这里面牵扯到很多新的类，我们先不做过多解释，到后面 BufferQueue 小节再详细分析其中的依赖关系。

当 mGraphicBufferProducer->dequeueBuffer 返回后，buf 变量就是 mSlots[]数组中可用的成员序号。接下来就要通过这个序号来获取真正的 buffer 地址，即 mSlots[buf].buffer。

Step3@Surface::dequeueBuffer。假如返回值 result 中的标志包含了 BUFFER_NEEDS_REALLOCATION，说明 BufferQueue 需要为这个 Slot 重新分配空间，具体细节请参见下一个小节。此时还需要另外调用 requestBuffer 来确定 gbuf 的值，其中又牵涉到很多东西，也放在下一小节统一解释。

通过这两个小节的学习，大家已经掌握了显示系统中两个重要的本地窗口，即 Framebuffer Nativewindow 和 Surface。第一个窗口是专门为 SurfaceFlinger 服务的，它由 Gralloc 提供支持，逻辑上相对好理解；而 Surface 虽然是为应用程序服务的，但本质上还是由 SurfaceFlinger 服务统一管理的，因而涉及很多跨进程的通信细节。这个小节我们只是简单地勾勒出其中的框架，接下来就要分几个方面来做完整的分析了。

➢ BufferQueue

为应用程序服务的本地窗口 Surface，其依赖的 IGraphicBufferProducer 对象在 Server 端的实现是 BufferQueue。我们将详细解析 BufferQueue 的内部实现，并结合应用程序端的使用流程来理解它们之间的关系。

➢ Buffer，Consumer，Producer 是"生产者-消费者"模型中的 3 个参与对象，如何协调好它们的工作是应用程序能否正常显示 UI 的关键。接下来，我们先讲解 Buffer(BufferQueue)与 Producer（应用程序）间的交互，然后转而切入 Consumer(SurfaceFlinger)做详细分析。

9.5 BufferQueue 详解

上一小节我们已经看到了 BufferQueue，它是 Surface 实现本地窗口的关键。从逻辑上来推断，BufferQueue 应该是驻留在 SurfaceFlinger 这边的进程中。我们需要进一步解决的疑惑是：
➢ 每个应用程序可以有几个 BufferQueue，即它们的关系是一对一、多对一，还是一对多？
➢ 应用程序绘制 UI 所需的内存空间是由谁来分配的？
➢ 应用程序与 SurfaceFlinger 如何互斥共享数据区？

我们这里面临的是经典的"生产者-消费者"模型。Android 显示系统是如何协调好这两者对缓冲区的互斥访问的呢？

9.5.1 BufferQueue 的内部原理

先来解析下 BufferQueue 的内部构造，如图 9-14 所示。

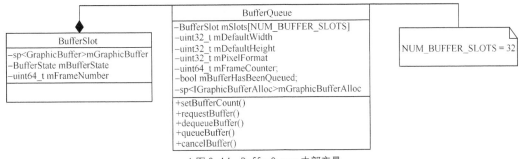

▲图 9-14　BufferQueue 内部变量

因为 BufferQueue 是 IGraphicBufferProducer 服务器端的实现，所以它必须重载接口中的各种虚函数，如 queueBuffer、requestBuffer、dequeueBuffer 等。另外，这个类的内部有一个非常重要的成员数组，即 mSlots[NUM_BUFFER_SLOTS]。大家是否还记得前面 Surface 类中也有一个一模一样的数组：

```
class Surface…{
    BufferSlot mSlots[NUM_BUFFER_SLOTS];
```

虽然两个数组从形式上看一模一样，但要特别注意其中的 BufferSlot 定义并不相同：

Surface 中：
```
    struct BufferSlot {
        sp<GraphicBuffer> buffer;
        Region dirtyRegion;
    };
```

而 BufferQueue 中：
```
struct BufferSlot {…
    sp<GraphicBuffer> mGraphicBuffer;
    BufferState mBufferState;
    …
}
```

后面一个 BufferSlot 中的 GraphicBuffer 变量（mGraphicBuffer）用于记录这个 Slot 所涉及的缓冲区；另一个 BufferState 变量（mBufferState）用于跟踪每个缓冲区的状态。比如：

```
enum BufferState {
    FREE = 0, /*Buffer 当前可用，也就是说可以被 dequeued。此时 Buffer 的 owner
                可认为是 BufferQueue*/
    DEQUEUED = 1, /*Buffer 已经被 dequeued，还未被 queued 或 canceld。此时
                Buffer 的 owner 可认为是 producer (应用程序)，这意味着 BufferQueue
                和 SurfaceFlinger(consumer)此时都不可以操作这块缓冲区*/
    QUEUED = 2, /*Buffer 已经被客户端 queued，不过还不能对它进行 dequeue，但
                可以 acquired。此时的 owner 是 BufferQueue*/
    ACQUIRED = 3/*Buffer 的 owner 改为 consumer，可以被 released,
                然后状态又返回 FREE*/
};
```

从上面的状态描述可以看出，一块 Buffer 在处理过程中经历的生命周期依次是 FREE->DEQUEUED->QUEUED->ACQUIRED->FREE。

图 9-15 所示是从 Owner 的角度给出的 Buffer 状态迁移图。

我们来简单分析一下这张 Buffer 状态迁移图。

从图 9-15 中可以清楚地了解 Buffer 的各个状态、引起状态迁移的条件以及各状态下的 Owner。参与 Buffer 管理的 Owner 对象有 3 个。

➢ BufferQueue

我们可以认为 BufferQueue 是一个服务中心，其他两个 Owner 必须要通过它来管理 Buffer。比如当 Producer 想要获取一个 Buffer 时，它不能越过 BufferQueue 直接与 Consumer 进行联系，反之亦然。这有点像房产中介，房主与买方的任何交易都需要经过中介的同意，私自达成的协议都是违反规定的。

➢ Producer

生产者就是"填充"Buffer 数据的人，通常情况下当然就是应用程序。因为应用程序不断地刷新 UI，从而将产生的显示数据源源不绝地写到 Buffer 中。当 Producer 需要使用一块 Buffer 时，它首先会向中介 BufferQueue 发起 dequeue 申请，然后才能对指定的缓冲区进行操作。经过 dequeue 后 Buffer 就属于 producer 的了，它可以对 Buffer 进行任何必要的操作，而其他 Owner 此刻绝不能擅自插手。

9.5 BufferQueue 详解

当生产者认为一块 Buffer 已经写入完成后，将进一步调用 BufferQueue 的 queue 接口。从字面上看这个函数是"入列"的意思，形象地表达了 Buffer 此时的操作——把 Buffer 归还到 BufferQueue 的队列中。一旦 queue 成功，Owner 也就随之改变为 BufferQueue 了。

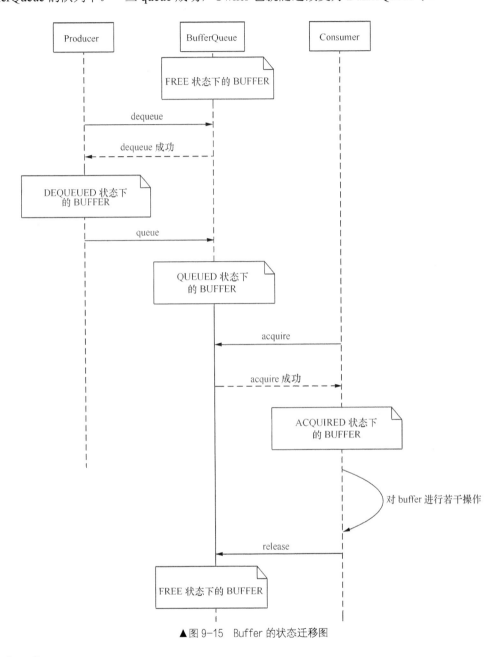

▲图 9-15　Buffer 的状态迁移图

> Consumer

消费者是与生产者相对应的，它的操作同样受到 BufferQueue 的管控。当一块 Buffer 已经就绪后，Consumer 就可以开始工作了，细节我们会在后续 SurfaceFlinger 中描述。这里需要特别留意的是，从各个对象所扮演的角色来看，BufferQueue 是中介机构，属于服务提供方；Producer 属于 Buffer 内容的产出方，它对缓冲区的操作是一个"主动"的过程；反之，Consumer 对 Buffer 的处理则是"被动"的、"等待式"的——它必须要等到一块 Buffer 填充完成后才能工作。在这样的模型下,我们怎么保证 Consumer 可以及时处理 Buffer 呢?换句话说,当一块 Buffer 数据 ready 后,应该怎么告知 Consumer 来操作呢?

仔细观察,可以看到 BufferQueue 里同时还提供了一个特别的类,名称为 ConsumerListener。其中的函数接口包括:

```
struct ConsumerListener : public virtual RefBase {
    virtual void onFrameAvailable() = 0;/*当一块 buffer 可以被消费时,这个函数会被调用,
                                          特别注意此时没有共享锁的保护*/
    virtual void onBuffersReleased() = 0;/*BufferQueue 通知 consumer 它已经释放其 slot
                                           中的一个或多个 GraphicBuffer 引用*/
};
```

这样就很清楚了,当有一帧数据准备就绪后,BufferQueue 就会调用 onFrameAvailable()来通知 Consumer 进行消费。

9.5.2 BufferQueue 中的缓冲区分配

我们知道,BufferQueue 中有一个 mSlots 数组用于管理其内的各缓冲区,最大容量为 32。从它的声明方式来看,这个 mSlots 在程序一开始就静态分配了 32 个 BufferSlot 大小的空间。不过这并不代表其中的数据缓冲区也是一次性静态分配的,恰恰相反,从 BufferSlot 的内部变量指针 mGraphicBuffer 可以看出,缓冲区的空间分配应当是动态的(从下面的注释也能看出一些端倪):

```
// mGraphicBuffer points to the buffer allocated for this slot or is NULLif no buffer
has been allocated.
        sp<GraphicBuffer> mGraphicBuffer;
```

现在的问题就转化为:在什么情况下会给一个 Slot 分配实际的空间呢?

首先能想到的就是 dequeueBuffer。理由如下:

➢ 缓冲区的空间分配应该既要满足使用者的需求,又要防止浪费。后面这一点 mSlots 已经满足了,因为它并没有采取一开始就静态预分配的方式。

➢ 既然 Producer 对 buffer 的操作是"主动"的,那么就意味着它是整个需求的发起者。换句话说,只要它没有 dequeueBuffer,或者 dequeueBuffer 时能获取到可用的缓冲区,那当然就没有必要再重新分配空间了。

下面详细分析这个函数,并验证我们上面的猜测:

```
/*frameworks/native/libs/gui/BufferQueue.cpp*/
status_t BufferQueue::dequeueBuffer(int *outBuf, sp<Fence>* outFence,uint32_t w,
                        uint32_t h,uint32_t format, uint32_t usage) {…
    status_t    returnFlags(OK);
    …
    { // Scope for the lock
        Mutex::Autolock lock(mMutex); /*这里采用了自动锁,所以上面需要加个 "{",这样当 lock 变量
                                        生命周期结束后锁也就自动释放了。这种写法在 Android 中很常见*/
        …
        int found = -1;
        int dequeuedCount = 0;
        bool tryAgain = true;
        while (tryAgain) {/*Step1. 循环查找符合要求的 Slot*/
            …
            found = INVALID_BUFFER_SLOT;//初始值
            foundSync = INVALID_BUFFER_SLOT;
            dequeuedCount = 0;
            for (int i = 0; i < maxBufferCount; i++) {
                const int state = mSlots[i].mBufferState;
                /*Step2.统计 dequeued buffer 数量,后面会用到*/
                if (state == BufferSlot::DEQUEUED) {
                    dequeuedCount++;
                }
```

```cpp
                    if (state == BufferSlot::FREE) { /*Step3.寻找符合要求的Slot*/
                     if (found < 0 || mSlots[i].mFrameNumber < mSlots[found].mFrameNumber) {
                            found = i;  //找到符合要求的Slot
                     }
                    }// if (state == BufferSlot::FREE)结束
            }// for 循环结束

            /*Step4.如果Client没有设置buffer count的话,就不允许dequeue一个以上的buffer*/
            if (!mOverrideMaxBufferCount&& dequeuedCount) {
                ST_LOGE("dequeueBuffer: can't dequeue multiple buffers without
                         setting the buffer count");
                return -EINVAL;
            }
            ...
            /*Step5. 判断是否要重试*/
            tryAgain = found == INVALID_BUFFER_SLOT;
            if (tryAgain) {
                mDequeueCondition.wait(mMutex);
            }
        }//while 循环结束

        if (found == INVALID_BUFFER_SLOT) {
            /*因为前面while循环如果没找到的话是不会退出的,所以理论上不会出现这种情况*/
            ST_LOGE("dequeueBuffer: no available buffer slots");
            return -EBUSY;
        }

        const int buf = found;
        *outBuf = found;   //返回值
      /*成功找到可用的Slot序号,接下来就开始对这个指定的Slot进行初始操作,及状态变迁等*/

        mSlots[buf].mBufferState = BufferSlot::DEQUEUED;/*Step6. Buffer状态改变*/
        const sp<GraphicBuffer>& buffer(mSlots[buf].mGraphicBuffer);
        if ((buffer == NULL) || (uint32_t(buffer->width)  != w) ||
            (uint32_t(buffer->height) != h) || (uint32_t(buffer->format) != format)
                 || ((uint32_t(buffer->usage) & usage) != usage))
        {   /*Step7. 为BufferSlot对象做初始化*/
            mSlots[buf].mAcquireCalled = false;
            mSlots[buf].mGraphicBuffer = NULL;
            mSlots[buf].mRequestBufferCalled = false;
            mSlots[buf].mEglFence = EGL_NO_SYNC_KHR;
            mSlots[buf].mFence = Fence::NO_FENCE;
            mSlots[buf].mEglDisplay = EGL_NO_DISPLAY;

            returnFlags |= IGraphicBufferProducer::BUFFER_NEEDS_REALLOCATION;/*需要重新分配*/
        }
        ...
    }  // 自动锁lock结束的地方

    /*Step8. 如果上述判断结果是需要重新分配空间的话*/
    if (returnFlags & IGraphicBufferProducer::BUFFER_NEEDS_REALLOCATION) {
        status_t error;
        sp<GraphicBuffer> graphicBuffer(mGraphicBufferAlloc->createGraphicBuffer(
                    w, h, format, usage, &error));/*终于分配空间了*/
        ...
        { // Scope for the lock
            Mutex::Autolock lock(mMutex);
            ...
            mSlots[*outBuf].mGraphicBuffer = graphicBuffer;
        }
    }
    ...
    return returnFlags;
}
```

因为这个函数很长,我们只保留最核心的部分。从整体框架来看,Step1~Step5 是在查找一个可用的 Slot 序号。从 Step6 开始,就针对这一特定的 Slot 进行操作了。下面我们分步进行解析。

Step1@ BufferQueue::dequeueBuffer。进入 while 循环,退出的条件是 tryAgain 为 false。这个变量默认值是 true,如果一轮循环结束后 found 不再是 INVALID_BUFFER_SLOT,就会变成 false,从而结束整个 while 循环。

循环的主要功能就是查找符合要求的 Slot,其中 found 变量是一个 int 值,指的是这个 BufferSlot 在 mSlots 数组中的序号。

Step2@ BufferQueue::dequeueBuffer。统计当前已经被 dequeued 的 buffer 数量,这将用于后面的判断,即假如 Client 没有设置 buffer count,那么它会被禁止 dequeue 一个以上的 buffer。

Step3@ BufferQueue::dequeueBuffer。假如当前的 buffer 状态是 FREE,那么这个 Slot 就可以进入备选了。为什么只是备选而不是直接返回这一结果呢?因为 mSlots 中很可能有多个符合条件的 Slot,当然需要挑选其中最匹配的。判断的依据是当前符合要求的 Slot 的 mFrameNumber 是否比上一次选中的最优 Slot 的 mFrameNumber 小。具体代码如下:

```
mSlots[i].mFrameNumber <mSlots[found].mFrameNumber;
```

Step4@ BufferQueue::dequeueBuffer。这里的判断来源于第二步的计算结果,一旦发现 dequeue 的数量"超标",就直接出错返回。

Step5@ BufferQueue::dequeueBuffer。经过上述几个步骤,我们已经扫描了一遍 mSlots 中的所有成员,这时就要判断是否可以退出循环。前面已经说过,如果成功找到有效的 Slot 就可以不用再循环查找了,否则 tryAgain 仍然是 true。假如是后一种情况,证明当前已经没有 FREE 的 Slot。这时如果直接进入下一轮循环,结果通常也是一样的,反而浪费了 CPU 资源。所以,就需要使用条件锁来等待。代码如下:

```
mDequeueCondition.wait(mMutex);
```

当有 Buffer 被释放时,这个锁的条件就会满足,然后程序才继续查找可用的 Slot。

Step6@ BufferQueue::dequeueBuffer。根据前面的 Buffer 状态迁移图,当处于 FREE 状态的 Buffer 被 dequeue 成功后,它将进入 DEQUEUED,所以这里我们需要改变其 mBufferState。

Step7@ BufferQueue::dequeueBuffer。通过上述几个步骤的努力,现在我们已经成功地寻找到有效的 Slot 序号了。但是这并不代表这个 Slot 可以直接使用,为什么?最直接的一个原因就是这个 Slot 可能还没有分配空间。

因为 BufferSlot:: mGraphicBuffer 初始值是 NULL,假如我们是第一次使用它,必然是需要为它分配空间的。另外,即便 mGraphicBuffer 不为空,但如果用户所需要的 Buffer 属性(比如 width、height、format 等)和当前这个不符,那么还是要进行重新分配。

Step8@ BufferQueue::dequeueBuffer。如果上一步的判断结果是 BUFFER_NEEDS_REALLOCATION,说明此 Slot 还未分配到有效的 buffer 空间——具体分配操作使用的是 mGraphicBufferAlloc 这个 Allocator,这里暂不深究其中的实现了,后续还会有详细分析。

如果重新分配了空间,那么最后的返回值中需要加上 BUFFER_NEEDS_REALLOCATION 标志。客户端在发现这个标志后,还应调用 requestBuffer() 来取得最新的 buffer 地址。前一小节 Surface::dequeueBuffer() 的 Step3 就是一个例子,这里结合起来分析。为了方便阅读,再把这部分代码简单地列出来:

```
int Surface::dequeueBuffer(android_native_buffer_t** buffer,int *fenceFd) {…
    Mutex::Autolock lock(mMutex);
    int buf = -1;
    /*Step1. 宽高计算*/
```

```
    int reqW = mReqWidth ? mReqWidth : mUserWidth;
    int reqH = mReqHeight ? mReqHeight : mUserHeight;
    /*Step2. dequeueBuffer 得到一个缓冲区*/
    sp<Fence> fence;
    status_t result = mGraphicBufferProducer->dequeueBuffer(&buf, &fence,
            reqW, reqH, mReqFormat, mReqUsage);/*这一小节讲解的就是这个接口的实现*/
    …
    sp<GraphicBuffer>&gbuf(mSlots[buf].buffer);/*注意 buf 是一个 int 值，
                                               代表的是 mSlots 数组序号*/
    …
    if ((result & IGraphicBufferProducer::BUFFER_NEEDS_REALLOCATION) || gbuf == 0) {
        result = mGraphicBufferProducer->requestBuffer(buf, &gbuf);/*因为这个 buffer 是需
                                要重新分配得到的，所以还需要进一步调用 requestBuffer,后面有详细讲解*/
        …
    }
    …
    *buffer = gbuf.get();
}
```

当 mGraphicBufferProducer->dequeueBuffer 成功返回后，buf 得到了 mSlots 中可用数组成员的序号（对应这一小节的 found 变量）。但一个很明显的问题是：既然客户端和 BufferQueue 运行于两个不同的进程中，那么它们的 mSlots[buf]会指向同一块物理内存吗？这就是 requestBuffer 存在的意义。

先来看看 BpGraphicBufferProducer 中是如何发起 Binder 申请的：

```
/*frameworks/native/libs/gui/IGraphicBufferProducer.cpp*/
class BpGraphicBufferProducer: public BpInterface<IGraphicBufferProducer>
{ …
    virtual status_t requestBuffer(int bufferIdx, sp<GraphicBuffer>* buf) {//函数参数有两个
        Parcel data, reply;
        data.writeInterfaceToken(IGraphicBufferProducer::getInterfaceDescriptor());
        data.writeInt32(bufferIdx);/*只写入了 bufferIdx 值，也就是说 BnGraphicBufferProducer
                                     中实际上是看不到 buf 变量的*/
        status_t result =remote()->transact(REQUEST_BUFFER, data, &reply);//执行跨进程操作
        …
        bool nonNull = reply.readInt32();/*这里读取的是什么？我们稍后可以去 BnGraphicBuffer-
                                           Producer 中确认下*/
        if (nonNull) {
            *buf = new GraphicBuffer(); //生成一个 GraphicBuffer，看到没，这是一个本地实例
            reply.read(**buf);/*buf 是一个 sp 指针，那么**sp 实际上得到的就是这个智能指针所指向的对
                                象。在这个例子中指的是 mSlots[buf].buffer */
        }
        result = reply.readInt32();/*读取结果*/
        return result;
    }
}
```

Native 层的 BpXXX/BnXXX 与 Java 层的不同之处在于，后者通常都是依赖于 aidl 来自动生成这两个类，而前者则是手工完成的。也正因为是手工书写的，使用起来才更具灵活性。比如在 IGraphicBufferProducer 这个例子中，开发者"耍"了点技巧——Surface 中调用了 IgraphicBufferProducer::requestBuffer(int slot, sp<GraphicBuffer>* buf)，这个函数虽然形式上有两个参数，但只有第一个是入参，后一个则是出参。在实际的 Binder 通信中，只有 Slot 序号这个 int 值（即 bufferIdx）传递给了对方进程，而 buf 则自始至终都是 Surface 所在的本地进程在处理。不过从调用者的角度来讲，好像是由 IGraphicBufferProducer 的 Server 端完成了对 buf 的赋值。

从 BpGraphicBufferProducer::requestBuffer 这个函数实现中可以看到，Client 端向 Server 端请求了一个 REQUEST_BUFFER 服务，然后通过读取返回值来获得缓冲区信息。为了让大家能看清楚这其中的细节，有必要再分析一下 BnGraphicBufferProducer 具体是如何响应这个服务请求的。如下所示：

```
/*frameworks/native/libs/gui/IGraphicBufferProducer.cpp*/
status_t BnGraphicBufferProducer::onTransact(uint32_t code, const Parcel& data, Parc
```

```
el* reply, uint32_t flags)
{
    switch(code) {
        case REQUEST_BUFFER: {
            CHECK_INTERFACE(IGraphicBufferProducer, data, reply);
            int bufferIdx    = data.readInt32();//首先读取要处理的 Slot 序号
            sp<GraphicBuffer> buffer; //生成一个 GraphicBuffer 智能指针
            int result = requestBuffer(bufferIdx, &buffer);//调用本地端的实现
            reply->writeInt32(buffer != 0);//注意,第一个写入的值是判断 buffer 不为空,
                                           //也就是一个 bool 值
            if (buffer != 0) {
                reply->write(*buffer); //好,真正的内容在这里,后面我们详细解释
            }
            reply->writeInt32(result);//写入结果值
            return NO_ERROR;
        } break;
```

BnGraphicBufferProducer 首先读取 Slot 序号,即 bufferIdx;然后通过 BufferQueue 的接口 requestBuffer 来获取与之对应的正确的 GraphicBuffer——这里是指 mSlots[slot].mGraphicBuffer。要特别注意的是,BnGraphicBufferProducer 在 reply 中第一个写入的是 bool 值(buffer!=0),紧随其后的才是 GraphicBuffer,最后写入结果值,大功告成。

显然 BpGraphicBufferProducer 必须要按照与 BnGraphicBufferProducer 同样的写入顺序来读取数据。

(1)因而它首先获取一个 int32 值,赋予 nonNull 变量。这个值对应的是 buffer != 0 的逻辑判断。假如确实不为空,那说明我们可以接着读取 GraphicBuffer 了。

(2)客户端与服务器端对 GraphicBuffer 变量的"写入和读取"操作分别是:

```
reply->write(*buffer);//写入
reply.read(**buf);//读取
```

(3)读取 result 结果值。

在第二步中,Server 端写入的 GraphicBuffer 对象需要在 Client 中完整地复现出来。根据我们在 Binder 章节的学习,具备这种能力的 Binder 对象应该是继承了 Flattenable。实际上呢?

```
class GraphicBuffer: public ANativeObjectBase<ANativeWindowBuffer, GraphicBuffer,
       LightRefBase<GraphicBuffer>>, public Flattenable
```

从 GraphicBuffer 的声明中就可以验证我们的猜测了。

接下来只需要看下它是如何实现 flatten 和 unflatten 接口的,相信就能揭晓谜底了:

```
/*frameworks/native/libs/ui/GraphicBuffer.cpp*/
status_t GraphicBuffer::flatten(void* buffer, size_t size, int fds[], size_t count) const
{...
    int* buf = static_cast<int*>(buffer);
    …
    if (handle) {
        buf[6] = handle->numFds;
        buf[7] = handle->numInts;
        native_handle_t const* const h = handle;
        memcpy(fds, h->data, h->numFds*sizeof(int));
        memcpy(&buf[8], h->data + h->numFds, h->numInts*sizeof(int));
    }
    return NO_ERROR;
}
```

在这个函数中,我们最关心的是 handle 这个变量的 flatten,它实际上是 GraphicBuffer 中打开的一个 ashmem 句柄——这是两边进程实现共享缓冲区的关键。与 handle 相关的变量分别是 buf[6]-buf[8]以及 fds,大家可以深入理解下它们的作用。

再来看看 Client 端是如何还原出一个 GraphicBuffer 的:

```
status_t GraphicBuffer::unflatten(void const* buffer, size_t size, int fds[], size_t count)
{…
    int const* buf = static_cast<int const*>(buffer);
    …
    const size_t numFds  = buf[6];
    const size_t numInts = buf[7];
    …
    if (numFds || numInts) {…
        native_handle* h = native_handle_create(numFds, numInts);
        memcpy(h->data, fds, numFds*sizeof(int));
        memcpy(h->data + numFds, &buf[8], numInts*sizeof(int));
        handle = h;
    } else { …
    }…
    if (handle != 0) {
        mBufferMapper.registerBuffer(handle);
    }
    return NO_ERROR;
}
```

同样，unflatten 中的操作也是依据 flatten 时写入的格式。其中最重要的两个函数是 native_handle_create()和 registerBuffer()。前一个函数生成 native_handle 实例，并将相关数据复制到其内部。另一个 registerBuffer 则属于 GraphicBufferMapper 类中的实现，成员变量 mBufferMapper 是在 GraphicBuffer 构造函数中生成的，它所承担的任务是和 Gralloc 打交道。核心代码如下：

```
GraphicBufferMapper::GraphicBufferMapper()
{
    hw_module_t const* module;
    int err = hw_get_module(GRALLOC_HARDWARE_MODULE_ID, &module);
```

这里出现了我们熟悉的 Gralloc 的 module id，不清楚的读者可以回头看看 Gralloc 这个小节的介绍。GraphicBufferMapper::registerBuffer()只是起到了中介作用，它会直接调用 gralloc_module_t::registerBuffer()，那么后者究竟完成了什么功能呢？因为这个函数的实现与具体平台有关，我们以 msm7k 为例来大概分析下：

```
/*hardware/msm7k/libgralloc/Mapper.cpp*/
int gralloc_register_buffer(gralloc_module_t const* module, buffer_handle_t handle)
{…
    private_handle_t* hnd = (private_handle_t*)handle;
    …
    err = gralloc_map(module, handle, &vaddr);
    return err;
}
```

可以看到，通过 handle 句柄 Client 端可以将指定的内存区域映射到自己的进程空间中，而这块区域与 BufferQueue 中所指向的物理空间是一致的，从而成功地实现了两者的缓冲区共享。

这样在 Surface::dequeueBuffer()函数的处理过程中，一旦遇到 mGraphicBufferProducer->requestBuffer 结果中包含有 BUFFER_NEEDS_REALLOCATION 的情况，就需要通过 requestBuffer()得到的结果来"刷新"Client 这端 mSlots[]所管辖的缓冲区信息，以保证 Surface 与 BufferQueue 在任何情况下都能在 32 个 BufferSlot 中保持数据缓冲区上的高度一致。这也是后面它们能正确实施"生产者-消费者"模型的基础。

9.5.3 应用程序的典型绘图流程

我们知道，BufferQueue 可以有多达 32 个的 BufferSlot，为什么这样设计？

一个可能的原因就是提高图形渲染速度。因为假如只有两个 buffer，可以想象一下，当应用程序这个生产者的产出效率大于消费者的处理速度时，很快就会 dequeue 完所有缓冲区而处于等待状态，从而导致不必要的麻烦。当然，实际上 32 只是最大的容量，具体值是可以设置的，大家可以结合后面的 Project Butter 来进一步理解。

前面小节读者已经学习了 BufferQueue 的内部原理，那么应用程序又是如何与之配合的呢？

解决这个疑惑的关键就是了解应用程序是如何执行绘图流程的，这也是本节内容的重点。不过大家应该有个心理准备——应用程序并不会直接使用 BufferQueue（或者 Surface）。和 Android 系统中很多其他地方一样，"层层封装"在这里同样是存在的。因而我们一方面要尽量抓住核心，另一方面也要辅以有效的分析手段，才能更快更好地从诸多错综复杂的类关系中找出问题的答案。

基于以上原因，我们特别选取"系统开机动画"这一应用程序为例，来分析应用程序图形绘制的流程。值得一提的是，这个开机动画的实现符合前面提到的两个改进图形系统中的第一个，即应用程序与 SurfaceFlinger 都是使用 OpenGL ES 来完成 UI 显示的。不过因为它是一个 C++程序，所以不需要上层 GLSurfaceView 的支持。

当一个 Android 设备上电后，正常情况下它会先后显示最多 4 个不同的开机画面。分别是：

- BootLoader

这显然是第一个出现的画面。因为 boot-loader 只是负责系统后续模块的加载与启动，所以一般我们只让它显示一张静态的图片。

- Kernel

内核也有自己的显示画面。和 boot-loader 一样，默认情况下它也只是一张静态图片。

- Android（最多 2 个）

Android 是系统启动的最后一个阶段，也是最耗时间的一个。它的开机画面既可以是静态的文字、图片，也可以是动态的画面。另外，这一阶段可以包含最多两个开机画面——通常前一个是文字或者静态图片（注意：默认是图片，但如果图片不存在的话，就显示文字。关于这方面的参考资料很多，大家可以自行查阅，这里不作过多叙述）；另外一个则是动画，如图 9-16 所示。

▲图 9-16　原生态 Android 系统中的开机动画

这个开机动画的实现类是 BootAnimation，它的内部就是借助于 SurfaceFlinger 来完成的。另外，由于它并不是传统意义上的 Java 层应用程序，从而使得我们可以抛离很多上层的牵绊（比如一大堆 JNI 调用），进而以最直观的方式来审视 BufferQueue 的使用细节，这是分析本节问题的最佳选择。

BootAnimation 是一个 C++程序，其工程源码路径是/frameworks/base/cmds/bootanimation。和很多 native 应用一样，它也是在 init 脚本中被启动的。如下：

```
service bootanim /system/bin/bootanimation
    class main
    user graphics
    group graphics
    disabled
    oneshot
```

以上内容是从 init.rc 脚本中摘录出来的，完整地描述了 bootanimation 这个程序的启动属性。如果大家对其中的语法不清楚，可以参见本书的系统启动章节。

9.5 BufferQueue 详解

当 bootanimation 被启动后，它首先会进入 main 函数（即 main@Bootanimation_main.cpp）生成一个 BootAnimation 对象，并开启线程池（因为它需要与 SurfaceFlinger 等系统服务进行跨进程的通信）。在 BootAnimation 的构造函数中，同时会生成一个 SurfaceComposerClient：

```
BootAnimation::BootAnimation() : Thread(false)
{
    mSession = new SurfaceComposerClient();
}
```

SurfaceComposerClient 是每个 UI 应用程序与 SurfaceFlinger 间的独立纽带，后续很多操作都是通过它来完成的。不过 SurfaceComposerClient 更多的只是一个封装，真正起作用的还是其内部的 ISurfaceComposerClient。前面小节中我们已经讲解了 IGraphicBufferProducer 与 ISurfaceComposer Client 在应用程序中的获取顺序，那么两者有什么区别呢？

简单来说，ISurfaceComposerClient 是应用程序与 SurfaceFlinger 间的桥梁，而 IgraphicBufferProducer 则是应用程序与 BufferQueue 间的传输通道。这样的设计是合理的，体现了模块化的思想——SurfaceFlinger 的职责是 "Flinger"，即把系统中所有应用程序最终的 "绘图结果" 进行 "混合"，然后统一显示到物理屏幕上。它不应该也没有办法分出太多的精力去逐一关注各个应用程序的 "绘画过程"。这个光荣的任务自然而然地落在了 BufferQueue 的肩膀上，它是 SurfaceFlinger 派出的代表，也是每个应用程序 "一对一" 的辅导老师，指导着 UI 程序的 "画板申请"、"作画流程" 等一系列烦琐细节。图 9-17 描述了它们三者的关系。

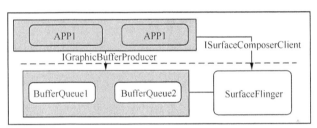

▲图 9-17 应用程序、BufferQueue 及 SurfaceFlinger 间的关系

所以 BootAnimation 在其构造函数中就建立了与 SurfaceFlinger 的连接通道。那么，它在什么时候会再去建立与 BufferQueue 的连接呢？因为 BootAnimation 继承自 RefBase，当 main 函数中通过 sp 指针引用它时，会触发如下函数：

```
void BootAnimation::onFirstRef() {//第一次被引用时
    status_t err = mSession->linkToComposerDeath(this);//监听死亡事件
    if (err == NO_ERROR) {
        run("BootAnimation", PRIORITY_DISPLAY);//开启线程
    }
}
```

当一个 Client 与远程 Server 建立了 Binder 通信后，它就可以使用这个 Server 的服务了，但前提是服务器运行正常。换句话说，假如出现了 Server 异常的情况，Client 又如何知道呢？这就是 linkToComposerDeath 要解决的问题，它的第一个参数指明了接收 Binder Server 死亡事件的人，在本例中就是 BootAnimation 自身。所以 BootAnimation 继承了 IBinder::DeathRecipient，并实现了其中的 binderDied 接口。

如果上一步没有出错的话（err == NO_ERROR），接下来就要启动一个新线程来承载业务了。为什么需要独立创建一个新的线程呢？前面 main 函数中，大家应该发现了 BootAnimation 启动了 Binder 线程池。可以想象在只有一个线程的情况下，它是不可能既监听 Binder 请求，又去做开机动画绘制的。当一个新的线程被 run 起来后，又触发了下列函数的调用：

```
status_t BootAnimation::readyToRun() {…
    /*第一部分,向server端获取buffer空间,从而得到EGL需要的本地窗口*/
    sp<SurfaceControl> control = session()->createSurface(String8("BootAnimation"), dinfo.w,
        dinfo.h,PIXEL_FORMAT_RGB_565);
    SurfaceComposerClient::openGlobalTransaction();
    control->setLayer(0x40000000);
    SurfaceComposerClient::closeGlobalTransaction();
    sp<Surface> s = control->getSurface();

    /*以下为第二部分,即EGL的配置流程*/
    const EGLint attribs[] = {…/*属性值较多,为了节约篇幅,我们省略具体内容*/};
    EGLint w, h, dummy;
    EGLint numConfigs;//总共有多少个config
    EGLConfig config;
    EGLSurface surface;
    EGLContext context;
    EGLDisplay display = eglGetDisplay(EGL_DEFAULT_DISPLAY);//第一步,得到默认的物理屏幕
    eglInitialize(display, 0, 0);//第二步,初始化
    eglChooseConfig(display, attribs, &config, 1, &numConfigs);//第三步,选取最佳的config
    surface = eglCreateWindowSurface(display, config, s.get(), NULL);
                                                //第四步,通过本地窗口创建Surface
    context = eglCreateContext(display, config, NULL, NULL);//第五步,创建context环境
    …
    if (eglMakeCurrent(display, surface, surface, context) == EGL_FALSE)//第六步,设置当前环境
        return NO_INIT;
    …
    return NO_ERROR;
}
```

这个函数不但向我们展示了应用程序与 BufferQueue 的通信过程,而且还有另外一个重要的学习点,即 Opengl ES 与 EGL 的使用流程。本书的应用篇章已经给出了 EGL 的详细使用范例,这里则可以作为第二个例子。

函数 readyToRun 首先通过 session()->createSurface()来获取一个 SurfaceControl。其中 session()得到的是 mSession 变量,也就是前面构造函数中生成的 SurfaceComposerClient 对象,所以 createSurface()最终就是由 SurfaceFlinger 相关联的服务来实现的。具体而言,SurfaceComposerClient 对应的 Server 端的实现是 Client(C++):

```
/*frameworks/native/services/surfaceflinger/Client.cpp*/
status_t Client::createSurface (…)
{…
    sp<MessageBase> msg = new MessageCreateLayer(mFlinger.get(),
            name, this, w, h, format, flags, handle, gbp);
    mFlinger->postMessageSync(msg);//发送给SurfaceFlinger进行处理
    return static_cast<MessageCreateLayer*>( msg.get() )->getResult();
}
```

显然这个函数只是 SurfaceFlinger 的"秘书",它将用户的请求通过消息推送到前者的处理队列中,等到有结果后才返回(从 postMessageSync 名称可以看出,这是一个同步函数)。关于 Client 与 SurfaceFlinger 间的这种工作方式,我们会放在后续 SurfaceFlinger 小节作详细解释。

因而最终还是要由 SurfaceFlinger 来执行操作,只不过"操作的内容"又是由 Message 本身提供的。

```
class MessageCreateLayer : public MessageBase {…
public:
    …
    virtual bool handler() {
        result = flinger->createLayer(name, client, w, h, format, flags,handle, gbp);
```

```
                return true;
        }
    };
```

上述的处理过程在本书进程章节分析 Handler，Looper 等元素的关系时也有详细讲解，读者应该要习惯这种写法。现在的问题就转换为：createLayer 生成了什么对象呢？

没错，就是 IGraphicBufferProducer。

我们省略了中间一大段过程，只保留与问题相关的部分，更详细的分析可以参见后续小节：

```
status_t SurfaceFlinger::createLayer(...sp<IBinder>* handle, sp<IGraphicBufferProducer>* gbp)
{...
    status_t result = NO_ERROR;

    sp<Layer> layer;
    switch (flags & ISurfaceComposerClient::eFXSurfaceMask) {
        case ISurfaceComposerClient::eFXSurfaceNormal://普通 Surface
            result = createNormalLayer(client,name, w, h, flags, format,handle, gbp, &layer);
            break;
        case ISurfaceComposerClient::eFXSurfaceDim:
            result = createDimLayer(client,name, w, h, flags,handle, gbp, &layer);
            break;
        default:
            result = BAD_VALUE;
            break;
    }
    …
    return result;
}
```

通过上面的代码段可以清楚地看到，SurfaceFlinger 不但生成了 IGraphicBufferProducer 对象，而且引入了新的概念——Layer。Layer 类在 SurfaceFlinger 中表示"层"，通俗地讲就是代表了一个"画面"，最终物理屏幕上的显示结果就是通过对系统中同时存在的所有"画面"进行处理而得到的。这就好比一排人（列队）各举着一张绘画作品，那么观察者从最前面往后看时，他首先看到的就是第一张画；而假如第一张画恰好比第二张小，又或者第一张是透明/半透明的（这并非不可能，如作者是在玻璃上创作的），那么他就能看到第二张画。依此类推，最终看到的就是这些"画"（Layer）的混合（Flinger）结果。

这个类比告诉我们，layer 是有层级的，越靠近用户的那个"层"就越有优势。

明白了这个道理，函数 BootAnimation::readyToRun 接下来调用 setLayer 就不难理解了。不过参数中传入了一个数值 0x40000000，这又是什么意思？其实这个值就是 layer 的层级，在显示系统中通常被称为 Z-Order，而且数字越大就越靠近用户。后续在 WindowManagerService 章节的分析中，我们还会看到对 setLayer 的调用。BootAnimation 显示时因为整个系统中还只有开机画面一个应用程序，所以并不需要担心 Z-Order 的问题。换句话说，0x40000000 这个值足矣。

设置完层级后，readyToRun 接着调用 control->getSurface()来得到一个 Surface 对象。这就是我们前两个小节介绍的两个本地窗口中的其中一个，不清楚的读者可以回头复习一下。

涉及的相关类越来越多，相信不少人的"大脑堆栈"已经有点混乱了，因此我们有必要先来整理下目前已经出现的容易混淆的各个类的关系。

ISurfaceComposerClient：应用程序与 SurfaceFlinger 间的通道，在应用进程中则被封装在 SurfaceComposerClient 这个类中。这是一个匿名的 Binder Server，由应用程序（具体位置在 SurfaceComposerClient::onFirstRef 中）调用 SurfaceFlinger 这个实名 Binder 的 createConnection 方法来获取到，服务端的实现是 SurfaceFlinger::Client。

IGraphicBufferProducer：由应用程序调用 ISurfaceComposerClient::createSurface()得到，同时在 SurfaceFlinger 这一进程中将会有一个 Layer 被创建，代表了一个"画面"。ISurface 就是控制这一画面的 handle，它将保存在应用程序端的 SurfaceControl 中。

Surface：从逻辑关系上看，它是上述 ISurface 的使用者。从继承关系上看，它是一个本地窗口。Surface 内部持有 IGraphicBufferProducer，即 BufferQueue 的实现接口。换个角度来思考，当 EGL 想通过 Surface 这个 Native Window 完成某些功能时，后者实际上又利用 ISurface 和 IGraphicBufferProducer 来取得远程服务端的对应服务，以完成 EGL 的请求。

回到 BootAnimation::readyToRun()中来。因为本地窗口 Surface 已经成功创建，接下来就该 EGL 上场了。具体流程我们在代码中都加了注释，这里就不再赘述。

当 EGL 准备好环境后，意味着程序可以正常使用 OpenGL ES 提供的各种 API 函数进行绘图了。这部分实现就集中在随后的 threadLoop()以及 android()/movie()中。因为不属于本小节的讨论范围，有兴趣的读者可以自行参阅学习。

最后来做下小结，一个典型的应用程序使用 SurfaceFlinger 进行绘图的流程如图 9-18 所示（其中涉及 IgraphicBufferProducer、Surface、SurfaceControl、Layer 等太多元素，只选取部分重点类进行展示）。

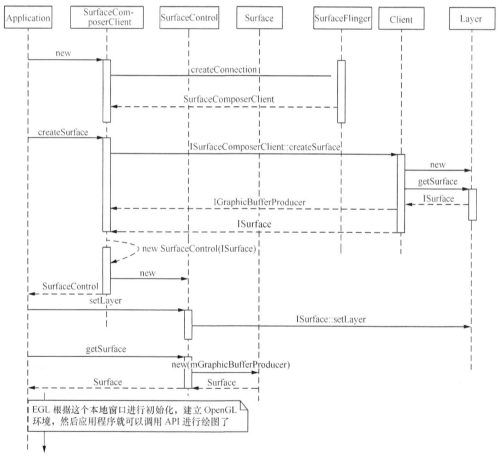

▲图 9-18 应用程序通过 SurfaceFlinger 进行绘图的典型流程

图 9-18 是从时序（纵向）角度总结出来的流程，我们再从横向的角度来分析下，相信大家应该会更清楚，如图 9-19 所示。

从图 9-19 中可以看到，涉及的类还是比较多的，而且多数都涉及跨进程通信。希望大家能熟记这两张图——在后几个小节的学习中，感觉混乱时也可以回头看看，以加深印象。

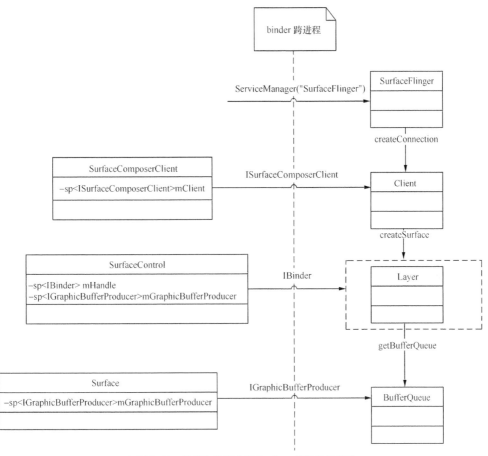

▲图 9-19　从横向角度考查 Surface 相关类的关系

9.5.4　应用程序与 BufferQueue 的关系

接着上一小节未解决完的问题继续讲解。

现在我们已经明白了应用程序利用 SurfaceFlinger 进行绘制工作的大致流程，只不过在这个过程中直到最后才出现了 BufferQueue。那么，应用程序具体是如何借助 BufferQueue 来完成工作的呢？

仔细观察不难发现，当应用程序端通过 ISurfaceComposerClient::createSurface() 来发起创建 Surface 的请求时，SurfaceFlinger 服务进程这边会创建一个 Layer。既然 Layer 代表了一个画面图层，那么它肯定需要存储"图层数据"的地方，因而我们选择以这里作为入口：

```
/*frameworks/native/services/surfaceflinger/SurfaceFlinger.cpp*/
status_t SurfaceFlinger::createLayer(const String8& name, const sp<Client>& client,
        uint32_t w, uint32_t h, PixelFormat format, uint32_t flags,
        sp<IBinder>* handle, sp<IGraphicBufferProducer>* gbp)
{…
    status_t result = NO_ERROR;
    sp<Layer> layer;

    switch (flags & ISurfaceComposerClient::eFXSurfaceMask) {//Layer 类型，目前只有两种
        case ISurfaceComposerClient::eFXSurfaceNormal://普通 Layer
            result = createNormalLayer(client, name, w, h, flags, format, handle, gbp, &layer);
            break;
        case ISurfaceComposerClient::eFXSurfaceDim://Dim 效果的 Layer
```

```
                    result = createDimLayer(client, name, w, h, flags, handle, gbp, &layer);
                    break;
                default:
                    result = BAD_VALUE;
                    break;
            }

            if (result == NO_ERROR) {
                addClientLayer(client, *handle, *gbp, layer);//添加到全局的管理中
                setTransactionFlags(eTransactionNeeded);//设置业务标志
            }
            return result;
        }
```

这个函数用于生成一个 Layer。从 enum 值定义来看，当前系统中有多达十几种 Layer 类型，只不过多数还没有真正实现。目前能用的只有两个，即 eFXSurfaceNormal 和 eFXSurfaceDim。第一种就是正常情况下的图层；第二种是指带有 Dim 效果的"图层"。顺便提一下，早前版本中还有一种 Blur 效果的 Layer。可能出于效率的考虑，当前系统中已经统一将它用 Dim 替代了。

相信在后续的 Android 版本中还会把它们再区分开来。

最终返回给调用者的有两个：即 handle 和 gbp。前者是一个 IBinder 对象，后者则是大家熟悉的 IGraphicBufferProducer。

Layer 和 handle 及 gbp 有什么联系呢？我们选取 eFXSurfaceNormal 类型的图层来深入分析：

```
status_t SurfaceFlinger::createNormalLayer(const sp<Client>& client,
        const String8& name, uint32_t w, uint32_t h, uint32_t flags, PixelFormat& format,
        sp<IBinder>* handle, sp<IGraphicBufferProducer>* gbp, sp<Layer>* outLayer)
{...//format 的赋值过程省略
    *outLayer = new Layer(this, client, name, w, h, flags);//生成 Layer 对象
    status_t err = (*outLayer)->setBuffers(w, h, format, flags);//为 Layer 设置缓冲区
    if (err == NO_ERROR) {
        *handle = (*outLayer)->getHandle();//handle 是通过这个函数获取的，后面我们再分析
        *gbp = (*outLayer)->getBufferQueue();//gbp 是从 Layer 中取出来的
    }
    ALOGE_IF(err, "createNormalLayer() failed (%s)", strerror(-err));
    return err;
}
```

上面这个函数的逻辑很简单：新建 Layer 对象，设置 Buffers 的属性（setBuffers），然后分别通过 getHandle 和 getBufferQueue 获得 handle 及 gbp。

先来看看 handle 到底是何方"神圣"：

```
sp<IBinder> Layer::getHandle() {
    Mutex::Autolock _l(mLock);
    …
    class Handle : public BBinder, public LayerCleaner {//Handle "真身"在这里
        wp<const Layer> mOwner;
    public:
        Handle(const sp<SurfaceFlinger>& flinger, const sp<Layer>& layer)
            : LayerCleaner(flinger, layer), mOwner(layer) {//空的，什么都没有
        }
    };
    return new Handle(mFlinger, this);//新建一个 Handle 对象
}
```

Android 4.1 系统中有一个 ISurface，功能和 Handle 有点类似。不过 4.1 版本中有很多冗余的类定义，使得整个 Surface 机制显得笨重而难以理解——可能是为了改善这个问题，4.3 系统中已经对这些类进行了整合及移除。

由这段代码可以看出，Handle 几乎没有任何有用的内容。那么，其设计初衷是什么？

仔细观察可以发现，Handle 继承了 LayerCleaner。从字面意思来看，它是"图层清理者"，清理时机如下所示：

```
Layer::LayerCleaner::~LayerCleaner() {
    // destroy client resources
```

9.5 BufferQueue 详解

```
        mFlinger->onLayerDestroyed(mLayer);
}
```

也就是说,当 LayerCleaner(或者 Handle)进行析构操作时,会去主动调用 SurfaceFlinger 的 onLayerDestroyed 来收拾"图层残局"。换句话说,一旦没有人引用此 Handle 对象,系统就会开始清理工作,是不是很方便?

了解了 Handle 后,我们再来分析 Layer 中的另一个重要元素,即 BufferQueue:

```
/*frameworks/native/services/surfaceflinger/Layer.cpp*/
sp<BufferQueue> Layer::getBufferQueue() const {
    return mSurfaceFlingerConsumer->getBufferQueue();
}
```

SurfaceFlinger 自认为是 "Consumer" 还是比较贴切的。而这个消费者的另一个职责居然是提供 Buffer 空间,真是 "一条龙服务"。我们可以来看看 SurfaceFlinger 是如何提供的 BufferQueue,其中又涉及多个类的继承,如图 9-20 所示。

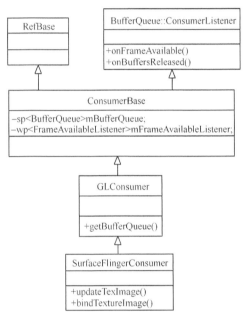

▲图 9-20 SurfaceFlingerConsumer 的继承关系

从图中可以看到,SurfaceFlingerConsumer 中真正持有 BufferQueue 对象的是成员变量 ConsumerBase::mBufferQueue,那么这个变量又是怎么赋值的呢?

其实还是在 Layer 中,即当有人第一次引用 Layer 时触发了它的 onFirstRef。此时:

```
void Layer::onFirstRef()
{
    sp<BufferQueue> bq = new SurfaceTextureLayer(mFlinger);//这是什么类?
    mSurfaceFlingerConsumer = new SurfaceFlingerConsumer(mTextureName, true,
                                        GL_TEXTURE_EXTERNAL_OES, false, bq);
```

又有一个新面孔出现了,即 SurfaceTextureLayer,很显然它应该是 BufferQueue 的子类。有兴趣的读者可以自行研究下其在 BufferQueue 的基础上提供了哪些新功能。

这样就基本清楚了,Layer 中直接或者间接地提供了 Handle 和 BufferQueue,而且两者都是匿名的 Binder Server。当客户端应用程序调用 createSurface 时,它可以同时获取到这两个重要对象。大家一定要记住,IGraphicBufferProducer 的 Server 端的实现是 BufferQueue。由于命名上的差异,这点很容易搞错。

因而应用程序与 BufferQueue 的关系就比较明朗了。虽然中间经历了多次跨进程通信，但对于应用程序来说最终只使用到了 BufferQueue（通过 IGraphicBufferProducer）。

本小节可以从侧面证明如下几个关键点。

（1）应用程序可以调用 createSurface 来建立多个 Layer，它们是一对多的关系。理由就是 createSurface 中没有任何机制来限制应用程序的多次调用；相反，它会对一个应用程序多次申请而产生的 Layer 进行统一管理。如下所示：

```
status_t SurfaceFlinger::createLayer(…)
{…
    if (result == NO_ERROR) {
        addClientLayer(client, *handle, *gbp, layer);//添加新增的 Layer 到全局管理中
        setTransactionFlags(eTransactionNeeded);
    }
```

为应用程序申请的 Layer，一方面需要告知 SurfaceFlinger，另一方面要记录到各 Client 内部中。这两个步骤是由 addClientLayer()分别调用 Client::attachLayer()和 SurfaceFlinger::addLayer_l() 来完成的：

```
void SurfaceFlinger::addClientLayer(const sp<Client>& client,const sp<IBinder>& handle,
        const sp<IGraphicBufferProducer>& gbc,const sp<Layer>& lbc)
{
    // attach this layer to the client
    client->attachLayer(handle, lbc);//让此 Layer 与 Client 相关联

    // add this layer to the current state list
    Mutex::Autolock _l(mStateLock);
    mCurrentState.layersSortedByZ.add(lbc);//将 Layer 按顺序添加到全局变量中
    mGraphicBufferProducerList.add(gbc->asBinder());//将 gbc 也添加到全局变量中
}
```

对于 SurfaceFlinger，它需要对系统中当前所有的 Layer 进行 Z-Order 排序，以决定用户所能看到的"画面"是什么样的；对于 Client，它则利用内部的 mLayers 成员变量来逐一记录新增（attachLayer）和移除（detachLayer）的图层。从中不难看出，一个 Client 是可以包含多个 Layer 的。

（2）每个 Layer 对应一个 BufferQueue。换句话说，一个应用程序可能对应多个 BufferQueue。另外，Layer 没有直接持有 BufferQueue 对象，而是由其内部的 mSurfaceFlingerConsumer 来管理。

我们以图 9-21 来结束本小节的学习。

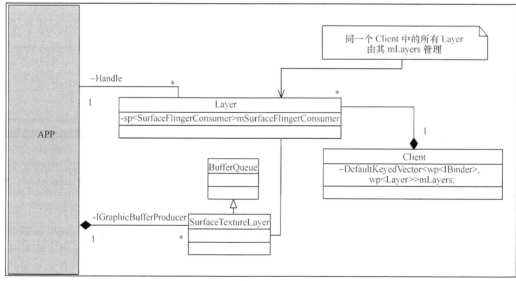

▲图 9-21　应用程序与 BufferQueue 的对应关系

9.6 SurfaceFlinger

从本小节开始，我们正式切入 SurfaceFlinger 的分析。为了保持讲解的连贯性，部分内容可能在前面的章节中已经有所涉及，接下来将会对其中的细节做更多的扩展讲解。

内容组织如下。

- 首先介绍从 Android 4.1 版本起引入的一个新特性（Project Butter）。理解这个项目是必要的，可以说 SurfaceFlinger 有很大一部分内容就是围绕它展开的。
- SurfaceFlinger 的启动过程及工作方式。
- SurfaceFlinger 与 BufferQueue 及应用程序间的关系。
- SurfaceFlinger 对 VSYNC 信号的处理过程（重点）。

9.6.1 "黄油计划"——Project Butter

为什么会叫这个名字呢？一个可能的原因就是这个 Project 的目的是改善用户抱怨最多的 Android 几大缺陷之一，即 UI 响应速度——Google 希望这一新计划可以让 Android 系统摆脱 "UI 交互" 上的 "滞后" 感，而能像加了黄油一般 "顺滑"。Google 在 2012 年的 I/O 大会上宣布了这一计划，并在 Android 4.1 中正式搭载了具体的实现机制。

Butter 中有两个重要的组成部分，即 VSync 和 Triple Buffering。下面先分别介绍引入它们的原因。

喜欢玩游戏或者看电影的读者可能经常遇到以下情形。

➢ 某些游戏场景好像由几个场景 "拼凑" 而成。
➢ 电影画面不连贯，好像被 "割裂" 了。

这样描述有点抽象，我们引用 wikipedia 上的一张图来看下实际效果，如图 9-22 所示。

我们把这种显示错误称为 "Screen Tearing"，那么为什么会出现这样的情况呢？

相信大家都能得出结论，那就是屏幕上显示的画面实际上来源于多个 "帧"。

在一个典型的显示系统中，Frame Buffer 代表了屏幕即将要显示的一帧画面。假如 CPU/GPU 绘图过程与屏幕刷新所使用的 buffer 是同一块，那么当它们的速度不同步的时候，则很可能出现类似的画面 "割裂"。举个具体的例子，假设显示器的刷新率为 66Hz，而 CPU/GPU 的绘图能力则达到 100Hz，也就是它们处理完成一帧数据分别需要 0.015 秒和 0.01 秒。

▲图 9-22 Screen Tearing 实例
注：引自 wikipedia 官方网站

以时间为横坐标来描述接下来会发生的事情，如图 9-23 所示。

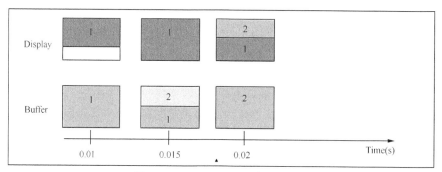

▲图 9-23　Screen Tearing 产生过程分析

上半部分的方框表示在不同的时间点时显示屏的内容（加深的部分），下半部分则是同一时间点时 Frame Buffer 中的数据状态，编号表示第几个 frame 帧，不考虑清屏。

- 0.01 秒

由于两者速率相差不少，此时 buffer 中已经准备好了第 1 帧数据，而显示器只显示了第 1 帧画面的 2/3。

- 0.015 秒

第 1 帧画面在显示屏上终于完整地显示了出来，而此时 buffer 中有 1/3 的部分已经被填充上第 2 帧数据了。

- 0.02 秒

Buffer 中已经准备好了第 2 帧数据，而显示屏出现了 Screen Tearing：有三分之一的内容属于第 2 帧，其余的则来源于第 1 帧画面。

在单缓冲区的情况下，这个问题是很难规避的。所以之前我们介绍的双缓冲技术，其基本原理就是采用了两块 buffer——其中一块 Back Buffer 用于 CPU/GPU 后台绘制，另一块 Frame Buffer 则用于屏幕显示；当 Back Buffer 准备就绪后，它们才进行交换。不可否认，Double Buffering 可以在很大程度上降低 Screen Tearing 类型的错误，但它是万能的吗？

一个需要考虑的问题是：我们应该每隔多少时间点进行两个缓冲区的交换呢？假如是 Back Buffer 准备完成一帧数据以后就进行，那么如果此时屏幕还没有完整显示上一帧内容，肯定是会出问题的。看来只能等到屏幕处理完一帧数据后，才可以执行这一操作。

我们知道，一个典型的显示器有两个重要特性，即"行频和场频"。行频（Horizontal Scanning Frequency）又称为"水平扫描频率"，是屏幕每秒钟从左至右扫描的次数；场频（Vertical Scanning Frequency）也称为"垂直扫描频率"，是每秒钟整个屏幕刷新的次数。由此也可以得出它们的关系：行频=场频*纵坐标分辨率。

当扫描完一个屏幕后，设备需要重新回到第一行以进入下一轮的循环，此时有一段时间空隙，称为 Vertical Blanking Interval(VBI)。大家应该能想到，这个时间点就是我们进行缓冲区交换的最佳时间。因为此时屏幕没有在刷新，也就避免了交换过程中出现 Screen Tearing 的状况。Vsync（垂直同步）是 Vertical Synchronization 的简写，它利用 VBI 时期出现的 Vertical Sync Pulse 来保证双缓冲能在最佳时间点进行交换。

所以说 VSync 这个概念并不是 Google 首创的，而是在早些年前的 PC 领域就已经出现了。不过 Android 4.1 赋予了它新的功用，稍后就可以看到。

上面我们讨论的情况其实是基于一个假设，即绘图速度大于显示速度，那么如果反过来呢？绘图过程中没有采用 VSync 同步时如图 9-24 所示。

9.6 SurfaceFlinger

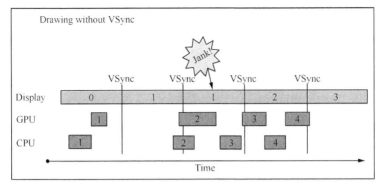

▲图 9-24 绘图过程中没有采用 VSync 同步的情况

此图和后续几张图均引用自 Google 2012 I/O 大会的主题演讲，作者是 Chet Haase 和 Romain Guy(Android UI Toolkit Engineers)。

图 9-24 中有 3 个元素，Display 表示显示屏幕，GPU 和 CPU 负责渲染帧数据。每一帧以方框表示并以数字进行编号，如 0、1、2 等。VSync 用于指导双缓冲区的交换。

以时间的顺序来看看当不采用 VSync 同步时将会发生什么异常。

Step1. Display 显示第 0 帧数据，此时 CPU 和 GPU 渲染第 1 帧画面，而且赶在 Display 显示下一帧（帧 1）前完成。

Step2. 因为渲染及时，Display 在第 0 帧显示完成后，也就是第 1 个 VSync 后，正常显示第 1 帧。

Step3. 由于某些原因（比如 CPU 资源被占用），系统没能及时地处理第 2 帧，而是等到第 2 个 VSync 到来前才开始处理。

Step4. 第 2 个 VSync 来临时，由于第 2 帧数据还没有准备就绪，实际显示的还是第 1 帧的内容。这种情况被 Android 开发组命名为"Jank"。

Step5. 当第 2 帧数据准备完成后，它并不会立即被显示，而是要等待下一个 VSync。

所以总的来说，就是屏幕"平白无故"地重复显示了一次第 1 帧。原因大家应该都看到了，就是 CPU 没有及时地着手处理第 2 帧的渲染工作，以致"延误军机"。Android 系统中一直存在着这个问题，直到 Project Butter 的引入。

从 Android 4.1 Jelly Bean 开始，VSync 得到了进一步的应用——系统在收到 VSync Pulse 后，将立即开始下一帧的渲染，如图 9-25 所示。

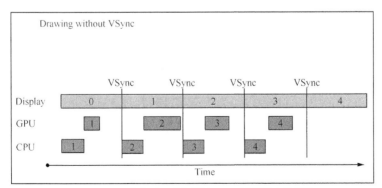

▲图 9-25 整个显示系统都以 VSync 进行同步的情况

图中展示的是采用 VSync 进行显示同步的情况。一旦 VSync 信号出现，CPU 便不再犹豫，即刻开始执行 Buffer 的准备工作。大部分的 Android 显示设备刷新频率是 60Hz，这也就意味着每一帧最多只能留给系统 1/60=16ms 左右的准备时间。假如 CPU/GPU 的 FPS(Frames Per Second)高于这个值，那么这个方案是完美的，显示效果将很好。

可是我们没有办法保证所有设备的硬件配置都能达到要求。假如 CPU/GPU 的性能无法满足上图条件，又会是什么情况呢？

在分析这一问题之前，我们先来看看采用双缓冲区系统的运行情况，如图 9-26 所示。

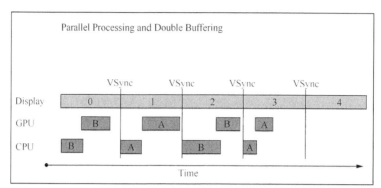

▲图 9-26　采用 VSync 和双缓冲机制的情况

图中采用了双缓冲技术以及前面介绍的 VSync 同步机制，可以看到整个显示过程还是相当不错的。虽然 CPU/GPU 处理所用的时间时短时长，但总的来说都在 16ms 以内，因而不影响显示效果。A 和 B 分别代表两个缓冲区，它们不断地互相交换以保证画面的正确显示。

现在我们可以继续分析 FPS 低于屏幕刷新率的情况了，如图 9-27 所示。

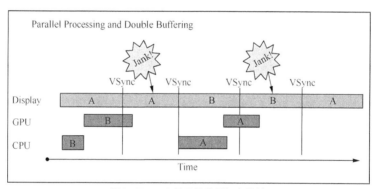

▲图 9-27　FPS 低于屏幕刷新率的情况

如果 CPU/GPU 的处理时间超过 16ms，那么第一个 VSync 到来时，缓冲区 B 中的数据还没有准备好，就只能继续显示之前 A 缓冲区中的内容。而 B 完成后，又因为缺乏 VSync Pulse 信号，也只能等到下一轮才有机会交换了。于是在这一过程中，有一大段时间是被浪费的。当下一个 VSync 出现时，CPU/GPU 马上执行操作，此时它可操作的 Buffer 是 A，相应的显示屏对应的就是 B。这时看起来就是正常的。只不过由于执行时间仍然超过 16ms，导致下一次应该执行的缓冲区交换又被推迟——如此循环反复，便出现了越来越多的 "Jank"。

那么，有没有规避的办法呢？

很显然，第一次的 Jank 看起来是没有办法的，除非升级硬件配置来加快 FPS。我们关注的重点是被 CPU/GPU 浪费的时间段怎么才能充分利用起来。分析上述过程，造成 CPU/GPU 无事可做的假象是因为当前已经没有可用的 buffer 了。换句话说，如果增加一个 Buffer，情况会不会好转呢？如图 9-28 所示。

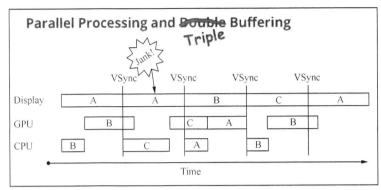

▲图 9-28　Triple Buffering

　　Triple Buffering 是 Multiple Buffering 的一种，指的是系统使用 3 个缓冲区用于显示工作。我们逐步分析下这个新机制是否有效。首先和预料中的一致，第一次"Jank"无可厚非。不过让人欣慰的是，当第一次 VSync 发生后，CPU 不用再等待了，它会使用第三个 Buffer C 来进行下一帧数据的准备工作。虽然对缓冲区 C 的处理所需时间同样超过了 16ms，但这并不影响最终的显示——第二次 VSync 到来后，它选择 Buffer B 进行显示；而到了第三次 VSync 时，它会接着采用 C，而不是像 Double Buffering 中所看到的只能再显示一遍 B。这样就有效地降低了系统显示错误的概率。

　　前面小节我们看到 BufferQueue 中最多有 32 个 BufferSlot，不过在实际使用时的具体值是可以设置的。

- **TARGET_DISABLE_TRIPLE_BUFFERING**

这个宏用于 Disable Triple Buffering。如果宏打开的话，Layer.cpp 在 onFirstRef 有如下操作。

```
#ifdef TARGET_DISABLE_TRIPLE_BUFFERING
#warning "disabling triple buffering"
    mSurfaceFlingerConsumer->setDefaultMaxBufferCount(2);
#else
    mSurfaceFlingerConsumer->setDefaultMaxBufferCount(3);
#endif
```

　　mSurfaceFlingerConsumer::setDefaultMaxBufferCount 将进一步调用 BufferQueue::setDefaultMaxBufferCount，然后把 Buffer 数（2 或者 3）保存到 BufferQueue 内部的 mDefaultMaxBufferCount 成员变量中。

- 对于应用程序来说，它也可以通过 IGraphicBufferProducer::setBufferCount 来告诉 BufferQueue 它所希望的 Slot 值——这个操作最终影响的是 BufferQueue 中的另一个成员变量 mOverrideMaxBufferCount（而不是 mDefaultMaxBufferCount）。默认情况下这个变量是 0，表示应用端不关心到底有多少 Buffer 可用。

- 在具体的实现中，以上两个变量都是要考虑到的，BufferQueue 会通过权衡各个值来选择最佳的解决方案。

　　请大家务必结合本小节分析的几种情况，理解清楚 Android 系统引入 Triple Buffering、VSync 机制的原因。只有带着这些理解进入 SurfaceFlinger 的分析中，才能让大家的学习"有的放矢"，对源码的剖析过程也才能"事半功倍"。

9.6.2　SurfaceFlinger 的启动

　　SurfaceFlinger 的启动和 ServiceManager 有点类似，它们都属于系统的底层支撑服务，因而必须在设备开机的早期就运行起来：

```
/*frameworks/base/cmds/system_server/library/System_init.cpp*/
extern "C" status_t system_init()
{…
    property_get("system_init.startsurfaceflinger", propBuf, "1");
    if (strcmp(propBuf, "1") == 0) {
        SurfaceFlinger::instantiate();
}…
```

这个 System_init.cpp 会被编译到 libsystem_server 库中，然后由 SystemServer 在 JNI 层进行加载调用，从而启动包括 SurfaceFlinger，SensorService 等在内的系统服务。

和我们将会在后续 AudioFlinger/AudioPolicyService 章节看到的情况一样，system_init 调用 instantiate 来创建一个 Binder Server，名称为"SurfaceFlinger"；而且强指针的特性让它在第一次被引用时触发了 onFirstRef：

```
void SurfaceFlinger::onFirstRef()
{
    mEventQueue.init(this);//初始化事件队列
    run("SurfaceFlinger", PRIORITY_URGENT_DISPLAY);//启动一个新的业务线程
    mReadyToRunBarrier.wait();//等待新线程启动完毕
}
```

成员变量 mEventQueue 是一个 MessageQueue 类型的对象，我们在进程章节已经详细分析过消息队列与 Looper，Handler 等类的使用，大家可以先回头参考下（虽然 Java 层的这些类与 SurfaceFlinger 中用到的有一定差异，但其本质原理是一样的）。既然有消息队列，那就一定会有配套的事件处理器 Handler 以及循环体 Looper，这些是在 MessageQueue::init 函数中创建的。即：

```
/*frameworks/native/services/surfaceflinger/MessageQueue.cpp*/
void MessageQueue::init(const sp<SurfaceFlinger>& flinger)
{
    mFlinger = flinger;
    mLooper = new Looper(true);
    mHandler = new Handler(*this);//此 Handler 类是 SurfaceFlinger 自己定义的，后面有讲解
}
```

也就是说，这个 MessageQueue 类不但提供了消息队列，其内部还囊括了消息的处理机制，可谓一个"大杂烩"。那么，这个 Looper 会在什么时候运行起来呢？显然 SurfaceFlinger 需要先自行创建一个新的线程来承载这一"业务"，否则就会阻塞 SystemServer 的主线程，这一点和 AudioFlinger 是有区别的。函数最后的 mReadyToRunBarrier.wait()也可以证明这一点——mReadyToRunBarrier 在等待一个事件，在事件没有发生前其所在的线程就会处于等待状态。这是 Android 系统里两个线程间的一种典型交互方式。举个例子，A 线程将启动 B 线程，并且 A 接下来的工作会依赖于 B。换句话说，A 必须要等到 B 说"好了，我已经 OK"了才能继续往下走，否则就会出错。由此可见，SurfaceFlinger 新启动的这个线程中一定还会调用 mReadyToRunBarrier. open 来为等待它的线程解禁。

这样我们也能推断出 SurfaceFlinger 一定是继承自 Thread 线程类的。如下所示：

```
class SurfaceFlinger :public BinderService<SurfaceFlinger>,
    …
    private Thread,
```

所以上面 SurfaceFlinger::onFirstRef 函数中可以调用 Thread::run()方法来启动一个名为 "SurfaceFlinger" 的线程，并为其设置了 PRIORITY_URGENT_DISPLAY 的优先级。这个优先级是在 ThreadDefs.h 中定义的，如表 9-6 所示。

数值越大的，优先级越小。因为各等级间的数值并不是连续的，所以我们还可以通过表中最后的 ANDROID_PRIORITY_MORE_FAVORABLE(-1)来适当地提高优先级；或者利用 ANDROID_PRIORITY_LESS_FAVORABLE(+1)来降低优先级。

9.6 SurfaceFlinger

表 9-6　　　　　　　　　　　Android 系统的线程优先级定义

Priority	Value	Description
ANDROID_PRIORITY_LOWEST	19	最低优先级
ANDROID_PRIORITY_BACKGROUND	10	用于 Background Tasks
ANDROID_PRIORITY_NORMAL	0	大部分线程都以这个优先级运行
ANDROID_PRIORITY_FOREGROUND	-2	用户正在交互线程的优先级
ANDROID_PRIORITY_DISPLAY	-4	UI 主线程优先级
ANDROID_PRIORITY_URGENT_DISPLAY	-8	这个值由 HAL_PRIORITY_URGENT_DISPLAY 来指定，当前版本中是-8。只在部分紧急状态下使用
ANDROID_PRIORITY_AUDIO	-16	正常情况下的声音线程优先级
ANDROID_PRIORITY_URGENT_AUDIO	-19	紧急声音线程优先级（通常情况下不使用）
ANDROID_PRIORITY_HIGHEST	-20	最高优先级，禁止使用
ANDROID_PRIORITY_DEFAULT	0	默认情况下就是 ANDROID_PRIORITY_NORMAL
ANDROID_PRIORITY_MORE_FAVORABLE	-1	在上述各优先级定义的基础上，用于适当微调（加大）优先级
ANDROID_PRIORITY_LESS_FAVORABLE	+1	在上述各优先级定义的基础上，用于适当微调（减小）优先级

由此可见，SurfaceFlinger 工作线程所采用的优先级相对较高。这样做是必然的，因为屏幕 UI 显示无疑是人机交互中与用户体验关联最直接的，任何滞后的响应速度都将大大降低产品的吸引力。

在执行了 run()以后，Thread 会自动调用 threadLoop()接口。即：

```
bool SurfaceFlinger::threadLoop()
{
    waitForEvent();
    return true;
}
```

相当简洁的两句话，却涵盖了所有 SurfaceFlinger 接下来要执行的工作。其中 waitForEvent()是 SurfaceFlinger 中的成员函数，它会进一步调用 mEventQueue.waitMessage()：

```
void MessageQueue::waitMessage() {
    do {
        IPCThreadState::self()->flushCommands();
        int32_t ret = mLooper->pollOnce(-1);
        switch (ret) {
            case ALOOPER_POLL_WAKE:
            case ALOOPER_POLL_CALLBACK:
                continue;
            case ALOOPER_POLL_ERROR:
                ALOGE("ALOOPER_POLL_ERROR");
            case ALOOPER_POLL_TIMEOUT:
                // timeout (should not happen)
                continue;
            default:
                // should not happen
                ALOGE("Looper::pollOnce() returned unknown status %d", ret);
                continue;
        }
    } while (true);
}
```

可以看到程序在这里进入了一个死循环，而且即便 pollOnce 的执行结果是 ALOOPER_POLL_TIMEOUT，也同样不会跳出循环。这是 Android 在对待严重错误时的一种普遍态度——如果不幸发生致命错误，就听天由命吧。

下面这句代码将在内部调用 MessageQueue::mHandler 来处理消息：

```
mLooper->pollOnce(-1);
```

> **注意** pollOnce 函数同样使用了一个死循环，它不断地读取消息进行处理，关系如图 9-29 所示。

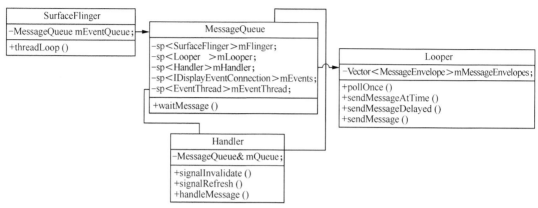

▲图 9-29　SurfaceFlinger 中的消息循环机制

实际上 SurfaceFlinger 中的 MessageQueue 类不应该叫这个名字，因为会和我们传统的消息队列发生混淆和歧义。变量 mEventQueue 是消息循环处理机制的管理者，其下包含了一个 Looper 和一个 Handler。Looper 采用的仍然是/frameworks/native/libs/utils/Looper.cpp 中的实现，SurfaceFlinger 没有重新定义这个类。Looper 中的 mMessageEnvelope 才是真正存储消息的地方。

太"绕"了，再好的设计也应该考虑可读性。

这样就构建了一个完整的循环消息处理框架，SurfaceFlinger 就是基于这个框架来完成各个应用程序的显示请求的。大家可能会有疑问，mHandler 是由 MessageQueue 在 init()中直接通过 new Handler()生成的，这样如何能处理特定的 SurfaceFlinger 消息请求呢？个人感觉有这个困惑也是由于 Handler 类取名不当引起的。实际上此 Handler 并非我们经常看到的那个 Handler，而是 MessageQueue 中自定义的一个事件处理器，即它是专门为 SurfaceFlinger 设计的：

```
/*frameworks/native/services/surfaceflinger/MessageQueue.cpp*/
void MessageQueue::Handler::handleMessage(const Message& message) {
    switch (message.what) {
      case INVALIDATE:
          android_atomic_and(~eventMaskInvalidate, &mEventMask);
          mQueue.mFlinger->onMessageReceived(message.what);
          break;
      case REFRESH:
          android_atomic_and(~eventMaskRefresh, &mEventMask);
          mQueue.mFlinger->onMessageReceived(message.what);
          break;
      case TRANSACTION:
          android_atomic_and(~eventMaskTransaction, &mEventMask);
          mQueue.mFlinger->onMessageReceived(message.what);
          break;
    }
}
```

如上述代码段所示，当 mHandler 收到 INVALIDATE，REFRESH 及 TRANSACTION 的请求时，将进一步回调 SurfaceFlinger 中的 onMessageReceived。等于绕了一个大圈，又回到 SurfaceFlinger 中了。

到目前为止，我们还是没看到 SurfaceFlinger 是如何通知 SystemServer 线程解除等待的。这个工作是在下面的函数中完成的：

```
status_t SurfaceFlinger::readyToRun()
{…
    mReadyToRunBarrier.open();//好了，现在可以解禁线程 A 了
}
```

函数 readyToRun 是在一个线程进入 run 循环前被调用的，它为 SurfaceFlinger 的正常工作提供了各种必要的基础。我们在后续小节还会看到其中的更多内容，这里暂时只分析与消息处理有关的部分。前面所说的 mReadyToRunBarrier 果然在这里又被调用了，open()用来告诉所有正在等待的线程可以继续执行下一步操作了。Barrier 类的内部实际上也是使用了 Condition::broadcast()、Condition::wait()等常规互斥方法，只是加了一层封装而已。对同步与互斥这些常用接口方法还不熟悉的读者，建议回头复习下本书的进程章节。

9.6.3 接口的服务端——Client

SurfaceFlinger 运行于 SystemServer 这一系统进程中，需要显示 UI 界面的应用程序则通过 Binder 服务与它进行跨进程通信。在后续音频系统的学习中，我们会发现每一个 AudioTrack 在 AudioFlinger 中都可以找到一个对应的 Track 实现，如图 9-30 所示。这种设计方式同样适用于显示系统，即任何有 UI 界面的程序都在 SurfaceFlinger 中有相对应的 Client 实例。

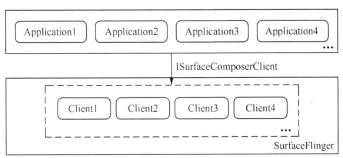

▲图 9-30　每个应用程序在 SurfaceFlinger 中都有 Client 对象为其提供服务

Client 这个类名并没有完全表达出它的真正含义，因为在 Android 系统的很多其他地方都可以找到同名的类。应用程序与 Client 间的 Binder 接口是 ISurfaceComposerClient，所以作为接口的服务端实现，Client 继承自 BnSurfaceComposerClient：

```
/*frameworks/native/include/gui/ISurfaceComposerClient.h*/
class ISurfaceComposerClient : public IInterface
{   …
virtual status_t createSurface(const String8& name, uint32_t w, uint32_t h, PixelFormat format,
                    uint32_t flags, sp<IBinder>* handle, sp<IGraphicBufferProducer>*
                    gbp) = 0;
    virtual status_t destroySurface(const sp<IBinder>& handle) = 0;
};
```

上述接口方法中最重要的两个是 createSurface()和 destroySurface()，分别用于向 SurfaceFlinger 申请和销毁一个 Surface（早期版本的系统中 createSurface 返回的是一个叫作 ISurface 的 Binder 接口，目前已经不复存在。但 createSurface 这个函数名称还没有变。我们可以认为 Surface 在服务器端对应的是 Layer）。

值得一提的是，SurfaceFlinger 的客户端程序拥有的 Surface 数量很可能不止一个。通常情况下，同一个 Activity 中的 UI 布局共用系统分配的 Surface 进行绘图，但像 SurfaceView 这种UI组件却是特例——它独占一个 Surface 进行绘制。换句话说，如果我们制作一个带 SurfaceView 的视频播放器，其所在的应用程序最终就会有不止一个的 Surface 存在。这样的设计是必需的，因为播放视频对刷新频率要求很高，采用单独的 Surface 既可以保证视频的流畅度，同时也可以让用户的交互动作（比如触摸事件）得到及时的响应。

Client 的继承关系如图 9-31 所示。

下面我们从源码角度来分析客户端与 SurfaceFlinger 连接并创建 Layer 的两个重要接口。

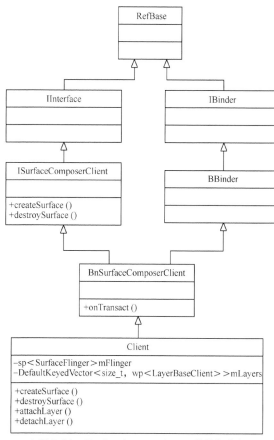

▲图 9-31　ISurfaceComposerClient 的服务端实现

1. SurfaceFlinger::createConnection

Client 属于匿名 Binder 服务，外界的进程不可能直接获取到，因而它首先需要借助于 SurfaceFlinger 这一实名 Binder Server。源码实现如下：

```
sp<ISurfaceComposerClient> SurfaceFlinger::createConnection()
{
    sp<ISurfaceComposerClient> bclient;
    sp<Client> client(new Client(this));
    status_t err = client->initCheck();
    if (err == NO_ERROR) {
        bclient = client;
    }
    return bclient;
}
```

首先生成一个 Client 本地对象，然后调用 initCheck 进行必要的有效性检查（当前实现中直接返回 NO_ERROR）。如果 initCheck 没有错误，程序就会把新生成的 Client 对象以 IsurfaceComposerClient 强指针的形式返回。

这样应用程序内部就拥有一个 Client 服务了。

2. Client::createSurface

Client 只是 SurfaceFlinger 分派给应用程序的一个"代表"，真正的图形层（Layer）创建需要另外申请，即调用 Client 提供的 createSurface 接口。这个接口的实现在前几个小节已经有过粗略的分析，下面再从 SurfaceFlinger 的角度来审视下：

```
/*frameworks/native/services/surfaceflinger/Client.cpp*/
status_t Client::createSurface(const String8& name, uint32_t w, uint32_t h, PixelFormat format, uint32_t flags,sp<IBinder>* handle, sp<IGraphicBufferProducer>* gbp)
```

9.6 SurfaceFlinger

```cpp
{
    class MessageCreateLayer : public MessageBase {
        SurfaceFlinger* flinger;//SurfaceFlinger服务
        Client* client;//表明此消息来源于哪个Client
        sp<IBinder>* handle;//与Layer相对应的Handle
        sp<IGraphicBufferProducer>* gbp;//与Layer相对应的gbp
        status_t result;
        const String8& name;
        uint32_t w, h;
        PixelFormat format;
        uint32_t flags;
    public:
        MessageCreateLayer(SurfaceFlinger* flinger, const String8& name, Client* client, uint32_t w,
                          uint32_t h, PixelFormat format, uint32_t flags,
                          sp<IBinder>* handle, sp<IGraphicBufferProducer>* gbp)
            : flinger(flinger), client(client), handle(handle), gbp(gbp),
              name(name), w(w), h(h), format(format), flags(flags) {
        }
        status_t getResult() const { return result; }
        virtual bool handler() {//SurfaceFlinger将回调这个handler来执行具体的事务
            result = flinger->createLayer(name, client, w, h, format, flags, handle, gbp);
            return true;
        }
    };

    sp<MessageBase> msg = new MessageCreateLayer(mFlinger.get(),
            name, this, w, h, format, flags, handle, gbp);//生成一个消息
    mFlinger->postMessageSync(msg);//将这一Message推送到SurfaceFlinger线程中
    return static_cast<MessageCreateLayer*>( msg.get() )->getResult();//返回结果
}
```

值得注意的是，createSurface 这个函数需要从 OpenGL ES 的环境线程中被调用，这样它才能访问到后者提供的服务。

这个函数比较特别的地方，是它先在内部创建了一个 MessageCreateLayer 类，剩余部分代码就是围绕这个类来展开的。那么，MessageCreateLayer 有什么作用呢？从名称上看，它应该和 Message 有关——其父类是 MessageBase，定义在 MessageQueue.h 中，如图 9-32 所示。

从继承图中可以大概看出一点端倪，即 MessageCreateLayer 是一个 Message 的承载体，并且内部提供了处理这条 Message 的 handler() 函数。这是不是和 Java 层的 Handler 很像？可能也是这个原因，所以其"祖谱"中有一个类取名为 MessageHandler。回过头来看 createSurface 中的最后几行，程序将一个 MessageCreateLayer 对象 msg 发送到了 SurfaceFlinger 中：

```
mFlinger->postMessageSync(msg);
```

为什么要这么做呢？

大家还记不记得在进程章节讲述 Message，Looper，Handler 的关系时曾经打过一个比方，为了方便阅读我们再把它列出来：

"……

打个比方，某天你和朋友去健身房运动，正当你在跑步机上气喘吁吁时，旁边有个朋友跟你说："哥们儿，最近手头紧，借点钱花花。"这时候你就有两个选择。

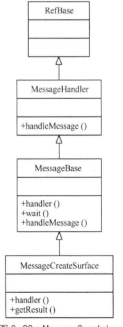

▲图 9-32 MessageCreateLayer

➢ 立即执行

这就意味着你要从跑步机上下来,问清借多少钱,然后马上打开电脑进行转账。

➢ 稍后执行

上面的方法在某些场合下是有用的,不过大部分情况下"借钱"这种事并不是刻不容缓的,因而你可以跟朋友说:"借钱没问题,你先和我秘书约时间,改天我们具体谈细节。"那么在这种情况下,这个"借钱事件"就通过秘书这个 MessageQueue 进入了排队,所以你并不需要从跑步机上下来,中断健身运动。后期秘书会一件件通知你 MessageQueue 上的待办事宜(当然你也可以主动问秘书),直到"借钱事件"时你才需要和这位朋友进一步商谈。在一些场合下这样的处理方式是合情合理的。比如健身房一小时花费是 10 万元,而朋友只借 100 元,那么即刻处理这一事件就不合理了。

这个"借钱"的例子在 createSurface()这个场景中也是同样适用的,如图 9-33 所示。

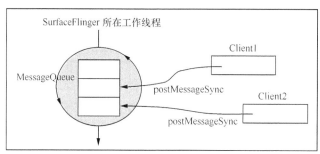

▲图 9-33　createSurface 中的消息投递与执行

函数 postMessageSync 是 SurfaceFlinger 提供的一个接口,它通过 mEventQueue 将 Msg 压入其消息队列中,并且会进入等待状态。如下:

```
status_t SurfaceFlinger::postMessageSync(const sp<MessageBase>& msg,nsecs_t reltime, uint32_t flags) {
    status_t res = mEventQueue.postMessage(msg, reltime);
    if (res == NO_ERROR) {
        msg->wait();
    }
    return res;
}
```

MessageBase::wait()调用内部的 Barrier::wait 来实现等待,这意味着发送消息的线程将暂时停止执行,那么什么时候才能继续呢?显然得有人唤醒它才行。这个唤醒的地方隐藏在 MessageBase::handleMessage()中。即:

```
/*frameworks/native/services/surfaceflinger/MessageQueue.cpp*/
void MessageBase::handleMessage(const Message&) {
    this->handler();
    barrier.open();
};
```

简单来讲,就是 Client 一旦收到来自客户端的请求,并不会马上让 SurfaceFlinger 执行,而是间接地把请求先投递到后者的消息队列中——这样一方面保证这个请求不会丢失,另一方面也使 SurfaceFlinger 不至于中断当前的操作。

在 createSurface 的执行过程中,显然 Client 所在线程(即 Binder 线程)将进入 wait 状态,直到 SurfaceFlinger 成功完成业务后,它才被唤醒,然后返回最终结果给客户端——这一工作方式和 postMessageSync 所要实现的"同步"是一致的。

这其中的流程有点乱,我们以图 9-34 来做下整理。

9.7 VSync 的产生和处理

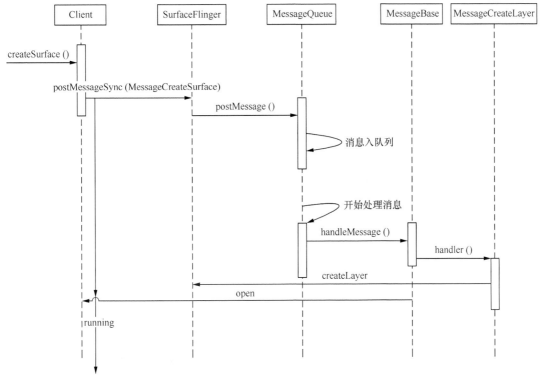

▲图 9-34　Client::createSurface 流程图

另外，SurfaceFlinger 中还有一个类似的消息推送函数 postMessageAsync，从名称上就可以看出它是用来异步执行业务的。通俗地讲就是推送消息过后函数就直接返回了，而无须等待执行结果。读者可以自行分析下这个函数的源码。

绕了一圈，终于轮到 SurfaceFlinger 工作线程来处理 createSurface() 了。这个函数我们在前面讲解"应用程序与 BufferQueue 的关系"时已经详细分析过，这里不再赘述。

9.7　VSync 的产生和处理

大家在 Project Butter 小节中学习了从 Android 4.1 开始引入的显示系统新特性——这个工程的一个重要核心就是加入了 VSync 同步。我们从理论的角度分析了采用这一机制的必要性和运作机理，那么 SurfaceFlinger 具体是如何实施的呢？

先来思考一下 SurfaceFlinger 实现 VSync 同步有哪些要点。

- VSync 信号的产生和分发

如果有硬件主动发出这一信号，那是最好的；否则就得通过软件模拟产生。

- VSync 信号的处理

当信号产生后，SurfaceFlinger 如何在最短的时间内做出响应。另外，具体的处理流程是怎样的。

9.7.1　VSync 信号的产生和分发

Android 源码工程的 surfaceflinger 目录下有一个 displayhardware 文件夹，其中 HWComposer 的主要职责之一，就是用于产生 VSync 信号：

```
/*frameworks/native/services/surfaceflinger/displayhardware/HWComposer.cpp*/
HWComposer::HWComposer(const sp<SurfaceFlinger>& flinger, EventHandler& handler)
    : mFlinger(flinger), mFbDev(0), mHwc(0), mNumDisplays(1), mCBContext(new cb_context),
      mEventHandler(handler), mVSyncCount(0), mDebugForceFakeVSync(false)
{…
    char value[PROPERTY_VALUE_MAX];
    property_get("debug.sf.no_hw_vsync", value, "0");//获取系统属性
    mDebugForceFakeVSync = atoi(value);
    bool needVSyncThread = true;//是否需要软件模拟产生VSync信号,默认是true
    …
    loadHwcModule();//打开HWC的HAL模块
    …
    if (mHwc) {…
        if (mHwc->registerProcs) {//注册硬件回调事件
            mCBContext->hwc = this;
            mCBContext->procs.invalidate = &hook_invalidate;
            mCBContext->procs.vsync = &hook_vsync;
            if (hwcHasApiVersion(mHwc, HWC_DEVICE_API_VERSION_1_1))
                mCBContext->procs.hotplug = &hook_hotplug;
            else
                mCBContext->procs.hotplug = NULL;
            memset(mCBContext->procs.zero, 0, sizeof(mCBContext->procs.zero));
            mHwc->registerProcs(mHwc, &mCBContext->procs);
        }

        // don't need a vsync thread if we have a hardware composer
        needVSyncThread = false;//不需要软件模拟
        …
    }
    …
    if (needVSyncThread) {///如果需要软件模拟VSync信号的话,启动一个VSyncThread线程
        // we don't have VSYNC support, we need to fake it
        mVSyncThread = new VSyncThread(*this);
    }
}
```

这个函数的核心就是决定VSync的"信号发生源"——硬件实现或者软件模拟。

假如当前系统可以成功地加载名称为HWC_HARDWARE_MODULE_ID="hwcomposer"的HAL模块,并且通过这个库模块能顺利打开设备(hwc_composer_device_t),其版本号又大于HWC_DEVICE_API_VERSION_1_1,我们就采用"硬件源"(此时needVSyncThread为false);否则需要创建一个新的VSync线程来模拟产生信号。

1. 硬件源

如果mHwc->registerProcs不为空,我们注册硬件回调mCBContext.procs。定义如下:

```
struct HWComposer::cb_context {
    struct callbacks : public hwc_procs_t {
        void (*zero[4])(void);
    };
    callbacks procs;
    HWComposer* hwc;
};
```

调用registerProcs()时,传入的参数是&mCBContext.procs。后期当有事件产生时,如vsync或者invalidate,硬件模块将分别通过procs.vsync和procs.invalidate来通知HWComposer:

```
void HWComposer::hook_vsync(struct hwc_procs* procs, int dpy, int64_t timestamp) {
    reinterpret_cast<cb_context *>(procs)->hwc->vsync(dpy, timestamp);
}
```

上面这个函数中procs即前面的&mCBContext.procs,从指针地址的角度看它和&mCBContext是一致的(procs是cb_context的第一个元素),因而我们可以把它的强制类型转换为cb_context来操作,并由此访问到hwc中的vsync实现:

```cpp
void HWComposer::vsync(int dpy, int64_t timestamp) {
    mEventHandler.onVSyncReceived(dpy, timestamp);
    …
}
```

HWComposer 将 VSync 信号直接传递给 mEventHandler，这个 Handler 是由 HWComposer 在构造时传入的。换句话说，我们需要看看是谁创建了 HWComposer：

```cpp
/*frameworks/native/services/surfaceflinger/SurfaceFlinger.cpp*/
status_t SurfaceFlinger::readyToRun()
{…
    mHwc = new HWComposer(this,*static_cast<HWComposer::EventHandler *>(this));
```

从中可以看出，HWComposer 中的 mEventHandler 就是 SurfaceFlinger 对象，所以后者必须要继承自 HWComposer::EventHandler，这样才能处理 callback 函数 onVSyncReceived：

```cpp
class SurfaceFlinger : public BinderService<SurfaceFlinger>,…
                      private HWComposer::EventHandler
```

早期版本的实现中，还有另外一个类 DisplayHardware 来间接处理 EventHandler，再通过一系列的传递才能到达 SurfaceFlinger 本身的处理。可以说 Android 4.3 中对这些中间冗余过程进行了精简，很值得称道。

2. 软件源

软件源和硬件源相比最大区别是它需要启动一个新线程 VSyncThread，其运行优先级与 SurfaceFlinger 的工作线程是一样的，都是-q。从理论的角度来讲，任何通过软件定时来实现的机制都不可能是 100%可靠的，即使优先级再高也可能出现延迟和意外。不过如果"不可靠"的概率很小，而且就算出现意外时也不至于是致命错误，那么还是可以接受的。所以说 VSyncThread 从实践的角度来讲，的确起到了很好的作用。

来看看 VSyncThread 都做了些什么工作：

```cpp
bool HWComposer::VSyncThread::threadLoop() {
    /*Step1. 判断系统是否使能了 VSync 信号发生机制*/
    { // 自动锁控制范围
        Mutex::Autolock _l(mLock);
        while (!mEnabled) {//VSync 信号开关
            mCondition.wait(mLock);
        }
    }
    /*Step2. 计算需要产生 VSync 信号的时间点*/
    const nsecs_t period = mRefreshPeriod;//信号的产生间隔
    const nsecs_t now = systemTime(CLOCK_MONOTONIC);
    nsecs_t next_vsync = mNextFakeVSync;//产生信号的时间
    nsecs_t sleep = next_vsync - now; //需要休眠的时长
    if (sleep < 0) {//已经过了时间点
        sleep = (period - ((now - next_vsync) % period));
        next_vsync = now + sleep;
    }
    mNextFakeVSync = next_vsync + period; //下一次的 VSync 时间
    struct timespec spec;
    spec.tv_sec  = next_vsync / 1000000000;
    spec.tv_nsec = next_vsync % 1000000000;

    int err;
    do {
        err = clock_nanosleep(CLOCK_MONOTONIC, TIMER_ABSTIME, &spec, NULL);//进入休眠
    } while (err<0 && errno == EINTR);

    if (err == 0) {
        mHwc.mEventHandler.onVSyncReceived(0, next_vsync);//和硬件源是一样的回调
    }
```

```
       return true;
}
```

Step1@VSyncThread::threadLoop。关于自动锁的使用我们已经分析过很多次，此处不再赘述。这里要注意的是 mEnabled 这个变量，它是用于控制是否产生 VSync 信号的一个使能变量。当系统希望关闭 VSync 信号发生源时，可以调用 VSyncThread::setEnabled(false)；否则调用 setEnabled(true)。假如 mEnabled 为 false，VSyncThread 就处于等待状态，直到有人再次使能这个线程。

Step2@VSyncThread::threadLoop。接下来的代码用于真正产生一个 VSync 信号。可以思考一下，无非就是以下步骤：

- 计算下一次产生 VSync 信号的时间；
- 进入休眠；
- 休眠时间到了后，发出 VSync 信号，通知感兴趣的人；
- 循环往复。

变量 mRefreshPeriod 指定了产生 VSync 信号的间隔。它的计算过程分为几种情况：首选是从硬件设备获得真实的值；否则就采用如下办法：

```
if (disp.refresh == 0) {
    disp.refresh = nsecs_t(1e9 / mFbDev->fps);
}
if (disp.refresh == 0) {
    disp.refresh = nsecs_t(1e9 / 60.0);
}
```

也就是说第二优先级的取值是由 nsecs_t(1e9 / mFbDev->fps)计算得到的——如果还不行，那就只能采用默认值了。即：

```
nsecs_t(1e9 / mRefreshRate);
```

在这种情况下，mRefreshPeriod 差不多是 16ms。

因为 mNextFakeVSync 代表的是"下一次"产生信号的时间点，所以首先通过 next_vsync= mNextFakeVSync 来确定 next_vsync 的值。接着计算 sleep，也就是距离产生信号的时间点还有多长（同时也是需要休眠的时间）。那么，如果 sleep 的结果小于 0 呢？代表我们已经错过了这一次产生信号的最佳时间点（这是有可能发生的）。在这种情况下，就只能计算下一个最近的 VSync 离现在还剩多少时间。公式如下：

```
sleep = (period - ((now - next_vsync) % period));
```

我们以图 9-35 来表述以下采用这个公式的依据。

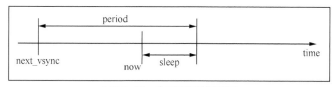

▲图 9-35　休眠时间推算简图

图 9-35 的前提是 now 超时时间不能超过一个 period——因而 sleep 公式中还要加上%period。

计算完成 sleep 后，mNextFakeVSync=next_vsync + period。这是因为 mNextFakeVSync 代表的是下一次 threadLoop 需要用到的时间点，而 next_vsync 是指下一次（最近一次）产生 VSync 的时间点。

这样我们就计算出来下一次产生信号的时间点了，那么如何在指定的时间点产生信号呢？有两种方法：其一是采用定时器回调；其二就是采用休眠的形式主动等待——HWComposer 使用的是后者。

9.7 VSync 的产生和处理

可想而知这里对时间精度的要求比较高，所以采用的单位是 nanosecond，即纳秒级。函数 clock_nanosleep 的第一个入参是 CLOCK_MONOTONIC，这种类型的时钟更加稳定，且不受系统时间的影响。

休眠时间一到，表示产生信号的时刻到了。根据前面的分析，就是通过 mEventHandler.onVSyncReceived()回调来通知对消息感兴趣的人——无论软件还是硬件发生源，其回调方式都是一样的。

当产生完一次信号后，VSyncThread::threadLoop 这个函数就直接返回 true 了。有些读者可能会觉得奇怪，怎么没有看到循环的地方？这是因为当 threadLoop 返回值为"真"时，它将被系统再一次调用，如此循环往复。不清楚的读者可以参阅一下 Thread 类的实现。

接下来我们分析下 SurfaceFlinger 是如何处理这个 VSync 信号的。

中间过程很简单，就不一一解释了。在 SurfaceFlinger::onVSyncReceived 中：

```
void SurfaceFlinger::onVSyncReceived(int type, nsecs_t timestamp) {
    if (uint32_t(type) < DisplayDevice::NUM_DISPLAY_TYPES) {
        // we should only receive DisplayDevice::DisplayType from the vsync callback
        mEventThread->onVSyncReceived(type, timestamp);//EventThread是什么？
    }
}
```

又出现了一个新类，即 EventThread。SurfaceFlinger 直接调用了它的 onVSyncReceived 实现。从名称上可以猜测到，EventThread 是 SurfaceFilnger 中专门用于处理事件的线程。这个线程对象是在 SurfaceFlinger::readyToRun 生成的：

```
status_t SurfaceFlinger::readyToRun()
{…
    mEventThread = new EventThread(this);
    mEventQueue.setEventThread(mEventThread);
```

> **注意**　EventQueue 与 EventThread 进行了绑定,后续我们还会再分析它们之间的关系。

EventThread 的启动并不是由 SurfaceFlinger 决定的，而是取决于引用它的人——因为 EventThread 继承自 Thread，后者又是 RefBase 的子类，所以当第一次有人用智能指针引用它时，会自动调用 onFirstRef 函数，继而把这个线程 run 起来（线程优先级为 PRIORITY_URGENT_DISPLAY + PRIORITY_MORE_FAVORABLE）。

了解了 EventThread 的启动过程后，再来看看它是如何处理消息的：

```
/*frameworks/native/services/surfaceflinger/EventThread.cpp*/
void EventThread::onVSyncReceived(int type, nsecs_t timestamp) {…
    Mutex::Autolock _l(mLock);
    if (type < HWC_NUM_DISPLAY_TYPES) {//显示类型目前有两种
        mVSyncEvent[type].header.type = DisplayEventReceiver::DISPLAY_EVENT_VSYNC;
        mVSyncEvent[type].header.id = type;
        mVSyncEvent[type].header.timestamp = timestamp;
        mVSyncEvent[type].vsync.count++;
        mCondition.broadcast();//条件满足，唤醒谁？
    }
}
```

Android4.3 版本中，HWC_NUM_DISPLAY_TYPES 的定义如下：

```
enum {
    HWC_DISPLAY_PRIMARY = 0,
    HWC_DISPLAY_EXTERNAL = 1,    // HDMI, DP, etc.
    HWC_NUM_DISPLAY_TYPES
};
```

可以看到，Android 系统除了主显示屏外，还支持 HDMI 的显示（或者称为外部显示屏）。所以 VSync 的产生者类型值只会小于 HWC_NUM_DISPLAY_TYPES。

确定了 Display Type 后，函数根据具体的类型来填充 mVSyncEvent[type] 数组中的 DisplayEventReceiver::Event 对象，包括 Event 类型、时间戳、信号计数等。而最重要的是，程序在函数末尾通过 mCondition.broadcast()来通知等待 Event 的人——会是谁呢？

没错，是 EventThread 所在的线程。可能有人会觉得奇怪，onVSyncReceived 不就是属于 EventThread 吗，怎么还能处于等待中？发出这种疑问可能是被线程的概念"困"住了。由上面的分析可以看出，EventThread::onVSyncReceived 其实是由 SurfaceFlinger 所在线程调用的，所以它的执行也是由 SurfaceFlinger 所在线程完成的——不过 onVSyncReceived 并没有对信号做具体的处理。打个比方，SurfaceFlinger 线程只是到了 EventThread 家的厨房（onVSyncReceived）里，然后把"食材"通过 DisplayEventReceiver::Event 准备好，放在 mVSyncEvent 中，然后唤醒正在屋里睡大觉的"EventThread"——嘿，哥们儿，东西都准备好了，开动吧！于是接下来的处理工作就正式移交到 EventThread 线程了。

这点我们从下面这个代码段中也能得到验证：

```
bool EventThread::threadLoop() {
    DisplayEventReceiver::Event event;
    Vector< sp<EventThread::Connection>> signalConnections;
    signalConnections = waitForEvent(&event);//EventThread就是在这里面"睡着"的
    const size_t count = signalConnections.size();
    for (size_t i=0 ; i<count ; i++) {//开始dispatch消息给所有感兴趣的人
        const sp<Connection>& conn(signalConnections[i]);
        status_t err = conn->postEvent(event);//通过Connection"通道"通知对方
        …
    }
    return true;//如我们前面所述，返回true后系统将再次调用threadLoop
}
```

首先还得强调下，当 threadLoop 返回 true 时，系统将会再次调用它，从而形成一个循环。在一个单次循环中，它会利用 waitForEvent 来等待一个事件的发生，如 VSync。我们前面所说的 EventThread 在"睡大觉"，就是由此引起的。而一旦 mCondition.broadcast()后，它就会得到唤醒。

接着 EventThread 会统计所有对 Event 感兴趣的人，即记录在 signalConnections 中的元素。然后它通过与这些元素间的纽带（Connection）来一一通知它们有事件发生了。变量 signalConnections 是在 waitForEvent 中准备的，根据 Event 的实际情况从 EventThread 的全局变量 mDisplayEventConnections 中挑选出来的。

换句话说，所有对 Event 感兴趣的人都需要被记录到 mDisplayEventConnections 中。具体而言，有两种类型的"忠实听众"。

- SurfaceFlinger

毋庸置疑，SurfaceFlinger 一定会收听 VSync 信号的产生。这一工作由它内部的 EventQueue，即"事件队列管家"来完成。当 SurfaceFlinger::readyToRun 中生成 EventThread 对象后，会马上调用 MessageQueue::setEventThread 来把它设置到内部的 mEventThread 变量中；同时，MessageQueue 还会通过接口 EventThread::createEventConnection 来创建一个 Connection 连接。

- 需要刷新 UI 的各进程

SurfaceFlinger 只是负责最后的 UI 数据合成，而各应用程序才是真正的数据生产者，所以它们也必定是要监听 VSync 信号的。SurfaceFlinger 提供了 createDisplayEventConnection 接口来满足各应用程序的需求，这个接口同样调用了 EventThread::createEventConnection 来创建一个 Connection 连接。

那么，什么情况下这些创建的 Connection 会添加到 EventThread 的 mDisplayEventConnections 中呢？

9.7 VSync 的产生和处理

没错，是当这些 Connection 被第一次引用的时候，它会自动调用 registerDisplayEventConnection 来注册到 EventThread 中。

我们以图 9-36 来总结本小节的内容。

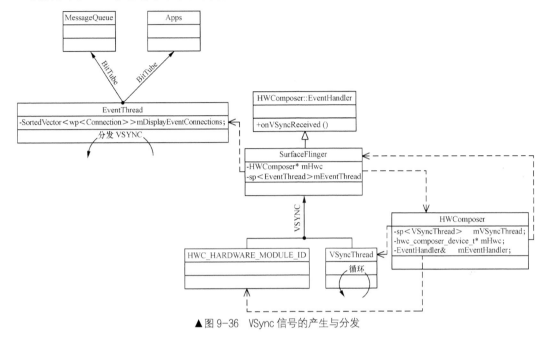

▲图 9-36　VSync 信号的产生与分发

整体逻辑关系相对复杂，建议大家在做源码分析时紧紧抓住下面两条线索。

- VSync 信号的传递流向。
- 各个类的静态依赖关系，如 SurfaceFlinger 与 EventThread，EventThread 与 Connection 等类之间的联系。

9.7.2　VSync 信号的处理

经过上一小节的分析，现在我们已经明白了系统是如何通过硬件设备或者软件模拟来产生 VSync 信号了，也明白了它的流转过程。VSync 最终会被 EventThread::threadLoop()分发给各监听者，如 SurfaceFlinger 进程中就是 MessageQueue。

MessageQueue 通过与 EventThread 建立一个 Connection 来监听事件，如图 9-37 所示。

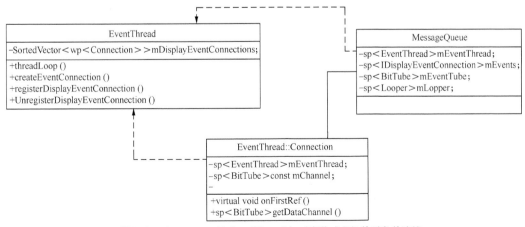

▲图 9-37　Connection 是 EventThread 与对事件感兴趣的对象的连接

对 VSYNC 等事件感兴趣的对象（如 MessageQueue），首先要通过调用接口 EventThread::createEventConnection()来建立一个连接（应用进程是间接由 SurfaceFlinger 完成的），实际上就是生成了一个 EventThread::Connection 对象。这个对象将对双方产生如下影响。

- 当 Connection::onFirstRef()时，即"连接"第一次被引用时，它会主动调用 EventThread::registerDisplayEventConnection()来把自己添加到 EventThread 的 mDisplayEvent Connections 中，这是保证事件发生后 EventThread 能找到符合要求的"连接"的关键一步。
- 当 MessageQueue 得到 Connection 后，它会马上调用 getDataChannel 来获得一个 BitTube。从逻辑关系上看，Connection 只是双方业务上的连接，而 BitTube 则是数据传输通道，各种 Event 信息就是通过这里传输的。

下面以 MessageQueue 为例来分析各个进程是如何与 MessageThread 进行交互的：

```
void MessageQueue::setEventThread(const sp<EventThread>& eventThread)
{
    mEventThread = eventThread;
    mEvents = eventThread->createEventConnection(); //建立一个 Connection
    mEventTube = mEvents->getDataChannel();//立即获取 BitTube
    mLooper->addFd(mEventTube->getFd(),0,
                ALOOPER_EVENT_INPUT,MessageQueue::cb_eventReceiver, this);
}
```

从扮演的角色来看，EventThread 是 Server，不断地往 Tube 中写入数据；而 MessageQueue 是 Client，负责读取数据。可能有人会很好奇，MessageQueue 如何得知有 Event 到来，然后去读取它呢？答案就是它们之间的数据读写模式采用的是 Socket（AF_UNIX 域）。

上面这个函数的末尾通过 Looper 添加了一个 fd，这实际上就是 Socket Pair 中的一端。然后 Looper 将这个 fd 与其 callback 函数（即 MessageQueue::cb_eventReceiver）加入全局的 mRequests 进行管理：

```
KeyedVector<int, Request> mRequests;
```

这个 Vector 会集中所有需要监测的 fd。这样当 Looper 进行 pollInner 时，只要有事件需要处理，它就可以通过 callback 函数通知"接收者"。这里面的实现细节主要包括 BitTube.cpp 和 Looper.cpp 两个源文件，有兴趣的读者可以自行研究。

当 Event 发生后，MessageQueue::cb_eventReceiver 开始执行，进而调用 eventReceiver。如果 event 的类型是 DisplayEventReceiver::DISPLAY_EVENT_VSYNC，则正是我们想要监听的事件。这时会有两种情况：

```
if (buffer[i].header.type == DisplayEventReceiver::DISPLAY_EVENT_VSYNC)
{
#if INVALIDATE_ON_VSYNC
            mHandler->dispatchInvalidate();
#else
            mHandler->dispatchRefresh();
#endif
```

宏 INVALIDATE_ON_VSYNC 默认情况下被 define 为 1，什么意思呢？

我们知道在把 UI 刷新到屏幕上（refresh）之前，各 UI 进程需要先准备好数据（invalidate）。那么 SurfaceFlinger 是在 VSYNC 来临时再做数据的准备工作，然后立即刷新到屏幕上；还是平常就开始准备，而当 VSYNC 来临时把数据刷新到屏幕上呢？

当 INVALIDATE_ON_VSYNC 为 1 时，程序执行前面的操作；否则就是第二种情况。

函数 dispatchInvalidate 和 dispatchRefresh 在 SurfaceFlinger 中的处理过程是有一定差异的，对比如表 9-7 所示。

因为 signalRefresh 最终的处理和 handleMessageRefresh 一样，可见 INVALIDATE 的情况下多执行了两个函数 handleMessageTransaction 和 handleMessageInvalidate——它们分别用于处理"业

务"(也就是客户端发起的对 Layer 属性的变更业务,后续小节有讲解)和数据 Invalidate。

表 9-7　　　　　　　　INVALIDATE_ON_VSYNC 的差异对比

dispatchInvalidate	dispatchRefresh

case MessageQueue::INVALIDATE:
　　handleMessageTransaction();
　　handleMessageInvalidate();
　　signalRefresh();
	case MessageQueue::REFRESH:
	　　handleMessageRefresh();

先来看看 handleMessageRefresh 所要做的工作(这也是我们后续几个小节的阐述重点):

```
void SurfaceFlinger::handleMessageRefresh() {
    ATRACE_CALL();
    preComposition();//合成前的准备
    rebuildLayerStacks();//重新建立 Layer 堆栈
    setUpHWComposer();//HWComposer 的设定
    doDebugFlashRegions();
    doComposition();//正式的合成工作
    postComposition();//合成后期工作
}
```

虽然 Jelly Bean 的几个版本(4.1~4.3)中,对于 SurfaceFlinger 渲染 UI 的处理过程改动很大,但不可否认的是,目前 4.3 系统已经达到了比较好的状态——不论是从代码风格还是逻辑关系上,相比前两个版本都有很大程度的提高。

整个 UI 合成过程包括了如下几个函数:

- preComposition;
- rebuildLayerStacks;
- setUpHWComposer;
- doDebugFlashRegions;
- doComposition;
- postComposition。

上述这些函数再加上 handleMessageTransaction、handleMessageInvalidate,基本涵盖了 SurfaceFlinger 的所有功能。接下来的几个小节我们将详细分析它们。

9.7.3　handleMessageTransaction

函数 handleMessageTransaction 在做了简单的判断后,直接调用了 handleTransaction。接着 handleTransaction 首先获取 mStateLock 锁,然后才能进一步调用 handleTransactionLocked,最后再将 mHwWorkListDirty (后面小节会看到这个变量的作用)置为 true。

显然后一个 handleTransactionLocked 才是真正处理业务的地方,它的具体工作分为两部分,即 traversal (对应 eTraversalNeeded)和 transaction (对应 eTransactionNeeded):

```
void SurfaceFlinger::handleTransactionLocked(uint32_t transactionFlags)
{
    const LayerVector& currentLayers(mCurrentState.layersSortedByZ);
    const size_t count = currentLayers.size();
    if (transactionFlags & eTraversalNeeded) {//Part1. 是否需要 traversal
      for (size_t i=0 ; i<count ; i++) {//逐个 layer 来处理
        const sp<Layer>& layer(currentLayers[i]);
        uint32_t trFlags = layer->getTransactionFlags(eTransactionNeeded);/*这个 Layer 是
                                                                 否需要 doTransaction*/
            if (!trFlags) continue;//如果不需要的话,直接进入下一轮循环
            const uint32_t flags = layer->doTransaction(0);/*由各 Layer 做内部处理,下面会
                                                              做详细分析*/
            if (flags & Layer::eVisibleRegion)//各 Layer 计算可见区域是否发生变化
```

```
                    mVisibleRegionsDirty = true;//可见区域发生变化
        }
    }
    if (transactionFlags & eDisplayTransactionNeeded) {
        …//代码略
    }
    if (transactionFlags & (eTraversalNeeded|eDisplayTransactionNeeded)) {
        …//代码略
    }
    …//Part2. SurfaceFlinger 内部所产生的 "Transaction" 的处理
    commitTransaction();//提交结果
```

TransactionFlags 分为 3 种类别，即：

```
enum {
    eTransactionNeeded        = 0x01,
    eTraversalNeeded          = 0x02,
    eDisplayTransactionNeeded = 0x04,
    eTransactionMask          = 0x07//用于取值
};
```

上述代码段的 Part1 部分就是围绕这 3 种 Flag 展开的。因为各 Flag 的处理过程基本上相似，限于篇幅我们只选取 eTraversalNeeded 为例来讲解。

Part1. 处理各 Flags（以 eTraversalNeeded 为例）

先来看 eTraversalNeeded 的处理。从名称可以看出，它表示当前需要一个"Traversal"的操作，即遍历所有 Layers。

SurfaceFlinger 中记录当前系统中 layers 状态的有两个全局变量，分别是：

```
State                mDrawingState;
State                mCurrentState;
```

前者是上一次 "drawing" 时的状态，而后者则是当前状态。这样我们只要通过对比这两个 State，就知道 Layer 在两次状态中发生了什么变化，从而采取相应的措施。它们内部都包含了一个 LayerVector 类型的 layersSortedByZ 成员变量，从变量名可以看出是所有 Layers 按照 Z-order 顺序排列而成的 Vector。

所以我们可以通过 mCurrentState.layersSortedByZ 来遍历所有 Layers，然后对其中需要执行 transaction 的 Layer 调用内部的 doTransaction()。显然，并不是每个 Layer 在每次 handleTransaction Locked 中都需要调用 doTransaction——判断的标准就是 Layer::getTransactionFlags 返回的标志中是否指明了 eTransactionNeeded。大家要注意 SurfaceFlinger 和 Layer 都有一个 mTransactionFlags 变量，不过含义不同。另外，Layer 对象中也同样有 mCurrentState 和 mDrawingState，却属于完全不同的 Struct 数据结构。其对比如图 9-38 所示。

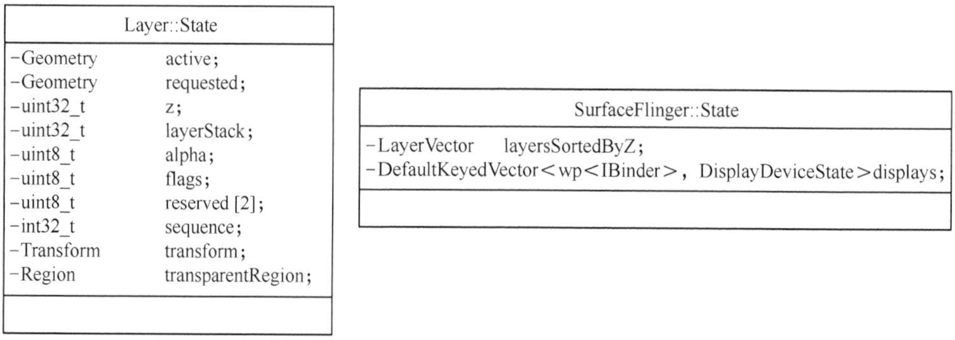

Layer::State	
-Geometry	active;
-Geometry	requested;
-uint32_t	z;
-uint32_t	layerStack;
-uint8_t	alpha;
-uint8_t	flags;
-uint8_t	reserved [2];
-int32_t	sequence;
-Transform	transform;
-Region	transparentRegion;

SurfaceFlinger::State
-LayerVector   layersSortedByZ;
-DefaultKeyedVector<wp<IBinder>, DisplayDeviceState>displays;

▲图 9-38　两个 State 结构体对比

为了理解各个 Layer 究竟在 doTransaction 中做了些什么，我们先穿插分析下它的实现：

9.7 VSync 的产生和处理

```
uint32_t Layer::doTransaction(uint32_t flags)
{…
    const Layer::State& front(drawingState());/*mDrawingState*/
    const Layer::State& temp(currentState());/*mCurrentState*/

    const bool sizeChanged = (temp.requested.w != front.requested.w) || (temp.requested.
    h != front.requested.h);
    if (sizeChanged) {//尺寸发生变化
        …
        mSurfaceFlingerConsumer->setDefaultBufferSize(temp.requested.w,
                                                     temp.requested.h);
    }
    …
    if (front.active != temp.active) {//需要重新计算可见区域
        flags |= Layer::eVisibleRegion;
    }

    if (temp.sequence != front.sequence) {//什么是 sequence?
        flags |= eVisibleRegion;//也需要重新计算可见区域
        this->contentDirty = true;
        const uint8_t type = temp.transform.getType();
        mNeedsFiltering = (!temp.transform.preserveRects() || (type >= Transform::SCALE));
    }
    commitTransaction();
    return flags;
}
```

首先判断 Layer 的尺寸是否发生了改变（sizeChanged 变量），即当前状态（temp）中的宽/高与上一次状态（front）一致与否。假如 size 发生了变化，我们调用 mSurfaceFlingerConsumer->setDefaultBufferSize() 来使它生效。其中 mSurfaceFlingerConsumer 在前几个小节已经详细分析过，若不清楚可以回头看看。

函数 setDefaultBufferSize() 改变的是内部的 mDefaultWidth 和 mDefaultHeight 两个默认的宽高值。当我们调用 requestBuffers() 请求 Buffer 时，如果没有指定 width 和 height（值为 0），BufferQueue 就会使用这两个默认配置。

接下来的难点就是理解 sequence。这个变量是一个 int 值，当 Layer 的 position, z-order, alpha, matrix, transparent region, flags, crop 等一系列属性发生变化时（这些属性的设置函数都以 setXXX 开头，如 setCrop，setFlags），mCurrentState::sequence 就会自增。因而当 doTransaction 时，它和 mDrawingState::sequence 的值就不一样了。相比于每次属性变化时都马上做处理，这样的设计是合理的。因为它在平时只收集属性的变化，直到特定的时刻（VSYNC 信号产生时）才做统一处理。一方面，这节约了系统资源；另一方面，如果属性频繁变化，会给整个画面带来不稳定感，而采用这种方式就能规避这些问题。

仔细观察 Layer 的 doTransaction() 实现，我们可以大致得出它的目的，就是通过分析当前与上一次的状态变化，来制定下一步的操作——比如是否要重新计算可见区域（eVisibleRegion）、是否需要重绘（contentDirty）等。

这些操作有的是要由 SurfaceFlinger 统一部署的，因而通过函数的返回值 flags 传递给 SurfaceFlinger，如 eVisibleRegion；有些则属于 Layer 的"家务"，因而只要内部做好标记即可。

最后，commitTransaction() 把 mCurrentState 赋值给 mDrawingState，这样它们两个的状态就又一样了。在下一轮 doTransaction() 前，mCurrentState 又会随着属性的变更（引起变更的情况很多，如 UI 程序客户端主动发起的申请）而产生变化，如此循环往复。

这样 Layer::doTransaction() 函数就结束了，带着 flags 值返回到前面的 SurfaceFlinger::handleTransactionLocked() 中。一旦某个 Layer 明确表明可见区域发生了改变（eVisibleRegion），SurfaceFlinger 就会将其 mVisibleRegionsDirty 设为 true，这个标志将影响后续的操作。

Part2."内务"处理

第 9 章　GUI 系统——SurfaceFlinger

完成当前系统中所有 Layer 的遍历后，SurfaceFlinger 就进入自己的"内务"处理了，即 handleTransactionLocked()源码中的第二部分。我们在代码中列出了它需要完成的工作，即：

- 新增 Layer

与上一次处理时相比，系统可能有新增的 Layer。我们只要对比两个 State 中的 Layer 队列数目是否一致就可以得出结论。假如 Layer 数量有增加，可见区域需要重新计算，我们将 mVisibleRegionsDirty 置为 true。

- 移除 Layer

和上面的情况类似，有些 Layer 也可能被移除了。针对这种情况，我们也需要重新计算可见区域。可是怎么知道哪些 Layer 被移除了呢？有一个简单的办法就是比较两个 State 中的 layersSortedByZ——假如一个 Layer 在上一次的 mDrawingState 中还有，到了这次 mCurrentState 找不到了，那么就可以认定它被 removed 了。我们需要计算这些"被剔除图层"的可见区域，因为一旦 Layer 被移除，则意味着被它遮盖的区域就有可能重新显露出来。

在 handleTransactionLocked()末尾，它也调用了 commitTransaction()来结束整个业务处理。

另外，SurfaceFlinger 还需要通知所有被移除的 Layer，相应的 callback 函数是 onRemoved()。Layer 在得到这一消息后，就知道它已经被 SurfaceFlinger 剔除了。最后，唤醒所有正在等待 Transaction 结束的线程：

```
mTransactionCV.broadcast();
```

SurfaceFlinger:: handleTransaction ()的流程如图 9-39 所示。

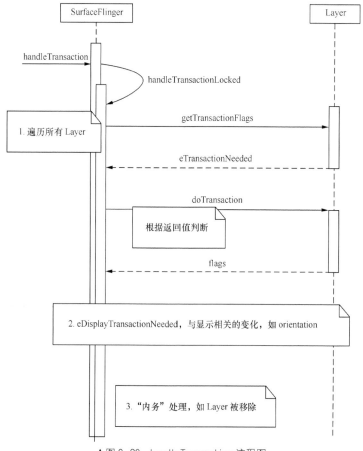

▲图 9-39　handleTransaction 流程图

9.7.4 "界面已经过时/无效，需要重新绘制"——handleMessageInvalidate

Invalidate 的字面意思是"使无效"，在不少窗口系统中都被用来表示"界面已经过时/无效，需要重新绘制"。在 SurfaceFlinger 中，与 Invalidate 关系最直接的是 Buffer 数据，因而 handleMessageInvalidate 实际上只是简单地调用了另一个函数 handlePageFlip。

PageFlip 可以理解为"翻页"。从字面意思上来理解，它的确与"图层缓冲区"有关系——因为是多缓冲机制，那么在适当的时机就需要做"翻页"的动作。核心源码如下：

```
void SurfaceFlinger::handlePageFlip()
{
    Region dirtyRegion;
    bool visibleRegions = false;
    const LayerVector& currentLayers(mDrawingState.layersSortedByZ);
    const size_t count = currentLayers.size();
    for (size_t i=0 ; i<count ; i++) {
        const sp<Layer>& layer(currentLayers[i]);
        const Region dirty(layer->latchBuffer(visibleRegions));/*Step1. "锁住"Buffer*/
        const Layer::State& s(layer->drawingState());
        invalidateLayerStack(s.layerStack, dirty);//Step2. 更新 DisplayDevice 中的 "脏" 区域
    }
    mVisibleRegionsDirty |= visibleRegions;
}
```

Step1@SurfaceFlinger::handlePageFlip，通过 latchBuffer 分别锁定各 Layer 当前要处理的缓冲区。源码作者用了一个有趣的词"latch"，形象地表达了"把门闩上，锁住 Buffer"的意图。可想而知，这个函数一定与 BufferQueue 有直接联系：

```
Region Layer::latchBuffer(bool& recomputeVisibleRegions)
{…
    Region outDirtyRegion;
    if (mQueuedFrames > 0) {…//有需要处理的 Frame
        const bool oldOpacity = isOpaque();
        sp<GraphicBuffer> oldActiveBuffer = mActiveBuffer;
        if (android_atomic_dec(&mQueuedFrames) > 1) {
            mFlinger->signalLayerUpdate();
        }
        …//定义一个名为 "Reject" 的 struct，代码略
        Reject r(mDrawingState, currentState(), recomputeVisibleRegions);
        if (mSurfaceFlingerConsumer->updateTexImage(&r) != NO_ERROR) {
            …//异常处理，并结束函数
        }
        mActiveBuffer = mSurfaceFlingerConsumer->getCurrentBuffer();
        …
        glTexParameterx(GL_TEXTURE_EXTERNAL_OES, GL_TEXTURE_WRAP_S, GL_CLAMP_TO_EDGE);
        glTexParameterx(GL_TEXTURE_EXTERNAL_OES, GL_TEXTURE_WRAP_T, GL_CLAMP_TO_EDGE);
        const Layer::State& front(drawingState());
        Region dirtyRegion(Rect(front.active.w, front.active.h));
        outDirtyRegion = (front.transform.transform(dirtyRegion));
    }
    return outDirtyRegion;
}
```

Layer 中继承了 FrameAvailableListener，专门用于"监听"onFrameAvailable。因而当 BufferQueue 中的一个 BufferSlot 被 queued 后，它会通知这个 Listener，进而调用所属 Layer 的 onFrameQueued——这个函数会增加 mQueuedFrames 的计数，并且向 SurfaceFlinger 发出一个 INVALIDATE 信号（signalLayerUpdate）。

如果当前没有任何 queued buffer，latchBuffer 什么都不用做；如果当前有多个 mQueuedFrames，除了正常处理外，我们还需要另外调用 signalLayerUpdate 来组织一次新的 invalidate。

Layer 中持有一个 SurfaceFlingerConsumer 对象（成员变量 mSurfaceFlingerConsumer），用于管理 BufferQueue。根据前几个小节我们对 BufferQueue 状态迁移的分析，一旦 SurfaceFlinger（消

费者）需要对某个 buffer 进行操作，首先应该 accquire 它——这个动作被封装在 SurfaceFlinger Consumer::updateTexImage 中。除此之外，这个函数还需要根据 Buffer 中的内容来更新 Texture，稍后再做详细分析。

在 latchBuffer 内部定义了一个 Reject 结构体，并作为函数参数传递给 updateTexImage。后者在 acquire 到 buffer 后，会主动调用 Reject::reject()来判断这个缓冲区是否符合 SurfaceFlinger 的要求。如果 updateTexImage 成功，Layer 就可以更新 mActiveBuffer 了，即当前活跃的缓冲区（每个 Layer 对应 32 个 BufferSlot）；以及其他一系列相关内部成员变量，如 mCurrentCrop、mCurrentTransform 等，这部分源码省略。

纹理贴图还涉及很多细节的配置，比如说纹理图像与目标的尺寸大小有可能不一致，这种情况下怎么处理？或者当纹理坐标超过[0.0,1.0]范围时，应该怎么解决？这些具体的处理方式都可以通过调用 glTexParameterx(GLenum target，GLenum pname，GLfixed param)来配置。函数的第二个参数是需要配置的对象类型（比如 GL_TEXTURE_WRAP_S 和 GL_TEXTURE_WRAP_T 分别代表两个坐标维）；第三个参数 param 就是具体的配置：

```
status_t SurfaceFlingerConsumer::updateTexImage(BufferRejecter* rejecter)
{…
    Mutex::Autolock lock(mMutex);
    …
    BufferQueue::BufferItem item;
    err = acquireBufferLocked(&item);//acquire 一个 buffer
    int buf = item.mBuf;
    if (rejecter && rejecter->reject(mSlots[buf].mGraphicBuffer, item))
    {                                              //这个 buffer 是否符合要求？
        releaseBufferLocked(buf, EGL_NO_SYNC_KHR);
        return NO_ERROR;//注意，reject 返回 false 表示"接受"；否则才是"拒绝"
    }

    // 生成 Texture
    err = releaseAndUpdateLocked(item);
    …
    return err;
}
```

这个函数比较长，我们只保留了最核心的部分。它的目标是更新 Layer 的纹理（Texture），分为如下几步。

（1）Acquire 一个需要处理的 Buffer。根据前面对 Buffer 状态迁移的分析，当消费者想处理一块 Buffer 时，首先要向 BufferQueue 做 acquire 申请。那么，BufferQueue 怎么知道当前要处理的是哪一个 Buffer 呢？这是因为其内部维护有一个 Fifo 先入先出队列。一旦有 Buffer 被 enqueued 后，就会被压入队尾；每次 acquire 就从队头取最前面的元素进行处理，完成之后再将其从队列移除。

（2）Acquire 到的 Buffer 封装在 BufferItem 中，item.mBuf 代表它在 BufferSlot 中的序号。假如 mEGLSlots[buf].mEglImage 当前不为空（EGL_NO_IMAGE_KHR），则需要先把旧的 image 销毁（eglDestroyImageKHR）。

（3）SurfaceFlinger 有权决定 updateTexImage 得到的 Buffer 是否为合法有效的（比如说 size 是否正确），这是通过 updateTexImage(BufferRejecter* rejecter)中的 rejecter 对象来完成的。BufferRejecter 实现了一个 reject 接口，用于验证前面 acquire 到的 buffer 是否符合 SurfaceFlinger 的要求。

（4）接下来就可以生成 Texture 了，内部实现中需要分别调用 glBindTexture 和 glEGLImage TargetTexture2DOES。后一个函数是 OpenGL ES 中对 glTexImage2D 的扩展（因为在嵌入式环境下如果直接采用 glTexImage2DI，一旦图片很大时会严重影响执行速度，而经过扩展后的 glEGLImageTargetTexture2DOES 可以避免这个问题）。这个接口是和 eglCreateImageKHR 配套使用的，被封装在前面的 createImage 中。不了解这些函数用法的读者希望能自行查询 OpenGL ES 技术文档。

（5）消费者一旦处理完 Buffer，就可以将其 release 了。此后这个 Buffer 就又恢复到 FREE 状态，以供生产者再次 dequeue 使用之后，我们需要更新 GLConsumer（SurfaceFlingerConsumer 的父类）中的各成员变量，包括 mCurrentTexture、mCurrentTextureBuf 等。

具体如图 9-40 所示。

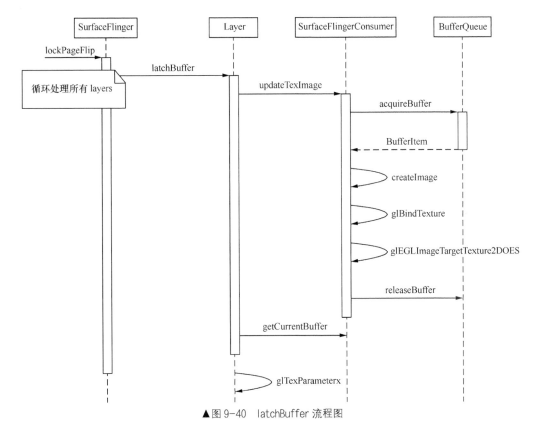

▲图 9-40　latchBuffer 流程图

Step2@SurfaceFlinger::handlePageFlip，通过 invalidateLayerStack 来更新各 DisplayDevice 中的 dirtyRegion。内部实现比较简单，读者可以自行分析。

9.7.5　合成前的准备工作——preComposition

从字面来理解就是"预合成"——即合成前的准备工作。在分析 preComposition 的具体工作前，我们有必要先了解下 VSync Rate。

IDisplayEventConnection 中提供了与 VSync Rate 有关的两个接口：

```
virtual void setVsyncRate(uint32_t count) = 0;
virtual void requestNextVsync() = 0;    // asynchronous
```

它们之间具有互斥的关系：当 setVSyncRate 设置了数值 1，表示每个 VSync 信号都要报告；数值 2 表示隔一个 VSync 报告一次；数值 0 则表示不报告任何 VSync，除非有人主动调用了 requestNextVsync。同理，除非 setVSyncRate 设置的值为 0，否则调用 requestNextVsync 来安排下一次 VSync 会被认为是无效的。

接下来我们看看 preComposition 的实现：

```cpp
void SurfaceFlinger::preComposition()
{
    bool needExtraInvalidate = false;
    const LayerVector& currentLayers(mDrawingState.layersSortedByZ);//当前所有Layer的集合
    const size_t count = currentLayers.size();//Layer数量
    for (size_t i=0 ; i<count ; i++) {
        if (currentLayers[i]->onPreComposition()) {//调用每个Layer的"预合成"接口
            needExtraInvalidate = true;
        }
    }
    if (needExtraInvalidate) {
        signalLayerUpdate();//这个函数是做什么的?
    }
}
```

这个函数的逻辑比较简单，它会遍历系统中记录的所有 Layers，并一一调用它们的 onPreComposition。换句话说，就是给每个人机会来做"准备工作"。那么，需要做什么样的准备呢？

```cpp
bool Layer::onPreComposition() {…
    return mQueuedFrames> 0;
}
```

可见当 onPreComposition 的返回值为 true 时，表示 mQueuedFrames>0；否则就是 false。结合 SurfaceFlinger::preComposition 中的判断，只要有一个 Layer 中存在被 Queued 的 Frames，那么 needExtraInvalidate 都会变成 true。这时就会触发如下的函数调用流程：

SurfaceFlinger::signalLayerUpdate→MessageQueue::invalidate→IDisplayEventConnection::requestNextVsync→ EventThread::requestNextVsync：

```cpp
void EventThread::requestNextVsync(const sp<EventThread::Connection>& connection) {
    Mutex::Autolock _l(mLock);
    if (connection->count < 0) {//<0 说明 disabled
        connection->count = 0;//=0 说明还有可以接收一次 event
        mCondition.broadcast();//通知 EventThread，有人对 VSync 感兴趣
    }
}
```

> **注意** 这里的 count 是 Connection 类的成员变量。它的含义如下：

- ≥1 时

可以连续性地接收事件。

- =0 时

一次性事件（还未接收）。

- =-1 时

可以认为事件接收被 disabled 了。

所以在requestNextVsync中，如果connection->count<0，会被重新赋值为0，代表这个connection可以接收一次事件。

最后，requestNextVsync 会调用 mCondition.broadcast()，那么是谁在等待呢？

没错，还是 EventThread。我们知道 EventThread::threadLoop 会不断地调用 waitForEvent 来等待 Event。这个函数的内部还有一个重要的判断，即当前是否有对 VSync 信号感兴趣的人（基于所有 Connection 中的 count 状态来判断）：有的话才能正常返回，否则调用：

```cpp
mCondition.wait(mLock);
```

进入等待，直到有人来唤醒它。

9.7.6 可见区域——rebuildLayerStacks

经过 preComposition 后，SurfaceFlinger::handleMessageRefresh 接着会调用 rebuildLayerStacks。这个函数负责 rebuild 所有可见的 Layer(Visible Layer)——核心思想就是计算有哪些 Layer 是可见的及它们的可见区域。源码实现如下：

```cpp
void SurfaceFlinger::rebuildLayerStacks() {
    if (CC_UNLIKELY(mVisibleRegionsDirty)) {…
        mVisibleRegionsDirty = false;//重置变量
        invalidateHwcGeometry();//将 mHwWorkListDirty 置为 true,后续会用到

        const LayerVector& currentLayers(mDrawingState.layersSortedByZ);//当前所有的 Layers
        for (size_t dpy=0 ; dpy<mDisplays.size() ; dpy++) {/*Step1. 分别计算每种 Display 的情况*/
            Region opaqueRegion;//不透明区域
            Region dirtyRegion;// "脏" 区域
            Vector< sp<Layer>> layersSortedByZ;//最终排序后的可见 Layers
            const sp<DisplayDevice>& hw(mDisplays[dpy]);/*每一个 Display 都有一个 DisplayDevice*/
            const Transform& tr(hw->getTransform());//Transform 变换
            const Rect bounds(hw->getBounds());//Display 的区域
            if (hw->canDraw()) {//当前这个 Display 是否可以绘制
                SurfaceFlinger::computeVisibleRegions(currentLayers,
                    hw->getLayerStack(), dirtyRegion, opaqueRegion);/*Step2.计算可见区域*/
                const size_t count = currentLayers.size();//当前 Layers 的数量
                for (size_t i=0 ; i<count ; i++) {/*Step3.逐个计算各 Layer*/
                    const sp<Layer>& layer(currentLayers[i]);
                    const Layer::State& s(layer->drawingState());
                    if (s.layerStack == hw->getLayerStack()) {//此 Layer 是否属于该 Display
                        Region drawRegion(tr.transform(layer->visibleNonTransparentRegion));
                        drawRegion.andSelf(bounds);
                        if (!drawRegion.isEmpty()) {//如果绘制区域不为空,说明是需要被处理的
                            layersSortedByZ.add(layer);
                        }
                    }
                }
            }
            /*Step4. 将前述的计算结果保存到 hw 中*/
            hw->setVisibleLayersSortedByZ(layersSortedByZ);
            hw->undefinedRegion.set(bounds);
            hw->undefinedRegion.subtractSelf(tr.transform(opaqueRegion));
            hw->dirtyRegion.orSelf(dirtyRegion);
        }
    }
}
```

Step1@SurfaceFlinger::rebuildLayerStacks。前面说过，系统的 Display 可能不止一个——它们都存储在 mDisplays 中，rebuildLayerStacks 需要逐个处理这些 Display。这个函数中涉及的与 Display 有关的全局属性包括：

- Transform mGlobalTransform

即整个 Display 都需要做的 Transform。换句话说，各个 Layer 也可以有自己的 Transform。

- int mDisplayWidth;

```
int mDisplayHeight;
```

即 Display 的宽和高，上述代码段中的 bounds 变量（hw->getBounds()）得到的是：

```
Rect(mDisplayWidth, mDisplayHeight)。
```

Step2@SurfaceFlinger::rebuildLayerStacks，调用 computeVisibleRegions。这个函数将根据所有 Layer（即 currentLayers）的当前状态，计算出两个重要变量。

- dirtyRegion

"脏" 区域，也就是需要被重新绘制的区域。

- opaqueRegion

不透明区域，它会对 Z-Ordered 的 Layers 产生影响。因为排在前面的 Layer 的不透明区域可能会遮挡其后的 Layer。

函数 computeVisibleRegions 的源码实现很长，我们放在后面单独分析。

Step3@SurfaceFlinger::rebuildLayerStacks。计算出 Visible Regions 后，程序需要进一步确定各 Layer 需要被绘制的区域（drawRegion）。

首先要明白系统中可用的 Display 不止一个，但所有的 Layers 却都是通过 mDrawingState.layersSortedByZ 来记录的，显然系统需要一个机制来区别各 Layer 的归属方——这就是 LayerStack 的作用。每个 Display 都有一个独立的"标志"，作为 SurfaceFlinger 管理它们的依据。

所以在第二个 for 循环中，需要先判断下 s.layerStack 是否等于 hw->getLayerStack：是的话才需要进一步处理。变量 drawRegion 的计算过程分为如下两步。

（1）对 Layer 中的 visibleNonTransparentRegion 按照整个 Display 的 Transform 要求进行变换。其中 visibleNonTransparentRegion 如其名所示，代表了 Layer 的"可见不透明区域"，是由前面的 computeVisibleRegions 计算出来的。

（2）在上述区域 drawRegion 的基础上考虑 bounds，即整个 Display 的区域限制。

最后得到的 drawRegion 如果不为 empty，那么说明该 Layer 在此次 UI 刷新过程中是需要被重新绘制的，因而把它加入 layersSortedByZ 中。我们对 Layer 的处理过程是按照 Z-Order 顺序来执行的，所以在把它们依次加入 layersSortedByZ 时，也同样已经"SortedByZ-Order"了。

Step4@SurfaceFlinger::rebuildLayerStacks。这一步将前面的计算结果即 layersSortedByZ，opaqueRegion 等保存到 hw 中，这些数据对后面的合成起到了关键的作用。

接下来我们专门分析下 computeVisibleRegions 的实现，其中 Dirty 区域的计算过程是关注的重点。读者可以先思考下，如果让我们来写这个函数，该如何实现呢？

把问题重新明确下：已知当前所有的 Layers（按照 Z-Order 排序），如何计算它们的 DirtyRegion 与 OpaqueRegion？

（1）既然 Layers 是 Z-Order 排序的，那么我们在处理各个 Layer 时是按照递增还是递减的顺序来执行呢？显然是递减，因为 Z-Order 值大的更靠近"用户"。换句话说，如果我们计算出某 Layer 的 OpaqueRegion，那么后面比它 Z-Order 小的 Layer 的对应区域根本就不需要考虑——从用户视角来看，这部分区域一定会被"遮挡"。

（2）计算 DirtyRegion 的前提是获得该图层的可见区域，因为可见区域之外的"脏"区域是没有意义的。图层中什么样的区域是可见的呢？至少需要考虑以下几点。

- Z-Order

各 Layer 的 Z-Order 无疑是第一要素。因为排在越前面的图层，其获得曝光的概率越大，可见的区域也可能越大，如图 9-41 所示。

前面说过，计算可见性时是按照 Z-Order 由大而小的顺序进行的。假如一个 Layer 的某个区域被确定为可见且不透明，那么与之相对应的其下面的所有 Layer 区域都会被遮盖而不可见。

- 透明度

虽然越前面的 Layer 优先级越高，但这并不代表后面的"图层"完全没有机会。只要前一个 Layer 不是完全不透明（透明或者半透明）的，那么从理论上来讲用户就应该能"透过"这部分区域看到后面的内容。

- Layer 大小

与透明度一样，"图层"大小也直接影响到其可见区域。因为每个 Layer 都是有大有小的，即便前一个 Layer 是完全不透明的，但只要它的尺寸没有达到"满屏"，那么比它 Z-Order 小的"图层"还是有机会显示出来的。这也是我们需要考虑的因素之一。

综合上面的几点分析，我们大概能制定出计算 Layer 可见区域的逻辑步骤。

➢ 按照 Z-Order 逐个计算各 Layer 的可见区域，结果数据记录在 LayerBase:: visibleRegion Screen 中。

➢ 对于 Z-Order 值最大的 Layer，显然没有其他"图层"会遮盖它。所以它的可见区域（visibleRegion）应该是（当然，前提是这个 Layer 没有超过屏幕区域）自身的大小再减去完全透明的部分（transparentRegionScreen），由此计算出来的结果我们称之为 aboveCoveredLayers。这个变量应该是全局的，因为它需要被传递到后面的 Layers 中，然后不断地做累积运算，直到覆盖整个屏幕区域。

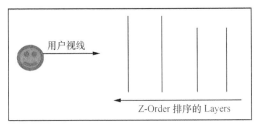

▲图 9-41 后面的 Layer 有可能被遮挡而不可见

▲图 9-42 Z-Order 最大的 Layer 可见区域示意图

如图 9-42 所示，最外围边框是这个"图层"的尺寸大小，中间挖空区域则是完全透明的，因而需要被剔除。半透明区域比较特殊，它既属于上一个"图层"的可见区域，又不被列为遮盖区域。

➢ 对于 Z-Order 不是最大的 Layer，它首先要计算自身所占区域扣除 aboveCoveredLayers（即被 Z-Order 比它大的 Layers 遮盖的部分）后所剩的空间，然后才能像上一步一样再去掉完全透明的区域，这样得到的结果就是它最终的可见区域，如图 9-43 所示。

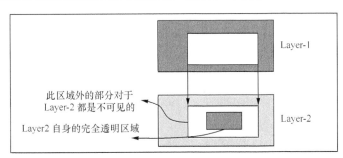

▲图 9-43 其他 Layer 的可见区域计算

现在我们可以进入源码分析了：

```
void SurfaceFlinger::computeVisibleRegions(const LayerVector& currentLayers, uint32_
t layerStack,Region& outDirtyRegion, Region& outOpaqueRegion)
{…
    Region aboveOpaqueLayers;//对于当前 Layer 来说，是在它"上面"的不透明区域
    Region aboveCoveredLayers;/*对于当前 Layer 来说，是在它"上面"的遮盖区域*/
    Region dirty;

    outDirtyRegion.clear();//清零
    size_t i = currentLayers.size();
    while (i--) {//逐步处理各 Layer，并按照 Z-Order 递减的顺序
        const sp<Layer>& layer = currentLayers[i];//当前处理的 Layer

        const Layer::State& s(layer->drawingState());
        if (s.layerStack != layerStack)/*又进行了一次检查，如果此 Layer 不在 LayerStack 之列，剔除*/
```

```cpp
            continue;
        /*接下来的几个变量是计算的基础*/
        Region opaqueRegion;//用于记录完全透明区域
        Region visibleRegion;//可见区域，前面已经讲解过了
        Region coveredRegion;//被覆盖的区域，前面已经讲解过了
        Region transparentRegion;//完全透明区域

        if (CC_LIKELY(layer->isVisible())) {//判断 Layer 的 Visible 属性
            const bool translucent = !layer->isOpaque();/*不是 Opaque，且又是 Visible，那就是
                                                           translucent*/
            Rect bounds(s.transform.transform(layer->computeBounds()));//计算变换后的 bounds
            visibleRegion.set(bounds);//bounds 就是初始的可见区域
            if (!visibleRegion.isEmpty()) {
                //计算 transparentRegion，代码略...
                //接着计算 opaqueRegion:
                const int32_t layerOrientation = s.transform.getOrientation();
                if (s.alpha==255 && !translucent &&
              ((layerOrientation & Transform::ROT_INVALID) == false)) {
                    opaqueRegion = visibleRegion;//在满足上述几个条件时，这两个变量是相等的
                }
            }
        }
        coveredRegion = aboveCoveredLayers.intersect(visibleRegion);//计算 coveredRegion
        aboveCoveredLayers.orSelf(visibleRegion);//为下一个 Layer 计算 aboveCoveredLayers
        visibleRegion.subtractSelf(aboveOpaqueLayers);/*前面我们说过，当前 Layer 的可见区域
                                            需要考虑被其上面的 Layers 遮挡的部分*/
        /*现在可见区域已经得出来了，可以在此基础上计算"脏"区域了。换句话说，我们想得到的是
         "在可见区域范围内的那些需要被重新绘制的内容"*/
        if (layer->contentDirty) {//是否要重新绘制所有区域
            dirty = visibleRegion;//是的话"脏"区域自然就等于可见区域了
            dirty.orSelf(layer->visibleRegion);//以及老的 visibleRegion
            layer->contentDirty = false;
        } else {//不需要重新绘制所有区域的情况，见后面的注释 1
            const Region newExposed = visibleRegion - coveredRegion;
            const Region oldVisibleRegion = layer->visibleRegion;
            const Region oldCoveredRegion = layer->coveredRegion;
            const Region oldExposed = oldVisibleRegion - oldCoveredRegion;
            dirty = (visibleRegion&oldCoveredRegion) | (newExposed-oldExposed);
        }
        dirty.subtractSelf(aboveOpaqueLayers);
        outDirtyRegion.orSelf(dirty);//将此 Layer 的"脏区域"累加到全局变量中
        aboveOpaqueLayers.orSelf(opaqueRegion);//更新 aboveOpaqueLayers

        /*将这些计算结果存储到 layer 中，供后续判断使用：*/
        layer->setVisibleRegion(visibleRegion);
        layer->setCoveredRegion(coveredRegion);
        layer->setVisibleNonTransparentRegion(visibleRegion.subtract(transparentRegion));
    }
    outOpaqueRegion = aboveOpaqueLayers;//最终的不透明区域就是 aboveOpaqueLayers
}
```

注释 1：

在不需要全部重绘的情况下，应考虑如下因素：

（1）这一次被"暴露"出来的区域（newExposed）；

（2）上一次的可见区域（oldVisibleRegion）；

（3）上一次被覆盖的区域（oldCoveredRegion）；

（4）上一次被"暴露"出来的区域（oldExposed）。

相信不少读者会有这样的疑问，本次的 dirty 区域为什么要考虑"上一次"的结果呢？举个例子：假设在上一次的计算过程中，"脏"区域原本有 oldDirty 那么大，但是受限于可见区域，有一部分 oldDirty 内容（暂且称之为 missedDirty）很可能并没有真正"显示"到屏幕上；而到了本次计算时，如果 missedDirty 区域没有任何变化，就意味着它不再是 Dirty 的了——此时如果我们只考虑本次的结果，那么这部分区域肯定是不会被"绘制"出来的。

这样我们就分析完 rebuildLayerStacks 的处理过程了，这些计算结果将影响后续 SurfaceFlinger 的合成操作。

9.7.7 为"Composition"搭建环境——setUpHWComposer

"万事俱备,只欠东风",经过前面两步的努力,"合成"操作所需的各种数据已经准备好了。接下来的 setUpHWComposer 就是为"Composition"搭建环境。

关于 HWComposer 我们在前几个小节已经接触过,要特别注意源码工程中有两个 HWComposer.h 文件,分别是:

```
hardware/libhardware/include/hardware/HWComposer.h
frameworks/native/services/surfaceflinger/displayhardware/HWComposer.h
```

第一个 HWComposer 属于 HAL 模块的定义;后面一个则是 SurfaceFlinger 管理 HWComposer 模块而设计的。在 SurfaceFlinger::readyToRun 中,程序会调用:

```
mHwc = new HWComposer(this, *static_cast<HWComposer::EventHandler *>(this));
```

此时生成的 HWComposer 担当的是"管理者"身份,而它的构造函数中又进一步通过 loadHwcModule 来加载名称为"HWC_HARD WARE_MODULE_ID"的 HWComposer 模块,如图 9-44 所示。

先来了解下 HAL 层的 HWComposer 提供的接口,如表 9-8 所示。

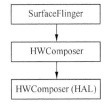

▲图 9-44 两个 HWComposer 对象

表 9-8　　　　　　　　　　　HWComposer 的 HAL 接口

Interface	Description
prepare	在每帧图像合成前,都会被调用。它用于判断 HWC 模块在合成操作中所能完成的功能。具体而言,prepare 的第三个函数参数: hwc_display_contents_1_t** displays 中有个 hwc_layer_1_t hwLayers[0]成员变量,而 hwc_layer_1_t 中的 compositionType 则是 HWC 对 prepare 的回应,详细的 CompositionType 类型描述请参见后面表格
set	set 接口用于代替早期版本中的 eglSwapBuffers,因而从功能上看它们是基本相同的。通过前一个 prepare,现在 SurfaceFlinger 和 HWC 模块已经达成了共识——即哪些 Layer 是可以由 HWC 来处理的(也就是源码中所称的 Work List),所以 set 函数就是将这些 Layer 的具体数据传送给 HWC 做实际的操作。要特别注意的是,set 中传入的 Layer list 必须与 prepare 计算出来的结果保持一致。 可以猜想到,set 内部实现中一定会调用 eglSwapBuffers,有兴趣的读者可以找一个具体的 HWC 模块实现来验证下
eventControl	用于控制 display 相关的 events 的开/关,如 HWC_EVENT_VSYNC
blank	用于控制屏幕的开启和关闭
query	用于查询 HWC 的各种状态
registerProcs	用于向 HWC 注册 callback 函数,详情参见后续介绍

CompositionType 对整个合成过程是很重要的参考值,如表 9-9 所示。

表 9-9　　　　　　　　　　　参考值

CompostionType	Description
HWC_BACKGROUND	在 prepare 前被调用者设置的值。表明这是一个特别的"background"图层,此时只有 backgroundColor 是有效的
HWC_FRAMEBUFFER_TARGET	也是在 prepare 前被调用者设置的值。表明此图层是 OpenGL ES 合成时的目标"framebuffer surface"。只在 HWC_DEVICE_API_VERSION_1_1 以后的版本有效
HWC_FRAMEBUFFER	在 prepare 前被调用者设置的值,且要求 HWC_GEOMETRY_CHANGED 也应该置位。表明 Layer 将通过 OpenGL ES 来绘制到 framebuffer 中
HWC_OVERLAY	在 prepare 的执行过程中由 HWC 模块来设置的值。表示该图层将由 HWC 处理,而不是像上面的 HWC_FRAMEBUFFER 那样由 OpenGL ES 来绘制

通过表 9-9 的解释，大家应该可以了解到如下信息：合成过程既可以由 HWC 模块来完成，也可以通过 OpenGL ES 来处理。具体采用哪种方式是由 prepare() 的结果，即 CompositionType 来决定的。

使用者可以向 HWC 模块注册 callback 函数来接收相关事件，包括：

```
typedef struct hwc_procs {
void (*invalidate)(const struct hwc_procs* procs);/*触发屏幕刷新*/
void (*vsync)(const struct hwc_procs* procs, int disp, int64_t timestamp);/*首先要通过
                前面表格中的 eventControl 接口将 HWC_EVENT_VSYNC 事件打开，这样后续如果有
                VSync 信号的话就会回调此函数*/
void (*hotplug)(const struct hwc_procs* procs, int disp, int connected);/*当一个 display
                被 connected 或者 disconnected 时会回调此函数。注意 Primary 类型的
                display 必须一直是 connected 的，所以不适用此函数*/
…
```

了解了以上这些知识，现在我们可以来分析 setUpHWComposer 的源码实现了。

```
void SurfaceFlinger::setUpHWComposer() {
    HWComposer& hwc(getHwComposer());
    if (hwc.initCheck() == NO_ERROR) {
        if (CC_UNLIKELY(mHwWorkListDirty)) {//当 mHwWorkListDirty 为 true 时才处理 Work List
            mHwWorkListDirty = false;
            for (size_t dpy=0 ; dpy<mDisplays.size() ; dpy++) {//仍然要依次处理各 Display
                sp<const DisplayDevice> hw(mDisplays[dpy]);
                const int32_t id = hw->getHwcDisplayId();
                if (id >= 0) {
                    const Vector< sp<Layer>>& currentLayers(hw->getVisibleLayersSortedByZ());
                    const size_t count = currentLayers.size();//Layers 数量
                    if (hwc.createWorkList(id, count) == NO_ERROR) {/*Step1.构造 Work List*/
                        …//详细处理省略
                    }
                }
            }
        }

        // set the per-frame data
        for (size_t dpy=0 ; dpy<mDisplays.size() ; dpy++) {
            sp<const DisplayDevice> hw(mDisplays[dpy]);
            const int32_t id = hw->getHwcDisplayId();
            if (id >= 0) {
                const Vector< sp<Layer>>& currentLayers(hw->getVisibleLayersSortedByZ());
                /*注意，是所有可见 Layers，即前面小节的计算结果*/
                const size_t count = currentLayers.size();
                HWComposer::LayerListIterator cur = hwc.begin(id);
                const HWComposer::LayerListIterator end = hwc.end(id);
                for (size_t i=0 ; cur!=end && i<count ; ++i, ++cur) {
                    const sp<Layer>& layer(currentLayers[i]);
                    layer->**setPerFrameData**(hw, *cur);//Step2. 注意 cur 的数据类型
                }
            }
        }
        status_t err = hwc.**prepare**();/*Step3. 调用 HWC 的 prepare*/
        ALOGE_IF(err, "HWComposer::prepare failed (%s)", strerror(-err));
    }
}
```

刚接触这个函数，相信不少读者会觉得无从下手。鉴于此，我们希望能以最简洁的方式把 setUpHWComposer 的"骨干"体现出来。

用一句话来概括，setUpHWComposer 用于把需要显示的那些 Layer 的数据准备好，然后"报告"给 HWC 模块来决定由谁（OpenGL ES 或者 HWC 自己）进行最终的"合成"工作。

细化来说，实际上它只完成了 3 件事（也就是代码中颜色加深的部分）。

Step1@SurfaceFlinger::setUpHWComposer，构造 Work List。这个词的字面意思是"工作事项"，它是 SurfaceFlinger 写给 HWC "报告"的标准格式。完成 WorkList 构造工作的是 createWorkList，

这个函数会从全局变量 mDisplayData 中取出与 Display 对应的 DisplayData，然后给其中各 field 进行必要的赋值（其中最重要的就是给 DisplayData::list 申请空间）。

Step2@SurfaceFlinger::setUpHWComposer。好了，现在我们已经构造出了 WorkList，接下来还要填充各 Layer 的数据。这项工作是由每个 Layer 单独完成的，调用的接口是 setPerFrameData。关键源码如下：

```
void Layer::setPerFrameData(const sp<const DisplayDevice>& hw,HWComposer::HWCLayer Interface& layer) {
    const Transform& tr = hw->getTransform();
    Region visible = tr.transform(visibleRegion.intersect(hw->getViewport()));
    layer.setVisibleRegionScreen(visible);
    layer.setBuffer(mActiveBuffer);//允许 buffer 为 NULL
}
```

根据前几个小节对显示数据的分析，我们知道各"Producer"生产出来的数据是存储在 GraphicBuffer 中的，而 mActiveBuffer 则代表的是当前"活跃"的 Buffer——它将被设置到 layer 变量（要特别注意，这个 layer 的数据类型是 HWComposer::HWCLayerInterface，而不是 Layer）中作为本次合成的数据。值得一提的是，mActiveBuffer 是有可能为 NULL 的，表明生产者还未生产东西，或者内存不足。

Step3@SurfaceFlinger::setUpHWComposer。一切准备就绪，现在可以"报告"HWC 了。不过不要忘记有两个 HWComposer，所以这里调用的 prepare 其实是 displayhardware 目录下的类实现：

```
/*frameworks/native/services/surfaceflinger/displayhardware/HWComposer.cpp*/
status_t HWComposer::prepare() {
    for (size_t i=0 ; i<mNumDisplays ; i++) {
        DisplayData& disp(mDisplayData[i]);
        …
        mLists[i] = disp.list;
        …
    }
    int err = mHwc->prepare(mHwc, mNumDisplays, mLists);//真正调用 HAL 模块的地方
    …
    return (status_t)err;
}
```

上面代码段中的 mHwc 是与 HWC 的 HAL 模块相对应的。函数 prepare 会对 DisplayData::list 做进一步的赋值操作，然后集中所有 Display 中的 list（即 mLists）一并传给 HWC::prepare。注意：mLists 是一个数组指针，或者说是二级指针，这是 HWC 能正确执行 prepare 的关键。

这样 HWC 就在 WorkList 的基础上判断出有哪些 Layer 是可以由它来完成的了。

9.7.8 doDebugFlashRegions

当 mDebugRegion 变量为 true 时，系统才会执行 doDebugFlashRegions。而 mDebugRegion 本身则是由系统属性 debug.sf.showupdates 来决定的，默认值为 false，所以我们直接略过。

9.7.9 doComposition

还记得我们在 setUpHWComposer 小节中对 HWC 提供的各 HAL 接口的描述吗？前面的 setUpHWComposer 只是将显示数据"报告"（prepare）给了 HWC，决定了由谁来执行"合成"操作，而真正的工作还并未开始——显然，这是 doComposition 所要实现的功能。

对于合成过程有两个核心点：
- 如何合成；
- 如何显示到屏幕上。

第 9 章　GUI 系统——SurfaceFlinger

前面已经讲过，"合成"既可以由 OpenGL ES 完成，也可以通过 HWC 模块来处理，区别的关键就在于 CompositionType；而将 UI 数据显示到屏幕上的关键则是 eglSwapBuffers，如图 9-45 所示。

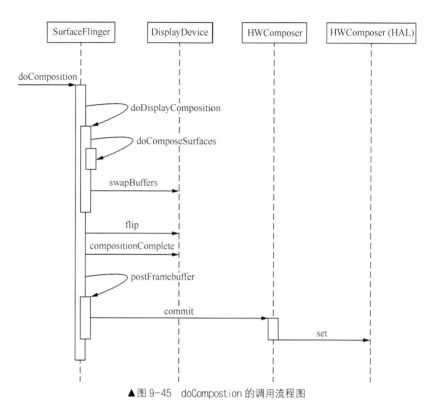

▲图 9-45　doCompostion 的调用流程图

接下来我们根据流程图来展开源码分析：

```
void SurfaceFlinger::doComposition() {
    ATRACE_CALL();
    const bool repaintEverything = android_atomic_and(0, &mRepaintEverything);
    //是否需要"重绘"所有数据
    for (size_t dpy=0 ; dpy<mDisplays.size() ; dpy++) {//逐个处理 Display
        const sp<DisplayDevice>& hw(mDisplays[dpy]);
        if (hw->canDraw()) {
            const Region dirtyRegion(hw->getDirtyRegion(repaintEverything));
            doDisplayComposition(hw, dirtyRegion);//有可能会调用 eglSwapBuffers
            hw->dirtyRegion.clear();
            hw->flip(hw->swapRegion);
            hw->swapRegion.clear();
        }
        hw->compositionComplete();//通知 HWC 合成已经完成
    }
    postFramebuffer();//HWC 的 set 接口就是在这里调用的
}
```

变量 mRepaintEverything 用于指示是否要"重绘"所有内容。一旦这个变量为 true 的话，那么 dirtyRegion 直接就等于由 DisplayDevice 中的 mDisplayWidth 和 mDisplayHeight 组成的 Rect；否则由 DisplayDevice::dirtyRegion 转换成屏幕坐标而来。

对于每个 DisplayDevice 而言，它们需要单独调用 doDisplayComposition——这个函数有可能通过 eglSwapBuffers 来交换前后台 Buffer。如下所示：

9.7 VSync 的产生和处理

```
void SurfaceFlinger::doDisplayComposition(const sp<const DisplayDevice>& hw, const
Region& inDirtyRegion)
{
    Region dirtyRegion(inDirtyRegion);
    hw->swapRegion.orSelf(dirtyRegion);
    uint32_t flags = hw->getFlags();
    /*先对dirtyRegion进行"微调" */
    if (flags & DisplayDevice::SWAP_RECTANGLE) {
        dirtyRegion.set(hw->swapRegion.bounds());
    } else {
        if (flags & DisplayDevice::PARTIAL_UPDATES) {
            dirtyRegion.set(hw->swapRegion.bounds());
        } else {
            dirtyRegion.set(hw->bounds());
            hw->swapRegion = dirtyRegion;
        }
    }
    doComposeSurfaces(hw, dirtyRegion);//合成数据
    ...
    hw->swapBuffers(getHwComposer());//交换前后台(如果需要的话)
}
```

虽然函数入参 inDirtyRegion 已经指明了"脏"区域，但它并不是直接可用的，还需要根据条件进行微调。

- DisplayDevice::SWAP_RECTANGLE

此时只要求渲染"脏"区域，或者说系统在软件层面上支持部分区域更新，但更新区域必须是长方形的。由于这个限制，dirtyRegion 应该是覆盖所有"脏"区域的最小矩形。

- DisplayDevice::PARTIAL_UPDATES

系统支持硬件层面部分区域更新，同样也要求是矩形区域。

- 其他

除了上面两种情况外，我们需要"重绘"整个 Display 区域，即 hw.bounds()。

确认完最终的 dirtyRegion 后，现在可以调用 doComposeSurfaces 了。从名称中可以看出，这个函数用于"Compose" Surface。相信读者会有疑问，这里的 Surface 指什么呢？

```
void SurfaceFlinger::doComposeSurfaces(const sp<const DisplayDevice>& hw, const
Region& dirty)
{
    const int32_t id = hw->getHwcDisplayId();
    HWComposer& hwc(getHwComposer());
    HWComposer::LayerListIterator cur = hwc.begin(id);
    const HWComposer::LayerListIterator end = hwc.end(id);

    const bool hasGlesComposition = hwc.hasGlesComposition(id) || (cur==end);/*是否需要OpenGL
                                                                                ES 合成*/
    if (hasGlesComposition) {
        if (!DisplayDevice::makeCurrent(mEGLDisplay, hw, mEGLContext)) {//设置当前的Display
            ALOGW("DisplayDevice::makeCurrent failed. Aborting surface composition for display %s",
                    hw->getDisplayName().string());
            return;
        }
        glMatrixMode(GL_MODELVIEW);//指定哪一个矩阵是当前矩阵
        glLoadIdentity();//单位矩阵
        const bool hasHwcComposition = hwc.hasHwcComposition(id);
        if (hasHwcComposition) {
            glClearColor(0, 0, 0, 0);
            glClear(GL_COLOR_BUFFER_BIT);
        } else {
            ...
        }
        ...
    }
    const Vector< sp<Layer>>& layers(hw->getVisibleLayersSortedByZ());
```

```
        const size_t count = layers.size();
        const Transform& tr = hw->getTransform();
        if (cur != end) {/*使用 HWC 的情况*/
            …/*代码后续分析*/
        } else {/*不使用 HWC 的情况*/
            …//代码省略
        }
        …
}
```

先来看两个变量:

1. hasGlesComposition

这个变量在两种情况下会是 true。

- 在 prepare 的处理过程中,如果有 layer 的 compositionType 是 HWC_FRAMEBUFFER,那么 DisplayData::hasFbComp 会被置为 true——通常情况下,HWComposer::hasGlesComposition 就是由它决定的。
- cur==end,此时说明需要由 OpenGL ES 来处理合成。

2. hasHwcComposition

需要特别注意的是,这个变量和 hasGlesComposition 并不是互斥的,它们有可能同时为 true——这种情况说明既有需要 OpenGL ES 处理的 layer,也有需要 HWC 来执行合成的 layer。

了解这两个变量,对理清 doComposeSurfaces 的函数逻辑有一定帮助。

如果 hasGlesComposition 条件成立的话,那么程序首先通过 makeCurrent 来设置当前的渲染环境,然后调用 glMatrixMode(GL_MODELVIEW)来设置当前矩阵。顺便说一下,glMatrixMode 有 3 种可选参数,具体包括如下。

GL_MODELVIEW:将接下来的矩阵操作应用到模型视景矩阵中。

GL_PROJECTION:将接下来的矩阵操作应用到投影矩阵中。

GL_TEXTURE:将接下来的矩阵操作应用到纹理矩阵中。

它通常与 glLoadIdentity 一起使用,后者会把当前矩阵设置为单位矩阵。

紧接着如果 hasHwcComposition 为 true 的话,那么程序会使用 glClear 来将窗口清除为 glClearColor 所指定的 color,即(0,0,0,0)。

做完这些工作后,程序就真正进入"图层"的处理了。这里又分为两种情况:

1. cur== end

此时就不是由 HWC 来主导了,核心实现是通过 layer->draw 来完成的,下面有详细讲解。

2. cur!= end

说明将使用 HWC Composer。这部分代码如下:

```
        for (size_t i=0 ; i<count && cur!=end ; ++i, ++cur) {
            const sp<Layer>& layer(layers[i]);
            const Region clip(dirty.intersect(tr.transform(layer->visibleRegion)));
            if (!clip.isEmpty()) {
                switch (cur->getCompositionType()) {
                    case HWC_OVERLAY: {
                        if ((cur->getHints() & HWC_HINT_CLEAR_FB) && i
                                && layer->isOpaque()&& hasGlesComposition) {
                            layer->clearWithOpenGL(hw, clip);
                        }
                        break;
```

```
            }
            case HWC_FRAMEBUFFER: {
                layer->draw(hw, clip);//由OpenGL ES 来处理
                break;
            }
            …
        }
        layer->setAcquireFence(hw, *cur);
    }
```

细节部分我们不再赘述，读者可以自行阅读。当 CompositionType 为 HWC_FRAMEBUFFER 时，说明此 layer 需要由 OpenGL ES 来处理，具体而言就是调用 layer->draw，然后 draw 又直接调用了 onDraw：

```
void Layer::onDraw(const sp<const DisplayDevice>& hw, const Region& clip) const
{…
    if (CC_UNLIKELY(mActiveBuffer == 0)) {
        /*如果texture还没有生成，换句话说，此Layer未绘制过。这是有可能发生的，因为WindowManager
        没有办法知道客户程序什么时候才会进行第一次绘制。当发生这种情况时，如果Layer下面没有其他
        东西的话，就将屏幕"涂黑"，否则跳过*/
        …//代码略
    }
    status_t err = mSurfaceFlingerConsumer->bindTextureImage();
    …//OpenGL ES 环境的准备工作，省略
    drawWithOpenGL(hw, clip);
    …
}
```

变量 mActiveBuffer 在前面几个小节的处理中已经被设置成最新的缓冲区了。但它有可能是空的，如应用程序还没有开始做绘制工作，在此之前都可能发生这种情况。此时程序将进一步找出所有在此 layer 之下的可见区域，再由此计算不会被遮盖的区域：

```
Region holes(clip.subtract(under));
```

除 holes 之外的所有区域，都会被"涂黑"，这是由 clearWithOpenGL(holes, 0, 0, 0, 1)完成的。紧接着通过 SurfaceFlingerConsumer::bindTextureImage 来把当前缓冲区数据绑定到 OpenGL 纹理中。

接下来根据当前情况调用 opengl 的各 API 接口进行必要配置，为 drawWithOpenGL 做最后准备工作：

```
void Layer::drawWithOpenGL(const sp<const DisplayDevice>& hw, const Region& clip) const {
    const uint32_t fbHeight = hw->getHeight();//Display 的高度
    const State& s(drawingState());//即 mDrawingState
    /*Part1: 判断是否需要 BLEND? */
    GLenum src = mPremultipliedAlpha ? GL_ONE : GL_SRC_ALPHA;
    if (CC_UNLIKELY(s.alpha < 0xFF)) {//非完全不透明
        const GLfloat alpha = s.alpha * (1.0f/255.0f);;//归一化
        if (mPremultipliedAlpha) {//预乘 alpha 打开
            glColor4f(alpha, alpha, alpha, alpha);//两个函数的RGBA 表达方式不同
        } else {
            glColor4f(1, 1, 1, alpha);
        }
        glEnable(GL_BLEND);//需要混合
        glBlendFunc(src, GL_ONE_MINUS_SRC_ALPHA);//制定混合算法
        glTexEnvx(GL_TEXTURE_ENV, GL_TEXTURE_ENV_MODE, GL_MODULATE);
    } else {//完全不透明，alpha 为 1
        glColor4f(1, 1, 1, 1);
        glTexEnvx(GL_TEXTURE_ENV, GL_TEXTURE_ENV_MODE, GL_REPLACE);
        if (!isOpaque()) {//不是 opaque，也需要 blend
            glEnable(GL_BLEND);
            glBlendFunc(src, GL_ONE_MINUS_SRC_ALPHA);//同前面 s.alpha < 0xFF 情况一样
        } else {
            glDisable(GL_BLEND);//不需要 blend
        }
    }
```

```
        /*Part2:下面开始执行具体操作*/
        …
        struct TexCoords {       /*顶点结构体*/
            GLfloat u;
            GLfloat v;
        };

        const Rect win(computeBounds());//边框
        GLfloat left = GLfloat(win.left) / GLfloat(s.active.w);//左边缘
        GLfloat top = GLfloat(win.top) / GLfloat(s.active.h);//上边缘
        GLfloat right = GLfloat(win.right) / GLfloat(s.active.w);//右边缘
        GLfloat bottom = GLfloat(win.bottom) / GLfloat(s.active.h);//下边缘

        TexCoords texCoords[4];//定义 4 个顶点
        texCoords[0].u = left;/*texCoords[4],分别用来表示下面的几个顶点*/
        texCoords[0].v = top;/*win 框的左上、左下、右下和右上的 4 个顶点*/
        texCoords[1].u = left;
        texCoords[1].v = bottom;
        texCoords[2].u = right;
        texCoords[2].v = bottom;
        texCoords[3].u = right;
        texCoords[3].v = top;
        for (int i = 0; i < 4; i++) {
            texCoords[i].v = 1.0f - texCoords[i].v;
        }

        glEnableClientState(GL_TEXTURE_COORD_ARRAY);//接下来要处理纹理坐标数组
        glTexCoordPointer(2, GL_FLOAT, 0, texCoords);//设置纹理坐标数组
        glVertexPointer(2, GL_FLOAT, 0, mesh.getVertices());//设置顶点数组
        glDrawArrays(GL_TRIANGLE_FAN, 0, mesh.getVertexCount());/*根据数组数据来绘制
                                                                 primitives*/

        glDisableClientState(GL_TEXTURE_COORD_ARRAY);
        glDisable(GL_BLEND);//关闭 BLEND
    }
```

整个函数逻辑分为两部分：首先判断是否需要 BLEND，然后再执行具体的操作。

变量 mPremultipliedAlpha 表示"预乘 alpha 通道"，它是 RGBA 的另一种表达方式。比如传统的 RGBA 是（r,g,b,a），而 premultiplied alpha 就是（ra,ga,ba,a）。在某些场景下采用后一种方式能达到更好的效果，大家可以自行查阅相关资料以了解详情。

因而当 mPremultipliedAlpha 为 true 时，设置颜色：

```
glColor4f(alpha, alpha, alpha, alpha);
```

否则就是：

```
glColor4f(1, 1, 1, alpha);
```

在判断是否需要 BLEND 时有如下几种情况。

- 当前不是完全不透明的

毋庸置疑，这种情况需要开启 BLEND。

- 当前是完全不透明的

如果 isOpaque() 返回值为 false，那么还是需要开启 BLEND 功能；否则 Disable BLEND。

开启 BLEND 在 Opengl ES 中对应的 API 是 glEnable(GLenum cap)，参数为 GL_BLEND。BLEND 的目的就是通过"源色"和"目标色"的混合计算来产生透明特效，有多种混合算法可供选择，由 glBlendFunc 来配置：

```
glBlendFunc(GLenum sfactor, GLenum dfactor);
```

第一个参数是源因子，后一个则是目标因子。

可选值如表 9-10 所示。

表 9-10　　　　　　　　　　　　glBlendFunc 可选因子

VALUE	Description
GL_ZERO	使用 0.0 作为混合因子
GL_ONE	使用 1.0 作为混合因子
GL_SRC_COLOR	根据源颜色的各分量计算出混合因子
GL_ONE_MINUS_SRC_COLOR	根据（1-源颜色各分量）计算出混合因子
GL_SRC_ALPHA	根据源颜色的 alpha 计算出混合因子
GL_ONE_MINUS_SRC_ALPHA	根据（1.0-源颜色 alpha）计算出混合因子
GL_DST_ALPHA	根据目标颜色的 alpha 计算出混合因子
GL_ONE_MINUS_DST_ALPHA	根据（1.0-目标颜色 alpha）计算出混合因子
GL_DST_COLOR	根据目标颜色的各分量计算出混合因子
GL_ONE_MINUS_DST_COLOR	根据（1-目标颜色各分量）计算出混合因子

每种情况下混合因子的具体算法以及 blend 的计算公式，可以参考官方文档描述。这里我们只要明白它的使用方法即可。

完成 BLEND 功能的判断后，接下来就可以执行具体操作了。

首先计算纹理区域的各坐标点，结果值以 texCoords[4]数组来记录。这样做的目的是保证我们能在正确的区域中绘制图形。一切准备就绪，最后就可以调用 OpenGL ES 的各 API 接口进行绘制了。

其中 glEnableClientState(GL_TEXTURE_COORD_ARRAY)说明要处理的是纹理坐标数组；glVertexPointer(2, GL_FLOAT, 0, mVertices)指明是二维坐标，float 数据类型，紧凑方式排列，描述顶点数组的是 mVertices（这个数组值在 validateVisibility 中计算，个数为 4）；glTexCoordPointer(2, GL_FLOAT, 0, texCoords)也表示二维坐标系，float 数据类型，紧凑排列，纹理的顶点数组由前面计算得到的 texCoords 表示。

最后，调用 glDrawArrays(GL_TRIANGLE_FAN, 0, mNumVertices)来绘制三角形。OpenGL ES 取消了对 QUAD 的支持，但提供了 GL_TRIANGLE_FAN 与 GL_TRIANGLE_STRIP 两种三角形绘制方式。下面大致讲解下它们的操作方式。

GL_TRIANGLE_FAN：假设有 N 个顶点，那么第 n 个三角形的顶点就是（1,n+1,n+2），总共有 N-2 个三角形。

GL_TRIANGLE_STRIP：假设有 N 个顶点，也是有 N-2 个三角形。

➢ N 为奇数（odd）。那么第 n 个三角形的顶点是（n,n+1,n+2）。

➢ N 为偶数（even）。那么第 n 个三角形的顶点就是（n+1,n,n+2）。

以这个场景为例，因为 mVertices[0]-mVertices[3]分别表示左上、左下、右下、右上 4 个顶点（可以参见 validateVisibility 中的实现），那么采用这两种模式的结果如图 9-46 所示。

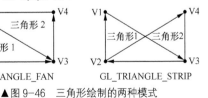

▲图 9-46　三角形绘制的两种模式

这样 drawWithOpenGL 就成功完成当前 Layer 的绘制了，然后先返回 doComposeSurfaces，再返回 doDisplayComposition 中：

```
void SurfaceFlinger::doDisplayComposition(const sp<const DisplayDevice>& hw, const
Region& inDirtyRegion)
{
…
doComposeSurfaces(hw, dirtyRegion);/*返回到这里,此时已经完成了 hw 中相关 Layer 的
                                     compose 工作*/
```

```
    …
    hw->swapBuffers(getHwComposer());
```

虽然相关 Layer 的 compose 已经完成，但用户此时还看不到，因为我们还需要最后一个关键操作，即 swapBuffers：

```
void DisplayDevice::swapBuffers(HWComposer& hwc) const {
    if (hwc.initCheck() != NO_ERROR || (hwc.hasGlesComposition(mHwcDisplayId) &&
            hwc.supportsFramebufferTarget())) {
        EGLBoolean success = eglSwapBuffers(mDisplay, mSurface);
        …
    }
    …
}
```

可以看到，程序并不是在任何情况下都会调用 eglSwapBuffers 来交换前后台数据。需要满足如下条件之一：

- hwc.initCheck() != NO_ERROR

也就是说，HWC 模块无法正确加载使用。

- hwc.hasGlesComposition(mHwcDisplayId) &&hwc.supportsFramebufferTarget()

有的 Layer 的 compositionType 是 HWC_FRAMEBUFFER，且 HWC 支持 Framebuffer Target。

当 doDisplayComposition 返回时，说明 doComposition 对某个 DisplayDevice 的处理结束，接着它会继续进入下一轮循环，直到所有 DisplayDevice 的处理都完成。最后，doComposition 调用如下函数：

```
void SurfaceFlinger::postFramebuffer()
{…
    HWComposer& hwc(getHwComposer());
    if (hwc.initCheck() == NO_ERROR) {
        …
        hwc.commit();
    }
}
```

在 HWComposer::commint 中，将调用 HWC 模块的 HAL 接口 set。这个函数我们前面已经讲解过，大家可以回头看看。

最后以图 9-47 来总结本小节的内容，希望能帮助读者理顺整个流程。

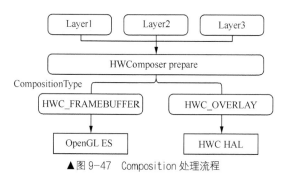

▲图 9-47　Composition 处理流程

第 10 章 GUI 系统之"窗口管理员"——WMS

WindowManagerService（以下简称 WMS）是做什么的？

"Window"表明它是与窗口相关的，"Manager"指出它具有管理者的身份。因而简单来说，它就是"窗口管理员"——"窗口"是一个抽象的概念，从用户的角度来讲，它是一个"界面"，如拨号面板；从 SurfaceFlinger 的角度来看，它是一个 Layer，承载着和"界面"有关的数据和属性；从 WMS 的角度来看，它是一个 WindowState，用于管理和"界面"有关的状态。综合来说，无论是 SurfaceFlinger、WMS 或者后面章节中将会分析的 ViewRoot，都是在为"同一个目标"而努力——正确高效地显示 UI 界面，只不过大家的职责不一样。

打个比方，就像一出由 N 个演员参与的话剧：SurfaceFlinger 是摄像机，WMS 是导演，ViewRoot 则是演员个体。摄像机（SurfaceFlinger）的作用是单一而规范的——它负责客观地捕获当前的画面，然后真实地呈现给观众；导演（WMS）则会考虑到话剧的舞台效果和视觉美感，如他需要根据实际情况来安排各个演员的排序站位，谁在前谁在后，都会影响到演出的"画面效果"与"剧情编排"；而各个演员的长相和表情（ViewRoot），则更多地取决于他们自身的条件与努力。正是通过这三者的"各司其职"，才能最终为观众呈现出一场美妙绝伦的"视觉盛宴"。

从计算机 I/O 系统的角度来分析，WMS 至少要完成以下两个功能。

- 全局的窗口管理（Output）

根据计算机体系结构的分类，"窗口管理"属于"输出"部分——应用程序的显示请求在 SurfaceFlinger 和 WMS 的协助下有序地输出给物理屏幕或者其他显示设备。

- 全局的事件管理派发（Input）

与此相对应，"事件的管理派发"就可以看作 WMS 的"输入"功能。这同时也是 WMS 区别于 SurfaceFlinger 的一个重要因素——因为后者只做与"显示"相关的事情，而 WMS 则还要"兼职"对输入事件的派发。因为硬件配置的差异，不同的产品对于事件的管理需求也是不一样的。需要 WMS 管理的事件源包括但不限于：

> 键盘

嵌入式设备（比如手机）通常不会配备 Qwerty 全键盘，更多情况下只是设计了 Home、Back、Menu、Vol+/-等常用的功能按键。

> 触摸屏

目前市面上的主流 Android 设备都配备了触摸屏。

> 鼠标

不常见，移动式设备很少支持鼠标。

> 轨迹球（Trackball）

可能不少读者对轨迹球比较陌生，它在手机发展的早期曾经存在过一段时间（如 2008 年上市的 Google 第一款手机 G1），不过已经逐渐退出了历史舞台。有兴趣的读者可以自行查阅相关资料。

第 10 章 GUI 系统之"窗口管理员"——WMS

10.1 "窗口管理员"——WMS 综述

了解了 WMS"需要做什么"后,接下来可以有针对性地去分析它是"怎么做的了"。在看 Android 给出的答案之前,读者可以先试想一下,如果让我们来设计一个窗口管理器,该如何着手?相信经过自己的思考与探索再来研究 Android 中的源码,很多东西就会"一点即透"。

图 10-1 描述了 WMS 的一个设计漫想,大家可以先参考下。

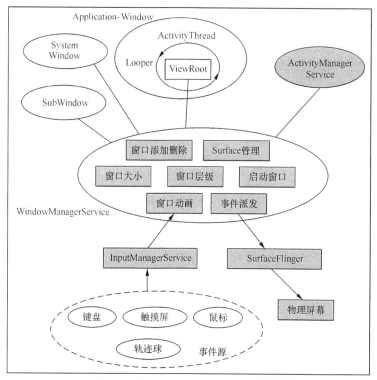

▲图 10-1 WindowManagerService 的设计漫想

从图中可知,要实现完整的窗口管理器,所涉及的元素最少应包括以下几个。

1. WindowManagerService(WMS)

WMS 将以什么样的形态来提供服务呢?没错,和 AMS 等 Service 一样,WMS 也会是系统级服务的一部分。细化而言,它应该具有如下属性。

- 由 SystemServer 负责启动

这就意味着 WMS 的启动时机相对较晚。聪明的读者一定会问,那么在 WMS 还没有运行之前,终端显示屏上难道就"一团黑"?当然不是。因为在 WMS 启动前系统只需要显示开机画面,而它们都有特殊的方式来向屏幕输出图像。比如前一章中介绍的开机动画,就是由 BootAnimation 直接通过 OpenGL ES 与 SurfaceFlinger 的配合来完成的。这也从侧面告诉我们,要想在 Android 中显示 UI 界面,并不一定要通过 WMS——我们完全可以模拟 BootAnimation 来写一个不基于 WMS 的 Linux 应用程序,有兴趣的读者可以尝试下。

- 直到系统关机时才能退出

这很容易理解——如果"导演"都不在了,那整台话剧自然也就乱了。

- 发生异常时必须能自动重启

是软件就难免有 Bug。如果 WMS 不幸发生了异常，后果将非常严重。所以要求它必须具备发生异常时重启的功能。

2. SurfaceFlinger

前面我们分析了 SurfaceFlinger 与 WMS 的关系，从中可以推测出两者间必定会有不少交集，后续小节会有详细分析。

3. 有图形显示需求的程序

除了常见的以 Activity 组件所构成的应用程序外，Android 系统自身也有界面显示的需求。可想而知，不同类型的用户所创建的窗口是有优先级的。比如：

- Application Window

针对普通应用程序的显示申请所产生的窗口。和系统窗口相比，它们的窗口"层级值"比较低。

- System Window

比如顶部的系统状态栏、壁纸等都属于系统窗口。

- Sub Window

这种类型的窗口也称为子窗口，所以它的属性很大程度上受限于其父窗口。比如我们点击 Menu 时出现的应用程序菜单，就是在原来窗口的基础上弹出来的。

……

后续小节会详细描述所有类型窗口的"层级值"分配。

4. InputManagerService(IMS)

WMS 是派发系统按键和触摸消息这一"重任"的最佳"人"选。当 IMS 收到一个按键或者触摸事件时，它需要寻找一个最合适的"窗口"来处理消息；而 WMS 是窗口的管理者，系统中所有窗口的状态和信息都在其掌控中，完成这一工作"不在话下"。

5. ActivityManagerService (AMS)

AMS 和 WMS 之间也有交互。AMS 是管理系统中所有 Activity 的"大总管"，而 Activity 状态的变化通常会带来"界面"上的改变。举个例子，假设 Activity1 启动了 Activity2，那么体现到界面上的变化就是 Activity1 逐步淡出（窗口动画效果，后续小节有讲解）显示，而后 Activity2 描述的 UI 界面占据屏幕。

6. Binder 通信

无论是 SurfaceFlinger，AMS 或者应用进程，它们与 WMS 间都需要进行 Binder 通信。面对不同的设计需求，Binder 也会有各种样式上的变异。不过"万变不离其宗"，如果读者对这些基础知识还不清楚，建议先回头复习一下进程/线程和 Binder 相关章节的内容，然后再来看 WMS 中对它们的应用。

从 WindowManagerService 的内部实现来讲，它需要包含如下子功能。

- 窗口的添加与删除

当某个进程（无论是普通应用程序或者系统进程）有显示需求时，它可以请求 WMS 添加一个窗口，并于不再需要显示时移除该窗口。

- 启动窗口

当我们增加一个新窗口时，在某些条件下需要添加一个"启动窗口"，后续小节有详细分析。
- 窗口动画

当窗口间切换时，采用"窗口动画"可以加强 UI 特效，让你的产品看起来更"炫"。窗口动画是允许定制的。
- 窗口大小

Android 系统支持显示不同尺寸大小的窗口，如 StatusBar 就只是屏幕最顶层的一条"Bar"；类似的还有对话框、悬浮窗等，这些窗口的大小设定与管理都需要由 WMS 完成。
- 窗口层级

即 Z-Order，在 SurfaceFlinger 中我们已经看到了它对于最终显示结果的影响。不过 SurfaceFlinger 只是"摄像机"，它负责客观地拍摄当前场景；而各窗口 Z-Order 的调整则是由 WMS 来完成的。
- 事件派发

事件派发也是 WMS 一个必不可少的功能。

10.1.1 WMS 的启动

我们说过，WMS 属于 SystemServer 启动众多系统服务中的一种：

```
/*frameworks/base/services/java/com/android/server/SystemServer.java*/
public void run() {
    ….
    Slog.i(TAG, "Window Manager");
    wm = WindowManagerService.main(context, power, display, inputManager, uiHandler, wmHandler,
            factoryTest != SystemServer.FACTORY_TEST_LOW_LEVEL,!firstBoot, onlyCore);
    ServiceManager.addService(Context.WINDOW_SERVICE, wm);/*注册到 Service Manager 中，
                        其他进程可以利用 Context.WINDOW_SERVICE 即 "window" 来获取 WMS 服务*/
```

它提供了一个静态的 main 函数，真正的创建工作是在这里面实现的。具体源码分析可以参见本书"Android 进程/线程管理"章节中的"Thread 休眠和唤醒"，这里不再赘述。

这样 WMS 服务就成功地启动起来了，而且其他进程也可以通过向 ServiceManager 查询 "window" 来获取它的服务。接下来的小节我们会分析 WMS 提供了哪些接口功能。

10.1.2 WMS 的基础功能

WMS 使用 AIDL 的方式来描述它的接口。关于使用 AIDL 生成的 Binder Server 与手工 Binder Server 的区别，我们在前面章节已经详细分析过，不清楚的读者可以回头复习一下。在未进行编译的情况下，源码中只能找到 IWindowManager.aidl。而后这个文件会被 AIDL 工具转化为 IWindowManager.java：

```
/*frameworks/base/core/java/android/view/IWindowManager.aidl*/
interface IWindowManager
{…
    IWindowSession openSession(in IInputMethodClient client, in IinputContext
    inputContext); /*与 WMS 建立一个 Session 连接，有点类似于 SurfaceFlinger 中的 Client*/
    boolean inputMethodClientHasFocus(IInputMethodClient client);
    void getInitialDisplaySize(int displayId, out Point size);/*下面几个接口都与 Display 有关*/
    void getBaseDisplaySize(int displayId, out Point size);
    void setForcedDisplaySize(int displayId, int width, int height);
    …
    boolean hasSystemNavBar();
    …
    void addWindowToken(IBinder token, int type);//后面一个小节会解释 Window Token 的含义
    void removeWindowToken(IBinder token);
```

10.1 "窗口管理员"——WMS 综述

```
    void addAppToken(int addPos, IApplicationToken token,
        int groupId, int requestedOrientation, boolean fullscreen, boolean showWhenLocked);
    …
    void prepareAppTransition(int transit, boolean alwaysKeepCurrent);/*窗口动画相关*/
    int getPendingAppTransition();
    void overridePendingAppTransition(String packageName, int enterAnim, int exitAnim,
                        IRemoteCallback startedCallback);
    void overridePendingAppTransitionScaleUp(int startX, int startY, int startWidth, int
startHeight);
    …
    void setAppStartingWindow(IBinder token, String pkg, int theme,
        in CompatibilityInfo compatInfo, CharSequence nonLocalizedLabel, int labelRes,
        int icon, int windowFlags, IBinder transferFrom, boolean createIfNeeded);
                                                                    /*启动窗口*/
    void setAppWillBeHidden(IBinder token);
    void setAppVisibility(IBinder token, boolean visible);/*当 App 状态改变时,通知 WMS 来调
                                                          整界面显示*/
    …
    void updateRotation(boolean alwaysSendConfiguration,boolean forceRelayout);/*与屏幕
                                                            旋转有关的接口*/
    int getRotation();
    int watchRotation(IRotationWatcher watcher);
    void removeRotationWatcher(IRotationWatcher watcher);
    …
    Bitmap screenshotApplications(IBinder appToken, int displayId, int maxWidth, int
maxHeight);/*屏幕截图*/
    void statusBarVisibilityChanged(int visibility);/*Status bar 通知 WMS 可见性的变化情况*/
    …
}
```

上面代码段节选了 WMS 提供的部分重要接口，以此让大家有个直观的印象。从中可以了解到 WMS 所要完成的"功能"既多且杂——比如获得显示屏的尺寸大小、判断是否有 System Bar、是否有 Navigation Bar、锁定屏幕、截取屏幕等。

10.1.3　WMS 的工作方式

WMS 是 Android 中一个非常重要的系统服务，内部实现也相对复杂。对于初学者来说可能会找不到"入手"的地方，因而我们可以先把它的工作方式作为学习的切入点，如图 10-2 所示。

WMS 的工作方式在几个 Jelly Bean 版本中（4.1～4.3）差异还是比较大的。4.1 版本中，当 SystemServer 调用 WindowManagerService.main 时（仍然是运行在 SystemServer 自己的线程中的），它会创建一个 WMThread 来作为 WMS 独立的服务线程——我们称之为 WMS 的主线程。当主线程成功运行后，SystemServer 才能从 main 函数返回并继续做其他操作。同时，WMS 的主线程则进入循环中，即 Looper。

4.1 版本以后的 WMS 工作方式逐步发生了改变，其中最显著的一个就是 WMThread 不复存在，取而代之的是 SystemServer 中的 wmHandlerThread。这样的设计使得 SystemServer 中的其他 Service 也可以往 wmHandlerThread 中投递事件，从而便捷地获取 WMS 的服务。另外，WMS 中接收到的大部分服务请求都是由跨进程的对象产生的（我们在上图中把它们统一命名为"调用者"），如 InputManagerService、各应用进程等。这些调用者通过以下两种典型的方式，源源不断地将外部用户的请求和状态反馈给 WMS。

- 事件投递

既然 WMS 有自己运行的主线程，那么通常情况下外界的请求或者事件只要投递到这个线程的队列中即可。具体而言，当 wmHandlerThread 创建一个 WindowManagerService 对象时，后者的 mH 成员变量将与 wmHandlerThread 产生关联。而后如果调用者通过 IWindowManager 提供的接口来获取服务时，就可以利用 mH 来把消息投递到 wmHandlerThread 所属的消息队列中。这就是事件投递的方法。

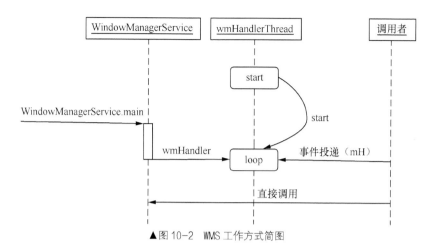

▲图 10-2　WMS 工作方式简图

- 直接调用

我们在进程章节讲述 Handler 和 MessageQueue 的关系时，曾举过一个借钱的例子：如果这一事件（借钱）不是非常着急的话，可以先排队再处理；反之，如果是刻不容缓的事件，就需要当即处理。WMS 同样也存在这样的工作方式——不过要特别注意，此时事件的处理过程仍然运行在事件产生者自己的线程中。

比如下面的 isKeyguardLocked 就直接调用了 WMS 的内部实现，而没有先将事件入队：

```
public boolean isKeyguardLocked() {
    return mPolicy.isKeyguardLocked();
}
```

另一个接口 showStrictModeViolation 则是通过事件投递的方式实现的：

```
public void showStrictModeViolation(boolean on) {
    if (mHeadless) return;
    int pid = Binder.getCallingPid();
    mH.sendMessage(mH.obtainMessage(H.SHOW_STRICT_MODE_VIOLATION, on ? 1 : 0, pid));
}
```

10.1.4　WMS，AMS 与 Activity 间的联系

一个 Activity 在启动过程中，需要多个系统服务的支持——而其中最主要的就是 AMS 和 WMS。我们从两个方面来考查这三者的关系。

1. IPC 通信

Activity 运行在应用程序进程中，而 AMS 和 WMS 则运行在系统相关进程中，它们之间的通信需要 Binder 的支持。从这个角度来看，它们之间的关系如图 10-3 所示。

Activity 与 AMS 的进程间通信实现，我们在 ActivityManagerService 章节有详细分析，这里不再赘述。另外，因为 WMS 与 AMS 实际上是驻留在同一个进程中的（它们都由 SystemServer 启动），所以理论上是可以直接进行函数调用的。比如 SystemServer 就通过 ActivityManagerService.self().setWindowManager(wm)来将 WindowManagerService.main 的结果传递给 AMS；而 WMS 虽然是通过 ActivityManagerNative.getDefault()来取得一个 IActivityManager 对象，但根据 Binder 驱动的实现原理，它实际上得到的也是 AMS 对象的内存地址。如果读者觉得这部分知识还不是很清楚，建议回头复习下 Binder 章节。

10.1 "窗口管理员"——WMS 综述

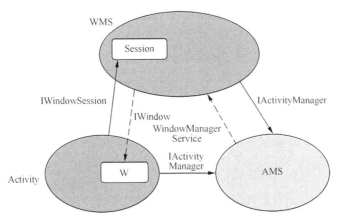

▲图 10-3 WMS、AMS 和 Activity 三者间的 IPC 通信

应用程序访问 WMS 的服务首先当然得通过 ServiceManager，因为 WMS 是实名 Binder Server；除此之外，WMS 还需要针对每个 Activity 提供另一种匿名的实现，即 IWindowSession——这有点类似于 SurfaceFlinger 中的 Client。WMS 和 SurfaceFlinger 是面向系统中所有应用程序服务的，如果客户的任何"小请求"都需要直接通过它们来处理，那么无疑会加重两者的负担，进而影响到系统的整体响应速度。所以 WMS 通过 IWindowManager::openSession()向外界开放一个打开 Session 的接口，然后客户端的一些"琐碎"杂事就可以找 Session 解决了。比如 ViewRoot 在构造时就会调用这个函数：

```
/*frameworks/base/core/java/android/view/ViewRootImpl.java*/
public ViewRootImpl(Context context) {…
    mWindowSession = WindowManagerGlobal.getWindowSession();//获取一个 IWindowSession
    …
}
/*frameworks/base/core/java/android/view/WindowManagerGlobal.java*/
    public static IWindowSession getWindowSession() {
        synchronized (WindowManagerGlobal.class) {
            if (sWindowSession == null) {
                try {…
                    IWindowManager windowManager = getWindowManagerService();
                    sWindowSession = windowManager.openSession(
                        imm.getClient(), imm.getInputContext());
                    …
```

ISession 在 Server 端的实现是 Session，后续我们会进行更详细的讲解。

那么，WMS 如何访问应用程序呢？

这也是由匿名 Binder 来完成的。在应用程序进程中，它首先通过 openSession 来建立与 WMS 的"私有连接"。紧接着它会调用 IWindowSession::relayout(**IWindow** window,…)——这个函数的第一个参数就是由应用程序提供的，用于 WMS 回访应用进程的匿名 Binder Server。IWindow 在应用进程中的实现是 W 类：

```
static class W extends IWindow.Stub {…
```

W 提供了包括 resized，dispatchAppVisibility，dispatchScreenState 在内的一系列回调接口，用于 WMS 实时通知应用进程界面上的变化（有些变化并不是应用进程的主动意愿）。

2. 内部组织方式

当一个新的 Activity 被启动时（startActivity），它首先需要在 AMS 中注册——此时 AMS 会在内部生成一个 ActivityRecord 来记录这个 Activity；另外因为 Activity 是四大组件中专门用于 UI 显示的，所以 WMS 也会对它进行记录——以 WindowState 来表示。

所以从服务内部组织方式的角度来讲，三者的关系如图 10-4 所示。

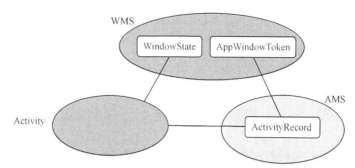

▲图 10-4　Activity 在 AMS 和 WMS 中的组织和管理

如图所示，WMS 除了利用 WindowState 来保存一个"窗口"相关的信息外，还使用 AppWindowToken 来对应 AMS 中的一个 ActivityRecord。这样三者间就形成非常紧密的联系，为窗口的显示与管理打下了坚实的基础。

10.2　窗口属性

10.2.1　窗口类型与层级

Android 支持的窗口类型很多，不过我们可以将它们统一划分为三大类，即 Application Window，System Window 和 Sub Window。另外各个种类下还细分为若干子类型，且都在 WindowManager.java 中定义，如下所示。

1. Application Window

普通应用程序的窗口都属于这一类，如表 10-1 所示。

表 10-1　　　　　　　　　　　　　Application Window 细分

Type	Description
FIRST_APPLICATION_WINDOW= 1	应用程序窗口类型的起始值
TYPE_BASE_APPLICATION= 1	应用程序窗口类型的基础值，其他窗口类型以此为基础
TYPE_APPLICATION= 2	普通应用程序的窗口类型
TYPE_APPLICATION_STARTING= 3	应用程序的启动窗口类型。它不能由应用程序本身使用，而是 Android 系统为应用程序启动前设计的窗口——当真正的应用窗口启动后就消失了
LAST_APPLICATION_WINDOW= 99	应用程序窗口类型的最大值

2. Sub Window

从 "Sub Window" 的字面意思可以了解到，这类窗口将附着在其他 Window 中，因而被称为 "子窗口"。具体包括如下子类型，如表 10-2 所示。

表 10-2　　　　　　　　　　　　　　Sub Window 细分

Type	Description
FIRST_SUB_WINDOW=1000	子窗口类型的起始值
TYPE_APPLICATION_PANEL= FIRST_SUB_WINDOW	应用程序的 panel 子窗口，在它的父窗口之上显示

续表

Type	Description
TYPE_APPLICATION_MEDIA= FIRST_SUB_WINDOW+1	用于显示多媒体内容的子窗口，位于父窗口之下
TYPE_APPLICATION_SUB_PANEL= FIRST_SUB_WINDOW+2	也是一种 panel 子窗口，位于父窗口以及所有 TYPE_APPLICATION_PANEL 子窗口之上
TYPE_APPLICATION_ATTACHED_DIALOG= FIRST_SUB_WINDOW+3	Dialog 子窗口，如 menu 类型
TYPE_APPLICATION_MEDIA_OVERLAY= FIRST_SUB_WINDOW+4	多媒体窗口的覆盖层，位于 TYPE_APPLICATION_MEDIA 和应用程序窗口之间，通常需要是透明的才有意义。目前此类型处于未开放状态
LAST_SUB_WINDOW= 1999	子窗口类型的结束值

3. System Window

系统程序所采用的窗口类型，细分如表 10-3 所示。

表 10-3　　　　　　　　　　　System Window 细分

Type	Description
FIRST_SYSTEM_WINDOW = 2000;	系统窗口的起始值
TYPE_STATUS_BAR = FIRST_SYSTEM_WINDOW;	系统状态栏窗口
TYPE_SEARCH_BAR = FIRST_SYSTEM_WINDOW+1;	搜索条窗口
TYPE_PHONE= FIRST_SYSTEM_WINDOW+2;	通话窗口，特别是来电通话。通常情况下它位于系统状态栏之下，其他应用程序窗口之上
TYPE_SYSTEM_ALERT = FIRST_SYSTEM_WINDOW+3;	Alert 窗口，如电量不足的警告窗口。通常都位于所有其他应用程序之上
TYPE_KEYGUARD = FIRST_SYSTEM_WINDOW+4;	屏保窗口
TYPE_TOAST = FIRST_SYSTEM_WINDOW+5;	短暂的提示框窗口
TYPE_SYSTEM_OVERLAY = FIRST_SYSTEM_WINDOW+6;	系统覆盖层窗口，这种类型的窗口不能接收 input 焦点，否则会与屏保发生冲突
TYPE_PRIORITY_PHONE = FIRST_SYSTEM_WINDOW+7;	电话优先窗口，如屏保状态下显示来电窗口
TYPE_SYSTEM_DIALOG = FIRST_SYSTEM_WINDOW+8;	比如 RecentAppsDialog 就是这种类型的窗口
TYPE_KEYGUARD_DIALOG = FIRST_SYSTEM_WINDOW+9;	屏保时显示的对话框
TYPE_SYSTEM_ERROR = FIRST_SYSTEM_WINDOW+10;	系统错误窗口
TYPE_INPUT_METHOD = FIRST_SYSTEM_WINDOW+11;	输入法窗口
TYPE_INPUT_METHOD_DIALOG = FIRST_SYSTEM_WINDOW+12;	输入法窗口之上的对话框式窗口
TYPE_WALLPAPER = FIRST_SYSTEM_WINDOW+13;	壁纸窗口
TYPE_STATUS_BAR_PANEL = FIRST_SYSTEM_WINDOW+14;	滑动状态栏出现的窗口
TYPE_SECURE_SYSTEM_OVERLAY= FIRST_SYSTEM_WINDOW+15; TYPE_DRAG= FIRST_SYSTEM_WINDOW+16; TYPE_STATUS_BAR_SUB_PANEL= FIRST_SYSTEM_WINDOW+17; TYPE_POINTER= FIRST_SYSTEM_WINDOW+18; 3 种类型	暂未开放
TYPE_NAVIGATION_BAR = FIRST_SYSTEM_WINDOW+19;	导航条，可以参见本书应用篇的 System UI 章节

续表

Type	Description
TYPE_VOLUME_OVERLAY = FIRST_SYSTEM_WINDOW+20;	系统音量条
TYPE_BOOT_PROGRESS = FIRST_SYSTEM_WINDOW+21;	启动时的进度条窗口
TYPE_HIDDEN_NAV_CONSUMER = FIRST_SYSTEM_WINDOW+22;	当导航条隐藏时用于消耗触摸事件的伪窗口
TYPE_DREAM= FIRST_SYSTEM_WINDOW+23; TYPE_NAVIGATION_BAR_PANEL= FIRST_SYSTEM_WINDOW+24;	暂未开放
TYPE_UNIVERSE_BACKGROUND = FIRST_SYSTEM_WINDOW+25;	在多用户系统中，将显示给所有用户
TYPE_DISPLAY_OVERLAY = FIRST_SYSTEM_WINDOW+26;	用于模拟第二个显示设备
TYPE_MAGNIFICATION_OVERLAY = FIRST_SYSTEM_WINDOW+27;	有点类似于"放大镜"的效果，用于放大显示某部分内容
TYPE_RECENTS_OVERLAY = FIRST_SYSTEM_WINDOW+28;	与 TYPE_SYSTEM_DIALOG 基本一致，区别是 TYPE_RECENTS_OVERLAY 只显示在一个用户的屏幕上
LAST_SYSTEM_WINDOW = 2999;	系统窗口结束

每种子类型后面都有一个数值，代表了它的窗口类型值。比如 TYPE_STATUS_BAR= FIRST_SYSTEM_WINDOW=2000。三大窗口类型的间隔是：

```
Application Window: 1-99
Sub Window: 1000-1999
System Window: 2000-2999
```

当某个进程向 WMS 申请一个窗口时，它需要指定所需的窗口类型（注意：除个别特殊情况外应用程序是不能创建系统窗口的，因为系统会做权限检查）。然后 WMS 根据用户申请的窗口类型以及当前系统中已有窗口的情况来给它分配一个最终的"层级值"（这是根据窗口类型值计算出来的，后续有详细说明）。

系统在运行期间，很可能会有多个窗口属于同一种窗口类型。比如当前有 3 个应用程序在执行，那么类型为 TYPE_APPLICATION 的应用程序窗口至少就会有 3 个。因而 WMS 需要根据具体情况来调整它们的最终"层级值"。数值越大的窗口，其在 WMS 中的优先级越高，最终在屏幕上显示时就越靠近用户。我们来看看具体的分配规则：

```
/*frameworks/base/services/java/com/android/server/wm/WindowManagerService.java*/
private final void assignLayersLocked(WindowList windows) {
    int N = windows.size(); //当前系统中所有窗口的个数
    int curBaseLayer = 0;//根据上面所说的"窗口类型值"计算出来的，后面有分析
    int curLayer = 0;//层值
    int i;
    …
    for (i=0; i<N; i++) {
        final WindowState w = mWindows.get(i);
        final WindowStateAnimator winAnimator = w.mWinAnimator;
        boolean layerChanged = false;
        int oldLayer = w.mLayer;
        if (w.mBaseLayer == curBaseLayer || w.mIsImWindow
                || (i > 0 && w.mIsWallpaper)) {/*这个窗口的"基础层级"和前一个处理的窗口是
                                                不是一样的*/
            curLayer += WINDOW_LAYER_MULTIPLIER;/*同一"基础层级"的窗口，只要加上间隔就可以了*/
            w.mLayer = curLayer;
        } else {/*窗口的"基础层级"值变了*/
            curBaseLayer = curLayer = w.mBaseLayer;/*curBaseLayer 换成当前这个窗口的*/
            w.mLayer = curLayer;
        }
        if (w.mLayer != oldLayer) {
            layerChanged = true;
```

```
                anyLayerChanged = true;
            }
            …
        }…
    }
```

这个函数的计算前提是 windows 里的所有窗口都是按照 mBaseLayer 有序排列的。当 for 循环第一次执行时，因为 curBaseLayer=curLayer=0，所以 w.mBaseLayer 不等于 curBaseLayer，从而 curBaseLayer=curLayer=w.mBaseLayer。而下一轮循环中，取决于该 WindowState 的 mBaseLayer。如果它和上次相同，就证明是同一种类型的窗口，因而只要 curLayer+=WINDOW_LAYER_MULTIPLIER（值为 5。窗口间的间隔设为 5，而不是 1，是为后期可能有的 effect surface 做准备）即可，也就是在原来 Layer 值的基础上加上 5；如果不相同的话，说明又是另一种类型。因而当前 curBaseLayer 的值就是 w.mBaseLayer，而且 curBaseLayer=curLayer=w.mBaseLayer——如此循环往复，直到处理完 windows 中的所有窗口。

那么 mBaseLayer 是什么，它和前面所说的"窗口类型值"有什么关联？因为 mBaseLayer 是 WindowState 的成员变量，我们从它的构造函数入手：

```
/*frameworks/base/services/java/com/android/server/wm/WindowState.java*/
WindowState(…WindowManager.LayoutParams a,…) {…
    if ((mAttrs.type >= FIRST_SUB_WINDOW &&mAttrs.type <= LAST_SUB_WINDOW)) {
        mBaseLayer = mPolicy.windowTypeToLayerLw(attachedWindow.mAttrs.type) *
     WindowManagerService.TYPE_LAYER_MULTIPLIER+ WindowManagerService.TYPE_LAYER_OFFSET;
        mSubLayer = mPolicy.subWindowTypeToLayerLw(a.type);
        …
    } else {
        mBaseLayer = mPolicy.windowTypeToLayerLw(a.type)
                    * WindowManagerService.TYPE_LAYER_MULTIPLIER
                    + WindowManagerService.TYPE_LAYER_OFFSET;
        mSubLayer = 0;
        …
    }
}
```

由上述代码段可知，所有类型窗口的 BaseLayer 值都可以由以下几步取得。

Step1. windowTypeToLayerLw，该函数针对不同的窗口类型做了简单的映射。具体的映射规则取决于该设备所采用的 WindowManagerPolicy。比如，PhoneWindowManager 中的映射如表 10-4 所示。

表 10-4　　windowTypeToLayerLw 对照表（PhoneWindowManager）

WINDOW TYPE	LAYER	VALUE
[FIRST_APPLICATION_WINDOW, LAST_APPLICATION_WINDOW]	LAST_APPLICATION_WINDOW	2
TYPE_WALLPAPER	WALLPAPER_LAYER	2
TYPE_PHONE	PHONE_LAYER	3
TYPE_SEARCH_BAR	SEARCH_BAR_LAYER	4
TYPE_SYSTEM_DIALOG	SYSTEM_DIALOG_LAYER	5
TYPE_TOAST	TOAST_LAYER	6
TYPE_PRIORITY_PHONE	PRIORITY_PHONE_LAYER	7
TYPE_SYSTEM_ALERT	SYSTEM_ALERT_LAYER	8
TYPE_INPUT_METHOD	INPUT_METHOD_LAYER	9
TYPE_INPUT_METHOD_DIALOG	INPUT_METHOD_DIALOG_LAYER	10
TYPE_KEYGUARD	KEYGUARD_LAYER	11
TYPE_KEYGUARD_DIALOG	KEYGUARD_DIALOG_LAYER	12

续表

WINDOW TYPE	LAYER	VALUE
TYPE_DREAM	SCREENSAVER_LAYER	13
TYPE_STATUS_BAR_SUB_PANEL	STATUS_BAR_SUB_PANEL_LAYER	14
TYPE_STATUS_BAR	STATUS_BAR_LAYER	15
TYPE_STATUS_BAR_PANEL	STATUS_BAR_PANEL_LAYER	16
TYPE_VOLUME_OVERLAY	VOLUME_OVERLAY_LAYER	17
TYPE_SYSTEM_OVERLAY	SYSTEM_OVERLAY_LAYER	18
TYPE_NAVIGATION_BAR	NAVIGATION_BAR_LAYER	19
TYPE_NAVIGATION_BAR_PANEL	NAVIGATION_BAR_PANEL_LAYER	20
TYPE_SYSTEM_ERROR	SYSTEM_ERROR_LAYER	21
TYPE_DRAG	DRAG_LAYER	22
TYPE_SECURE_SYSTEM_OVERLAY	SECURE_SYSTEM_OVERLAY_LAYER	23
TYPE_BOOT_PROGRESS	BOOT_PROGRESS_LAYER	24
TYPE_POINTER	POINTER_LAYER	25
TYPE_HIDDEN_NAV_CONSUMER	HIDDEN_NAV_CONSUMER_LAYER	26

对于 Sub Window 而言，窗口类型取决于其父窗口的类型。

Step2. 上一步所得的"映射值"需要乘以 TYPE_LAYER_MULTIPLIER(10000)。这是因为系统运行过程中很可能出现同种类型的多个窗口，所以应该有一个足够大的间隔来供分配。

Step3. 最后，还要加上偏移值 TYPE_LAYER_OFFSET(1000)。根据代码注释，这个偏移值是为了移动同一层级的一整组窗口而设计的。

Step4. 对于子窗口类型而言，还要特别计算 mSubLayer 值。子窗口与父窗口有着紧密的联系，因而 mSubLayer 其实是用于决定这个子窗口应该"偏移"父窗口的数值大小。比如 TYPE_APPLICATION_PANEL 和 TYPE_APPLICATION_ATTACHED_DIALOG 类型的子窗口对应的 mSubLayer 都是 APPLICATION_PANEL_SUBLAYER=1；而 TYPE_APPLICATION_MEDIA 类型的子窗口对应的 mSubLayer 则是 APPLICATION_MEDIA_SUBLAYER=-2。子窗口在显示时既有可能在父窗口之上，也有可能在其之下。

10.2.2 窗口策略（Window Policy）

前一小节计算 windowTypeToLayerLw 时，我们曾提到 WindowManagerPolicy。

那么，什么是 Window Policy？从字面来理解，它是"窗口的策略/方针"。应用到 WMS 中，则代表了 Android 显示系统所遵循的统一的窗口显示规则。针对不同的产品，策略通常是不一样的。

举个例子，大部分手机设备有 Status Bar；而平板电脑虽然没有 Status Bar，但有 Combined Bar。这些"界面特征"构成了一款特定产品共同的 UI 属性，因而有必要做统一的控制——这就是 Window Policy 的作用。

Android 系统从设计之初就不是只面向单一类型产品的。只不过它的某些行为天生的更接近于某种产品而已，如 Phone 或者 Tablet。换句话说，各开发商完全可以依据具体的设备需求来定制出符合自己产品特性的 Window Policy。

Android 源码实现中，与 Window Policy 相关的类主要有 4 个，即 WindowManagerPolicy，PhoneWindowManager，PolicyManager 和 Policy。个人感觉这些类的命名并不是很合理，容易造成误解。先来看 PolicyManager 中提供的如下两个函数。

10.2 窗口属性

- makeNewWindow

产生一个 Window。"窗口"是一个抽象的概念，它表示一个 UI 显示的管理单元。当前系统中默认情况下产生的是一个 PhoneWindow，也就是针对手机设备的窗口。

- makeNewWindowManager

这个接口应该叫作 makeNewWindowManagerPolicy，它产生一个管理 Window 的 Policy，如图 10-5 所示。

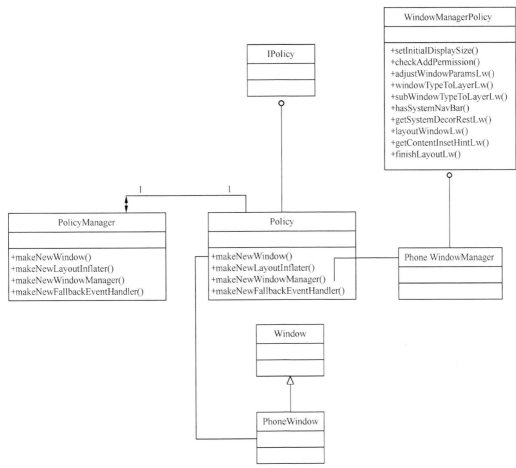

▲图 10-5　Policy 继承关系

WindowManagerPolicy 是窗口管理策略的接口类，它定义了一个窗口策略所要遵循的通用规范以及需要提供的相关接口，如 getContentInsetHintLw、hasSystemNavBar 等。因为系统可能同时支持多种产品类别，我们有必要在运行中指定具体采用的窗口和窗口管理策略，这个工作由 Policy.java 来完成。这个类可以看作 Policy 的生产者，它的接口类是 IPolicy。不过通常我们并不直接产生一个 Policy 对象，而是利用 PolicyManager 所提供的静态接口来产生，如 WindowManagerService 中的实现：

```
WindowManagerPolicy mPolicy = PolicyManager.makeNewWindowManager();
```

而在 PolicyManager.java 中：

```
static {
    // Pull in the actual implementation of the policy at run-time
    try {
        Class policyClass = Class.forName(POLICY_IMPL_CLASS_NAME);
        sPolicy = (IPolicy)policyClass.newInstance();
```

```
        } catch (ClassNotFoundException ex) {
            …
    }
    public static WindowManagerPolicy makeNewWindowManager() {
        return sPolicy.makeNewWindowManager();
    }
    POLICY_IMPL_CLASS_NAME="com.android.internal.policy.impl.Policy";
```

因而 PolicyManager 只是单纯地生成了一个 Policy 对象，然后通过它的 makeNewWindowManager 来进一步产生一个具体的"窗口管理策略"。在 Android4.3 中，默认的策略如下所示：

```
/*frameworks/base/policy/src/com/android/internal/policy/impl/Policy.java*/
    public Window makeNewWindow(Context context) {
        return new PhoneWindow(context);
    }

    public WindowManagerPolicy makeNewWindowManager() {
        return new PhoneWindowManager();
    }
```

也就是我们前面提到的，默认情况下系统采用的是"Phone"这一产品的窗口和窗口管理策略。其中"PhoneWindowManager"这个名称也很容易误导人，如果改为"PhoneWindowManagerPolicy"或许更能让人接受。关于 Window 和 WindowManagerPolicy 中各接口方法的具体实现，我们接下来会再做详细分析。

10.2.3 窗口属性（LayoutParams）

除了 WindowType 外，WMS 中还牵涉到很多其他的窗口属性。开发者可以通过设置不同的属性来使 UI 界面显示出各种样式——它们就像窗口用户与 WMS 间的协议一样，WMS 就是为了实现这些用户需求而努力的。另外，了解这些属性的含义也能帮助我们更好地理解 WMS 的内部原理。

这些属性统一放置在 WindowManager.LayoutParams 中，接下来我们分析其中几个重要的变量。

1. Type

也就是窗口类型，不再赘述。

2. Flags

窗口的标志，默认值是 0。目前 Android 4.3 系统上支持的 flag 标志以及含义如表 10-5 所示。

表 10-5　　　　　　　　　　　　　　窗口标志释义

Flags	Description
FLAG_ALLOW_LOCK_WHILE_SCREEN_ON	只要此窗口可见，即便屏幕处于开启状态也允许锁屏
FLAG_DIM_BEHIND	在窗口后面的所有东西都将变暗淡（dimmed）
FLAG_NOT_FOCUSABLE	此窗口不获得输入焦点，意味着事件将发给该窗口后面的其他窗口。在设置了此标志的同时，FLAG_NOT_TOUCH_MODAL 也会被同时设置
FLAG_NOT_TOUCHABLE	和上面的标志类似，它表示该窗口不接受任何触摸事件
FLAG_NOT_TOUCH_MODAL	"无模式"的窗口。也就是说，在该窗口区域外的 pointer 事件将传给它后面其他窗口，而不是由它自己来处理这些事件
FLAG_TOUCHABLE_WHEN_WAKING	当设备进入睡眠状态时，设置此标志可以使你获得第一次的触摸事件（因为这时候用户并不知道他们点击的是屏幕上的哪个位置，所以通常这一事件是由系统自动处理的）
FLAG_KEEP_SCREEN_ON	只要这个窗口可见，屏幕就亮着
FLAG_LAYOUT_IN_SCREEN	窗口显示时不考虑系统装饰窗（比如 Status Bar）

续表

Flags	Description
FLAG_LAYOUT_NO_LIMITS	允许窗口超过屏幕区域
FLAG_FULLSCREEN	隐藏所有的屏幕装饰窗口，如 Status Bar。这对于视频播放器之类的应用程序是很有用的
FLAG_FORCE_NOT_FULLSCREEN	和上面的标志相反
FLAG_SECURE	窗口内容被认为是保密的，因而它不会出现在截屏中，也不会在不安全的屏幕上显示
FLAG_SCALED	按照用户提供的参数做相应的伸缩调整
FLAG_IGNORE_CHEEK_PRESSES	有的时候用户和屏幕会贴得很近，如打电话时。这种情况下出现的某些事件有可能是"无意"的，不应该响应
FLAG_LAYOUT_INSET_DECOR	只能和 FLAG_LAYOUT_IN_SCREEN 一起使用。当设置了"全屏显示"布局时，应用窗口部分内容仍然可能会被系统装饰窗口覆盖。如果同时设置了这一标志，系统将充分考虑装饰窗口所占的区域，以防止上述情况
FLAG_SHOW_WHEN_LOCKED	使窗口能在锁屏窗口之上显示
FLAG_SHOW_WALLPAPER	让壁纸在这个窗口之后显示。换句话说，当窗口是透明或半透明时就可以看到后面的壁纸背景（如 Launcher）
FLAG_TURN_SCREEN_ON	窗口显示时将屏幕点亮
FLAG_DISMISS_KEYGUARD	设置这个标志可以解除屏幕锁，只要它不是一个 secure lock
FLAG_HARDWARE_ACCELERATED	指明窗口是否需要硬件加速。当然，设置了这一标志并不能保证窗口一定会得到硬件加速（取决于设备配置等一系列因素）

可以通过以下方法来设置一个窗口标志：

```
Window w = activity.getWindow();
w.setFlags(WindowManager.LayoutParams.FLAG_HARDWARE_ACCELERATED,
        WindowManager.LayoutParams.FLAG_HARDWARE_ACCELERATED);
```

3. systemUiVisibility

从名称可以看出，这个变量表示的是系统 UI 的可见性。如果读者不清楚哪些元素属于"系统 UI"，建议先参考阅读本书应用篇中的介绍。

要特别注意的是，SystemUiVisibility 的可选 Flags 值定义在 View 类中，而不是 WindowManager，具体如表 10-6 所示。

表 10-6　　　　SystemUiVisibility 部分标志释义

Flags	Description
SYSTEM_UI_FLAG_VISIBLE	View 视图请求显示 System UI
SYSTEM_UI_FLAG_LOW_PROFILE	View 请求进入"low profile"模式——意味着 Status Bar/Navigation icons 有可能会被调暗。通常游戏、电子书阅读器等应用程序会有此模式需求
SYSTEM_UI_FLAG_HIDE_NAVIGATION	这个标志用于请求 Navigation Bar 的隐藏（可以参见本书应用篇中对 SystemUI 的分析）。这个标志经常与 FLAG_LAYOUT_IN_SCREEN 及 FLAG_LAYOUT_IN_SCREEN 一起使用，这样才能使应用程序的 UI 内容真正地全屏显示
SYSTEM_UI_FLAG_FULLSCREEN	整个 View 将进入全屏显示。它和 WindowManager.LayoutParams.FLAG_FULLSCREEN 的视觉效果基本一致。不过和 Window 提供的标志不同的是，对于使用 Window.FEATURE_ACTION_BAR_OVERLAY 的 ActionBar，SystemUi 中的这个标志同样能使它隐藏。根据经验，如果是暂态的全屏显示需求，可以采用 SYSTEM_UI_FLAG_FULLSCREEN；而如果是长时间的全屏显示，如游戏开发的场景，就最好使用 Window 标志

续表

Flags	Description
SYSTEM_UI_FLAG_LAYOUT_FULLSCREEN	参见本小节最后的范例。读者要注意区分它和 SYSTEM_UI_FLAG_FULLSCREEN 的差异
SYSTEM_UI_FLAG_LAYOUT_HIDE_NAVIGATION	和上面标志的意义是类似的
SYSTEM_UI_FLAG_LAYOUT_STABLE	系统将尽量保持 UI 布局的稳定性

由前面的分析可知，我们只能对一个 View（而不是 Window）设置它的 systemUiVisibility。如果你希望某个 Activity 中的整棵 View 树都使用同一个 systemUiVisibility，可以在 Activity 的 onCreate 中加入类似于如下的代码段（在调用 setContentView 前）：

```
int newVis = View.SYSTEM_UI_FLAG_LAYOUT_FULLSCREEN
                | View.SYSTEM_UI_FLAG_LAYOUT_HIDE_NAVIGATION
                | View.SYSTEM_UI_FLAG_LAYOUT_STABLE;
getWindow().getDecorView().setSystemUiVisibility(newVis);
```

默认情况下，系统是从 StatusBar 下面的部分开始给应用程序做 UI 布局的。而上述这段代码的目的就是使 Activity 以整个屏幕来布局——最为关键的是，同时还要显示 StatusBar。显然 FLAG_FULLSCREEN 不能符合这个需求（因为它会隐藏系统的装饰部分，包括 StatusBar）；而 SYSTEM_UI_FLAG_LAYOUT_FULLSCREEN 这个标志会保留包括 StatusBar 在内的系统窗口，同时会让 View 全屏显示。换句话说，你的 View 界面布局是从屏幕的（0,0）坐标开始的，但屏幕上方的一小部分内容会被 StatusBar 所遮盖。

那么，在什么场景下我们需要做这样的处理呢？

举个例子，现在很多定制手机的 StatusBar 是透明的。如果应用程序按照正常的做法从 StatusBar 以下的位置开始布局，那么用户透过 StatusBar 看到的"画面"就是"黑的"；而如果从（0,0）位置开始布局，那么用户就可以透过 StatusBar 看到应用程序的部分"View"内容了。另外，有的应用程序需要频繁地在"显示系统装饰窗口"和"隐藏系统装饰窗口"间切换，为了让这两种情况下 View 本身的布局保持不变，也可以使用这一标志。

10.3 窗口的添加过程

10.3.1 系统窗口的添加过程

Android 系统中的"窗口"类型虽然很多，但只有两大类是经常使用的：其一是由系统进程管理的，称之为"系统窗口"；其二就是应用程序产生的，用于显示 UI 界面的"应用窗口"。接下来的两个小节中，我们将分别介绍这两类窗口的添加过程；并通过这两条线索，把其中涉及的各环节知识一一剖析清楚。

本书应用篇的 SystemUI 章节，读者将看到 StatusBar 是通过 WMS 的 addView 方法最终将自己添加到屏幕上进行显示的。这一步表面上显得平淡无奇，但其内部实现还是比较复杂的。本小节我们就以此为入口点来讲解系统窗口的添加流程：

```
/*frameworks/base/packages/systemui/src/com/android/systemui/statusbar/phone/PhoneStatusBar.java*/
 private void addStatusBarWindow() {
        final int height = getStatusBarHeight();/*先获得状态栏的高度。如果开发人员希望改变状态
                                                  栏的默认高度，可以关注下这个函数的实现*/
        final WindowManager.LayoutParams lp = new WindowManager.LayoutParams(
            ViewGroup.LayoutParams.MATCH_PARENT,//宽度
            height, WindowManager.LayoutParams.TYPE_STATUS_BAR,//注意窗口类型
            WindowManager.LayoutParams.FLAG_NOT_FOCUSABLE
           |WindowManager.LayoutParams.FLAG_TOUCHABLE_WHEN_WAKING
```

```
                |WindowManager.LayoutParams.FLAG_SPLIT_TOUCH,
        PixelFormat.TRANSLUCENT);/*LayoutParams 中的各参数我们前面已经专门讲解过*/

    lp.flags |= WindowManager.LayoutParams.FLAG_HARDWARE_ACCELERATED;//硬件加速
    lp.gravity = getStatusBarGravity();
    lp.setTitle("StatusBar");
    lp.packageName = mContext.getPackageName();
    makeStatusBarView();/*准备 mStatusBarWindow, 这个函数会先通过 inflate 资源文件
              R.layout.super_status_bar 来产生一个 View 对象，然后再具体设置它的属性*/
    mWindowManager.addView(mStatusBarWindow, lp);//将 StatusBarView 添加到 WMS 中
}
```

上面的代码段是将 StatusBar 显示到终端屏幕上最关键的部分。函数 addStatusBarWindow 首先填写描述 StatusBar 窗口的 WindowManager.LayoutParams 属性值，包括 Width，Height，WindowType，Gravity，Title，PackageName 以及各种其他标志。我们已经在前面小节详细讲解过这些属性值的定义，此处不再赘述。

接着程序调用如下语句将自己添加到 WMS 中：

```
mWindowManager.addView(mStatusBarWindow, lp);
```

也就是说，上面的这些属性值描述的是 mStatusBarWindow(StatusBarWindowView)这个对象。StatusBarWindowView 类本质上是一个 FrameLayout（所以也是一个 View 组件）。如果大家想更详细地了解 StatusBar 内部的 layout 布局，可以参考本书 SystemUI 章节。我们这里假设 mStatusBarWindow 已经准备就绪。

变量 mWindowManager 是一个 WindowManager 对象，它的定义如下：

```
mWindowManager = (WindowManager)mContext.getSystemService(Context.WINDOW_SERVICE);
```

WindowManager（WindowManagerService 也是同样的情况）对象的获取与存储虽然并不是很难，但如果方式不当也会影响进程的执行速度。或许也是因为这个，Android 各个版本中对此都有不小的改动。目前 Android4.3 的做法是，将常用的一些服务统一放在 SYSTEM_SERVICE_MAP 中：

```
    private static final HashMap<String, ServiceFetcher> SYSTEM_SERVICE_MAP =
            new HashMap<String, ServiceFetcher>();
```

这个 HashMap 的 String 指的是服务名称，如 WINDOW_SERVICE，STORAGE_SERVICE，TELEPHONY_SERVICE 等；而 ServiceFetcher 则提供了真正获取 String 对应服务的接口，如我们关心的 WINDOW_SERVICE：

```
/*frameworks/base/core/java/android/app/ContextImpl.java*/
…
new ServiceFetcher() {
    public Object getService(ContextImpl ctx) {
        Display display = ctx.mDisplay;
        if (display == null) {
            DisplayManager dm = (DisplayManager)ctx.getOuterContext().getSystemService(
                         Context.DISPLAY_SERVICE);
            display = dm.getDisplay(Display.DEFAULT_DISPLAY);
        }
        return new WindowManagerImpl(display);
    }
}
```

由此可知，mContext.getSystemService(Context.WINDOW_SERVICE)返回的是一个 WindowManagerImpl 对象——注意它是存在于本地进程中的一个对象，并未与远端 WMS 发生关系。

值得一提的是，WindowManagerImpl 继承自 WindowManager，那么后者呢？

```
public interface WindowManager extends ViewManager {
    public Display getDefaultDisplay();
    public void removeViewImmediate(View view);
    public boolean isHardwareAccelerated();
```

```
    …
}
```

　　WindowManager 是一个接口类，而且从其接口方法的声明中可以看出和 WMS 并没有直接的关系。可以这么说，WindowManager 更像 WindowManagerImpl 的约束协议，而后者也没有与 WMS 中提供的服务一一对应。这和我们在 ServiceManager 看到的情况有一定差异。不过要记住的是，不论形式怎么变，进程间通信仍然是要通过 Binder 驱动以及 ServiceManager 进行，因而是"换汤不换药"的做法。

　　再来看看 ViewManager：

```
/*frameworks/base/core/java/android/view/ViewManager.java*/
public interface ViewManager
{
    public void addView(View view, ViewGroup.LayoutParams params);
    public void updateViewLayout(View view, ViewGroup.LayoutParams params);
    public void removeView(View view);
}
```

　　ViewManager 又对 WindowManager 提出了另一种约束。总的来说，它们几个的关系如图 10-6 所示。

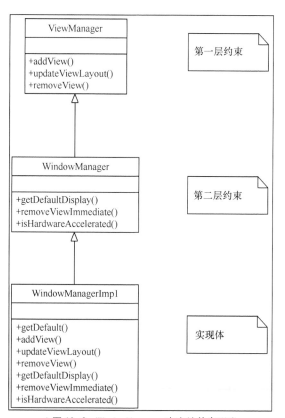

▲图 10-6　WindowManager 在本地的实现类

　　我们回过头来看 WindowManagerImpl 中是如何具体实现 addView 的。具体如下所示：

```
/*frameworks/base/core/java/android/view/WindowManagerImpl.java*/
public void addView(View view, ViewGroup.LayoutParams params) {
    mGlobal.addView(view, params, mDisplay, mParentWindow);
}
```

　　mGlobal 是一个全局变量，同时也是单实例。它提供的 addView 函数接口的实现如下：

10.3 窗口的添加过程

```
/*frameworks/base/core/java/android/view/WindowManagerGlobal.java*/
public void addView(View view, ViewGroup.LayoutParams params, Display display, Windo
w parentWindow) {…
        ViewRootImpl root;//注意 WindowManagerImpl 和 ViewRoot 在同一进程中
        View panelParentView = null;
        synchronized (mLock) {…//锁保护
            int index = findViewLocked(view, false);//以前是否已经添加过这个 view 对象
            if (index >= 0) {//已经添加过,禁止重复操作
                throw new IllegalStateException("View " + view
                    + " has already been added to the window manager.");
            }
            …
            root = new ViewRootImpl(view.getContext(), display);
            view.setLayoutParams(wparams);//为这个 View 对象设置属性
            if (mViews == null) {//此进程是第一次添加 View
              ..//源码见后面的 Case1.
            } else {//之前已经添加过 View
              ..//源码见后面的 Case2.
            }
            index--;
            mViews[index] = view;
            mRoots[index] = root;
            mParams[index] = wparams;
        }
        try {
            root.setView(view, wparams, panelParentView);//真正的 "跨进程之旅" 从这个函数中才开始
        } catch (RuntimeException e) {
            ..//异常处理
        }
    }
}
```

在这个场景中,函数 addView 的各参数分别是:view 对应 mStatusBarWindow,params 对应 lp,display 是默认的显示屏,parentWindow 为 null。

上述代码段中首先调用 findViewLocked 来查找是不是已经添加过这个 view 对象。查找过程很简单,即逐个对比 mViews[]数组中的元素是否和 view 一致即可——如果结果是肯定的,那就没必要重复添加了,直接抛出异常;否则必须为此 view 对象生成一个对应的 ViewRootImpl。这里特别说明一下,WindowManagerGlobal 中有 3 个相关联的成员数组变量。如下:

```
private View[] mViews;
private ViewRootImpl[] mRoots;
private WindowManager.LayoutParams[] mParams;
```

这 3 个数组的大小都是逐步扩大的,而且保持一致。换句话说,同一个 index 值在 3 个数组中描述的是同一个对象。我们在后续的 ViewRoot 章节还会详细论述。

接下来分为两种情况。

Case1. 如果是第一次添加 View

此时 mViews == null,处理如下:

```
                    index = 1;
                    mViews = new View[1];
                    mRoots = new ViewRootImpl[1];
                    mParams = new WindowManager.LayoutParams[1];
```

Case2. 之前已经至少添加过一个 View,处理如下:

```
                    index = mViews.length + 1;
                    Object[] old = mViews;
                    mViews = new View[index];
                    System.arraycopy(old, 0, mViews, 0, index-1);
                    old = mRoots;
                    mRoots = new ViewRootImpl[index];
                    System.arraycopy(old, 0, mRoots, 0, index-1);
                    old = mParams;
                    mParams = new WindowManager.LayoutParams[index];
                    System.arraycopy(old, 0, mParams, 0, index-1);
```

假设 mViews 为空，说明这是它添加的第一个 View 对象，因而需要分别为 mViews 和 mRoots 分配该对象的存储空间。因为 mViews 中的 View 数量没有办法预先估计，为了节省内存，程序在每添加一个 View 时都只申请刚刚好的空间大小（即 new View[index]），然后将之前的数据复制到数组的相应位置。其他两个数组 mRoots 和 mParams 也需要做同样的处理。最后，我们把 view、root 和 wparams 这些新增对象分别添加到上述三个数组中。

函数结尾处调用了 ViewRootImpl.setView()——到目前为止，所有的操作都还是在本地进程中执行的。那么添加一个 ViewRoot，需不需要让 WMS 知道呢？

答案是肯定的。为了保持连贯性，我们来看看 ViewRootImpl::setView 的实现重点：

```
/*frameworks/base/core/java/android/view/ViewRootImpl.java*/
    public void setView(View view, WindowManager.LayoutParams attrs, View panelParen
tView) {
        synchronized (this) {
            if (mView == null) {
                mView = view;//一个 ViewRootImpl 对应一棵 ViewTree，因而添加到其成员变量中
                …
                requestLayout();//发起 layout 请求
                …
                try {…
                    res = mWindowSession.addToDisplay(mWindow, mSeq, mWindowAttributes,
                            getHostVisibility(), mDisplay.getDisplayId(),
                            mAttachInfo.mContentInsets, mInputChannel);/*调用 Session 接口*/
                } catch (RemoteException e) {
                    …//出错处理
                } finally {
                    //收尾工作
                }
…
```

我们知道，WMS 才是窗口管理系统。因而当应用程序新增了一个顶层 View（ViewTree 的根）时，是肯定要通知 WMS 的。在将 View 树（在 WMS 看来，它是一个"Window"，由 WindowState 来管理）注册到 WMS 前，需要注意什么呢？没错，必须先执行第一次 layout，也就是调用 requestLayout——WMS 除了窗口管理外，还负责各种事件的派发，所以在向 WMS "注册"前应用程序要确保这棵 View 树已经做好了接收事件的准备。

ViewRoot 起到了中介的作用。作为整棵 View 树的"管理者"，它同时也担负着与 WMS 进行 IPC 通信的重任。具体而言，就是通过 IWindowSession 建立起双方的桥梁，如图 10-7 所示。

这些知识点在前面的 WMS、AMS 和 Activity 的关系中已经讲解过了。

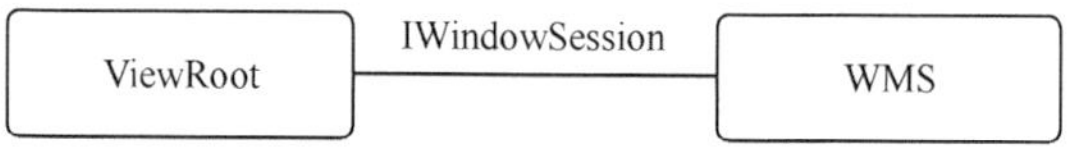

在 ViewRootImpl 的构造函数中，会通过 getWindowSession 来打开一个与 WMS 的可用连接。这个函数的逻辑很简单，读者可以自行阅读。

▲图 10-7　ViewRoot 与 WMS 的通信

得到 IWindowSession 后，setView 便利用它来发起一个服务请求。即：

```
    res = mWindowSession.addToDisplay(mWindow, mSeq, mWindowAttributes, getHostVisi
bility(), mDisplay.getDisplayId(),mAttachInfo.mContentInsets, mInputChannel);
```

在 IWindowSession 服务端的实现中（Session.java），函数 addToDisplay（早期版本中，这个接口叫作 add。大家可以从名称的变化中看出 Android 系统正在增加对多显示屏的支持）又直接调用了 WMS 中的 addWindow：

```
/*frameworks/base/services/java/com/android/server/wm/Session.java*/
public int addToDisplay(IWindow window, int seq, WindowManager.LayoutParams attrs,
            int viewVisibility, int displayId, Rect outContentInsets,
            InputChannel out InputChannel) {
        return mService.addWindow(this, window, seq, attrs, viewVisibility, displayId,
                outContentInsets, outInputChannel);
    }
```

10.3 窗口的添加过程

仔细分析一下 ViewRoot 提供给 IWindowSession 的参数：第二个参数是 IWindow，即 WMS 回调 ViewRoot 时要用到的。第三个参数是一个 int 数值，有点类似于前一章节 SurfaceFlinger 中的 sequence，是用于 WMS 与 ViewRoot 间状态同步的。在 WMS 服务端，这个状态同步值（sequence）记录在 WindowState::mSeq 中。当 updateStatusBarVisibilityLocked 时，sequence 值有可能会改变，并通过 IWindow::dispatchSystemUiVisibilityChanged 这个 callback 函数通知 ViewRoot 进行更新。第四个参数是关于属性的，后面小节有详细介绍。第五个参数是 View 的可见性等。

聪明的读者一定发现了其中并没有 View 对象或者"View 树"相关的变量。为什么呢？因为 WMS 并不关心 View 树所表达的具体 UI 内容，它只要知道各应用进程显示界面的大小、"层级值"（这些信息已经包含在 WindowManager.LayoutParams 中）即可。

来看看 WMS 中的 addWindow 实现：

```
/*frameworks/base/services/java/com/android/server/wm/WindowManagerService.java*/
    public int addWindow(Session session, IWindow client, int seq, WindowManager. Layout
    Params attrs, int viewVisibility, int displayId, Rect outContentInsets, InputChannel
            outInputChannel) {
        int[] appOp = new int[1];
        int res = mPolicy.checkAddPermission(attrs, appOp);/*Step1. 权限检查*/
        …
        WindowState attachedWindow = null;//适用于 Sub Window 的情况
        WindowState win = null;//WindowState 用于记录一个 Window
        long origId;
        final int type = attrs.type;//窗口类型
        synchronized(mWindowMap) {
            …
            if (mWindowMap.containsKey(client.asBinder())) {/*Step2. 避免重复添加*/
                Slog.w(TAG, "Window " + client + " is already added");
                return WindowManagerGlobal.ADD_DUPLICATE_ADD;
            }
            if (type >= FIRST_SUB_WINDOW && type <= LAST_SUB_WINDOW) {/*Step3.子窗口*/
                attachedWindow = windowForClientLocked(null, attrs.token, false);//寻找父窗口
                …
            }
            boolean addToken = false;//用来标识后面是否有添加 Token 的操作
            WindowToken token = mTokenMap.get(attrs.token);
            if (token == null) {…
            } else if (type >= FIRST_APPLICATION_WINDOW && type
                                    <= LAST_APPLICATION_WINDOW) {…
            } else if (type == TYPE_INPUT_METHOD) {…
            } else if (type == TYPE_WALLPAPER) {…
            } else if (type == TYPE_DREAM) {…
            }/*Step4. 根据不同窗口类型，检查有效性*/

            win = new WindowState(this, session, client, token, attachedWindow, appOp[0],
                            seq, attrs, viewVisibility, displayContent); /*Step5*/
            if (win.mDeathRecipient == null){…/*Step6. 客户端已经死亡，不需要继续往下执行了*/
                return WindowManagerGlobal.ADD_APP_EXITING;
            }

            mPolicy.adjustWindowParamsLw(win.mAttrs);/*Step7. 调整 Window 属性*/
            win.setShowToOwnerOnlyLocked(mPolicy.checkShowToOwnerOnly(attrs));
            res = mPolicy.prepareAddWindowLw(win, attrs);
            …
            res = WindowManagerGlobal.ADD_OKAY;
            origId = Binder.clearCallingIdentity();
            if (addToken) {/*Step8. 前面步骤中新增了 Token 元素*/
                mTokenMap.put(attrs.token, token);//把它添加进 mTokenMap 中
            }
            …
            mWindowMap.put(client.asBinder(), win);/*注意和 mTokenMap 的区别*/
            …
            boolean imMayMove = true;
            /*Step9. 接下来会将所有 Window 按顺序进行排列*/
            if (type == TYPE_INPUT_METHOD) {…
            } else if (type == TYPE_INPUT_METHOD_DIALOG) {…
```

```
            } else {
                addWindowToListInOrderLocked(win, true);
                …
            }
            …
            if (displayContent.isDefaultDisplay) {
                mPolicy.getContentInsetHintLw(attrs, outContentInsets);/*Step10. ContentInset计算*/
            } else {
                outContentInsets.setEmpty();
            }
            assignLayersLocked(displayContent.getWindowList());/*Step11. 分配层级值*/
        …
    return res;
}
```

Step1@addWindow。首先对用户的窗口请求进行权限检查，如果窗口的类型是：

```
type < FIRST_SYSTEM_WINDOW|| type > LAST_SYSTEM_WINDOW
```

就直接返回 ADD_OKAY，因为任何人都有权限添加非系统窗口；否则说明添加的是系统窗口，需要进一步细化——比如 TYPE_TOAST 虽然是系统窗口，但是应用程序也有权限来创建。而 TYPE_PHONE，TYPE_SYSTEM_ERROR 等窗口类型就需要相应的权限许可才能使用，即 android.Manifest.permission.SYSTEM_ALERT_WINDOW。

Step2@addWindow。变量 mWindowMap 是一个<IBinder, WindowState>类型的 HashMap，前面的 IBinder 代表 IWindow。所以 mWindowMap 是 WMS 中与此 IWindow 相对应的 WindowState 的映射。另外，下面还会出现<IBinder, WindowToken>类型的 mTokenMap，读者应注意区分。一个 IWindow 只允许添加唯一的窗口，否则函数会直接报错返回。当然，一个应用进程中是可以持有多个 ViewRoot 对象的——意味着它所管理的 ViewTree 理论上并没有数量上的限制。

除了避免重复添加外，程序还会对用户的窗口添加请求进行各种其他的前期处理，包括系统初始化条件判断等。如果一切顺利，才能继续往下执行。

Step3@addWindow。如果要添加的窗口类型为"子窗口"，还要先找出它的"父窗口"；而且要特别注意"父窗口"本身不能是其他窗口的"子窗口"，否则添加会失败。具体的函数实现是 windowForClientLocked。

Step4@addWindow。这里有几个相似的 Token 变量很容易混淆，我们统一进行讲解。

- token

类型为 WindowToken。

- attrs.token

类型为 IBinder。它代表了这个窗口的"主人"。AMS 为每一个 Activity 都分别创建了一个 ActivityRecord 对象，其本质就是一个 IBinder。在启动 Activity 时，这个 token 会被自动赋值，因而开发人员可以不用特别关注。

- addToken

布尔类型，用于指示后续操作中有没有新的 Token 被添加。

我们以图 10-8 来理顺各 Token 的关系。

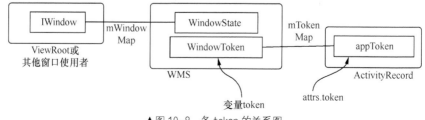

▲图 10-8　各 token 的关系图

所以这里的有效性检查逻辑是：
- 如果 attrs.token 在 mTokenMap 中找不到对应的 WindowToken，说明它在 AMS 中没有记录。此时分为两种情况：

（1）假如是以下几种窗口类型，则必须在 AMS 中"有案可询"：

```
[FIRST_APPLICATION_WINDOW, LAST_APPLICATION_WINDOW]
TYPE_INPUT_METHOD
TYPE_WALLPAPER
TYPE_DREAM
```

也就是说，这些类型的窗口必须事先已经在 mTokenMap 中添加了对应关系——这一步是由 AMS 为它们自动完成的。如果此时找不到，很可能说明某些步骤出现了问题，所以程序会报错返回。

（2）除上述所列之外的窗口类型，允许在 AMS 中没有"备案"。接着程序会主动为这个窗口生成一个 WindowToken，并置 addToken 为 true。

- 如果在 mTokenMap 可以找到对应的 WindowToken，根据前一种情况的分析，只有上面所列举的那几种窗口类型（TYPE_INPUT_METHOD 等）才有可能在 mTokenMap 中事先添加了对应关系。此时还需做进一步检查：比如在 Application Window 的情况下，还要求 token.appWindowToken 也不能为空。除此之外，ViewRoot 所指示的 windowType(attrs.type)必须和 AMS 中当时登记的类型（token.windowType）完全一致，否则就会报 ADD_BAD_APP_TOKEN 的错误。

Step5@addWindow。如果一切顺利，WMS 会为这个窗口新增一个 WindowState：

```
win = new WindowState(this, session, client, token,
        attachedWindow, appOp[0], seq, attrs, viewVisibility, displayContent);
```

WindowState 构造函数中的几个参数：this 代表 WMS 自身；session 是 WMS 提供给窗口使用者的 IwindowSession；client 则是 Iwindow，即窗口使用者提供给 WMS 的访问通道；token 是 WindowToken 对象；attachedWindow 代表父窗口（如果存在的话）等。这个函数在前面小节已经讲解过，其中一个重点就是为窗口分配基础层级（mBaseLayer）。

Step6@addWindow。如果客户端已经死亡，那么就不需要继续往下执行了。这种情况是有可能发生的，如应用进程异常 Crash。

Step7@addWindow。调用 Policy 进行窗口参数的调整，此时 Policy 会对某些情况进行约束。函数 adjustWindowParamsLw 很简单，读者可以看看。另一个 prepareAddWindowLw 还是进行必要的检查工作，如某些类型的窗口在系统中只允许同时有一个存在等。

Step8@addWindow。如果前面几个步骤中新增了 Token 对象，那么此时我们需要把它添加到全局 HashMap 中，即 mTokenMap。

Step9@addWindow。因为我们新增一个 Window，很可能会影响之前已经排列好的 WindowList，所以通过相应的"添加函数"（如 addWindowToListInOrderLocked）将此新窗口按顺序添加到 WindowList 中。另外，如果用户指定了 FLAG_SHOW_WALLPAPER（比如有的应用程序在属性中指明需要以壁纸为背景；或者有的应用程序部分 UI 区域是透明的，假如没有壁纸做底层背景的话，这块区域就会是黑的）或者本身就是壁纸类型的窗口，还要调用 adjustWallpaperWindowsLocked 进行壁纸调整。稍后我们会详细分析对窗口进行调整的函数 addWindowToListInOrderLocked。

Step10@addWindow。函数 getContentInsetHintLw 用于计算窗口的 ContentInset 区域，我们将在窗口大小这一小节中进行分析。

Step11@addWindow。函数 assignLayersLocked 在前面讲解 Window 层级时已经分析过，它负责给上一步已经排好序的 WindowList 中的各窗口一一分配最终的层级值。

先来看看 addWindowToListInOrderLocked 的实现。从名称就可以看出，它需要将系统中当前所有的窗口进行排列。那么，按照什么顺序呢？

```
private void addWindowToListInOrderLocked(WindowState win, boolean addToToken) {
    final IWindow client = win.mClient;//WindowState 中包含了 IWindow 信息
    final WindowToken token = win.mToken;//同时还有 WindowToken
    final DisplayContent displayContent = win.mDisplayContent;
    final WindowList windows = win.getWindowList();//windows 记录系统当前所有窗口
    final int N = windows.size();//当前所有窗口的数量
    final WindowState attached = win.mAttachedWindow;//父窗口(如果有的话)的 WindowState
    int i;//用于循环计数
    WindowList tokenWindowList = getTokenWindowsOnDisplay(token, displayContent);
    if (attached == null) {  //没有父窗口的情况
        int tokenWindowsPos = 0;
        int windowListPos = tokenWindowList.size();
        if (token.appWindowToken != null) {…
        } else { // appWindowToken 为 null 的情况，符合我们的场景
            final int myLayer = win.mBaseLayer;
            for (i=N-1; i>=0; i--) {//寻找合适的位置
                if (windows.get(i).mBaseLayer <= myLayer) {
                    break;//找到了
                }
            }
            i++;
            windows.add(i, win);//添加到 List 中
            mWindowsChanged = true;
        }
        if (addToToken) {
            token.windows.add(tokenWindowsPos, win);
        }
    } else {…//attached 不为空的情况略
    }

    if (win.mAppToken != null && addToToken) {
        win.mAppToken.allAppWindows.add(win);
    }
}
```

这个函数很长，如果直接看代码相信不少人都会觉得"云里雾里"。因此我们按照本小节的场景（添加 StatusBar 窗口）先将它拆分成若干个分支，再逐一解析。

- attached==null

最外围的分支是以 attached 是否为空来界定的。换句话说，是不是子窗口类型。因为本小节讲解的 Status Bar 是系统窗口，所以我们侧重于 attached 为空的情况。

- token.appWindowToken != null

紧接着判断 appWindowToken 是否为空，即当前窗口是不是 Activity 相关的。因为 SystemUI 实际上是由 Service 构成的，所以没有 appWindowToken。

根据这个场景，appWindowToken 不为 null，所以它的位置受到 mBaseLayer 的影响。这个变量对于 Status Bar 类型的窗口，计算方法如下：

```
mBaseLayer = mPolicy.windowTypeToLayerLw(a.type)
            * WindowManagerService.TYPE_LAYER_MULTIPLIER
            + WindowManagerService.TYPE_LAYER_OFFSET;
```

其中 windowTypeToLayerLw() 返回值为 15，TYPE_LAYER_MULTIPLIER 为 10000，TYPE_LAYER_OFFSET 是 1000——所以 mBaseLayer 为 151000。按照这个值，我们来依次查找 windows 中所有的基础层级，顺序是数组元素由大至小——这样一旦 myLayer 大于 windows 中某个窗口的 mBaseLayer 值，那么它一定会大于其下面所有窗口的 mBaseLayer。所以它的插入位置就是 i++（因为它比第 i 个元素大）。当然，这并不是这个窗口的最终 layer 值（最终层级由 assignLayersLocked 来分配）。从中也可以看出，同一类型窗口的优先级，后创建的优先级高。

这样大家就系统地学习了添加 System Window（以 Status Bar 为例）到 WMS 中的流程。接下来的小节将在此基础上，对比分析普通应用程序窗口的添加过程。

10.3.2 Activity 窗口的添加过程

对于 WMS 来说，它并不会特别区分窗口的使用者是谁。因而理论上不管是 Activity 窗口或者系统窗口，在 WMS 中基本都是一视同仁，只不过层级和权限会有所差异。

当用户启动一个 Activity 时（比如通过 startActivity），AMS 首先判断该 Activity 所属应用程序进程是否已经在运行：如果是就向这个进程发送启动指定 Activity 的命令；否则先创建该应用进程，运行 ActivityThread 主线程，然后处理启动 Activity 的操作。这部分知识在 ActivityManagerService 章节已经有过详细介绍，不清楚的读者可以回头复习下。

和其他三大组件不同，Activity 与生俱来拥有显示 UI 界面的"基因"，并且它需要 WMS 的支持才能正常工作。当然，这并不意味着 Service 或者 Broadcast 就完全无法显示图形界面——比如前面小节讲解的 Status Bar 的主体就是一个 Service。只不过借助于 Activity 提供的各种机制，可以为创建和管理 UI 界面带来诸多便利，这对于开发人员来说"何乐而不为"呢？

当 AMS 发现一个 Activity 即将启动时，它需要将相关信息"告知"WMS：

```
/*frameworks/base/services/java/com/android/server/am/ActivityStack.java*/
private final void startActivityLocked(…)
{…
    mService.mWindowManager.addAppToken(addPos, r.appToken, r.task.taskId, r.info.
    screenOrientation,r.fullscreen,
                (r.info.flags & ActivityInfo.FLAG_SHOW_ON_LOCK_SCREEN) != 0);
```

WMS 会把 ActivityRecord 记录到我们前面 addWindow 中看到的 HashMap<IBinder, WindowToken>mTokenMap 中。根据之前的分析可知，如果没有这一步，Activity 应用程序调用 addWindow 就会失败。

那么 Activity 应用进程在什么时候会调用 addView，进而由 WMS 来处理 addWindow 呢？

Activity 从启动到最终在屏幕上显示出来，分别要经历 onCreate->onStart->onResume 三个状态迁移。其中 onResume 是当界面即将可见时才会调用的，紧接着 ActivityThread 就会通过 WindowManagerImpl 来把应用程序窗口添加到系统中。具体代码如下：

```
/*frameworks/base/core/java/android/app/ActivityThread.java*/
final void handleResumeActivity(IBinder token, boolean clearHide, boolean isForward,
    boolean reallyResume) {…
        ActivityClientRecord r = performResumeActivity(token, clearHide);/*这个函数将导致
                                        Activity 的 onResume 被最终调用*/
    …
    View decor = r.window.getDecorView();/*DecorView 是 Activity 整棵 View 树的最外围，
                                可以参见下一章的分析*/
    decor.setVisibility(View.INVISIBLE);//可见性
    ViewManager wm = a.getWindowManager();//得到的实际上是 WindowManagerImpl 对象
    WindowManager.LayoutParams l = r.window.getAttributes();//获取属性
    a.mDecor = decor;
    l.type = WindowManager.LayoutParams.TYPE_BASE_APPLICATION;//窗口类型
    l.softInputMode |= forwardBit;
    if (a.mVisibleFromClient) {
        a.mWindowAdded = true;
        wm.addView(decor, l);//将窗口添加到 WMS 中
    }
    …
```

值得一提的是，函数 performResumeActivity 将最终调用 Activity 的 onResume，不过中间还需要经过很多处理过程。如果这个 Activity 是可见的，那么就需要把它的 UI 窗口添加到 WMS 中。一个 Activity 对应的 View 树最外围是 DecorView，可以由 Window.getDecorView()获取。换句话说，

开发人员通常在 onCreate()中利用 setContentView()所设置的"Content"其实只是 DecorView 中的"内容"部分,而不包括标题栏等"Decor"。这些知识在下一章节会有详细描述,建议读者穿插阅读。

对于一般的应用程序,其窗口类型(Window Type)是 TYPE_BASE_APPLICATION,值为 1。这也是"层级值"最低的一种窗口类型。WindowManagerImpl 对象(即变量 wm)则是通过 Activity.getWindowManager 取得的。

最后我们通过 WindowManagerImpl.addView 来把 DecorView 添加到系统中,这将导致 WMS 中的 addWindow 被调用——中间流程和我们在系统窗口添加小节的分析是完全一样的,这里不再赘述。

那么,WMS 添加应用窗口和系统窗口相比有何差异呢?

可以说 WindowManagerService.addWindow 处理这两种类型的窗口时在主体架构上没有任何区别,一般 WMS 都会为它们生成一个 WindowState 来管理窗口。不过紧接着将应用窗口添加到全局窗口列表中的处理流程就有所不同了(即前一小节 Step9 后的步骤):

```
private void addWindowToListInOrderLocked(WindowState win, boolean addToToken) {
        final IWindow client = win.mClient;//WindowState 中包含了 IWindow 信息
        final WindowToken token = win.mToken;//同时还有 WindowToken
        final DisplayContent displayContent = win.mDisplayContent;
        final WindowList windows = win.getWindowList();//windows 是系统当前的所有窗口
        final int N = windows.size();//当前所有窗口数量
        final WindowState attached = win.mAttachedWindow;//父窗口(如果有的话)的 WindowState
        int i;//用于循环计数
        WindowList tokenWindowList = getTokenWindowsOnDisplay(token, displayContent);
            //上面这部分内容和前一小节是完全一样的,不再赘述
        if (attached == null) { //没有父窗口的情况
            int tokenWindowsPos = 0;
            int windowListPos = tokenWindowList.size();//该应用程序名下的 Window 数量
            if (token.appWindowToken != null) {//应用程序的窗口符合这一分支
                int index = windowListPos - 1;
                if (index >= 0) {//第一种情况. 该应用程序已包含最少一个窗口
                    if (win.mAttrs.type == TYPE_BASE_APPLICATION) {
                        WindowState lowestWindow = tokenWindowList.get(0);
                        placeWindowBefore(lowestWindow, win);
                        tokenWindowsPos = indexOfWinInWindowList(lowestWindow, token.windows);
                    } else {
                        …
                    }
                } else {//第二种情况. 应用程序还没有其他窗口存在
                    …//详细源码抽取到后面进行详细解释
                }
            } else { // appWindowToken 为 null 的情况
                …
            }
            …
        } else {… //attached 不为空的情况略
        }
        …
    }
```

函数最前面的一部分内容和系统窗口添加过程中的情况完全一致,此时不再赘述。上述代码段的剩余内容我们也分为若干 Case 进行解析。

应用程序窗口主要分为两种情况:
- 此应用程序已经拥有至少一个窗口;
- 此应用程序还没有其他窗口存在。

一个应用程序名下的所有窗口,都可以通过 token.windows 来获得。所以当 tokenWindowsPos>=1 时,说明应用程序窗口列表的大小不为 0,属于第一种情况。

默认情况下 Activity 中添加的窗口类型是 TYPE_BASE_APPLICATION,等级是最低的,因而我们只需把它放置在此应用程序窗口队列中的最底端就可以,即调用 placeWindowBefore (lowestWindow, win)。

假如应用程序当前还没有其他窗口存在，情况会复杂一些。我们特别把这部分代码抽取出来，具体如下所示：

```
                final int NA = mAnimatingAppTokens.size();
                WindowState pos = null;
                for (i=NA-1; i>=0; i--) {//Step1.在所有AppWindowToken中寻找合适的参考位置
                    AppWindowToken t = mAnimatingAppTokens.get(i);//注意与mAppTokens的区别
                    if (t == token) {
                        i--;
                        break;//找到目标，跳出循环
                    }
                    tokenWindowList = getTokenWindowsOnDisplay(t, win.mDisplayContent);
                    if (!t.sendingToBottom && tokenWindowList.size() > 0) {/*窗口组不为
                                                                空且不移动到底部*/
                        pos = tokenWindowList.get(0);//以此为参考
                    }
                }
                if (pos != null) {//Step2. 在AppWindowToken中找到参考位置
                    WindowToken atoken = mTokenMap.get(pos.mClient.asBinder());
                    if (atoken != null) {
                        tokenWindowList =getTokenWindowsOnDisplay(atoken,
                                        win.mDisplayContent);
                        final int NC = tokenWindowList.size();
                        if (NC > 0) {
                            WindowState bottom = tokenWindowList.get(0);
                            if (bottom.mSubLayer < 0) {
                                pos = bottom;
                            }
                        }
                    }
                    placeWindowBefore(pos, win);//放置在参考物下面
                } else {//Step3 在AppWindowToken中没有找到参考位置
                    while (i >= 0) {// 继续向下查找，直到第一个有窗口的token
                        AppWindowToken t = mAnimatingAppTokens.get(i);
                        tokenWindowList = getTokenWindowsOnDisplay(t, win.mDisplay Content);
                        final int NW = tokenWindowList.size();
                        if (NW > 0) {
                            pos = tokenWindowList.get(NW-1);
                            break;
                        }
                        i--;
                    }
                    if (pos != null) {//Step3.1 第二个循环找到了参考值
                        WindowToken atoken = mTokenMap.get(pos.mClient.asBinder());
                        if (atoken != null) {
                            final int NC = atoken.windows.size();
                            if (NC > 0) {
                                WindowState top = atoken.windows.get(NC-1);
                                if (top.mSubLayer >= 0) {
                                    pos = top;
                                }
                            }
                        }
                        placeWindowAfter(pos, win);
                    } else {//Step3.2 第二个循环后仍然没有找到参考值
                        final int myLayer = win.mBaseLayer;//通过BaseLayer来确定位置
                        for (i=0; i<N; i++) {
                            WindowState w = windows.get(i);
                            if (w.mBaseLayer > myLayer) {
                                break;
                            }
                        }
                        windows.add(i, win);//最终找到的合适的位置，将其插入
                        mWindowsChanged = true;
                    }
                }
            }
```

Step1. WindowManagerService 不但有 mTokenMap 这一<IBinder,WindowToken>类型的HashMap，而且还单独将其中 AppWindowToken 部分数据存储到 mAppTokens 中。如下：

```
final ArrayList<AppWindowToken> mAppTokens = new ArrayList<AppWindowToken>();
```

另外，还有一个与 mAppTokens 非常类似的列表，即上面代码段中的 mAnimatingAppTokens。如果当前没有 animations 在进行，那么它们是完全相同的。从源码实现上来看，函数 handleAnimatingStoppedAndTransitionLocked 会先清除 mAnimatingAppTokens，然后把 mAppTokens 的所有元素加载进去。

接下来程序逆序查找 mAnimatingAppTokens 中各个 AppWindowToken 元素。一旦 t==token 就跳出循环，而且 i 自减 1；如果当前元素与 token 不匹配，且!t.sendingToBottom &&tokenWindowList.size()> 0，那么可以用 pos 记录下该 AppWindowToken 管理所有 windows 的第一个，即 tokenWindowList.get(0)。这是什么意思呢？

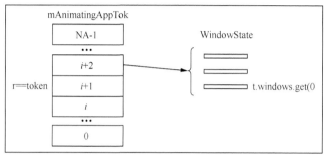

▲图 10-9　Step1 的查找示意图

图 10-9 描述了 Step1 中的一个查找范例。当查找到第 i+2 个 AppWindowToken 时，因为 t!=token，此时这个 token 对应的 windows 不为空，而且这些 window 不会被移动到底部（sendingToBottom 将在 moveAppTokensToBottom 中被置为 true），所以我们用 pos 来记录 tokenWindowList.get(0)，作为后续的参考。当查找到第 i+1 时，刚好 t==token，所以会跳出循环，而且将 i 自减 1（即 i--），所以 i 的最终值与 t 所在位置相差 1。

Step2. 假如 pos!=null，说明我们在前一步骤中成功找到了窗口插入位置的参考值，即 pos。接下来先从 mTokenMap 中找到 pos 这个窗口对应的 WindowToken：

```
WindowToken atoken = mTokenMap.get(pos.mClient.asBinder());
```

然后判断参考窗口的 WindowState.mSubLayer 是否小于 0，如果是，则 pos=bottom。最后，将需要添加的窗口直接放置到参考窗口的下面，即 placeWindowBefore(pos,win)。

Step3.如果 pos==null，说明前面 Step1 中没有找到参考位置。原因有很多，如这个 token 上面的元素没有窗口，或者它们的 sendingToBottom 为 true 等。此时就需要"退而求其次"，继续查找 mAnimatingAppTokens 剩下的元素中第一个带有窗口的那个 token。当然，前提必须是 i>=0——因为假如 Step1 中的循环已经遍历了整个列表，那么此时这个循环就不会被执行了。

Step3.1 假如 Step3 中的循环结束后 pos!=null，那我们就以这个 pos 为参考值，并且是将位置放在 pos 这个窗口所属 WindowToken 管理的所有 windows 的最上面。

Step3.2 假如 Step3 中的循环结束后 pos 仍然为空，那么就以此窗口的 BaseLayer 为参考标准。具体来说，就是在所有窗口（windows）中查找合适的位置进行插入。

10.3.3　窗口添加实例

前面两个小节都是从源码的角度来分析 WindowManagerService 对窗口的管理，而本小节将通过一个具体的例子来加深大家的理解。范例很简单，即从 Launcher2 中点击 Gallery 图标来启动这

10.3 窗口的添加过程

个应用程序。我们将在 WindowManagerService 的适当位置中加上调试 Log, 以方便读者了解整个流程中的各种状态变化。

我们知道, 当 Gallery 这个 Activity 即将显示时, 它需要通过一系列的函数调用最终进入 WMS 的 addWindow (这一过程就不再赘述了) 中。这时 WMS 的 WindowList 中还不存在 Gallery 所对应的 WindowState, 如图 10-10 所示。

```
WindowManager    1206,addwindow begin,client= android.view.ViewRootImpl$W@412156c0,viewVis
                 =0
WindowManager    1206,addwindow,before,i=4,w=Window{412529d0 RecentsPanel paused=false},su
                 rfacestate=0
WindowManager    1206,addwindow,before,i=3,w=Window{411f6280 StatusBar paused=false},surfa
                 cestate=4
WindowManager    1206,addwindow,before,i=2,w=Window{412455a0 Keyguard paused=false},surfac
                 estate=0
WindowManager    1206,addwindow,before,i=1,w=Window{413530f0 com.android.launcher/com.andr
                 oid.launcher2.Launcher paused=true},surfacestate=4
WindowManager    1206,addwindow,before,i=0,w=Window{411cf648 com.android.systemui.ImageWal
                 lpaper paused=false},surfacestate=4
```

▲图 10-10　添加 Gallery 窗口前的状态

上面这段 Log 中, "addwindow begin" 被放在函数 addWindow 的开头; "addwindow,before" 紧随其后, 表示在 addWindow 执行具体操作前的情况。我们依次打印出了当前系统中所有 WindowState 的信息 (也就是 WindowList 列表中的所有元素), 以及它们的 Surface 状态。

Surface 是窗口能真正显示到物理屏幕上的基础, 由 SurfaceFlinger 管理, 我们在后续小节会专门介绍。先来看看它有哪些状态, 具体如表 10-7 所示。

表 10-7　　　　　　　　　　　　　　Surface 的状态

State	Value	Description
NO_SURFACE	0	Surface 还没有创建
DRAW_PENDING	1	Surface 已经创建, 但窗口还没有开始绘制, 所以 Surface 实际上处于隐藏状态
COMMIT_DRAW_PENDING	2	窗口已经第一次绘制完毕, 但 Surface 还没有开始显示, 它将在下一次的 layout 中被显示出来
READY_TO_SHOW	3	窗口绘制请求已经提交, 但还在等待其他因素。这有点类似于进程已经处于 Ready 状态, 随时等待 CPU 分配时间片后执行
HAS_DRAWN	4	窗口已经第一次显示在屏幕上

我们以图 10-11 来形象地表示上面的 Log 信息。

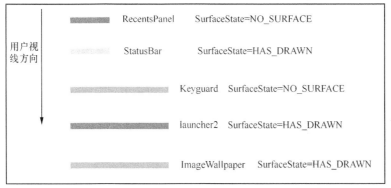

▲图 10-11　未添加 Gallery 窗口前 WindowList 中的状态

413

从图 10-11 中可以清晰地看到，当前拥有 Surface 的只有 3 个应用，即 StatusBar，launcher2 和 ImageWallpaper；而且此时 Gallery 还没有分配到 WindowState。

Gallery 执行完 addWindow 后，系统中的 WindowState 发生了变化，如图 10-12 所示。

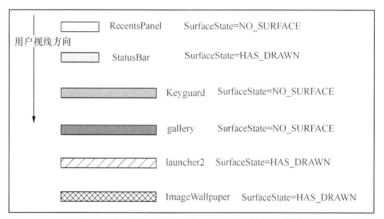

▲图 10-12　添加 Gallery 窗口后的状态

上述 Log 信息中，"addwindow,end" 加在 addWindow 函数的末尾，表示函数执行结束后的变化情况。

我们也用图 10-13 所示的形式表示出来。

▲图 10-13　添加 Gallery 窗口后 WindowList 中的状态

Gallery 和 Launcher2，ImageWallpaper 的窗口类型属于同等级。根据前面讲解的"层级值"分配规则，后启动的应用程序优先级高，所以 gallery 最终排在了 launcher2 和壁纸的上方。不过这时候它还没有申请到 Surface——这个工作要等到用户调用 WMS 中的 relayoutWindow 时才会实施；而且我们要注意的是 gallery 的这行 Log，如图 10-14 所示。

▲图 10-14　gallery 的这行 Log

上面标注的是"Starting com.android.gallery"，为什么呢？因为当新窗口即将显示前（注意：并不是所有新窗口都有启动窗口），Android 系统会自动为其加上一个启动窗口，目的就是使整个启动过程看起来更加流畅，从而增强用户的体验。我们会在稍后的小节中做专门的介绍。

当程序继续运行时，会进入 relayoutWindow（参见后续小节的分析）来申请 Surface。和 addWindow 中的处理一样，我们在函数 relayoutWindow 的首尾加上 Log 来进行比较。

进入 relayoutWindow 时，如图 10-15 所示。

```
WindowManager  1206,relayoutWindow,before,i=2,w=Window{4124d458 Starting com.android.gal
               lery paused=false},surfacestate=0
```

▲图 10-15　进入 relayoutWindow 时

结束 relayoutWindow 时，如图 10-16 所示。

```
WindowManager  1206,relayoutWindow,end,i=2,w=Window{4124d458 Starting com.android.galler
               y paused=false},surfacestate=1
```

▲图 10-16　结束 relayoutWindow 时

可以看到，relayoutWindow 给 gallery 的启动窗口分配了 Surface，因而它的状态变为 DRAW_PENDING；而且随后 gallery 的真正窗口也会通过 addWindow 来申请窗口，如图 10-17 所示。

```
WindowManager  1206,addwindow,end,i=6,w=Window{4124b848 RecentsPanel paused=false},surfa
               cestate=0
WindowManager  1206,addwindow,end,i=5,w=Window{41205c10 StatusBar paused=false},surfaces
               tate=4
WindowManager  1206,addwindow,end,i=4,w=Window{4111c260 Keyguard paused=false},surfacest
               ate=0
WindowManager  1206,addwindow,end,i=3,w=Window{4124d458 Starting com.android.gallery pau
               sed=false},surfacestate=4
WindowManager  1206,addwindow,end,i=2,w=Window{4111f120 com.android.gallery/com.android.
               camera.GalleryPicker paused=false},surfacestate=0
WindowManager  1206,addwindow,end,i=1,w=Window{410f8628 com.android.launcher/com.android
               .launcher2.Launcher paused=false},surfacestate=4
WindowManager  1206,addwindow,end,i=0,w=Window{41250c40 com.android.systemui.ImageWallpa
               per paused=false},surfacestate=4
```

▲图 10-17　通过 addWindow 来申请窗口

此时整个系统中就有 7 个窗口存在。前面的 gallery 启动窗口这时已经显示出来，而新增的 gallery 窗口的 Surface 状态为 NO_SURFACE。很明显，它后面也要通过 relayoutWindow 来创建一个可用的 Surface，如图 10-18 所示。

```
WindowManager  1206,relayoutWindow,before,i=3,w=Window{4124d458 Starting com.android.gal
               lery paused=false},surfacestate=4
WindowManager  1206,relayoutWindow,before,i=2,w=Window{4111f120 com.android.gallery/com.
               android.camera.GalleryPicker paused=false},surfacestate=0
WindowManager  1206,relayoutWindow,end,i=3,w=Window{4124d458 Starting com.android.galler
               y paused=false},surfacestate=4
WindowManager  1206,relayoutWindow,end,i=2,w=Window{4111f120 com.android.gallery/com.and
               roid.camera.GalleryPicker paused=false},surfacestate=1
```

▲图 10-18　通过 relayoutWindow 来创建一个可用的 Surface

那么，启动窗口在什么情况下消失呢？答案就是当 gallery 的真正窗口可以显示时——此时它的启动窗口就可以"光荣退休"了。另外，我们还可以从这些 Log 中注意到 gallery 的前一个应用（即 launcher2）的变化情况，如图 10-19 所示。

```
WindowManager  1206,relayoutWindow begin,client= android.view.IWindow$Stub$Proxy@4131631
               0,viewVis=8
WindowManager  1206,relayoutWindow,before,i=5,w=Window{4124b848 RecentsPanel paused=fals
               e},surfacestate=0
WindowManager  1206,relayoutWindow,before,i=4,w=Window{41205c10 StatusBar paused=false},
               surfacestate=4
WindowManager  1206,relayoutWindow,before,i=3,w=Window{4111c260 Keyguard paused=false},s
               urfacestate=0
WindowManager  1206,relayoutWindow,before,i=2,w=Window{4111f120 com.android.gallery/com.
               android.camera.GalleryPicker paused=false},surfacestate=4
WindowManager  1206,relayoutWindow,before,i=1,w=Window{410f8628 com.android.launcher/com
               .android.launcher2.Launcher paused=false},surfacestate=4
```

▲图 10-19　gallery 的前一个应用（即 launcher2）的变化情况

图中第一个方框描述的是 relayoutWindow() 的第七个参数，即：

```
public int relayoutWindow(Session session, IWindow client, int seq,
    WindowManager.LayoutParams attrs, int requestedWidth,
    int requestedHeight, int viewVisibility, int flags,
    Rect outFrame, Rect outOverscanInsets, Rect outContentInsets,
    Rect outVisibleInsets, Configuration outConfig, Surface outSurface)
```

各 viewVisibility 的状态值定义如表 10-8 所示。

表 10-8　　　　　　　　Visibility 状态值（在 View.java 中定义）

State	Value	Description
VISIBLE	0x00000000	当前为可见状态
INVISIBLE	0x00000004	当前不可见，但它仍然占据空间
GONE	0x00000008	不可见，且不占据空间

此时 relayoutWindow 执行的是"GONE"请求，具体对象为 launcher2。最终结果如图 10-20 所示。

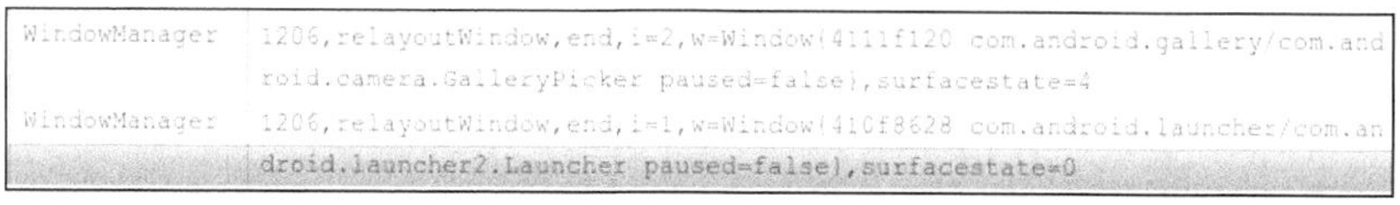

▲图 10-20　结果图

可见，当 gallery 窗口显示出来时，launcher2 的 Surface 就被 destroy 掉了。因为 launcher2 此时已经完全被 gallery 覆盖，没有必要占用 Surface 资源。

本小节通过一个简单的例子，向读者展示了应用程序切换过程中 WMS 里各窗口状态的变化，还包括了 Surface 的状态变迁。建议读者结合前两个小节的源码来综合理解。

10.4　Surface 管理

通过前一小节的范例，读者应该对 Surface（注意：这里说的是 Java 层的 Surface 类，以区别于 OpenGL ES 的本地窗口 Surface）有了初步的印象。接下来我们要解决如下问题：
- Surface 与 Window 的区别；
- Surface 的管理；
- Surface 的内部实现。

10.4.1　Surface 申请流程（relayout）

WMS 原则上只负责管理"窗口"的层级和属性，而 SurfaceFlinger 才是真正将窗口数据合成并最终显示到屏幕上的系统服务。由此可见，WMS 在对窗口（比如大小、Z-Order）做出调整的同时，也必须要通知 SurfaceFlinger，这样才能把正确结果及时地呈现给"观众"。

根据 SurfaceFlinger 中学习过的知识，UI 界面的绘制需要有"画板"，即 BufferQueue 的支持。所以无论是系统窗口，还是应用窗口，都必须向 SurfaceFlinger 申请相应的 Layer，进而得到图形缓冲区的使用权。

那么这一切的起点在哪里呢？没错，还是在 ViewRoot 中。

当 ViewRoot 进行 performTraversals 时，会向 WMS 申请一个 Surface：

```
/*frameworks/base/core/java/android/view/ViewRootImpl.java*/
private void performTraversals() {…
```

```
        relayoutResult = relayoutWindow(params, viewVisibility, insetsPending);
        …
}
private int relayoutWindow(WindowManager.LayoutParams params, int viewVisibility,
boolean insetsPending) throws RemoteException {…
        int relayoutResult = mWindowSession.relayout(
                mWindow, mSeq, params,
                (int) (mView.getMeasuredWidth() * appScale + 0.5f),//宽
                (int) (mView.getMeasuredHeight() * appScale + 0.5f),//高
                viewVisibility, insetsPending ? WindowManagerGlobal.RELAYOUT_INSETS_ PENDING : 0,
                mWinFrame, mPendingOverscanInsets, mPendingContentInsets, mPendingVisi bleInsets,
                mPendingConfiguration, mSurface);
```

当 ViewRoot 在 performTraversals 时，如果发现是第一次执行这个函数（或者窗口的可见性、大小等属性发生了变化），那么它就会调用 relayoutWindow。从名称可以看出，这个函数会"重新布局"窗口——简而言之，就是应用进程通过 IWindowSession.relayout 来让 WMS 向 SurfaceFlinger 申请"画板"，然后通过上述代码段中的 mSurface 变量将结果值返回。

要特别注意这个 mSurface 变量，实际上在 ViewRoot 中已经分配了一个初始的 Surface 对象。

```
private final Surface mSurface = new Surface();
```

既然如此，为什么还要通过 WMS 再分配一次呢？

因为初始时得到的 Surface 是"空壳"。换句话说，其内部没有承载 UI 数据的"画板"，所以如果直接使用它来绘图是无效的。只有经过 relayout() 重新赋值后，它才有意义。

那么，如何让 WMS 为应用进程分配一个有效的 Surface 呢？

大家应该还记得在 SurfaceFlinger 章节中，我们曾经分析过 GraphicBuffer 是如何在应用进程和 SurfaceFlinger 进程中保持高度一致的。这里的情况类似，只不过前者是 C++ 语言实现的，而后者则是通过 Java 语言编写的。Java 层的 Binder 服务通常使用 aidl 来描述，如 IWindowSession.aidl。其中 relayout 的函数声明如下：

```
        int relayout(IWindow window, int seq, in WindowManager.LayoutParams attrs,
                int requestedWidth, int requestedHeight, int viewVisibility,//可见性请求
                int flags, out Rect outFrame, out Rect outOverscanInsets,
                out Rect outContentInsets, out Rect outVisibleInsets,
                out Configuration outConfig, out Surface outSurface);
```

可以看到，outSurface 这个参数前面有一个 out 标志，说明它是一个函数出参。一旦 aidl 发现了这个 out 属性，它就会做特殊处理。具体而言，就是当 aidl 工具生成 java 文件时，会为应用端的 proxy 和服务端的 Stub 考虑此参数的 parcable 因素。具体如下所示。

（1）Stub：

```
…
android.view.Surface _arg11;
_arg11 = new android.view.Surface(); //新建一个 Surface 对象
int _result = this.relayout(_arg0, _arg1, _arg2, _arg3, _arg4, _arg5, _arg6, _arg7,
_arg8, _arg9, _arg10, _arg11);//调用 WMS 进行 relayout 处理
…
if ((_arg11!=null)) {//对_arg11(即 Surface 对象)进行处理
reply.writeInt(1);
_arg11.writeToParcel(reply,android.os.Parcelable.PARCELABLE_WRITE_RETURN_VALUE);
}
```

从上面的代码片段可以看出，服务器首先在其进程空间中新建了一个 Surface 对象，然后调用 WMS 来为这个对象赋值。但是这个对象和客户端最终收到的对象并不是同一个——奥妙在函数末尾，也就是我们调用了_arg11（即 Surface）中的 writeToParcel 方法。这也同时告诉我们，如果一个 Class 类希望作为 aidl 函数中的 out 参数，它就必须要继承自 Parcelable 并实现 writeToParcel 这一关键方法。对于 Surface 来说，它对这个接口方法的实现是在 JNI 层的，即 android_view_Surface.cpp 中。

（2）与上面相对应，客户端就必须要实现 readFromParcel 了。如下：

```
Proxy:
public int relayout(…, android.view.Surface outSurface) throws android.os.RemoteException
{…
android.os.Parcel _reply = android.os.Parcel.obtain();
…
mRemote.transact(Stub.TRANSACTION_relayout, _data, _reply, 0);//远端操作
…
if ((0!=_reply.readInt())) {
    outSurface.readFromParcel(_reply);//读取结果值
}
```

至于两边的 Surface 对象又是如何保持一致性的，其基本原理和 SurfaceFlinger 中的 GraphicBuffer 类似，后续小节也有详细解释。

接下来我们深入 relayoutWindow 的源码实现来一探究竟。这个函数很长，大家重点关注它对 Surface 对象的处理。根据上面的分析，我们能推测出它的工作分为两种情况。

- viewVisibility 为 VISIBLE 的情况

这种情况下，用户请求生成一个用于显示的有效 Surface（如前一小节范例中的 gallery）。

- viewVisibility 为 GONE 的情况

这种情况通常意味着窗口即将退出显示，因而就要销毁用户已经持有的 Surface（如前一小节范例中的 launcher2）。

本小节集中分析 viewVisibility 为 VISIBLE 的情况：

```
public int relayoutWindow(Session session, IWindow client, int seq,
        WindowManager.LayoutParams attrs, int requestedWidth,
        int requestedHeight, int viewVisibility, //窗口可见性请求
        int flags, Rect outFrame, Rect outOverscanInsets, Rect outContentInsets,
        Rect outVisibleInsets, Configuration outConfig, Surface outSurface) {
    boolean toBeDisplayed = false;//此窗口是否要显示，由多个因素决定
    boolean inTouchMode;
    boolean configChanged;//配置是否发生了变化
    boolean surfaceChanged = false;//Surface是否发生了变化
    boolean animating;
    …
    synchronized(mWindowMap) {//访问到共享资源，注意同步
        WindowState win = windowForClientLocked(session, client, false);//查找窗口对应的WindowState
        …
        WindowStateAnimator winAnimator = win.mWinAnimator;//稍后分析这个变量
        if (win.mRequestedWidth != requestedWidth|| win.mRequestedHeight != requestedHeight) {
            win.mLayoutNeeded = true;//尺寸发生变化，需要重新layout
            win.mRequestedWidth = requestedWidth;
            win.mRequestedHeight = requestedHeight;
        }
        …//对于窗口属性等因素的调整，代码省略
        if (viewVisibility == View.VISIBLE && (win.mAppToken == null
                || !win.mAppToken. clientHidden)) {
            toBeDisplayed = !win.isVisibleLw();//假如已经是可见状态，就不需要再显示了
            …
            if (toBeDisplayed) {//如果最终的判断结果是需要显示
                if (win.isDrawnLw() && okToDisplay()) {
                    winAnimator.applyEnterAnimationLocked();
                }
                …
            }
            …
        }
        try {
            if (!win.mHasSurface) {
                surfaceChanged = true;
            }
            SurfaceControl surfaceControl = winAnimator.createSurfaceLocked();
            if (surfaceControl != null) {
                outSurface.copyFrom(surfaceControl);//将生成的对象复制给outSurface
```

10.4 Surface 管理

```
                ...
            } else {
                outSurface.release();//生成 Surface 失败
            }
        } catch (Exception e) {...
        }
        ...
        }
    } else {...//viewVisibility 不是 VISIBLE 的情况
    }
    ...
    performLayoutAndPlaceSurfacesLocked();
    ...
}
```

设想一下这个函数将会遇到的情况：

- 首先它需要判断这个窗口是否要显示。这既取决于入参中 viewVisibility 的具体请求，同时也取决于这个窗口状态是否适合 visible 状态以及当前是否已经为 visible(isVisibleLw)。最终的判断结果由 toBeDisplayed 表示。
- 如果是要显示的窗口，那么它就得有合法的 Surface。因而如果这个窗口之前还未持有 Surface 或者 Surface 的属性已经发生了改变，那就要重新申请。最终的判断结果由 surfaceChanged 来表示。
- 除此之外，它还要判断配置是否变更，以 configChanged 来表示。
- 如果当前正在进行动画，情况又会稍微不同，animating 用于记录这种情况。
- 函数参数中，requestedWidth 和 requestedHeight 表示用户请求的宽高，这将影响它申请到的 Surface 的属性。最后几个以"out"开头的变量表明它们也是出参，如 outFrame、outSurface 等。

函数 relayoutWindow 首先从 mWindowMap 中查找出与 client 对应的 WindowState 对象，即调用 windowForClientLocked 函数。在判断窗口是否 visible 时，主要的依据是 Surface 状态、是否正在进行退出动画等。注意如果窗口当前已经是 visible 就不用再显示了，因而 toBeDisplayed 是取反操作。

假如当前窗口正在执行退出动画，或者它已经进入 destroy 列表，就要撤销这些操作。另外，如果之前的状态是 GONE，我们还要执行一个进入动画。这一部分工作由 WindowStateAnimator 来全权负责，每一个 WindowState 中都有一个 mWinAnimator 来处理这些动画效果。我们将在后面小节专门介绍其中的实现细节。

如果确定窗口即将要显示，还需要执行一系列前期的准备操作，如显示数据是否准备好、屏幕是否开启、配置是否有变化等；而且假如图形格式改变，即便之前已经有可用的 Surface 也要重新创建——这种情况下必须先 destroy 老的 Surface，然后设置 surfaceChanged 为 true。图形格式由 android.graphics.PixelFormat 定义，默认是 OPAQUE（表示不需要 alpha 通道）。

整个函数用于配置和判断的内容占了很大一部分篇幅，真正的核心操作如下。

- 生成 Surface。
- 分配层值（如果需要的话）。有两种窗口可能会导致层级值的重新分配，即 IM 窗口和壁纸窗口。
- performLayoutAndPlaceSurfacesLocked（后面小节有专门介绍）。

WMS 并没有在内部直接生成可用的 Surface 对象，而是在 WindowStateAnimator 中提供了 createSurfaceLocked 这个接口；同理，Destroy Surface 的接口也必定在这个类中，即 destroySurfaceLocked：

```
/*frameworks/base/services/java/com/android/server/wm/WindowStateAnimator.java*/
    Surface createSurfaceLocked() {
        if (mSurfaceControl == null) {...
            mDrawState = DRAW_PENDING;//状态改变了
            try { ...
```

```
                    if (DEBUG_SURFACE_TRACE) {//DEBUG 时走这个分支
                        …
                    } else {
                        mSurfaceControl = new SurfaceControl(mSession.mSurfaceSession,
                            attrs.getTitle().toString(),w, h, format, flags);
                    }
                    mWin.mHasSurface = true; //已经有可用的 Surface 了
                } catch (SurfaceControl.OutOfResourcesException e) {
                    …
                } catch (Exception e) {
                    …
                }
                …
                Surface.openTransaction();//开始一个 Transaction,后续小节有介绍
                try {
                    try {
                        …//Transaction 的中间过程
                    } catch (RuntimeException e) {
                        …
                    } finally {
                        Surface.closeTransaction();//Transaction 结束
                    }
                }
                return mSurface;
            }
```

和我们的预想不一样的地方是：createSurfaceLocked 也没有直接与 SurfaceFlinger 产生交集。从逻辑上来分析，这个函数做了两件事：

- new Surface；
- openTransaction/closeTransaction。

看来所有的秘密都包含在这两个步骤中，我们将在下一小节继续分析。

10.4.2 Surface 的跨进程传递

在 Android 的 GUI 系统中，与 Surface 相关的类有很多，如 Surface.cpp、Surface.java、Isurface、IGraphicBufferProducer 等。我们在 SurfaceFlinger 章节曾专门针对这些类做过比较，希望读者可以区分清楚。

对于 Java 层的应用程序来说，Surface.java 是它们直接使用的绘图"画板"——而这个 Java 层的 Surface 对象则需要间接调用底层接口来完成功能，包括 Surface(C++)、ISurfaceComposer 等与 SurfaceFlinger 交互沟通的地方都是在本地层实现的，如图 10-21 所示。

根据 "Surface 申请流程" 中的分析，Surface(Java)对象在两个地方会被创建。即：

- ViewRootImpl

对应的是 ViewRootImpl 的成员变量 mSurface，而且它在一开始就分配了一个"空"的 Surface 对象。

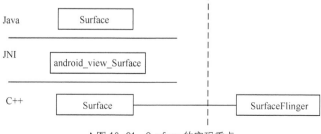

▲图 10-21　Surface 的实现重点

- WindowStateAnimator

当 WMS 调用 WindowStateAnimator 的 createSurfaceLocked 时,将生成一个真正有效的 Surface 对象,且由其成员变量 mSurfaceControl 管理。

那么,为什么说 ViewRootImpl 初始生成的 Surface 对象是"空"的呢?要明白这个问题,就得从 Surface 的初始化入手。Surface 的构造函数主要有如下 3 种形式:

(1) public Surface();
(2) public Surface(SurfaceTexture surfaceTexture);
(3) private Surface(int nativeObject)。

其中 ViewRootImpl 为 mSurface 初始化时采用的是第一种,即完全不带参数的情况:

```
private final Surface mSurface = new Surface();
```

而 WindowStateAnimator 中采用的则是通过 SurfaceControl 间接生成 Surface 的方式:

```
mSurfaceControl = new SurfaceControl(mSession.mSurfaceSession,
                  attrs.getTitle().toString(),w, h, format, flags);
```

这两者最大的区别,就是后一个构造函数还会同时调用名称为"nativeCreate"的本地方法——这其实就是 Surface 与 SurfaceFlinger 建立联系的入口。而 Java 层的 Surface 类充其量只是一个"壳",它的所有功能都是通过 JNI 调用各种本地类来实现的:

```
/*frameworks/base/core/jni/android_view_SurfaceControl.cpp*/
static jint nativeCreate(JNIEnv* env, jclass clazz, jobject sessionObj,
        jstring nameStr, jint w, jint h, jint format, jint flags) {
    ScopedUtfChars name(env, nameStr);
    sp<SurfaceComposerClient> client(android_view_SurfaceSession_getClient(env, sessionObj));
    sp<SurfaceControl> surface = client->createSurface(String8(name.c_str()),
                                                w, h, format, flags);
    …
    surface->incStrong((void *)nativeCreate);
    return int(surface.get());
}
```

这里出现了我们熟悉的 SurfaceComposerClient——它是 SurfaceFlinger 派出的"代表"。不论是 OpenGL ES 还是本小节的 Surface,都可以在这个类的协助下有序地申请和访问各 Buffer 缓冲区。

上述代码段中直接利用 android_view_SurfaceSession_getClient 来获取到 client 对象,这说明在其他地方已经创建了这个对象,并且通过 JNI 将其保存在了 Java 层中。具体过程是当 addWindow 被调用时,WMS 会为窗口建立一个 WindowState,并将 Session 保存到它的成员变量 mSession 中。紧接着 WindowState.attach()被调用,此时 mSession 就通过 windowAddedLocked 来进一步生成 mSurfaceSession;当 WindowState 构造时,它同时生成内部的 mWinAnimator,即 WindowStateAnimator。后者在构造时也将 Session 对象保存在 mSession 成员变量中。这个变量将在 createSurfaceLocked 中传递给 Surface 的构造函数。这其中的关系有点杂乱,我们特别扩充本节开头的实现图以完整理解,具体如图 10-22 所示。

通过这个图再来理解 nativeCreate,相信读者就清楚多了。

大家可能还有个疑问:既然 ViewRootImpl 中的 mSurface 一开始是"空"的,那么后来又是如何变成可用的呢?回答这个问题需要结合前一小节 relayoutWindow 中的分析。前面已经看到,当 WMS 端生成一个 Surface 后,它会通过 writeToParcel 写入回复 reply 中。这样当 ViewRoot 在读取结果值时,就可以利用 readFromParcel 再把它还原出来。Surface(Java)的 readFromParcel 将进一步调用 JNI 方法 nativeReadFromParcel,即:

```
/*frameworks/base/core/jni/android_view_Surface.cpp*/
static jint nativeReadFromParcel(JNIEnv* env, jclass clazz, jint nativeObject, jobject
```

```
parcelObj) {
    Parcel* parcel = parcelForJavaObject(env, parcelObj);
    …
    sp<Surface> self(reinterpret_cast<Surface *>(nativeObject));
    sp<IBinder> binder(parcel->readStrongBinder());
    …
    sp<Surface> sur;
    sp<IGraphicBufferProducer>gbp(interface_cast<IGraphicBufferProducer>(binder));
    if (gbp != NULL) {
        sur = new Surface(gbp);//本地的 Surface 对象与 IGraphicBufferProducer 挂钩
        sur->incStrong(&sRefBaseOwner);
    }
    …
    return int(sur.get());//这个最终返回的 Surface(C++)对象就是有效的
}
```

这样客户端的 Surface 与一个 IgraphicBufferProducer 就成功地建立了关系,而后者就是 Buffer 的管理者,所以后续在此 Surface 基础上的 UI 操作最终可以通过 SurfaceFlinger 显示到屏幕上。

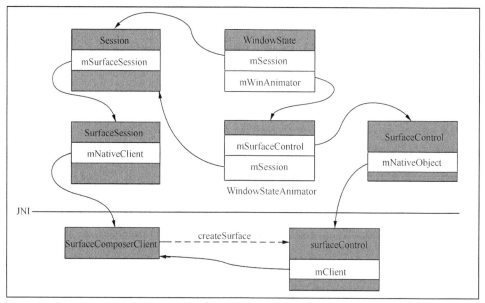

▲图 10-22　Surface 关系详图

10.4.3　Surface 的业务操作

在前两个小节分析 WindowStateAnimator. createSurfaceLocked()时,我们发现这个函数的末尾在对 SurfaceControl 进行操作前,首先是 openTransaction,最后结束时再 closeTransaction。这部分代码摘录如下:

```
SurfaceControl.openTransaction();
…
mSurfaceControl.setLayerStack(mLayerStack);
mSurfaceControl.setLayer(mAnimLayer);
mSurfaceControl.setAlpha(0);…
SurfaceControl.closeTransaction();
```

那么,这样做的目的是什么?

SurfaceControl 提供的这两个方法都分别调用了对应的 native 本地方法,它们的实现在 JNI 层:

```
/*frameworks/base/core/jni/android_view_SurfaceControl.cpp*/
static void nativeOpenTransaction(JNIEnv* env, jclass clazz) {
    SurfaceComposerClient::openGlobalTransaction();
}
```

```
static void nativeCloseTransaction(JNIEnv* env, jclass clazz) {
    SurfaceComposerClient::closeGlobalTransaction();
}
```

其中 openGlobalTransaction 的调用流程是：

```
SurfaceComposerClient::openGlobalTransaction→Composer::openGlobalTransaction→
Composer::getInstance().openGlobalTransactionImpl:
void Composer::openGlobalTransactionImpl() {
    { // scope for the lock
        Mutex::Autolock _l(mLock);
        mTransactionNestCount += 1;
    }
}
```

而 SurfaceComposerClient::closeGlobalTransaction()最核心的语句是其在函数末尾调用了 Isurface Composer::setTransactionState()这个接口。换句话说，对于 openGlobalTransaction 和 closeGlobal Transaction 之间的所有设置 Surface 属性的操作，如 setSize，setLayer，setPosition 等，都不是及时生效的，而是要等到业务关闭后才统一告知 SurfaceFlinger。对于频繁变更属性的地方，这样做一方面可以提高效率，另一方面可以避免属性的过快更新带来一些负面影响，如画面不稳定。

10.5　performLayoutAndPlaceSurfacesLockedInner

前面我们在分析 relayoutWindow 时，还有一个重要函数没有讲解，就是 performLayoutAnd PlaceSurfacesLockedInner（performLayoutAndPlaceSurfacesLocked 最终会调用这个函数）。可以说这是整个 WindowManagerService 中行数最长、最难理解，却也是最核心的一个函数，所以有必要专门用一个小节来对它做详细解析。

从函数名大概可以猜出它的设计意图，即 Perform Layout 和 Place Surface。Layout 在这里侧重表达的是"尺寸大小"的意思，即每个窗口所占的空间；后者则与 SurfaceFlinger 有关——WMS是"导演"，它需要将自己的意图告诉"摄影机"（SurfaceFlinger）。换句话说，观众最终看到的画面是由 SurfaceFlinger 呈现出来的，从中才能领悟出"导演"的"思想"。大家可以体会下其中的因果关系。

按照惯例，我们先将函数的"骨架"列出来：

```
/*frameworks/base/services/java/com/android/server/wm/WindowManagerService.java*/
private final void performLayoutAndPlaceSurfacesLockedInner( boolean recoveringMemory) {…
    SurfaceControl.openTransaction(); //开启/关闭业务的作用前一小节已经解释过了
        try {…
            int repeats = 0;
            do { /*Step1. 第一个循环，处理 pendingLayoutChanges*/
                repeats++;
                if (repeats > 6) {//最多尝试次数
                    displayContent.layoutNeeded = false;
                    break;
                }
                …
                if (repeats < 4) {/*Step2.计算窗口大小，如果需要的话*/
                    performLayoutLockedInner (displayContent, repeats == 1, false);
                } else {
                    Slog.w(TAG, "Layout repeat skipped after too many iterations");
                }
                /*Step3.将 Policy 应用到各窗口*/
                if (isDefaultDisplay) {
                    mPolicy.beginPostLayoutPolicyLw(dw, dh);
                    for (i = windows.size() - 1; i >= 0; i--) {
                        WindowState w = windows.get(i);
                        if (w.mHasSurface) {
```

```
                              mPolicy.applyPostLayoutPolicyLw(w, w.mAttrs);
                    }
                }
                displayContent.pendingLayoutChanges |=
                                        mPolicy.finishPostLayoutPolicyLw();
            }
        } while (displayContent.pendingLayoutChanges != 0);
        …
        final int N = windows.size();//所有窗口的数量
        for (i=N-1; i>=0; i--) { /*Step4. 动画相关*/
            …
        }
        …
    } catch (RuntimeException e) {
    } finally {
        SurfaceControl.closeTransaction();//上述的各计算结果统一报知 SurfaceFlinger
    }

    /*****接下来就是收尾工作了***/
    //Step5. 执行应用间切换(app transition)
    …
    //Step6. 销毁所有不再可见的窗口
    …
    //Step7. 是否需要移除已经退出的 tokens?
    …
    //Step8. 是否需要移除退出的应用程序?
    …
    scheduleAnimationLocked();
}
```

整个函数逻辑分为两部分：其中 try…catch 中的代码是对窗口的变更进行计算，并通过 SurfaceControl 应用到 SurfaceFlinger 中的过程；剩余部分代码则是做些收尾工作，使 WMS 中的窗口状态与当前系统保持一致，如移除某些无用的窗口、移除相应的 token 等。

Step1-3@performLayoutAndPlaceSurfacesLockedInner。这个 do...while 循环的判断条件是：

```
displayContent.pendingLayoutChanges != 0
```

也就是说，它在执行完一轮操作后，会根据 pendingLayoutChanges 来得出当前是否还有"pending"（未处理）的"Layout Chanages"——是的话就继续循环（但最多不超过 6 次。至于为什么是 6 次，估计是源码作者的经验之谈）；否则就结束循环。

而 pendingLayoutChanges 在每轮循环的末尾将由 mPolicy.finishPostLayoutPolicyLw 重新赋值。这其中涉及很多细节问题，我们将在后续小节解释窗口大小的计算过程时统一讲解。

Step4@performLayoutAndPlaceSurfacesLockedInner。动画相关的计算与判断，我们将在后续小节专门介绍。

Step5-8@performLayoutAndPlaceSurfacesLockedInner，收尾工作。这部分内容比较简单，读者可以自行阅读。

最后，函数末尾通过 scheduleAnimationLocked 来安排动画的执行。因为 Project Butter 规定界面刷新要以 VSYNC 为标准，动画的实施也不例外——它提供了一个 mAnimator.mAnimationRunnable 来监听 VSYNC 信号。关于窗口动画的更多细节，可以参考后续小节。

10.6 窗口大小的计算过程

这一小节我们以 Activity 的窗口为例，完整地分析窗口大小的计算过程，如图 10-23 所示。

在 Android 系统中，通常在终端屏幕上看到的界面除了应用程序本身的内容外，至少还可能有以下两个元素，如图 10-23 所示。

10.6 窗口大小的计算过程

> 状态栏

如果应用程序没有特别指明需要全屏显示,则状态栏默认是存在的。这也就意味着对于一块 width*height 的物理屏幕,实际上可以分配给应用程序的空间尺寸肯定是要小于(或者等于)这个范围的。

> 输入法窗口

开发人员在配置 Activity 的 AndroidManifest.xml 时,可以特别指定输入法窗口出现时,应用程序本身的界面是否要"缩小",以腾出相应的位置来容纳输入法键盘。这个属性称为 windowSoftInputMode,如下:

▲图 10-23 状态栏、输入法窗口与应用窗口的关系(短信编辑)

```
<activity …android:windowSoftInputMode=["stateUnspecified","stateUnchanged",
                                        "stateHidden","stateAlwaysHidden",
                                        "stateVisible","stateAlwaysVisible",
                             "adjustUnspecified","adjustResize", "adjustPan"] >
…
</activity>
```

windowSoftInputMode 属性的可选值分为两类——以 state 开头的部分表示当 activity 成为焦点时软键盘是隐藏或者可见;以 adjust 开头的值则表示如何调整 activity 窗口以容纳软键盘。所以这两种类型的配置值是"或"的关系,如表 10-9 所示。

表 10-9 windowSoftInputMode 的可选参数

Value	Description
stateUnspecified	输入法软键盘的状态没有特别指定。这意味着系统将自动选择合适的状态值,或者依赖于主题设置
stateUnchanged	软键盘状态取决于它上一次保存的值
stateHidden	设置这个值,软键盘会在某些场景下隐藏(比如当用户启动了 activity,而不是因为退出另一个 activity 后从 ActivityStack 返回的情况)
stateAlwaysHidden	软键盘总是隐藏
stateVisible	软键盘通常是可见的(和 stateHidden 情况相同)
stateAlwaysVisible	和上面的 stateAlwaysHidden 相反
adjustUnspecified	没有指定 activity 窗口是否要腾出空间来容纳软键盘,系统会自动选择合适的模式。如果窗口内容可以滚动(滚动条),即在很小的空间里也能浏览所有内容,那么窗口大小会被重新设置
adjustResize	Activity 窗口总是会被重新设置大小,以容纳软键盘
adjustPan	Activity 窗口大小不会改变,但窗口内容需要做适当调整,以保证用户可以及时看到自己的输入结果

由上面的分析可知,状态栏和输入法窗口都会影响应用程序窗口大小的计算。前者所占的区域相对固定;输入法窗口的表现则取决于 Activity 属性的设置。大家可以试着对比上一个"短信编辑窗口"和下面的"通讯录编辑窗口",如图 10-24 所示。

窗口大小从理论上讲只有宽和高两个参数。不过从程序设计的角度来考虑,ViewRootImpl 还包括了如表 10-10 所示的相关变量。

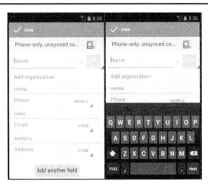

▲图 10-24 输入法窗口覆盖了应用窗口的部分区域(通讯录编辑)

表 10-10　　　　　　　　　　ViewRootImpl 中与窗口大小相关的变量

Member	Description
int mWidth; int mHeight;	当前真实的宽和高
Rect mWinFrame;	当 Activity 的窗口大小需要改变时，WMS 通过 W.resized 接口通知客户端，mWinFrame 就用于记录 WMS 提供的宽高
Rect mPendingVisibleInsets	同上。也是 WMS 提供的，用于表示可见区域
Rect mPendingContentInsets	同上。也是 WMS 提供的，用于表示内容区域
int desiredWindowWidth int desiredWindowHeight	中间值，用于表示"期望"的宽高值，所以和最终的值可能有差异。后面我们还有介绍

ContentInsets 通俗地讲是用于显示应用窗口"内容"的区域；而 VisibleInsets 就是应用窗口"可见"的部分。一般情况下，二者是一致的。不过既然 ViewRoot 把它们分为两个变量，就说明它们肯定并非完全等同。比如前面"短信编辑"界面，当输入法窗口出现时应用窗口便减小自身尺寸来容纳软键盘，所以内容和可见区域是一样的；"通讯录编辑"的情况则正好相反。应用窗口选择不改变原来大小，所以它的"内容"区域没有变化，只是软键盘覆盖了它的部分可见区域，此时二者的值就不一致了。

ViewRootImpl 会在应用程序运行过程中多次调用 performTraversals（后一章节有详细介绍），这同时也是计算应用窗口大小的起点。假如是第一次调用这个函数（mFirst 为 true），那么 desiredWindowWidth/desiredWindowHeight 的默认值就是物理屏幕大小或者状态栏的配置大小（如果窗口类型为 TYPE_STATUS_BAR_PANEL）。此时程序会调用 host.fitSystemWindows(mFitSystemWindowsInsets)来设置 4 个内边距，其中 mFitSystemWindowsInsets 的取值来源于 mAttachInfo.mContentInsets，后者和 mPendingContentInsets 表达的是同一个含义，只不过它是当前窗口的真实值。

函数 fitSystemWindows 被用来通知一个窗口的 content inset 发生了改变，以使 View 有机会来适应最新的变化。它会沿着 View Tree 由上往下传递给各 View 对象。通常情况下，开发人员并不需要针对这一变化做特别处理，但使用以下两个属性除外：

```
SYSTEM_UI_FLAG_LAYOUT_ FULLSCREEN
SYSTEM_UI_FLAG_LAYOUT_HIDE_NAVIGATION
```

为什么呢？我们知道，View 组件可以通过 setSystemUiVisibility(int)来决定系统 UI（包括状态栏、导航栏等）的显示状态。其中有两对容易混淆的值：

```
SYSTEM_UI_FLAG_FULLSCREEN/SYSTEM_UI_FLAG_LAYOUT_FULLSCREEN SYSTEM_UI_FLAG_HIDE_NAVIGATION/SYSTEM_UI_FLAG_LAYOUT_HIDE_NAVIGATION
```

从名称来看，它们只相差"LAYOUT"，但实际含义却有很大不同。前者（不带 LAYOUT）的值表示用户要求全屏（SYSTEM_UI_FLAG_FULLSCREEN）或者隐藏导航栏（SYSTEM_UI_FLAG_HIDE_NAVIGATION），这样最终的界面中就会是全屏或者不显示导航栏。在这种情况下，应用程序的"内容区域"就要扣除这些系统窗口所占的位置；而后者则只"假设"当前已经是全屏（SYSTEM_UI_FLAG_LAYOUT_FULLSCREEN）或者已经隐藏了导航栏（SYSTEM_UI_FLAG_LAYOUT_HIDE_NAVIGATION）。

对比如图 10-25 所示。

从图中应该能想到，使用 SYSTEM_UI_FLAG_LAYOUT_FULLSCREEN 标志有可能导致部分应用界面被遮挡——而有时候这就是我们想要的效果。比如状态栏是半透明的，或者部分区域全透明，那么设置这个属性就可以让用户透过状态栏看到后面的 UI 界面；否则状态栏中透明的那部分区域就会是黑色的，从而影响用户体验。

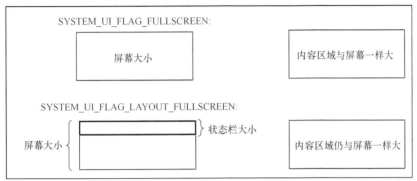

▲图 10-25　SYSTEM_UI_FLAG_FULLSCREEN 和 SYSTEM_UI_FLAG_LAYOUT_FULLSCREEN

对于不希望界面被遮挡的应用程序，我们就需要改写 View.fitSystemWindows()以避免出现类似情况。View 内部通过 mPaddingLeft，mPaddingTop，mPaddingRight 和 mPaddingBottom 来记录内容区域。

我们再回到 performTraversals 函数的分析中。假如当前不是第一次调用这个函数（mFirst 为 false），那么 desiredWindowWidth 和 desiredWindowHeight 就分别等于 mWinFrame.width()和 mWinFrame.height()。换句话说，这两个变量表达的是 WMS 的"desire"。一旦"期望值"与当前的 mWidth/mHeight 不一致，那么 mFullRedrawNeeded，mLayoutRequested 和 windowSizeMayChange 就会被置为 true，这将影响到后面的程序流程。

函数 performTraversal()中有一个核心的判断，基于如下几个条件：

```
if (mFirst || windowShouldResize || insetsChanged ||viewVisibilityChanged || params
    != null)
```

这几个条件有任何一项满足，就说明窗口的尺寸或者关键属性发生了变化，此时就需要向 WMS 传递这一消息，即先调用 relayoutWindow()，然后进一步调用：

```
int relayout(IWindow window, int seq, in WindowManager.LayoutParams attrs,
        int requestedWidth, int requestedHeight, int viewVisibility,
        int flags, out Rect outFrame, out Rect outOverscanInsets,
        out Rect outContentInsets, out Rect outVisibleInsets,
        out Configuration outConfig, out Surface outSurface);
```

这个函数的最后几个参数是出参，也就是 WMS 的计算结果。包括：

outFrame：WMS 得出的应用窗口大小，对应 ViewRootImpl 中的成员变量 mWinFrame。

outOverscanInsets：WMS 得出的"过扫描"区域，我们在后续小节会做详细解释。

outContentInsets：WMS 得出的 content insets，对应 ViewRootImpl 中的成员变量 mPendingContentInsets。

outVisibleInsets：WMS 得出的 visible insets，对应 ViewRootImpl 中的成员变量 mPendingVisibleInsets。

outConfig：WMS 得出的窗口配置信息，对应 ViewRootImpl 中的成员变量 mPendingConfiguration。

outSurface：WMS 申请的有效的 Surface 对象，对应 ViewRootImpl 中的成员变量 mSurface。

根据前面小节的分析，IWindowSession.relayout()最终会导致 WMS 中的 relayoutWindow 被调用，这个函数中针对窗口大小的一系列计算流程是：

performLayoutAndPlaceSurfacesLocked()➔performLayoutAndPlaceSurfacesLockedLoop➔performLayout AndPlaceSurfacesLockedInner()。其中最后这个函数在前一小节已经讲解过，我们再把与Layout 相关的源码摘录出来：

```
/*frameworks/base/services/java/com/android/server/wm/WindowManagerService.java*/
    private final void performLayoutAndPlaceSurfacesLockedInner(boolean recoveringMemory) {…
        SurfaceControl.openTransaction();
            try {…
                int repeats = 0;
                do {//退出循环的条件是displayContent.pendingLayoutChanges == 0
                    repeats++;
                    if (repeats > 6) {//循环的最多次数
                        Slog.w(TAG, "Animation repeat aborted after too many iterations");
                        displayContent.layoutNeeded = false;
                        break;
                    }
                    …
                    if (isDefaultDisplay && (displayContent.pendingLayoutChanges
                            & WindowManagerPolicy.FINISH_LAYOUT_REDO_CONFIG) != 0) {
                        if (DEBUG_LAYOUT) Slog.v(TAG, "Computing new config from layout");
                        if (updateOrientationFromAppTokensLocked(true)) {
                            displayContent.layoutNeeded = true;
                            mH.sendEmptyMessage(H.SEND_NEW_CONFIGURATION);
                        }/*重新计算config*/
                    }

                    if ((displayContent.pendingLayoutChanges
                            & WindowManagerPolicy.FINISH_LAYOUT_REDO_LAYOUT) != 0) {
                        displayContent.layoutNeeded = true;/*需要重新layout*/
                    }
                    if (repeats < 4) {/*这个函数最多被调用4次*/
                        performLayoutLockedInner(displayContent, repeats == 1,
                                        false /*updateInputWindows*/);
                    } else {
                        Slog.w(TAG, "Layout repeat skipped after too many iterations");
                    }
                    displayContent.pendingLayoutChanges = 0;
                    if (isDefaultDisplay) {
                        mPolicy.beginPostLayoutPolicyLw(dw, dh);
                        for (i = windows.size() - 1; i >= 0; i--) {
                            WindowState w = windows.get(i);
                            if (w.mHasSurface) {
                                mPolicy.applyPostLayoutPolicyLw(w, w.mAttrs);
                            }
                        }
                        displayContent.pendingLayoutChanges |=
                                        mPolicy.finishPostLayoutPolicyLw();
                    }
                } while (displayContent.pendingLayoutChanges != 0);
…
```

先来看看 pendingLayoutChanges 的可选值，如表 10-11 所示。

表 10-11　　　　　　　　　pendingLayoutChanges 可选参数

VALUE	Description
FINISH_LAYOUT_REDO_LAYOUT= 0x0001	Layout 状态可能已经改变，所以还要发起另一个 layout
FINISH_LAYOUT_REDO_CONFIG = 0x0002	Configuration 可能已经改变
FINISH_LAYOUT_REDO_WALLPAPER = 0x0004	壁纸可能需要挪动
FINISH_LAYOUT_REDO_ANIM = 0x0008	需要重新计算动画

从表中可知，各可选参数值是"或"的关系。

在 do...while 循环中，核心工作都是围绕 pendingLayoutChanges 展开的。即：

10.6 窗口大小的计算过程

只有当 displayContent.pendingLayoutChanges == 0，也就是当前已经没有需要处理的 Layout Changes，或者循环次数超限，循环才会退出。不过根据 do…while 的语法，它至少会执行一次 do 循环体。在对 Layout Change 进行处理的过程中：

（1）如果 pendingLayoutChanges 中带有 FINISH_LAYOUT_REDO_CONFIG，那么就通过 mH 向 WMS 的消息队列中发送一个 SEND_NEW_CONFIGURATION，以重新计算 Configuration。

（2）如果 pendingLayoutChanges 中带有 FINISH_LAYOUT_REDO_LAYOUT，就将 layout Needed 置为 true（如果这个变量为 false，后续调用 performLayoutLockedInner 就会直接返回）。

一旦 repeats 次数小于 4，程序将调用 performLayoutLockedInner。核心源码如下：

```
private final void performLayoutLockedInner(final DisplayContent displayContent,bool
ean initial, boolean updateInputWindows) {
        if (!displayContent.layoutNeeded) {//如果此变量为 false，什么也不做
            return;
        }
        displayContent.layoutNeeded = false;//已经执行了本次的 layout
        WindowList windows = displayContent.getWindowList();//窗口列表
        boolean isDefaultDisplay = displayContent.isDefaultDisplay;//是否是默认 Display
        DisplayInfo displayInfo = displayContent.getDisplayInfo();//获取 Display 详细信息
        final int dw = displayInfo.logicalWidth;//逻辑宽度，可能比物理屏幕分辨率小
        final int dh = displayInfo.logicalHeight;//逻辑高度，可能比物理屏幕分辨率小
        …
        final int N = windows.size();//系统中所有窗口数量
        int i;//用于循环计数
        WindowStateAnimator universeBackground = null;
        mPolicy.beginLayoutLw(isDefaultDisplay, dw, dh, mRotation);//后面有详细介绍
        …
        int seq = mLayoutSeq+1;//用于与客户端同步
        if (seq < 0) seq = 0;//当 seq 值超过范围时，重新从 0 开始循环使用
        mLayoutSeq = seq;//将 mLayoutSeq 更新为当前的 seq 值
        …
        int topAttached = -1;
        for (i = N-1; i >= 0; i--) {/*先计算 root windows(即没有 attached 到其他 window 的
                                    那些窗口)*/
            final WindowState win = windows.get(i);
            final boolean gone = (behindDream && mPolicy.canBeForceHidden(win, win.mAttrs))
                    || win.isGoneForLayoutLw();/*假如这个窗口不可见，或者即将不可见(比如正在执行
                                    退出动画)，那就不浪费时间去计算*/
            …
            if (!gone || !win.mHaveFrame || win.mLayoutNeeded/*mHaveFrame 表示窗口是否参与
                                                            过计算*/
                    || (win.mAttrs.type == TYPE_KEYGUARD && win.isConfigChanged())
                    || win.mAttrs.type == TYPE_UNIVERSE_BACKGROUND) {
                if (!win.mLayoutAttached) {//为 true 说明这个窗口是子窗口，留到后一步中计算
                    …
                    mPolicy.layoutWindowLw(win, win.mAttrs, null);//执行具体的计算
                    win.mLayoutSeq = seq;
                } else {
                    if (topAttached < 0) topAttached = i;/*记录最上面的一个 attached window，
                                                        供下一步使用*/
                }
            }
            …
        }
        …
        /*接下来开始计算 attached window 的情况，这些窗口和它们的父窗口关系很大*/
        for (i = topAttached; i >= 0; i--) {/*直接从上一步中记录的 topAttached(即 WindowList
                                            中的第一个 attached 窗口)开始计算，提高效率*/
            final WindowState win = windows.get(i);
            if (win.mLayoutAttached) {…
                if ((win.mViewVisibility != View.GONE && win.mRelayoutCalled)
                        || !win.mHaveFrame || win.mLayoutNeeded) {
                    mPolicy.layoutWindowLw(win, win.mAttrs, win.mAttachedWindow);/*执行 layout*/
                    win.mLayoutSeq = seq;
                }
```

```
            }...
        }
        ...
        mPolicy.finishLayoutLw();/*结束layout*/
```

从整体逻辑来看，这个函数分为两部分。

- Root Windows

程序首先会处理 Root Window，也就是没有依附于其他窗口的那些窗口。因为下一步中子窗口的计算需要建立在它们父窗口的基础上，所以需要优先处理。

- Attached Windows

接着处理子窗口，步骤和 Root Window 基本一致，不过在调用 layoutWindowLw 时会传入 win.mAttachedWindow 作为计算时的参考值。

从流程上看，窗口大小的计算过程如下：

➢ mPolicy.beginLayoutLw 初始化；
➢ mPolicy.layoutWindowLw 执行计算过程；
➢ mPolicy.finishLayoutLw 清理工作。

为什么分为这 3 个步骤呢？

打个比方，某人上婚恋网站交友，系统为其做"匹配"的流程是：

➢ 注册者添加自己的个人资料，如职业、爱好等；
➢ 系统将根据这些个人资料以及"匹配算法"来计算出与其最合适的人；
➢ 推荐结果等后续操作。

从这个例子中可以发现，系统的"匹配算法"在某个时期内是固定不变的，但是它要针对的对象（注册者）却是千变万化的——这其中的关键就是个人资料，因为每个人都有其特定属性。

Android 系统也不例外。它致力于兼容多种设备，因而在设计的过程中一方面会提取产品的"共性"；另一方面要降低不同产品间切换的代价。成员变量 mPolicy 就是一个实例，它是针对不同产品（如 Phone，Tablet 等）而制定的窗口策略。窗口大小的计算也属于"Window Policy"的职责之一。

下面我们逐一介绍这 3 个重要接口。

1. beginLayoutLw

在解释这个函数之前，先要了解 PhoneWindowManager 中与窗口大小相关的一系列核心变量，如表 10-12 所示。

表 10-12　　　PhoneWindowManager 中与窗口大小相关的核心变量

Member	Description

int mOverscanLeft = 0;
int mOverscanTop = 0;
int mOverscanRight = 0;
int mOverscanBottom = 0;
	Overscan 即"过扫描"。有些显示屏（比如电视）可能存在失真现象，且越靠近边缘越严重。为了避开这个"固有缺陷"，不少厂商都把扫描调整到画面的 5%～10%。这样造成的结果就是画面很可能显示不全，损失的部分称为"Overscan"。与 Overscan 相关的变量是在新系统版本中加入的（由此也可看出，Android 正在进军更多的领域，包括传统家电），分别代表了 Overscan 区域离屏幕边缘的左、上、右、下边距（注意：是"边距"，如图所示）
	
	mOverscanXX 代表的是边距

Member	Description
int mOverscanScreenLeft, int mOverscanScreenTop; int mOverscanScreenWidth, int mOverscanScreenHeight;	屏幕真实大小，包括了 Overscan 区域
int RestrictedOverscanScreenLeft, RestrictedOverscanScreenTop, mRestrictedOverscanScreenWidth, mRestrictedOverscanScreenHeight;	类似于 mOverscanScreen*，但适当的时候可以移动到 Overscan 区域
int mUnrestrictedScreenLeft, mUnrestrictedScreenTop, mUnrestrictedScreenWidth, mUnrestrictedScreenHeight;	屏幕的真实大小，不管当前状态栏是否可见，但不包括 Overscan 区域
int mRestrictedScreenLeft, mRestrictedScreenTop, mRestrictedScreenWidth, mRestrictedScreenHeight;	屏幕大小，如果状态栏不能隐藏，它和上述几个变量是不同的
int mSystemLeft, mSystemTop, mSystemRight, mSystemBottom;	所有可见的系统 UI 元素区域
int mCurLeft, mCurTop, mCurRight, mCurBottom;	包括状态栏、输入法窗口在内的外围尺寸
int mContentLeft, mContentTop, mContentRight,mContentBottom;	内容区域
int mDockLeft, mDockTop, mDockRight, mDockBottom;	输入法窗口区域

beginLayoutLw 的作用就是对上面这些变量进行初始化。比如 mDockLeft、mContentLeft、mCurLeft 和 mDockTop、mContentTop、mCurTop 的原始值是 0；mDockRight、mContentRight、mCurRight 是屏幕宽度，而 mDockBottom、mContentBottom、mCurBottom 是屏幕高度。换句话说，它们都被设置成了"满屏"。

接下来的过程分为两部分，即是否有导航栏以及状态栏。

要注意导航栏的摆放位置是根据实际的屏幕属性来决定的。假如导航栏不能移动且为竖屏，那么导航栏在屏幕底端；否则为横屏，导航栏会被显示在右侧。这样做的目的很简单，就是方便用户的操作。

状态栏的大小是相对固定的，可以通过 mStatusBar.computeFrameLw(pf, df, vf, vf)计算具体的值。如果当前状态栏可见，那么很多变量就需要进行调整以防止界面被"遮挡"，包括 mContentTop、mCurTop 和 mDockTop。当然，这只是初始化值，后面还需要根据用户的配置做进一步调整。

2. layoutWindowLw

初始化完成后，各个变量就处于默认状态了。接下来程序会根据当前的具体配置进行细化，以满足用户的各种需求：

```
/*frameworks/base/policy/src/com/android/internal/policy/impl/PhoneWindowManager.java*/
public void layoutWindowLw(WindowState win, WindowManager.LayoutParams attrs, Window
    State attached) {
        if (win == mStatusBar || win == mNavigationBar) {//状态栏和导航栏在其他地方已经处理过了
            return;//直接返回
        }
        …
        final int fl = attrs.flags;//窗口属性
```

```
            final int sim = attrs.softInputMode;//输入法模式,前面分析过了
            final int sysUiFl = win.getSystemUiVisibility();//系统 UI 的设置值,前面我们也分析过了
            final Rect pf = mTmpParentFrame; //父窗口大小
            final Rect df = mTmpDisplayFrame;//屏幕大小
            final Rect cf = mTmpContentFrame;//内容区域
            final Rect vf = mTmpVisibleFrame;//可见区域
            final boolean hasNavBar = (isDefaultDisplay && mHasNavigationBar
                        && mNavigationBar != null && mNavigationBar.isVisibleLw());
            …
            if (attrs.type == TYPE_INPUT_METHOD) {
                …//输入法窗口的情况比较简单,大家自行分析
            } else {
                if ((fl & (FLAG_LAYOUT_IN_SCREEN | FLAG_LAYOUT_INSET_DECOR))
                        == (FLAG_LAYOUT_IN_SCREEN | FLAG_LAYOUT_INSET_DECOR)){
                    //Case 1.
                } else if (((fl & FLAG_LAYOUT_IN_SCREEN) != 0 || (sysUiFl
                            & (View.SYSTEM_UI_FLAG_LAYOUT_FULLSCREEN
                            | View.SYSTEM_UI_FLAG_LAYOUT_HIDE_NAVIGATION)) != 0){
                    //Case 2.
                } else if (attached != null) {
                    //Case 3.
                } else {
                    //Case 4.
                }
            }
            …
            win.computeFrameLw(pf, df, cf, vf);//通过 4 个临时变量,计算出最终结果
            …
        }
```

因为导航栏与状态栏窗口比较特殊且相对固定,PhoneWindowManager 会在其他地方进行处理,所以如果是这两种类型窗口 layoutWindowLw 就直接返回。输入法窗口大小的处理也比较简单,读者可以自行分析。

对于其他类型的窗口,总共又分为 4 种情况,如上述代码段中的"CaseXXX"所示。需要特别指出的是,layoutWindowLw 这个函数只负责计算 pf、df、cf 和 vf 4 个临时变量,最终的结果还需要由 win.computeFrameLw(pf, df, cf, vf)来确认。

Case 1. 设置了 FLAG_LAYOUT_IN_SCREEN,FLAG_LAYOUT_INSET_DÉCOR 且没有指定 FLAG_FULLSCREEN 及 View.SYSTEM_UI_FLAG_FULLSCREEN

这是应用窗口的典型情况。此时 UI 界面需要考虑包括状态栏在内的系统元素,这样才能避免被"挡住"。又分为两种情况:

➢ Case 1.1 子窗口

如果是子窗口,那么各变量的值与其父窗口是一致的,我们可以调用 setAttachedWindowFrames 来执行实际操作。

➢ Case 1.2 非子窗口

又可以分为 3 种情况。

➢ Case 1.2.1 TYPE_STATUS_BAR_PANEL 或者 TYPE_STATUS_BAR_SUB_PANEL

这两者是唯一可以在状态栏上方显示的窗口类型,受到 StatusBar Service 的权限保护。

➢ Case1.2.2 普通的应用程序窗口(FIRST_APPLICATION_WINDOW~LAST_SUB_WINDOW),并且明确指定了 FLAG_LAYOUT_IN_OVERSCAN,说明它希望占据 overscan 的区域。某些情况下这个标志很有用,如游戏场景。

➢ Case1.2.3 普通的应用程序窗口(FIRST_APPLICATION_WINDOW~ LAST_SUB_ WINDOW),并且明确指定了 View 标志 SYSTEM_UI_FLAG_LAYOUT_HIDE_NAVIGATION

我们知道,SYSTEM_UI_FLAG_LAYOUT_HIDE_NAVIGATION 表示应用程序"假设"了当前导航栏是隐藏的,因而此时部分内容区域有可能会被遮挡覆盖。

➢ Case 1.2.4 其他情况的处理

以上这几种情况都会受到 softInputMode 的影响。

Case 2. 指定了窗口标志 FLAG_LAYOUT_IN_SCREEN，或下面两个 View 标志的任何一个：View.SYSTEM_UI_FLAG_LAYOUT_FULLSCREENView.SYSTEM_UI_FLAG_LAYOUT_HIDE_NAVIGATION

这种情况说明应用窗口希望满屏显示（可能是没有系统 UI 元素的满屏，也可能是有系统 UI 的满屏）。此时又根据不同的窗口类型细化为多种情况，如 TYPE_STATUS_BAR_PANEL、TYPE_NAVIGATION_BAR、TYPE_SECURE_SYSTEM_OVERLAY 等，不过处理过程大同小异。

Case 3. attached!=null，说明是子窗口的情况。根据前面的分析，直接调用 setAttachedWindowFrames 即可。

Case 4. 假如上面的情况均不满足，那么就进入这一分支。此时只有两种子情况，即窗口类型是否为 TYPE_STATUS_BAR_PANEL。我们说过，这种类型的窗口可以显示在状态栏之上，它的优先级与状态栏本身是一致的。

通过上面几种情况的计算得出的 pf，df，cf 和 vf，还需要通过 computeFrameLw 进行最终确认。此时得到的才是 WindowState 中的 mParentFrame、mDisplayFrame、mContentFrame 和 mVisibleFrame。

3. finishLayoutLw

这个函数目前直接返回 0，因而是一个空实现，大家可以直接略过。

经过这一系列的函数调用后，WindowManagerService.relayoutWindow 才算真正结束了。它会负责将计算结果值通过函数的几个出参（如 outContentInsets、outVisibleInsets、outConfig 和 outSurface 等）告知 ViewRoot，从而影响 UI 程序的显示结果。

10.7 启动窗口的添加与销毁

10.7.1 启动窗口的添加

从图 10-26 中我们知道，当一个新的 Activity 启动时系统可能会先显示一个启动窗口——这个窗口会等到 Activity 的主界面显示出来以后才消失。这样做可以转移用户的注意力，对于启动时间较长的应用程序大有裨益。

很显然这个窗口的启动与销毁是由系统来管理的，涉及了 ActivityManagerService 和 WindowManagerService。我们在本小节会详细分析其中的流程。

当 AMS 在处理 startActivity 时，它会调用内部的 ActivityStack.startActivityLocked（可以参见 AMS 章节的描述）。如果变量 NH>0，说明我们正在切换到一个新的 Task 或者另一进程，这时就会准备启动一个 Preview Window。不过会受到以下两个因素的制约。

➢ SHOW_APP_STARTING_PREVIEW

ActivityStack 中的一个 boolean 变量，代表是否要启动预览窗口，默认是 true。

➢ doShow

这个变量默认为 true。假如要启动的 Activity 是在一个新的 Task 中，且设置了 FLAG_ACTIVITY_RESET_TASK_IF_NEEDED，那么我们就要在必要的时候执行 reset（即 resetTaskIfNeededLocked），然后判断这个 Activity 是否在 mHistory 最顶端（并且不在 finishing，也没有 delayedResume）。只有这些条件都满足，doShow 才会是 true，否则也不需要添加启动窗口。

第 10 章　GUI 系统之"窗口管理员"——WMS

一旦确认需要添加启动窗口，ActivityStack 紧接着调用 WindowManagerService.SetAppStartingWindow，由 WMS 来安排具体的窗口创建过程。

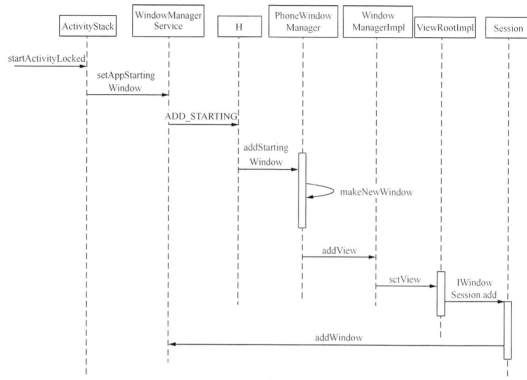

▲图 10-26　启动窗口的添加流程

从函数名称可以知道，它用于设置启动窗口的各种参数。主要代码框架如下：

```
/*frameworks/base/services/java/com/android/server/wm/WindowManagerService.java*/
    public void setAppStartingWindow(IBinder token, String pkg, int theme,
Compatibili tyInfo compatInfo, CharSequence nonLocalizedLabel, int labelRes, int icon,
int windowFlags, IBinder transferFrom, boolean createIfNeeded) {
        …
        synchronized(mWindowMap) {
            /*Step1. 再次验证是否需要显示启动窗口*/
            AppWindowToken wtoken = findAppWindowToken(token);//应用程序 token
            if (wtoken == null) {
                Slog.w(TAG, "Attempted to set icon of non-existing app token: " + token);
                return;
            }
            if (!okToDisplay()) {//屏幕的状态是否允许显示？比如屏幕 forzen,disabled 等
                return;
            }
            if (wtoken.startingData != null) {//用于存储与启动窗口相关的信息
                return;
            }
            if (transferFrom != null) {//是否有相关联的启动窗口做参考？
                …
            }
            if (!createIfNeeded) { /*假如不存在关联的启动窗口，且调用者又认为没有必要创建一个新的，
                                    那么操作就可以结束了，直接返回*/
                return;
            }
            if (theme != 0) {//Activity 的主题不为空
                …
            }
            mStartingIconInTransition = true;
```

```
            wtoken.startingData = new StartingData(pkg, theme, compatInfo, nonLocalizedLabel,
                    labelRes, icon, windowFlags);//与启动窗口有关的信息
            Message m = mH.obtainMessage(H.ADD_STARTING, wtoken);
            mH.sendMessageAtFrontOfQueue(m);//将消息投递入栈，以进入下一步处理
        }
    }
```

首先 WMS 会再次判断是否需要添加启动窗口，它考虑的因素和 AMS 不同。包括：

➢ AppWindowToken

因为是 Activity 的启动窗口，那么它的 AppWindowToken 一定不能为空。所以当 findAppWindowToken(token)时，我们必须得到与 token 相对应的 AppWindowToken。

➢ 当前屏幕状态

如果显示屏处于 frozen 或者 disabled 状态，又或者屏幕背光没有完全打开，那么 WMS 认为不适合执行启动窗口，此时就会直接中止操作直接返回。

➢ startingData

AppWindowToken 中的 startingData 用于描述与启动窗口相关的所有信息，如 packageName、theme、icon、windowFlags 等。这些因素将决定启动窗口的最终效果。

假如 wtoken.startingData != null，说明这个 Activity 已经处理过启动窗口，在这种情况下就不会再继续往下执行了。

接下来函数出现了分支，如图 10-27 所示。

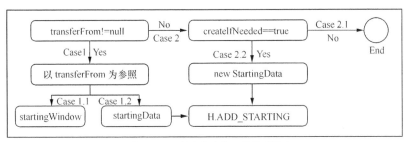

▲图 10-27　创建启动窗口的处理分支

Case 1:

如果 transferFrom 不为空，那么我们会以此为参照物来设置启动窗口。在这种情况下同样要求 transferFrom 的 AppWindowToken 不为空。如下所示：

```
AppWindowToken ttoken = findAppWindowToken(transferFrom);
```
然后又可以分为以下两种具体的 case。

➢ Case 1.1 ttoken.startingWindow 存在

startingWindow 是一个 WindowState，说明 transferFrom 的启动窗口还没有被 WMS 移除。在这种情况下要做的工作就是把 startingWindow 移交给新的 Activity，包括参数的转移；从 WMS 中移除 startingWindow；以及 transferFrom 本身状态的清理（因为此时这个启动窗口已经不属于它了）。另外，就是把移交后的 startingWindow 通过 addWindowToListInOrderLocked 重新添加到 WMS 中，并使用 performLayoutAndPlaceSurfacesLocked 把它真正显示出来。

➢ Case 1.2 ttoken.startingData != null

如果 startingWindow 不存在，但是描述启动窗口的数据不为空，那么同样可以用来作为参考。不过和上面的 Case 相比，它最后还需要向 WMS 发送 ADD_STARTING 指令来完成启动窗口的具体创建与添加。这点和 Case 2.2 一样。

Case 2:

假如 transferFrom 为空，则意味着我们没有参照物。此时分为两种情况。

➢ Case 2.1 createIfNeeded==false

既然没有可参考的对象，而调用者（ActivityStack）又不同意构造一个新的窗口，那么操作中止，直接返回。

➢ Case 2.2 createIfNeeded==true

意味着要从头构造一个新的启动窗口。另外，这时还要先通过 Activity 本身的主题来判断是否适合显示启动窗口。假如设置了 windowIsTranslucent，windowIsFloating 或者 windowShowWallpaper（且 mWallpaperTarget 不为空）中的任何一种属性，那么同样中止操作。而如果一切顺利，程序会通过发送一个名为 ADD_STARTING 的消息来促使 WMS 进入下一步操作。

因为在将 ADD_STARTING 入栈时，使用的是 sendMessageAtFrontOfQueue，所以这个消息将在下轮 Message Loop 时就被处理，以保证启动窗口可以及时地显示出来。WMS 中处理 ADD_STARTING 的核心语句如下：

```
view = mPolicy.addStartingWindow(wtoken.token, sd.pkg, sd.theme, sd.compatInfo,
                   sd.nonLocalizedLabel, sd.labelRes, sd.icon, sd.windowFlags);
```

变量 mPolicy 是一个 WindowManagerPolicy 的 final 对象，初始化时由 PolicyManager.makeNewWindowManager()赋值。根据前面几个小节的分析，我们知道 makeNewWindowManager 创建的是一个 PhoneWindowManager：

```
/*frameworks/base/policy/src/com/android/internal/policy/impl/PhoneWindowManager.java*/
public View addStartingWindow(IBinder appToken, String packageName, int theme,
       CompatibilityInfo compatInfo, CharSequence nonLocalizedLabel, int labelRes,
       int icon, int windowFlags) {…
    try {…
        Window win = PolicyManager.makeNewWindow(context);//生成一个 Window 对象
        …
        Resources r = context.getResources();
        win.setTitle(r.getText(labelRes, nonLocalizedLabel));//窗口标题
        win.setType( WindowManager.LayoutParams.TYPE_APPLICATION_STARTING);//窗口类型
        win.setFlags(…);//设置各种窗口标志。启动窗口是比较特殊的，比如它不能接收 Touch 事件
        …
        win.setLayout(WindowManager.LayoutParams.MATCH_PARENT,
            WindowManager.LayoutParams.MATCH_PARENT);/*尺寸大小*/
        final WindowManager.LayoutParams params = win.getAttributes();
        params.token = appToken;
        params.packageName = packageName;
        params.windowAnimations = win.getWindowStyle().getResourceId(
            com.android.internal.R.styleable.Window_windowAnimationStyle,0);
            /*动画类型*/
        …
        params.setTitle("Starting " + packageName);
        WindowManager wm =
                (WindowManager)context.getSystemService(Context.WINDOW_SERVICE);
        View view = win.getDecorView();
        …
        wm.addView(view, params);//添加一个窗口，我们在前几个小节分析过了
        return view.getParent() != null ? view : null;
    } catch (WindowManagerImpl.BadTokenException e) {
    } catch (RuntimeException e) {
        …
    }
    return null;
}
```

和 Activity 窗口类似，启动窗口也需要在"本地"建立一个 Window 对象，用于描述即将显示界面的外部"框架"。从上面函数可以看出，这个 Window 的属性如下：

- 窗口大小

宽和高都是 MATCH_PARENT，所以是满屏显示（因为它是顶层父窗口）。

- 窗口类型

毋庸置疑，就是 TYPE_APPLICATION_STARTING。

- 窗口标题

由 getText(labelRes, nonLocalizedLabel)计算得到。

- 窗口标志

这是一个临时性的窗口，所以不应该是 touchable 或者 focusable 的。

和普通的 Activity 窗口一样，我们需要将启动窗口注册到 WMS 中，然后由后者在 SurfaceFlinger 中申请一个 Surface 来承载 UI 数据，以使窗口能真正地显示到屏幕上。代码如下：

```
wm.addView(view, params);
```

接下来的步骤就和 Activity 窗口的添加流程完全一致，此处不再赘述。

10.7.2 启动窗口的销毁

正常情况下，一旦应用程序的主窗口显示出来，与之相关联的启动窗口就会被销毁。另外，系统在某些特殊情况下也会考虑移除启动窗口——不论是什么原因引起的启动窗口的销毁，都会发送消息给 WMS 进行处理，如 REMOVE_STARTING 或者 FINISHED_STARTING。以前者为例，其流程如图 10-28 所示。

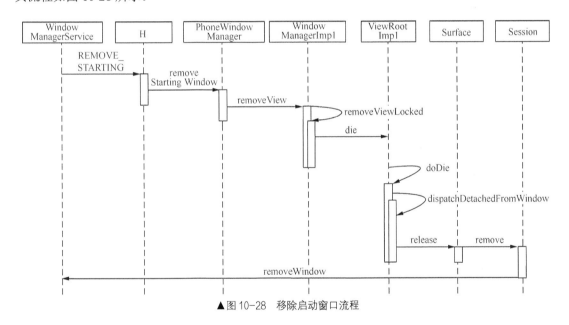

▲图 10-28　移除启动窗口流程

这个流程虽然看上去比较复杂，但概括起来只有 3 个方面。

1. 窗口的拥有者

窗口的拥有者通过 WindowManagerImpl 来管理它名下的所有 Window。具体而言，就是 mViews，mRoots 和 mParams 3 个成员数组。启动窗口从这个角度来讲与普通窗口并没有本质区别，只不过拥有者的身份有差异，所以当它被移除时就自然要考虑到窗口拥有者内部信息的更新。当 WMS 处理 REMOVE_STARTING 消息时，它首先调用 PhoneWindowManager.removeStartingWindow，紧接着就由 WindowManagerImpl 来执行 removeView。

清理工作分为两部分，即 ViewRootImpl.die 和 removeItem。

函数 die 带有一个 boolean 参数，表示是否马上处理 die 事件。如果回答是肯定的（true），那么直接调用 doDie；否则将一个 MSG_DIE 消息入栈，排队处理：

```
/*frameworks/base/core/java/android/view/ViewRootImpl.java*/
void doDie() {
    checkThread();//当前线程是否可以操作 UI 元素
    synchronized (this) {
      if (mAdded) {
          dispatchDetachedFromWindow();
      }
      …
      mAdded = false;
    }
}
```

Android 系统中的 UI 刷新遵循一条规则，即只有创建 UI 元素的线程才能使用它。因而在做应用程序开发时，工作线程通常需要向主线程发送消息来间接完成刷新界面的操作。这里的情况也类似，checkThread 会首先检查执行 doDie 的线程是否和创建 ViewRootImpl 的线程一致。

成员变量 mAdded 表示 ViewRootImpl 当前是否有关联的 View。只有当 true 的时候，我们才需要进一步调用 dispatchDetachedFromWindow，并将此变量置为 false。

2. Surface

一旦窗口被移除，那么与之相对应的数据缓冲区也就没有存在的必要了。在 dispatchDetachedFromWindow 中，会通过 mSurface.release 来释放这个窗口的 Surface。

3. WMS 中的 WindowState

WindowState 是 WMS 内部用于记录窗口状态的，因而移除启动窗口同样要更新这一信息。在 dispatchDetachedFromWindow 中，会通过 sWindowSession.remove(mWindow)来调用 WMS 的删除窗口服务。变量 sWindowSession 是一个 IWindowSession，服务端由 Session.java 实现，这个"中介"将直接调用 WMS 的 removeWindow 来执行具体操作，并在最后通过 performLayoutAndPlaceSurfacesLocked 来调整当前系统的窗口界面，以使这一变化能真实地体现在终端屏幕之上。

以上这 3 个方面所涉及的代码逻辑与启动窗口的添加流程类似，读者可以自行详细分析其中的源码实现。

10.8 窗口动画

上一小节我们理解了启动窗口的显示与消失过程，但这还不是 Activity 窗口切换的全部。事实上当从 Activity1 过渡到 Activity2 的过程中，还可能涉及窗口动画。

窗口的切换动画可以分为两类：
- 进入动画（Enter Animation）；
- 退出动画（Exit Animation）。

理论上这些动画是可以定制的。比如可以设计一种飞入效果，让新启动的 Activity 窗口从屏幕左边以一定的速率进入用户视角；或者以尺寸渐变的形式由小而大地显示出新窗口。

和启动窗口不同的是，窗口动画并不需要创建额外的 Window——为了理解其中的缘由，我们首先要清楚动画的实现原理。Animation 的定义是：

"Animation is the rapid display of a sequence of images to create an illusion of movement"。

动画的本质是通过连续不断地显示若干图像来产生"动"起来的效果。举个前面的"窗口飞入动画"的例子，就是在一定的时间段内，以恰当的速率（研究表明，图像的更新速率必须达到 12 帧/秒以上，才能让人眼和大脑觉得这是一个平滑的动画）每隔若干时间在屏幕上更新一次这个窗口的最新位置。

"尺寸渐变"的效果也类似。唯一的区别在于前者是位置的变换，而这里则指"尺寸"的变化；同理，还会有其他属性变更所引起的动画特效。从线性数学的角度来讲，包括：

- 平移（Translate）；
- 旋转（Rotate）；
- 缩放（Scale）；
- 透明度（Alpha）。

很显然，这几种属性的变化并不是孤立的，它们可以被组合起来使用。比如在"飞入"的同时还能搭配"尺寸"渐变，或者旋转——不论怎样的组合方式，我们都可以统一用 Matirx 运算来实现。因为从技术实现的角度来讲，Matrix 是动画的核心。

理解了以上基础知识，我们应该就明白为什么不需要额外的窗口来执行动画过程了。任何类型的动画效果，都可以分解为"窗口本身" + "特定时间点的 Matrix 变换矩阵" + "一个代表 Alpha 变换的 float 类型值"。

10.8.1 窗口动画类型

随着 Android 版本的不断更迭换代，加入的窗口动画类型也越来越多，整个逻辑架构显得比较凌乱。因而我们有必要先对它们进行分类与归整。最新版本的系统至少有如下 3 种核心窗口动画管理者：

- AppWindowAnimator；
- WindowStateAnimator；
- ScreenRotationAnimation。

从源码的角度来看，它们又分属于表 10-13 所示的对象（Owner）中。

表 10-13　　　　　　　　　　　　　　　Animator

Animator Object	Owner
AppWindowAnimator	AppWindowToken 中的成员变量 mAppAnimator 即代表了此应用程序所属的 AppWindowAnimator 动画
WindowStateAnimator	WindowManagerService 记录了所有窗口的 WindowState，其中 WindowState.mWinAnimator 是一个 WindowStateAnimator 对象。它和上面的 AppWindowAnimator 一样都是可以由应用开发人员自行定制的，后续小节中详细分析
ScreenRotationAnimation	屏幕旋转动画。WindowManagerService 中的 mAnimator 是一个 WindowAnimator 类型的对象，其中 WindowAnimator.mScreenRotationAnimation 即屏幕旋转动画

接下来主要以 AppWindowAnimator 和 WindowStateAnimator 的分析为主，其他类型的动画原理也是一样的，读者可以作为练习自行阅读。

这两种类型的动画还可以进一步细分成若干子类型，如表 10-14 和表 10-15 所示。

表 10-14　与 Window 相关的动画类型（定义在 WindowManagerPolicy.java 中）

Transitions	Description
TRANSIT_ENTER	Window 被添加到屏幕上
TRANSIT_EXIT	Window 从屏幕移除

Transitions	Description
TRANSIT_SHOW	Window 变为可见
TRANSIT_HIDE	Window 变为不可见
TRANSIT_PREVIEW_DONE	Starting window 退出，以显示真正的窗口

表 10-15　与 App Window（Transition）相关的动画类型（定义在 AppTransition.java 中）

Transitions	Description
TRANSIT_UNSET	未初始化
TRANSIT_NONE	没有设置动画
TRANSIT_ACTIVITY_OPEN	一个新的 Activity 被同一个 task 中的另一 Activity 打开，此时的 Window 动画就应该是这种类型的（属于 ENTER 动画的一种）
TRANSIT_ACTIVITY_CLOSE	处于栈顶的 Activity 关闭后，将重新显示其下的 Activity，此时窗口动画以这种类型显示（属于 EXIT 动画的一种）
TRANSIT_TASK_OPEN	Activity 将在新的 task 中被打开（属于 ENTER 动画）
TRANSIT_TASK_CLOSE	Activity 关闭后，将重新显示前一个 Activity（不同的 task 栈）

虽然细分的种类比较多，但它们都可以理解为进入或者退出动画的一种。比如：

```
public static final int TRANSIT_ACTIVITY_OPEN  = 6 | TRANSIT_ENTER_MASK;
public static final int TRANSIT_ACTIVITY_CLOSE = 7 | TRANSIT_EXIT_MASK;
public static final int TRANSIT_TASK_OPEN      = 8 | TRANSIT_ENTER_MASK;
public static final int TRANSIT_TASK_CLOSE     = 9 | TRANSIT_EXIT_MASK;
```

TRANSIT_ENTER_MASK 和 TRANSIT_EXIT_MASK 分别取值 0x1000 和 0x2000，这样可以有足够的位数来容纳各种动画类型；同时，也可以通过某种 TRANSIT 是否带有这两种 MASK 来鉴别它们所属的是进入或者退出动画。

上述第一个表中的 TRANSIT_ENTER，TRANSIT_EXIT，TRANSIT_SHOW，TRANSIT_HIDE 和 TRANSIT_PREVIEW_DONE 五种动画类型是与窗口相关的，由 WindowStateAnimator 来管理；剩余部分则由 AppWindowAnimator 来管理，我们将在接下来的小节中分别解释。

10.8.2　动画流程跟踪——WindowStateAnimator

我们知道，当一个新的 Activity 启动时，它需要间接调用 WMS 提供的 relayoutWindow 来申请一个 Window：

```
/*frameworks/base/services/java/com/android/server/wm/WindowManagerService.java*/
public int relayoutWindow(…int viewVisibility…){…
    if (toBeDisplayed) {//即将显示
                if (win.isDrawnLw() && okToDisplay()) {
                    winAnimator.applyEnterAnimationLocked();
                }
        …
```

需要注意的是，relayoutWindow 既可用于申请 Window，同时还可移除一个 Window，这取决于函数入参 viewVisibility 的具体值。对于窗口进入动画，viewVisibility 的值必然是 View.VISIBLE，即客户请求显示界面。

变量 toBeDisplayed 用于表示窗口是否需要显示，它通过 isVisibleLw 来判断。如果当前窗口还没有 Surface，或者正在进行退出动画（随后便会移除 Surface），或者它的 app token 被隐藏，那么 isVisibleLw 都会返回 false。另外，我们还需要判断窗口是否有合法的 Surface、是否已经完整地绘制过 UI，而且当前屏幕处于 okToDisplay 的状态——只有这些条件都满足，才能最终开始执行进入动画，即调用 winAnimator.applyEnterAnimationLocked()。

WindowStateAnimator 是从旧版本中的 WindowState 分离出来的，专门用于动画流程的跟踪以及和 Surface 相关的若干操作：

```
/*frameworks/base/services/java/com/android/server/wm/WindowStateAnimator.java*/
void applyEnterAnimationLocked() {
        final int transit;
        if (mEnterAnimationPending) {
            mEnterAnimationPending = false;
            transit = WindowManagerPolicy.TRANSIT_ENTER;
        } else {
            transit = WindowManagerPolicy.TRANSIT_SHOW;
        }
        applyAnimationLocked(transit, true);
        …
}
```

从上面这个函数的实现可以看出，进入动画分为两种——TRANSIT_ENTER 和 TRANSIT_SHOW。前者是当 mEnterAnimationPending 为 true 时执行的，表示窗口处于"从无到有"的临界点。具体来讲是：

- addWindow

此时 Window 刚被添加，当然是"从无到有"。

- oldVisibility == View.GONE

之前的状态是 GONE，现在变为 VISIBLE，也可以认为是"从无到有"。

假如 mEnterAnimationPending 为 true，程序执行 TRANSIT_ENTER 动画，否则就只是 TRANSIT_SHOW。我们来看看它们有什么区别：

```
        boolean applyAnimationLocked(int transit, boolean isEntrance) {
            if (mLocalAnimating && mAnimationIsEntrance == isEntrance) {
                //如果当前正在执行的动画类型与 isEntrance 是一致的，那么系统就不重复执行动画
                return true;
            }
            if (mService.okToDisplay()) {//当前屏幕处于可以显示的状态
                int anim = mPolicy.selectAnimationLw(mWin, transit);//选择匹配的动画资源类型
                int attr = -1;
                Animation a = null;
                if (anim != 0) {
                    a = AnimationUtils.loadAnimation(mContext, anim);//加载动画资源
                } else {//anim 为 0 的情况下，使用默认动画资源
                    switch (transit) {
                        case WindowManagerPolicy.TRANSIT_ENTER:
                            attr = com.android.internal.R.styleable.WindowAnimation_window En
                                terAnimation;
                            break;
                        case WindowManagerPolicy.TRANSIT_EXIT:
                            attr = com.android.internal.R.styleable.WindowAnimation_window Exit
                                Animation;
                            break;
                            …
                    }
                    if (attr >= 0) {
                        a = mService.mAppTransition.loadAnimation(mWin.mAttrs, attr);/*加载
                                                                        默认的动画资源*/
                    }
                }
                if (a != null) {
                    …
                    setAnimation(a);
                    mAnimationIsEntrance = isEntrance;
                }
            } else {
```

```
            clearAnimation();//屏幕当前状态不适合显示，清除动画
        }
        return mAnimation != null;
    }
```

上述代码段分为如下几个步骤，如图10-29所示。

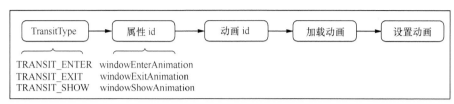

▲图 10-29　动画的选择过程

1. 获取对应的动画 id

特殊类型的窗口如 StatusBar 和 NavigationBar，它们的进入/退出动画和普通窗口是有差别的——具体而言，它们将由 selectAnimationLw 来选择对应的动画资源 id；否则（也就是上述代码段中 anim 为 0 的部分）就需要先根据 transit 类型来获取对应的属性 id，再进一步选择实际的动画效果 id 值。如 TRANSIT_ENTER 对应的属性 id 值为：

```
com.android.internal.R.styleable.WindowAnimation_windowEnterAnimation
```

而 TRANSIT_EXIT 对应的属性 id 值为：

```
com.android.internal.R.styleable.WindowAnimation_windowExitAnimation
```

这样程序通过 windowEnterAnimation 和 windowExitAnimation 这两个 id 属性的具体配置就可以获取动画 id 了。

2. 加载动画

加载动画使用的接口是 AnimationUtils.loadAnimation。需要提醒大家的是，selectAnimationLw 返回的值就是动画 id，所以可以直接通过 AnimationUtils.loadAnimation 来加载。其他情况下首先需要得到的是 attr 值，因而调用的接口是 mService.mAppTransition.loadAnimation——不过可以猜测到后者的函数内部也一定会再调用 AnimationUtils.loadAnimation。变量 mService 就是 WindowManagerService 自身，而 mAppTransition 是一个 AppTransition 对象。如下所示：

```
Animation loadAnimation(WindowManager.LayoutParams lp, int animAttr) {
    int anim = 0;
    Context context = mContext;
    if (animAttr >= 0) {
        AttributeCache.Entry ent = getCachedAnimations(lp);
        if (ent != null) {
            context = ent.context;
            anim = ent.array.getResourceId(animAttr, 0);//通过属性id获得动画id
        }
    }
    if (anim != 0) {
        return AnimationUtils.loadAnimation(context, anim);//加载anim指定的动画资源
    }
    return null;
}
```

既然是通过属性 id 来动态获取动画 id，而不是由系统直接指定一个默认值，就意味着我们可以根据自己的需求来定制动画效果。基于 Activity 的应用程序可以在自定义的 theme 中提供窗口动画，或者直接使用系统中预安装的主题动画。

下面是 SystemUI 应用中的一个实例：

```
<style name="Animation.RecentPanel">
    <item name="android:windowEnterAnimation">@*android:anim/grow_fade_in_from_bottom</item>
    <item name="android:windowExitAnimation">@*android:anim/shrink_fade_out_from_bottom</item>
</style>
```

上述 windowEnterAnimation 指定的是名为 "grow_fade_in_from_bottom" 的动画，也同样由 xml 文件来描述，可以参照本书应用篇中对 Android 资源管理的分析。

我们将 "grow_fade_in_from_bottom" 的部分核心语句摘录如下：

```
<set xmlns:android="http://schemas.android.com/apk/res/android" android:shareInter pola
tor="false">
<scale android:interpolator="@interpolator/decelerate_quint"
            android:fromXScale="0.9" android:toXScale="1.0"
    android:fromYScale="0.9" android:toYScale="1.0"
    android:pivotX="50%" android:pivotY="100%"
    android:duration="@android:integer/config_activityDefaultDur" />
<alpha       android:interpolator="@interpolator/decelerate_cubic"
            android:fromAlpha="0.0" android:toAlpha="1.0"
            android:duration="@android:integer/config_activityShortDur" />
</set>
```

从名称可以看出来，这个进入动画希望实现的效果是 "grow" + "fade in" + "from bottom"。分解到实现层面，就是由 scale 与 alpha 两个属性组成的动画。上面 xml 文件中的各属性解释如下：

interpolator：动画的 "变化率"。打个比方，如果规定在 10 秒内跑完 100 米，那么实际在执行时既可以匀速地跑（即 10 米/秒）；也可以一开始跑快点，然后慢慢减速；也可以一开始跑慢点，然后慢慢加速。这些跑法都是符合 "10 秒内跑完 100 米" 规定的，具体选择哪种就看实际需要了。

fromXScale/fromYScale：也就是 Scale 变化的 "起点"，包括 x 和 y 轴，1.0 表示没有变化。

toXScale/toYScale：scale 变化的 "终点"，同样的 1.0 代表没有变化。

pivotX/pivotY：scale 操作需要有一个 "核心参考点"，它既可以是图形的正中心，也可以自行指定。

Duration：按照上面的例子，就是指 "多长时间" 跑完 100 米。

fromAlpha/toAlpha：alpha 变化的 "起点" 和 "终点"。

这样我们就自定义了一个窗口的 "进入动画" 效果，并通过 "android:windowEnterAnimation" 属性告知了系统。

3. 设置动画

函数 applyAnimationLocked 最后会通过 setAnimation 来将一个 Animation 对象设置到 WindowStateAnimator 中。代码如下：

```
    public void setAnimation(Animation anim) {…
        mAnimating = false;
        mLocalAnimating = false;
        mAnimation = anim;//记录 Animation 对象
        mAnimation.restrictDuration(WindowManagerService.MAX_ANIMATION_DURATION);
        mAnimation.scaleCurrentDuration(mService.mWindowAnimationScale);
        …
    }
```

可以看到，这个函数将动画对象（Animation）保存在 mAnimation 成员变量中，并做初始化动作。不过需要特别注意的是，此时并没有真正执行动画效果，而只是对动画相关的各元素进行了设置——后续小节会专门介绍整个 "动画" 是如何在 VSYNC 组织下有序地 "动" 起来的。

10.8.3 AppWindowAnimator

当启动一个新的 Activity 时，AMS 会根据当前的实际情况来判断是否为应用程序设置 AppWindowAnimator 以及动画的类型。和上一小节类似，这里的动画类型指的是 TRANSIT_ACTIVITY_OPEN，TRANSIT_ACTIVITY_CLOSE 等，而具体的动画实现也是可以由开发者定制的。比如在 TRANSIT_ACTIVITY_OPEN 的情况下会优先考虑应用程序通过 android:activityOpenEnterAnimation/ activityOpenExitAnimation 属性设置的动画资源——对应的源码实现体现在 ActivityStack.java 中，它通过 WMS 提供的 prepareAppTransition 接口来为应用程序设置 AppWindow Animation。这个动画将由该应用程序在 WMS 中的 token，即 AppWindowToken 中的 mAppAnimator 成员变量来管理。其流程如图 10-30 所示。

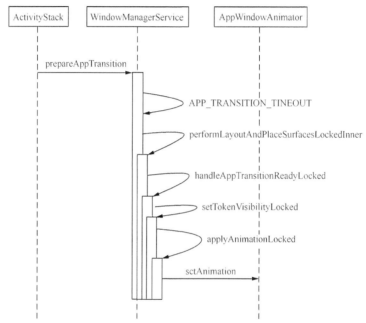

▲图 10-30　AppWindow Animation 添加流程图

我们来看看 applyAnimationLocked 的实现：

```
/*frameworks/base/services/java/com/android/server/wm/WindowManagerService.java*/
private boolean applyAnimationLocked(AppWindowToken wtoken,
        WindowManager.LayoutParams lp, int transit, boolean enter) {
    if (okToDisplay()) {//这个函数我们解释过很多次了，不再赘述
        DisplayInfo displayInfo = getDefaultDisplayInfoLocked();
        final int width = displayInfo.appWidth;
        final int height = displayInfo.appHeight;
        Animation a = mAppTransition.loadAnimation(lp, transit, enter, width, height);
        //加载动画资源
        …
        atoken.mAppAnimator.setAnimation(a, width, height);//设置动画
    } else {
        atoken.mAppAnimator.clearAnimation();
    }
    return atoken.mAppAnimator.animation != null;
}
```

这个函数做了两件事，即：

```
mAppTransition.loadAnimation(lp, transit, enter, width, height)和
atoken.mAppAnimator.setAnimation(a, width, heigh;t)
```

10.8 窗口动画

窗口动画在 Android 各版本中改动较大，因而遗留了不少"历史痕迹"。比如对于 loadAnimation 这个函数，在最新的版本中衍生出了 3 种样式——我们在 WindowStateAnimator 中看到的 loadAnimation 和上面代码段中的 loadAnimation 就是同名不同参的两个函数实现，读者要特别注意辨别：

```
/*frameworks/base/services/java/com/android/server/wm/AppTransition.java*/
    Animation loadAnimation(WindowManager.LayoutParams lp, int transit, boolean enter,
                   int appWidth, int appHeight) {
        Animation a;
        if (mNextAppTransitionType == NEXT_TRANSIT_TYPE_CUSTOM) {…
        } else if (mNextAppTransitionType == NEXT_TRANSIT_TYPE_SCALE_UP) {…
        } else if (mNextAppTransitionType == NEXT_TRANSIT_TYPE_THUMBNAIL_SCALE_UP ||
               mNextAppTransitionType == NEXT_TRANSIT_TYPE_THUMBNAIL_SCALE_DOWN) {…
        } else {
            int animAttr = 0;
            switch (transit) {
                case TRANSIT_ACTIVITY_OPEN:
                    animAttr = enter? WindowAnimation_activityOpenEnterAnimation
                             : WindowAnimation_activityOpenExitAnimation;
                    break;
                  …//其他 transit 的处理是类似的，代码省略
            }
            a = animAttr != 0 ? loadAnimation(lp, animAttr) : null;
        }
        return a;
    }
```

变量 mNextAppTransitionType 反映了当前 App Transition 所属的定制类型，由 ActivityOptions 提供定义。包括：

- ANIM_NONE

默认值，即上述代码段中的 else 分支。

- ANIM_CUSTOM

在 Activity 中有一个名为"overridePendingTransition"的函数，应用开发者可以通过重载它来定制自己的 App Transition。这个函数对应的 WMS 端实现是 overridePendingAppTransition，此时 mNextAppTransitionType 就会被设置为 ANIM_CUSTOM。另外，当我们通过 startActivity (Intent intent, Bundle options)来启动一个新的 Activity 时，其中第二个参数实际上是 ActivityOptions，所以也可以指定 App Transition 的类型（只不过通常不这样做）。

- ANIM_SCALE_UP

和上一个参数类似，在调用 startActivity (Intent intent, Bundle options)时，我们可以给第二个参数指定 ANIM_SCALE_UP。从名称就可以看出来，这种动画是指画面尺寸"从小而大"的一种动画效果，对应的是 WMS 中的 overridePendingAppTransitionScaleUp 实现。

- ANIM_THUMBNAIL| ANIM_THUMBNAIL_**DELAYED**

指定这两种 ANIM 的方式和前面是一致的。它们表示在启动目标 Activity Window 前先从某个指定位置 Scale Up 一幅 thumbnail 图像。而 DELAYED 则表示在此之前是否还需要一定时间的延时。

无论是上述的哪一种类型，它们的处理逻辑都是类似的，即采用适当的手段来加载各类型所指定的动画资源。比如在 ANIM_SCALE_UP 的情况下通过 createScaleUpAnimationLocked 来产生一个 Animation；ANIM_THUMBNAIL 和 ANIM_THUMBNAIL_DELAYED 则对应的是 createThumbnailAnimationLocked；而 ANIM_NONE 则是依靠读取应用程序的属性来加载动画。

最后，这些加载的动画都会被存储到 AppWindowAnimator 中，以期在动画实施过程中可以被访问并得到真正的应用，详见下一小节的分析。

10.8.4 动画的执行过程

前面两个小节分析了窗口动画的各种类型、创建和设置过程，那么这些动画是如何执行起来的呢？先来思考一下，窗口动画的执行需要哪些元素的支持。

- 触发源

动画是在某段时间内的连续动作，显然每隔一段时间都需要有一个"主动"的触发事件，才能保证动画的正常执行。

- 整合所有动画

既然有这么多种类的动画存在，则意味着同一个时刻系统中很可能有超过一种的动画在执行，那么 Android 是如何把它们整合成最终效果的？

- 与 SurfaceFlinger 的接口

WMS 只是窗口的管理者，并不会直接影响屏幕的界面显示。因而动画的执行过程一定需要 SurfaceFlinger 的支持，如图 10-31 所示。

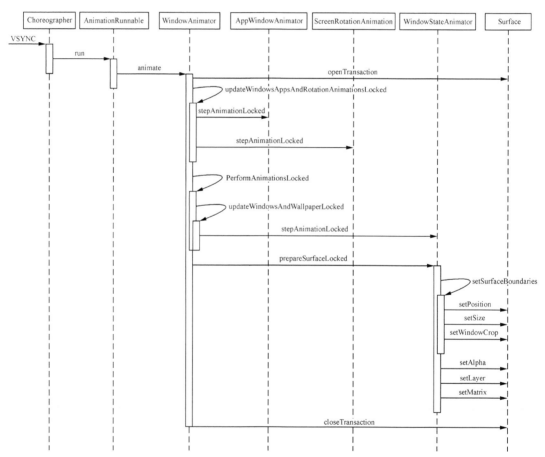

▲图 10-31　窗口动画执行流程图

WindowManagerService 中有一个 AnimationRunnable 类型的成员变量 mAnimationRunnable，我们以此为入口来看看它对窗口动画的组织方式。

AnimationRunnable 继承自 Runnable，所以重载了 run() 方法，我们稍后会详细分析这个函数。WMS 会在需要执行动画时通过 scheduleAnimationLocked 来设置一个"触发源"，源代码如下：

```
void scheduleAnimationLocked() {
    if (!mAnimationScheduled) {
        mAnimationScheduled = true;
        mChoreographer.postCallback(Choreographer.CALLBACK_ANIMATION,
                                    mAnimationRunnable, null);
    }
}
```

布尔变量 mAnimationScheduled 用于指示当前是否已经在 schedule animation，这个值在 AnimationRunnable.run 中会被重新复位为 false。上述代码段的核心是 mChoreographer——这个变量是"线程唯一"的，即在同一线程中是单实例。根据我们在 SurfaceFlinger 章节中讲解的"黄油计划"，Android 系统一定会以 VSYNC 为信号来刷新 UI。那么对于应用程序（在这个场景中，WMS 也是应用程序）来说，它们是如何获知 VSYNC 的呢？

这就是 Choreographer 的设计初衷。从字面来解释，它表达的是"编舞者"，所以形象地反映出了 Choreographer 作为"有序动作管理者"所担负的职责。关于这个类的更多解释，我们后续还会有介绍，这里暂时把它理解为"VSYNC"的接收者即可。

现在就比较清楚了，VSYNC 信号就是动画的触发源。这样的设计无疑是合理而且必需的——既避免了资源的浪费，同时也保证了画面的流畅，值得借鉴。

Choreographer 一方面需要接收 VSYNC 信号，另一方面要将这一事件转发给感兴趣的人，所以希望监听 VSYNC 事件的对象都需要在 Choreographer 中注册，如图 10-32 所示。

Choreographer 将所有注册者分为 Input，Animation，Traversal(layout，draw)3 个类别，存储在其内部的一个 Queue 数组（CallbackQueue[] mCallbackQueues）中。在这个场景中，动画对应的是 CALLBACK_ANIMATION。

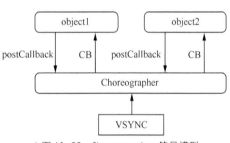

▲图 10-32　Choreographer 简易模型

所以当 VSYNC 信号产生后，mAnimationRunnable 中的 run 函数将被触发：

```
/*frameworks/base/services/java/com/android/server/wm/WindowAnimator.java*/
mAnimationRunnable = new Runnable() {
    @Override
    public void run() {
        synchronized (mService.mWindowMap) {
            mService.mAnimationScheduled = false;//本次动画 schedule 请求已经满足
            animateLocked();//各种动画的"单步执行"要开始了
        }
    }
};
```

首先将 mAnimationScheduled 复位为 false，代表本次的动画 schedule 请求已经接受。作为窗口动画的统一管理者，mAnimator 由 WMS 在构造函数中创建。核心函数如下：

```
/*frameworks/base/services/java/com/android/server/wm/WindowAnimator.java*/
private void animateLocked() {
    if (!mInitialized) {/*是否已经成功初始化*/
        return;
    }
    mCurrentTime = SystemClock.uptimeMillis();//当前时间
    mBulkUpdateParams = SET_ORIENTATION_CHANGE_COMPLETE;
    boolean wasAnimating = mAnimating;//记录上一次的动画状态，用于判断动画是否结束
    mAnimating = false;//先置为 false
    SurfaceControl.openTransaction();/*业务开始，先本地记录下所有对 Surface 的更改，最后再统一提交给 SurfaceFlinger。原因我们在前面小节都已经详细论述过了*/
    SurfaceControl.setAnimationTransaction();
```

```
            try {
                updateAppWindowsLocked();/*Step1. 执行 App Window 动画*/
                final int numDisplays = mDisplayContentsAnimators.size();//Display 的数量
                for (int i = 0; i < numDisplays; i++) {//分别处理每个 Display 中的动画
                    final int displayId = mDisplayContentsAnimators.keyAt(i);
                    DisplayContentsAnimator displayAnimator = mDisplayContentsAnimators.valueAt(i);
                    /*Step2. 处理屏幕旋转动画*/
                    final ScreenRotationAnimation screenRotationAnimation =
                            displayAnimator.mScreenRotationAnimation;
                    if (screenRotationAnimation != null && screenRotationAnimation.isAnimating()) {
                            if (screenRotationAnimation.stepAnimationLocked(mCurrentTime)) {
                                mAnimating = true;//动画还未结束，下一轮还需要再继续"单步"执行
                            } else {…//动画结束
                            }
                    }
                    performAnimationsLocked(displayId);/*Step3. 更新 WindowStateAnimator
                                                                 中的动画*/
                    final WindowList windows = mService.getWindowListLocked(displayId);
                    final int N = windows.size();
                    for (int j = 0; j < N; j++) {
                        windows.get(j).mWinAnimator.prepareSurfaceLocked(true);/*Step4. 更新Surface*/
                    }
                }
                …//其他类型的动画处理过程是类似的，省略代码
            } catch (RuntimeException e) {
                Log.wtf(TAG, "Unhandled exception in Window Manager", e);
            } finally {
                SurfaceControl.closeTransaction();/*Step5. 统一提交给 SurfaceFlinger 进行处理*/
            }
            …
            if (mAnimating) {//接下来是否还需要再执行动画
                mService.scheduleAnimationLocked();//是的话就 schedule 下一次
            } else if (wasAnimating) {//这是动画的最后一次"单步"
                mService.requestTraversalLocked();//要求 traversal，我们将在下一章节中详细分析
            }
    }
```

首先要说明的是，不论 AppWindowAnimator，ScreenRotationAnimation 或者是 WindowStateAnimator，在每次更新动画时被调用的接口都是 stepAnimationLocked。这个函数表达了"步进"的意思，即每隔特定时间点动画的最新变化。

Step1@WindowAnimator.animateLocked。这一步专门处理 AppWindowAnimator 中的动画，也就是 AppTransition 中设置的那些动画。

Step2@WindowAnimator.animateLocked。这一步专门处理屏幕旋转相关的动画（比如用户将屏幕横着看，或者竖着看）。

Step3@WindowAnimator.animateLocked。几种类型动画的处理过程是相似的，我们只选取这一步，即 WindowStateAnimator 动画的操作流程来做重点分析。

函数 performAnimationsLocked 很简单，它分别调用了 updateWindowsLocked 和 updateWallpaperLocked（值得一提的是，在前几个 Android 系统版本中，这两个函数其实统称为 updateWindowsAndWallpaperLocked——这应该也是历史遗留下来的产物，使得取名和逻辑显得稍微有点杂乱。但在最新版本中，这些混乱被慢慢纠正过来了）。

来看看 updateWindowsLocked 的实现：

```
    private void updateWindowsLocked(final int displayId) {
        ++mAnimTransactionSequence;
        final WindowList windows = mService.getWindowListLocked(displayId);
        …
        for (int i = windows.size() - 1; i >= 0; i--) {//逐个处理所有窗口
            WindowState win = windows.get(i);
            WindowStateAnimator winAnimator = win.mWinAnimator;
            final int flags = winAnimator.mAttrFlags;
            if (winAnimator.mSurfaceControl != null) {
```

```
            final boolean wasAnimating = winAnimator.mWasAnimating;
            final boolean nowAnimating = winAnimator.stepAnimationLocked(mCurrentTime);
            …
```

我们并不知道系统中当前需要执行"动画步进"的 WindowStateAnimator 有多少。换句话说，目前的源码实现中没有把它们单独列出来管理。所以上述代码段通过循环遍历 mWindows 中的所有 WindowStateAnimator，再通过 stepAnimationLocked 来由各对象自行决定是否进行动画（并不是每个 WindowStateAnimator 都有动画），以及如何进行动画。

整个函数虽然很长，不过最核心的语句只有一句，即：

```
winAnimator.stepAnimationLocked(mCurrentTime);
```

执行此 WindowStateAnimator 的"单步"动画：

```
/*frameworks/base/services/java/com/android/server/wm/WindowStateAnimator.java*/
    boolean stepAnimationLocked(long currentTime) {
        mWasAnimating = mAnimating;//先保存上一次的状态，供 WMS 比较使用
        if (mService.okToDisplay()) {//屏幕是否允许显示
            if (mWin.isDrawnLw() && mAnimation != null) {…
                if (!mLocalAnimating) {//第一次 step 这个动画，需要做些初始化
                    mAnimation.initialize(mWin.mFrame.width(), mWin.mFrame.height(),
                                mAnimDw, mAnimDh);//动画初始化
                    …
                    mAnimation.setStartTime(currentTime);//设置当前时间为动画的开始时间
                    mLocalAnimating = true;//已经执行过一次且初始化完成，置为 true
                    mAnimating = true;//当前正在执行动画
                }
                if ((mAnimation != null) && mLocalAnimating) {
                    if (stepAnimation(currentTime)) {//计算当前的动画状态
                        return true;//true 表示动画还没结束，因而直接返回
                    }
                }
                …
            }
            …
        } else if (mAnimation != null) {
            mAnimating = true;
        }
        /*一旦执行到这里，说明当前这个动画结束了，或者有其他异常*/
        if (!mAnimating && !mLocalAnimating) {/*当前不在动画，且没有初始化*/
            return false;
        }
        /**以下是清理工作，省略**/
        …
        return false;//false 表示动画结束
    }
```

这个函数中涉及几个命名相近的变量，我们先做下集中的比较。

boolean mLocalAnimating：用于指示一个动画的第一次 step。当我们设置了一个新的动画后，这个变量是 false；而一旦成功地执行了一次 step 后，这个值就是 true 了。专门设计这个变量的原因是第一次执行动画时有额外的步骤要执行。比如给 Animation 初始化（mAnimation.initialize），设置起始时间（mAnimation.setStartTime）等。

boolean mAnimating：当前正在执行动画中。

boolean mWasAnimating：记录上一次的 mAnimating，这个变量会与其他条件一起作为执行动画的参考值。

boolean mHasLocalTransformation：WindowStateAnimator 在 computeShownFrameLocked 时，需要考虑到 3 种 Transformation，即 selfTransformation，attachedTransformation 和 appTransformation。其中第一个是由 mHasTransformation 变量决定的；其余两个则代表了此 Window 所依附窗口所带的 Transformation，以及应用程序本身所设置的 Transformation。

假如是第一次 step 动画，即 mLocalAnimating 为 false，那么需要先给 Animation 设置尺寸大小和开始时间等参数。要特别注意的是，并不是每个 WindowStateAnimator 当前都有动画在执行，因而需要判断 mAnimation 是否可用。只有在 mAnimation!=null 且 mLocalAnimating 为 true 的情况下，才能调用 stepAnimation 来计算动画状态。这个函数的返回结果代表当前动画是否已经完成——true 说明没有完成，因而还需下一次的 step，这时就可以直接返回；false 表示当前的动画已经结束了，此时还要做一些清理收尾工作。

最后来看看 stepAnimation 是如何执行一次"单步"的：

```
private boolean stepAnimation(long currentTime) {
    if ((mAnimation == null) || !mLocalAnimating) {//没有动画对象，或者未初始化
        return false;
    }
    mTransformation.clear();//先清空
    final boolean more = mAnimation.getTransformation(currentTime, mTransformation);
    return more;
}
```

本节的开头我们曾概括了动画的 4 个要素，即缩放、平移、旋转和透明度。前三者由一个矩阵 Matrix 表示，最后一项则由 float 变量表示，它们都封装在同一个类中，即 Transformation。而 Animation 是对动画本身的描述，如起点、终点、时长、速率等属性。这两个类是动画的核心，而且一个是"静态"的描述，另一个则是"动态"的计算。上面的 stepAnimation，首先判断动画是否合法，即 mAnimation 必须可用，而且已经正确初始化。然后对 Transformation 进行清空，这是因为随后的 getTransformation 将直接根据当前的时间和 Animation 设置的起始时间计算得出一个新的变换值，并不需要依赖上一次的结果；同时，这个函数返回的值 more 指示了动画是否已经结束，通常就是指定的时间已经到了或者动画的最终效果已经完成。有兴趣的读者可以自行分析下这个函数的实现。

Step4@WindowAnimator.animateLocked。经过上述几种动画的"步进"计算，才只完成了 WMS 中的状态更新。或者说，此时用户还看不到"动画"效果。要真正将动画反映到屏幕上，就必须借助于 SurfaceFlinger 了。在"通知"SurfaceFlinger 之前，WMS 还要对 Surface 做一些准备工作，即 prepareSurfaceLocked。

这个函数的任务有两个。

- 准备好 Surface 的更新数据

Surface 是客户端（Java）与 SurfaceFlinger 间的中介，或者说是"业务的载体"。当我们需要对 Surface 进行批量修改时，通常是先调用 Surface.openTransaction 表示业务开始，随后调用 Surface 提供的接口进行设置，最后才是通过 Surface.closeTransaction 来关闭业务，并将更新信息统一传递给 SurfaceFlinger。

经过前面各种类型动画的"步进"计算，WMS 中的各状态已经得到了更新。这时我们就可以基于这些最新的状态来准备发送给 Surface 的"数据包"了，这是由 computeShownFrameLocked 来完成的。

- 将上一步计算出的"数据包"逐一设置到 Surface 对象中

动画类型的不同以及每次动画步进产生的状态有差异，导致需要设置到 Surface 的内容也可能有变化。具体分为两部分：

➤ setSurfaceBoundaries

处理 Surface 尺寸大小、位置相关的更新，包括 Surface.setPosition、Surface.setSize 和 setWindowCrop 等。

➤ setAlpha，setLayer 和 setMatrix 等属性的更新。

Step5@WindowAnimator.animateLocked。为了使 Surface 中的信息生效,最后我们要通过 closeTransaction 来关闭业务,此时 Surface 中的所有更新就会传递给 SurfaceFlinger,后者会在下一次的界面合成中将这些变化写入 framebuffer 中,于是用户就可以看到最终的动画"步进"效果了。

假如 mAnimating 为 true,表示动画还将继续进行,因而我们接着调用 scheduleAnimationLocked 来安排下一次的"触发源";如果 mAnimating 为 false,且 wasAnimating 为 true,此时就是动画结束前的最后一次 step(因为 wasAnimating 记录的是上一次的 mAnimating,这种情况下说明 mAnimating 在上一次时为 true,本次则变为 false,所以是最后一次),我们需要通过 requestTraversalLocked 来发出一个 DO_TRAVERSAL 消息,随后 performLayoutAndPlaceSurfaces Locked 会再次被调用。

第 11 章　让你的界面炫彩起来的 GUI 系统——View 体系

我们在前两个章节已经深入分析了 Android 中 GUI 系统的底层支撑框架，即 SurfaceFlinger 和 WMS 两个系统服务的内部原理。但是从终端用户的角度来讲，这两者都不是他们最关心的。因为真正与用户产生直接联系的，是本章节要阐述的 View 体系——几乎所有 APK 应用程序的 UI 界面都是由它来描述的。

11.1　应用程序中的 View 框架

应用程序中的 View 框架如图 11-1 所示。

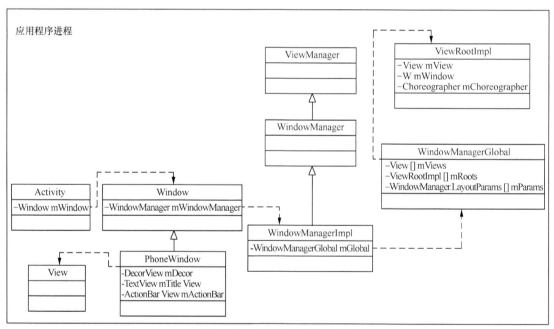

▲图 11-1　应用程序中的 View 框架

Activity 是应用程序各组件中使用率最高的，专门设计用于 UI 界面的显示和处理（当然，这并不意味着在其他组件中就一定无法显示 UI，只不过需要做很多额外的工作）。对于应用开发人员来说，他们可以利用 SDK 向导来生成一个带 Activity 的应用程序模板，再根据具体需求"加工"Android 提供的"半成品"——setContentView、onCreate、onStart 等方法，从而快速定制出应用程序；而从系统实现的角度来分析，Android 为了提供尽可能便捷的"半成品"而做了很多努力。

11.1 应用程序中的 View 框架

在对这部分源码进行讲解前，我们发现以下几个问题是很多开发者共同的困惑。

- View 和 ViewRoot

如果以 xml 文件来描述 UI 界面的 layout，可以发现里面的所有元素实际上都形成了树状结构的关系，比如：

```
<LinearLayout xmlns:android="http://schemas.android.com/apk/res/android"
    android:id="@+id/top"...>
 <LinearLayout android:id="@+id/digits_container"...>
  <com.android.contacts.dialpad.DigitsEditText android:id="@+id/digits".../>
  <ImageButton   android:id="@+id/deleteButton".../>
 </LinearLayout>
 <View android:id="@+id/viewEle".../>
</LinearLayout>
```

这个 xml 文件中各元素的关系如图 11-2 所示。

从名称来理解，"ViewRoot"似乎是"View 树的根"。这很容易让人产生误解，因为 ViewRoot 并不属于 View 树的一分子。从源码实现上来看，ViewRoot 和 View 对象并没有任何"血缘"关系，它既非 View 的子类，也非 View 的父类。更确切地说，ViewRoot 可以被理解为"View 树的管理者"——它有一个 mView 成员变量，指向的是它所管理的 View 树的根，即图中 id 为"top"的元素。

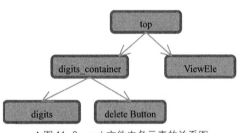

▲图 11-2　xml 文件中各元素的关系图

ViewRoot 的核心任务就是与 WindowManagerService 进行通信，我们在后面小节会详细介绍。

- Activity 和 Window 的关系

我们知道，Activity 是支持 UI 显示的，那么它是否直接管理 View 树或者 ViewRoot 呢？答案是否定的。Activity 并没有与这两者产生直接的联系，这中间还有一个被称为"Window"的对象。

具体而言，Activity 内部有一个 mWindow 成员变量。如下所示：

```
private Window mWindow;
```

Window 的字面意思是"窗口"，这很好地解释了它存在的意义。Window 是基类，根据不同的产品可以衍生出不同的子类——具体则是由系统在 Activity.attach 中调用 PolicyManager.makeNewWindow 决定的，目前版本的 Android 系统默认生成的都是 PhoneWindow。

- Window 与 WindowManagerImpl 的关系

以"Window"开头的类有不少，如 Window、WindowManager、WindowManagerImpl 等，为什么需要这么多的相似类呢？

先来看 Window，它是面向 Activity 的，表示"UI 界面的外框"；而"框里面"具体的东西包括布局和内容等，是由具体的 Window 子类，如 PhoneWindow 来规划的。但无论最终生成的窗口怎样，Activity 都是不需要修改的。

Window 的另一层含义是要与 WindowManagerService 进行通信，但它并没有直接在自身实现这一功能。原因就是：一个应用程序中很可能存在多个 Window。如果它们都单独与 WMS 通信，那么既浪费资源，又会造成管理的混乱。换句话说，它们需要统一的管理。于是就有了 WindowManager，它作为 Window 的成员变量 mWindowManager 存在。这个 WindowManager 是一个接口类，其真正的实现是 WindowManagerImpl，后者同时也是整个应用程序中所有 Window 的管理者。因而 WindowManager 与 WindowManagerImpl 的关系有点类似于"地方与中央"：地方为实施中央的"政策"提供了一个"接口"，然后汇总到中央进行管理。

- ViewRoot 和 WindowManagerImpl 的关系

在早期的系统版本中，WindowManagerImpl 在每个进程中只有一个实例。调用它必须使用如下语句：

```
WindowManagerImpl.getDefault();
```

在 WindowManagerImpl 内部，存在 3 个全局变量：

```
private View[] mViews;
private ViewRootImpl[] mRoots;
private WindowManager.LayoutParams[] mParams;
```

它们分别用于表示 View 树的根节点、ViewRoot 以及 Window 的属性。由此也可以看出，一个进程中不仅有一个 ViewRoot；而 Activity 与 ViewRoot 则是一对一的关系。

Android 4.3 对此做了修改，WindowManagerImpl 不再直接存储上述 3 个数组变量，而是由一个称为"WindowManagerGlobal"的类统一管理。另外，新版本还对各个类的关系进行了梳理，剔除了一些历史遗留下来的无关类。当然，其统一管理 ViewRoot 与 View 树的本质是没有变的，正所谓"换汤不换药"。

- ViewRoot 与 WindowManagerService 的关系

每一个 ViewRootImpl 内部，都有一个全局变量：

```
static IWindowSession sWindowSession;
```

这个变量用于 ViewRoot 到 WMS 的连接，它是 ViewRoot 利用 WMS 的 opneSession()接口来创建得到的。在此基础上，ViewRoot 也会通过 IWindowSession.add()方法提供一个 IWindow 对象——从而让 WMS 也可以通过这个 Binder 对象来与 ViewRoot 进行双向通信。

我们可以用图 11-3 来描述这些类之间的关系。

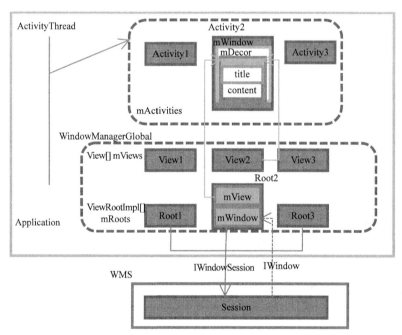

▲图 11-3　Activity、WindowManagerGlobal 和 WMS 等的关系图

如图 11-3 所示，每个 Application 都有一个 ActivityThread 主线程以及 mActivities 全局变量，后者记录了运行在应用程序中的所有 Activity 对象。一个 Activity 对应唯一的 WindowManager 以

及 ViewRootImpl。WindowManagerGlobal 作为全局管理者，其内部的 mRoots 和 mViews 记录了各 Activity 的 ViewRootImpl 和 View 树的顶层元素。ViewRootImpl 的另一个重要角色就是负责与 WMS 进行通信。从 ViewRootImpl 到 WMS 间的通信利用的是 IWindowSession，而反方向则是由 IWindow 来完成的。

11.2 Activity 中 View Tree 的创建过程

Activity 与其他组件最大的不同，就是其内部拥有完整的界面显示机制，这涉及了 ViewRootImpl、Window 以及由它们管理的 View Tree 等。前几个章节讨论应用程序窗口的启动流程时，我们曾大致讲解了 View Tree 的建立要点——现在是时候把其中的细节逐一剖析清楚了，如图 11-4 所示。

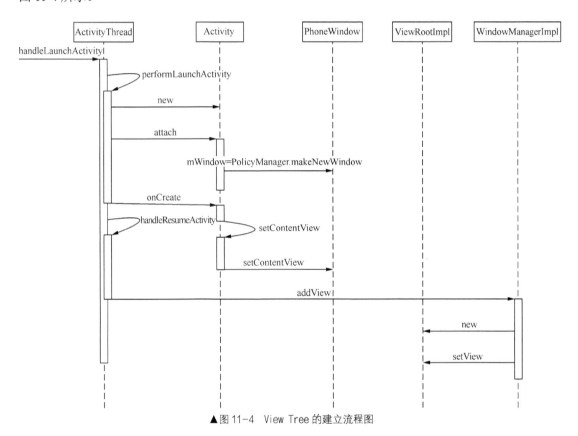

▲图 11-4 View Tree 的建立流程图

参与 View Tree 创建的有几个主体，即 ActivityThread、Activity、PhoneWindow、ViewRootImpl 和 WM（这里先不严格区分是本地的 WindowManager 还是服务端的 WindowManagerService）。

主要流程如下：

Step1. 作为应用程序的主线程，ActivityThread 负责处理各种核心事件。比如"AMS 通知应用进程去启动一个 Activity"这个任务，最终将转化为 ActivityThread 所管理的 LAUNCH_ACTIVITY 消息，然后调用 handleLaunchActivity，这是整个 ViewTree 建立流程的起点。

Step2. 在 handleLaunchActivity 内部，又可以细分为两个子过程：
- performLaunchActivity；
- handleResumeActivity（注意，Resume 的处理时机有多种情况，我们以此为例）。

具体源代码如下:

```
/*frameworks/base/core/java/android/app/ActivityThread.java*/
private void handleLaunchActivity(ActivityClientRecord r, Intent customIntent) {
    …
    Activity a = performLaunchActivity(r, customIntent);//启动(加载)Activity
    if (a != null) {
        handleResumeActivity(r.token, false, r.isForward);//Resume这个Activity
        …
    }…
```

下面结合本小节开头的序列图,分别对这两个函数进行解析。

1. performLaunchActivity

```
private Activity performLaunchActivity(ActivityClientRecord r, Intent customIntent) {
    …
    Activity activity = null;
    try {
        java.lang.ClassLoader cl = r.packageInfo.getClassLoader();//类加载器
        activity = mInstrumentation.newActivity(cl, component.getClassName(), r.intent);
        /*加载这个Activity对象*/
        …
    } catch (Exception e) {
        …
    }

    try {
        Application app = r.packageInfo.makeApplication(false, mInstrumentation);
        …
        if (activity != null) {
            …
            activity.attach(appContext, this, getInstrumentation(), r.token,
                    r.ident, app, r.intent, r.activityInfo, title, r.parent,
                    r.embeddedID, r.lastNonConfigurationInstances, config);
            …
            mInstrumentation.callActivityOnCreate(activity, r.state);/*最终会调用
                                                            Activity.onCreate()*/
            …
    } catch (SuperNotCalledException e) {
        …
    }
    return activity;
}
```

这个函数的主要任务是生成一个 Activity 对象,并调用它的 attach 方法,然后通过 Instrumentation.callActivityOnCreate 间接调用 Activity.onCreate。其中 attach 将为 Activity 内部众多全局变量赋值——最重要的就是 mWindow。源代码如下:

```
mWindow = PolicyManager.makeNewWindow(this);
```

这里得到的就是一个 PhoneWindow 对象,它在每个 Activity 中有且仅有一个实例。我们知道,"Window"在 Activity 中可以被看成"界面的框架抽象",所以有了 Window 后,下一步肯定还要生成具体的 View 内容,即 Activity 中的 mDecor。Decor 的原义是"装饰"。换句话说,它除了包含 Activity 中实际想要显示的内容外,还必须具备所有应用程序共同的"装饰"部分,如 Title、ActionBar 等(最终是否要显示这些"装饰",则取决于应用程序自身的需求)。

产生 DecorView 的过程是由 setContentView 发起的,这也就是开发者需要在 onCreate 时调用这个函数的原因。而 onCreate 本身则是由 mInstrumentation.callActivityOnCreate(activity, r.state)间接调用的,有兴趣的读者可以自行分析。

Activity 中的 setContentView 只是一个中介,它将通过对应的 Window 对象来完成 DecorView 的构造:

11.2 Activity 中 View Tree 的创建过程

```
/*frameworks/base/policy/src/com/android/internal/policy/impl/PhoneWindow.java*/
    public void setContentView(int layoutResID) {
        if (mContentParent == null) {//如果是第一次调用这个函数的情况下
            installDecor();//需要首先生成 mDecor 对象
        } else {
            mContentParent.removeAllViews();//不是第一次调用此函数，先移除掉旧的
        }
        mLayoutInflater.inflate(layoutResID, mContentParent);//根据 ResId 来创建 View 对象
    …
    }
```

变量 mContentParent 是一个 ViewGroup 对象，它用于容纳"ContentView"。当 mContentParent 为空时，说明是第一次调用 setContentView。此时 mDecor 也必定为空，因而调用 installDecor 创建一个 DecorView；否则先清理 mContentParent 中已有的所有 View 对象。最后通过 layoutResID 来 inflate 新的内容（mContentParent 就是这个由 layoutResID 生成的 View 树的根）。从中我们也可以看出，setContentView 在应用进程中是允许多次调用的，只是一般不这么做。

函数 installDecor 有两个任务，即生成 mDecor 和 mContentParent。我们先来看看 mDecor 的生成过程：

```
    private void installDecor() {
        if (mDecor == null) {
            mDecor = generateDecor();
            …
        }
```

函数 generateDecor 实际上只是 new 一个 DecorView 对象，而返回值则赋予 mDecor。DecorView 继承自 FrameLayout，后面就能看到这样做的原因。

变量 mContentParent 的创建过程与 mDecor 有关联，代码如下：

```
        if (mContentParent == null) {
            mContentParent = generateLayout(mDecor);
            …
        }
    }//installDecor 结束
```

可以看到，mContentParent 是通过 generateLayout 函数生成的：

```
    protected ViewGroup generateLayout(DecorView decor) {
        TypedArray a = getWindowStyle();//获取窗口样式
        mIsFloating =a.getBoolean(com.android.internal.R.styleable.Window_windowIsFloa
        ting, false);
        …
        int layoutResource;
        int features = getLocalFeatures();
        if ((features & ((1 << FEATURE_LEFT_ICON) | (1 << FEATURE_RIGHT_ICON))) != 0) {
            …//根据具体的样式为 layoutResource 挑选匹配的资源
        } else if ((features & ((1 << FEATURE_PROGRESS) | (1 <<
                    FEATURE_INDETERMINATE_PROGRESS))) != 0
                    && (features & (1 << FEATURE_ACTION_BAR)) == 0) {
            …
        } else if ((features & (1 << FEATURE_CUSTOM_TITLE)) != 0) {
            …
        } else if ((features & (1 << FEATURE_NO_TITLE)) == 0) {
            …
        } else if ((features & (1 << FEATURE_ACTION_MODE_OVERLAY)) != 0) {
            …
        } else {
            …
        }
        …
        View in = mLayoutInflater.inflate(layoutResource, null);//将资源 inflate 出来
        decor.addView(in, new ViewGroup.LayoutParams(MATCH_PARENT, MATCH_PARENT));
        ViewGroup contentParent = (ViewGroup)findViewById(ID_ANDROID_CONTENT);
        …
```

```
            return contentParent;
    }
```

上面的代码段分为 3 个步骤。

- 取出 Window 样式，如 windowIsFloating、windowNoTitle，windowFullscreen 等。这是通过分析 styleable.Window 获得的，如下：

```
mWindowStyle = mContext.obtainStyledAttributes(com.android.internal.R.styleable.Window);
```

- 根据上一步得出的样式来挑选符合要求的 layout 资源，并由 layoutResource 来表示。

比如通过以下语句：

```
(features & ((1 << FEATURE_LEFT_ICON) | (1 << FEATURE_RIGHT_ICON))) != 0)
```

可以得知应用程序的 UI 界面是否需要左、右两个 icon——满足这一要求的 layout 也有两种，我们还需要根据 mIsFloating 进一步决定是 com.android.internal.R.attr.dialogTitleIconsDecorLayout 或者 com.android.internal.R.layout.screen_title_icons。顺便提一下，系统 framework 提供的这些默认 layout 文件统一存放在 frameworks/base/core/res/res/layout 中。

其他几个 else 分支的处理过程都类似，读者可以自行阅读。要特别注意的是，不论哪种 layout 都必须包含 id 值为"content"的 View 对象，否则将发生异常。

- 根据 layoutResource 指定的 layout(xml)文件，来 inflate 出相应的 View 对象。然后把这一新对象 addView 到 mDecor（DecorView 是一个 FrameLayout）中；最后，整个 generateLayout 函数的返回值是一个 id 为 ID_ANDROID_CONTENT= com.android.internal.R.id.content 的对象，即 mContentParent。

DecorView 的布局之一如图 11-5 所示。

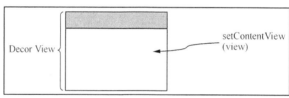

▲图 11-5　DecorView 的布局之一

由此可知，setContentView 实际上做的工作就是把应用程序想要显示的视图（ContentView）加上系统策略中的其他元素（比如 Title，Action），合成出用户所看到的最终应用程序的界面（如图 11-5 所示）。需要注意的是，setContentView 并不负责将这一视图真正地显示出来。有一个实验也可以证明一点，读者可以尝试在 Activity 中不调用 setContentView，看下最终应用程序的界面是否还能照常显示出来——只是中间的"content"部分为空而已。

顺便说一下，Android 系统不同版本间的 UI 界面样式差异不小。因而如果是需要兼容多个版本的应用程序，在 Release 之前最好挑选几个有代表性的版本进行测试——特别是需要针对 Android 2.3、2.2 和 3.0 以上的 3 种版本进行验证，因为它们之间的变更最大。

比如应用程序中很常用的 Menu（总共有 3 类），在不同版本间的样式区别如下。

- Options Menu/Action Bar

这是最常用的一类菜单。在 Android 2.3 版本以下，通过按 Menu 键就可以调出来（显示在底部）；而且如果菜单选项超过 6 个，还会出现"More"的字样。而 3.0 以后的版本，则被 Action Bar 所取代。两者的区别如图 11-6 所示。

- Context Menu/Contextual Action Mode

11.2 Activity 中 View Tree 的创建过程

从名称可以推断出,它是和"上下文环境"有关联的一类菜单。比如我们可以通过长按 ListView 的某个 Item 来调出它的 Context Menu。这类菜单在 3.0 以上版本系统中有两种可选的样式,即 Context Menu 和 Contextual Action Mode。前者是 Floating Menu,即悬浮于当前界面之上,而后者则是通过在屏幕上方显示一条操作栏来提供操作界面(这种设计的特点是"内容"不会被挡住,因而可以方便用户选择多个元素,如文件管理器中的批量删除)。它们的区别如图 11-7 所示。

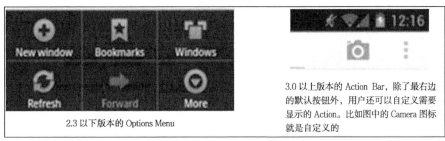

▲图 11-6 Options Menu 和 Action Bar 的区别

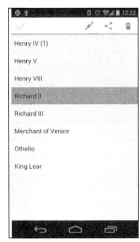

Context Menu   Contextual Action Mode

▲图 11-7 Context Menu 和 Contextual Action Mode 的区别

- Popup Menu

弹出式菜单和其他样式最大的区别在于其出现位置是基于激活它的 View 而定的,这样用户就很清楚这一菜单是针对界面中的哪个 View 而设置的了。

2. handleResumeActivity

通过 performLaunchActivity,Activity 内部已经完成了 Window 和 DecorView 的创建过程。可以说整棵 View Tree 实际上已经生成了,只不过还不为外界所知。换句话说,无论是 WMS 还是 SurfaceFlinger,都还不知道它的存在。所以接下来还需要把它添加到本地的 WindowManagerGlobal 中(还记得吗? WindowManagerGlobal 中有 3 个数组 mViews,mRoots 和 mParams),继而注册到 WMS 里。

这其中就涉及 ViewRootImpl 的相关操作:

```
final void handleResumeActivity(…) {…
    ActivityClientRecord r = performResumeActivity(token, clearHide);/*这将导致
    Activity. onResume 最终被调用*/
    if (r != null) {
        final Activity a = r.activity;
```

```
            …
            if (r.window == null && !a.mFinished && willBeVisible) {
                r.window = r.activity.getWindow();//Activity 对应的 Window 对象
                View decor = r.window.getDecorView();//最外围的 mDecor
                decor.setVisibility(View.INVISIBLE);//先设置为不可见
                ViewManager wm = a.getWindowManager();//即 WindowManager
                WindowManager.LayoutParams l = r.window.getAttributes();
                a.mDecor = decor;
                l.type = WindowManager.LayoutParams.TYPE_BASE_APPLICATION;//窗口类型
                l.softInputMode |= forwardBit;
                if (a.mVisibleFromClient) {
                    a.mWindowAdded = true;
                    wm.addView(decor, l);//首先添加 decor 到本地的全局记录中,再注册到 WMS 中
                }
            } else if (!willBeVisible) {
                …
            }
        …
```

我们将上述函数中涉及的相关重点部分高亮显示,以方便大家阅读。可以看到,变量 wm 声明的类型是 ViewManager。这是因为 WindowManager 继承自 ViewManager,而 getWindowManager 真正返回的是一个 WindowManagerImpl 对象。后者的 addView 又间接调用了 WindowManagerGlobal 中的实现:

```
/*frameworks/base/core/java/android/view/WindowManagerGlobal.java*/
    public void addView(View view, ViewGroup.LayoutParams params,
            Display display, Window parentWindow) {…
        ViewRootImpl root;
        View panelParentView = null;
        synchronized (mLock) {…
            int index = findViewLocked(view, false);//是不是添加过此 View? 是的话函数直接返回
            …
            root = new ViewRootImpl(view.getContext(), display);/*为这个 View 生成一个配套的
                                                                ViewRootImpl*/
            view.setLayoutParams(wparams);
            if (mViews == null) {//第一次添加元素到 mViews 中
                index = 1;
                mViews = new View[1];
                mRoots = new ViewRootImpl[1];
                mParams = new WindowManager.LayoutParams[1];
            } else {//不是第一次操作
                …//动态分配数组容量,代码省略
            }
            index--;
            mViews[index] = view;
            mRoots[index] = root;
            mParams[index] = wparams;
        }
        try {
            root.setView(view, wparams, panelParentView);//将 View 注册到 WMS 中的关键调用
        } catch (RuntimeException e) {…
        }
    }
```

如果上面代码段中的 index 小于 0,表示之前未添加过此 View 对象,因而程序可以继续执行;否则说明调用者多次添加了同一个 View 对象,因而函数直接返回。

接下来 addView 需要添加一个新的 ViewRootImpl 到 WindowManagerGlobal 的 mRoots 数组中。由于事先并不知道一个应用程序中会有多少 ViewRoot 存在,WindowManagerGlobal 采用的是动态存储方法。具体细节在前面章节已经做过分析,这里不再赘述。

除了 mRoots,WindowManagerGlobal 中还有另外两个重要数组。其中 mViews 记录的是 DecorView,mParams 记录的是布局属性。这 3 个数组中的元素是一一对应的,即同一个 index 在 3 个数组中得到的元素描述的是同一个 Activity 中的 View 树、ViewRoot 和布局属性。

最后，函数通过 root.setView 把 DecorView 同步记录到 ViewRootImpl 内部的 mView 变量中。因为后面 ViewRootImpl 将会频繁访问到这棵 View Tree——比如当收到某个按键事件或者触摸事件时，需要把它传递给后者进行处理。

由此一个 Activity 中的一棵 View Tree 就完整地建立起来，并纳入本地的全局管理中。不过需要指出的是，到目前为止我们的分析仍然停留在本地应用进程中。或者说我们还没看到与 WMS 及 SurfaceFlinger 发生实质性交互的地方，如向 WMS 申请一个用于显示的窗口（注意和 PhoneWindow 的概念区别开来）；也还没有分析 View Tree 中的各个对象是如何借用这个 Window 来绘制最终的 UI 内容的。

接下来将为读者一一揭开这些问题的答案。

11.3 在 WMS 中注册窗口

上一节我们虽然看到了整棵 View Tree 的建立过程，但整个分析还没有跳出应用程序进程的范畴。

首先还要再次强调一下"窗口"的概念，以免引起混淆。本章前几个小节提到的 PhoneWindow 继承自 Window 类，它表达了窗口的一种约束机制；而 WMS 中的 Window 则是一个抽象的概念，其有一个 WindowState 用于描述状态。如果读者还是觉得比较困惑的话，也可以简单地理解：PhoneWindow 是应用进程端对于"窗口"的描述，WindowState 则是 WMS 中对"窗口"的描述。

当 ViewRootImpl 构造的时候，它需要建立与 WMS 通信的双向通道。前面已经讨论过了，分别是：

- ViewRootImpl→WMS: IwindowSession；
- WMS→ViewRootImpl: Iwindow。

因为 WMS 是在 ServiceManager 中注册的实名 Binder Server（详见 Binder 章节的描述），因而任何程序都能在任何时候通过向 Service Manager 发起查询来获取 WMS 的服务。而 IWindowSession 和 IWindow 则是两个匿名的 Binder Server，它们需要借助一定的方式才能提供服务。

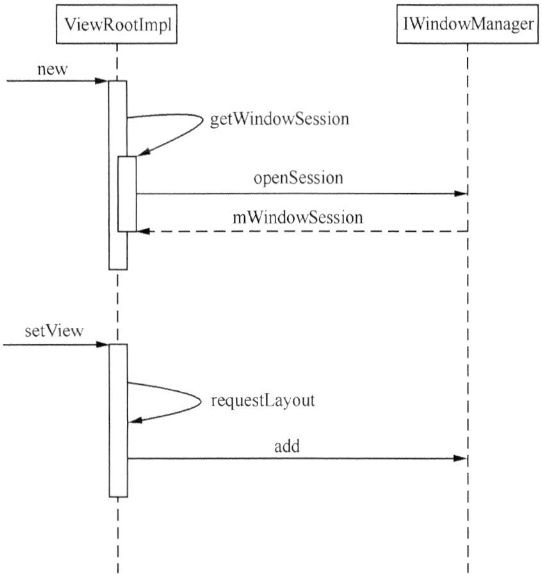

其流程如图 11-8 所示。

▲图 11-8 如何在 WMS 中注册窗口

Step1. ViewRootImpl 在构造函数中，首先会利用 WMS 提供的 openSession 接口打开一条 Session 通道，并存储到内部的 mWindowSession 变量中：

```
public ViewRootImpl(Context context, Display display) {…
    mWindowSession = WindowManagerGlobal.getWindowSession();//IWindowSession
    …
    mWindow = new W(this);//IWindow
    …
}
```

函数 getWindowSession 负责建立应用程序与 WMS 间的 Session 连接：

```
public static IWindowSession getWindowSession() {
    synchronized (WindowManagerGlobal.class) {
```

```
            if (sWindowSession == null) {
                try {
                    InputMethodManager imm = InputMethodManager.getInstance();
                    IWindowManager windowManager = getWindowManagerService();
                    sWindowSession = windowManager.openSession(imm.getClient(),
                                                    imm.getInputContext());
                    …
                } catch (RemoteException e) {
                    Log.e(TAG, "Failed to open window session", e);
                }
            }
            return sWindowSession;
        }
    }
```

如果 sWindowSession 不为空,那么就没必要再重复打开 Session 连接了;否则需要先通过 ServiceManager 来获取 WMS 服务,再利用它提供的 openSession 接口来建立与 WMS 的"通道"。

有必要说明的是,上述代码段中的 windowManager 变量和前一小节 handleResumeActivity 中见到的 WindowManager 对象是不一样的,我们特别把它们列出来进行比较。

在 handleResumeActivity 中:

```
ViewManager wm = a.getWindowManager();
```

这句代码中的 wm 是 ViewManager,即 WindowManager 类的基类,最终则由 WindowManagerImpl 来实现。

而上面的 windowManager 变量则是:

```
    public static IWindowManager getWindowManagerService() {
        synchronized (WindowManagerGlobal.class) {
            if (sWindowManagerService == null) {
                sWindowManagerService = IWindowManager.Stub.asInterface(
                        ServiceManager.getService("window"));
            }
            return sWindowManagerService;
        }
    }
```

我们可以这么理解这两种 WindowManager:其中一种完全是属于本地端的,存储于应用进程内部用于窗口管理的相关事务;另一种则是 WindowManagerService 在本地进程中的代理。前者最终由 WindowManagerImpl 来实现,而后者则是由 WindowManagerService 在远程端实现。

Step2. 在前一小节我们看到,函数 addView 在最后会调用 ViewRootImpl.setView——这个函数一方面会把 DecorView,也就是 View 树的根设置到 VierRootImpl 中;另一方面会向 WMS 申请注册一个窗口,同时将 ViewRootImpl 中的 W(IWindow 的子类)对象作为参数传递给 WMS。

```
/*frameworks/base/core/java/android/view/ViewRootImpl.java*/
    public void setView(View view, WindowManager.LayoutParams attrs,
                         View panelParent View) {
        synchronized (this) {
            if (mView == null) {
                mView = view;//ViewRoot 内部记录了它管理的 View 树的根
                …
                requestLayout();//执行 Layout
                …
                try {…
                    res = mWindowSession.addToDisplay(mWindow, mSeq, mWindowAttributes,
                        getHostVisibility(), mDisplay.getDisplayId(),
                        mAttachInfo.mContentInsets, mInputChannel);
                } catch (RemoteException e) {…
                } finally {…
                }…
            }…
        }
```

关于 requestLayout 所引发的遍历过程，可以参见后面小节的介绍，这里先不做详细分析。上述代码段中最关键的一步，就是通过 IWindowSession 提供的 addToDisplay（这个函数将调用 WMS 的 addWindow），向 WMS 申请注册一个窗口。这些内容在前一章节讲解 WMS 时已经系统讨论过，不清楚的读者可以返回复习下。

11.4 ViewRoot 的基本工作方式

在讲解 View 树中具体的事务处理前，有必要先给大家分析下 ViewRoot 的基本工作方式，这有助于大家在接下来众多烦琐问题的剖析中把握事件的核心。

我们知道，每棵 View Tree 只对应一个 ViewRoot，它将和 WindowManagerService 进行一系列的通信，包括窗口注册、大小调整等（可以参见 IWindowSession 提供的接口方法）。那么，ViewRoot 在什么情况下会执行这些操作呢？

主要的触发源有两种：

- View Tree 内部的请求

比如某个 View 对象需要更新 UI 时，它会通过 invalidate 或者其他方式发起请求。随后这些请求会沿着 View Tree 层层往上传递，最终到达 ViewRoot——这个 View Tree 的管理者再根据一系列实际情况来采取相应措施（比如是否发起一次遍历、是否需要通知 WMS 等）。

- 外部的状态更新

除了内部的变化外，ViewRoot 同样可以接收来自外部的各种请求。比如 WMS 会回调 ViewRoot 通知界面大小改变、触摸事件、按键事件等。

不论是内部还是外部的请求，通常情况下 ViewRoot 并不会直接去处理它们，而是先把消息入队后再依次处理。ViewRoot 内部定义了 ViewRootHandler 类来对这些消息进行统一处理。有意思的是，这个 Handler 实际上是和主线程的 MessageQueue 挂钩的，这也就验证了 ViewRoot 相关的操作确实是在主线程中进行的。正因为此，我们在 ViewRootHandler 中执行具体的事件处理时要特别注意不要有耗时的操作，否则很可能会阻塞主线程而引发 ANR。

ViewRoot 的工作流程可以概括如图 11-9 所示。

图中各种内外部请求和状态更新都首先入队到程序主线程的 MessageQueue 中，再由 ViewRoot 具体处理。这样做避免了应用程序因长时间处理某个事件而导致的响应速度降低，我们在平时的项目研发中可以借鉴。

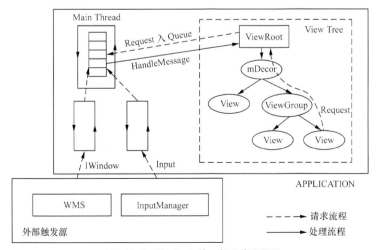

▲图 11-9　ViewRoot 的一般工作流程图

11.5 View Tree 的遍历时机

所谓"遍历"(Traversal),是指程序按照一定的算法路径依次对一个集合(如 View Tree)中的所有元素进行有且仅有一次访问的过程。相信学过数据结构的读者对此并不陌生。那么体现到 Android 的 View 体系中,"遍历"意味着什么呢?

先来思考以下两点:

- 父与子

我们知道,View Tree 中的各元素是有"父子"关系的,即最顶层的元素是第二层元素(如果存在的话)的"父亲",依此类推。

- 如何协调 View Tree 中所有元素的显示需求

如果整个 UI 界面只是由单一的 View 对象来描述的,那么很简单——它既可以占据整个屏幕空间;也可以有选择地在屏幕任何一片区域上显示。不过这种理想的情况是不存在的。通常我们面对的 View 树层级都较深,涉及的 View 对象数量众多。此时系统就要综合考虑各个 View 提出的"需求"了。比如它们都希望占据整个屏幕,或者都希望从 (0,0) 坐标点开始绘图,怎么办呢?Android 的遍历机制则必须以尽可能公平的方式解决这些问题。

View 体系中的"遍历",简而言之就是系统综合考量各元素"请求"的过程。当"遍历"结束后,各个 View 元素就能得到系统的最终分配结果。Android 系统要求所有元素都服从它的"安排",否则很可能会产生未知的错误。从上面的分析可以知道,"分配结果"最少会包含两方面内容,即 View 对象的尺寸大小和位置——再加上 View 自身的 UI 内容,便构成了 UI 显示的三要素。我们将在后续小节详细分析整个遍历的过程。

在此之前还要解决一个问题:应用程序在什么情况下会遍历 View Tree 呢?

1. 应用程序刚启动时

根据前面几个小节的分析,应用程序启动后会逐步构造出自己的整棵 View Tree,然后进行一次全面的遍历:

```
public void setView(View view, WindowManager.LayoutParams attrs, View panelParentView) {...
    // Schedule the first layout -before- adding to the window
    // manager, to make sure we do the relayout before receiving
    // any other events from the system.//从注释中也可以看出这是第一次执行遍历的地方
    requestLayout();
```

在 setView 中调用的 requestLayout 就是执行第一次遍历的触发源。这个函数将通过向 Choreographer 注册一个 CALLBACK_TRAVERSAL 回调事件来间接驱动 Layout 的执行。最终的"遍历"工作由 performTraversals 来完成,我们放在后续小节统一分析。

2. 外部事件

对于应用程序来说,外部事件才是驱动 ViewRoot 工作的主要触发源。比如由用户产生的触摸、按键等事件,经过层层传递最终分配到应用进程中。这些事件除了可以改变应用程序的内部状态外,还可能影响到 UI 界面的显示——在必要的情况下,ViewRoot 就会通过遍历来确定事件对各 View 对象产生的具体影响。

3. 内部事件

除了外来触发源,程序在自身运行的过程中有时也需要主动发起一些触发事件。比如我们写一个时钟应用，最少每隔一秒就需要刷新一次界面；又比如当一个 View 的 Visibility 从 GONE 到 VISIBLE，都涉及界面的调整和重绘。所以程序在这些情况下要主动请求系统进行界面刷新，并可能引发遍历的执行。

下面先来举几个例子，看看 ViewRoot 在什么情况下会发起"遍历"。

1. View.requestLayout

View 对象可以通过调用 requestLayout()来主动申请遍历。这个函数的实现很简单，如下所示：

```
/*frameworks/base/core/java/android/view/View.java*/
public void requestLayout() {…
    mPrivateFlags |= PFLAG_FORCE_LAYOUT;
    mPrivateFlags |= PFLAG_INVALIDATED;
    if (mParent != null && !mParent.isLayoutRequested()) {
        mParent.requestLayout();//把请求往上一层传递
    }
    …
}
```

上述代码段首先置位 View 内部变量 mPrivateFlags 中的相关标志。在 Android4.3 系统中，View 类中专门用于记录各种 flag 标志的变量就有 3 个，以满足不断增加的功能需求。PFLAG_FORCE_LAYOUT 表明这是程序自发的 layout 请求，它将在随后开展的遍历流程中产生作用。

接着主动发起遍历的 View 对象需要把这一请求提交给它的父亲（ViewParent），即 mParent.requestLayout()。这个 ViewParent 既可能是 ViewGroup，也可能是 ViewRoot。前者没有重写 requestLayout 这个方法，所以会直接采用 View 类中的实现，即继续向上一级父类传递请求；而如果 ViewParent 是 ViewRoot，则处理如下：

```
public void requestLayout() {
    if (!mHandlingLayoutInLayoutRequest) {
        checkThread();//当前是否为主线程(即生成 ViewRootImpl 对象的线程)
        mLayoutRequested = true;//当前已经发起 Layout 申请
        scheduleTraversals();//安排一次 Traversal
    }
}
```

第一行是检查当前是否为主线程——因为 Android 系统规定只有主线程才能够操作 UI 对象。这也确保了接下来的操作中不会出现多个线程同时访问的情况，因而不再需要特别的同步机制。第二行代码的 mLayoutRequested 用于表示当前是否已经有用户发起了 Layout 请求，这样如果再有第二个 Layout 请求到来就会被忽略掉。第三行我们将在后面统一分析。

2. View.setLayoutParams

这个方法用于设置一个 View 对象的各种布局属性：

```
public void setLayoutParams(ViewGroup.LayoutParams params) {…
    requestLayout();
}
```

也就是说，当 View 的布局发生变化时，它会主动申请一次遍历。如果 mParent 是 ViewGroup，就会回调 onSetLayoutParams 通知父类进行相应的调整，然后直接调用前面分析过的 requestLayout 函数。

3. View.invalidate

"invalidate"从字面意思看是"使无效"，即将当前的 UI 界面判定为无效，从而引起重绘过程。要特别注意这个函数只能从 UI 线程调用，其他线程则需要通过 postInvalidate 来实现同样的效果。

在 View.java 中，invalidate 有多个带不同参数的函数实现。如下所示：

```
public void invalidate(Rect dirty);
public void invalidate(int l, int t, int r, int b);
public void invalidate();
void invalidate(boolean invalidateCache);
```

前两个函数所表达的意思相同，它们的参数都用于指定需要被"invalidate"的无效区域。只不过其中一个用 Rect 表示，另一个则用 left，top，right 和 bottom 表示。第三个函数则是最后一个函数的便捷实现，即 invalidate(true)。

可见这几个函数形式各异，但基本思想是一样的。因而我们只挑选第一个函数来做具体分析：

```
public void invalidate(Rect dirty) {
    if (skipInvalidate()) {//Invalidate是否合法？
        return;
    }
    if ((mPrivateFlags & (PFLAG_DRAWN | PFLAG_HAS_BOUNDS)) ==
        (PFLAG_DRAWN|PFLAG_HAS_BOUNDS)||(mPrivateFlags&PFLAG_DRAWING_CACHE_ VALID) ==
PFLAG_DRAWING_CACHE_VALID || (mPrivateFlags & PFLAG_INVALIDATED) != PFLAG_ INVALIDATED) {
        mPrivateFlags &= ~PFLAG_DRAWING_CACHE_VALID;
        mPrivateFlags |= PFLAG_INVALIDATED;
        mPrivateFlags |= PFLAG_DIRTY;
        final ViewParent p = mParent;
        if (!HardwareRenderer.RENDER_DIRTY_REGIONS) {//是否需要绘制整个区域？
            if (p != null && ai != null && ai.mHardwareAccelerated) {
                p.invalidateChild(this, null);
                return;
            }
        }
        if (p != null && ai != null) {
            final int scrollX = mScrollX;
            final int scrollY = mScrollY;
            final Rect r = ai.mTmpInvalRect;
            r.set(dirty.left - scrollX, dirty.top - scrollY, dirty.right - scrollX,
                dirty.bottom - scrollY);
            mParent.invalidateChild(this, r);
        }
    }
}
```

首先，skipInvalidate()用于判断是否要忽略这个 invalidate 操作，因为如果当前 View 并不是可见的，而且也不在执行动画，那么进行 invalidate 是没有意义。

接下来需要满足以下 3 个条件之一，才可以进行 invalidate。

- mPrivateFlags 中有 PFLAG_DRAWN 和 PFLAG_HAS_BOUNDS 标志

View 中有 3 个 PrivateFlags，即 mPrivateFlags，mPrivateFlags2 和 mPrivateFlags3。其中每个变量最多支持 32 个标志，这些属性基本概括了整个 View 的特点。由于数量较多，我们只列出和分析相关的几个标志的含义。

PFLAG_DRAWN：当 View 表达出重绘意愿后，设这个 bit 为 1，以保证 invalidate 的执行。

PFLAG_HAS_BOUNDS：这个 View 对象所占据的区域边界已经确认。

- 或者有 PFLAG_DRAWING_CACHE_VALID 标志。这个标志指明此 View 对象的 cache 是否也需要被 invalidate，通常会在一个 full invalidate 中使用。

- 或者有 PFLAG_INVALIDATED 标志，这个标志用于指示我们是否需要重建 View 的 display list。

紧接着函数会依次设置几个标志位，PFLAG_INVALIDATED 表示我们调用了 invalidate 这个函数；PFLAG_DIRTY 表示有相应的区域需要绘制。这些标志将在随后的 ViewTree 遍历过程中发挥作用。

RENDER_DIRTY_REGIONS 表示是否只刷新 dirty 区域。当这个值为 false 时，就需要刷新整个区域；否则我们必须特别指明需要重新绘制的区域（即 dirty 区）。如果没有必要重绘整个区域，函数的最后将调用 ViewParent.invalidateChild 来进一步传递 invalidate 请求。

虽然 ViewParent 既有可能是 ViewGroup，也有可能是 ViewRoot，但沿着 View Tree 层层往上传递后，事件最终还是得由后者来处理，如图 11-10 所示。

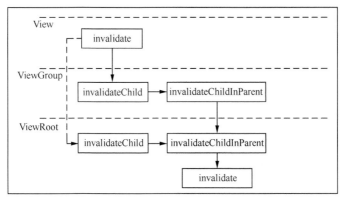

▲图 11-10　invalidate 函数的调用流程图

ViewGroup 和 ViewRoot 中都拥有同名的 invalidate Child，但它们所担负的责任却有很大的差异。前者是"从下而上"的，可以理解为从当前点开始，沿着 ViewTree 回溯收集 dirty 区（即需要重绘的区域）的过程；而后者则是"从上而下"的，它将真正发起 ViewTree 的遍历，从而实现画面的重绘。

4. dispatchAppVisibility

当应用程序的可见性发生变化时（比如通过 startActivity 启动了一个新 Activity，那么系统会通知前一个 Activity 它的可见状态发生了变化），会调用这个函数。

一旦 ViewRootImpl 收到 Visibility 改变的消息，也会组织一次 Traversal。

通过这几个例子，我们不难发现——不论是外部还是内部事件，只要 ViewRoot 在处理过程中发现它可能引发 UI 界面的大小、位置等属性的变化，那么就很可能会执行"遍历"操作。遍历的主导者自然还是 ViewRootImpl，因为只有它才能自上而下地管理整棵 View Tree。

遍历流程的入口如下：

```
/*frameworks/base/core/java/android/view/ViewRootImpl.java*/
void scheduleTraversals() {
  if (!mTraversalScheduled) {//当前是否已经在做遍历了
     mTraversalScheduled = true;
     …
     mChoreographer.postCallback(
             Choreographer.CALLBACK_TRAVERSAL, mTraversalRunnable, null);
     …
  }
}
```

变量 mTraversalScheduled 用于指示当前是否已经在做"Traversal"，以避免多次进入。整个函数的重点是 mChoreographer.postCallback，在前面讲解 WMS 时曾多次看到过这个类——它是"Project Butter"项目的产物。如果对这部分内容有不清楚的地方，请参见 SurfaceFlinger 和 WMS 这两个章节。

一旦 VSYNC 信号来临，mTraversalRunnable 中的 run 函数将被调用，以保证在最短的时间内有序地组织 UI 界面的更新。函数 run 的实现也很简单，它直接调用了 doTraversal：

```
void doTraversal() {
    if (mTraversalScheduled) {
        mTraversalScheduled = false;//变量在这里就复位了
```

```
            …
            try {
                performTraversals();//执行遍历
            } finally {
                Trace.traceEnd(Trace.TRACE_TAG_VIEW);
            }
            …
        }
    }
```

可以看到,这个函数也并不是最终执行遍历的地方,还需要进一步调用 performTraversals。后者的实现比较复杂,内容也很多,我们在后一小节将做专门的介绍。

图 11-11 描述了 View 体系中执行遍历的时机。

11.6 View Tree 的遍历流程

上一小节说过,UI 显示的 3 要素是尺寸大小、位置和内容,它们在遍历过程中分别对应以下 3 个函数:

- performMeasure(尺寸大小)

用于计算 View 对象在 UI 界面上的绘图区域大小。

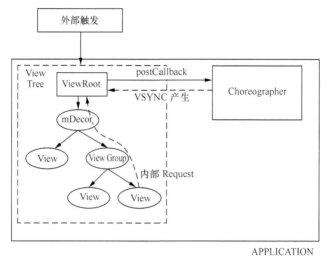

▲图 11-11 遍历的执行时机

- performLayout(位置)

用于计算 View 对象在 UI 界面上的绘图位置。

- performDraw(绘制)

上述两个属性确定后,View 对象就可以在此基础上绘制 UI 内容了。

遍历的主体是 performTraversals。这个函数虽然长达七百多行,但整体逻辑就是按照上述 3 个步骤进行的。分析时一定要抓住这个线索,才不容易偏离主体,如图 11-12 所示。

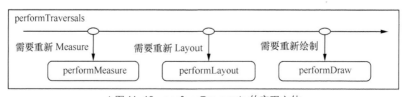

▲图 11-12 performTraversals 的实现主体

11.6 View Tree 的遍历流程

所以接下来的重点就转换为：在什么条件下需要执行以上 3 个动作？

首先来介绍几个全局变量的含义，如表 11-1 所示。

表 11-1　　　　　　　　performTraversals 中涉及的部分重要变量

变　量　名	含　义
MView（或者 host）	mView 是该 ViewRoot 管理下 View Tree 的根节点。函数在执行过程中需要频繁使用到这个变量，为了避免意外的篡改，performTraversals 函数开头使用了一个本地变量 host 来指向它，后面的操作全部由这个变量完成
mFirst	判断是否第一次执行 performTraversals
mIsInTraversal	当前是否在执行 Traversal
mFullRedrawNeeded	在某些情况下，我们需要重绘所有界面，这个变量将影响后续的 performDraw
mLayoutRequested	在很多情况下，mLayoutRequested 都会被置为 true，如 View 对象主动发起一个 requestLayout；第一次调用 performTraversals；当前的宽高（mWidth/mHeight）和期望的值（由 mWinFrame 记录）不符合等
mWinFrame	由 WMS 计算后得出的 Frame
mFitSystemWindowsInsets	设置内边距的初始值，以容纳包括状态栏、输入法等在内的系统窗口
mAttachInfo	当 View 被 attached 到 Window 时，用于记录一系列相关信息。比如其中的：mContentInsets，表示 View 中除 screen decoration 外的空间；mWindowVisibility，表示 Window 的可见性；mSystemUiVisibility，表示通过 setSystemUiVisibility 所设置的系统 ui 的各标志位等
mWidth/mHeight	通过主动请求 WMS 计算后得到的值。要特别注意它们和 desiredWindowWidth/desiredWindowHeight 的区别，后面这组值与 mWinFrame 中保存的值是一致的，表示 WMS 期望的应用程序的宽/高
sWindowSession	ViewRoot 与 WMS 的通信接口

接下来我们需要寻找一条线索来贯穿这个长函数。由于代码量较大，涉及的变量也很多，"一个猛子扎进代码"的效果并不好——因而建议采取"反推"的方式。我们真正关心的是：在什么条件下程序会分别执行遍历的上述 3 个步骤，具体又是如何执行的？所以只要先找到调用这 3 个函数的地方，再往上推导与之相对应的变量及处理过程，整个流程就明朗多了。后续一旦梳理了函数的逻辑框架，再来尝试正面分析源码，相信会有另一番收获。

1. performMeasure

这个函数第一次被调用的地方在 ViewRootImpl.java 的第 1668 行（另外一个调用地方也是类似的，读者可以自行分析）。外围条件是：

```
private void performTraversals() {…
    if (mFirst || windowShouldResize || insetsChanged ||viewVisibilityChanged || params !=
null) {//层级 1
        …
        if (!mStopped) {//层级 2
            boolean focusChangedDueToTouchMode = ensureTouchModeLocally(
              (relayoutResult&WindowManagerImpl.RELAYOUT_RES_IN_TOUCH_MODE) != 0);
            if (focusChangedDueToTouchMode || mWidth != host.getMeasuredWidth()
                || mHeight != host.getMeasuredHeight() || contentInsetsChanged) {//层级 3
                int childWidthMeasureSpec = getRootMeasureSpec(mWidth, lp.width);
                int childHeightMeasureSpec = getRootMeasureSpec(mHeight, lp.height);
                // Ask host how big it wants to be
                performMeasure(childWidthMeasureSpec, childHeightMeasureSpec);
                …
```

用于判断是否执行 performMeasure 的条件变量都高显出来了。其中既有"与"的情况，也有"或"的情况，分别组成了 3 个层级，如表 11-2 所示。

表 11-2　执行 performMeasure 的条件

Level	Member	Description
层级 1	mFirst	第一次调用 performTraversals
	windowShouldResize	见 Case 1.1
	insetsChanged	WMS 要求的 content insets 和当前值不一致时，为 true
	viewVisibilityChanged	ViewRootImpl 记录的 Visibility 和 ViewTree 根节点所记录的值产生差异时，说明可见性有变化；或者需要为这个窗口产生一个新的 Surface，那么这个变量是 true
	params	这棵 View Tree 的 WindowManager.LayoutParams 属性值。应用程序可以通过多种方法来设置，如 Window.setAttributes
层级 2	mStopped	当 Activity 处于 stop 状态时，其对应的 Window 也同样会被 stopped
层级 3	focusChangedDueToTouchMode	TouchMode 是否引起 focus 的变化
	mWidth != host.getMeasuredWidth()	getMeasuredWidth()是 View 对象经过 onMeasure 后测量出来的宽度
	mHeight != host.getMeasuredHeight()	getMeasuredHeight()是 View 对象经过 onMeasure 后测量出来的高度
	contentInsetsChanged	和 insetsChanged 表达的含义相同

```
Case 1.1 (windowShouldResize):
boolean windowShouldResize = layoutRequested && windowSizeMayChange
 && ((mWidth != host.getMeasuredWidth() || mHeight != host.getMeasuredHeight())
         || (lp.width == ViewGroup.LayoutParams.WRAP_CONTENT &&
              frame.width() < desiredWindowWidth && frame.width() != mWidth)
         || (lp.height == ViewGroup.LayoutParams.WRAP_CONTENT &&
frame.height() < desiredWindowHeight && frame.height() != mHeight));
```

如果 mLayoutRequested 为 true，并且当前不处于 stopped 状态，那么 layoutRequested 为 true。变量 windowSizeMayChange 正如其名所示，表明窗口的尺寸大小有可能发生变化——比如当前宽高与期望值不相符。假设当前有 layout 需求，并且 window size 确实需要改变，那么 windowShouldResize 就是 true。

一旦上述 3 个层级的条件都满足，程序就开始执行 performMeasure。实际上这个函数什么也没做，只是简单地调用了 View Tree 顶层元素的 measure 函数：

```
mView.measure(childWidthMeasureSpec, childHeightMeasureSpec);
```

这样 ViewRootImpl 就将控制权转交给 View 树的根元素，真正的 Traversal 才刚刚开始。顺便说一下，View 类中提供了 measure 和 onMeasure 两个函数实现。建议读者在扩展一个新的 View 组件时，尽量不要直接重载 measure 方法，而是通过改写后者来达到相同的目的。真正的测量工作也是在 onMeasure 中进行的，如下：

```
protected void onMeasure(int widthMeasureSpec, int heightMeasureSpec) {
   setMeasuredDimension(getDefaultSize(getSuggestedMinimumWidth(), widthMeasureSpec),
        getDefaultSize(getSuggestedMinimumHeight(), heightMeasureSpec));
}
```

参数中的 widthMeasureSpec 和 heightMeasureSpec 是该 View 对象的上一级父对象要求的宽高值——如此层层而下传递到 View Tree 中的各个元素。View Tree 的树根元素（即 mDecor）的这两个值是由 ViewRootImpl 传入的，后者通过 MeasureSpec.makeMeasureSpec 来生成符合当前要求的 spec。每一个 spec（int 类型值）的格式如下：

```
mode（最高二位）+size
```

通过 MeasureSpec.getMode 和 MeasureSpec.getSize 可以分别获得一个 spec 值中的 mode 和 size。其中 mode 有 3 种。

UNSPECIFIED=0：父对象没有强制要求子对象必须遵循哪些约束。
EXACTLY= 1：父对象要求子对象必须严格按照它给定的值来约束自己。
AT_MOST= 2：子对象可以自行选择给定范围内的值。

mode 的选取则和 LayoutParams 有一定关联。比如 MATCH_PARENT 对应的是 EXACTLY；WRAP_CONTENT 对应的是 AT_MOST。

虽然 View.java 提供了默认的 onMeasure 实现，但是扩展的视图对象通常有自己需要考虑的因素，所以它们会选择重载这个函数来切合自己的需求。比如 mDecor 是一个 FrameLayout，其 onMeasure 源码如下：

```java
/*frameworks/base/core/java/android/widget/FrameLayout.java*/
@Override //这是一个重载函数
protected void onMeasure(int widthMeasureSpec, int heightMeasureSpec) {
    int count = getChildCount();//子对象个数
    /*Step1. 判断父对象的mode要求*/
    final boolean measureMatchParentChildren =
            MeasureSpec.getMode(widthMeasureSpec) != MeasureSpec.EXACTLY ||
            MeasureSpec.getMode(heightMeasureSpec) != MeasureSpec.EXACTLY;
    mMatchParentChildren.clear();
    int maxHeight = 0;//所有子对象中测量到的最大高度
    int maxWidth = 0;//所有子对象中测量到的最大宽度
    int childState = 0;

    for (int i = 0; i < count; i++) {//循环处理所有子对象
        final View child = getChildAt(i);//获取一个子对象
        if (mMeasureAllChildren || child.getVisibility() != GONE) {//需要测量吗?
            measureChildWithMargins(child, widthMeasureSpec, 0, heightMeasureSpec,
                                0);//Step2.
            final LayoutParams lp = (LayoutParams) child.getLayoutParams();
            /*Step3. 取得最大值*/
            maxWidth = Math.max(maxWidth, child.getMeasuredWidth() +
                            lp.leftMargin + lp.rightMargin);
            maxHeight = Math.max(maxHeight,child.getMeasuredHeight() +
                                lp.topMargin + lp.bottomMargin);
            childState = combineMeasuredStates(childState, child.getMeasuredState());
            …
        }
    }

    /*Step4. 综合考虑其他因素 */
    // 检查padding
    maxWidth += getPaddingLeftWithForeground() + getPaddingRightWithForeground();
    maxHeight += getPaddingTopWithForeground() + getPaddingBottomWithForeground();

    // 检查建议的最小宽高值
    maxHeight = Math.max(maxHeight, getSuggestedMinimumHeight());
    maxWidth = Math.max(maxWidth, getSuggestedMinimumWidth());

    // 检查foreground背景宽高值
    final Drawable drawable = getForeground();
    if (drawable != null) {
        maxHeight = Math.max(maxHeight, drawable.getMinimumHeight());
        maxWidth = Math.max(maxWidth, drawable.getMinimumWidth());
    }
    /*记录结果*/
    setMeasuredDimension(resolveSizeAndState(maxWidth, widthMeasureSpec,
            childState),resolveSizeAndState(maxHeight, heightMeasureSpec,
                childState << MEASURED_HEIGHT_STATE_SHIFT));//将结果保存下来
    …
}
```

先给大家介绍下 padding 和 margin 的基础知识——对于 View 类而言，它只有 padding，没有 margin。这是因为 padding 指的是"内容"区域与外围边框的距离，分为 left、right、top、bottom 四个方向。而 margin 则是"内容"内部的进一步细化——即"内容"中各元素之间的间距。可想而知，一个 View（非 ViewGroup）实例的"内容"本身就是不可分割的，不存在内部对象间距的说法。而 ViewGroup 由多个子对象组成，它们之间有时需要 margin 属性来将彼此区分开来。更多详细描述可以参见后续小节对于 View 和 ViewGroup 的属性分析。

Step1@onMeasure。通过 MeasureSpec.getMode 可以取得父对象对当前视图的要求，只要宽或者高有一个不是 EXACTLY，那么 FrameLayout 在后续都需要执行 match parent 的操作。

Step2@onMeasure。变量 count 代表该 FrameLayout 中包含的子对象数量，它们都记录在成员变量 ViewGroup.mChildren 中。基于 View Tree 的特性，我们需要逐个处理这些子对象。这里使用的是 measureChildWithMargins，意即需要考虑 padding 和 margins。这个函数将根据 padding 和 margin 来生成新的 spec，然后调用 child.measure 函数。于是遍历流程就到了子对象中。后者如果也是 ViewGroup，通常还会重载 onMeasure，进一步把测量指令往下"递归"，直到叶节点。当然，并不是所有子对象都需要被测量。假如 View 本身的可见性是 GONE，而且变量 mMeasureAllChildren 为 false（可以在 android:measureAllChildren 中配置），那么程序会跳过这个对象。

Step3@onMeasure。通过测量，我们可以得到 child 的计算结果，即 child.getMeasuredWidth() 和 child.getMeasuredHeight()。这两个函数分别对应的是 View.mMeasuredWidth 和 View.mMeasuredHeight 成员变量，它们通常是在 onMeasure 结束时通过 setMeasuredDimension 来设置的。对于我们自己扩展的 View 组件，一定要注意这一点。

FrameLayout 需要知道各子对象中的最大宽高值，计算公式如下：

```
maxWidth = Math.max(maxWidth,child.getMeasuredWidth() + lp.leftMargin + lp.rightMargin);
maxHeight = Math.max(maxHeight, child.getMeasuredHeight() + lp.topMargin + lp.bottomMargin);
```

maxWidth/maxHeight 记录的是当前测量出的最大值。如果后续子对象的测量结果超过前一次的最大值，那么就做一下替换。

Step4@onMeasure。上述步骤得出了子对象中的最高和最宽值，但并不是最终结果。还有 3 个因素可能产生影响：

- padding

ViewGroup 本身的 padding 也是需要考虑的。

- 最小宽高值

getSuggestedMinimumHeight 用于计算适应当前 View 的最小高度值，核心语句如下：

```
return (mBackground == null) ? mMinHeight : max(mMinHeight, mBackground.getMinimumHeight());
```

mBackground 是背景图片；mMinHeight 则是通过 android:minHeight 设置的值，表示开发者希望这个 View 对象获取到的最小高度值。

getSuggestedMinimumWidth 的实现也类似。

- foreground 的宽高值

对应的是 mForeground 所指示的背景，不一定存在。

Step5@onMeasure。如前所述，onMeasure 的计算结果需要被记录下来，以便后续操作时查询使用。值得一提的是，mMeasuredWidth 和 mMeasuredHeight 保存的不仅仅是 size，还有 state。所以还要先调用 resolveSizeAndState 来对这两个值进行格式整合，最后才能通过 setMeasuredDimension 来记录。具体格式读者可以通过阅读源码获悉，这里不予详述。

2. performLayout

经过上面的 performMeasure，View Tree 中各元素的大小已经基本确定下来，并保存在自己的内部成员变量中。接下来，ViewRootImpl 会进入另一个"遍历"过程，即位置测量。Layout 这个词在设计领域的释义类似于"构图"、"布局"，因而它既需要"大小"，也需要"位置"信息。函数 performMeasure 得到的便是对象的尺寸大小，而 performLayout 更确切地说是在此基础上进一步完善"位置"信息，然后组合成真正的"layout"。Android 官方文档有这样的描述：

"Layout is a two pass process: a measure pass and a layout pass. The measuring pass is implemented in measure(int, int) and is a top-down traversal of the view tree… The second pass happens in layout(int, int, int, int) and is also top-down. During this pass each parent is responsible for positioning all of its children using the sizes computed in the measure pass."

也就是说，Layout=measure pass+layout pass=measure()+layout()→onMeasure+onLayout

这多少有点文字游戏的味道，我们在实际工作中发现很多开发者并没有搞清楚，从而引发了理解上的混乱。

函数 performLayout 在 performTraversals 中的调用位置只有一处，即 Line 1730 行。我们仍然沿用前面的方法，看看与之相关的执行条件：

```
private void performTraversals() {…
    final boolean didLayout = layoutRequested && !mStopped;
    …
    if (didLayout) {
    performLayout();
        …
```

变量 didLayout 取决于两个因素，即 layoutRequested 和 mStopped——其中后者已经分析过，此处不再赘述。而 layoutRequested 主要由下面的语句赋值：

```
boolean layoutRequested = mLayoutRequested && !mStopped
```

成员变量 mLayoutRequested 为 true 的情况比较多，我们在前面专门介绍过，读者可以回头看看。

简而言之，一旦 ViewRootImpl 发现需要执行 layout，那么它会调用 performLayout 进行位置测量。具体实现与 performMeasure 基本一致，只是间接调用了 View Tree 的顶层根元素（mView）的 layout：

```
private void performLayout() {…
    final View host = mView;
    …
    try {
        host.layout(0, 0, host.getMeasuredWidth(), host.getMeasuredHeight());
    } …
}
```

我们仍然以 FrameLayout 为例来看看 View 对象是如何计算 layout 的：

```
/*frameworks/base/core/java/android/view/View.java*/
public void layout(int l, int t, int r, int b) {…
    boolean changed = isLayoutModeOptical(mParent) ?
        setOpticalFrame(l, t, r, b) : setFrame(l, t, r, b);//将4个边框记录到成员变量中
    if (changed||(mPrivateFlags & PFLAG_LAYOUT_REQUIRED) == PFLAG_LAYOUT_REQUIRED){
        onLayout(changed, l, t, r, b);//执行layout
        …
    }
    mPrivateFlags &= ~PFLAG_FORCE_LAYOUT;
    …
}
```

上面这个函数的 l、t、r、b 分别代表此 View 对象与父对象的左、上、右、下边框的距离。和 measure 的很大差异，是 layout 直接将这些值记录（setFrame）到成员变量中，即 mLeft、mTop、mRight 和 mBottom。接下来，如果 changed 为 true，则意味着本次设置的边距与上一次相比发生了变化；或者 flags 中强制要求 layout，那么就会调用 onLayout。既然该 View 对象本身的 layout 已经确定下来，可以猜想到这个函数应该是对其子对象进行布局调整的过程。也正因如此，View 类中的 onLayout 函数实现体是空的——这就要求各 ViewGroup 的扩展类，如 FrameLayout 需要重载并具体实现它们所需的功能：

```
/*frameworks/base/core/java/android/widget/FrameLayout.java*/
@Override//这是个重载函数
    protected void onLayout(boolean changed, int left, int top, int right, int bottom) {
        final int count = getChildCount();//子对象的个数

        final int parentLeft = getPaddingLeftWithForeground();//这些变量的含义可参见后面的图示
        final int parentRight = right - left - getPaddingRightWithForeground();
        final int parentTop = getPaddingTopWithForeground();
        final int parentBottom = bottom - top - getPaddingBottomWithForeground();
        …
        for (int i = 0; i < count; i++) {//循环处理所有子对象
            final View child = getChildAt(i);//当前子对象
            if (child.getVisibility() != GONE) {//如果为GONE的话,表示不需要在界面上显示,因而略过
                final LayoutParams lp = (LayoutParams) child.getLayoutParams();//child
                设置的layout属性
                final int width = child.getMeasuredWidth();//child在measure中测量到的宽度
                final int height = child.getMeasuredHeight();//child在measure中测量到的高度

                int childLeft;//最终计算出的child的左边距
                int childTop;//最终计算出的child上边距

                int gravity = lp.gravity;//这个属性值是后面计算的依据
                …
                final int layoutDirection = getResolvedLayoutDirection();
                final int absoluteGravity = Gravity.getAbsoluteGravity(gravity,layout
                Direction);
                final int verticalGravity = gravity & Gravity.VERTICAL_GRAVITY_MASK;

                switch (absoluteGravity & Gravity.HORIZONTAL_GRAVITY_MASK) {
                    case Gravity.LEFT:
                        childLeft = parentLeft + lp.leftMargin;
                        break;
                    case Gravity.CENTER_HORIZONTAL://后面以此为例做详细分析
                        childLeft = parentLeft + (parentRight - parentLeft - width) / 2 +
                        lp.leftMargin - lp.rightMargin;
                        break;
                    case Gravity.RIGHT:
                        childLeft = parentRight - width - lp.rightMargin;
                        break;
                    default://default情况下的处理,应用开发人员要特别留意下
                        childLeft = parentLeft + lp.leftMargin;
                }
                …//省略childTop的计算过程,和childLeft是类似的
                child.layout(childLeft, childTop, childLeft + width, childTop + height);
            }
        }
    }
```

进入代码分析前,先来思考下 FrameLayout 的 onLayout 需要解决的问题。FrameLayout 与其他几种常用布局方式如 LinearLayout,GridLayout 的一个显著区别是,它的各子对象并不存在"竞争空间"的问题。换句话说,FrameLayout 中的元素是"层叠"而成的,它们的位置主要取决于自身与父对象间的调整。明白这个道理后,我们再来看看上面的 onLayout 源码实现。

和 onMeasure 类似,它首先计算所包含子对象的个数,然后通过 for 循环逐个处理。每次循环的最后一行都调用了 child.layout,由此传入的 4 个参数就是此 child 的 layout 信息。我们的关注重点就转化为:这几个参数是如何得到的呢?

首先要知道,一个长方体的 layout 只需要 left,top 和 width,height 就可以确定下来了——后两者在 measure 中已经有了确切的结果,所以最终的问题就转化为对 left 和 top 的计算。

进行过应用开发的读者应该知道,我们可以在 View 对象中设置 Gravity 属性来控制其在父对象中的位置,如表 11-3 所示。

11.6 View Tree 的遍历流程

表 11-3 Gravity 常用属性释义

Gravity Attributes	Description
TOP	不改变尺寸大小的情况下，放置在父对象的头部
BOTTOM	不改变尺寸大小的情况下，放置在父对象的尾部
LEFT	不改变尺寸大小的情况下，放置在父对象的左部
RIGHT	不改变尺寸大小的情况下，放置在父对象的右部
CENTER_VERTICAL	不改变尺寸大小的情况下，放置在父对象的垂直方向中部
CENTER_HORIZONTAL	不改变尺寸大小的情况下，放置在父对象的水平方向中部
CENTER	不改变尺寸大小的情况下，放置在父对象的正中部位

下面以 mLeft 在 Gravity.CENTER_HORIZONTAL 情况下的处理过程为例来做详细讲解。为了让读者看得更清楚些，同时假设 lp.leftMargin 和 lp.rightMargin 为 0：

```
childLeft = parentLeft + (parentRight - parentLeft - width) / 2 +lp.leftMargin - lp.rightMargin;
          =parentLeft + (parentRight - parentLeft - width) / 2;
```

各变量含义如图 11-13 所示。

根据上图，parentRight-parentLeft 得到的是方框 2，即 FrameLayout 内容区域的宽度。因为子对象是要放置在这里的，其 "center" 的中心也是以图中的中轴线为标准。所以 (parentRight-parentLeft–width) / 2 得到的是方框 3 左边线与方框 2 对应边线的距离，最终 childLeft 还要在此基础上加 parentLeft。

计算出 childLeft，程序下一步将按照类似的方法得出 childTop。我们说过，对于一个长方形来说，left+top+width+height 已经足够确认它的 layout 了。因而调用

```
child.layout(childLeft, childTop, childLeft + width, childTop + height);
```

来设置子对象的 layout 区域。

如此循环往复，直到 View Tree 中所有元素都处理完成。

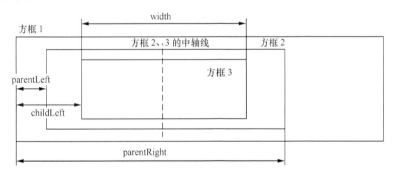

方框 1：FrameLayout 对象的外围边框
方框 2：FrameLayout 中的内容区域边框
方框 3：FrameLayout 子对象的外围边框

▲图 11-13 childLeft 计算过程中涉及的变量释义图

3. performDraw

一个对象的 layout 确定后，它才能在此基础上执行 "Draw"。函数 performDraw 是遍历流程中最后被调用的，将在 "画板" 上产生 UI 数据，然后在适当的时机由 SurfaceFlinger 进行整合，最终显示到屏幕上。绘制 UI 的实现核心如下：

- Surface

可以把 Surface 比作 "画板"。"巧妇难为无米之炊"，假如没有合法的 Surface，UI 数据就无法正常存储与显示。

- 图形绘制的方式

有两种，即硬件和软件。

- View Tree 各元素的协调关系

我们将按照怎样的顺序来绘制 UI 呢？

performDraw 在进行必要的判断（performDraw 的判断条件比较简单，读者可以自行分析）后，将接着调用 draw；后者则根据 hardware/software render 的配置，选择调用 attachInfo.mHardwareRenderer.draw 或者 drawSoftware 来执行具体的绘制操作。

本小节的侧重点是软件渲染方式，具体如下所示：

```
/*frameworks/base/core/java/android/view/ViewRootImpl.java*/
private boolean drawSoftware(Surface surface, AttachInfo attachInfo, int yoff,
        boolean scalingRequired, Rect dirty) {…//dirty 表示需要重绘的区域
    Canvas canvas;//后续小节有详细介绍
    try {…
        canvas = mSurface.lockCanvas(dirty);//先取得一个 Canvas 对象，在此基础上作图
        …
    } catch (Surface.OutOfResourcesException e) {
        …
    } catch (IllegalArgumentException e) {
        …
    }

    try {…
        try {
            canvas.translate(0, -yoff);//坐标变换
            if (mTranslator != null) {
                mTranslator.translateCanvas(canvas);
            }
            …
            mView.draw(canvas);//由顶层元素开始遍历绘制
        } finally {…
        }
    } finally {
        try {
            surface.unlockCanvasAndPost(canvas);//绘制完毕，释放 Canvas 并"提交结果"
        } catch (IllegalArgumentException e) {…
        }
    }
    return true;//true 表示成功
}
```

这个函数的实现步骤如下。

（1）lockCanvas。Canvas 的底层实现仍然是 Surface，它是面向应用层开发的"画板工具"，我们在后面小节有专门介绍。在使用 Canvas 前，必须显式地锁定它，然后才可以正常使用。假如 lock 过程中出现任何异常，那么 drawSoftware 都将失败，并返回 false。

（2）坐标变换。包括由入参传入的 yoff 组成的坐标平移，以及 mTranslator 指示的变换（如果存在的话）。

（3）View.draw。这是真正绘制 UI 的地方，后续我们会重点分析。

（4）unlockCanvasAndPost。到目前为止我们改变的还只是本地数据，只有把 draw 完成后的 Canvas 信息透过 Surface 提交给 SurfaceFlinger，并由后者统一合成渲染到 Framebuffer 中，才能最终把界面显示到屏幕上。

这样就分析完了 performTraversals 中的三大支柱，即 performMeasure、performLayout 及 performDraw。它们按照顺序执行 View Tree 中各元素的大小遍历、位置遍历以及绘图遍历，从而把每个 View 对象所代表的 UI 信息正确地绘制到了终端屏幕上——它们的实现流程"大同小异"，即通过递归的方式，由上而下遍历和处理 View Tree 中的对象（只是具体的处理手段和目的不同）。

11.7 View 和 ViewGroup 属性

对于 performDraw 的内部实现，因为还涉及 Canvas、View/ViewGroup 属性、坐标变换等一系列技术细节，所以特别把它们独立出来，在接下来的小节中逐一击破。

11.7 View 和 ViewGroup 属性

相信不少应用开发者都有类似的经历：在用 XML 文件进行 UI 布局时，无论怎么调整都达不到预期的界面效果；看着一堆 padding 属性值，辨别不出它们的差异，无从下手；原本运行很好的一个 UI 程序，只是改动了布局文件中一个很小的地方，整个界面就出现了严重变形。出现这些情况主要有两方面的原因：其一是我们对 View 的属性还不够熟悉，无法掌握它们所表达的确切意思，只能通过反复调整试验来达到目标。其二就是对 View 的内部实现不够了解。"工欲善其事，必先利其器"，只有对 View 的"外在"和"内在"都有了更全面的认识，再来做应用开发才能得心应手。

为此，我们将专门在本小节讲解 View 和 ViewGroup 中的一些关键属性，希望能让读者对它们有个感性而深入的认识。

值得一提的是，View 的两个重要特性就是它既负责 UI 显示，也可以进行各种事件的处理——这同时也是它和 Drawable 的一个本质区别。

11.7.1 View 的基本属性

相信有不少读者在阅读源码时，都会被 View 类中数量众多的成员变量所困扰——特别是对于那些名称相近的变量更是如此。另外，View 对象中部分成员变量的值是可以通过在 layout(xml) 文件中指定 View 属性来改变的。所以属性名与变量之间的对应关系也是一个重点，我们在本小节一并详细列出，以方便读者阅读学习。

View 中与 UI 显示相关的属性如表 11-4 所示。

表 11-4　　　　　　　　　　View 中的 UI 属性

UI 属性	相关方法与布局属性		描述
Identifier	相关方法	setId(int) findViewById()	View 对象可以分配一个 unique id，以便使用者查询
	布局属性	android:id	
Tag	相关方法	getTag() findViewWithTag(Object tag)	id 是用于唯一标示 View 对象的，而 tag 则用于记录与 View 有关的信息，两者是有区别的
	布局属性	android:tag	
Position	相关方法	getLeft(),getTop(),getRight(), getBottom() setLeft(int left)，setTop (int top), setRight(int right), setBottom(int bottom)	View 相对于其父对象的 4 个边距。通常是由系统的 layout 计算出的，因而不建议外部程序强制设置
	布局属性	无	
Size	相关方法	setMinimumWidth(int) setMinimumHeight(int)	View 的尺寸大小，实际上只是表达了 View 对象的"意愿"，最终结果要由系统来综合考虑，可以参见前面小节的遍历过程。另外，layout_width 和 layout_height 虽然是由各 View 对象配置的，处理却是在 ViewGroup 中
	布局属性	android:minWidth android:minHeight android:layout_width android:layout_height	
Padding	相关方法	setPadding(…),setPaddingRelative(…), getPaddingLeft(),getPaddingTop() getPaddingStart(),getPaddingEnd()等	View 内部的填充，即"内容"区域与外边框的距离，共有左、上、右、下 4 个方向

续表

UI 属性	相关方法与布局属性		描述
Padding	布局属性	android:padding android:paddingLeft android:paddingRight android:paddingTop android:paddingBottom android:paddingStart android:paddingEnd	
Margin	相关方法		View 不提供 margin 属性，但是 ViewGroup 有，参见下一小节
	布局属性		
Gravity	相关方法	setGravity(int)	重心位置（并不是所有 View 对象都有这个属性）。要特别注意的是，这个属性很容易和 ViewGroup 中的 layout_gravity 混淆。从 View 的角度来看，gravity 表示的是内容的重心，而 layout_gravity 表示的是 View 自身在其父 View 中的重心位置。 比如一个 LinearLayout 中的 Button，可以通过设置 gravity 来控制按钮文字在按钮中的显示位置，也可以通过 layout_gravity 来控制这个 Button 在 LinearLayout 中的位置
	布局属性	android:gravity 可以设置的值包括：top，bottom，left，right，center_vertical，center_horizontal，center 等，可以参考官方文档说明： http://developer.android.com/reference/android/R.attr.html#gravity	
Visibility	相关方法	setVisibility(int),getVisibility()	View 的可见性。有 VISIBLE、INVISIBLE 和 GONE 3 种可选。INVISIBLE 只是 View 不可见，但还保留容纳 View 对象的空间；而 GONE 则是认为 View 对象完全不存在，因而不保留相应空间
	布局属性	android:visibility	
ScrollBar	相关方法	setScrollBarSize() setScrollBarStyle()	View 类自带了 ScrollBar，并且提供了丰富的接口来配置和控制它
	布局属性	android:scrollbars android:scrollX android:scrollY android:scrollbarSize android:scrollbarStyle 等	
Background	相关方法	setBackgroundResource(int)	背景图片
	布局属性	android:background	
Effect	相关方法	getVerticalFadingEdgeLength() setAlpha(float)	View 提供了一些基础特效，如 fading，alpha 的设置等
	布局属性	android:fadeScrollbars android:fadingEdgeLength android:alpha	
Transform	相关方法	setRotation(float) setRotationX(float) setRotationY(float) setScaleX(float) setScaleY(float) setPivotX(float) setPivotY(float) setTranslationX(float) setTranslationY(float)	View 的坐标变换也可以直接通过布局属性来设置，包括平移、缩放、旋转及 4 种类型
	布局属性	android:rotation android:rotationX android:rotationY android:scaleX android:scaleY android:transformPivotX android:transformPivotY android:translationX android:translation	

11.7 View 和 ViewGroup 属性

下面从源码角度详细分析表中的一些重要属性。

1. Position

View.java 中与此相关的内部变量是：

```
protected int mLeft;
protected int mRight;
protected int mTop;
protected int mBottom;
```

这些变量表示的是该 View 在 4 个方向上的位置与其父 View 的差值（以像素为单位）。比如 mLeft 指的是它的左边缘与父 View 左边缘的距离，如图 11-14 所示。

实际上，这 4 个值不仅固定了 View 的位置，同时也决定了 View 的大小。比如 getWidth 的内部实现如下：

```
public final int getWidth() {
    return mRight - mLeft;
}
```

在整棵 View Tree 的遍历过程中，系统会综合考虑所有 View 对象的需求，然后为这些成员变量赋值，所以并不建议外部程序直接通过接口来设置它们；而且即便我们通过外部手段改变了这些变量，它们在下一次 layout 时很可能还会被系统还原回来。

2. Size

View.java 中与此相关的内部变量包括：

```
private int mMinWidth;
private int mMinHeight;
int mMeasuredWidth;
int mMeasuredHeight;
```

前两个变量表示这个 View 对象所希望的最小宽、高值，可以通过 android:minWidth 和 android:minHeight 来配置。我们在前面讲解 View Tree 遍历的小节看到过，系统将尽量保证使用者的这个需求。

后两者是 measure(int,int)后的计算结果，并不代表 View 的真正宽高。

3. Padding

Padding 是 View 内部四周的填空空间，或者更确切地说，是它的"内容区域"与外边框的距离，如图 11-15 所示。

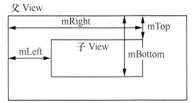

▲图 11-14 View 在 4 个方向上的位置与其父 View 的差值

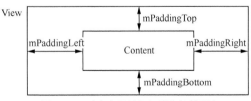

▲图 11-15 "内容区域"与外边框的距离

View.java 中与此相关的内部变量包括：

```
protected int mPaddingLeft;
protected int mPaddingRight;
protected int mPaddingTop;
protected int mPaddingBottom;
```

```
protected int mUserPaddingLeft;
protected int mUserPaddingRight;等
```

Padding 值需要考虑以下几个因素。

- 用户设置的 padding

应用开发者可以通过 android:padding、android:paddingLeft、android:paddingRight、android:paddingTop、android:paddingBottom 等属性值来指定填充边距的大小。当 View 对象构造时，系统会优先考虑这一设置。

- 其他

如果用户没有显式指定 padding 值，系统将使用默认的 padding 值（或者从 background drawable 中获取的 padding）。

4. Gravity

我们已经比较了 gravity 和 layout_gravity 的区别，前者表达了 View 内部 Content 的重心位置，而后者则是 View 在 ViewGroup 中的重心位置。

实际上 gravity 并不是 View 基类的属性。换句话说，View 类中没有处理这个属性。这也是合情合理的，因为 View 本身并没有实现 onDraw 方法，所以继承 View 的各子类必须根据自己的需求来"画"出想要的"内容"以及"内容"的位置。比如在 TextView 组件中：

```
TextView(…){
    case com.android.internal.R.styleable.TextView_gravity:
            setGravity(a.getInt(attr, -1)); //记录用户在 xml 中提供的 gravity 属性
            break;
    …
```

这段代码中的 setGravity 会把这一属性值存储到 TextView 类的成员变量 mGravity 中：

```
private int mGravity = Gravity.TOP | Gravity.START;
```

这里有必要了解下 Gravity 这个类，它是专门用于表示"gravity"属性相关值的一个类，例如：

```
int TOP = (AXIS_PULL_BEFORE|AXIS_SPECIFIED)<<AXIS_Y_SHIFT;
int LEFT = (AXIS_PULL_BEFORE|AXIS_SPECIFIED)<<AXIS_X_SHIFT;
```

其中 AXIS_X_SHIFT 和 AXIS_Y_SHIFT 分别是 0 和 4，即前 4 位用于表示 x 轴的重心位置，后面几位则是 y 轴重心位置。4 个 bit 位分别表示如表 11-5 所示。

表 11-5　　　　　　　　　　　　　4 个 bit 位的含义

Bit	bit3	bit2	bit1	bit0
Name	clip	pull_after	pull_before	specified
Description	边缘是否要根据 container 大小进行裁剪	被"拉"到 right/bottom 边缘的位置	被"拉"到 left/top 边缘的位置	这个轴是否已经设置过

比如 Gravity.TOP 指的是 y 轴上对 top 边缘的操作，即：

```
(AXIS_PULL_BEFORE|AXIS_SPECIFIED)<<AXIS_Y_SHIFT
```

而 Gravity.LEFT 则是 x 轴上对 left 边缘的操作，具体如下所示。

```
(AXIS_PULL_BEFORE|AXIS_SPECIFIED)<<AXIS_X_SHIFT
```

之所以叫 pull，是因为边缘线是被"拉"到某个位置上的。换句话说，如果同时"拉"两个方向上的边缘线，则 Object 的大小也会变大。比如：

```
Gravity. FILL_VERTICAL = TOP|BOTTOM;
```

5. Visibility

可见性也是在开发中常见的一种属性。它有 3 种值可选,具体如下所示。
- VISIBLE:当前的 View 处于可见状态,因而它会被"画"出来。
- INVISIBLE:当前的 View 处于不可见状态。
- GONE:在 INVISIBLE 的情况下,虽然 View 的内容是不可见的,但是它所占据的空间位置却是不变的。而 GONE 则相当于完全移除 View 这个对象,系统不再为它保留空间位置。

6. Scrollbar

滚动条本身只是表达当前显示内容在整体内容中位置的一个组件,如 TextView 在显示较多文字时就需要有类似指示。它让用户产生一种错觉,好像我们的 View 尺寸足以容纳整篇文章,只不过屏幕不够大而已(但实际上 View 的尺寸并没有想象中那么大)。

Scrollbar 在 View 内部以 ScrollabilityCache 类型的 mScrollCache 变量统一管理,如表 11-6 所示。

表 11-6   ScrollabilityCache 类型的 mScrollCache 变量

Related Member	Description
ScrollabilityCache.OFF,ScrollabilityCache.ON	Scrollbar 是否存在
ScrollabilityCache.scrollBarSize	Scrollbar 大小
View.mVerticalScrollbarPosition	Scrollbar 当前滚动位置
通过 View.viewFlagValues |= scrollbarStyle & SCROLLBARS_STYLE_MASK 来记录	Scrollbar 的样式
ScrollabilityCache .scrollBar	Scrollbar 背景图片

要特别注意 Scrollbar 与 mScrollX/mScrollY 的区别和联系。简单来讲,Scrollbar 是内容(比如文本)的滚动条,而后两者则是 View 视图的滚动位置。Scrollbar 是用于提示用户当前内容位置的,它对 View 本身的显示内容并不产生影响,而 mScrollX/mScrollY 则真正体现了 View 的这些属性。或者可以这样理解:Scrollbar 是给用户看的,想象一下在没有屏幕的情况下,它将一无是处;而另外两者是基于"内存"的操作。

实例如图 11-6 和图 11-7 所示。

▲图 11-16 Scrollbar 实例

▲图 11-17 mScrollX 实例

图例显示了 Scrollbar 和 mScrollX 的区别。图 11-16 中,Scrollbar 表示用户当前阅读到的内容在整版中的位置;图 11-17 则是我们常见的桌面 Launcher,它由一个 ViewGroup 添加了若干个子 View 组成,每个桌面页都是一个 View 对象。当拖动屏幕时,改变的就是 mScrollX 的值——也就是屏幕上显示的这一部分界面,距离整个 ViewGroup 左边界的位移。当然,因为 ViewGroup 同时也是个 View，如果把 Launcher 加上一个 Scrollbar 也完全是可以的，这时的"内容"就指的是其中容纳的若干个 View 了。

11.7.2 ViewGroup 的属性

ViewGroup 继承自 View，因而它具有 View 的所有属性。另外，ViewGroup 还有其自己的特性，我们统一列在表 11-7 中。

表 11-7　　　　　　　　　　　　　ViewGroup 的 UI 属性

UI 属性	相关方法与布局属性		描　　述
Margin	相关方法	setMargins (int left, int top, int right, int bottom)	ViewGroup.MarginLayoutParams 是从 ViewGroup 中独立出来专门处理 margin 的类
	布局属性	android:layout_marginLeft android:layout_marginTop android:layout_marginRight android:layout_marginBottom	
Layout	相关方法		ViewGroup.LayoutParams 是从 ViewGroup 中独立出来专门处理 Layout 的，与之对应的是 layout_heigh 和 layout_width 两个布局属性——这两者的使用非常广泛，几乎所有应用程序都需要配置它们。 在前一小节描述 View 属性的表格中我们讲解过，它们在 View 对象中配置，却在 ViewGroup 中处理。有 3 种取值： FILL_PARENT：废弃值，不建议使用 MATCH_PARENT：和父对象一样大 WRAP_CONTENT：只需要能刚好覆盖内容（包括 padding）所占的空间大小即可
	布局属性	android:layout_height android:layout_width	

11.7.3　View、ViewGroup 和 ViewParent

这三者既有联系又有区别，如图 11-18 所示。

View 确切地说是一个抽象的视图对象（虽然这个类不是抽象的），它定义了一个视图所需具有的属性和基本操作方法。ViewGroup 本质上也是一个 View，我们可以理解为 ViewGroup 中的 Content 是由若干个 View 组成的。ViewParent 顾名思义是一个 View 的"父亲"。这个父亲既可能是 ViewGroup，也可能是 ViewRoot。也就是说，对于 View Tree 的"根"（通常它是一个 ViewGroup），它的"父亲"是 ViewRoot；而其他元素的"父亲"则是 ViewGroup。

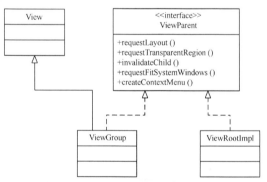

▲图 11-18　View、ViewGroup 和 ViewParent

11.7.4　Callback 接口

```
public class View implements Drawable.Callback, KeyEvent.Callback,
        AccessibilityEventSource {          …..
```

由以上代码可知 View 类实现了以下几个接口，如图 11-19 所示。

从中可以得到以下几点信息：
- View 类中将会使用 Drawable；
- View 会监听 KeyEvent；
- View 中使用了 AccessibilityEvent。

AccessibilityEvent 是系统发送的，反映 UI 变化的事件。比如按钮点击、某个 View 获得了焦点等。

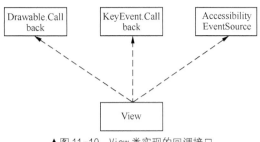

▲图 11-19　View 类实现的回调接口

先来看看什么是 Drawable，这不仅是 Android 显示系统中的一个重要概念，也是应用开发人员在实现 UI 交互界面时经常会接触到的。

按照 Android 的解释，Drawable 就是 "Something that can be drawn" 的抽象。也就是说，它表达了我们希望在屏幕上绘制的图像。举个例子，一个 Bitmap 文件就可以说是 Drawable，因为它承载了图片的数据。这些数据不依赖于设备平台，只是图片自身内容的反映（想象一下一张小狗的 Bitmap 图片，它不管在 Android 设备上，还是在 Windows 操作系统上，显示出来都是一样的，不会变成其他动物）。

读者可能会觉得奇怪，我们的 View 类不也有数据储存这个功能吗，它与 Drawable 有什么区别呢？

区别就在于 View 不仅仅包含了图片数据，还需要处理各种事件（比如触摸事件、按键事件等）。我们可以用图 11-20 来概括它们之间的关系。

Drawable 通常会以如下形式出现。

- **Bitmap**

这是形式最简单的 Drawable，除了图像本身，基本上不带任何附加信息，如一张 PNG 或者 JPEG 图。

- **Nine Patch**

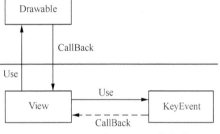

▲图 11-20　View 与 Drawable 的关系图

Android 系统自定义的一种格式，是 PNG 的扩展。它的初衷是使图片在伸缩时不至于严重变形，因而文件本身会附加关于拉伸操作的具体信息。

- **Shape**

它不仅包含了原始的图片数据，而且提供了简单的绘图命令来保证我们在某些图像尺寸变化的场合能产生比较好的效果。

- **Layers**

复合 Drawable 中的一种。Layer 表示 "层"，复数形式表示会有多个 "层"，这些层不断地叠加在彼此之上。

- **States**

复合 Drawable 中的一种。State 代表 "状态"，因此 States 表示多种状态以及每种状态所对应的图像。这在应用开发中使用比较频繁，如一个按钮有 over，pressed 和 normal 等多种状态，显然我们在 UI 界面的设计上要体现出这些状态的不同——通常情况下，当按钮被按下时，会高显或加深颜色显示。Android 的 View 机制提供了非常便利的方式来满足开发者的多状态显示需求：我们只要在一个相关的 xml 中定义按钮的若干种状态以及某种状态出现时对应的图片即可，剩下的难题系统会自动解决。

- **Levels**

复合 Drawable 中的一种，和上面的 States 有点类似。区别在于它是以 Level 值来决定需要采用哪种图片的，而不是 State。比如信号格数分为 0～5 六个 Level，那么在具体情况下就可以显示对应的图片。

- Scale

复合 compound 中的一种。从名字可以看出,它运用于需要调整尺寸大小的场合,即根据 level 值来决定图形的尺寸。

Drawable 除了必不可少的图形数据外,还封装了不少操作函数。其主要分为创建、销毁、简单的图形处理、绘制等类别,有兴趣的读者可以参考官方文档。

既然 Drawable 只是图像数据的抽象,那么当图形有变化或者需要重绘时,就必然要通知 View。完成这一操作的就是 Drawable 的 Callback 接口:

```
public static interface Callback {
    /*当drawable 需要被重绘时调用*/
    public void invalidateDrawable(Drawable who);
      /*用于drawable 规划动画的下一帧*/
    public void scheduleDrawable(Drawable who, Runnable what, long when);
      /*用于取消scheduleDrawable 的操作*/
    public void unscheduleDrawable(Drawable who, Runnable what);
}
```

下面是 View 类对 invalidateDrawable 方法的实现,其他两个函数不影响我们下一步的分析,因此暂时略过:

```
public void invalidateDrawable(Drawable drawable) {
    if (verifyDrawable(drawable)) {
        final Rect dirty = drawable.getBounds();/*获取drawable 所占区域*/
           /*获取View 的ScrollX 与ScrollY*/
        final int scrollX = mScrollX;
        final int scrollY = mScrollY;
        invalidate(dirty.left + scrollX, dirty.top + scrollY, dirty.right + scrollX,
                dirty.bottom + scrollY);/*调用View 内部的invalidate 进行真正的绘图更新。
                          一个长方形的4 条边,分别为left、top、right 和bottom*/
    }
}
```

可见真正起绘制作用的是 View 中的 invalidate 函数(做过 MFC 开发的读者应该对这个函数不陌生,它是我们刷新屏幕上的图形时所需要调用的)。

这个 invalidate 函数在 View 类中有 4 个原型,如下:

```
public void invalidate(Rect dirty);
public void invalidate(int l, int t, int r, int b);
public void invalidate();
void invalidate(boolean invalidateCache);
```

关于 invalidate 的源码实现,在 "View Tree 的遍历时机" 小节已经讲解过,这里不再赘述。

至此,我们已经将 View 类所实现的接口介绍完了。但还有一些问题并没有得到解决,如 View 是如何与 Drawable 联系起来的,又是如何最终将图形显示到屏幕上的。要理清这些问题,接下来还需要花点时间来学习几个重要的概念。

11.8 "作画"工具集——Canvas

Canvas 的字面意思是"画布",按照 Android 系统的解释,"The Canvas class holds the draw calls"。也就是说,它其实是将"图像"数据写入 Bimap 中的一个工具集,取名 Canvas 并不是非常贴切,容易引起误解。

11.8 "作画"工具集——Canvas

大家可以想象下，如果需要在屏幕上"作画"，需要哪些支持（我们可以与画家的创作做类比）呢？

- Bitmap

这是存储数据的地方，类比于画家所用的纸张。在不同的系统实现中可能还会有进一步的封装，如我们之前谈到的 Drawable 以及它的众多子类。

- Canvas

作画的工具集，即辅助画家完成作品的一个"工具箱"。

- Drawing Primitive

Primitive 一般用来形容那些不可再分割的元素。比如一个操作是由 A、B 两部分组成，而且这两部分是不可分割的，那么它们就组成了一个 Primitive 操作。在这里，Drawing Primitive 就是指 Rect，Path，Text 等这些基础元素。

- Paint

如同画家在绘制不同风格的作品时，会用到各种画笔、着色手法、样式，我们在电脑上"作图"也是可以选择各式各样的 Paint 的。读者对 Paint 和 Canvas 的功能可能还是有点模糊。打个比方，Canvas 就像一台打印机，它按照 Primitive 的描述来打出线条、长方形等；而 Paint 则是墨盒——这也就意味着，装上了不同颜色墨盒的同一台打印机，可以打印出色彩各异的线条、长方形，如图 11-21 所示。

我们知道，打印机的工作流程大致是：
（1）找到一台能正常工作的打印机（Canvas）；
（2）准备好需要的墨盒（Paint）；
（3）将墨盒装入打印机；
（4）准备好需要的纸张（Bitmap）；
（5）将纸张放入打印机的纸槽；
（6）通过某种传输途径（网络连接、U 盘连接）向打印机（Canvas）发送打印命令，如画一条线、一个长方形或者文字等；

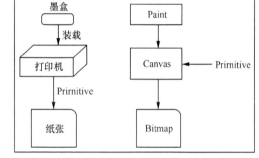

▲图 11-21　Canvas 类比于打印过程

（7）打印机（Canvas）将结果输出到纸张（Bitmap）上；
（8）完成打印后，用户到打印机的纸张出口处获取已经打印好的纸张；
（9）用户检查纸张上的绘图结果是否符合预期要求。

这样读者对 Canvas 应该有一些初步的认识了。还有一点需要特别指出的是，Canvas 这台"打印机"本身其实是带有"纸张"的——它内部封装了存储 UI 数据的内存空间。

接下来我们将分几个小节来逐步剖析 Canvas。

11.8.1　"绘制 UI"——Skia

实际上在应用程序中"绘制 UI"的方法有很多种，并不拘泥于 OpenGL ES。比如我们在 SurfaceFlinger 章节曾提到过的 Skia，也是一个可行的方式。

如图 11-22 所示。

Skia 是到目前为止 Android 仍然在采用的，适用于 Java 层 View Tree 中绘制 UI 界面的一个 2D 图形引擎库。本地层的 Canvas 和 Bitmap 实现，也都基于 Skia。因而，我们有必要先对它做一个了解。

Skia 最初由 Skia Inc 公司开发，并在 2005 年被 Google 收购。从这个时间点来看，我们有理由相信 Google 当时收购 Skia 的重要目的之一，就是给 Android 系统做准备。目前，Skia 已经被应用到了除 Android 外的很多知名项目中，如 Mozilla Firefox，Google Chrome，Chrome OS 等。其源码项目的管理主页地址是：

http://code.google.com/p/skia/。

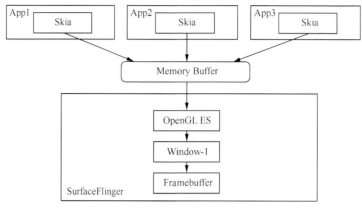

▲图 11-22　Skia

Skia 在 Android 工程中的源码目录是：external\skia。

再来思考一下，市面上的开源图形库，特别是 2D 引擎的可选择性还是比较多的，为什么 Google 要大费周折地另起炉灶呢？换句话说，Skia 的优势何在？

Skia 公司的创始人是图形领域的顶级专家，George Michael ("Mike") Reed 博士。他曾在牛津大学任教近二十年（1986～2005 年），不过从目前 Oxford 的 Fellow List 介绍来看，很可能已经退休了。从 2005 年开始，他成为澳门 UNU/IIST 的 Director（应该也已退任）。

Skia 一开始就受到了外界的关注。其第一个产品 SGL 因在低配置的手持设备上表现出的高效性而被人称道。综合源码和一些文档说明，我们总结出 Skia 的优秀特性如下：

- 跨平台；
- 高度优化的渲染器；
- 可选的硬件加速（比如基于 OpenGL）；
- 动画实现（源码目录 external\skia\src\animator）；
- 图片解码（JPG\PNG\GIF\BMP 等，源码目录 external\skia\src\images）；
- 文本绘制能力（源码目录 external\skia\src\text）；
- 支持多种特效（源码目录 external\skia\src\effects）。

……

了解了 Skia 的基础知识后，我们再回到 Canvas 的分析中，并以此为契机进一步挖掘关于 Skia 的更多知识。

11.8.2　数据中介——Surface.lockCanvas

大家要知道，与 View 组件直接打交道的是 Canvas，而不是 Drawable。比如 View 类中的绘图函数：

```
draw(Canvas canvas);
```

其参数中传入的就是一个可用的 Canvas。

不过根据前一章节的学习，我们又了解到应用进程端与 SurfaceFlinger 间的数据中介并不是 Canvas，而是 Surface。这就不可避免地存在一个问题，即 Canvas 和 Surface 之间是如何协作的。

ViewRootImpl 中取得一个 Canvas 的方法如下：

```
canvas = mSurface.lockCanvas(dirty);
```

lockCanvas 是一个 jni 函数,对应的实现核心如下:

```
/*frameworks/base/core/jni/android_view_Surface.cpp*/
static void nativeLockCanvas(JNIEnv* env, jclass clazz,
        jint nativeObject, jobject canvasObj, jobject dirtyRectObj) {
    sp<Surface> surface(reinterpret_cast<Surface *>(nativeObject));////C++层的 Surface 对象
    …
    //计算 dirty region,代码略…
    ANativeWindow_Buffer outBuffer;//用于存储 UI 数据的 Buffer
    Rect dirtyBounds(dirtyRegion.getBounds());
    status_t err = surface->lock(&outBuffer, &dirtyBounds);//获取一个可用 Buffer
    …
    SkBitmap bitmap;
    ssize_t bpr = outBuffer.stride * bytesPerPixel(outBuffer.format);
    bitmap.setConfig(convertPixelFormat(outBuffer.format), outBuffer.width, outBuffer.height, bpr);
                                                                    /*配置 Bitmap*/
    …
    if (outBuffer.width > 0 && outBuffer.height > 0) {
        bitmap.setPixels(outBuffer.bits);//为 Bitmap 分配可用的数据空间
    } else {
        bitmap.setPixels(NULL);
    }
    SkCanvas* nativeCanvas = SkNEW_ARGS(SkCanvas, (bitmap));//通过 Bitmap 构造本地 Canvas 对象
    swapCanvasPtr(env, canvasObj, nativeCanvas);/*将本地 Canvas 保存到 Java 层 Canvas
                                                   对象的成员变量中*/
    …
}
```

我们最关心的问题是,Canvas 中自带的"纸张"从何而来?可以肯定的是,它与 Surface 有关系,所以我们沿着这条线索来分析源码。注意区别源码中有两个 Surface,分别面向 Java 层(对应函数参数 clazz)和 C++本地层(对应参数 nativeObject)。函数首先通过强制类型转换来把 nativeObject 变成本地的 Surface 对象。

本地 Surface 对象随后通过 lock(&info, &dirtyRegion)来获取一个可用的 Buffer。这个 ANativeWindow_Buffer 大有文章,其内的 bits 就是我们要找的"纸张":

```
typedef struct ANativeWindow_Buffer {
    int32_t width;//宽度,以像素为单位
    int32_t height;//高度,以像素为单位
    int32_t stride;//内存中 buffer 的每一行所占的像素值,可能大于等于 width
    int32_t format;//缓冲区格式,即 WINDOW_FORMAT_*
    void* bits;//存储数据的地方
    uint32_t reserved[6];//保留
} ANativeWindow_Buffer;
```

所以问题进一步转化为: bits 如何在接下来的步骤中"封存"到 Canvas 中?

Java 层的 Canvas 与 Surface 在本地都有与之相对应的类,分别是 SkCanvas 和 Surface,后两者由 C++编写。本地的 Canvas 在上面函数中的变量名为 nativeCanvas,由如下语句构造完成:

```
SkNEW_ARGS(SkCanvas, (bitmap));
```

这个宏定义展开来就是 new SkCanvas(bitmap),即生成了一个 SkCanvas 对象,且以 bitmap 作为构造函数的入参。

因为 Canvas/SkCanvas 只是"打印机",其内部的"纸盒"需要装载"打印纸"才能正常工作,这就是 SkBitmap——从名称上可以看出,它和 SkCanvas 都属于 Skia 工程。

程序使用了 bitmap 变量来表示一个 SkBitmap,不过一开始它只是一个"空壳",真正存储图形数据的内存块还需要通过 setPixels 来配置。所以前面 ANativeWindow_Buffer 内部的 ANativeWindow_Buffer.bits 所指向的内存地址被作为参数传入 SkBitmap 中。这样 SkBitmap 才是一个有效的类。

经过这些操作后，SkCanvas 就成功地装载了"打印纸"。当然，最终 lockCanvas 函数返回的还是 Java 层的 Canvas 对象，这是由 JNI 机制所决定的。

Surface，Canvas 等元素的关系如图 11-23 所示。

明白了整体流程后，我们再来详细分析 Surface.lock 获得的内存块（bits）的由来。

根据前面章节的分析可知，Surface(C++)是 OpenGL ES 的本地窗口之一。不过，这并不代表它必须要借助于 OpenGL ES 来完成 UI 绘制。事实上，Surface 具有两面性甚至多面性。或者用更通俗的话讲，它的职责只是管理 SurfaceFlinger 分配的用于存储 UI 数据的"内存块"而已。至于上层有多少种不同用户以及由此所产生的各种对 Surface 的使用方法，它是不需要理会的。如图 11-24 所示。

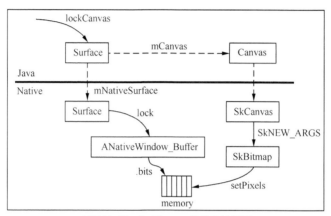

▲图 11-23　lockCanvas 各元素关系图

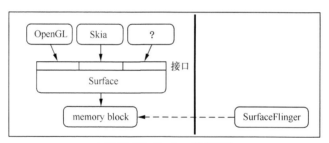

▲图 11-24　Surface 的多面性

因此 Surface 只是一个中介而已，它将通过与 SurfaceFlinger 的一系列协作来满足上层的需求。比如 lock 的实现如下：

```
/*frameworks/native/libs/gui/Surface.cpp*/
status_t Surface::lock( ANativeWindow_Buffer* outBuffer, ARect* inOutDirtyBounds)
{
    if (mLockedBuffer != 0) {//Step1. 判断当前是否已经有buffer被locked,是则直接返回
        ALOGE("Surface::lock failed, already locked");
        return INVALID_OPERATION;
    }

    if (!mConnectedToCpu) {//Step2. 当前是否已经建立必要的连接
        int err = Surface::connect(NATIVE_WINDOW_API_CPU);/*Step3.执行连接*/
        …
        /*Step4. 设置内存块的用法*/
        setUsage(GRALLOC_USAGE_SW_READ_OFTEN | GRALLOC_USAGE_SW_WRITE_OFTEN);
    }

    ANativeWindowBuffer* out;
    int fenceFd = -1;
```

11.8 "作画"工具集——Canvas

```
        status_t err = dequeueBuffer(&out);/*Step5. 从 buffer 队列中 dequeue 一个可用的 buffer*/
        if (err == NO_ERROR) {
            sp<GraphicBuffer> backBuffer(GraphicBuffer::getSelf(out));//当前要处理的 buffer
            …
            /*Step6. backBuffer 与 frontBuffer*/
            const sp<GraphicBuffer>& frontBuffer(mPostedBuffer);//上一个 buffer
            const bool canCopyBack = (frontBuffer != 0 &&backBuffer->width  == frontBuffer ->width &&
                    backBuffer->height == frontBuffer->height &&
                    backBuffer->format == frontBuffer->format);//是否可以从上一次操作中直接copy数据
                if (canCopyBack) {
                    /*计算可以从上一次的 buffer 中 copy 多少数据*/
                    const Region copyback(mDirtyRegion.subtract(newDirtyRegion));
                    if (!copyback.isEmpty())
                        copyBlt(backBuffer, frontBuffer, copyback);
                } else {
                    /*如果无法利用上一次的计算结果,那么要告知上层用户,它们要重绘整个界面*/
                    //代码省略
                }
                …
                void* vaddr;
                /*Step7. 锁定 buffer*/
                status_t res = backBuffer->lock(GRALLOC_USAGE_SW_READ_OFTEN |
                        GRALLOC_USAGE_SW_WRITE_OFTEN,newDirtyRegion.bounds(), &vaddr);
                if (res != 0) {
                    err = INVALID_OPERATION;
                } else {/*Step8. 收尾工作,以及函数出参赋值*/
                    mLockedBuffer = backBuffer;
                    …
                }
            }
        }
        return err;
    }
```

Step1@Surface::lock。当前被 locked 的 buffer 最多只能有一个,以 mLockedBuffer 来表示,这是一个 GraphicBuffer 类型的强指针变量。当每次 lock 成功后,它就会被赋值为当前被 locked 的 buffer;而当 UI 绘图结束并调用 unlockAndPost 时,这个 mLockedBuffer 会被清空,且另一个变量 mPostedBuffer 用于记录最近一次的 post 操作。

因而在 lock 函数的最开始,我们要判断 mLockedBuffer 是否为空:假如不是,就要避免再次锁定一个 buffer。这种情况将直接返回 INVALID_OPERATION 类型的错误。

Step2@Surface::lock。接下来,程序还需要判断 mConnectedToCpu 是否为 true。这个变量名称有点怪,实际上它想表达的意思是——在此之前是否已经成功地执行了 IGraphicBufferProducer.connect。而名称最后的 "cpu" 是指 connect 的类型,包括表 11-8 所列的几种。

表 11-8　　　　　　　　　　　　connect 的类型

类　　型	描　　述
NATIVE_WINDOW_API_EGL	当 buffer 被 OpenGL ES 填充完成后,将由 EGL 通过 eglSwapBuffers 来入队(queue)
NATIVE_WINDOW_API_CPU	当 buffer 被 CPU(也就是软件计算)填充完成后,入队处理
NATIVE_WINDOW_API_MEDIA	当 buffer 被 video decoder 填充完成后,由 Stagefright 来执行入队
NATIVE_WINDOW_API_CAMERA	由 camera HAL 来调用入队操作

在当前这个场景中,显然连接类型选择的是 NATIVE_WINDOW_API_CPU。

Step3@Surface::lock。假如 mConnectedToCpu 为 false,则主动调用 connect 函数来完成连接,从函数入参值也可以验证前面对类型的判断。

Step4@Surface::lock。紧接着我们设置内存块的用法,如 buffer 是否经常被软件读写。这个值并不会马上传递给 SurfaceFlinger,而是先存储到内部的成员变量 mReqUsage 中,在后续的 dequeueBuffer 中才作为参数告知 SurfaceFlinger。

Step5@Surface::lock。一切准备就绪，现在可以向 SurfaceFlinger 申请一个可用的 buffer 了。这一部分的源码实现在前几个章节已经详细分析过，这里就不再赘述。

Step6@Surface::lock。这段代码有两个重要变量，即 backBuffer 和 frontBuffer。需要特别注意的是，它们并不是前面章节中提及的双缓冲区概念，而是分别代表当前正在处理的 buffer 和上一次处理的 buffer。

两次图像更新间通常并不需要重新绘制整个屏幕区域，因而我们完全可以借助于之前 buffer 的计算结果来填充本次的 buffer 内容，以加快处理速度。判断两个 buffer 间能否复制的标准之一是 canCopyBack，判断条件包括：frontBuffer!=0，并且两者的宽、高和格式必须完全一致。在这个变量为 true 的情况下，程序会计算出需要复制的那一部分区域大小，并由 copyback 来表示，最后通过 copyBlt 函数来完成复制过程。

假如前后两次 buffer 不能复制，那么我们要告知使用者必须刷新整个屏幕区域。为了帮大家加深印象，我们以对话形式来描述这一过程，如图 11-25 所示。

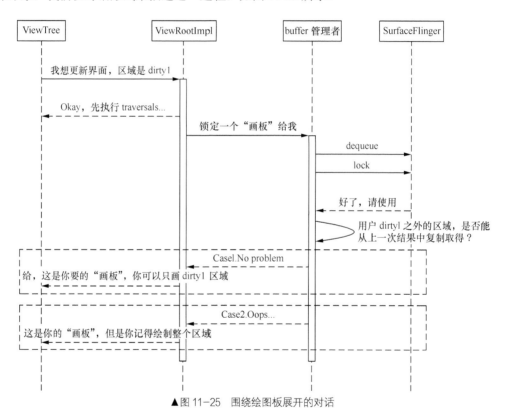

▲图 11-25　围绕绘图板展开的对话

Step7@Surface::lock。锁定这个 buffer，以防止别人使用。可以参见前面 SurfaceFlinger 章节关于 BufferSlot 生命周期的讨论。

Step8@Surface::lock。当前被锁定的 buffer，即 mLockedBuffer 可以通过 backBuffer 来赋值；另外，lock 函数的计算结果需要告知调用者，包括申请到的 buffer 的属性（宽、高等），存储 UI 数据的内存块首地址 bits 等，这些都通过 outBuffer 函数出参传递给上层用户。

11.8.3　解锁并提交结果——unlockCanvasAndPost

一旦 UI 绘图完成，程序需要将这幅"画"解锁，并提交给系统进行渲染——这里的系统具体指的是 SurfaceFlinger 这个服务。

Surface 提供了与前一小节 lock（可能命名为"lockCanvas"会更贴切）相配套的 unlockCanvasAndPost，以便 ViewRootImpl 在 performDraw 遍历后，可以利用这个接口来告知 Surface 一个完整的绘图操作已经完成。这个函数的 Java 层实现很简单，读者可以自行分析。我们直接看它在 JNI 中的实现：

```
/*frameworks/base/core/jni/android_view_Surface.cpp*/
static void nativeUnlockCanvasAndPost(JNIEnv* env, jclass clazz, jint nativeObject,
jobject canvasObj) {
    sp<Surface> surface(reinterpret_cast<Surface *>(nativeObject));
    …
    status_t err = surface->unlockAndPost();
    …
}
```

JNI 层的 nativeUnlockCanvasAndPost 又调用了 Surface(C++)提供的 unlockAndPost：

```
/*frameworks/native/libs/gui/Surface.cpp*/
status_t Surface::unlockAndPost()
{
    if (mLockedBuffer == 0) {//当前是否有可用的 Buffer
        ALOGE("Surface::unlockAndPost failed, no locked buffer");
        return INVALID_OPERATION;
    }
    status_t err = mLockedBuffer->unlock();//Buffer 解除锁定
    err = queueBuffer(mLockedBuffer.get());//Buffer 入队
    mPostedBuffer = mLockedBuffer;
    mLockedBuffer = 0;
    return err;
}
```

第一步判断 mLockedBuffer 是否为空，这个变量代表当前被锁定的 buffer，在前面分析的 Surface::lock 函数中分配。假如 mLockedBuffer==0，程序即刻出错返回。

接着，mLockedBuffer 通过 unlock 来解锁，这个函数是与上一小节 Step7 中的 backBuffer->lock 相对应的。执行完 unlock 后，现在可以把 buffer 入队了，即 queueBuffer。SurfaceFlinger 便可以在后续的合成中对这一 buffer 进行处理，并最终将其显示到屏幕上。最后，mPostedBuffer 记录下已经提交成功的 buffer，这将作为下一次 lock 时的参考；而 mLockedBuffer 会被清零，以等待新的 lock 请求。

11.9 draw 和 onDraw

学习完 Canvas 的实现机制后，现在可以把重心再放到 Java 应用层。

我们知道，ViewRootImpl 的遍历分为 3 步，即 performMeasure、performLayout 和 performDraw。前两步我们都已经完整分析过，还剩下最后也是最关键的一个环节，即应用程序配合执行 performDraw 的过程。

那么，View 对象绘制图形的一般流程是怎样的呢？

一旦 ViewRootImpl 成功 lock 到 Canvas，它就可以通过 ViewTree 的根元素逐步把这个"画板工具"往下传输。因而第一个被处理的元素是最外围的 Décor View（针对 PhoneWindow 的情况），如下所示（假设是在软件渲染的情况下）：

```
private boolean drawSoftware(…) {…
    mView.draw(canvas);
    …
}
```

变量 mView 是 ViewRootImpl 内部用于记录 ViewTree 根元素的成员变量，它的 draw 函数就是整棵 ViewTree 绘图遍历的起点。另外，虽然 Decor View 是 ViewGroup，但并不重载 draw 方法，所以上述代码段中还是调用了 View.draw。

在分析源码前先来思考一下：如果你是 View 的设计者，将如何编排这个 draw 函数呢？至少有两个大方向要特别注意：

- draw 与 onDraw 的分离

因为后续的 View 子类希望只重载 onDraw，而不是整个 draw 函数。这就给我们提出了强制性要求，即 View 的 draw 函数设计要具有共性——因为我们没有办法预先知晓所有扩展子类的行为。

- draw 中的绘图顺序

View 中包含的 UI 内容很多，绘图是否有特定的顺序？如图 11-26 所示。

我们知道，一个典型 View 对象所描述的 UI 界面通常如图 11-27 所示。

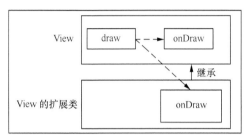

▲图 11-26 onDraw 函数

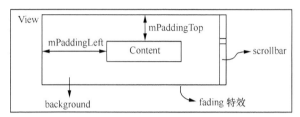

▲图 11-27 View 所表达的 UI 界面

也就是说，View 类中有如下 UI 元素。

- background

View 视图通常需要设置一个背景，如一张图片。

- content

内容区域是这个 View 真正想表达的画面，所以是重中之重。根据以前的分析，这个区域与外边框通常情况下会有一定的距离，即 padding。

- decorations

主要是指 scrollbar。滚动条分为垂直和水平两种，位置也是可以调整的。

- fading

为了呈现比较好的 UI 效果，我们也可以选择给 View 视图增加 fading 特效。

带着这些基础知识，我们来看看 View 类中 draw 函数的源码实现：

```
public void draw(Canvas canvas) {...
    final int privateFlags = mPrivateFlags;
    final boolean dirtyOpaque = (privateFlags & PFLAG_DIRTY_MASK) ==
        PFLAG_DIRTY_ OPAQUE&& (mAttachInfo == null || !mAttachInfo.mIgnoreDirtyState);
    mPrivateFlags = (privateFlags & ~PFLAG_DIRTY_MASK) | PFLAG_DRAWN;
    // Step 1.绘制背景：
    int saveCount;
    if (!dirtyOpaque) {
        …//具体代码稍后分析
    }
    /*接下来分为两种情况:要么完整执行 Step2-6;要么跳过其中的Step2 和 Step5(稍后会有各个Step
    的详细说明，请结合起来阅读)*/
    final int viewFlags = mViewFlags;
    boolean horizontalEdges = (viewFlags & FADING_EDGE_HORIZONTAL) != 0;
    boolean verticalEdges = (viewFlags & FADING_EDGE_VERTICAL) != 0;
    if (!verticalEdges && !horizontalEdges) {//情况1. 没有fading edges 的情况
        if (!dirtyOpaque) onDraw(canvas);// Step 3, 绘制内容
        dispatchDraw(canvas);// Step 4, 绘制子对象
        onDrawScrollBars(canvas);// Step 6, 绘制 decoration[z1]

        …
        return;//直接返回
    }

    /*情况2．如果程序走到这里，说明我们要完整执行 Step2-Step6(uncommon case)*/
```

11.9 draw 和 onDraw

```
    …//具体代码略
}
```

在阅读上面源码的过程中,首先要抓住一个重点,即它的绘制顺序是怎样的。我们已经对每一个步骤都做了注释,总的来说是:

（1）绘制背景。

显然背景在最底层,会被其他元素所覆盖,因而需要最先被绘制。

（2）保存 canvas 的 layers,以备后续 fading 所需。

（3）绘制内容区域。

（4）绘制子对象（如果有的话）。

（5）绘制 fading（如果有的话），restore 第（2）步保存的 layers。

（6）绘制 decorations（主要是 scrollbars）。

上述 6 个步骤并不是每次 draw 过程都会被全部执行。比如 step 2 和 step5 对于很多应用程序来讲都是可选的,并不需要考虑。由此,整个 draw 函数分为两种 Cases。

Case1(Common Case)：假如 horizontalEdges 和 verticalEdges 都为空,那么可以跳过第 2 步和第 5 步——这将大大简化整个函数流程。其他 Steps 所对应的实现分别是:

Step3: onDraw。

Step4: dispatchDraw。

Step6: onDrawScrollBars。

其中对于 onDraw 会在后续内容中做详细分析。而剩余 Steps 比较简单,大家可以自行阅读理解。

另外,第一个步骤即背景的绘制是在两种情况下都要考虑的。代码实现如下:

```
final Drawable background = mBackground;
if (background != null) {//背景资源存在
    final int scrollX = mScrollX;
    final int scrollY = mScrollY;
    …
    if ((scrollX | scrollY) == 0) {
        background.draw(canvas);
    } else {
        canvas.translate(scrollX, scrollY);
        background.draw(canvas);
        canvas.translate(-scrollX, -scrollY);
    }
}
```

背景图记录在 mBackground 成员变量中,所以如果这个值为空,我们就没有必要往下执行了。另一个需要考虑的是 mScrollX/mScrollY,假如这两个值都为 0,说明当前 View 还没有或者不用 Scroll,这样 background 就可以直接绘制；否则它还应该进行必要的坐标变换（注意：background.draw 结束后坐标变换需要还原回来）。

在分析 onDraw 具体的实现代码前,我们先通过两个小例子来帮助读者准备一些基础知识。

例 1：

假设有一个 LinearLayout（ViewGroup）,包含了 3 个 View 对象,并且它们都平均分配空间位置（View 树里每个节点的位置和空间大小的计算,在 Android 中有一个完整的逻辑流程。这其中涉及很多细节与用户配置,如 margin、weight 等。不清楚的读者可以参见前面 View/ViewGroup 属性的讲解。我们这里假设 3 个 View 视图所占的空间大小是平均分配的）。那么,整体效果看起来是这样的（View 的大小和位置确定好后了）,如图 11-28 所示。

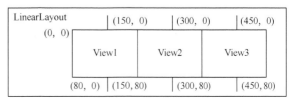

▲图 11-28　确认好位置和大小后的状态

也就是说，最终每个 View 的大小都是 150*80。我们知道，如果 View 对象所占的面积足够支撑它的内容区域，那么就不需要滚动条了，这样问题会简单点；否则如果内容过多，一次性无法显示完整，那情况又不一样了。以 View3 为 TextView 为例，用户在阅读一个字数较多的文本时通常需要不断滚屏来浏览全文，如图 11-29 所示。

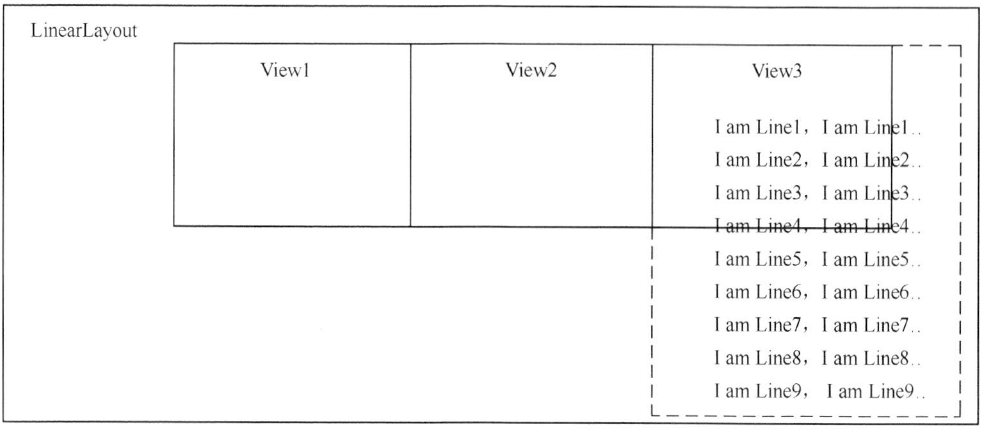

▲图 11-29　TextView 起始状态

如图 11-29 所示，是 TextView 的起始状态，即还没有操作滚动条时的效果。因为整个文本超出了 View3 的可视范围，用户在阅读过程中肯定需要不断调整滚动条来获取他所需要的信息，如图 11-30 所示。

可以看到，当滚动条起作用后，文本的起点位置不再与 View3 的起始原点重合。这时 View 中的内部变量 mScrollX 和 mScrollY 也会被赋予相应的值。通过这个小例子，我们明白了以下几点。

- 每个 View 的大小都会受到其他 View 的制约

假设 View 的大小是 wrap_content 的，那么父类会根据其所有子类的实际情况，为这个 View 分配相应的大小。View 也可以强制指定所需的空间大小，不过能否最终满足，还依赖于其他 View 的配置。总之，分配过程遵循"尽可能满足所有 View 的需求，但又公平、合理"的原则进行。具体细节可以参见前面小节对遍历流程的分析。

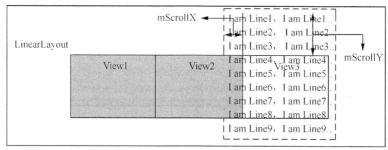

▲图 11-30　TextView 的滚动条效果

- View 的"潜在"显示内容有可能超过其可视区域

View 的大小是有限制的，而"显示内容"理论上是无限的。比如字数众多的一个 Text 文本，即便我们给它整个屏幕空间，也未必能一次性全部显示出来。所以，View 内带有滚动条操作是合理而且必需的。在理解滚动、View 以及内容之间的关系时，我们可以这样想：

> View 的可视区域是不变的。也就是说,上面 View3 的可视区间是父类分配的,为(Left:300, Top:0,Right:450,Bottom:80)。这个区域是客观存在的,并不会随着 View3 本身的"意志而转移"(比如 View3 拉动了滚动条,并不会改变它的显示区域。当然,如果是 View3 主动向父类发起了 layout 变更请求,而且父类也同意了,那么这个区域是会变化的。不过这也会影响到其他 View 的位置和大小,所以一定会引起 ViewRootImpl 对 ViewTree 进行重新遍历)。

> 当滚动条操作时,显示内容会发生变化。这就像用眼睛看世界一样,世界是无穷大的,但我们可以看到的视野是有限的,因为眼球的"可视区域"就那么大。虽然无法改变这个可视范围的大小,但我们通过转动脖子,却可以获取到整个世界的"内容",这就足够了。

明白了以上几点后,我们再来小结下 View 要怎么做才可能满足上面的需求。

● 当一个 View 对象经过 ViewRootImpl 的统一遍历后,它会有固定的大小及位置。

● View 应该有一个初始界面。这就好比我们每天早上睁开双眼看到的第一个画面一样。而且在一段时间内,第一个画面并不会改变。就好像你只是睁开了双眼,但还是赖在床上一动不动,那么你看到的东西多半是不变的。当然,如果你看到的是家里的小狗,那么即便你自己不动,也不能保证它摇动尾巴而带来的画面更新(这个其实类似于 View 中动画的实现原理)。大家可以再体会一下其中的关系。

● 什么情况下画面会动?可能是 View 收到了外部事件触发了它"动的欲望"(比如用户拉动了滚动条,或者收到了外部硬件事件。那么在响应事件的同时,很可能就会更新画面);当然也可能是前面所说的"动画"机制从内部产生的触发事件。

● View 经过判断发现必须更新画面后,它会首先计算出需要重绘的 dirty 区域,然后沿着 ViewTree 不断往父对象发起界面刷新请求——最终由 ViewRootImpl 来主导整个过程。

例2:

前一个例子我们通过一个 TextView 了解了滚动条操作的处理过程。为了保持连贯性,还是接着上面的图例进行分析,如图 11-31 所示。

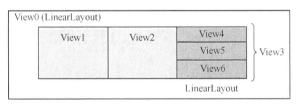

▲图 11-31　View3 也是 ViewGroup 的情况

假设 View3 不再是 TextView,而是和它的父类一样的 LinearLayout(继承自 ViewGroup)。它包含了 3 个子 View(View4~View6)。也就是说,这棵 View 树暂时是这样的,如图 11-32 所示。

图 11-32 中的 ViewTree 相比例子 1 又复杂了点,不过与大多数应用程序中真正的 ViewTree 相比还有一定差异。换句话说,ViewTree 拥有的树叶节点理论上是没有上限的。当 draw 函数由树根节点(即图中的 View0)逐步往下递归调用时,问题就来了:是不是所有的树叶节点都会被遍历到呢?

答案是"不一定"。对于那些界面没有任何变化的 View 对象,我们没有必要浪费资源去进行重绘。为了达到这一目标,就要求 View 的父对象,如 View0 之于 View1~View3,或者 View3

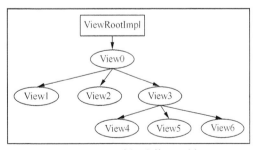

▲图 11-32　例 2 中的 View 树

之于 View4～View6，可以严格把控住整个 draw 流程。我们在进行应用程序开发时，尤其是扩展了一个 View/ViewGroup 类时，也需要特别注意这一点。

接下来我们以 ImageView 为例，来分析 onDraw 的源代码实现：

```
/*frameworks/base/core/java/android/widget/ImageView.java*/
protected void onDraw(Canvas canvas) {
    super.onDraw(canvas);
    if (mDrawable == null) {//如果 Drawable 为空，直接返回
        return; // couldn't resolve the URI
    }
    if (mDrawableWidth == 0 || mDrawableHeight == 0) {//且 Drawable 的大小是合法的
        return;     // nothing to draw (empty bounds)
    }
    if (mDrawMatrix == null && mPaddingTop == 0 && mPaddingLeft == 0) {//最简单的情况
        mDrawable.draw(canvas);
    } else {
        int saveCount = canvas.getSaveCount();
        canvas.save();//保存这一场景，稍后还要恢复
        if (mCropToPadding) {
            final int scrollX = mScrollX;
            final int scrollY = mScrollY;
            canvas.clipRect(scrollX + mPaddingLeft, scrollY + mPaddingTop,
                    scrollX + mRight - mLeft - mPaddingRight,
                    scrollY + mBottom - mTop - mPaddingBottom);
        }

        canvas.translate(mPaddingLeft, mPaddingTop);//坐标变换
        if (mDrawMatrix != null) {
            canvas.concat(mDrawMatrix);
        }
        mDrawable.draw(canvas);
        canvas.restoreToCount(saveCount);//恢复 Canvas
    }
}
```

首先进行合法性判断，即 ImageView 必须持有一个尺寸大小正常的 mDrawable，否则直接返回。随后的情况分为两种：

1. 不需要坐标变换的情况

也就是说同时满足 mDrawMatrix == null && mPaddingTop == 0 && mPaddingLeft == 0。

那么这是最简单直接的一种场景，我们只要调用 mDrawable.draw(canvas)，由 Drawable 来将其图像写入 Canvas 中即可。

2. 需要坐标变换的情况

只要 mDrawMatrix、mPaddingTop 或者 mPaddingLeft 有任何一个不为空，那么我们就进入第二种情况。和在其他地方的处理类似，此时要先保存 Canvas 的状态，以备后续恢复。

变量 mCropToPadding 可以由 android:cropToPadding 属性来配置，代表 image 是否要裁剪以适应 padding。如果是，进行相应的 clipRect 操作。

接着，Canvas 要通过坐标变换来跳过 padding 部分的绘制，即 canvas.translate(mPaddingLeft, mPaddingTop)；如果 mDrawMatrix 不为空，我们还要 concat 这一部分已经存在的 matrix。最后，才能调用 mDrawable.draw(canvas)将 Drawable 中的内容绘制到 Canvas 上。经过上面的努力，此时图像内容就可以按照要求"画"到指定的位置上了。

11.10 View 中的消息传递

在项目开发过程中，View 中的消息传递流程也是一个重点和难点——onInterceptTouchEvent，onTouchEvent，onClick，onLongClick 等一系列接口方法很容易让人混淆。

读者可以先试想一下，对于一棵 View 树来说，它的消息传递应该是自上而下，即从根节点开始逐层往子类递归传递的。在消息流转过程中，一旦有人处理了这个消息，那么传递即可宣告中止（除非有特殊需求）。从这一点来看，View 树的上层拥有消息处理的优先权。

从理论的角度来讲，因为我们预先并不知道树的节点是 View 还是 ViewGroup，因而递归过程中所调用的接口必定是由 View 提供的，然后由 ViewGroup 来重载。

当前 Android 系统所能处理的外部事件基本涵盖了市面上常见的输入设备，如触摸屏、按键、鼠标等。我们将在后续章节对系统的输入设备管理机制进行详细的分析，而本小节的重点是 View 和 ViewGroup 内部是如何处理 Input Events 的。为了使讲解更具针对性，接下来的内容以 TouchEvent 为主，并分别从 View 和 ViewGroup 两个方面来剖析问题。

11.10.1 View 中 TouchEvent 的投递流程

我们先概括下 View 类对整个输入事件的处理流程，如图 11-33 所示。

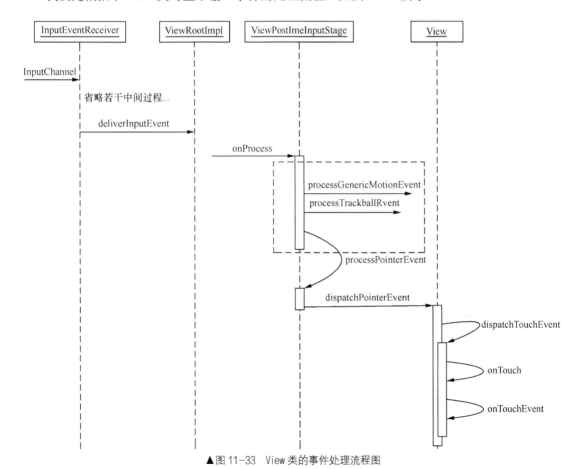

▲图 11-33 View 类的事件处理流程图

ViewRootImpl 在 Jelly Bean 几个版本中改动较大。最新的 Android 系统中，事件的处理者不再由 InputEventReceiver 独自承担,而是通过多种形式的 InputStage 来分别处理,如 SyntheticInputStage、ViewPostImeInputStage、NativePostImeInputStage、EarlyPostImeInputStage 等。这些 InputStage 都重载了一个接口,即 onProcess。以 ViewPostImeInputStage 为例:

```
        protected int onProcess(QueuedInputEvent q) {
            if (q.mEvent instanceof KeyEvent) {
                return processKeyEvent(q);//按键事件
            } else {
                final int source = q.mEvent.getSource();
                if ((source & InputDevice.SOURCE_CLASS_POINTER) != 0) {//Pointer 事件
                    return processPointerEvent(q);
                } else if ((source & InputDevice.SOURCE_CLASS_TRACKBALL) != 0) {/*TrackBall 事件*/
                    return processTrackballEvent(q);
                } else {
                    return processGenericMotionEvent(q);//Motion 事件
                }
            }
        }
```

由此可见,当系统判断出当前是 SOURCE_CLASS_POINTER 类型的事件后,将调用 processPointerEvent 做进一步处理。这个函数会把这一处理权移交给 View Tree 的根元素,即 mView 的 dispatchPointerEvent 接口,然后由后者再细化判断。

- 是否 Touch Event

是的话就调用 dispatchTouchEvent。

- 否则就是 Generic Motion Event

此时调用 dispatchGenericMotionEvent。

从名称就可以看出来,这些函数负责"分发"事件,它们将决定 Event 的后续流向:

```
/*frameworks/base/core/java/android/view/View.java*/
    public boolean dispatchTouchEvent(MotionEvent event) {…
        if (onFilterTouchEventForSecurity(event)) {
            ListenerInfo li = mListenerInfo;
            if (li != null && li.mOnTouchListener != null && (mViewFlags & ENABLED_MASK)
                    == ENABLED&& li.mOnTouchListener.onTouch(this, event)) {
                return true;
            }
            if (onTouchEvent(event)) {
                return true;
            }
        }
        …
        return false;
    }
```

可以看到,View 类中分发 TouchEvent 还是比较简单的,主要考虑了以下两个因素。

- onTouch

View 对象可以通过 setOnTouchListener 来设置一个 Event 的监听者,这样当事件来临时,View 会主动调用这个 listener 来告知对方。从优先级来看,这种方式较下面的 onTouchEvent 先行处理。

- onTouchEvent

假如用户没有指定 TouchListener,或者 flags 中指明被 disabled,又或者 onTouch 的返回值为 false(代表这一事件没有被处理),那么系统会将 event 传递给 onTouchEvent。

上述两种方式都是我们在应用开发中经常使用的,它们各有特色。其中 onTouch 更为简捷高效,而后者则更适用于 View 扩展类的情况(重载 onTouchEvent)。在这里,onTouchEvent 充当了一个"内政处理者"的角色。源码如下(分段阅读):

11.10 View 中的消息传递

```
public boolean onTouchEvent(MotionEvent event) {
    final int viewFlags = mViewFlags;
    if ((viewFlags & ENABLED_MASK) == DISABLED) {//当前View被disabled
        if (event.getAction() == MotionEvent.ACTION_UP && (mPrivateFlags & PRESSED) != 0) {
            setPressed(false);
        }
        return (((viewFlags & CLICKABLE) == CLICKABLE ||
                (viewFlags & LONG_CLICKABLE) == LONG_CLICKABLE));
    }
```

这段代码说明，即便在 View 被 disabled 的情况下，它同样会消耗这个事件——只是不做出任何回应而已。这就好比快递一样，"包裹"已经正确传递到目的地，而如何处理它则是目标自己的事情了——它甚至可以选择丢弃"包裹"，但前提是必须先"签收"。

如果 View 没有被 disabled，那么接下来程序将具体处理这一 Touch 事件。我们知道，一个 TouchEvent 还可以细分为多种类型，即 ACTION_UP、ACTION_DOWN、ACTION_CANCEL 和 ACTION_MOVE 等。

1. ACTION_DOWN

按照人体的正常操作顺序，触摸事件的序列流通常都是 DOWN→UP 或者 DOWN→MOVE→UP。可以看出 DOWN 是后续事件的"起点"，所以它通常在程序中被作为一种特殊的标志：

```
case MotionEvent.ACTION_DOWN:
    mHasPerformedLongPress = false;//置初值false
    ...
    setPressed(true);//当前状态变为Pressed
    checkForLongClick(0);//检查是否常按
    break;
```

在 DOWN 事件的处理中，setPressed 用于指示 View 对象是否要进入 Pressed 状态。如果此 View 对象设计了不同 press 状态下的差别显示（如 Button 控件在 Pressed 与 Normal 状态下的背景图片通常是不同的），此时就需要刷新 UI，具体的处理函数是 refreshDrawableState。另外当收到 DOWN 事件后，View 就开始监测它会不会演变成长按事件。可以通过 ViewConfiguration.getLongPressTimeout()来取得长按事件的产生标准，然后 postDelayed 一个 CheckForLongPress 的 Runnable。在 Timeout 后（在 timeout 之前如果有 ACTION_UP 或者 ACTION_MOVE 产生，会通过 removeLongPressCallback 移除这个 Runnable）系统就需要进行长按事件的处理。如果用户通过 setOnLongClickListener 设置了响应的函数，那么就会回调这些函数。

2. ACTION_MOVE

当手势按下后（DOWN）并拖动，就会随后产生 ACTION_MOVE 事件。这个事件通常不止一个，而是随着用户的不断拖动持续产生，直到 ACTION_UP 或者 ACTION_CANCEL：

```
case MotionEvent.ACTION_MOVE:
    final int x = (int) event.getX();//MOVE事件的x轴坐标
    final int y = (int) event.getY();//MOVE事件的y轴坐标
    if (!pointInView(x, y, mTouchSlop)) {//是否已经超出了该View的范围
        removeTapCallback();
        if ((mPrivateFlags & PRESSED) != 0) {
            removeLongPressCallback();
            setPressed(false);//不再是Pressed状态
        }
    }
    break;
```

上面这段代码中，pointInView 用于判断当前的手势是否已经超出 View 的范围。如果回答是肯定，我们需要移除包括长按监测在内的一系列操作，并且 View 对象将退出 Pressed 状态。换句话说，ACTION_DOWN 事件产生的高显状态（如果有的话）此时就会恢复正常。

3. ACTION_UP

ACTION_UP 是手势操作的结束点。除了改变 View 的一系列状态外，它的另一个重要操作就是判断是否会产生 Click，即开发人员 setOnClick 所要响应的事件。当然，并不是任何 ACTION_UP 都对应一个 Click。比如前面如果已经产生了长按事件；或者当前不是 Pressed 状态等情况下都会阻碍 Click 的形成：

```
if (!mHasPerformedLongPress) { //已经执行过长按，不会产生 Click
    removeLongPressCallback();
    if (!focusTaken) {
        if (mPerformClick == null) {
            mPerformClick = new PerformClick();
        }
        if (!post(mPerformClick)) {
            performClick();
        }
    }
}
```

需要注意的是，performClick 并不会马上被调用执行，而是先通过 post 排队的方式处理。这样做可以让其他 View 状态优先得到更新处理，以保证执行 Click 操作时这些状态都是正确的。

4. ACTION_CANCEL

ACTION_CANCEL 比较特殊，它并不由用户主动产生，而是系统在谨慎判断后得出的结果。这个事件说明当前的手势已经被废弃，后续不会再有任何与该手势相关联的事件产生。开发人员可以把它看成手势的结束标志，类似于 ACTION_UP，并做好清理工作：

```
case MotionEvent.ACTION_CANCEL:
    setPressed(false);
    removeTapCallback();
    removeLongPressCallback();
    break;
```

总的来说，View 类的 onTouchEvent 处理逻辑比较简单。它一方面对原始 Touch 事件进行了直接的处理（DOWN，MOVE，UP 等）；另一方面对各状态组合而产生的新事件（比如 LongPress、Click 等）也进行相应的派发和处理。

11.10.2 ViewGoup 中 TouchEvent 的投递流程

ViewGroup 与 View 在接收事件的流程上基本是一致的，如图 11-34 所示。大家可以先参考前一小节的详细描述。

ViewGroup 因为涉及对子对象的处理，其派发流程没有 View 那么简单直接。具体来说，它重载了 dispatchTouchEvent，对 View 提供的派发机制进行了重新规划：

```
/*frameworks/base/core/java/android/view/ViewGroup.java*/
    public boolean dispatchTouchEvent(MotionEvent ev) {…
        boolean handled = false;//event 是否被处理
        if (onFilterTouchEventForSecurity(ev)) {
            final int action = ev.getAction();
            /*Step1. 判断是否 DOWN 事件*/
            final int actionMasked = action & MotionEvent.ACTION_MASK;
            if (actionMasked == MotionEvent.ACTION_DOWN) {//DOWN 是后续事件的起点
                cancelAndClearTouchTargets(ev);//一旦收到 DOWN，先清除以前的所有状态
                resetTouchState();
            }

            /*Step2. 检查 interception 的情况*/
            final boolean intercepted;
            if (actionMasked == MotionEvent.ACTION_DOWN|| mFirstTouchTarget != null) {
```

```
                final boolean disallowIntercept = (mGroupFlags & FLAG_DISALLOW_INTERCEPT) != 0;
                if (!disallowIntercept) {
                    intercepted = onInterceptTouchEvent(ev);
                    ev.setAction(action); // restore action in case it was changed
                } else {
                    intercepted = false;//不需要拦截
                }
            } else {
                intercepted = true;//继续拦截
            }

            final boolean canceled = resetCancelNextUpFlag(this)
                    || actionMasked == MotionEvent.ACTION_CANCEL;//检查 CANCEL 的情况
            final boolean split = (mGroupFlags & FLAG_SPLIT_MOTION_EVENTS) != 0;
            TouchTarget newTouchTarget = null;
            boolean alreadyDispatchedToNewTouchTarget = false;
            if (!canceled && !intercepted) {//Step3. 不拦截的情况
                …//代码稍后分析
            }
        …//其他部分代码和上面是类似的，大家可以自行分析
        }
        …
        return handled;//返回处理结果
    }
```

这个函数的逻辑比较烦琐，我们先来理解一个概念——什么是 Interception（拦截）。

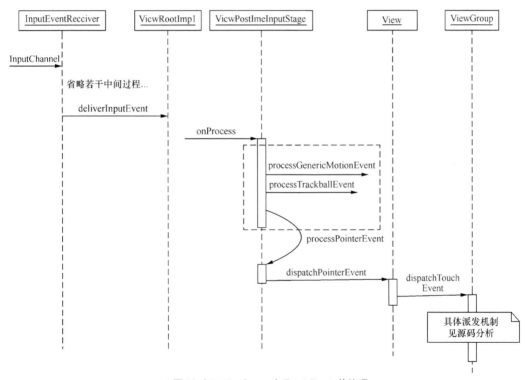

▲图 11-34　ViewGroup 中 TouchEvent 的处理

打个现实中的比方，我们从深圳寄快递到上海，中途很可能经过若干城市。那么当某个城市收到这个快递包时，它首先判断要不要把包裹拦截下来，即这个包裹是不是要由自己所在的城市进行处理。如果当前城市就是上海，那么包裹就不应该继续往下传输，继而进入由市→区（县）→街→门牌号等的"内政"环节中（onTouchEvent）；而如果当前城市是除上海外的中间城市，则在收到快递包时要继续往下一个城市运输，否则就会出现传递错误的情况。当然，不排除有个别人私自截留快递包的行为——不管这种行为是否有意为之，都很可能导致系统 bug 的出现。

理解了拦截的概念后，再来分析上面的源码段就清晰多了。

Step1@dispatchTouchEvent。前面说过，DOWN 是后续其他事件流的"领头羊"，被看成一个完整事件流程的起点。所以一旦收到 ACTION_DOWN，程序就会清理以前的状态，即 cancelAndClearTouchTargets 和 resetTouchState。

Step2@dispatchTouchEvent。变量 intercepted 代表是否要拦截事件。判断标准如下：

➢ Case 1. actionMasked == MotionEvent.ACTION_DOWN || mFirstTouchTarget != null

如果是 DOWN 事件，或者 mFirstTouchTarget 不为空，那么又分为两种子情况。

➢ Case 1.1 disallowIntercept 为 false

也就是说，此 ViewGroup 允许拦截，此时就可以进一步调用 intercepted = onInterceptTouchEvent(ev)来由后者判断是否要真正执行拦截了。这样做的目的是为扩展 ViewGroup 类提供便利——它们只需要重载这个函数就能改变 ViewGroup 的 Intercept 策略。

➢ Case 1.2 disallowIntercept 为 true

说明 ViewGroup 不允许拦截，这种情况下当然 intercepted=false。

➢ Case 2. 如果这不是 DOWN 事件，而且在之前的判断中 mFirstTouchTarget 为空，那么 intercepted 为 true，表示 ViewGroup 选择继续拦截事件。

在这一系列的判断中，ViewGroup 始终优先考虑拦截的可能性。通常情况下，这一决定权会落在 onInterceptTouchEvent 中，因而在编写这个函数时要特别小心。

Step3@dispatchTouchEvent。如果 intercepted 为 false，表明 ViewGroup 不希望拦截这一消息，因而它的子对象将有机会来处理它。源代码如下：

```
            if (actionMasked == MotionEvent.ACTION_DOWN
                    || (split && actionMasked == MotionEvent.ACTION_POINTER_DOWN)
                    || actionMasked == MotionEvent.ACTION_HOVER_MOVE) {
                …
                final int childrenCount = mChildrenCount;//子对象个数
                if (newTouchTarget == null &&childrenCount != 0) {//子对象数量不为0
                    final float x = ev.getX(actionIndex);
                    final float y = ev.getY(actionIndex);
                    final View[] children = mChildren;
                    …
                    for (int i = childrenCount - 1; i >= 0; i--) {
                                        //循环查找一个能处理此事件的 child
                        final int childIndex = customOrder ?
                                        getChildDrawingOrder(childrenCount, i) : i;
                        final View child = children[childIndex];
                        if (!canViewReceivePointerEvents(child)
                                || !isTransformedTouchPointInView(x, y, child, null)) {
                            continue;//不符合要求，跳过
                        }
                        //找到了此 TouchEvent 的归属 child
                        newTouchTarget = getTouchTarget(child);
                        …
                        if (dispatchTransformedTouchEvent(ev, false, child, idBitsToAssign)) {
                            break;//确实完成了任务，可以结束循环了
                        }
                    }
                }
                …
            }
```

这部分代码段的核心就是如何判断此 Touch 事件在 ViewGroup 众多子对象中的归属。换句话说，在这么多的子对象中，ViewGroup 采取什么策略才是公平正确的。一个"下策"就是把事件挨个发送给每个子对象，然后由它们自己来决定是否要接受这个 Touch Event。这有点像广播机制，缺点就是浪费时间,而且加重了 View 本身的任务——它需要有能力预先判断这一事件是否属于自身。

执行归属判断的是 canViewReceivePointerEvents 和 isTransformedTouchPointInView。前者表示这个 child 是否能接收 Pointer Events（包括 Touch Event）；后者则是计算（x,y）这个点有没有"落在"此 child 的"管辖"范围内。这样做就相对公平了，秉承"谁的辖区谁负责"的观念，而且对于不符合要求的子对象可以直接 continue 跳过，从而节约了时间。

如果找到了事件的归属者，接下来就要将此事件投递给它了，实现函数是 dispatchTransformedTouchEvent。这个函数将调用 child 的 dispatchTouchEvent，分两种情况：如果这个子对象是 View，可以参考上一小节的分析；否则就仍然是 ViewGroup 中的 dispatchTouchEvent。如此循环往复，直到事件真正被处理。

当然，事件的归属者并不一定就是最终事件的处理者。打个比方，快递包上的地址写错了。于是虽然正确到达了指定的地点，但接收方不认账，而返回了 false。此时包裹还需要继续流转，以寻求真正的处理者。

最后我们来小结一下。ViewGroup 中的 dispatchTouchEvent 比 View 复杂很多，因为它不仅要考虑 ViewGroup 本身的处理，更重要的是要保证消息能在整棵 View Tree 中得到正确的传递。从这个角度出发，我们可以把它的处理过程分为以下几个方面来理解。

- 消息往下传递的时机

即什么情况下 ViewGroup 可以直接 intercept 此消息，而另外一些情况下则需要把消息继续传递给它管理下的子对象做进一步处理。大家应该已经想到了，起决定作用的就是 onInterceptTouchEvent。Android 系统鼓励大家在继承 ViewGroup 时只重载 onInterceptTouchEvent，而不是重载 dispatchTouchEvent。因为后者可谓所有 ViewGroup 共性的提取，不应轻易改变；而前者才是体现每个 ViewGroup 对象"基因"差异的地方。我们应该尽可能地复用已经成熟的代码，而不是什么事都"亲历亲为"，这样做并不符合软件开发的理念。

当 onInterceptTouchEvent 返回 false 时，说明当前的 ViewGroup 并没有截留这个事件，所以它需要继续往下传输，直到有人接收并处理它；同时，后续的事件还会源源不断地调用 onInterceptTouchEvent 进行判断。

而当 onInterceptTouchEvent 返回 true 时，说明当前的 ViewGroup 需要截留这个事件以供内部处理。此时意味着这个事件以及后续的事件直到 ACTION_UP 前都会直接投递到 ViewGroup 的 onTouchEvent 中，而不会往下传递。

处理逻辑如图 11-35 所示。

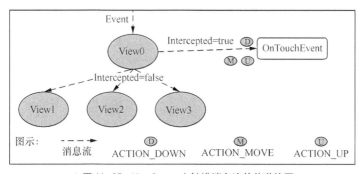

▲图 11-35　ViewGroup 中触摸消息流的传递简图

- ViewGroup 自身对消息的处理

ViewGroup 也是 View 对象，所以它同样有权对事件进行处理。具体的实现和前一小节的分析完全一致，读者可以结合起来阅读。

11.11 View 动画

Android 系统中至少提供了如下几种类型的动画。

- Property Animation

这是从 Android 3.0 起才导入的一种新的动画方式，也是官方推荐使用的做法。它将以某个对象，甚至是那些并不在屏幕上显示的对象的属性为动画契机。因而突破了 View 动画的传统限制，极大地扩展了原先动画的灵活性。

- View Animation

View Animation 也是我们在开发过程中经常使用的一种方法。虽然它只提供了大小、旋转、透明度等基础属性的动画效果，但已经足够满足一般的开发需求。建议读者在选择具体的动画方式时，要根据实际的需求来选择，而不是越"高级"越好。

本小节的内容将以 View Animation 为分析重点。

- Drawable Animation

这是传统的动画实现方式之一，即通过连续放映图片来产生动画的效果。相对于上面两种，它的优点是可以实现任何动画而且效果出色；缺点也是明显的，即要花费一定的人力物力来完成动画所需的相关图片，而且应用程序的体积也会因此增大。

- Window Animation

这是系统内部实现的一种动画，目的在于加强窗口切换时的显示效果。我们在 Window ManagerService 中已经有详细介绍。

接下来我们以 View Animation 为例来分析 View 动画的实现原理。实际上，不管是什么类型的动画，其本质原理都是一样的。引用 Wikipedia 上对 Animation 的解释，即：

> Animation is the rapid display of a sequence of images to create an illusion of movement.

也就是说，动画的本质是时间和图像的关系。比如一个滚动的小球，在 0 秒时显示的是位移为 1m 的图片；而到了 1 秒时显示的是位移为 2m 的图片；3 秒时显示的是位移为 3m 的图片等。在这一过程中，所有图片都是静止的，它们通过在不同的时间内有序地显示出来从而造成了"动起来"的感觉。根据视觉原理，人体对于一幅图的"存储时间"是 0.34 秒，因而只要以特定的速率来切换图片（根据人们的反复测试经验，电影一般选取 24 帧/秒，电视则是 25 帧/秒），人眼就会感觉整个画面是流畅的，没有卡顿现象。

从上面的分析可以得出实现 View Animation 的重点，如下所述。

1. 从开发人员的角度来讲

对于开发人员而言，他们所关心的是如何快速地将所需的动画效果告知系统，然后通过调用尽量少的函数就可以开始执行和控制动画。具体来说，在 Android 系统中实施一个 View 动画需要以下几个步骤：

- 首先需要填写 xml 动画资源文件。

和其他类别的资源一样，我们也可以通过 xml 来描述一个 View 动画资源。比如新建一个 example_anim.xml 到 res/anim/目录下，然后根据以下格式范例来生成一个动画效果：

```
<?xml version="1.0" encoding="utf-8"?>
<set xmlns:android="http://schemas.android.com/apk/res/android"
    android:interpolator="@[package:]anim/interpolator_resource"
    android:shareInterpolator=["true" | "false"] >
<alpha
```

```
        android:fromAlpha="float"
        android:toAlpha="float" />
<scale
        android:fromXScale="float"
        android:toXScale="float"
        android:fromYScale="float"
        android:toYScale="float"
        android:pivotX="float"
        android:pivotY="float" />
<translate
        android:fromXDelta="float"
        android:toXDelta="float"
        android:fromYDelta="float"
        android:toYDelta="float" />
<rotate
        android:fromDegrees="float"
        android:toDegrees="float"
        android:pivotX="float"
        android:pivotY="float" />
<set>
        ...
</set>
</set>
```

一个描述动画资源的 xml 文件必须以<alpha>，<scale>，<translate>，<rotate>或者<set>为根节点，其中最后的<set>表示前面四种类别的组合，它在源码中的实现类是 AnimationSet。这 5 个元素的属性和释义如表 11-9 所示。

表 11-9   动画资源各属性释义

Element	Properties	Description
<set>	android:interpolator	Animation 要采用的 Interpolator，下面我们会讲到
	android:shareInterpolator	是否要将这个 Interpolator 在所有子元素中共享
<alpha>	android:fromAlpha	表示动画起始时的 alpha 值。取值范围 0.0（透明）～1.0（不透明），float 类型
	android:toAlpha	表示动画结束时的 alpha 值。取值范围 0.0（透明）～1.0（不透明），float 类型
<scale>	android:fromXScale	表示动画起始时，X 方向的缩放倍数，float 类型，1.0 为没有变化
	android:toXScale	表示动画结束时，X 方向的缩放倍数，float 类型，1.0 为没有变化
	android:fromYScale	表示动画起始时，Y 方向的缩放倍数，float 类型，1.0 为没有变化
	android:toYScale	表示动画结束时，Y 方向的缩放倍数，float 类型，1.0 为没有变化
	android:pivotX	缩放中心点的 X 坐标
	android:pivotY	缩放中心点的 Y 坐标
<translate>	android:fromXDelta	移动点的 X 坐标起始值，<translate>既可以是绝对数值，也可以是百分比（%p 表示相对于父对象，%则是相对于自身），下面几个属性也是类似的
	android:toXDelta	移动点的 X 坐标结束值
	android:fromYDelta	移动点的 Y 坐标起始值
	android:toYDelta	移动点的 Y 坐标结束值
<rotate>	android:fromDegrees	旋转度数起始值，float 类型
	android:toDegrees	旋转度数结束值，float 类型
	android:pivotX	旋转中心点的 X 坐标，float 或者 percentage（相对于上边缘）类型
	android:pivotY	旋转中心点的 Y 坐标，类型同上

除了上述属性外，每个元素还可以指定 android:duration，也就是动画执行的时间长度。这个值越小，则动画从起点到终点所用的时间就越短。另外，android:startOffset 则指明动画开始前的延时时间——当调用 start 来执行动画时，有时候我们希望某些动画效果稍慢于其他一些动画，这时就可以采用这个属性。默认情况下，所有动画一开始就执行了。

可见，上面的属性多数只是描述了起始和终点时动画的状态，而没有给出中间过程的变化，完成这一任务的就是 Interpolator。简单来讲，它给出了动画的变化速率，种类非常多，如匀速运动的 Interpolator 和抛物线运动的 Interpolator 等。在实现上，它们都继承自 Interpolator。原生的 Android 系统本身已经提供了诸如 AccelerateDecelerateInterpolator，AccelerateInterpolator，AnticipateInterpolator，LinearInterpolator 等一系列常用的 Interpolator。开发者可以通过"@android:anim/[Interpolator_Name]"来引用它们。比如：

```
<set android:interpolator="@android:anim/ LinearInterpolator">
    ...
</set>
```

另外，我们还可以通过上面属性表格中的 android:interpolator 来指定一个自定义的 Interpolator 实现类。具体例子可以参考官方文档说明。

对于开发人员来说，他们通过 xml 描述的动画资源实际上给出了以下信息：
- 有几个动画（rotate，scale，translate，alpha）需要执行；
- 每个动画的起始和最终效果；
- 每个动画的起始时间和延续时长（duration）；
- 完成每个动画的 Interpolator。

在应用程序中使用一个 xml 动画资源时，通常可以这么做：

```
ImageView image = (ImageView) findViewById(R.id.image);
Animation  exampleAnim = AnimationUtils.loadAnimation(this, R.anim. example_anim);
image.startAnimation(exampleAnim);
```

余下的工作就由系统自动完成了。

2. 从系统实现的角度来讲

当应用程序通过 loadAnimation 加载一个 xml 动画资源文件时，返回的是一个 Animation 对象。不过大部分情况下，它其实是 AnimationSet。这个类继承自 Animation，有点类似于 View 与 ViewGroup 的关系。每一个 Animation 都属于上述 4 种动画（scale，rotate 等）的其中一种，AnimationSet 则是它们的集合。在 AnimationSet 内部，有一个 mAnimations 的 ArrayList 变量来记录它包含的所有动画，如图 11-36 所示。

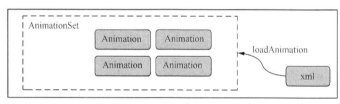

▲图 11-36　AnimationSet 和 Animation 的关系图

下面为了简化分析过程，我们还是以 Animation 来表示一个动画主体。

它们的继承关系如图 11-37 所示。

Animation 类的最终目的是提供 getTransformation 接口实现，这个函数将返回当前时间点的 Transformation 给 View 进行相应处理。熟悉图形变换的开发人员应该能想到，一个 View 的位移、旋转、缩放是可以用 matrix 来表达的，那么为什么还要定义一个 Transformation 呢？没错，因为还有 Alpha 这个属性是 matrix 所不能表示的。我们可以看看 Transformation 内部的全局变量：

```
/*frameworks/base/core/java/android/view/animation/Transformation.java*/
public class Transformation {
    protected Matrix mMatrix;
```

```
    protected float mAlpha;
    …
```

从 Animation 的角度来看，它需要计算出任何时间点的 Transformation 值。如果只是匀速运动的动画，实现相对简单。而如果是非匀速运动呢？这些烦琐的计算实际上是一个个数学模型，我们统一用 Interpolator 来实现。

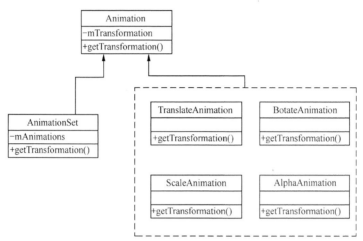

▲图 11-37　Animation 继承关系图

下面举两个动画实例来进一步理解 Interpolator。

例 1：AlphaAnimation，初始条件如下。

- Alpha 起始值：0.0，终值：1.0。
- 动画时长：2s，起始时间：1s，即动画起止时间是 1～3s。
- 采用 LinearInterpolator。

Interpolator 本身只是一个接口类，所有继承它的子类都要实现 getInterpolation(float input)。其中 input 是唯一的入参，表示当前时间点在整个动画时长中对应的位置（以 0.0-1.0 表示，也就是实现了归一化）。在这个例子中，如果当前时间是 2s，那么 input=(当前时间-起始时间)/(动画时长)=(2-1)/2=0.5。由于是匀速运动，速度在任何时间点都是恒定不变的，所以 getInterpolation 的返回值即 input 本身：

```
public class LinearInterpolator implements Interpolator {
    …
    public float getInterpolation(float input) {
        return input;
    }
}
```

得到这个返回值后，Animation 可以计算出 Transformation：

```
/*frameworks/base/core/java/android/view/animation/AlphaAnimation.java*/
protected void applyTransformation(float interpolatedTime, Transformation t) {
    final float alpha = mFromAlpha;
    t.setAlpha(alpha + ((mToAlpha - alpha) * interpolatedTime));
}
```

可见在 LinearInterpolator 的情况下，动画的计算过程比较简单明了。

例 2：采用 AccelerateInterpolator，其他条件则和例 1 相同。

现在情况有了变化，即速度 v 不再是恒定不变的。我们假设加速度不变，恒定为 v=t，如图 11-38 所示。

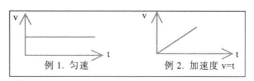

▲图 11-38　两个例子中的速度对比

因为 s=vt=t*t，意味着随着时间的增加，s 值的增长会越来越快：

```
/*frameworks/base/core/java/android/view/animation/AccelerateInterpolator*/
public float getInterpolation(float input) {
    if (mFactor == 1.0f) {
        return input * input;
    } else {
        return (float)Math.pow(input, mDoubleFactor);
    }
}
```

从上面两个例子的分析中，我们可以得出两个结论。
- Interpolator 得到的是当前时间点，动画变换值在整个变换中的位置。
- getInterpolation 的返回值范围是 0.0～1.0，且任何 Interpolator 在 input 为 1 时，输出一定为 1.0。

到目前为止，我们理解的动画实现可以抽象成图 11-39。

Animation 通过解析 xml 文件得到用户希望产生的动画效果，并进行初始化。然后在 Interpolator 的约束下不断地与 View 进行交互（Transformation），从而产生动画过程。"不

▲图 11-39　动画实现简图

断地"表明必须要有一个机制来促使这一流程源源不断地运转，直到动画结束。一般情况下，我们会想到启动一个 timer 来达到这种目的。基于这点考虑，上面的简图还应该包括如下几个元素。

- 时间器

时间器从动画一开始就要启动，直到动画结束；同时，它也负责对动画刷新频率的管理。换句话说，每隔多长时间发出一次刷新信号对于画面的连贯性有不小的影响。

- 效果计算器

当时间器发出信号后，我们需要知道在当前的时间点，应该"描绘"一幅怎样的"画面"。比如滚动中的小球，以 1m/s 的速度移动时，那么 2 秒后的"画面"应该显示它已经移动了 2 米。当然实际的动画计算肯定比这个例子复杂，如还要综合考虑旋转、大小等的变化。

- 效果计算器输出的内容如何体现到 UI 中

前面的时间器、效果计算器，在 Android 系统中都是由 Animation 类来完成的。那么当 Animation 计算出在某个时间点应该产生什么图像时，如何把这些结果告知系统呢？这就涉及 Animation 与 View 的接口了，如图 11-40 所示。

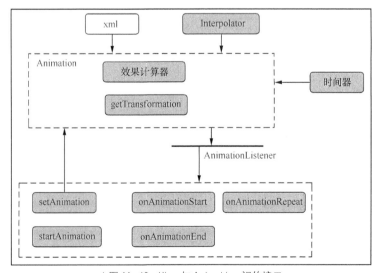

▲图 11-40　View 与 Animation 间的接口

图 11-40 的确是一个有效的 Animation 实现方案。不过在 Android 中,我们却没有从 Animation 类中发现 Timer 的踪迹,而且 AnimationListener 也没有提供 Transformation 的回调。那么,View 是如何使整个动画流程"动"起来的呢?答案就是 View 会主动调用 Animation 进行查询,即 getTransformation。换句话说,何时去获取当前的"动画状态"是 View 的责任与权利,和 Animation 并没有关系。如此一来,问题就转换成:View 在什么情况下会去"不断地"调用 getTransformation 呢?

前面代码中调用 startAnimation 后,其内部最后会调用 invalidate:

```
public void startAnimation(Animation animation) {
    …
    invalidate(true);
    …
```

这样就发起了一次重绘请求,并在后续过程中处理与 Animation 相关的操作。详细过程可参考本章前面小节的介绍,此处不再赘述。

11.12 UiAutomator

相信大家对 UiAutomator 并不陌生,这个 Android 官方提供的自动化测试框架具有非常强大的功能,是我们测试应用程序的首选工具之一。与 Instrumentation 不同的是,UiAutomator 并不与被测程序运行于同一进程中,因而它可以实现跨进程的测试。比如你可以利用 UiAutomator 获取到当前设备中正在显示的页面中的元素,然后对它们进行各种操作;也可以要求设备返回桌面,或者执行 Back 命令。

UiAutomator 的强大功能是如何实现的呢?

事实上,UiAutomator 只是一个"壳",它真正倚赖的法宝是如下 3 个模块:

- UiAutomation

UiAutomation 并非 Google 的专利,业界其他公司(譬如 Apple)亦有与之同名的测试框架。从出现时间上来推测,Android 中的 UiAutomation 很可能是 Google "仿照"出来的。当然,站在巨人的肩膀上本身并非坏事,更何况是"造福众人"的开源项目。

- Accessibility Service

乍看这个 Service,可能不少人会觉得奇怪,它们之间怎么会有关联——UiAutomator 和 Accessibility Service 似乎"八杆子都打不着"?但再细想一下,就不难发现它们的任务是有共同点的。Accessibility Service 旨在帮助那些有某些方面缺陷的人士可以像正常人一样使用 Android 设备,譬如 Accessibility Service 可以通过语音告知盲人用户当前的设备界面,以便后者在知悉了这些信息后可以再利用语音命令来发出界面的控制命令。在这一过程中,Accessibility Service 获取界面元素以及它控制界面的能力又恰恰是 UiAutomator 所需要的。因而二者可以说是"一拍即合"。

- ViewRoot

Accessibility Service 绝对不是"神",它的权利最终是 ViewRoot 赋予的。这也是为什么我们选择将 UiAutomator 的原理在本章节进行讲述的原因之一。

如果大家对于 UiAutomator 测试用例的书写,以及它的基本使用方法有不清楚的地方,建议可以先到 Android 官网查询相关资料,限于篇幅我们这里不做详细介绍。接下来我们的重点是阐述 UiAutomator 的核心实现原理。

首先,从"adb shell uiautomator runtest…"这种命令格式中不难看出,UiAutomator 会是/system/bin 下的一个可执行程序。而且这个可执行程序只是一个 shell 脚本文件,源码路径在/frameworks/testing/uiautomator/cmds/uiautomator 下。值得一提的是,Android 系统中类似的做法还有不少,比如 pm、am 等。

程序 UiAutomator 支持的几个主要命令包括 runtest、dump 和 events 等。其中 runtest 用于执行开发者提供的 UiAutomator 测试用例，dump 则是 sdk 工具包中 uiautomatorviewer 的功能承载者。最终，UiAutomator 会调用如下的语句来执行真正的操作：

```
exec app_process ${base}/bin com.android.commands.uiautomator.Launcher ${args}
```

app_process 同样是/system/bin 目录下的一个可执行文件，它同时也是 Zygote 的承载体，其本质上就是帮助用户快速建立一个 Android 虚拟机，以便 Java 程序可以顺利运行。

UiAutomator Launcher 会根据子命令的不同，分别调用相应的 Java 类进行处理。例如 runtest 命令将在 RunTestCommand.java 中被解析，具体而言它会先创建一个 UiAutomatorTestRunner，然后开始执行测试用例：

```
/*frameworks/testing/uiautomator/library/testrunner-src/com/android/uiautomator/testrunner/UiAutomatorTestRunner.java*/
 protected void start() {
     …
     UiAutomationShellWrapper automationWrapper = new UiAutomationShellWrapper();
     automationWrapper.connect();
```

上述的 start 函数是 testrunner 执行测试任务的核心之一。不过我们摒弃掉了其他琐碎部分，只把焦点放在了如何与 UiAutomation 建立连接上。UiAutomationShellWrapper 即是 testrunner 与 UiAutomation 之间的桥梁，如下所示：

```
/*frameworks/testing/uiautomator/library/testrunner-src/com/android/uiautomator/core/UiAutomationShellWrapper.java*/
public void connect() {…
    mUiAutomation = new UiAutomation(mHandlerThread.getLooper(),
            new UiAutomationConnection());
    mUiAutomation.connect();
}
```

可以看到 UiAutomation 出场了，同样也是调用了 connect 函数——而这个 connect 又最终调用了 UiAutomationConnection 中的同名函数。如下所示：

```
/*frameworks/base/core/java/android/app/UiAutomationConnection.java*/
public void connect(IAccessibilityServiceClient client) {
    …
        registerUiTestAutomationServiceLocked(client);
        storeRotationStateLocked();
    }
}
```

简单来讲，函数 registerUiTestAutomationServiceLocked 将在 UiAutomation 内部建立一个 IAccessibilityServiceClient 和 AccessibilityService 之间的连接。为了让大家更好地理解 Accessibility 书馆 Service 的业务流程，我们接下来选取"获取当前界面的 UI 元素"这一场景来分析其中的实现原理。

我们知道，UiAutomator 提供了如表 11-10 所示的 API 类来帮助开发者完成测试用例的编写。

表 11-10　　　　　　　　　　　　　　　　AP 工类

Classes	Description
com.android.uiautomator.core.UiCollection	用户界面元素的集合
com.android.uiautomator.core.UiDevice	提供了访问设备信息的接口，以及模拟用户操作（譬如单击 Home、Menu 键等）的方法
com.android.uiautomator.core.UiObject	代表一个 UI 元素
com.android.uiautomator.core.UiScrollable	辅助在一个可滚动的 UI 窗口中查找元素
com.android.uiautomator.core.UiSelector	用于描述需要被测试的目标

其中 UiSelector 可以通过文本值、class name 以及其他多种属性来匹配当前界面中与之对应的 UiObject。以 UI 元素的 index 属性为例，我们来看一下它是如何查找到正确的目标对象的：

```
/*frameworks/testing/uiautomator/library/core-src/com/android/uiautomator/core/
UiSelector.java*/
public UiSelector index(final int index) {
        return buildSelector(SELECTOR_INDEX, index);
}
```

可见上述函数直接调用了 buildSelector。其中 SELECTOR_INDEX 代表的是 UI 元素的属性，其他的还有 SELECTOR_CLASS、SELECTOR_ID 等。

```
/* frameworks/testing/uiautomator/library/core-src/com/android/uiautomator/core/
UiSelector.java */
private UiSelector buildSelector(int selectorId, Object selectorValue) {
        UiSelector selector = new UiSelector(this);
        if (selectorId == SELECTOR_CHILD || selectorId == SELECTOR_PARENT)
            selector.getLastSubSelector().mSelectorAttributes.put(selectorId, selectorValue);
        else
            selector.mSelectorAttributes.put(selectorId, selectorValue);
        return selector;
}
```

到目前为止，对于 UiSelector 的操作都属于 UiAutomator "本地"，换句话说它并未与 Accessibility Service 发生任何实质关联，更多地只是在内部"做了个记号，以备后用"。这样一来，查找目标对象的工作自然而然地就落在了 UiObject 上。以对一个目标控件执行 Click 操作为例，对应的代码如下：

```
/* frameworks/testing/uiautomator/library/core-src/com/android/uiautomator/core/
UiObject.java*/
public boolean click() throws UiObjectNotFoundException {
        Tracer.trace();
        AccessibilityNodeInfo node = findAccessibilityNodeInfo(mConfig.getWaitForSel
ectorTimeout());
        …
}
```

可以看到 UiObject 在每执行一个操作前，都会利用 findAccessibilityNodeInfo 来查找匹配的对象。后面这个函数最终又会利用 UiDevice.getInstance().getAutomatorBridge().getQueryController().findAccessibilityNodeInfo(getSelector()) 来完成它的任务。UiDevice 中的 AutomatorBride 是由 UiAutomatorTestRunner 在 Start 时通过 initialize 初始化而来的，对应的是一个 ShellUiAutomator Bridge。我们省略其中的细枝末节，直接分析 QueryController 中的对应实现：

```
/* frameworks/testing/uiautomator/library/core-src/com/android/uiautomator/core/Query
Controller.java*/
 protected AccessibilityNodeInfo findAccessibilityNodeInfo(UiSelector selector,
            boolean isCounting) { …
        synchronized (mLock) {
            AccessibilityNodeInfo rootNode = getRootNode();
            …
            UiSelector uiSelector = new UiSelector(selector);
            return translateCompoundSelector(uiSelector, rootNode, isCounting);
        }
    }
```

上述这个函数的核心重点是 getRootNode，它用于获取当前活跃窗口的最顶层元素，而 UiSelector 所指定的具体元素（如我们这个场景中通过 index 属性来查找的目标对象）则需要在此基础上运算得到。函数 getRootNode 的实现如下：

```
/* frameworks/testing/uiautomator/library/core-src/com/android/uiautomator/core/Query
Controller.java*/
protected AccessibilityNodeInfo getRootNode() {
```

```
        final int maxRetry = 4;
        final long waitInterval = 250;
        AccessibilityNodeInfo rootNode = null;
        for(int x = 0; x < maxRetry; x++) {
            rootNode = mUiAutomatorBridge.getRootInActiveWindow();
            if (rootNode != null) {
                return rootNode;
            }
            …
        }
        return rootNode;
}
```

可以看到，获取活跃窗口的顶层元素并不是能一次性成功的，因而我们设置了 4 次重试机会。变量 mUiAutomatorBridge 是对于 UiAutomation 的桥接，后者又调用了 AccessibilityInteractionClient 提供的 getRootInActiveWindow(connectionId)来最终完成与 AccessibilityManagerService 的通信。

这个过程中所涉及的类比较多，容易搞混，我们特别以如下 UML 示例图来帮助大家理解，如图 11-41 所示。

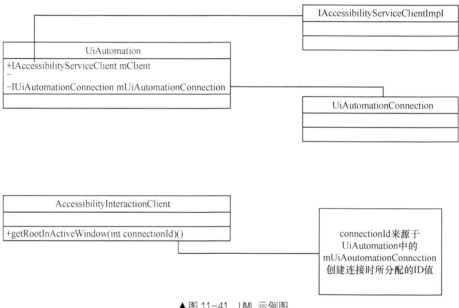

▲图 11-41　UML 示例图

所以一个 UiAutomator 测试用例的大致执行流程是：

UiObject/UiDevice/UiSelector->QueryController->UiAutomatorBridge->UiAutomation->…-> AccessibilityManagerService->…->ViewRoot/WindowManagerService/InputManager。

因为 AccessibilityManagerService 是一个"中介"，其所涉及的业务范围是比较广泛的。比如为了获取当前系统中的所有可见窗口（getWindows 接口），它需要与 WindowManagerService 有交流；而为了控制输入法操作，它也应该和 InputManager 有关联；同样为了获得一个窗口中的 UI 控件，它还必须与 ViewRoot 建立合作关系等。

以 getRootInActiveWindow 为例，其最终会调用 ViewRootImpl 中的 findAccessibility NodeInfoByAccessibilityId，而后经过多次中转传递后再由 AccessibilityInteractionController 进行处理：

```
/*frameworks/base/core/java/android/view/AccessibilityInteractionController.java*/
private void findAccessibilityNodeInfoByAccessibilityIdUiThread(Message message) {…
        List<AccessibilityNodeInfo> infos = mTempAccessibilityNodeInfoList;
        infos.clear();
```

```
        try {
            if (mViewRootImpl.mView == null || mViewRootImpl.mAttachInfo == null) {
                return;
            }
            mViewRootImpl.mAttachInfo.mAccessibilityFetchFlags = flags;
            View root = null;
            if (accessibilityViewId == AccessibilityNodeInfo.UNDEFINED_ITEM_ID) {
                root = mViewRootImpl.mView;
            } else {
                root = findViewByAccessibilityId(accessibilityViewId);
            }
            if (root != null && isShown(root)) {
                mPrefetcher.prefetchAccessibilityNodeInfos(root, virtualDescendantId, flags, infos);
            }
        } finally {
            try {…
                adjustIsVisibleToUserIfNeeded(infos, interactiveRegion);
                callback.setFindAccessibilityNodeInfosResult(infos, interactionId);
                infos.clear();
            } catch (RemoteException re) {
                /* ignore - the other side will time out */
            }
        }
    }
```

假如当前 ViewRoot 中的顶层元素（即 mView）为空，那么我们就可以直接返回了。否则再根据用户是否指定了 AccessibilityViewId 来决定下一步操作——如若没有特别说明，那么 mView 就是结果值了，不然还得调用 findViewByAccessibilityId 来做进一步查找。最后，我们将结果通过 IAccessibilityInteractionConnectionCallback 这个事先注册的回调接口来传回给用户。

值得一提的是，AccessibilityService 一方面给特定用户带来了不小的便利，另一方面也可能会被用来完成一些"意料之外"的事情。比如迅速走红的"抢红包"神器实际上就是利用了辅助服务来帮助用户自动打开红包的。"水可载舟，亦可覆舟"，事物通常具有两面性，需要大家自行甄别权衡。

第 12 章　"问渠哪得清如许，为有源头活水来"——InputManager Service 与输入事件

在大多数现代操作系统中，"事件"就是它们的"活水源头"。正是在"事件和消息"的不断产生、流转和处理中，整个软件系统才能"动"起来。

Android 系统有一套从底层 Linux 内核到上层应用程序完整的消息产生、投递及处理机制——这同时也是外界与 Android 设备交互的基础。对于系统层的开发人员而言，他们经常要根据具体的硬件配置来扩展、修改和完善消息处理机制，因而深入理解其中的实现原理就显得异常重要。

同样，我们也希望应用开发工程师能熟练掌握 Android 消息处理框架。Android 系统发展到今天，已经在手持设备之外的很多领域得到了广泛的应用。而不同的产品领域通常意味着环境与需求的差异。应用工程师只有在理解内部原理的基础上，才可能在多样的需求中立于不败之地，也才能为用户提供最佳的体验效果。

因此，本章的内容不论对哪一层面的开发人员来说，都具有一定的实用价值。另外，建议读者把本章与上一章节介绍的"View 中的消息传递"结合起来阅读理解。

12.1　事件的分类

首先应该明白一个问题——什么是"事件"？

从广义上来说，事件的发生源分为"软件"与"硬件"两类，这里侧重于对后者的讨论。也就是说，它们是由真实物理硬件产生的消息，表明设备使用者的某种"意愿"。例如用户点击了触摸屏，而相应位置上是音乐播放器的"暂停"键，那么说明他希望暂停当前的音乐播放。如果从硬件设备角度来为 Android 系统中的事件分类，最重要的几种如下。

- 按键事件（KeyEvent）

由物理按键产生的事件。对于嵌入式设备，通常不会配备太多物理按键。比如手机一般只有 Home、Back、Menu、Volume Up、Volume Down 和 Camera 等常用功能键。

- 触摸事件（TouchEvent）

在触摸屏上点击、拖动，以及由它们的组合所产生的各种事件。这是 Android 系统中使用最广泛也是相对复杂的一种事件类型。根据 Android 项目经验，应用开发人员大部分的事件处理工作都和 TouchEvent 有关。

- 鼠标事件（MouseEvent）

鼠标操作引起的事件，在嵌入式设备中并不常用。

- 轨迹球事件（TrackBallEvent）

轨迹球基本已经被淘汰了，因而我们在本章中不做过多介绍。

12.1 事件的分类

本章接下来将重点分析两种事件类型，即 KeyEvent 和 TouchEvent。

读者可以先思考一下：如果让我们来为这两种事件设计处理函数，应该怎么做呢？

按键事件：

按键有几种状态？没错，理论上只有两个——要么按下，要么松开，即对应于 KeyDown 和 KeyUp。不过实际上却没那么简单，为什么呢？因为还有其他一些因素也是要考虑的，如长按、短按，或者按键组合（多个按键）的情况。比如我们在 Windows 操作系统中同时按 Ctrl+Alt+Del 组合键可以调出任务管理器，Android 系统也同样支持这些操作。

所以总结起来，影响一个按键事件的因素包括：

- 按键的状态（按下，松开）；
- 状态持续的长短；
- 按键数量。

……

由此可以得出处理按键事件的几个基础接口，如下所示。

```
OnKeyDown();
onKeyUp();
onKeyLongPress();
onKeyMultiple();
```

触摸事件：

触摸事件比上述的按键事件要复杂一些。从用户的角度来看，正常的"触摸屏"设备既支持点击，也同时能"感应"滑动事件（MOVE）——这可以说是它和按键事件最大的区别。

比如 iPhone 手机经典的滑动解锁界面（见图 12-1），它的操作分解开来只有 3 步：

- 按住滑块；
- 移动滑块；
- 松开滑块。

▲图 12-1 iPhone 的经典解锁样式

以上动作将产生 3 种触摸事件，即：

- 触摸点按下（TOUCH_DOWN）；
- 触摸点移动（TOUCH_MOVE）；
- 触摸点释放（TOUCH_UP）。

值得一提的是，由 MOVE 事件还可以派生出其他的事件，如 fling。应用程序为了模拟真实的世界，就必须遵循一定的物理现象。举个例子，我们在地面上拖动一辆小车，放手后小车并不会马上停止，而是会继续向前再前进一段时间。应用到上面的解锁场景，就是当用户的手势已经释放后（TOUCH_UP），滑块本身也不会马上停止，而是转化为 fling 事件继续执行一小段时间。这些细节是我们提供良好用户体验的一个基础。

触摸事件相关的因素包括：

- 触摸点状态（按下，松开）；
- 触摸点移动（移动的距离大小、速度等）；
- 触摸点的数量（需要"触摸屏"设备的支持，并不是所有设备都可以多点操作）；
- 时间因素（长按、短按等）。

由此可以得出处理触摸事件的几个基础接口，如下所示：

```
onTouchDown();
onTouchUp();
onTouchMove();
onTouchLongPress();
```

```
onTouchMultiple();
……
```

有了上述的理解,再来分析 Android 系统中的实现就容易多了。

针对所有事件的共性,我们需要提取一个统一的抽象接口,这就是 InputEvent。从它的名称可以看出,Event 属于 I/O 设备中的 Input 部分。

InputEvent 下有两个子类,KeyEvent 和 MotionEvent。按键 KeyEvent 很容易理解,用于表达按键事件;而 MotionEvent 则是将所有能产生 Movement 的事件源进行统一管理,如 Trackball、Finger、Mouse 等。来看看它们的关系,如图 12-2 所示。

InputEvent 提供了几个非常通用的接口。比如 getDevice() 函数,可以得到当前事件的"硬件源"。其返回值为 InputDevice 类型,目前支持的设备包括:

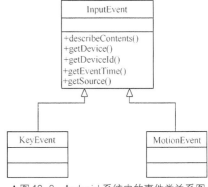

▲图 12-2 Android 系统中的事件类关系图

SOURCE_UNKNOWN;

SOURCE_KEYBOARD;

SOURCE_DPAD;

SOURCE_GAMEPAD;

SOURCE_TOUCHSCREEN;

SOURCE_MOUSE;

SOURCE_STYLUS;

SOURCE_TRACKBALL;

SOURCE_TOUCHPAD;

SOURCE_TOUCH_NAVIGATION;

SOURCE_JOYSTICK;

SOURCE_ANY。

可以看到,以上这些 Device 类型基本涵盖了市面上所有常见的输入设备。

本小节的最后,我们来看看上层应用程序是如何参与事件处理的。换句话说,它们是如何获知事件的产生的?

对于应用开发人员来说,他们与事件的"直接接触"一般都是通过 View 组件进行的。比如:

- setOnKeyListener(OnKeyListener);
- setOnTouchListener(OnTouchListener);
- setOnGenericMotionListener(OnGenericMotionListener);
- setOnHoverListener(OnHoverListener);
- setOnDragListener(OnDragListener);

…

值得一提的是,虽然上面的接口都是通过回调的形式实现的,但这并不是唯一的方法。比如还可以通过重载 View 类里的函数来完成同样的功能。图 12-3 体现了这两种方法的区别。

很显然,图中所示的两种方式各具特点,开发人员应该根据实际情况来选择。

监听函数中会带有此 Event 相关的信息,以供应用程序可以正确处理它们。比如 KeyEvent 的监听函数:

```
public interface OnKeyListener {
    boolean onKey(View v, int keyCode, KeyEvent event);
}
```

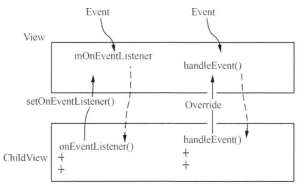

▲图 12-3　事件处理的两种方法

整个接口的定义很简洁，各参数含义如下。

View：处理此 KeyEvent 的 View 对象。

keyCode：具体对应的是哪个物理按键，如数字键 1、英文键 E、特殊按键 F1、相机按键 Camera 等。

KeyEvent：事件描述体，通过这个变量可以获取到更多的按键事件信息，如 getRepeatCount()、getScanCode()、getSource()等。

12.2　事件的投递流程

上一节我们对系统中的事件进行了分类和梳理（特别是从硬件源的角度区分出了事件的种类）。另外，我们还从应用开发者的角度分析了如何去监听和响应这些事件。

从中可以发现 Android 系统提供的监听函数非常多，那么究竟这些接口与具体的"硬件源"之间有什么确切的关联呢？

解决这个问题的关键就是要理清事件的投递流程。

总体来说，Android 输入事件投递系统的工作流程分为 4 个部分，如图 12-4 所示。

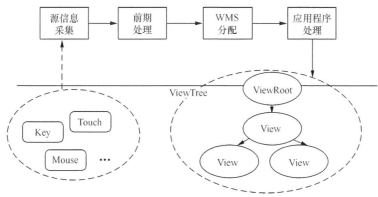

▲图 12-4　事件处理系统工作流程图

按照事件的处理顺序分别是：

- 采集

即对"硬件源"所产生的原始信息进行收集的过程。它需要 Linux 内核驱动的支持，Android 系统则通过/dev/input 下的节点来访问当前发生的事件。

- 前期处理

我们称上一步采集到的信息为"原始数据"——这其中有一部分内容对应用程序而言并不是"必需"的,而且格式上也相对烦琐,所以需要先经过前期的提炼和转化。

- WMS 分配

WindowManagerService 是窗口的大主管,同时也是 InputEvent 的派发者。这样的设计是自然而然的,因为 WMS 记录了当前系统中所有窗口的完整状态信息,所以也只有它才能判断出应该把事件投递给哪一个具体的应用进程进行处理。其派发策略也因事件类别的不同而有所差异——比如说按键消息直接发送给"最前端"的窗口即可;而如果是触摸消息则要先计算出触摸点落在哪个区域,然后才能传递给相应的窗口单元。

- 应用程序处理

应用开发人员的工作主要体现在这一部分。经过前面几个步骤的传递,应用程序端接收到的事件已经相对"可理解""好处理"了。接下来要做的,就是充分利用这些事件来实现软件功能。

12.2.1 InputManagerService

InputManagerService(IMS)的创建过程和 WindowManagerService 类似,都由 SystemServer 统一启动:

```
/*frameworks/base/services/java/com/android/server/SystemServer.java*/
    public void run() {…
            inputManager = new InputManagerService(context, wmHandler);
            wm = WindowManagerService.main(context, power, display, inputManager, uiHandler,
                            wmHandler,factoryTest != SystemServer.FACTORY_TEST_LOW_LEVEL,
                                        !firstBoot, onlyCore);
            ServiceManager.addService(Context.WINDOW_SERVICE, wm);
            ServiceManager.addService(Context.INPUT_SERVICE, inputManager);
            …
            inputManager.setWindowManagerCallbacks(wm.getInputMonitor());
            inputManager.start();
```

由上述代码段也可以看出,InputManagerService 与 WindowManagerService 有紧密的联系——前者的实例直接传入后者,以便后续调用。另外,IMS 也将自己注册到了 ServiceManager 中,名称为 Context.INPUT_SERVICE="input"。

那么,InputManagerService.start()是否另外开启了一个工作线程?

```
/*frameworks/base/services/java/com/android/server/input/InputManagerService.java*/
public void start() {
        Slog.i(TAG, "Starting input manager");
        nativeStart(mPtr);//本地函数
        …
    }
```

Java 层的 IMS 实际上是对 Native 层 InputManager 的一层 Java 包装,因而这个类的实现中有大量的本地函数声明。上述函数 start 直接调用了本地实现 nativeStart。其中变量 mPtr 是 IMS 在构造过程中,调用 nativeInit 所创建的 NativeInputManager 对象——本质上是一个 C++指针,所以可通过 int 类型进行保存:

```
/*frameworks/base/services/jni/com_android_server_input_InputManagerService.cpp*/
static void nativeStart(JNIEnv* env, jclass clazz, jint ptr) {
    NativeInputManager* im = reinterpret_cast<NativeInputManager*>(ptr);/*将 int 类型的
        ptr 指针强制类型转换为 NativeInputManager 对象*/
    status_t result = im->getInputManager()->start();/*getInputManager 返回的是 mInput
        Manager 成员变量(InputManager 对象),所以最终将执行的是 InputManager.start()*/
    …
}
```

如前面所述,IMS 在 Native 层的实现主体是 InputManager,如 start:

```
/*frameworks/base/services/input/InputManager.cpp*/
status_t InputManager::start() {
status_t result = mDispatcherThread->run("InputDispatcher",PRIORITY_URGENT_DISPLAY);
    …
    result = mReaderThread->run("InputReader", PRIORITY_URGENT_DISPLAY);
    …
    return OK;
}
```

果然，InputManager 为 IMS 创建了新的线程，而且还是两个：
- InputReaderThread；
- InputDispatcherThread。

从名称中可以看出，它们一个负责"Reader"（从驱动节点中读取 Event），另一个则专职"Dispatcher"（分发）。接下来我们将分别介绍这两个线程。

12.2.2　InputReaderThread

InputReaderThread 概括起来就是一个独立的循环线程加上一些必要的辅助类。它的工作相对单一，即不断地轮询相关设备节点是否有新的事件发生：

```
/*frameworks/base/services/input/InputReader.h*/
class InputReaderThread : public Thread {  //继承自 Thread
public:
    InputReaderThread(const sp<InputReaderInterface>& reader);
    virtual ~InputReaderThread();
private:
    sp<InputReaderInterface> mReader;  //辅助类
    virtual bool threadLoop();
};
```

InputReaderThread 中的实现核心是 InputReader 类。这一部分的代码比较简单，我们不进行具体分析，但有几个重点需要大家了解：
- InputReader 实际上并不直接去访问设备节点，而是通过 EventHub 来完成这一工作；
- EventHub 通过读取/dev/input/下的相关文件来判断是否有新事件，并通知 InputReader。

12.2.3　InputDispatcherThread

从 InputManagerService 的构造过程中，我们可以知道 InputDispatcherThread 和 InputReaderThread 一样，也是一个独立的线程，而且和 WindowManagerService 都运行于系统进程中。另外，InputDispatcherThread 中的实现核心是 InputDispatcher 类。

InputDispatcherThread 将与 InputReaderThread 协同工作，以保证事件的正确派发和处理。那么，它们具体又是怎么做的呢？

还记得是谁创建了这两个线程的吗？可以先来看看 InputManager 中是否对它们进行了统一管理：

```
/*frameworks/base/services/input/InputManager.cpp*/
InputManager::InputManager(const sp<EventHubInterface>& eventHub,
                    const sp<InputReaderPolicyInterface>& readerPolicy,
                    const sp<InputDispatcherPolicyInterface>& dispatcherPolicy) {
    mDispatcher = new InputDispatcher(dispatcherPolicy);
    mReader = new InputReader(eventHub, readerPolicy, mDispatcher);
    /*将 InputReader 与 InputDispatcher 建立关联*/
    initialize();
}
```

可见 InputReader 在创建之初就与 InputDispatcher 产生了紧密的关联，这是它们后期协作的一个重要基础。比如在 InputReader 的 loopOnce()循环中，会把发生的事件通过 InputDispatcher 实例告知 Listener：

```
/*frameworks/base/services/input/InputReader.cpp*/
void InputReader::loopOnce() {...
    mQueuedListener->flush(); //这个变量实质上是上面mDispatcher的进一步封装
    ...
}
```

这样，InputDispatcher 就能源源不断地获知系统设备中实时发生的事件了。而且它还可以向 InputReader 注册监听多种事件。相关的 callback 函数如下所示：

```
notifyConfigurationChanged(const NotifyConfigurationChangedArgs*);
notifyKey(const NotifyKeyArgs*);
notifyMotion(const NotifyMotionArgs*);
notifySwitch(const NotifySwitchArgs*);
notifyDeviceReset(const NotifyDeviceResetArgs*);
```

下面我们以 notifyKey 为例来分析一下具体的处理过程，如图 12-5 所示。

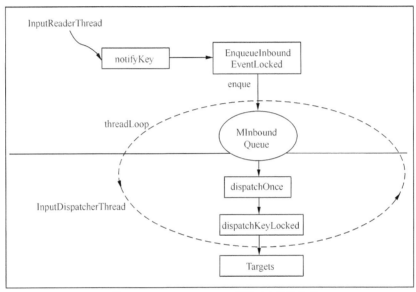

▲图 12-5　InputDispatcher 线程对事件的处理

图 12-5 中与"分发"策略有直接关联的是 dispatchKeyLocked。其核心源码如下：

```
/*frameworks/base/services/input/InputDispatcher.cpp*/
bool InputDispatcher::dispatchKeyLocked(nsecs_t currentTime, KeyEntry* entry,DropReason
* dropReason, nsecs_t* nextWakeupTime) {
    /*Step1.前期处理，主要针对按键的repeatCount */
    ...//代码省略

    /*Step2.检查是否INTERCEPT_KEY_RESULT_TRY_AGAIN_LATER。如果是的话,还要判断当前时间点满足
        要求与否——如果不满足的话，直接返回*/
    ...//代码省略

    /*Step3.在将事件发送出去前，先要检查当前系统策略(Policy)是否要对它进行先期处理。比如系统按键
        Home，就需要先由WMS来处理*/
    ...//代码省略

    /*Step4.判断是否要放弃当前事件*/
    ...//代码省略

    /*Step5.确定事件的接收方(Targets)。这是最重要的一步*/
    Vector<InputTarget> inputTargets;
    int32_t injectionResult = findFocusedWindowTargetsLocked(currentTime, entry,
                                                 input Targets, nextWakeupTime);
    /*查找符合要求的事件投递目标，下面会针对这个函数进行分析*/
```

12.2 事件的投递流程

```
        …
        setInjectionResultLocked(entry, injectionResult);
        …
        dispatchEventLocked(currentTime, entry, inputTargets);/*Step6.投递消息到目标中*/
        return true;
}
```

上述函数很长，为了让大家能对处理流程"一目了然"，我们只保留了其中的核心部分，并对每一个步骤都做了适当的阐述。可以看出，Step1～Step4 都可以算是"前期工作"，包括预处理、事件拦截、Policy 的应用等。

需要大家特别关注的是 Step5，即 InputDispatcher 如何查找与当前按键事件匹配的目标呢？前面我们说过，对于按键消息而言，只要找到"最前端"的窗口即可。当然，实际的处理过程会稍微复杂些，如下所示：

```
int32_t InputDispatcher::findFocusedWindowTargetsLocked(nsecs_t currentTime,const
EventEntry* entry, ector<InputTarget>& inputTargets, nsecs_t* nextWakeupTime) {
    int32_t injectionResult;
    if (mFocusedWindowHandle == NULL) {/*如果当前并没有"最前端"(即获得焦点的窗口)窗口怎么办呢？
                按照 Android 系统中的作法，会丢弃这一事件。变量 mFocusedWindowHandle 代表当前具有焦点的窗口*/
        if (mFocusedApplicationHandle != NULL) {
            injectionResult = handleTargetsNotReadyLocked(currentTime, entry,
                            mFocusedApplicationHandle, NULL, nextWakeupTime,…);
                    /*如果没有"最前端"的窗口，但却有"最前端"的应用存在，这说明很可能此应用
                            程序还在启动过程中，因而先等待一段时间后再重试*/
            goto Unresponsive;
        }
        …
        injectionResult = INPUT_EVENT_INJECTION_FAILED;
        goto Failed;/*既没有焦点窗口，也没有焦点应用的情况，程序将报错*/
    }
    /*执行到这里说明当前有焦点窗口*/
    if (! checkInjectionPermission(mFocusedWindowHandle, entry->injectionState)) {/*此
                                时还要检查它的权限*/
        injectionResult = INPUT_EVENT_INJECTION_PERMISSION_DENIED;
        goto Failed;
    }

    /*如果当前窗口处于暂停状态，也需要等待*/
    if (mFocusedWindowHandle->getInfo()->paused) {…
    }
    /*当前窗口还在处理上一个事件，和上面一样，都需要等待它完成*/
    if (!isWindowReadyForMoreInputLocked(currentTime, mFocusedWindowHandle, entry))
{…
    }

    /*成功找到符合要求的窗口，并且状态值都正确，此时可以将它加入 inputTargets 中*/
    injectionResult = INPUT_EVENT_INJECTION_SUCCEEDED;
    addWindowTargetLocked(mFocusedWindowHandle,
                    InputTarget::FLAG_FOREGROUND | InputTarget::FLAG_DISPATCH_AS_IS,
                    BitSet32(0), inputTargets);
Failed:
Unresponsive:
    /* …异常处理部分，代码略*/
}
```

读者可能会觉得奇怪，为什么 InputDispatcher 会有当前焦点窗口的句柄呢，是谁向它提供了这类信息？通过查找代码，可以发现 mFocusedWindowHandle 是由 InputMonitor 来赋值的——后面这个 InputMonitor 又扮演了什么样的角色呢？

简单来说，它是 WMS 与 InputDispatcher 之间的"中介"。

从源码的角度可分为两部分。

- InputDispatcher→ InputMonitor→WMS

它实现了 IMS 的 WindowManagerCallbacks 接口：

```
/*frameworks/base/services/java/com/android/server/input/InputManagerService.java*/
public interface WindowManagerCallbacks{
    public void notifyConfigurationChanged(); //输入设备的配置变更
    public void notifyLidSwitchChanged(long, boolean);//Lid 开关
    public void notifyInputChannelBroken(InputWindowHandle); /*连接 InputDispatcher 与应
                                        用程序的 Socket 通道。接下来的内容中还会有分析*/
    public long notifyANR(InputApplicationHandle, InputWindowHandle); /*发生 ANR,即
    Application Not Responding 错误*/
    public int interceptKeyBeforeQueueing(KeyEvent, int, boolean);
    public int interceptMotionBeforeQueueingWhenScreenOff(int);
    public long interceptKeyBeforeDispatching(InputWindowHandle, KeyEvent, int);
                        /*以上 3 个回调接口保证了 WMS 在消息处理中拥有绝对的优先处理权*/
    public KeyEvent dispatchUnhandledKey(InputWindowHandle, KeyEvent, int);/*当前的这个
                    按键事件在整个投递流程中没有得到任何处理,这时要发给 WMS 协商解决办法*/
    public int getPointerLayer();
}
```

- WMS→InputMonitor→InputDispatcher

除了上述回调接口外，InputMonitor 也为 WMS 访问 InputDispatcher 提供了一系列的函数实现。比如 InputDispatcher 中的当前焦点窗口，就是 WMS 通过 InputMonitor 的 updateInputWindowsLw() 告知的。

现在我们已经清楚 WMS 与 InputDispatcher、InputReader 三者间的交互关系了。最后还有一个问题，就是 InputDispatcher 是如何通知应用程序窗口有按键事件的。换句话说，它和 InputTarget 之间是如何通信的？

```
/*frameworks/base/services/input/InputDispatcher.h*/
struct InputTarget {
    enum {/*这个枚举类型里是关于目标窗口的各种属性值描述*/
            FLAG_FOREGROUND = 1 << 0, //说明目标窗口是前台应用
            …//其他 FLAGS 省略
    };
    /*就是这里了，InputDispatcher 通过 inputChannel 与窗口建立连接*/
    sp<InputChannel> inputChannel;
    …
}
```

在 Android 系统中，进程间的通信大多是基于 Binder 机制的。而 InputDispatcher 和应用程序之间肯定也是跨进程的，那么这个 InputChannel 是不是 Binder Server 呢？

这是一个合理的猜测，不过事实并非如此。我们来看看它的类型定义就知道了：

```
/*frameworks/base/include/androidfw/InputTransport.h */
class InputChannel : public RefBase {
protected:
    virtual ~InputChannel();
public:
    InputChannel(const String8& name, int fd);/*构造函数中传入的是 int 类型的 fd 变量，
                                            有点类似于文件描述符*/
    static status_t openInputChannelPair(const String8& name, sp<InputChannel>&
            outServerChannel,sp<InputChannel>& outClientChannel); /*这个函数用于打开
                                        一个 Channel 对(因为是双向通信,需要两个通道)*/
    …
    status_t sendMessage(const InputMessage* msg);
    status_t receiveMessage(InputMessage* msg);
    /*发送和接收消息*/
private:
    String8 mName; //通道名称
    int mFd; //重点就是这个 int 类型代表的是什么
};
```

既然 InputDispatcher 是通过 channel 通道与应用程序进行通信的，那么每增加一个应用程序窗口，都得新建一对 InputChannel。这样我们就可以从 WMS 新增窗口的相关代码入手，进而理

清整个过程：

```
/*frameworks/base/services/java/com/android/server/wm/WindowManagerService.java*/
public int addWindow(Session session, IWindow client, int seq, WindowManager.LayoutParams attrs,
int viewVisibility, int displayId, Rect outContentInsets, InputChannel outInputChannel)
{
    …
    String name = win.makeInputChannelName(); //为当前的通道取名
    InputChannel[] inputChannels = InputChannel.openInputChannelPair(name);
    /*打开一对通道*/
    …
}
```

经过 JNI 及一系列函数调用，打开通道的本地实现代码如下：

```
/*frameworks/base/include/androidfw/InputTransport.cpp*/
status_t InputChannel::openInputChannelPair(const String8& name,sp<InputChannel>&
outServerChannel,
 sp<InputChannel>& outClientChannel) {
    int sockets[2];/*终于水落石出了，原来是通过 Unix Domain Socket 实现的*/
    if (socketpair(AF_UNIX, SOCK_SEQPACKET, 0, sockets)) {/*本篇的操作系统基础知识章节中，
已经介绍过 Unix Domain Socket 的使用方法了。这里唯一的不同就是直接采用了 socketpair 的方式，从
而简化了双方通信的工作 */
        status_t result = -errno;
        …
        return result;
    }

    int bufferSize = SOCKET_BUFFER_SIZE;
    setsockopt(sockets[0], SOL_SOCKET, SO_SNDBUF, &bufferSize, sizeof(bufferSize));
    setsockopt(sockets[0], SOL_SOCKET, SO_RCVBUF, &bufferSize, sizeof(bufferSize));
    setsockopt(sockets[1], SOL_SOCKET, SO_SNDBUF, &bufferSize, sizeof(bufferSize));
    setsockopt(sockets[1], SOL_SOCKET, SO_RCVBUF, &bufferSize, sizeof(bufferSize));
                /*设置通信双方各自的缓冲区大小*/
    String8 serverChannelName = name;
    serverChannelName.append(" (server)");
    outServerChannel = new InputChannel(serverChannelName, sockets[0]); /*Server 端的名
                字是在 WMS 传过来的名称基础上再加上后缀。并且在以后的通信中使用的是 sockets[0]*/
    String8 clientChannelName = name;
    clientChannelName.append(" (client)");
    outClientChannel = new InputChannel(clientChannelName, sockets[1]); /*Client 端使用
                                                                        sockets[1]*/
    return OK;
}
```

通过这个函数的分析可知，InputChannel 中的 mFd 实际上是 socket 编号。

至此，InputReader、InputDispatcher、WMS 和应用程序的关系已经剖析清楚了。读者在理解了这四者间的关系后，可以有针对性地再自行分析其他事件的处理流程。

12.2.4 ViewRootImpl 对事件的派发

到目前为止，我们的分析已经覆盖了 Android 事件投递系统的前 3 部分，最后就只剩下应用程序这边的处理了。一方面，ViewRootImpl 是 WMS 与应用程序窗口间的"桥梁"，就如 InputMonitor 与 WMS 之间的关系一样；另一方面，ViewRootImpl 还是应用进程中担当事件派发与管理的最佳"人"选。

接着前一小节的讲解，当有事件产生后，InputDispatcher 会通知到相应的接收者；而后者则负责对事件做进一步的派发与处理。在 ViewRootImpl 中，一旦获知 InputEvent，它首先调用 enqueueInputEvent 进行事件"入队"。此时分为两种情况。

- 紧急事件

如果是"紧急事件"，变量 processImmediately 为 true，那么 enqueueInputEvent 会直接调用 doProcessInputEvents 进行处理。

- 其他事件

如果事件本身并不是"刻不容缓"的，那么 enqueueInputEvent 会通过 scheduleProcessInputEvents 来把这个 InputEvent 推送到消息队列中，然后按顺序处理。

无论是哪一种情况，ViewRootImpl 都需要（只是处理顺序的差异）对这一 InputEvent 进行派发，并最终由 ViewTree 中的某一特定 View 对象来做具体的事件处理。详细流程在前一节已经讨论过，这里不再赘述。

12.3 事件注入

正常情况下，Android 系统中的各种 Event 是由用户主动发起而产生的。譬如用户点击设备屏幕产生的触屏事件；按压物理按键产生的 KeyEvent 等。但是，在某些特殊的情况下（比如自动化测试的场景下），我们希望可以通过程序来模拟用户的上述行为，此时就需要事件注入技术了。

事件注入的方式有很多种，包括但不限于：

- 通过 Input Manager 提供的内部 API 接口

Input Manager 提供了让开发者可以注入事件的接口，描述如下：

```
/*frameworks/base/core/java/android/hardware/input/InputManager.java*/
/**
    * Injects an input event into the event system on behalf of an application.
    …
    *
    * @hide
    */
    public boolean injectInputEvent(InputEvent event, int mode) {
```

不过这个接口是 hide 的，意味着普通的开发者无权在应用程序中使用它(当然，这并不是绝对的，在某些 Android 版本中我们可以通过一些特殊的方法来绕过这些限制)。因而这种方式较常见于 Android 工程自身的各个模块中，比如下面的例子摘自 hdmi server 的实现中：

```
static void injectKeyEvent(long time, int action, int keycode, int repeat) {
    KeyEvent keyEvent = KeyEvent.obtain(time, time, action, keycode,
        repeat, 0, KeyCharacterMap.VIRTUAL_KEYBOARD, 0, KeyEvent.FLAG_FROM_SYSTEM,
        InputDevice.SOURCE_HDMI, null);
    InputManager.getInstance().injectInputEvent(keyEvent,
                        InputManager.INJECT_INPUT_EVENT_MODE_ASYNC);
    keyEvent.recycle();
}
```

- 利用 Instrumentation 提供的接口

Instrumentation 也提供了一些辅助事件注入的接口，譬如：

```
/*frameworks/base/core/java/android/app/Instrumentation.java*/
/**
    * Sends an up and down key event sync to the currently focused window.
    *
    * @param key The integer keycode for the event.
    */
    public void sendKeyDownUpSync(int key) {
        sendKeySync(new KeyEvent(KeyEvent.ACTION_DOWN, key));
        sendKeySync(new KeyEvent(KeyEvent.ACTION_UP, key));
}
```

这种方式比第一种在使用上方便一些，但缺点很明显，就是只对本应用程序自己有效。换句话说，如果我们面临的是跨应用进程的测试场景则无法起到任何作用。

- 通过 system/bin 目录下的 input 程序

System/bin 目录下保存着一系列非常有用的程序，如 monkey、am、dex2oat 等，其中与事件注入相关的是 input。如图 12-6 所示。

```
-rwxr-xr-x root     shell      13708 2015-01-21 19:09 idlestat
lrwxrwxrwx root     root             2015-08-22 17:36 ifconfig -> toolbox
lrwxrwxrwx root     root             2015-08-22 17:36 iftop -> toolbox
-rwxr-xr-x root     shell        194 2015-01-21 19:09 ime
-rwxr-xr-x root     shell        201 2015-01-21 19:09 input
lrwxrwxrwx root     root             2015-08-22 17:36 insmod -> toolbox
-rwxr-xr-x root     shell      30156 2015-01-21 19:09 installd
lrwxrwxrwx root     root             2015-08-22 17:36 ioctl -> toolbox
lrwxr-xr-x root     shell            2015-01-21 19:09 ionice -> toolbox
-rwxr-xr-x root     shell     285252 2015-01-21 19:09 iozone
```

▲图 12-6 相关的 input

我们可以通过 adb shell 来使用这个 input 工具。如果不知道命令格式的话，可以查询它的帮助，如图 12-7 所示。

```
C:\Users\xs0>adb shell
shell@hwmt7:/ $ input
input
Usage: input [<source>] <command> [<arg>...]

The sources are:
      trackball
      joystick
      touchnavigation
      mouse
      keyboard
      gamepad
      touchpad
      dpad
      stylus
      touchscreen

The commands and default sources are:
      text <string> (Default: touchscreen)
      keyevent [--longpress] <key code number or name> ... (Default: keyboard)
      tap <x> <y> (Default: touchscreen)
      swipe <x1> <y1> <x2> <y2> [duration(ms)] (Default: touchscreen)
      press (Default: trackball)
      roll <dx> <dy> (Default: trackball)
```

▲图 12-7 帮助

举一个例子来说，通过下面的语句可以向设备发送一个 HOME 按键事件，使系统回到主界面：

```
input keyevent 3
```

其中数字 3 对应的是 HOME 按键。其他数值与具体功能的对应关系可以通过阅读源码获得。

- 直接写入数据到/dev/input/eventX 节点中

我们知道，input 目录下的节点是 kernel 向 Android 提供事件信息的“桥梁中介”，因而直接向这些 eventX 写入数据相当于从“源头”来控制事件的产生。也正是因为这个原因，Android 系统为这些节点设置了较高的权限，禁止普通的应用程序直接向它们注入数据，如图 12-8 所示。

```
shell@hwmt7:/dev/input $ ll
ll
crw-rw---- root     input     13,  64 2015-09-14 07:16 event0
crw-rw---- root     input     13,  65 2015-09-14 07:16 event1
crw-rw---- root     input     13,  66 2015-09-14 07:16 event2
crw-rw---- root     input     13,  67 2015-09-14 07:16 event3
crw-rw---- root     input     13,  68 2015-09-14 07:16 event4
crw-rw---- root     input     13,  69 2015-09-14 07:16 event5
crw-rw---- root     input     13,  63 2015-09-14 07:16 mice
crw-rw---- root     input     13,  32 2015-09-14 07:16 mouse0
crw-rw---- root     input     13,  33 2015-09-14 07:16 mouse1
```

▲图 12-8 输出界面

所以，如果希望采用这种方式来完成事件的注入，那么需要对 Android 设备做一些特殊的处理。大家可以自行查阅相关资料来做一下验证。

第 13 章 应用不再同质化——音频系统

对于一部嵌入式设备来说,除了若干基础功能外(比如手机通话、短信),最重要的可能就是多媒体了——首先我们要问自己一个简单的问题:什么是多媒体呢?

这个术语对应的英文单词是"Multi-Media",直译过来就是多媒体——名称本身很好地解释了它的含义,我们也可以参见 Wikipedia 上的详细定义。

> Multi-media is media and content that uses a combination of different content forms. This contrasts with media that use only rudimentary computer displays such as text-only or traditional forms of printed or hand-produced material. Multi-media includes a combination of text, **audio**, still images, animation, video, or interactivity content forms.

通俗地讲,Multi-media 是多种形式的媒体内容(比如文本、音频、视频、图片、动画等)的组合。可以说,它是一款产品能否在众多"同质化"严重的市场中脱颖而出的关键。另外,由于不同的产品在音频处理、视频解码等芯片方面或多或少都存在差异,原生态的 Android 系统不可能覆盖市面上的所有硬件方案,所以这部分功能的移植与二次开发就成了设备研发中的重头戏——当然,Android 系统在设计之初也充分考虑到了这点,它提供了一整套灵活的多媒体解决方案,以应对厂商的定制化需求。

对于应用开发人员来说,多媒体的另一个"代名词"或许可以说是"MediaPlayer 和 MediaRecorder"(这样说多少有点"武断",不过是很多开发人员的共识),而深藏在这两个类中的实现细节却鲜有人知。这也是 Android 的一大优点——高度封装,让研发人员可以把精力放在自己"需要做的事情上",各司其职,从而极大地提高了产品的开发效率。

不过,这种封装也同时让我们付出了一些代价。比如整个多媒体系统显得异常庞大,各种类定义、C++库、Java 实现让人应接不暇——这无疑给大家剖析多媒体系统的内部实现带来了不少障碍。为此,本章特别选取音频系统(其中又以"音频回放"为分析核心)作为学习的重点。通过深入分析音频系统,来为大家理解 Android 多媒体系统打开一个"缺口"。

本章的内容编排是由下而上的,即从音频基础知识、底层框架讲起,然后才逐步扩展延伸到上层应用。其主要包括如下几个核心。

- 音频的基础知识

理解音频的一些基础知识,对于大家分析整个音频系统大有裨益。它可以让我们从实现的层面去思考音频系统的"目标是什么",然后才是"怎么样去达到这个目标"。

- AudioFlinger、AudioPolicyService 和 AudioTrack/AudioRecorder

抛开 MediaPlayer、MediaRecorder 这些与应用开发有直接关联的部分,整个音频系统的核心就是由这三者构建而成的。其中前两者都属于 System Service,驻留在 mediaserver 进程中,负责不断地处理 AudioTrack/AudioRecorder 的请求。另外,音频的"回放和录制"从总体流程上分析都是类似的,所以本章侧重于对回放过程的分析。

- 音频的数据流

数据流处理是音频系统管理的重点和难点之一,至少有以下几点是需要设计者充分考虑的(以音频回放为例)。

> 正确规划音频流的路径（AudioPolicy）

通常 Android 产品会配备多种音频回放设备（如喇叭、耳机、蓝牙等），而且同一个"时间点"系统也很可能会播放多种音频——我们如何正确处理音频的混音，并将结果输出到对应的音频回放设备中？

> 如何保证音频流以合理的速度传输到音频设备

显然，音频数据的太快或者太慢传输都会是缺陷。

> 跨进程的数据传递

从 Apk 应用程序创建一个 MediaPlayer 开始，到音频能真正从设备中回放出来，这个过程涉及多个进程间的通信。如何在这些进程之间做好数据的准确传递，也是设计者应该重点思考的。

- 音频系统的上层建筑

在理解了音频系统的实现核心后，我们再从上层应用的角度来思考：如何为应用开发人员提供简捷高效的"音频使用和控制"的解决方案。

13.1 音频基础

13.1.1 声波

从物理学的角度来说，声波是机械波的一种。

机械波（Mechanical Wave）是由机械振荡产生的，所以它的传播需要介质的支持。

另外，机械波还有如下特点。

- 介质本身并不会随着机械波不断地前进。比如我们抖动一条绳子产生的绳波，绳子上的某个点只是在一定范围内做上下运动，没有因为波的传递而脱离绳子。因而机械波是能量的传递，而不是质量的传递。
- 在不同的介质中，传播速度是不一样的。

那么，作为机械波的一种，声音有哪些重要属性呢？

- 响度（Loudness）

响度就是人类可以感知到的各种声音的大小，即俗称的"音量"。响度与声波的振幅有直接关系——理论上振幅越大，响度也就越大。

- 音调（Pitch）

我们常说某人唱高音很好，或者低音很棒，这就是音调。音调与声音的频率有关系——当声音的频率越大时，人耳所感知到的音调就越高，否则就越低。

- 音色（Quality）

同一种乐器使用不同的材质来制作，所表现出来的音色效果则不一样，这是由物体本身的结构特性所决定的——它直接影响了声音的音色属性。同样的道理，不同的演唱者因为他们发声部位的先天差异，从而造就了更具嗓音特色的音乐才子。

声音的这几个属性，是所有音频效果处理的基础。换句话说，任何对音频数据的调整手段最终都将反映到这些属性上。

13.1.2 音频的录制、存储与回放

上面我们对多媒体的定义还从侧面反映出一个结论，即 Multi-Media 并不是专门为计算机而生的——只不过后者的出现极大地推动了它的发展。那么，计算机领域的多媒体系统和传统的多媒体相比会有哪些区别呢？

一个很明显的问题是：我们如何将各种媒体源数字化呢？之所以有这个疑问，是因为早期的音频信息存储在录音带中，并以模拟信号的形式保存。而到了计算机时代，这些音频数据必须通过一定的处理手段才可能存储到设备中——这也是我们在数字化过程中会遇到的一个常见问题。

如图 13-1 所示就是音频从录制到播放的一个典型操作流程。

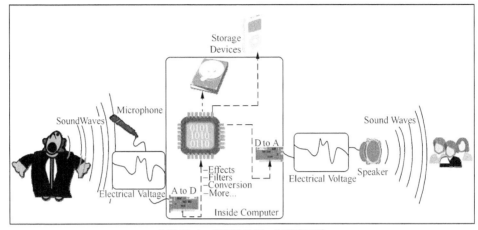

▲图 13-1　音频的录制、存储和回放

引用自 wikipedia 官方网站

（1）录制过程
- 首先，音频采集设备（比如 Microphone）捕获声音信息（初始数据是模拟信号）
- 采集到的模拟信号通过模-数转换器（ADC）处理成计算机能接受的二进制数据。
- 上一步得到的数据按照需求进行必要的渲染处理，如音效调整、过滤等。
- 处理后的音频数据理论上已经可以存储到计算机设备中了，如硬盘、USB 设备等。不过由于这时的音频数据体积相对较大，不利于保存和传输，通常我们还会对其进行压缩处理。比如常见的 mp3 音乐，实际上就是对原始数据采用相应的压缩算法后得到的。压缩过程根据采样率、位深等因素的不同，最终得到的音频文件可能会有一定程度的失真。

另外，音视频的"编码和解码"既可以由纯软件处理，也可以借助于专门的硬件芯片来完成。

（2）回放过程

回放过程基本上是录制过程的逆向操作，即：
- 从存储设备中取出音频文件，并根据录制过程采用的编码方式进行对应的解码；
- 音频系统为这一播放实例选取最匹配的音频回放设备（比如耳机、喇叭、蓝牙）；
- 解码后的数据经过音频系统设计的路径进行传输；
- 音频数据信号通过数-模转换器（DAC）变换成模拟信号；
- 音频模拟信号经过回放设备，还原出原始声音；

本章着重讲解的是音频的"回放过程"。

13.1.3　音频采样

前面说过，数字音频系统需要将声波的波形信号通过 ADC 转换成计算机支持的二进制，进而保存成音频文件，这一过程叫做音频采样（Audio Sampling）。音频采样是众多数字信号处理的一种——不过它们的基本原理都是类似的（比如视频的采样和音频采样本质上没有太大区别）。

可想而知，采样（Sampling）的核心是把连续的模拟信号转换成离散的数字信号。它涉及如下几个因素。

- 样本（Sample）

即将被采样的原始资料，如一段连续的声音波形。

- 采样器（Sampler）

采样器是将样本转换成终态信号的关键。它可以是一个子系统，也可以指一个操作过程，甚至一个算法，取决于不同的信号处理场景。理想的采样器要求尽可能不产生信号失真。

- 量化（Quantization）

采样后得到的值还需要通过量化，即将连续值近似为某个范围内有限多个离散值的处理过程。原始数据是模拟的连续信号，而数字信号则是离散的，且数值表达范围是有限的，所以量化是必不可少的一个步骤。

- 编码（Coding）

在计算机的世界里，所有数值都是用二进制表示的，因而我们还需要把量化值进行二进制编码。这一步通常与量化同步进行。

整个流程如图 13-2 所示。

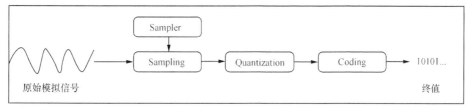

▲图 13-2 PCM 流程

PCM（Pulse-code modulation）俗称"脉冲编码调制"，是将模拟信号数字化的一种经典方式，得到非常广泛的应用。比如数字音频在计算机、DVD 以及数字电话等系统中的标准格式采用的就是 PCM。它的基本原理就是上面的几个流程，即对原始模拟信号进行抽样、量化和编码，从而产生 PCM 流。另外，我们可以调整 PCM 的以下属性来达到不同的采样需求。

- 采样速率（Sampling Rate）

在将连续信号转化成离散信号时，就涉及采样周期的选择。如果采样周期太长，虽然文件大小得到控制，但采样后得到的数据很可能无法准确表达原始信息；反之，如果采样频率过快，则最终产生的数据量会大幅增加。这两种情况都是我们不愿意看到的，因而在项目中需要根据实际情况来选择合适的采样速率。

由于人耳所能辨识的声音范围是 20～20kHz，所以人们一般都选用 44.1kHz(CD)，48kHz 或者 96kHz 来作为采样速率。

- 采样深度（Bit Depth）

我们知道量化（Quantization）是将连续值近似为某个范围内有限多个离散值的处理过程。那么这个范围的宽度以及可用离散值的数量会直接影响到音频采样的准确性，这就是采样深度的意义。

图 13-3 是一个采用 4 位深度进行量化后得到的 PCM。因为 4bit 最多只能表达 16 个数值（0～15），所以图中最终量化后的数值依次为 7、9、11、12、13、14、15 等。这样的结果显然是相对粗糙的，存在一定程度的失真。位深越大，所能表达的数值范围越广，上图中纵坐标的划分也就越细致，从而使得量化的值越接近原始数据。

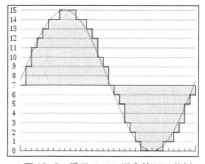

▲图 13-3 采用 4-bit 深度的 PCM 范例

（引自 Wikipedia）

13.1.4 Nyquist–Shannon 采样定律

"Nyquist–Shannon"是由 Harry Nyquist 和 Claude Shannon 总结出来的采样规律，为我们选择合适的采样频率提供了理论依据。这个规律又被称为"Nyquist sampling theorem"或者"The sampling theorem"，通常译为"奈奎斯特采样理论"。它的中心思想是：

"当对被采样的模拟信号进行还原时，其最高频率只有采样频率的一半。"

换句话说，如果我们要完整重构原始的模拟信号，则采样频率就必须是它的两倍以上。比如人的声音范围是 20~20kHz，那么选择的采样频率就应该在 40kHz 左右——数值太小则声音将产生失真现象；数值太大一方面造成了资源浪费，另一方面无法明显提升人耳所能感知到的音质。

13.1.5 声道和立体声

我们在日常生活中会经常听到单声道、双声道这些专业词语，它们代表什么意思呢？

一个声道（Audio Channel）简单来讲就代表了一种独立的音频信号，所以双声道理论上就是两种独立音频信号的混合。具体而言，如果我们录制声音时在不同空间位置放置两套采集设备（或者一套设备多个采集头），就可以录制两个声道的音频数据了。后期对采集到的声音进行回放时，通过与录制时相同数量的外放扬声器来分别播放各声道的音频数据，就可以尽可能还原出录制现场的真实声音环境。

声道的数量发展经历了几个重要阶段，分别是：

- Monaural（单声道）

早期的音频录制是单声道的，它只记录一种音源，所以在处理上相对简单。播放时理论上也只要一个扬声器即可——即便有多个扬声器，它们的信号源也是一样的，达不到很好的效果。

- Stereophonic（立体声）

之所以称为立体声，是因为人们可以感受到声音所产生的空间感。大自然中的声音就是立体的，如办公室里键盘敲击声、马路上汽车鸣笛、人们的说话声等。那么，这些声音为什么会产生立体感呢？

我们知道，当"音源"发声后（比如在你的右前方有人在讲话），音频信号将分别先后到达人类的双耳。在这个场景中，是先传递到右耳然后左耳，并且右边的声音比左边稍强。这种细微的差别通过大脑处理后，人们就可以判断出声源的方位了。

这个简单的原理现在被应用到了多种场景。在音乐会的录制现场，如果我们只使用单声道采集，那么后期回放时所有的音乐器材都会从一个点出来；反之，如果能把现场各方位的声音单独记录下来，并在播放时模拟当时的场景，那么就可以营造出音乐会的逼真氛围。

为了加深读者的理解，我们特别从某双声道音频文件中提取出它的波形，如图 13-4 所示。

顺便以上面这个图为例再说一下音频的采样频率。我们把上图进行放大，如图 13-5 所示。

图中共有 3 个采样点，时间间隔是从 4:26.790863 到 4:26.790908，即在大约 0.000045 秒的时间里采集了两个点，因而采样频率就是：

1/(0.000045/2)=44kHz，这和此音频文件所标记的采样率是一致的。

- 4.1 Surround Sound（4.1 环绕立体声）

随着技术的发展和人们认知的提高，单纯的双声道已不能满足需求了。于是更多的声道数逐渐成为主流，其中被广泛采用的就有四声道环绕立体声。

其中的"4"代表了 4 个音源，位置分别是前左（Front-Left）、前右（Front-Right）、后左（Rear-Left）、后右（Rear-Right）。而小数点后面的 1，则代表了一个低音喇叭（Subwoofer），专门用于加强低频信号效果。

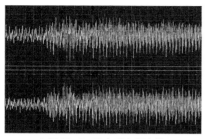
▲图 13-4 双声道音频文件

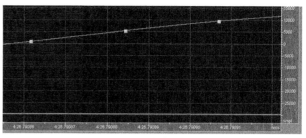
▲图 13-5 采样频率实例

- 5.1 Surround Sound（5.1 环绕立体声）

相信大家都听过杜比数字技术，这是众多 5.1 环绕声中的典型代表。另外，还有 DTS, SDDS 等都属于 5.1 技术。5.1 相对于 4.1 多了一个声道，位置排列分别是前左、前右、中置（Center Channel）和两个 Surround Channel，外加一个低音喇叭。

根据 ITU（International Telecommunication Union）的建议，5.1 环绕技术各扬声器位置如图 13-6 所示。

从图 13-6 中可以得出。

- 各扬声器和听者距离是一致的，因而组成一个圆形。
- 角度分布：前左和前右分别是+22.5/-22.5 度（看电影时），以及+30//-30 度（听音乐时）；中置的角度总是为 0；后面的两个环绕器分别为+110//-110 度。

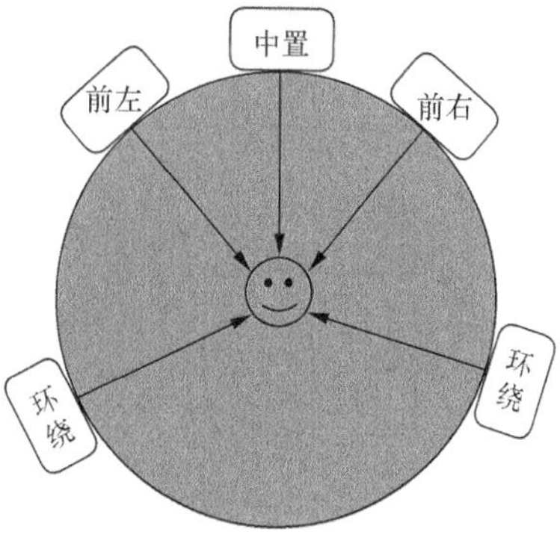

13.1.6 声音定级——Weber–Fechner law

▲图 13-6 ITU 发布的 5.1 环绕技术推荐方位图

估计知道这个定律的人比较少，它是音频系统中计算声音大小的一个重要依据。严格来讲，它并不只适用于声音感知，而是人体各种感观（听觉、视觉、触觉）与刺激物理量之间的一条综合规律。其中心思想用公式表达就是：

$$\Delta I / I = C$$

其中 ΔI 表示差别阈值，I 是原先的刺激量，而 C 则是常量。换句话说，就是能引起"感观变化"的刺激差别量与原先的刺激量比值是固定的。这样说可能比较抽象，我们举个例子来讲解下。

场合 1. 去商店买一瓶水，原本 2 元钱的东西卖到了 5 元钱。

场合 2. 买一辆奔驰车，原先价格是一百万元，现在涨了 3 元钱。

上述两种场合下，前后的商品价格差虽然都只有 3 元，但对我们造成的主观感受是有很大不同的。显然在第一种情况下，我们会觉得这瓶水很贵而可能选择不买；而后一种情况则对我们基本不会产生任何影响。这是因为引起"感官变化"的刺激量并不仅仅取决于前后变化量的绝对差值，同时也与原来的刺激量有很大关系。对于特定的场合，上述公式中的 C 值是固定的。比如有的人觉得 2 元钱的东西卖 3 元就是贵了，有的人则能接受 2 元钱的东西卖 4 元，不同的人对于 C 值是会有差异的。

这就是德国心理物理学家 Ernst Heinrich Weber 发现的规律，后来他的学生 Gustav Fechner 把这一发现用公式系统地表达了出来，就是上面的韦伯定律。

再后来，Fechner 在此基础上又做了改进。他提出刺激量和感知是呈对数关系的，即当刺激强度以几何级数增长时，感知强度则以算术级数增加。这就是 Weber–Fechner Law，公式如下：

$$S = C \log R$$

那么，这对音频系统有什么指导意义呢？

我们知道，系统音量是可调的，如分为 0～20 个等级。这些等级又分别对应不同的输出电平值，那么我们如何确定每一个等级下应该设置的具体电平值呢？你可能会想到平均分配。没错，这的确是一种方法，只不过按照这样的算法所输出的音频效果在用户听来并不是最佳的——因为声音的变化不连续。

一个更好的方案就是遵循 Weber–Fechner Law，即采用对数的方式。在 Android 系统中，这一部分计算过程对应的具体实现代码在 audiosystem.cpp 文件中，有兴趣的读者可以自行阅读了解。

13.1.7　音频文件格式

前面小节的内容分析了音频采样的基本过程，它将连续的声音波形转换成若干范围内的离散数值，从而将音频数据以二进制的形式在计算机系统中表示出来。不过音频的处理并没有结束，我们通常还需要对上述过程产生的数据进行格式转化，然后才以最终存储到设备中。

要特别注意文件格式（File Format）和文件编码器（Codec）的区别。编码器负责对原始数据进行一定的前期处理，如采用压缩算法以减小体积，然后才以某种特定的文件格式进行保存。Codec 和 File Format 不一定是一对一的关系，如常见的 AVI 就支持多种音频和视频编码方式。

理论上可以把数字音频格式分为以下几类。

- 不压缩的格式（UnCompressed Audio Format）

比如前面所提到的 PCM 数据，就是采样后得到的未经压缩的数据。PCM 数据在 Windows 和 Mac 系统上通常分别以 wav 和 aiff 后缀名进行存储。可想而知，由此产生的文件大小是比较可观的。

- 无损压缩格式（Lossless Compressed Audio Format）

这种压缩的前提是不破坏音频信息，即后期可以完整地还原出原始数据；同时它在一定程度上可以减小文件体积。目前已有多种实现，如 FLAC，APE(Monkey's Audio)，WV(WavPack)，m4a(Apple Lossless)等。

- 有损压缩格式（Lossy Compressed Audio Format）

无损压缩技术能减小的文件体积相对有限，因而在满足一定音质要求的情况下，我们还可以进行有损压缩。其中，最为人所熟知的当然是 MP3 格式以及 iTunes 上使用的 AAC。通常这些格式都可以指定压缩的比率——比率越大，文件体积越小，但效果也越差。

至于采用哪一种格式，大家要视具体的使用场景而定，并没有固定的答案。

13.2　音频框架

Android 的音频系统在很长一段时间内都是外界诟病的焦点。的确，早期的 Android 系统在音频处理上相比于 iOS 有一定的差距，这也是很多专业的音乐播放软件开发商没有推出 Android 平台产品的一个重要原因。但这并不代表它的音频框架一无是处，基于 Linux 系统的 Android 平台却有很多值得我们学习的地方。

13.2.1　Linux 中的音频框架

在计算机发展的早期，电脑的声音处理设备是由一个非常简易的 LoudSpeaker 外加发声器（Tone Generator）构成的，功能相对局限。后来人们想到了以 Plug-in 的形式来扩展音频设备，"Sound Blaster" 就是其中很有名的一个。这种早期的声卡以插件方式连接到电脑主板上，并提供了各种复杂的音频设备。但是，独立的硬件设计也意味着成本的增加，于是随着技术的发展又出现了"板载声卡"，即我们俗称的"集成声卡"。"板载声卡"又分为"软声卡"和"硬声卡"——如果声卡本身没有"主处理"芯片，而只有解码芯片，需要通过 CPU 运算来执行处理工作，那么就是"软声卡"；反之就是"硬声卡"。通常面向低端市场的计算机都会包含一个集成的声卡设备以降低成本。

一个典型的声卡通常包含 3 个部分。

- Connectors

用于声卡与外放设备，如扬声器、耳机的连接，又被称为"jacks"。

- Audio Circuits

声卡的主要实现体，负责信号的放大、混音以及模拟数字信号转换等操作。

- Interface

连接声卡与计算机总线的单元，如 PCI 总线。

我们可以通过"cat /proc/asound/cards"命令来查看计算机中安装的声卡设备，如范例所示。

```
0 [I82801AAICH   ]: ICH - Intel 82801AA-ICH
                    Intel 82801AA-ICH with STAC9700,83,84 at irq 21
```

目前市面上声卡的种类众多，既有复杂的高性能的，也有低端的简易的。那么对于一个操作系统来说，它如何管理这些音频设备并向上层应用提供统一的接口呢？

Android 严格来讲只是一个 Linux 系统，它依赖于内核提供的各种驱动支持，其中自然也包括音频驱动。因此，我们有必要先花点时间来学习下 Linux 平台下两种主要的音频驱动架构。

- OSS (Open Sound System)

早期 Linux 版本采用的是 OSS 框架，它也是 UNIX 及类 UNIX 系统中广泛使用的一种音频体系。OSS 既可以指 OSS 接口本身，也可以用来表示接口的实现。OSS 的作者是 Hannu Savolainen，就职于 4Front Technologies 公司。由于涉及知识产权问题，OSS 后期的支持与升级不是很好，这也是 Linux 内核最终放弃 OSS 的一个重要原因。

另外，OSS 在某些方面也遭到了人们的质疑。比如：

对音频新特性的支持不足；

缺乏对最新内核特性的支持等。

当然，OSS 作为 UNIX 下音频系统的早期实现，本身算是比较成功的。它符合"一切都是文件"的设计理念，而且作为一种体系框架，其更多地只是规定了应用程序与操作系统音频驱动之间的交互，这给各厂商进行产品定制开发提供了很多灵活性。总的来说，OSS 使用了如表 13-1 所示的设备节点。

表 13-1　　　　　　　　　　　　　OSS 采用的设备节点

设备节点	说　　　明
/dev/dsp	向此文件写数据→输出到外放 Speaker 向此文件读数据→通过 Microphone 进行录音
/dev/mixer	混音器，用于对音频设备进行相关设置，如音量调节
/dev/midi00	第一个 MIDI 端口，还有 midi01、midi02 等
/dev/sequencer	用于访问合成器（synthesizer），常用于游戏音效的产生

更多详情可以参考 OSS 的官方说明。

- ALSA(Advanced Linux Sound Architecture)

ALSA 是 Linux 社区为了取代 OSS 而提出的一种框架，是一个源代码完全开放的系统（遵循 GNU GPL 和 GNU LGPL）。ALSA 在 Kernel 2.5 版本中被正式引入后，OSS 就逐步被排除在内核之外。当然，OSS 本身还是在不断维护的，只是不再为 Kernel 所采用而已。

ALSA 相对于 OSS 提供了更多也更为复杂的 API 接口，因而开发难度相对来说比较大。为此，ALSA 专门提供了一个供开发者使用的工具库，以帮助他们更好地利用 ALSA 的 API。根据官方文档的介绍，ALSA 有如下特性。

- 高效地支持大多数类型的 Audio Interface（不论是消费型还是专业型的多声道声卡）。
- 高度模块化的声音驱动。
- SMP 及线程安全（Thread-Safe）设计。
- 在用户空间提供了 alsa-lib 来简化应用程序的编写。
- 与 OSS API 保持兼容，这样可以保证老的 OSS 程序在系统中能正常运行。

ALSA 主要由表 13-2 所示的几个部分组成。

表 13-2　　　　　　　　　　　　Alsa-Project Package

Element	Description
alsa-driver	内核驱动包
alsa-lib	用户空间的函数库
alsa-utils	包含了很多实用的小程序，如 alsactl: 用于保存设备配置 amixer: 是一个命令行程序，用于音量和其他声音控制 alsamixer: amixer 的 ncurses 版 acconnect 和 aseqview: 用于制作 MIDI 连接以及检查已连接的端口列表 aplay 和 arecord: 两个命令行程序，分别用于播放和录制多种格式的音频
alsa-tools	包含一系列工具程序
alsa-firmware	音频固件支持包
alsa-plugins	插件包，如 jack，pulse，maemo
alsa-oss	用于兼容 OSS 的模拟包
pyalsa	用于编译 Python 版本的 alsa lib

Alsa 主要的文件节点如下：

（1）Information Interface（/proc/asound）；
（2）Control Interface（/dev/snd/controlCX）；
（3）Mixer Interface（/dev/snd/mixerCXDX）；
（4）PCM Interface（/dev/snd/pcmCXDX）；
（5）Raw MIDI Interface（/dev/snd/midiCXDX）；
（6）Sequencer Interface（/dev/snd/seq）；
（7）Timer Interface（/dev/snd/timer）。

关于 ALSA 的更多知识，建议读者自行参阅相关文档，这对于后续理解 Android 中的 Audio 系统架构大有裨益。

13.2.2　TinyAlsa

看到"Tiny"这个词，大家应该能猜到这是一个 ALSA 的缩减版本。实际上在 Android 系统的其他地方也可以看到类似的做法——因为我们既想用开源项目，又担心工程太大太烦琐，怎么办？那就只能瘦身，于是很多 Tiny-XXX 就出现了。

早期版本中，Android 系统的音频架构主要是基于 ALSA 的，其上层实现可以看作 ALSA 的一种"应用"。后来可能是由于 ALSA 所存在的一些不足，Android 系统开始不再依赖于 ALSA

提供的用户空间层的实现。这也是我们在它的库文件夹中逐渐找不到 alsa 相关 lib 的原因,如图 13-7 所示。

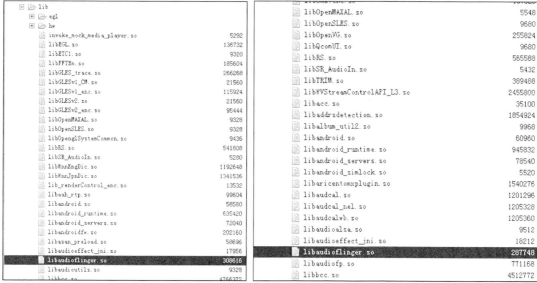

▲图 13-7　Android 新老版本在音频库上的区别

而取代它的是 tinyalsa 相关的库文件,如图 13-8 所示。

同时我们可以看到,externl 目录下多了一个 "tinyalsa" 文件夹,其中包含了为数不多的几个源码文件,如表 13-3 所示。

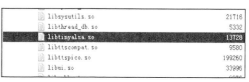

▲图 13-8　Tinyalsa 取代 Alsa-lib

表 13-3　　　　　　　　　　　　　Tiny-alsa 工程文件

Source File	Description
Android.mk	makefile
mixer.c	Mixer Interface 实现
pcm.c	PCM Interface 实现
tinycap.c	Caputer 工具
tinymix.c	Mixer 工具
tinyplay.c	Play 工具
include/tinyalsa/asoundlib.h	头文件

可见 TinyAlsa 与原版 Alsa 的差异还是相当大的,它只是部分支持了其中的两种 Interface。而像 Raw MIDI、Sequencer、Timer 等 Interface 则没有涉及——当然这对于一般的嵌入式设备来说还是足够了。

TinyAlsa 作为 Alsa-lib 的一个替代品,自面世以来得到的公众评价有褒有贬,不能一概而论——对于厂商来说,适合自己的就是最好的;而且各厂商也可以在此基础上扩展自己的功能,真正地把 ALSA 应用到极致。

13.2.3 Android 系统中的音频框架

一个好的系统架构需要尽可能地降低上层实现与具体硬件设备的耦合——这其实是操作系统的设计目标之一,当然也同样适用于音频系统。音频系统的雏形框架可以简单地用图 13-9 来表示。

在简图中,除去 Linux 本身的 Audio 驱动外,整个 Android 音频体系都被看成了 User。因而我们可以认为 Audio Driver 就是上层用户与硬件间的"隔离板"。但是如果单纯采用上图所示的框架来设计音频系统,对于使用音频功能的上层应用则是个不小的负担。显然"绝顶聪明"的 Android 开发团队还会进一步细化"User"部分。

细化的依据自然还是 Android 的几个层次结构,包括应用层、framework 层、库层和 HAL 层,如图 13-10 所示。

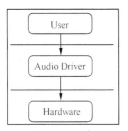
▲图 13-9 音频系统的雏形框架图

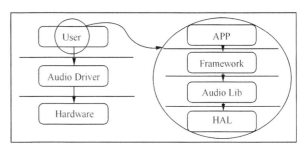
▲图 13-10 音频框架在 Android 系统中的进一步细化

我们可以结合目前已经学习过的知识,思考一下图 13-10 中每一个层次所需要完成的任务(先不考虑蓝牙音频部分)。

1. APP

这是整个音频体系的最上层。比如厂商根据特定需求写的一个音乐播放器;游戏中的音效控制;或者调节音频属性的应用软件等。

2. Framework

相信读者可以立即想到 MediaPlayer 和 MediaRecorder,因为这是我们在开发音频相关产品时使用最广泛的两个类。另外,Android 系统中还有另外两个专门用于音频管理的类,即 AudioTrack 和 AudioRecorder——MediaPlayerService 内部的音频实现其实就是通过它们来完成的。我们后面还会有详细介绍。

除此之外,Android 系统还为我们控制音频系统提供了 AudioManager、AudioService 及 AudioSystem 类。这些都是 framework 层面向应用开发者设计的封装实现。

3. Libraries

我们知道,Framework 层的很多 Java 类实际上只是 APK 应用程序与 Android 库文件的"中介"而已。因为上层应用程序采用 Java 语言编写,它们需要最直接的 Java 接口的支持,这也是 Framework 层存在的意义之一。而作为"中介",它们并不会真正去实现或者说只实现了其中的一小部分功能——真正的"主角"隐藏在底层库中。

需要特别说明的是,Android 系统中与音频相关的库有很多。

比如上面的 AudioTrack、AudioRecorder、MediaPlayer 和 MediaRecorder 等在底层库中都能找到相对应的类(这部分库的源码集中放置在工程的 frameworks/av/media/libmedia 中,多数是以 C++ 语言编写的)。

除了上面各种类库的实现外，音频系统还需要一个"核心中控"。或者更通俗地说，需要一个系统服务（类似于 WindowManagerService、LocationManagerService、ActivityManagerService 等），这就是 AudioFlinger 和 AudioPolicyService。它们的源码放置在 frameworks/av/services/audioflinger 目录中，生成的最主要的库名叫作 libaudioflinger。

音频体系中另一个重要的系统服务是 MediaPlayerService，它的位置在 frameworks/av/media/libmediaplayerservice 中。

因为涉及的库和相关类很多，建议读者在学习的时候分为两条线索。

其一，以"库"为线索。比如 AudioPolicyService 和 AudioFlinger 都封装在 libaudioflinger 库中；而 AudioTrack，AudioRecorder 等一系列实现则在 libmedia 库中。

其二，以"进程"为线索。"库"并不代表一个进程，进程则依赖于库来运行。虽然有的类是在同一个库中实现的，但并不代表它们会在同一个进程中被调用。比如 AudioFlinger 和 AudioPolicyService 都驻留于名为 mediaserver 的系统进程中；而 AudioTrack/AudioRecorder 和 MediaPlayer/MediaRecorder 一样实际上只是应用进程的一部分，它们通过 Binder 服务来与其他系统进程通信。

在源码分析的过程中，一定要紧抓住这两条线索，才不至于"迷失方向"。

4. HAL

从设计层面来看，音频的硬件抽象层的服务对象是 AudioFlinger。这一方面说明了 AudioFlinger 可以不用直接调用底层的音频驱动；另一方面 AudioFlinger 的上层（包括和它同一层的 MediaPlayerService）模块只需要与它进行通信就可以实现音频相关的功能了。因而我们可以认为 AudioFlinger 才是 Android 音频系统中真正的"隔离板"——无论下面如何变化，上层的实现都可以保持兼容。

音频方面的硬件抽象层主要分为两个核心，即 AudioFlinger 和 AudioPolicyService。实际上后者（Policy）并不是一个真实的设备，只是采用虚拟设备的方式来让厂商可以方便地定制出自己的"音频策略"。

抽象层的任务是将 AudioFlinger/AudioPolicyService 真正地与硬件设备关联起来，但又必须提供灵活的结构来应对变化——特别是对于 Android 这个更新相当频繁的系统。比如早期 Android 系统中的 Audio 体系依赖于内核的 ALSA-lib，后来就变为了 tinyalsa，这样的转变不应该也不允许对上层造成"破坏"。因而 Audio HAL 提供了统一的接口来定义它与 AudioFlinger/AudioPolicyService 之间的通信方式，这就是 audio_hw_device、audio_stream_in 及 audio_stream_out 等结构体存在的目的。这些 Struct 数据类型内部大多只包含了对函数指针的定义，或者说是一些"壳"。当 AudioFlinger/AudioPolicyService 初始化时，它们会去寻找系统中最匹配的实现（这些实现驻留于以 audio.primary.* 及 audio.a2dp.* 为名的各种库中）来填充这些"壳"。

根据具体产品的不同，音频设备存在很大差异。在 Android 的音频架构中，这些差异问题都是由 HAL 层的 audio.primary 等库来解决的，而不需要大规模地修改上层实现。

基于上面的分析，我们给出一个完整的 Android 音频系统框架供读者参考（没有列出 Linux 层的实现，如 ALSA Driver 等），如图 13-11 所示。

本章剩余小节将分别介绍上述框架图里的几个重点模块，包括 AudioFlinger、AudioTrack/AudioRecorder、AudioManager/AudioPolicyService，并简单地介绍音频上层建筑中的一些核心模块如 MediaPlayerService 等。

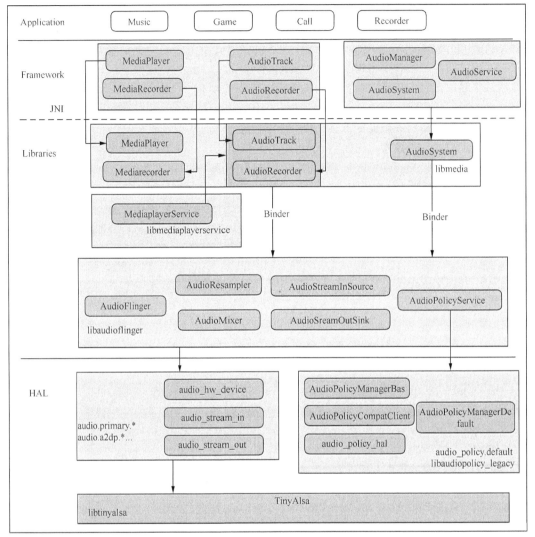

▲图 13-11　Android 音频系统框架全图

13.3 音频系统的核心——AudioFlinger

在上面的框架图中，我们可以看到 AudioFlinger（下面简称 AF）是整个音频系统的核心与难点。作为 Android 系统的音频中枢，它同时也是一个系统服务，起到承上（为上层提供访问和管理音频的接口）启下（通过 HAL 来管理音频设备）的作用。只有理解了 AudioFlinger，才能以此为基础扩展深入其他模块的学习中，因而我们把它放在前面分析。

13.3.1　AudioFlinger 服务的启动和运行

我们知道，Android 中的系统服务分为两类，分别是 Java 层和 Native 层的 System Services。其中 AudioFlinger 和 SurfaceFlinger 一样，都属于后者。Java 层服务通常在 SystemServer.java 中启动，如后面即将看到的 AudioService 就属于这种情况；而 Native 层服务则通常是各服务方按照自己的部署来决定何时启动以及如何启动的。例如 AudioFlinger 就是利用一个 Linux 程序来间接创建的，如下所示：

13.3 音频系统的核心——AudioFlinger

```
/*frameworks/av/media/mediaserver/Main_mediaserver.cpp*/
int main(int argc, char** argv)
{…//4.3版本中考虑了 MediaLogService，但不影响我们的分析，可以直接略过
    sp<ProcessState> proc(ProcessState::self());
    sp<IServiceManager> sm = defaultServiceManager();
    ALOGI("ServiceManager: %p", sm.get());
    AudioFlinger::instantiate();
    MediaPlayerService::instantiate();
    CameraService::instantiate();
    AudioPolicyService::instantiate();
    registerExtensions();
    ProcessState::self()->startThreadPool();
    IPCThreadState::self()->joinThreadPool();
}
```

这个 mediaserver 的目录下只有少数几个文件。它的任务很简单，就是把所有媒体相关的 native 层服务（包括 AudioFlinger，MediaPlayerService，CameraService 和 AudioPolicyService）启动起来。可以参考其 Android.mk：

```
LOCAL_SRC_FILES:= \
    main_mediaserver.cpp

LOCAL_SHARED_LIBRARIES := \
    libaudioflinger \
    libcameraservice \
    libmedialogservice \
    libcutils \
    libnbaio \
    libmedia \
    libmediaplayerservice \
…
LOCAL_MODULE:= mediaserver
```

根据前面的分析，AudioFlinger 的源码实现是放在 libaudioflinger 库中的，因而在编译 mediaserver 时要引用这个库，其他服务也是类似的做法。编译生成的 mediaserver 可执行文件将被烧录到设备的 /system/bin/mediaserver 路径中，然后当系统开机时由 init 进程启动，其在 Init.rc 中的对应配置是：

```
service media /system/bin/mediaserver
    class main
    user media
    group audio camera inet net_bt net_bt_admin net_bw_acct drmrpc mediadrm
    ioprio rt 4
```

值得一提的是，AudioFlinger::instantiate() 并不属于 AudioFlinger 内部的静态函数，而是 BinderService 类的一个实现。包括 AudioFlinger，AudioPolicyService 等在内的几个服务都继承自这个统一的 Binder 服务类。比如：

```
class AudioFlinger :
    public BinderService<AudioFlinger>,
    public BnAudioFlinger…
```

从名称上看，BinderService 应该是实现了 Binder 跨进程通信相关的一些功能。实际上它是一个模板类，其中的函数 instantiate 用于把模板中指定的服务创建出来，并添加到 ServiceManager 中：

```
/*frameworks/native/include/binder/BinderService.h*/
    template<typename SERVICE> …
    static status_t publish(bool allowIsolated = false) {
        sp<IServiceManager> sm(defaultServiceManager());
        return sm->addService(String16(SERVICE::getServiceName()), new SERVICE(), allowIsolated);
    }
    static void instantiate() { publish(); } //调用publish
```

回头看看 AudioFlinger 的构造函数，发现它只是简单地为内部一些变量做了初始化，除此之外就没有任何有效的代码了（其他部分源码与 log 和 debug 有关，可以忽略不计）：

```
AudioFlinger::AudioFlinger()
    :BnAudioFlinger(),mPrimaryHardwareDev(NULL), mHardwareStatus(AUDIO_HW_IDLE),
    mMasterVolume(1.0f), mMasterMute(false), mNextUniqueId(1),
    mMode(AUDIO_MODE_INVALID),mBtNrecIsOff(false){…
}
```

读者可能会觉得疑惑,即 AudioFlinger 在什么情况下会开始执行实际的工作呢?没错,是在 onFirstRef()中。BnAudioFlinger 是由 RefBase 层层继承而来的,并且 IServiceManager::addService 的第二个参数实际上是一个强指针引用(const sp<IBinder>&),因而 AudioFlinger 具备了"强指针被第一次引用时调用 onFirstRef"的程序逻辑。如果读者不是很清楚这些细节,可以参考下本书的强指针章节,这里不再赘述:

```
void AudioFlinger::onFirstRef()
{
    int rc = 0;
    Mutex::Autolock _l(mLock);
    char val_str[PROPERTY_VALUE_MAX] = { 0 };
    if (property_get("ro.audio.flinger_standbytime_ms", val_str, NULL) >= 0) {
        uint32_t int_val;
        if (1 == sscanf(val_str, "%u", &int_val)) {
            mStandbyTimeInNsecs = milliseconds(int_val);
            ALOGI("Using %u mSec as standby time.", int_val);
        } else {
            mStandbyTimeInNsecs = kDefaultStandbyTimeInNsecs;
            …
        }
    }
    mMode = AUDIO_MODE_NORMAL;
}
```

属性 ro.audio.flinger_standbytime_ms 为用户调整 standby 时间提供了一个接口,早期版本中这个时间值是固定的。接下来程序会初始化几个重要的内部变量——和前面 AudioFlinger 构造函数中的做法不同的是,这里赋予各变量的都是有效的值。

从这时开始,AudioFlinger 就是一个"有意义"的实体了。接下来其他进程可以通过 Service Manager 来访问 AudioFlinger,并调用 createTrack,openOutput 等一系列接口来驱使 AudioFlinger 执行音频处理操作,我们在后续小节会做详细讲解。

13.3.2 AudioFlinger 对音频设备的管理

虽然 AudioFlinger 实体已经成功创建并初始化,但到目前为止它还没有涉及具体的工作。

从职能分布上来讲,AudioPolicyService 是策略的制定者,如什么时候打开音频接口设备、某种 Stream 类型的音频对应什么设备等都由其决定。而 AudioFlinger 则是策略的执行者,如具体如何与音频设备进行通信、如何维护现有系统中的音频设备以及多个音频流的"混音"如何处理等都得由它来完成。

目前 Audio 系统中支持的音频设备接口(Audio Interface)分为 3 大类,即:

```
/*frameworks/av/services/audioflinger/AudioFlinger.cpp*/
static const char * const audio_interfaces[] = {
    AUDIO_HARDWARE_MODULE_ID_PRIMARY, //主音频设备,必须存在
    AUDIO_HARDWARE_MODULE_ID_A2DP,//蓝牙 A2DP 音频
    AUDIO_HARDWARE_MODULE_ID_USB, //USB 音频,早期的版本不支持
};
```

每种音频设备接口由一个对应的"so 库"来提供支持。那么 AudioFlinger 怎么会知道当前设备中支持上述的哪些接口,每种接口又支持哪些具体的音频设备呢?这是 AudioPolicyService 的责任之一,即根据用户配置来指导 AudioFlinger 加载设备接口。

13.3 音频系统的核心——AudioFlinger

当 AudioPolicyManagerBase（AudioPolicyService 中持有的 Policy 管理者，后面小节有详细介绍）构造时，它会读取厂商关于音频设备的描述文件（audio_policy.conf），然后据此来打开以上 3 类音频接口（如果存在的话）。这一过程最终会调用 loadHwModule@AudioFlinger，如下所示：

```
/*frameworks/av/services/audioflinger*/
audio_module_handle_t AudioFlinger::loadHwModule(const char *name)/*name就是前面audio_
interfaces数组成员中的字符串*/
{
    if (!settingsAllowed()) {
        return 0;
    }
    Mutex::Autolock _l(mLock);
    return loadHwModule_l(name);
}
```

这个函数没有做实质性的工作，只是执行了加锁动作，然后接着调用下面的函数：

```
audio_module_handle_t AudioFlinger::loadHwModule_l(const char *name)
{
    /*Step 1. 是否已经添加过这个interface?*/
    for (size_t i = 0; i < mAudioHwDevs.size(); i++) {
        if (strncmp(mAudioHwDevs.valueAt(i)->moduleName(), name, strlen(name)) == 0) {
            ALOGW("loadHwModule() module %s already loaded", name);
            return mAudioHwDevs.keyAt(i);
        }
    }
    /*Step 2. 加载audio interface*/
    audio_hw_device_t *dev;
    int rc = load_audio_interface(name, &dev);
    …
    /*Step 3. 初始化*/
    mHardwareStatus = AUDIO_HW_INIT;
    rc = dev->init_check(dev);
    mHardwareStatus = AUDIO_HW_IDLE;
    …
    /*Step 4. 添加到全局变量中*/
    audio_module_handle_t handle = nextUniqueId();
    mAudioHwDevs.add(handle, new AudioHwDevice(name, dev,flags));

    return handle;
}
```

Step1@loadHwModule_l。首先查找 mAudioHwDevs 中是否已经添加了变量 name 所指示的 audio interface，如果是就直接返回。第一次进入时 mAudioHwDevs 的 size 为 0，所以还会继续往下执行。

Step2@ loadHwModule_l。加载指定的 audio interface，如 "primary" "a2dp" 或者 "usb"。函数 load_audio_interface 用来加载设备所需的库文件，然后打开设备并创建一个 audio_hw_device_t 实例。音频接口设备所对应的库文件名称是有一定格式的，如 a2dp 的模块名可能是 audio.a2dp.so 或者 audio.a2dp.default.so 等。查找路径主要有两个，即：

```
/** Base path of the hal modules */
#define HAL_LIBRARY_PATH1 "/system/lib/hw"
#define HAL_LIBRARY_PATH2 "/vendor/lib/hw"
```

当然，因为 Android 是完全开源的，各开发商可以根据自己的需求来进行相应的修改。比如下面是某手机设备的音频库截图，如图 13-12 所示。

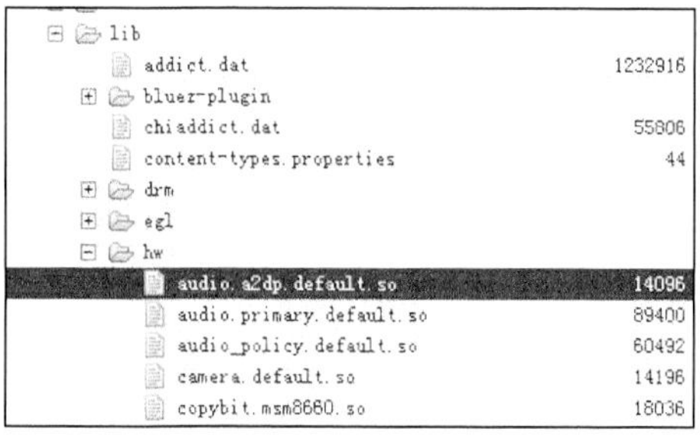

Step3@ loadHwModule_l。进行初始化操作。其中 init_check 是为了确定这个 audio interface 是否已经成功初始化，0 是成功，其他值表示失败。接下来如果这个 device 支持主音量，我们还需要通过 set_master_volume 进行设置。应该特别注意的是，

▲图 13-12 音频库实例

每次操作 device 前，都要求先改变 mHardwareStatus 的状态值，操作结束后再将其复原为 AUDIO_HW_IDLE（根据源码中的注释，这样做是为了方便 dump 时正确输出内部状态，我们就不去深究了）。

Step4@ loadHwModule_l。把加载后的设备添加入 mAudioHwDevs 键值对中，其中 key 的值是由 nextUniqueId 生成的，这样做保证了这个 audio interface 拥有全局唯一的 id 号。

完成了 audio interface 的模块加载只是万里长征的第一步。因为每一个 interface 包含的设备通常不止一个，Android 系统目前支持的音频设备如表 13-4 所示。

表 13-4　　　　　　　　　　Android 系统支持的音频设备（输出）

Device Name	Description
AUDIO_DEVICE_OUT_EARPIECE	听筒
AUDIO_DEVICE_OUT_SPEAKER	喇叭
AUDIO_DEVICE_OUT_WIRED_HEADSET	带话筒的耳机
AUDIO_DEVICE_OUT_WIRED_HEADPHONE	耳机
AUDIO_DEVICE_OUT_BLUETOOTH_SCO	SCO 蓝牙
AUDIO_DEVICE_OUT_BLUETOOTH_SCO_HEADSET	SCO 蓝牙耳机
AUDIO_DEVICE_OUT_BLUETOOTH_SCO_CARKIT	SCO 车载套件
AUDIO_DEVICE_OUT_BLUETOOTH_A2DP	A2DP 蓝牙
AUDIO_DEVICE_OUT_BLUETOOTH_A2DP_HEADPHONES	A2DP 蓝牙耳机
AUDIO_DEVICE_OUT_BLUETOOTH_A2DP_SPEAKER	A2DP 蓝牙喇叭
AUDIO_DEVICE_OUT_AUX_DIGITAL	AUX
AUDIO_DEVICE_OUT_ANLG_DOCK_HEADSET	模拟 dock headset
AUDIO_DEVICE_OUT_DGTL_DOCK_HEADSET	数字 dock headset
AUDIO_DEVICE_OUT_USB_ACCESSORY	USB 配件
AUDIO_DEVICE_OUT_USB_DEVICE	USB 设备
AUDIO_DEVICE_OUT_REMOTE_SUBMIX	SubMix 设备
AUDIO_DEVICE_OUT_DEFAULT	默认设备
AUDIO_DEVICE_OUT_ALL	上述每种设备只占 int 值一个 bit 位，这里是指上述设备的集合
AUDIO_DEVICE_OUT_ALL_A2DP	上述设备中与 A2DP 蓝牙相关的设备集合
AUDIO_DEVICE_OUT_ALL_SCO	上述设备中与 SCO 蓝牙相关的设备集合
AUDIO_DEVICE_OUT_ALL_USB	上述设备中与 USB 相关的设备集合

读者可能会有疑问：

➢ 这么多的输出设备，那么当我们回放音频流（录音也是类似的情况）时，该选择哪一种呢？
➢ 而且当前系统中 audio interface 也很可能不止一个，应该如何选择？

显然这些决策工作将由 AudioPolicyService 来完成，我们会在下一小节做详细阐述。在此之前大家可以先来了解下，AudioFlinger 是如何打开一个 Output 通道的（一个 audio interface 可能包含若干个 output）。

打开音频输出通道（output）在 AF 中对应的接口是 openOutput()，即：

```
audio_io_handle_t AudioFlinger::openOutput(audio_module_handle_t module, audio_devices_t
                  *pDevices,uint32_t *pSamplingRate, audio_format_t *pFormat,
                  audio_channel_mask_t *pChannelMask,
```

13.3 音频系统的核心——AudioFlinger

```
                                    uint32_t *pLatencyMs, audio_output_flags_t flags)
{
    /*入参中的module是由前面的loadHwModule获得的，它是一个audio interface的id号，可以
      通过此id在mAudioHwDevs中查找到对应的AudioHwDevice对象*/
    status_t status;
    PlaybackThread *thread = NULL;
    …
    audio_stream_out_t *outStream = NULL;
    audio_hw_device_t *outHwDev;
    …
    /*Step 1. 查找相应的audio interface*/
    outHwDev = findSuitableHwDev_l(module, *pDevices);
    …
    /*Step 2.为设备打开一个输出流*/
    audio_hw_device_t *hwDevHal = outHwDev->hwDevice();
    audio_io_handle_t id = nextUniqueId();
    mHardwareStatus = AUDIO_HW_OUTPUT_OPEN;
    status = outHwDev->open_output_stream(hwDevHal, id, *pDevices,
                            (audio_output_flags_t)flags, &config, &outStream);
    mHardwareStatus = AUDIO_HW_IDLE;
    …
    if (status == NO_ERROR && outStream != NULL) {
        /*Step 3.生成AudioStreamOut*/
        AudioStreamOut *output = new AudioStreamOut(outHwDev, outStream);
        /*Step 4.创建PlaybackThread*/
        if ((flags & AUDIO_OUTPUT_FLAG_DIRECT)||(config.format != AUDIO_FORMAT_PCM_16_BIT)
                        ||(config.channel_mask != AUDIO_CHANNEL_OUT_STEREO)) {
            thread = new DirectOutputThread(this, output, id, *pDevices);
        } else {
            thread = new MixerThread(this, output, id, *pDevices);
        }
        mPlaybackThreads.add(id, thread); //添加播放线程
        …
        /*Step 5.Primary output 情况下的处理*/
        if ((mPrimaryHardwareDev == NULL) &&flags & AUDIO_OUTPUT_FLAG_PRIMARY)) {
            ALOGI("Using module %d has the primary audio interface", module);
            mPrimaryHardwareDev = outHwDev;
            AutoMutex lock(mHardwareLock);
            mHardwareStatus = AUDIO_HW_SET_MODE;
            hwDevHal->set_mode(hwDevHal, mMode);
            mHardwareStatus = AUDIO_HW_IDLE;
        }
        return id;
    }
    return 0;
}
```

上面这段代码中，颜色加深的部分是我们接下来分析的重点，主要还是围绕outHwDev这个变量所做的一系列操作。即：

- 查找合适的音频接口设备（findSuitableHwDev_l）；
- 创建音频输出流（通过open_output_stream获得一个audio_stream_out_t）；
- 利用AudioStreamOut来封装audio_stream_out_t与audio_hw_device_t；
- 创建播放线程（PlaybackThread）；
- 如果当前设备是主设备，则还需要进行相应的设置（比如模式设置）。

显然，outHwDev用于记录一个打开的音频接口设备，它的数据类型是audio_hw_device_t，是由HAL规定的一个音频接口设备所应具有的属性集合，如下所示：

```
struct audio_hw_device {
    struct hw_device_t common;
    …
    int (*set_master_volume)(struct audio_hw_device *dev, float volume);
    int (*set_mode)(struct audio_hw_device *dev, audio_mode_t mode);
    int (*open_output_stream)(struct audio_hw_device *dev,
                              audio_io_handle_t handle,
```

```
                                    audio_devices_t devices,
                                    audio_output_flags_t flags,
                                    struct audio_config *config,
                                    struct audio_stream_out **stream_out);
…}
```

其中 common 代表了所有硬件设备在 HAL 层都要实现的共有属性；set_master_volume、set_mode、open_output_stream 分别为我们设置 audio interface 的主音量、设置音频模式类型（比如 AUDIO_MODE_RINGTONE，AUDIO_MODE_IN_CALL 等）、打开输出数据流提供了接口。

接下来我们分步阐述。

Step1@AudioFlinger::openOutput。在 openOutput 中，设备 outHwDev 是通过查找当前系统的记录得到的。代码如下：

```
AudioFlinger::AudioHwDevice* AudioFlinger::findSuitableHwDev_l(audio_module_handle_t module,
                                                               audio_devices_t devices)
{
    if (module == 0) {//特殊的module值，此时需要加载所有interface
        ALOGW("findSuitableHwDev_l() loading well know audio hw modules");
        for (size_t i = 0; i < ARRAY_SIZE(audio_interfaces); i++) {
            loadHwModule_l(audio_interfaces[i]);
        }
        for (size_t i = 0; i < mAudioHwDevs.size(); i++) {//然后再查找符合要求的device
            AudioHwDevice *audioHwDevice = mAudioHwDevs.valueAt(i);
            audio_hw_device_t *dev = audioHwDevice->hwDevice();
            if ((dev->get_supported_devices != NULL) &&
                (dev->get_supported_devices(dev) & devices) == devices)
                return audioHwDevice;
        }
    } else {//直接从已有记录中查找device
        AudioHwDevice *audioHwDevice = mAudioHwDevs.valueFor(module);
        if (audioHwDevice != NULL) {
            return audioHwDevice;
        }
    }
    return NULL;
}
```

变量 module 值为 0 的情况，是为了兼容之前的 Audio Policy 而做的特别处理。当 module 等于 0 时，首先加载所有已知的音频接口设备，然后才能根据 devices 来确定其中符合要求的设备。入参 devices 的值实际上来源于表格"表 13-4 Android 系统支持的音频设备（输出）"所示的设备。可以看到，enum 中每个设备类型都对应一个特定的比特位，因而上述代码段中可以通过"与运算"来找到匹配的设备。

当 modules 为非 0 值时，说明 Audio Policy 指定了具体的设备 id 号，这时就通过查找全局的 mAudioHwDevs 变量来确认是否存在符合要求的设备：

```
DefaultKeyedVector<audio_module_handle_t, AudioHwDevice*>  mAudioHwDevs;
```

变量 mAudioHwDevs 是一个 Vector，以 audio_module_handle_t 为 key，每一个 handle 唯一确定了已经添加的音频设备。那么，我们在什么时候添加设备呢？

一种情况就是前面看到的 modules 为 0 时，会 load 所有潜在设备；另一种情况就是 AudioPolicyManagerBase 在构造函数中会预加载所有 audio_policy.conf 中所描述的 output（后续小节有详细介绍）。不管是哪一种情况，最终都会调用 loadHwModule→loadHwModule_l，这个函数我们开头就已分析过。

Step2@AudioFlinger::openOutput。调用 open_output_stream 打开一个 audio_stream_out_t。如果从理论角度讲解这个函数，读者可能会觉得很抽象，所以这里我们提供一个具体硬件方案上的实现范例。原生态代码中就包含了一些具体音频设备的实现，如 samsung 的 tuna。其源码如下：

13.3 音频系统的核心——AudioFlinger

```
/*device/samsung/tuna/audio/Audio_hw.c*/
static int adev_open_output_stream(…struct audio_stream_out **stream_out)
{
    struct tuna_audio_device *ladev = (struct tuna_audio_device *)dev;
    struct tuna_stream_out *out;
    …
    *stream_out = NULL;
    out = (struct tuna_stream_out *)calloc(1, sizeof(struct tuna_stream_out));
    …
    out->stream.common.set_parameters= out_set_parameters;…
    *stream_out = &out->stream;
    …
}
```

我们去掉了其中的大部分代码，只留下核心源码。可以看到，tuna_stream_out 类型包含了 audio_stream_out，后者就是最后要返回的结果。这种方式在 HAL 层的实现中很常见，读者应该熟悉这样的写法。而对于 audio_stream_out 的操作，无非就是根据入参需要为它的函数指针做初始化，如 set_parameters 的实现就最终指向了 out_set_parameters。接下来的实现就涉及 Linux 驱动了，我们这里先不往下分析，后面音量调节小节还会再遇到这个函数。

Step3@AudioFlinger::openOutput。生成 AudioStreamOut 对象。这个变量没什么特别的，它把 audio_hw_device_t 和 audio_stream_out_t 作为一个整体来封装。

Step4@AudioFlinger::openOutput。既然通道已经打开，那么由谁来往通道里"填"东西呢？这就是 PlaybackThread。而且分两种不同的情况：

- DirectOutput
  如果不需要混音。
- Mixer
  需要混音。

这两种情况分别对应 DirectOutputThread 和 MixerThread 两种线程。我们以后者为例来分析下 PlaybackThread 的工作模式，也会为后面小节的内容打下基础。

图 13-13 描述了包括 PlaybackThread 在内的各回放线程的继承关系。

如图所示，用于 Playback 的线程种类不少，它们的"基类"都是 Thread。

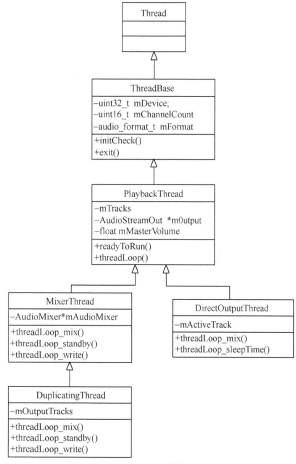

▲图 13-13 Playback 各线程类关系图

AudioFlinger 中用于记录 Record 和 Playback 线程的有两个全局变量。如下：

```
DefaultKeyedVector< audio_io_handle_t, sp<PlaybackThread>>    mPlaybackThreads;
DefaultKeyedVector< audio_io_handle_t, sp<RecordThread>>      mRecordThreads;
```

在 openOutput 中，加入 mPlaybackThreads 的是一个新建的线程类实例，如 MixerThread。它的构造函数如下：

```
AudioFlinger::MixerThread::MixerThread(…):PlaybackThread(audioFlinger, output, id,
```

```
    device, type),…
{    …
    mAudioMixer = new AudioMixer(mNormalFrameCount, mSampleRate);
    if (mChannelCount != FCC_2) {//非双声道的情况下
        ALOGE("Invalid audio hardware channel count %d", mChannelCount);
    }
    mOutputSink = new AudioStreamOutSink(output->stream);
    …
    if (initFastMixer) {
        …
    } else {
        mFastMixer = NULL;
    }
    …
}
```

首先生成一个 AudioMixer 对象，这是混音处理的关键，我们在后面会有详细介绍。然后检查声道数量，在 Mixer 情况下肯定不止一个声道。接着创建一个 NBAIO（Non-blocking audio I/O interface）Sink（即 AudioStreamOutSink），并进行 negotiate。最后根据配置（initFastMixer）来判断是否使用 fast mixer。

可以想象一下，一个放音线程的任务就是"不断"处理上层的音频数据回放请求，然后将其传递到下一层，最终写入硬件设备。但是在上面这个函数中，似乎并没有看到程序去启动一个新线程，也没有看到进入线程循环的地方，或者去调用其他可能引起线程创建的函数。那么，究竟在什么情况下 MixerThread 才会真正进入线程循环呢？

不知读者有没有注意到之前 mPlaybackThreads 的定义，我们再次列出如下：

```
DefaultKeyedVector< audio_io_handle_t, sp<PlaybackThread>>  mPlaybackThreads;
```

它实际上是由 audio_io_handle_t 和 PlaybackThread 强指针所组成的键值对；同时也可以判断出，PlaybackThread 类的祖先中一定会有 RefBase。具体来说，就是它的"父类"Thread 继承自 RefBase：

```
/*frameworks/native/include/utils/Thread.h*/
class Thread : virtual public RefBase
{…
```

根据强指针的特性，目标对象在第一次被引用时是会调用 onFirstRef 的，这点在前面小节分析 AudioFlinger 时也见过。函数实现如下：

```
void AudioFlinger::PlaybackThread::onFirstRef()
{
    run(mName, ANDROID_PRIORITY_URGENT_AUDIO);
}
```

很简单，只是调用了 run 方法，从而启动一个新线程并间接调用 threadLoop，不断地处理 Mix 业务。这样我们就明白一个 PlaybackThread 是如何进入线程循环的，至于循环中需要做些什么，留在下一小节做详细介绍。

Step5@ AudioFlinger::openOutput。到目前为止，我们已经成功地建立起一个音频通道，就等着 AudioTrack 往里"丢"数据了。不过假如当前的 output 是"primary"的，则还有一些额外的工作要做，如模式的设置。

我们来整理下这个小节所阐述的内容。

- 当 AudioPolicyManagerBase 构造时，它会根据用户提供的 audio_policy.conf 来分析系统中有哪些 Audio Interface（primary，a2dp 以及 usb），然后通过 AudioFlinger::loadHwModule 加载各 Audio Interface 对应的库文件，并依次打开其中的 Output(openOutput)和 Input(openInput)。

- 我们详细分析了 openOutput 所做的工作,包括打开一个 audio_stream_out_t 通道,生成 AudioStreamOut 对象,以及新建 PlaybackThread 等。此时"万事俱备,只欠东风",只要 AudioTrack 不断和 AudioFlinger 传递数据,整个音频回放就开始了。当然,这其中还涉及状态的管理、路由切换以及数据的跨进程通信等事宜,这些都是我们后面内容所要解决的。

13.3.3 PlaybackThread 的循环主体

当一个 PlaybackThread 进入主循环后(threadLoop),音频事务就正式开启了。仔细观察,就会发现这个循环中会不断地调用以"threadLoop_"开头的若干接口,如 threadLoop_mix、threadLoop_sleepTime、threadLoop_standby 等。以"threadLoop"的前缀开头,是因为这些函数都是在 threadLoop 这个主体里被调用的,可以说代表了这个 PlaybackThread 所需要完成的各个操作步骤。

从前一小节可以了解到,当程序执行到 PlaybackThread::onFirstRef 时会去启动一个线程来承载 threadLoop 的运行。接下来我们具体看看这个循环体中的处理流程:

```
bool AudioFlinger::PlaybackThread::threadLoop()
{…
    while (!exitPending())/*Step 1.注意循环条件*/
    {…
        processConfigEvents();/*Step 2. */
        { /*把这段代码框起来的目的是限制自动锁变量_l 的生命期,从而灵活地实现了自动锁的控制范围*/
            Mutex::Autolock _l(mLock);
            …
            /*Step 3. Standby 判断*/
            if (CC_UNLIKELY((!mActiveTracks.size() && systemTime() > standbyTime)
                                                        ||isSuspended())) {
                if (!mStandby) {
                    threadLoop_standby();//进入 standby
                    mStandby = true;
                }
                …
            }
            /*Step 4.准备音频数据*/
            mMixerStatus = prepareTracks_l(&tracksToRemove);
        }
        /*Step 5.准备就绪,开始 mix*/
        if (CC_LIKELY(mMixerStatus == MIXER_TRACKS_READY)) {
            threadLoop_mix();
        } else {
            threadLoop_sleepTime();//否则休眠一段时间
        }
        …
        /*Step 6.*/
        if (sleepTime == 0) {//sleepTime 为 0,代表我们必须写入音频硬件设备
            threadLoop_write();
            …
            mStandby = false;
        } else {
            usleep(sleepTime);  //进入休眠,时间长短是 sleepTime
        }
        /*Step 7.*/
        threadLoop_removeTracks(tracksToRemove);  //移除相关 Track
        tracksToRemove.clear();…
    }//while (!exitPending()结束
    …
    releaseWakeLock();
    return false;
}
```

Step1@ PlaybackThread::threadLoop。循环的条件是!exitPending()为 true。这个函数属于 Thread 类,它主要通过判断内部变量 mExitPending 的值来得出是否要结束线程。变量 mExitPending 在 Thread 初始化时为 fasle,如果后面有人通过 requestExit(),requestExitAndWait 等函数来请求主动退出,这个值就会改变,从而使得 PlaybackThread 结束循环。

Step2@PlaybackThread::threadLoop。处理 config 事件。当有配置变更的事件发生时，可以通过 sendConfigEvent 来通知 PlaybackThread。这个函数将把事件添加到 mConfigEvents 全局变量中，以供 processConfigEvents 进行处理。配置事件包括如下几种：

```
enum io_config_event {
    OUTPUT_OPENED, //Output 打开
    OUTPUT_CLOSED, //Output 关闭
    OUTPUT_CONFIG_CHANGED, //Output 配置改变
    INPUT_OPENED, //Input 打开
    INPUT_CLOSED, //Input 关闭
    INPUT_CONFIG_CHANGED,//Input 配置改变
    STREAM_CONFIG_CHANGED,//Stream 配置改变
    NUM_CONFIG_EVENTS
};
```

Step3@ PlaybackThread::threadLoop。判断当前是否符合 Standby 的条件，如果是就调用 threadLoop_standby。这个函数最终还是通过 HAL 层的接口来实现，如下所示：

```
mOutput->stream->common.standby(&mOutput->stream->common);
```

Step4@ PlaybackThread::threadLoop。进行数据准备，prepareTracks_l 这个函数非常长，我们先用伪代码的形式整理一下它所做的工作，如下所示：

```
AudioFlinger::PlaybackThread::mixer_state AudioFlinger::MixerThread::prepareTracks_l(…)
{
    /*Step 1. 当前活跃的 Track 数量*/
    size_t count = mActiveTracks.size();

    /*Step 2. 循环处理每个 Track，这是函数的核心*/
    for (size_t i=0 ; i<count ; i++) {
        Track* track = mActiveTracks[i];//伪代码没有考虑强指针

        /*Step 3. FastTrack 下的处理*/
        if(track is FastTrack?)
        {
            //do something;
        }
        /*Step 4. 准备数据，细分为以下几个小步骤来完成*/
        audio_track_cblk_t* cblk = track->cblk(); //Step 4.1 数据块准备

        /*Step 4.2 回放音频，至少需要准备多少帧数据？ */
        uint32_t minFrames = 1;//初始化
        //具体计算 minFrames 的过程…

        /*Step 4.3 如果数据已经准备完毕，那么:
            //调整音量
            //其他参数设置*/
    }//for 循环结束

    /*Step 5. 后续判断*/
    //返回结果，指明当前状态是否已经 ready
}
```

现在，我们针对上面的步骤来做"填空"。

Step1@MixerThread::prepareTracks_l。mActiveTracks 的数据类型是 SortedVector，用于记录当前活跃的 Track。它会随着新的 AudioTrack 的加入而扩大，也会在必要的情况下（AudioTrack 工作结束或者出错等）remove 相应的 Track。

Step2&Step3@MixerThread::prepareTracks_l。循环的条件就是要逐个处理该 PlaybackThread 中包含的所有 Tracks。假如当前是一个 FastTrack，我们还要做一些额外的准备工作，暂时不去涉及具体细节。

Step4@ MixerThread::prepareTracks_l。这一步是准备工作中最重要的，即缓冲数据。在学习代码细节前，我们先来了解数据传输时最容易出现的 underrun 问题。

13.3 音频系统的核心——AudioFlinger

什么是 Buffer Underrun 呢？

当两个设备或进程间形成"生产者-消费者"关系时，如果生产的速度不及消费者消耗的速度，就会出现 Underrun。以音频回放为例，此时用户听到的声音就可能是断断续续的，或者是重复播放当前 buffer 中的数据（取决于具体的实现）。

如何避免这种异常的发生呢？这是 AudioTrack 和 AudioFlinger 需要协同解决的问题。我们可以先看看"消费者"端的处理。

Step4 分为以下几个子步骤。

➢ Step 4.1 准备音频数据块：

```
audio_track_cblk_t* cblk = track->cblk();
```

关于 audio_track_cblk_t 的更多描述，可以参见后面的数据流小节。

➢ Step 4.2 计算此次回放音频所需的最少帧数，初始值为 1：

```
uint32_t minFrames = 1;
if ((track->sharedBuffer() == 0) && !track->isStopped() && !track->isPausing() &&
    (mMixerStatusIgnoringFastTracks == MIXER_TRACKS_READY)) {
    if (t->sampleRate() == (int)mSampleRate) {
        minFrames = mNormalFrameCount;
    } else {
        minFrames = (mNormalFrameCount * t->sampleRate()) / mSampleRate + 1 + 1;
        minFrames += mAudioMixer->getUnreleasedFrames(track->name());
        ALOG_ASSERT(minFrames <= cblk->frameCount);
    }
}
```

当 track->sharedBuffer() 为 0 时，说明这个 AudioTrack 不是 STATIC 模式的，即数据不是一次性传送的（可以参见 AudioTrack 小节的描述）。全局变量 mSampleRate 是通过 mOutput->stream->common.get_sample_rate 获得的，它由 HAL 提供，代表的是设备的 Sampling Rate。

如果两者一致，就采用 mNormalFrameCount，这个值在 readOutputParameters 函数中进行初始化；如果两者不一致，就要预留多余空间做 rounding(+1)和 interpolation(+1)。另外，还需要考虑未释放的空间大小，也就是 getUnreleasedFrames 得到的。得出的 minFrames 必须小于数据块的总大小，因而最后有个 ASSERT。通常情况下 frameCount 分配的是一个 buffer 的两倍，可以参见 AudioTrack 小节的例子。

➢ Step 4.3 数据是否准备就绪。

上一步我们计算出了数据的最小帧值，即 minFrames。接下来就应该判断当前的实际情况是否符合这一指标了。代码如下：

```
if ((track->framesReady() >= minFrames) && track->isReady() &&!track->isPaused()
    && !track->isTerminated())
    {//数据准备就绪，并处于 ready 状态
    mixedTracks++;//需要 mix 的 Track 数量增加 1
    …
    /*计算音量值*/
    uint32_t vl, vr, va; //3 个变量分别表示左、右声道和 Aux Level 音量
    if (track->isPausing() ||mStreamTypes[track->streamType()].mute) {
        vl = vr = va = 0; //当静音时，变量直接赋 0
        if (track->isPausing()) {
            track->setPaused();
        }
    } else {
        /*这里获得的是针对每个 stream 类型设置的音量值，也就是后面"音量调节"小节里最
            后执行到的地方，在这里就起到作用了*/
        float typeVolume = mStreamTypes[track->streamType()].volume;
        float v = masterVolume * typeVolume; //主音量和类型音量的乘积
        ServerProxy *proxy = track->mServerProxy;
        uint32_t vlr = proxy->getVolumeLR();//这里得到的 vlr 必须经过验证是否在合理范围内
        vl = vlr & 0xFFFF; //vlr 的高低位分别表示 vr 和 vl
```

```
                        vr = vlr >> 16;
                        if (vl > MAX_GAIN_INT) { //对 vl 进行合理值判断
                            ALOGV("Track left volume out of range: %04X", vl);
                            vl = MAX_GAIN_INT;
                        }
                        if (vr > MAX_GAIN_INT) {//对 vr 进行合理值判断
                            ALOGV("Track right volume out of range: %04X", vr);
                            vr = MAX_GAIN_INT;
                        }
                        // now apply the master volume and stream type volume
                        vl = (uint32_t)(v * vl) << 12;
                        vr = (uint32_t)(v * vr) << 12;
                        uint16_t sendLevel = proxy->getSendLevel_U4_12();
                        …
                        va = (uint32_t)(v * sendLevel);
                    }…
                    mAudioMixer->setParameter(name, param, AudioMixer::VOLUME0, (void *)vl);
                    mAudioMixer->setParameter(name, param, AudioMixer::VOLUME1, (void *)vr);
                    mAudioMixer->setParameter(name, param, AudioMixer::AUXLEVEL, (void *)va);
            } else {//数据未准备就绪的情况下,源代码略…
```

对于音量的设置还有很多细节,读者有兴趣的可以自行研究下。在得到 vl,vr 和 va 的值后,需要把它们应用到 AudioMixer 里。不过在 prepareTracks_l 中还只是调用 mAudioMixer->setParameter 设置了这些参数,真正的实现是在 threadLoop_mix 中,我们后面会讲到这个函数。

Step5@ MixerThread::prepareTracks_l。通过对每个 Track 执行上述处理后,最后要返回一个结果。这通常取决于:

(1) 是否有 active track;
(2) active track 的数据是否已经准备就绪。

返回的最终值将影响到 threadLoop 的下一步操作。

完成了 prepareTracks_l 的分析,我们再回到前面的 threadLoop。

Step5@ PlaybackThread::threadLoop。如果上一步的数据准备工作已经完成(即返回值是 MIXER_TRACKS_READY),就开始进行真正的混音操作,即 threadLoop_mix,否则会休眠一定的时间——如此循环往复直到退出循环体:

```
void AudioFlinger::MixerThread::threadLoop_mix()
{
    int64_t pts;
    …
    mAudioMixer->process(pts);
    …
}
```

这样就进入 AudioMixer 的处理了,我们放在下一小节做统一分析。

假如数据还没有准备就绪,那么 AudioFlinger 将调用 threadLoop_sleepTime 来计算需要休眠多长时间(变量 sleepTime),并在 threadLoop 主循环的末尾(在 remove track 之前)执行 usleep 进入休眠。

Step6@ PlaybackThread::threadLoop。将数据写到 HAL 中,从而借助后者逐步写入硬件设备中:

```
void AudioFlinger::PlaybackThread::threadLoop_write()
{
    mLastWriteTime = systemTime();//记录上次写入时间
    mInWrite = true;
    int bytesWritten;
    if (mNormalSink != 0) {//NBAIO 的情况下
        …
        ssize_t framesWritten = mNormalSink->write(mMixBuffer, count);
        …
    } else {
```

```
            bytesWritten = (int)mOutput->stream->write(mOutput->stream, mMixBuffer, mixBufferSize);
        }
        if (bytesWritten > 0) mBytesWritten += mixBufferSize;
        mNumWrites++;
        mInWrite = false;
    }
```

分为两种情况：

➢ 如果是采用了 NBAIO(Non-blocking Audio I/O)，即在 mNormalSink 不为空的情况下，则通过它写入 HAL 设备。

➢ 否则使用普通的 AudioStreamOut（即 mOutput 变量）将数据输出。

Step7@ PlaybackThread::threadLoop。移除 tracksToRemove 中指示的 Tracks。是否移除一个 Track 是在 prepareTracks_1 中判断，可以概括为以下几种情况。

➢ 对于 Fast Track，如果它的状态（mState）是 STOPPING_2，PAUSED，TERMINATED，STOPPED，FLUSHED，或者状态是 ACTIVE 但 underrun 的次数超过限额（mRetryCount），则会被加入 tracksToRemove 列表中。

➢ 在当前的 Track 数据未准备就绪的情况下，且是 STATIC TRACK 或者已经停止/暂停，也会被加入 tracksToRemove 列表中。

在 tracksToRemove 列表中的 Track，与其相关的 output 将收到 stop 请求（由 AudioSystem::stopOutput 发起）。

关于 AudioFlinger 中与 AudioTrack，AudioPolicyService 交互的部分，我们接下来将继续阐述。

13.3.4 AudioMixer

每一个 MixerThread 都有一个唯一对应的 AudioMixer（在 MixerThread 中用 mAudioMixer 表示）对象，它的作用就是完成音频的混音操作，其示意图如图 13-14 所示。

如图 13-14 所示，AudioMixer 对外开放的接口主要涉及 Parameter（如 setParameter）、Resampler（如 setResampler）、Volume（如 adjustVolumeRamp）、Buffer（如 setBufferProvider）及 Track（如 getTrackName）5 个部分。

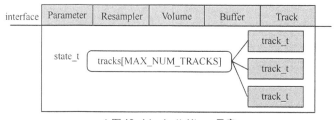

▲图 13-14　AudioMixer 示意

在内部的实现中，MixerThread 的核心是一个 mState 变量（state_t 类型），所有的混音工作都会在这个变量中体现出来——特别是其中的 tracks 数组，如下所示：

```
struct state_t {
    uint32_t    enabledTracks;
    uint32_t    needsChanged;
    size_t      frameCount;
    void        (*hook)(state_t* state, int64_t pts);   // one of process__*, never NULL
    int32_t     *outputTemp;
    int32_t     *resampleTemp;
    NBLog::Writer*    mLog;
    int32_t     reserved[1];
    track_t     tracks[MAX_NUM_TRACKS]; __attribute__((aligned(32)));
};
```

MAX_NUM_TRACKS=32，即最多支持 32 路同时混音，这在大部分情况下肯定足够了。数据类型 track_t 是对每个 Track 的描述——可想而知类似 setParameter 的设置接口，最终影响的就是 Track 的属性：

```
struct track_t {
    …
    union {
    int16_t     volume[MAX_NUM_CHANNELS];
    int32_t     volumeRL;
    };//音量相关的属性
    int32_t     prevVolume[MAX_NUM_CHANNELS];
    int32_t     volumeInc[MAX_NUM_CHANNELS];
    …
    uint8_t     channelCount; //只能是 1 或 2
    uint8_t     format;         // 总是 16
    uint16_t    enabled;        // 实际是布尔类型
    audio_channel_mask_t channelMask;
    AudioBufferProvider*                bufferProvider;
    mutable AudioBufferProvider::Buffer buffer; // 8 bytes
    hook_t      hook;
    const void* in; //buffer 中的当前位置
    AudioResampler*     resampler;
    uint32_t            sampleRate;
    int32_t*            mainBuffer;
    int32_t*            auxBuffer;
    …
    bool        setResampler(uint32_t sampleRate, uint32_t devSampleRate);
    bool        doesResample() const { return resampler != NULL; }
    void        resetResampler() { if (resampler != NULL) resampler->reset(); }
    void        adjustVolumeRamp(bool aux);
    size_t getUnreleasedFrames() const { return resampler != NULL ?
                                    resampler->getUnreleased Frames() : 0; };
};
```

AudioFlinger 的 threadLoop 中，通过不断调用 prepareTracks_l 来准备数据，而每次 prepare 实际上都是对所有 Tracks 的一次调整。如果属性有变化，就会通过 setParamter 来告知 AudioMixer。

在前一个小节中，threadLoop_mix 在内部就是通过 AudioMixer 来实现混音的。具体如下：

```
void AudioMixer::process(int64_t pts)
{
    mState.hook(&mState, pts);
}
```

"hook"是钩子的意思，为什么取这个名字呢？一个原因可能是 hook 指向的实体是变化的——所以就好像钩子一样，需要灵活地依附于各种物体之上。从代码层面来看，hook 是一个函数指针，它根据不同场景会分别指向以下几个函数实现。

process__validate：根据当前的具体情况，进一步将 hook 导向下面的几个函数。

process__nop：初始值。

process__OneTrack16BitsStereoNoResampling：只有一路 Track，16 比特立体声，不重采样。

process__genericNoResampling：两路（包含）以上 Track，不重采样。

process__genericResampling：两路（包含）以上 Track，重采样。

hook 在以下几种情况下会被重新赋值。

➢ AudioMixer 初始化时，hook 指向 process_nop。
➢ 状态改变或者参数变化时（比如 setParameter），调用 invalidateState，hook 指向 process__validate。
➢ AudioMixer::process 是外部程序调用 hook 的入口。

我们以简图来描述一下，大家也许会看得更清楚些，如图 13-15 所示。

13.4 策略的制定者——AudioPolicyService

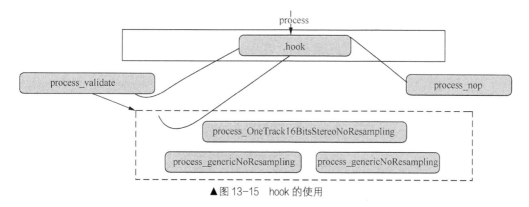

▲图 13-15 hook 的使用

其中，process_validate 的代码实现如下：

```
void AudioMixer::process__validate(state_t* state, int64_t pts)
{…
    int countActiveTracks = 0;
    bool all16BitsStereoNoResample = true;
    bool resampling = false;…
    uint32_t en = state->enabledTracks;
    while (en) {
        const int i = 31 - __builtin_clz(en);
        en &= ~(1<<i);
        countActiveTracks++; //enabled 状态的 Track 计数
        …
    }
    state->hook = process__nop;
    if (countActiveTracks) {
        if (resampling) {
            …
            state->hook = process__genericResampling;
        } else {
            …
            state->hook = process__genericNoResampling;
            if (all16BitsStereoNoResample && !volumeRamp) {
                if (countActiveTracks == 1) {
                    state->hook = process__OneTrack16BitsStereoNoResampling;
                }
            }
        }
    }
    state->hook(state, pts);
    …
}
```

这个函数先通过 while 循环逐个分析处于 enabled 状态的 Track，统计其内部各状态位（如 NEEDS_AUX__MASK、NEEDS_RESAMPLE__MASK 等）情况，得出 countActiveTracks、resampling、volumeRamp 及 all16BitsStereoNoResample 的合理值，最后基于这几个变量来选择正确的 hook 实现，并调用这个 hook 函数执行具体工作。

至于 AudioMixer 是如何处理音频数据的，我们将在音频流小节做统一分析。

13.4 策略的制定者——AudioPolicyService

在 AudioFlinger 小节，我们反复强调它只是策略的执行者，而 AudioPolicyService 才是策略的制定者。这种分离设计有效地降低了整个音频系统的耦合性，而且为各个模块独立扩展功能提供了基础保障。

13.4.1 AudioPolicyService 概述

汉语中有很多与策略有关联的俗语，如"因地制宜""具体问题具体分析"；战争中只遵照兵书来制定战术的行为也被称为"纸上谈兵""死读书"。这些都告诉我们，了解策略的执行环境非常重要，只有清晰地界定出"问题是什么"，才能有的放矢地制定出正确的 Policy 以解决问题。

从功能的角度来讲，Android 系统中的声音被划分为多个种类。具体如下所示：

```
/*frameworks/base/media/java/android/media/AudioSystem.java*/
    public static final int STREAM_VOICE_CALL = 0; /* 通话声音*/
    public static final int STREAM_SYSTEM = 1; /* 系统声音*/
    public static final int STREAM_RING = 2; /* 电话铃声和短信提示 */
    public static final int STREAM_MUSIC = 3; /* 音乐播放 */
    public static final int STREAM_ALARM = 4; /* 闹铃 */
    public static final int STREAM_NOTIFICATION = 5; /* 通知声音 */

    /*下面几个是隐藏类型，不对上层应用开放*/
    public static final int STREAM_BLUETOOTH_SCO = 6; /*蓝牙通话*/
    public static final int STREAM_SYSTEM_ENFORCED = 7; /* 强制的系统声音。比如有的国家强制
                                                      要求摄像头拍照时有声音，以防止偷拍*/
    public static final int STREAM_DTMF = 8; /* DTMF声音 */
    public static final int STREAM_TTS = 9; /* 即 text to speech (TTS) */
```

针对这么多音频类型，AudioPolicyService 至少面临如下几个问题。

- 问题 1：这些类型的声音需要输出到哪些对应的音频回放设备中？

比如一部典型的手机，它既有听筒、耳机接口，还有蓝牙设备。假设默认情况下播放音乐是通过听筒喇叭输出的，那么当用户插入耳机时，这个策略就会改变——从耳机输出，而不再是听筒；又如在机器插着耳机时，播放音乐不应该从喇叭输出，但是当有来电铃声时，就需要同时从喇叭和耳机输出音频。这些"音频策略"的制定，其主导者就是 AudioPolicyService。

- 问题 2：声音的路由策略如何？

如果把一个音乐播放实例（比如用 MediaPlayer 播放一首 SD 卡中的歌曲）比作源 IP，那么上一问题中找到的音频播放设备就是目标 IP。在 TCP/IP 体系中，从源 IP 最终到达目标 IP 通常需要经过若干个路由器节点——由路由器根据一定的算法来决定下一个匹配的节点是什么，从而制定出一条最佳的路由路径，如图 13-16 所示。

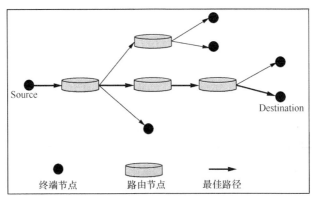

▲图 13-16　路由器示意图

AudioPolicyService 所要解决的问题与路由器类似。因为系统中很可能存在多个 Audio Interface，每一个 Audio Interface 包含若干个 output，而每个 output 又同时支持若干种音频设备——这就意味着从播放实例到终端设备需要经过 Audio Interface 和 output 的选择，被称为 AudioPolicyService 的路由功能。

13.4 策略的制定者——AudioPolicyService

- 问题3：每种音频类型的音量调节是否一样？

不同类型的音频，其音量的可调节范围是不一样的。比如有的是 0～15，而有的则是 1～20；而且它们的默认值也是有差别的，我们看看 AudioManager 中的定义：

```
public static final int[] DEFAULT_STREAM_VOLUME = new int[] {
    4,  // STREAM_VOICE_CALL
    7,  // STREAM_SYSTEM
    5,  // STREAM_RING
    11, // STREAM_MUSIC
    6,  // STREAM_ALARM
    5,  // STREAM_NOTIFICATION
    7,  // STREAM_BLUETOOTH_SCO
    7,  // STREAM_SYSTEM_ENFORCED
    11, // STREAM_DTMF
    11  // STREAM_TTS
};
```

关于音量的调节后面我们用专门的小节来介绍。

为了让读者对 AudioPolicyService 有个感性的认识，我们以图 13-17 来形象地表示它与 AudioTrack 及 AudioFlinger 的关系。

图 13-17 中的元素包括了 AudioPolicyService、AudioTrack、AudioFlinger、PlaybackThread 以及两个音频设备（喇叭、耳机）。它们之间的关系如下（特别注意，本例的目的只是说明这些元素间的关系，有些细节方面后续还会做进一步完善）。

- 一个 PlaybackThread 的输出对应了一种设备。

比如图中有两个设备，就有两个 PlaybackThread 与之对应。左边的 Thread 最终混音后输出到喇叭，而右边的则输出到耳机。

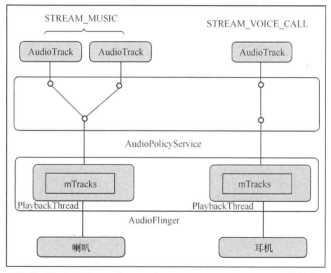

▲图 13-17　AudioPolicyService 与 AudioTrack、AudioFlinger 的关系图

- 在特定的时间，同一类型的音频对应的输出设备是统一的。

也就是说，如果当前 STREAM_MUSIC 对应的是喇叭，那么所有该类型的音频都会输出到喇叭。结合上一点我们还可以得出一个结论，即同一类型音频对应的 PlaybackThread 也是一样的。

- AudioPolicyService 起到了路由器的作用。

AudioPolicyService 在整个选择过程中的作用有点类似于网络路由器，它有权决定某一个 AudioTrack 所产生的"音频数据"最终会"流"向哪个设备，就像路由器可以根据一定的算法来决定发送者的数据包下一步应该传递给哪个节点一样。

接下来我们从以下几方面来考查 AudioPolicyService：
（1）从启动过程来看 AudioPolicyService 的工作方式；
（2）AudioPolicyService 如何通过 AudioFlinger 去管理音频设备；
（3）结合上面的关系图详细分析 AudioPolicyService 是如何完成"路由功能"的；
（4）分析 Android 系统中默认的"路由策略"。

其中 AudioPolicyService 的"路由实现"因为与 AudioTrack 关系紧密，我们特地把它们结合起来进行讲解。

13.4.2　AudioPolicyService 的启动过程

还记得前面我们在分析 AudioFlinger 的启动时，曾经看到过 AudioPolicyService 的"影子"吗？没错，它和 AudioFlinger 是驻留在同一个进程中的。如下所示：

```
/*frameworks/av/media/mediaserver/Main_mediaserver.cpp*/
int main(int argc, char** argv)
{
    …
    AudioFlinger::instantiate();
    …
    AudioPolicyService::instantiate();
    ProcessState::self()->startThreadPool();
    IPCThreadState::self()->joinThreadPool();
}
```

因而从理论上讲，AudioFlinger 和 AudioPolicyService 是可以直接进行函数调用的。不过，实际上它们仍然采用标准的 Binder 接口进行通信（同一进程中的 Binder 通信细节，读者可以参考本书 Binder 章节的描述）。

AudioPolicyService 的启动方式和 AudioFlinger 也类似，这里不再赘述，直接来看它的构造函数：

```
AudioPolicyService::AudioPolicyService()
    : BnAudioPolicyService() , mpAudioPolicyDev(NULL) , mpAudioPolicy(NULL)
{
    char value[PROPERTY_VALUE_MAX];
    const struct hw_module_t *module;
    int forced_val;
    int rc;
    …
    rc = hw_get_module(AUDIO_POLICY_HARDWARE_MODULE_ID, &module);//Step 1.加载 Policy 库
    …
    rc = audio_policy_dev_open(module, &mpAudioPolicyDev);//Step 2.打开 Policy 设备
    …
    rc = mpAudioPolicyDev->create_audio_policy(mpAudioPolicyDev, &aps_ops, this,
                            &mpAudioPolicy);//Step 3.生成 Policy
    …
    rc = mpAudioPolicy->init_check(mpAudioPolicy); //Step 4.初始化检查
    …
    //Step 5.加载音频效果配置文件
    if (access(AUDIO_EFFECT_VENDOR_CONFIG_FILE, R_OK) == 0) {
        loadPreProcessorConfig(AUDIO_EFFECT_VENDOR_CONFIG_FILE);
    } else if (access(AUDIO_EFFECT_DEFAULT_CONFIG_FILE, R_OK) == 0) {
        loadPreProcessorConfig(AUDIO_EFFECT_DEFAULT_CONFIG_FILE);
    }
}
```

我们将上述代码段分为 5 个步骤来讲解。

Step1@AudioPolicyService::AudioPolicyService。得到 Audio Policy 的 hw_module_t，原生态系统中 Audio Policy 的实现有两个地方，即 Audio_policy.c 和 Audio_policy_hal.cpp，默认情况下系统选择的是后者（对应的库是 libaudiopolicy_legacy）。

Step2@AudioPolicyService::AudioPolicyService。通过上一步得到的 hw_module_t 打开 Audio Policy 设备（这并不是一个传统意义的硬件设备，而是把 Policy 虚拟成一种设备。这种实现方式让开发商在制定自己的音频策略时多了不少灵活性）。原生态代码中 audio_policy_dev_open 调用的是 legacy_ap_dev_open@Audio_policy_hal.cpp，最终生成的 Policy Device 是 legacy_ap_device。

Step3@AudioPolicyService::AudioPolicyService。通过上述的 Audio Policy 设备来产生一个策略，其对应的具体实现方法是 create_legacy_ap@Audio_policy_hal.cpp。这个函数首先生成一个 legacy_audio_policy@Audio_policy_hal.cpp 对象，而 mpAudioPolicy 对应的则是 legacy_audio_policy::policy。除此之外，legacy_audio_policy 还包含如下重要的成员变量：

```
struct legacy_audio_policy {
    struct audio_policy policy;
    void *service;
    struct audio_policy_service_ops *aps_ops;
    AudioPolicyCompatClient *service_client;
    AudioPolicyInterface *apm;
};
```

其中 aps_ops 是由 AudioPolicyService 提供的函数指针（aps_ops），其中的函数集合是 AudioPolicyService 与外界沟通的接口，后面还会经常遇到。

最后一个 apm 是 AudioPolicyManager 的简写，AudioPolicyInterface 是其基类。而 apm 在原生态实现中是一个 AudioPolicyManagerDefault 对象，它是在 create_legacy_ap 中创建的：

```
static int create_legacy_ap(const struct audio_policy_device *device,
                            struct audio_policy_service_ops *aps_ops,
                            void *service,
                            struct audio_policy **ap)
{
    struct legacy_audio_policy *lap;
    …
    lap->apm = createAudioPolicyManager(lap->service_client);
…}
```

函数 createAudioPolicyManager 默认情况下对应的是 AudioPolicyManagerDefault.cpp 中的实现，所以它将返回一个 AudioPolicyManagerDefault。

是不是觉得"Policy"相关的类越来越多了，那为什么需要这么多类呢？我们先来看一下它们之间的关系，如图 13-18 所示。

看起来很复杂，其实概括一下就以下几点。

● AudioPolicyService 持有的只是一个类似于接口类的对象，即 audio_policy。换句话说，AudioPolicyService 是一个"母体"，而 audio_policy 则是一个符合要求的插件。插件与壳之间的接口是固定不变的，而内部实现却可以根据厂商自己的需求来做。

● 我们知道，audio_policy 实际上是一个 C 语言中的 struct 数据类型，内部包含了各种函数指针，如 get_output，start_output 等。这些函数指针在初始化时，需要指向具体的函数实现，这就对应 Audio_policy_hal 中的 ap_get_output，ap_start_output 等。

● 上面提到的各数据类型更多的只是一个"壳"，而真正的实现者是 AudioPolicyManager。与此相关的又有三个类：AudioPolicyInterface 是它们的基类，AudioPolicyManagerBase 实现了一些基础的策略，而 AudioPolicyManagerDefault 则是最终的实现类。除了 AudioPolicyService，后面这两个类也是我们研究 Audio Policy 的重点。

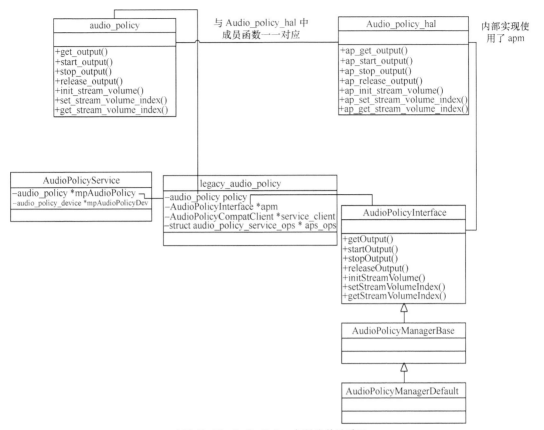

▲图 13-18　Audio Policy 相关类的关系图

Step4@AudioPolicyService::AudioPolicyService。进行初始化检测，原生态的实现直接返回 0。

Step5@AudioPolicyService::AudioPolicyService。加载音频效果文件（如果存在的话），文件路径如下：

```
AUDIO_EFFECT_DEFAULT_CONFIG_FILE "/system/etc/audio_effects.conf"
AUDIO_EFFECT_VENDOR_CONFIG_FILE "/vendor/etc/audio_effects.conf"
```

这样 AudioPolicyService 就完成了构造过程，而且它在 ServiceManager 中的注册名称为 "media.audio_policy"。其中包含的 mpAudioPolicy 变量是实际的策略制定者，而它也是通过 HAL 层的库来创建的。换句话说，是根据硬件厂商自己的"意愿"来制定的策略。

13.4.3　AudioPolicyService 与音频设备

在 AudioFlinger 的"设备管理"小节，我们曾简单提及 AudioPolicyService 将通过解析配置文件来加载当前系统中的音频设备。具体而言，当 AudioPolicyService 构造时创建了一个 AudioPolicy Device(mpAudioPolicyDev)并由此打开一个 AudioPolicy(mpAudioPolicy)——这个 Policy 默认情况下的实现是 legacy_audio_policy::policy（数据类型 audio_policy）；同时，legacy_audio_policy 还包含了一个 AudioPolicyInterface 成员变量，它会被初始化为一个 AudioPolicyManagerDefault，这些知识点都是我们在前一个小节分析过的。

那么，AudioPolicyService 在什么时候会通过 AudioFlinger 去加载音频设备呢？

除了后期的动态添加外，另外一个重要途径就是通过 AudioPolicyManagerDefault 的父类，即 AudioPolicyManagerBase 的构造函数来加载音频设备：

13.4 策略的制定者——AudioPolicyService

```
AudioPolicyManagerBase::AudioPolicyManagerBase(AudioPolicyClientInterface *client
Interface)…
{   mpClientInterface = clientInterface;
    …
    if (loadAudioPolicyConfig(AUDIO_POLICY_VENDOR_CONFIG_FILE) != NO_ERROR) {
        if (loadAudioPolicyConfig(AUDIO_POLICY_CONFIG_FILE) != NO_ERROR) {
            defaultAudioPolicyConfig();
        }
    }
    for (size_t i = 0; i < mHwModules.size(); i++) {
        mHwModules[i]->mHandle = mpClientInterface->loadHwModule(mHwModules[i]->mName);
        if (mHwModules[i]->mHandle == 0) {
            continue;
        }
        for (size_t j = 0; j < mHwModules[i]->mOutputProfiles.size(); j++)
        {
            const IOProfile *outProfile = mHwModules[i]->mOutputProfiles[j];
            if (outProfile->mSupportedDevices & mAttachedOutputDevices) {
                AudioOutputDescriptor *outputDesc = new AudioOutputDescriptor(outProfile);
                outputDesc->mDevice = (audio_devices_t)(mDefaultOutputDevice &
                                                    outProfile->mSupportedDevices);
                audio_io_handle_t output = mpClientInterface->openOutput(…);
    …
}
```

不同的 Android 产品在音频硬件的设计上通常是有差异的——利用配置文件的形式（audio_policy.conf）来描述产品中所包含的具体音频设备，为我们进行定制开发提供了便捷的实现。这个文件的存放路径有两处：

```
#define AUDIO_POLICY_VENDOR_CONFIG_FILE "/vendor/etc/audio_policy.conf"
#define AUDIO_POLICY_CONFIG_FILE "/system/etc/audio_policy.conf"
```

如果 audio_policy.conf 不存在的话，则系统将使用默认的配置，具体就在 defaultAudioPolicyConfig 中。通过配置文件可以读取到如下信息：

- 有哪些 audio interface，如有没有 "primary" "a2dp" "usb"；
- 每个 audio interface 的属性，如支持的 sampling_rates，formats 支持哪些 device 等。这些属性是在 loadOutput@AudioPolicyManagerBase 中读取的，并存储到 HwModule-> mOutputProfiles 中。每一个 audio interface 下可能有若干个 output 和 input，而每个 output/input 下又具体描述了它们所支持的若干属性，其关系如图 13-19 所示。

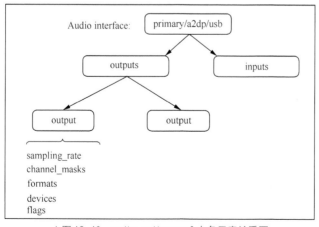

▲图 13-19 audio_policy.conf 中各元素关系图

读者可以自己打开一个 audio_policy.conf 来具体了解这个文件的编写格式，我们这里就不深入讲解了。

读取了相关配置后，接下来就要打开这些设备。我们知道 AudioPolicyService 只是策略的制定者，而非执行者。那么，由谁来完成这些具体的打开工作呢？没错，一定是 AudioFlinger。可以看到上述函数段中有一个 mpClientInterface 变量，它是否和 AudioFlinger 有联系？先来分析这个变量的来源。

很明显，mpClientInterface 在 AudioPolicyManagerBase 构造函数的第一行进行了初始化。再回溯追踪，不难发现它的根源在 AudioPolicyService 的构造函数中，对应的代码语句如下：

```
rc = mpAudioPolicyDev->create_audio_policy(mpAudioPolicyDev, &aps_ops, this, &mpAudio Policy);
```

在这个场景下，函数 create_audio_policy 对应的是 create_legacy_ap，并将传入的 aps_ops 组装到一个 AudioPolicyCompatClient 对象中，即 mpClientInterface 所指向的那个对象。

换句话说，mpClientInterface->loadHwModule 实际上调用的就是 aps_ops->loadHwModule。即：

```
static audio_module_handle_t aps_load_hw_module(void *service,const char *name)
{
    sp<IAudioFlinger> af = AudioSystem::get_audio_flinger();
    …
    return af->loadHwModule(name);
}
```

AudioFlinger 终于出现了——同样的情况也适用于 mpClientInterface->openOutput。具体代码如下：

```
static audio_io_handle_t aps_open_output(…)
{
    sp<IAudioFlinger> af = AudioSystem::get_audio_flinger();
    …
    return af->openOutput((audio_module_handle_t)0, pDevices, pSamplingRate, pFormat,
    pChannelMask,pLatencyMs, flags);
}
```

再回到 AudioPolicyManagerBase 的构造函数中，for 循环的目标有两个。

➢ 利用 loadHwModule 来加载从 audio_policy.conf 中解析出的 Audio Interface，即 mHwModules 数组中的元素。

➢ 利用 openOutput 来打开各 Audio Interface 中包含的所有 Output。

关于 AudioFlinger 中上述这两个函数的实现，我们在前一个小节已经分析过，这里终于把它们"串"起来了。通过 AudioPolicyManagerBase，AudioPolicyService 解析出了设备中的音频配置文件，并利用 AudioFlinger 提供的接口完成了整个音频系统的部署，从而为后续上层应用使用音频设备提供了底层支撑。

下一节我们就可以看到上层应用具体如何使用这一框架来回放音频。

13.5 音频流的回放——AudioTrack

13.5.1 AudioTrack 应用实例

虽然很多人对 MediaPlayer 并不陌生，但了解 AudioTrack 的估计就比较少了。这是因为 MediaPlayer 提供了更完整的封装和状态控制，使得我们用很少的代码就可以实现一个简单的音乐播放器。相比 MediaPlayer，AudioTrack 则更为精练、高效（实际上 MediaPlayerService 实现音频回放就是使用了 AudioTrack）。

AudioTrack 被用于 PCM 音频流的回放，在数据传送上有两种方式。

➢ 调用 write(byte[],int,int)或 write(short[],int,int)把音频数据"push"到 AudioTrack 中。

13.5 音频流的回放——AudioTrack

➢ 与之相对的，当然就是"pull"类型的数据获取方式，即"数据接收方"主动索取的过程，如图 13-20 所示。

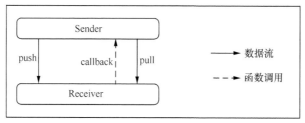

▲图 13-20 "push"和"pull"两种数据传送模式

除此之外，AudioTrack 还同时支持 static 和 streaming 两种数据模式。

- static

静态就是指数据一次性交付给接收方。其好处是简单高效，只需进行一次操作就完成了所有数据的传递；缺点当然也很明显——对于数据量较大的音频回放，它是无法胜任的。因而这种模式通常只适用于铃声、系统提醒等对内存要求小的播放操作。

- streaming

流模式和基于网络的音频流回放类似，即音频数据严格按照要求不断地传递给接收方，直到结束。理论上它适用于任何音频播放的场景，不过我们通常会在以下情况中优先考虑采用。

➢ 音频文件较大时。

➢ 音频属性要求高，如采样率高、深度大的数据。

➢ 音频数据是实时产生的，这种情况就只能用流模式了。

下面我们选取源码工程中的 MediaAudioTrackTest.java 范例来讲解 AudioTrack 的典型应用，具体如下所示：

```java
public void testSetStereoVolumeMax() throws Exception {
    final String TEST_NAME = "testSetStereoVolumeMax";
    final int TEST_SR = 22050;
    final int TEST_CONF = AudioFormat.CHANNEL_OUT_STEREO;
    final int TEST_FORMAT = AudioFormat.ENCODING_PCM_16BIT;
    final int TEST_MODE = AudioTrack.MODE_STREAM;
    final int TEST_STREAM_TYPE = AudioManager.STREAM_MUSIC;
    /*Step 1.计算最小缓冲区大小*/
    int minBuffSize = AudioTrack.getMinBufferSize(TEST_SR, TEST_CONF, TEST_FORMAT);
    /*Step 2.生成 AudioTrack 对象*/
    AudioTrack track = new AudioTrack(TEST_STREAM_TYPE, TEST_SR, TEST_CONF,
                                      TEST_FORMAT, minBuffSize, TEST_MODE);
    byte data[] = new byte[minBuffSize/2];
    //--------    test            --------------
    track.write(data, 0, data.length);//写入音频数据
    track.write(data, 0, data.length);
    track.play();//开始播放音频
    float maxVol = AudioTrack.getMaxVolume();//获取最大音量值
    assertTrue(TEST_NAME, track.setStereoVolume(maxVol, maxVol) == AudioTrack.SUCCESS);
    //--------- tear down         --------------
    track.release();
}
```

上述这个 TestCase 用于测试立体声左右声道的最大音量，范例中涉及的 AudioTrack 的常规操作都用高显标示出来了（顺便提一下，关于 Android 自动化测试的更多描述，可以参考本书最后一个篇章）。

包括如下几个步骤：

Step1@testSetStereoVolumeMax。函数 getMinBufferSize 的字面意思是获取最小的 buffer 大小，这个 buffer 将用于后面 AudioTrack 的构造函数。它是 AudioTrack 可以正常使用的一个最低保障——如果音频文件本身要求较高，官方建议最好采用比 MinBufferSize 更大的数值。这个函数的具体实现如下（分段阅读）：

```
static public int getMinBufferSize(int sampleRateInHz, int channelConfig, int audioFormat) {
            int channelCount = 0;
            switch(channelConfig) {
            case AudioFormat.CHANNEL_OUT_MONO:
            case AudioFormat.CHANNEL_CONFIGURATION_MONO:
                    channelCount = 1;
                    break;
            case AudioFormat.CHANNEL_OUT_STEREO:
            case AudioFormat.CHANNEL_CONFIGURATION_STEREO:
                    channelCount = 2;
                    break;
            default:
                    …
            }
```

首先得出音频的声道数属性。由 channelCount 这个变量的处理过程可知目前版本的系统最多只支持双声道：

```
        if ((audioFormat != AudioFormat.ENCODING_PCM_16BIT)
            && (audioFormat != AudioFormat.ENCODING_PCM_8BIT)) {
          return AudioTrack.ERROR_BAD_VALUE;
        }
```

紧接着检查音频采样深度，只支持 8bit 和 16bit 两种：

```
        if ((sampleRateInHz < SAMPLE_RATE_HZ_MIN)||(sampleRateInHz >SAMPLE_RATE_HZ_MAX))
        {
           loge("getMinBufferSize(): " + sampleRateInHz +"Hz is not a supported sample rate.");
            return AudioTrack.ERROR_BAD_VALUE;
        }
```

最后还需要检查采样频率。其支持的范围并不算宽，但对大部分应用场合都是适用的，即 4k(SAMPLE_RATE_HZ_MIN)-48Khz(SAMPLE_RATE_HZ_MAX)：

```
        int size = native_get_min_buff_size(sampleRateInHz, channelCount, audioFormat);
        …
    }//getMinBufferSize 结束
```

也就是说，最小的 buffer 大小取决于采样率、声道数和采样深度这 3 个属性。那么，具体是如何计算的呢？我们接着看看 native 层的代码实现：

```
frameworks/base/core/jni/android_media_AudioTrack.cpp
static jint android_media_AudioTrack_get_min_buff_size(JNIEnv *env, jobject thiz,
                           jint sampleRateInHertz, jint nbChannels, jint audioFormat) {
    int frameCount = 0;
    if (AudioTrack::getMinFrameCount(&frameCount, AUDIO_STREAM_DEFAULT,
                          sampleRateInHertz) != NO_ERROR) {
        return -1;
    }
    return frameCount * nbChannels * (audioFormat == javaAudioTrackFields.PCM16 ? 2 : 1);
}
```

这里又调用了 getMinFrameCount——这个函数用于确定至少需要多少 Frame 才能保证音频的正常播放。那么，Frame 代表了什么意思呢？大家可以类比一下视频中"帧"的概念——它代表了某个时间点的一幅图像。这里的 Frame 也相似，它指的是某个特定时间点时的音频数据量，所以 android_media_AudioTrack_get_min_buff_size 中最后使用的计算公式就是：

最小缓冲区大小=至少需要多少帧*每帧数据量

= frameCount * nbChannels * (audioFormat == javaAudioTrackFields.PCM16 ? 2 : 1);

公式中 frameCount 就是所需要的帧数，每一帧的数据量又等于：

Channel 数*每个 Channel 数据量=nbChannels * (audioFormat == javaAudioTrackFields.PCM16 ? 2 : 1)

然后函数层层返回直到 getMinBufferSize，我们就得到了能保障 AudioTrack 正常工作的最小缓冲区大小。

Step2@testSetStereoVolumeMax。创建 AudioTrack 实例。

有了 minBufferSize 后，我们就可以创建一个 AudioTrack 对象了。它的构造函数原型是：

```
public AudioTrack (int streamType, int sampleRateInHz, int channelConfig, int audioFormat, int bufferSizeInBytes, int mode)
```

除了倒数第二个参数是计算出来的，其他入参在这个 TestCase 中都是直接指定的。比如 streamType 是 STREAM_MUSIC，sampleRateInHz 是 22050 等。如果我们使用 AudioTrack 来编写一个音乐播放器，那么这些参数都是需要通过分析音频文件得出来的。幸运的是 Android 系统提供了更加易用的 MediaPlayer，使得开发者不需要理会这些琐碎细节。

创建 AudioTrack 的一个重要任务就是和 AudioFlinger 建立联系，它是由 native 层的代码来实现的：

```
public AudioTrack(int streamType, int sampleRateInHz, int channelConfig, int audioFormat,
    int bufferSizeInBytes, int mode, int sessionId)
throws IllegalArgumentException {
    …
    int initResult = native_setup(new WeakReference<AudioTrack>(this),
        mStreamType, mSampleRate, mChannels, mAudioFormat,
        mNativeBufferSizeInBytes, mDataLoadMode, session);
    …
}
```

这里调用了 native_setup 来创建一个本地的 AudioTrack 对象。如下所示：

```
/*frameworks/base/core/jni/android_media_AudioTrack.cpp*/
static intandroid_media_AudioTrack_native_setup(JNIEnv *env, jobject thiz, jobject weak_this,
    jint streamType, jint sampleRateInHertz, jint javaChannelMask,
    jint audioFormat, jint buffSizeInBytes, jint memoryMode, jintArray jSession)
{
    …
    sp<AudioTrack> lpTrack = new AudioTrack();
    …
    AudioTrackJniStorage* lpJniStorage = new AudioTrackJniStorage();
```

生成一个 Storage 对象，直觉告诉我们这可能是存储音频数据的地方，后面再详细分析：

```
    …
    if (memoryMode == javaAudioTrackFields.MODE_STREAM) {
        lpTrack->set(…
        audioCallback, //回调函数
        &(lpJniStorage->mCallbackData),//回调数据
        0,
        0,// shared mem
        true,// thread can call Java
        sessionId);// audio session ID
    } else if (memoryMode == javaAudioTrackFields.MODE_STATIC) {
        …
        lpTrack->set(…
        audioCallback,&(lpJniStorage->mCallbackData), 0,
        lpJniStorage->mMemBase,// shared mem
            true,// thread can call Java
            sessionId);// audio session ID
    }
…//native_setup 结束
```

函数 native_setup 首先生成了一个 AudioTrack(native)对象，然后进行各种属性的计算，最后调用 set 函数为 AudioTrack 设置这些属性——其中需要特别注意的是两种内存模式（MODE_STATIC 和 MODE_STREAM）下处理手法的差异。对于静态方式，set 函数的倒数第三个参数是 lpJniStorage->mMemBase；而 STREAM 类型时这个参数则为 null(0)。

到目前为止我们还没有看到 AudioTrack 与 AudioFlinger 有交互的地方，看来谜底应该就在这个 set 函数中了（分段阅读）：

```
status_t AudioTrack::set(…callback_t cbf, void* user, int notificationFrames,
const sp<IMemory>& sharedBuffer, bool threadCanCallJava, int sessionId)
{…
    AutoMutex lock(mLock);
    …
    if (streamType == AUDIO_STREAM_DEFAULT) {
        streamType = AUDIO_STREAM_MUSIC;
    }
```

当 AudioTrack 没有特别指明 streamType 时，程序会为它设置一个默认的值，即 AUDIO_STREAM_MUSIC：

```
    …
    if (format == AUDIO_FORMAT_DEFAULT) {//默认的采样深度值
        format = AUDIO_FORMAT_PCM_16_BIT;
    }
    if (channelMask == 0) {//默认声道数
        channelMask = AUDIO_CHANNEL_OUT_STEREO;
    }
```

采样深度和声道数的默认值分别为 16bit 和立体声：

```
    …
    if (format == AUDIO_FORMAT_PCM_8_BIT && sharedBuffer != 0) {
        ALOGE("8-bit data in shared memory is not supported");
        return BAD_VALUE;
    }
```

当 sharedBuffer!=0 时表明是 STATIC 模式。也就是说，静态数据模式下只支持 16bit 采样深度，否则就会报错并直接返回，这点要特别注意：

```
    …
    audio_io_handle_t output = AudioSystem::getOutput(streamType, sampleRate, format,
                                                     channelMask,flags);
```

通过上述的有效性检查后，AudioTrack 接着就可以使用底层的音频服务了。那么，是直接调用 AudioFlinger 服务提供的接口吗？理论上这样做也是可以的，但 Android 系统考虑得更细致，它在 AudioTrack 与底层服务间又提供了 AudioSystem 和 AudioService。前者同时提供了 Java 和 Native 两层的接口实现；而 AudioService 则只有 Native 层的实现。这样就降低了使用者（AudioTrack）与底层服务（AudioPolicyService、AudioFlinger 等）间的耦合。换句话说，不同版本的 Android 音频系统通常改动很大，但只要 AudioSystem 和 AudioService 向上的接口不变，那么 AudioTrack 就不需要做任何修改。

上面的 getOutput 函数是由 AudioSystem 提供的，不过可以猜测到其内部只是做了些简单的中转工作，最终还是得由 AudioPolicyService/AudioFlinger 来实现具体功能。这个 getOutput 会在当前系统中寻找最适合 AudioTrack 的 Audio Interface 以及 Output 输出（即 AudioFlinger 中通过 openOutput 打开的通道），然后 AudioTrack 会向这个 Output 申请一个 Track：

```
    …
    mVolume[LEFT] = 1.0f;
    mVolume[RIGHT] = 1.0f; /*左右声道的初始音量值都设置成最大。AudioTrack 中的不少成员变量都会
                             在这里赋值，源代码略*/
```

13.5 音频流的回放——AudioTrack

```
    …
    if (cbf != NULL) {
        mAudioTrackThread = new AudioTrackThread(*this, threadCanCallJava);
        mAudioTrackThread->run("AudioTrack", ANDROID_PRIORITY_AUDIO, 0 /*stack*/);
    }
    status_t status = createTrack_l(…sharedBuffer, output);
    …
}//AudioTrack::set 函数结束
```

因为 cbf 不为空，所以这里会启动一个 AudioTrack 线程。AudioTrackThread 需要实现两个核心功能。

- AudioTrack 与 AudioFlinger 间的数据传输

我们知道 AudioFlinger 启动了一个线程专门用于接收客户端的音频数据；同理，客户端也需要一个工作线程来"不断"地传送音频数据。

- 用于报告数据传输状态

音频传输过程中可能会有多种事件发生，如 underrun。此时需要不断回传状态给使用者进行相应处理。AudioTrack 中保存了（即全局变量 mCbf）一个 callback_t 类型的回调函数，用于事件发生时进行回传。

callback_t 为上层应用处理事件提供了一个入口。包括：

```
EVENT_MORE_DATA = 0,   /*请求写入更多数据*/
EVENT_UNDERRUN = 1,    /*音频传输发生了underrun 问题*/
EVENT_LOOP_END = 2,    /*到达 loop end，此时如果 loop count 不为空的话
将从 loop start 重新开始回放*/
EVENT_MARKER = 3,      /*Playback head 在指定的位置，参考 setMarkerPosition*/
EVENT_NEW_POS = 4,     /*Playback head 在一个新的位置，参考 setPositionUpdatePeriod */
EVENT_BUFFER_END = 5   /*Playback head 在 buffer 末尾*/
```

AudioTrack 在 AudioFlinger 内部是以 Track 类来管理的。不过因为它们之间是跨进程的关系，自然需要一个"桥梁"来维护，这个沟通的媒介是 IaudioTrack（有点类似于显示系统中的 Iwindow）。函数 createTrack_l 除了为 AudioTrack 在 AudioFlinger 中申请一个 Track 外，还会建立两者间的 IAudioTrack 桥梁：

```
status_t AudioTrack::createTrack_l(
        audio_stream_type_t streamType,uint32_t sampleRate, audio_format_t format, uint32_t
        channelMask,
        int frameCount, audio_output_flags_t flags, const sp<IMemory>& sharedBuffer,
        audio_io_handle_t output)
{
    const sp<IAudioFlinger>& audioFlinger = AudioSystem::get_audio_flinger();
```

获得 AudioFlinger 服务，还记得上一小节的介绍吗？AudioFlinger 会在 ServiceManager 中注册，并以 "media.audio_flinger" 为服务名：

```
    …
    IAudioFlinger::track_flags_t trackFlags = IAudioFlinger::TRACK_DEFAULT;
    …
    sp<IAudioTrack> track = audioFlinger->createTrack(getpid(),streamType, sampleRate,
                        format,channelMask, frameCount, trackFlags, sharedBuffer,
                        output, tid, &mSessionId, &status);
//未完待续…
```

利用 AudioFlinger 创建一个 IAudioTrack，这是它与 AudioTrack 之间的跨进程通道。除此之外，AudioFlinger 还做了什么？我们深入 AudioFlinger 进行分析：

```
sp<IAudioTrack> AudioFlinger::createTrack(…const sp<IMemory>& sharedBuffer, audio_io_
handle_t output,
        pid_t tid, int *sessionId, status_t *status)
{
    sp<PlaybackThread::Track>track;
```

```
    sp<TrackHandle> trackHandle;
    …
    PlaybackThread *thread =checkPlaybackThread_l(output);
    PlaybackThread *effectThread = NULL;
    …
    track = thread->createTrack_l(client, streamType, sampleRate, format,
            channelMask, frameCount, sharedBuffer, lSessionId, flags, tid, &lStatus);
    …
    if (lStatus == NO_ERROR) {
        trackHandle = new TrackHandle(track);
    } else {
        client.clear();
        track.clear();
    }
    return trackHandle;
}
```

我们只留下 createTrack 中最重要的几个步骤，即：

● AudioFlinger::checkPlaybackThread_l

在 AudioFlinger::openOutput 时，产生了全局唯一的 audio_io_handle_t 值，这个值是与 PlaybackThread 相对应的，它作为 mPlaybackThreads 键值对的 key 值存在。

当 AudioTrack 调用 createTrack 时，需要传入这个全局标记值，checkPlaybackThread_l 借此找到匹配的 PlaybackThread。

● PlaybackThread::createTrack_l

找到匹配的 PlaybackThread 后，还需要在其内部创建一个 PlaybackThread::Track 对象（所有 Track 都由 PlaybackThread::mTracks 全局变量管理），这些工作由 PlaybackThread::createTrack_l 完成。我们以图 13-21 来表示它们之间的关系。

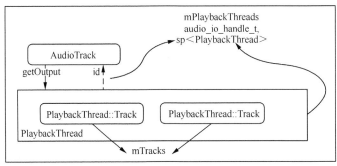

▲图 13-21　PlaybackThread 中对 Track 的管理

● new TrackHandle

TrackHandle 实际上就是 IAudioTrack，后续 AudioTrack 将利用这个 Binder 服务来调用 getCblk 等接口。

我们接着前面 AudioTrack::createTrack_l 中"未完待续"的部分往下看：

```
    …
    sp<IMemory> cblk = track->getCblk();
    …
    mAudioTrack = track;
    mCblkMemory = cblk;
    mCblk = static_cast<audio_track_cblk_t*>(cblk->pointer());
    …
    if (sharedBuffer == 0) {
        mCblk->buffers = (char*)mCblk + sizeof(audio_track_cblk_t);
    } else {
        mCblk->buffers = sharedBuffer->pointer();
        mCblk->stepUser(mCblk->frameCount);
```

```
        }
        …
        return NO_ERROR;
}
```

事实上当 PlaybackThread 创建一个 PlaybackThread::Track 对象时，所需的缓冲区空间就已经分配了。这块空间是可以跨进程共享的，所以 AudioTrack 可以通过 track->getCblk()来获取。看起来很简单的一句代码，其中却涉及很多细节，我们会在后面的数据流小节做统一分析。

到目前为止，AudioTrack 已经可以通过 IaudioTrack（即上面代码段中的 track 变量）来调用 AudioFlinger 提供的服务了。我们以图 13-22 来总结这一小节。

创建了 AudioTrack 后，应用实例就可以通过不断写入（AudioTrack::write）音频数据来回放声音。这部分代码与音频数据流有关，我们也放在后面小节中分析。

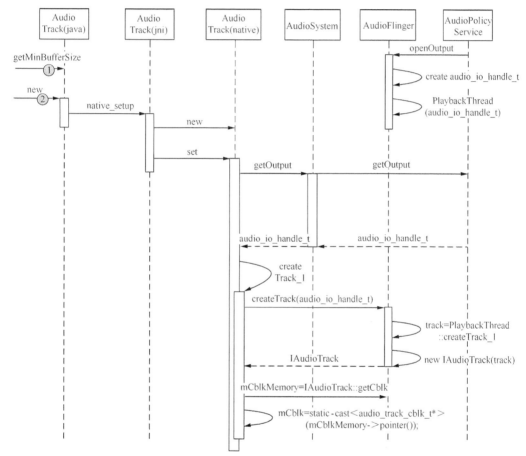

▲图 13-22　AudioTrack 的创建流程图

13.5.2　AudioPolicyService 的路由实现

我们在 AudioPolicyService 小节曾将其比作一个 "路由器"，不过还没有深入解析它是如何完成路由路径的选择的。这个功能的实现与使用者——AudioTrack 有很大关联，所以我们特地放在本小节进行剖析，希望读者可以综合起来理解。

"路由器"（AudioPolicyService）由如下几个核心部分组成。

- 与发送方（AudioTrack）的接口

"路由器"首先要接收到一个 IP 数据包才能去做路由处理，否则就会变成 "无源之水"。

- 与接收方（AudioFlinger）的接口

道理和上面类似，AudioPolicyService 内部拥有当前系统中所有音频设备的信息。这就好比一个"路由器"也需要预先知道它有多少个路由节点，才可能把音频数据发送到下一个正确的节点。

- 路由路径的算法策略

"路径选择策略"是 AudioPolicyService 的重点。和传统的"路由器"不同，它的路径选择算法并不是固定的，而是通过灵活的定制方式由各厂商自行实现。

大家应该还记得在前面 AudioTrack 范例小节的分析中，我们调用了 AudioSystem::getOutput。即：

```
status_t AudioTrack::set(…)
{…
    audio_io_handle_t output = AudioSystem::getOutput(streamType, sampleRate, format,
                                                     channel Mask, flags);
…}
```

AudioSystem 只是一个中介，其中的实现还是由 AudioPolicyService 完成的：

```
audio_io_handle_t AudioSystem::getOutput(…)
{
    const sp<IAudioPolicyService>& aps = AudioSystem::get_audio_policy_service();
    if (aps == 0) return 0;
    return aps->getOutput(stream, samplingRate, format, channels, flags);
}
```

显然是直接调用了 AudioPolicyService 的服务接口：

```
audio_io_handle_t AudioPolicyService::getOutput(...)
{   …
    Mutex::Autolock _l(mLock);
    return mpAudioPolicy->get_output(mpAudioPolicy, stream, samplingRate, format,
    channelMask, flags);
}
```

变量 mpAudioPolicy 便是由策略制定者"生产"出来的 Policy。在原生态的实现中它代表的是 legacy_audio_policy::policy@Audio_policy_hal.cpp，因而上面的 get_output 实际上调用的是如下函数：

```
static audio_io_handle_t ap_get_output(struct audio_policy *pol,…)
{
    struct legacy_audio_policy *lap = to_lap(pol);
    return lap->apm->getOutput((AudioSystem::stream_type)stream, sampling_rate, (int)
                                format,channelMask,(AudioSystem::output_flags)flags);
}
```

也就是说，前面的 getOutput 的接口实现最终是落在 getOutput@AudioPolicyManagerBase（AudioPolicyManagerDefault 继承自 AudioPolicyManagerBase，而后者又继承自 AudioPolicyInterface）中。

我们先来看看 AudioPolicyManagerBase 的 getOutput 实现：

```
/*hardware/libhardware_legacy/audio/AudioPolicyManagerBase.cpp*/
audio_io_handle_t AudioPolicyManagerBase::getOutput(AudioSystem::stream_type stream,
                        uint32_t samplingRate, uint32_t format,
                        uint32_t channelMask, AudioSystem::output_flags flags)
{
    audio_io_handle_t output = 0;
    uint32_t latency = 0;
    /*Step 1. 获取 stream 音频类型对应的 Strategy: */
    routing_strategy strategy = getStrategy((AudioSystem::stream_type)stream);
    audio_devices_t device = getDeviceForStrategy(strategy, false /*fromCache*/);
    …
    /*Step 2. 应用策略，判断哪些 Output 符合用户传入的 stream 类型: */
    SortedVector<audio_io_handle_t> outputs = getOutputsForDevice(device, mOutputs);
    /*Step 3. 选择一个最适合的 Output: */
```

```
        output = selectOutput(outputs, flags);
        return output;
}
```

我们将上述代码段分为 3 个步骤。

Step1@AudioPolicyManagerBase::getOutput。每种 Stream 类型都有对应的路由策略（Routing Strategy），如 AudioSystem::TTS 和 AudioSystem::MUSIC 两种"音频流"都对应的是 STRATEGY_MEDIA；而 AudioSystem::NOTIFICATION 流则对应的是 STRATEGY_SONIFICATION_ RESPECTFUL。

StreamType 和 RoutingStrategy 的对应关系如表 13-5 所示。

表 13-5　　　　　　　　　　　　Stream 类型与 Strategy 对照表

STREAM_TYPE	STRATEGY
VOICE_CALL	STRATEGY_PHONE
BLUETOOTH_SCO	
RING	STRATEGY_SONIFICATION
ALARM	
NOTIFICATION	STRATEGY_SONIFICATION_RESPECTFUL
DTMF	STRATEGY_DTMF
SYSTEM	STRATEGY_MEDIA
TTS	
MUSIC	
Default（默认情况下）	
ENFORCED_AUDIBLE	STRATEGY_ENFORCED_AUDIBLE

由此可见，不同的 Stream 类型也有可能被划归到同一个 Strategy。比如 TTS、MUSIC 及 SYSTEM 类型的音频，它们在路由策略上都遵循 STRATEGY_MEDIA。另外，默认情况下系统会采用 STRATEGY_MEDIA 类型的策略。当然，我们也可以通过重载 getStrategy 来按自己的要求划分 Strategy。

当找到某 Stream 类型对应的 Strategy 后，接下来的 getDeviceForStrategy 将进一步为这一 Strategy 匹配最佳的音频设备（以 STRATEGY_MEDIA 为例）：

```
audio_devices_t AudioPolicyManagerBase::getDeviceForStrategy(routing_strategy strategy,
bool fromCache)
{
    uint32_t device = AUDIO_DEVICE_NONE;
    …
    switch (strategy) {…
    case STRATEGY_MEDIA: {
        uint32_t device2 = AUDIO_DEVICE_NONE;
        …
        if ((device2 == AUDIO_DEVICE_NONE) &&mHasA2dp &&
            (mForceUse[AudioSystem::FOR_MEDIA] != AudioSystem::FORCE_NO_BT_A2DP) &&
            (getA2dpOutput() != 0) && !mA2dpSuspended) {
        device2 = mAvailableOutputDevices & AUDIO_DEVICE_OUT_BLUETOOTH_A2DP;
        if (device2 == AUDIO_DEVICE_NONE) {
            device2 = mAvailableOutputDevices &
                           AUDIO_DEVICE_OUT_BLUETOOTH_A2DP_HEADPHONES;
        }
        if (device2 == AUDIO_DEVICE_NONE) {
            device2 = mAvailableOutputDevices &
                           AUDIO_DEVICE_OUT_BLUETOOTH_A2DP_SPEAKER;
        }
    }
```

```
        if (device2 == AUDIO_DEVICE_NONE) {
            device2 = mAvailableOutputDevices & AUDIO_DEVICE_OUT_WIRED_HEADPHONE;
        }
        if (device2 == AUDIO_DEVICE_NONE) {
            device2 = mAvailableOutputDevices & AUDIO_DEVICE_OUT_WIRED_HEADSET;
        }
        if (device2 == AUDIO_DEVICE_NONE) {
            device2 = mAvailableOutputDevices & AUDIO_DEVICE_OUT_USB_ACCESSORY;
        }
        if (device2 == AUDIO_DEVICE_NONE) {
            device2 = mAvailableOutputDevices & AUDIO_DEVICE_OUT_USB_DEVICE;
        }
        ...//其他优先级匹配做法类似, 代码略
        device |= device2;
        if (device) break;//经过上面步骤后, 找到合适的device, 可以直接跳出switch
        device = mDefaultOutputDevice;//否则使用默认的device
        if (device == AUDIO_DEVICE_NONE) {//仍然没有匹配的device, 这种情况基本不存在
            ALOGE("getDeviceForStrategy() no device found for STRATEGY_MEDIA");
        }
        } break;
    ...
```

上述代码段看上去很长,但逻辑其实很简单,即按照一定的优先级来匹配系统中已经存在的所有音频设备。这个优先级的设定因 Strategy 不同而有所差异。对于 STRATEGY_MEDIA 这种类型,其优先级如下所示(要注意,只有在上一步匹配失败后——即找不到合适的设备,变量 device2 为 AUDIO_DEVICE_NONE 的情况下,程序才会继续执行下一优先级的判断):

➢ 如果平台有蓝牙 A2dp,并且蓝牙 A2dp 通道可以正常打开,没有挂起,当前也没有强制不使用 A2dp,那么通过匹配 mAvailableOutputDevices 来寻找合适的 A2dp 设备,如 A2dp_headphone,A2dp_Speaker。

➢ 处于第二优先等级的是 wired headphone。

➢ 继续寻找是否有 wired headset。

➢ 寻找是否有 usb accessory。

➢ 寻找是否有 usb device。

……

按照上述的优先级匹配策略,正常情况下 getDeviceForStrategy 都能获得符合要求的 device。我们再回到前面的 getOutput,看看 Step2 的执行。

Step2@AudioPolicyManagerBase::getOutput。为 Device 选择合适的 Output 通道:

```
SortedVector<audio_io_handle_t> AudioPolicyManagerBase::getOutputsForDevice(audio_
devices_t device,DefaultKeyedVector<audio_io_handle_t, AudioOutputDescriptor *> openOutputs)
{
    SortedVector<audio_io_handle_t> outputs;
    for (size_t i = 0; i < openOutputs.size(); i++) {...
        if ((device & openOutputs.valueAt(i)->supportedDevices()) == device) {
            ALOGVV("getOutputsForDevice() found output %d", openOutputs.keyAt(i));
            outputs.add(openOutputs.keyAt(i));
        }
    }
    return outputs;
}
```

这个函数用于获得所有支持 device 设备的 output,并添加到 outputs 中。Output 是前几个小节中分析的 AudioFlinger::openOutput 的执行结果,AudioPolicyService 会把它们存储到 mOutputs 键值对中。因为每个 output 通常都支持若干种音频设备,且不同的 output 支持的音频设备类型不限,所以系统中很可能存在多个支持同一 device 的 output。

Step 3@AudioPolicyManagerBase::getOutput。到目前为止,符合要求的 Output 可能不止一个,所以要选择一个最合适的(分段阅读):

13.5 音频流的回放——AudioTrack

```
audio_io_handle_t AudioPolicyManagerBase::selectOutput(const SortedVector<audio_io_
handle_t>& outputs,AudioSystem::output_flags flags)
{
    /*Step 1. 处理一些特殊情况:*/
    if (outputs.size() == 0) {
        return 0;
    }
    if (outputs.size() == 1) {
        return outputs[0];
    }
```

先处理一些特殊情况,如没有任何 output 存在的情况下只能返回空值;同样的,如果只有一个 output 的情况也没得选择,直接返回该 output:

```
    /*Step 2. 开始择优判断*/
    int maxCommonFlags = 0;
    audio_io_handle_t outputFlags = 0;
    audio_io_handle_t outputPrimary = 0;

    for (size_t i = 0; i < outputs.size(); i++) {//逐个处理所有 Outputs
        AudioOutputDescriptor *outputDesc = mOutputs.valueFor(outputs[i]);
        //每个 Output 都有对应的描述符
        if (!outputDesc->isDuplicated()) {
            int commonFlags = (int)AudioSystem::popCount(outputDesc->mProfile->mFlags & flags);
            if (commonFlags > maxCommonFlags) {//此 Output 的 flags 与目标 flags 的匹配度
                outputFlags = outputs[i];
                maxCommonFlags = commonFlags;
                ALOGV("selectOutput() commonFlags for output %d, %04x", outputs[i], commonFlags);
            }
            if (outputDesc->mProfile->mFlags & AUDIO_OUTPUT_FLAG_PRIMARY) {
                outputPrimary = outputs[i];
            }
        }
    }
```

上述代码段中的 for 循环是整个函数的核心,我们来分析下它的"决策准绳"。读者只要仔细看下 for 循环中的判断语句,就可以发现它实际上是在计算一个最大值 maxCommonFlags。所以问题就转化为:maxCommonFlags 是什么?

```
int commonFlags = (int)AudioSystem::popCount(outputDesc->mProfile->mFlags & flags);
```

上面这句代码用通俗的话来讲,就是计算 outputDesc->mProfile->mFlags 与入参 flags 的"相似度"有多大。Flags 有如下几种可供选择:

```
AUDIO_OUTPUT_FLAG_NONE = 0x0,
AUDIO_OUTPUT_FLAG_DIRECT = 0x1,   //Output 直接把 track 导向一个 output stream,没有混音器
AUDIO_OUTPUT_FLAG_PRIMARY = 0x2,  //Primary Output,系统中只存在唯一的 Primary 并且必须存在
AUDIO_OUTPUT_FLAG_FAST = 0x4,     //支持 fast tracks 的 output
AUDIO_OUTPUT_FLAG_DEEP_BUFFER = 0x8, //使用 deep audio buffer 的 output
```

音频系统中名为 output_flags 的数据类型非常多,不过仔细回溯,还是不难发现这个 flags 是在 AudioTrack 的 set 函数中指定的。另外,如果在查找过程中发现了一个 primary output,程序会用 outputPrimary 变量来表示,这在后面会用到:

```
    /*Step 3. 根据优先级做出最后的选择*/
    if (outputFlags != 0) {
        return outputFlags;
    }
    if (outputPrimary != 0) {
        return outputPrimary;
    }
    return outputs[0];
}//AudioPolicyManagerBase::selectOutput 结束
```

函数末尾会根据优先级做最终的"抉择"。优先级的排列很简单,即:

> Flags 与要求相似度最高的 Output；
> Primary Output；
> 如果上面两种都找不到，则默认返回第一个 Output。

这样 AudioPolicyService 就完成了整个路由路径的选择，AudioTrack 则是通过 AudioSystem::getOutput 间接调用到 AudioPolicyService 提供的功能。

13.6 音频数据流

通过前面几个小节的学习，读者已经系统掌握了 AudioTrack，AudioFlinger 和 AudioPolicy Service 的内部实现。只不过还有一点欠缺，即我们始终没有详细分析在这几个跨进程的对象间，音频数据是如何传递的——因为如果一开始就讲解这其中的细节，很可能会让读者感觉很吃力，从而事倍功半。所以我们选择在读者理解了各个模块的运作方式后，再来对整个数据流的传递过程做统一分析。

首先来思考下在音频数据的传递过程中，会有哪些地方可能涉及内存申请——这对于嵌入式系统来说非常关键，因而是我们设计的重心。"可疑"的地方至少有：MediaPlayerService、AudioTrack、AudioFlinger、AudioPolicyService、AudioMixer 以及 HAL 层的相关类。其中 MediaPlayerService 不在这个小节的讨论范围内，所以直接略过；而 AudioPolicyService 直接参与数据传递的可能性不大，也基本可以排除；剩下的就是如图 13-23 所示的几个对象。

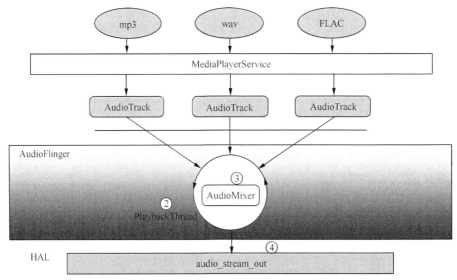

▲图 13-23 Audio Playback 数据流简图

按照音频的正常回放过程，该数据流简图主要包括如下几个核心点。

● 在这个简图中，假设我们需要同时播放 3 个音频文件（它们可以是 mp3，wav 或者系统支持的其他任何音频格式）。

● 上层应用程序通过 SDK 提供的 MediaPlayer 来播放这几个音频文件，默认情况下它们的"音频流"类型都是 STREAM_MUSIC。因为文件是保存在存储设备中的（比如 flash、sd 卡、U 盘等），所以 MediaPlayer 面临的第一个问题是如何把音频文件读取到内存中——这涉及了文件系统的读写原理，因为不是本章关注的重点，所以不予深究。

● 当音频文件读取出来后，是不是直接可以播放了？显然不是，因为大多数音频文件在保存时都是先经过压缩处理的，所以此时就需要有对应的解码操作（可以采用"软件解码"，也可以采用"硬件解码"）。

● 音频数据解码后的处理才是我们想要了解的。MediaPlayer 在 MediaPlayerService 的帮助下将完成包括解码在内的复杂操作；而 MediaPlayerService 实际上又是 AudioTrack 的使用者，即它的回放功能是由 AudioTrack 间接完成的。

● 一个 AudioTrack 只代表一个播放实例，而这个场景中却要求同时播放 3 个音频文件。这在智能操作系统里很常见，如播放音乐时接到短信提醒；或者同时打开 3 个 MediaPlayer（系统支持同时运行多个 MediaPlayer 播放器）等，都需要系统能做出正确处理。既然我们可以同时运行多个 AudioTrack 实例，同时系统中也会有多个音频回放设备，那么 AudioTrack 和这些设备有什么对应关系呢？这就是 AudioPolicyService 所起到的作用。它根据每个 AudioTrack 所属的"流类型"来为它选择与当前系统最匹配的输出设备，然后查找支持此输出设备的 AudioFlinger 中的 Output（即 openOutput 所打开的通道）。这有点类似于路由器的功能：在设定了源 IP（AudioTrack）和目标 IP（音频回放设备）后，寻找最佳的路由路径，因而 AudioPolicyService 的这一特性被称为"Routing Strategy"。这些知识点在 AudioPolicyService 小节已经详细介绍过，读者若不清楚可以回头复习下。

● AudioFlinger 则是路由器的"底层通道"，它坚决执行 AudioPolicyService 的决策，正确地将各路音频数据进行混音，然后传递到 HAL 层，进而输出到最终的音频设备中。这个过程有点类似于显示系统中的 SurfaceFlinger。

● 在 AudioFlinger 中起到关键作用（音频回放）的有两个：一个是 PlaybackThread，另一个是 AudioMixer，后者是混音的核心。读者可以先来思考一下：它们两者是否共享同一块音频数据缓冲区呢？

通过上面的描述，我们可以归纳出音频流的几个关键"路由节点"，即 AudioTrack，AudioFlinger 中的 PlaybackThread，AudioMixer 和 HAL 层的实现（这些节点在图中都用数字序号分别标注）。

13.6.1 AudioTrack 中的音频流

AudioTrack 中对音频数据流的处理相对简单，我们仍然以前面小节的"AudioTrack 应用范例"进行分析。AudioTrack 为音频数据分配缓冲区空间对应的代码如下：

```
AudioTrack track = new AudioTrack(TEST_STREAM_TYPE, TEST_SR, TEST_CONF,
                                  TEST_FORMAT, 2 * minBuffSize, TEST_MODE);
byte data[] = new byte[minBuffSize];
track.write(data, OFFSET_DEFAULT, data.length);
track.write(data, OFFSET_DEFAULT, data.length);
track.play();
```

这个范例中的音频数据（即 data 数组）是静态的，而不是从某个音频文件中解析出来的。而随后的 write 函数则负责将 data 数据写入 AudioTrack 中，这说明 AudioTrack 内部也一定申请了内存空间来存储音频数据。具体流程如下：

（1）AudioTrack(java)构造时，传入 bufferSizeInBytes：

```
public AudioTrack(int streamType, int sampleRateInHz, int channelConfig, int audioFormat,
         int bufferSizeInBytes, int mode, int sessionId)
```

在上面的范例中，bufferSizeInBytes 对应的是 2 * minBuffSize。

（2）AudioTrack(java)的构造函数调用 native_setup，将上述 bufferSizeInBytes 值传入 JNI 层，即 android_media_AudioTrack_native_setup@android_media_AudioTrack.cpp。接着 AudioTrack(cpp) 对象会被创建，且它的构造函数不带任何参数：

```
sp<AudioTrack> lpTrack = new AudioTrack();
```

在静态模式（MODE_STATIC）下，我们通过 set 函数将数据地址传给 AudioTrack(cpp)：

```
lpTrack->set(…lpJniStorage->mMemBase,…);
```

变量 lpJniStorage 是 AudioTrackJniStorage 类型的对象，它会事先分配一定的内存空间。具体代码如下：

```
lpJniStorage->allocSharedMem(buffSizeInBytes)
```

流模式下（MODE_STREAM）的音频数据是分多次传递的，这种情况下 AudioTrack 不需要主动使用 AudioTrackJniStorage 来申请内存空间，而是后期由 AudioFlinger 根据需求分配一块缓冲区。缓冲区头部为 audio_track_cblk_t，以 mCblk 表示，这个变量在 AudioTrack::createTrack_l 中初始化。源代码如下：

```
sp<IAudioTrack> track = audioFlinger->createTrack(…frameCount,…);
…
sp<IMemory> iMem = track->getCblk();//向AudioFlinger 申请数据缓冲空间
mAudioTrack = track;//与AudioFlinger 的通信中介
mCblkMemory = iMem;
audio_track_cblk_t* cblk = static_cast<audio_track_cblk_t*>(iMem->pointer());
mCblk = cblk;
```

上述 frameCount 参数是经过 buffSizeInBytes，channel 数量及 bytesPerSample 计算出来的，前几个小节已经讲解过。通过 createTrack，我们建立起本地 AudioTrack 与远程 AudioFlinger 间的联系（IaudioTrack），然后利用 IAudioTrack 来向 AudioFlinger 请求申请内存空间（getCblk）。可想而知，这块空间必然是要能跨进程共享的（因为它是后续"生产者和消费者"共同操作的区域）。我们来看看它的 Server 端实现：

```
/*frameworks/av/services/audioflinger/Tracks.cpp*/
sp<IMemory> AudioFlinger::TrackHandle::getCblk() const {
    return mTrack->getCblk();
}
```

IAudioTrack 在 AudioFlinger 中的实现是 TrackHandle。而 mTrack 是一个 PlaybackThread::Track，它是在 AudioFlinger::createTrack 时生成的。具体代码如下：

```
PlaybackThread *thread = checkPlaybackThread_l(output);
…
//下面这个 track 就是上面的 mTrack
track = thread->createTrack_l(client, streamType, sampleRate, format,
channelMask, frameCount, sharedBuffer, lSessionId, flags, tid, &lStatus);
```

所以 mTrack 是隶属于某个特定 PlaybackThread 实例的（每个 AudioTrack 在 AudioFlinger 中都有一个对应的 PlaybackThread，这与它的"流类型"以及当前设备的 AudioPolicyService 策略有关）。我们来看看 PlaybackThread::Track 中如何生成一块内存区域，如图 13-24 所示。

Track 继承自 TrackBase，后者的构造函数中将申请所需的内存单元。代码如下：

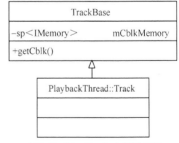

▲图 13-24　Track 中的数据块

```
AudioFlinger::ThreadBase::TrackBase::TrackBase(…const sp<Client>& client, …int frameCount,…)
…
{…
    size_t size = sizeof(audio_track_cblk_t);
    size_t bufferSize = frameCount* mFrameSize;
    if (sharedBuffer == 0) {
        size += bufferSize;
```

```
        }
        if (client != NULL) {
            mCblkMemory = client->heap()->allocate(size);
            …
    }
```

首先计算缓冲区的大小，frameCount 是哪里得到的呢？它是由 AudioTrack 在 native_setup 时计算出来，并传递给 AudioFlinger 的。公式如下：

```
int bytesPerSample = audioFormat == javaAudioTrackFields.PCM16 ? 2 : 1;
int frameCount = buffSizeInBytes / (nbChannels * bytesPerSample);
```

也就是：

```
bufferSize=frameCount*channelCount*sizeof(int16_t)
=(buffSizeInBytes / (nbChannels * bytesPerSample))* channelCount*sizeof(int16_t)
=buffSizeInBytes
```

变量 buffSizeInBytes 是在创建 AudioTrack(java)对象时提供的。如果是 STATIC 模式，要求这个值是回放的音频数据大小的最大值；如果是 STREAM 模式，可以小于声音数据的实际大小，不过通常需要比 getMinBufferSize 大，否则会初始化失败。在前面 AudioTrack 的范例中，buffSizeInBytes 是 getMinBufferSize*2。

需要申请的内存大小为 size，它是 audio_track_cblk_t 头部大小再加上 bufferSize（MODE_STREAM 时）得到的，为什么需要一个 audio_track_cblk_t 呢？

举个例子，TCP/IP 中的通信双方在发送实际的数据内容前需要加上一个数据头，用以描述数据块的各种属性。也就是：

```
<data> = <head>+<body>
```

与此类似，audio_track_cblk_t 是<head>，而 bufferSize 则是<body>的大小。在 TrackBase 中，mCblkMemory 指向的是整块数据区，mCblk 则指向的是数据区的 audio_track_cblk_t 头。当然从指针的角度来看，二者的值是一致的——这点希望读者在分析代码时特别注意。数据区的空间申请主要采用的是：

```
mCblkMemory = client->heap()->allocate(size);
```

上面这句代码表明变量 mCblkMemory 指向的内存地址由 client 来指定，那么这个 client 又是怎么来的呢？它是在 AudioFlinger::createTrack 中生成的，并由 AudioFlinger::mClients 来维护。换句话说，虽然每个 PlaybackThread 有使用内存空间的权利，但是真正的内存申请与回收则仍是由 AudioFlinger 来全盘掌控的：

```
sp<IAudioTrack> AudioFlinger::createTrack(…)
{ …
    sp<Client> client;
    …
    client = registerPid_l(pid);
```

函数 registerPid_l 除了为当前的 pid（这个 pid 值是 AudioTrack 调用 AudioFlinger::createTrack 时传入的，代表了 AudioTrack 所在进程的 ID）生成一个 AudioFlinger::Client 实例外，还将<pid_t, wp<Client>键值对添加到 mClients 中。这也从一个侧面说明，每一个 AudioTrack 在 AudioFlinger 中有且仅有一个 Client 实体。那么，Client 又是如何管理内存的呢？

先来看看它的构造函数：

```
AudioFlinger::Client::Client(const sp<AudioFlinger>& audioFlinger, pid_t pid)
    : RefBase(),mAudioFlinger(audioFlinger),
      mMemoryDealer(new MemoryDealer(1024*1024, "AudioFlinger::Client")),
      mPid(pid), mTimedTrackCount(0)
```

```
{
    // 1 MB of address space is good for 32 tracks, 8 buffers each, 4 KB/buffer
}
```

从上述源码段的注释可以略知一二:Client 默认情况下申请了 1024*1024=1MB 大小的内存空间——这对于 32 路 Track,每路 8 个 buffer,每个 buffer 占 4KB 的情况已经足够(32*8*4KB=1MB)。

由于每路 Track 所需的空间大小不同,所以它们建立时需要由 mCblkMemory 向 Client 进行"实报实销",如:

```
mCblkMemory = client->heap()->allocate(size);
```

实际上 Client 也不是最终的内存管理者,其内部还集成了 MemoryDealer。MemoryDealer 内部分为两部分,即:

- 堆(heap)内存块 MemoryHeapBase;
- 分配和回收策略 mAllocator。

我们在后面分析数据的跨进程传递时再做详细讲解。

到目前为止,AudioTrack 和 AudioFlinger 中与音频数据相关的内存空间已经比较明了,我们来做个小结(在 MODE_STREAM 的情况下)。

➢ AudioTrack(java)在构造时,通过本地方法 native_setup 来传递上层应用计算出所需的最小音频数据空间。

➢ native_setup 负责生成 AudioTrack(cpp)对象,此时还不涉及内存申请。随后它调用 AudioTrack::set 接口,并将上层应用计算出的数据空间大小转化为 frameCount。

➢ 在 set 实现中,首先要找到匹配的 AudioFlinger 中的 PlaybackThread,接着调用 AudioFlinger:: createTrack 在 PlaybackThread 中新增一个 Track,同时建立 AudioTrack 与 AudioFlinger 间的通信接口 IAudioTrack。此时在 AudioFlinger 内部的 Track 生成过程中,会由 TrackBase 来申请相应的内存空间——不过 AudioTrack 显然还不知道这一数据空间的存在。

➢ 接下来 AudioTrack 可以通过 IAudioTrack::getCblk 来获得这个数据空间。

➢ 之后双方就能够利用这个数据缓冲区空间来传递音频数据了:在 AudioTrack 中,它是由 AudioTrack::mCblkMemory 来指示的;在 AudioFlinger 中,它是由 TrackBase::mCblkMemory 来指示的。

下一小节我们详细讲解两个跨进程的对象(AudioTrack 和 AudioFlinger)间是如何共享音频数据空间的。

13.6.2 AudioTrack 和 AudioFlinger 间的数据交互

AudioTrack 与 AudioFlinger 是如何完成跨进程的数据传递的呢?

回答这个问题,可以从 AudioTrack.write 入手。

为了简化分析过程,我们直接来看 native 层的 AudioTrack.write,而 Java 层的实现相对简单,不再一一讲解:

```
/*frameworks/av/media/libmedia/AudioTrack.cpp*/
ssize_t AudioTrack::write(const void* buffer, size_t userSize)
{
    if (mSharedBuffer != 0 || mIsTimed) {
        return INVALID_OPERATION;
    }//STATIC 模式下,数据是一次就写完的,不需要调用 write
    …
    //Step 1.准备与数据空间有关的参数
    mLock.lock();
    sp<IAudioTrack> audioTrack =mAudioTrack;//mAudioTrack 是前面 AudioFlinger::createTrack 获得的
    sp<IMemory> iMem = mCblkMemory;//mCblkMemory 是前面 IAudioTrack:: getCblk 获得的
    mLock.unlock();

    //Step 2.写入数据
```

```
    ssize_t written = 0;
    const int8_t *src = (const int8_t *)buffer;
    Buffer audioBuffer;
    size_t frameSz = frameSize();
    do {
        audioBuffer.frameCount = userSize/frameSz;
        status_t err = obtainBuffer(&audioBuffer, -1);
        …
        size_t toWrite;
        if (mFormat == AUDIO_FORMAT_PCM_8_BIT &&!(mFlags & AUDIO_OUTPUT_FLAG_DIRECT)) {
            …
        } else {
            toWrite = audioBuffer.size;
            memcpy(audioBuffer.i8, src, toWrite); //内存复制
        }
        src += toWrite;       //指针跳过已经写入的数据
        userSize -= toWrite;  //剩余数据量
        written += toWrite;   //已经写入的数据量
        releaseBuffer(&audioBuffer); //释放 audioBuffer
    } while (userSize >= frameSz); //循环写入数据
    return written;
}
```

函数 write 分为两个步骤。

Step1@AudioTrack::write。得到 AudioTrack 与 AudioFlinger 间的 IPC 通道 IAudioTrack，以及数据缓冲区头指针 mCblkMemory，后者是通过前者的 getCblk 接口获取的。而如果读者仔细观察，会发现这个函数中并没有直接用到这两个变量，那么为什么要获取它们呢？原因在于利用强指针的特性来保证它们不会被释放。

Step2@AudioTrack::write。读者可以思考一下：程序在处理数据复制时的正常流程是怎样的呢？如果以 src、dst、cur 分别代表源数据、目的数据区和当前要处理的数据起点，那么无非就是借助于 cur，通过多次循环将 src 中的数据复制到 dst 缓冲区中。在 write 这个例子中的处理方法也类似，只不过目的区用 audioBuffer 进行了封装。

接下来我们详细分析 AudioTrack 和 AudioFlinger 是如何通过 mCblkMemory 这块内存区来实现"生产者-消费者"数据交互的。需要考虑的问题包括：

➢ AudioTrack 是生产者，AudioFlinger 是消费者，它们如何跨进程地共享一个缓冲区；
➢ mCblkMemory 是不是环形数据区，如果是又是如何实现的；
➢ "生产者-消费者"模型在这个场景中的具体应用。

（1）先用一个简图来描绘下 mCblkMemory 的内部结构，如图 13-25 所示。

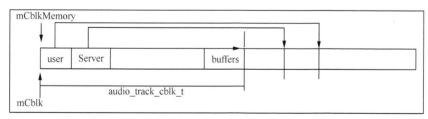

▲图 13-25　IMemory 内部结构图

内存块头部 audio_track_cblk_t 中有几个重要变量的释义，如表 13-6 所示。

表 13-6　　　　　　　　　audio_track_cblk_t 重要内部变量释义

变　　量	释　　义
uint32_t　user;	生产者指针
uint32_t　server;	消费者指针

要特别注意，user 是生产者而 server 是消费者，这和我们最初的理解可能有点差异。

（2）生产者如何判断是否有可用的缓冲区来填充数据呢？这就是 framesAvailable@ audio_track_cblk_t 所要完成的工作：

```cpp
/*frameworks/av/media/libmedia/AudioTrackShared.cpp*/
uint32_t audio_track_cblk_t::framesAvailable(size_t frameCount, bool isOut)
{
    Mutex::Autolock _l(lock);
    return framesAvailable_l(frameCount, isOut);
}
uint32_t audio_track_cblk_t::framesAvailable_l(size_t frameCount, bool isOut)
{
    uint32_t u = user;
    uint32_t s = server;

    if (isOut) {
        uint32_t limit = (s < loopStart) ? s : loopStart;
        return limit + frameCount - u;
    } else {
        return frameCount + u - s;
    }
}
```

上面代码段中的变量 isOut 用于表示当前是回放音频还是录制音频。

也就是说，如果在 isOut 为 true(Playback) 的情况下，framesAvailable_l 的标准就是 limit+frameCount-u。通常 limit 就是 s 自身，因而是 s+frameCount-u。用通俗的话来解释就是：

剩余可用空间（framesAvailable）= "总共有多少空间"（frameCount）- "用掉了多少"（u）+ "回收了多少"（s）。

消费者这边判断当前是否有可读数据，则由 framesReady 来完成。其实现和 framesAvailable 类似，读者可以自行分析。

（3）在前面的 AudioTrack::write 中，我们通过 obtainBuffer 获取了目标区的写入地址，下面来看看它是如何实现的：

```cpp
status_t AudioTrack::obtainBuffer(Buffer* audioBuffer, int32_t waitCount)
{…
    uint32_t framesReq = audioBuffer->frameCount;//Step 1.用户申请的空间大小
    uint32_t framesAvail = mProxy ->framesAvailable(); //Step 2.当前实际可用的空间大小
    …//当可用空间大小为 0 时的一些处理
    if (framesReq > framesAvail) {
        framesReq = framesAvail; //Step 3.请求的大小超过可用大小
    }
    uint32_t u = cblk->user;
    uint32_t bufferEnd = cblk->userBase + mFrameCount;
    if (framesReq > bufferEnd - u) {
        framesReq = bufferEnd - u; //Step 4.确定用户可以申请到的空间大小
    }
    …
    audioBuffer->raw = mProxy ->buffer(u); //Step 5.确定可供用户使用的数据空间起始地址
    active = mActive;
    return active ? status_t(NO_ERROR) : status_t(STOPPED);
}
```

Step1@AudioTrack::obtainBuffer。变量 framesReq 的初始值是 audioBuffer->frameCount，即用户请求的空间大小。用户申请的这个大小并不一定能得到满足，后面会根据实际情况对其进行适当修正。

Step2@AudioTrack::obtainBuffer。函数 framesAvailable 用于计算当前可供生产者使用的空间大小，前面已经讲解过，此处不再赘述。

Step3@AudioTrack::obtainBuffer。如果当前剩余的可用空间已经小于用户的请求大小，那么只能满足用户的一部分需求。

Step4@AudioTrack::obtainBuffer。判断剩余空间是否涉及环形的情况,我们会结合下一步来进行完整分析。

Step5@AudioTrack::obtainBuffer。得出可用空间的大小并不算完成所有工作,我们还必须计算目标区的起始地址,所以调用 buffer()函数。这个函数实现相当简单,只有短短一句话,但起到了很关键的作用(Proxy 直接又调用了 audio_track_cblk_t 中的实现):

```
void* audio_track_cblk_t::buffer(void *buffers, size_t frameSize, uint32_t offset) const
{
    return (int8_t *)buffers + (offset - userBase) * frameSize;
}
```

其中 buffers 指向的是数据区的起点,offset 是 user(生产者)指针。因为这些变量都以 frame 为单位,所以还要换算成字节单位,即乘以 frameSize。

我们知道,user 是生产者的当前指针,那么 userBase 又是什么呢?

如果不考虑环形缓冲区,事情确实会简单很多。但不幸的是,我们必须实现环形的数据读写方法。通过搜索源码,可以发现 userBase 在 audio_track_cblk_t::stepUser 中会被不断赋值,所以我们一并分析这个函数。

当得到目标区的可用大小以及起始地址后,生产者就开始执行任务,并把数据写入缓冲区中。在这之后,它还有一件事要做,即通过 stepUser 来调整缓冲区的状态(在 releaseBuffer 中调用)。或者更确切地说,更新 user(生产者)在缓冲区中的状态:

```
/*frameworks/av/media/libmedia/AudioTrackShared.cpp*/
uint32_t audio_track_cblk_t::stepUser(size_t stepCount, size_t frameCount, bool isOut)
{…
    uint32_t u = user;
    u += stepCount;//跳过已经处理的数据
    if (isOut) {…
    } else if (u > server) {//在 Record 的情况下,user 不应该超过 server
        ALOGW("stepUser occurred after track reset");
        u = server;
    }

    if (u >= frameCount) {
        if (u - frameCount >= userBase ) {
            userBase += frameCount;
        }
    } else if (u >= userBase + frameCount) {
        userBase += frameCount;
    }

    user = u;
    …
    return u;
}
```

函数开头先把 u(user)向前推进了 stepCount,即刚刚写入缓冲区的数据大小,此时 user 有可能已经到达整个缓冲区的末尾。但如果 server 也已经读取了一部分数据,那么理论上来讲数据区的开头一部分又是可供生产者使用的区域,这就是环形缓冲区的一个特点。那么,如何判断出这种情况呢?

结合前面 buffer()函数中的 offset-userBase,读者可以想象一下——如果 userBase 的值已经是整个数据区大小,那么当 offset 达到末尾时,offset-userBase 实际上也就是缓冲区的开头。所以上述函数首先根据 if(u >= frameCount),即 user 是否已经超过 frameCount,来判断 userBase 是否需要更新。很显然,如果 user 又绕了环一圈(即 u - frameCount>= userBase),那么 userBase 就得再加上一圈的大小。这样后面再执行 offset-userBase 时,则 user 又像从头开始写数据了。如此循环反复,直到"生产者-消费者"之间的交互结束。

有了这个基础，我们再来理解上一步中的 bufferEnd 变量就容易多了，如图 13-26 所示。

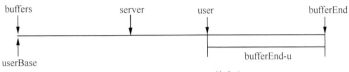

▲图 13-26　bufferEnd 的含义

假设此时 userBase 指向的是 buffers 位置（userBase 每次都以 frameCount 为单位进行增加），虽然理论上可用的空间是 frameCount-user+server，但是从 userBase 到 server 这一段却是无法使用的（因为我们只是模拟了一个环形数据区，但在进行 memcpy 内存复制时它还是只朝一个方向前进），所以实际可用内存空间就是 bufferEnd-u 了。

这个环形区使用得比较巧妙，读者可以再仔细体会下。

（4）现在我们应该已经明白 AudioTrack 和 AudioFlinger 是如何利用环形数据区进行读写操作了，接下来具体分析下它们是如何同步共享这块数据区的。

在前面的 AudioTrack::write 中，我们发现它分别使用了 obtainBuffer 和 releaseBuffer 来访问缓冲区，那是不是在这里面使用了同步机制呢？

AudioTrack::obtainBuffer 这个函数前面已经分析过，这里我们从资源互斥的角度来重新审视一遍：

```
status_t AudioTrack::obtainBuffer(Buffer* audioBuffer, int32_t waitCount)
{…
    AutoMutex lock(mLock);
    …
    audio_track_cblk_t* cblk = mCblk;
    …
    uint32_t framesAvail = mProxy->framesAvailable();
    if (framesAvail == 0) {
        … //下面有详细分析
    }
    …
    return active ? status_t(NO_ERROR) : status_t(STOPPED);
}
```

这个函数的开头使用了一个 AutoMutex 对象（实际上就是一个 Autolock），来保证函数内操作的唯一性。

还记得我们在本书进程同步互斥章节所举的"生产者-消费者"的经典例子吗？

对于生产者来说，执行步骤是：

➢ 循环开始；
➢ Produce_item；
➢ P(S_emptyCount)；
➢ P(S_mutex)；
➢ Put_item_to_buffer；
➢ V(S_mutex)；
➢ V(S_fillCount)；
➢ 继续循环。

对于消费者来说，执行步骤是：

➢ 循环开始；
➢ P(S_fillCount)；
➢ P(S_mutex)；

13.6 音频数据流

- Read_item_from_buffer;
- V(S_mutex);
- V(S_emptyCount);
- Consume;
- 继续循环。

而对于 AudioTrack 这个生产者来说，它可以直接套用上面的实现吗？显然不行。因为经典生产者-消费者的例子中假设缓冲区的大小是分为几等份的，每次生产者或者消费者都只是生产或消耗其中的一份。而 AudioTrack 与 AudioFlinger 对共享缓冲区的写入和读取则是未知的，或者更确切地说不是每次都相等的。这也就是 framesAvailable() 和 framesReady() 存在的意义：

```
uint32_t audio_track_cblk_t::framesAvailable(size_t frameCount, bool isOut)
{
    Mutex::Autolock _l(lock);
    return framesAvailable_l(frameCount, isOut);
}
```

这个函数中使用了 audio_track_cblk_t::lock 这个 mutex，它保证了 AudioTrack 是当前唯一进入缓冲区的对象。这样 framesAvailable_l 才能正确计算出当前是否有可用空间（即缓冲区是否满的问题）。如果当前已经没有可用空间，即 framesAvailable 返回为 0，应该怎么办呢？按照 PV 原语的实现，当然就是要唤醒消费者去读取数据。下面看看 obtainBuffer 中当 framesAvail == 0 时的处理：

```
//下面这段代码摘取自 obtainBuffer:
    if (framesAvail == 0) {
        cblk->lock.lock(); //没有使用 AutoLock，那么末尾要记得 unlock()
        goto start_loop_here;
        while (framesAvail == 0) {
            …
            if (CC_UNLIKELY(result != NO_ERROR)) {
                cblk->waitTimeMs += waitTimeMs;
                if (cblk->waitTimeMs >= cblk->bufferTimeoutMs) {
                    if (cblk->user < cblk->loopEnd) {
                        …
                        cblk->lock.unlock();
                        result = mAudioTrack->start();
                        cblk->lock.lock();
                        …
                    }
                    cblk->waitTimeMs = 0;
                }
                if (--waitCount == 0) {
                    cblk->lock.unlock();
                    return TIMED_OUT;
                }
            }
        start_loop_here:
            framesAvail = mProxy->framesAvailable_l(); //再次验证是否有可用空间
        }//while 循环结束
        cblk->lock.unlock(); //与开头的 lock() 相配套
    }
```

如果 framesAvail 为 0，则一直在 while 循环体中，直到 framesAvailable_l 返回的值不为 0，或者尝试次数超限时返回。

循环过程中有时需要通知 AudioFlinger。对应代码如下：

```
cblk->lock.unlock();
result = mAudioTrack->start();
cblk->lock.lock();
```

在调用 start 前，必须先释放 lock，否则 AudioFlinger 无法正常执行。接着再次获取这个 lock，然后判断是否有可用空间——如果仍然没有就继续执行循环。

在 AudioTrack 正常写入数据后，它调用 releaseBuffer 来更新 user 指针（stepUser）。因为 user 不属于共享资源，也就不需要特别的锁保护。

AudioTrack 就是这样通过 Mutex 来与 AudioFlinger 互斥共享缓冲区，并实现音频数据流的正确传递的。AudioFlinger 中的实现略有差异，但基本原理一样，请读者自行分析。

（5）我们再来看最后一个问题，即 AudioTrack 和 AudioFlinger 是如何跨进程共享缓冲区的。换句话说，它们如何保证双方操作的是同一块数据区？

要回答这个问题，可以从缓冲区的内存申请过程入手。我们知道，这两个进程间的缓冲区是由 AudioFlinger 在创建一个 Track 时申请的，而所有 Track 的内存分配又由 mClient 来管理。Client 内部包含了一个 MemoryDealer 对象来处理内存申请（见图 13-27），所以最后的实现就是由它来完成的：

```
/*frameworks/native/libs/binder/MemoryDealer.cpp*/
MemoryDealer::MemoryDealer(size_t size, const char* name)
    : mHeap(new MemoryHeapBase(size, 0, name)),
      mAllocator(new SimpleBestFitAllocator(size))
{
}
```

它有两个重要的成员变量，其中 mHeap 负责申请内存，mAllocator 则负责管理内存：

```
MemoryHeapBase::MemoryHeapBase(size_t size, uint32_t flags, char const * name)
    : mFD(-1), mSize(0), mBase(MAP_FAILED), mFlags(flags),
      mDevice(0), mNeedUnmap(false), mOffset(0)
{
    const size_t pagesize = getpagesize();
    size = ((size + pagesize-1) & ~(pagesize-1));
    int fd = ashmem_create_region(name == NULL ? "MemoryHeapBase" : name, size);
    ALOGE_IF(fd<0, "error creating ashmem region: %s", strerror(errno));
    if (fd >= 0) {
        if (mapfd(fd, size) == NO_ERROR) {
            if (flags & READ_ONLY) {
                ashmem_set_prot_region(fd, PROT_READ);
            }
        }
    }
}
```

从 MemoryHeapBase 的构造函数中可以清楚地看到，其内部的核心就是 Ashmem 匿名共享机制，这也就解释了它为什么能实现跨进程的内存共享。关于 Ashmen，我们在本书进程章节已经详细分析过，这里不再赘述。

这样通过 Ashmen 机制，AudioFlinger 生成的内存缓冲区就能轻松实现与 AudioTrack 的跨进程共享，并通过 Mutex 和 Condition 来保证它们的互斥访问。

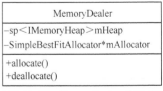

▲图 13-27　MemoryDealer 内部成员

13.6.3　AudioMixer 中的音频流

AudioMixer 是由 PlaybackThread(MixerThread)生成的，因而与 AudioFlinger 属于同一个进程。那么它是与 TrackBase 共用音频数据缓冲区，还是会"另起炉灶"呢？

我们知道，AudioMixer 内部有一个 mState 成员变量，最多达 32 路的 Track 数据就存储在其中的 state_t::tracks[MAX_NUM_TRACKS] 成员数组中。每个 PlaybackThread::TrackBase 在 AudioMixer 中对应 tracks 数组中的一个元素，即：

13.6 音频数据流

```
struct track_t {
    …
    uint16_t        frameCount;
    …
    AudioBufferProvider*     bufferProvider;
    mutable AudioBufferProvider::Buffer buffer; // 8 bytes
    …
    const void* in;    // 缓冲区中的当前位置
    …
    int32_t*              mainBuffer;
    int32_t*              auxBuffer;
    …
};
```

我们只保留与缓冲区相关的部分。

其中，bufferProvider 是由 AudioFlinger 调用 AudioMixer:: setBufferProvider 来赋值的。相关源码如下：

```
AudioFlinger::PlaybackThread::mixer_state AudioFlinger::MixerThread::prepareTracks_l
(
        Vector< sp<Track>> *tracksToRemove)
{…
    sp<Track> t = mActiveTracks[i].promote();
    …
    Track* const track = t.get();…
    mAudioMixer->setBufferProvider(name, track);
}
```

PlaybackThread::Track 本身就是一个 AudioBufferProvider（因为 TrackBase 继承自 Extended AudioBufferProvider）。换句话说，mState.tracks[name].bufferProvider 指向的就是 AudioFlinger 中的整个 Track 记录。

AudioMixer 有多个与 process 相对应的实现体，如 process__genericNoResampling，process__genericResampling，process__OneTrack16BitsStereoNoResampling 等。我们选取其中的一个来验证一下 AudioMixer 所用的数据缓冲区和 AudioFlinger，AudioTrack 是否属于同一个：

```
void AudioMixer::process__genericNoResampling(state_t* state, int64_t pts)
{…
    uint32_t enabledTracks = state->enabledTracks;
    uint32_t e0 = enabledTracks;
    while (e0) {
        const int i = 31 - __builtin_clz(e0);
        e0 &= ~(1<<i);
        track_t& t = state->tracks[i];
        t.buffer.frameCount = state->frameCount;
        t.bufferProvider->getNextBuffer(&t.buffer, pts);
        t.frameCount = t.buffer.frameCount;
        t.in = t.buffer.raw;
        if (t.in == NULL)
            enabledTracks &= ~(1<<i);
    }
    …
}
```

第一个 while 循环里，首先给 tracks[] 数组中所有处于 enabled 状态的元素赋值。由于 bufferProvider 已经在之前的 setBufferProvider 中被设置为一个 PlaybackThread::Track，所以这个 getNextBuffer 的实现如下：

```
status_t AudioFlinger::PlaybackThread::Track::getNextBuffer(AudioBufferProvider::
Buffer* buffer, int64_t pts)
{
    audio_track_cblk_t* cblk = this->cblk();
    uint32_t framesReady;
    uint32_t framesReq = buffer->frameCount;   //获取空间大小
```

```
        …
        framesReady = mServerProxy ->framesReady(); /*数据是否已经准备就绪,要注意这里的"Server"
                                                       是指"消费者"*/
        if (CC_LIKELY(framesReady)) { //准备就绪
            uint32_t s = cblk->server; // "消费者"使用 server 指针
            uint32_t bufferEnd = cblk->serverBase + mFrameCount;
            bufferEnd = (cblk->loopEnd < bufferEnd) ? cblk->loopEnd : bufferEnd;
            if (framesReq > framesReady) {//当前的可读数据比请求量少
                framesReq = framesReady;
            }
            if (framesReq > bufferEnd - s) {//会超过缓冲区尾部
                framesReq = bufferEnd - s;
            }

            buffer->raw = getBuffer(s, framesReq);
            buffer->frameCount = framesReq;
            return NO_ERROR;
        }
        …
}
```

整个处理流程和我们前面小节分析 AudioTrack 如何写缓冲区数据类似,读者可以自行理解。需要关注的重点是,函数参数中的 buffer 是由 AudioMixer 请求的缓冲区地址,从其中的实现来看它的确是由 cblk 计算出来的。也就是说,AudioMixer 中用于混音操作(process_XX)的缓冲区对象和 AudioTrack、AudioFlinger 中的数据区确实是同一个。

13.7 音量控制

本小节以音量按键的处理过程为契机,来简要分析 Android 系统中音量控制的实现。相信这也是很多人关心的问题——特别是对于设备生产商(比如手机)来说,音量的调节处理还是比较重要的。

当用户按下音量调节键时(比如音量+),对应的 keyEvent 是:

```
public class KeyEvent extends InputEvent implements Parcelable {
    …
    public static final int KEYCODE_VOLUME_UP = 24;
```

系统中的多个地方都可能会处理这一事件,比如下面这两种情况。

1. AudioManger

略去中间的流转过程,我们直接看看 AudioManager.java 对这一事件的处理:

```
    public void handleKeyDown(KeyEvent event, int stream) {
        int keyCode = event.getKeyCode();
        switch (keyCode) {
            case KeyEvent.KEYCODE_VOLUME_UP:
            case KeyEvent.KEYCODE_VOLUME_DOWN:
                …
                if (mUseMasterVolume) {
                    …
                } else {
                    adjustSuggestedStreamVolume(keyCode == KeyEvent.KEYCODE_VOLUME_UP
                            ? ADJUST_RAISE: ADJUST_LOWER, stream, flags);
                }
                break;
            …
```

这个函数很简单,它根据"音量+"或者"音量-"进一步调用下面的函数:

```
public void adjustSuggestedStreamVolume(int direction, int suggestedStreamType,
        int flags) {
```

```
        IAudioService service = getService();
        service.adjustSuggestedStreamVolume(direction, suggestedStreamType, flags);
        …
    }
```

其中 getService 将得到名为 Context.AUDIO_SERVICE="audio" 的 Binder 服务，具体对应的是 SystemServer.java 中添加的 AudioService。因而上面 adjustSuggestedStreamVolume 的 Server 端实现如下：

```
/*frameworks/media/java/android/media/AudioService.java*/
    public void adjustSuggestedStreamVolume(int direction, int suggestedStreamType, int flags
) {…
        int streamType;
        if (mVolumeControlStream != -1) {
            …
        } else {
            streamType = getActiveStreamType(suggestedStreamType);
        }
        …
        if (streamType == STREAM_REMOTE_MUSIC) {
            …
        } else {
            adjustStreamVolume(streamType, direction, flags);
        }
    }
```

我们知道，Android 中将声音分为 STREAM_MUSIC，STREAM_VOICE_CALL 等多种流类型。那么当用户按下音量调节按键（音量+/-）后，具体针对的是哪一种呢？这就是 getActiveStreamType 所要做的工作。从字面意思就可以猜测到，这个函数用于获取当前活跃的 Stream 类型——它首先判断当前是不是在通话中。如果回答是肯定的，再进一步判断是通过 Speaker 还是蓝牙进行的；又或者当前如果不在通话状态，则判断是否在播放音乐等。借助于 getActiveStreamType，用户可以很方便地设置不同场合下的音量大小。

函数 adjustStreamVolume 的源码实现我们稍后讲解。

2. interceptKeyBeforeQueueing@PhoneWindowManager.java

对于部分重要的物理按键（比如 HOME 和音量调节键），系统会先判断它们是否需要做预处理，即 interceptKeyBeforeQueueing。这个函数首先会根据当前的具体情况（是不是在通话状态、是不是在播放音乐等）来决定需要调整的 STREAM 类型，而且最后它会调用 AudioService.adjustStreamVolume——接下来的处理流程就和上面 AudioManager 中的情况一致了：

```
/*frameworks/media/java/android/media/AudioService.java*/
 public void adjustStreamVolume(int streamType, int direction, int flags) {
        /*Step 1. 为各 StreamType 寻找 Alias 归类*/
        int streamTypeAlias = mStreamVolumeAlias[streamType];
        VolumeStreamState streamState = mStreamStates[streamTypeAlias];
          /*Step 2. 为 Stream Alias 寻找匹配的 device*/
        final int device = getDeviceForStream(streamTypeAlias);
        /*Step 3. 获取对应 device 的 index*/
        final int aliasIndex = streamState.getIndex(device);
        boolean adjustVolume = true;
        int step;
        …
     step = rescaleIndex(10, streamType, streamTypeAlias);/*Step 4. 调节 index*/
        /*Step 5.音量调节对于音量模式的影响*/
        if (((flags & AudioManager.FLAG_ALLOW_RINGER_MODES) != 0) ||
                (streamTypeAlias == getMasterStreamType())) {
            …
        }
```

第 13 章 应用不再同质化——音频系统

```
            /*Step 6.将音量调节事件发送给下一个处理者*/
            int oldIndex = mStreamStates[streamType].getIndex(device);
            if (adjustVolume && (direction != AudioManager.ADJUST_SAME)) {
                if ((direction == AudioManager.ADJUST_RAISE) &&
                    !checkSafeMediaVolume(streamTypeAlias, aliasIndex + step, device)) {
                    mVolumePanel.postDisplaySafeVolumeWarning(flags);
                } else if (streamState.adjustIndex(direction * step, device)) {
                    sendMsg(mAudioHandler, MSG_SET_DEVICE_VOLUME,
                            SENDMSG_QUEUE, device, 0, streamState, 0);
                }
            }
            int index = mStreamStates[streamType].getIndex(device);
            sendVolumeUpdate(streamType, oldIndex, index, flags);
        }
```

这个函数看起来很长，但概括起来只有两个重点。即：

- 计算 oldIndex（之前的音量值）、index（要调整的音量值）和 flags。
- 调用 sendVolumeUpdate 和 sendMsg 把上一步的计算结果发送出去。

我们来分步看看它是如何计算出 oldIndex 和 index 的。

Step1@adjustStreamVolume。获取当前 streamType 对应的 alias。虽然 STREAM 被划分为多种不同类型，但它们在某些方面的行为却是一样的。换句话说，可以对它们进行二次分类，这就是 mStreamVolumeAlias 数组的存在意义。

默认情况下，各类型 STREAM 的分组如下（在支持 VOICE 时）：

```
    private final int[] STREAM_VOLUME_ALIAS = new int[] {
        AudioSystem.STREAM_VOICE_CALL,       // STREAM_VOICE_CALL
        AudioSystem.STREAM_RING,             // STREAM_SYSTEM
        AudioSystem.STREAM_RING,             // STREAM_RING
        AudioSystem.STREAM_MUSIC,            // STREAM_MUSIC
        AudioSystem.STREAM_ALARM,            // STREAM_ALARM
        AudioSystem.STREAM_RING,             // STREAM_NOTIFICATION
        AudioSystem.STREAM_BLUETOOTH_SCO,    // STREAM_BLUETOOTH_SCO
        AudioSystem.STREAM_RING,             // STREAM_SYSTEM_ENFORCED
        AudioSystem.STREAM_RING,             // STREAM_DTMF
        AudioSystem.STREAM_MUSIC             // STREAM_TTS
    };
```

右半部分的注释表示 STREAM 类型，左边的值是它们在 alias 数组中的组编号。比如 STREAM_SYSTEM，STREAM_DTMF，STREAM_SYSTEM_ENFORCED 就和 STREAM_RING 属于同一个组。

同一小组的 stream state 是一样的，由 mStreamStates[]数组记录。

Step2@ adjustStreamVolume。根据 stream alias 来查询匹配的输出设备，我们在前几个小节已经有详细介绍，这里不再赘述。

Step3@ adjustStreamVolume。通过 VolumeStreamState 获得音量值（index），来看看这个函数：

```
        public synchronized int getIndex(int device) {
            Integer index = mIndex.get(device);
            if (index == null) {
                index = mIndex.get(AudioSystem.DEVICE_OUT_DEFAULT);
            }
            return index.intValue();
        }
```

VolumeStreamState 内部维护了一个 mIndex 数组来记录 device 对应的 index 值。

Step4@ adjustStreamVolume。大家应该已经注意到了，当我们在调整音量时系统会有一个音量条出现，同时还伴随着短促的提示音——这样用户才能知道系统是否已经正确执行我们的音量调节命令。这一步就是在为 UI 显示条做前期准备。

Step5@ adjustStreamVolume。音量的调节还可能与手机的铃声模式（Ringer Mode）有关。原生态系统中有如下几种模式：

```
public static final int RINGER_MODE_SILENT = 0; //静音模式
public static final int RINGER_MODE_VIBRATE = 1;//震动模式
public static final int RINGER_MODE_NORMAL = 2;//正常模式
private static final int RINGER_MODE_MAX = RINGER_MODE_NORMAL;
```

比如当前是振动模式，那么当用户调整音量后，这一模式很可能被改变（当然，这取决于厂商制定的具体策略）。

Step6@ adjustStreamVolume。函数的末尾分别使用了两种方式来把音量调节命令进一步传递给后续的处理者——其中 sendVolumeUpdate 用于产生音量调节提示音并显示系统音量条；而 sendMsg 则会把命令投递到消息队列中，再由 AudioHandler 做进一步处理。AudioHandler 除了将音量值保存到系统设置文件中外，还会调用 AudioPolicyService 的相关接口来真正调整音频设备的音量：

```
/*frameworks/av/services/audioflinger/AudioPolicyService.cpp*/
status_t AudioPolicyService::setStreamVolumeIndex(audio_stream_type_t stream, int index, audio_devices_t device)
{
    …
    if (mpAudioPolicy->set_stream_volume_index_for_device) {
        return mpAudioPolicy->set_stream_volume_index_for_device(mpAudioPolicy, stream,
            index, device);
    } else {
        return mpAudioPolicy->set_stream_volume_index(mpAudioPolicy, stream, index);
    }
}
```

从前两个小节的分析中我们知道，mpAudioPolicy 的默认实现是 legacy_audio_policy 中的 audio_policy(Audio_policy_hal.cpp)，而 set_stream_volume_index_for_device 实际上又调用了 setStreamVolumeIndex@AudioPolicyManagerBase：

```
/*hardware/libhardware_legacy/audio/AudioPolicyManagerBase.cpp*/
status_t AudioPolicyManagerBase::setStreamVolumeIndex(AudioSystem::stream_type stream,
                                                int index, audio_devices_t device)
{
    …
    status_t status = NO_ERROR;
    for (size_t i = 0; i < mOutputs.size(); i++) {
        audio_devices_t curDevice =getDeviceForVolume(mOutputs.valueAt(i)->device());
        if ((device == AUDIO_DEVICE_OUT_DEFAULT) || (device == curDevice)) {
            status_t volStatus = checkAndSetVolume(stream, index, mOutputs.keyAt(i), curDevice);
            if (volStatus != NO_ERROR) {
                status = volStatus;
            }
        }
    }
    return status;
}
```

因为系统中很可能有多个 Output，每个 Output 又支持若干个 device，所以上述代码段通过循环来查找所有匹配的设备，并通过 checkAndSetVolume 进行音量设置：

```
status_t AudioPolicyManagerBase::checkAndSetVolume(…)
{
    mpClientInterface->setStreamVolume((AudioSystem::stream_type)stream, volume, output,delayMs);
    …
```

变量 mpClientInterface 其实表示的就是 AudioFlinger，因而绕了一圈最终还是由下面的函数来完成音量的设置，这也完全在我们的意料之中（因为 AudioFlinger 是执行者）：

```
status_t AudioFlinger::setStreamVolume(audio_stream_type_t stream, float value,
    audio_io_handle_t output)
{…
    AutoMutex lock(mLock);
    PlaybackThread *thread = NULL;
    if (output) {
        thread = checkPlaybackThread_l(output);
        …
    }
    mStreamTypes[stream].volume = value;
    if (thread == NULL) {
        …
    } else {
        thread->setStreamVolume(stream, value);
    }
    return NO_ERROR;
}
```

首先根据 output 找到它对应的 PlaybackThread，而后交由这个线程具体处理流的音量，同时把新的值记录到 mStreamTypes 中（注意：AudioFlinger 和 PlaybackThread 各有一个 mStreamTypes 数组，不要搞混了）。

PlaybackThread 究竟会如何处理这一音量变化，是在 setStreamVolume 吗？

```
void AudioFlinger::PlaybackThread::setStreamVolume(audio_stream_type_t stream, float value)
{
    Mutex::Autolock _l(mLock);
    mStreamTypes[stream].volume = value;
}
```

可以看到，PlaybackThread 只是对音量值做了简单的记录，并没有做实际的动作。那么，音量的变化在什么时候才会生效呢？

还记得我们前面曾分析过的 PlaybackThread::threadLoop 这个函数吗？它在对音频数据进行处理前需要先调用 prepareTracks_l 来做准备工作。下面摘录与音量相关的那部分源码：

```
AudioFlinger::PlaybackThread::mixer_state AudioFlinger::MixerThread::prepareTracks_l(
        Vector< sp<Track>> *tracksToRemove)
{…
        float typeVolume = mStreamTypes[track->streamType()].volume;
        float v = masterVolume * typeVolume;
        uint32_t vlr = proxy ->getVolumeLR();
        vl = vlr & 0xFFFF;
        vr = vlr >> 16;
        …
        mAudioMixer->setParameter(name, param, AudioMixer::VOLUME0, (void *)vl);
        mAudioMixer->setParameter(name, param, AudioMixer::VOLUME1, (void *)vr);
```

可以看到，之前 setStreamVolume 设置的音量值在这里会被提取出来，并和主音量等其他因素进行综合运算——这样得到的才是最终的音量值。紧接着这个值还会通过 setParameter 传给 AudioMixer，以保证后者能根据当前音量做出正确的混音处理。

13.8 音频系统的上层建筑

13.8.1 从功能入手

到目前为止，我们已经详细分析了音频系统的底层实现，主要包括 AudioTrack、AudioFlinger、AudioPolicyService 以及 HAL 四个部分。基于这些基础再来理解音频系统的上层建筑，应该会轻松很多。接下来我们仍然遵循从整体到局部的内容排序顺序。

首先从功能的角度入手，看 Android 是如何规划音频系统的上层建筑的。

- 录制（Record）
  - ➢ 相片拍摄/无声视频录制

  典型应用如"照相机"。
  - ➢ 音频录制

  典型应用如"录音机"。
  - ➢ 有声视频录制

  典型应用如"摄像机"（同时录制声音和视频）。
- 回放（Playback）
  - ➢ 无声视频回放

  这种情况比较少见，即视频文件中不带音频信息。
  - ➢ 音频回放

  比如音乐播放器。
  - ➢ 有声视频回放

  播放同时带有音视频的媒体文件。

看上去组合情况比较多，但对于应用开发人员来说真正需要关心的只有两类，即 MediaPlayer 和 MediaRecorder。Android 赋予了它们同时处理音频和视频的能力，使得我们在编写多媒体应用时可以把更多精力放在 UI 设计、功能实现与用户体验上，而不必涉及具体的音视频解码、显示、音频设备管理等细节。

我们用图 13-28 来概括 Android 系统中面向上层开发人员提供的整体功能设计。

接下来我们将分别介绍 MediaPlayer 和 MediaRecorder。

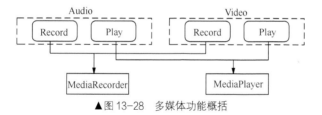

▲图 13-28　多媒体功能概括

13.8.2　MediaPlayer

MediaPlayer 是大部分应用工程师使用 Android 多媒体系统的直接入口。不论是音乐播放器、视频播放器，还是网络收音机（网络收音机本质上可以理解为一个"网络音频"的音乐播放器），或多或少都需要借助于 MediaPlayer 来实现音视频的回放，如图 13-29 所示。

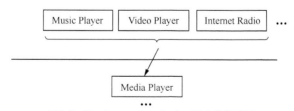

▲图 13-29　MeidaPlayer 与应用程序的关系图

1. MediaPlayer 的状态迁移图

MediaPlayer 只是一个状态机，它依赖于 MediaPlayerService 来完成具体功能——自身则不断向应用程序回馈当前的播放状况。

图 13-30 完整地描述了一个 MediaPlayer 实例的各种状态、触发事件以及迁移流程。

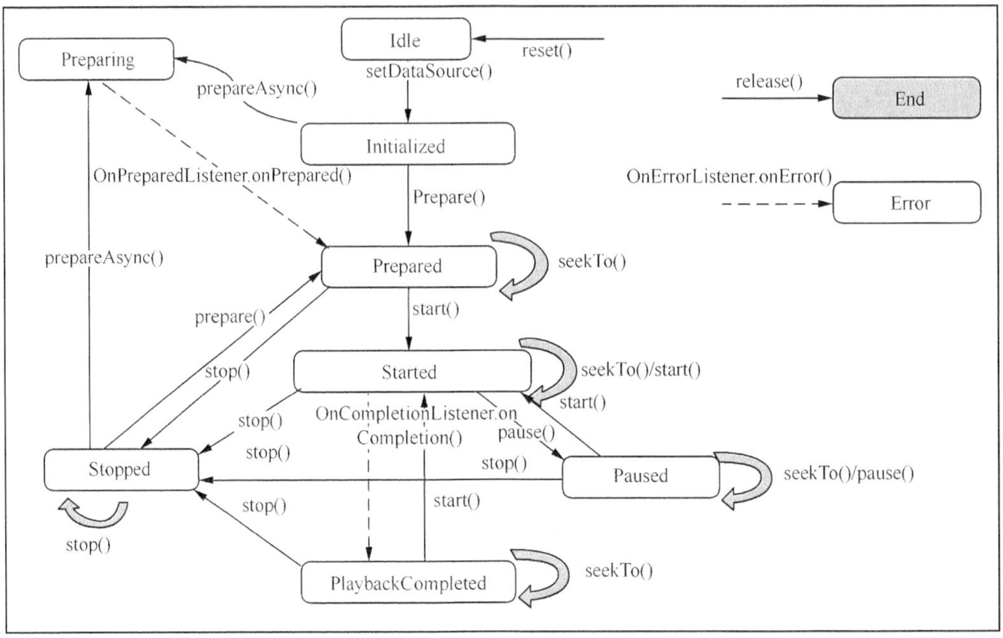

▲图 13-30 MediaPlayer 状态迁移图

图中的方框代表状态，实线箭头代表状态的触发条件（比如执行 setDataSource 这个函数将使播放状态从 Idle 向 Initialized 迁移），虚线箭头代表状态迁移时的回调（比如通过 prepareAsync 函数来准备数据，当数据就绪后将进入 Prepared 状态，且通过回调函数 OnPreparedListener.onPrepared 来通知应用程序）。

另外，在任何情况下有错误发生时，MediaPlayer 的状态都会迁移到"Error"，同时回调 OnErrorListener.onError()通知使用者；而且在任何时候调用 release()，程序均进入 End 状态。

在状态机的约束下，所有跨状态的操作都是非法的。比如我们不能期望程序从 Idle 跨越 Initialized 直接进入 Prepared——后者又是 start()前必经的阶段。换句话说，在没有 setDataSource() 和 prepare()/prepareAsync()前，MediaPlayer 是绝对不允许程序直接调用 start()的。关于 MediaPlayer 的更多状态控制细节，请读者自行参阅官方文档说明。

2．MediaPlayer 的内部实现

既然 MediaPlayer 只是一个状态机，那么它是如何完成上层应用播放请求的呢？要解答这个问题并不难，只要看下它的 Java 层和 Native 层实现即可。

Java 层显然只是一个简单的"中介"，代码片段如下：

```
/*frameworks/base/media/java/android/media/MediaPlayer.java*/
public class MediaPlayer
{…
    private native void _setDataSource(String path, String[] keys, String[] values)
        throws IOException, IllegalArgumentException, SecurityException,
        IllegalState  Exception;
    public native void prepare() throws IOException, IllegalStateException;
    public native boolean setParameter(int key, Parcel value);
```

中间 JNI 层实现也相对简单，我们就不一一分析了，直接来看本地层的 MediaPlayer(cpp)对象。以 setDataSource 为例，源码如下：

```
/*frameworks/av/media/libmedia/Mediaplayer.cpp*/
status_t MediaPlayer::setDataSource(const sp<IStreamSource>&source)
{…
    status_t err = UNKNOWN_ERROR;
    const sp<IMediaPlayerService>& service(getMediaPlayerService());//获取 MPS 服务
    if (service != 0) {
        sp<IMediaPlayer> player(service->create(getpid(), this, mAudioSessionId));
        //在 MPS 中注册
        if ((NO_ERROR != doSetRetransmitEndpoint(player)) ||
            (NO_ERROR != player->setDataSource(source))) {
            player.clear();
        }
        err = attachNewPlayer(player);
    }
    return err;
}
```

首先当然还得获取 MediaPlayerService 的代理 IMediaPlayerService，即 getMediaPlayerService。这个函数无非就是通过 ServiceManager 来查找名为 "media.player" 的 Binder 服务，然后转化为 Proxy 对象。

接着调用如下语句：

```
sp<IMediaPlayer> player(service->create(getpid(), this, mAudioSessionId));
```

这样 MediaPlayerService 就为这个 MediaPlayer 播放实例生成了一个 "内部管理者"，并由 IMediaPlayer 来建立一条纽带。这是不是有点类似于 AudioTrack 与 AudioFlinger 间的 IAudioTrack？

如果 player 变量没有发生错误，就可以把播放源设置进去，即 player->setDataSource(source)。最后利用 attachNewPlayer 把这个 Player 与 MediaPlayer(cpp) 关联起来。如果一切顺利，状态机就会从 Idle 跳转到 Initialized。如下所示：

```
status_t MediaPlayer::attachNewPlayer(const sp<IMediaPlayer>& player)
{
    status_t err = UNKNOWN_ERROR;
    sp<IMediaPlayer> p;
    { // scope for the lock
      Mutex::Autolock _l(mLock);
      if ( !( (mCurrentState &MEDIA_PLAYER_IDLE) || (mCurrentState == MEDIA_PLAYER_STATE_ERROR ) ) )
        {
            return INVALID_OPERATION;//当前是否处于有效的状态
        }
        …
        mPlayer = player; //记录下 IMediaPlayer，后续会经常使用到
        if (player != 0) {
            mCurrentState = MEDIA_PLAYER_INITIALIZED;//状态跳转成功
            err = NO_ERROR;
        } else {
            ALOGE("Unable to to create media player");
        }
    }
    …
    return err;
}
```

函数的一开头就对状态机进行合法性检查，因为并不是在所有状态下用户都可以调用 setDataSource 的，如果跨状态操作就会出错。各状态的 enum 值定义如下：

```
enum media_player_states {
    MEDIA_PLAYER_STATE_ERROR        = 0,
    MEDIA_PLAYER_IDLE               = 1 << 0,
    MEDIA_PLAYER_INITIALIZED        = 1 << 1,
    MEDIA_PLAYER_PREPARING          = 1 << 2,
    MEDIA_PLAYER_PREPARED           = 1 << 3,
    MEDIA_PLAYER_STARTED            = 1 << 4,
```

```
    MEDIA_PLAYER_PAUSED              = 1 << 5,
    MEDIA_PLAYER_STOPPED             = 1 << 6,
    MEDIA_PLAYER_PLAYBACK_COMPLETE   = 1 << 7
};
```

可见其与我们前面描述的状态迁移图是完全一致的。

关于 MediaPlayer 如何通过 IMediaPlayer 与 MediaPlayerService 开展通信，从而完成一系列复杂的播放控制，我们统一放在后续小节进行讲解。

13.8.3 MediaRecorder

MediaRecorder 既可以录制音频，也可以录制视频。它和 MediaPlayer 一样，需要受到严格的状态机约束，如图 13-31 所示。

图 13-31 和前面的 MediaPlayer 状态迁移图大同小异，只是各个状态和触发条件有所差别，因而我们就不予详细描述了。

从硬件的角度来看，MediaRecorder 将比 MediaPlayer 涉及更多的硬件设备，至少包括：

- 视频

通过视频录制设备（比如 Camera）采集数据，并将采集到的图像显示在终端屏幕上实现同步预览，最后按照用户的要求保存到指定的存储设备（Flash、SD 卡等）中。

- 音频

通过音频录制设备（比如 MIC）采集数据，并按照用户的要求保存到指定存储设备中（如果是同时录制"音视频"的情况，则要将采集到的音视频数据进行统一存储）。

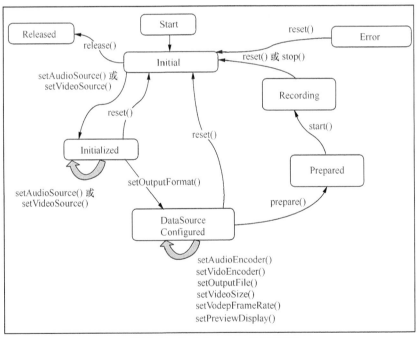

▲图 13-31　MediaRecorder 状态迁移图

- 编码器

在将音视频数据存储为文件之前，我们还需调用编码器对其进行先期处理。所以一个典型的有声视频的录制过程，需要使用到的硬件设备包含但不限于：Camera、Microphone、Screen、Storage、Codec，如图 13-32 所示。

13.8 音频系统的上层建筑

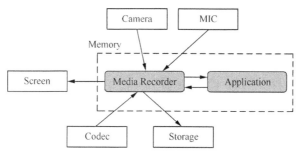

▲图 13-32 从硬件角度理解 MediaRecorder

可以设想一下，如果要求应用开发人员直接利用这些硬件设备来完成整个录制过程，将会是多么庞大的一项工程（如果真是这样，Android 系统恐怕也不会得到如此迅猛的发展了——Android 对硬件的控制和抽象封装非常有效。比如针对上面的硬件设备，Android 提供了如下控制实现。

- 视频

开发者可以通过 Camera 类来轻松管理数据的采集流程，并且将这些数据与 SurfaceView 建立关联以实现终端屏幕预览。另外，还可以调用 MediaRecorder 的各种函数接口进行录制参数的配置及保存。

- 音频

同理，开发者只需通过 MediaRecorder 来配置音频录制所需的参数，如指定音频的编码格式、需要保存的路径等即可。系统会自动根据当前的硬件配置来调用音频采集设备，并将最终结果按照用户的要求保存下来。

- 编码器

不论是硬件还是软件编码器，都不需要应用开发人员去关心细节。他们唯一要做的就是通过 MediaRecorder 来设置参数。

由此可见，APK 应用程序与 MediaRecorder 是"客户"与"服务提供商"的关系。或者更确切地讲，MediaRecorder 是"采购人员"——应用程序只负责描述需求（通过 MediaRecorder 提供的各种设置函数），而 MediaRecorder 则负责根据这份需求清单在现有系统中"采购"相关设备，然后把这些设备协调起来去完成用户的要求，并且最大程度地让应用程序可以脱离其中的烦琐细节。

MediaRecorder 和 MediaPlayer 一样，涉及的模块很多，可以说从应用层一直到 Linux 驱动层都需要有相应的支持。因而我们先提供一张完整的框架图来帮助大家更好地理解，如图 13-33 所示。

图 13-33 中：

- Media Application

录制音视频的 APK 应用程序，它是整个框架的发起者，亦是"录制需求"的制定者。

- MediaRecorder

它是应用程序的直接沟通者，也是框架的组织方。它在收到上层应用的需求后，协调其他所有模块来完成任务，并向应用程序汇报实时情况。

- MediaPlayerService (MPS)

简单地说，Android 中的 MPS 是底层多媒体库的"代表"——这对于保持系统的可兼容性有重要意义。比如从 Android 2.2 开始，系统多媒体库实现已经从 OpenCore 逐渐过渡到了 StageFright，而 MPS 的存在使得上层框架可以基本保持不变。

- StageFright

在 Android 新版的实现中，StageFright 已经取代以往的 OpenCore 成为系统中唯一的多媒体库实现。我们在后续小节还会对它进行进一步分析。

第 13 章 应用不再同质化——音频系统

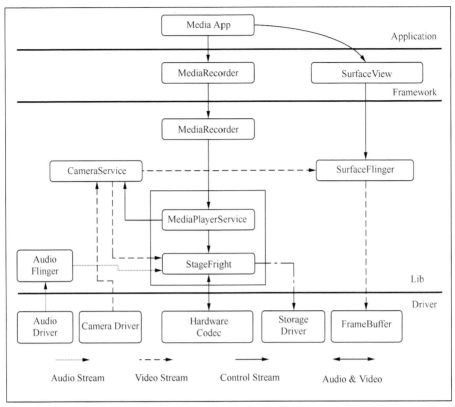

▲图 13-33 MediaRecorder 框架图

- VideoSource

一般情况下我们录制视频的来源是 Camera，并且 Android 系统已经提供了成熟且丰富的 android.hardware.Camera 包来满足开发者对于 Camera 的各种常规需求。

- AudioSource

和视频源类似，录制音频同样也需要硬件采集设备。MediaRecorder 支持多种类型的音频源，不过最常用的还是 Mic。

- Preview

在视频录制的过程中进行同步预览也是必需的，这样才能让用户实时了解采集到的数据。Android 系统提供的 SurfaceView 类可以方便地实现这一功能，同时结合 OpenGL 还可以对采集到的数据进行画面亮度、对比度等特效调整。值得一提的是，当程序通过 MediaRecorder 录制时，系统会强制要求用户提供一个有效的承载 SurfaceView，因而一旦应用程序处于后台就无法完成正常的录制了。

接下来的内容安排如下。

➢ 通过一个有声视频的录制范例，让读者可以首先从应用层角度来了解 MediaRecorder 的使用方法。

➢ MediaPlayerService 中与 MediaRecorder 相关的内部实现。

主要涉及如下几个目录的源码。

- frameworks\av\media\libmediaplayerservice；
- frameworks\av；
- frameworks\base\media。

13.8.4 一个典型的多媒体录制程序

我们先从应用开发层面来看看多媒体录制需要做哪些工作。下面的源码段展示了一个典型的"录像机"的工作流程：

```
Camera mCamera= null;
try {
    mCamera= Camera.open(); /*获取一个 Camera 实例。如果机器上有多
                             个 Camera，可以在 open 时指定希望打开的那个 Camera 的具体编号*/
}
catch (Exception e){
    /*如果当前 Camera 正在使用，将抛出异常*/
}

mMediaRecorder = new MediaRecorder(); /*实例化 MediaRecorder，来自 MediaRecorder.java*/
mCamera.unlock(); //这一步是必须的
mMediaRecorder.setCamera(mCamera); /*MediaRecorder 和 Camera 建立连接，后者是视频数据采
                                     集设备。这一设置将逐步往下传，直到 StageFright*/
mMediaRecorder.setAudioSource(MediaRecorder.AudioSource.CAMCORDER);
mMediaRecorder.setVideoSource(MediaRecorder.VideoSource.CAMERA);
        /*设置音视频的数据来源，这样 MediaRecorder 才知道应该从哪个硬件设备获取数据。
          Android 目前支持的音频和视频来源请查阅后面的表格*/

mMediaRecorder.setProfile(CamcorderProfile.get(CamcorderProfile.QUALITY_HIGH));
    /*设置音频和视频的编码器、输出格式、比特率等一系列参数。Android 2.2 以前的系统需要逐个参数单独设置*/
mMediaRecorder.setOutputFile(getOutputMediaFile(MEDIA_TYPE_VIDEO).toString());
    /*设置输出文件名、路径*/
mMediaRecorder.setPreviewDisplay(mPreview.getHolder().getSurface());/*设置录制时的
                                                                     预览窗口*/
try {
    mMediaRecorder.prepare(); /*在 Start 以前必须先进行 prepare*/
} catch (IllegalStateException e) {
    releaseMediaRecorder();
    return false;
} catch (IOException e) {
    releaseMediaRecorder();
    return false;
}
mMediaRecorder.start(); /*开始录制，屏幕上同时会显示视频图像的预览*/
…
```

目前系统支持的视频来源只有两种，即 MediaRecorder.VideoSource.CAMERA 和 MediaRecorder.VideoSource.DEFAULT。

支持的音频来源类型较多，如表 13-7 所示。

表 13-7　　　　　　　　　　　　多媒体录制可选的音频来源

音 频 来 源	说　　明
CAMCORDER	和 Camera 相匹配的 Microphone，否则就是设备的 Main Microphone
DEFAULT	默认来源
MIC	Microphone
VOICE_CALL	语音通话
VOICE_COMMUNICATION	语音通信服务所配置的 Microphone，如 VoIP
VOICE_DOWNLINK	语音通话中下行部分音频（Downlink）
VOICE_UPLINK	语音通话中上行部分音频（Uplink）
VOICE_RECOGNITION	为语音识别服务所配置的 Microphone，否则就按 DEFAULT 的情况处理

从这个范例可以看到，经过 MediaRecorder 的高度封装，应用程序只需做简单的设置就可以很轻松地完成音视频的录制工作。MediaRecorder 一方面提供了丰富的接口来满足用户的常规录制

需求；另一方面很好地实现了模块的独立性，将诸如预览、Camera 数据采集等工作完整地封装在多个系统 Service 和 Binder 服务接口中，为开发人员快速定制录制功能提供了有力的保障。

13.8.5　MediaRecorder 源码解析

MediaRecorder 源码主要由 3 部分组成。

- MediaRecorder.java

SDK 中提供的面向 APK 应用程序的类实现。

- android_media_MediaRecorder.cpp

上述类接口的 JNI 实现。

- MediaRecorder.cpp

MediaRecorder 的本地类，它负责与 MediaPlayerService 进行通信并确保具体功能的实现。

下面我们以 MediaRecorder 中的一个接口（即 setPreviewDisplay）为线索，分析其内部的源码实现：

```
/*frameworks/base/media/java/android/media/MediaRecorder.java*/
public class MediaRecorder{
…
private Surface mSurface;
public void setPreviewDisplay(Surface sv) {
    mSurface = sv;//保存用户设置的 Surface 对象
}
}
```

上述 mSurface 只是 MediaRecorder 内部的成员变量，因而表面上看函数只是对变量进行了简单的赋值。线索似乎断了，其实不然，我们再来看以下代码：

```
/*frameworks/base/media/java/android/media/MediaRecorder.java*/
public class MediaRecorder
{
    static {
        System.loadLibrary("media_jni"); //加载 MediaRecorder 的 JNI 库
        native_init(); //这个初始化函数是一个本地实现
    }
    …
}
```

那么，native_init 函数做了哪些工作呢？

```
/*frameworks/base/media/jni/android_media_MediaRecorder.cpp*/
static fields_t fields; //将 MediaRecorder.java 中的部分成员变量保存在这里
static void android_media_MediaRecorder_native_init(JNIEnv *env)
{
    jclass clazz;
    clazz = env->FindClass("android/media/MediaRecorder"); //找到 MediaRecorder
    …
    fields.context = env->GetFieldID(clazz, "mNativeContext", "I");/*通过 Name 和 signature 找到 MediaRecorder(Java)对象中的 mNativeContext 成员变量*/

    fields.surface = env->GetFieldID(clazz, **"mSurface"**, "Landroid/view/Surface;");
    /*然后通过同样的方法找到 mSurface 成员变量，也就是我们在 setPreviewDisplay ()接口设置的那个变量，然后保存到 fields 中*/
    …
    jclass surface = env->FindClass("android/view/Surface");
    …
    fields.surface_native = env->GetFieldID(surface, ANDROID_VIEW_SURFACE_JNI_ID, "I");
     /*surface_native 对应的是 mSurface 中的 mNativeSurface 域。前者是 Java 层的变量，后者是 Surface 的本地实现*/
    …
}
```

通过 JNI 的特性可知，fields 中的各变量与 Java 类中的域产生了关联。那么，fields.surface 和 fields.surface_native 在什么时候产生作用呢？

```
/*frameworks/base/media/jni/android_media_MediaRecorder.cpp*/
static voidandroid_media_MediaRecorder_prepare(JNIEnv *env, jobject thiz)
/*还记得我们前面特别提醒过，应用程序在 start()前必须要先调用 prepare()吗?*/
{
    …
    sp<MediaRecorder> mr = getMediaRecorder(env, thiz); /*这里得到的是一个在 native_setup
    中创建的 MediaRecorder(cpp)对象*/
    jobject surface = env->GetObjectField(thiz, fields.surface);//得到 Java 对象中的mSurface 域
    if (surface != NULL) {
        const sp<Surface> native_surface = get_surface(env, surface);/*进一步获取mNativeSurface域*/
        …
        if (process_media_recorder_call(env,
                    mr->setPreviewSurface(native_surface->getIGraphicBufferProducer()),
                    "java/lang/RuntimeException", "setPreviewSurface failed.")) {
            return;
        }
    }
    process_media_recorder_call(env, mr->prepare(), "java/io/IOException", "prepare
                failed.");
    /*process_media_recorder_call 是对执行结果(即它的第二个参数)的统一处理，
    比如失败时抛出异常*/
}
```

函数 prepare()做了两件事。

- 向 MediaRecorder(.cpp)设置 PreviewSurface

也就是说，前面我们通过 setPreviewDisplay 设置的 Surface，要直到 prepare 时才会真正被传递给 MediaPlayerService。

- 调用 MediaRecorder(.cpp)中的 prepare()

先来看看 MediaRecorder(.cpp)中一个关键的全局变量，如下所示：

```
/*frameworks/av/include/media/Mediarecorder.h*/
sp<IMediaRecorder>          mMediaRecorder;
```

这里的 mMediaRecorder 是应用程序与 MediaPlayerService 之间的桥梁。换句话说，到目前为止我们实际上还没有脱离应用程序本身的进程空间，真正跨进程的地方就发生在对这个变量的操作中。它是在 MediaRecorder(.cpp)的构造函数里创建的：

```
/*frameworks/av/media/libmedia/Mediarecorder.cpp*/
MediaRecorder::MediaRecorder() : mSurfaceMediaSource(NULL)
{
    …
    const sp<IMediaPlayerService>& service(getMediaPlayerService());/*通过 "media.player"
    名向 ServiceManager 查询 MediaPlayerService 服务*/
    if (service != NULL) {
        mMediaRecorder = service->createMediaRecorder(getpid());/*由 MediaPlayerService
        生成一个 IMediaRecorder*/
    }
    if (mMediaRecorder != NULL) {
        mCurrentState = MEDIA_RECORDER_IDLE;  //状态机开始运转
    }
    doCleanUp();
}
```

MediaPlayerService 是如何生成这个 IMediaRecorder 对象的呢？

```
/*frameworks/av/media/libmediaplayerservice/MediaPlayerService.cpp*/
sp<IMediaRecorder> MediaPlayerService::createMediaRecorder()
{
    …
    sp<MediaRecorderClient> recorder = new MediaRecorderClient(this, pid);/*ImediaRecorder
    实际上是一个 MediaRecorderClient*/
    …
    mMediaRecorderClients.add(w);
    return recorder;
}
```

IMediaRecorder 在 MediaPlayerService 中对应的实现类是 MediaRecorderClient，它将承载后续应用进程中 MediaRecorder 向 MediaPlayerService 发起的各种业务请求。

回过头来看看 MediaRecorder(.cpp) 内部又是如何处理 Surface 的呢？

```
/*frameworks/av/media/libmedia/Mediarecorder.cpp*/
status_t MediaRecorder::setPreviewSurface(const sp<Surface>& surface)
{…
    status_t ret = mMediaRecorder->setPreviewSurface(surface); /*将surface传递给Media
    PlayerService*/
    …
    return ret;
}
```

可见这和本小节开头给出的 MediaRecorder 框架图完全一致，即 MediaPlayerService 才是多媒体录制的核心，而 MediaRecorder 只是一个"协调者"。

我们来小结一下 setPreviewSurface 的处理过程。

● 应用程序通过 MediaRecorder.java 中的 setPreviewSurface() 设置一个 Surface。通常 Apk 应用程序是通过在 UI 布局中添加一个 SurfaceView 组件来间接获取 Surface 对象。

● MediaRecorder 的本地层实现，即 android_media_MediaRecorder.cpp 可以利用 JNI 特性访问到上一步骤中设置的 Surface 变量，并保存在自己的内部全局变量中。

● 当应用程序调用 prepare@MediaRecorder 时，JNI 层的实现将间接调用 setPreviewSurface@MediaRecorder.cpp。

● MediaRecorder.cpp 里持有和 MediaPlayerService 进行跨进程通信的代理，即：

```
sp<IMediaRecorder> mMediaRecorder;
```

通过这一变量，我们才将 Surface 最终传递给 MediaPlayerService。

13.8.6　MediaPlayerService 简析

和很多系统服务一样，MediaPlayerService 也是在设备一开机时就启动的。具体而言，它属于 mediaserver 程序的一部分，而后者在系统第一个应用进程（init）解析的 init.rc 脚本中添加了启动项：

```
/*init.rc*/
service media /system/bin/mediaserver
    class main
    user media
    group audio camera inet net_bt net_bt_admin net_bw_acct drmrpc mediadrm
    ioprio rt 4
```

/system/bin 目录下放置的是系统级的可运行程序，如 mediaserver。我们在介绍 AudioFlinger 和 AudioPolicyService 时已经分析过这个程序，它的源码文件在工程的 frameworks\av\media\mediaserver 目录中。更多细节读者可以参考前面小节的介绍，这里不再赘述。

紧接着前面两个小节对 MediaPlayer 和 MediaRecorder 的讲解，我们来看看它们是如何与 MediaPlayerService 进行交互的。

1. MediaRecorder

前一小节中，createMediaRecorder() 函数的任务是创建一个 MediaRecorderClient 对象，并返回给调用者，从而建立起它和 MediaPlayerService 的远程通信。MediaPlayerService 担负着录制、回放、编解码等一系列工作，因而 MediaRecorderClient 只是其中一个负责多媒体录制的实体。另外，创建出来的 MediaRecorder 通过如下语句保存进 MediaPlayerService 的全局管理中：

```
mMediaRecorderClients.add(w);
```

这也从侧面验证了 MediaPlayerService 是允许同时有多个 Recorder（MediaPlayer 也是同样的道理）存在的，只不过这样的情况并不多见。

因为是跨进程通信，可以猜想到 MediaRecorderClient 一定需要继承 Binder 的特性，如下所示：

```
class MediaRecorderClient : public BnMediaRecorder{…
}
class BnMediaRecorder: public BnInterface<IMediaRecorder>{…
}
```

BnInterface 是一个模板类，定义如下：

```
template<typename INTERFACE>
class BnInterface : public INTERFACE, public BBinder{
…}
```

和 Java 不同，C++语言支持多重继承，因而最终 MediaRecorder 的继承关系如图 13-34 所示。

其中，左边部分的 IInterface 体现了 MediaRecorder 提供的功能，而右边部分的 IBinder 则实现了它的跨进程能力。如果对这些基础知识还不是很清楚，强烈建议读者再回头复习下 Binder 章节。接下来的讨论中我们只关心 IMediaRecorder 这一部分的实现。

我们还是以 setPreviewSurface 这个接口为线索，帮助大家将整个流程串起来：

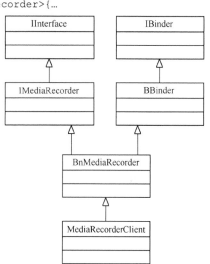

▲图 13-34 MediaRecorderClient 的继承关系图

```
/*frameworks/av/media/libmediaplayerservice/MediaRecorderClient.cpp*/
status_t MediaRecorderClient::setPreviewSurface(const sp<Surface>& surface)
{
    Mutex::Autolock lock(mLock);
    …
    return mRecorder->setPreviewSurface(surface);
}
```

出现了一个 mRecorder 变量，来看看它的定义：

```
MediaRecorderBase *mRecorder;
```

MediaRecorderBase 的作用可以理解为 Java 中的 Interface，它提供了一种抽象的接口"协议"——不管最终的实现如何变化，其向外提供的功能都不变：

```
/*frameworks/av/media/libmediaplayerservice/MediaRecorderClient.cpp*/
MediaRecorderClient::MediaRecorderClient(const sp<MediaPlayerService>& service, pid_t pid)
{
    ALOGV("Client constructor");
    mPid = pid;
    mRecorder = new StagefrightRecorder; //StageFright 终于出现了
    mMediaPlayerService = service;
}
```

从上面的代码段可以看到，MediaRecorderClient 直接使用了 StageFright，而没有根据条件做任何判断选择。这也进一步证明 StageFright 已经完全取代了 OpenCore。

由于只是"中介"的角色，MediaRecorder 本身并没有太多复杂的操作。值得一提的是，各芯片厂商（如三星、高通）在研发一款产品时，通常会提供与平台硬件配置相匹配的 Player/Recorder 实现。这些扩展的 Player/Recorder 以原生态的 StageFright 为"蓝本"，并在此基础上迅速构建出更切合产品需求的播放器/录制器。

2. MediaPlayer

在 MediaPlayer::setDataSource 中有如下语句：

```
sp<IMediaPlayer> player(service->create(getpid(), this, mAudioSessionId));
```

下面看看其具体的源码实现：

```
sp<IMediaPlayer> MediaPlayerService::create(const sp<IMediaPlayerClient>& client, int
audioSessionId)
{
    pid_t pid = IPCThreadState::self()->getCallingPid();
    int32_t connId = android_atomic_inc(&mNextConnId);
    sp<Client> c = new Client(this, pid, connId, client, audioSessionId, IPCThread
    State::self()->getCallingUid());
    wp<Client> w = c;
    {
        Mutex::Autolock lock(mLock);
        mClients.add(w);
    }
    return c;
}
```

这个 Client 的命名容易让人产生歧义，实际上它和 MediaRecorderClient 类似，二者分别用于回放和录制操作。和 MediaRecorderClient 稍有不同的地方是，Client 是 MediaPlayerService 的嵌套类——这可能是因为回放相对于录制功能没有那么复杂。

紧接着在 setDataSource 时，Client 会根据请求的 Source 类型的不同来选择合适的播放器（除非系统属性"media.stagefright.use-nuplayer"强制要求使用 NU_PLAYER，否则默认播放器类型是 STAGEFRIGHT_PLAYER）——具体是由 getPlayerType 函数实现的，读者可以自行分析。目前系统支持的播放器包括：SONIVOX_PLAYER，STAGEFRIGHT_PLAYER，NU_PLAYER，TEST_PLAYER 和 PV_PLAYER。另外，和前述的 MediaRecorder 一样，芯片厂商有可能在此基础上扩展出自己的播放器类型。

在决定了使用哪个底层播放器后，Client 会进一步通过 createPlayer() 来创建一个对应的 Player 实体。这和录制时的情况有很大不同，因为录制时我们直接就指定了 StageFright。

对于大部分开发人员而言，StageFright 底层库的源码实现并不是必须要掌握的。但它们可以辅助大家更好地理解多媒体框架，建议有兴趣的读者自行深入分析。

13.9 Android 支持的媒体格式

本节将从音频、视频和网络流媒体 3 个方面来分析 Android 系统对媒体格式的支持情况。

13.9.1 音频格式

Android 系统所支持的音频编解码器（Codec）及常见的文件格式（Container）如表 13-8 所示。请读者务必先理清编码格式和文件格式的区别，以免引起混淆。

表 13-8　　　　　　　　　　Android 支持的音频编解码器

编解码器	编码	解码	文件格式	说明
AAC LC	Yes	Yes	• 3GPP（.3gp） • MPEG-4（.mp4，.m4a） • ADTS raw AAC（.aac，解码需要 Android 3.1 以上，编码需要 Android 4.0 以上版本，暂不支持 ADIF）	支持单声道/立体声/5.0/5.1 声道 采样速率：8~48kHz
HE-AACv1 (AAC+)	Yes（4.1 以上）	Yes		
HE-AACv2 (enhanced AAC+)	No	Yes		支持单声道/5.0/5.1 声道 采样速率：8~48kHz

13.9 Android 支持的媒体格式

续表

编解码器	编码	解码	文件格式	说明
AAC ELD（enhanced low delay AAC）	Yes（4.1 以上）	Yes（4.1 以上）	• MPEG-TS（.ts，需要 Android 3.0 以上版本）	支持单声道/立体声 采样速率：16～48kHz
AMR-NB	Yes	Yes	3GPP(.3gp)	支持音频码流：4.75～12.2kbps 采样速率：8kHz
AMR-WB	Yes	Yes	3GPP(.3gp)	音频码流：6.6～23.85kbps 采样速率：16kHz
FLAC	No	Yes（Android 3.1 以上版本）	FLAC (.flac)	采样速率：最大 48kHz（如果设备本身只有 44.1kHz 的输出，建议最大值不超过 44.1kHz）
MP3	No	Yes	MP3 (.mp3)	支持单声道/立体声 8～320kbps（CBR，静态码率） 也支持 VBR（可变码率）
MIDI	No	Yes	• 类型 0 和类型 1（.mid，.xmf，.mxmf） • RTTTL/RTX (.rtttl，.rtx) • OTA (.ota) • iMelody (.imy)	支持： MIDI 类型 0 和类型 1 DLS 版本 1 和版本 2 XMF 和移动式 XMF 铃声格式 RTTTL/RTX、OTA 及 iMelody
Vorbis	No	Yes	• Ogg (.ogg) • Matroska (.mkv, Android 4.0 以上)	Vorbis 和 mp3 格式相似，但前者是开放的，因而不涉及专利问题
PCM/WAVE	Yes(4.1 以上)	Yes	WAVE (.wav)	8 位和 16 位线性 PCM（最大速率取决于硬件设备） 采样速率：8kHz、16kHz 和 44.1kHz

13.9.2 视频格式

除了表 13-9 所列出的视频格式外，开发人员还可以通过导入第三方库来支持更多的视频编解码器功能。

表 13-9   Android 支持的视频编解码器

编解码器	编码	解码	文件格式	说明
H.263	Yes	Yes	• 3GPP (.3gp) • MPEG-4 (.mp4)	主要用于低码流通信
H.264 AVC	Yes（Android 3.0 以上）	Yes	• 3GPP (.3gp) • MPEG-4 (.mp4) • MPEG-TS（.ts，只支持 AAC audio，需要 Android 3.0 以上版本）	低阶规格 Baseline Profile
MPEG-4 SP	No	Yes	3GPP (.3gp)	
VP8	Yes（4.3 以上）	Yes（Android 2.3.3 以上）	• WebM (.webm) • Matroska（.mkv，需要 Android 4.0 以上版本）	只在 Android 4.0 以上才支持流

13.9.3 图片格式

Android 系统目前只支持常见的几种图片格式，如表 13-10 所示。

表 13-10　　　　　　　　　　　　　Android 支持的图片编解码器

编解码器	编码	解码	文件格式	说明
JPEG	Yes	Yes	JPEG (.jpg)	Jpeg 格式的图片
GIF	No	Yes	GIF (.gif)	Gif 动态图片
PNG	Yes	Yes	PNG (.png)	PNG 图片
BMP	No	Yes	BMP (.bmp)	BMP 图片
WEBP	Yes（Android 4.0 以上版本）	Yes（Android 4.0 以上版本）	WebP (.webp)	Google 推出的一种有损压缩图片格式，基于 VP8

13.9.4　网络流媒体

Android 系统是面向移动终端的，因而对网络协议格外重视。MediaPlayer 便完整地封装了对多种网络流媒体协议的支持，包括但不限于：

- RTSP (RTP，SDP)

RTSP（Real Time Streaming Protocol）即实时流传输协议，是一种基于 TCP/UDP 的应用层协议。为了让读者对 RTSP 有个直观的认识，下面我们以场景对话（电影院）的形式来模拟协议流程。如下：

客户端：我想看《蜘蛛侠 4》，有什么选择吗？

服务端：很多，比如 2D 的、3D 的、IMax 的……

客户端：我需要关于 IMax 的详细描述。

服务端：好的，它是这样的……

客户端：挺好的，我就要这个。你帮我出张票。

服务端：请问要什么时间段的、什么位置的，要不要 VIP 包间？

客户端：要最后两排的。

服务端：可以，请稍等……这是你的票，请收好。

客户端：明白，我要进去观看了。

服务端：好的，影片马上开始播放。

（影片放映中）

客户端：什么烂片，我不想看了。

服务端：好的，终止放映。

- HTTP/HTTPS progressive streaming
- HTTP/HTTPS live streaming draft protocol:
  - 只支持 MPEG-2 TS 媒体文件
  - Protocol version 3（Android 4.0 以上版本）
  - Protocol version 2（Android 3.x）
  - Android 3.0 以前的版本不支持
  - Android3.1 以前的版本不支持 HTTPS

13.10　ID3 信息简述

根据项目经验，开发人员在 Android 多媒体研发中经常会碰到一个知识点，即 ID3。ID3 是 Android 管理多媒体文件的重点之一（后续小节有介绍），因而我们在本小节做统一讲解。

13.10 ID3 信息简述

在欣赏一首歌时，大家应该会留意到播放器上会显示诸如"标题"、"演唱者"、"专辑"等信息——它们可以让听众更好地了解这首歌曲。此类信息的来源有两个：其一是播放器从网络上直接下载获取的（当然，前提是你的设备能连接上网）；其二就来源于该音频文件自身储存的信息——ID3。

ID3 通常用于 MP3 文件中，到目前为止有两个版本，即 ID3v1 和 ID3v2。其中 v2 版本又分为若干个子版本。虽然 ID3 的使用非常广泛，但至今还没有国际统一的 ID3 规范发布。换句话说，协议本身基本上属于开发者约定俗成的标准。

ID3 最初是由 Eric Kemp 于 1996 年首创的。当时 MP3 音频已经比较流行，却还没有通用的记录歌曲信息的方法。于是 Kemp 开创性地在 MP3 的文件末尾加入了一些数据，即后来的 ID3v1。那么，为什么是加在文件尾部呢？这是为了兼容当时的主流播放器。可以想象，早期的播放器还不知道 ID3 的存在，当然无法解析出其中的数据含义。因而将 ID3 加在头部位置很可能导致这个音频文件被播放器误判为"无效"或者"损坏"。当然后期 ID3 流行起来后，播放器考虑到 ID3 的存在，也就不会有类似问题了。

ID3v1 记录的信息相对简单，它占用的空间是固定的 128 字节，以 "TAG" 字符开头。剩余字节则用于描述如表 13-11 所示的一系列信息。

表 13-11　　　　　　　　　　ID3v1 中信息一览

域	长度（字节）	说　明
Header	3	ID3v1 版本的标志，即 "TAG"
Title	30	标题信息
Artist	30	演唱者信息
Album	30	专辑信息
Year	4	年份
Comment	30	相关评论信息
Genre	1	流派信息

其中流派就有一百多种细分（包括 WinAmp 扩展的部分），我们就不一一列出了。

ID3v1 的一个延伸版本是由 Michael Mutschler 在 1997 年提出的。他认为"Comment"部分并没有什么实际的用途，因此将其分出两个字节用于记录轨道数（Track Number），称为 ID3v1.1。不过，这个版本用得并不多。

后来的几个版本改进主要是基于 ID3v1 容量太小的问题。因而人们想到分别将各个主要"域"进行扩容，如表 13-12 所示（共 227 字节）。

表 13-12　　　　　　　　　　扩展的 ID3v1

域	长度（字节）	说　明
Header	4	扩展标志，即 "TAG+"
Title	60	标题信息。注意 "TAG+" 并不覆盖 "TAG" 中的信息，而是在前述的基础上进行合并扩展。这就是说，一共有 30+60 个字节用于描述标题名，下同
Artist	60	演唱者信息
Album	60	专辑信息
speed	1	速度。0=unset，1=slow，2=medium，3=fast，4=hardcore
Genre	30	流派信息
Start Time	6	歌曲的开始时间，格式 mmm:ss
End Time	6	歌曲的结束时间，格式 mmm:ss

到 1998 年，ID3v2 出现了。它和 ID3v1 在所描述的信息以及采用的数据记录格式等多个方面都发生了很大变化。具体如下所示：

- 数据存储位置差异

和 V1 版本的一个重要区别，就是 ID3v2 不再存放于文件尾部，而是头部。这主要是为了便于网络流媒体的播放。因为我们不可能等到媒体播放完再来显示它的相关信息，这显然是没有意义的。它以"ID3"为开头标志。

- 数据长度大小可变

前面说过，ID3v1 中各域的大小是固定的。比如标题部分就只有那么大的空间，如果超过就不能完全容纳了；而有的信息却又不需要用那么多的字节来存储，从而造成了浪费——这些因素都导致 ID3 新版本采用了可变长度的存储方式。

- 文本编码格式

随着 ID3 使用范围的不断扩大，可以说它已经遍布全球，因而有必要考虑国际化因素。这就自然而然地牵扯到文本编码格式的问题。读者可以参阅本书应用篇中对编码格式以及 Android 系统中常见的一些文本格式问题的详细介绍。

1. ID3v2 Header

ID3v2 的头部格式如表 13-13 所示。

表 13-13　　　　　　　　　　　　　　ID3v2 Header

Name	Value	Description
ID3/file identifier	"ID3"	文件的头 3 个字节为固定值，表明是 ID3v2 版本
ID3 version	$XX XX（十六进制）	两个字节表示版本号。第一个字节是主版本号，第二个字节是修正版本号。所有修正版本都要求是向下兼容的，但是主版本则没有这个要求。两个字节都不能是 FF
ID3 flags	%abc00000（二进制）	一个字节的标志位，用于表示是否有压缩、是否非同步等。不同版本的 ID3 的 Flag 是有差异的，可以参阅最新版本的 ID3v2 协议了解详情。以 ID3v2.3 为例，第一个 bit 表示 Unsynchronisation，第二个 bit 表示 Extended Header，第三个 bit 表示 Experimental Indicator
ID3 size	4 * %0xxxxxxx	四个字节的 Size 值，用于表示整个 Tag 的大小（包括 padding，但不包括头部 10 个字节）。由于每个字节的最高位都被置 0，所以有效位数总共是 4*7=28bit，即可以表达 256M。 举个例子，257 个字节长的 Tag 表示为： $00 00 02 01

2. Extended Header

有没有"扩展信息"是可选的，播放器在解析 ID3 时可以从上面表格中的 Flag 里判断是否带有这一信息。Extended Header 并不是很重要，目前大部分文件都没有附带扩展头，因而我们不过多介绍。

3. ID3v2 Frames

在 ID3v2 中，ID3 Tag 是由一系列"frames"来描述的。每个 Frame 最大可达 16MB，整个 Tag 的大小限制在 256MB。目前最新的 ID3v2 中已经有多达 84 种 Frame，而且应用程序也可以自定义 Frame 信息（尽管这种情况比较少，但并不是不可行。此时要特别注意避免 Frame 名称与其他人定义的重名）。

13.10 ID3 信息简述

因为一个 ID3 Tag 中通常会带有多种 Frame，所以同样需要有 Header 来描述它们。根据官方文档的解释，这个头信息格式如下：

```
Frame ID       $xx xx xx xx (four characters)
Size           $xx xx xx xx
Flags          $xx xx
```

Frame ID 是由 "A~Z" 和 "0~9" 字符组成的。起初的 ID3 中 Frame ID 只允许 3 个字符，后来改为 4 个字符。其中 "X~Z" 这 3 个字符可以供个人使用，而不需要在 ID3v2 Header 中特别标注。Size 域用于表示此 Frame 的大小，随后的 Flags 有两个字节——第一个字节用于表示"status messages"，第二个字节则用于编码说明。如下所示：

```
%abc00000 %ijk00000
第一字节第二字节
```

Frame Flags 详解如表 13-14 所示。

表 13-14　　　　　　　　　　Frame Flags 详解

Flags	Value		Description
a	0	Frame should be preserved	如果该 frame 是 unknown，该怎么处理？两个标志位在判断条件上略有差异
b	1	Frame should be discarded	
c	1	Read only	只读标志位。如果说这个 frame 是只读的，那么随意更改很可能会破坏诸如签名等重要信息
	0	Not Read only	
i	0	Frame is not compressed	压缩标志位
	1	Frame is compressed using [#ZLIB zlib] with 4 bytes for 'decompressed size' appended to the frame header	
j	0	Frame is not encrypted	加密标志位
	1	Frame is encrypted	
k	0	Frame does not contain group information	是否和其他 frames 同属一个 Group
	1	Frame contains group information	

虽然一般情况下我们会倾向于以优先级顺序来对 Frame 进行排列，但协议标准并没有强制要求这么做。一个 Tag 至少要包含一个 Frame，而每个 Frame 又至少要有一个字节大小，且不包括头信息。

通常 ID3 数据编码采用的是 ISO-8859-1，当然也可以使用 Unicode。在 Flags 结束后的第一个字节，就用于表示这个 Frame 中数据所采用的编码方式。

```
0: ISO-8859-1
1: UTF-16
```

ID3v2.4 版本中，还支持使用 UTF-16BE 和 UTF-8 等编码格式。

举个例子，图 13-35 所示是某 MP3 文件的 ID3 信息。

▲图 13-35　MP3 文件的 ID3 信息

按照前面的分析，这个范例中的 Frame ID=TIT2，数据部分一共有 7 个字节，即："01FFFE00673172"。

它以 01 开头，因而是 UTF-16。随后的 FFFE 表明它是 Low Endian，因而实际上所表达的数据是：0x67007231——在 Unicode 码中，这个数字对应的字符是中文"最爱"。

其他 Frame 类型的解析都差不多，我们不再赘述。

13.11 Android 多媒体文件管理

和 Microsoft Windows 等桌面型操作系统不同，Android 系统主要面向终端设备，因而它的很多"行为"都是基于这一"场景需求"而设计的。例如，Android 对多媒体文件的管理就契合了"移动终端"的特性。

Windows 中所有文件类型都是趋于平等的，管理特定多媒体文件的工作通常由应用程序来完成。比如 Windows MediaPlayer 里会有用户喜爱的各种播放列表，或者将某个文件路径设为默认的乐曲存储目录。而 Android 系统作为嵌入式系统的一种，有其局限性。比如，没有鼠标、没有完整的键盘、屏幕相对于 PC 小、操作不便等。因而，它有必要为用户的常用功能提供足够的操作便利——基于这样的思想，由系统来统一管理多媒体文件就是必然的。

Android 对多媒体文件的管理主要分为以下几部分工作。

- 扫描多媒体文件-MediaScannerService

扫描的对象包括内部和外部存储两种。它预先将设备中所有多媒体文件的信息（包括 ID3）提取出来。这样当用户希望去访问这些文件或者读取文件的信息时，系统就可以做到快速响应；这也同时减轻了应用程序的负担，如 APK 播放器可以直接向系统查询当前有哪些 mp3 文件，而不需要再做耗时的扫描操作。这部分工作统一由 MediaScannerService 完成，它继承于 BroadcastReceiver，后面会有更详细的介绍。

- 存储多媒体文件信息-MediaProvider

MediaScannerService 得到的扫描结果如何存储，又怎么向用户提供查询呢？Android 系统选择了 ContentProvider 的方式。这个组件专门用于数据进程间的共享，类似于"仓库"的概念。具体而言，存储多媒体文件信息的工作由 MediaProvider 来完成。

- 用户的查询入口-MediaStore

可能有读者会问，既然有了上面的 MediaProvider，为什么还要有个 MediaStore？它们之间是什么关系？举个例子，就比较容易理解了。MediaStore 从名称来看是商店的意思，那么当用户需要购买商品时（比如牙膏、牙刷这些生活用品），显然大都是通过 Store 来完成的（当然不排除个别人直接从厂家拿货）。但是牙膏和牙刷本身并不是商店生产的，商店只是为生产商提供了展示的柜台，让顾客和这些商品有一个统一的"接触点"。言下之意，对于没有在商店中摆放出来的商品，即便厂商有大批现货，顾客也买不到。MediaStore 将所有的"商品"划分为如下几类。

> MediaStore.Files

多媒体"仓库"中的所有文件，不论它们是不是多媒体文件。

> MediaStore.Audio

音频文件都归于这一类。

> MediaStore.Video

视频文件归类于此。

> MediaStore.Image

图像文件的存储地。

因为不同类型的文件向外提供的 Content Provider 的 URI 是不一样的，所以每种类型的"仓库"都会提供一个 getContentUri()的接口来告诉使用者其具体的引用位置。

从上面的解释可以看出，Android 系统中的多媒体文件管理者实际上是一个"应用程序"，用到 BroadcastReceiver，ContentProvider 等组件。这就不难理解为什么它对应的源码大多在 packages 目录下了。

13.11 Android 多媒体文件管理

图 13-36 描述了多媒体文件管理的几个主要组成部分。

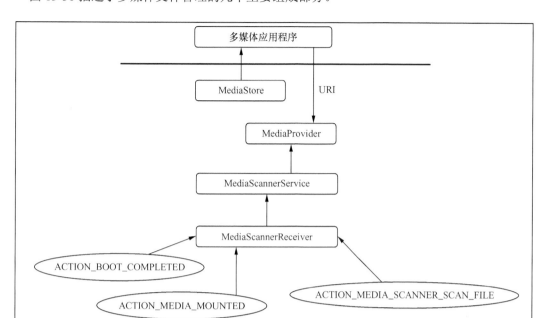

▲图 13-36　多媒体文件管理

接下来我们将分别介绍这几个重要的组成部分。

13.11.1 MediaStore

"商店"的工作就是陈列物品，并对各厂商的产品进行统一管理以响应"用户"的需求，如查询、购买等。因而，它并不需要了解商品的设计原理和生产过程。

源码路径：frameworks\base\core\java\android\provider

MediaStore 是面向应用程序的入口，所以它存放在 frameworks 中，并且作为 SDK 的一部分开放给应用开发者。

这个类里还包含几个子类，主要是完成上面所说的媒体类型划分。读者在下面这个代码段中可侧重看看每种类型的 Content URI：

```
/*MediaStore.java*/
public final class MediaStore {…
    public static final class Files {
        public static Uri getContentUri(String volumeName) {
            return Uri.parse(CONTENT_AUTHORITY_SLASH + volumeName +"/file");
        /* CONTENT_AUTHORITY_SLASH = "content://media /",因而 Files 对应的 URI 为:
            "content:// media /[volumeName]/file"*/
        }
    …}

    public static final class Images {/*Images 还可以再分为 Media 和 Thumbnails 两种。*/
    public static final class Media implements ImageColumns {
    public static Uri getContentUri(String volumeName) {
        return Uri.parse(CONTENT_AUTHORITY_SLASH + volumeName +"/images/media");
        /*所以 Media 的 URI 为: "content://media /[volumeName]/images/media"*/
    }
…}

public static class Thumbnails implements BaseColumns {
    public static Uri getContentUri(String volumeName) {
            return Uri.parse(CONTENT_AUTHORITY_SLASH + volumeName +
```

```
                                       "/images/thumbnails");
        /*Thumbnails 的 URI 为:"content://media/[volumeName]/images/thumbnails"*/
    }
...}
...其他类型是相似的，读者可以自己分析。
```

由上面的分析可以总结出 MediaStore 所提供的媒体类型的 Content Uri 格式。

```
content://media/[volumeName]/[media_type]/[sub_type]
```

其中：
- volumeName 分为 Internal 和 External 两种。
- media_type 即 Files、Images、Audio、Video 等媒体类型。
- sub_type 是上述媒体类型的细化分类，如 Images 中的 Media 和 Thumbnails。

MediaStore 中描述的都是 MediaProvider 与应用程序间的接口内容，开发人员可以通过它来了解系统都提供了哪些 Media 分类以及各类中的一些详细信息。

下面我们将讲解 MediaProvider 具体是如何提供这些 URI 所指向的数据的。

13.11.2　多媒体文件信息的存储"仓库"——MediaProvider

MediaProvider 是多媒体文件信息的存储"仓库"，因而不论是 MediaScanner 还是 MediaStore，工作都是围绕这个 Provider 展开的。MediaProvider 继承自 ContentProvider，运行在一个标准的应用程序中。只不过这个应用程序是随 Android 系统一起安装进设备的，并且多数情况下由系统来调用和控制（理论上普通应用程序也可以操作它）。

如果读者有 Android 设备，并且喜欢 DIY 软件，相信会注意到系统中有一个名为"android.process.media"的常驻进程。那么 android.process.media 具有什么样的功能，为什么它需要常驻内存？如图 13-37 所示。

我们从 Android 源码中可以找到答案。这个进程是下面几个应用的"母体"：
- MediaProvider；
- DownloadProvider；
- DrmProvider。

可见，虽然名称带有"media"，但其实并不仅仅和多媒体有关联。

接着我们看看 MediaProvider 在 AndroidManifest.xml 中的声明：

```
/*AndroidManifest.xml*/
<application android:process="android.process.media"android:label="@string/app_label"
             android:supportsRtl="true">
<provider android:name="MediaProvider" android:authorities="media"
          android:multiprocess="false" android:exported="true">
<grant-uri-permission android:pathPrefix="/external/" />
                /*这个权限允许以"/external"开头的 path 可以临时获取访问权限*/
<path-permissionandroid:pathPrefix="/external/"
                android:readPermission="android.permission.READ_EXTERNAL_STORAGE"
                android:writePermission="android.permission.WRITE_EXTERNAL_STORAGE" />
</provider>
...
```

可见，MediaProvider 对访问权限设置了比较严格的要求。

我们知道 ContentProvider 本质上是对数据库（或者其他存储方式）的管理，从这个角度来说 MediaProvider 所要做的工作就是创建用于存储各种媒体信息的数据库，并提供更新、查询等操作。那么，它维护了哪些数据库呢？图 13-38 显示了 MediaProvider 安装目录下生成的所有数据库。

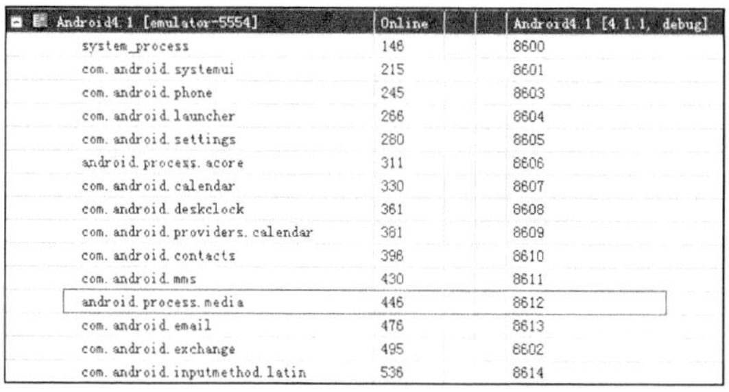

▲图 13-37　一个刚启动的 Android 设备的进程情况 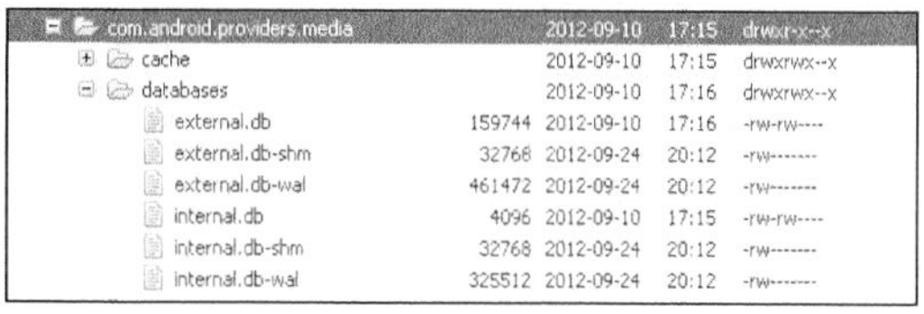　　　　▲图 13-38　MediaProvider 维护的数据库

可以清楚地看到，数据库分为两类（即 internal 和 external），这和前一小节 MediaStore 中讲解的 VolumeName 也是一致的。从理论上来说，程序只需通过 internal.db 和 external.db 来分别表示系统内部和外部存储设备即可，为什么还会有 external.db-shm 这样的数据库存在呢？和很多应用程序一样，数据库的操作也会有很多临时文件。比如当某笔业务失败后，需要回退，此时这些文件就派上用场了。当应用程序成功完成某个操作，或者完全退出后，这些临时的辅助文件是否会被删除则取决于程序本身的设计。有兴趣的读者可以研究下 Android 中采用的数据库——sqlite。

下面我们看看 MediaProvider 是如何创建这两个数据库的：

```
/*packages/providers/mediaprovider/src/com/android/providers/media/MediaProvider.java*/
/*这个函数就是创建数据库的地方： */
private Uri attachVolume(String volume) {
    …
    synchronized (mDatabases) {
        if (mDatabases.get(volume) != null) {
            return Uri.parse("content://media/" + volume); /*如果数据库已经存在，就不需
                要再重复创建了。其中 mDatabases 是一个 HashMap，统管所有的
                DatabaseHelper。如果读者对 Android 中如何操作数据库不是很清
                楚，建议先看下官方文档，这样对于分析后面的源码有很大帮助*/
        }
        Context context = getContext();
        DatabaseHelper helper;//用于操作 Database 的帮助类
        if (INTERNAL_VOLUME.equals(volume)) {
            helper = new DatabaseHelper(context,INTERNAL_DATABASE_NAME, true,false,
                    mObjectRemovedCallback);/*这是内部存储设备的情况，
                    此时创建的 db 名称为 INTERNAL_DATABASE_NAME
                    =internal.db。不过数据库并不会马上被创建，而是要等到第一次
                    有人使用时才会真正生成，比如 getReadableDatabase()*/
        } else if (EXTERNAL_VOLUME.equals(volume)) {/*external 的情况下，还需要做进一步判断*/
            if (Environment.isExternalStorageRemovable()) {/*如果外部存储设备是可移除的*/
                String path = mExternalStoragePaths[0];
                int volumeID = FileUtils.getFatVolumeId(path);/*从路径中提取出 volumeID*/
                …
                String dbName = "external-" + Integer.toHexString(volumeID) + ".db";
                helper = new DatabaseHelper(context, dbName, false, false, mObjectRemoved
                        Callback);
                mVolumeId = volumeID;
            } else {/*这种情况用于兼容之前版本中的命名方式，代码省略*/
                …
            }
        } else {
            throw new IllegalArgumentException("There is no volume named " + volume);
        }
        mDatabases.put(volume, helper);//将刚创建的 DatabaseHelper 加入 HashMap 中
        …
        return Uri.parse("content://media/" + volume);
    }
}
```

其中，Internal 的数据库在 MediaProvider 执行 onCreate()时就会创建，而 external.db 则需要在外部存储设备存在的情况下才有意义，比前者的判断条件复杂一些。

由此我们知道，MediaProvider 为内外存储设备分别建立了两个数据库。不过很明显，每个数据库里还应该有若干数量的 Table 存在，才能满足前面讲解的各种数据操作需求。比如 images，audio，video 等类型的文件，其数据属性有较大差异，放在同一张表中来实现并不现实。接下来我们结合 MediaProvider 所提供的查询过程，来分析其构建出的各种 Table 的集合：

```java
public Cursor query(Uri uri, String[] projectionIn, String selection, String[]
selectionArgs, String sort) {
        int table = URI_MATCHER.match(uri);//Step1. 匹配Table
        List<String> prependArgs = new ArrayList<String>();
        …
        if (table == VERSION) {//Step2. 如果是查询版本号
            MatrixCursor c = new MatrixCursor(new String[] {"version"});
            c.addRow(new Integer[] {getDatabaseVersion(getContext())});
            return c;
        }
        …
        DatabaseHelper helper = getDatabaseForUri(uri);
         /*通过 Uri 来选择对应的数据库，只有两个选项——即 internal 和 external*/
        …
        helper.mNumQueries++;  //查询计数值
        SQLiteDatabase db = helper.getReadableDatabase(); /*Step3.得到一个可读的 Db 实例*/
        if (db == null) return null;
        SQLiteQueryBuilder qb = new SQLiteQueryBuilder();  //数据库查询业务构造器
        …
        switch (table) { //Step4. 下面的每个 case 将分别对相应的表进行操作，我们只保留了部分分支
            …
            case AUDIO_MEDIA_ID:
              qb.setTables("audio"); /*设置要查询的表。注意:上面通过 URI_MATCHER 得到的 table
                                       变量并不是数据库里的表名，大家不要搞混了*/
                qb.appendWhere("_id=?"); /*SQL 查询语句的 WHERE*/
                prependArgs.add(uri.getPathSegments().get(3));
                break;
            case AUDIO_MEDIA_ID_GENRES_ID:
                qb.setTables("audio_genres");/*可以看到，AUDIO_MEDIA_ID_GENRES 和
                        AUDIO_MEDIA_ID_GENRES_ID 其实是从同一个表中查询，只是查询的条件不同*/
                qb.appendWhere("_id=?");
                prependArgs.add(uri.getPathSegments().get(5));
                break;
                …//其他类型 Table 的查询过程都是类似的，我们不再赘述
        }
        Cursor c = qb.query(db, projectionIn, selection,
                combine(prependArgs, selectionArgs), groupBy, null, sort, limit);
                /*利用 qb 来发出查询请求，它会将上述设置的各种查询条件合成为查询语句*/
        if (c != null) {
            c.setNotificationUri(getContext().getContentResolver(), uri);
        }
        return c;
}
```

Step1@query。URI_MATCHER 在 MediaProvider 创建之初就已经通过 addURI 添加了很多匹配选项。例如，URI_MATCHER.addURI("media", "*/images/media", IMAGES_MEDIA)。

其中第一个参数是 Authority，第二个参数是 path，它们在后续的匹配操作中都是需要考虑的因素。最后一个参数是本条 Uri 匹配成功时的返回值。

Step2@query。得到当前数据库的版本号。由此可见，一个 ContentProvider 的数据来源并不局限于数据库本身。

Step3@query。获取一个可读的 Db 实例。如果之前这个数据库还没有创建，那么这时就需要真正地去生成这个数据库实例。

Step4@query。这一步执行数据库查询指令。SQlite 提供了 SQLiteQueryBuilder 来帮助用户轻松地构造各种查询参数，因而我们只需按照要求填写 SQLiteQueryBuilder 的各项信息即可，最终的数据库查询操作是由 SQLiteQueryBuilder.query 来完成的。

MediaProvider 部分的内容已介绍完，这里小结一下。
- MediaProvider 是一个公共的"仓库"：一方面 MediaScanner 的扫描结果将存储到这里；另一方面上层应用发起的所有查询多媒体文件的业务也在这里展开。
- MediaProvider 维护了两个数据库，即 internal.db 和 external.db。
- 每个数据库里又创建了若干 Table，来满足各种存储和查询业务需求。
- MediaProvider 的 Content Uri 可以通过 MediaStore 来查询。

下一小节将讲解多媒体文件管理的核心——MediaScanner。

13.11.3 多媒体文件管理中的"生产者"——MediaScanner

MediaScanner 在整个多媒体文件管理中扮演了"生产者"的角色。它源源不断地将"商品"上架或者将"过期商品"下架，以满足"消费者"的需求。

通过之前的了解，我们知道 MediaProvider 中的数据库分为内部和外部两种。这说明在扫描阶段，MediaScanner 也会区分对待这两种存储设备。本小节将围绕以下几个问题点展开：

- MediaScanner 的扫描时机；
- MediaScanner 的扫描对象；
- MediaScanner 的扫描流程。

先来看第一个问题。前面曾经提到过，MediaScanner 由一个 BroadcastReceiver（MediaScannerReceiver）和一个 Service（MediaScannerService）组成，所以它的启动是由广播来触发的。目前 MediaScanner 可以接收 4 种类型的广播，如下所示：

```xml
<receiver android:name="MediaScannerReceiver">
<intent-filter>
<action android:name="android.intent.action.BOOT_COMPLETED" />//开机广播
</intent-filter>
<intent-filter>
<action android:name="android.intent.action.MEDIA_MOUNTED" />//媒体挂载广播
<data android:scheme="file" />
</intent-filter>
<intent-filter>
<action android:name="android.intent.action.MEDIA_UNMOUNTED" />//媒体卸载广播
<data android:scheme="file" />
</intent-filter>
<intent-filter>
<action android:name="android.intent.action.MEDIA_SCANNER_SCAN_FILE" />//应用程
                                                                     //序主动发起的扫描过程
<data android:scheme="file" />
</intent-filter>
</receiver>
```

剩余的两个问题我们将通过分析上述其中一个广播触发流程（android.intent.action.MEDIA_MOUNTED）来一并解决。

当 MediaScannerReceiver 接收到 MEDIA_MOUNTED 的广播后，其首先要对这个广播信息进行初步处理，然后决定是否启动 MediaScannerService。源代码如下：

```java
/*packages/providers/mediaprovider/src/com/android/providers/media/MediaScanner
  Receiver.java*/
public void onReceive(Context context, Intent intent) {
    final String action = intent.getAction();
    final Uri uri = intent.getData();
    if (Intent.ACTION_BOOT_COMPLETED.equals(action)) {//开机时同时扫描内外存储器
        scan(context, MediaProvider.INTERNAL_VOLUME);
        scan(context, MediaProvider.EXTERNAL_VOLUME);
    } else {//其他类型广播的处理
        if (uri.getScheme().equals("file")) {//其余广播的 scheme 都应该是"file"
            String path = uri.getPath();
```

```
                    String externalStoragePath = Environment.getExternalStorageDirectory().
                                        getPath();//得到系统当前设定的外部存储设备目录
                    if (Intent.ACTION_MEDIA_MOUNTED.equals(action)) {//新的媒体设备挂载的情况下
                        scan(context, MediaProvider.EXTERNAL_VOLUME);//执行扫描操作
                    } else if (Intent.ACTION_MEDIA_SCANNER_SCAN_FILE.equals(action) &&
                            path != null && path.startsWith(externalStoragePath + "/")) {
                        scanFile(context, path);//扫描某个文件
                    }
                }
            }
        }
```

这个函数中出现了两个分支，即 scan() 和 scanFile()。它们的工作大同小异，其中 scan() 在启动 MediaScannerService 的 Intent 里加入了一个 Extra 数据。具体如下所示：

```
args.putString("volume", volume);
```

而 scanFile() 则加入另一名称的 Extra 信息：

```
args.putString("filepath", path);
```

这样在启动了 MediaScannerService 后，它会做区分处理（MediaScannerService 并不是在启动后就直接处理扫描请求的。它首先会创建一个新线程，然后通过 SendMessage() 将这些请求发给新线程处理。这样做是遵循了"主线程不做费时操作"的原则）：

```
/*packages/providers/mediaprovider/src/com/android/providers/media/MediaScannerService.java*/
public void handleMessage(Message msg)
{
    Bundle arguments = (Bundle) msg.obj;
    String filePath = arguments.getString("filepath");
    try {
        if (filePath != null) { // ACTION_MEDIA_SCANNER_SCAN_FILE
        IBinder binder = arguments.getIBinder("listener");
        IMediaScannerListener listener = (binder == null ? null :
        IMediaScannerListener.Stub.asInterface(binder));
        Uri uri = null;
        try {
                uri = scanFile(filePath, arguments.getString("mimetype"));
                } catch (Exception e) {
                    Log.e(TAG, "Exception scanning file", e);
                }
                if (listener != null) {
                    listener.scanCompleted(filePath, uri);
                }
            } else {
                String volume = arguments.getString("volume"); /*internal或external*/
                String[] directories = null; //需要扫描的目录将记录在这个变量中

                if (MediaProvider.INTERNAL_VOLUME.equals(volume)) {
                    directories = new String[] {
                        Environment.getRootDirectory() + "/media",
                        /*内部存储设备，只扫描media目录*/
                    };
                }
                else if (MediaProvider.EXTERNAL_VOLUME.equals(volume)) {
                    directories = mExternalStoragePaths;
                        /*外部存储设备的扫描目录*/
                }
                if (directories != null) {…
                    scan(directories, volume);
                }
            }
    } catch (Exception e) {
            Log.e(TAG, "Exception in handleMessage", e);
    }
    stopSelf(msg.arg1); //扫描结束后，退出service
}
```

通过上面代码段的分析，可能有的读者会问，系统到底支持几个外部存储设备的扫描呢。也就是说，如果一台嵌入式系统有多个可移除存储设备（比如既支持 SD 卡，又支持 U 盘，这种情况很常见），那么能否保证这些存储器的多媒体内容都被扫描到。

我们来总结下系统对几个广播事件的处理过程就明白了，如图 13-39 所示。

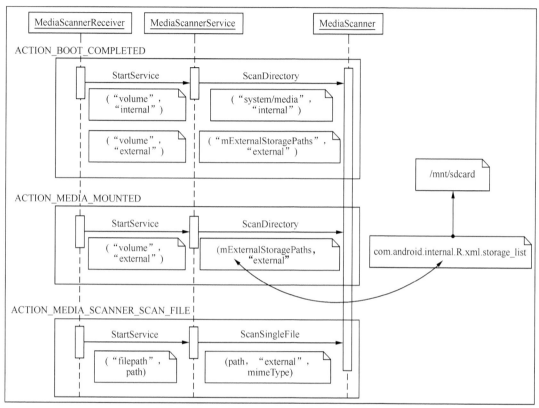

▲图 13-39　MediaScanner 对 3 种广播的处理流程图

- ACTION_BOOT_COMPLETED

扫描内外部存储设备，路径分别为"/system/media"和 mExternalStoragePaths 指定的目录。

- ACTION_MEDIA_MOUNTED

扫描的是外部存储设备，具体路径是由 StorageManager.getVolumeList()→MountService.getVolumeList()取得的，而后者又是通过解析 com.android.internal.R.xml.storage_list 文件来获取的，当前 storage_list 中只有"/mnt/sdcard"一个路径。

- ACTION_MEDIA_SCANNER_SCAN_FILE

一般是应用程序产生了一个新的多媒体文件后，发出请求让系统重新扫描，这个新的文件就能被其他用户看到了。

由此可见，当前 Android 系统中并没有处理多种外部存储设备的情况。如果开发者有这方面的需求，可以尝试修改 MediaScannerReceiver 的扫描策略。

深入理解
Android 内核设计思想

第 2 版 | 下册

林学森 ◆ 著

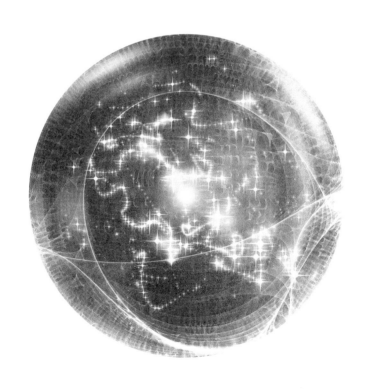

人民邮电出版社
北京

目 录

第 3 篇　应用原理篇

第 14 章　Intent 的匹配规则 616
- 14.1　Intent 属性 616
- 14.2　Intent 的匹配规则 618
- 14.3　Intent 匹配源码简析 624

第 15 章　APK 应用程序的资源适配 628
- 15.1　资源类型 629
  - 15.1.1　状态颜色资源 630
  - 15.1.2　图形资源 631
  - 15.1.3　布局资源 632
  - 15.1.4　菜单资源 633
  - 15.1.5　字符串资源 633
  - 15.1.6　样式资源 634
  - 15.1.7　其他资源 635
  - 15.1.8　属性资源 635
- 15.2　提供可选资源 638
- 15.3　最佳资源的匹配流程 642
- 15.4　屏幕适配 644
  - 15.4.1　屏幕适配的重要参数 644
  - 15.4.2　如何适配多屏幕 646
  - 15.4.3　横竖屏切换的处理 648

第 16 章　Android 字符编码格式 650
- 16.1　字符编码格式背景 650
- 16.2　ISO/IEC 8859 651
- 16.3　ISO/IEC 10646 651
- 16.4　Unicode 652
- 16.5　String 类型 655
  - 16.5.1　构建 String 655
  - 16.5.2　String 对多种编码的兼容 656

第 17 章　Android 和 OpenGL ES 660
- 17.1　3D 图形学基础 661
  - 17.1.1　计算机 3D 图形 661
  - 17.1.2　图形管线 662
- 17.2　Android 中的 OpenGL ES 简介 664
- 17.3　图形渲染 API——EGL 665
  - 17.3.1　EGL 与 OpenGL ES 665
  - 17.3.2　egl.cfg 665
  - 17.3.3　EGL 接口解析 667
  - 17.3.4　EGL 实例 670
- 17.4　简化 OpenGL ES 开发——GLSurfaceView 670
- 17.5　OpenGL 分析利器——GLTracer 677

第 18 章　"系统的 UI"——SystemUI 685
- 18.1　SystemUI 的组成元素 685
- 18.2　SystemUI 的实现 687
- 18.3　Android 壁纸资源——WallpaperService 694
  - 18.3.1　WallPaperManagerService 695
  - 18.3.2　ImageWallpaper 697

第 19 章　Android 常用的工具"小插件"——Widget 机制 700
- 19.1　"功能的提供者"——AppWidgetProvider 700
- 19.2　AppWidgetHost 702

第 20 章　Android 应用程序的编译和打包 707
- 20.1　"另辟蹊径"采用第三方工具——Ant 707
- 20.2　通过命令行编译和打包 APK 708
- 20.3　APK 编译过程详解 709
- 20.4　信息安全基础概述 711
- 20.5　应用程序签名 716
- 20.6　应用程序签名源码简析 719
- 20.7　APK 重签名实例 724

第 21 章 Android 虚拟机 725

21.1 Android 虚拟机基础知识 725
21.1.1 Java 虚拟机核心概念 725
21.1.2 LLVM 编译器框架 734
21.1.3 Android 中的经典垃圾回收算法 736
21.1.4 Art 和 Dalvik 之争 738
21.1.5 Art 虚拟机整体框架 741
21.1.6 Android 应用程序与虚拟机 742
21.1.7 Procedure Call Standard for Arm Architecture（过程调用标准）......744
21.1.8 C++ 11 标准中的新特性 746

21.2 Android 虚拟机核心文件格式——Dex 字节码 749

21.3 Android 虚拟机核心文件格式——可执行文件的基石 ELF 756
21.3.1 ELF 文件格式 756
21.3.2 Linux 平台下 ELF 文件的加载和动态链接过程 764
21.3.3 Android Linker 和动态链接库 771
21.3.4 Signal Handler 和 Fault Manager 782

21.4 Android 虚拟机核心文件格式——"主宰者" OAT 786
21.4.1 OAT 文件格式解析 786
21.4.2 OAT 的两个编译时机 793

21.5 Android 虚拟机的典型启动流程 806

21.6 堆管理器和堆空间释义 815

21.7 Android 虚拟机中的线程管理 823
21.7.1 Java 线程的创建过程 823
21.7.2 线程的挂起过程 827

21.8 Art 虚拟机中的代码执行方式综述 829

21.9 Art 虚拟机的"中枢系统"——执行引擎之 Interpreter 836

21.10 Art 虚拟机的"中枢系统"——执行引擎之 JIT 839
21.10.1 JIT 重出江湖的契机 839
21.10.2 Android N 版本中 JIT 的设计目标及策略 840
21.10.3 Profile Guided Compilation（追踪技术）......842
21.10.4 AOT Compilation Daemon 843

21.11 Art 虚拟机的"中枢系统"——执行引擎之本地代码 844

21.12 Android x86 版本兼容 ARM 二进制代码——Native Bridge 864

21.13 Android 应用程序调试原理解析 871
21.13.1 Java 代码调试与 JDWP 协议 872
21.13.2 Native 代码调试 879
21.13.3 利用 GDB 调试 Android Art 虚拟机 885

第 22 章 Android 安全机制透析 887

22.1 Android Security 综述 887
22.2 SELinux 889
22.2.1 DAC 889
22.2.2 MAC 890
22.2.3 基于 MAC 的 SELinux 890

22.3 Android 系统安全保护的三重利剑 892
22.3.1 第一剑：Permission 机制 893
22.3.2 加强剑：DAC（UGO）保护 896
22.3.3 终极剑：SEAndroid 898

22.4 SEAndroid 剖析 899
22.4.1 SEAndroid 的顶层模型 899
22.4.2 SEAndroid 相关的核心源码 900
22.4.3 SEAndroid 标签和规则 901
22.4.4 如何在 Android 系统中自定义 SEAndroid 903
22.4.5 TE 文件的语法规则 905
22.4.6 SEAndroid 中的核心主体——init 进程 907
22.4.7 SEAndroid 中的客体 912

22.5 Android 设备 Root 简析 913
22.6 APK 的加固保护分析 916

第 4 篇　Android 系统工具

第 23 章　IDE 和 Gradle ············922

23.1　Gradle 的核心要点 ············922
23.1.1　Groovy 与 Gradle ············923
23.1.2　Gradle 的生命周期 ············926
23.2　Gradle 的 Console 语法 ············927
23.3　Gradle Wrapper 和 Cache ············929
23.4　Android Studio 和 Gradle ············931
23.4.1　Gradle 插件基础知识 ············931
23.4.2　Android Studio 中的 Gradle 编译脚本 ············932

第 24 章　软件版本管理 ············937

24.1　版本管理简述 ············937
24.2　Git 的安装 ············937
24.2.1　Linux 环境下安装 Git ············938
24.2.2　Windows 环境下安装 Git ············939
24.3　Git 的使用 ············939
24.3.1　基础配置 ············939
24.3.2　新建仓库 ············940
24.3.3　文件状态 ············942
24.3.4　忽略某些文件 ············943
24.3.5　提交更新 ············944
24.3.6　其他命令 ············944
24.4　Git 原理简析 ············945
24.4.1　分布式版本系统的特点 ············946
24.4.2　安全散列算法——SHA-1 ············947
24.4.3　4 个重要对象 ············948
24.4.4　三个区域 ············953
24.4.5　分支的概念与实例 ············954

第 25 章　系统调试辅助工具 ············958

25.1　万能模拟器——Emulator ············958
25.1.1　QEMU ············958
25.1.2　Android 工程中的 QEMU ············963
25.1.3　模拟器控制台（Emulator Console）············966
25.1.4　实例：为 Android 模拟器添加串口功能 ············969
25.2　此 Android 非彼 Android ············970
25.3　快速建立与模拟器或真机的通信渠道——ADB ············972
25.3.1　ADB 的使用方法 ············972
25.3.2　ADB 的组成元素 ············975
25.3.3　ADB 源代码解析 ············976
25.3.4　ADB Protocol ············981
25.4　SDK Layoutlib ············984
25.5　TraceView 和 Dmtracedump ············985
25.6　Systrace ············987
25.7　代码覆盖率统计 ············992
25.8　模拟 GPS 位置 ············995

第 3 篇

应用原理篇

操作系统对于用户来说最大的价值就体现在应用程序中——无论是 Windows、iOS 还是 Android，生态系统都无一不是建立在相当规模数量的应用程序上。因而如何为 APK 应用提供高效的开发、调试与发布机制；并针对研发中的常见问题提供统一的解决方案，是保证 Android 系统"长盛不衰"的法宝。

阅读本篇内容，希望读者已经清楚 Android 应用程序的开发流程以及常用控件、布局的使用。做到这一点并不难——只要依照 Android 的 SDK 向导尝试建立一个"HelloWorld"入门级应用，然后加入一个想实现的功能，如使用 MediaPlayer 类来完成简易的音乐播放器即可。

第 14 章　Intent 的匹配规则

第 15 章　APK 应用程序的资源适配

第 16 章　Android 字符编码格式

第 17 章　Android 和 OpenGL ES

第 18 章　"系统的 UI" SystemUI

第 19 章　Android 常用的工具"小插件"
　　　　　——Widget 机制

第 20 章　Android 应用程序的编译和打包

第 21 章　Android 虚拟机

第 22 章　Android 安全机制透析

第 14 章 Intent 的匹配规则

写过 Android 应用程序的开发者对 Intent 一定不陌生。从字面来看，Intent 是"意愿""意图"——这个名称很好地表达了 Intent 设计者的"初衷"。如果说 Binder 是程序间的"沟通媒介"，那么 Intent 就是系统判断需要在哪两个进程间建立 Binder 关联的重要考量因素。

打个比方，"婚介所"（Android）在匹配一对新人（进程）时，假设女方的要求（Intent）是"年龄在 30 岁以下，有房，有车"，那么"媒人"就需要从一堆资料中找到年纪不超过 30 并且有房有车的男士。如果恰好有多个目标对象同时满足要求怎么办呢？有两种选择：

- 由系统自动按某种优先级进行比较，如有房有车的，且又长得帅的，那么就可以择优录取；
- 或者把这些资料都列出来，由女生自己来选择。

后一种方式比较民主，因为"萝卜青菜，各有所爱"，我们确实没有办法准确知道每个人的喜好——这也是 Android 系统采用的解决方法。当系统匹配出有多个目标进程符合 Intent 的"意愿"时，它会弹出提示框让用户自己选择。

Intent 并不是某个组件（如 Activity）专用的，它所承载的"意愿"可以来源于多种发起者。也就是说，上面的"婚介所"既可以为女生提供寻找优秀男士的服务，也可以为男生找寻合适的另一半"牵线搭桥"。不管发起方是谁，目标对象又是谁，他们所采用的"意愿"格式都不会发生本质的改变，只不过在条件的填写上有所不同罢了。

14.1 Intent 属性

在 Android 系统的设计中，Intent 可以被应用于除 ContentProvider 外的其他 3 种组件（即 Activity、Service 和 BroadcastReceiver）。因此，Intent 的属性定义一定要有共通性。下面我们来具体看看它有哪些可选属性。

- Component Name

Intent 可以被分为两类，即显性（Explicit Intents）和隐性（Implicit Intents）。如果我们在 Intent 中特别指定了目标方的"Component Name"，比如："com.example.project.HelloActivity"；同时指定它所在的 PackageName，如"com.example.project"，那么系统就会直接将此 Intent 发往这个特定的应用，而不需要做额外的匹配工作。举个例子，如果女方的择偶要求规定男方的名字就得叫作"某某人"，且带有详细的居住地址（这样才能唯一确定一个人，因为同名的人肯定是存在的），那么婚介所的工作就简单了，直接约见住在这一地址的叫作"某某人"的男生便可。当然这种情况比较少见，因为它降低了女方的可选择性，而且前提是女生事先就已经认识这位男士。如果一个应用程序通过这种方式显性调用另一个应用进程，多半是这两个应用程序同属一家研发公司，或者是同一进程中的两个组件。

- Category

Category 是"种类"的意思，它将 Intent 从大的方向上进行了区分和归类。如果说上面的 Component Name 是某人的名字，那么 Category 就好比国籍。Android 系统中已经预设了一些"国家"，我们摘录其中的部分核心元素。另外，由于 Intent 的所有属性值实际上都只是一串字符，因而是可以自定义的。我们从它的 addCategory(String)方法的入参也可以推测到这点，如表 14-1 所示。

表 14-1　　　　　　　　　　　系统预设的 Category（节选）

Category Name	Description
CATEGORY_BROWSABLE	目标方能解析并正确显示网页链接所指向的内容，如图片、E-mail 等
CATEGORY_SAMPLE_CODE	这个应用程序是一个 Sample
CATEGORY_TEST	这个应用程序将被当成测试使用
CATEGORY_HOME	这个应用程序是系统启动后的第一个应用，即 Launcher
CATEGORY_LAUNCHER	这个应用程序可以通过点击 Launcher 中的程序图标来启动
CATEGORY_PREFERENCE	这个应用程序是 preference panel

- Action

动作。表明要做什么，或者什么事件发生了（常用于广播的情况。比如设备开机时会有系统广播发出，如果应用程序希望实现开机自启动，就可以监听这个广播）。和 Category 一样，用户也可以自定义一项唯一的 Action，如"com.ThinkingInAndroid.action.example"。表 14-2 是 Android 系统中预定义的部分常见 Action，读者可以参考一下。

表 14-2　　　　　　　　　　　系统预设的 Action（节选）

Action Name	Description
ACTION_CALL	希望启动一个可以拨打电话的 Activity
ACTION_EDIT	希望启动一个提供编辑功能的 Activity，通常是和其他属性配合使用
ACTION_MAIN	启动的 Activity 是其应用程序的初始界面
ACTION_SYNC	启动的 Activity 可以与服务器进行数据同步
ACTION_BATTERY_LOW	从这一项开始到表格末尾的 ACTION 都属于"事件"通知，它们面向 Broadcast 组件。比如 ACTION_BATTERY_LOW 是当电池电量低时发出的
ACTION_HEADSET_PLUG	当耳机插入或者拔出时发出
ACTION_TIMEZONE_CHANGED	时区变更时发出
ACTION_SCREEN_ON	屏幕开启时发出

- Data

打个比方，如果上面的 Action 中表明了某人去公安局出入境处"办理签证"的"动作"，那么这里的 Data 就作为"签证"业务的补充材料——比如这个人的名字、身份证件等。所以，Action 理论上是围绕 Data 提供的数据来开展业务的。当然也有不需要 Data 补充信息的情况，如在 ACTION_CALL 的情况下，电话号码是必须作为 Data 来传递的；而针对 Broadcast（如 ACTION_SCREEN_ON）组件的 Action，它们本身就蕴含了足够的信息，因而不需要 Data 的支持。

不同的 Action，其对应的 Data 格式会有所差异，我们在下一小节的匹配过程中再进一步讲解。

- Extras

Extras 可以理解为 Extra Data，它是对上面 Data 属性的补充。不过两者在数据的格式上有明显区别。Data 采用了类似 scheme://uri 的表达方式；而 Extras 则是一种键值对实现。它们在表达不同场景的数据时有各自的优势，使用者应该"具体问题具体分析"。发送方通过一系列 putXXX() 方法将键值对存入 Intent 中，然后接收方就可以用相对应的 getXXX()来获取到这些 Extra 数据。这些方法的内部会维护一个 Bundle 对象来保证进程间数据的准确传输。

- Flags

Flags 和 Activity 中的 LaunchMode 功能基本相同，它规定了系统如何去启动一个 Activity（比如指定即将启动的 Activity 应该属于哪一个 Task）。举个例子，如果一开始 Task 栈从下往上的顺序是 A-B-C，随后 C 通过带有 Flag 为 FLAG_ACTIVITY_CLEAR_TOP 的 Intent 来启动另一个 Activity。如果该 Activity 在栈中已经存在，比如说是 B，那么启动后的 Task 栈就变成了 A-B；否则该 Activity 直接入栈，而不会先清理栈顶。

14.2 Intent 的匹配规则

Intent 是和 Intent-filter 配套使用的。具体而言，Intent-filter 是每个组件的属性标签，它们在 AndroidManifest.xml 声明时就已经"贴上"了。而 Intent 则是程序运行过程中产生的实时"需求"。系统接收到这些请求后与现有的 Intent-filter 进行匹配，然后选择最合适的组件元素以响应。

还以前述的"婚介所"为例子，Intent 代表了女生的择偶意愿，而 Intent-filter 则是众男士的属性描述——年龄、长相、收入等。

图 14-1 描述了广播 BroadcastReceiver 的匹配流程，其他组件也类似。

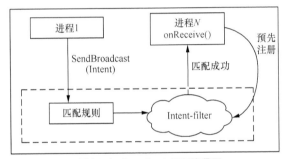

▲图 14-1 Broadcast 匹配流程图

从图中可以看到，Intent 的典型匹配过程包括如下几个步骤。

Intent 匹配流程步骤 1：组件注册

当应用程序安装到系统中时，Android 会通过扫描它的 AndroidManifest 文件来得到一系列信息——这其中就包括了它的<intent-filter>；而且系统还会根据组件的不同进行相应的细化归类。比如 Activity 和 Service，它们响应 Intent 的场合是不同的（前者是 startActivity，后者则是 startService）。换句话说，当某人调用了 startActivity 后，显然系统只需在所有 Activity 中做匹配即可，而不应该再去考虑 Service 中的 Intent-filter。

除了在 AndroidManifest 中静态注册外，BroadcastReceiver 还可以在程序运行过程中进行动态注册。

这两种方式的区别如下：

- 静态注册

所谓静态，即不是在运行过程中执行的。应用程序事先将 Intent-filter 书写到 AndroidManifest 文件中。

范例如下：

```
<application android:icon="@drawable/icon" android:label="@string/app_name">
<activity android:name=".MainActivity"android:label="@string/app_name">
<intent-filter>
<action android:name="android.intent.action.MAIN" />
<category android:name="android.intent.category.LAUNCHER" />
```

```
        </intent-filter>
    </activity>
    <receiver android:name="Receiver1">#receiver 组件
        <intent-filter> #用 intent-filter 来匹配一个感兴趣的广播
            <action android:name="android.intent.action.BOOT_COMPLETED"/>
        </intent-filter>
    </receiver>
    <receiver android:name="Receiver2"> #系统对应用进程注册的 filter 个数没有限制
        <intent-filter>
            <action android:name="android.intent.action. BATTERY_LOW"/>
        </intent-filter>
    </receiver>
</application>
```

- 动态注册

动态是指注册操作发生在程序运行过程中。这种注册方式的典型范例如下所示：

```
IntentFilter filter = new IntentFilter("android.intent.action.BOOT_COMPLETED");//生成
IntentFliter 对象
DynamicBroadcastReceiver br = new DynamicBroadcastReceiver();
registerReceiver(new DynamicBroadcastReceiver(), filter);//动态注册
…
class DynamicBroadcastReceiver extends BroadcastReceiver//扩展 BroadcastReceiver 类
{
    public void onReceive(Context context, Intent intent)  //当匹配成功时的回调函数
    {
        //Intent 是通过 sendBroadcast 发送出来的
        if(android.intent.action.BOOT_COMPLETED.equals(intent.getAction)
        {…////相应处理
        }
        else
        {…////其他处理
        }
    }
}
```

Intent 匹配流程步骤 2：发起方主动向系统提供 Intent

这一步是在程序运行过程中发生的，此时系统已经掌握了所有组件的<intent-filter>信息。发起方根据自己的需求填写 Intent，并按照目标方是 Activity，Service 还是 BroadcastReceiver 来调用对应的函数。如下所示：

```
Activity→对应 startActivity();
Service →对应 startService();
BroadcastReceiver→对应 sendBroadcast();
```

应该清楚的是，系统会严格区分对待这些组件分类。所以利用 startActivity()是绝对不可能启动 Service 的——即便 Intent 和 intent-filter 能成功匹配。

Intent 匹配流程步骤 3：系统将 Intent 和对应组件类型（Activity，Service 等）里所有的 intent-filter 进行匹配，以寻找最佳的结果。

这是整个匹配流程中的核心。前面说过，Intent 分为显性和隐性两种。如果是显性的情况就不需要做匹配了，直接根据 Intent 中的 Component Name 来启动目标组件（即便这个组件没有声明任何 intent-filter）。所以，下面我们以隐性 Intent 为例来讲解匹配的规则。

读者在学习的过程中也可以和下一章节的"资源最佳匹配过程"进行比较，以加深理解。总的来说，Intent 的最终匹配结果可以是多个，而资源匹配则只会有一个胜出者。

影响 Intent 匹配规则的只有 3 个关键因素，即：
- Category；
- Action；
- Data（URI 和数据类型都要同时匹配）。

而其余两个属性 Extras 和 Flags 则只有在选中的组件运行后才能起作用。和资源匹配不同的是，一个组件可以同时声明多个 intent-filter。而在匹配过程中，只要它包含的任何一个 filter 通过了测试，它就会被选中。如果以"身份"来比喻一个组件，这相当于它可以同时拥有多个国籍（Category），或者承担多份工作（Action，如在中国是教师，在美国是牧师，这是有可能的），以及每份工作所包含的数据（Data）不同。在匹配测试中，系统遵循"子集"的概念。换句话说，Intent 中的 3 个关键因素至少要是该组件所包含的其中一个 intent-filter 的子集（Data 有点特殊，下面有详细解释），才能通过验证，如图 14-2 所示。

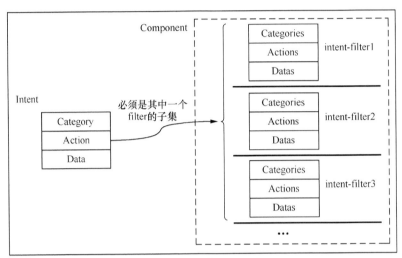

▲图 14-2 Intent 和 Intent-filters

图中有几个地方需要向读者解释一下。

- 每个 Component（Activity、Service、BroadcastReceiver）都可以有若干个 intent-filter。这和资源匹配不同，因为每种资源只能有一种标签。
- 影响匹配的只有 Category、Action 和 Data，不包括 Extras 和 Flags。
- 每个 filter 里的上述 3 种属性都可以不是唯一的（因此我们在图中标注的是复数形式），可以参照下面的例子。
- 匹配时，Intent 中的 3 种属性都需要通过测试。接下来，我们逐个分析各关键因素在匹配时采用的详细规则。

Category 测试：

Intent 中的 Category 需要在 filter 中找到完全匹配的项，才能通过测试。有的读者可能会问：那如果 Intent 中不指定任何 Category，是不是一定能通过检查？理论上确实是这样的。不过 Android 系统已经预料到这种情况，因而这里有个特殊的地方需要注意——如果 Intent 中不指定任何 Category，系统会自动为其添加一个"android.intent.category.DEFAULT"。这也就是想接收隐性 Intent 的 filter 里一般都要添加一个 DEFAULT 类型 category 的原因。当然，如果 Filter 里已经带有"android.intent.action.MAIN"和"android.intent.category.LAUNCHER"，就可以不用再另外书写 DEFAULT 了，这是一个例外。

Action 测试：

Action 的匹配相对简单，概括起来只有 3 点。

- 如果 filter 没有任何 action，那么所有 intent 都无法通过测试。
- 如果 filter 中的 action 不为空，那么 intent 中不带 action 的 filter 可以通过这项属性测试。

14.2 Intent 的匹配规则

- 如果 filter 中的 action 不为空，且 intent 中的 action 也不为空，那么后者必须是前者的子集才能通过测试。读者可以参见下面的 Note Pad 例子以帮助理解。

Data 测试：

3 项属性测试中最复杂的是 Data 检验，Data 的内容通常包括两部分。

- MIME Type

Multipurpose Internet Mail Extensions（MIME）最早是电子邮件协议 SMTP（RFC 2046）中所规定的 Internet Email 的文件格式类型，后来逐渐被运用于其他多种互联网协议（比如 HTTP、RTP 等）中。它由两部分组成，即主类型（type）和子类型（subtype），中间以"/"分隔。

MIMEType 的目的很简单，就是指明某段数据是什么格式类型，以保证程序能正确解析处理。比如电子邮件中的附件，如果不特别说明，接收方客户端就没办法知道它们是图片、文本还是应用程序。这样的结果就是用户找不到合适的途径来对附件进行解析。国际标准中已经预设了很多常见的文件类型，举例如下。

> Application

application/javascript   ##Javascript 或者 ECMAScript 类型
application/pdf   ##Portable Document Format
application/zip   ##ZIP 文档

> Audio

audio/mp4   ##mp4 音频文件
audio/mpeg   ##MP3 或者其他 MPEG 音频
audio/ogg   ##Ogg Vorbis，Speex 等

> Video

video/mp4   ##MP4 视频文件
video/quicktime   ##QuickTime 视频
video/ogg   ##Ogg Theora 等视频

> Text

text/html   ##Html 文件
text/xml   ##Xml 文件
text/plain   ##文本文件

> Image

image/gif   ##Gif 文件
image/jpeg   ##JPEG 文件
image/png   ##PNG 文件

另外，type 和 subtype 中以 x-开头的属于非标准格式（未向 IANA 注册）；而 subtype 中以 vnd 开头的则是厂商自定义的（vendor-specific）。

比如：

application/vnd.oasis.opendocument.text ##OpenDocument 文本
application/vnd.ms-excel   ##Microsoft Excel 文件
application/x-latex   ##LaTeX 文件
audio/x-caf   ##Apple 公司的 CAF 音频文件

Android 系统中也有不少自定义的类型，在后面的例子中会看到。

- URI

URI（Uniform resource identifier）是某种资源的全球唯一定位标志，因而通常被应用于网络

环境中，格式如图 14-3 所示。

其中，scheme 不仅包括了传统的"http"等网络协议，还有"content"来表示本地 ContentProvider 所提供的数据。如图所示，"host"是主机的名称，"port"指明通信的端口，

▲图 14-3 URI 的格式

它们统称为"Authority"；而且如果 host 不存在，后面的端口号也会被忽略。最后一部分是文件的路径，它是该资源在 host 中的具体位置。

虽然我们允许 URI 中有部分信息缺失的情况，但要特别注意它们之间并不是完全独立的——如果 scheme 不指定，则 authority 就没有意义；同样，如果 scheme 和 authority 不指定，那么 path 也没有意义。所有元素组合后构成了一条完整的 URI，比如：

```
content://com.google.provider.NotePad/notes
content://com.example.project:200/folder/subfolder/etc
```

了解了 Data 中的组成元素后，我们再来具体看看它的匹配流程。Data 和上面的 Category 和 Action 有本质区别。如果说前面的 Category 和 Action 遵循的是"intent 中属性必须是 filter 子集"的原则，那么 Data 则大相径庭——只有 filter 中存在的那部分属性（比如某 filter 中只指定了 mimeType，那么只匹配 mimeType），才需要进行匹配。

根据概率组合，具体有如下 4 种可能。

（1）Intent 中既没有指定数据类型，也没有填写 URI。

在这种情况下，只有 filter 中也同样没有指定数据和 URI，才可能通过测试。

（2）Intent 中没有指定类型（且无法从 URI 中推断出），但有 URI。

值得一提的是，数据类型有可能从 URI 中推断出来——如果是就属于第四种情况。前面已经说过，"只有 filter 中存在的那部分属性，才需要进行匹配"，因而这种情况下 filter 必须没有指定类型，且 Intent 中的 URI 也符合要求，才可能通过测试。

（3）Intent 中只指定了类型，没有 URI。

这和上面的情况类似。此时如果 filter 中也没有 URI，且 Intent 中指定的类型符合要求，才能通过测试。

（4）Intent 中同时指定了类型（或可以从 URI 推断出）和 URI。

这时类型和 URI 都必须通过测试。具体来说，以 filter 中的 data 为主导，将其中存在的属性逐一与 Intent 中的 data 进行比较。不过有一种特殊情况，即 filter 默认就支持 content:和 file:的 scheme。换句话说，即使它只填写了类型部分，URI 中也会有这两个 scheme 存在。

接下来举一个 Android 官方文档中的例子以帮助大家加深理解。这个 NotePad 范例在 SDK 中可以找到源码，它的 intent-filter 定义如下所示：

```
/*<sdk>/samples/NotePad/ , AndroidManifest.xml*/
/*为了讲解方便，下面我们给每个filter都标注了序号*/
<manifest xmlns:android=http://schemas.android.com/apk/res/androidpackage="com.example.android.notepad">
<application android:icon="@drawable/app_notes"android:label="@string/app_name" >
<provider android:name="NotePadProvider"android:authorities="com.google.provider.NotePad" />
<activity android:name="NotesList" android:label="@string/title_notes_list">
 <intent-filter> //NotesList-filter-1
  <action android:name="android.intent.action.MAIN" />
  <category android:name="android.intent.category.LAUNCHER" />
 </intent-filter>
 <intent-filter>//NotesList-filter-2
  <action android:name="android.intent.action.VIEW" />
  <action android:name="android.intent.action.EDIT" />
  <action android:name="android.intent.action.PICK" />
  <category android:name="android.intent.category.DEFAULT" />
  <data android:mimeType="vnd.android.cursor.dir/vnd.google.note" />
```

```xml
   </intent-filter>
   <intent-filter>//NotesList-filter-3
    <action android:name="android.intent.action.GET_CONTENT" />
    <category android:name="android.intent.category.DEFAULT" />
    <data android:mimeType="vnd.android.cursor.item/vnd.google.note" />
   </intent-filter>
</activity>

<activity android:name="NoteEditor"android:theme="@android:style/Theme.Light"
                    android:label="@string/title_note" >
  <intent-filter android:label="@string/resolve_edit"> //NoteEditor -filter-1
    <action android:name="android.intent.action.VIEW" />
    <action android:name="android.intent.action.EDIT" />
    <action android:name="com.android.notepad.action.EDIT_NOTE" />
    <category android:name="android.intent.category.DEFAULT" />
    <data android:mimeType="vnd.android.cursor.item/vnd.google.note" />
  </intent-filter>
  <intent-filter> //NoteEditor -filter-2
    <action android:name="android.intent.action.INSERT" />
    <category android:name="android.intent.category.DEFAULT" />
    <data android:mimeType="vnd.android.cursor.dir/vnd.google.note" />
  </intent-filter>
</activity>

<activity android:name="TitleEditor" android:label="@string/title_edit_title"
                    android:theme="@android:style/Theme.Dialog">
  <intent-filter android:label="@string/resolve_title"> //TitleEditor -filter-1
    <action android:name="com.android.notepad.action.EDIT_TITLE" />
    <category android:name="android.intent.category.DEFAULT" />
    <category android:name="android.intent.category.ALTERNATIVE" />
    <category android:name="android.intent.category.SELECTED_ALTERNATIVE" />
    <data android:mimeType="vnd.android.cursor.item/vnd.google.note" />
  </intent-filter>
</activity>
</application>
</manifest>
```

根据上面的 AndroidManifest 文件，可以看到 NotePad 共包含了 3 种 Activity，即 NotesList（用于显示已经保存的文章），NoteEditor（用于编辑文章）和 TitleEditor（用于编辑文章的标题）。

下面我们通过列举几个不同的 Intent 来分析系统的匹配情况。

Intent 1：

```
action: android.intent.action.MAIN
category: android.intent.category.LAUNCHER
```

Category 测试：根据子集原则，只有 NotesList-filter-1 通过了检查。

Action 测试：依据上面所分析的 Action 测试第 3 点，NotesList-filter-1 通过了检查。

Data 测试：属于第一种情况，即 intent 里既没有指定类型，也无 URI。而另外，filter 也是同样的情况，因此根据"只有 filter 里有的那部分属性才需要检查"的原则，NotesList-filter-1 最终通过了匹配。这个 Intent1 将对应 NoteList。

Intent2：

```
action: android.intent.action.VIEW
data: content://com.google.provider.NotePad/notes
```

Category 测试：Intent 中没有指定 Category，系统会自动为其加上 DEFAULT 值。因为所有 filter 都写上了这个默认值，因而全部通过测试。

Action 测试：只有 NotesList-filter-2 和 NoteEditor-filter-1 通过测试。

Data 测试：表面上属于第二种情况，即只指定了 URI 而没有类型。但实际上从这个例子中的 content 可以推断出 type，因而属于第四种情况。推断出的类型为"vnd.android.cursor.dir/vnd.google.note"（可以参见下一小节对推断过程的源码解析），因而最终通过测试的是 NotesList-filter-2。

Intent3：

```
action: android.intent.action.GET_CONTENT
data type: vnd.android.cursor.item/vnd.google.note
```

Category 测试：同 Intent2。

Action 测试：只有 NotesList-filter-3 通过测试。

Data 测试：只有 Type，而没有 URI，属于第三种情况。因为 NotesList-filter-3 也是同样的情况，而且它们的类型也是匹配的，所以最终通过测试。

Intent4：

```
action: android.intent.action.INSERT
data: content://com.google.provider.NotePad/notes
```

Category 测试：同 Intent2，由此可见 intent-filter 中加上 DEFAULT 还是非常必要的。

Action 测试：只有 NotesEditor-filter-2 符合要求。

Data 测试：同 Intent2。

Intent5：

```
action: com.android.notepad.action.EDIT_TITLE
data: content://com.google.provider.NotePad/notes/ID
```

Category 测试：同 Intent2。

Action 测试：只有 TitleEditor-filter-1 符合要求。

Data 测试：同样可以推断出类型，即 "vnd.android.cursor.item/vnd.google.note"，因而上面的 TitleEditor-filter-1 最终通过测试。

14.3 Intent 匹配源码简析

本节将对 Intent 匹配过程所涉及的核心源码进行简单的分析。

我们以 startActivity 为例，程序调用流程如图 14-4 所示。

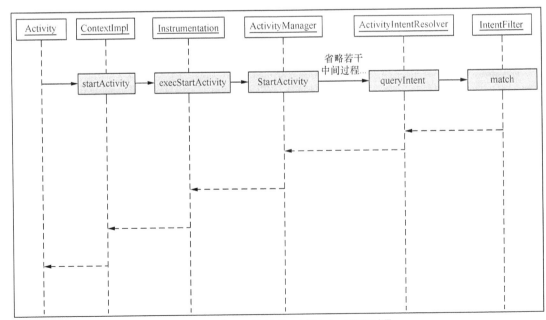

▲图 14-4 从 startActivity 中看 Intent 匹配过程

14.3 Intent 匹配源码简析

所以，最终执行匹配的是 IntentFilter 中的 match() 函数。不过在这之前已经涉及很多快速匹配算法优化的地方，若读者有兴趣可以自行阅读中间过程的代码。我们这里着重分析一下最后的这个匹配函数：

```
/*frameworks/base/core/java/android/content/IntentFilter.java*/
public final int match(String action, String type, String scheme, Uri data,
                Set<String> categories, String logTag) {
    if (action != null && !matchAction(action)) {/*首先匹配Action，这是最简单的一个环节。
                            matchAction()要求action不为空并且filter里包含intent
                            中的action，否则返回false表示匹配不成功*/
        return NO_MATCH_ACTION; /*Action测试失败，没有必要再往下匹配了*/
    }
    int dataMatch = matchData(type, scheme, data); /*紧接着进行Data测试,后面有专门分析*/
    if (dataMatch < 0) {…
        return dataMatch;
    }
    String categoryMismatch = matchCategories(categories); /*Category 测试，和上面两
                            轮测试不一样的地方是，它是找"不匹配"的*/
    …
    return dataMatch; /*到这里说明3个测试都通过了*/
}
```

整个 match 函数的处理流程和前面的描述一致，即分别调用 matchAction，matchData 和 matchCategories 来执行 3 种检验测试。在 match 过程中只要有一轮失败，函数就会直接返回错误。

下面专门分析 match 中最复杂的 Data 匹配过程：

```
public final int matchData(String type, String scheme, Uri data) {
    final ArrayList<String> types = mDataTypes;
    final ArrayList<String> schemes = mDataSchemes;
    final ArrayList<AuthorityEntry> authorities = mDataAuthorities;
    final ArrayList<PatternMatcher> paths = mDataPaths;

    int match = MATCH_CATEGORY_EMPTY;
    if (types == null && schemes == null) {/*Filter的type和URI都为空，这时filter和
        intent都要为空才能匹配成功。注意复数形式的是filter的属性，单数的才是intent所带的值*/
        return ((type == null && data == null) ?
                (MATCH_CATEGORY_EMPTY+MATCH_ADJUSTMENT_NORMAL) : NO_MATCH_DATA);
    }
    if (schemes != null) {/*Filter中的scheme不为空。做这样子判断的目的是如果scheme不存
                        在，后面的authority也就没有意义了*/
        if (schemes.contains(scheme != null ? scheme : "")) {
            match = MATCH_CATEGORY_SCHEME;
        } else {
            return NO_MATCH_DATA;
        }
        if (authorities != null) {//authority不为空
            int authMatch = matchDataAuthority(data); /*匹配Authority*/
            if (authMatch >= 0) {/*只有在匹配了Authority以后，下面的path匹配才有意义*/
                if (paths == null) {
                    match = authMatch;
                } else if (hasDataPath(data.getPath())) {
                    match = MATCH_CATEGORY_PATH;
                } else {
                    return NO_MATCH_DATA;
                }
            } else {
                return NO_MATCH_DATA;
            }
        }
    } else {/*这就是我们在上一小节的data测试中提到的一种特殊情况，即系统默认情况下支持content
            和file两种scheme*/
        if (scheme != null && !"".equals(scheme) && !"content".equals(scheme)
            && !"file".equals (scheme)) {
            return NO_MATCH_DATA;
        }
    }
```

```
            if (types != null) {/*匹配类型，过程和上面URI是类似的*/
                if (findMimeType(type)) {
                    match = MATCH_CATEGORY_TYPE;
                } else {
                    return NO_MATCH_TYPE;
                }
            } else {
                if (type != null) {
                    return NO_MATCH_TYPE;
                }
            }
            return match + MATCH_ADJUSTMENT_NORMAL;
        }
```

在前一节中，我们提到当 Intent 中只包含 URI 时，是有可能推断出 Type 的。那么这个过程是在什么时候做的，为什么 NotePad 中的 "content://com.google.provider.NotePad/notes" 最终可以得出 Type= "vnd.android.cursor.dir/vnd.google.note"？

实际上对 Type 的推断在 startActivity 起始就执行了，具体而言是在 execStartActivity 中。源码如下：

```
/*frameworks/base/core/java/android/app/Instrumentation.java*/
public ActivityResult execStartActivity(Context who, IBinder contextThread, IBinder
    token, Activity target,Intent intent, int requestCode, Bundle options) {
    …
    try {…
        int result = ActivityManagerNative.getDefault()
            .startActivity(whoThread, intent,intent.resolveTypeIfNeeded(who.getContent
            Resolver()), token, target != null ? target.mEmbeddedID : null,requestCode,
            0, null, null, options);
        checkStartActivityResult(result, intent);
    } catch (RemoteException e) {
    }
    return null;
}
```

上述代码段就是应用进程把 startActivity 请求投递给 AMS 的地方，其中的重点在于函数将调用 resolveTypeIfNeeded——通过函数名也可以看出，它负责从 Intent 中解析出相应的类型。下面我们对这个函数做进一步分析：

```
/*frameworks/base/core/java/android/content/Intent.java*/
public String resolveTypeIfNeeded(ContentResolver resolver) {
    if (mComponent != null) {
        return mType; /*如果已经指定了Component Name，那就没必要再解析类型了*/
    }
    return resolveType(resolver);
}
```

函数 resolveTypeIfNeeded 先判断 ComponentName 是否为空，是就直接返回结果，否则继续调用如下方法：

```
public String resolveType(ContentResolver resolver) {
    if (mType != null) {
        return mType; //已经指定了类型，当然不需要再从URI中推断了
    }
    if (mData != null) {
        if ("content".equals(mData.getScheme())) {/*URI中的scheme必须是content才能
                                  推断出类型。言下之意，像"http"这种网络协议是没有办法推测的*/
            return resolver.getType(mData); /*利用ContentResolver来解析*/
        }
    }
    return null;
}
```

由此可见，最终的类型推断是由 ContentResolver 来完成的。即：

14.3 Intent 匹配源码简析

```
/*frameworks/base/core/java/android/content/ContentResolver.java*/
public final String getType(Uri url) {
    IContentProvider provider = acquireExistingProvider(url); /*需要找到一个
                        ContentProvider 来完成解析。这给了我们一个提示，getType 有可能是每个
                        Provider 自己来完成的，而不是系统统一处理的*/
    if (provider != null) {//provider 存在，直接由它完成解析
        try {
            return provider.getType(url);
        } catch (RemoteException e) {
            …//异常处理
        }
    }
    if (!SCHEME_CONTENT.equals(url.getScheme())) {//又判断了一次是否为 "content"
        return null;
    }
    try {
        String type = ActivityManagerNative.getDefault().**getProviderMimeType**(url);
        return type;
    } …
}
```

如果已经有现成的 Provider，那么直接由它来解析类型；如果没有可用的 Provider，那么就要先动用 AMS 来找到相对应的 Provider。这和 startActivity 中利用 Intent 来找到 Activity 类似——这里是通过 URI 来匹配 Content Provider。因为 Intent 中的 URI 是 "content://com.google.provider.NotePad/notes"，Authority 是 com.google.provider.NotePad，所以最终会匹配到 NotePad 这个 Provider。

所以 getType 的核心步骤有两个。

（1）根据 URI 在 AMS 中找到对应的 Content Provider，在这个例子中也就是 NotePadProvider。
（2）根据 provider 中的 getType()函数来解析类型。

原来绕了一圈，类型的解析还是由应用程序本身来完成的。这样的设计是合理的，因为它让应用程序有机会来扩展 Type 的解析能力。因而可以肯定的是，每个 provider 都必须实现 getType() 方法；并且这个接口还应该是抽象的，验证如下：

```
public abstract class ContentProvider implements ComponentCallbacks2 {
    …
    public abstract String getType(Uri uri); //确实是抽象接口
    …
}
```

最后来看看 NotePadProvider 是如何解析类型的。这也是分析 Android 源码一个有趣的现象，很多时候答案就在眼前：

```
@Override
public String getType(Uri uri) {
    switch (**sUriMatcher**.match(uri)) {
        case NOTES:
        case LIVE_FOLDER_NOTES:
            return NotePad.Notes.CONTENT_TYPE;
        case NOTE_ID:
            return NotePad.Notes.CONTENT_ITEM_TYPE;
        default:
            throw new IllegalArgumentException("Unknown URI " + uri);
    }
}
```

UriMatcher 一共添加了 3 种模式，当 uri="content://com.google.provider.NotePad/notes"时，匹配的类型是 CONTENT_TYPE ="vnd.android.cursor.dir/vnd.google.note"。根据之前对 MIME 类型的讲解，vnd 表示用户自定义的类型。

当 uri="content://com.google.provider.NotePad/notes/ID"时，匹配的类型是：

```
CONTENT_ITEM_TYPE="vnd.android.cursor.item/vnd.google.note"。
```

Intent 的匹配过程还有很多其他细节，有兴趣的读者可以自行深入阅读代码以加深理解。

第 15 章　APK 应用程序的资源适配

我们在本书其他章节中曾经提过，Android 相比于 iOS 有一个非常让开发者头痛的问题，即市面上 Android 设备种类繁多、硬件配置五花八门。特别是层出不穷的屏幕分辨率和尺寸，往往对一款应用程序的 UI 界面有非常大的影响——应用程序在屏幕 A 上可以完美显示，而在屏幕 B 上则可能是一团糟。鉴于此，应用开发商往往需要同时适配多达上百款主流设备才敢将产品投入市场，这无疑加大了研发的成本和时间。

作为开源工程，Android 无法像 iOS 一样从本质上去规避这种情况。因此，如何尽可能减小它所带来的影响就成了开发人员首先考虑的问题。这也是本章的目的——我们将从适配一款设备所要做的主要工作入手，结合 Android 系统提供的通用适配方案和准则，来学习如何在项目开发初期就将这些"烦人"的问题掌握在可控范围内。

我们先从理论层面来分析适配的过程，如图 15-1 所示。

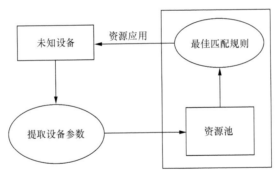

▲图 15-1　设备资源适配的通用流程图

- 未知设备

对于发布后的应用程序而言，它将运行于什么配置的硬件设备上是一个未知数。比如一个 APK 闹钟小工具，不但手机用户可以下载使用，平板电脑用户也同样可以去下载使用。

- 提取设备参数

对于不同的设备而言，它们的硬件和软件参数都可能不一样。例如平板电脑相对于手机通常屏幕都会大一些，而且是横屏；即便是同一款手机，也可能在系统软件版本上存在差异。这些参数都会对资源池的最佳匹配产生影响。我们接下来将总结出和资源匹配相关联的所有设备属性参数。

- 资源池

资源池是对一个应用程序所能提供的"可选资源"的形象称谓。通过"最佳资源匹配"，应用程序可以为当前设备遴选出最合适的资源。

- 最佳匹配规则

这是整个匹配流程的核心，也是最终仲裁者。从应用程序资源池中寻找到最佳匹配的资源，并不是件容易的事。我们将在本章后续小节对 Android 目前采用的匹配算法进行详细分析。

15.1 资源类型

APK 应用程序发布以后——比如通过 Android Market（2012 年 3 月 7 日起更名为 Google Play Store）这样的开放平台来提供下载，我们预先没有办法知晓下载者将会把这个应用程序安装在什么样的 Android 机器上。所以为了达到最佳的适配效果，一方面，开发者需要提供尽可能多的可选资源；另一方面，Android 系统本身也会根据设备的配置来对应用程序做运行时的优化。比如适当地拉缩图片以更好地适应屏幕，或者选择合适的 layout 来搭配横屏、竖屏，以及根据系统的配置来决定应用程序的显示语言等。

如果把 Android 系统比作舞蹈编排者，那么它如何保证"舞者"的正常演出呢？首先它需要为表演者提供舞步指导，这样才可以要求他们展示一场精彩的表演；反之，如果在没有弄清楚整支舞蹈动作编排的情况下就仓促上阵，很可能会出现各种意想不到的窘相。

本小节我们将解释 Android 系统包含了哪些应用程序资源以及内部又是如何处理这些资源的。

原生态 Android 工程包含的资源（resource）类型比较多，它们都统一放置在程序源码的 res/ 目录下。每种资源还会建立自己的子目录——因而大部分资源的类型从它们的目录名称上就可以知晓。比如 drawable 表示图像文件，layout 表示布局文件，anim 表示动画实现等。这些名称都是固定的，不允许更改，完整的列表如表 15-1 所示。

表 15-1　　　　　　　　　　Android 支持的资源类型

类　型	存 放 位 置	访 问 方 式	说　明
动画资源 （Animation Resources）	Tween 动画 res/anim/	Java 中： R.anim.filename XML 中： @[package:]anim/filename	预先定义的动画实现
	Frame 动画 res/drawable/	Java 中： R.drawable.filename XML 中： @[package:]drawable.filename	
状态颜色资源 （Color State List Resource）	res/color/	Java 中： R.color.filename XML 中： @[package:]color/filename	定义了各种配色方案，并可以根据程序的 View 状态自动选择切换颜色
图形资源 （Drawable Resources）	res/drawable/	Java 中： R.drawable.filename XML 中： @[package:]drawable/filename	各种图像文件
布局资源 （Layout Resource）	res/layout	Java 中： R.layout.filename XML 中： @[package:]layout/filename	布局文件
菜单资源 （Menu Resource）	res/menu	Java 中： R.menu.filename XML 中： @[package:]menu.filename	菜单资源

续表

类　　型	存放位置	访问方式	说　　明
字符串资源 （String Resources）	res/values	Java 中： R.string.string_name, R.array.string_array_name, R.plurals.plural_name XML 中： @string/string_name 等	定义字符串和字符串数组等
样式资源 （Style Resource）	res/values	Java 中： R.style.stylename XML 中： @[package:]style/style_name	一般用于定义 UI 外观
原始资源 （Raw Resource）	res/raw	Java 中： R.raw.filename 可以使用 Resources.openRaw Resource 函数打开此类资源	存放原始格式的资源，如音频文件。也可以将这类文件存放在 assets/目录下，这时资源不会被分配 ID 值，可以通过 AssetManager 来访问
其他资源	res/values/	Java 中： R.bool.bool_name, R.integer.integer_name, R.color.color_name 等 XML 中： @[package:]color/color_name 等	用于定义各种变量数值，如整形、布尔型、尺寸等

15.1.1 状态颜色资源

之所以称为"状态颜色"（Color State），是因为我们可以为某个 View 对象的不同状态分别配置特定的颜色。如果只是为了单纯地说明某个颜色的属性，请参照上表中的"其他资源"。

状态颜色的文件结构由一个<selector>，内嵌若干<item>而成。每个<item>描述了一个 View 状态与某种颜色的对应值：

```
<?xml version="1.0" encoding="utf-8"?>
<selector xmlns:android="http://schemas.android.com/apk/res/android" >
    <item
      …
    />
    …
</selector>
```

其中，<item>的声明语法如下：

```
<item
    android:color="hex_color"
    andoird:[VIEW_STATE]=["true" | "false"]
    andoird:[VIEW_STATE]=["true" | "false"]
    …
/>
```

需要格外注意的是，系统只会简单地选择第一个符合要求的<item>，而不是从众多<item>中选择一个最合适的。另外，即便第一个<item>里不包含任何状态信息，它也会每次都被选中。因此，我们在编写时一定要把默认的值放在最后面。

android:color 以 "#" 开头，可是以下 4 种表达形式之一：

- #AARRGGBB；
- #RRGGBB；

- #ARGB;
- #RGB。

目前可选的 VIEW_STATE 有以下几种类型。

- android:state_pressed（被按下状态）。
- android:state_focused（已获取焦点状态）。
- android:state_selected（被选中状态，如一个 tab 被打开时）。
- android:state_checkable（指一个 View 是可勾选的）。
- android:state_checked（View 已被勾选）。
- android:state_enabled（处于使能状态，即这个 view 可以接收触摸/点击等事件）。
- android:state_window_focused（应用程序的窗口获得了焦点）。

15.1.2 图形资源

图形资源（Drawable Resources）的定义比较抽象，指的是所有可以被显示到屏幕上的图像，因此包含的类型比较多。下面我们对其中一些核心类型进行解释。

- Bitmap

位图文件，常见的格式有.png、.jpg 和.gif

- Clip

这个概念被广泛应用在图形图像处理中，字面意思是图像被剪切、裁剪。这里表达的是一个图形随着状态值（0~10000）的变化而处于不同的被裁剪状态。比如，一个进度条视图会根据进度的百分比大小而变化。

- Inset

这种类型的图像资源用于插入另一图像中，而且插入位置可以设置。比如一个视图需要一张比其外边框小的背景图，就可以使用 Inset。

- Level List

和颜色状态资源类似，Level List 管理的是一组图像资源，每个图像又有相应的等级范围。当我们利用 setLevel()或者 setImageLevel()函数传入所希望的等级值时，系统会选择一个符合要求的图像。

- Layer List

层叠式的图像资源。它也是一组图像资源的集合。和 Level List 不同的是这些图像会被全部显示，而且绘制的顺序是它们在列表中的声明顺序。也就是说，列表中的最后一个元素会被显示在最上面。Layer List 通常可以用来产生层叠效果。

- Nine-patch

Android 自定义的一种 PNG 格式的图像资源。它让图像在拉伸时按照一定的规则进行（即只有指定的"拉伸区域"会被拉伸），而不是传统的整图拉伸。这样做可以有效避免图像因拉伸而产生变形。

- Scale

和 Clip Drawable 在用法上类似，用于定义一种尺寸大小随等级变化而改变的图形。

- Shape

用于特定形状的定义，如长方形、椭圆形、环形等；并能设置其厚度、圆角、填充、线条等。其一般的语法如下：

```
<?xml version="1.0" encoding="utf-8"?>
<shape xmlns:android="http://schemas.android.com/apk/res/android"
```

```
    android:shape=["rectangle" | "oval" | "line" | "ring"] >
<corners.../>
<gradient.../>
<padding.../>
<size.../>
<solid.../>
<stroke.../>
</shape>
```

- State List

这是我们在应用程序开发中最常用的一种资源,描述了视图在不同状态下的变化。它和颜色状态资源在使用及语法上基本一致,只不过一个体现了颜色值的变化,而另一个则通常是背景图的改变。

其格式如下:

```
<?xml version="1.0" encoding="utf-8"?>
<selector xmlns:android="http://schemas.android.com/apk/res/android"
android:constantSize=["true" | "false"]
android:dither=["true" | "false"]
android:variablePadding=["true" | "false"] >
 <item
  android:drawable="@[package:]drawable/drawable_resource"
  android:[VIEW_STATE]=["true" | "false"]
 />
</selector>
```

对于在颜色状态表中已经讲解过的 VIEW_STATE,这里不再赘述。以下是此资源新增的两种状态:

① state_hovered(光标悬浮在上面的状态);

② state_activated(视图对象被持久选择的状态)。

- Transition

这种类型的资源包含最多两个图形,并实现了它们之间的互相切换——如果需要进行前向切换,就使用 startTransition()函数;反之,可以使用 reverseTransition()函数。

15.1.3　布局资源

布局文件定义了 UI 界面的框架,并且详细描述了每个 View 对象的属性和 Layout(大小、位置)。

一般格式如下:

```
<?xml version="1.0" encoding="utf-8"?>
<ViewGroup xmlns:android="http://schemas.android.com/apk/res/android"
android:id="@[+][package:]id/resource_name"
android:layout_height=["dimension" | "fill_parent" | "wrap_content"]
android:layout_width=["dimension" | "fill_parent" | "wrap_content"]
    [ViewGroup-specific attributes] >
 <View
  android:id="@[+][package:]id/resource_name"
  android:layout_height=["dimension" | "fill_parent" | "wrap_content"]
  android:layout_width=["dimension" | "fill_parent" | "wrap_content"]
      [View-specific attributes] >
  <requestFocus/>
 </View>
 <ViewGroup>
  <View />
 </ViewGroup>
 <include layout="@layout/layout_resource"/>
</ViewGroup>
```

- 最外围的元素可以是 ViewGroup、View 或者 merge,同时有且只能有一个顶层元素。

- 顶层元素下面可以包含若干其他元素，如 ViewGroup、View 等。每个 View 对象会声明各自的属性。
- 可以通过 include 来引用其他的布局文件，这样可以把一个非常大的布局分而治之，便于书写和阅读。
- ViewGroup 既可以是系统预先提供的 RelativeLayout、LinearLayout、FrameLayout 等组件，也可以是用户自定义的扩展组件。

15.1.4　菜单资源

菜单资源使我们可以方便地定义出各种 Menu 选项，包括 Options，Context 和 submenu。它的格式比较简单，如下：

```xml
<?xml version="1.0" encoding="utf-8"?>
<menu xmlns:android="http://schemas.android.com/apk/res/android">
    <item…/>
    <group android:id="@[+][package:]id/resource name"
        android:checkableBehavior=["none" | "all" | "single"]
        android:visible=["true" | "false"]android:enabled=["true" | "false"]
        android:menuCategory=["container" | "system" | "secondary" | "alternative"]
        android:orderInCategory="integer" >
        <item… />
        …
    </group>
    <item>
        <menu>
            <item />
        </menu>
    </item>
</menu>
```

- 每一个 item 代表一个菜单选项，可以设置它的 id 值、标题及点击后的响应函数等；
- 一个菜单的 group 是指属性相同的一组 item；
- 菜单内部还可以嵌套子菜单。

15.1.5　字符串资源

我们知道，在编写 Android 应用程序源码时，不允许对某个文本属性直接赋予一串字符——这是出于字符串国际化和规范化的考虑。正确的做法是先定义一个字符串资源，并根据不同的地区语言进行赋值。字符串资源分为 3 类，分别是普通字符串、字符串数组以及数量字符串（Quantity Strings）。

1. 普通字符串

这是字符串中最常用的格式，用于定义一个简单的字符串资源：

```xml
<?xml version="1.0" encoding="utf-8"?>
<resources>
    <stringname="string_name">text_string</string>
</resources>
```

值得一提的是，Android 系统目前已经可以支持一些简单的字符串格式的自定义。

- 利用 format 格式

我们在程序中经常会用到 String.format(String format，Object... args)来对字符串进行格式化。在字符串资源的定义中，也可以使用类似的方法来达到目标。

比如我们可以定义如下字符串：

```xml
<string name= "Test_Format_String" > Hi, %1$s, your waiting number is %2$d
</string>
```

这样在编写源码时，使用如下语句就可以完成字符串的格式化：

```
String.format(res.getString (R.string. Test_Format_String), name,waitingNumber);
```

- 利用简单的 HTML MARKUP 语法

目前支持的元素只有 3 种，即：

- <b>用于加粗显示；
- <i>用于斜体显示；
- <u>用于加入下画线。

2. 字符串数组

字符串数组的格式如下：

```xml
<?xml version="1.0" encoding="utf-8"?>
<resources>
    <string-arrayname="string_array_name">
        <item>text_string</item>
        …
    </string-array>
</resources>
```

当程序访问这一资源时，可以通过数组名将所有的字符串元素一次性提取出来。

3. 数量字符串

数量字符串听起来有点拗口，它能根据传入数量值的不同而对字符串做相应调整。格式如下：

```xml
<?xml version="1.0" encoding="utf-8"?>
<resources>
    <pluralsname="plural_name">
        <itemquantity=["zero" | "one" | "two" | "few" | "many" | "other"]>
            text_string
        </item>
    </plurals>
</resources>
```

这样，我们就可以通过如下接口来获取所需的字符串：

```
public String getQuantityString (int id, int quantity)
```

需要注意的是，"zero""one"这些词并不代表传统意义上的数值 0、1，而是体现了字符串中的元素（如上述的 Song）在复数语法上的区分。比如在英语中，0 或者 2 的复数形式都是一样的，它们只和 1 不同（zero books、one book、two books）。

15.1.6　样式资源

样式资源相当于将常用的 UI 外观保存成"模板"——这样当下次需要使用同一种样式时，就可以直接调用，而不是重写一遍。

格式如下：

```xml
<?xml version="1.0" encoding="utf-8"?>
<resources>
    <stylename="style_name"parent="@[package:]style/style_to_inherit">
        <itemname="[package:]style_property_name">style_value</item>
    </style>
</resources>
```

- 一种样式可以继承自其他样式——用 parent 属性表示。
- 可以定义多个 item 来表示不同的样式属性，如 android:textColor，android:textSize 等。

如果我们只是需要把样式应用于某个 View 视图，可以通过 View 的 Style 属性来设置。而如果样式需要被应用于整个 Activity 甚至 Application，可以设置它的 android:theme 属性——这时我们又可以称为"主题样式"。

15.1.7 其他资源

除了前面几个小节介绍的资源外，Android 系统还包含了一些特殊的资源。它们有点类似于变量值的定义，比如：

- Bool；
- Color；
- Diemension；
- ID；
- Integer；
- Integer Array；
- Typed Array。

这些资源在格式的定义和使用上都类似，因而我们只选取 Color 进行讲解。

和前面颜色状态资源中的描述一样，一种特定的颜色可以"#"开头，并通过#RGB、#ARGB 等 4 种格式来赋值。

语法如下：
```
<?xml version="1.0" encoding="utf-8"?>
<resources>
    <color name="color_name">hex_color</color>
</resources>
```

15.1.8 属性资源

不论是哪种资源，都是由"属性"来描述的，只不过不同的资源类别拥有的"属性"值有一定区别。Android 系统已经为我们预定义了不少常用的属性，可统一以"android"+":"+[属性名]的方式访问，如 android:id, android:visible 等。

本小节我们将讲解两方面的内容：

- Android 预定义的属性；
- 如何添加自己的属性。

所有 framework 相关的资源都在源码工程中的 frameworks/base/core/res/res/目录下，而关于属性的定义则放在 attrs.xml 文件中。可以看到，这个文件以<resource>作为外围标签，其余部分则由一系列的<declare-styleable>以及<attr>标签组成。比如：

```
<declare-styleable name="Theme">
        <!-- Default color of foreground imagery. -->
<attr name="colorForeground" format="color" />
<!-- Default color of foreground imagery on an inverted background. -->
<attr name="colorForegroundInverse" format="color" />
<!-- Color that matches (as closely as possible) the window background. -->
<attr name="colorBackground" format="color" />
        …
</declare-styleable>
```

以及：

```
<resources>
<attr name="textIsSelectable" format="boolean" />
<attr name="gravity">
<flag name="top" value="0x30" />
```

```
<flag name="bottom" value="0x50" />
<flag name="left" value="0x03" />
<flag name="right" value="0x05" />
<flag name="center_vertical" value="0x10" />
<flag name="fill_vertical" value="0x70" />
<flag name="center_horizontal" value="0x01" />
<flag name="fill_horizontal" value="0x07" />
<flag name="center" value="0x11" />
        …
</attr>
    …
</resources>
```

<attr>的格式如下：

```
<attr name="[ATTR_NAME]" format="[FORMAT]" />
```

其中 format 可以是 string、dimension、boolean 等一系列常用单位，还可以是 enum 枚举类型，或者 flag 这种"或运算"的数值。比如上面 "gravity" 的 flag 中包含了 "center_vertical" 和 "center_horizontal"（分别为 0x10 和 0x01），如果我们需要让资源同时具有这两种属性，就可以执行"或运算"得到 0x11（实际上也就是"center"）。这种特性是 enum 所不具备的，所以单独以"flag"来表示。

如果读者仔细观察，会发现有的<attr>位于<declare-styleable>中，而有的<attr>则直接在<resources>中。那么，这两种形式有什么区别呢？

简单来讲，位于<declare-styleable>中的元素代表了某种特定资源的属性，而外围的属性则是"共有的"。换句话说，<declare-styleable>可以使用外围的属性值。举个例子，gravity 这个属性在外围有完整定义，而且在很多<declare-styleable>中也会被引用到。比如 TextView 中：

```
<declare-styleable name="TextView">
<attr name="gravity" />
    …
</declare-styleable>
```

而且引用的地方没有再对它进行定义——它的属性值和外围的"gravity"一样。

整个文件中的<attr>是不允许重名的，即便它们位于不同的 styleable 中。

在 xml 文件中使用属性值时，首先要引用它的 xmlns。比如要使用 android 系统提供的这些预定义属性，则需要：

```
xmlns:android=http://schemas.android.com/apk/res/android
```

如果是后期自己添加的属性，这里的 URL 地址就要转换成相应的包路径。

所有属性最终会被 ADPT 工具自动生成 R.java 中的一个类成员变量，供应用程序代码调用。

比如 View 组件有如下属性定义：

```
/*frameworks/base/core/res/res/values/attrs.xml*/
<declare-styleable name="View">
<attr name="id" format="reference" />
<attr name="tag" format="string" />
<!-- The initial horizontal scroll offset, in pixels.-->
<attr name="scrollX" format="dimension" />
<!-- The initial vertical scroll offset, in pixels. -->
<attr name="scrollY" format="dimension" />
<attr name="background" format="reference|color" />
…
```

View 相关属性生成的结果：

```
    /*R.java*/
public static final int[] View = { 16842851, 16842852, 16842853, 16842854, 16842855,
 16842856, 16842857, 16842879, 16842960, 16842961, 16842962, 16842963, 16842964,
```

```
16842965, 16842966, 16842967, 16842968, 16842969, 16842970, 16842971, 16842972, 168429
73, 16842974, 16842975, 16842976, 16842977, 16842978, 16842979, 16842980, 16842981,
16842982, 16842983, 16842984, 16842985, 16843071, 16843072, 16843285, 16843286, 168433
42, 16843358, 16843375, 16843379, 16843432, 16843433, 16843434, 16843457, 16843460 };
public static final int View_background = 12;
public static final int View_clickable = 29;
public static final int View_contentDescription = 41;
public static final int View_drawingCacheQuality = 32;
public static final int View_duplicateParentState = 33;
public static final int View_focusableInTouchMode = 19;
public static final int View_hapticFeedbackEnabled = 39;
public static final int View_id = 8;
public static final int View_tag = 9;
public static final int View_scrollX = 10;
public static final int View_scrollY = 11;
…
```

这个R.java会放在一个名为"android"的包中,如Android 4.1中的范例如图15-2所示(Android 4.3也是一样的)。

这也同时解释了为什么我们使用"Android:[属性]"就可以访问到R.java中的相应变量。

▲图15-2 范例的内容

读者可能已经注意到上面 R.java 中有一个 View 数组,其后的成员变量值实际上是该数组的序号:

```
/*frameworks/base/core/java/android/view/View.java*/
public View(Context context, AttributeSet attrs, int defStyle) {
    this(context);
    TypedArray a = context.obtainStyledAttributes(attrs,
                com.android.internal.R.styleable.View, defStyle, 0);
    …
    final int N = a.getIndexCount();
    for (int i = 0; i < N; i++) {
        int attr = a.getIndex(i);
        switch (attr) {
            case com.android.internal.R.styleable.View_background:
                background = a.getDrawable(attr);
                break;
            case com.android.internal.R.styleable.View_padding:
                padding = a.getDimensionPixelSize(attr, -1);
                break;
             case com.android.internal.R.styleable.View_paddingLeft:
                leftPadding = a.getDimensionPixelSize(attr, -1);
                break;
```

上面这段代码是 View 的构造函数之一,我们在 xml 布局文件中的 View 组件就是通过这个函数来生成的。这里要解决的问题是:代码中如何获取通过 xml 指定的某个属性?

首先调用如下语句:

```
TypedArray a = context.obtainStyledAttributes(attrs,
            com.android.internal.R.styleable.View, defStyle, 0);
```

可以看到,上面加深的部分就是前面所说的 View 数组。然后依据各个属性在数组中的位置(比如 background 是 com.android.internal.R.styleable.View_background=12),就可以得到 background 属性对应的资源号,最后通过 Resource 类提供的各种加载方法就可以把资源提取出来了:

```
public Drawable getDrawable(int index) {
    final TypedValue value = mValue;
    if (getValueAt(index*AssetManager.STYLE_NUM_ENTRIES, value)) {
        return mResources.loadDrawable(value, value.resourceId);
    }
    return null;
}
```

除了这些系统自带的资源属性外，很多时候我们还需要自定义新的属性值。比如，基于已有的 View 组件来扩展一个控件。升级后的 View 组件或多或少都会有一些新特性，这时我们就可以通过一定的方式来添加新的属性。

可行的方法有很多种，不过推荐读者使用 declare-styleable。一方面这是 Android 系统内部所采用标准的属性添加机制；另一方面它在编译时就会做相应的错误检查，而不是等到代码运行时再报错（此时程序就会 crash）。具体添加过程和前面的标准属性没有太大差异，此处不再赘述。

15.2 提供可选资源

为一个应用程序提供多种可选资源是实现设备适配的基础。比如对于同一张图片，我们可以提供高分辨率、中分辨率和低分辨率 3 个版本。一般的目录结构如下：

```
res/
    drawable/
        test.png
    drawable-hdpi/
        test.png
    drawable-mdpi/
        test.png
    drawable-ldpi/
        test.png
```

上面展示了 test.png 这个图像资源的几个不同版本。需要注意的是，它们都必须以相同的名字存储在各 drawable 目录下。当应用程序运行时，系统会依据当前设备的实际屏幕分辨率来选择最佳的资源。

除了分辨率外，同种资源之间还可有以下几种标签属性。

（注意：以下的标签修饰语是按照优先级从高到低的顺序排列的。）

- MCC 和 MNC（MCC and MNC）

MCC（Mobile Country Code）和 MNC（Mobile Network Code）是网络运营商的全球唯一编号。其中 MCC 指国家码，后者则是网络编号。比如 MCC-310 属于美国，MCC-460 属于中国。460-00 代表中国移动，460-01 代表中国联通。一般情况下，SIM 卡中存有此卡的主归属地。

用作资源标签时，我们可以同时使用 MCC，MNC 组合，也可以只使用 MCC。

比如：

o mcc460；

o mcc460-mnc00。

在程序编码时，可以通过 Configuration 类中的 mcc 和 mnc 属性来获取当前设备的这两个值。

- 语言和地区（Language and Region）

Android 系统中采用的是 ISO 639-1 国际语言码，由两个字母组成。地区代码则遵照 ISO 3166-1-alpha-2 标准执行，也是两个字母。其中地区码是可选的，如果加上的话，需要在前面额外加上"r"。

例如：

➢ en（表示英语）；

➢ fr（表示法语）；

➢ en-rUS（表示英语和美国地区）；

➢ fr-rCA（表示法语和加拿大地区）。

在程序编码时，可以通过 Configuration 类的 locale 属性值来获取当前设备的语言地区信息。

- 最小宽度（Smallest Width）

格式是：

```
sw<N>dp
```

需要特别指出的是，这里的宽度其实是指传统意义上屏幕的宽和高中较小的那个。

例如：

➢ sw300dp；

➢ sw600dp。

如果用 res/layout-sw600dp/来标志自己的布局资源，那就相当于告诉系统，屏幕的可显示尺寸必须在任何时刻都大于 600dp（因为有时是横屏显示，有时是竖屏显示），才可以使用这一资源。和语言值不同，设备的最小宽度值是固定的，不会随着设置的变化而改变。

在 AndroidManifest.xml 中，可以通过"android:requiresSmallestWidthDp"属性值来表示此程序要求的最小宽度值。

在程序编码时，可以通过 Configuration 类中的 smallestScreenWidthDp 成员变量来获取当前设备的最小宽度值。

- 可用宽度（Available Width）

格式是：

```
w<N>dp
```

和上面的最小宽度不同，设备的可用宽度值随着当前是横屏还是竖屏会产生变化，即它表示的是当前真实的宽度值。如果读者的多种可选资源中都采用了这一标签进行修饰，那么系统会自动选择一个最接近于（但不超过）当前值的资源。

例如：

➢ w720dp；

➢ w1024dp。

可以通过 Configuration 类的 screenWidthDp 成员变量来获取当前的可用宽度值。

- 可用高度（Availabe Height）

格式是：

```
h<N>dp
```

这个标签和上面的可用宽度所表达的含义类似，只不过前面是宽度，而这里是指高度。它同样会随着设备横、竖屏的变化而产生差异。当有多个可选资源时，系统会选择一个最接近（但不超过）当前真实值的资源选项。

我们可以通过 Configuration 类的 screenHeightDp 来获取设备的这一属性值。

- 屏幕大小（Screen Size）

因为市面上的屏幕尺寸非常多，而且还在不断地涌现出新的类型，所以我们不太可能为每种特定的尺寸大小分配一个选项。在 Android 系统中，将屏幕尺寸大致分为以下几类。

- small

尺寸类似于 QVGA-低密度和 VGA-高密度的屏幕，归属于这一类。最小的布局尺寸约为 320*426 dp。

- normal

尺寸类似于 HVGA-中密度、WVGA-低密度和 WQVGA-低密度的屏幕属于这一类。最小的布局尺寸约为 320*470dp。

- large

尺寸类似于 VGA-中密度和 WVGA-中密度的屏幕属于这一类。最小的布局尺寸约为 480*640dp。

- xlarge

对于尺寸远超传统 HVGA-中密度的屏幕属于这一类。最小布局尺寸约为 720*960dp。这种尺寸的屏幕往往用于平板电脑而不是移动手持电话。

我们同样可以通过 Configuration 类中的 screenLayout 成员变量来获取当前设备的屏幕大小。

- 屏幕宽高外观（Screen Aspect）

这个属性是指当前屏幕的宽高比（aspect ratio）。有两种结果：

> long

长屏幕，如 WQVGA、WVGA、FWVGA 等。

> notlong

非长屏幕，如 QVGA、HVGA、VGA 等。

可以通过 Configuration 类中的 screenLayout 成员变量来获知屏幕是否为长屏。

- 屏幕方向（Screen Orientation）

分为两种，即：

- 竖屏（port）

屏幕处于竖屏状态（portrait orientation）。

- 横屏（land）

屏幕处于横屏状态（landscape orientation）。

显然这个值会随着用户的操作而变化，但我们可以通过 Configuration 类中的 orientation 成员变量来获知当前设备的屏幕方向。

- UI 模式（UI Mode）

UI 模式分为以下几种：

> car；
> desk；
> television；
> appliance。

它表示设备被放置在底盘（dock）时的模式，如汽车上的手机托盘、桌面托盘等。这个模式会随着用户的操作而改变，可以通过 UiModeManager 来开启和关闭这一功能。

- 夜间模式（Night Mode）

分为两种，即：

> night

当前处于夜间模式。

> notnight

当前不处于夜间模式。

如果夜间模式被设置为自动，那么系统会根据当前时间来自行决定是不是夜间模式。可以通过 UiModeManger 来开启或关闭这一功能。

- 屏幕像素密度（dpi）

和前面的屏幕大小类似，屏幕的密度种类也比较多，因而在 Android 系统中将 dpi 粗略地分为以下几类。

> ldpi

低密度屏幕，大约为 120dpi。

➢ mdpi

中密度屏幕，大约为 160dpi。

➢ hdpi

高密度屏幕，大约为 240dpi。

➢ xhdpi

超高密度屏幕，大约为 320dpi。

➢ nodpi

表示这些资源不希望被改变尺寸以适应屏幕。

➢ tvdpi

介于 mdpi 和 hdpi 之间，大约为 213dpi。主要用于电视产品，普通的应用程序并不推荐使用。

- 触摸屏的类型（Touchscreen Type）

有如下两种可选值。

➢ notouch

设备不带触摸屏。

➢ finger

触摸屏是通过手指操作的。

通过 Configuration 类的 touchscreen 成员变量，可以获知当前设备的触摸屏类型。

- 键盘可用性

当前键盘的状态有 3 种可能值。

➢ keysexposed

设备有可用键盘。如果当前的软键盘被启用，那么即便设备没有键盘或者键盘不可用，这个状态仍可能有效。

➢ keyshidden

设备有键盘，但当前被隐藏，而且没有软键盘启用。

➢ keyssoft

设备当前的软键盘启动，即便它处于可见或不可见状态。

这个值在运行过程中可能会变化，可以通过 Configuration 类的 hardkeyboardHidden 和 keyboardHidden 变量来获知当前状态。

- 首选文本输入方法（Primary Text Input Method）

这个名字可能会引起误解，其实它是关于设备按键的。

➢ nokeys

设备不带有用于文本输入的按键。

➢ qwerty

设备有一个 qwerty 键盘，无论它是否可见。

➢ 12key

设备有一个 12 键的键盘，无论它是否可见。

可以通过 Configuration 类的 keyboard 变量来获知当前的首选文本输入方法。

- 定位键可用性（Navigation Key Availability）

定位键是否可用（注意：这里不是指 GPS 导航的定位，而是光标定位）：

➢ navexposed

定位键对用户可用。

➢ navhidden

定位键不可用。

这个值也会在运行中动态变化，可以通过 Configuration 类的 navigationHidden 变量来获取当前值。

- 主要的非触摸屏定位方式（Primary non-touch Navigation Method）

这个属性是指除触摸屏以外的定位方法，有以下几种。

➢ nonav

设备除了触摸屏外没有其他定位方式。

➢ dpad

设备配备 dpad 来定位。

➢ trackball

设备配备轨迹球来定位。

➢ wheel

设备有方向滚轮用于定位，不常用。

可以通过 Configuration 类的 navigation 变量来获取设备当前的非触摸屏定位方式。

- 平台版本（Platform Version）

指的是设备所支持的 API 等级值，如 v3、v4、v8 等。

15.3 最佳资源的匹配流程

针对大多数 APK 应用程序，开发人员都会提供各种不同版本的资源。那么，系统在运行时是如何动态选择最合适的资源来使用呢？理解最佳资源的匹配流程至少有如下两个好处。

- 当设计应用程序时，我们可以有针对性地提供正确的资源。
- 对于我们适配多种设备有重要的指导意义。

最佳资源的匹配规则如图 15-3 所示。

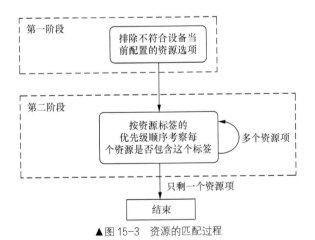

▲图 15-3 资源的匹配过程

我们以官方文档中的一个例子来具体分析匹配流程。

假设某应用程序中的 drawable 资源有如下几种选项：

- drawable/；
- drawable-en/；

- drawable-fr-rCA/；
- drawable-en-port/；
- drawable-en-notouch-12key/；
- drawable-port-ldpi/；
- drawable-port-notouch-12key/。

设备的当前配置为：
- Locale = en-GB；
- Screen orientation = port；
- Screen pixel density = hdpi；
- Touchscreen type = notouch；
- Primary text input method = 12key。

匹配目标：逐一排除资源选项，直到只剩下唯一的选择（即选择最优解的过程）。

匹配过程：分为两个阶段。

➤ 第一阶段：筛选掉与设备当前配置不相符的资源选项

在淘汰过程中，对于资源选项里没有显式写出来的配置，不作为评判标准；而资源选项里显式写出来的，符合当前配置的可以通过筛选，否则直接淘汰。

比如上面例子中，第 3 个资源选项中的"fr-rCA"及第 6 个选项中的"ldpi"都不符合当前的设备配置，应该被淘汰。

不过还需要指出的一个特例是，Android 明确规定：density 标签不在第一阶段的淘汰范围内。因而，第一轮游戏结束时结果如下：

➤ drawable/；
➤ drawable-en/；
➤ drawable-fr-rCA/（淘汰）；
➤ drawable-en-port/；
➤ drawable-en-notouch-12key/；
➤ drawable-port-ldpi/（作为特例被保留下来）；
➤ drawable-port-notouch-12key/。

➤ 第二阶段：选择最优解

经过第一轮的"资格淘汰赛"后，剩余的选项都是完全符合设备当前配置要求的（除了特例外）。因此，接下来这一轮竞赛中我们需要在所有"选手"中选择一个最优秀的。这就好比才艺比赛一样，我们首先设定了参赛者的入门条件（阶段一）；而只有通过初步筛选后，才再按一定的优先级标准来评定每个选手的表现（阶段二）。比如歌唱技巧是最重要的考察因素，最后是舞台表现力，最后是表情张力等。

前一小节我们介绍资源标签时采用的内容编排顺序，就是根据它们的优先级来定的。应用到这个例子中：

Step1. 我们先选择 MCC，MNC 来考察，发现没有任何"选手"包含这个标签。

Step2. 选择语言与地区标签。由于当前配置是 en-GB，所以没有带这个标签的"选手"被淘汰。结果如下：

➤ drawable/（淘汰）；
➤ drawable-en/；
➤ drawable-en-port/；
➤ drawable-en-notouch-12key/；

- drawable-port-ldpi/（淘汰）；
- drawable-port-notouch-12key/（淘汰）。

Step3……

接下来的步骤中我们重复利用这一规则，直到最终只剩一个"选手"为止。在这个例子中，"冠军"要直到"屏幕方向"标签时才出现（设备的当前屏幕方向是 port）：

- drawable-en/（淘汰）；
- drawable-en-port/（胜出）；
- drawable-en-notouch-12key/（淘汰）。

15.4 屏幕适配

屏幕适配是确保 Android 应用程序兼容性一个至关重要的环节。我们知道，Android 设备种类繁多，这意味着 APK 开发者不可能只针对某种特定型号的设备来做匹配（当然，如果你的应用程序只打算运行在有限的已知设备上，就可以做有针对性的适配），而应尽可能考虑到所有可能出现的设备——因而如何对这些设备的屏幕进行合理有效的分类是首先要解决的难点。

15.4.1 屏幕适配的重要参数

本小节中，我们先来看看 Android 系统中和屏幕相关联的几个重要参数。

- 屏幕分辨率（Screen Resolution）

分辨率是指屏幕上物理像素的多少，它直接反映了屏幕显示的精细度。通常像素点越多，画面就越清晰，可以显示更多细节；相反，像素点少的屏幕显示出的图像容易出现锯齿，画面相对模糊。常见的屏幕分辨率有 QVGA（320*240）、VGA（640*480）等。

但是在 Android 的设计理念中，我们并不能直接去使用分辨率——而是由以下所提到的屏幕密度和大小来做组合表达。

- 屏幕密度（Screen Density）

单位间距内物理像素点数量的多少，以 dpi（Dots per Inch）表示。Android 系统将屏幕密度分为 4 类，分别为：

- ldpi（low）；
- mdpi（medium）；
- hdpi（high）；
- xhdpi（extra high）。

- 屏幕尺寸（Screen Size）。

一般是指屏幕的对角线尺寸值，用 inch 表示。比如常用的尺寸包括 3.7inch，4.0inch，6.1inch 等。在 Android 系统中，将所有可能的屏幕尺寸分为 4 种，即：

- Small；
- Normal；
- Large；
- xlarge。

屏幕密度和尺寸大小（small，normal，large 等）并不是根据绝对的某个范围值来划定的，如图 15-4 所示。

再来看看 Google 官方发布的一份数据——截至 2012 年 7 月，市面上 Android 产品的屏幕大小和密度的分布（这份报告也可以作为应用开发者的市场参考）如表 15-2 所示。

15.4 屏幕适配

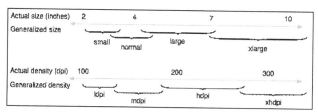

▲图 15-4 Android 系统中屏幕尺寸和密度对照图

表 15-2　　　　　　　不同屏幕尺寸与密度的 Android 设备的市占率

	ldpi	mdpi	hdpi	xhdpi
small	1.7%		1.3%	
normal	0.4%	12.9%	57.5%	18.0%
large	0.2%	2.9%		
xlarge		5.1%		

由此可见，市面上最常见的 Android 设备的屏幕尺寸为 normal，屏幕密度为 hdpi，如图 15-5 所示。

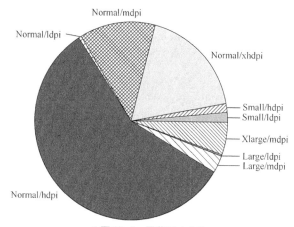

▲图 15-5 屏幕尺寸占比

- 屏幕宽高比（Aspect Ratio）

屏幕的宽和高的比值，称为 Aspect Ratio。比如 16:9——如果宽度为 16，那么高度值为 9。

- 屏幕方向（Screen Orientation）

以用户的视线方向为准，如果宽高比大于 1，称为横屏（landscape），否则就是竖屏（portrait）。

- 设备独立像素（Density Independent Pixel）

DIP 是为了更好地自适应不同的屏幕而提出的概念。中心思想是 dip 的值会随着当前屏幕的密度变化而做相应改变。它的计算公式为：

```
Px = dp * (dpi /160)
```

也就是说，在 dpi 为 160 的设备上，dip 数值和屏幕物理像素是一样的；而在 dpi 为 240 的机器上，这个值会是实际值的 1.5 倍。

下面以 Android 官方提供的一个例子来解释采用 dip 的好处。

假如有 3 台设备，它们的屏幕尺寸是一样的，而密度分别为 ldpi、mdpi 和 hdpi，那么采用 dip 和不采用 dip 的区别可以参见图 15-6 和图 15-7。

▲图 15-6　不采用 dip 时的情况

▲图 15-7　采用 dip 时的情况

由此可见，对于不采用 dip 来描述的物体（比如一个 Button），随着屏幕密度的增大，它的大小相对于整个屏幕在缩小；而使用 dip 描述的情况则没有这个问题，即它可以基本保持此物体的相对尺寸。显然后一种效果才是我们所期望的，因为前一种很可能导致 UI 界面的变形。

当然，dip 虽然可以在某种程度上帮助我们去更好地适应不同密度的屏幕，但它也并不是万能的。大家可以想一下，一个尺寸标注为 N dp 的物体，它在不同屏幕上的实际物理尺寸（单位 inch）为多少呢？

计算公式如下：

```
physical_size = N*(dpi/160)*(1/dpi)=N/160
```

其中 dpi 代表了这款屏幕的密度。

我们得出一个结论：

用 dp 标注的物体，它在不同屏幕上的实际物理尺寸理论上将保持不变

换句话说，N 为 160 的物体，它在不同屏幕上的实际物理尺寸将为 1 inch；N 为 320 的物体，它在不同屏幕上的实际物理尺寸将为 2 inch。

假设全世界所有 Android 设备的物理屏幕都是同一个 Size，那么这无疑可以解决适配问题——但显然这是不现实的。

那么这将导致什么问题呢？举个例子来说，假设有一个 View 的宽度设置为 160dp，那么它在 1inch 宽的屏幕上，其宽度与屏幕一致；但在一个 2 inch 宽的屏幕上时，它的宽度则仅有屏幕的一半。这种情形下采用（或者说只采用）dp 机制，个人认为就不是一个明智的选择了。

15.4.2　如何适配多屏幕

Android 系统支持同一应用程序在多种屏幕上使用。为了达到这一目标，系统本身已经做了不少工作——按照 Android 的设计思想，它将尽量为开发者考虑各种可能发生的情况。比如它会根据当前设备的具体参数自动为应用程序选择最佳的显示资源；适当的时候还会对资源进行修正，以满足实际需求等。

不过，Android 系统本身也不是万能的，而且有时候"智能"是把"双刃剑"——在无法准确掌握其工作原理的情况下，越"智能"的机制反而越可能违背我们的意愿。因此，理解 Android 系统在支持多屏幕时所做的工作，才能"取其精华，去其糟粕"，真正将 Android 的设计精髓运用得"淋漓尽致"。

15.4 屏幕适配

- Android 系统为当前屏幕配置选择最佳资源的流程

这一过程和我们前一小节讨论的最佳资源匹配过程一致。Android 系统将根据现有的资源标签以及实际的设备屏幕参数，来寻找最合适的资源类型。但是，如果经过两轮匹配后，还是没有任何符合要求的资源（即所有可选资源均被淘汰），那么它会选择默认的资源配置（没有被贴上标签的资源）。

默认资源是应用程序在不得已之情况下的选择，开发者应该提供这类资源以备"不时之需"。

- 为不同的屏幕尺寸提供多种 layout 布局

我们已经在前几节讨论过如何在应用程序中提供多种"可选资源"，如果读者还不是很清楚，建议回头复习一下，这里不再赘述。

不同的屏幕尺寸，所需的 layout 布局通常也有所差异。举个例子，有一个显示 9 个按钮控件的 layout，它在大屏幕上可以正确显示；但一旦切换到小屏幕上，即便这 9 个控件都可以被显示出来，也可能会被压缩（由此产生的用户体验效果是很差的）。因而我们建议对于尺寸跨度大的屏幕，应用程序应该提供多种 layout 布局文件。

- 为不同的屏幕方向提供多种 layout 布局

不同方向屏幕布局的差异如图 15-8 所示。

由图可知，当设备处于"横屏"状态时，可以正常显示 2*3 个尺寸一样的控件；然而，当屏幕方向改为"竖屏"时，情况发生了很大变化。如果我们仍然采用原先的布局，效果一定不会很好。因此，为不同的屏幕方向提供合适的布局已成为应用开发者的共识。

▲图 15-8　横屏和竖屏的布局差异

- 为不同的屏幕密度提供相应的图片资源

我们知道，在尺寸不变的情况下，密度越大，所需的像素点越多，显示越细腻。而如果应用程序所提供的图片资源没有考虑到这一点，那么在实际运行时很可能被拉伸，从而造成显示效果相对模糊。

- 显式声明应用程序支持的屏幕类型

系统提供了 <supports-screens> 元素来让应用程序在 AndroidManifest 文件中显式声明其所支持的屏幕种类。除此之外，这个元素还可以控制屏幕的兼容模式（Screen Compatibility Mode）——它是为解决应用程序在大屏幕上显示时出现的困难而专门设计的。对于不同的 Android 版本，其表现和设置都有所差异。详细信息可以参见官方文档。

<supports-screens> 的语法如下：

```
<supports-screens android:resizeable=["true"| "false"]
android:smallScreens=["true" | "false"]
android:normalScreens=["true" | "false"]
android:largeScreens=["true" | "false"]
android:xlargeScreens=["true" | "false"]
android:anyDensity=["true" | "false"]
android:requiresSmallestWidthDp="integer"
android:compatibleWidthLimitDp="integer"
android:largestWidthLimitDp="integer"/>
```

当开发人员显式地声明了所支持的屏幕类型后，可以有效阻止那些不符合要求的设备安装此应用。表 15-3 给出了这一元素的属性描述。

- 支持特定的屏幕

有的应用程序是被设计专门运行于某些特定设备上的。在这种情况下，我们可以采取一定的限制方式来避免不符合要求的设备安装这些应用程序。

表 15-3 <supports-screens>的属性值

属性	描述
android:resizeable	表示程序是否可以调整尺寸 默认值为"true"。如果是"false"的话，系统会在大屏幕时开启屏幕兼容模式
android:smallScreens	是否支持 small 尺寸的屏幕 默认值为"true"
android:normalScreens	是否支持 normal 尺寸的屏幕 默认值为"true"
android:largeScreens	是否支持 large 尺寸的屏幕 默认值随版本而变化，但如果是"false"，将可能启动屏幕兼容模式
android:xlargeScreens	是否支持 xlarge 尺寸的屏幕 和上面的属性类似，这个属性的默认值也会根据版本的不同而有所差异，因此建议开发者最好每次都能显式写出。如果是"false"，通常也会启动屏幕兼容模式
android:anyDensity	是否支持所有密度类型的屏幕。这意味着程序提供了各种可选资源以满足不同屏幕密度的需求 从 Android 1.6 开始，默认值是"true"
android:requiresSmallestWidthDp	指定此应用程序所能支持的最小 smallestWidth。可以参见前两小节中关于"最小宽度（Smallest Width）"的描述
android:compatibleWidthLimitDp	这个属性可以让"屏幕兼容模式"作为一种用户选项体现出来。比如，一台设备的最小宽度大于这里的值，那么兼容模式将会被启动。在这种情况下，用户将可以通过一个按钮手工控制屏幕兼容模式
android:largestWidthLimitDp	和上面的属性类似，不同之处在于它强制使用屏幕兼容模式，即用户不能通过按钮来手工选择是否需要开启兼容模式

<compatible-screens>可以用来实现这个功能。它的语法如下：

```
<compatible-screens>
    <screen android:screenSize=["small" | "normal" | "large" | "xlarge"]
        android:screenDensity=["ldpi" | "mdpi" | "hdpi" | "xhdpi"] />
    ...
</compatible-screens>
```

每个<screen>项用来表示一种屏幕兼容配置，一个 AndroidManifest 文件里可以有多个<screen>描述。其中的 screenSize 和 screenDensity 是必须成对出现的，否则会被视为无效。

对于一些应用程序的服务商（比如 Google Play），在用户下载应用程序时都会有相应的检测机制来保证用户使用的设备是否符合<compatible-screens>的限制。一方面这将有效阻止达不到要求的设备安装使用此应用程序，而另一方面可能会阻隔潜在的用户群。因此在发布程序时开发商一定要想清楚，是否一定要采用这一属性。

- 布局时的注意事项

布局时，应尽量避免使用"绝对"的表示方法。比如不用或尽量少用 AbsoluteLayout（从 Android 1.5 开始，已经被废弃）；杜绝以"物理像素点"为单位来描述组件属性，而应采用 dip 和 sp 来分别表示布局大小和字体大小。

实践证明，只有严格遵循以上几点要求的应用程序，才能在"屏幕适配"这一难关中"脱颖而出"，也才能为用户提供尽可能完美的 UI 体验。

15.4.3 横竖屏切换的处理

横竖屏切换事件在终端设备中的发生频率非常高，因而也是应用程序在开发过程中需要特别注意的。Android 系统在处理这一事件时，通常会重新加载和刷新 Activiy（因为横竖屏更改有很大机率会带来界面的变化），所以开发人员需要在必要的情况下重载这一行为以避免不可预期的问题发生。

15.4 屏幕适配

我们首先分析一下发生横竖屏切换时系统的具体处理流程，以便大家可以根据自己的需求做出正确的选择。

Step1. 根据系统设置的不同，有两种可能：

- 系统设置中关闭了屏幕旋转功能

此时系统不会主动检测屏幕的旋转事件，所以正常情况下应用程序也就不会感应到屏幕方向的变化了。当然，这并不代表应用程序不能主动获取屏幕的横竖屏切换事件。事实上不少应用程序因为自身的功能需求（如视频播放器在横屏时实现全屏显示），会自行向传感器注册并获取信息——这样一来就摆脱了系统设置的限制了。

- 系统设置开启了屏幕旋转功能

此时会向 Sensor 注册一个监听请求，具体源码实现在 WindowOrientationListener.java 中。一旦有事件发生，将进入下一步

Step2. 在经过一系列的前期处理后，系统会判断应用程序所设置的 android:screenOrientation 值。关于这一属性的主要可选值和释义如表 15-4 所示。

表 15-4　　　　　　　　　　android:screenOrientaion 释义

Value	Description
unspecified	默认值。由系统根据实际情况做选择
landscape	横向
portrait	纵向
user	用户当前的首选方向
sensor	根据传感器来确定方向
nosensor	不使用传感器来确定方向

由此可见，如果应用程序想强制横屏或者竖屏显示，可以考虑使用这个属性来做相应配置。

Step3. 如果确定应用程序需要响应横竖屏切换，那么正常情况下系统会重新启动一次 Activity 的生命周期流程。但这可能并不是开发人员所需要的（比如用户体验不好）。那么有没有办法阻止系统的这一默认形为呢？

答案是肯定的，利用 android:configChanges 就可以做到。当然，除了正确设置这一属性外，代码中还需要增加对 onConfigurationChanged 函数的重载实现。这样就可以迫使系统改变常规的处理流程，而改由 onConfigurationChanged 来全权负责。

上述 3 个步骤是屏幕方向切换后系统和应用程序的通用处理流程，在不同设备上的具体表现可能会有些差异（取决于设备厂商的定制策略）。建议大家在实际项目开发中能针对目标设备做一次全面的测试，以尽量避免异常问题的发生。

第 16 章 Android 字符编码格式

在工程项目开发过程中,让不少工程师很头痛的一个问题就是"乱码"。特别是当产品涉及国际化时,情况就更加错综复杂了。Android 系统在全球范围内都获得了广泛使用,因而字符串国际化的问题不容小觑。

"万变不离其宗",本章我们将首先从字符串编码的基础知识入手,然后过渡到 Android 项目中的实际解决方案。很多时候,只要基础打扎实,问题也就迎刃而解了。

16.1 字符编码格式背景

从计算机存储的角度来讲,并不存在字符编码格式的概念,因为任何资源在计算机系统中都以二进制进行存储。就好比一门语言——只有双方基于同样的发音标准才能互相理解,编码格式也就是编码者与解码者之间的规范;而且不论是汉语、英语、法语,核心目的都是让双方能够正常沟通。编码格式的宗旨也类似,因而格式本身可以有多种形式,只要通信双方都清楚每个字节的含义即可。

我们接下来先看看几种常见的字符编码格式。

- ASCII

这可能是大家最熟悉的一种编码,我们简单叙述一下。ASCII 只需一个字节,占用的空间很小,不过它容纳的字符数也相当有限。除了 128 个字符作为常规使用外(最高位为 0,用于英文字母、数字、控制字符等),另 128 个则是"扩展 ASCII"。后面的这部分 ASCII 实际上没有统一的国际标准,因而被"各方人士"利用起来用于自己的编码规范,这就是 ANSI。

- ANSI

ANSI 码(American National Standards Institute)实际上是各个国家对 ASCII 以外字符的扩展,通常占 2 个字节。比如中国是 GB2312,日本则是 JIS。可想而知,这些"各地"编码是不兼容的。因为 ASCII 已经占用了 0x00-0x7F 之间的范围,所以 ANSI 必须只使用这一范围以外的数值。另外,ANSI 中的 ASCII 字符仍然只占用 1 个字节。举个例子,"我是第 1"的 ANSI 编码是 7 个字节,其中最后的"1"只占用 1 个字节,其他的中文字符则各占 2 个字节。

- 中文简体/繁体

理论上简体和繁体字符和编码没有太大关联,它们更多的是属于"显示"范畴的区别。举一个例子,一个繁体字同样也可以用简体字的方式显示出来。换句话说,我们先使用与该字符相同的编码标准将其"理解"出来,接下来要怎么显示就是另外一回事了。不过现实中简体/繁体与编码格式还是息息相关的。

中文显示由于地域、历史、政治等多方面的原因,最初主要有 3 种编码方式,即 GB2312、Big5 和 HKSCS。第一个大家应该比较熟悉,它是由我国国家标准总局于 1980 年发布的,因而也被称为 GB2312-80 或者 GB2312-1980。它收录了 6763 个汉字和 682 个非汉字,分为 94 区,每区又有 94 位。这一标准规定的中文字符虽然能满足大众的常规需求,但对于古汉语等罕见字则还是无法处理。另外它和我国台湾地区的 Big5 也是不兼容的，因而造成了不少麻烦。基于这些因素，GBK 编码应运而生，于 1995 年 12 月发布。这个标准不但完全兼容旧的 GB2312，而且包括了 ISO 10646 中的全部中日韩汉字以及 BIG5 中所有汉字。ISO 10646 是 ISO 组织发布的编码规范，即我们熟知的 UCS（Universal Character Set），它又兼容于 Unicode 码。关于 UCS 与 Unicode 之间的"恩恩怨怨"还会牵扯出很多事情，有兴趣的读者可以自行了解。

随后几年，即 2000 年和 2005 年，中国又在 GBK 基础上进行了进一步升级，这就是 GB18030 系列。它们不但收录了汉字，而且将藏族、蒙古族、傣族等少数民族的字符都合成进来，形成了一个超大型的编码规范。虽然标准很多，但国家颁发的这些字符集规范是向下兼容的。

- Unicode 码

这也是我们比较熟悉的一种规范，只不过其中又有很多繁杂的细节，因而大部分人"只知其一，不知其二"。由于历史原因，计算机发展初期并没有充分考虑国际上众多语言和字符的存在。这也难怪，谁也不会预料到计算机后来的发展会如此迅猛，以致成为"走进千家万户"的一种日常用品。后期的问题接踵而至，全球各国都已经意识到统一编码标准的必要性，于是 Unicode 国际组织出现了。这个组织的意愿就是将世界上所有的字符统一用一种编码方式来表达，以解决各种各样的不兼容问题。虽然 Unicode 码和 GB 码、BIG5 码都不兼容，但它还是未来发展的一个大趋势，是一个软件产品能否国际化的关键，因而我们有必要对它进行更详细的讲解。

16.2 ISO/IEC 8859

在学习 Unicode 之前，我们先来了解下 8859 系列规范。它是由 ISO 和 IEC（International Electrotechnical Commission）共同推出的协议，共有 15 部分（1~16，但是 12 被废弃），如 ISO/IEC 8859-1、ISO/IEC 8859-2 等。

虽然 ASCII 码在英语中已经足够使用，但是很多以 Latin 为基础的其他语言（主要是欧洲国家），却需要更多额外的字符来表示。8859 就是利用了 ASCII 以外的编码空间来表示这些字符。所以 8859 实际上能表达的字符数相当少，每个子集（比如 8859-1）的范围是 0xA0-0xFF 即 96 个字母或者符号，详表可查询官方说明，我们这里不逐一列出。

显然，8859 这样的字符协议是没有办法满足像中文这样的语言的。我们的"方块字"和英语语言有很大区别。英文无论是什么词，都是由最基础的 26 个字母组成的。比如"Answer"这个词在英文中是由 6 个字母拼起来的；同样"Question"也是由字母组合的。而中文中不论是"回答"还是"问题"中的任何一个字，都不能拆分成类似英文字母这样的组成元素。这就注定了"中文字符集"必须是足够庞大的，才能容纳下古往今来的所有汉语字符。

Unicode 出现后，ISO/IEC 8859 也逐步向其靠拢，目前它的 15 个子集都可以在 Unicode/UCS 中找到对应项；而且原 8859 的部分工作组也已经转向 ISO/IEC 10646。

16.3 ISO/IEC 10646

说到 10646 协议大家可能会觉得很陌生，其实它是国际标准的一个编号，全称是"Information technology — Universal multiple-octet coded character set"，也就是 UCS。这个标准于 1993 年正式颁布，规定了字符集的总体框架，如表 16-1 所示。

也就是说，UCS 可表达的范围是 128*256*256*256，这是一个非常大的数值。不过实际上 UCS 的范围不能超过 21bit，即 0x000000-0x10FFFF（即 1114111）。

表 16-1　　　　　　　　　　　　　UCS 的结构简图

Architecture	Group	Plane	Row	Cell
Bit	8	8	8	8
Range	0x00-0x7F	0x00-0xFF	0x00-0xFF	0x00-0xFF

它的第一个平面（第 0 组的第 0 平面中的 0x0000-0xFFFD），被称为"Basic Multilingual Plane"（BMP）或者"Plane 0"，用于容纳最基本的字符。1993 年发布的 ISO 10646-1 添加了 BMP 中的内容，而 2001 年 ISO 10646-2 版本则进一步更新了 BMP 范围外的内容。到了 2003 年，这两个规范被合成为 ISO 10646 标准，并仍在不断完善中。

16.4 Unicode

前面说过，Unicode 是为了容纳世界上所有文字及符号而诞生的。可想而知，当时以这个目标为宗旨创建的组织肯定不止一个。其中，最有名的就是 Unicode 和 ISO 中的 10646 项目。不过值得庆幸的是双方在后期都意识到这个世界上不应该出现两个不兼容的规范，否则就违背了制定世界统一编码的初衷。于是它们终于约定好协同工作，且互不干扰，这样就有力地保证了不兼容问题的出现（从 Unicode 2.0 开始它们已经兼容了，因而个人觉得没有必要纠结它们到底有多大差异，只要了解好 Unicode 协议即可）。

本小节我们主要讲解 Unicode 的一些基础知识。

Unicode 早期是由 Joe Becker，Lee Collins 等人于 1987 年发起研究的，并出现于 1988 年 8 月他们为一个系统所写的提议中。虽然当时"Unicode"已经有其他含义（比如一种编程语言），但几位创始人的初衷则是"The name 'Unicode' is intended to suggest a unique, unified, universal encoding"，因而仍然沿用了这个名字。

早期的 Unicode 只有 16bit，在当时看来这已经足够使用了，至少远远超越了 ASCII 以及其他一些流行编码格式的表达范围。随着 Unicode 的不断壮大与流行，其他字符编码与 Unicode 间的 mapping 也在持续进行，并于 1990 年底取得阶段性突破。1991 年 1 月 3 日，Unicode 组织成立，同年 10 月发布了第一版 Unicode 标准。至今为止，Unicode 已经支持超过 100 种语言以及各种字符。它的表达范围是我们前面提到的 0x0-0x10FFFF，即最多可支持 1114112 个字符。

Unicode 的优点是明显的，但也并不是没有缺点。和其他国际规范一样，它也是在不断成长的。比如第一个版本的 Unicode 是固定的 16-bit 编码。这样固然很方便，但对有的字符来说是不够用的，而对于像 ASCII 这种字符来说却又太浪费空间。另外，UCS 只是定义了字符对应的"Code Point"，要想在实际生活中取得广泛应用还是有很多问题要解决的。比如这些数值在计算机中如何存储；如果要在网络上面交互应该如何传输等。于是就有了 UTF 系列规范，如 UTF-8、UTF-16 及 UTF-32。下面以 UTF-8 为主来讲解。

UTF-8（UCS Transformation Format 8 bit）是一种可变长度的 UCS 表示方法，又称"万国码"。最初的设计思想来源于 ISO 10646 中的一个 UTF-1 编码方式——不过当时这个规范并不让人满意。后来（1992 年 7 月）Unix 实验室的 Dave Prosser 提交了一份新的提议，可以看作 UTF-8 的原型，但仍然有较大的缺陷。于是到了 1992 年的 8 月，Bell 实验室的 Ken Thompson 开始对 Dave 的方案进行修正与完善，并最终将这一修改于次年的 USENIX 会议上发表出来，这就是 UTF-8。

由于历史因素，各种编码格式比较混乱。为了让读者更清楚地理解这些编码与字符集的关系，下面举个例子来看看 UTF 所要解决的问题。

16.4 Unicode

比如 "你" 的 Unicode 码是 0x4F60，我们新建一个文本文件，写入 "你"，并把它以 ANSI 编码保存。根据我们之前的讲解，可以计算出它将占用两个字节的大小，如图 16-1 所示。

▲图 16-1　占用两个字节的大小

如果把它以 "Unicode" 编码格式保存，如图 16-2 所示。

▲图 16-2　"Unicode" 编码格式保存

然后查看这个文件中的二进制，如图 16-3 所示。

可以看到，编码后的数值是 "0xFFFE604F"。

我们再把这个文件保存成 UTF-8 格式，如图 16-4 所示。

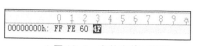

▲图 16-3　文件中的二进制

▲图 16-4　文件保存成 UTF-8 格式

此时文件中的编码数值如图 16-5 所示。

即 "0xEFBBBFE4BDA0"，也就是高达 6 个字节。

最后我们把它存成 Unicode big endian，然后看看它的编码，如图 16-6 所示。

▲图 16-5　文件中的编码数值

▲图 16-6　Unicode big endian 编码

从这个例子中，我们至少可以得出以下几点。

- 字节序

"你" 的 Unicode 码是 0x4F60，但在存储时是高位在前（大端，Big Endian），还是低位在前呢（小端，Little Endian）？数据在传输过程中必须要考虑这个问题。因为不同的机器很可能采用的字节序是不一样的，如果没有相应的规范来约束，就很可能导致致命问题。在 Unicode 中，这是由 BOM（Byte Order Mark）来保证的。从上面的例子可以看出，头两个字节如果是 "0xFFFE" 表示小端，0xFEFF 则代表大端。

- 编码格式的选择

同一个字符，使用不同编码格式得出的数值是截然不同的。很多人以前可能一直困惑于 UCS 和 UTF 系列有什么关联，这就是最好的例子。选择一个好的编码格式无疑可以让整个系统更加高效。

- 编码格式的标志

既然有不同的编码格式可选，那么在对字符进行解码时，自然也要采取对应的编码标准。这就引出了另一个问题：如何知道一个字符采用了什么编码格式？通常我们用 Unicode 保存文件时，它会在文件开头加上编码标志。如下所示：

ANSI：没有标志

Unicode：0xFFFE(Little Endian)

Unicode Big Endian：0xFEFF

UTF-8：0xEFBBBF

可见，只有 UTF-8 的标志头占用了超过两个字节的大小。

- 可变长度

我们知道 UTF-8 是可变长度的，即一个字符占多少字节并不是固定的。那么在一堆编码后的数值中，如何准确界定每个字符的结束位置呢？UTF-8 规范中给出了如表 16-2 所示的转换表。

表 16-2　　　　　　　　　　　UTF-8 编码规则

Unicode 编码（十六进制）	UTF-8（二进制）
Zone1：0x000000 - 0x00007F	0xxxxxxx
Zone2：0x000080 - 0x0007FF	110xxxxx 10xxxxxx
Zone3：0x000800 - 0x00FFFF	1110xxxx 10xxxxxx 10xxxxxx
Zone4：0x010000 - 0x10FFFF	11110xxx 10xxxxxx 10xxxxxx 10xxxxxx

> **注意**　最初的 UTF-8 协议规定可用 bit 是可以达到 31 位以上的，所以部分参考书中给出的 UTF-8 最长是由 6 个字节（因为还有一些 Leading Byte 信息，下面有介绍）来表示的。到了 2003 年 11 月，RFC3629 限制了这个范围，即只能到 0x10FFFF，因而超过四字节的部分就被移除了；而且 Zone4 所能表达的范围也降低了一部分（Zone4 中的 x 有 21 个 bit 位，最大可表达 0x1FFFFF，目前只用到 0x10FFFF）。

表 16-2 右边：UTF-8 中的 x 是需要根据具体要表达的 Unicode 字符进行填写的。比如前面的例子，因为"你"的 Unicode 码是 0x4F60=0100111101100000，属于第 Zone3 区域，因而转换后的值是：

```
11100100 10111101 10100000=0xE4BDA0
```

这和我们前面所看到的结果是一致的。

从 Zone2 开始，每个区域的字符都以一个"Leading Byte"起头，它们的高位都是由多个"1"最后跟随"0"来表示的，而且"1"的数量同时也等于该字符占用空间的大小。比如 Zone3 有 3 个"1"，它的字符是由 3 个字节来表示的。"Leading Byte"后面的字节称为"Continuation Bytes"。可以看到，它们都以"10"开头。

因为每个区域的开头标志是不同的，并且相互间不会有歧义，所以保证了 UTF-8 表示的字符可以被正确解析。

如图 16-7 所示（是不是有点像 Haffman 编码）。

这样解码时就可以准确知道这个字符属于哪个区域，也就知道它占用几个字节了。这种特性称为"Self-Synchronizing"，使得我们在处理一个 UTF-8 码时不需要加入特定的"头信息"就可以正确解析出它所表达的字符——这同时也是它能获得广泛应用的一个重要"法宝"。

顺便说一下，UCS-2 是早期的标准，即 Unicode 编码固定以两个字节表示字符；而 UCS-4 则是以固定长度的 4 字节来表示一个字符。UCS-2 因为没有办法提供足够的空间容纳越来越多的字符数量，因而逐步被 UTF-16 所代替。实际上我们平常所见到的 Unicode 一般都是 UTF-16，如前面例子中 Windows 文本保存时的选项"Unicode"。虽然很容易引起歧义和混淆，但是人们已经养成了习惯，请读者一定要注意区分。

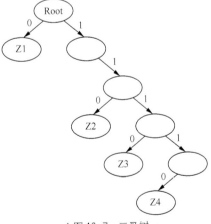

▲图 16-7　二叉树

那么，UTF-16 为什么能解决 UCS-2 的缺陷呢？

首先要清楚，UTF-16 也是变长的。具体来说，一个字符既可能是两个字节，也可能是 4 个字节，当然编码范围还是 0x000000-0x10FFFF。那么和 UTF-8 遇到的问题一样，在解析时我们如何知道一个字符到底是用两个字节还是 4 个字节表示的呢？

UTF-16 的基本规则如下。

- 当编码范围在 0x0000-0xFFFF 时，只占用两个字节。
- 当编码范围超过上述区域，即在 0x10000-0x10FFFF 时，需要 4 个字节表示。为了正确区分两字节和四字节编码，需要特别预留出 0xD800-0xDFFF 作为代理区域（Surrogate）。其中 0xD800-0xDBFF 是高代理，而 0xDC00-0xDFFF 是低代理，两个代理组成的 4 个字节用来表示一个字符。

```
0xD800= 1101100000000000
0xDBFF=1101101111111111
0xDC00=1101110000000000
0xDFFF=1101111111111111
```

解析时，高低代理取出各自低 10 位，分别作为数值的高低 10 位，然后加上 0x10000，就是此 UTF-16 所要表达的字符。因为代理所用的数值范围与前述 2 个字节表示的字符不重复，因而我们可以判断出此字符到底是 2 字节还是 4 字节编码。另外根据上面的描述，使用代理机制所能表示的字符区域是：

0000000000 0000000000（二进制，高低代理末 10 位）+0x10000-1111 1111 1111 1111 1111(0xFFFFF) +0x10000，也就是：

0x10000-0x10FFFF，这正好符合 Unicode 所能表达的区域范围。

因为是多字节存储，就会涉及字节序问题，分为 UTF-16LE 和 UTF-16BE，这两种分别对应前面的 Unicode 和 Unicode Big Endian。

16.5 String 类型

String 类型是我们在编写 Java 和 Android 应用程序时使用非常广泛的一个类。它提供了各种便捷的封装接口让开发者轻松处理字符串数据。这个看似不显眼的类实际上是"麻雀虽小，五脏俱全"——因而深入分析 String 对于我们理解字符编码大有裨益。

先来看看 Android 官方文档对 String 的描述：

> " An immutable sequence of characters/code units (chars). A String is represented by array of UTF-16 values…"

也就是说，String 内部对字符采用的存储格式是 UTF-16。具体而言，它有一个 char 数组类型的全局变量 value。

```
private final char[] value;
```

所有对字符串的操作都是以此为基础的。

16.5.1 构建 String

String 提供了多种构造函数以满足开发者不同方面的需求。比如：

```
String();
String(byte[] data);
String(byte[] data, int high);
String(byte[] data, int offset, int byteCount);
String(byte[] data, int high, int offset, int byteCount);
```

```
String(byte[] data, int offset, int byteCount, String charsetName);
String(byte[] data, String charsetName);
String(byte[] data, int offset, int byteCount, Charset charset);
String(byte[] data, Charset charset);
String(char[] data);
String(char[] data, int offset, int charCount);
String(String toCopy);
String(StringBuffer stringBuffer);
String(int[] codePoints, int offset, int count);
String(StringBuilder stringBuilder);
```

另外，Android 还提供了其他辅助类来创建 String 对象，如 StringBuffer 和 StringBuilder。

StringBuffer 是字符串变量，它生成的对象是可以动态修改的。比如下面这段代码：

```
List<String> values = splitByNullSeperator((String) value);
StringBuffer sb = new StringBuffer();
for(int i=0;i<values.size();i++)
{
    if(i!=0)
    {
        sb.append("\u0000");
    }
    sb.append(values.get(i));
}
return sb.toString();
```

StringBuffer 提供了 append 方法来追加字符串，这个接口也有多种参数形式。比如：

```
append(char[] chars, int start, int length);
append(long l);
append(int i);
append(String string);
```

用于满足不同类型的数据转换成字符串的需求。另外它还提供 delete，insert，reverse 等常规字符串操作，并可以通过 toString 将内部数据转换成 String 类型变量。

StringBuilder 所能提供的接口方法和 StringBuffer 几乎一样，那么两者有什么本质区别呢？我们来分别看看 Android 对于它们的解释。

StringBuffer：

"A modifiable sequence of characters for use in creating strings, where all accesses are synchronized. This class has mostly been replaced by StringBuilder because this synchronization is rarely useful."

StringBuilder：

"A modifiable sequence of characters for use in creating strings. This class is intended as a direct replacement of StringBuffer for non-concurrent use; unlike StringBuffer this class is not synchronized."

也就是说，StringBuffer 是线程安全的，而 StringBuilder 则是针对单线程的情况设计的，可以理解为 StringBuffer 的特例。因为 StringBuilder 没有同步机制，所以如果是多线程的环境，建议使用 StringBuffer。不过按照官方的解释，需要同步的情况并不多见，所以鉴于 StringBuilder 的执行速度更快，它大有取代前者的趋势。开发人员应该根据项目的实际需求来选择合适的辅助类。

16.5.2　String 对多种编码的兼容

从前面几个小节的分析，我们知道 String 是以 UTF-16 来存储数据的。那么如果原本的字符编码并不是这种格式的，就难免要先进行转换。

String 类的构造函数已经考虑到这种情况，比如：

```
public String(byte[] data, int offset, int byteCount, Charset charset);
```

参数中 data 是原始数据，Charset 是指数据的编码格式。

Charset 用于 Unicode 字符与 byte 字节流之间的转换。具体来说：

- Decode

这是 Charset 的基础工作，因而要求必须支持。

- Encode

部分 Charset 还支持编码工作，可以通过 canEncode() 来查询。

Android 系统内置了以下几种 Charset。

ISO-8859-1: 可以参照前面的介绍

US-ASCII: ASCII 编码

UTF-16

UTF-16BE

UTF-16LE

UTF-8：UTF 的这几种编码格式在前一个小节也都有详细分析，不再赘述

接下来我们通过上述 String 构造函数的内部实现来进一步理解这些编码间的转换过程：

```
public String(byte[] data, int offset, int byteCount, Charset charset) {
    if ((offset | byteCount) < 0 || byteCount > data.length - offset) {//合法性检查
        throw failedBoundsCheck(data.length, offset, byteCount);
    }
    String canonicalCharsetName = charset.name();//编码格式
    if (canonicalCharsetName.equals("UTF-8")) {
        …//后面详细分析
    } else if (canonicalCharsetName.equals("ISO-8859-1")) {
        …//代码略
    } else if (canonicalCharsetName.equals("US-ASCII")) {
        …//代码略
    } else {
        CharBuffer cb = charset.decode(ByteBuffer.wrap(data, offset, byteCount));
        this.offset = 0;
        this.count = cb.length();
        if (count > 0) {
            this.value = new char[count];
            System.arraycopy(cb.array(), 0, value, 0, count);
        } else {
            this.value = EmptyArray.CHAR;
        }
    }
}
```

整个函数分为两部分，如果原始数据是 UTF-8，ISO-8859-1 或者 US-ASCII 中的任何一种，都会直接进行转换处理；否则调用 charset 变量本身的 decode 方法进行解码。

UTF-8 是这几种处理中最复杂的一个，我们来具体分析下：

```
byte[] d = data;
char[] v = new char[byteCount];
int idx = offset;
int last = offset + byteCount;
int s = 0;
```

上面几个变量，d 是原始数据，v 是将要在 String 中存储的 UTF-16 的编码结果，idx 和 last 分别是原始数据中被处理部分的起止位置。

由于 UTF-8 是可变字节的编码方式，因而最为关键的是确认一个字符的结束位置。下面的主循环将逐一处理 data 中从 [0,last] 的字节序列，并依据前一小节讲解的 UTF-8 几个区域标志码确定每个字符的字长大小。为了方便读者阅读，我们再把这个表列出来，如表 16-3 所示。

表 16-3　　　　　　　　　　　　　　确定每个字符的字长大小

Unicode 编码（十六进制）	UTF-8（二进制）
Zone1：0x000000 - 0x00007F	0xxxxxxx
Zone2：0x000080 - 0x0007FF	110xxxxx 10xxxxxx
Zone3：0x000800 - 0x00FFFF	1110xxxx 10xxxxxx 10xxxxxx
Zone4：0x010000 - 0x10FFFF	11110xxx 10xxxxxx 10xxxxxx 10xxxxxx

主循环代码如下：

```
outer:
            while (idx < last) {
                byte b0 = d[idx++];
                if ((b0 & 0x80) == 0) {
                    int val = b0 & 0xff;
                    v[s++] = (char) val;
```

当字节最高位为 0 时，说明它是 ASCII 码(表中的 Zone1)，因而只占一个字节。处理时只要将这个字节存入 v 变量中即可：

```
} else if (((b0 & 0xe0) == 0xc0) || ((b0 & 0xf0) == 0xe0) ||
    ((b0 & 0xf8) == 0xf0) || ((b0 & 0xfc) == 0xf8) || ((b0 & 0xfe) == 0xfc)) {
```

> **注意**　上面的 b0 是变量，不是十六进制的 b0。

0xe0=11100000，0xc0=11000000，当第一个等号成立时，表示 Zone2。

0xf0=11110000，0xe0=11100000，当第二个等号成立时，表示 Zone3。

0xf8=11111000，0xf0=11110000，当第三个等号成立时，表示 Zone4。

后面的几个等号分别表示 Zone5 和 Zone6，前一个小节我们已经解释过这是针对早期版本的处理，因而可以跳过：

```
int utfCount = 1;
if ((b0 & 0xf0) == 0xe0) utfCount = 2;
else if ((b0 & 0xf8) == 0xf0) utfCount = 3;
else if ((b0 & 0xfc) == 0xf8) utfCount = 4;
else if ((b0 & 0xfe) == 0xfc) utfCount = 5;
```

这里的 utfCount 表示"Continuation Bytes"的个数，因为前面 idx 已经自增了，而"Leading Byte"用 b0 来表示：

```
if (idx + utfCount > last) {
    v[s++] = REPLACEMENT_CHAR;
    break;
}
```

当 idx+utfCount 超过数据边界时，说明数据有错误，跳出循环。REPLACEMENT_CHAR = (char) 0xfffd：

```
int val = b0 & (0x1f >> (utfCount - 1));
for (int i = 0; i < utfCount; i++) {
    byte b = d[idx++];
    if ((b & 0xC0) != 0x80) {
        v[s++] = REPLACEMENT_CHAR;
        idx--;
        continue outer;
    }
    val <<= 6;
    val |= b & 0x3f;
}
```

16.5 String 类型

上面这段代码用于取出 UTF-8 中的数据部分。

- 首先，取出 Leading Byte 即 b0 中的有效数据。
- 根据 utfCount 的数量，逐一取出剩余 Continuation Bytes 中的有效数据。因为这些字节的首两位必须是 10，所以 b&0xC0 等于 0x80，否则数据无效。最后将它们统一拼接成 UTF-16 值。

上面的计算还没有考虑数值超过两个字节的情况（因为 val 是 int 类型，足够容纳所有范围的数值），所以接下来还要进一步判断：

```
if ((utfCount != 2) && (val >= 0xD800) && (val <= 0xDFFF)) {
    v[s++] = REPLACEMENT_CHAR;
    continue;
}
```

假如数值大小超过两个字节，那么必须使用代理：

```
if (val > 0x10FFFF) {
    v[s++] = REPLACEMENT_CHAR;
    continue;
}
```

先检查 val 是否大于 Unicode 所能表达的范围，即 0x10FFFF。

然后对 Zone4 部分采用代理模式进行编码：

```
            if (val < 0x10000) {
                v[s++] = (char) val;
            } else {
                int x = val & 0xffff;
                int u = (val >> 16) & 0x1f;
                int w = (u - 1) & 0xffff;
                int hi = 0xd800 | (w << 6) | (x >> 10);
                int lo = 0xdc00 | (x & 0x3ff);
                v[s++] = (char) hi;
                v[s++] = (char) lo;
            }
        } else {
            // Illegal values 0x8*, 0x9*, 0xa*, 0xb*, 0xfd-0xff
            v[s++] = REPLACEMENT_CHAR;
        }
    }
```

最后，把上述处理结果存入 String 的 value 数组中。因为 byteCount 是用户通过传参进来的，如果计算出的结果和这个参数值一致，那么可以直接保存结果，否则还需要重新申请合适的空间进行复制：

```
if (s == byteCount) {
    this.offset = 0;
    this.value = v;
    this.count = s;
} else {
    this.offset = 0;
    this.value = new char[s];//重新申请空间
    this.count = s;
    System.arraycopy(v, 0, value, 0, s);//复制
}
```

其他几种编码比较简单，读者可以自行阅读理解。

第17章 Android 和 OpenGL ES

在本书显示系统的学习中,读者应该已经发现无论是 Surface、SurfaceFlinger 还是 View 体系,都直接或间接地以 OpenGL ES 为设计核心。

一方面,OpenGL ES 在 Android 系统中起到了重要作用;而另一方面,并不是所有读者都深谙 OpenGL ES(根据 Android 项目经验,不少开发者在理解显示系统时的最大阻力就是缺乏 OpenGL 基础——鉴于此,本章将有目的性地引导读者学习与 Android 设计相关的那部分 OpenGL ES 知识。

OpenGL(Open Graphics Library)最初是由 SGI(Silicon Graphics Inc.)公司开发的。发展到今天,它已经占据了包括虚拟现实、CAD、能源、游戏研发等多个行业领域,成为名副其实的跨语言、跨平台的 2D/3D 图形处理"王者"。

OpenGL 的管理者为 Khronos 组织,这是一个 2000 年成立的,由 ATI、Intel、NVIDIA、SGI、SUN 等行业内领先企业发起的非营利性联盟。目前其旗下已经分为若干个工作组,具体如下所列。

- OpenGL:跨平台的计算接口。
- OpenGL SC:应用于对安全有较高需求的 OpenGL ES 市场。
- OpenKODE:提供了访问文件系统、网络之类的操作系统资源的接口。
- OpenGL ES:本章节的主角。它是专门面向于嵌入式领域的。
- EGL:它是 Rendering API(比如 OpenGL ES)和本地窗口平台之间的一个接口层。
- OpenGL VG:用于 2D 向量图的处理加速。
- OpenML:用于数字媒体的捕获、传输、处理、显示和同步等。
- WebGL:浏览器中绑定的 OpenGL ES 的一个 JavaScript 脚本。
- Vision:用于图形显示的硬件加速。

OpenGL 的运行对设备要求较高,很难被直接应用在 CPU 和内存资源匮乏、用电量需要严格控制甚至没有浮点数硬件协助的嵌入式设备上——于是 OpenGL ES 应运而生。

OpenGL ES(OpenGL for Embedded Systems)是由 Khronos 推出的,专门面向嵌入式系统的 OpenGL API 子集。目前已经成功应用于 PDA、汽车电子、手机等一系列电子产品中,Android 系统也是从版本早期就开始支持这一图形库。它不仅可以为 Android 开发者提供 3D 图形的实现,也同样广泛应用于 2D 的视频与图像处理。其强大的渲染和特效处理功能,可以无限扩展应用开发者的想象力。

OpenGL ES 相较于 OpenGL,在设计上至少需要考虑以下几点。

- 尽量精简实现方式。比如在 OpenGL 中可以找到一种问题的 N 个解法,而在 OpenGL ES 版本中可能只被允许使用固定的一种。
- 保证兼容性。不仅是 OpenGLES 版本间的兼容,也要考虑 OpenGL ES 与 OpenGL 主版本间的兼容。
- 不断改进。特别是根据硬件的升级来完善自身。

到目前为止，Android 系统支持 OpenGL ES 1.0、1.1（从 Android 1.0 开始），2.0（从 Android 2.2，Level 8 开始），以及 3.0（Android 4.3，API level 18 开始）的 API。那么，这几个版本有什么区别呢？

根据 Khronos 的解释，1.X 版本的 OpenGL ES 是 "For fixed function hardware"，而 2.X 则是 "For programmable hardware"，因而它们最大的差异就是后者属于 "programmable"。可编程的特性可以极大地扩展图形硬件的功能以及灵活性。3.X 版本加入了更多新特性，如着色语言的完善、支持更多缓冲区对象、支持几何体实例化、统一的纹理压缩格式等。这些新特性不但可以让 3D 画面更加流畅和绚丽，而且研发者的工作也相对简单了。不过这些新功能并不影响我们分析 Android 的内部原理，有兴趣的读者可以自行参阅资料。

相对于其他 API 而言，Google 针对 OpenGL ES 的官方指南还不是很完善——有很多接口甚至只有一个声明体而没有任何释义。这对初学者可能会造成一定的困难，为此我们将先从图形处理的基础知识讲起，再逐步过渡到 OpenGL。

17.1 3D 图形学基础

17.1.1 计算机 3D 图形

什么是计算机 3D 图形？

3D 这个词出现的频率如此之高，以至于很多时候我们会对它 "熟视无睹"——但真正让我们来解释，相信并不是所有人都能答得上来。从字面意思来看，它是指 Three-Dimensional，即三维的图形。一般情况下，即指长、宽和深度（高度）3 个维度。

随着计算机系统的不断发展，计算机输出结果的方式从早期的纸质打印到后来的 CRT、液晶等发生了翻天覆地的变化。但有一点却是始终不变的，即它们实际上都是平面二维的。换句话说，即便我们所说的计算机中的 3D 图形，也只是在 2D 屏幕上创造出来的立体效果。

那么问题的关键就在于，如何才能在二维的界面上制造出三维的 "错觉"。

要解答这个问题，我们有必要先分析下人类是如何感知到 3D 物体的，如图 17-1 所示。

从简图可以知道：

- 光线是感知物体的基础，在黑暗的环境下人眼是无法看清东西的。

- 人体有左右两个眼球，并且两者之间有一定间距，这样它们可以从不同的角度来获取到一个物体的信息。这些信息在传输到两个眼球时是有略微差别的，再经过大脑的处理后，便形成了物体的三维效果。看到这里有的读者可能会想，如果是这样，那么我闭上一只眼睛看到的物体不是变成了 2D 吗？答案当然

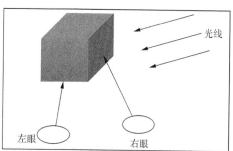

▲图 17-1　人眼感知 3D 物体

是否定的。因为虽然这时只有一只眼球在接收信息，但它还是可以通过其他信息来判断物体是否具有深度（第三维度）——比如近的对象看起来会比较大，而远的物体看起来小，还有光影效果、颜色变化等都可以为眼球产生三维感觉提供信息。这同时也是我们在计算机图形中可以创造人工 3D 效果的基础之一。

还有一点可以肯定的是，随着人闭上其中一只眼睛，辨识物体深度的能力将大大降低。读者可以做个试验，将两只圆珠笔放在眼前，然后闭上其中一只眼，这时如果想把两只笔的笔头碰在一起是不是困难了很多？这是因为仅靠一只眼，已经很难通过左右两眼的 "图像差" 来获知物体的深度距离了。

对于显示在计算机屏幕上的图像来说，它没有办法从不同的角度为两个眼球提供有差异的图像（办法其实是有的，如现在非常流行的 3D 电影，就是通过把影片中两幅叠加的图像，经由 3D 眼镜分离出来而产生立体特效。但是这种方式显然不适用于计算机场合），因而必须要有其他的人工方式。除了上述提到的光影效果等一系列方法外，还有一种很简单的方式是我们初中学习几何时就用过的——透视，如图 17-2 和图 17-3 所示。

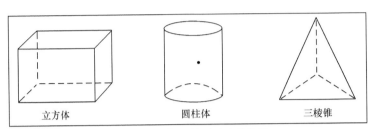

▲图 17-2 利用透视产生立体效果

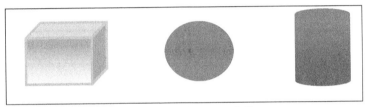

▲图 17-3 利用光影产生三维效果

通过以上两种效果，读者是否感知到了立体图形？这样我们的目的就达到了。

17.1.2 图形管线

在计算机图形处理中，任何复杂的图像都可以由固定数量的基础几何元素，通过一系列手法逐步加工出来。以 OpenGL ES 为例，它只支持 3 种基本的几何元素，即：

- 点（Point）；
- 线段（Line）；
- 三角形（Triangle）。

图形管线（Graphics Pipeline 或者 Rendering Pipeline）通常是指图形硬件设备（GPU）支持的渲染流程。简单地说，它是以 3D 数据为输入（比如游戏场景的描述），并最终输出 2D 光栅图形的一种流水线处理过程。前面已经说过，虽然从理论上来说是三维图形，但实际上绝大多数用户都是在二维的终端显示屏上（比如 PC 的显示器）观看 3D 效果的，因而就必须有 3D→2D 的转化过程。而之所以说是流水线，因为它的处理过程符合工厂中产品的流水线生产顺序。当今最流行的两种 3D 接口，即 OpenGL 和 Direct3D 都有自己定义的管线，本小节我们只分析与 OpenGL 相关的实现。

图 17-4 展示了 1.X 版本的 OpenGL ES 的 Pipeline。

2.X 版本的 Pipeline 有一些差异，如图 17-5 所示。

从这两个图的对比中，我们可以知道：

- 2.X 系列的管线模型更加精简

因为它支持可编程的方式,这样原本 ES 1.1 中一些用 Shader Program 实现的功能就被去掉了；同时降低了硬件的成本以及能量消耗。

- 增加了 OpenGL ES Shading Language

它和 OpenGL 中的 Shading 编程语言基本上一致，只不过针对嵌入式系统做了些优化。

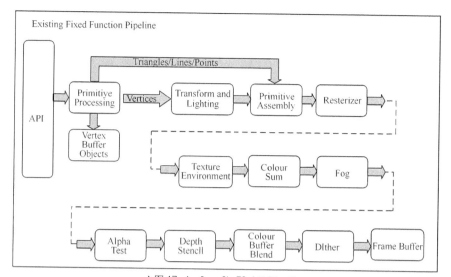

▲图 17-4 OpenGL ES 1.X Pipeline

（注：引用自 Khronos 官方网站）

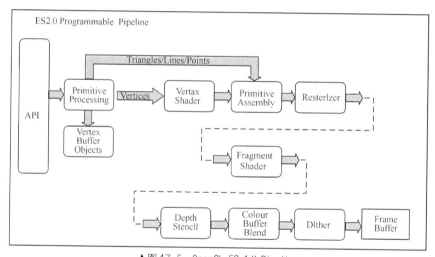

▲图 17-5 OpenGL ES 1.X Pipeline

（注：引用自 Khronos 官方网站）

通过 Khronos 可以了解各系列 OpenGL ES 中 API 的重要文档，建议读者认真阅读一下。
OpenGL ES 3.0.2 Specification：
es_spec_3.0.2.pdf
OpenGL ES 2.0.25 Full Specification：
es_full_spec_2.0.25.pdf
OpenGL ES 1.1.12 Full Specification：
es_full_spec_1.1.12.pdf
EGL 1.4 Specification：
eglspec.1.4.20110406.pdf
EGL 1.4 Header File：
egl.h
EGL 1.4 Extension Header File：
eglext.h

17.2 Android 中的 OpenGL ES 简介

代码路径：
- frameworks\base\opengl

Java 层 SDK。
- frameworks\base\core\jni

JNI 层实现。
- frameworks\native\opengl

C++代码实现。
- external\mesa3d

Mesa 3D 引擎库。

我们知道，Android 系统中采用了 OpenGL ES。具体实现中包括如下几个部分。
- OpenGL ES

OpenGL 本身只是协议规范，而不是软件源码库，这一点要特别注意。
- EGL

读者 EGL 可能比较陌生，它是"Khronos Native Platform Graphics Interface"的缩写，即介于本地窗口系统和 Rendering API（这里是指 OpenGL ES）之间的一层接口。EGL 主要负责图形环境管理、surface/buffer 绑定、渲染同步等。本节接下来还会有详细的解析。

Khronos 官方网址有 EGL 官方的一些介绍资料，建议读者先阅读一下。
- Mesa 3D

Mesa 是兼容 OpenGL 协议的 3D 图形处理软件库；同时还是开放原始代码的（不过是基于 MIT License），如图 17-6 所示。

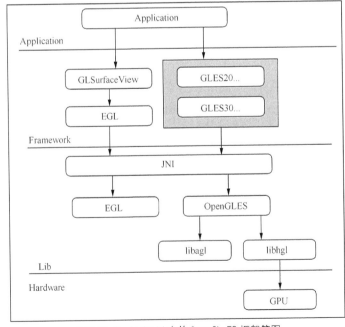

▲图 17-6 Android 中的 OpenGL ES 框架简图

下面打个比方，以帮助读者理清这些模块之间的关系。OpenGL ES 就像打印机的标准一样，如它规定了 printline（point1，point2）这个接口是用于打印一条从 point1 到 point2 的线段。假设打印机厂商（HP、DELL、EPSON 等）接受了这一协议，那么它们就需要在自己的设备中引入这样的实现。如此一来，无论是哪款遵循协议规定的打印机，只要向它发送 printline 命令，最终得出的结果都应该是一样的。Mesa 就是"打印机厂商"，并且它所生产的"设备"是完全开源的。

除了核心的 OpenGL API 外，各厂商（vendors）、厂商组织（groups of vendors）和 ARB（Architecture Review Board）也可以扩展和定义额外的 API——并需要加上相应的标志。比如 GL_ARB_multitexture 由 ARB 提出，GL_SGI_color_matrix 来自于 SGI，而 GL_NV_texgen_emboss 则出自 nVidia 之手。更多细节可以参见 opengl 官方网址。

17.3 图形渲染 API——EGL

17.3.1 EGL 与 OpenGL ES

EGL 与 OpenGLES
如图 17-7 所示。

前面已经提到过 EGL，它是图形渲染 API（比如 OpenGL ES）和本地窗口系统间的一层接口。主要提供了如下功能：

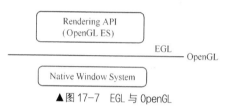

▲图 17-7　EGL 与 OpenGL

- 创建 rendering surfaces

Surface 的字面意思是"表面"，通俗地讲就是能够承载图形的介质，如一张"画纸"。只有成功申请到 Surface，应用程序才能真正"作图"到屏幕上。

- 创造图形环境（graphics context）

OpenGL ES 说白了就是一个 Pipeline，因而它需要状态管理——这就是 context 的主要工作：

- 同步应用程序和本地平台渲染 API；
- 提供了对显示设备的访问；
- 提供了对渲染配置的管理（见下一小节）。

简而言之，EGL 可以有效保证 OpenGL ES 的平台独立性，因而接下来将详细讲解如何使用 EGL 来为 OpenGL ES 提供服务。考虑到如果单纯从理论的角度来分析，读者可能会感觉抽象，所以我们还是结合代码范例来讲解。

17.3.2 egl.cfg

图形渲染所采用的方式（硬件、软件）是在系统启动后动态确定的（源码文件是 frameworks/native/openl/libs/egl/Loader.cpp）——如果是在硬件加速的情况下，系统首先要加载相应的 libhgl 库；否则加载 libagl 来由 CPU 进行图形处理。

具体来说，系统是根据 egl.cfg 文件的解析结果来选择图形渲染方式的。流程如下：

- egl.cfg 文件是否存在

这个文件通常保存在源码工程的 /device/[Manufacture] 目录下，然后经过编译被烧写到设备中的如下位置：

/system/lib/egl/egl.cfg

假如此文件不存在，说明硬件不支持图形渲染加速，因而只能通过加载软件库 libagl 来完成图形处理工作。

- egl.cfg 文件存在的情况下

如果 egl.cfg 存在，我们需要先解析这个文件。它的语法格式如下：

```
#<DisplayNumber><HW/SW><Lib_Name>
0 1 mali
```

其中第一个数字表示显示屏编号。Android 系统理论上支持多个显示设备，但到目前为止还只能支持一个，所以这个数值必须为 0。

第二个数字指明是硬件库（1）还是软件库（0）。比如上面这个例子中采用的是硬件加速，因而值为 1。

第三个参数是库的名称。我们需要将对应的实现库放在/system/lib/egl 或者/vendor/lib/egl/目录下，而且库的名称必须以如下格式进行命名：

```
libEGL_<Lib_Name>.so
libGLES_<Lib_Name>.so
libGLESv1_CM_<Lib_Name>.so
libGLESv2_<Lib_Name>.so
```

egl.cfg 中可以同时配置多个库。要特别注意优先级是随着行顺序而逐步递减的，因而开发者应该把最佳实现库放在最上面。比如：

```
0 1 mali     #硬件加速，采用 ARM 的 mali 系列 GPU
0 0 android  #默认配置
```

在原生态的 Android 版本中，默认情况下的渲染库有 4 个，如图 17-8 所示。

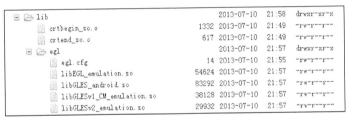

▲图 17-8　默认情况下的渲染库

- OpenGL 函数的执行

通过上一步的选择后，系统已经能确认出是采用硬件还是软件来做图形渲染了，并同步加载正确的实现库。这样 OpenGL 函数在后续执行过程中就知道应该跳转到 libagl 还是 libhgl 了。

Egl 函数的调用流程如下：

egl_init_drivers@Egl.cpp → egl_init_drivers_locked@Egl.cpp → Loader::Loader@Loader.cpp（加载 egl.cfg）→ open@Loader.cpp → load_driver @Loader.cpp（加载对应的 open gl 库），如图 17-9 所示。

头文件 egl.h 提供了一系列面向外界的接口。比如：

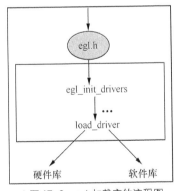

▲图 17-9　egl 加载库的流程图

```
EGLAPI EGLDisplay EGLAPIENTRY eglGetDisplay(EGLNativeDisplayType display_id);
EGLAPI EGLBoolean EGLAPIENTRY eglInitialize(EGLDisplay dpy, EGLint *major,
EGLint *minor);
EGLAPI EGLBoolean EGLAPIENTRY eglTerminate(EGLDisplay dpy);
```

当调用其中任何接口时，egl 都会自动加载 OpenGL 的实现库——通过解析 egl.cfg 文件来判断是加载软件还是硬件库。

17.3.3 EGL 接口解析

EGL 接口是理解 Android 显示系统的关键，因为整个显示框架中都贯穿着各种 eglXXX 和 glXXX 的函数调用。如果无法掌握这些函数的功能和用法，那就好比"盲人摸象"一般，最终很可能会"事倍功半"。

以下接口的定义来源于：

> frameworks/native/opengl/include/egl/Egl.h。

1. eglGetDisplay

函数原型：

> EGLAPI EGLDisplay EGLAPIENTRY eglGetDisplay(EGLNativeDisplayType display_id);

因为 OpenGL ES 和 OpenGL 一样都是系统无关的（System Independent），所以在某一个特定的平台上使用它时，就涉及如何对其进行"本地化"处理的问题。EGL 为 OpenGL ES 与本地的窗口系统提供了一个"中介"。

EGL 面对的是各种各样的平台，而不同系统间的逻辑语义又存在或多或少的差异。可想而知，它需要一个机制来统一这些差异。接口 eglGetDisplay 得到的 EGLDisplay 就是一个与具体系统平台无关的对象（实际上是一个 void* 类型的变量）。对于任何使用 EGL 的应用来说，首先就需要调用 eglGetDisplay 来取得设备的 Display。

一般情况下，我们为函数入参 EGLNativeDisplayType 指定的类型是 EGL_DEFAULT_DISPLAY(0)，即默认的显示屏；并且要注意检查函数的返回值是否为有效值，例如下面的代码段：

```
EGLDisplay display;
display = eglGetDisplay(EGL_DEFAULT_DISPLAY);//取得默认显示屏
if( display == EGL_NO_DISPLAY || eglGetError() != EGL_SUCCESS )
{
    //错误处理
}...
```

后面我们还会看到 EGLDisplay 的更多使用场景。

2. eglGetError

函数原型：

> EGLAPI EGLint EGLAPIENTRY eglGetError(void);

前面的例子中我们已经用过 eglGetError 了，它用于返回当前 EGL 中已经发生的错误。因为大部分 EGL 函数只会返回 EGL_TRUE 或者 EGL_FALSE 来表示成功和失败，所以开发人员要主动调用 eglGetError 来获取具体的失败原因（这个函数得到的是一个 int 值，代表了失败原因的编号）。

3. eglInitialize

函数原型：

> EGLAPI EGLBoolean EGLAPIENTRY eglInitialize(EGLDisplay dpy, EGLint *major,EGLint *minor);

成功执行了 eglGetDisplay 后，我们还需要对 EGL 进行初始化。这个函数将对 EGL 的内部数据进行初始值设定，并返回当前的版本号（即最后两个 major 和 minor 参数）。

可能的失败原因包括：

EGL_BAD_DISPLAY：指定的 EGLDisplay 无效。

EGL_NOT_INITIALIZED：无法正常完成初始化。

4. eglGetConfigs

函数原型：

```
EGLAPI EGLBoolean EGLAPIENTRY eglGetConfigs(EGLDisplay dpy,
EGLConfig *configs, EGLint config_size, EGLint *num_config);
```

初始化 EGL 完成后，下一步要获取一个最佳的 Surface。方法有两种：其一是通过查询当前系统中所有 Surface 的配置（Configuration），然后手动选择一个；其二就是填写我们的需求，然后由 EGL 推荐一个最佳匹配的 Surface。

这个函数的使用分为两种情况。

- 如果将入参 configs 设为 NULL，则能得到当前系统中所有 Surface 配置的数量（numConfigs）。
- 否则，我们需要指定 maxReturnConfigs，然后 EGL 会把结果填充到 configs 中。

5. eglGetConfigAttrib

函数原型：

```
EGLAPI EGLBoolean EGLAPIENTRY eglGetConfigAttrib(EGLDisplay dpy,
EGLConfig config, EGLint attribute, EGLint *value);
```

EGLConfig 包含了一个有效 Surface 的所有详细信息，如颜色数量、额外的缓冲区、Surface 类型等重要属性。我们可以通过 eglGetConfigAttrib 来指定需要查看的具体属性项，表 17-1 列出了部分可选的属性。

表 17-1　　　　　　　　　　　EGLConfig 支持的属性

属　　性	默 认 值	描　　述
EGL_BUFFER_SIZE	0	颜色位数
EGL_RED_SIZE	0	红色位数
EGL_GREEN_SIZE	0	绿色位数
EGL_BLUE_SIZE	0	蓝色位数
EGL_LUMINANCE_SIZE	0	亮度位数

……

6. eglChooseConfig

函数原型：

```
EGLAPI EGLBoolean EGLAPIENTRY eglChooseConfig(EGLDisplay dpy, const EGLint
*attrib_list, EGLConfig *configs, EGLint config_size, EGLint *num_config);
```

前面说过，除了手动逐个查阅 EGLConfig，然后选择一个最佳配置外，我们还可以让 EGL 自动选择并直接返回匹配结果。使用 eglChooseConfig 需要我们先提供一系列需求清单——这就好比去商城配一部组装电脑一样，先要详细填写期望的硬件配置，然后商家才能依据这一需求来提供性价比最高的组装方案。

7. eglCreateWindowSurface

函数原型：

```
EGLAPI EGLSurface EGLAPIENTRY eglCreateWindowSurface(EGLDisplay dpy,
EGLConfig config, EGLNativeWindowType win, const EGLint *attrib_list);
```

一旦我们选择好最佳的 EGLConfig，接下来就可以创建一个 window 了。注意函数 eglCreateWindowSurface 最后的 attrib_list 和前面一个表中列出的属性不太一样，建议读者参阅官方文档了解详情。

函数 eglCreateWindowSurface 可能发生的错误如表 17-2 所示。

表 17-2　　　　　　　　eglCreateWindowSurface 可能发生的错误

错　误　码	描　　述
EGL_BAD_MATCH	本地窗口（native window）和 EGLConfig 不相符，或者我们提供的 EGLConfig 不支持 window 渲染
EGL_BAD_CONFIG	系统不支持这个 EGLConfig
EGL_BAD_NATIVE_WINDOW	提供的本地窗口句柄（native window handle）是无效的
EGL_BAD_ALLOC	无法分配足够的资源

8. eglCreatePbufferSurface

函数原型：

```
EGLAPI EGLSurface EGLAPIENTRY eglCreatePbufferSurface(EGLDisplay dpy,
EGLConfig config, const EGLint *attrib_list);
```

这个函数与上面的 eglCreateWindowSurface 一样都用于创建一个 Surface——但 Surface 的用途不同。前者生成的 Surface 可用于在终端屏幕上显示，而 eglCreatePbufferSurface 生成的结果则是"离屏"（off-screen）的渲染区。所有适用于 window surface 的渲染方法同样能被 pbuffer surface 使用，只不过执行的结果不需要通过 swap buffer 来最终输出到屏幕上。当然，读者可以选择将数据保存到指定的地方。

9. eglCreateContext

函数原型：

```
EGLAPI EGLContext EGLAPIENTRY eglCreateContext(EGLDisplay dpy,
EGLConfig config, EGLContext share_context, const EGLint *attrib_list);
```

我们知道，OpenGL 是一个状态机，需要对诸多状态进行管理。EGL Context 正是基于这个需求提出来的，它为 OpenGL 的运行提供了统一的环境，并让我们可以依托于这个环境来更好地控制 OpenGL。

这个函数可能的错误结果包括。

EGL_NO_CONTEXT：无法创建 context。

EGL_BAD_CONFIG：提供了无效的 EGLConfig。

10. eglMakeCurrent

函数原型：

```
EGLAPI EGLBoolean EGLAPIENTRY eglMakeCurrent(EGLDisplay dpy, EGLSurface
draw, EGLSurface read, EGLContext ctx);
```

一个进程中可能会同时创建多个 Context，所以我们必须选择其中的一个作为当前的处理对象。细心的读者应该发现了这个函数的入参中有两个 EGLSurface，那么哪个才是要被设置的当前 Surface 呢？答案就是"两个都是"。所以，通常情况下我们需要把两者都设为同一个 Surface。至于系统为什么这样设计，这里不过多追究，感兴趣的读者可以查阅相关资料。

至此，我们按照一个典型程序中使用 EGL 的顺序讲解了它所提供的几个重要接口函数。只有成功地调用并执行这些接口，才能保证 OpenGL ES 的正常运行。

17.3.4 EGL 实例

这个例子选取自 Android 显示系统——SurfaceFlinger 通过 EGL 来搭建 OpenGL ES 的运行环境。其源码实现所在的目录为：

frameworks/native/services/surfaceflinger/SurfaceFlinger.cpp

具体是在 readyToRun 中，如下所示：

```
status_t SurfaceFlinger::readyToRun()
{…
    Mutex::Autolock _l(mStateLock);
    mEGLDisplay = eglGetDisplay(EGL_DEFAULT_DISPLAY);  /*Step 1. 获取默认 Display*/
    eglInitialize(mEGLDisplay, NULL, NULL);  /*Step 2.初始化*/
    …
    EGLint format = mHwc->getVisualID();
    mEGLConfig  = selectEGLConfig(mEGLDisplay, format);  /*Step 3. 这个函数负责取得一个
                                                              最佳的 config */

    mEGLContext = createGLContext(mEGLDisplay, mEGLConfig);  /*Step 4. 创建 EGL Context*/
    eglGetConfigAttrib(mEGLDisplay, mEGLConfig,
          EGL_NATIVE_VISUAL_ID, &mEGLNativeVisualId);  /*Step 5. 获取指定属性值*/
    …
    sp<const DisplayDevice> hw(getDefaultDisplayDevice());/*Step 6. 生成一个
                                    DisplayDevice,其构造函数中会调用 eglCreateWindowSurface*/
    DisplayDevice::makeCurrent(mEGLDisplay, hw, mEGLContext);  /*Step 7. 设置当前的
                                                                       Context 环境*/
    …
    return NO_ERROR;
}
```

可以看到，上述代码段的处理过程和前面小节的讲解完全一致。读者还可以在 Android 工程中的其他地方找到类似的例子，如 BootAnimation，GLSurfaceView 等。

17.4 简化 OpenGL ES 开发——GLSurfaceView

一直以来我们看到的范例都是以 C/C++编写的，那么 Java 层能否使用 EGL 和 OpenGL ES 呢？答案是肯定的。

这一小节，我们将讲解上层应用程序如何使用 OpenGL ES。和其他常用功能一样，Android 系统已经在 SDK 中为开发人员封装了一整套 OpenGL ES 的使用和管理机制。具体而言，Java 层代码可以通过以下两种方式来搭建 OpenGL ES 环境。

- 直接使用 SDK 提供的 EGL，GLES 类（Java）

与 EGL 相关的 Java 类包括 EGL10、EGL11、EGL14 和 EGL 等；与 GLES 相关的 Java 类包括 GLES10、GLES11、GLES20、GLES30 等。这些类将间接通过 JNI 调用 C/C++层的 EGL 和 GLES 实现。

- GLSurfaceView

虽然用户可以直接通过 EGL 和 GLES 提供的 Java 层接口来使用 OpenGL ES，但这种方式对开发人员有一定要求，程序编写上也比较复杂。所以 Android 系统特别封装了 GLSurfaceView，从而大大精简了应用开发者的工作。

GLSurfaceView 继承自 SurfaceView，也就意味着它具备 View 类的所有功能和属性——特别是接收事件的能力，这弥补了 OpenGL ES 本身不能响应任何事件的缺陷（准确地说并不是缺陷，因

17.4 简化 OpenGL ES 开发——GLSurfaceView

为它的设计初衷就是这样的）；同时，GLSurfaceView 也拥有了 OpenGL ES 所提供的强大的 3D 图形处理功能，这为我们编写高质量的 UI 界面或者游戏特效提供了坚实的基础，如图 17-10 所示。

GLSurfaceView 的主要特性：

- 管理 EGLDisplay，它表示一个显示屏；
- 管理 Surface（本质上就是一块内存区域）；
- GLSurfaceView 会创建新的线程，以使整个渲染过程不至于阻塞 UI 主线程；
- 用户可以自定义渲染方式，如通过 setRenderer()设置一个 Renderer。

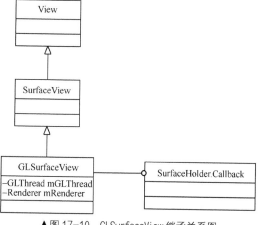

▲图 17-10 GLSurfaceView 继承关系图

可以肯定地说，当前很多 Android 游戏都是直接或者间接通过 GLSurfaceView 完成的。因而，熟练掌握它的使用方法是游戏开发人员的必修课。基本步骤如下：

Step1．创建 GLSurfaceView

这和普通的应用程序并没有什么区别——因为 GLSurfaceView 也是一个 View，我们可以通过布局文件的方式将它加入整棵 View 树中。

Step2．初始化 OpenGL ES 环境

GLSurfaceView 默认情况下已经为开发人员搭建好 OpenGL ES 的运行环境，因而如果没有特殊需求，我们并不需要额外做什么工作。当然，所有的默认设置都是可以被更改的。比如通过以下这些函数：

```
setEGLConfigChooser(boolean)
setGLWrapper(GLWrapper)
getHolder().setFormat(PixelFormat.TRANSLUCENT)
setDebugFlags(int)
```

具体细节可以参阅帮助文档。

Step3．设置 Renderer

渲染是 OpenGL 的核心工作，也是开发人员花费时间最多的地方。SetRenderer()可以将用户自定义的一个 Renderer 加入实际的渲染流程中：

Step4．设置 Rendering Mode

GLSurfaceView 默认情况下采用的是连续的渲染方式，如果需要开发人员可以通过 setRenderMode 来进行更改。

Step5．状态处理

使用 GLSurfaceView 要特别注意程序的生命周期。我们知道 Activity 会有暂停和恢复等状态，为了达到最优效果，GLSurfaceView 也必须要知晓程序的当前状态。比如当 Activity 暂停时需要调用 GLSurfaceView 的 onPause()，恢复时再调用 onResume()等——这样才能使 OpenGL ES 内部的运行线程做出正确的判断，从而保证应用程序的稳定性。

总结以上几个步骤可以发现，如果开发过程基于 GLSurfaceView，那么我们的主要工作就只有 Renderer 的实现了。而其他诸如 EGL 的创建过程、Surface 的分配以及 OpenGL ES 的一些调用细节等都被隐藏了起来。

GLSurfaceView 是如何做到的呢？接下来我们就要深入源码层去探个究竟了。

先来看看 GLSurfaceView 的创建过程。

第 17 章 Android 和 OpenGL ES

```
    /*frameworks/base/opengl/java/android/opengl/GLSurfaceView.java*/
    public GLSurfaceView(Context context, AttributeSet attrs) {
        super(context, attrs);
        init();
    }
```

GLSurfaceView 的构造函数很简捷，除了调用其父类（即 SurfaceView）的构造函数外，就直接进入 init()：

```
    private void init() {
        SurfaceHolder holder = getHolder(); //SurfaceView 中的方法
        holder.addCallback(this);
    }
```

这个函数也很简单，它先通过"父类"SurfaceView 的方法获取当前的 SurfaceHolder，然后添加自身为回调函数（因为它实现了 SurfaceHolder.Callback），这样当 Surface 有变化（比如创建、销毁）时就能收到通知了。

这个 Callback 接口中有 3 个重要的方法。如下所示：

```
void surfaceCreated(SurfaceHolder holder);
```

当成功申请到一个 Surface 时调用，一般情况下只会发生一次：

```
void surfaceChanged(SurfaceHolder holder, int format, int width,int height);
```

当 Surface 改变时调用，如 format，size 的更动：

```
void surfaceDestroyed(SurfaceHolder holder);
```

当 Surface 销毁时调用。

特别提醒一下，读者不要将这里的 Callback 和 GLSurfaceView.Renderer 里的回调函数相混淆。后面这个接口有如下几个回调方法：

```
void onSurfaceCreated(GL10 gl, EGLConfig config);
void onSurfaceChanged(GL10 gl, int width, int height);
void onDrawFrame(GL10 gl);
```

它是 GLSurfaceView 与 APK 应用程序间的回调，而 Surface 被销毁的事件应用程序不需要关心，因而就没有这个接口存在。

那么，SurfaceHolder 又是如何创建的呢？

```
/*frameworks/base/core/java/android/view/SurfaceView.java*/
private SurfaceHolder mSurfaceHolder = new SurfaceHolder() {…
    public void addCallback(Callback callback) {
        synchronized (mCallbacks) {
            if (mCallbacks.contains(callback) == false) {
                mCallbacks.add(callback);
            }
        }
    }
    …
}
```

在 SurfaceView 中，mSurfaceHolder 是它的一个全局变量，而且一开始就已经创建了实例。其中的 addCallback()方法用于将需要接收回调通知的类（比如上面的 GLSurfaceView）加入其 mCallbacks 队列管理中。

接下来看看 Surface 是如何创建的。我们知道，SurfaceView 继承自 View，而应用程序的 View 树一定会通过 ViewRoot 申请到一个 Surface（这个过程可以参阅 ViewRoot 章节的讲解）。那么，SurfaceView 中的这个 Surface 与 ViewRoot 的 Surface 是否属于同一个呢？

答案是否定的。SurfaceView 中的 Surface 是另外分配得到的——这也是它"SurfaceView"名称的由来。我们来看看 SurfaceView 对象是如何申请到自己的 Surface 的，如图 17-11 所示。

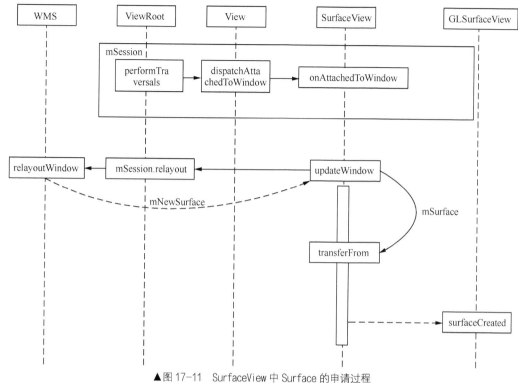

▲图 17-11　SurfaceView 中 Surface 的申请过程

图 17-11 描述了 SurfaceView 中申请 Surface 的流程。包括如下几个步骤：

- 当 ViewRoot 成功 AttachToWindow 后，它需要将这一事件告知 View 树中的所有成员（其中的 performTraversals 我们在 ViewRoot 章节中有重点分析）。要注意的是，一般情况下 SurfaceView 都是布局在某个 ViewGroup 中的。比如我们写一个 Media Player，最外围的 layout 通常是 FrameLayout，然后依次叠加视频播放层（SurfaceView）、控制层（按键、菜单）等。因而 ViewGroup 中必须重载 dispatchAttachedToWindow 这个方法，才有可能将这个消息传播到 View 树的每个角落。其他事件在 View 树中的递归传递也类似。

- SurfaceView 在收到 AttachedToWindow 成功的消息后，会通过 getWindowSession()向 ViewRoot 获取一个 IWindowSession。这是 ViewRoot 与 WMS 间的通信中介，SurfaceView 没有必要自己再新建一个，直接用现成的即可。

- SurfaceView 在 updateWindow()时，将利用 IwindowSession.relayout()来重新申请一个 Surface，其中最后一个参数就是 WMS 生成的新 Surface。

- SurfaceView 取得新的 Surface 后，会 Transfer 到 mSurface 变量中。此时还需要把这一事件通知到所有注册了 callback 函数的对象，如 GLSurfaceView。这样 SurfaceView "独享"的一个全新 Surface 就申请成功了。

当获知 Surface 已经申请成功后，GLSurfaceView 还需要做些什么工作呢？

```
/*frameworks/base/opengl/java/android/opengl/GLSurfaceView.java*/
public void surfaceCreated(SurfaceHolder holder) {
    mGLThread.surfaceCreated();
}
```

第 17 章 Android 和 OpenGL ES

前面说过，GLSurfaceView 将会启动一个新线程来完成渲染，以防止程序阻塞 UI 主线程——这个新的工作线程就是 mGLThread。它将在应用程序调用 setRenderer()时启动，然后不断等待和处理事件，同时还负责开展 Render 工作：

```
public void surfaceCreated() {
    synchronized(sGLThreadManager) {…
        mHasSurface = true;
        sGLThreadManager.notifyAll();
    }
}
```

这里又出现了一个新的变量 sGLThreadManager，从名称上看它和 Thread 相关，而且是 GLThread 的"管理者"。具体来说，它管理的是不同线程间的互斥访问。如果读者对 wait()、notifyAll()、notify()、synchronized()这些函数的用法还不太清楚，建议回头看看本书的原理篇章节，这里不再赘述。

有 notify()或者 notifyAll()就意味着肯定有其他地方在 wait()。唯一可以找到的相关代码是 GLThread 中的 guardedRun()方法（注意：上面的 surfaceCreated 函数并不是在 GLThread 线程中执行的），我们只截取最核心部分的代码来分析。如下所示：

```
private void guardedRun() throws InterruptedException {
    …
    while (true) {//死循环，除非主动跳出
     synchronized (sGLThreadManager) {
      while (true) { //注意嵌套了两个 while 循环，下面我们统一称它们内、外循环
            if (mShouldExit) {//是否需要结束循环
               return;
            }
            if (! mEventQueue.isEmpty()) { /*Step1.从 EventQueue 中获取消息*/
                event = mEventQueue.remove(0); //取得这一消息
                break; /*注意: 只是跳出内循环*/
            }…
            /*Step2.下面的工作基于各种全局变量展开，我们依次分析(同样只保留关键代码)*/
            if (pausing && mHaveEglSurface) {…//释放 Surface。比如 Activity 已经暂停的情况下
                stopEglSurfaceLocked();
            }
            if ((! mHasSurface) && (! mWaitingForSurface)) {//判断 Surface 是否丢失
            /*如果当前没有 Surface，而且也不在等待 Surface 的创建，说明已经失去了 Surface*/
                if (mHaveEglSurface) {
                    stopEglSurfaceLocked ();
                }
              mWaitingForSurface = true;
                mSurfaceIsBad = false;
                sGLThreadManager.notifyAll();
            }
            if (mHasSurface && mWaitingForSurface) {/*如果已经成功获取到 Surface,那就要重新
                                                     设置相应的全局变量*/
               …
               mWaitingForSurface = false;
               sGLThreadManager.notifyAll();//并通知任何正在等待的线程
            }…
            if (readyToDraw()) {
               …/*Step3. GLSurfaceView 最核心的工作就是根据应用程序设置的 Renderer 来进行图形
                    渲染处理,后面专门讲解*/
            }…
            sGLThreadManager.wait(); //如果上述 readyToDraw 中没有跳出内循环,就会执行 wait
       } //内循环(while 循环)结束
     } // synchronized(sGLThreadManager)到这边结束
     /*Step4.程序如果执行到这里,有两种可能: QueueEvent 中有事件,或者要执行渲染工作*/
     if (event != null) {//有事件要处理的情况下，调用它的 run 函数
        event.run();
        event = null;
        continue;//事件执行完毕后直接进入下一轮循环
```

```
        }
        if (createEglSurface) {/*内围while循环如果设置了这个标志,说明EglSurface需要被创建
            …//代码略
        }…
        if (sizeChanged) {…
            GLSurfaceView view = mGLSurfaceViewWeakRef.get();
            if (view != null) {
                view.mRenderer.onSurfaceChanged(gl, w, h); /*通知应用程序尺寸发生了变化*/
            }
            sizeChanged = false;
        }
        {
            GLSurfaceView view = mGLSurfaceViewWeakRef.get();
            if (view != null) {
                view.mRenderer.onDrawFrame(gl); //调用应用程序的 Renderer
            }
        }
        int swapError = mEglHelper.swap(); //通过swap把渲染结果显示到屏幕上
        … //swap 错误的处理,代码略
}//外围的 while 循环
```

函数 guardedRun 很长,但核心工作总结起来只有以下几点。
- 整个函数的逻辑框架分为内、外两层 while 循环。
- 如果事件队列(mEventQueue)"有东西",就直接跳出内循环,然后进入外循环的处理部分(Step4)。
- 否则要根据当前的状态看是否适合渲染、是否有事件要通知应用程序等。
- 如果确定需要做渲染工作,同样跳出内循环。
- 处理事件或者执行渲染工作(Step4 以后)。
- 如此循环往复。

详细分析如下:

Step1@guardedRun。内循环中,首先判断 mEventQueue.isEmpty 是否为空——如果发现 Queue 中有 event 需要处理,则直接跳出内循环(即进入 Step4);否则仍然运行在内循环中。

Step2@guardedRun。需要判断的情况包括:

(1)是否需要释放 EGL Surface。

比如当前的 Activity 已经处于 pause 状态。

(2)是否丢失了 Surface。

在某些异常情况下是有可能丢失掉 Surface 的。因而我们需要特别防止这种情况的发生。变量 mHasSurface 表示当前有没有可用 Surface;mWaitingForSurface 表示是否在申请 Surface 的过程中。

(3)是否需要放弃 EGL Context。

当有人调用 requestReleaseEglContextLocked 申请释放 Context 时,变量 mShouldReleaseEglContext 将被置为 true,此时需要调用 stopEglSurfaceLocked 和 stopEglContextLocked 来中止 Context。

……

Step3@guardedRun。经过上述判断后,程序进入图形渲染前的准备工作,即 readyToDraw 之间的代码段。如下所示:

```
if (readyToDraw()) {
    if (! mHaveEglContext) {//没有 EGL Context 的情况下
        ..//判断是否要建立有效的 Context
    }
    …
    if (mHaveEglSurface) { // 保证我们有 EglSurface,注意和 mSurface 区分开来
        …
        mRequestRender = false;
        sGLThreadManager.notifyAll();
```

```
            break;
    }
}
```

上述这段代码执行的前提是当前可以渲染图形（readyToDraw），即需要满足以下几个条件。

（1）程序当前不处于暂停状态。
（2）已经成功获得 Surface。
（3）有合适的尺寸。如果长宽都为 0，就没有显示的意义了。
（4）处于持续自动渲染模式，或用户主动发起了渲染请求。

接着判断两个关键因素，即 EGL Context 和 EGL Surface 是否存在并且有效。如果没有 Context，就需要获取一个；如果当前有 EglSurface，但尺寸发生了变化，那么就需要销毁它并重新申请 Surface。

假如一切正常，上面代码段的末尾会跳出内围的 while 循环——否则程序会进入 wait()，直到有人唤醒它后才继续执行循环。

Step4@guardedRun。一旦程序执行到这里（即跳出了内循环），有两种可能：

- EventQueue 中有需要处理的事件

此时 event 变量不为空，所以我们直接调用 event.run 来执行具体工作；并且在事件处理结束后直接进入下一轮循环（continue）。

- 需要执行渲染工作

如果是后面一种情况，处理流程如下。
（1）是否需要重新申请 EglSurface。
比如尺寸发生了变化，此时 createEglSurface 为 true。
（2）是否需要申请 GL Object。
此时 createGlInterface 为 true。
（3）是否需要生成 EGL Context。
此时 createEglContext 为 true。
（4）尺寸是否发生变化。
此时 sizeChanged 为 true，我们需要将此事件通知给感兴趣的人。即调用：

```
view.mRenderer.onSurfaceChanged(gl, w, h);
```

（5）一切准备就绪后，我们调用开发者提供的 Render 对象执行真正的渲染工作：

```
view.mRenderer.onDrawFrame(gl);
```

（6）最后，我们需要通过 swap 来把渲染结果显示到屏幕上（中间的详细流程可以参考显示系统章节的描述）。如果 swap 失败，还应该做好处理工作。

在分析 guardedRun() 的过程中，读者应该已经注意到对 EGL 的操作全部是通过 EglHelper 来进行的——这是系统对 EGL 的一层便捷封装。下面具体来看看 EglHelper 所做的工作：

```
        private class EglHelper {…
            public void start() {…
                mEgl = (EGL10) EGLContext.getEGL(); //取得一个 EGL 实例
                mEglDisplay = mEgl.eglGetDisplay(EGL10.EGL_DEFAULT_DISPLAY);/*获取一个
                                                                        EglDisplay*/
                …
                /*接着用上述的 EglDisplay 来初始化 EGL 实例*/
                int[] version = new int[2];
                if(!mEgl.eglInitialize(mEglDisplay, version)) {//初始化
                    throw new RuntimeException("eglInitialize failed");
                }
                GLSurfaceView view = mGLSurfaceViewWeakRef.get();
                if (view == null) {
```

```
                mEglConfig = null;
                mEglContext = null;
            } else {
                mEglConfig = view.mEGLConfigChooser.chooseConfig(mEgl,mEglDisplay);
                /*选取一个 EGL 配置*/
                mEglContext = view.mEGLContextFactory.createContext(mEgl, mEglDisplay, mEgl
                Config);/*创建 EGLContext,它是控制 OpenGL ES 状态机运转的一个环境*/
            }
            …
        }
```

完成 start()后,就可以利用 EGL 结合用户设置的 Renderer 进行 OpenGL ES 的渲染了。最后通过 EglHelper.swap()来将 Surface 中的内容显示到屏幕上。其中 swap()方法本身并不复杂,核心语句如下所示。

```
mEgl.eglSwapBuffers(mEglDisplay, mEglSurface);
```

所以抛开上述分析中的所有封装和一系列细节处理,GLSurfaceView 中使用 EGL 的步骤大致如下。

- 获取一个 EGL 实例

```
EGLContext.getEGL();
```

- 获取一个 EGL Display

```
eglGetDisplay(Object native_display);
```

- 利用 Display 来初始化 EGL 并返回 EGL 的版本号

```
eglInitialize(EGLDisplay display, int[] major_minor);
```

- 选取 EGL 的一个配置 (EGL Config)

```
eglChooseConfig(EGLDisplay display, int[] attrib_list, EGLConfig[] configs, int
config_size, int[] num_config);
```

- 创建 EGL Context

```
eglCreateContext(EGLDisplay display, EGLConfig config, EGLContext share_context, int
[] attrib_list);
```

- 创建 EGL Surface

```
eglCreateWindowSurface(EGLDisplay display, EGLConfig config, Object native_window,
int[] attrib_list);
```

- 通过 Swap 来将渲染内容显示到屏幕上

```
eglSwapBuffers(EGLDisplay display, EGLSurface surface);
```

GLSurfaceView 中所涉及的 EGL 接口都是 Java 层的,而且很好地封装在了 GLSurfaceView 的框架中——这就意味着 GLSurfaceView 的使用者几乎不用添加任何代码便拥有了 OpenGL ES 的运行环境,可谓一举多得。

17.5 OpenGL 分析利器——GLTracer

由于 OpenGL 的动态性,对它所生成的 UI 界面的追踪调试成了一个难点。譬如大部分游戏类应用程序就是基于 Cocos2D/3D、Unity3d、Unreal 等 GameEngine 开发的,而后者则又会利用 OpenGL 来完成图形界面的绘制。游戏画面的变换相当频繁,如何有效地追踪图形相关问题显得尤其重要。那么 Android 有没有提供 OpenGL 方面的工具来辅助我们完成上述问题的分析呢?

答案就是 GLTracer。

GLTracer 可以让开发者方便地捕抓到 OpenGL ES 的接口调用信息, 以及由此产生的每一帧图像。不过它对 Android 系统版本有一定要求, Android 4.1 (API 等级 16) 以上才能正常使用这一开发利器。开发者可以从 Android Device Monitor 或者各 IDE 中启动这个工具。

开始一个 OpenGL Trace 的流程如下所示。
- 通过 USB 线连接 Android 真机设备, 同时要保证设备开启了调试模式。
- 打开 Tracer for OpenGL ES 窗口 C Tracer for OpenGL ES 。
- 单击捕抓 Trace 的按钮 ᒳ。
- 在打开的对话框中, 首先选择需要调试的 OpenGL 程序所在的设备, 如图 17-12 所示。

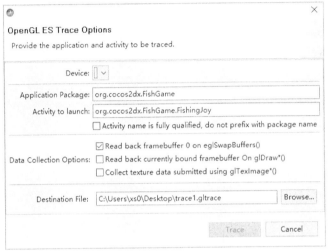

▲图 17-12　选择要调试的设备

- 在 Application Package 中, 输入希望调试的 OpenGL 程序的包名。
- 在 Activity to launch 中, 输入希望调试的 Activity。当然, 如果要被调试的对象是默认的 Activity, 那么可以不必填写。
- 选择 Trace 的保存路径。
- 单击 Trace 按钮开始捕获数据。
- 如果希望调试 Trace 文件, 可以单击 Open a saved OpenGL Trace File 按钮 C 。

这个工具还有另一个限制, 即被测试的应用程序必须是 debuggable 的。这就要求开发人员在 AndroidManifest.xml 中主动添加这一属性, 如下面范例所示:

```
<application
    android:icon="@drawable/ic_launcher"
    android:label="@string/app_name"
    android:theme="@style/AppTheme"
    android:debuggable="true">
```

如果被测程序不符合上述要求的话, 系统将抛出一个 Security 的异常。对应的源码实现在 ActivityManagerService.java 中:

```
void setOpenGlTraceApp(ApplicationInfo app, String processName) {
    synchronized (this) {
    boolean isDebuggable = "1".equals(SystemProperties.get(SYSTEM_DEBUGGABLE, "0"));
        if (!isDebuggable) {
            if ((app.flags&ApplicationInfo.FLAG_DEBUGGABLE) == 0) {
             throw new SecurityException("Process not debuggable: " + app.packageName);
            }
        }

        mOpenGlTraceApp = processName;
```

17.5 OpenGL 分析利器——GLTracer

    }
  }

  SYSTEM_DEBUGGABLE (这是一个全局静态字符串变量，值为"ro.debuggable")这一属性在不同设备中的具体值会存在一定差异(主要取决于编译版本的 variant 设置，如 user、userdebug 或者是 eng)。这就意味着如果我们希望在已量产的 Android 设备中调试第三方的应用程序的话，就需要对设备本身做一些特殊处理。

  下面我们来分析一下 GLTracer 的内部实现原理。

  GLTracer 的源码也在 Android 工程中，具体路径是 sdk\eclipse\plugins\com.android.ide.eclipse.gldebugger。为了让大家可以快速地理解整个流程，我们下面只提取实现中最核心的部分，如下所示：

```
/*sdk\eclipse\plugins\com.android.ide.eclipse.gldebugger\src\com\android\ide\eclipse
\gltrace\CollectTraceAction.java*/
    private void connectToDevice() {
        Shell shell = Display.getDefault().getActiveShell();//Shell 环境
        GLTraceOptionsDialog dlg = new GLTraceOptionsDialog(shell);
        /* GLTraceOptionsDialog 是前述我们看到的选项配置对话框*/
        if (dlg.open() != Window.OK) {
            return;
        }

        TraceOptions traceOptions = dlg.getTraceOptions();//获取用户对 GLTracer 的配置

        IDevice device = getDevice(traceOptions.device);//目标设备
        …
        try {
            setupForwarding(device, LOCAL_FORWARDED_PORT);
        } catch (Exception e) {
            MessageDialog.openError(shell, "Setup GL Trace",
                    "Error while setting up port forwarding: " + e.getMessage());
            return;
        }

        try {
            if (!SYSTEM_APP.equals(traceOptions.appToTrace)) {
                startActivity(device, traceOptions.appToTrace,
                        traceOptions.activityToTrace,
                        traceOptions.isActivityNameFullyQualified);
            }
        } catch (Exception e) {
            MessageDialog.openError(shell, "Setup GL Trace",
                    "Error while launching application: " + e.getMessage());
            return;
        }

        // if everything went well, the app should now be waiting for the gl debugger
        // to connect
        startTracing(shell, traceOptions, LOCAL_FORWARDED_PORT);

        // once tracing is complete, remove port forwarding
        disablePortForwarding(device, LOCAL_FORWARDED_PORT);

        // and finally open the editor to view the file
        openInEditor(shell, traceOptions.traceDestination);
    }
```

其中最关键的几个步骤是：

Step1. Port Forwarding

  通过端口转发，让运行于 PC 上的程序可以与运行于终端手机/模拟器上的程序直接通过 TCP/IP 进行通信。具体实现函数是 createForward@IDevice，有兴趣的读者可以自行分析源码了解详情。在我们这个场景中，需要将 Unix Domain Socket Name 为 "gltrace" 的服务转发到 6039 来完成 Client/Server 式的通信机制。

Step2. 显示 GLTraceOptionsDialog，用于收集用户针对 GLTracer 的各个配置值包括目标设备、需要被追踪的包名和 Activity 信息等。

Step3. 调用 startActivity 来启动需要被追踪的目标程序

这个 startActivity 显然不是我们在 Android 应用程序开发中经常使用的 startActivity。它的主要职责是利用/system/bin/am 来启动目标程序，具体命令如下：

"am start --opengl-trace %s -a android.intent.action.MAIN -c android.intent.category.LAUNCHER"

其中"%s"是由目标程序的包名和 Activity 名称组成的字符串；"-a"选项表示需要为 Intent 添加一项 Action；"-c"表示添加 Category。至于 am 对此命令的处理流程，我们稍后会做介绍。

Step4. 调用 startTracing，开始接收 Server 端发送过来的 Trace 数据

Step5. 以图形化的方式显示上述采集的数据

接下来我们从/system/bin/am 的角度来分析，它是如何帮助 GLTracer 完成对程序中的 OpenGL 命令流追踪的，相关帮助信息如图 17-13 所示。

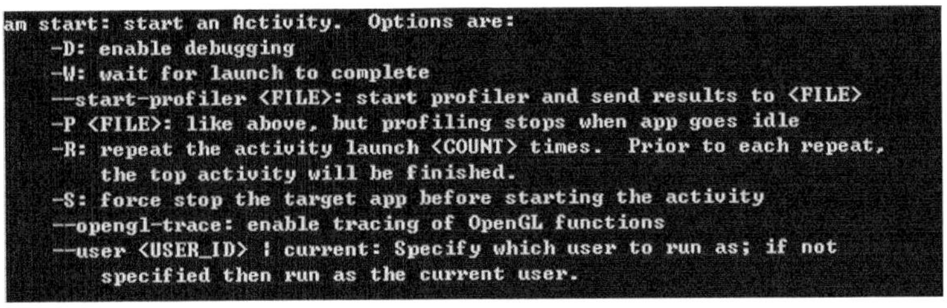

▲图 17-13　帮助信息

系统 bin 目录下的 am 是一个 shell 脚本，它在准备好各种参数后，会直接调用前面章节分析过的 app_process。我们知道，app_process 除了承担在系统启动过程中运行 Zygote 的重任外，还支持运行一个虚拟机来承载外部用户传递进来的 Java 类。在我们这个场景中，被启动的主类是 am，而后者又继承于 BaseCommand。am 重载了 BaseCommand 的 onRun 函数，用于解析外部传入的各种参数，以决定下一步的计划。

am 在发现参数中的子命令是"start"后，调用 runStart 进行处理。如果是需要跟踪 OpenGL 命令的情况，那么主要的区别在于 StartActivity 时传入的 Flag 参数。具体而言，我们需要指定 ActivityManager.START_FLAG_OPENGL_TRACES 来保证 ActivityManagerService 在启动目标 Activity 时可以正确按照开发者的意图进行处理。

服务端对于这个 Flag 的处理在 resolveActivity@ActivityManagerSuperVisor.java 中，核心代码如下所示：

```
/**/
    ActivityInfo resolveActivity(Intent intent, String resolvedType, int startFlags,
            ProfilerInfo profilerInfo, int userId) {…
        if ((startFlags&ActivityManager.START_FLAG_OPENGL_TRACES) != 0) {
            if (!aInfo.processName.equals("system")) {
                mService.setOpenGlTraceApp(aInfo.applicationInfo,
                                    aInfo.processName);
            }
        }…
```

其中 mService 对应的是大家熟悉的 ActivityManagerService，那么它在对待这种类型的程序时会做什么特殊处理呢？函数 setOpenGlTraceApp 在前面分析权限时大家已经遇到过了。这里假设我们可以成功通过权限的检测过程，这种情况下 AMS 就会把需要跟踪的程序添加到全局变量 mOpenGlTraceApp 中。

17.5 OpenGL 分析利器——GLTracer

接着 AMS 会通过一系列的 startActivity 函数来启动目标进程和 Activity，具体过程可以参考本书其他章节。目标进程准备就绪后，将回调 attachApplication@ActivityManagerService。完成 attach 后 AMS 同样会通知目标进程，对应的函数是 bindApplication@ActivityThread。不过程序并不会立即处理这个事件，而是通过 H.BIND_APPLICATION 来将其加入队列中。

ActivityThread 对这个消息的处理分支如下：

```
case BIND_APPLICATION:
    Trace.traceBegin(Trace.TRACE_TAG_ACTIVITY_MANAGER, "bindApplication");
        AppBindData data = (AppBindData)msg.obj;
        handleBindApplication(data);
        Trace.traceEnd(Trace.TRACE_TAG_ACTIVITY_MANAGER);
        break;
```

Trace.traceBegin 需要与 Trace.traceEnd 配套使用，用于产生可由 Systrace 工具处理的输入数据。Systrace 可以帮助开发者分析应用程序或系统进程的执行时间，并最终得出描述 Android 系统运行情况的 HTML 报告。函数 handleBindApplication 中与 OpenGL Trace 相关的代码如下：

```
private void handleBindApplication(AppBindData data) {…
    if (data.enableOpenGlTrace) {
        GLUtils.setTracingLevel(1);
    }
```

GLUtils 是 Android API 与 OpengGL ES 之间沟通的"桥梁"，其提供的接口大多需要本地层函数来支撑，包括 setTracingLevel。这个函数的 Native 实现如下：

```
/*frameworks/base/core/jni/android/opengl/util.cpp*/
extern void setGLDebugLevel(int level);
void setTracingLevel(JNIEnv *env, jclass clazz, jint level)
{
    setGLDebugLevel(level);
}
```

函数 setGLDebugLevel 的实现在 egl 中：

```
/*frameworks/native/opengl/libs/EGL/egl.cpp*/
void EGLAPI setGLDebugLevel(int level) {
    setEGLDebugLevel(level);
}
```

这个函数所提供的功能是帮助程序修改自身的调试等级。不过要特别注意的是，函数 setEGLDebugLevel 只是改变了 Debug Level 的值（具体来说，是为 sEGLDebugLevel 这个变量赋予新的数值），真正生效则要等到 initEglDebugLevel（如果程序还没有完成初始化）或者 eglSwapBuffers 被调用的时候。以后者为例，eglSwapBuffers 在执行时会首先判断当前是否开启了调试模式：

```
/*frameworks/native/opengl/libs/egl/eglApi.cpp*/
EGLBoolean eglSwapBuffers(EGLDisplay dpy, EGLSurface draw)
{
    ATRACE_CALL();
    …
#if EGL_TRACE
    gl_hooks_t const *trace_hooks = getGLTraceThreadSpecific();
    if (getEGLDebugLevel() > 0) {//当前是否将 Debug Level 设置为 1
        if (trace_hooks == NULL) {
            if (GLTrace_start() < 0) {//稍后我们分析这个函数
                ALOGE("Disabling Tracer for OpenGL ES");
                setEGLDebugLevel(0);//无法正常开启追踪，需要将其关闭
            } else {
                // switch over to the trace version of hooks
                EGLContext ctx = egl_tls_t::getContext();/*转换 Context，后续 egl 的调用都会
                                                    指向带调试信息的接口实现*/
                egl_context_t * const c = get_context(ctx);
```

```cpp
                    if (c) {
                        setGLHooksThreadSpecific(c->cnx->hooks[c->version]);
                        GLTrace_eglMakeCurrent(c->version, c->cnx->hooks[c->version], ctx);
                    }
                }
            }
        GLTrace_eglSwapBuffers(dpy, draw);
    } else if (trace_hooks != NULL) {
        …
    }
#endif
    return s->cnx->egl.eglSwapBuffers(dp->disp.dpy, s->surface);
}
```

假如 Debug Level 的值被设置为 1，那么 egl 在 swap buffer 时会调用 GLTrace_start 来启动 OpenGL 命令流的跟踪。简单来讲，就是在上述的 else 分支中将用户对 egl 的调用从以前单纯的 egl 接口，转化为带调试信息的 GLTrace_egl 接口（OpenGL 的接口也是类似的）。举个例子来说明，经过 GLTrace 的特别 Hook 处理后的 eglSwapBuffers 接口变为：

```cpp
/*frameworks/native/opengl/libs/gles_trace/src/Gltrace_egl.cpp*/
void GLTrace_eglSwapBuffers(void* /*dpy*/, void* /*draw*/) {
    GLMessage glmessage;
    GLTraceContext *glContext = getGLTraceContext();

    glmessage.set_context_id(glContext->getId());
    glmessage.set_function(GLMessage::eglSwapBuffers);

    if (glContext->getGlobalTraceState()->shouldCollectFbOnEglSwap()) {
        // read FB0 since that is what is displayed on the screen
        fixup_addFBContents(glContext, &glmessage, FB0);
    }

    // set start time and duration
    glmessage.set_start_time(systemTime());
    glmessage.set_duration(0);

    glContext->traceGLMessage(&glmessage);
}
```

其中 glmessage 用于收集需要向 PC 客户端反馈的信息，包括了 context id、函数名、开始时间等。当然，egl 提供的几个接口比较特殊。如果是 "opengl" 类型的接口，那么它们在被 Hook 后仍需要调用原始的实现。换句话说，GLTrace 只是在原有内容的 "头部" 和 "尾部" 添加了自己需要的信息而已，并不改变原先的运行属性。

最后我们再来看下 GLTrace_start 中具体是如何启动一个监听 Server 的：

```cpp
/*frameworks/native/opengl/libs/GLES_trace/src/gltrace_eglapi.cpp*/
int GLTrace_start() {
    int status = 0;
    int clientSocket = -1;
    TCPStream *stream = NULL;

    pthread_mutex_lock(&sGlTraceStateLock);

    if (sGlTraceInProgress) {
        goto done;
    }

    char udsName[PROPERTY_VALUE_MAX];
    property_get("debug.egl.debug_portname", udsName, "gltrace");/*优先考虑系统属性中特别
```

```
                                          指定的 debug_portname,否则采用默认值 gltrace*/
    clientSocket = gltrace::acceptClientConnection(udsName);//启动并等待客户端连接
    …
    sGlTraceInProgress = 1;//进入跟踪状态

    // create communication channel to the host
    stream = new TCPStream(clientSocket);

    // initialize tracing state
    sGLTraceState = new GLTraceState(stream);

    pthread_create(&sReceiveThreadId, NULL, commandReceiveTask, sGLTraceState);
    /*建立与 PC 端的数据传输通道*/
done:
    pthread_mutex_unlock(&sGlTraceStateLock);
    return status;
}
```

我们知道,用户在使用 GLTracer 收集数据的过程中是可以动态更改采集选项的,比如 enable/disable "Read back framebuffer 0 on eglSwapBuffers()" "Read back currently bound framebuffer On glDraw*()" 等。这是因为 egl 会通过 commandReceiveTask 不断监听用户传递过来的命令,并做好实时的更新和调整。这样就建立起被监测程序(Server)和位于 PC 端的 GLTracer 间的通信渠道了,后续只需要在这条管道上不停地收发信息就可以了。

下面是本小节所阐述的各个组件间的交互流程图,如图 17-14 所示。由于整个实现过程涉及的范围较广,我们特别将其拆分为两个部分,以方便大家阅读。

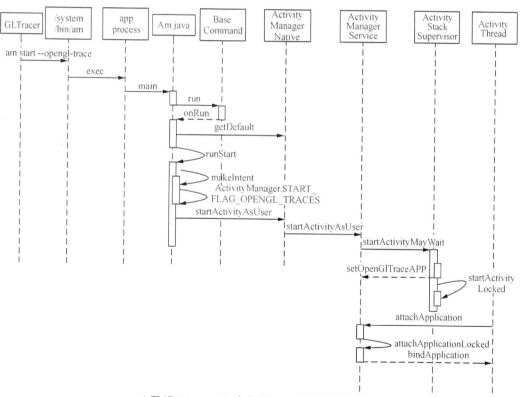

▲图 17-14 OpenGL 命令流跟踪的处理流程(1/2)

ActivityThread 在收到 bindApplication 请求后的处理,如图 17-15 所示。

第 17 章 Android 和 OpenGL ES

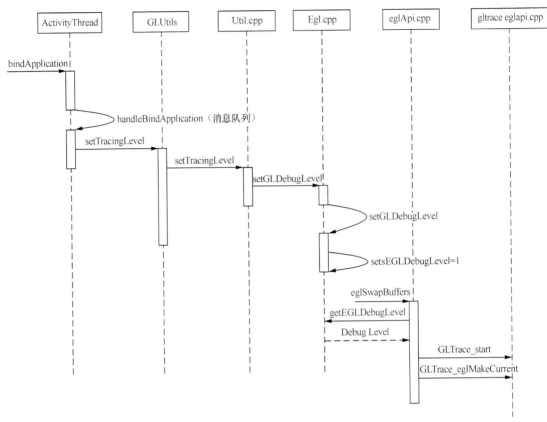

▲图 17-15 OpenGL 命令流跟踪的处理流程（2/2）

第 18 章 "系统的 UI"——SystemUI

从名称来理解,SystemUI 是指"系统的 UI"。Android 系统的版本更新频率非常快,且每次改版的力度也很大。典型的例子就是 SystemUI,它是直到后期版本才出现的一个概念——SystemUI 以应用程序(它是一个标准的 APK)的形式提供了系统 UI 界面的统一管理方案。

那么,属于 Android 系统的 UI 元素有哪些?

首先映入脑海的应该是状态通知栏。没错,这的确是 SystemUI 的重点之一,不过显然不是它的全部组成元素。Google 希望能在一套代码中同时支持 Phone 和 Tablet 这两种产品类别——作为系统"门面"的 SystemUI 在设计时必然要重点考虑这一点。

所以,本章我们主要分析以下几个问题:

- SystemUI 包含哪些元素;
- SystemUI 中的元素特点和内部实现;
- SystemUI 是如何做到兼容多种产品的。

18.1 SystemUI 的组成元素

System Bars:

我们借用 Android 官网中的一张图片来让读者有个直观的印象,如图 18-1 所示。

▲图 18-1 System Bars

可以看到,System Bars 为了同时支持 Phone 和 Tablet,共分为 3 种。

- Status Bar

这是大家最熟悉的状态通知栏,它位于手机屏幕的上方位置,而且是一直存在的(除非应用程序主动设置了隐藏)。为了方便使用,它被大致划分为左右两部分(准确来讲不止两部分,下一小节会有分析）。其中左边用于通知信息的显示（比如接收到一条短信，会有相应的图标指示）；右边则是全局的设备状态，如时间、电池电量、信号强度等。为了互不干扰，左右两边的图标是沿不同的方向不断扩展的（左半部分"从左到右"增加图标，另一边则恰好相反）。当拖住 Status Bar 向下拉时，可以显示出通知栏。

- Navigation Bar

这是 Android 4.0 以后才加入的元素。目的有两个：

➢ 为那些没有物理按键的设备提供便利；

➢ 2.3 和以前版本的应用程序多半是需要 Menu 键的，Navigation Bar 可以提供 Home、Back、Recents 和 Menu（一般是常按 Recents 出现 Menu）来满足它们的要求。

- Combined Bar

这是专门为 Tablet 设计的一种系统栏形式。它和 Phone 产品的最大区别在于，Phone 通常是竖屏，而 Tablet 是横屏。这也意味着手机设备的高度相比于 Tablet 比较宽裕，因此后者不太适合同时显示两条 Bar。而又因其宽度值较大，我们完全可以利用这个特点来兼容 Phone 中的所有导航和状态栏功能，于是就出现了 Combined Bar（如图 18-1 标注"3"的部分）。

Notifications：

再来看看通知栏的样子，如图 18-2 所示的图片也来自于 Android 官网。左边是通知栏显示若干条目时的样式，右边则是对条目进行删除（将条目向左或向右滑动）时的效果。

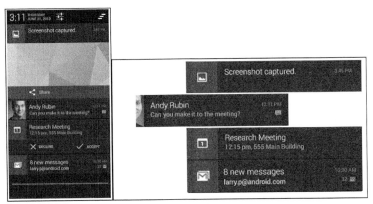

▲图 18-2　Notifications

相信读者对通知栏也不会陌生，它一直存在于 Android 的各发行版本中。不过后期版本中还是加入了不少新特性。

- 通知信息格式可定制

早期版本是两行显示，即第一行用于标题，第二行则是内容。但这并不是必需的，你可以根据需求来做更改。

- 支持更多手势操作

比如你可以通过向左或者向右滑动某个条目来删除它。

- 支持更多常用功能

如上图所示的第一个条目，它表明屏幕的"截图操作"已经完成。用户可以通过点击条目来进行分享等操作。

其他：

除此之外，SystemUI 还实现了很多实用的系统功能，如"最近运行的应用程序"、ScreenShot 截屏、壁纸（后面小节有专门介绍）等。

18.2 SystemUI 的实现

了解了 SystemUI 的组成元素后，本节以 StatusBar 为例，来分析下 Android 系统具体是如何实现它们的。

相关代码分为两部分，即：

- Service 部分

代码路径：frameworks/base/services/java/com/android/server。

- 应用部分

代码路径：frameworks/base/packages/SystemUI。

从 SystemUI 目录中的文件可以看出，它是一个标准的应用程序。而通常分析一个应用程序的入口点有两个。

入口一：AndroidManifest.xml

AndroidManifest 文件的功能有点类似于一本书的目录，可以很清楚地了解到它的章节架构、章节标题以及每个章节的主要内容。下面来看看 SystemUI 的 "目录"，如下所示：

```
…
<applicationandroid:persistent="true"android:allowClearUserData="false"
android:allowBackup="false"android:hardwareAccelerated="true"android:label="@string/app_label"        android:icon="@*android:drawable/platlogo"android:supportsRtl="true" >
  <service android:name="SystemUIService"android:exported="true"/>
              /*SystemUIService 是我们分析的重点，状态栏等系统 UI 实现都是在这里完成的*/
  <service android:name=".screenshot.TakeScreenshotService"
    android:process=":screenshot" android:exported="false" />/*由此可知，SystemUI 提供了
                                  截屏操作。有兴趣的读者可以自己研究下是如何实现的*/
  <receiver android:name=".BootReceiver"androidprv:primaryUserOnly="true" >/*开机自启动，
                          不过这里启动的是 LoadAverageService，而不是 SystemUIService*/
    <intent-filter>
      <action android:name="android.intent.action.BOOT_COMPLETED" />
    </intent-filter>
  </receiver>
…
```

从上面的文件可以看出 SystemUI 可谓 "包罗万象"。

入口二：Layout

第 2 个分析应用程序的入口就是布局文件。如果说上面的 AndroidManifest 是一本书的"目录"，那么布局文件则是它的子目录——揭示了每一章节更详细的内容。

通过 AndroidManfiest 我们知道 SystemUIService 是整个系统 UI 的"载体"，所以接下来将根据这一线索来把整个代码流程"串"起来。和其他很多系统服务一样，SystemUIService 也是在 SystemServer 中启动的。具体而言，SystemServer 会在适当的时机通知 ActivityManagerService "系统已经就绪（systemReady），可以进一步运行第三方模块了"——这其中就包括将由 startServiceAsUser 启动的 SystemUIService。

SystemUIService 继承了标准的 Service 组件，因而必须重载 onCreate 接口：

```
/*frameworks/base/packages/systemui/src/com/android/systemui/SystemUIService.java*/
  public void onCreate() {…
      IWindowManager wm = WindowManagerGlobal.getWindowManagerService();//获取 WMS 服务
      try {
          SERVICES[0] = wm.hasSystemNavBar()? R.string.config_systemBarComponent
            : R.string.config_statusBarComponent;//是 StatusBar 还是 SystemBar?
      } catch (RemoteException e) {
          Slog.w(TAG, "Failing checking whether status bar can hide", e);
      }
      final int N = SERVICES.length;
```

第 18 章 "系统的 UI"——SystemUI

```
        mServices = new SystemUI[N];
        for (int i=0; i<N; i++) {
            Class cl = chooseClass(SERVICES[i]);
            Slog.d(TAG, "loading: " + cl);
            try {
                mServices[i] = (SystemUI)cl.newInstance();
            } …
            mServices[i].mContext = this;
            Slog.d(TAG, "running: " + mServices[i]);
            mServices[i].start();//mServices 中的每个元素都继承自 SystemUI
        }
    }
```

SERVICES 是一个 object 数组,它的初始值如下所示:

```
final Object[] SERVICES = new Object[] {
        0, // system bar or status bar, filled in below.
        com.android.systemui.power.PowerUI.class,
        com.android.systemui.media.RingtonePlayer.class,
        com.android.systemui.settings.SettingsUI.class,
    };
```

其中,SERVICES[0]在初始化时没有赋值。它将根据 hasSystemNavBar 的执行结果来决定是用 systemBar 还是 statusBar。上面这段代码首先取出 SERVICES 数组中的 class 名,然后分别实例化它们,最后调用 start 接口统一启动。因此,每一个系统 ui 元素(包括 statusBar,PowerUI 等)都必须继承自 SystemUI 这个抽象类,并重载其中的 start 方法。这是一种比较灵活的编程方式,它允许我们在后期对系统 UI 元素进行轻松的扩展或者删除。

函数 hasSystemNavBar 做了哪些判断来对 statusBar 和 systemBar 进行取舍呢?

根据前面章节学习到的知识,WindowManager 的真正实现体是 WindowManagerService。所以:

```
/*frameworks/base/services/java/com/android/server/wm/WindowManagerService.java*/
public boolean hasSystemNavBar() {
    return mPolicy.hasSystemNavBar();
}
```

我们知道,Policy 是 Android 中定义 UI 行为的一个"规范"。比如有没有 Navigation Bar,WindowLayer 如何排布等。以 PhoneWindowManager 为例,它判断当前系统是否需要导航条的关键源码如下(为了帮助大家更好地理解处理流程,我们假设设备的分辨率是 800*480,屏幕密度为 ldpi):

```
/*frameworks/base/policy/src/com/android/internal/policy/impl/PhoneWindowManager.java*/
    int shortSizeDp = shortSize*DisplayMetrics.DENSITY_DEFAULT/ density;
    /*在这个场景中,shortSize=480,DENSITY_DEFAULT=160,density =120,所以最终
    shortSizeDp = 640*/

    if (shortSizeDp < 600) {//在这个场景中不成立
        mHasSystemNavBar = false;
        mNavigationBarCanMove = true;
    } else if (shortSizeDp < 720) {/*本场景属于这一分支*/
        mHasSystemNavBar = false;
        mNavigationBarCanMove = false;
    }
    if (!mHasSystemNavBar) {//进一步判断是否有 Navigation Bar
        …
    } else {
        mHasNavigationBar = false;
    }
```

由上面的代码段可知,系统将分为 3 种判决情况。

- 0-599dp

说明该设备是——"phone",并且带有单独的 StatusBar 和 NavigationBar。

- 600-719dp

说明该设备是——"phone",并且可以适当修正 UI 以适应大屏幕。

- 720dp 以上

说明该设备是——"tablet",并且带有 Combined Status&Navigation Bar。

所以在这个场景中,经过上面的判决后 mHasSystemNavBar 为 false。换句话说,对于分辨率 800*480 且密度为 ldpi 的屏幕,它的 SERVICES[0]对应的 class 类名是 R.string.config_statusBar Component 即 "com.android.systemui.statusbar.phone.PhoneStatusBar"。下面以 PhoneStatusBar 为例来看看它的创建过程及具体样式:

```
/*frameworks/base/packages/systemui/src/com/android/systemui/statusbar/phone/
PhoneStatusBar.java*/
public void start() {
    mDisplay = ((WindowManager)mContext.getSystemService(Context.WINDOW_SERVICE))
            .getDefaultDisplay();/*mDisplay 记录了当前默认显示屏的大小,密度等等信息*/
    …
    super.start();// 关键语句,下面我们会重点介绍
    addNavigationBar();/*不是所有 Phone 都需要 Navigation Bar。比如设备本身已经配备了物理按
                         键,这种情况下如果一直在屏幕上显示导航条反而是一种累赘*/
    …
}
```

PhoneStatusBar 的 "父类" 是 BaseStatusBar,很多框架性的操作都是在这里面完成的(但 UI 界面的具体描述还是会通过回调 PhoneStatusBar 中的方法来确定):

```
/*frameworks/base/packages/systemui/src/com/android/systemui/statusbar/BaseStat
usBar.java*/
public void start() {…
    mBarService = IStatusBarService.Stub.asInterface(
            ServiceManager.getService(Context.STATUS_BAR_SERVICE));
    // Connect in to the status bar manager service
    StatusBarIconList iconList = new StatusBarIconList();//状态栏图标列表
    ArrayList<IBinder> notificationKeys = new ArrayList<IBinder>();
    ArrayList<StatusBarNotification> notifications = new ArrayList<StatusBarNotification>();
    mCommandQueue = new CommandQueue(this, iconList);
    int[] switches = new int[7];
    ArrayList<IBinder> binders = new ArrayList<IBinder>();
    try {
        mBarService.registerStatusBar(mCommandQueue,iconList,notificationKeys,
                notifications,switches, binders); /*经过一系列对象的创建与初始化后,开始向
                            StatusBarService 进行注册。这里涉及跨进程操作,因而传递的
                            参数都是继承自 Parcelable 的*/
    } catch (RemoteException ex) {
        // If the system process isn't there we're doomed anyway.
    }
    createAndAddWindows(); /*这是真正将 Status Bar 显示出来的地方*/
    …
}
```

好不容易快到"水落石出"的时候了,但是上面这段代码却又杀出一个"程咬金"——StatusBarService。相信读者会有这样的疑问:既然 SystemUI 这个应用程序中已经有 StatusBar 了,为什么又需要 StatusBarService,是否多此一举?

先来看看 StatusBarService 是在哪里启动的。直觉告诉我们应该是在 SystemServer 中(读者也可以通过 STATUS_BAR_SERVICE 对应的关键字来查找是谁向 ServiceManager 注册了这个名字):

```
/*frameworks/base/services/java/com/android/server/SystemServer.java*/
try {
    Slog.i(TAG, "Status Bar");
    statusBar = new StatusBarManagerService(context, wm); /*确实在这里。而且具体的
    实现类叫做 StatusBarManagerService*/
    ServiceManager.addService(Context.STATUS_BAR_SERVICE, statusBar);
} catch (Throwable e) {
```

```
            reportWtf("starting StatusBarManagerService", e);
        }
```

现在可以进一步分析 StatusBarManagerService 的实现了。针对上面 BaseStatusBar 中调用的注册操作：

```
public void registerStatusBar(IStatusBar bar, StatusBarIconList iconList,List<IBinder>
                   notificationKeys,List<StatusBarNotification> notifications,
                                  int switches[], List<IBinder> binders) {
    enforceStatusBarService();
    mBar = bar;
    synchronized (mIcons) {
        iconList.copyFrom(mIcons);  /*复制 Icon 列表，注意方向是从 StatusBarManager->
                                        BaseStatusBar*/
    }
    synchronized (mNotifications) {
        for (Map.Entry<IBinder,StatusBarNotification> e: mNotifications.entrySet())
        {
            notificationKeys.add(e.getKey());
            notifications.add(e.getValue());/*和 Icon 列表类似，方向也是从 StatusBarManager
                            到 BaseStatusBar*/
        }
    }
    ...
}
```

由上面这段代码可以看出，registerStatusBar 有两个作用：

其一，为新启动的 SystemUI 应用中的 StatusBar 赋予当前系统的真实值（比如有多少需要显示的图标）。其二，通过成员变量 mBar 记录下 IStatusBar 对象——它在 SystemUI 中对应的是 CommandQueue。

那么，StatusBarManagerService 是不是发挥了后台存储和管理数据（状态栏图标信息）的作用呢？稍后揭晓。

我们再回到 BaseStatusBar。向 StatusBarManagerService 注册完成后，它会执行如下语句。

```
createAndAddWindows();
```

BaseStatusBar 中的这个方法是抽象的，因而其子类 PhoneStatusBar 必须要重载它：

```
        /*frameworks/base/packages/systemui/src/com/android/systemui/statusbar/phone/Ph
        oneStatusBar.java*/
    public void createAndAddWindows() {
        addStatusBarWindow();
    }
    private void addStatusBarWindow() {
        final int height = getStatusBarHeight();/*首先获取 StatusBar 的高度。默认的高度值是通
                            过 com.android.internal.R.dimen.status_bar_height 来指定的,因而
                            开发人员如果需要更改 StatusBar 高度的话，可以考虑修改这个值*/
        final WindowManager.LayoutParams lp = new WindowManager.LayoutParams(
            ViewGroup.LayoutParams.MATCH_PARENT,  /*宽度是 MATCH_PARENT*/
            height,  //高度值是可定制的
            WindowManager.LayoutParams.TYPE_STATUS_BAR,  /*指定窗口类型*/
            WindowManager.LayoutParams.FLAG_NOT_FOCUSABLE|
                WindowManager.LayoutParams.FLAG_TOUCHABLE_WHEN_WAKING
                | WindowManager.LayoutParams.FLAG_SPLIT_TOUCH,
                /*设置 flag，下面还会加上硬件加速属性*/
            PixelFormat.TRANSLUCENT/*半透明的*/);

        lp.flags |=windowManager.LayoutParams.FLAG_HARDWARE_ACCELERATED;
        lp.gravity = getStatusBarGravity();/*设置 Gravity 属性，默认值为 Gravity.TOP
            |Gravity.FILL_HORIZONTAL,所以 StatusBar 是在屏幕上方*/
        lp.setTitle("StatusBar");  //标题
        lp.packageName = mContext.getPackageName();
        makeStatusBarView();  //下面会详细介绍
        mWindowManager.addView(mStatusBarWindow, lp);  /*将一切就绪的 mStatusBarWindow 加入
                            WindowManager 中。请参见本书显示系统章节的讲解*/
    }
```

从 makeStatusBarView 这个函数名可以推断出,StatusBarView 会被创建并且初始化。先来了解下两个重要的变量。

- mStatusBarWindow

这是一个 StatusBarWindowView 类对象,同时我们通过 addView 传给 WindowManager 的也是这个变量——说明它很可能包含了 StatusBarView。

- mStatusBarView

这就是 makeStatusBarView 需要操作的对象。

接着来具体看看代码,只节选重点部分:

```
/*frameworks/base/packages/systemui/src/com/android/systemui/statusbar/phone/Ph-one
StatusBar.java*/
    protected PhoneStatusBarView makeStatusBarView() {…
        mStatusBarWindow = (StatusBarWindowView) View.inflate(context, R.layout.super_
status_bar, null);
        mStatusBarWindow.mService = this; //mService 其实指的是 PhoneStatusBar
        mStatusBarWindow.setOnTouchListener(new View.OnTouchListener() {//设置触摸事件
            @Override
            public boolean onTouch(View v, MotionEvent event) {
                if (event.getAction() == MotionEvent.ACTION_DOWN) {//支持下拉手势
                    if (mExpandedVisible) {
                        animateCollapsePanels ();//通知栏的"下拉展开"需要动画效果,不然会很突兀
                    }
                }
                return mStatusBarWindow.onTouchEvent(event);
        }});
        mStatusBarView =(PhoneStatusBarView)mStatusBarWindow.findViewById(R.id.status_ bar);
        mStatusBarView.setBar(this);  /*状态栏出场了*/
        …
        mNotificationPanel = (NotificationPanelView) mStatusBarWindow.
                        findViewById(R.id. notification_panel);
  mNotificationPanel.setStatusBar(this); /*通知栏也很关键,只不过它只有在下拉后才会出现*/
        /*从下面开始将利用 mStatusBarView 为 PhoneStatusBar 中的众多内部变量赋值*/
        …
        try {
            boolean showNav = mWindowManagerService.hasNavigationBar();/*决定是否需要导航条*/
            if (showNav) {
                mNavigationBarView = (NavigationBarView) View.inflate(context,
                                R.layout.navigation_ bar, null);
                                /*Navigation Bar 对应的 layout。有兴趣的读者可以自己看一下*/
                …
            }
        } catch (RemoteException ex) {
            /*Android 中的不少代码在捕捉异常时,很常见的一种处理就是"听天由命"…*/
        }
        /*接下来通过 findViewById 从 mStatusBarView 中获取 StatusIcons、NotificationIcons、
          ClearButton 等一系列按键。我们将会在 StatusBar 布局文件中做统一分析。这里暂时略过*/

        /*最后动态注册需要接收的广播,比如系统设置改变,屏幕关闭等*/
        IntentFilter filter = new IntentFilter();
        filter.addAction(Intent.ACTION_CONFIGURATION_CHANGED);
        filter.addAction(Intent.ACTION_CLOSE_SYSTEM_DIALOGS);
        …
        context.registerReceiver(mBroadcastReceiver, filter);…
        return mStatusBarView;//注意最终返回值是 mStatusBarWindow 的子 View
    }
```

变量 mStatuBarWindow 来源于 super_status_bar 布局。它本质上还是一个 FrameLayout,包含的元素也很简单,就是 status_bar 和 status_bar_expanded 两个布局(SystemUI 的资源目录下有多种带不同资源标签的 Layout,系统会根据设备的具体属性来做出合理的选择)。关于资源的最佳匹配过程,可以参见前面资源适配章节。

函数 hasNavigationBar 用于决定是否需要导航条。

（1）如果是 Tablet，就肯定不需要。

（2）如果是 Phone，那么还要根据屏幕属性、是否有按键值以及用户是否有特别配置等一系列因素，来最终确定 NavigationBar 存在与否。

最后来总结一下 makeStatusBarView 的工作。

（1）通过 inflate，得到 mStatusBarWindow，对应的是 super_status_bar 布局。

（2）super_status_bar 包含了 status_bar 和 status_bar_expanded 两个子布局。前者对应的是状态栏 mStatusBarView，后者其实就是通知栏 mNotificationPanel。

（3）为 status_bar 中的众多元素（按键、背景等）进行初始化。

（4）最终的返回值是 mStatusBarView。然后利用 WindowManager 的 addView 接口将 mStatusBarWindow（注意：不是 mStatusBarView）添加进窗口系统中。接下来的主动权就转交给 WindowManager，详见本书显示系统章节对 WindowManager 的分析。

由此可见，这个函数如果称之为 makeStatusBarWindow 可能会更贴切些。

这样我们就把 StatusBar，Notification 和 NavigationBar 的调用流程"串"起来了。图 18-3 是整个调用流程图，读者可以参考一下。

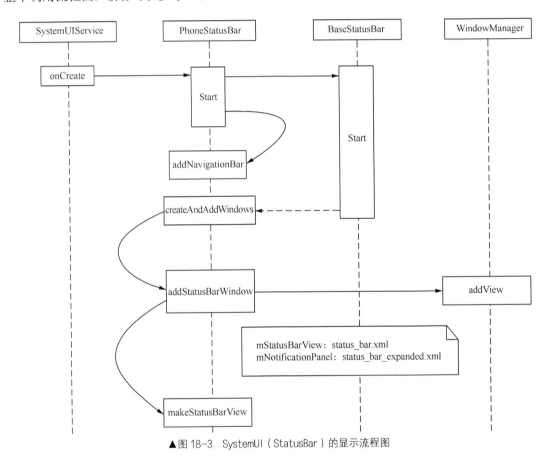

▲图 18-3　SystemUI（StatusBar）的显示流程图

最后我们来分析下 StatusBar 的 layout 布局样式——这个占位不大的显示条可谓"麻雀虽小，五脏俱全"。

我们知道，StatusBarWindow 的默认高度是 com.android.internal.R.dimen.status_bar_height，即：

```
<dimen name="status_bar_height">25dip</dimen>
```

所以 StatusBar 的高度默认情况下不超过 25dip，当然开发者可以根据需求自行更改。

StatusBar 对应的 layout 文件是 status_bar.xml，具体如下所示：

```xml
/*frameworks/base/packages/SystemUI/res/layout/status_bar.xml*/
<com.android.systemui.statusbar.phone.PhoneStatusBarView
/*对应 PhoneStatusBarView 类(继承自 FrameLayout)，也就是上面代码中的 mStatusBarView*/
    android:id="@+id/status_bar"android:background="@drawable/status_bar_background"
    android:focusable="true"android:descendantFocusability="afterDescendants"
    android:fitsSystemWindows="true">
<ImageViewandroid:id="@+id/notification_lights_out"...android:visibility="gone" /*默认不显示*/ />
<LinearLayout android:id="@+id/icons"android:layout_width="match_parent"
        android:layout_height="match_parent"android:orientation="horizontal"> /*参见注
                                                                                  解1*/
<LinearLayoutandroid:id="@+id/notification_icon_area"
        android:layout_width="0dip"android:layout_height="match_parent"
        android:layout_weight="1" /*4 种 icon 中只有 notification 设置了权重，因而可以得到更
                                多的剩余空间*/
        android:orientation="horizontal">/*通知栏图标在最左面。初始宽度为 0，因为还没有添加
                                           任何图标*/
<com.android.systemui.statusbar.StatusBarIconView android:id="@+id/moreIcon"
                                /*当 notificationIcons 满了以后的指示*/
        android:layout_width="@dimen/status_bar_icon_size" /*默认为 24dp*/
        android:layout_height="match_parent"android:src="@drawable/stat_notify_more"
        android:visibility="gone"/*正常情况下是不需要显示的*/
    />
<com.android.systemui.statusbar.phone.IconMerger android:id="@+id/notificationIcons"/*注
                                                                                解2*/
        android:layout_width="match_parent"android:layout_height="match_parent"
        android:layout_alignParentLeft="true" /*从左到右*/
        android:gravity="center_vertical" /*icon 按垂直方向中间对齐*/
        android:orientation="horizontal"/>
</LinearLayout>
<LinearLayout android:id="@+id/statusIcons" /*状态图标*/
        android:layout_width="wrap_content" /*注意和 notification 不一样*/
        android:layout_height="match_parent"android:gravity="center_vertical"
                                                             /*垂直方向中间对齐*/
        android:orientation="horizontal"/>
<LinearLayout
        android:id="@+id/signal_battery_cluster" /*用于信号和电池电量的指示*/
        android:layout_width="wrap_content"android:layout_height="match_parent"
        android:paddingLeft="2dp"android:orientation="horizontal"
        android:gravity="center">
<include layout="@layout/signal_cluster_view"
        /*信号指示图标的集合。称为 cluster，是因为包括 2G/3G 网络信号，以及 WiFi、
          BlueTooth 等图标都在这里集中显示*/
        android:id="@+id/signal_cluster"
        android:layout_width="wrap_content"android:layout_height="wrap_content"/>
<ImageViewandroid:id="@+id/battery" /*电池图标区域。比较单一，通常就是电量指示或者充电图标*/
        android:layout_height="wrap_content"android:layout_width="wrap_content"
        android:paddingLeft="4dip"/>
</LinearLayout>
<com.android.systemui.statusbar.policy.Clockandroid:id="@+id/clock"
        /*时间和闹钟区域。如果当前设备没有设置任何闹钟，则只有时间显示*/
        android:textAppearance="@style/TextAppearance.StatusBar.Clock"
        android:layout_width="wrap_content"android:layout_height="match_parent"
        android:singleLine="true"android:paddingLeft="6dip"android:gravity="
center_vertical|left"/>
</LinearLayout>
<LinearLayout android:id="@+id/ticker"/*注解3*/
        ...
</com.android.systemui.statusbar.phone.PhoneStatusBarView>
```

注解 1：icons 其实是水平方向的 LinearLayout，是下面 4 种 icon 的"容器"。

- notification icons：通知图标。
- status icons：状态图标。
- signal_battery cluster：信号/电池指示。

- clock：时钟。

注解 2：通知栏图标。IconMerger 是一个扩展了的 LinearLayout，其中加入了不少额外的管理。比如计算通知栏的空间是否已满，从而控制 moreIcon 的显示。

注解 3：Ticker 用于"提示信息"的临时显示。它在显示时占满整个状态栏，并在一定时间后自动消失（会有"出现和消失"的动画效果）。比如我们插入 SD 卡时，Ticker 上会提示"SD 卡设备已插入"。这部分的布局样式和 icons 类似，请读者自行分析。

图 18-4 概括了 status_bar 中 icons 部分的布局，供读者参考理解。

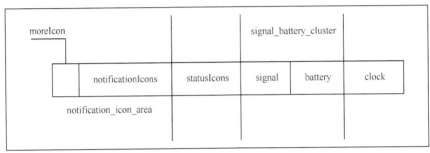

▲图 18-4　icons 部分的 layout 布局

18.3　Android 壁纸资源——WallpaperService

除了前面讲解的状态栏、通知栏外，壁纸也属于 SystemUI 管理的一个重点。在 Android 系统中，用户可以从设备内部或者外存储器（比如 SD 卡中）中选取图片资源作为壁纸。另外，系统还支持动态壁纸的显示。动态壁纸的基本原理是随着时间的迁移而切换显示不同的图片资源，属于 Android 的特色功能之一。

从实现角度来讲，可以把壁纸资源分为两类。

- 静态图片

比如 jpg、png 等类型的图片。用户可以直接把它们设置为壁纸。

- APK 应用程序

还有的壁纸下载后是 APK 形式，用户需要安装以后才能正常使用（动态壁纸通常就是通过这种方式提供的）。不过这并不是说静态的图片不需要 APK 的支持——事实上不论静态、动态壁纸的显示都是由 APK 完成的，只不过前者借助于系统内部提供的 APK 即可，而后者的"动态多样性"决定了其需要借助于额外的 APK 来实现。

不管是哪种方式，都要遵循 Android 系统的壁纸机制才能正常工作。壁纸管理系统主要包括以下几个方面。

- WallpaperManagerService（WPMS）

它是壁纸机制的"大总管"，静态、动态壁纸都是在这里统一调度的。

- WallpaperService（WPS）

WPS 继承了标准的 Service 组件，因而它一定会实现 onCreate、onDestroy、onBind 等一系列方法。此外它还包含了一个重要的嵌套类 engine，我们在后面会做详细讲解。WPS 是静态、动态壁纸的基类，代表了作为"壁纸"所应该具有的一切属性。

- ImageWallpaper（IWP）

从名称可以看出，它是静态壁纸的实现类，而且一定是继承自上面的 WPS，如图 18-5 所示。本节接下来主要以静态壁纸的分析为主。

18.3　Android 壁纸资源——WallpaperService

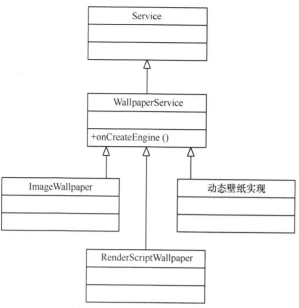

▲图 18-5　各壁纸类的继承关系图

18.3.1　WallPaperManagerService

WPMS 既然是基于 AIDL 实现的，我们来看看它的接口描述：

```
/*frameworks/base/core/java/android/app/IWallpaperManager.aidl*/
interface IWallpaperManager {
    ParcelFileDescriptor setWallpaper(String name); /*设置壁纸*/
    void setWallpaperComponent(in ComponentName name); /*设置动态壁纸*/
    ParcelFileDescriptor getWallpaper(IWallpaperManagerCallback cb,out Bundle outParams);
    WallpaperInfo getWallpaperInfo();
    …
}
```

从上面的接口定义可以看出，WPMS 的工作并不复杂——它提供了全局的壁纸注册、取消和查询功能，并在接收到事件时进行合理分配。

和其他系统服务一样，WPMS 是在 SystemServer.java 中启动并注册进 ServiceManager 中的，如下所示：

```
/*frameworks/base/services/java/com/android/server/SystemServer.java*/
try {
        Slog.i(TAG, "Wallpaper Service");
        if (!headless) {
            wallpaper = new WallpaperManagerService(context);
            ServiceManager.addService(Context.WALLPAPER_SERVICE, wallpaper);
        }
} catch (Throwable e) {
   reportWtf("starting Wallpaper Service", e);
}
```

接下来的一个问题是：既然系统同时支持静态壁纸和动态壁纸，而且每种类型中还包含了 N 个实例（比如原生态系统就自带多个动态壁纸供用户选择），那么系统在显示时是如何选择的呢？我们很自然地会想到，在 WPMS 启动时它应该会去读取某个"配置文件"，这个文件记录了用户最近一次的选择：

```
    public WallpaperManagerService(Context context) {
        …
        loadSettingsLocked(UserHandle.USER_OWNER);//加载配置
    }
```

当 WPMS 构造时,它调用了 loadSettingsLocked:

```
    private void loadSettingsLocked(int userId) {//这里传进来的userId=0
        …
        try {
            stream = new FileInputStream(file);
            XmlPullParser parser = Xml.newPullParser();
            parser.setInput(stream, null);
            int type;
            do {
                type = parser.next();
                if (type == XmlPullParser.START_TAG) {
                    String tag = parser.getName();
                    if ("wp".equals(tag)) {…
                        wallpaper.name = parser.getAttributeValue(null, "name");
                        String comp = parser.getAttributeValue(null, "component");
                        …
                    }
                }
            } while (type != XmlPullParser.END_DOCUMENT);
            success = true;
        }
        …
    }
```

上面这段代码会按照写入时的格式将 wallpaper 的配置信息读出来,并保存在 WallpaperData 结构中——专门用于描述壁纸信息的通用数据结构。不过这时壁纸还没有真正显示出来,而是要等到系统进入 Ready 状态(此时系统会回调 SystemReady 接口)后才会通知具体的壁纸程序进行绘制:

```
    public void systemReady() {
        WallpaperData wallpaper = mWallpaperMap.get(UserHandle.USER_OWNER);
        switchWallpaper(wallpaper, null);
        …
    }
```

接着进入 Wallpaper 的具体处理中:

```
    void switchWallpaper(WallpaperData wallpaper, IRemoteCallback reply) {
        synchronized (mLock) {…
            try {
                ComponentName cname = wallpaper.wallpaperComponent != null ?
                    wallpaper.wallpaperComponent : wallpaper.nextWallpaperComponent;
                if (bindWallpaperComponentLocked(cname, true, false, wallpaper,reply)) {
                    return;
                }
            } …
    }
```

系统开机后,wallpaper.wallpaperComponent 为空(除非上一次用户选择了其他方式);而 wallpaper.nextWallpaperComponent 则在 loadSettingsLocked 中被设置为 wallpaper.imageWallpaperComponent,即我们前面提到的 ImageWallpaper 这个 Service。所以当调用 bindWallpaperComponentLocked 时,传入的 cname 就代表了 ImageWallpaper。从 bindWallpaperComponentLocked 的函数名称可以看出,它将会以 bindService 的方式来启动目标壁纸 Service(所以后期如果确认已经不再使用这个 Service,还要主动执行 unbind,然后这个壁纸服务就会自动销毁)。

WPMS 启动后就可以接收客户端的请求了,因为它属于实名的 BinderServer,意味着所有人都可以自由地使用它所提供的服务。比如我们既可以在系统自带的 Launcher 应用程序中选择壁纸,也完全可以自己编写一个更改壁纸的应用程序。

18.3 Android 壁纸资源——WallpaperService

下面我们以设置壁纸这一场景为例来分析 WPMS 的内部实现：

```
/*frameworks/base/services/java/com/android/server/WallpaperManagerService.java*/
public ParcelFileDescriptor setWallpaper(String name) {
    checkPermission(android.Manifest.permission.SET_WALLPAPER);
    synchronized (mLock) {
        int userId = UserHandle.getCallingUserId();
        WallpaperData wallpaper = mWallpaperMap.get(userId);
        …
        final long ident = Binder.clearCallingIdentity();
        try {
            ParcelFileDescriptor pfd = updateWallpaperBitmapLocked(name, wallpaper);
            …
            return pfd;
        } finally {
            Binder.restoreCallingIdentity(ident);
        }
    }
}
```

首先系统会做下权限检查，所以提供壁纸设置功能的应用程序一定要在 AndroidManifest.xml 中显式写上如下权限声明：

```
<uses-permission android:name="android.permission.SET_WALLPAPER" />
```

变量 wallpaper 是从 mWallpaperMap 取出来的，代表 UserId 为 0 时的壁纸——如果不为空就进入以下函数：

```
ParcelFileDescriptor updateWallpaperBitmapLocked(String name, WallpaperData wallpaper) {
    if (name == null) name = "";
    try {
        File dir = getWallpaperDir(wallpaper.userId);//wallpaper 的路径
        if (!dir.exists()) {//指定的路径不存在，需要创建
            dir.mkdir();
            FileUtils.setPermissions(dir.getPath(),
                    FileUtils.S_IRWXU|FileUtils.S_IRWXG|FileUtils.S_IXOTH, -1, -1);
        }
        File file = new File(dir, WALLPAPER);
        ParcelFileDescriptor=ParcelFileDescriptor.open(file,
                                        MODE_CREATE|MODE_READ_WRITE);
        if (!SELinux.restorecon(file)) {
            return null;
        }
        wallpaper.name = name;
        return fd;
    } catch (FileNotFoundException e) {
        Slog.w(TAG, "Error setting wallpaper", e);
    }
    return null;
}
```

上面 getWallpaperDir 将得到一个 WALLPAPER_BASE_DIR+"/"+userId 的路径,其中 WALLPAPER_BASE_DIR 默认值是"/data/system/users"。

图 18-6 是 userId 为 0 时的情况。

假如这个目录不存在，要首先 mkdir 出来，然后在下面新建一个名为 WALLPAPER 即"wallpaper"的文件，最后打开这个文件，并将描述符返回给调用者。

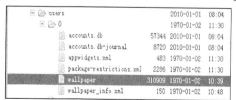

▲图 18-6 UserId 为 0 时的情况

18.3.2 ImageWallpaper

前面讲过，当 WPMS 开机启动时，默认情况下会选择 ImageWallpaper 这个壁纸实现，并且以 bindService 的方式来启动它。在 bindService 中，WPMS 同时传入名为 newConn 的 Binder 对象

（WallpaperConnection）来使 ImageWallpaper（其他 WallpaperService 也是一样的）可以访问到 WPMS。而 ImageWallpaper 则响应 onBind 返回一个 IWallpaperServiceWrapper 的 Binder 对象，如图 18-7 所示。

▲图 18-7　WPMS 与 WPS 间的 IPC 通信

我们来看看当绑定成功后 WPMS 中的操作：

```
public void onServiceConnected(ComponentName name, IBinder service) {
    synchronized (mLock) {
        if (mWallpaper.connection == this) {…
            attachServiceLocked(this, mWallpaper);
            …
            saveSettingsLocked(mWallpaper);
        }
    }
}
```

WPMS 除了要保存当前所选的壁纸外，还要调用 attachServiceLocked（间接调用 IwallpaperServiceWrapper.attach）来执行实际的工作。这部分逻辑比较简单，我们就不细化分析了。

WPS 这边的 attach 函数将生成一个 IWallpaperEngineWrapper 对象并给它发送一个 DO_ATTACH，这个消息最终由 IWallpaperEngineWrapper.executeMessage 来处理：

```
public void executeMessage(Message message) {
    switch (message.what) {
        case DO_ATTACH: {
            try {
                mConnection.attachEngine(this);
            } catch (RemoteException e) {
                Log.w(TAG, "Wallpaper host disappeared", e);
                return;
            }
            Engine engine = onCreateEngine();
            mEngine = engine;
            mActiveEngines.add(engine);
            engine.attach(this);
            return;
        }
```

上述代码段通过 onCreateEngine 生成了一个壁纸引擎——这也是各壁纸应用间最核心的差异。所以系统要求每一个 WallpaperService 实例必须要重载 onCreateEngine 来实现自己的 engine。在 ImageWallpaper 中，它将产生一个 DrawableEngine——这个 engine 随后会被加入 mActiveEngines 的全局 list 中，然后调用它提供的 attach 接口。如下所示：

```
/*frameworks/base/core/java/android/service/wallpaper/WallpaperService.java*/
public class Engine {…
    void attach(IWallpaperEngineWrapper wrapper) {…
        mSession = WindowManagerGlobal.getWindowSession();
        mWindow.setSession(mSession);
        …
        IntentFilter filter = new IntentFilter();
        filter.addAction(Intent.ACTION_SCREEN_ON);
        filter.addAction(Intent.ACTION_SCREEN_OFF);
        registerReceiver(mReceiver, filter);
        …
        updateSurface(false, false, false);//更新 Surface
}…
```

18.3 Android 壁纸资源——WallpaperService

Engine 内部首先需要进行各重要变量的初始化，然后注册监听屏幕的开/关事件，最后调用 updateSurface。

我们知道，WallpaperService 作为一个壁纸服务的基类，它的工作就是为具体的壁纸类创建"共有的属性"。比如所有的壁纸应用都需要 Surface 来输出图像，并针对系统中产生的实时事件做出正确处理。WallpaperService 一方面会为这些事件的处理提供统一的解决方案，另一方面需要考虑各 engine 子类的特性。换句话说，一个扩展的 engine 类可以有选择地实现如下方法。

- onCreate

只会调用一次，用于初始化 engine。该方法返回后程序就开始创建这个壁纸实例的 Surface。

- onDestroy

一个 engine 即将被销毁前会调用。该方法返回后上述创建的 Surface 就会被 destroyed，因此 engine 也就无效了。

- onVisibilityChanged

通知该壁纸当前是可见或者隐藏状态。WallpaperService 要求壁纸实例只有在 visible 时才能占用 CPU 资源，这点要特别注意。

- onTouchEvent

用户触发了触摸屏事件。

- onCommand

接收到 WallpaperManager 发过来的 command。

- onSurfaceChanged

Surface 发生改变。

- onSurfaceRedrawNeeded

需要重绘 Surface。

- onSurfaceCreated

Surface 创建成功。

- onSurfaceDestroyed

Surface 被销毁。

> **注意**　后面几个关于 Surface 的方法和 SurfaceHolder.Callback 类是一致的。

了解了这些接口后，我们回头看 updateSurface 就清楚多了。这个函数会根据当前的具体情况来回调壁纸实例提供的 engine 相应接口，以实现壁纸的各种功能。函数首先判断 forceRelayout || creating || surfaceCreating || formatChanged || sizeChanged || typeChanged || flagsChanged || redrawNeeded 等条件是否有变动——是的话内部再进行细化处理，否则直接返回。

如果 mCreated 为空，说明还没有在 WMS 中做过注册。此时需要通过 mSession.addToDisplay 来执行注册操作。如果 Surface 还没有创建，也需要先生成一个可用的 Surface——这些操作流程和我们在显示系统中的分析完全一致，读者可以回头参考下。

经过 updateSurface 取得有效的 Surface 和 UI 绘制环境后，ImageWallpaper 就能进一步将"壁纸界面"经由 SurfaceFlinger 显示到终端屏幕上了。这部分内容比较简单，读者可以作为练习自行阅读分析。

第 19 章 Android 常用的工具"小插件"——Widget 机制

Widget 俗称"小插件",是 Android 系统中一个很常用的工具。比如我们可以在 Launcher 中添加一个音乐播放器的 Widget,以快速控制歌曲的下一曲/上一曲、音量等;也可以使用"天气"或者"时钟"小插件来获得当地的气温和时间信息。Widget 给 Android 系统带来了更便捷的用户体验,因此受到广泛的欢迎,如图 19-1 所示。

▲图 19-1 一个音乐播放器 Widget 示例

大家都知道,在 Launcher 上可以添加插件,那么是不是说只有 Launcher 才具备这个功能呢?我们可以换个角度来思考一下,Launcher 本质上只是一个 APK 应用程序,所以它能做到的事情理论上在其他任何应用程序中也都能做到。

所以可以很肯定地说:不是。Android 系统并没有具体规定谁才能充当"Widget 容器"这个角色。它定义了一套完整的 Widget 添加/移除和显示机制,使得人人都能当"Widget 提供者",人人也都有资格做"Widget 容器"。Widget 虽然名为小插件,它的实现原理却是"内有乾坤",比普通的应用程序要稍微难一些。本章将为读者全面剖析 Android 系统中的 Widget 体系——相信读者在深入了解了其内部原理后,再来开发 Widget 应用就会容易得多。

上面我们提到了"Widget 提供者"和"Widget 容器"这样的概念,前者如一个天气插件,后者则如 Launcher。在 Widget 机制中,它们都有各自的专有名词(同时也是类名),分别是 AppWidgetProvider 和 AppWidgetHost。除此之外,我们能猜想到系统中还需要一个全局的 Widget 管理器。类似于 WindowManagerService、WallpaperManagerService 的命名方式,它叫作 AppWidgetService。在接下来的小节中我们将逐个介绍它们,如图 19-2 所示。

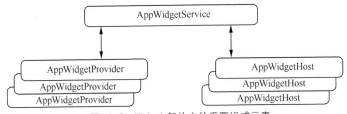

▲图 19-2 Widget 架构中的重要组成元素

19.1 "功能的提供者"——AppWidgetProvider

对于大部分开发人员来说,AppWidgetProvider 是他们最熟悉的。既然叫作 Provider,言下之意就是"功能的提供者"。从 Host 的角度来说,它没有办法预先知晓用户会添加多少个 Widget,

19.1 "功能的提供者"——AppWidgetProvider

也没有办法知晓这些添加的 Widget 都实现了哪些功能。所以在 Host 的"世界"里，一个 Widget 只是一个 View——它只需要按照要求进行正确显示即可，具体的功能实现则由 AppWidgetProvider 来完成。

希望读者可以谨记并在后续分析中验证这个结论：

> Host 把 Widget 看成 View 的一个"变种"。

一个有效的 Provider 要提供至少以下几方面的内容。

- AppWidgetProviderInfo

也就是用于描述这个 Widget 的各种信息，包括它的 layout 布局、刷新频率以及下面要提到的 AppWidgetProvider 等。这些信息以 XML 格式的文件表示，Tag 标志为<appwidget-provider>。

- AppWidgetProvider

既然 Widget 最终是要被显示在 Host 中的，那么它的功能实现和普通应用程序就一定会有差异。AppWidgetProvider 主要借助于 Broadcast 事件来对 Widget 进行"远程更新"，后面我们会详细分析。

- View 布局

AppWidgetProviderInfo 用于描述这个 Widget 的整体信息，而这里的 Layout 则是专门用于描述 Widget 的"显示部分"（确切地说，是初始化时的显示）。

基于上面的分析，不难推测出 Provider 就是一个 BroadcastReceiver。比如我们可以在 AndroidManifest.xml 中声明以下内容来定义一个 AppWidgetProvider：

```xml
<receiver android:name="ExampleAppWidgetProvider" >
<intent-filter>
 <action android:name="android.appwidget.action.APPWIDGET_UPDATE" />
</intent-filter>
<meta-data android:name="android.appwidget.provider"
           android:resource="@xml/example_appwidget_info" />
</receiver>
```

这个 receiver 要接收的唯一消息，就是 APPWIDGET_UPDATE；并且它还需要带有<meta-data>信息明确指明自己是一个"android.appwidget.provider"，最后的 android:resource 即前面说到的 AppWidgetProviderInfo。比如：

```xml
<appwidget-provider xmlns:android="http://schemas.android.com/apk/res/android"
    android:minWidth="294dp"
    android:minHeight="72dp"
    android:updatePeriodMillis="86400000"
    android:previewImage="@drawable/preview"
    android:initialLayout="@layout/example_appwidget"
</appwidget-provider>
```

这个 XML 文件的最后一项属性（android:initialLayout）指定了初始的 View 布局为 example_appwidget，它和我们编写普通应用程序的布局语法一样。不过要特别注意的是：

Widget 中的 Layout 布局是基于 RemoteViews 的，因而并不是所有的 View 组件都可以使用，具体细节可以参考官方文档的说明。

当我们编写一个自己的 Widget Provider 时，首先要继承自 AppWidgetProvider。后者的内部实现并不复杂，它继承自 BroadcastReceiver，并在 onReceive 中将具体事件通过重载函数通知我们的 AppWidgetProvider 实例：

```java
/*frameworks/base/core/java/android/appwidget/AppWidgetProvider.java*/
public class AppWidgetProvider extends BroadcastReceiver {
    …
    public void onReceive(Context context, Intent intent) {
        String action = intent.getAction();
        if (AppWidgetManager.ACTION_APPWIDGET_UPDATE.equals(action)) {
            Bundle extras = intent.getExtras();
```

```
            if (extras != null) {
                int[] appWidgetIds = extras.getIntArray(AppWidgetManager.EXTRA_APPWIDGET _IDS);
                if (appWidgetIds != null && appWidgetIds.length > 0) {
                    this.onUpdate(context, AppWidgetManager.getInstance(context), appWid getIds);
                }
            }
        }
    …
    }…
```

可以看到当 action 为 ACTION_APPWIDGET_UPDATE, 具体的处理者是 onUpdate。而其他情况下分别是：

ACTION_APPWIDGET_DELETED→onDeleted

ACTION_APPWIDGET_OPTIONS_CHANGED→onAppWidgetOptionsChanged

ACTION_APPWIDGET_ENABLED→onEnabled

ACTION_APPWIDGET_DISABLED→onDisabled

也就是说，编写一个 Widget 应该根据需求来重载 onReceiver（如果有需要的话）、onUpdate、onAppWidgetOptionsChanged、onDeleted、onEnabled 以及 onDisabled。它们分别会在此 Widget 被更新、Option 改变、被删除等情况下被调用。

- onUpdate

如果在 AppWidgetProviderInfo 中定义了 updatePeriodMillis，系统就会根据这个时间间隔来周期性地产生 ACTION_APPWIDGET_UPDATE。另外，当用户添加了 Widget 时也会产生这一事件。

- onAppWidgetOptionsChanged

这个方法主要用于处理 Widget 的尺寸变化，因而可以猜到在第一次添加时也会被调用。以后当用户改变 Widget 的大小后才会产生这一事件。

- 其他

其他几个方法比较好理解，我们就不一一介绍了。不过要特别注意的是，一个 Widget 是可以有多个具体实例的。比如我们写了一个"天气"插件供用户使用，那么理论上并不限制用户会在 Launcher 中添加多少个"天气"实例。因而需要有相应的 WidgetId 来唯一标识每一个实例，如图 19-3 所示。

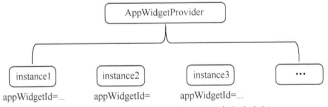

▲图 19-3 AppWidgetProvider 可以有多个实例

19.2 AppWidgetHost

上一小节我们了解了 AppWidgetProvider 所要做的工作，接下来再看看 Host 又是如何配合 Provider 的。简而言之，Host 这个"东道主"需要提供相应的空间供 Widget 来展现自己的 UI 界面。打个比方，AppWidgetHost 就好比一个展厅，而至于陈列的汽车是大众还是奔驰品牌都是没问题的——取决于 Widget 本身的意愿。

成为一个 AppWidgetHost，它需要解决以下问题。

- 如何显示 Widget 的 UI 界面

也就是说，展厅本身需要为每一个参展的 Widget 做好规划，如展出的时间、具体的展出位置、占地大小、以什么样的方式展出等。

19.2 AppWidgetHost

- 如何与 AppWidgetProvider 通信

某个客户看中了展厅上摆放的某辆参展车,那么作为 Host 就要及时通知参展商这一事件。受 Widget 特性的限制,我们在普通应用程序中能实现的事件在 Widget 机制中未必可以正常工作。比如 APK 应用程序中的 View 组件响应左右滑动这一 Gesture 是很简单的事——但是"寄居"于 Launcher 中的 Widget 就需要特别注意,因为左右滑动这个手势在 Launcher 中代表了翻页。换句话说,Widget 将得不到左右滑动的事件。即便开发人员可以通过修改 Launcher 源码来达到相同的效果,这种方法对于后期添加的 Widget 显然也是无能为力的。

前一小节我们分析过,一个 AppWidgetProvider 与外界的接口就是 onReceive,然后再细化为 onUpdate,onEnable 等事件处理。而产生这些事件的根源,除了 AppWidgetService 这一系统元素外,就是 AppWidgetHost 了。只不过后者也是要通过前者来发送事件的,如图 19-4 所示。

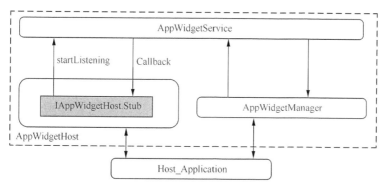

▲图 19-4 AppWidgetHost 与 Widget 系统间的接口

简图中的 Host_Application 是指扮演 Host 角色的应用程序,如 Launcher。它在整个 Widget 机制中只会与 AppWidgetManager 进行交互而不会直接调用 AppWidgetService 的接口(这有点类似于 ServiceManager.java 的作用)。可想而知,AppWidgetManager 内部还是要通过间接调用 AppWidgetService 来实现的。另外每个 Host_Application 还要持有一个 AppWidgetHost,我们可以认为它是 Host 的代理。

当一个 Host_Application 创建后,它需要向 AppWidgetService 注册监听 Widget 事件,并提供一个 callback 实现。这个 callback 实际上继承自 IAppWidgetHost.Stub,即一个基于 AIDL 的 BinderServer,这就保证了 AppWidgetService 在事件发生时可以回调到 Host。需要接收的回调事件包括:

- updateAppWidget→ updateAppWidgetView@AppWidgetHost
- providerChanged→onProviderChanged@AppWidgetHost
- viewDataChanged→viewDataChanged @AppWidgetHost

我们以 updateAppWidget 为例来分析其内部实现:

```
/*frameworks/base/core/java/android/appwidget/AppWidgetHost.java*/
void updateAppWidgetView(int appWidgetId, RemoteViews views, int userId) {
    AppWidgetHostView v;
    synchronized (mViews) {
        v = mViews.get(appWidgetId);
    }
    if (v != null) {
        v.updateAppWidget(views);
    }
}
```

当 WidgetProvider 希望更新 Host 中的 View 显示时(比如天气插件更新气温),它会通过 AppWidgetManager.updateAppWidget(int appWidgetId,RemoteViews views)来指定新的 View 样式(RemoteViews)。这个请求最终由 AppWidgetService 发送给相应的 Host 来实现,即 updateApp WidgetView。上面代码中的 mViews 定义如下:

703

```
HashMap<Integer,AppWidgetHostView> mViews = new HashMap<Integer,
                                                AppWidgetHostView>();
```

它是一个 AppWidgetHostView 的集合。换句话说，是当前这个 Host 所包含的所有 Widget 的 View 对象。比如在 Launcher 中用户每添加一个 Widget（或者设备刚开机时 Launcher 自己从保存的配置中读取需要加载显示的 Widgets），就会用 AppWidgetHost.createView 把它加入这个集合中。另外因为 Widget 数量众多，必须为它们分配一个全局唯一的 WidgetId。

1. Launcher 中添加 widget 的操作过程

在 Launcher 中添加一个 Widget，操作流程是：

首先，在主界面屏幕的空白处长按会弹出对话框，供用户选择需要添加到屏幕上的 item 类型，如图 19-5 所示。

当选择了"Widgets"后，程序通过带有 Intent.action 为 AppWidgetManager.ACTION_APPWIDGET_PICK 的 StartActivityForResult 来启动系统的如图 19-6 所示界面。

▲图 19-5　空白处长按会弹出对话框

▲图 19-6　界面

用户对 widget 的选择结果将通过 Activity.onActivityResult 返回给 Host_Application。后者在做了相应处理后，还要发起第二次 StartActivityForResult，这次的 Intent.action 为 AppWidgetManager.ACTION_APPWIDGET_CONFIGURE——意在对该 Widget 进行初始化（configuration）。比如天气插件需要指定用户所在城市、设置更新频率等。如果该插件对应的 AppWidgetProvider 提供了 ConfigurationActivity，此时就会被调用。

当配置结束后，通常 Host_Application 还会询问用户希望给 Widget 分配多大的显示空间，如 2 行 2 列或者 2 行 3 列等。做好这些准备后，Host_Application 才能真正把这个 Widget 添加到自己的显示界面中。

2. widget 在 host 中的显示流程

首先 Host 通过 AppWidgetManager.getAppWidgetInfo 来得到相应 WidgetId 的 Info 信息，即我们前一小节中讲到的 AppWidgetProviderInfo。接着 Host 会通过 AppWidgetHost.createView 产生一个 AppWidgetHostView——这个 View 对应的布局是由前面的 initialLayout 指定的。后续 AppWidgetProvider 根据实际情况还会通过 RemoteViews 来实时更新它的 Widget 显示。

那么，createView 都做了哪些工作呢？

```
/*frameworks/base/core/java/android/appwidget/AppWidgetHost.java*/
public final AppWidgetHostView createView(Context context, int appWidgetId,
                          AppWidgetProviderInfo appWidget) {
    final int userId = mContext.getUserId();
    AppWidgetHostView view = onCreateView(mContext, appWidgetId, appWidget);
    //本地的 View 对象
    view.setUserId(userId);
    view.setOnClickHandler(mOnClickHandler);
```

```
            view.setAppWidget(appWidgetId, appWidget);
            synchronized (mViews) {
                mViews.put(appWidgetId, view);
            }
            RemoteViews views;
            try {
                views = sService.getAppWidgetViews(appWidgetId, userId);//得到该Widget的RemoteViews
                if (views != null) {
                    views.setUser(new UserHandle(mContext.getUserId()));
                }
            } catch (RemoteException e) {
                throw new RuntimeException("system server dead?", e);
            }
            view.updateAppWidget(views);//通过RemoteViews "搭建" 本地的View
            return view;
        }
```

第一步是要产生一个 AppWidgetHostView，默认情况下 onCreateView 内部只是 new 了一个 AppWidgetHostView 对象然后就直接返回。如果读者有特殊需求，可以重载这个函数：

```
/*frameworks/base/core/java/android/appwidget/AppWidgetHostView.java*/
public class AppWidgetHostView extends FrameLayout {
…
```

可见，AppWidgetHostView 实际上是 FrameLayout 的扩展子类。而 setAppWidget 一方面将 widgetId 与此 AppWidgetHostView 联系起来，另一方面设置了将要显示的 widget 的 padding 值，我们同样可以重载这一实现。

接下来就是 widget 显示的重点，即我们如何把 Widget Provider 定义的界面显示到 Host_Application 中。

在分析源码前，我们先来打个比方。张三在北京建了一栋别墅，李四看了后很喜欢，于是也想自己在上海建一栋一模一样的。怎么办？显然不可能将张三的别墅直接挪到上海，因为它们是异地的，属于两个不同的"进程空间"。一个可行的办法就是将张三的建筑图纸完完本本地递交给李四，然后李四就可以在他自己的"进程空间"中兴建一栋一模一样的别墅了。虽然砖瓦、水泥可能用的不是一个品牌，但这丝毫不会影响大家认为"这两栋别墅的样式风格是完全一样的"。

Widget 的显示也类似。我们需要在另一个进程空间（即 Host_Application）中显示自己的 View，那么也完全可以把 View 的"图纸"交给对方——这样对方只要"依葫芦画瓢"，也就不难"还原"出 Widget 的"真实面目"了。而这张"图纸"，就是 RemoteViews：

```
/*RemoteViews.java*/
public class RemoteViews implements Parcelable, Filter {…
```

虽然它的名称中也带有"Views"，但实际上没有任何 View 的影子。它继承自可以跨进程传递的 Parcelable 类以及对数据进行约束的 Filter 类。

有了这些基础，我们再回头接着看前面的 createView：

```
views = sService.getAppWidgetViews(appWidgetId);
```

上面这句代码根据 WidgetId 来得到一个 RemoteViews，它借助于 sService 即 AppWidgetService 提供的接口来实现。实际上它只是简单填写了 Widget 的 LayoutId 和 PackageName 等，后面真正构造 Widget 的 UI 界面时才会去取"图纸"。

最后调用的 updateAppWidget 是真正构建 widget 界面的地方（分段阅读）：

```
        public void updateAppWidget(RemoteViews remoteViews) {…
            boolean recycled = false;
            View content = null;
            Exception exception = null;
            …
            if (remoteViews == null) {…
            } else {
                mRemoteContext = getRemoteContext(remoteViews);
```

```
            int layoutId = remoteViews.getLayoutId();/*Step1. 描述 Widget 的 LayoutId*/
            …
            if (content == null) {
               try {
                  content = remoteViews.apply(mContext, this, mOnClickHandler);/*Step2.
                     创建 Widget 的 View*/
               } catch (RuntimeException e) {
                  exception = e;
               }
            }
            mLayoutId = layoutId;
            mViewMode = VIEW_MODE_CONTENT;
         }
         …
         if (!recycled) {
            prepareView(content);
            addView(content);/*添加 Widget 的 View 到全局管理中*/
         }
         …
      }
```

Step1@ updateAppWidget。得到 Widget 所属的 Context 以及 layoutId。做过主题换肤功能的开发者应该会觉得和这里所采用的思想基本一致。

Step2@ updateAppWidget。正常情况下程序需要调用 RemoteViews.apply，其返回值 content 是一个 View 对象。一个合理的猜测即它应该就是根据 Widget 的 "图纸" 所创建出来的 View，后面再详细分析这个函数。

Step3@ updateAppWidget。前面我们说过 AppWidgetHostView 是一个 FrameLayout，因而作为 ViewGroup 它可以通过 addView 来添加子 View（即 content 变量）。

小结一下这个函数，简单来讲它做了两件事。

● 生成一个 View（content 变量）

这个 View 根据推测就是由 Widget 的 "图纸" 生成的，因而代表了 Widget 的 UI 界面。

● 将上述 View 加到 AppWidgetHostView 中

AppWidgetHostView 是一个 FrameLayout，它将 content 作为子 View 添加进来。这样当整个 View 重绘时，Widget 的界面自然也就呈现出来了。

来看看上面代码段中 apply 函数的实现：

```
/*frameworks/base/core/java/android/widget/RemoteViews.java*/
public View apply(Context context, ViewGroup parent, OnClickHandler handler) {
    RemoteViews rvToApply = getRemoteViewsToApply(context);
    View result;
    Context c = prepareContext(context);
    LayoutInflater inflater = (LayoutInflater)c.
                                getSystemService(Context.LAYOUT_INFLATER_SERVICE);
    …
    result=inflater.inflate(rvToApply.getLayoutId(), parent, false);
    …
    return result;
}
```

读者可以先思考下：如果已知一个 xml 描述的 layout 布局，要怎么才能把它变成代码中的 ViewTree 呢？答案就是通过层层解析这个 xml 文件，然后按照递归顺序来逐步生成文件中描述的每个 View 对象，并把它们有机地组织起来（树的形式）。

明白这些道理后，apply 函数就容易理解了。它就是通过 inflater 来完成工作的。具体的实现过程我们就不深究了，有兴趣的读者可以自行分析。

这样程序就按照 Widget 提供的 "图纸" 成功地在 host 进程中构造出本地的 View 对象了——它会和 Host_Application 中其他 View 一起，经过 SurfaceFlinger 的处理后最终显示到屏幕上。

Widget 机制的设计很有技巧，希望读者可以再深入 "品味"。

第 20 章 Android 应用程序的编译和打包

Android 系统的 APK 应用程序可以有如下几种编译方式。

- 借助系统编译

本书曾对 Android 系统的编译框架进行过完整分析。它利用 Android.mk 文件将众多小项目组织起来,并且提供了非常方便的函数以编译出各种可执行文件、库和应用程序等。理论上应用开发人员可以将 APK 源码添加到整个 Android 工程中,然后借助于系统编译来间接完成应用程序的编译——只不过这种方式并不多见。一方面,这要求开发工程师对整个系统的编译框架有一定的认识;另一方面,这意味着开发应用程序还需要下载整个 Android 工程,而且每次编译的时间也会很长。

- 借助于 IDE 工具

所以一般情况下,APK 应用程序(非系统级应用)的开发都会借助于 IDE 工具——比如适配于 Eclipse 的 ADT 就是使用最广泛的一种。Android 提供的 ADT 组件不仅可以用于快速建立应用程序的原型,其集成的各种辅助功能也可帮助开发人员便捷地编写、编译和调试应用程序。

- 命令行编译

工程师在 ADT 的帮助下,可以"不费吹灰之力"地完成编译。但是这种"傻瓜式"的操作方式造成的一个副作用,就是很多人对应用程序的编译、打包、签名等基础过程都"一知半解"。

本章我们将向读者系统地讲解隐藏在"ADT"背后的这些细节。

20.1 "另辟蹊径"采用第三方工具——Ant

软件编译需要用到哪些工具呢?

编译器是毋庸置疑的,如 GCC——而且理论上这就足够了。但随着软件工程的发展,很多项目的源码数量不断膨胀,因而单纯地使用 GCC 已经无法满足要求了。举一个例子,Android 工程有成千上万个文件,开发人员不可能手工逐个执行 GCC 命令。所以必须有其他工具来管理这些零碎的文件,并有目的地把它们组织成最终的系统 image——这就是 make 的意义所在。

那么我们编译一个 APK,是不是也要用到 make?

理论上当然可以这样做,但 Google 没有选择这种方式,而是"另辟蹊径"采用了第三方工具——Ant。

Ant 是"Another Neat Tool"的缩写,由 Apache 开发。从"Another"可以看出一点端倪,Ant 很可能是以某个经典工具为原型改进而来的,并且相对于原有工具更加"Neat"——事实也的确如此。Ant 的开发者原先供职于 Sun 公司,他在开发著名的 JSP/Servlet(即后来的 Tomcat)时,发现传统的 make 方法太依赖于操作系统环境,由此对研发人员的工作造成了不少的影响。

因此 Ant 被设计采用 Java 语言来开发,并且以 XML 文件(默认为 build.xml)来描述编译过程和依赖关系。这相对于 Makefile 来说更为简洁易懂，也更富有扩展性，所以在 Java 工程中逐渐得到了广泛的应用。

下面我们介绍 Ant 的几个常见命令。其他命令的用法也类似，有兴趣的读者请自行参阅 apache 的官方网站。

- `ant release`

  编译一个 release 版本的项目。

- `ant debug`

  编译一个 debug 版本的项目。

- `ant installd`

  安装一个已经 compiled 过的 debug 包。

- `ant installr`

  安装一个已经 compiled 过的 release 包。

- `ant installt`

  安装一个已经 compiled 过的测试包，同时安装被测试应用的 .apk 文件。

- `ant <build_target> install`

  编译并安装一个程序包。

- `ant clean`

  清理一个项目，或者如果使用了 ant all clean，则所有相关项目都会被清理。

特别提醒，如果你是在 Windows 操作系统环境下开发 Apk 应用程序，那么要注意 JDK 的安装路径。因为默认情况下，JDK 安装在"Program Files"目录中，而这中间的空格将导致 Ant 无法正常运行。解决的办法有两个：

- set JAVA_HOME= "c:\Progra～1\Java\<jdkdir> ";
- 或者将 JDK 安装到名称不带空格的路径中。

20.2 通过命令行编译和打包 APK

简单来说，Ant 可以提供两种编译方式，即 debug 和 release；而且不论何种方式生成的应用程序，都需要经过签名和 zipalign 的优化——只不过 debug 版本默认就会帮助开发者自动完成这些工作。关于签名过程的详细描述，请参阅下一小节。

Debug 模式

编译 debug 版本的项目，步骤如下。

- 命令行模式下，进入你的工程目录。
- 使用 ant debug 命令进行编译。

这样就会在项目的 bin 目录下生成一个后缀为"-debug.apk"的文件，而且它已经用 debug key 签过名，也经过了 zipalign 的优化。

Release 模式

虽然上面的 debug 模式非常方便，但并不适用于正式发布的应用程序。其中一个重要原因就是它采用的是系统默认的签名文件，没有起到很好的安全保护作用。

在 release 模式下，签名和 zipalign 优化都需要开发者手工完成。一般步骤如下：
- 命令行模式下，进入你的工程目录；
- 使用 ant release 命令进行编译；
- 在 bin 目录下会生成以 "-unsigned.apk" 为后缀的 APK 文件；
- 利用 Jarsigner 或者其他类似工具为 apk 签名（用私钥签名）；
- 利用 zipalign 优化应用程序。

可能有读者认为这个过程比较烦琐，这里有一个简化的方法可以在 release 模式下自动为 APK 签名和优化。
- 找到项目根目录下的 ant.properties 文件。
- 加入如下两条信息：

```
key.store=path/to/my.keystore
key.alias=mykeystore
```

这样 ant release 命令在生成 APK 的过程中会主动要求用户输入密码，而编译完成后的应用程序就已经用你提供的 my.keystore 签过名了。

编译生成的 APK 还需要安装到模拟器或设备上以供用户使用。在 Eclipse 上，我们只要点击 "Run->Run/Debug" 就可以将程序安装到目标上（目标可以是模拟器或设备。具体选择哪个一方面取决于当前设备的连接情况，另一方面与 Run/Debug Configurations 里 Target 页中的设置有关）。实际上这一过程借助了 adb 的 install 功能，因而命令行模式下，我们也同样可以使用 adb install 来达到相同的目的。关于 adb install 的更多描述，可以参见本书工具篇对 adb 的专门讲解，这里不再赘述。

20.3 APK 编译过程详解

前面我们对 Ant 的两种编译模式进行了概述，并从使用者的角度向读者介绍了命令行模式下的编译方法。接下来我们将进一步解析编译过程的每一个环节，即 Android 是如何将项目源码编译、打包成最终的 .apk 文件的。

以 APK 为后缀的文件是 Android 应用程序的标准格式。它其实是一个 zip 压缩包，所以可用 WinRar 等工具将其解压出来。可以看到，一个典型的 APK 应用程序包含了以下几部分内容：

```
|-- AndroidManifest.xml
|-- classes.dex
|-- resources.arsc
|-- res
|   |-- drawable
|   |    `-- icon.png
|   |-- layout
|   |    `-- main.xml
|   |-- xml
|-- META-INF
|   |-- CERT.RSA
|   |-- CERT.SF]
|   |-- MANIFEST.MF
```

- AndroidManifest.xml

这个文件相信读者都不会陌生。如果应用程序是一本书，那么这个文件就是它的"封面"和"目录"，记载了应用程序的名称、权限声明、所包含的组件等一系列信息。不过直接从 APK 解压出来的 AndroidManfiest 是无法打开的，因为发布时它已经被做了加密保护处理。

- classes.dex

APK 应用程序的核心。它是由项目源码生成的 .class 文件，经进一步转化而成 Android 系统可识别的 Dalvik Byte Code。如果 APK 引用了第三方 jar 包的话，那么通常情况下它也会被包含在 classes.dex 中（因为 Android 系统中的字节码和标准 JVM 中的字节码是有区别的，参考本书的 Android 虚拟机章节）。

- resources.arsc

编译过后的资源文件。

- res 目录

未编译的资源文件。

- META-INF 目录

用于保存应用程序的签名和校验信息，以保证程序的完整性。生成 APK 包时，系统会对包中的所有内容做一次校验，然后将结果保存在这里。而设备在安装这一应用程序时还会对内容再做一次校验，并和 META-INF 中的值进行比较，以避免程序包被恶意篡改。

图 20-1 详细描述了整个编译过程。

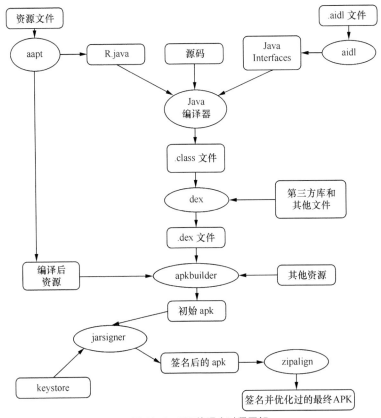

▲图 20-1　APK 编译全过程图解

可以清楚地看到，整个编译过程涉及了多种工具。下面对其中的几个重要步骤进行讲解。

- 首先 .aidl（Android Interface Description Language）文件需要通过 aidl 工具转换成编译器能处理的 Java 接口文件。
- 同时资源文件将被 aapt（Asset Packaging Tool）处理为最终的 resources.arsc，并生成 R.java 文件以保证源码编写时可以方便地访问到这些资源。
- Java 的编译器将 R.java，Java 源码文件以及上述生成的接口文件统一编译成 .class 文件。
- 因为 .class 并不是 Android 系统所能识别的格式，所以还要利用 dex 工具将它们转化为 Dalvik 字节码。这个过程中还会加入程序依赖的所有"第三方库"。

- 接下来系统将上面生成的 dex、资源包以及其他资源通过 apkbuilder 生成初始的 APK 文件包。注意：此时这个 APK 还没有经过签名和优化。
- 签名可以采用的工具很多，如 Jarsigner 或者其他类似的工具。如果是在 Debug 模式下，签名所用的 keystore 是系统自带的默认值；否则开发者需要提供自己的私钥以完成签名过程。
- 最后将上述签名后的 APK 通过 zipalign 进行优化。优化的目的是提高程序的加载和运行速度——基本原理是对 APK 包中的数据进行边界对齐，从而加快读取和处理过程。这也同时解释了其名称"zip"+"align"的由来。

至此，我们已经熟悉整个 APK 编译的流程，为下一节重点分析应用程序的签名打下了基础。

20.4 信息安全基础概述

在讲解 Android 应用程序的签名前，我们有必要补充了解信息安全与密码学（Information security and cryptography）的一些基础知识，这样读者对后面的学习就能"轻车熟路"了。

相信读者在生活中多多少少都已经接触过密码学的知识。比如我们在浏览网页，特别是一些银行官方网站时，经常会看到"http"协议已经悄然变成了"https"。再如个人电子签名，它的权威性已经得到了广泛的认可，并慢慢取代传统的签名方式而具有法律效力了。这些技术的迅速发展，都得益于密码和安全学的不断突破和创新。

安全是一个抽象的概念。换句话说，什么样的环境才是"安全"的呢？我们先来看看 Cryptography 的一个经典解释，引用自《Handbook of Applied Cryptography》一书：

Cryptography is the study of mathematical techniques related to aspects of information security such as confidentiality, data integrity, entity authentication, and data origin authentication.

从中可以看出，密码与安全学的几个基础目标是：

- Confidentiality；
- Data Integrity；
- Authentication；
- Non-repudiation。

这样说读者可能会觉得艰涩难懂，下面举个例子以帮助大家理解。假设有 3 个人，分别是小白（WHITE）、小红（RED）和小黑（BLACK）。从名称上不难看出我们给它们赋予的角色：小白和小红是"善良"的通信双方；而小黑则是"坏人"（Bad Guy，Adversary），如图 20-2 所示。

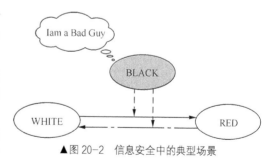

▲图 20-2　信息安全中的典型场景

我们的目的就是保证小白和小红的对话能顺利而安全地进行。按照场景的开展顺序，读者可以来推测下将会发生哪些安全隐患。

1. Authentication

假设是小白发起的对话请求，那么首要的一个问题就是：小白怎么知道和它建立连接的是小红。或者反过来说，小红又如何确定对方是小白呢？

这是安全学中一个非常重要的研究课题，即 Authentication。如果场景中的小红不是人类，而是银行服务器，那么可以想象一下如果小黑冒充 Bank Server 而和小白建立连接，后果将是非常严重的。小黑可以模仿银行的登录界面来轻松骗取小白的账户密码，然后实施各种侵害小白权益的行为。

因而在通信双方建立连接时，必须做相应的身份认证，以保证两端的会话者都是合法的（注意：日常生活中用户登录银行的网上银行，大多数情况下只是银行服务器方提供了身份认证）。

2. Confidentiality

现在小白和小红已经建立连接并且可以正常通信了。那么，这样就高枕无忧了吗？显然不是。小黑能做的破坏还很多，比如它可以在小白家的网络线上剪开，安装上监听器以截取双方来往的信息。这时小白和小红间的通信实际上就是图20-3所示的情况。

▲图 20-3　监听通信双方的往来信息

如果小白和小红在交流中泄露了一些机密信息，如银行卡号、密码等，那么小黑同样可以达到非法目的。解决的办法就是将通信双方的内容进行加密处理，这就是Confidentiality所要解决的问题。

3. Data Integrity

至此，小白和小红的安全性又得到了进一步保障——它们现在已经建立了连接，确认了双方的身份，并且通信数据也已经得到加密，保证小黑无法破解其中的内容。不过这并不代表小黑就无技可施了。虽然小黑没有办法破解监听到的内容，但它仍然可以篡改这些信息，如图20-4所示。

▲图 20-4　篡改通信双方的信息

> 注意　上面这个图例只是示意BLACK可以对通信内容进行篡改，并不是它真的可以获悉通信内容中有"APPLE"或者"OKAY"这些字眼（因为这些数据已经被做了加密处理）。

那么，如何保证内容不被篡改呢？可以肯定地说，做不到，或者在很多场合下做不到。比如小白是在家里通过有线宽带上网，如果没有办法阻止小黑在线路上安装监听器，当然也就无法保证通信数据不被恶意更改。

我们所能做的，就是当数据被篡改时双方可以察觉到这种变化。也就是说，保证通信的发送端和接收端数据的"完整性"，这就是Integrity要解决的问题。

4. Non-repudiation

通过上面的努力，小白和小红终于可以将小黑的破坏抛之脑后了。不过"攘外"以后，"安内"的问题就出现了。假设有这样一个场景：小白和小红在通信时约定了某项工程的金额，但是没过几天，小红就不认账了，并否认曾经做出的承诺。传统的解决方法里，双方在某项协商达成一致时必须"白纸黑字"签订合同。那么在网络信息通信中，是否也有类似的实现手段呢？

这就是"Non-repudiation"所要达到的目的。它将保证任何一方的承诺都是"无可抵赖和篡改"的，以保证对方的权益。

上面我们以实例的形式分析了信息安全中所面临的 4 类基础问题（实际上还有第五类问题，即"Availability"，用以衡量某项服务的可用性和可访问性。比如网站在大流量访问下是否可以正常运转。顺便提一下，在密码学领域发表论文时，一个惯例就是要明确指明你的 Paper 解决了上述问题中的哪一类或几类），接下来就需要从数学原理的角度来思考如何具体解决这些问题。

信息安全学的基础是数学，而其中的关键点总结起来有 3 个，即：

- Encryption（加密）；
- Decryption（解密）。

加解密算法发展到今天种类已经相当繁多，大的方向可以分为对称和非对称两种。

- Hash（哈希散列）。

简单来讲，Hash 就是将不定长度的输入变成定长输出的一个过程。

我们先来看看加密、解密和哈希的一些基础知识。

5. 对称算法（Symmetric Algorithm）

如果加密和解密过程所用的密钥完全一样（单钥密码体系），就是对称算法。这是一种传统的加密方式，从密码学发展早期就已经存在（当然，随着科技的发展，其算法的具体实现方式仍在不断演进中）。另外，我们在日常生活中其实也随处可见对称加密的方式，如大家家里的门锁就是单钥系统——因为外出锁门时和回家开门时所用的是完全一样的同一把钥匙。对称加密算法通常速度很快，可以应用于大数据量加密的场合。

当前密码学中常用的对称算法包括 DES，AES 等。

传统对称算法的一个缺点是不利于传输，如图 20-5 所示。

我们来设想这样一个场景：小白想邮寄一封密信给小红，为了防止被小黑窃取信件内容，它首先将信放入盒子中，然后加上了一把锁后再邮寄出去。这样确实能保证小黑无法浏览到信的内容，却也引

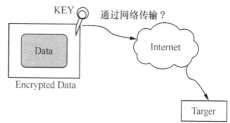

▲图 20-5 对称算法的密钥传输问题

出了一个致命的问题，即小红也同样没有办法阅读信件的内容，因为它和小黑一样没有锁的钥匙。

那么将钥匙和盒子一起寄过去？显然这样的方式是很愚蠢的，并没有起到任何保护密信的作用。直接寄送密钥是行不通的，于是科学家们开始思考，是否能两边协商出一个共同的密钥？这确实是一个好主意，不过小黑对于这个"协商"过程，也肯定是知晓的（在没有加密前，所有信息都是明文传送，小黑可以轻易获取两方正在进行的任何沟通）。因而这个方案成功的前提是，如何绕过小黑来完成协商过程。

网络传输过程中的信息小黑是能获知的。换个角度来思考这句话，就是通信双方的本地数据（比如小白和小红的本地计算机里内存的数据），它是没有办法得到的。整个协商过程的突破口就在这里，下面以著名的 DH（Diffie-Hellman）算法为例来解释这个实现过程。

- 小白和小红首先需要有两个公共的值 g 和 p。因为是公开的，小黑也可以得到这两个数值。
- 小白在本地产生一个私密数值 a，小红也同样产生一个私密数值 b。
- 小白通过公式 Y1=g^a mod p 计算出自己的 Y 值，小红也根据同样的公式算出它的 Y2=g^b mod p。
- 然后小白和小红互换它们的 Y 值。
- 小白计算出通信所需要采用的密钥 Key1=(Y2)^a=(g^b mod p)^a=g^(ab)mod p，而小红这边计算出的密钥 Key2=(Y1)^b=(g^a mod p)^b= g^(ab)mod p=Key1。

这样一来，它们就协商出共同的 Key 值了。那么这一过程中，小黑都获取了哪些数据呢？很明显，在网络中传输的值是 g，p，Y1 和 Y2，这其中并没有 Key1 或者 Key2，而计算密钥 Key

所需的关键数值 a 或者 b，也没有被直接传送。因为 Y 值计算公式的不可逆性，小黑绝不可能从中推导出 a 或者 b 值。

因此我们可以得出一个完美的结论——整个密钥协商过程是安全可靠的。

6. 公钥算法/不对称算法（Public-key Algorithm）

公钥算法的核心是加密和解密所用的密钥不是同一个，我们分别称之为公钥和私钥的 Key。一般情况下，数据用私钥/公钥进行加密，然后通过匹配的公钥/私钥解密（其中的数学推导过程我们不做深入分析，有兴趣的读者可以自行查阅相关资料）。公钥是所有人都可以获知的，私钥则由个人自己保存，如图 20-6 所示。

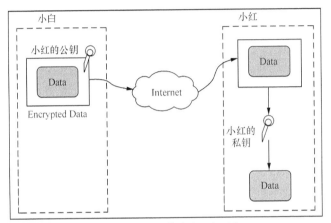

▲图 20-6　公钥算法应用（1/2）

通过图 20-6 所示的方法，小白成功地将数据安全地传送给小红。因为小黑并没有小红的私钥，所以它无论如何也无法破解数据的内容。而另外，因为公钥是所有人都可见的，就避免了对称算法中密钥传输的难题。

图 20-6 我们使用的是接收方的公钥来加密数据，如果反其道而行之，用发送方的私钥进行加密，又会是什么样的情况呢？如图 20-7 所示。

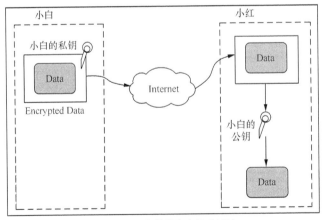

▲图 20-7　公钥算法应用（2/2）

读者可能会觉得有点奇怪，既然公钥是大家都能获取到的，而且可以解密，那么数据还有什么安全性可言。请耐心接着往下阅读，答案很快就会揭晓了。

常用的公钥算法包括 RSA 和 DSA 等。

7. 哈希算法（Hash Algorithm）

学习过数据结构的读者一定对哈希不陌生，因为利用哈希表进行信息查找也是常用的算法之一。Hash 的作用就是将任意长度的二进制值映射为固定长度的最终值。从概率学的角度而言，两个不同的输入值经过 Hash 算法后绝对是有可能发生碰撞的。因而算法的好坏很大程度上取决于它能否最大限度地降低这种冲突。另外，哈希算法要求整个转换过程具有随机性——即就算两个输入值仅有非常小的差异，其输出值也应该有"天壤之别"。这样的设计在信息安全中有重要意义，可以有效防止非法人员通过不断推测来获知明文信息。

Hash 算法除了用于查找外，还有很多其他方面的应用，如消息摘要、数字签名等。常见的哈希算法有 MD5、SHA、SHA-1、SHA-256、SHA384 和 SHA-512 等。

加解密和哈希算法是解决信息安全领域众多问题的基础。下面再回头来看看小白、小红之前碰到的 4 个安全隐患。

- Authentication

我们知道在公钥算法中，私钥由个人自己保存，并且其他所有人都是无法获知的。这就给 Authentication 提供了理论依据。比如在这个场景中，小白确认对方是不是小红的依据，就在于对方有没有拥有小红的私钥。具体如何操作呢？典型的做法如下：

➢ 小白用小红的公钥去加密一段数据，然后传给对方；
➢ 对方用私钥解出明文数据，并返还给小白；
➢ 小白比较对方提供的明文是否和自己本地保存的数据匹配。

因为公钥加密过的数据只能由私钥解密，所以只要对方能正确解密出原始数据，就可以认定它是小红。

不过实际的过程要复杂些。想象一下，如果小黑是等到小白和小红做完了认证后再介入呢？因为此时小白已经完全相信对方是小红了，很有可能会造成安全问题。所以认证的同时，也要综合考虑双方的数据加密，这样才不会让非法人员有机可乘。

- Confidentiality

加密协商通常和上述的认证过程综合进行。如果是大数据量的传送，一般情况下需要使用 DH 算法协商出对称密钥；而对于一些小量的数据，可以使用双方的公钥进行加密。

- Data Integrity

单纯的加解密算法无法解决完整性认证，所以我们还需要引入 Hash 算法，流程如图 20-8 所示。上图的主要步骤如下：

➢ 发送方首先对数据进行哈希处理，得到一个 Hash 值；
➢ 发送方将数据和哈希值进行加密，并传送到接收方；
➢ 接收方解密后，先对数据进行同样的哈希处理，得到另一个 Hash 值；
➢ 接收方将收到的哈希值和上一步中得到的 Hash 值进行比较，判断数据传递过程中是否被篡改。

- Non-repudiation

Non-repudiation 直译过来就是"无法否认"。在认证过程中，我们采用的原理是"只有拥有私钥的人才能解密用公钥加密过的数据"。与此类似，"只有用私钥加密的数据才能用公钥解开"——这就是数字签名所依据的理论基础。

假设小白认可了一份合同，并使用自己的私钥对其进行了加密，那么如果后期发生纠纷，就可以使用小白的公钥对这份文件进行解密。由于私钥的唯一性，小白就没有办法抵赖经它签过名的内容。

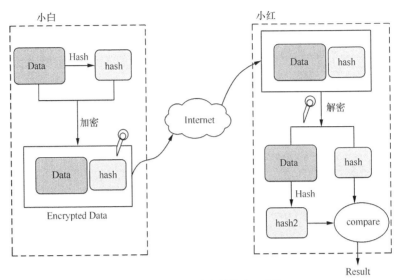

▲图 20-8　数据完整性的验证过程

不过在实际应用中，情况通常不会这么简单。比如谁能知道小白的公钥是哪一个？为了解决这个问题，就需要有一个公共的服务中心来保管和提供权威的公钥查询功能——这就是 CA（Certificate Authority）的职责所在。

目前市面上已有不少 CA 机构能提供数字证书的颁发和查询，而且其中一部分是免费的。当用户需要验证某份公钥是否属于它所要建立连接的机构或个人时，就可以向 CA 发起请求。在浏览网页的过程中，这一过程通常由浏览器自动帮你完成。比如你在访问 Https 开头的网站时，通常服务器会发送一份经过 CA 签名过的证书来证明自己就是你所要找的目标，这时浏览器就需要自动去认证这一证书的真伪。假如浏览器已经有该 CA 的证书，表示它信任这个组织，那么它就可以使用 CA 的公钥去解密服务器的证书并做完整性测试。如果一切顺利，浏览器就可以相信服务器里所提供的公钥和身份信息，而后使用这一公钥与服务器进行对话。

本小节我们从一个典型的信息对话场景入手，逐步引出所有可能发生的安全隐患。然后结合密码学的基础理论（加解密算法、哈希算法），详细讲解了这些安全问题的应对之策——其中提到的多种解决方案都是应用密码学中的典型应用。

下一小节我们将向续者讲述 Android 系统又是如何保证应用程序的安全的。

20.5　应用程序签名

Android 系统中的应用程序签名有如下几个特点。

- 所有的 Android 应用程序都需要被签名，不论它是 debug 还是 release 版本。可以参看本章的开头几个小节。
- 可以采用自签名的形式。也就是说，可以不需要上一小节提到的 CA 认证。
- 系统只在安装过程中检查证书的有效性。如果应用程序安装以后证书才过期，并不会影响它的使用。
- 可以使用 Keytool 和 Jarsigner 来完成签名过程，然后还需要使用 zipalign 对 apk 文件进行优化。可以参阅本章开头几个小节。
- 建议开发者对自己研发的所有应用程序采用统一的证书。

- 当应用程序升级时，系统会比较新旧版本的证书是否一致。如果证书一致，升级才能顺利进行；否则安装将失败。当然，你也可以更换新版本的包名，这时系统会把它当成另外一个应用程序进行安装。
- 采用相同签名的应用程序允许被安排在同一个进程中运行。
- 采用相同签名的应用程序间可以根据特殊权限进行代码和数据的共享。

接下来我们分别介绍 Debug 和 Release 模式下的签名过程。其中，Debug 模式比较简单，因此只是做简单介绍。

Debug Mode

这个模式下的签名过程是由系统自动完成的。因为采用的是默认的 keystore，用户不需要特地输入密码等信息。签名所需用到的工具 Keytool 和 Jarsinger 都是由 JDK 提供的，因此需要保证 JAVA_HOME 环境变量的正确性。

默认的签名信息如下：

- Keystore name: "debug.keystore";
- Keystore password: "android";
- Key alias: "androiddebugkey";
- Key password: "android";
- CN: "CN=Android Debug,O=Android,C=US"。

需要注意的是，Debug 下所使用的证书也是会过期的，它从生成之日算起只有 365 天的有效期。一旦超过期限，系统会有类似下面的提示：

```
Debug Certificate expired on 8/4/08 3:43 PM
```

解决的方法就是将 debug.keystore 文件删除，那么下一次编译时就会再自动生成新的 keystore 了。存放 debug.keystore 文件的路径依据不同的操作系统会有所差异。

- Linux 和 OS X

~/.android/

- Windows XP

C:\Documents and Settings\<user>\.android\

- Windows 7

C:\Users\<user>\.android\

Release Mode

Release 模式的签名过程相对麻烦一些，如下所示。

- 获取一个私人密钥

可以选择使用 Keytool 工具生成一个新的密钥。需要特别注意的是，如果发布的应用程序是针对 Google Play，那么证书的过期时间必须在 2333 年 10 月 22 日以后。Keytool 的使用方法我们这里不做详细介绍，读者可以自行查阅资料了解。

- 编译 release 版本的应用程序

我们在第一小节已经做过详细介绍，这里不再赘述。

- 利用相关工具对应用程序进行签名

JDK 已经提供了 Jarsigner 来完成签名过程。当然，读者也可以选择其他合适的工具来替代 Jarsigner。关于这个工具的详细使用方法，可以参见 Oracle 官方文档。

- 最后对签名后的应用程序进行对齐优化

第 20 章 Android 应用程序的编译和打包

前面小节我们对 Zipalign 进行过简单介绍，它保证所有数据能按照特定标准来相对文件开头进行字节对齐。这将在一定程度上提高应用程序的运行速度，如系统可以使用 mmap() 来读取文件，而不是复制包中的所有数据。Zipalign 的语法很简单，范例如下所示：

```
zipalign -v 4  App_name-unaligned.apkApp_name.apk
```

其中，-v 开启 verbose 输出；数值 4 代表要对齐的字节数（当前只允许填写 4）。

后两个 APK 分别代表了输入和输出。如果需要覆盖原有的 APK，还需要加上 -f 标志。

如果你觉得使用命令行模式效率太低，而且是在 Eclipse 环境下开发，那么还可以使用 ADT 提供的 Export Wizard 来逐步导出有效的 APK 应用程序（图 20-9 左半部分）。这种方式可以让你使用已有的 keystore 进行签名，也允许新创建一个 keystore（图 20-9 右边部分）。

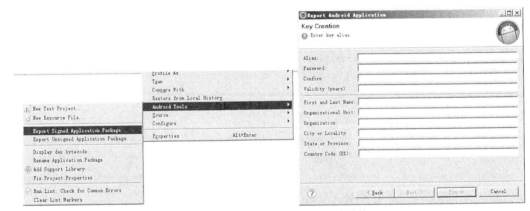

▲图 20-9　使用 ADT 的 Export 功能导出合法的 APK

这时编译系统会对 APK 应用程序展开更加详细的检查，包括安全（Security）、效率（Performance）、可用性（Usability）等多个方面。默认情况下如果检查过程中发现有错误，程序就会停止 APK 的导出操作。你也可以在 Preferences->Lint Error Checking 中关闭这个检查功能，如图 20-10 所示。

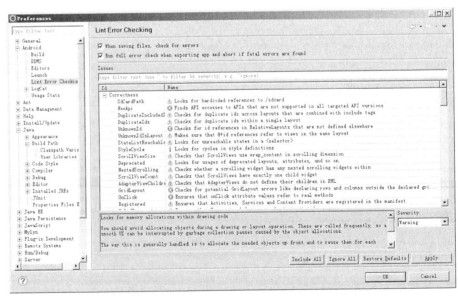

▲图 20-10　Lint Error Checking

由此可见，Android 系统提供了多种开发方式。而具体选择哪一种，则取决于开发者的习惯以及项目的实际需求。当然，无论是命令行还是图形界面操作，应用程序的编译、打包、签名、对齐这些操作的原理都是不变的。

20.6 应用程序签名源码简析

这一小节我们来简要分析下应用程序签名相关的关键源码。

首先来比较下签名前和签名后 APK 的区别。图 20-11 和图 20-12 分别显示了用 Eclipse 的 "Export Unsigned Application Package" 和 "Export Singed Application Package" 导出来的同一个 APK 的目录结构。

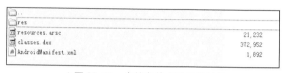

▲图 20-11 未签名的 APK 目录结构

▲图 20-12 签名后的 APK 目录结构

如果直接安装未签名的 APK、adb 将会报错，如图 20-13 所示。

▲图 20-13 报错

可以看到，两者间的唯一差别就是 META-INF 文件夹，其他部分的数据无论大小或者内容都是一样的。关于 META-INF 我们前几个小节做过简单的介绍，它是专门用来保存应用程序签名和校验等安全信息的目录，通常情况下包括 MANIFEST.MF、CERT.SF 和 CERT.RSA 3 个文件。签名和校验过程实际上就是围绕这 3 个文件展开的，可以用图 20-14 概括它们之间的关系。

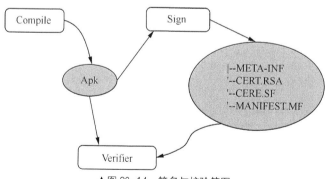

▲图 20-14 签名与校验简图

接下来我们将通过分析 verifier 源码来了解 META-INF 下各文件的用途以及整个签名校验的大致流程。

当一个应用程序需要安装时，首先 Package Manager 会对其进行初始化处理。这其中就包含了对签名和文件哈希值的检查，函数流程如图 20-15 所示。

这其中的逻辑关系比较复杂，主要涉及以下几个类。

第 20 章 Android 应用程序的编译和打包

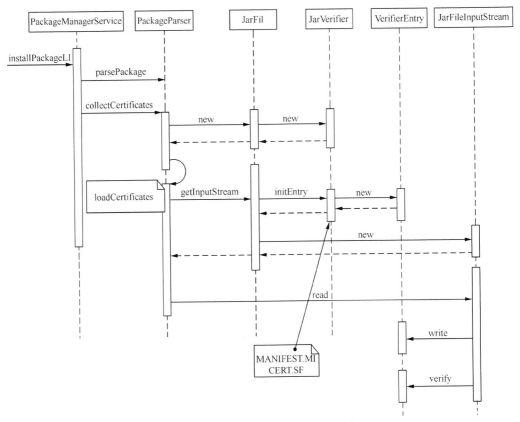

▲图 20-15 安装应用程序时的安全检查

1. PackageParser

负责解析应用程序包，并完成安全校验；而且整个校验过程是针对 APK 包中的所有文件逐个进行的，这也同时解释了为什么 MANIFEST.MF 中为每个文件都提供了 hash 值。一个典型的 MANIFEST.MF 文件格式如下所示：

```
/*MANIFEST.MF*/
Manifest-Version: 1.0
Created-By: 1.0 (Android)

Name: res/drawable-ldpi/pty.png
SHA1-Digest: JfxEcu/NKzCCaCsg1rwnOxUBK7U=

Name: res/drawable-ldpi/fm3_down.png
SHA1-Digest: LvoLkSkySbbH79GbuCc+qg311do=

Name: res/drawable-ldpi/signal2.png
SHA1-Digest: yVjMqmIUQ5cKNi/dgyq35o2d3gQ=

Name: res/drawable-ldpi/fm2.png
SHA1-Digest: 9M3S7wzBvE2bJn/ffa1IF+546sk=

Name: res/drawable/key4_select.xml
SHA1-Digest: jj3NmAjUMeqfAQvnl0ijUNHQN9Q=

Name: res/drawable-ldpi/ta_indicate.png
SHA1-Digest: kcqTpfODE7dh1QTsY0miCCZP6lI=
```

安装过程中只要有任何文件的 Hash 匹配无法通过，整个安装就会终止，并有类似如下的提示：

```
Package *** has no certificates at entry ** ; ignoring!
```

其中的 entry 即指程序包中发生错误的文件。

我们这里再补充一些密码学的基础知识，这样读者在学习源码时就更容易理解了。以上面 MANIFEST.MF 中的第一个文件为例，即：

```
Name: res/drawable-ldpi/pty.png
SHA1-Digest: JfxEcu/NKzCCaCsg1rwnOxUBK7U=
```

计算这个 pty.png 文件的 SHA-1 摘要值的步骤如下。

- 根据 SHA-1 算法得到这个文件的摘要。标准 SHA-1 的输出位数为 160bit。
- 有读者可能会觉得奇怪，既然 SHA-1 的输出为 160 位，即 20 个字节，那么为什么下面的字符串有 28 个呢？这是因为上述得出的 20 字节的数据还需要经过 BASE64 编码。

BASE64 的基本规则是将原始数据的 3 个字符变为 4 个字符，每 6 位前加上 2 位 0，所以最终得到的每字节最大值都不会超过 64。因为 0～63 的 ASCII 码有不可见字符，为了方便起见，算法还会将这 64 个数值分别对应为固定的可见 ASCII 字符。

比如经过 SHA-1 运算后，我们得到如下值：

25FC4472EFCD2B3082682B20D6BC273B15012BB5，一共 20 个字节。

前 3 个字节的二进制码为 00100101(25) 11111100(FC) 01000100(44)

我们在每 6 位前都加上两位 0，这样就变成：

$$\underline{00001001}\ \underline{00011111}\ \underline{00110001}\ \underline{00000100}$$

十进制	9	31	49	4

根据 BASE64 表，数值 9、31、49 和 4 分别对应可见 ASCII 字条中的 J、f、x 和 E，这和我们上面看到的 MANIFEST.MF 中的结果完全一致，因而说明这个 pty.png 文件没有被篡改过。读者可以依照上面的算法自行计算剩余的几个字符。

2. JarFile

继承自 ZipFile，每一个 Apk 包只对应唯一的 JarFile，这也进一步验证了应用程序包实际上是一个 Zip 压缩包。它代表了检验过程中的一个整体，真正的匹配工作则由 JarVerifier 完成，可以参见后面的类图关系。

3. JarVerifier

JarVerifier 是各种校验数据的储存仓库，同时它包含了 VerifierEntry 嵌套类，后者会对每一个文件做具体的检查和匹配工作。

4. VerifierEntry

真正的匹配是在这里完成的。JarVerifier 在生成一个 VerifierEntry 时，会进行一定的初始化，然后 JarFileInputStream 还会进一步完善其中的数据，然后进行校验。成功后它的 Entry 将提交 JarVerifier 进行存储，以备后期查询。

5. JarFileInputStream

继承自 InputStream，同时也是 JarFile 中的嵌套类。

我们再提供一个类图来帮助读者理解，如图 20-16 所示。

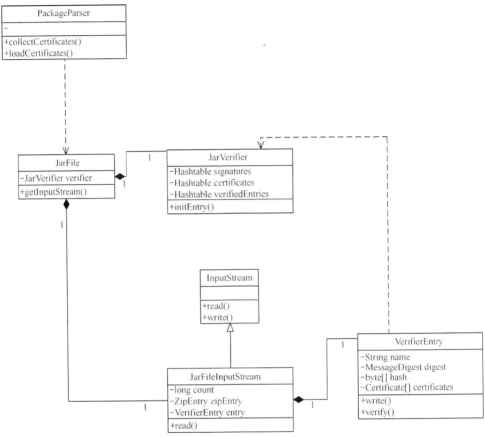

▲图 20-16　安全校验相关类的关系图

接下来我们分析部分重点代码：

```
/*frameworks/base/core/java/android/content/pm/PackageParser.java*/
public boolean collectCertificates(Package pkg, int flags) {…
    JarFile jarFile = new JarFile(mArchiveSourcePath); /*创建一个JarFile 实例，
                                                        以APK包的路径作为参数*/
    …
    if ((flags&PARSE_IS_SYSTEM) != 0) {/*如果这个包来源于system image,那么可信任度比较高，
                    因而只检查AndroidManifest.xml 文件,不用逐个校验数据包中的所有文件*/
        …
    }else{
        Enumeration<JarEntry> entries = jarFile.entries(); //程序包中的所有文件
        while (entries.hasMoreElements()) {//对包中的所有文件逐一进行校验
        final JarEntry je = entries.nextElement();
        if (je.isDirectory()) continue; //忽略目录
        final String name = je.getName(); //文件名
        if (name.startsWith("META-INF/"))
        continue;
        if (ANDROID_MANIFEST_FILENAME.equals(name)) {/*如果文件是AndroidManifest. xml*/
            pkg.manifestDigest =ManifestDigest.fromInputStream(jarFile.getInputSt
            ream(je));
        }
        final Certificate[] localCerts = loadCertificates(jarFile, je, readBuffer);
                        /*这是整个安全检查的关键,下面我们会详细分析这个函数*/
        …
```

PackageParser 通过 collectCertificates() 来检验程序包中的所有文件是否都符合要求，然后才能返回 PackageManager 继续执行安装过程。这个函数分为两个部分：

- 解析 package 包，得到所有文件；
- 对这些文件进行逐一检验。

20.6 应用程序签名源码简析

安全检查的关键在于 loadCertificates，如下所示。

```
/*frameworks/base/core/java/android/content/pm/PackageParser.java*/
private Certificate[] loadCertificates(JarFile jarFile, JarEntry je, byte[] readBuffer) {
    try {
        InputStream is = new BufferedInputStream(jarFile.getInputStream(je)); /*getInput
        Stream()返回一个 JarFileInputStream 实例，后者又包含了一个已经初始化过的 Verifier
        Entry 实例*/
        while (is.read(readBuffer, 0, readBuffer.length) != -1) {/*BufferedInput
                        Stream 中包含了 JarFileInputStream, 所以最终是调用它的 read()函数*/
        }
        is.close();
        return je != null ? je.getCertificates() : null;
    } catch (IOException e) {…
    } catch (RuntimeException e) {…
    }
    return null;
}
```

整个检验过程主要涉及以下几点。

- CERT.RSA

这是应用程序开发者提供的证书，包含了该开发者的公钥和一系列身份信息。因为是自签名的，就不需要 CA 的认证。

- CERT.SF

后缀名.SF 应该是 Signature File 的缩写，所以这就是我们所说的签名文件。根据前面学习的密码学基础，它是对"某个文件"的 Hash 值进行私钥加密产生的。那么针对这里的情况，具体是指哪个文件呢？理论上当然可以对每个文件的摘要分别进行签名，但 Android 选择了一个聪明点的办法，即它只对整个 MANIFEST.MF 进行了加密——因为它包含了应用包中所有文件的 Hash 值。这样既可以检查此文件是否完整可靠，也可以验证程序提供的私钥和公钥是否匹配。

- MANIFEST.MF

只要确认了 MANIFEST.MF 文件的可靠性，就可以通过读取其中的信息来为 APK 包中的所有文件做一一校验。接下来的代码中我们侧重于对这一校验过程的分析。

先来看看 Read 函数的内部实现：

```
public int read() throws IOException {…
    if (count > 0) {/*如果 count 大于 0, 说明还有数据需要写入 VerifierEntry, 即之前
                    initEntry()时已经做过初始化*/
        int r = super.read();
        if (r != -1) {
            entry.write(r);//写入 entry 中，为校验做准备
            count--;
        } else {
            count = 0;
        }
        if (count == 0) {
            done = true;
            entry.verify();/*所有数据都已经保存完毕，进入校验阶段*/
        }
        return r;
    } else {
        done = true;
        entry.verify();
        return -1;
    }
}
```

最后我们再来看看 VerifierEntry(在 JarVerifier.java 文件中)里 verify 函数的实现：

```
class JarVerifier {…
class VerifierEntry extends OutputStream { //实际上是一个 OutputStream
    void verify() {/*这个 verify()函数的作用是将 CERF.SF 解密后的数据与 MANIFEST.MF 进行比较，
                    以此来证明证书的有效性。因而它并不是用来验证应用程序包中所有文件的完整性*/
        byte[] d = digest.digest();
```

```
            if (!MessageDigest.isEqual(d, Base64.decode(hash))) {/*正如我们上面所举的例子，存储在
                MANIFEST.MF 中的 SHA-1 值经过了 BASE64 编码，因此这里还需要先进行解码*/
                throw invalidDigest(JarFile.MANIFEST_NAME, name, jarName);/*如果不匹配，抛出异常*/
            }
            verifiedEntries.put(name, certificates);
        }
...}
...
```

Android 签名机制确保应用程序在安装前没有被恶意篡改，因而有效地保护了开发者的权益。另外，它也为用户选择和安装合法来源的应用程序提供了有力的保障。

20.7 APK 重签名实例

前面几个小节我们分析了 Android 应用程序的签名机制，从中可见整个过程是相对缜密的。但是，这并不代表我们可以"高枕无忧"，无视 APK 的安全问题了。事实上，由于 Android 系统是自签名的，我们完全可以对第三方应用程序进行重新签名，然后做二次发布——这样得到的 APK 通常情况下也可以在 Android 系统中正常运行。

本小节我们将讲解如何对第三方的应用程序进行重新签名。

- Step1. 解压 APK 文件

因为 APK 实际上是一个 zip 包，所以你可以通过很多常用的工具来把其中的内容解压出来。

- Step2. 删除其中的 META-INF 文件夹

我们知道，这个文件夹保存了开发者的公钥、签名以及 APK 中各文件的 Hash 值等重要信息。重新签名意味着这些资料将被全部更新，因而我们可以删除它们

- Step3. 将上述的文件夹重新打包为 zip 文件

打包后可以将后缀名由"zip"改为"apk"。我们假设完成这一步操作后的文件名称为"YourUnsigned.apk"

- Step4. 利用 jarsigner 工具进行重新签名打包

这一步是真正执行重签名的地方，所以尤其关键。

如果你安装的 JDK 是 7 或者以上版本，那么建议你通过以下命令行来完成这一任务：

> jarsigner -keystore ~/.android/debug.keystore -storepass android -keypass android -sigalg MD5withRSA
- digestalg SHA1 YourUnsigned.apk androiddebugkey

否则，采用下面的命令：

> jarsigner -keystore ~/.android/debug.keystore -storepass android -keypass android YourUnsigned.apk androiddebugkey

接着对重签名后的文件进行优化处理：

>zipalign 4 YourUnsigned.apk Aligned.apk

如果你的操作系统环境是 Windows，可以根据实际情况对上述命令行进行微调，但基本上是大同小异的。

如果你觉得命令行的方式太过于繁琐，也可以下载 GUI 工具来完成。图 20-17 是目前比较流行的 re-sign.jar 工具的主界面。

可以看到，APK 重新签名的过程并不复杂，这或许也是市面上很多 Android 应用程序被非法二次打包的一大原因。当然，被重新签名的 APK 的公钥信息与原 APK 相比显然已经发生了变化。而且公钥和私钥又是配对的，这就意味着在升级应用程序的场景下，我们可以通过比对要安装的 APK 与老版本 APK 的公钥信息来判断这个应用程序是否出自同一家开发商，从而在一定程度上来防止恶意程序的破坏。

▲图 20-17 主界面

第 21 章 Android 虚拟机

21.1 Android 虚拟机基础知识

21.1.1 Java 虚拟机核心概念

如果从 1991 年 James Gosling 创立 Java 的前身——oak 算起，Java 已经走过了二十多年。其凭借"Write once，Run anywhere"的口号征服了无数的开发者与设备厂商，并仍在不断焕发出新的生机——与其说是 Android 系统将 Java 带向了另一个新高度，倒不如说是站在 Java 这个巨人的肩膀上才造就了 Android 今天的成绩。

我们知道，Android 系统在成立之初就选择 Java 作为其首选的应用程序编程语言。一方面，当时市面上的 Java 应用程序已经具备一定的体量，某种程度上有利于 Android 系统"坐享渔翁之利"；另一方面，Java 语言快速构建应用程序的能力对于 Google 壮大 Android 生态圈也是大有裨益的。

问题在于，Java 程序的运行需要完整的虚拟机环境，而 Android 系统本身又是一个开源项目，显然无法直接使用商用的 JVM（当然，JVM 与终端设备之间"水土不服"是另一个重要的考量因素）。怎么办呢？Google 给出的答案是自研一整套具有"Android 特色"的 Java 虚拟机运行时环境——不可否认的是，Android 虚拟机的诞生过程中，或多或少都会"借鉴"商业 JVM 中的一些设计思想和技术实现（这同时也为后续 Oracle 和 Google 之间的"恩恩怨怨"埋下了伏笔）。

所以虽然严格意义上讲 Android 系统中的 Dalvik/Art 并不算 100%纯正的 Java 虚拟机（它们并不完全遵循 JVM 规范），但"骨子"里看它们和 HotSpot 等官方 JVM 又源出一脉。因而建议大家在研究 Dalvik/Art 之前可以先打好"Java 标准虚拟机"这个基础，否则就变成"无源之水"了。

有鉴于此，本小节我们将介绍 Java 虚拟机的一些核心概念，希望能为大家后续章节的学习打下必要的根基。不过限于篇幅，我们只能对某些关键技术"点到即止"，因而强烈建议读者们可以自行参阅 Java 和 Java 虚拟机的相关资料，如 Oracle 的《Java Language Specificatiodn》《The Java Virtual Machine Specification》等。

如果用一句话来概括 Java 虚拟机所要解决的核心问题，那么就是它提出的口号，即如何做到"Write once, Run anywhere"。为了达到这一终极目标，它需要把开发人员编写的 Java 语言文件编译为中间状态的 Bytecode，然后再在运行阶段针对具体的平台做"转译"——将字节码翻译成目标平台对应的机器码；其他的诸如 JIT、Interpreter、内存分配和回收、线程管理等子系统从本质上说都是为这一终极目标而服务的。

理解上述这点很重要，它将引导我们从更本源的角度来思考 JVM 的实现。

当我们在分析 Java Virtual Machine 时，应该注意区分以下几个概念：
- 抽象的 Java 虚拟机规范；
- 具体的 Java 虚拟机实现；
- 运行时态的 Java 虚拟机实例。

第一个概念指的是 Oracle 官方发布的 Java 虚拟机协议规范；然后不同厂商可以基于这一规范来实现具体的 JVM（如 Hotspot）——因而市面上流行的虚拟机实现方案可能会有很多种。并且这些方案并不一定完全采用纯软件来完成，还有可能是软硬件的集合体。

当一个虚拟机程序运行起来后，便形成了 Java 虚拟机实例。按照 Java 虚拟机规范中的描述，我们可以从 Subsystem、Memory Area、Data Type 和 Instruction 几个维度来度量 JVM。

毋庸置疑，JVM 的首要任务就是执行 Java 程序，因而通常情况下一个虚拟机实例与程序的生命周期是紧密绑定在一起的。JVM 中的线程可以分为 daemon 和 non-daemon 两种，前者是指 VM 自身使用的线程，如执行垃圾回收操作的工作线程（程序也可以将它的线程标注为 daemon thread）。

虚拟机是和物理机相对应的概念，通常而言，一个虚拟机就是对某种物理形态的模拟。我们知道，计算机执行代码的过程实际上也代表了其自身状态的迁移过程——这个观念从图灵机伊始，本质上是"亘古未变"的。抽象来讲，计算机处理代码的逻辑如下所示：

```
while(true)
{
    根据当前 pc 寄存器取出指令；
    执行指令；
    调整 pc 寄存器值；
}
```

虚拟机和物理机的处理逻辑可以说是"一脉相承"的，只不过它们各自所面临的具体对象和场景都有所差异。

读者可以思考一下，如果以一个简单模型来描述 Java 虚拟机，应该是什么样子的呢？相较于通用型的虚拟机（如 Qemu），JVM 的目的性更为明确，即"根据输入的代码，得到正确的结果"，如图 21-1 所示。

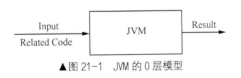

▲图 21-1　JVM 的 0 层模型

图 21-1 中我们并没有将 Input 部分直接限定为 Java Code，这是因为随着 JVM 的不断发展，它已经不再拘泥于最初的范畴了。比如我们完全可以在编译阶段就把 Java 代码编译成机器码，这种情况下在 JVM 中执行的就不是 Java Code 了。

JVM 的内部运作机制是相当复杂的。根据《The Java Virtual Machine Specification》中的描述，Java 虚拟机在运行时的逻辑结构大致如图 21-2 所示。

接下来我们逐一分析 JVM 架构中的部分核心模块，以此为基础来"窥探"和理解它的内部运行机制。

（1）ClassLoader 和双亲委派模型

ClassLoader（类加载器）提供了一种灵活的方式，来帮助应用程序将字节码流以自定义的方式加载到虚拟机中。它既是 Java 虚拟机中的一个重要特性，同时也是 OSGI、热部署等技术的基础。

21.1 Android 虚拟机基础知识

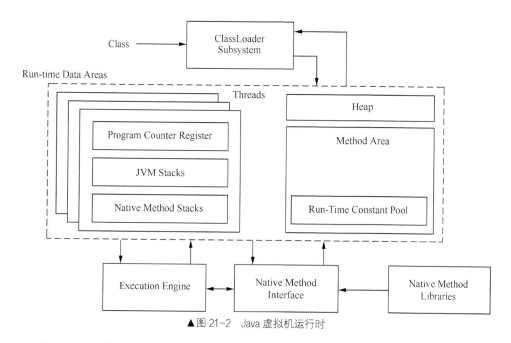

▲图 21-2 Java 虚拟机运行时

Java 虚拟机中通常会存在如下几种 ClassLoader 类型：
- Bootstrap ClassLoader；
- Extension ClassLoader；
- System ClassLoader；
- User ClassLoader。

ClassLoader 用于加载 Java 类，而大多数类型的 ClassLoader 自身却也是 Java 类，这就意味着我们需要一个非 Java 的"鸡"来生第一只"蛋"——这就是 Bootstrap ClassLoader，从它的名称"Bootstrap"也同样可以看出这一点。Bootstrap ClassLoader 由 C/C++语言编写完成，是虚拟机自身管理功能的一部分。它所加载的类通常位于[JAVA_HOME]/lib 中，或者由-Xbootclasspath 指定，属于 Java 的核心实现部分（例如 java.*、javax.*等）。

Extension ClassLoader 则负责 JRE 扩展目录中的各种类的加载，例如[JAVA_HOME]/lib/ext 文件夹中的内容如图 21-3 所示。

System ClassLoader 又被称为应用程序类加载器，它用于加载 CLASSPATH 中的各种类对象，可以通过 ClassLoader.getSystemClassLoader()来获取。如果应用程序没有提供自定义的 ClassLoader，那么默认情况下系统将使用 System ClassLoader 来加载应用程序中的类。

最后一种类加载器由应用程序提供，它们都应该继承自 java.lang.ClassLoader，并按照规范实现其中的接口。

那么面对这么多的类加载器，Java 虚拟机应该如何管理，它们之间又有什么关联呢？

根据 Java Specification 中的规定，任何一个类都必须由 ClassLoader 和类名称两者结合才可以得到唯一确定。换句话说，通过两个 ClassLoader 加载同一个 Class 文件，最终生成的两个对象之间是没有直接联系的。

为了避免由此产生的类关系混乱，Java 设计出了"双亲委派"模型，它的核心框架描述如图 21-4 所示。

用户自定义的 ClassLoader（即最底层的实现）首先在 Cache 中查询被加载对象是否已经存在。如果答案是肯定的话，直接返回结果；否则它会优先委派它的上一级（即 System ClassLoader）去执行加载动作，而不是马上由其自身来尝试加载目标对象。System ClassLoader 也遵循同样的处理逻辑，直到模型到达最顶端——Bootstrap ClassLoader。这样一来程序中的基础类（如 Object）都处于同一空间域中，从而有效避免了混乱的发生。

▲图 21-3　文件夹

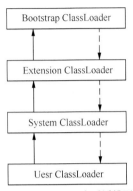
▲图 21-4　Java 双亲委派模型

下面我们结合 Android 系统中的 ClassLoader.loadClass()，来验证一下实际的类加载过程：

```
/*libcore/ojluni/src/main/java/java/lang/ClassLoader.java*/
protected Class<?> loadClass(String name, boolean resolve)
        throws ClassNotFoundException
{
        // First, check if the class has already been loaded
        Class c = findLoadedClass(name);//Cache 中是否已经存在目标类
if (c == null) {//之前未加载过目标类
        long t0 = System.nanoTime();
        try {
            if (parent != null) {//优先让 parent 执行加载操作
                c = parent.loadClass(name, false);
            } else {
                c = findBootstrapClassOrNull(name);
            }
        } catch (ClassNotFoundException e) {
            // ClassNotFoundException thrown if class not found
            // from the non-null parent class loader
        }

        if (c == null) {//双亲模型中的所有上层都没有加载成功，现在可以使用自身的加载器了
            long t1 = System.nanoTime();
            c = findClass(name);
        }
    }
    return c;
}
```

这段代码的处理逻辑并不复杂，如下所示。

Step1. 首先检查是否已经加载过目标对象，即 findLoadedClass()。

Step2. 如果上一步中未找到目标类，那么接下来优先调用它的父加载器提供的 loadClass。假如没有父加载器的话，则使用内建（built-in）的 ClassLoader。

Step3. 如果仍然没有加载成功，此时就可以启动自身的加载器功能了，即 findClass()。

值得一提的是，ClassLoader 并非只要完成类的加载操作就可以"万事大吉"了，它的完整职责和对应的处理流程如下所示。

Step1. Loading

查找和加载目标类数据。

Step2. Linking

链接过程是检验目标类是否合法有效的关键环节。它又可以被细分为以下几个子项：

- Verification

检验加载的数据是否合法、正确

- Preparation

为类变量和其他数据分配合理的内存空间，并初始化为默认值。

- Resolution

将符号型引用转换为直接引用（类似于 C/C++ 中的重定位过程）的过程。

Resolution（解析）过程的输入端是符号引用，输出端则是直接引用。我们可以这么理解，符号引用虽然是和具体的内存布局无关的，但是必须遵循统一的标准以便可以在不同的硬件平台上被正确运行；直接引用则是能指向目标对象的内存地址、偏移量，或者其他可以代表目标实例的对象。

Step3. Initialization

为上述步骤中的对象做初始化操作。

只有执行了如上几个步骤后，类对象才算是真正地加载完成了。

（2）Runtime Data Areas

Runtime Data Areas 是 JVM 在程序运行过程中所需的数据区域，由 Stack、Heap、MethodArea 等多个部分组成。

其中 Program Counter Register 区是实现 Java 多线程管理的关键之一（从前面的框架图中不难发现，每个 Java 虚拟机线程都需要彼此独立的 PC 寄存器）。如果被执行的函数属于 native 方法的话（需要特别注意的是，虽然 C/C++ 在 JNI 中使用得最为广泛，但 Java 虚拟机规范中并没有特别规定 native 语言具体是什么），那么这个 PC 寄存器实际上是没有定义的（因为 native 函数代码可以被物理硬件直接识别并执行，此时并不需要模拟的 PC Register）。

JVM 中的 Stack 区域也是线程独立的，它们伴随新线程的创建而出现，并随线程结束而消亡。Java 虚拟机中的栈和其他编程语言中的作用是类似的，即用于存储本地变量和栈帧等临时数据。什么叫栈帧呢？

Java 规范中对 Stack Frame 的定义如下所示：

"A frame is used to store data and partial results, as well as to perform dynamic

linking, return values for methods, and dispatch exceptions"

可见栈帧和函数之间是一对一的关系，它的内部包含了本地变量数组、操作数栈以及对运行时常量池的引用等多重信息。

当 JVM 执行一个新函数前，首先需要创建并初始化一个 Stack Frame，然后压入栈中。由此可见 Stack 中的 frame 数量将随着被调用函数数量的增加而不断上升——除非函数执行结束，此时 JVM 才会释放其对应的 frame。Stack Frame 是解释器中非常重要的组成元素，建议大家可以结合起来理解。

JVM 中另一个重要的运行时内存区域是 Heap。它通常被用于给各种类实例和数组分配动态内存，而且这一部分内存空间是由所有 JVM 线程共享的。我们所说的内存管理和垃圾回收机制大多情况下也是专门针对堆内存开展的，后续小节中对此还会有进一步的描述。

和 Heap 一样作为所有线程共享区域而存在的还有 Method Area。顾名思义，这个区域保存的内容有点类似于操作系统进程中的"Text"Segment，即俗称的"代码段"。它包含了每个 Class 结构中的运行时常量池、方法数据、方法的源代码等一系列重要信息。

Native Method Stacks 简单来讲用于支撑 JVM 运行 native 语言（譬如 C/C++语言）编写的代

码。不过这块区域并不是必需的，取决于 JVM 的能力以及程序的具体需求。下面是一个 Java 的运行时范例，如图 21-5 所示。

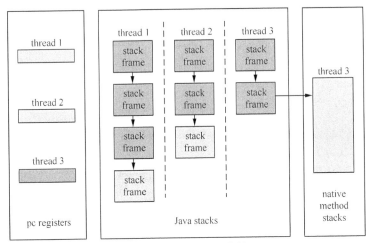

▲图 21-5　Java 运行范例
（引用自《Inside the Java Virtual Machine》）

从图 21-5 中可以看到，这个 Java 程序当前有 3 个线程，其中线程 1 和 2 正在执行 Java Method，因而 PC Register 指向的是正在执行的语句（浅色块）；而线程 3 因为正在执行 Native Method，所以它的 PC 寄存器是没有定义的（暗色块），同时 native method stack 被用于支撑 thread 3 执行本地代码。

（3）堆和垃圾回收

前面我们说过，堆内存的一个特点是"进程独立，线程共享"。换句话说，每个 JVM 实例都拥有它们自己的 Heap 空间，从而保证了程序间的安全性；不过进程内部的各个线程则会共享一个堆空间，因而需要注意访问堆变量时的代码同步问题。

Java 相较于 C/C++语言的一个重要区别是它具备垃圾自动回收的能力——这同时也是堆内存管理系统最关键的一个功能点。随着 JVM 的不断更新换代，其所支持的垃圾回收算法也在不停地推陈出新。我们这里简单讲述一下业界目前最为流行的回收算法之一，即"分代垃圾回收"算法，如图 21-6 所示。

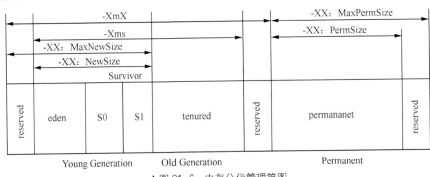

▲图 21-6　内存分代管理简图

简单而言，分代回收机制会将内存划分为如下"三代"来区别管理：

- Yong Generation

即年轻代内存，又可以被细分为 eden、s0 和 s1 三种，其中后两者也被称为"from space"和"to space"。

- Old Generation

老年代内存又被称为"Tenured Space"。

- Permanent Generation

永久代内存,用于存储和类、方法相关的 Meta Data,并不属于 Heap 的范畴,在某些情况下可以不予以考虑。

JVM 对不同代中的内存所采用的垃圾回收算法也是有区别的。大致流程是:

所有内存空间的申请请求都首先考虑从 Eden 区分配。此时分为两种情况:如果能顺利满足该内存申请则"皆大欢喜";否则会触发一次 Minor GC,清理 Eden 以及其中一个 Survivor 中的垃圾。JVM 规定 Survivor 至少得有一个始终是空的——并被标记为"To Survivor"。清理完成后,那些无法回收的对象(包括 Eden 和 Survivor)会被转移到另一个 Survivor 中。此时因为两个 Survivor 的职责发生了变化,所以它们会互换各自的标记(即 From 和 To)。

那么对象什么时候会被复制到 Old Space 中呢?这取决于下面两种情况:

- Case1: Survivor 已满

那么它所管理的对象就会被复制到 Old Space 中。

- Case2: 对象的存活时间达到一定阈值

阈值可以通过 MaxTenuringThreshold 来调整。每执行一次 MinorGC 就代表存活对象"又长了一岁",直到它们超过阈值达到"质变"后被复制到 Old Space 中。

如果 Old Space 也满了,就会触发一次 Full GC,对内存垃圾进行全面清理。假设经过 Full GC 仍无法满足程序的内存请求,那么就很可能产生 OutOfMemory 的错误。

当然,上述流程只是内存分代管理和回收的核心思想,实际的内部实现远比我们描述得复杂,感兴趣的读者可以参考 Java 官方文档获取更多信息。

(4) Execution Engine

执行引擎是虚拟机中的中枢系统,它将为程序的运行提供源源不断的血液供应。目前主流的虚拟机一般都支持多种执行方式,例如:

- Java 字节码解释执行;
- 在运行阶段根据一定的算法将使用频率高的字节码编译成 Native Code(JIT),然后再执行;
- 在编译阶段就将字节码直接转换成机器码,类似于 Art 虚拟机所采用的 AOT 技术。

一个方法的字节码流是由一连串指令序列构成的。每条指令都包含了一个单字节的 opcode,以及紧随其后的 0 个或多个操作数(理论上 JVM 是零操作数的,但事实上会有一些例外情况)。执行引擎在同一时间只能运行一条指令。它首先获取指令的 opcode,以及对应的操作数(如果有的话),然后执行它们——如此循环往复直到线程正常或异常结束。如果程序请求执行一个 Native Method,那么执行引擎在完成这一请求后还是会返回到字节码流中继续执行。

接下来我们将通过一个实际范例来对比基于栈和基于寄存器的执行引擎的实现差异,从中大家也可以学习到 Execution Engine 处理字节码的典型过程。

(5) 基于寄存器和基于栈的 Java 虚拟机实现

Java 虚拟机执行字节码有很多种实现方式,其中运用最广泛的就是基于寄存器和基于栈两种。关于它们二者之间的"优劣"之争,业界讨论由来已久(比较经典的是一篇名为《Virtual Machine Showdown: Stack Versus Registers》的论文,有兴趣的读者可以自行查找阅读)——简单而言,这两种技术各有千秋,不能一概而论。开发商应该根据具体需求因地制宜地选择最适合自己的实现方式。

当然,一个不争的事实是:目前市面上大多数的 JVM 都是基于栈实现的;这与真实世界中的物理处理器正好相反,因为后者是基于寄存器的。"存在即是合理",我们不难推断出在虚拟机领域,基于栈的"模拟"方式一定有其过人之处。譬如:

第21章 Android 虚拟机

- **单条指令更为紧凑**

由于 JVM 中执行的是字节码，不需要像基于寄存器的架构那样显性地指定源和目标，因而采用栈实现的方式可以降低单条指令的 Code Size。

- **可移植性更强**

基于寄存器的虚拟机需要考虑很多与目标平台强相关的因素。比如我们需要根据硬件平台的真实寄存器的数量、它们的用途等，来实现虚拟机中的寄存器和真实世界中的寄存器之间的"映射关系"，从而提高执行效率。相较而言，栈虚拟机没有这方面的顾虑，因而通用性更强。

当然，基于栈的实现方式也有其缺点，例如：

- 由于指令是基于栈来操作的，导致了完成同一个任务所需的指令数比基于寄存器的架构要多。
- 从执行速度来看，基于寄存器的架构具有一定优势。因为基于栈的实现方式需要更多次数的内存读写操作，而且完成同一个操作所需的指令数量也比前者要多（虽然单条指令的体积要小）。

为了让大家对这两种技术的内部实现有一个更直观的认识，我们特别编写了一个 Java 小程序，并在接下来的内容中加以详细剖析。

其中 Java 源码摘抄如下：

```java
public class Calculator {
    public static void main(String args[]){
        Calculator cal = new Calculator();
        System.out.println("add="+cal.add());
    }
    public int add()
    {
        int a=400;
        int b=200;
        int c= a+b;
        return c;
    }
}
```

首先，我们将上述代码段对应的程序在 Host 机上进行编译，并使用以下命令来分析对应的字节码：

```
javap -c XX.class
```

得到的结果如下：

```
public class calc.Calculator {
  public calc.Calculator();
    Code:
       0: aload_0
       1: invokespecial #8                  // Method java/lang/Object."<init>":()V
       4: return

  public static void main(java.lang.String[]);
    Code:
       0: new           #1                  // class calc/Calculator
       3: dup
       4: invokespecial #16                 // Method "<init>":()V
       7: astore_1
       8: getstatic     #17                 // Field java/lang/System.out:Ljava/io/PrintStream;
      11: new           #23                 // class java/lang/StringBuilder
      14: dup
      15: ldc           #25                 // String add=
      17: invokespecial #27                 // Method java/lang/StringBuilder."<init>":(Ljava/lang/String;)V
      20: aload_1
      21: invokevirtual #30                 // Method add:()I
      24: invokevirtual #34                 //Method java/lang/StringBuilder.append:(I)Ljava/lang/StringBuilder;
      27: invokevirtual #38                 // Method java/lang/StringBuilder.toString:()Ljava/lang/String;
```

```
   30: invokevirtual #42  // Method java/io/PrintStream.println:(Ljava/lang/String;)V
   33: return

public int add();
  Code:
    0: sipush        400
    3: istore_1
    4: sipush        200
    7: istore_2
    8: iload_1
    9: iload_2
   10: iadd
   11: istore_3
   12: iload_3
   13: ireturn
}
```

以 add() 函数为例，我们看到其中包含了很多诸如 sipush、istore_x 这样的栈操作指令，不难理解这是针对"栈实现虚拟机"而生成的编译结果。

下面我们再以图例的形式来帮助大家理解这些指令，如图 21-7 所示。

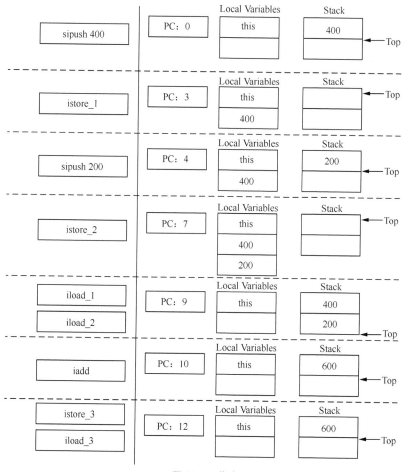

▲图 21-7　指令

图例中的左半部分代表的是当前正在执行的指令，右边则是"栈"中的最新状态。由于篇幅有限，我们合并了某些相似指令的执行过程（例如 iload_XX）。

通过前面的学习，我们知道 Stack Frame 中包含了本地变量区、操作数栈等信息，基于栈的虚拟机事实上就是借助于对这些存储区域的"腾挪"来执行函数功能的。

这个例子相对简单，但"麻雀虽小，五脏俱全"，相信大家结合上述图例已经学习到了基于栈的虚拟机的基本原理了。接下来我们就可以切入到基于寄存器的实现方式了——被分析对象仍采用上述的 add 函数，只不过这次我们将它编译成 Android 版本，结果如下：

```
00042c:                              |[00042c] com.example.myapp.Calculator.add:()I
00043c: 1300 9001                    |0000: const/16 v0, #int 400 // #190
000440: 1301 c800                    |0002: const/16 v1, #int 200 // #c8
000444: 9002 0001                    |0004: add-int v2, v0, v1
000448: 0f02                         |0006: return v2
```

通过对比基于栈和基于寄存器的编译结果，我们不难发现，基于寄存器的方式所产生的指令数量相对较少；但每一条指令所占的空间却比基于栈的方式要多（譬如 00043c 和 000444 这两条都是 4 字节的指令；000448 则是一条 2 字节指令）。

另外，基于寄存器的编译指令和我们常见的汇编代码是非常相似的。在我们这个范例场景中，函数 add() 的处理逻辑比较简单，所以只用到了 v0、v1 和 v2 共 3 个寄存器。指令序列利用这 3 个寄存器计算出 400+200 的"和"，并将最终结果通过 v2 来返回给调用者。

相信从这个范例中，大家可以学习到基于栈和基于寄存器的执行引擎在代码长度、指令数量和执行方式等多方面的区别。

21.1.2 LLVM 编译器框架

LLVM 的全称是 Low Level Virtual Machine，最初诞生于 University of Illinois at Urbana-Champaign，是一个开源项目。根据其官方网站上的表述，Virtual Machine 这个名字起得并不是特别贴切，因为 LLVM 和我们传统意义上的虚拟机没有太大关系——它本质上表达的是："The LLVM Project is a collection of **modular** and **reusable compiler** and toolchain technologies"。换句话说，相对于传统的编译器，LLVM 的价值在于它的"可模块化"以及"可重复使用"。

随着 LLVM 的不断发展状大，它所提供的 Toolchain 数量也在增长。目前 LLVM 包含的核心子项目如表 21-1 所示。

表 21-1　　　　　　　　　　　LLVM 各核心子项目释义

Sub-Projects	Description
LLVM Core libraries	提供了与具体的编译源和编译目标无关的优化器，以及支持多种主流 CPU 的代码生成工具
Clang	C/C++/Objective-C 编译器
Dragonegg	这个子项目实现了 LLVM 优化器/代码生成器
LLDB	Native Debugger
libc++ 和 libc++ ABI	实现了标准的 C++ 库，并完全支持 C++11 规范
Vmkit	基于 LLVM 技术实现的 Java 和 .NET 虚拟机（不过当前已经停止维护）
libclc	实现了标准的 OpenCL 库
SAFECode	为 C/C++ 程序提供了内存安全的编译器
lld	这是 clang/llvm 内置的 linker

学习 LLVM 最好的资料还是 llvm.org 官网，以及它的原始作者 Chris Lattner（这位出生于 1978 年的年轻人之前或许并不为大多数读者所熟知。但随着他加入 Apple 公司，以及其主导的 Swift 语言的日益流行，这位 LLVM 的主要缔造者收获了越来越多的掌声）所写的一篇文章，大家可以从 aosabook 官方网址中找到。

21.1 Android 虚拟机基础知识

LLVM 的核心思想并不复杂，如图 21-8 所示。

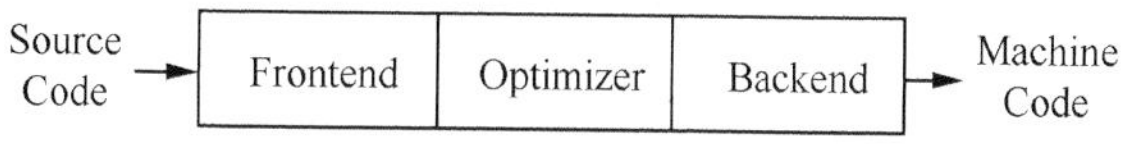

这就是 LLVM 的抽象框架，看上去相当的简洁。主要分为 3 个部分。

- Frontend

前端负责分析源代码、检查错误，然后将源码编译成抽象语法树（Abstract Syntax Tree）。

- Optimizer

优化器如其名所示，会通过多种优化手段来提高代码的运行效率，而且它在一定程度上是独立于具体的语言和目标平台的。

- Backend

后端也被称为是代码生成器，用于将前述的源码转化为目标平台的指令集。

LLVM 的模块化和可重复使用的设计理念使得旨在支持多种源码语言和目标平台的编译器受益良多。

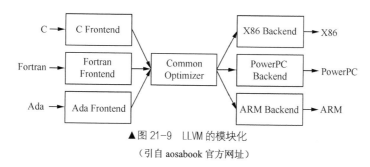

▲图 21-8 Three-Phase Compiler
（引自 aosabook 官方网址）

▲图 21-9 LLVM 的模块化
（引自 aosabook 官方网址）

从图 21-9 中我们不难看出，如果要让基于 LLVM 框架的编译器支持一种新语言，那么所要做的可能仅仅是实现一个新的 Frontend，而已有的 Optimizer 和 Backend 则能做到重复使用。这无疑是对传统编译器的一大创新，同时大大降低了开发周期和开发难度。

LLVM 的上述能力得到实现的前提，在于它的一个非常重要的设计——Intermediate Representation（简称 IR）。IR 能在 LLVM 的编译器中（具体而言是在 Optimizer 阶段）以一种相对独立的方式来表述各种源代码，从而很好地剥离了各种不同语言间的差异，进而实现模块的重用。下面我们引用官方的一个范例来让大家对 IR 有个直观的认识。

范例是使用 C 语言编写的两个简单函数：

```
unsigned add1(unsigned a, unsigned b) {
  return a+b;
}

// Perhaps not the most efficient way to add two numbers.
unsigned add2(unsigned a, unsigned b) {
  if (a == 0) return b;
  return add2(a-1, b+1);
}
```

这两个 add 函数完成了相同的功能，即计算两个变量之和，只不过在实现上略有差异——而且从执行效率上看 add1 相对于 add2 更可取些。

在 LLVM 编译器中它们首先会被转化成 IR，对应的.ll 文件如下所示：

```
define i32 @add1(i32 %a, i32 %b) {
entry:
```

```
    %tmp1 = add i32 %a, %b
    ret i32 %tmp1
}

define i32 @add2(i32 %a, i32 %b) {
entry:
    %tmp1 = icmp eq i32 %a, 0
    br i1 %tmp1, label %done, label %recurse

recurse:
    %tmp2 = sub i32 %a, 1
    %tmp3 = add i32 %b, 1
    %tmp4 = call i32 @add2(i32 %tmp2, i32 %tmp3)
    ret i32 %tmp4

done:
    ret i32 %b
}
```

从上述 add 函数的 IR 描述中，可以看到它既有点类似于某种低级的 RISC 指令集，同时又在尽力和具体的机器语言"保持距离"——后面这点尤为重要，它是 LLVM 能够轻松支持多种语言和目标平台的关键所在。可想而知，IR 这个"中间人"的职责就是保证前端和后端的"无缝"对接——这意味着，IR 既不能太复杂，否则前端所生成的 IR 很可能会变得异常繁琐；同时也不能太"简单"，否则也无法保证优化工作的正常开展。

关于 IR 的更多细节（例如怎么书写一个 IR 的优化器，IR 与前端源码具体是如何转化的等等）及内部实现原理，强烈建议大家能够自行查阅相关资料并做更深入的分析学习。

21.1.3 Android 中的经典垃圾回收算法

Garbage Collection（垃圾回收）简单来讲是一种自动化的内存管理机制。它的历史可以追溯到上世纪的 50 年代，所以并非 Java 语言的专利。但不可否认的是，Java 语言的蓬勃发展极大地推动了 GC 技术的推陈出新，进而让其为更多的开发者所知晓。我们曾在本书基本知识章节谈到过内存指针的强大之处，以及它可能带来的各种梦魇，也分析了 Google 为了应对这一问题所引入的智能指针机制。可见无论是"先天"还是"后天"，"自动化内存管理"这一优良特性都受到了各种语言的青睐。当然，凡事通常有利也有弊——自动化内存管理带来的直接影响是系统资源的额外消耗以及运行性能的降低（这个问题也是垃圾回收技术不断升级换代的一个重要原动力）。

本小节中我们来简要分析下 Android 系统中所采用的 GC 算法，以便为后面的学习打下一定的技术基础。Android 系统中不管是 Dalvik 或是 Art，它们所使用的垃圾回收算法都是以 Mark-Sweep 为根基演变而来的。

Mark 的字面意思是"标记"，在这里指的是对所有内存对象进行遍历处理、统计和标记的过程；相对应的 Sweep 即是"清扫"过程——依据 Mark 阶段提供的结论来完成垃圾回收。

Mark-Sweep 算法的核心步骤有 3 个，如下所示：

Step1. 首先，系统中所有 Objects 对应的 Mark Bit 都会被清空

Step2. Mark 阶段。从 GC Root 开始遍历系统中的所有对象——只要从"根"开始有一条路径可以到达某个 Object，那么我们就可以将它的状态标记为"被引用"，或者更直白地说就是"还有利用价值"

Step3. 系统开始线性地处理堆中的所有元素，并将那些没有被标记为"有利用价值"的对象做 Sweep 处理。

下面我们再针对上述 3 个步骤进行扩展说明。

（1）GC 的触发时机

我们知道智能指针采用的是引用计数的方式来实现内存的自动化管理。这就意味着对象引用的每次变更都需要调整计数，直到 Count 值为 0 时才回收内存——换句话说引用计数的 GC 触发条件是 Count 为 0。相对于 Reference Counting, GC 采用的触发方式在某种程度上效率更高，因为它不需要频繁地为各对象调整计数值，而是选择在某些特定的情况下统一进行处理。那么 GC 的触发时机应该如何选择才是合理的呢？

以 Android 系统为例，发生 GC 的常见场景有如下几种。

- GC_FOR_MALLOC

堆内存已满，而你的程序尝试去分配新的内存块的情况。此时系统需要暂停程序来回收内存。

- GC_CONCURRENT

当堆内存超过特定阈值（Begins to fill up)时，触发的并行 GC 事件。

- GC_HPROF_DUMP_HEAP

当开发者主动请求创建 HPROF（可以参见本书第 5 章关于程序内存优化的分析)文件来帮助分析堆内存时触发的 GC。

- GC_EXPLICIT

"显性 GC"，比如程序主动调用 gc()函数来完成垃圾回收。不过我们应该尽量避免这种做法，因为理论情况下系统会自动帮你完成这些操作。

由此可见，GC 的触发条件大致分为两类：其一是由程序主动请求产生；另一个就是当程序运行过程中分配内存出现（或者即将出现）不足情况时系统做出的主动响应。

（2）GC Root 是什么

GC Root 是 Mark-Sweep 中非常重要的角色。试想一下，如果一个活跃有用的对象却在 GC 后不复存在，那么后果是不堪设想的。因而如何快速有效地区分出"罪犯"与"良民"，是保证 GC 成功的关键点之一。

Dalvik 规定 GC Root 至少应包含以下这些元素：

① System classes defined by root classloader
② For each thread:

- Interpreted stack, from top to "curFrame"
- Dalvik registers (args + local vars)
- JNI local references
- Automatic VM local references (TrackedAlloc)
- Associated Thread/VMThread object
- ThreadGroups
- Exception currently being thrown, if present

③ JNI global references
④ Interned string table
⑤ Primitive classes
⑥ Special objects
⑦ Objects in debugger object registry

感兴趣的读者可以参考 Davlik 的官方文档和 AOSP 工程项目中的源码了解其中的详细信息。

（3）Mark 的执行过程

为了让大家更好地理解这一算法的原理，下面我们通过一个范例来做实际分析。如图 21-10 所示。

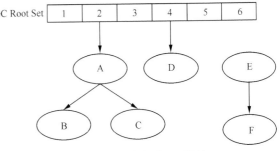

▲图 21-10 Mark-Sweep 示例

在这个简单的演示图中，GC Root Set 共包含了 6 个对象（当然它们还会分别引用其他对象）。譬如 Root 2 引用了 A，后者又引用了 B 和 C；同理，Root 4 引用了 D；而对象 E 则没有被 Root Set 中的任何元素所引用。

在 Mark 阶段，系统首先从 GC Root Set 中的每一个元素出发，逐一遍历它们所引用的各子对象，以及子对象所引用的其他对象——对于从 GC Root 出发可以到达的对象（如图 21-10 中的 ABCD），都会被标记在一个名为 Mark Heap 的 Bitmap 中，以备后用。更具体地讲，系统从 Root 节点出发的路径中发现的所有新对象，都会被添加到 GC Root Set 中，并做好 Bitmap 的更新；这样当最顶层的 GC Root 元素全部处理完成后，紧接着就可以分析它们的子元素的引用关系了，直到 Set 中没有新的元素加入。

在我们这个场景中，在 Mark 阶段没有被标记的元素是 E 和 F，所以它们将成为下一步 Sweep 操作中的"被处理对象"。

（4）Sweep 的执行过程

有了 Mark 中的积累，Sweep 的执行过程相对来说就顺畅得多了。可选的实现方式也很多，比如线性遍历整个堆来释放没有被标记的对象。Android 中除了 Mark Heap Bitmap 外，还有另一个辅助 Sweep 的元素，即 Live Heap Bitmap。其中 LHB 记录的是已经分配的对象，而 MHB 按前面的分析保存的是本次需要存活的对象——这样只要综合这两个 Bitmap 中的数据就可以准确判断出哪些对象是本轮 Sweep 的"牺牲品"了。

总体来说，Mark-Sweep 算法不仅实现简单，而且比起引用计数又有其自身的优势，因而在 GC 领域广受欢迎。

21.1.4　Art 和 Dalvik 之争

Dalvik 是 Android 4.4 版本前的标准虚拟机，它成功地支撑了 Android 系统由"新生儿"蜕变为"青壮年"的整个过程，为 Android 的发展壮大做出了不可磨灭的贡献。

虽然在当前的 Android 系统中 Art 虚拟机已经取代了 Dalvik，后者似乎成了"昨日黄花"，但这并不表示 Dalvik 已然"一无是处"。Art 虚拟机事实上是基于 Dalvik 的深入改造，因而研究后者对于我们理解 Art 是大有裨益的。有鉴于此，我们将在本小节先对 Dalvik 的基础知识做一个必要的铺垫。

一个新生事物往往是伴随着问题的解决而出现的，这几乎已经成为科技发展史中"亘古不变"的原则。从这个角度来看，Dalvik 也一定是为了解决某种困境或挑战而存在的——而且纵观最近十几年来的技术格局，这种挑战往往不是只来自于技术创新本身，同时也隐含着各个大公司之间的"政治较量"。

Dalvik 的初始作者是 Dan Bornstein，据说这个虚拟机的名字起源于其祖先居住过的一个冰岛小渔村。Dalvik 出现的时候，Sun 公司的 Java 语言和 JVM 已经在市面上占据领先地位。那么为什么还需要另起炉灶打造一个不完全归属于 JVM 阵营的"异类"呢？更为关键的是，这个初期并不为人看好的虚拟机，如何在夹缝之中最终获得了巨大的发展，成就了 Android 阵营与其他移动操作系统三分天下的局面呢？

Dalvik 是面向诸如 Android 之类的移动设备平台的（我们也不能否认如今移动端和传统 PC 端的界限已经没有那么明显了，存在互相"入侵"的迹象）。而这些平台的一些"老生常谈"的弱势，就是内存小，处理器能力弱等。如何在这些特殊的环境下解决 JVM 所存在的一些问题，既是 Dalvik 所面临的挑战，同时也为它提供了前所未有的机遇。Dalvik 所做出的努力包括但不限于：

- 多个 Class 要能融合进一个 Dex 文件中，以节省存储空间；
- Dex 文件可以在多个进程之间共享；
- 字节码的检验操作是非常耗时的，因而我们最好在应用程序运行之前预先完成；
- 字节码的优化是很有必要的，可以让程序运行得更快，而且更节约电量消耗；
- 为了保证安全性，多个进程间共享的代码不能被随意编辑（只读）。

可以说 Dalvik 以其更贴近于移动设备的先天优势，支撑了 Android 系统的茁壮成长。那么为什么后来 Google 又要摈弃使用了多年且已经日臻成熟的 Dalvik，转而投向 Art 的怀抱呢？

简单来讲，还是"运行速度"。

Android 从诞生以来就背负了一些沉重的包袱，其中之一就是"系统庞大，运行慢"。除了本书其他章节讲解的"Project Butter"外，对虚拟机的大力改造也是 Android 企图脱离困境所做出的尝试之一。

于是 Art 从 Android 4.4 开始，以和 Dalvik 暂时共存的形态正式进入了人们的视野。因为 Android 4.4 时 Art 还处于 Preview 状态，所以 Google 官方提供了如下的声明：

"Art is a new Android runtime being introduced experimentally in the 4.4 release. This is a preview of work in progress in KitKat that can be turned on in Settings > developer options. This is available for the purpose of obtaining early developer and partner feedback."

在 Kitkat 的系统设置中，我们可以找到如图 21-11 所示的系统选项。

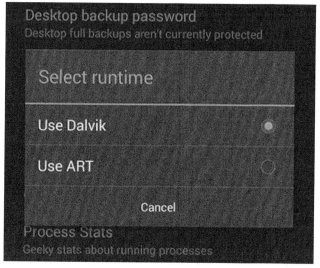

▲图 21-11　子流选项

随后 Art 便再接再厉，并在 2014 年 6 月 26 日 Google I/O 大会上发布的 Android Lollipop 中正式取代了 Dalvik 的位置。

接下来我们用数据说话（见图 21-12 和图 21-13），看下 Art 在性能上相对于 Dalvik 有多大的改善。

第 21 章　Android 虚拟机

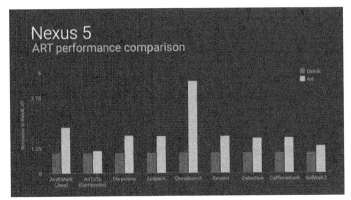

▲图 21-12　引用自 Google I/O 2014 Keynote

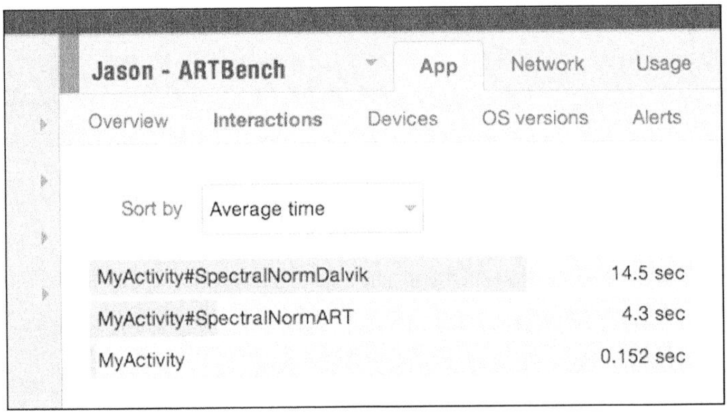

▲图 21-13　引用自 newrelic.com

通过上述 Art 与 Dalvik 的对比图，我们可以看到前者在性能上确实有显著优势。其中 newrelic.com 考核的是两个相同的应用程序分别在启用了 Art 和 Dalvik 虚拟机的 GenyMotion 模拟器上启动速度——不难发现，运行于 Art 之上的应用程序快了 3 倍！

产生这种差异的主要原因在于 Dalvik 虚拟机多数情况下还是得通过解释器的方式来执行 Dex 数据（JIT，即 Just in Time 技术虽然可以在一定程度上提高效率，但也仅仅是针对一小部分情况，作用有限）；而 Art 虚拟机则采用了 AOT（Ahead of Time）技术，从而大幅提高了性能。我们需要理解以下几个要点。

- Dex 是一种字节码格式，是 Dalvik 虚拟机中的可执行文件。
- Dalvik 采用了 JIT 技术来将频繁执行的字节码编译成目标平台上的机器码。JIT 区别于 AOT 的一个主要特征是，它只有在程序运行过程中才会将部分热点代码编译成机器码——而且这在某种程度上也加重了 CPU 的负担。
- AOT 如其字面意思所示，会提前将 Java 代码翻译成针对目标平台的机器码，从而避开了 JIT 的上述不足。当然，这也就意味着如果是采用了 AOT 技术的 ROM 方案，那么 Android 的编译时间将会有所增加。不过由于 Android 系统的构建原本就比较慢，所以这点牺牲还是值得的。另外，第三方 APK 事先并不知晓它将安装和运行于哪个具体的硬件平台之上，所以，对于这些 APK 来说肯定不能以 AOT 的形式发布。不过，当它们在配备了 Art 虚拟机的设备上安装时，后者会调用一个精简的编译器（dex2oat)来完成动态的"翻译"工作。这样才能有效地保证第三方应用程序与系统预装的应用程序保持同样的运行效率。我们在后续小节还会有专门的介绍。

21.1.5　Art 虚拟机整体框架

Art 虚拟机整体框架如图 21-14 所示。

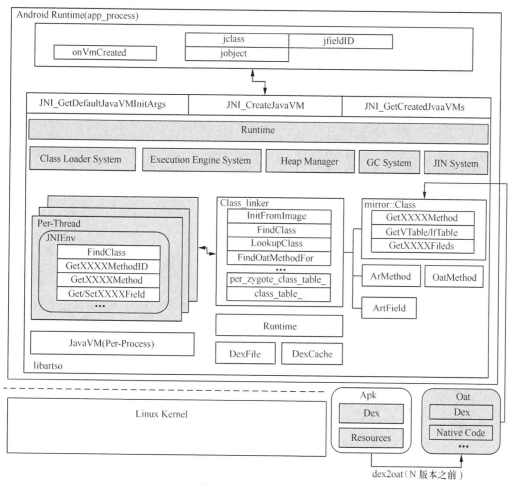

▲图 21-14　虚拟机整体框架

Android 虚拟机从诞生到现在，主要经历了两个大的平台，即 Art 和 Dalvik。

Dalvik 迁移到 Art 实现对于 Android 虚拟机而言是一个很大的变动，我们应该如何保证二者之间的无缝切换呢？Google 给出的解决方案是将虚拟机"黑盒化"——无论是 Dalvik、Art 或者是未来可能出现的任何新型虚拟机，它们提供的功能将全部被封装在一个 .so 库中，并且对外需要暴露 JNI_GetDefaultJavaVMInitArgs、JNI_CreateJavaVM 和 JNI_GetCreatedJavaVMs 三个接口（不排除后续会增加新接口）。使用者（比如 Zygote）只需要按照统一的接口标准就可以控制和使用所有类型的 Android 虚拟机了，这样一来就很好地保证了它们的无缝对接。

组成 Android 虚拟机的核心子系统包括但不限于：Runtime、ClassLoader System、Execution Engine System、Heap Manager 和 GC 系统、JIT、JNI 环境等。

Runtime 如其名所示，代表了虚拟机的运行时态，起到了"大总管"的作用；JavaVM 是对虚拟机的抽象，每个进程中最多只有一个实例存在；JNIEnv 负责 JNI（Java Native Interface）机制，即解决 Java 与 C/C++ 等本地语言之间如何互相通信的问题。需要特别注意的是，JNIEnv 是线程相关的。

和标准的 JVM 一样，类加载器在 Android 虚拟机中也扮演着很重要的作用。它又可以被细分为 Boot ClassLoader、System ClassLoader、DexClassLoader 等。所有被加载的类和它们的组成元素都将由 ClassLinker 做统一的管理。另外，为了实现类似于 ELF 中的动态延迟加载的效果，Android 虚拟机中还使用了 DexCache 机制。我们在后续小节还会有更详细的分析。

Execution Engine 是虚拟机的"动力系统"。除了字节码解释执行的方式（内部又可以借助于 JIT 来实现加速）外，Art 虚拟机还支持通过 AOT 来直接执行字节码编译而成的机器代码（Android N 版本之前）。这其中还涉及很多细节问题，比如：

- 在什么时候执行编译工作

在 M 版本的 Android Art 虚拟机中，AOT 的编译时机有两个，即随 Android ROM 构建时一起编译，以及在程序安装时执行编译（针对第三方应用程序的情况）。我们在后续内容中将通过两个小节来分别讲解这两种编译时机。

- 编译后的机器代码如何存储

我们将通过一个小节来分析 Art 虚拟机中引入的新的存储格式，即 OAT 文件（事实上属于 ELF 文件的变种，因而我们在讲解 OAT 之前还会用专门的小节来为大家补充背景知识）。

- 虚拟机如何加载字节码及 OAT 机器码

加载字节码自然会涉及 ClassLoader 的相关知识；加载 OAT 则需要用到 ELF 的基础能力。我们将利用若干小节的篇幅来专门讲解这些知识，以帮助大家更好地理解 Art 虚拟机。

- 如何执行字节码和 OAT 机器码

因为程序中同时有字节码和机器码，那么在具体执行时该如何抉择，当遇到需要从字节码切换到机器码（反之亦然）的情况时又应该怎么应对呢？这些都将在本章节得到详细的阐述。

另外，由于"一股脑"地在程序安装阶段将 Dex 转化为 OAT 造成了一定的资源浪费，所以从 Android N 版本开始 Art 虚拟机又改变了之前的 OAT 策略——程序在安装时不再统一执行 dex2oat，而改由根据程序的实际运行情况来决定有哪些部分是需要被编译成本地代码的。这样一来 Android N 版本中的 Art 虚拟机就又回到了"三足鼎立"的时代，即：Interpreter、JIT 和 OAT 三分天下的局面。

本章剩余内容的编排大致如下：

（1）Android 虚拟机的基础知识，包括 ELF、OAT、Dex 字节码等的详细分析；

（2）Android 虚拟机的类加载系统（ClassLoader，ClassLinker 等）；

（3）Android 虚拟机的堆内存管理；

（4）Android 虚拟机的执行引擎，这是本章的重中之重，将涵盖 OAT、解释器和 JIT 三种类型的执行方式；

（5）与 Android 虚拟机相关的其他信息，包括 Native Bridge、JDWP、如何调试虚拟机等内容。

21.1.6　Android 应用程序与虚拟机

虚拟机只能算是一个"舞台"，真正给观众带来"视觉盛宴"的还是台上的各"主角"们，即 Android 应用程序。我们对舞台的基本要求是至少不能拖演员们的"后腿"——就好比同一场话剧，不能因为北京和上海的舞台差异而导致演出效果的大幅降低（甚至是需要演员们根据舞台的特点来增、删、改戏本），否则就是一个非常失败的舞台。平心而论，Android 虚拟机这个大舞台虽然一直在"装修改造"（例如全新舞台 Art 的出现，Dalvik 的不断更新换代等），但"主角"们确实没有因此而受到太多的影响——这就说明了 Android 系统这个"大导演"在处理"舞台问题"上的确有其独到之处。

那么 Android 应用程序与虚拟机之间是如何保持这种默契的呢？

21.1 Android 虚拟机基础知识

首先，Android 为应用程序的编译、打包等过程提供了一系列完整的工具支撑，使得开发者可以不需要特别关心系统的底层实现。

其次，Android 应用程序的文件结构是相对稳定的。图 21-15 所示的是一个可以运行于最新 Android N 版本上的 APK 应用程序的内部典型构成。

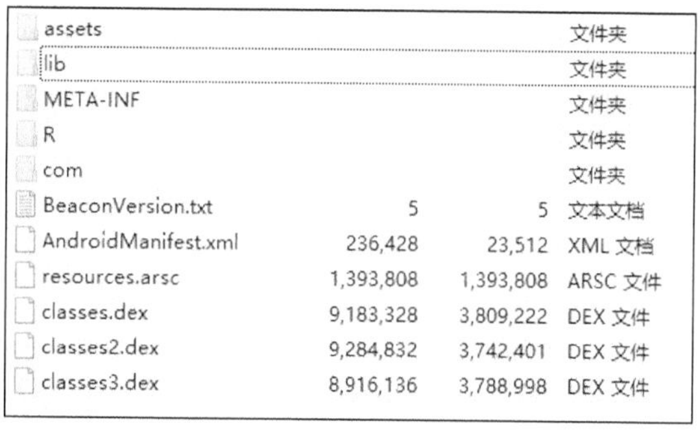

不难发现，对于开发人员而言应用程序的编译过程是"透明"的，而且 APK 中的可执行文件也一直保持 Dex 不变。这些都没有因为 Android 虚拟机的升级换代而发生变更。这样就保证了 Android 应用程序不会因为"舞台"的升级而需要不断地"改弦易辙"。

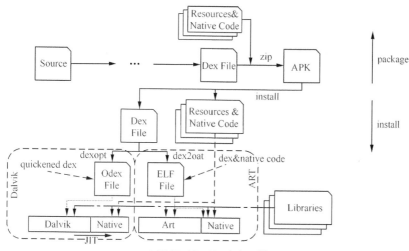

▲图 21-15 应用的内部构成

大家可能还有一个困惑的地方——Dalvik 和 Art 这两个差别巨大的虚拟机，对应用程序本身却没有什么特殊要求，那么真正的"分水岭"会在哪里呢？我们可以先看一下 Google 在 I/O 会议上官方发布的一张关于 APK 生命周期的示意如图 21-16 所示。

▲图 21-16 APK 生命周期

我们将产生 APK 的过程称为 Package 阶段，与之相对应的则是 APK 的安装阶段。从图 21-16 中可以清晰地看到，虚拟机的具体类型（譬如 Art 或 Dalvik）对于应用程序的 Package 阶段是 100% 透明的。

真正的"分水岭"出现在应用程序的安装阶段。具体来讲，Android 系统在安装 APK 的时候，它需要根据当前的虚拟机类型而做区分处理。

- Dalvik

如果系统设备配备的是 Dalvik 虚拟机，那么在应用程序安装阶段需要对 Dex 文件做 Odex 优化处理。简单而言就是利用 dexopt 工具来生成 Odex 文件，不过还应该细分为如下几种情况：

情况 1：打包到系统 ROM 中的 APK，即预装的应用程序。这种情况下编译系统具有绝对主动权。换句话说，优化过程在编译阶段就完成了。而且完成优化操作后，我们可以选择是否将 jar（或者 APK）文件中的 classes.dex 移除，再把 Odex 放到与原 jar/APK 的同级目录下。这种处理方式既保证了应用程序运行时的效率，同时还节省了存储空间。

情况 2：针对非系统预集成的第三方应用程序，会在安装阶段由 installer 系统程序来负责优化操作，最终结果会被保存到/data/Dalvik-cache 目录下，并以.odex 为后缀名。

情况 3：针对第三方应用程序还有另一种可能性，就是等到它运行时再执行优化操作（这种方式有点类似于 "Just in time"）。不过由于应用程序并不一定具备对 dalvik-cache 的写操作权限，所以这种方式通常只在开启了工程模式的设备中才有效果。

- Art

如果当前系统使用的是 Art 虚拟机，那么应用程序在安装阶段同样也会有一次预处理（和 Dalvik 中的情况一样，如果是 ROM 预置的 APK，那么处理时机会有所不同）——只不过 Art 虚拟机中预处理所使用的工具是 dex2oat，输出的则是 Linux 的标准可执行文件，即 ELF File。

这样一来我们就能保证应用程序在"无感知"的情况下兼容各种类型的虚拟机了。

21.1.7　Procedure Call Standard for Arm Architecture（过程调用标准）

在后续讲解 Art 虚拟机如何执行机器码之前，我们还有一个非常重要的基础知识需要补充，即 Procedure Call Standard（过程调用标准）。PCS 是汇编程序中调用和被调用方之间的一种约定，只有严格遵守约定才能保证程序的正常运行。不同体系结构下的 PCS 会有些差异，其中针对 ARM 的标准是 AAPCS（Procedure Call Standard for Arm Architecture）。相关标准的释义及关系如下所示：

```
PCS        Procedure Call Standard.
   AAPCS   Procedure Call Standard for the ARM Architecture (this standard).
   APCS    ARM Procedure Call Standard (obsolete).
   TPCS    Thumb Procedure Call Standard (obsolete).
   ATPCS   ARM-Thumb Procedure Call Standard (precursor to this standard).
```

任何高级语言被翻译成机器代码后，也都需要遵循 PCS，这样才能保证它们在目标平台上被正确执行。根据 ARM 规范中的定义，Procedure 和 Function 是有区别的，如下所示：

```
Procedure   A routine that returns no result value.
Function    A routine that returns a result value.
```

那么 Routine 又应该如何理解呢？

Routine, Sub-routine: A fragment of program to which control can be transferred that, on completing its task, returns control to its caller at an instruction following the call. Routine is used for clarity where there are nested calls: a routine is the caller and a subroutine is the callee.

简单来说，AACPS 是 Subroutines 可以被独立编写、编译并能与其他模块完美协同工作的基础——或者说它是调用者（Calling Routine）和被调用者（Called Routine）之间的一个非常严格的协议规范。

我们知道，大多数硬件平台都有其通用和特殊用途的寄存器，它们将在 CPU 执行代码的过程中发挥重要作用。ARM 系统当然也不例外。所以要正确地理解 AAPCS，首先我们需要对 ARM 架构中的寄存器，以及它们在 PCS 中扮演的角色有一个清晰的认识，如图 21-17 所示。

AAPCS 适用于进程中的单个线程；而每一个进程（Process）都有它自己的 Program State，后者由相应的机器寄存器和一些进程可以访问到的内存（如果不是该进程可以访问到的范围，将产生异常）中的内容来表示。根据 ARM 规范中的描述，一个进程中的内存区域可以大致分为如下几类：

21.1 Android 虚拟机基础知识

- 代码区域；
- 只读的静态数据区域；
- 可写的静态数据区域；
- 堆区域；
- 栈区域。

Register	Synonym	Special	Role in the procedure call standard
r15		PC	The Program Counter.
r14		LR	The Link Register.
r13		SP	The Stack Pointer.
r12		IP	The Intra-Procedure-call scratch register.
r11	v8		Variable-register 8.
r10	v7		Variable-register 7.
r9		v6 SB TR	Platform register. The meaning of this register is defined by the platform standard.
r8	v5		Variable-register 5.
r7	v4		Variable register 4.
r6	v3		Variable register 3.
r5	v2		Variable register 2.
r4	v1		Variable register 1.
r3	a4		Argument/scratch register 4.
r2	a3		Argument/scratch register 3.
r1	a2		Argument/result/scratch register 2.
r0	a1		Argument/result/scratch register 1.

▲图 21-17 ARM 体系中的寄存器以及它们在 PCS 中所扮演的角色
（引用自 ARM 公司的官方资料《Procedure Call Standard for the ARM® Architecture》）

其中可写的静态数据区域又可以细分为已初始化、清零初始化和未初始化的数据区。

另外无论是 ARM 或者是 Thumb 指令集（网络上有不少关于这两种指令集之间的区别与联系的资料，建议大家可以自行参阅学习），它们都提供一条 Primitive 调用指令，即 BL。这条指令会将 PC（Program Counter）寄存器的下一个值保存到链接寄存器（Link Register）中，并且把 BL 需要跳转的目标地址存入 PC 中（另外，在 Thumb 状态下执行 BL 指令时，LR 中的 Bit0 位会被置为 1；反之在 ARM 状态下会被置为 0）。这样做的目的，一方面是保证程序可以正确地跳转到目标地址中去执行代码，另一方面 BL 执行完成后可以通过预先保存在 LR 中的值顺利返回到之前的状态。

还有一个与 AAPCS 有关联的规范是 ATPCS，它是 AAPCS 的前身。ATPCS 是保证 C 语言与汇编语言可以混合编程的关键，请大家重点思考以下两点。

（1）参数的传递

参数的传递方式有两种，即参数个数可变以及参数个数不可变的情况。

以参数个数可变的情况为例，其处理逻辑如下：

- 将参数存入 a1-a4 中，如果参数个数小于 4，则只需要用到 a1-a3（3 个参数）或者 a1-a2（2 个参数）或者 a1（1 个参数）；
- 如果参数个数大于 4，则将上一步中未处理完的参数以逆序的方式存入栈中，即剩余的第 1 个参数存入 VAL(SP)，第 2 个参数存入 VAL(SP)+4，以此类推。

（2）返回值的处理

函数的返回值有可能是 Integer 或者 Floating-Point，而且所占用的空间可能是 1 个或者多个 Words。以 Integer 的情况为例，返回值的具体处理策略是：

- 如果是 1-word value，则保存在 a1 中；
- 如果是 2-4 words，则分别对应 a1-a2、a1-a3、a1-a4；
- 对于需要占用更多 words 的情况，则需要通过额外的内存地址参数来传递返回值。

在后续小节的学习过程中，我们会发现 Android 虚拟机并没有完全遵循 AAPCS，而是在它的基础上做了适当的定制（例如用 r9 寄存器来记录 Thread 信息）。请大家结合起来阅读理解。

21.1.8 C++ 11 标准中的新特性

Android 虚拟机子系统主要是用 C++和汇编语言编写完成的，其中运用了大量的 C++ 11 特性。本小节我们主要讲解 C++ 11 相对于 C++语言老版本标准的一些差异特性，为大家阅读虚拟机的代码实现扫清障碍。

21.1.8.1 智能指针 unique_ptr

我们在本书操作系统基础知识章节已经详细分析过 Google 提供的智能指针方案及它的基本原理了，可以说它和 Android 虚拟机内部使用的 C++中的智能指针具有"异曲同工"之效。

C++中共有 4 种类型的智能指针，即：auto_ptr、unique_ptr、shared_ptr 和 weak_ptr。第一种 auto_ptr 在 C++11 中已经被摒弃了，大家可以不用再做进一步了解。另外几种在 Android 虚拟机中使用频率最高的则是 unique_ptr，因而我们作为本小节的重点来做讲解。

顾名思义，unique_ptr 说明该智能指针所管理的对象只允许有一个引用，与之相对的是 shared_ptr。当 unique_ptr 自身被销毁的时候，它所管理的对象也会被同步释放回收，以避免内存泄露的发生。

unique_ptr 中包含的主要成员函数如表 21-2 所示。

表 21-2 　　主要成员函数

Member functions	Description
（constructor）	构造函数
（destructor）	析构函数
operator=	为智能指针管理的对象赋值
get	获取智能指针所管理的对象，返回值有可能是 nullptr 要特别注意执行 get 函数后，unique_ptr 仍拥有对目标对象的管理权，因而调用者不能将返回值用于构建另一个智能指针，否则会出现错误
release	释放智能指针所管理的对象，意味着 unique_ptr 将失去对目标对象的管理权

下面举一个简单的例子来说明 unique_ptr 的用法与作用：

```
void test_uniqueptr()
{
    TEST_XX * u_ptr = new TEST_XX;
    …
    delete u_ptr;
}
```

上述函数中的 TEXT_XX 对象的释放完全取决于最后一个 delete 语句的执行，属于不可靠的方式：

```
void test_uniqueptr2()
```

```
{
    unique_ptr<TEST_XX> u_ptr(new TEST_XX);
    …
    delete u_ptr;
}
```

当 u_ptr 对象的生命周期结束的时候，其析构函数必然会被调用，同时被销毁的还包括 TEST_XX 对象，从而避免了内存泄露的情况。

当然，这只是 unique_ptr 的一个典型使用场景。大家可以与后续小节中的虚拟机源码分析结合起来学习。

21.1.8.2 类型自动推导 auto

旧版本的 C++规范要求源码中必须显式声明各个变量的类型，这就是我们所说的强语言行为。而 C++ 11 中改变了这种状态，它允许开发人员使用 auto 来代替变量的类型声明，然后由系统来自动推导出变量的真实类型。相信这种能力大家在脚本语言中已经"见怪不怪"了——这也从侧面说明了 C++为了提升开发者便捷性，借鉴和吸收了其他不少编程语言的优秀特性。

下面是使用 auto 的一个小范例，供大家参考：

```
auto a = 10;
auto c = 'A';
auto s("hello");
```

值得一提的是，C++ 11 提供的类型自动推导功能事实上是由编译器完成的，这样一来就可以保证程序在运行过程中的性能不受到影响了。不过这同时也提醒我们，使用 auto 变量的一个前提条件是能提供足够的信息来供编译器完成自动推导，例如给变量做初始化。而诸如下面这样的场景显然会导致编译错误：

```
auto m;
```

21.1.8.3 空指针 nullptr

在 C++旧版本的规范中，开发人员已经习惯于通过 NULL 来初始化一个空指针了。NULL 通常会被定义为（void *）0 或者 0，范例如下所示：

```
#ifndef NULL
#ifdef __cplusplus
 #define NULL    0
#else
 #define NULL    ((void *)0)
#endif
#endif
```

NULL 的不足则在于它在某些场景下有可能会产生二义性。

举一个例子来说，下面是两个重载函数：

```
void my_function(float *);
void my_function(int);
```

如果我们希望调用的是第一个函数（float*），而且传递的参数为空指针，那么在以往的表达方法中，就变成了：

```
my_function(NULL);
```

由于 NULL 本身也是 0（属于 int 类型），所以上述的函数调用并没有办法确定程序的"真实意图"——二义性就此产生。

为了避免不必要的麻烦，C++ 11 标准中引入了关键字 nullptr 来解决类似的问题。

它的典型范例如下：

```
ArtMethod* method_ = nullptr;
if (r == nullptr) return 0;
```

21.1.8.4　原子操作和原子类型

原子操作简单来讲是指"A sequence of one or more **machine instructions** that are executed sequentially, **without interruption**"，即不可中断的一个或多个机器指令的执行过程。

原子操作的实现和具体的硬件平台有直接关系。单处理器的情况下，由于中断只能发生在指令之间，所以单条指令可以完成的操作都可以被认为是原子的。多处理器的情况则会更复杂一些，因为我们很难保证多个处理器的具体执行时间。通常我们会有如下几种典型的方法来解决这类问题。

- 利用总线锁来实现原子操作。

总线锁实际上是处理器芯片提供的一个 LOCK 信号。当某个处理器输出这一信号时，总线会保证暂时不处理其他处理器的请求，从而满足单个处理器独占内存的要求。

- 利用缓存锁来实现原子操作。

总线锁在工作期间内，其他处理器与内存之间的通信都被"截断"了，显然这样的做法相当"霸道"，性价比不高。缓存锁可以在某些场景下代替总线锁，确保在完成同样功能的情况下降低开销。

原子操作的具体硬件实现方式有很多，为此 C++ 11 标准中提供了专门的软件"封装"来帮助开发人员屏蔽这些硬件上的差异性，同时还能更方便地解决部分同步问题。

以出售火车票为例，假设余票数量为 count，那么传统的做法需要通过互斥锁等手段才能保证正确性。而在 C++ 11 中，我们可以直接将 count 声明为原子类型（如 atomic_int），然后资源竞争的问题就可以交由编译器来解决了。提供这个特性的头文件是<atomic>，其中常见的数据类型都有它们对应的原子类型，譬如 atomic_bool、atomic_char、atomic_schar（signed char）、atomic_uchar（unsigned char）、atomic_short、atomic_ushort（unsigned short）、atomic_int、atomic_uint（unsigned int）等：

```
#include <atomic>
atomic_int count(10000);
```

除此之外，C++ 11 标准还提供了模板类 atomic 来帮助大家扩展自己的"原子类型"。Art 虚拟机中的 Atomic 就是通过这种方式实现的，如下所示：

```
/*art/runtime/atomic.h*/
template<typename T>
class PACKED(sizeof(T)) Atomic : public std::atomic<T> {
 public:
  Atomic<T>() : std::atomic<T>(0) { }

  explicit Atomic<T>(T value) : std::atomic<T>(value) { }
…
```

C++提供的原子操作在运行效率上做了不少优化，因而在 Art 虚拟机中使用比较多。

21.1.8.5　Lambda

Lambda 是希腊字母的第 11 位（Λ λ，国际音标/ˈlæmdə/），以它命名的表达式在不少编程语言中都存在，例如 C++、Python、Java（从 8 开始）、JavaScript 等。

不过不同编程语言（甚至是同种语言不同编译器）对于 Lambda 的具体表达方式存在一定的差异。在 C++ 11 标准中，Lambda 遵从如下的格式：

```
[capture](parameters) mutable exception-> return_type { function_body }
```

capture："捕获"列表，它同时也是 Lambda 表达式的起始标志，用于指示可以使用的上下文变量。常见的范例如下所示：

[] 捕获列表为空的情况下，所有外部变量在 Lambda 表达式中都不可以访问；
[x, &y] 表示 x 变量以值传递的方式捕获，而 y 变量以引用的方式捕获；
[&] 表示所有外部变量都以引用的方式捕获；
[=] 表示所有外部变量都以值传递的方式捕获。

parameters：参数列表，这和普通函数的定义是类似的。
exception：此表达式[z1]是否会抛出异常，以及异常的类型。
return_type：返回值类型，即 Lambda 表达式的返回结果的数据类型。
function_body：lambda 表达式的内部实现。它除了可以像普通函数一样使用 Parameters 外，还可以根据 Capture 中的设置来访问外部变量。

下面我们举个例子来帮助大家进一步理解 Lambda：

```
std::vector<int> List{ 1, 2, 3, 4, 5 };
int total = 0;
int value = 5;
std::for_each(begin(List), end(List), [&, value, this](int x) {
    total += x * value * this->XXX_FUNC();
});
```

上述代码段实现的是列表的遍历功能。从[]列表可以看出除 value 和 this 指针以值传递的方式来捕获之外，其余变量都以引用的方式传递。值传递意味着在 Lambda 表达式定义时该变量的值就已经被确定下来了，而引用传递则是指 Lambda 被调用时才会确定变量的值；参数列表中只有 x 个变量。因为这个 Lambda 没有返回值，此种情况下允许省略掉"->"。

关于 Lambda 还有很多应用场景，建议大家可以参阅相关资料做进一步了解，限于篇幅我们暂不做过多阐述。

21.2 Android 虚拟机核心文件格式——Dex 字节码

Java 最重要的特性是"Write once, run anywhere"（WORA），这也是它得以快速发展的原始驱动力。不过要做到这一点并不容易，Java 首先要解决的棘手问题就是如何让这门高级语言所编写的代码让形态各异的目标平台们所"理解"。

字节码就是上述问题思考的结果。

字节码又被称为"P-Code"（Portable Code），是一种"承上启下"的指令集。"承上"是指 Java 代码，而"启下"针对的是具体的硬件平台。在大部分情况下，Java 代码在编译阶段首先会被转换为 Bytecode，然后在运行过程中再通过 Interpreter（解释器）来解释执行。不过需要大家特别注意的是，由于现在大部分的虚拟机都支持 JIT（Just In Time）功能，所以并非所有场景下都需要解释器的参与。示意图如图 21-18 所示。

Android 中的字节码和标准 JDK 相比有其特殊之处。根据 Google 提供的官方文档，Android 在设计 Bytecode 时所采用的核心原则如下。

（1）Bytecode 的机器模型（Machine Model）和调用规范（Calling Conventions）应该尽可能模拟通用的真实机器框架，以及 C-Style 的调用规范。

Dalvik 是基于寄存器的（Register-Based。可以参见前面小节的分析）虚拟机，而且每帧大小在创建时是固定的——"帧"包含了一定数量的寄存器值（取决于当前的具体函数）以及执行函数时所需的额外信息，比如程序计数器等。

（2）指令的存储单位采用的是 16bit 的无符号数。

（3）Strings、types、fields 及 methods 有各自独立的索引常量值（Constant Pools），这点和 Java 规范中的字节码是类似的。

（4）从经验来看，一个函数所需的寄存器数量大致在 8～16 个，所以很多指令都被限制只能访问 16 个寄存器（不过这并不是绝对的，Dalvik 理论上可以访问的虚拟寄存器数量可以达到 65536）。

（5）有一些"伪指令"被用于承载不定长度的数据，这些指令在常规执行流中是不应该出现的。同时，它们需要做到 4 字节对齐。为了达到这一目标，在某些情况下需要我们添加额外的 nop 指令。

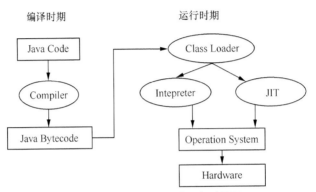

▲图 21-18　Java 编译和运行时简图

表 21-3 是对 Android 中常用字节码的释义，供大家参考学习。

表 21-3　　　　　　　　　　Android 虚拟机常用字节码释义

Op&Format	Mnemonic/Syntax	Arguments	Description
00 10x	nop		空操作
01 12x	move vA, vB	A:目标寄存器（4bits） B:源寄存器（4bits）	将源寄存器的内容转移到目标寄存器中
02 22x	move/from16 vAA, vBBBB	A:目标寄存器（8bits） B:源寄存器（8bits）	同上
03 32x	move/16 vAAAA, vBBBB	A:目标寄存器（16bits） B:源寄存器（16bits）	同上
11 11x	return-object vAA	A:返回值寄存器	从一个需要返回值的函数中返回
27 11x	throw vAA	A:exception-bearing 寄存器（8bits）	抛出指定的异常事件
28 10t	goto +AA	A:分支的偏移量	无条件跳转到指定地址
32..37 22t	if-*test* vA, vB, +CCCC 32: if-eq 33: if-ne 34: if-lt 35: if-ge 36: if-gt 37: if-le	A: 参与测试的寄存器 1（4 bits） B: 参与测试的寄存器 2（4 bits） C: 分支偏移量（16 bits）	如果两个寄存器的测试结果符合要求（比如是否相等、大于、等于），则跳转到指定地址

另外，Android 编译 Java 的过程也与 JDK 中的处理方式存在差异。它首先会将 Java 代码编译成 .class 文件，然后再利用 Android 系统提供的 dx 工具将其进一步转换为 .dex。换言之 Android 系统并没有直接使用 .class 文件——那么 Dex 与 JDK 标准的 Class 格式文件相比有什么区别呢？如图 21-19 所示。

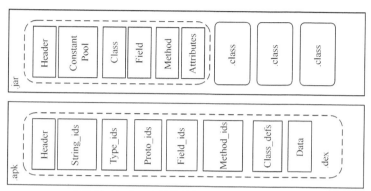

▲图 21-19 Dex 文件格式与 Class 文件格式的对比

关于 Class 文件格式的详细介绍信息，大家可以查阅 Oracle 的官方文档。

由图 21-19 可知，一个 Android 应用程序中通常只包含一个 Dex 文件（注意：这并不是绝对的，譬如在函数数量超过限制时 Dex 需要做分包处理）。这和标准 Java 规范中的做法是不一样的，后者会在一个 Jar 包中存储若干个 Class 文件，并分别管理。这就意味着 Dx 工具需要对各 Class 进行统一处理，然后将内容"糅合"进最终的 Dex 文件中。

Dex 文件中的各主要域的释义如表 21-4 所示。

表 21-4 主要域

Name	Format	Description
header	header_item	文件头
string_ids	string_id_item[]	本 Dex 文件中所使用的字符串列表，不允许有重复项
type_ids	type_id_item[]	本 Dex 文件中所使用的数据类型列表，不允许有重复项
proto_ids	proto_id_item[]	函数原型列表，不允许有重复项
field_ids	field_id_item[]	本 Dex 文件中所引用的各种域（field）的列表，不允许有重复项
method_ids	method_id_item[]	本 Dex 文件中所引用的所有函数的列表，不允许有重复项
class_defs	class_def_item[]	类定义列表。父类（superclass）、接口（interface）在列表中的位置需要比子类靠前
data	ubyte[]	用于支撑上述所有列表的相关数据
link_data	ubyte[]	链接文件所使用的数据

下面我们通过解析一个具体的 Dex 文件来加深大家的理解。
（1）范例源码是由两个类组成的，如下所示：

▼ 📁 com.example.myapp
　　ⓒ 🅰 Calculator
　　ⓒ 🅰 MyActivity

（2）其中 MyActivity 中的实现如下：

```java
package com.example.myapp;

import android.app.Activity;
import android.os.Bundle;

public class MyActivity extends Activity {
    @Override
    public void onCreate(Bundle savedInstanceState) {
        super.onCreate(savedInstanceState);
        setContentView(R.layout.main);
        Calculator cal = new Calculator();
        System.out.println("add="+cal.add());
    }
}
```

（3）Calculator 的实现如下：

```java
package com.example.myapp;

public class Calculator {
    public int add()
    {
        int a=400;
        int b=200;
        int c= a+b;
        return c;
    }
}
```

我们按照常规的 Android 应用程序编译流程来生成最终的 APK 文件，然后再从后者中提取出 classes.dex 文件。紧接着我们利用 Android 官方提供的 dexdump 工具来解析它的内部构造，命令如下：

```
dexdump -f classes.dex >example
```

我们从上述命令的输出结果中截取部分内容，如下所示：

```
Processing 'classes.dex'...
Opened 'classes.dex', DEX version '035'
DEX file header:
magic               : 'dex\n035\0'
checksum            : 05378d39
signature           : 6927...8403
file_size           : 2700
header_size         : 112
link_size           : 0
link_off            : 0 (0x000000)
string_ids_size     : 56
string_ids_off      : 112 (0x000070)
type_ids_size       : 21
type_ids_off        : 336 (0x000150)
proto_ids_size      : 8
proto_ids_off       : 420 (0x0001a4)
field_ids_size      : 5
field_ids_off       : 516 (0x000204)
method_ids_size     : 19
method_ids_off      : 556 (0x00022c)
class_defs_size     : 8
class_defs_off      : 708 (0x0002c4)
data_size           : 1736
data_off            : 964 (0x0003c4)
```

Dex 的文件头记录的是 Magic 数（"dex\n035\0"）、校验码、签名、总文件大小、各个区段所占的空间大小以及它们的起始地址在本文件中的偏移量等一系列信息。

接下来我们以 strings_ids 和 method_ids 为例，讲解如何读取 Dex 中的这些字段数据。

（1）string_ids

上述 dump 结果中显示的 string_ids_off 值为 112（0x70）。细心的读者一定注意到了，文件头所占的大小亦是 112——意味着 String 这一区段是紧挨着 Header 存储的。0x70 处的数据如下所示：

```
00000070h: A6 05 00 00 AE 05 00 00 C0 05 00 00 D1 05 00 00
```

由 string_ids_size 我们知道，String_ids 所包含的项目总数是 56，而且每一个 item 都遵循 string_id_item 数据结构（Dex 文件格式相关的所有数据结构都可以在 Android 官网上找到详细释义：https://source.android.com/devices/tech/dalvik/dex-format.html），如图 21-20 所示。

string_id_item		
appears in the string_ids section		
alignment: 4 bytes		
Name	Format	Description
string_data_off	uint	offset from the start of the file to the string data for this item. The offset should be to a location in the `data` section, and the data should be in the format specified by "`string_data_item`" below. There is no alignment requirement for the offset.

▲图 21-20　Dex 文件的格式

每一个 string_id_item 所占的空间大小也是固定的，为 4Byte，并且按照高位在后的顺序进行存储。以 Calculator 场景中 String_ids 的第一项 "0xA605 0000" 为例，它实际对应的值就是 "0x0000 05A6"。这个地址指示的是用于描述该 String 具体数据的 string_data_item 在 Dex 文件中的偏移量，如下所示：

```
000005a0h: 01 00 00 00 02 00 06 3C 69 6E 69 74 3E 00 10 42 ; ......<init>..B
```

String_data_item 也是一个固定的数据结构，如图 21-21 所示。

string_data_item		
appears in the data section		
alignment: none (byte-aligned)		
Name	Format	Description
utf16_size	uleb128	size of this string, in UTF-16 code units (which is the "string length" in many systems). That is, this is the decoded length of the string. (The encoded length is implied by the position of the 0 byte.)
data	ubyte[]	a series of MUTF-8 code units (a.k.a. octets, a.k.a. bytes) followed by a byte of value 0. See "MUTF-8 (Modified UTF-8) Encoding" above for details and discussion about the data format. **Note:** It is acceptable to have a string which includes (the encoded form of) UTF-16 surrogate code units (that is, `U+d800` ... `U+dfff`) either in isolation or out-of-order with respect to the usual encoding of Unicode into UTF-16. It is up to higher-level uses of strings to reject such invalid encodings, if appropriate.

▲图 21-21　string_data_item 数据结构解析

对照 string_data_item 的数据格式，不难得出 0x05A6 这个地址所表示的字符串大小为 6，具体指的是 "<init>" 这个函数名。

（2）method_ids

Method 和 String 的处理过程也是类似的，只不过面对的数据结构有所区别。

Method_ids 是一个 method_id_item[]数组，后者对应的数据结构如图 21-22 所示。

```
method_id_item
appears in the method_ids section
alignment: 4 bytes
```

Name	Format	Description
class_idx	ushort	index into the type_ids list for the definer of this method. This must be a class or array type, and not a primitive type.
proto_idx	ushort	index into the proto_ids list for the prototype of this method
name_idx	uint	index into the string_ids list for the name of this method. The string must conform to the syntax for *MemberName*, defined above.

▲图 21-22　method_id_item 数据结构解析

每一个 method_id_item 占用 4 个字节空间。在 Calculator 这个范例中，method_ids 的偏移地址是 556（0x00022c），我们截取部分数据显示如图 21-23 所示。

```
00000220h: 24 00 00 00 12 00 0E 00 30 00 00 00 01 00 04 00
00000230h: 00 00 00 00 01 00 06 00 2F 00 00 00 03 00 04 00
00000240h: 00 00 00 00 04 00 04 00 00 00 00 00 04 00 00 00
00000250h: 22 00 00 00 05 00 04 00 00 00 00 00 05 00 06 00
```

▲图 21-23　数据

我们随机选取第 4 个函数来分析，对应的数据是"0x0400 0000 2200 0000"。其中 class_idx（此函数所属的 Class）的值是 0x04，即 type_ids 数组的第 4 项；proto_idx（此函数的原型）的值是"0x00"，即 proto_ids 的第 0 项；最后，name_idx（此函数的名称）指向的是 string_ids 的第 0x22 项，由前述的讲解不难推算出具体值是"add"。

那么函数的具体实现保存在哪个区域呢？

答案是 class_defs。具体而言，class_defs 是由 class_def_item[]组成的。而 class_def_item 数据结构中又有一个 class_data_off 偏移量指向 class_data_item——这个地方用于集中保存 Class 内部的各种函数和域。

在 Android 虚拟机规范中，函数会被细分为 Virtual、Direct、Super 等多种类型，而且调用这些函数所使用的字节码指令也是不同的。如表 21-5 所示。

表 21-5　　　　　　　　　　Android 虚拟机中的函数种类及调用指令

Type	Bytecode	Description
Virtual	6e: invoke-virtual	这是最常见的函数类型。之所以冠之以"Virtual"，是因为这类函数是可以被重载的。换句话说，除了 private、static 和 final（还有构造函数）等之外的函数通常都属于 virtual 类型。处理这类函数时需要特别考虑 VTable 的实现，所以在执行效率上相对于其他函数类型会稍微低一些
Super	6f: invoke-super	即 Superclass 的 Virtual Method
Direct	70: invoke-direct	不能被重载的非静态函数
Static	71: invoke-static	静态函数
Interface	72: invoke-interface	接口函数

以"add"函数为例，它编译生成的字节码如下：

```
  Virtual methods    -
    #0                 : (in Lcom/example/myapp/Calculator;)
      name             : 'add'
      type             : '()I'
      access           : 0x0001 (PUBLIC)
      code             -
      registers        : 4
      ins              : 1
      outs             : 0
      insns size       : 7 16-bit code units
00042c:                                   |[00042c] com.example.myapp.Calculator.add:()I
00043c: 1300 9001                         |0000: const/16 v0, #int 400 // #190
000440: 1301 c800                         |0002: const/16 v1, #int 200 // #c8
000444: 9002 0001                         |0004: add-int v2, v0, v1
000448: 0f02                              |0006: return v2
```

同时 onCreate 中调用 add 函数对应的字节码实现如下：

```
0004a8: 6e10 0400 0000       |001a: invoke-virtual {v0},
                             Lcom/example/myapp/Calculator;.add:()I // method@0004
0004ae: 0a03                 |001d: move-result v3 ###将函数返回值保存到v3中
```

因为 add 函数属于 Calculator 这个类，所以 invoke-virtual 中的参数是 Lcom/example/myapp/Calculator。

为了支持多态性，虚拟机会为类（有需要的情况下）提供两个特殊的表，即 VTable 和 ITable。下面是一个简单的范例：

```
class A
{
    public void Method1(){
    }
    public void Method2(String a){
    }
}

Class B extends A{
    public  void Method1(){
    }
    public void Method3(){
      Method1();
    }
}
```

子类在构建自己的 VTable 时，首先会完整复制父类的 VTable，然后再以此为基础替换生成自己的虚拟函数表。在上面这个例子中，Class A 的虚拟表是：

A.Method1

A.Method2

因为 Class B 继承自 Class A，并且重载了 Method1，所以它的 VTable 就变为：

B.Method1

A.Method2

B.Method3

这样一来，B.Method3()在运行阶段通过上述虚拟表就可以查出其所调用的 Method1 对应的最终函数是 B.Method1；而假如 Class B 没有重载 Method1，那么它的 VTable 中第 1 个函数就仍然是 A.Method1，从而产生不一样的效果。

那么 ITable 又是什么呢，为什么除了 VTable 外还需要一个 ITable？我们知道，Java 语言中虽然只允许继承一个父类,但却可以实现多个接口。换句话说,VTable 并没有办法解决所有的多态问题,因而虚拟机又引入了 ITable 来处理这种情况。我们在后续小节分析 Art 的内部实现时还有针对 ITable 的更多讲解,建议大家结合起来阅读。

21.3 Android 虚拟机核心文件格式——可执行文件的基石 ELF

Android 对于 Linux 的借鉴并不仅仅体现在操作系统层面,在很多技术实现上也是如此。以 Android M 版本中的 Art 虚拟机为例,其最大的特点就是通过 dex2oat 将 Dex 预编译成包含了机器指令的 oat 文件,从而显著提升了程序的执行效率。而 oat 文件本身并不是一个新事物,它是 Android 系统基于 Linux 中的可执行文件格式——ELF 所做的扩展。Android 系统既遵循了 ELF 文件协议,同时还根据 Art 虚拟机的特点和具体需求"另辟蹊径",针对 ELF 做了巧妙的扩展,可谓是"鱼和熊掌兼得"。

本小节中我们将讲解 ELF 的基础知识,从而为大家后续学习 oat 和程序的执行过程扫清障碍。如果读者对 ELF 已经有深入了解,那么可以选择跳过本小节内容。

21.3.1 ELF 文件格式

Executable and Linkable Format (ELF),最初是由 UNIX 系统实验室作为《Application Binary Interface Specification》的一个核心组成元素发布的,随后又被整合到《Tool Interface Standard (TIS) Portable Formats Specification》规范中。TIS 在 1993 年和 1995 年分别发布了 v1.1 和 v1.2 两个版本的 ELF 规范。建议读者可以在本小节的基础上再自行查阅 1.2 版本,以便对 ELF 有更全面的认识。Linux 基金会网站提供有 ELF 规范内容。

另外,TIS 和 ABI 中所包含的 ELF 规范是通用性质的,各芯片处理器厂商还会在此基础上融入与 Processor 相关的具体信息。这种可扩展性也是 ELF 得以广泛推广的一个重要原因,我们后续在分析它的内部结构还会有进一步讲解。

从 ELF 文件的典型处理过程来看,它至少支持 3 种文件形态,分别是可重定向文件(Relocatable File)、可执行文件(Executable File)和可共享的对象文件(Shared Object File)。如图 21-24 所示。

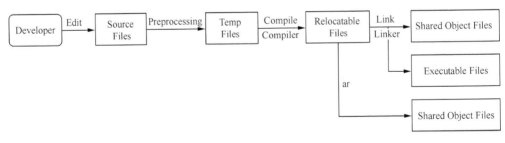

▲图 21-24 ELF 的典型处理流程

首先,开发人员利用 IDE 或者文本编辑器编写源码文件(如 C/C++语言源代码)。预处理主要针对的是各种预编译语句,如"#define""#include"等,并将处理结果输出给编译阶段。紧接着的编译任务涉及的环节比较多,包括语法分析、语义分析和优化等,因而通常也是最耗时的。不过它的产出物还不是最终的机器码,而是汇编码——这也就是下一步我们需要执行 Assembly 的原因,此时得到的文件我们称为目标文件(Object File)。一个可执行对象(或者库)通常是由

21.3 Android 虚拟机核心文件格式——可执行文件的基石 ELF

多个 Object 组成的，所以我们还需要最后一步，即通过 Linking（这个过程中会涉及 Address Allocation、Symbol Resolution、Relocation 重定位等多个过程）生成为最终的输出物（如动态链接库、可执行文件等），或者利用 ar 来生成静态库。当然，现在的编译器一般会把这些步骤隐藏起来，用户只需要利用简单的命令就可以完成所有编译链接过程了。

Relocatable File 的一个具体范例是.o 文件，它是在编译过程中产生的"中间文件"。例如图 21-25 所示的是 AOSP 工程中 adbd 程序的编译产物，其中包含了很多.o 文件：

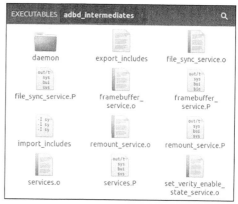

▲图 21-25　adbd 程序的编译产物

我们可以通过 file 命令来揭开这些.o 文件的"庐山真面目"：

```
s@ubuntu:~/Android_M/out/target/product/generic/obj/EXECUTABLES/adbd_intermediates$ file services.o file_sync_service.o framebuffer_service.o remount_service.o set_verity_enable_state_service.o
services.o:                          ELF 32-bit LSB  relocatable, ARM, EABI5 version 1 (GNU/Linux), not stripped
file_sync_service.o:                 ELF 32-bit LSB  relocatable, ARM, EABI5 version 1 (GNU/Linux), not stripped
framebuffer_service.o:               ELF 32-bit LSB  relocatable, ARM, EABI5 version 1 (GNU/Linux), not stripped
remount_service.o:                   ELF 32-bit LSB  relocatable, ARM, EABI5 version 1 (GNU/Linux), not stripped
set_verity_enable_state_service.o:   ELF 32-bit LSB  relocatable, ARM, EABI5 version 1 (GNU/Linux), not stripped
```

可见它们都属于 ELF（32bit 或 64bit）Relocatable 文件。

除了上述的"中间文件"外，ELF 格式的可执行文件相信大家也不会陌生。Linux 平台下的大部分可执行程序都采用了 ELF 规范，Android 系统自然也不例外。例如下面所示的是针对 Android 工程中 prebuilt/qemu-kernel/arm 目录下的 vmlinux-qemu 程序执行的 file 结果：

```
s@ubuntu:~/Android_M/prebuilts/qemu-kernel/arm$ file vmlinux-qemu
vmlinux-qemu: ELF 32-bit LSB  executable, ARM, EABI5 version 1 (SYSV), statically linked, BuildID[sha1]=8887e22689309b389959c29fd3ea9d942c94b80b, not stripped
```

可见它们的文件格式是 ELF（32bit 或者 64bit）Executable。

ELF 的另一种文件形态是 Shared Object File（即动态链接库），通常情况下以".so"为后缀名。Android 工程中同样包含了很多动态链接库对象，例如下面所示的 libselinux.so：

```
s@ubuntu:~/Android_M/out/host/linux-x86/lib64$ file libselinux.so
libselinux.so: ELF 64-bit LSB  shared object, x86-64, version 1 (SYSV), dynamically linked, BuildID[sha1]=a427918cf96ef98f7ea3e6577cf648673e019016, not stripped
```

由此可见，ELF 文件规范实际上就贯穿于整个 Android 工程中。

有了这些"感性"的认识后，接下来我们进一步了解 ELF 文件格式的内部构成。

根据 ELF 规范文档中的描述，我们可以从 Linking 和 Execution 两个视角来审视它的内部结构，如图 21-26 所示。

那么 ELF 的设计者为什么要为它提供两个不同的视角，图 21-26 所示的 Section 和 Segment 之间的区别和联系又是什么呢？

简单来讲，Section 中存储的信息用于支撑程序的链接工作，针对的是 Linker；而 Segment 提供的则是程序运行时所需的数据，面向的是加载器 Loader。另外，以 Segment 的方式加载在一定程度上还可以节约存储空

Linking View	Execution View
ELF Header	ELF Header
Program Header Table *optional*	Program Header Table
Section 1	Segment 1
...	
Section n	Segment 2
...	...
Seciton Header Table	Seciton Header Table *optional*

OSD1980

▲图 21-26　ELF 文件格式的两个视角

间。这是因为 Section 在加载时是页对齐的，这样难免会造成空间资源的浪费。而一个 Segment 由多个段组成，段与段之间没有间隔，所以能尽量避免类似情况的发生。由于 Section 和 Segment 的中文译名都可以是"段"，大家在查阅相关资料时一定要鉴别清楚作者所指的是什么，以免"一

头雾水，事倍功半"。

接下来我们编写一个简单的程序，并通过解析这个程序的内部构造来帮助大家更好地理解ELF文件格式。

范例程序的功能相当简单，就是完成对两个 int 变量的求和操作，如下所示：

```c
/*main.c*/
#include "stdio.h"

void main()
{
    add(1,2);
    printf("This is an example");
}

int add(int value1, int value2)
{
    return value1+value2;
}
```

我们首先通过 gcc 将上述的 main.c 编译成 main.o 文件，命令行如下：

```
gcc -c main.c
```

然后利用 readelf 读取它的头文件内容，结果如图 21-27 所示。

```
s@ubuntu:~/TestELF$ readelf -h main.o
ELF Header:
  Magic:   7f 45 4c 46 02 01 01 00 00 00 00 00 00 00 00 00
  Class:                             ELF64
  Data:                              2's complement, little endian
  Version:                           1 (current)
  OS/ABI:                            UNIX - System V
  ABI Version:                       0
  Type:                              REL (Relocatable file)
  Machine:                           Advanced Micro Devices X86-64
  Version:                           0x1
  Entry point address:               0x0
  Start of program headers:          0 (bytes into file)
  Start of section headers:          384 (bytes into file)
  Flags:                             0x0
  Size of this header:               64 (bytes)
  Size of program headers:           0 (bytes)
  Number of program headers:         0
  Size of section headers:           64 (bytes)
  Number of section headers:         13
  Section header string table index: 10
```

▲图 21-27　ELF 的 Header 信息

顺便说一下，readelf 是 Linux 系统中分析 ELF 文件的一个很方便的工具。大家可以通过"--help"命令来获取到它的具体使用方法。

根据 ELF 官方文档的描述，ELF Header 对应的数据结构是：

```c
#define EI_NIDENT       16

typedef struct {
        unsigned char   e_ident[EI_NIDENT];
        Elf32_Half      e_type;
        Elf32_Half      e_machine;
        Elf32_Word      e_version;
        Elf32_Addr      e_entry;
        Elf32_Off       e_phoff;
        Elf32_Off       e_shoff;
        Elf32_Word      e_flags;
        Elf32_Half      e_ehsize;
        Elf32_Half      e_phentsize;
        Elf32_Half      e_phnum;
        Elf32_Half      e_shentsize;
        Elf32_Half      e_shnum;
        Elf32_Half      e_shstrndx;
} Elf32_Ehdr;
```

21.3 Android 虚拟机核心文件格式——可执行文件的基石 ELF

我们对照上面 readelf 得到的实例数据，来逐一解释 Elf32_Ehdr 中各个字段的含义（注意：readelf 对 ELF 文件进行了"可读性"处理，因而在显示顺序上有可能和上述的数据结构没有完全一致）：

- EI_NIDENT

由 readelf 的结果可以看到，ELF 的 Magic 区域共 16 个字节，即"7f 45 4c 46 02 01 01 00 00 00 00 00 00 00 00 00"。好比每种商品都需要一个标签一样，ELF 也需要一张"身份证"：前 4 个字节"7f 45 4c 46"表示 ELF 的文件魔数，即 ASCII 码".ELF"；第 5 个字节代表硬件平台的位数（1 代表 32 位，2 代表 64 位）;第 6 个字节表示数据的大小端模式（1 代表小端模式，2 代表大端模式）；第 7 个字节代表 ELF 的版本号，不过到目前为止这个数只能被置为 1；第 8 个字节用于表示目标操作系统 ABI（例如 0x00 表示 System V，0x01 表示 HP-UX，0x02 表示 NetBSD，0x03 表示 Linux 等）。

- 紧随其后的 e_type 用于指示这个 ELF 对象的文件类型。核心值如下所示：

Name	Value	Meaning
ET_NONE	0	No file type
ET_REL	1	Relocatable file
ET_EXEC	2	Executable file
ET_DYN	3	Shared object file
ET_CORE	4	Core file
ET_LOPROC	0xff00	Processor-specific
ET_HIPROC	0xffff	Processor-specific

例如编译阶段得到的.o 可重定位文件，就属于 ET_REL 类型。

- e_machine

用于标记机器的平台架构，可选值如下所示：

Name	Value	Meaning
EM_NONE	0	No machine
EM_M32	1	AT&T WE 32100
EM_SPARC	2	SPARC
EM_386	3	Intel 80386
EM_68K	4	Motorola 68000
EM_88K	5	Motorola 88000
EM_860	7	Intel 80860
EM_MIPS	8	MIPS RS3000

- e_version

用于指示 ELF 规范的版本号。

- e_entry

程序的入口地址，即系统将首先把控制权传递到 e_entry 这个虚地址所指示的位置。在我们这个 main.o 范例中 e_entry 的具体值为 0。

- e_phoff

用于指示 Program Header Table 在这个 ELF 文件中的偏移量（以字节为单位），在我们这个场景下 e_phoff 为 0。

- e_shoff

用于指示 Section Header Table 在这个 ELF 文件中的偏移量（以字节为单位），有可能为 0。我们会在后续内容中做进一步分析。

- e_flags

这是与本 ELF 文件所针对的目标处理器相关（Processor-Specific）的标志位。图 21-28 所示是《ELF for the Arm Architecture》中关于 e_flags 的描述。

Value	Meaning
EF_ARM_ABIMASK (0xFF000000) (current version is 0x05000000)	This masks an 8-bit version number, the version of the ABI to which this ELF file conforms. This ABI is version 5. A value of 0 denotes unknown conformance.
EF_ARM_BE8 (0x00800000)	The ELF file contains BE-8 code, suitable for execution on an ARM Architecture v6 processor. This flag must only be set on an executable file.
EF_ARM_GCCMASK (0x00400FFF)	Legacy code (ABI version 4 and earlier) generated by gcc-arm-xxx might use these bits.
EF_ARM_ABI_FLOAT_HARD (0x00000400) (ABI version 5 and later)	Set in executable file headers (e_type = ET_EXEC or ET_DYN) to note that the executable file was built to conform to the hardware floating-point procedure-call standard. Compatible with legacy (pre version 5) gcc use as EF_ARM_VFP_FLOAT.
EF_ARM_ABI_FLOAT_SOFT (0x00000200) (ABI version 5 and later)	Set in executable file headers (e_type = ET_EXEC or ET_DYN) to note *explicitly* that the executable file was built to conform to the software floating-point procedure-call standard (the *base standard*). If both EF_ARM_ABI_FLOAT_XXXX bits are clear, conformance to the base procedure-call standard is implied. Compatible with legacy (pre version 5) gcc use as EF_ARM_SOFT_FLOAT.

▲图 21-28　e_flags 的描述

- e_ehsize

用于描述 ELF Header 所占的空间大小（以字节为单位）。

- e_phentsize

用于标记一个 Program Header 所占的空间大小（以字节为单位），有可能为 0。因为我们的范例是编译产生的中间 .o 文件，所以并不涉及 Segment。

- e_phnum

用于标记 Program Header Table 的总条目数，有可能为 0。

- e_shentsize

用于标记一个 Section Header 所占的空间大小（以字节为单位）。

- e_shnum

用于标记 Section Header Table 的总条目数。

前面我们提到，Section 主要是在链接和重定位阶段发挥作用。换句话说，Relocable Files 正常情况下都会包含 Section 信息。我们同样可以利用 readelf 工具把 ELF 中的 Section 信息打印出来，所用命令行如下：

```
readelf -S main.o
```

根据图 21-29 所示的输出结果，可以得知 main.o 包含了多达 13 个的 Section，其中既有大家所熟悉的 .text（程序代码）、.data（已赋初始值的静态变量）和 .bss 段（未赋初始值的全局变量和静态变量），也有 .rela.text、.symtab 这类看上去比较陌生的 Section——那么后面这些段有什么作用呢？

简单来说，它们将在程序链接、重定位或者其他环节中起到辅助作用。譬如 .shstrtab 是 "Section Header String Table" 的缩写，用于记录每个 Section 的名称。它在 main.o 中的偏移地址为 0x118（图 21-29 中的 "Offset" 列），占用空间大小为 0x61。我们可以利用下面的命令来分析 .shstrtab 中存储的内容是什么：

```
hexdump -C main.o
```

21.3 Android 虚拟机核心文件格式——可执行文件的基石 ELF

结果值如图 21-30 所示。

▲图 21-29 ELF 中的 Section 范例

▲图 21-30 shstrtab section 中的内容

这和我们在"readelf -S"看到的情况是一致的。

".strtab"是"String Table"的简写，是字符串的列表集合。每个字符串都被要求以 ASCII 格式存储，且以"\0"结尾：

那么各个 Symbol 是如何与.strtab 对应起来的呢？这就是.symtab 所起的作用，它为每个 Symbol 都分配了一个全局唯一的 entry，从而建立起符号与字符串之间的对应关系。以 main.c 中的 add 函数（Symbol）为例，其在.symtab 中对应的是如图 21-31 所示的第 10 项内容。

▲图 21-31 symtab 各项内容

Symbol Table 的数据结构如下：

Figure 1-15. Symbol Table Entry

```
typedef struct {
        Elf32_Word     st_name;
        Elf32_Addr     st_value;
        Elf32_Word     st_size;
        unsigned char  st_info;
        unsigned char  st_other;
        Elf32_Half     st_shndx;
} Elf32_Sym;
```

很显然，st_name 表示的是这个 Symbol 的名称。但细心的读者应该能发现，它其实只是一个 Word 值，如何能表达出"add"这个字符串呢？答案就是 st_name 实际上是"add"字符串在.strtab 中所对应的 Index。这样的设计一方面有效解决了字符串这种可变长度的数据与其他固定长度数据如何"共存"的问题；另一方面也可以实现字符串的复用，节约了存储空间。

另外，"add"的 Type 是 FUNC，代表它是一个函数；Ndx 是 Index 的缩写，表示这个函数的定义是在序号为 1 的 Section 中，即 ".text" 段；"Value"列则表示 add 函数在 ".text" 中的偏移量，从中可以看到这个值是 0x29。

那么情况真的是如此吗？我们可以通过反编译 main.o 来找到答案，如图 21-32 所示。

由图 21-32 我们可以清楚地看到，add 在 main.o 文件中的偏移量确实是 0x29。不过因为当前 main.o 还没有经过链接操作，所以各个地址值看上去还不是很正规。接下来我们就执行链接操作使其成为真正的可执行程序，所使用的命令如下所示：

▲图 21-32 main.o 的编译结果

```
gcc -o main main.o
```

此时我们再来反编译 main 文件，情况已经发生了很大的变化。如图 21-33 所示。

▲图 21-33 执行链接操作后再次反编译的结果

21.3 Android 虚拟机核心文件格式——可执行文件的基石 ELF

为了方便大家对 main 函数在链接前后的变化做对比观察，我们特别制作了下列表格，如图 21-34 所示。

链接前			链接后		
0: 55	push	%rbp	40052d: 55	push	%rbp
1: 48 89 e5	mov	%rsp,%rbp	40052e: 48 89 e5	mov	%rsp,%rbp
4: be 02 00 00 00	mov	$0x2,%esi	400531: be 02 00 00 00	mov	$0x2,%esi
9: bf 01 00 00 00	mov	$0x1,%edi	400536: bf 01 00 00 00	mov	$0x1,%edi
e: b8 00 00 00 00	mov	$0x0,%eax	40053b: b8 00 00 00 00	mov	$0x0,%eax
13: e8 00 00 00 00	callq	18 <main+0x18>	400540: e8 11 00 00 00	callq	400556 <add>
18: bf 00 00 00 00	mov	$0x0,%edi	400545: bf f4 05 40 00	mov	$0x4005f4,%edi
1d: b8 00 00 00 00	mov	$0x0,%eax	40054a: b8 00 00 00 00	mov	$0x0,%eax
22: e8 00 00 00 00	callq	27 <main+0x27>	40054f: e8 bc fe ff ff	callq	400410 <printf@plt>
27: 5d	pop	%rbp	400554: 5d	pop	%rbp
28: c3	retq		400555: c3	retq	

▲图 21-34 对比结果

其中有差异的地方我们以阴影的方式标识出来，包括但不限于：

- 地址由相对地址变成了绝对地址

可以明显地看到各条指令的地址已经由 0x00、0x01 等相对地址转变成了 0x40052d、0x40052e 等绝对地址（虚拟内存地址）。

- 函数的跳转指令发生了变化

对于"add"这类在可执行程序内部定义的函数，我们可以直接利用它的绝对地址来实现跳转；而对于 printf 这种由动态链接库提供的函数则没有那么简单。因为动态链接库被加载到内存中的具体地址必须要等到运行阶段才能得到确认，所以我们需要一种更为灵活的机制来确保程序可以正常调用动态链接库中的函数。这就涉及了动态链接库的加载与运行原理了，我们将在下一小节做专门讲解。

ELF 中其他常见的区段及释义如表 21-6 所示。

表 21-6 ELF 常见 Section 释义

Section	Description
.text	代码区段
.data	经过初始化的变量区
.bss	未初始化的变量区
.rel.text	函数的重定位信息区
.rel.data	静态变量的重定向信息区
.rel.plt	用于动态链接时提供重定向信息（如果使用了 PLT） 注意：在 64 位机器上的名称是.rela.plt
.rel.dyn	用于动态链接时提供重定向信息（如果没有使用 PLT）
.got	Global Offset Table，为重定向对象提供偏移量信息
.debug	提供调试相关信息
.strtab	String Table，用于存储各个 Symbol 名对应的字符串
.symtab	Symbol Table，用于存储各个 Symbol 的数据
.init	Executable 或 Shared Object 中包含的用于初始化的函数
.init_array	和.init 类似，提供了一组用于初始化的函数（按顺序执行）
.fini	Executable 或 Shared Object 中包含的用于析构的函数
.fini_array	和.fini 类似，提供了一组用于析构的函数（按顺序执行）

ELF 文件也允许程序根据需要来提供构造和析构函数（这点和 Class 类很相似），分别对应.init/.init_array 和.fini/.fini_array 区段。当动态对象在进程中第一次被加载时，"构造"函数会首先得到调用；而当它们被卸载时，"析构"函数也同样会被执行。如果.init/.init_array 在 ELF 中同时存在，那么前者的优先级要高于后者。利用 C/C++ 语言编程时，开发人员可以通过给函数指定 __attribute__((constructor))/((destructor)) 属性来生成.init/.fini 区段。

值得一提的是，ELF 可执行程序在运行时的内存布局大致如图 21-35 所示。

因为 Android 虚拟机本身也是寄居在 Linux 应用程序之上的，所以同样遵循上述图例，这一点请大家在学习虚拟机过程中务必保持正确的认识。

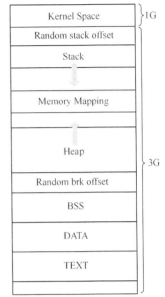

▲图 21-35　ELF 可执行程序典型内存布局图

21.3.2　Linux 平台下 ELF 文件的加载和动态链接过程

静态库和动态链接库有什么区别呢？

Wiki 上对静态库的释义如下所示：

"In computer science, a static library or statically-linked library is a set of routines, external functions and variables which are resolved in a caller at compile-time and copied into a target application by a compiler, linker, or binder, producing an object file and a stand-alone executable"

静态链接库的特点是会在程序的编译链接阶段就完成函数和变量的地址解析工作，并使之成为可执行程序中不可分割的一部分。这种处理手段在某种程度上也可以有效地实现代码的重复利用，使得编写程序不需要每次都从零开始，因而在程序开发的早期得到了广泛的应用——甚至是当时技术条件下的唯一选择。但是它的缺点也是比较明显的，即可执行程序的体积会随着静态链接库的增加而不断变大。另外，如果操作系统中有多个可执行程序都用到了同一个静态库 A，按照静态链接的做法就需要把 A 分别打包进所有程序中——这显然是一种资源浪费。

与静态链接库相对应的，便是动态链接库的处理方式，我们再来看下它的定义：

"In computing, a dynamic linker is the part of an operating system that loads and links the shared libraries needed by an executable when it is executed (at "run time"), by copying the content of libraries from persistent storage to RAM, and filling jump tables and relocating pointers."

动态链接库有如下几个核心特点：

● 动态链接库不需要在编译时就被打包到可执行程序中，而是等到后者在运行阶段再实现动态的加载和重定位。

● 动态链接库在被加载到内存中之后，操作系统需要为它执行动态链接操作。值得一提的是，有一些参考资料会把这里的链接称为"动态链接"，而将前述编译阶段的链接叫做"静态链接"；而且静态链接中也会有 Relocation（Link Time Relocation），只是和动态链接中的重定位（Load Time Relocation）所针对的对象和处理过程存在差异。换句话说，只要涉及多个文件之间的链接，通常都需要重定位。只不过静态链接发生在编译阶段，而动态链接则发生在运行阶段。这些概念都很容易搞混淆，提醒大家注意区分。

21.3 Android 虚拟机核心文件格式——可执行文件的基石 ELF

实际的动态链接过程是比较复杂的,例如需要链接器的介入(链接器通常也是一个 ELF 文件,因而存在"蛋生鸡,鸡生蛋"的问题,解决类似问题的办法通常被称为"BootStrap"。这其中还有很多有趣的细节,有兴趣的读者可以自行查阅相关资料),需要重定位,需要有效的机制来管理所有的动态符号等。

接下来我们仍以之前的求和程序为例,进一步讲解动态链接库的工作原理:

```c
/*main.c*/
#include "stdio.h"

void main()
{
    add(1,2);
    printf("This is an example");
}

int add(int value1, int value2)
{
    return value1+value2;
}
```

在这个程序中,add 函数是定义在 main.c 中的,因而它的地址是已知的;而 printf 函数则由 C 库提供,属于"外部函数",所以它在编译时并不会被打包到"求和"小程序中。等到"求和"程序在机器上真正运行起来后,操作系统会把它需要的动态链接库从磁盘(或其他存储介质)加载到内存中,然后解析出(如果是启用了延时解析的话,情况会有所不同)所有它引用的外部函数的真实地址,并保证可执行程序可以正确指向这些外部函数。

那么动态链接的这些操作是在什么时候执行的呢?由前一小节的分析大家应该知道,ELF 头文件中有一项代表的是程序的入口地址,即 e_entry。它在求和程序中对应的具体值是:

```
Version:                           0x1
Entry point address:               0x400440
Start of program headers:          64 (bytes into file)
```

ELF 可执行程序在运行过程中的入口地址一定是 e_entry 吗?这个问题可以从 Linux Kernel 如何启动 ELF 程序中找到答案。当我们需要运行一个 ELF 程序时,内核在经过一系列操作后会调用 do_execve——这个函数最终又会利用 load_elf_binary 来完成 ELF 文件的加载和解析(Linux 支持多种可执行文件格式,由一个 linux_binfmt 结构体表示,其中包含的 load_binary 成员变量指向可执行文件具体的加载函数)。

函数 load_elf_binary 很长,我们来分段阅读:

```c
static int load_elf_binary(struct linux_binprm *bprm, struct pt_regs *regs)
{
    …

    /* 开始处理头文件信息 */
    if (loc->elf_ex.e_phentsize != sizeof(struct elf_phdr))
        goto out;
    if (loc->elf_ex.e_phnum < 1 ||
        loc->elf_ex.e_phnum > 65536U / sizeof(struct elf_phdr))
        goto out;
    size = loc->elf_ex.e_phnum * sizeof(struct elf_phdr);
    retval = -ENOMEM;
    elf_phdata = kmalloc(size, GFP_KERNEL);
    if (!elf_phdata)
        goto out;
```

变量 loc 保存的是 ELF 文件的头文件信息。上述代码段中,e_phnum 代表的是 Program Header Table 的数量;e_phentsize 则代表一个 Program Header 所占的空间大小。因为 PHT 区段对于可执行程序来说是必不可少的,所以在数量上一定是>1(并且<65536)的:

```
    …
    for (i = 0; i < loc->elf_ex.e_phnum; i++) {
        if (elf_ppnt->p_type == PT_INTERP) {…
            retval = -ENOMEM;
            elf_interpreter = kmalloc(elf_ppnt->p_filesz,
                        GFP_KERNEL);
            if (!elf_interpreter)
                goto out_free_ph;
            …
            retval = kernel_read(bprm->file, elf_ppnt->p_offset,
                        elf_interpreter,
                        elf_ppnt->p_filesz);
            …
            interpreter = open_exec(elf_interpreter);
            …
            loc->interp_elf_ex = *((struct elfhdr *)bprm->buf);
            break;
        }
        elf_ppnt++;
    }
```

上述这个 for 循环是整个函数的关键点之一,它的目标是通过遍历所有 Program Header 来查找到 Interpreter,即通常所说的"解释器"段。一旦找到,我们就可以把其中的内容通过 kernel_read 读取到 elf_ppnt->p_offset 所指示的地址空间中了。

ELF 文件格式有一个名为".interp"的 Section,用于指示上述的链接器的位置。例如下面是针对"求和"小程序执行"readelf – S"命令所得到的信息,大家注意看第 2 个区段:

```
Section Headers:
  [Nr] Name              Type             Address           Offset
       Size              EntSize          Flags  Link  Info  Align
  [ 0]                   NULL             0000000000000000  00000000
       0000000000000000  0000000000000000           0     0     0
  [ 1] .interp           PROGBITS         0000000000400238  00000238
       000000000000001c  0000000000000000   A       0     0     1
```

由".interp"区段的 Offset 可知它的偏移量为 00000238,我们来看一下这个地址下保存的数据:

```
0000230: 0100 0000 0000 0000 2f6c 6962 3634 2f6c  ......../lib64/l
0000240: 642d 6c69 6e75 782d 7838 362d 3634 2e73  d-linux-x86-64.s
0000250: 6f2e 3200 0400 0000 1000 0000 0100 0000  o.2.............
```

可见求和程序所使用的链接器的名称为"/lib64/ld-linux-x86-64.so.2"(这个链接器虽然表面上看是一个 so 文件,但事实上也是一个可执行程序),它在文件系统中的位置如图 21-36 所示。

▲图 21-36　在文件系统中的位置

需要特别说明的是,我们的求和程序是在 Linux 平台下所做的实验。Android 系统中的 Linker 与之大同小异,如下所示:

```
00000170  20 00 00 00 2f 73 79 73  74 65 6d 2f 62 69 6e 2f   .../system/bin/
00000180  6c 69 6e 6b 65 72 00 00  08 00 00 00 04 00 00 00  |linker..........|
```

在 Android 系统中,可执行程序通常会被存储在/system/bin/目录下,其中就包括了我们关心的 Linker。

21.3 Android 虚拟机核心文件格式——可执行文件的基石 ELF

我们再回到 load_elf_binary 函数，看一下系统会利用 interpreter 做些什么工作：

```
if (elf_interpreter) {
    retval = -ELIBBAD;
    /* Not an ELF interpreter */
    if (memcmp(loc->interp_elf_ex.e_ident, ELFMAG, SELFMAG) != 0)
        goto out_free_dentry;
    /* Verify the interpreter has a valid arch */
    if (!elf_check_arch(&loc->interp_elf_ex))
        goto out_free_dentry;
}
```

首先需要验证 interpreter 的合法性，包括 Magic Number 是否正确；机器平台架构是否有效等：

```
if (elf_interpreter) {
    unsigned long uninitialized_var(interp_map_addr);

    elf_entry = load_elf_interp(&loc->interp_elf_ex,
                        interpreter,
                        &interp_map_addr,
                        load_bias);
    …
} else {
    elf_entry = loc->elf_ex.e_entry;
    if (BAD_ADDR(elf_entry)) {
        force_sig(SIGSEGV, current);
        retval = -EINVAL;
        goto out_free_dentry;
    }
}
```

上述这段代码是决定 ELF 入口地址的关键。它的处理逻辑概括起来就是：如果 interpreter 区段存在，那么这个 ELF 文件的入口地址就是 load_elf_interp 函数的返回值；否则就仍然采用 ELF 头文件信息中指定的 e_entry。换句话说，ELF 程序真正的入口地址取决于它在执行过程中是否需要解释器——如果答案是肯定的，那么入口就在解释器中；否则使用默认的 e_entry。

理解了 ELF 的入口地址如何确定后，接下来我们再用 nm 命令分析函数符号（特别是 printf 这类外部函数）信息：

```
0000000000400570 T __libc_csu_init
                 U __libc_start_main@@GLIBC_2.2.5
000000000040052d T main
                 U printf@@GLIBC_2.2.5
00000000004004a0 t register_tm_clones
```

不难发现，对于 main 这种内部函数而言，它的地址是预先就确定的；而 printf 则不一样，它只是被标志为 "printf@@GLIBC_2.2.5"，并没有分配具体的地址值。大家可能会有疑问，可执行程序在运行时怎么知道要加载哪些动态库呢？这些信息事实上是由.dynamic 区段（.dynamic 有点类似于 "大总管"，它包含了所有与动态链接相关的信息）提供的。譬如从图 21-37（readelf -d 命令）中可以看出这个可执行程序依赖于 libc 动态库（NEEDED 类型），系统根据 "这条线索" 很容易就能判断出 ELF 在运行时所需要加载的动态链接库了。

有了上述知识点的铺垫后，我们现在可以给出动态链接库相关的处理过程了（以求和程序为例）。

- 在编译阶段，求和程序经历了预编译、编译、汇编及链接操作后，最终形成一个 ELF 可执行程序。同时求和程序所依赖的动态库会被记录到.dynamic 区段中；加载动态库所需的 Linker 由.interp 来指示。

- 当求和程序运行起来以后，系统首先会通过.interp 区段找到链接器的绝对路径，然后将控制权交给它（因为求和小程序使用到了动态链接库，所以入口地址在 Linker 中）。

- Linker 负责解析 .dynamic 中的记录，得出求和程序依赖的所有动态链接库，以及它们又依赖于哪些其他的动态库，以此类推。因为 .dynamic 中并不会指定动态库的绝对路径，所以这还涉及搜索目录的设置问题，具体细节大家可以自行查阅相关资料了解详情。
- 动态链接库加载完成后，它们所包含的 export 函数在内存中的地址就可以确定下来了。Linker 通过预设机制（如 GOT/PLT）来保证求和程序中引用到外部函数的地方可以正常工作，即完成 Dynamic Relocation。

▲图 21-37 Dynamic section

Dynamic Relocation 在设计时有很多需要考量的因素，例如：

（1）链接器如何知道可执行程序中有哪些需要重定位的对象？

（2）在没有重定位以前，这些被引用对象的地址如何表示？

（3）如何保证在不修改代码段的情况下完成 Relocation（GOT 表的作用）？

（4）如何等到动态对象被第一次访问时才去做解析操作，从而提高程序的启动速度？（PLT 表的作用）

对于第 1 个问题，ELF 专门指定了一些特殊的 Section 来做解答，如下所示：

ELF 动态链接库中以 ".rela" 开头的 Section 描述的是可重定位相关的信息。比如上面的 ".rela.dyn" 和 ".rela.plt" 分别表示需要被重定位的数据对象（此时被修正的位置在 ".got" 和数据段中）和函数对象（此时被修正的位置在 ".got.plt" 中）。这一点和静态链接时的做法类似，它会有名为 ".rel.text" 和 ".rel.data" 的段来分别保存代码和数据段的重定位信息。另外，上图中除 printf 之外还有一些由编译器自己产生的特殊符号，不过这些并不会影响我们的分析，可以直接略过。

这样子链接器就可以清楚地知道自己的服务对象是谁了。确定了这一点以后，链接器接下来要回答的是，它采用什么方式来为这些对象服务才是最合理的呢？大家可能会在第一时间想到：可以在编译阶段只给外部对象分配一个临时地址，然后再在动态重定位时将这些临时地址替换成真实地址。这种方案理论上是可行的，但对于动态链接的场景来说并非最佳方案。试想一下，动态链接库的一个核心优势就是代码共享——不单是指进程内的代码共享，还包括进程间的代码共

21.3 Android 虚拟机核心文件格式——可执行文件的基石 ELF

享——实现这个目标的前提条件之一是动态库中的代码段不需要为任何进程做定制工作。而采用上述的方案显然需要为每一个进程都做一次代码修正（因为在动态链接中被替换的临时地址是在代码段中），所以是不可取的。

ELF 针对上述问题给出的方案是 GOT（Global Offset Table）。它的核心思想说得直白点，就是将"变"与"不变"的部分隔离开来——通过增加一个"中间层"GOT，来保持代码段的"不变"，而把"变"的部分放到 GOT 表中。

但是有了 GOT 就"万事大吉"了吗？大家是否想过这样的问题——如果程序中有非常多需要动态链接的对象，而它们中的绝大部分在程序执行过程中是不会被使用到的，那么我们在一开始就为所有对象做解析和重定位是否合理呢？实践证明这种"一杆子"的做法确实会影响程序的运行效率，特别是它的启动速度。聪明的人们立即又想到了有没有一种 Lazy Binding 的方法来在"需要动态对象的时候"才对它做重定位呢？这就是 PLT 的存在价值了。

接下来我们仍然以求和程序为例子，来详细分析下 GOT 和 PLT 两大机制的实现原理。
先来看下 main 函数对应的汇编代码：

```
00000000040052d <main>:
  40052d:    55                     push   %rbp
  40052e:    48 89 e5               mov    %rsp,%rbp
  400531:    be 02 00 00 00         mov    $0x2,%esi
  400536:    bf 01 00 00 00         mov    $0x1,%edi
  40053b:    b8 00 00 00 00         mov    $0x0,%eax
  400540:    e8 11 00 00 00         callq  400556 <add>
  400545:    bf f4 05 40 00         mov    $0x4005f4,%edi
  40054a:    b8 00 00 00 00         mov    $0x0,%eax
  40054f:    e8 bc fe ff ff         callq  400410 <printf@plt>
  400554:    5d                     pop    %rbp
  400555:    c3                     retq
```

大家注意看一下 40054f 这一行汇编语句：

```
callq  400410 <printf@plt>
```

这里通过 callq 指令调用了一个地址为 0x400410 的目标位置，从释义来看它属于.plt 区域。所以我们反编译.plt 段来做跟进分析：

```
0000000000400410 <printf@plt>:
  400410:    ff 25 02 0c 20 00      jmpq   *0x200c02(%rip)        # 601018 <_GLOBAL_OFFSET_TABLE_+0x18>
  400416:    68 00 00 00 00         pushq  $0x0
  40041b:    e9 e0 ff ff ff         jmpq   400400 <_init+0x20>
```

<printf@plt>的实现并不复杂：0x400410 处是一条跳转指令，而且跳转地址被保存于 0x200c02 指针所指向的地址。通过 0x400410 语句后面的注释不难发现，0x200c02 对应的是 Global Offset Table 偏移 0x18 的地方。

此时分为如下两种情况（以"求和"程序为例）：

- 当 printf 被第 1 次访问时

当我们第一次调用 printf 这个函数时，程序首先通过 callq 调用<printf@plt>，然后在执行 0x400410 语句时跳转到 GOT 表中。可是此时 printf 函数的真实地址还未得到解析，换句话说 GOT+0x18 的地方保存的是 0x400416——所以绕了一圈又回到了 plt 中。而 0x400416 是条堆栈语句，目的是为了保存 printf 在 rel.plt 中的序号（rel.plt 中的信息包括了 printf 在 GOT 中的地址，以及它的名称"printf"，以便后续查找目标符号真实地址，并将结果值保存到正确的 GOT 地址中）。紧接着执行的 0x40041b 也是一条跳转语句，跳转目标是 Plt[0]。PLT 表的第一项是比较特殊的，它的工作简单来说就是为跳转到 GOT[2]做准备。而 GOT[0]、GOT[1]和 GOT[2]都是系统预先保留的，其中 GOT[2]中保存的是一个名为_dl_runtime_resolve 的函数，用于解析某函数名（如"printf"）的真实地址。至此目标函数在第一次被访问时就可以得到正确的解析了。

- 当 printf 非首次执行时

有了上一步的努力后，GOT 表中已经保存好 printf 的真实地址了。换句话说，当程序再次执行到 0x400410 这个位置时就不会再绕回 0x400416，而是可以直接跳转到目标对象的真实地址了。

我们以图 21-38 来帮助大家更好地理解上述讲解的整个过程（实际情况会更复杂一些，但原理是一样的）：

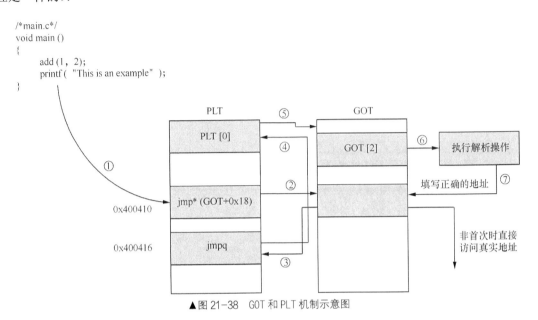

▲图 21-38　GOT 和 PLT 机制示意图

值得一提的是，不少开发人员经常分不清编译器提供的-fpic 选项的作用。这个选项从字面意思上理解是 "Position Independent Code"，即位置无关代码。确切地讲，是指代码段（.text）在运行时不需要重新定位（Relocation）。从本小节的分析中我们知道这一点是实现模块真正共享的关键，因为代码段的重新定位意味着使用者们需要各自拥有一份模块的复制，这显然是一种无谓的资源浪费。另外，地址无关技术不光适用于动态链接库，对可执行文件也是同样有效的（此时对应的选项是-fpie）。

我们在这两个小节中讲解的内容都是围绕 C 语言展开的，那么 C++中的情况会不会有所差异呢？总体来讲，它们二者在最终形式上是大同小异的，主要的区别会体现在如下几个方面：

（1）Name Mangling

Mangle 的字面意思是 "损坏"，不难理解这是 C++针对函数和变量采用的一种改名机制。这样做的原因有很多个，譬如为了支撑 C++的重载功能——因为函数如果名字相同但参数不同，那么编译后的函数如果采用原先的名字就会出现重名现象。Name Mangling 可以有效解决这个问题，它会综合考虑函数名和函数相关的信息（如参数）从而合成出一个全新的函数名称。C++标准中并没有对 Mangling 的具体做法做强制约束，这就意味着合成规则主要取决于编译器本身的设计。这一点对开发者的可能影响是我们无法通过函数名预先准确判断出它在 Name Mangling 后的结果，如此一来 dlsym 这样的函数在某些场景下可能就无计可施了——解决这个问题的一个可选的方法是在 C++代码中使用 extern "C"，以防止 Name Mangling 的发生。

（2）类的加载

我们知道，C++是一门面向对象的语言，类的使用非常普遍。但是如何从一个 C++代码生成的库中创建对象实例并不是件容易的事。不过这个问题已经有不少人给出了答案，限于篇幅我们不做深入分析，有兴趣的读者可以自行搜寻相关资料了解详情。

21.3.3 Android Linker 和动态链接库

21.3.3.1 Android 中动态库的隐式调用与链接

通过前面小节的学习，我们知道 ELF 格式的可执行程序会提供一个名为.interp 的区段，用于记录程序运行时所使用的动态链接器。当 ELF 程序从内核态切换到用户态运行时，首先被启动的就是它所指定的 Linker（如果这个程序依赖于动态链接库的话）。紧接着动态链接器会主动帮助程序加载支撑其正常工作的动态链接库文件，这一过程我们称为动态库的隐式调用。

从 Android 程序提供的.interp 区段中，我们不难发现它所指定的 Linker 是/system/bin/linker，那么这是在什么时候做的配置呢？

事实上 Android 系统在编译过程中做了充分的封装隐藏，因而上述配置过程对开发人员而言几乎是透明的——编译系统利用统一的模板来帮助程序完成对.interp 区域的填充，如下所示：

```
/*build/core/definitions.mk*/
define transform-o-to-executable-inner
$(hide) $(PRIVATE_CXX) -pie \
    -nostdlib -Bdynamic \
    -Wl,-dynamic-linker,$(PRIVATE_LINKER) \
    -Wl,--gc-sections \
    -Wl,-z,nocopyreloc \
    …
```

其中"-dynamic-linker"选项就用于指定程序所需的动态链接器，后面紧跟着的$（PRIVATE_LINKER）变量通常会被赋值为：/system/bin/linker（32 位平台的情况）或者/system/bin/linker64（64 位平台的情况）。

Android Linker 在 AOSP 源码工程中所对应的路径是/bionic/linker，由它的编译脚本不难看出，Linker 也是一个 ELF 可执行文件：

```
/*bionic/linker/Android.mk*/
LOCAL_MODULE := linker
LOCAL_MODULE_STEM_32 := linker
LOCAL_MODULE_STEM_64 := linker64
LOCAL_MULTILIB := both
…
include $(BUILD_EXECUTABLE)
```

接下来我们结合 Linker 来讲解 Android 中动态库的隐式调用和链接流程。Android 系统中的进程和普通的 Linux 进程本质上并没有什么不同，它们在启动时都会调用系统接口 execv 来执行具体的程序代码。函数 execv 经过一系列处理后，先进入 load_elf_binary 加载 ELF 文件，继而又调用 load_elf_interp。后面这个函数负责从目标程序的.interp 区段中将指定的动态链接器加载到内存中，并进入 load_elf_interp 的返回值（也就是 Linker 的入口点）中执行。这和我们前面小节分析的 Linux 中动态库的加载过程是一致的。

此时程序就成功地从内核态转入用户态了——换句话说，程序主体部分的加载工作是由操作系统在内核态直接完成的，而对于动态链接库的加载和处理权利则将交由"用户"，即 Linker 来掌控。

Linker 的入口地址对应的是 begin.S 中的_start 函数，它会进一步调用__linker_init 来进行初始化，包括解决 Linker 自身的重定位问题。这里就出现了一个有趣的现象：因为 Linker 的职责之一就是帮助程序的其他模块实现对外部对象的引用问题，所以在它初始化时，能完成重定位任务的"鸡"显然还没"生"出来（解决这类问题的方法又被称为自举代码）。所以在__linker_init 初始化完成之前，Linker 不能访问任何外部变量、函数，否则将导致 segfault 的运行时错误。

因为 Linker 本身也是一个 ELF 格式的文件，所以其内部结构亦遵从 ELF 规范，这些信息会被收集到一个名为 linker_so 的 soinfo 结构体变量中。接着 __linker_init 通过 prelink_image 来解析 linker 文件中的 dynamic 区段信息，并做好各项 Sanity Checks（例如：Linker 不能依赖于其他动态库，因而 DT_NEEDED 的数量只能为 0，否则就会触发 Sanity 错误）。紧接着 linker 就可以在 link_image 中进行针对自身的重定位工作了，大家可以阅读源码了解具体的实现细节。一旦 Linker 的自举成功完成后，它就可以放心地调用外部函数来实现其核心功能——动态链接了，具体的函数实现在 __linker_init_post_relocation 中。简单而言，Linker 会按如下优先级去多个路径下查找程序所依赖的动态库：

- DT_RPATH

这是包含在 dynamic 区段中的一个表项信息。

- LD_LIBRARY_PATH

这是一个系统环境变量，可以通过 getenv 函数来获取。

- LD_PRELOAD

这也是一个系统环境变量。不过出于安全原因的考虑，如果程序设置了 setuid/setgid，那么这两个环境变量都会被忽略。

- 其他缺省目录

这个查找过程同时还会按照广度优先的搜索顺序来递归解决动态库对其他库的依赖关系。另外，加载动态库文件只是其中的一个环节，另一个关键步骤就是对这些库执行链接操作，即 soinfo::link_image 所需要完成的任务。这同时也是 Android 系统和 Linux 内核有差异的地方：后者采用的是 Lazy Binding 的方式，意即只有等到 PLT 表中的元素第一次被执行时，才会去解析获取真实的地址；而 Android 系统则在开始时就直接将 GOT 中的元素全部解析完成。这一点我们从 Linker.cpp 代码中也可以得到验证，如下所示：

```
/*bionic/linker/linker.cpp*/
bool soinfo::prelink_image() {…
        case DT_PLTGOT:
#if defined(__mips__)
        // Used by mips and mips64.
        plt_got_ = reinterpret_cast<ElfW(Addr)**>(load_bias + d->d_un.d_ptr);
#endif
        // Ignore for other platforms... (because RTLD_LAZY is not supported)
        break;
```

一旦 Link 工作成功完成，程序就可以正常使用这些隐式调用的动态链接库了。其中还有很多实现细节，建议大家可以自行结合源码来阅读理解。

21.3.3.2 Android 中动态库的显式调用与链接

动态链接库的显式调用指的是程序利用操作系统提供的接口，在运行过程中主动加载动态链接库的过程。Android 系统提供的动态库的显式调用方法包括但不限于：

- Java 层：System.loadLibrary 和 System.load

如果开发人员需要在 Java 层发起对 so 动态链接库的加载动作，那么可以使用 System 包提供的 loadLibrary 或者 load 接口。这两个函数的原型如下：

```
static void loadLibrary (String libName);
static void load (String pathName);
```

loadLibrary 和 load 之间的差异主要体现在函数参数上——前者只需要指出动态链接库的名称就可以了，系统会负责在预先设置的路径中去查找并加载正确的 so 库；相对而言 load 则为开发者提供了更灵活的方式，允许开发者将动态库存储到任何程序有权限访问的地方，并由 pathName 给出完整的加载路径。

值得一提的是，loadLibrary 和 load 这两个函数在 Native 层也一定会有对应的实现——那么包含它们的 so 库又是在什么时候、如何被加载的呢？答案是 Runtime 在启动过程中通过 LoadNativeLibrary 来加载名称为 "libjavacore.so" 的动态链接库，后者就是 Java 层这两个常用加载函数的实现主体。

- Native 层：dlopen 等标准接口

Android 是基于 Linux 实现的，因而它也支持类似 dlopen、dlsym 等标准的动态链接库操作接口。

建议大家可以从虚拟机全局的角度来理解 Android 中的动态链接库，或许可以取得更好的效果。示意如图 21-39 所示。

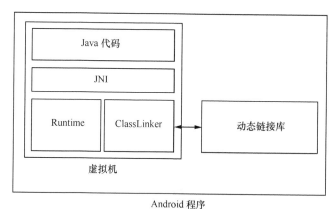

▲图 21-39 从虚拟机层面理解动态链接库

本小节接下来的内容将按照以下两条线索来组织：

第一，我们将向大家介绍 Android N 版本中一个重要的特性更新：即如何利用命名空间（Namespace）来阻止程序访问非法的 NDK 接口；

第二，System.loadLibrary 是应用程序最常用的动态库加载函数，所以我们将以此为突破口，通过分析它的内部实现来达到两个目的：向大家展示上述 Namespace 机制是如何发挥作用的；以及理解 Android 系统对动态链接库的显式调用链接过程。

Google 为什么在 Android N 版本限制程序访问非法（如 Non-Public）的 NDK 接口呢？

这是因为非法（如 Non-Public）的 NDK 无论从接口形式或是内部实现来看都有可能随着 Android 版本的更新换代而发生改变，从而导致依赖它们的程序产生不可预期的致命问题。Android 系统从 OpenSSL 切换到 BoringSSL 就是一个很好的范例——所有直接依赖于前者所提供的动态库文件的程序都有可能在某些 Android 设备上无法正常工作。

不过 Android N 版本暂时没有采用"一棒子打死"的暴力机制（即直接禁止这种非法事件的发生），而是为那些执行了非法引用的程序提供了各种警告信息。所以当程序中出现了如下所示的 Error 日志时，开发人员就应该特别注意了：

（1）Example Java error：

java.lang.UnsatisfiedLinkError: dlopen failed: library "/system/lib/libcutils.so"
　　　is not accessible for the namespace "classloader-namespace"

（2）Example NDK error：

dlopen failed: cannot locate symbol "__system_property_get" referenced by ...

另外警告信息还会以 UI 弹窗的方式在 Android 设备中显示，以达到更好的警示效果。

那么 Android 系统判定程序引用了非法接口的依据是什么呢？接下来我们将结合 System.loadLibrary 的内部实现来为大家揭开谜底。

Java 函数 System.loadLibrary 首先会调用 Runtime.getRuntime().loadLibrary0，后者又分别经过 doLoad 和 nativeLoad 进入到 Native 层，对应代码如下：

```c
/*libcore/ojluni/src/main/native/Runtime.c*/
Runtime_nativeLoad(JNIEnv* env, jclass ignored, jstring javaFilename,
               jobject javaLoader, jstring javaLibrarySearchPath)
{
    return JVM_NativeLoad(env, javaFilename, javaLoader, javaLibrarySearchPath);
}
```

为了保证后向兼容性，JVM_NativeLoad 会根据当前程序所面向的 SDK 版本来决定是否要沿用之前的动态库处理方式（version<=23），即不强制采用 Namespace 机制。

随后 JVM_NativeLoad 通过 JavaVM 中的 LoadNativeLibrary 进入下一步工作，其核心源码实现如下所示：

```cpp
/*art/runtime/java_vm_ext.cc*/
bool JavaVMExt::LoadNativeLibrary(JNIEnv* env,
                              const std::string& path,
                              jobject class_loader,
                              jstring library_path,
                              std::string* error_msg) {…
    SharedLibrary* library;
    Thread* self = Thread::Current();
    {
        // TODO: move the locking (and more of this logic) into Libraries.
        MutexLock mu(self, *Locks::jni_libraries_lock_);
        library = libraries_->Get(path); //首先判断是否已经加载过这个library
    }
    …
    Locks::mutator_lock_->AssertNotHeld(self);
    const char* path_str = path.empty() ? nullptr : path.c_str();
    void* handle = android::OpenNativeLibrary(env,
                                         runtime_->GetTargetSdkVersion(),
                                         path_str,
                                         class_loader,
                                         library_path);//

    bool needs_native_bridge = false; //是否需要 Native Bridge 的辅助
    if (handle == nullptr) {//进入此分支说明前述通过正常途径打开 library 失败了
      if (android::NativeBridgeIsSupported(path_str)) {
        handle = android::NativeBridgeLoadLibrary(path_str, RTLD_NOW);
        needs_native_bridge = true;
      }
    }
    …
    bool created_library = false;
    {
      // Create SharedLibrary ahead of taking the libraries lock to maintain lock ordering.
      std::unique_ptr<SharedLibrary> new_library(
          new SharedLibrary(env, self, path, handle, class_loader,
                class_loader_allocator));
      /*可能有多个线程都在尝试打开 library,需要保证竞争条件下的正确性*/
      MutexLock mu(self, *Locks::jni_libraries_lock_);
      library = libraries_->Get(path);
      if (library == nullptr) {  // We won race to get libraries_lock.
        library = new_library.release();
```

```
          libraries_->Put(path, library);
          created_library = true;
        }
      }
      …
      bool was_successful = false;
      void* sym;
      if (needs_native_bridge) {
        library->SetNeedsNativeBridge();
      }
      sym = library->FindSymbol("JNI_OnLoad", nullptr);
      …
      library->SetResult(was_successful);
      return was_successful;
    }
```

LoadNativeLibrary 的目标用一句话来概况,就是尝试利用各种可能的手段去加载动态链接库,然后找到并执行其中的 JNI_OnLoad 接口——这个函数是 Jni 库的首选入口,开发人员通常会利用它来完成一系列的初始化操作。不过系统并不要求它必须存在,所以即便是最终找不到这个函数,也并不会引发致命的错误(除了此时会有 Warning 信息打印出来)。

细心的读者一定已经发现了 LoadNativeLibrary 中充斥着大量"Native Bridge"相关的代码。简单来说这项技术用于处理当前系统平台的指令集和目标对象(Library)的指令集不一致时的兼容性问题。举个例子来说,Android 模拟器为了达到提速的目的,通常会编译成 X86 版本来直接运行于开发机之上;那么问题就来了,对于一个只提供了 Arm 版本的动态链接库文件的 APK 来说,如何保证它也可以在 X86 模拟器上正常运行呢?这就是 Native Bridge 所要解决的问题了,它负责在两种不同的指令集之间建立起一个"桥梁",以此来保证双方的兼容性。后续小节对 Native Bridge 还有专门的介绍,我们这里先不做过多阐述。

抛开与 Native Bridge 相关的处理,LoadNativeBridge 就容易理解了。它首先会判断目标 Library 是否曾经已经被加载过,依据在于 libraries_->Get(path)是否为空。其中 libraries_是用于管理所有已加载链接库的全局变量。不过即便 Library 曾经被加载过,也还需要特别注意以下两种情况:

- 之前加载 Library 时使用的 Class Loader 和当前的 Class Loader 不一致时

根据 Java 规范的要求,同一个 Library 是不能被多个 Class Loader 所加载的。因而这种情况下 LoadNativeBridge 的返回值是 false,表示本次 Class Loader 任务失败。

- 两个 Class Loader 一致的情况

说明之前这个 Class Loader 已经"拥有"了目标 Library 的"控制权",所以 LoadNativeBridge 直接返回 true。

交由 libraries_管理的实际上是一个 SharedLibrary 对象,后者包含了与目标库相关的更多信息。例如 Library 对应的 Class Loader 是谁,是否需要 Native Bridge,对象库的路径等。创建 SharedLiabrary 的过程中还有一个需要注意的地方,即如果有其他线程也在尝试加载相同的动态链接库时,就需要使用 Locks::jni_libraries_lock_ 锁来保护资源竞争的情况下不出异常。

从 LoadNativeLibrary 的源码不难看出,正常途径下加载 library 利用的是 OpenNativeLibrary 这个函数。这同时也是 Android N 版本中新增的一个函数,用于替代旧版本中直接使用 dlopen 来加载动态库的方式:

```
/*system/core/libnativeloader/native_loader.cpp*/
void* OpenNativeLibrary(JNIEnv* env,
                        int32_t target_sdk_version,
                        const char* path,
                        jobject class_loader,
                        jstring library_path) {
```

```cpp
#if defined(__ANDROID__)
  UNUSED(target_sdk_version);
  if (class_loader == nullptr) {
    return dlopen(path, RTLD_NOW);
  }

  std::lock_guard<std::mutex> guard(g_namespaces_mutex);
  android_namespace_t* ns = g_namespaces->FindNamespaceByClassLoader(env, class_loader);

  if (ns == nullptr) {
    ns = g_namespaces->Create(env, class_loader, false, library_path, nullptr);
    if (ns == nullptr) {
      return nullptr;
    }
  }

  android_dlextinfo extinfo;
  extinfo.flags = ANDROID_DLEXT_USE_NAMESPACE;
  extinfo.library_namespace = ns;

  return android_dlopen_ext(path, RTLD_NOW, &extinfo);
#else
  UNUSED(env, target_sdk_version, class_loader, library_path);
  return dlopen(path, RTLD_NOW);
#endif
}
```

上述代码段的处理逻辑比较简单：首先利用 FindNamespaceByClassLoader 来查找当前 ClassLoader 是否有相关联的 Namespace（所有 Namespace 都保存在 LibraryNamespaces 中一个名为 namespaces_的全局变量中）。如果答案是肯定的话，那么接下来就可以调用 android_dlopen_ext 直接进入下一步；否则我们还需要通过 g_namespaces->Create 来创建一个 Namespace。需要注意的是，因为系统在创建 ClassLoader 时会同时申请 Namespace（具体处理函数是 CreateClassLoaderNamespace），所以只有某些特殊情况下才会出现 ns==nullptr 的情况。

NameSpace 的数据结构定义如下所示：

```cpp
struct android_namespace_t {…
    private:
  const char* name_;  //NameSpace 名称
  bool is_isolated_;  //是否需要隔离。非隔离情况下可以访问所有 library
  std::vector<std::string> ld_library_paths_;  //程序的链接路径
  std::vector<std::string> default_library_paths_;  //默认可访问的路径
  std::vector<std::string> permitted_paths_;  //被允许访问的路径
  soinfo::soinfo_list_t soinfo_list_;  //已经加载了的 library 所组成的列表
```

按照 Android 系统的设计，NameSpace 主要包括下面 4 类：public、default、anonymous、classloader。

它们的定义分别如下所示：

(1) Public Namespace

Public 类型的 Namespace 实际上并不属于 android_namespace_t 对象，而只是一个公共的 library 库列表。通常情况下，系统会从以下两个路径中加载获取公共库列表：

```
/etc/public.libraries.txt
/vendor/etc/public.libraries.txt
```

(2) Default Namespace

```
const char* name_:    "(default)"
bool is_isolated_:    false
```

std::vector<std::string> ld_library_paths_:kDefaultLdPaths 或者 kAsanDefaultLdPaths kDefaultLdPaths 和 kAsanDefaultLdPaths 是两个预设的列表，根据当前所用 linker 种类的不同来区分。其中 kDefaultLdPaths 的定义如下：

```
static const char* const kDefaultLdPaths[] = {
#if defined(__LP64__)
  "/system/lib64",
  "/vendor/lib64",
#else
  "/system/lib",
  "/vendor/lib",
#endif
  nullptr
};
```

std::vector<std::string> default_library_paths_：和上述 ld_library_paths_ 赋值相同

std::vector<std::string> permitted_paths_：NULL

（3）Classloader Namespace

前面提到的 g_namespaces->Create 虽然也用于生成这种类型的 Namespace，不过正常情况下系统会在加载 APK 时就预先创建一个 ClassLoader 以及与之关联的 Namespace。这个过程的流程图如图 21-40 所示。

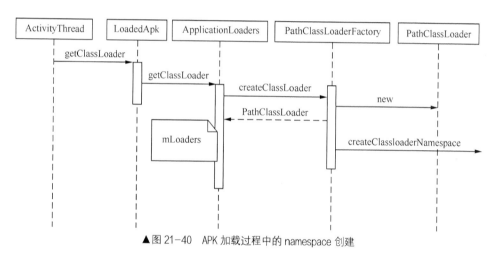

▲图 21-40　APK 加载过程中的 namespace 创建

LoadedApk 用于管理应用程序的 APK 资源，它通过 ApplicationLoaders 来管理应用层创建的 ClassLoaders——这些 Class Loader 多数属于 PathClassLoader，而且还会同步生成与之相关联的 NameSpace。

我们将 getClassLoader@LoadedApk.java 函数中与 Namespace 相关的部分摘录如下：

```
public ClassLoader getClassLoader() {...
        mClassLoader = ApplicationLoaders.getDefault().getClassLoader(zip,
                mApplicationInfo.targetSdkVersion, isBundledApp,
                librarySearchPath, libraryPermittedPath, mBaseClassLoader);
...
```

其中 librarySearchPath 是指 App 中 JNI Libraries 所存放的路径（Instrumentation 的情况会略有差异）；libraryPermittedPath 则是系统分配给 App 的/data 目录下用于保存数据的具体路径。另外，系统程序可访问的 lib 范围比第三方程序要大得多，这是利用如下语句做到的：

```
            if (mApplicationInfo.isSystemApp()) {
                isBundledApp = true;
```

```
                    libPaths.add(System.getProperty("java.library.path"));
                    libraryPermittedPath += File.pathSeparator +
                                    System.getProperty("java.library.path");
        }
```

这样一来,Class Loader Namespace 中各项参数的定义如下:

const char* name_: " classloader-namespace"

bool is_isolated_: true

std::vector<std::string> ld_library_paths_: NULL

std::vector<std::string> default_library_paths_: 同上面的 librarySearchPath

std::vector<std::string> permitted_paths_: 同上面的 libraryPermittedPath

我们再回到 OpenNativeLibrary 中继续分析。如果当前环境是 Android 系统,那么下一步将调用 android_dlopen_ext;否则直接使用 dlopen 这个标准接口。这两个函数的功能是基本一致的,因而我们挑选 dlopen 来做一下讲解。它的函数原型如下:

```
void* dlopen(const char* filename, int flag);
```

第一个参数 filename 表示要打开的动态库的名称;另一个参数 flag 的可选值和释义如表 21-7 所示。

表 21-7   dlopen 的 flag 参数释义

解析方式	RTLD_LAZY	延迟绑定,即直到引用对象被执行时再进行解析操作。换句话说,如果目标对象一直未被执行,那么它将永远不会得到解析。需要注意的是,这个选项只对函数引用有效,变量引用则总是会被立即解析
	RTLD_NOW	当指定了此标志,或者设置了环境变量 LD_BIND_NOW,那么动态库中的所有未定义符号在 dlopen 返回之前都会被解析
作用范围	RTLD_GLOBAL	这个动态库中定义的符号对于后续加载的其他动态库都是可用的
	RTLD_LOCAL	作用范围的默认值。它的含义和上面一项正好相反,即当前动态库中定义的符号对于后续加载的其他动态库是不可用的
作用方式	RTLD_NODELETE	在 dlclose 时不卸载动态库。那么后续如果该动态库被重新加载的话,其中的静态变量就不需要重新初始化了
	RTLD_NOLOAD	不加载动态库。常用于测试该动态库是否已经存在

另外,dlopen 还支持将它的第一个函数参数设置为 NULL,这种情况下获取到的返回值代表的是主程序的句柄。利用这个返回值来进一步调用 dlsym(),意味着开发者希望在主程序中搜索 Symbols——搜寻顺序首先是考虑程序启动时加载的所有动态共享库,然后是那些通过 dlopen 打开且指定了 RTLD_GLOBAL 标志的动态库。

在 Android 系统中,android_dlopen_ext 又将调用 dlopen_ext,继而进入 do_dlopen 执行动态库的加载和链接过程(其原理与前面小节介绍的显式加载和链接过程本质上并没有太多区别,有兴趣的读者可以自行分析其中的代码实现)。

我们这里重点分析一下 do_dlopen 中与 Namespace 相关的实现:

```
/*bionic/linker/linker.cpp*/
void* do_dlopen(const char* name, int flags, const android_dlextinfo* extinfo,
                void* caller_addr) {
    soinfo* const caller = find_containing_library(caller_addr);
    …
    android_namespace_t* ns = caller != nullptr ? caller->get_namespace() : g_anonymous_namespace;
    if (extinfo != nullptr) {…
        if ((extinfo->flags & ANDROID_DLEXT_USE_NAMESPACE) != 0) {
```

```cpp
    if (extinfo->library_namespace == nullptr) {
      DL_ERR(…);
      return nullptr;
    }
    ns = extinfo->library_namespace;
  }
}
…
  soinfo* si = find_library(ns, name, flags, extinfo, caller);
  if (si != nullptr) {
    si->call_constructors();
    return si->to_handle();
  }

  return nullptr;
}
```

首先通过 find_containing_library 来找出调用者所属的模块，判断的依据是调用者所在的地址属于哪个区域。紧接着可以分为两种情况：

- caller != nullptr

这种情况下我们直接利用 get_namespace 来获取调用者的 NameSpace 对象，后者则是 So 文件在加载过程中分配的，而且通常被调用者的 Name Space 还会继承于它的调用者。换句话说，ELF 中的首个程序模块（即程序主体）是本程序所能获得的权限范围的关键。

按照 Android 系统的设计，首个程序模块（带有标志 FLAG_EXE）将在 __linker_init_post_relocation 中完成它的默认权限配置，并将结果保存在名为 g_default_namespace 的全局变量中。

- caller == nullptr

如果调用方没有相关联的 Namespace，那么直接使用 Anonymous Name Space，这或许也是它的名称中"匿名"所要表达的含义。

不过上述得到的 Namespace 可能还不是最终的结果，这取决于 extinfo 中的标志 ANDROID_DLEXT_USE_NAMESPACE 是否有效。比如在我们这个场景下，OpenNativeLibrary 就设置了自己的 ClassLoader Namespace，因而此时将优先使用后面这个值。

经过上述这些步骤，现在我们已经可以确定出此次加载动态库的所对应的正确的 Name Space 了。接下来要做的就是把这个结果应用到查找过程中，即 find_library 的实现里。搜寻单个 library 或者多个 library 实际上都会调用到 find_libraries，只不过它们在调用函数时的参数会有所区别。

函数 find_libraries 也同样适用于隐式调用过程。它的处理过程比较复杂，主要分为 5 个核心步骤，其中与动态库加载操作有直接关联的是 find_library_internal。后者首先会分析需要被加载的动态库是否在 Public Namespace（g_public_namespace）中，如果是的话就表示目标对象已经加载成功了（因为这些公共库会被预先加载）；否则就通过 load_library 来定位并加载目标动态库。不过前提条件是程序通过了非法接口访问的检查，具体的判断逻辑如下所示：

- 如果 NameSpace 不是 isolated 的话，则有权限访问指定的 library；
- 否则如果 library 在 ld 路径下，也有权限访问；
- 否则如果 library 在 Default Library Paths 目录中，也有权限访问；
- 否则如果 library 在 Permitted Paths 中，同样有权限访问；
- 除以上几种情况外，都无权访问指定的 library。

一切准备就绪后，我们就可以通过 dlsym 来查找加载的动态库中是否包含 JNI_OnLoad 入口函数了。如前所述，JNI_OnLoad 并非强制要求的，所以即便没有找到也不会产生致命问题。

为了帮助大家理解 System.load 的整个处理逻辑，我们特别提供下面的流程图，如图 21-41 所示。

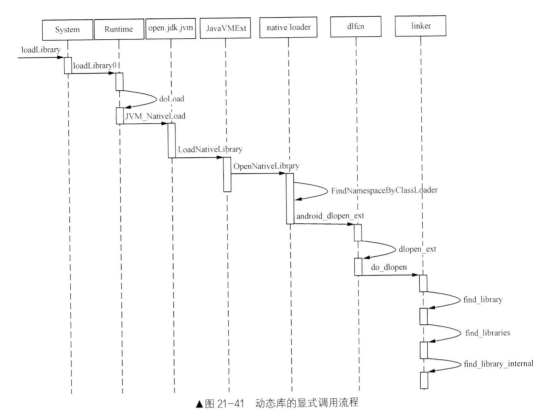

▲图 21-41 动态库的显式调用流程

理解了动态链接库的加载流程后，本小节的最后我们再进一步分析 Java 中声明为 native 的函数是如何与本地层中的具体实现建立起正确的映射关系的。这同时也是 JNI 所要解决的核心问题之一。通过前面内容的学习我们知道，JNI_OnLoad 是动态链接库的"入口地址"，通常用于完成一些初始化操作（包括注册 JNI 函数）。譬如下面是从 Android 工程中摘取的其中一个典型范例：

```
/*frameworks/base/media/jni/android_media_MediaPlayer.cpp*/
jint JNI_OnLoad(JavaVM* vm, void* /* reserved */)
{
    JNIEnv* env = NULL;
    jint result = -1;
    …
    if (register_android_media_MediaPlayer(env) < 0) {
        ALOGE("ERROR: MediaPlayer native registration failed\n");
        goto bail;
    }
```

MediaPlayer 的 JNI_OnLoad 实现中有很多 register_XX_XX 格式的注册函数，它们就是用于注册 JNI 函数的：

```
/*frameworks/base/media/jni/android_media_MediaPlayer.cpp*/
static int register_android_media_MediaPlayer(JNIEnv *env)
{
    return AndroidRuntime::registerNativeMethods(env,
                "android/media/MediaPlayer", gMethods, NELEM(gMethods));
}
```

Media Player 通过 AndroidRuntime:: registerNativeMethods 来将 JNI 中的函数注册到虚拟机中，这个函数实际上是对 jniRegisterNativeMethods 的一个中转（在条件允许的情况下，JNI 也可以直接调用 jniRegisterNativeMethods），后者的实现如下：

```
/*libnativehelper/JNIHelp.cpp*/
extern "C" int jniRegisterNativeMethods(C_JNIEnv* env, const char* className,
    const JNINativeMethod* gMethods, int numMethods)
{
    JNIEnv* e = reinterpret_cast<JNIEnv*>(env);
    ALOGV("Registering %s's %d native methods...", className, numMethods);

    scoped_local_ref<jclass> c(env, findClass(env, className));
    …
    if ((*env)->RegisterNatives(e, c.get(), gMethods, numMethods) < 0) {
        char* msg;
        asprintf(&msg, "RegisterNatives failed for '%s'; aborting...", className);
        e->FatalError(msg);
    }

    return 0;
}
```

变量 env 是一个 JNIEnv 对象,它是在 JNI_OnLoad 中通过 JavaVM 获取到的,而且是线程独立的:

```
/*art/runtime/jni_internal.cc*/
static jint RegisterNatives(JNIEnv* env, jclass java_class, const JNINativeMethod*
                      methods, jint method_count) {
    return RegisterNativeMethods(env, java_class, methods, method_count, true);
}

  static jint RegisterNativeMethods(JNIEnv* env, jclass java_class, const
JNINativeMethod* methods, jint method_count, bool return_errors) {…
    CHECK_NON_NULL_ARGUMENT_FN_NAME("RegisterNatives", java_class, JNI_ERR);
    ScopedObjectAccess soa(env);
    mirror::Class* c = soa.Decode<mirror::Class*>(java_class);
    …
    CHECK_NON_NULL_ARGUMENT_FN_NAME("RegisterNatives", methods, JNI_ERR);
    for (jint i = 0; i < method_count; ++i) {
      const char* name = methods[i].name;
      const char* sig = methods[i].signature;
      const void* fnPtr = methods[i].fnPtr;
      …
      bool is_fast = false;
      if (*sig == '!') {
        is_fast = true;
        ++sig;
      }

      ArtMethod* m = nullptr;
      bool warn_on_going_to_parent =
      down_cast<JNIEnvExt*>(env)->vm->IsCheckJniEnabled();
      for (mirror::Class* current_class = c;
           current_class != nullptr;
           current_class = current_class->GetSuperClass()) {
        // Search first only comparing methods which are native.
        m = FindMethod<true>(current_class, name, sig);
        if (m != nullptr) {
          break;
        }

        // Search again comparing to all methods, to find non-native methods that match.
        m = FindMethod<false>(current_class, name, sig);
        if (m != nullptr) {
          break;
        }
      }
      …
      m->RegisterNative(fnPtr, is_fast);
    }
    return JNI_OK;
}
```

注册过程的目的是建立 Java 函数与 Native 函数之间的对应关系，因此不难推断出 RegisterNativeMethods 首先要解决的问题是如何查找到 Class 类（即 java_class）中的 Java 层函数。另外，RegisterNativeMethods 面对的并非单个函数，而是一个函数集合 methods。集合中的每个元素都是 JNINativeMethod 对象，它们包含了 Java 函数名，Signature（将 Java 函数的返回值和参数表述成字符串的一种方式）以及 native 函数原型，范例如下：

```
{"_setDataSource","(Ljava/io/FileDescriptor;JJ)V", (void *)android_media_MediaPlayer_setDataSourceFD},
```

以 Media Player 中这个例子来说，需要查找的是名为_setDataSource 的 Java 函数，它的 Signature 则是"(Ljava/io/FileDescriptor;JJ)V"。Art 虚拟机中要查找的是一个 ArtMethod 对象，并由 FindMethod 负责。FindMethod 我们后续还会有详细分析，这里只要知道它的职责就可以了。

查找到 ArtMethod 后，我们可以直接调用它的 RegisterNative 来完成注册工作。ArtMethod 内部有两个配套的接口函数 SetEntryPoint 和 GetEntryPoint，它们分别用于设置和读取这个 ArtMethod 的"入口代码"。换句话说，RegisterNative 所要做的就是将 Native Method 在内存中的地址通过 SetEntryPoint 设置为对应 ArtMethod 的"JNI 入口"；在 JNI 的环境下，当 Java 层中的函数被调用后，首先会找到它的 ArtMethod 对象，然后通过 GetEntryPoint 得到 JNI 入口代码的地址。

这样就成功地完成 Java 层函数与 Native 层函数的 JNI 映射了。

21.3.4 Signal Handler 和 Fault Manager

从 Linux 操作系统的角度来看，Android 虚拟机可以理解为它的一个应用程序，因而 Linux 的信号处理机制在虚拟机中也同样适用。

Art 虚拟机中有一个专门处理异常信号的"总管"，名为 fault_manager。它会在 Runtime::init 中进行同步初始化，如下所示：

```
/*art/runtime/runtime.cc*/
if (!no_sig_chain_) {//由虚拟机参数决定，通常只有在 dex2oat 时才会要求不启用 signalchain
    InitializeSignalChain();

    if (implicit_null_checks_ || implicit_so_checks_ || implicit_suspend_checks_) {
      fault_manager.Init();
      if (implicit_suspend_checks_) {
        new SuspensionHandler(&fault_manager);
      }

      if (implicit_so_checks_) {
        new StackOverflowHandler(&fault_manager);
      }

      if (implicit_null_checks_) {
        new NullPointerHandler(&fault_manager);
      }

      if (kEnableJavaStackTraceHandler) {
        new JavaStackTraceHandler(&fault_manager);
      }
    }
}
```

InitializeSignalChain 简单来说只做了两件事情，即：

```
dlsym(RTLD_NEXT, "sigaction");
dlsym(RTLD_NEXT, "sigprocmask");
```

RTLD_NEXT 是一个特殊的句柄参数，表示查找链接库中的"下一个"目标符号出现的地方。它的典型使用场景是程序希望自定义一个新的函数来代替原先库中的实现（有点类似于 Hook）。例如，上述的 sigaction 和 sigprocmask 都是 libc 库中的固有函数，而 Android 虚拟机的信号处理子系统对它们的功能有所改进,这时候就可以使用 LD_PRELOAD 来保证同名新函数所在库(即 libsigchain)优先得到加载,并且利用 RTLD_NEXT 来寻找到原先的老函数(分别记录到全局变量 linked_sigaction_sym 和 linked_sigprocmask_sym 中)。另外,libsigchain 需要通过 LOCAL_WHOLE_STATIC_LIBRARIES 链接到 app_process 中。

FaultManager 在初始化过程中会利用 Linux 提供的 signal 机制来建立信号处理机制:

```
/*art/runtime/fault_manager.cc*/
void FaultManager::Init() {
  CHECK(!initialized_);
  struct sigaction action;
  SetUpArtAction(&action);//

  int e = sigaction(SIGSEGV, &action, &oldaction_);
  if (e != 0) {
    VLOG(signals) << "Failed to claim SEGV: " << strerror(errno);
  }
  // Make sure our signal handler is called before any user handlers.
  ClaimSignalChain(SIGSEGV, &oldaction_);
  initialized_ = true;
}
```

上述的代码段逻辑是:首先创建一个 sigaction 对象(注意:这里的 sigaction 是一个 struct 结构,要与后续的 sigaction 函数区分开来),然后通过 SetUpArtAction 来对其进行设置。紧接下来的 sigaction 理论上是 Linux 提供的用于登记信号处理函数的 API——但是大家应该要清楚这个函数已经被 libsigchain 中提供的新函数替换掉了,新函数的实现如下:

```
/*art/sigchainlib/sigchain.cc*/
extern "C" int sigaction(int signal, const struct sigaction* new_action, struct sigaction* old_action) {
  if (signal > 0 && signal < _NSIG && user_sigactions[signal].IsClaimed() &&
      (new_action == nullptr || new_action->sa_handler != SIG_DFL)) {
    struct sigaction saved_action = user_sigactions[signal].GetAction();
    if (new_action != nullptr) {
      user_sigactions[signal].SetAction(*new_action, false);
    }
    if (old_action != nullptr) {
      *old_action = saved_action;
    }
    return 0;
  }

  if (linked_sigaction_sym == nullptr) {
    InitializeSignalChain();
  }

  if (linked_sigaction_sym == nullptr) {
    log("Unable to find next sigaction in signal chain");
    abort();
  }
  SigActionFnPtr linked_sigaction =
reinterpret_cast<SigActionFnPtr>(linked_sigaction_sym);
  return linked_sigaction(signal, new_action, old_action);
}
```

那么 llibsigchain 截获 sigaction 函数的目的是什么呢?

在计算机安全领域,Hacker 们也经常会通过截获函数(参考本书安全章节的详细分析)来提取一些重要的信息(或者完成自己期望的操作),而且还不能破坏原先的函数调用。这里的做法也是类似的——自定义的 sigaction 在截获原函数后,会将新的 action 记录到内部的 user_sigactions 数组中,然后再调用真正的 sigaction 函数(linked_sigaction)。这样做的目的是保证 signal chain 可以优先获得处理它感兴趣的信号的权利,而不会被上层用户自己定义的 action 所覆盖。当然,如果在实际处理信号的过程中出现 signal chain "无能为力"的情况，那么此时我们也会综合考虑用户设置的 action——这也是设计 user_sigactions 数组的初衷之一。另外，大家应该特别关注的是 art_fault_handler，它会作为 SIGSEGV 信号的 sa_sigaction 传递给 kernel，是 FaultManager 管理 Handler 的驱动力。

目前 fault_manager 最多管理 4 种 Handler，它们分别用于处理不同的事件，并且全部继承自 FaultHandler。各 Handler 在构造函数中会主动调用 AddHandler 来将自己添加到 fault_manager 的管理中。以 Suspend Check 为例，它的主要作用是实现线程挂起（可以参见后续的分析）。

当 SIGSEGV 信号发生时，kernel 首先会调用静态函数 art_fault_handler，后者则直接将信息传递给全局变量 fault_manager 来处理，如下所示：

```cpp
/*art/runtime/fault_handler.cc*/
void FaultManager::HandleFault(int sig, siginfo_t* info, void* context) {
  if (IsInGeneratedCode(info, context, true)) {
    VLOG(signals) << "in generated code, looking for handler";
    for (const auto& handler : generated_code_handlers_) {
      VLOG(signals) << "invoking Action on handler " << handler;
      if (handler->Action(sig, info, context)) {…
      }
    }
    if (HandleFaultByOtherHandlers(sig, info, context)) {
      return;
    }
  }

  // Set a breakpoint in this function to catch unhandled signals.
  art_sigsegv_fault();

  // Pass this on to the next handler in the chain, or the default if none.
  InvokeUserSignalHandler(sig, info, context);
}
```

从上述代码段我们可以看出，事件处理的优先级顺序如下：

- generated_code_handlers_；
- other_handlers_，即 HandleFaultByOtherHandlers；
- 用户自定义的处理，即 InvokeUserSignalHandler。

前两个 Handler 数组都是在 AddHandler 时添加的，并且根据第二个参数 generated_code 来划分。下面我们重点分析最常见的情况，即针对 generated_code_handlers_ 是如何处理的。

还是以 Suspension Check 为例，它的 Action（arm 平台）定义如下：

```cpp
/*art/runtime/arch/arm/fault_handler_arm.cc*/
bool SuspensionHandler::Action(int sig ATTRIBUTE_UNUSED,
                   siginfo_t* info ATTRIBUTE_UNUSED, void* context) {
  uint32_t checkinst1 = 0xf8d90000 +
                          Thread::ThreadSuspendTriggerOffset<4>().Int32Value();
  uint16_t checkinst2 = 0x6800;

  struct ucontext* uc = reinterpret_cast<struct ucontext*>(context);
  struct sigcontext *sc = reinterpret_cast<struct sigcontext*>(&uc->uc_mcontext);
  uint8_t* ptr2 = reinterpret_cast<uint8_t*>(sc->arm_pc);//事件发生时 pc 指针所在位置
  uint8_t* ptr1 = ptr2 - 4;
  VLOG(signals) << "checking suspend";

  uint16_t inst2 = ptr2[0] | ptr2[1] << 8;
  VLOG(signals) << "inst2: " << std::hex << inst2 << " checkinst2: " << checkinst2;
  if (inst2 != checkinst2) {
    return false;
  }
  uint8_t* limit = ptr1 - 40;   // Compiler will hoist to a max of 20 instructions.
  bool found = false;
  while (ptr1 > limit) {
    uint32_t inst1 = ((ptr1[0] | ptr1[1] << 8) << 16) | (ptr1[2] | ptr1[3] << 8);
```

```
      VLOG(signals) << "inst1: " << std::hex << inst1 << " checkinst1: " << checkinst1;
      if (inst1 == checkinst1) {
        found = true;
        break;
      }
      ptr1 -= 2;       // Min instruction size is 2 bytes.
    }
    if (found) {//当前是 Suspend Check
      VLOG(signals) << "suspend check match";

      VLOG(signals) << "arm lr: " << std::hex << sc->arm_lr;
      VLOG(signals) << "arm pc: " << std::hex << sc->arm_pc;
      sc->arm_lr = sc->arm_pc + 3;        // +2 + 1 (for thumb)
      sc->arm_pc = reinterpret_cast<uintptr_t>(art_quick_implicit_suspend);

      // Now remove the suspend trigger that caused this fault.
      Thread::Current()->RemoveSuspendTrigger();
      VLOG(signals) << "removed suspend trigger invoking test suspend";
      return true;
    }
    return false;
  }
```

在讲解 action 函数之前,我们先来补充一些背景知识。

当 kernel 回调用户空间的信号处理函数时,它首先会为本次事件准备必要的参数信息,其中就包括了 sigcontext。这个数据结构中详细记录了事件发生时各个寄存器的状态(因而是平台相关的),以及错误码等内容。由于 sigcontext.h 属于 kernel 中的头文件,为了保证用户空间也可以正常使用它,Android 系统特别将 kernel 层的原始头文件放置在 AOSP 工程的/external/kernel-headers 里,并通过 bionic/libc/kernel/tools/update_all.py 来将它们自动编辑、改造成上层可用的头文件形式,并保存在\bionic\libc\kernel 对应目录下。

如果是因为 Suspension Check 而引发的 SIGSEGV,从前面的描述可知 Thread::suspend_trigger 必定为 nullptr。那么我们如何检查当前的信号事件是访问了 suspend_trigger 这个 nullptr 触发的呢?答案就是通过 sigcontext 结构体。

另外,我们还可以进一步思考的是,程序是在什么时候调用的 Thread::suspend_trigger,对应的机器指令是什么?

以 arm 平台为例,就是如下所示的指令序列:

```
// 0xf723c0b2: f8d902c0   ldr.w   r0, [r9, #704]  ; suspend_trigger_
// .. 一些中间过程
// 0xf723c0b6: 6800       ldr     r0, [r0, #0]
```

其中第一行表示加载 Thread::suspend_trigger(在虚拟机的调用约束中,r9 代表当前线程)指针,而最后一行(两者地址差为 4)就是去取指针所指向的内容——可想而知,这就是引发 SIGSEGV 的地方。

这样一来就不难理解 SuspensionHandler::Action 函数的处理逻辑了:指针 ptr1 和 ptr2 就分别对应着指令序列的首尾,所以我们要做的就是比较它们所指位置的指令是否和预想的一致,从而判断出本次事件的"触发源"。

如果确认的结果是 Suspension Check,那么接下来程序会调用 art_quick_implicit_suspend 来执行线程挂起事件(后续小节已经有详细分析,这里先不赘述),并通过 RemoveSuspendTrigger 来避免后续再因此产生 SIGSEGV。

假如 signal chain 没有办法处理当前事件,那么它会进一步通过 InvokeUserSignalHandler 来将控制权传递给用户注册的事件处理函数,此时就需要使用到 user_sigactions 数组。而如果 User Action 也无法处理这一事件,那么 InvokeUserSignalHandler 将通过 signal 系统调用(第二个参数设置为 SIG_DFL)来保证事件可以被以系统默认的方式进行处理。

值得一提的是，Android 提供了一个名为 dubuggerd 的 daemon 来负责所有程序的 crash 事件，大家所熟知的 tombstone 文件就是由它产生的。因为 debuggerd 是作为 Server 端存在的，它需要程序在 crash 时主动与之取得联系。扮演这个 Client 角色的模块就存在于 Linker 中，后者也会利用 Linux 的信号处理机制来注册自己感兴趣的信号，并在适当的时机将消息报告给 debuggerd，以便这个全局 daemon 程序可以及时记录系统中发生的 crash 问题，为开发人员定位和解决问题提供必要的辅助信息。

21.4 Android 虚拟机核心文件格式——"主宰者" OAT

经过前面几个小节的知识铺垫，现在我们可以正式进入 Art 虚拟机中 OAT 的学习了。

21.4.1 OAT 文件格式解析

与 OAT 相关的文件后缀有如下几种：

- .art

在 Android M 版本中只有一个，即 boot.art，存储路径在/system/framework/oat 或者/data/dalvik-cache/中。这个文件也被称为 image，是由 dex2oat 工具生成的。它的内部包含了很多 Dex 文件，Zygote 在启动过程中会加载 boot.art。

在 Android N 版本中，因为 Application 也可以有 image，所以情况会稍有不同。

- .oat

OAT 是由 dex2oat 产生的。不少读者会有这样的疑问，即 boot.art 和 boot.oat 有什么区别和联系呢？如果我们把 boot.oat 比作一个 exe 文件的话，那么 boot.art 则类似于 exe 程序的运行时实例。因为 boot.art 中包含了很多已经预初始化了的类和对象，这样无疑可以加快启动速度（但同时也会带来 10MB 左右的额外空间占用）。关于它们二者之间的联系，本小节后续内容中还有更多详细讲解。

- .odex

在 Dalvik 中，odex 表示被优化后的 Dex 文件；Art 虚拟机中也同样存在 odex 文件，但和 Dalvik 中的情况不同，它们实际上也是.oat 文件。

很显然 dex2oat 会耗费一定的时间（特别是当系统第一次开机时，或者是恢复了出厂设置后，此时会对所有的用户应用程序进行重新编译），因而我们可以将一部分编译工作以预优化（pre-optimized）的方式在 ROM 构建时完成；这种做法的一个缺点是会占用 System 分区额外的存储空间——所以我们希望在这二者间寻求一种平衡。Android 系统特别提供了如下编译选项供开发人员选择：

（1）WITH_DEXPREOPT

是否开启预优化开关，在 Android LolliPop 之前编译 user 版本时是默认打开的；而 Android L 版本之后需要在 BoardConfig.mk 中主动打开。这个开关是后续几个含有 "PREOPT" 开头的选项的基础，它表示 system image 中的所有对象（例如 apk、jar 文件等）都需要被执行预优化。

（2）DONT_DEXPREOPT_PREBUILTS

Prebuilt 的程序不希望参加预优化，此时可以使用这个选项。使用范例：

```
WITH_DEXPREOPT := true
DONT_DEXPREOPT_PREBUILTS := true
```

（3）WITH_DEXPREOPT_BOOT_IMG_ONLY

除了 boot image 外，其他所有对象都不参加预优化。使用范例：

```
WITH_DEXPREOPT := true
WITH_DEXPREOPT_BOOT_IMG_ONLY := true
```

21.4 Android 虚拟机核心文件格式——"主宰者"OAT

（4）LOCAL_DEX_PREOPT

对象可以单独指定自己是否参加预优化。这个选项支持"true""false"和"nostripping"（表示不把 classes.dex 从 apk 或者 jar 文件中剔除）等值。

在 Dalvik 虚拟机时代，与系统 framework 相关联的 odex 会保存在设备的/system/framework 子文件夹中；Art 虚拟机则略有差异，它将这些文件（包括 boot.art 和 boot.oat）统一保存到/system/framework/arm（或者 arm64）中，示例如图 21-42 所示。

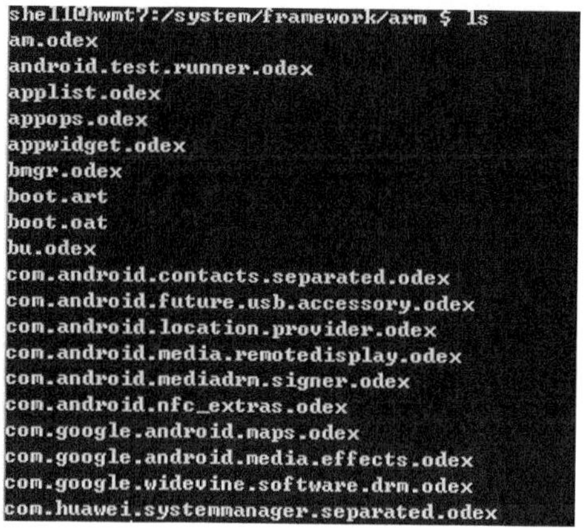

需要特别注意的是，即便是我们预先在 System 分区中生成了 odex 文件，系统还是会在 Data 分区中产生对应的 Dex 文件。而且 odex 和 Dex 事实上都是 OAT 文件，那么为什么需要两份呢？简单来说 Dex 是由 Odex 文件加上一个偏移量（对于每个设备来说是随机的）得到的，原因是为了系统的安全性着想，因为如果所有设备都采用同一个固定地址容易遭受非法攻击。

▲图 21-42　Art 虚拟机中 odex 和 oat 文件的存储路径

OAT 并没有什么神秘的，它本质上也属于前面小节中我们介绍的 ELF 文件，具体关系如图 21-43 所示。

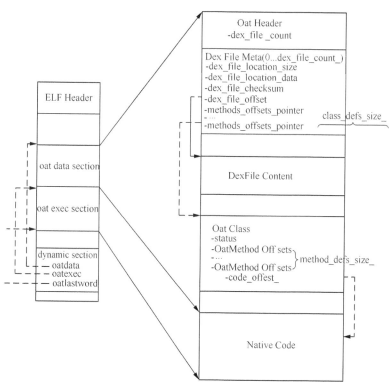

▲图 21-43　OAT 文件与 elf 文件之间的联系
（引用自 2014 年 Google I/O 上的演示文档）

由 Google I/O 大会上披露的 OAT 文件格式图可知，OAT 既遵循 ELF 文件规范，同时又根据虚拟机的实际需求进行了扩展——最大的区别在于它添加了两个重要的区段，即"Oat Data Section"

和"Oat Exec Section"。其中"Data Section"保存的是原 Dex 文件中的字节码数据，而"Exec Section"则是 Dex 经过 dex2oat 翻译后生成的机器代码（Native Code）的存储区域。并且我们可以从 Data Section 中通过一定的对应关系可以迅速找到某个 Class/Function 在 Exec Section 中的机器码。

接下来我们通过剖析一个真实的 OAT 文件来加深大家的理解。这个例子在 AOSP 工程中的 out 目录下，即/out/target/product/generice/symbols/system/framework/arm/boot.oat。我们可以对它执行 readelf 操作，显示结果如下所示：

```
ELF Header:
    Magic:    7f 45 4c 46 01 01 01 03 00 00 00 00 00 00 00 00
    Class:                             ELF32
    Data:                              2's complement, little endian
    Version:                           1 (current)
    OS/ABI:                            UNIX - GNU
    ABI Version:                       0
    Type:                              DYN (Shared object file)
    Machine:                           ARM
    Version:                           0x1
    Entry point address:               0x0
    Start of program headers:          52 (bytes into file)
    Start of section headers:          53679876 (bytes into file)
    Flags:                             0x5000000, Version5 EABI
    Size of this header:               52 (bytes)
    Size of program headers:           32 (bytes)
    Number of program headers:         5
    Size of section headers:           40 (bytes)
    Number of section headers:         9
    Section header string table index: 8

Section Headers:
    [Nr] Name            Type       Addr      Off     Size   ES Flg Lk Inf Al
    [ 0]                 NULL       00000000  000000  000000 00      0  0   0
    [ 1] .dynsym         DYNSYM     70945134  000134  000040 10  A   2  0   4
    [ 2] .dynstr         STRTAB     70945174  000174  000026 00  A   0  0   1
    [ 3] .hash           HASH       7094519c  00019c  000020 04  A   1  0   4
    [ 4] .rodata         PROGBITS   70946000  001000  1d10000 00  A   0  0 4096
    [ 5] .text           PROGBITS   72656000  1d11000 15daab0 00  AX  0  0 4096
    [ 6] .dynamic        DYNAMIC    73c31000  32ec000 000038 08  A   2  0 4096
    [ 7] .text.oat_patches LOUSER+0 00000000  32ec038 045681 00      0  0   1
    [ 8] .shstrtab       STRTAB     00000000  33316b9 00004a 00      0  0   1
Key to Flags:
```

由上图可知，boot.oat 确实是一个 ELF 格式的文件，并且包含了多个.text 相关的字段。那么 Oat Data Section 和 Oat Exec Section 具体对应哪些区段呢？

```
Symbol table '.dynsym' contains 4 entries:
   Num:    Value  Size Type    Bind   Vis      Ndx Name
     0: 00000000     0 NOTYPE  LOCAL  DEFAULT  UND
     1: 70946000 0x1d10000 OBJECT GLOBAL DEFAULT    4 oatdata
     2: 72656000 0x15daab0 OBJECT GLOBAL DEFAULT    5 oatexec
     3: 73c30aac     4 OBJECT  GLOBAL DEFAULT    5 oatlastword
```

这个问题的答案可以从".dynsym"——DYNSYM 类型的动态符号表中找到。与 Data 和 Exec Section 相关联的有 3 个重要变量，即 oatdata、oatexec 和 oatlastword。其中 oatdata 指向的是 Oatdata Section 的起始地址；而 oatexec 指向的是 Oatexec Setion 的起始地址——翻译后的机器指令保存在这个区域。另外一个符号 oatlastword 则用于指示 Oatexec Setion 的结束地址。因为 Data 和 Exec 两个区域是紧挨着的，所以，[oatdata,oatexec]自然就是 Dex 的存储范围，同时[oatexec,oatlastword]就是机器指令的存储区域了。

这些知识点我们从加载 OAT 文件的 Dlopen 函数中也同样可以得到印证，核心源码如下所示：

```
/*art/runtime/oat_file.cc*/
bool OatFile::Dlopen(const std::string& elf_filename, byte* requested_base,
                std::string* error_msg) {
    char* absolute_path = realpath(elf_filename.c_str(), NULL);
    if (absolute_path == NULL) {
*error_msg = StringPrintf("Failed to find absolute path for '%s'",
                          elf_filename.c_str());
        return false;
```

21.4 Android 虚拟机核心文件格式——"主宰者" OAT

```cpp
  }
  dlopen_handle_ = dlopen(absolute_path, RTLD_NOW);
  free(absolute_path);
  if (dlopen_handle_ == NULL) {
    *error_msg = StringPrintf("Failed to dlopen '%s': %s", elf_filename.c_str(),
                              dlerror());
    return false;
  }
  begin_ = reinterpret_cast<byte*>(dlsym(dlopen_handle_, "oatdata"));
  if (begin_ == NULL) {
    *error_msg = StringPrintf("Failed to find oatdata symbol in '%s': %s",
elf_filename.c_str(),dlerror());
    return false;
  }
  if (requested_base != NULL && begin_ != requested_base) {
    *error_msg = StringPrintf("Failed to find oatdata symbol at expected address: "
                              "oatdata=%p != expected=%p /proc/self/maps:\n",
                              begin_, requested_base);
    ReadFileToString("/proc/self/maps", error_msg);
    return false;
  }
  end_ = reinterpret_cast<byte*>(dlsym(dlopen_handle_, "oatlastword"));
  if (end_ == NULL) {
    *error_msg = StringPrintf("Failed to find oatlastword symbol in '%s': %s",
elf_filename.c_str(),dlerror());
    return false;
  }
  // Readjust to be non-inclusive upper bound.
  end_ += sizeof(uint32_t);
  return Setup(error_msg);
}
```

上面这段代码的逻辑是：首先获取 ELF (oat)文件的绝对路径，然后通过 dlopen 这个 API 打开它，文件句柄则保存在 dlopen_handle_变量中。接着两次调用 dlsym 函数，分别查找到"oatdata"和"oatlastword"这两个 Dynamic Symbol，并将它们保存到全局变量 begin_和 end_中。有了这两个变量，当然就可以确定 oatdata 和 oatexec 两个区段的起止地址了。最后再调用 Setup 来进入下一步的工作。

Setup 函数比较长，我们重点关注与 OAT 文件格式相关的内容：

```cpp
/*art/runtime/oat_file.cc*/
bool OatFile::Setup(std::string* error_msg) {
  if (!GetOatHeader().IsValid()) {//检查 OAT 文件的 magic number,版本等信息是否合法
    *error_msg = StringPrintf("Invalid oat magic for '%s'", GetLocation().c_str());
    return false;
  }
  const byte* oat = Begin(); //获取 begin_全局变量的值，即 oatdata
  oat += sizeof(OatHeader); //跳过 OatHeader 所占空间
  if (oat > End()) {//End()返回 end_全局变量的值，即 oatlastword
    *error_msg = StringPrintf("In oat file '%s' found truncated OatHeader",
                              GetLocation().c_str());
    return false;
  }

  oat += GetOatHeader().GetKeyValueStoreSize();
  if (oat > End()) {//OAT 文件大小异常
    …
    return false;
  }

  uint32_t dex_file_count = GetOatHeader().GetDexFileCount();//OAT 文件中 Dex 的数量
```

```cpp
    oat_dex_files_storage_.reserve(dex_file_count);
    for (size_t i = 0; i < dex_file_count; i++) {
      uint32_t dex_file_location_size = *reinterpret_cast<const uint32_t*>(oat);
                                                   //Dex 文件路径字符串所占空间
      …
      oat += sizeof(dex_file_location_size);//跳过文件路径字符串所占的空间
      …
      const char* dex_file_location_data = reinterpret_cast<const char*>(oat);
                              //Dex 文件路径
      oat += dex_file_location_size;
      …
      std::string dex_file_location(dex_file_location_data, dex_file_location_size);

      uint32_t dex_file_checksum = *reinterpret_cast<const uint32_t*>(oat);
      oat += sizeof(dex_file_checksum);//Dex 文件的校验码
      …
      uint32_t dex_file_offset = *reinterpret_cast<const uint32_t*>(oat);
                      //Dex 文件的偏移量
      …
      oat += sizeof(dex_file_offset);
      …
      const uint8_t* dex_file_pointer = Begin() + dex_file_offset;
                     //Dex 文件的起始地址,注意它是在 dex_file_offset 的基础上算出来的
      /*Dex 的合法性检查*/
      if (UNLIKELY(!DexFile::IsMagicValid(dex_file_pointer))) {…
        return false;
      }
      if (UNLIKELY(!DexFile::IsVersionValid(dex_file_pointer))) {…
        return false;
      }
      const DexFile::Header* header =
             reinterpret_cast<const DexFile::Header*>(dex_file_pointer);//Dex 文件头部
      const uint32_t* methods_offsets_pointer = reinterpret_cast<const uint32_t*>(oat);

      oat += (sizeof(*methods_offsets_pointer) * header->class_defs_size_);
      …
      OatDexFile* oat_dex_file = new OatDexFile(this, dex_file_location,
                                    canonical_location, dex_file_checksum,
                                    dex_file_pointer,methods_offsets_pointer);
      oat_dex_files_storage_.push_back(oat_dex_file);

      // Add the location and canonical location (if different) to the oat_dex_files_ table.
      StringPiece key(oat_dex_file->GetDexFileLocation());
      oat_dex_files_.Put(key, oat_dex_file);
      if (canonical_location != dex_file_location) {
        StringPiece canonical_key(oat_dex_file->GetCanonicalDexFileLocation());
        oat_dex_files_.Put(canonical_key, oat_dex_file);
      }
    }
    return true;
  }
```

这个函数为我们很好地描绘出了 OAT 文件格式的全景图。相信大家在一行行阅读代码的同时，OAT 的整体框架就已经在脑海中形成了。

首先，我们通过 GetOatHeader().IsValid() 来判断当前的 OAT 文件是否合法。检查项包括文件的魔数是否为 "oat"；版本号是否等于 "039"；是否页对齐等。GetOatHeader 实际上就是将 begin_ 变量所指向的地址做了一次 OatHeader 的强制类型转换。这里要提醒大家注意区分 Elf Header 和 Oat Header 这两个格式头——它们分别代表 ELF 文件格式的头部以及 Art 虚拟机中可执行文件（oat）的头部，而且后者 "潜伏" 于前者之中。

21.4 Android 虚拟机核心文件格式——"主宰者" OAT

如果合法性检查没有问题的话，那么紧接着我们就可以利用 Begin()返回的 begin_全局变量来得到 OAT 区域的起始点（这也是"全景图"的起点）。随后 OAT 变量跳过 OatHeader 所占的空间大小。此时如果 OAT 已经超过 end_，则表示文件出现了异常，此时函数将直接返回 false 值。

和 Apk 中的情况类似，OAT 中也可能有不止一个 Dex 文件，具体数量可以通过 GetDexFileCount 获取到。对于每一个 DexFile，我们都需要把它们逐一从 OAT 文件中"抠"出来，实现统一的管理。因而 Setup 函数需要通过一个 for 循环来完成对这些 Dex 的处理。这同时也要求 OAT 在存储这些 Dex 数据时一定得采用一种固定的格式——具体而言，dex_file_location_size 占用 sizeof(uint32_t)的空间大小，代表了 Dex 文件路径字符串所占的空间大小。指针 OAT 在起始时指向的是第一个 Dex 文件信息所在地，接着它读取 Dex 文件路径名所占空间大小保存到 dex_file_location_size 变量中，以及路径字符串所在位置 dex_file_location_data，并由此组成 dex_file_location 字符串对象。紧随 dex_file_location_data 之后的是 dex_file_checksum，即 Dex 文件的校验和，这个变量在创建 OatDexFile 时会派上用场。完成了这些变量的计算后，Dex 文件的基本信息就比较清楚了。那么 Dex 文件的具体内容存储在 OAT 文件中的哪个位置呢？这就是 dex_file_offset 变量所承担的角色。如其名所示，它代表的是 Dex File 在 OAT 中的偏移量。所以存储 Dex 文件内容的起始地址应该是 dex_file_pointer = Begin() + dex_file_offset。得到了 Dex 文件的起始地址后，我们需要先通过 DexFile::IsMagicValid 和 IsVersionValid 来确保这个 Dex 文件的合法性。IsMagicValid 会读取并确保文件的魔数是否为"Dex"，而 IsVersionValid 则负责检查该 Dex 文件的版本号是否为"035"。

Dex 文件同样提供了一个头部信息，即 DexFile::Header。要特别注意此时 OAT 变量仍然指向 dex_file_offset 结束的位置，紧随其后的变量是 methods_offsets_pointer。通常情况下 Dex 文件中都包含了非常多的 Class 和各种成员函数，这些信息都保存在 OAT 文件中。

```
oat += (sizeof(*methods_offsets_pointer) * header->class_defs_size_);
```

上面这条语句用于跳过 Dex 文件的函数信息段，其中 methods_offsets_pointer 指向的是某个函数在 Dex Content 中的具体实现；函数的总数量则是 header->class_defs_size_。最后，我们创建一个 OatDexFile 对象来容纳 Dex 文件，并将结果统一保存到 oat_dex_files_storage_ 和 oat_dex_files_ 中——前者是 std::vector 类型的全局变量，用于保存所有 Dex File；后者负责为 DexFile 和它的路径建立 map 关联。

OatDexFile 对象保存了 Dex 文件的所有属性和内容数据，这些信息将在 OAT 的运行过程中发挥重要作用。OatDexFile 的构造函数如下所示：

```
/*art/runtime/oat_file.cc*/
OatFile::OatDexFile::OatDexFile(const OatFile* oat_file,
                    const std::string& dex_file_location,
                    const std::string& canonical_dex_file_location,
                    uint32_t dex_file_location_checksum,
                    const byte* dex_file_pointer,
                    const uint32_t* oat_class_offsets_pointer)
    : oat_file_(oat_file),
      dex_file_location_(dex_file_location),
      canonical_dex_file_location_(canonical_dex_file_location),
      dex_file_location_checksum_(dex_file_location_checksum),
      dex_file_pointer_(dex_file_pointer),
      oat_class_offsets_pointer_(oat_class_offsets_pointer) {}
```

其中 oat_file 代表的是 OAT 文件，也就是前面 setup 函数中的 this 指针所指向的对象；oat_class_ offsets_pointer 对应的是 setup 中的 methods_offsets_pointer（这个名字容易引起误解，大家特别注意），代表的是一个 Oat Class 的偏移地址。

我们知道，一个 OAT 中包含 N 个（N 可能不止一个）Dex 文件，而每个 Dex 中又包含 N 个 Class，每个 Class 则又包含 N 个函数。

可能读者会有疑问，既然 Art 已经将 Dex 提前编译成 OAT 文件，那么为什么还要保留原始的 Dex 呢？Art 如此设计主要基于如下几点考虑：

（1）为了提供一个便利的 Class 到 Native Code 的对应关系，从而加速代码的执行时间。关于这点我们在后续讲解代码的运行流程时还有更详细的分析。

（2）为开发者的调试过程提供更准确的源码定位。

（3）我们在很多情况下仍然需要依靠 interpreter 解析字节码的方式来执行应用程序。

通过上面的分析，相信大家对于 OAT 文件已经有了全局的认识了。我们再来通过图 21-44 做一下总结，大家可以看一下是否和脑海中绘制的结构图完全一致。

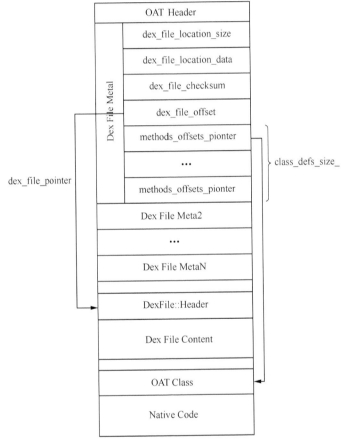

▲图 21-44　OAT 文件结构（1/2）

理解了 OAT 文件的内部结构后，我们再深入地解答一下本小节开头提到的问题，即 boot.art 和 boot.oat 之间的联系。

Boot.art 简单来说是"An image file with a heap of preinitialized classes and objects"。它和 boot.oat 都存储在/system/framework/<isa>/文件夹下。根据 Art 虚拟机的设计，Boot.art 和 boot.oat 之间是可以相互引用的，而且它们在内存中的加载位置是紧挨着的。图 21-45 是根据 art/runtime/image.h 文件总结出来的结构图。

21.4　Android 虚拟机核心文件格式——"主宰者"OAT

▲图 21-45　结构图（2/2）

反过来 OAT 文件也可以访问 image 中的内容，示意如图 21-46 所示。

因为 Boot.art 中包含的 Frameworks Image 和 Frameworks Code 可以供 OAT 中的 Compiled Method 直接调用和访问，而不需要在程序启动时再去动态创建；而且 Framework 中包含的很多数据对于大部分 Art 应用程序都是必需的，访问频度相当高，所以这样的设计无疑可以在很大程度上提升程序的启动和运行时速度。

21.4.2　OAT 的两个编译时机

在 Android N 版本之前（Android N 版本中对 OAT 的编译时机和方式进行了调整，可以参见后续 JIT 小节的详细分析），dex2oat 主要发生在两个阶段：在 Android 系统构建过程中执行（主要针对预装的应用程序和系统应用程序）；以及第三方应用程序安装过程中执行（只针对第三方应用程序）。主要过程描述如下：

- 系统的预装程序

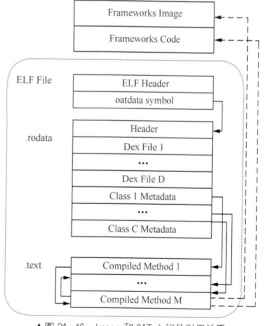

▲图 21-46　Image 和 OAT 之间的引用关系

Android 本身预装有各种系统程序和应用程序，这些 APK 在设备出厂之前就已经确定下来了（通常是各设备厂商在原生 Android 版本上完成一定程度的定制。例如引入自家的 UI 实现，增删应用程序等）。更为重要的是，系统编译时其所针对的硬件平台显然是确定的——这是 OAT 能正常开展编译工作的前提条件之一（OAT 是一种扩展的 ELF 文件，它们所包含的代码指令都是需要针对具体硬件平台来编译产生的）

- 第三方应用程序

我们知道 Art 虚拟机在运行效率上取胜的"独门秘诀"是 AOT，即事先就把 Java 代码编译成机器指令的一种技术手段。但是这里存在一个问题——对于第三方应用程序（例如微信、QQ 等）来说，它们将来会被用户在哪个硬件平台上安装运行是未知的。所以这种情况下没有办法采用和系统预装时一样的作法，即在应用程序的开发构建阶段就把它们编译成 OAT 文件。

另外，我们还需要考虑第三方应用程序与 Android 系统版本的兼容性问题。因为终端用户所使用的 Android 设备的系统版本既可能是 6.0（此时 Art 虚拟机已经完全取代了 Dalvik 虚拟机），也可能是 4.4（Art 和 Dalvik 虚拟机并存的情况），甚至是 2.3（只支持 Dalvik 虚拟机的情况）——无论哪一个版本，应用程序都应该要能正常工作。综上所述，编译 OAT 的工作显然无法由第 3 方应用程序来完成。所以一个比较理想的解决方案是在用户安装第三方应用程序的过程中，通过 dex2oat 将其编译成 OAT 文件。

21.4.2.1 Android 系统构建过程中的 OAT 编译

从 Android 4.4 版本开始，在 Android 系统构建的最后阶段都会执行 dex2oat 编译。我们可以首先从编译脚本的角度窥探出这其中的"来龙去脉"：

```
/*build/core/main.mk*/
…
include $(BUILD_SYSTEM)/dex_preopt.mk
```

由于历史原因，dex_preopt.mk 脚本中掺杂了很多 dex 和 opt 相关的操作，大家注意区分对待。上述语句通过一个统一的 dex_preopt.mk 来决定如何对 dex 文件进行"预优化"操作——这其中就包含了我们关心的 dex2oat 编译：

```
/*build/core/dex_preopt.mk*/
…
include $(BUILD_SYSTEM)/dex_preopt_libart.mk

# Define dexpreopt-one-file based on current default runtime.
# $(1): the input .jar or .apk file
# $(2): the output .odex file
define dexpreopt-one-file
$(call dex2oat-one-file,$(1),$(2))
endef
…
```

上述脚本中有两个地方需要我们特别注意：

- Dalvik 和 Art 虚拟机都有各自的预优化脚本

在 Android 老版本中，对 Dalvik 的预优化是有条件的——编译系统会利用一个名为 DALVIK_VM_LIB 的变量来判断是否需要执行 dexopt（DALVIK_VM_LIB 等于 libdvm.so 的时候）；而 Art 虚拟机下的预编译则是无条件的。

Android N 版本已经彻底摈弃了 Dalvik 虚拟机，所以只留下了 Art 程序的预优化脚本 dex_preopt_libart.mk。

- dexpreopt-one-file 函数

函数 dexpreopt-one-file 用于完成对 dex2oat-one-file 的调用，后者的定义则在 dex_preopt_libart.mk 中——简单来讲它为 dex2oat 程序的执行提供了上下文环境。我们稍后会做进一步分析。

大家先来思考一下，我们应该在编译的哪个阶段执行 dex2oat 这个预优化操作呢？

至少有两种可选的方案：其一是在 Android 系统编译的最后一刻针对所有需要预优化的对象做统一处理；另一种方案则是"卡住"需要执行优化操作的所有模块（如.jar,.apk）的"咽喉要道"，然后由它们自行完成任务——Android 编译系统采用的是后面这种方式。

21.4 Android 虚拟机核心文件格式——"主宰者" OAT

这些模块的"咽喉要道"是什么呢？我们知道 dex2oat 的输入源是 Dex 程序，那么问题就自然而然转化为——产生 Dex 的地方都可能成为我们的目标对象。相信读者们已经能想到 Android 是怎么做的了（注意：是否需要做预优化，以及针对哪些元素展开预优化都是可以配置的。鉴于在前述小节已经对此做过分析，下面的内容中我们直接假设预优化操作是需要的）：

（1）java_library.mk

我们知道，通过编译系统预先提供的诸如 BUILD_JAVA_LIBRARY、BUILD_STATIC_JAVA_LIBRARY、BUILD_PACKAGE 之类的模板可以方便地完成不同类型模块的编译。其中$(BUILD_JAVA_LIBRARY)用于编译共享的 Java 库（例如 framework.jar、am.jar、services.jar 等，它们都会存储到终端设备的/system/framework 目录中），它实际上也是利用 java_library.mk 实现的。这个脚本中与 dex2oat 相关的部分如下所示：

```
/*build/core/java_library.mk*/
…
$(built_odex) : $(dir $(LOCAL_BUILT_MODULE))% : $(common_javalib.jar)
    @echo "Dexpreopt Jar: $(PRIVATE_MODULE) ($@)"
    $(call dexpreopt-one-file,$<,$@)
```

上述脚本片段中使用的是 makefile 的静态模式，主要目的在于处理多个 Built Odex 的情况。函数 dexpreopt-one-file 我们在前面已经看到过了；它的第 1 个参数$<表示首个 Prerequisite，即$(common_javalib.jar)；另一个参数$@表示目标对象，即通过$(dir $(LOCAL_BUILT_MODULE))%模式来匹配$(built_odex)集合而得到的目标。

现在是时候分析 dexpreopt-one-file 的内部实现了：

```
/*build/core/dex_preopt_libart.mk*/
# $(1): the input .jar or .apk file
# $(2): the output .odex file
define dex2oat-one-file
$(hide) rm -f $(2)
$(hide) mkdir -p $(dir $(2))
$(hide) $(DEX2OAT) \
    --runtime-arg -Xms$(DEX2OAT_XMS) --runtime-arg -Xmx$(DEX2OAT_XMX) \
    --boot-image=$(PRIVATE_DEX_PREOPT_IMAGE_LOCATION) \
    --dex-file=$(1) \
    --dex-location=$(PRIVATE_DEX_LOCATION) \
    --oat-file=$(2) \
    --android-root=$(PRODUCT_OUT)/system \
    --instruction-set=$($(PRIVATE_2ND_ARCH_VAR_PREFIX)DEX2OAT_TARGET_ARCH) \
    --instruction-set-variant=$($(PRIVATE_2ND_ARCH_VAR_PREFIX)DEX2OAT_TARGET_CPU_VARIANT) \
    --instruction-set-features=$($(PRIVATE_2ND_ARCH_VAR_PREFIX)DEX2OAT_TARGET_INSTRUCTION_SET_FEATURES) \
    --include-patch-information --runtime-arg -Xnorelocate --no-generate-debug-info \
    --abort-on-hard-verifier-error \
    $(PRIVATE_DEX_PREOPT_FLAGS)
endef
```

上述函数的实现重心在$(DEX2OATD)这个变量。顾名思义，它的工作就是将 Dex（或者 Jar）转化为 OAT，具体对应的是名为 dex2oatd 的应用程序。另外，细心的读者可能会发现脚本中其实还有一个与之很类似的变量 dex2oat——简单来讲，结尾所含的"D"代表 DEBUG，因而它们二者之间的区别就在于是否开启了 DEBUG 模式。

无论是 dex2oat 还是 dex2oat，在 Android 系统编译的场景下都属于 HOST EXECUTABLE，即运行于开发机器之上的可执行程序。而适用于第 3 方应用程序的 dex2oat 则需要运行于终端设备平台上，请大家特别注意这些区别。

dex2oat 接受两种类型的输入：.jar 或者.apk（内部包含.dex），由$(1)参数指定；输出的是.odex 文件，由$(2)指定。在 java_library.mk 这个场景中，$(1)具体指的是.jar 文件(如 framework.jar)，$(2)对应的是$(built_odex)。

dex2oat 的源码目录是/art/dex2oat,它的 Android.mk 中的核心描述语句(非 DEBUG,HOST 的情况)如下所示:

```
/*art/dex2oat/Android.mk*/
…
ifeq ($(Art_BUILD_HOST_NDEBUG),true)
  $(eval $(call build-art-executable,dex2oat,$(DEX2OAT_SRC_FILES),libcutils libart-c
ompiler libziparchive-host,art/compiler,host,ndebug,$(dex2oat_host_arch)))
endif
```

表面上 dex2oat 子项目只包含 dex2oat.cc 一个源文件,但事实上它还依赖于很多其他模块,例如 art/compiler、libcutils 等。另外,dex2oat 是基于 LLVM 这个通用的编译框架完成的。它的内部实现涉及的技术面很广,并非本小节所需要关心的内容,所以我们暂时不做深入解析,有兴趣的读者可以自行阅读源码了解详情。

(2) Package_internal.mk

和 java_library.mk 的情况类似,package_internal.mk 是为 BUILD_PACKAGE 服务的,即用于生成 APK 文件。这个脚本中与 dex2oat 编译相关的核心语句如下所示:

```
/*build/core/package_internal.mk*/
…
ifdef LOCAL_DEX_PREOPT
$(built_odex): PRIVATE_DEX_FILE := $(built_dex)
# Use pattern rule - we may have multiple built odex files.
$(built_odex) : $(dir $(LOCAL_BUILT_MODULE))% : $(built_dex)
    $(hide) mkdir -p $(dir $@) && rm -f $@
    $(add-dex-to-package)
    $(hide) mv $@ $@.input
    $(call dexpreopt-one-file,$@.input,$@)
    $(hide) rm $@.input
endif
```

在这个场景下,PRIVATE_DEX_FILE 是一种 Target-Specific Variable,以确保 PRIVATE_DEX_FILE 只对$(built_dex)这个特定的目标对象有效。这种用法我们在本书编译系统章节中已经做过分析,大家可以结合起来阅读。

PRIVATE_DEX_FILE 是 add-dex-to-package 中所必需的变量;后者是一个 define 实现,它的主要功能是打包 Dex (即 built_dex),如下所示:

```
/*build/core/definitions.mk*/
define add-dex-to-package
$(hide) zip -qj $@ $(dir $(PRIVATE_DEX_FILE))classes*.dex
endef
```

经过 add-dex-to-package 调用后,$@代表的是 classes*.dex(可能有多个)形成的 zip 包——紧接着我们就利用 mv 命令来将其改名为$@.input。这同时也是 dexpreopt-one-file 的第一个参数,以及 dex2oat 程序的"输入源";另一个参数则是$@,同时也是 dex2oat 的"输出源"。

这样一来 Android 工程中的 APK 通过引用 BUILD_PACKAGE 这个模板,就可以同时实现 dex2oat 编译了。

(3) Prebuilt_internal.mk

Prebuilt 是对已预先编译好的模块所采取的一种处理手段,对应的模板是 BUILT_PREBUILT 和 BUILD_MULTI_PREBUILT(它们的区别在于模块的数量)。Prebuilt_internal.mk 则是 Prebuilt 的内部实现,其中与 dex2oat 相关的核心脚本如下所示:

```
/*build/core/prebuilt_internal.mk*/
ifdef LOCAL_DEX_PREOPT
$(built_odex) : $(my_prebuilt_src_file)
    $(call dexpreopt-one-file,$<,$@)
endif
```

Prebuilt 本身功能比较简单，在调用 dexpreopt-one-file 时传入的第 1 个参数是$<，代表第 1 个目标依赖对象$(my_prebuilt_src_file)；第 2 个参数$@代表 dex2oat 的输出结果。这和前面两种脚本模板中的情况是大同小异的，因而我们不再赘述。

21.4.2.2　dex2oat 的用法

dex2oat 的内部实现涉及编译原理、LLVM 等很多知识点，限于篇幅我们不做深入介绍。但是大家最少应该对 dex2oat 做到"知其然"，所以本小节的重点是讲解 dex2oat 这个工具的用法。

dex2oat 根据目标平台的不同分为两个版本，即 Host 端和 Target 端。不过它们二者的内部实现是大同小异的，所以接下来的分析以 Host 端的 dex2oat 为主。

表 21-8 所示是 dex2oat 程序所支持的选项参数。

表 21-8　　　　　　　　　　　　dex2oat 的核心选项

Options	Description
-j<number>	指定执行编译操作所需的线程数量
--dex-file=<dex-file> （输入参数）	指定需要被编译的.dex,.jar 或者.apk 文件。 范例：--dex-file=/system/framework/core.jar
--zip-fd=<file-descriptor> （输入参数）	指定一个 zip 文件（其中包含了需要被编译的 classes.dex）的文件描述符。 范例：--zip-fd=5
--zip-location=<zip-location> （输入参数）	为--zip-fd 文件指定一个符号名。 范例：--zip-location=/system/app/Calculator.apk
--oat-file=<file.oat> （输出参数）	以文件名的形式指定 OAT 的输出目标。 范例：--oat-file=/system/framework/boot.oat
--oat-fd=<number> （输出参数）	以文件描述符的形式指定 OAT 的输出目标。 范例：--oat-fd=6
--oat-location=<oat-name> （输出参数）	为--oat-fd 文件指定一个符号名。 范例： --oat-location=/data/dalvik-cache/system@app@Calculator.apk.oat
--oat-symbols=<file.oat> （输出参数）	指定带有完全符号表的 OAT 输出目标。 范例： --oat-symbols=/symbols/system/framework/boot.oat
--bitcode=<file.bc>	指定 bitcode 文件名（可选） 范例：--bitcode=/system/framework/boot.bc
--image=<file.art> （输出参数）	指定 image（输出）目标。 范例：--image=/system/framework/boot.art
--image-classes=<classname-file> （输入参数）	指定 image 中需要包含的 classes。 范例： --image-classes=frameworks/base/preloaded-classes
--base=<hex-address>	生成 boot image 时所采用的基地址。 范例：--base=0x50000000
--boot-image=<file.art>	指定包含了启动时类路径的 Image 文件。 范例：--boot-image=/system/framework/boot.art
--android-root=<path>	为 Portable Linking 指定相应的库。 范例：--android-root=out/host/linux-x86。如果不指定的话，默认值是 $ANDROID_ROOT
--instruction-set=(arm|arm64|mips|x86|x86_64)	指定编译所针对的机器指令集。 Example：--instruction-set=x8 默认值是 arm
--instruction-set-features=...	指令集特性。 范例：--instruction-set-features=div

续表

Options	Description
--compiler-backend=(Quick|Optimizing|Portable)	选定编译器的后端类型（即前面小节所说的 LLVM 编译框架的后端）。 范例：--compiler-backend=Portable 默认值是 Quick
--compiler-filter=(verify-none|interpret-only|space|balanced|speed|everything)	指定编译器的过滤选项。 范例：--compiler-filter=everything
--include-debug-symbols --no-include-debug-symbols	分别用于指定需要或者不需要在 OAT 文件中包含 ELF Symbols
--runtime-arg \<argument>	用于指定运行时态的各类参数，譬如初始堆大小等。 范例：--runtime-arg -Xms256m

总结起来，dex2oat 的输入输出关系如图 21-47 所示。

其中 image 文件中包含了一些预初始化过的类，这样可以保证 Zygote 在加载阶段的速度得到提升（虽然会带来 10MB 左右的存储空间消耗）。预初始化类的来源主要有两个地方：

（1）frameworks/base/preloaded-classes（可以参见本书的"Android 启动过程简析"章节）

▲图 21-47　dex2oat 的输入输出关系

（2）--image-classes

值得一提的是，dex2oat 的输出结果多数以 .odex 的后缀名来存储（AndroidM 版本）——这一点往往会让开发人员产生误解，将它们和 Dalvik 中的优化结果相混淆。Android 工程提供了不少工具来辅助大家分析 OAT 和 Dex，存储路径是 AOSP 源码工程下的 /out/host/PLATFORM/bin 中（比如 oatdump、dex2oat 等）。下面我们就利用 oatdump 来分析一个实际的范例 /out/target/product/generic/system/app/Calculator/oat/Calculator.odex，输出结果如下：

```
MAGIC:
oat
064

CHECKSUM:
0xe0f6120b

INSTRUCTION SET:
Thumb2

INSTRUCTION SET FEATURES:
smp,-div,-atomic_ldrd_strd
```

oatdump 出来的内容很多，包括 Calculator 这个程序里所有的实现体、体系结构及运行时的地址信息。从上图中的 MAGIC NUMBER 不难发现，Calculator.odex 确实属于"oat"文件。或者我们也可以使用 file 命令来做进一步观察：

```
s@ubuntu:~/Android_M/out/host/linux-x86/bin$ file Calculator.odex
Calculator.odex: ELF 32-bit LSB  shared object, ARM, EABI5 version 1 (GNU/Linux)
, dynamically linked, stripped
```

file 命令的输出结果表示 Calculator.odex 不仅是一个 OAT 文件，而且还是一个"ELF Shared Object"。

21.4.2.3　第三方应用程序安装过程中的 OAT 编译

前面两个小节我们学习了 Android 系统工程 ROM 构建阶段生成 OAT 文件的整个流程。除了系统 ROM 中内置的 Jar 包和预装的 APK 外，还有一个庞大的"Java 群体"也需要执行 dex2oat 编译——即第三方应用程序。

21.4 Android 虚拟机核心文件格式——"主宰者" OAT

对第三方应用程序执行 dex2oat 最合适的时机是什么时候？

显然不该由应用程序厂商完成。dex2oat 必须是针对具体的硬件平台展开的，而 APK 在发布之前根本无法精准预测用户手中的硬件设备配置。基于以上原因考虑，由 Android 系统来完成针对第 3 方应用程序的 dex2oat 操作应该就是"情理之中"了。更确切地说，在 APK 应用程序的安装过程中执行 dex2oat 就是最佳时机。

接下来我们先从普通用户的角度出发，熟悉一下 Android 应用程序的安装过程。

用户在通过各种渠道（譬如 Google Play、网络搜索、SD 卡复制等）获取到自己需要的 APK 文件后，单击 APK 文件打开，此时 Android 系统就会自动启动安装流程了。

那么用户点击打开 APK 文件时，为什么会自动关联到 Android 系统的安装服务呢？

这种自动关联的能力实际上是由文件管理器之类的程序通过 startActivity 实现的。典型范例如下：

```
Uri uri = Uri.fromFile(new File("/mnt/sdcard/TestApk.apk"));
Intent intent = new Intent(Intent.ACTION_VIEW);
intent.setDataAndType(uri,"application/vnd.android.package-archive");
startActivity(intent);
```

Android 系统中响应上述 Intent 的是一个叫做 PackageInstallerActivity 的 Activity，其源码路径是/AOSP/packages/apps/packageinstaller。Package Installer 本身也是一个应用程序，在这一点上它和 SystemUI 等众多系统服务的实现方式是一致的。

PackageInstallerActivity 是带有 UI 显示界面的，以便可以引导用户来执行安装过程。一旦用户在界面上点选了同意安装协议，那么它就会调用另一个组件 InstallAppProgress 来进入下一步的工作。

InstallAppProgress 一方面会在前台界面显示安装的进度，另一方面还会利用 Android 系统暴露出来的包管理器接口（PackageManager）来执行具体的安装过程。PackageManager 是一个本地代理，其最终对应的系统服务则是 PackageManagerService。

大家应该还记得 Android 中的系统服务会在两个阶段被集中启动：

- init.rc

在这里被启动的多数是本地程序，如 vold、installd、ServiceManager 等。

- SystemServer.java

在这里被启动的多数为 Java 层的系统服务，如 LightsService、BatteryService 等。与应用程序安装相关联的 PackageManagerService 也是在这里被启动的，核心代码如下所示：

```
        // Start the package manager.
        Slog.i(TAG, "Package Manager");
mPackageManagerService = PackageManagerService.main(mSystemContext,
            mInstaller, mFactoryTestMode != FactoryTest.FACTORY_TEST_OFF, mOnlyCore);
```

和其他系统服务一样，PackageManagerService 也会在 ServiceManager 中注册，所取的名称为"package"。这样其他进程通过 ServiceManager.getService（"package"）就可以访问它所提供的服务了。不过应用程序通常不需要直接与 ServiceManager 打交道。Android 系统在 Context 环境（具体的实现在 ContextImpl）中提供了 getPackageManager 来让用户间接使用 PackageManagerService 提供的服务。另外，getPackageManager 得到的对象是 PackageManager 接口在本地的实现，即 ApplicationPackageManager。这个对象为应用程序使用 PackageManager 提供了进一步的封装。

紧接着安装程序就可以调用 PackageMangerService 提供的 installExistingPackageAsUser 或 installExistingPackageAsUser 接口来进入下一个环节了。其中前者针对的是需要安装的应用程序在系统中已经存在（覆盖安装）的情况，后者则用于处理全新安装时的情况。

到目前为止，应用程序的安装流程如图 21-48 所示。

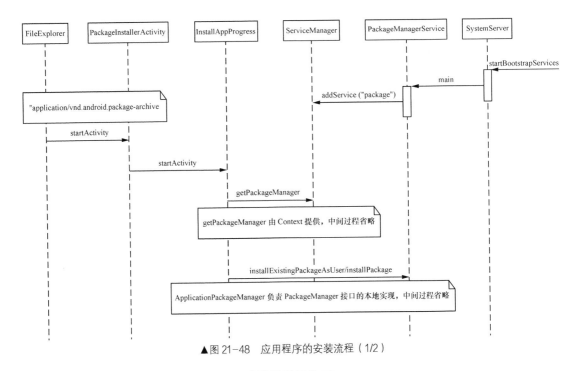

▲图 21-48　应用程序的安装流程（1/2）

接下来就该 PackageManagerService "粉墨登场" 了。

PackageManagerService 在安装 APK 应用程序的过程中，需要与 init.rc 中启动的另一个名为 installd（Install Daemon）的系统服务进行通信：

```
/*system/core/rootdir/init.rc*/
service installd /system/bin/installd
    class main
    socket installd stream 600 system system
```

这个服务对应的源码路径是:frameworks/native/cmds/installd。

PackageManagerService 中持有一个成员变量 mInstaller，如下所示：

```
final Installer mInstaller;
```

这个变量是 PackageManagerService 与 installd 之间的沟通桥梁。它是 SystemServer 在构造 PackageManagerService 时传递给后者的，本质上是一个 SystemService 的实现体：

```
mInstaller = mSystemServiceManager.startService(Installer.class);
```

SystemServer 负责启动上述的 Installer 服务，后者则在内部通过 InstallerConnection 与 installd 建立通信连接。这种连接是基于 UNIX Domain Socket 完成的，这一点在 init.rc 启动 installd 时所用的脚本语句中也可以看出来：

```
socket installd stream 600 system system
```

InstallerConnection 连接 installd 的核心语句如下所示：

```
/*frameworks/base/core/java/com/android/internal/os/InstallerConnection.java*/
private boolean connect() {
        if (mSocket != null) {//如果已经成功建立连接，那么无需重复操作
            return true;
        }
        Slog.i(TAG, "connecting...");
        try {
            mSocket = new LocalSocket();//Unix Domain Socket
```

21.4 Android 虚拟机核心文件格式——"主宰者"OAT

```java
            LocalSocketAddress address = new LocalSocketAddress("installd",
                    LocalSocketAddress.Namespace.RESERVED);

            mSocket.connect(address);//开始连接，直到成功才会返回。如果出错将被 catch 捕获
            mIn = mSocket.getInputStream();  //用于从 installd 读取数据
            mOut = mSocket.getOutputStream(); //用于向 installd 写入数据
        } catch (IOException ex) {
            disconnect();
            return false;
        }
        return true;
    }
```

Connect 函数结束后，Installer 与 installd 之间就可以通过 mIn 和 mOut 来互相传送数据了。我们以本小节需要解答的，如何对第三方应用程序进行 OAT 编译的问题为例，看下 Installer Connection 和 installd 两者之间的大致交互过程——首先 PackageMangerService 会判断被安装的 APK 是否需要进行 dex2oat 编译。如果答案是肯定的话，它会进一步调用自己的成员变量 mInstaller 中的 dexopt 函数：

```java
/*frameworks/base/services/core/java/com/android/server/pm/Installer.java*/
public int dexopt(String apkPath, int uid, boolean isPublic, String instructionSet)
{
    if (!isValidInstructionSet(instructionSet)) {//指令集是否合法，是否在支持的范围
        Slog.e(TAG, "Invalid instruction set: " + instructionSet);
        return -1;
    }

    return mInstaller.dexopt(apkPath, uid, isPublic, instructionSet);
}
```

大家要注意有两个 mInstaller 变量，上述 dexopt 函数中出现的 mInstaller 指的是 Installer Connection 对象。它所对应的 dexopt 实现是：

```java
/*frameworks/base/core/java/com/android/internal/os/InstallerConnection.java*/
    public int dexopt(String apkPath, int uid, boolean isPublic, String pkgName,
            String instructionSet, boolean vmSafeMode) {
        StringBuilder builder = new StringBuilder("dexopt");
        builder.append(' ');
        builder.append(apkPath);
        builder.append(' ');
        builder.append(uid);
        builder.append(isPublic ? " 1" : " 0");
        builder.append(' ');
        builder.append(pkgName);
        builder.append(' ');
        builder.append(instructionSet);
        builder.append(' ');
        builder.append(vmSafeMode ? " 1" : " 0");
        return execute(builder.toString());
    }
```

StringBuilder 负责构造需要向 installd 传递的命令和详细参数，譬如 apkPath、pkgName 等。因为 installd 是一个 Linux 平台上的可执行程序，所以我们在函数的末尾调用 execute 来执行它。execute 只是做了一个简单的封装，旋即又会调用 transact 函数，如下所示：

```java
/*frameworks/base/core/java/com/android/internal/os/InstallerConnection.java*/
public synchronized String transact(String cmd) {
    if (!connect()) {//如果目前有可用连接，那么 connect 会直接返回 true;否则需要首先执行连接过程
        Slog.e(TAG, "connection failed");
        return "-1";
    }

    if (!writeCommand(cmd)) {//向 installd 写入带参数的命令
        Slog.e(TAG, "write command failed? reconnect!");
```

```
            if (!connect() || !writeCommand(cmd)) {//如果写入失败,可能是 installd 出现了异
                                                   //常,此时尝试重新连接和数据写入
                return "-1";//仍然失败,返回错误码
            }
        }
        …
        final int replyLength = readReply();//读取 installd 的执行结果
        if (replyLength > 0) {
            String s = new String(buf, 0, replyLength);
            if (LOCAL_DEBUG) {
                Slog.i(TAG, "recv: '" + s + "'");
            }
            return s;
        } else {
            if (LOCAL_DEBUG) {
                Slog.i(TAG, "fail");
            }
            return "-1";
        }
    }
```

这样一来 PMS 就成功地把安装命令发送给 installd 了。

和其他多数系统 Daemon 程序类似,installd 的工作流程也是:启动->等待连接->接收命令->处理命令,如此循环往复。其中 installd 中处理命令的具体函数是 execute:

```
/*frameworks/native/cmds/installd/installd.c*/
static int execute(int s, char cmd[BUFFER_MAX])
{
    char reply[REPLY_MAX];
    char *arg[TOKEN_MAX+1];
    unsigned i;
    unsigned n = 0;
    unsigned short count;
    int ret = -1;
    reply[0] = 0;

    /* n is number of args (not counting arg[0]) */
    arg[0] = cmd;
    while (*cmd) { //处理所有调用参数,并保存到 arg 数组(注意:数组最大容量是 8)中
        if (isspace(*cmd)) {//以空格为分隔符,这点和 InstallerConnection 构造参数时的做法是一致的
            *cmd++ = 0;
            n++;
            arg[n] = cmd;
            if (n == TOKEN_MAX) {
                ALOGE("too many arguments\n");
                goto done;
            }
        }
        cmd++;
    }

    for (i = 0; i < sizeof(cmds) / sizeof(cmds[0]); i++) {//cmds 数组用于命令与
                                                          //Handler 函数间的映射
        if (!strcmp(cmds[i].name,arg[0])) {
            if (n != cmds[i].numargs) {//函数参数是否合法
                ALOGE("%s requires %d arguments (%d given)\n",
                    cmds[i].name, cmds[i].numargs, n);
            } else {
                ret = cmds[i].func(arg + 1, reply);//执行 Handler
            }
            goto done;
        }
    }
    ALOGE("unsupported command '%s'\n", arg[0]);

done:
    …//处理结果略
    return 0;
}
```

21.4 Android 虚拟机核心文件格式——"主宰者" OAT

Installd 内部维护着一个 cmds 数组，用于管理 command 和正确的 Handler 之间的映射（譬如 "dexopt" 命令对应的处理函数是 do_dexopt）。这种写法在 daemon 类型的程序中很常见，大家可以留意一下。不过 do_dexopt 并没有做很多工作，它会进一步调用 dexopt 函数。后者的代码实现比较长，我们重点关注与 dex2oat 编译相关的部分：

```c
/*frameworks/native/cmds/installd/commands.c*/
int dexopt(const char *apk_path, uid_t uid, bool is_public,
           const char *pkgname, const char *instruction_set,
           bool vm_safe_mode, bool is_patchoat)
{
    struct utimbuf ut;
    struct stat input_stat, dex_stat;
    char out_path[PKG_PATH_MAX];
    char persist_sys_dalvik_vm_lib[PROPERTY_VALUE_MAX];
    char *end;
    const char *input_file;
    char in_odex_path[PKG_PATH_MAX];
    int res, input_fd=-1, out_fd=-1;

    if (strlen(apk_path) >= (PKG_PATH_MAX - 8)) {
        return -1;
    }

property_get("persist.sys.dalvik.vm.lib.2",persist_sys_dalvik_vm_lib,
            "libart.so");//确认虚拟机类型
…
strcpy(out_path, apk_path);
end = strrchr(out_path, '.');//寻找路径中最后一个"."
if (end != NULL && !is_patchoat) {
        strcpy(end, ".odex");
        if (stat(out_path, &dex_stat) == 0) {
            return 0;
        }
}
    if (create_cache_path(out_path, apk_path, instruction_set)) {//生成 cache 文件
        return -1;
    }

    if (is_patchoat) {…
    } else {
        input_file = apk_path;
    }

    memset(&input_stat, 0, sizeof(input_stat));
    stat(input_file, &input_stat);

    input_fd = open(input_file, O_RDONLY, 0);//打开输入文件，即 APK 文件
    if (input_fd < 0) {
        ALOGE("installd cannot open '%s' for input during dexopt\n", input_file);
        return -1;
    }

    unlink(out_path);
    out_fd = open(out_path, O_RDWR | O_CREAT | O_EXCL, 0644);//创建输出结果文件
    if (out_fd < 0) {
        ALOGE("installd cannot open '%s' for output during dexopt\n", out_path);
        goto fail;
    }
    if (fchmod(out_fd,
               S_IRUSR|S_IWUSR|S_IRGRP |
               (is_public ? S_IROTH : 0)) < 0) {//改变文件权限
        ALOGE("installd cannot chmod '%s' during dexopt\n", out_path);
        goto fail;
    }
    if (fchown(out_fd, AID_SYSTEM, uid) < 0) {//改变 owner
        ALOGE("installd cannot chown '%s' during dexopt\n", out_path);
        goto fail;
    }
```

```c
    // Create profile file if there is a package name present.
    if (strcmp(pkgname, "*") != 0) {
        create_profile_file(pkgname, uid);
    }

    //开始执行转换工作
    pid_t pid;
    pid = fork();
    if (pid == 0) {//子进程，这是真正执行dex2oat编译的地方
            if (setgid(uid) != 0) {//设置group id
            ALOGE("setgid(%d) failed in installd during dexopt\n", uid);
            exit(64);
        }
        if (setuid(uid) != 0) {//设置user id
            ALOGE("setuid(%d) failed in installd during dexopt\n", uid);
            exit(65);
        }
        …
        if (strncmp(persist_sys_dalvik_vm_lib, "libdvm", 6) == 0) {
            run_dexopt(input_fd, out_fd, input_file, out_path);
        } else if (strncmp(persist_sys_dalvik_vm_lib, "libart", 6) == 0) {
            if (is_patchoat) {
                run_patchoat(input_fd, out_fd, input_file, out_path, pkgname, instruction_set);
            } else {
                run_dex2oat(input_fd, out_fd, input_file, out_path, pkgname, instruction_
                set, vm_safe_mode);
            }
        } else {
            exit(69);    /* Unexpected persist.sys.dalvik.vm.lib value */
        }
        exit(68);   /* only get here on exec failure */
    } else {//父进程，需要等待子进程任务完成
        res = wait_child(pid);
        if (res == 0) {
            ALOGV("DexInv: --- END '%s' (success) ---\n", input_file);
        } else {
            ALOGE("DexInv: --- END '%s' --- status=0x%04x, process failed\n", input_file, res);
            goto fail;
        }
    }

    ut.actime = input_stat.st_atime;
    ut.modtime = input_stat.st_mtime;
    utime(out_path, &ut);

    close(out_fd);
    close(input_fd);
    return 0;

fail:
    //出错处理
    return -1;
}
```

上述代码段中，系统属性值"persist.sys.dalvik.vm.lib.2"用于指示当前系统使用的虚拟机类型（如Art或dalvik虚拟机）；两个变量out_path和input_file分别用于表示dexopt的输出结果和输入文件。其中out_path简单来说就是把apk_path的后缀名更改为".odex"，而input_file则表示APK文件的存储路径。不过out_path的最终值要在调用了create_cache_path之后才能被确认下来。

Out_path路径的样式如下所示：

/data/dalvik-cache/[instruction_set]/[以"@"代替apk_path中的"/"]

随后dexopt尝试打开APK文件，同时根据out_path生成一个odex输出文件。同时我们需要对这两个输入输出文件做多个设置步骤才能保证它们能被正常使用，譬如更改它们的文件权限、文件所有者等。

21.4 Android 虚拟机核心文件格式——"主宰者" OAT

通过前面几个小节的学习，我们知道 OAT 编译最终是由 dex2oat 完成的。后者是一个独立的程序，因而需要为它的运行创建一个新的进程。

紧接着 dexopt 需要针对当前平台的具体情况来做进一步处理——假设是 Dalvik 虚拟机的话，执行的是 run_dexopt；否则才是调用 run_dex2oat：

```
/*frameworks/native/cmds/installd/Commands.c*/
static void run_dex2oat(int zip_fd, int oat_fd, const char* input_file_name,
    const char* output_file_name, const char *pkgname, const char *instruction_set,
    bool vm_safe_mode)
{
    …
    static const char* DEX2OAT_BIN = "/system/bin/dex2oat";
    …
    sprintf(zip_fd_arg, "--zip-fd=%d", zip_fd);
    sprintf(zip_location_arg, "--zip-location=%s", input_file_name);
    execv(DEX2OAT_BIN, (char* const *)argv);
    ALOGE("execl(%s) failed: %s\n", DEX2OAT_BIN, strerror(errno));
}
```

上述这个函数的大部分篇幅是在处理 dex2oat 所需的参数，例如"--zip-fd"、"--zip=location"等。这些参数与我们在 Android 系统构建过程中讲解的 dex2oat 编译选项是完全一致的，大家如果有疑问的话可以回头复习一下。

可以看到，dex2oat 在设备中的存储位置是/system/bin/dex2oat。APK 应用程序对应的文件描述符会通过"--zip-fd"选项传递给 dex2oat，这是因为 APK 本身就是一个 Zip 压缩包。最终 execv 调用 dex2oat，并通过已经包含了各种参数的 argv 来为转换工作提供各种上下文环境。整个转换工作完成了以后，dexopt 这个父进程才能返回，并报告处理结果。

至此，针对第三方应用程序的 dex2oat 编译就顺利完成了，它需要涉及文件管理器（或者其他启动系统安装流程的程序）、Package Manager Service、installd 等多个系统组件。

图 21-49 是整个处理流程的下半部分，供大家梳理参考。

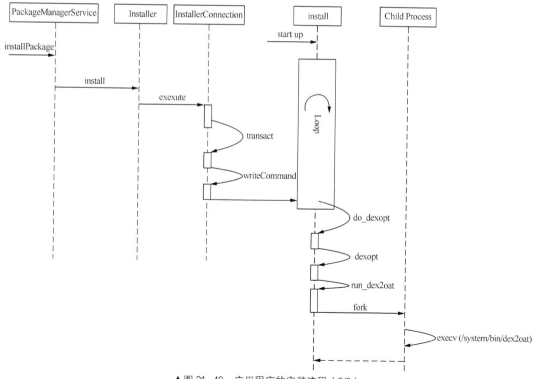

▲图 21-49　应用程序的安装流程（2/2）

21.5 Android 虚拟机的典型启动流程

我们知道每一个应用程序都有自己独立的虚拟机运行时环境,那么具体是由谁来负责启动虚拟机,又是如何启动的呢?

我们首先回顾一下 Android 系统的开机流程,特别是内核启动完成后系统所做的工作,或许立即就会有答案了,如图 21-50 所示。

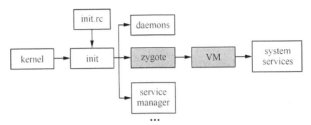

▲图 21-50 "系统启动"流程

Android 系统中的第一个进程是 init,后者又通过解析 init.rc 脚本来启动关键的守护进程和各种系统服务——其中就包括了 zygote 这个 Android 应用程序的"孵化器"。值得一提的是,zygote 本身也是由 Java 语言编写的,所以同样需要虚拟机环境。而系统中后续启动的应用程序多数(注意:这并不是绝对的)是从 zygote 中 fork 出来的。

脚本 init.rc 中与 zygote 相关的内容如下:

```
service zygote /system/bin/app_process -Xzygote /system/bin --zygote --start-system-server
    class main
    socket zygote stream 660 root system
    onrestart write /sys/android_power/request_state wake
    onrestart write /sys/power/state on
    onrestart restart media
    onrestart restart netd
```

进程 app_process 是 zygote 的载体,其源码对应的目录是/frameworks/base/cmds/app_process。当 app_process 启动后,会调用 AndroidRuntime 的 start 函数,如下所示:

```
/*frameworks/base/cmds/app_process/app_main.cpp*/
int main(int argc, char* const argv[])
{
…
    if (zygote) {
        runtime.start("com.android.internal.os.ZygoteInit", args);
    } else if (className) {
        runtime.start("com.android.internal.os.RuntimeInit", args);
    } else {
        …
    }
```

由上述代码段可以看到,zygote 的入口是"com.android.internal.os.ZygoteInit";AndroidRuntime::start 则负责启动并管理 Android 虚拟机:

```
/*frameworks/base/core/jni/AndroidRuntime.cpp*/
void AndroidRuntime::start(const char* className, const Vector<String8>& options)
{…
    /*Step1. 初始化 JNI 环境*/
    JniInvocation jni_invocation;
```

```
        jni_invocation.Init(NULL);//Init 函数的参数为 library 库名,参见后续详解
        JNIEnv* env;
        if (startVm(&mJavaVM, &env) != 0) {/*Step2. 启动虚拟机,mJavaVM 代表启动后的实例*/
            return;
        }
        onVmCreated(env);/*Step3. 虚拟机创建成功,执行回调函数通知调用者*/

        if (startReg(env) < 0) {/*Step4. 注册 native 函数。这些都是预设的 jni 函数*/
            ALOGE("Unable to register all android natives\n");
            return;
        }

        jclass stringClass;
        jobjectArray strArray;
        jstring classNameStr;

        stringClass = env->FindClass("java/lang/String");
        assert(stringClass != NULL);
        strArray = env->NewObjectArray(options.size() + 1, stringClass, NULL);
        assert(strArray != NULL);
        classNameStr = env->NewStringUTF(className);
        assert(classNameStr != NULL);
        env->SetObjectArrayElement(strArray, 0, classNameStr);

        for (size_t i = 0; i < options.size(); ++i) {
            jstring optionsStr = env->NewStringUTF(options.itemAt(i).string());
            assert(optionsStr != NULL);
            env->SetObjectArrayElement(strArray, i + 1, optionsStr);
        }

        /*Step5.开始执行目标对象的主函数
         */
        char* slashClassName = toSlashClassName(className);
        jclass startClass = env->FindClass(slashClassName);
        if (startClass == NULL) {
            ALOGE("JavaVM unable to locate class '%s'\n", slashClassName);
            /* keep going */
        } else {
            jmethodID startMeth = env->GetStaticMethodID(startClass, "main",
                "([Ljava/lang/String;)V");
            if (startMeth == NULL) {
                ALOGE("JavaVM unable to find main() in '%s'\n", className);
                /* keep going */
            } else {
                env->CallStaticVoidMethod(startClass, startMeth, strArray);
            }
        }
        …
    }
```

上述代码段就是 Android 中使用和管理虚拟机的典型流程。而且不论是 Dalvik 或者 Art(或者是未来其他可能的新型虚拟机),它们都必须遵循一致的管理方式——这是保证 Android 虚拟机兼容性的关键所在。

接下来我们将主要针对这 5 个步骤展开。表面上看似简单的几步,但其内部实现却异常复杂。所以我们需要花多个小节的阐述才能覆盖它的所有内容,并希望这种"抽丝剥茧"层层深入的方式可以更好地为大家还原出 Android 虚拟机的内部构造。

Step1@ AndroidRuntime::start。在启动虚拟机之前,需要初始化当前的运行环境。具体是由 JniInvocation 的 Init 函数完成的,如下所示:

```
/*libnativehelp/JniInvocation.cpp*/
bool JniInvocation::Init(const char* library) {
  library = GetLibrary(library);//获取虚拟机动态链接库的名称

  handle_ = dlopen(library, RTLD_NOW);//打开虚拟机动态链接库
  …
  /*接下来分别查找VM库中的3个重要接口实现*/
  if (!FindSymbol(reinterpret_cast<void**>(&JNI_GetDefaultJavaVMInitArgs_),
                  "JNI_GetDefaultJavaVMInitArgs")) {
    return false;
  }
  if (!FindSymbol(reinterpret_cast<void**>(&JNI_CreateJavaVM_),
                  "JNI_CreateJavaVM")) {
    return false;
  }
  if (!FindSymbol(reinterpret_cast<void**>(&JNI_GetCreatedJavaVMs_),
                  "JNI_GetCreatedJavaVMs")) {
    return false;
  }
  return true;
}
```

上述函数首先通过 GetLibrary 来获得一个动态链接库的名称。或许是历史遗留原因，library 变量虽然是作为 Init 函数入参被传入，但其实际值却是 NULL。

GetLibrary 中的处理逻辑又细分为如下两种情况：

- 如果系统属性 ro.debuggable 为 0

表示当前不是可调试版本，此时 library 直接赋值为 libart.so。

- 系统属性 ro.debuggable 为 1

此时将 library 设置为用户通过 persist.sys.dalvik.vm.lib.2 设定的值——如果这个属性没有被赋值的话，默认仍然采用 libart.so。

在 Art 和 Dalvik 并存的时期（如 Android 4.4），用户可以在系统菜单中提供的选项来选择希望采用的虚拟机类型。用户的选择同时会被保存成系统属性值，并在上述 Init 函数中作为虚拟机类型的判断依据（默认值是 Dalvik）。当 Art 虚拟机趋于稳定以后，两种虚拟机并存的关系就被打破了（Android 5.1 以上）——系统已经不再支持 Dalvik，而改由 Art "一枝独秀"。

Art 和 Dalvik 虚拟机动态库之间的关系可以用图 21-51 来表示。

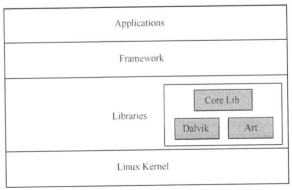

▲图 21-51　Dalvik 和 Art 虚拟机库的并存关系

获取到 library 库的名称后（通常情况下就是 "libart.so"），我们需要先通过 dlopen（library, RTLD_NOW）把它打开并加载到内存中。C 语言为处理动态链接库提供了很多便利的函数，包括 dlopen、dlsym、dladdr 等，它们统一由 bionic/linker 提供。其中 dlopen 用于以指定的模式来打开动态链接库；RTLD_NOW 则表示在 dlopen()时就直接解析所有未定义的符号。

成功打开虚拟机的动态链接库（如 libart.so）以后，我们紧接着需要查找它所包含的 3 个关键的接口实现，即 JNI_GetDefaultJavaVMInitArgs、JNI_CreateJavaVM 和 JNI_GetCreatedJavaVMs，并分别保存在对应的变量中（需要特别注意一下，这些变量名最后会以下划线结尾，如 JNI_CreateJavaVM_）。这几个函数有什么作用呢？——我们可以将它们理解为任何 Android 虚拟机都必须实现的"门户入口"。换句话说，无论是 Art、Dalvik 抑或是未来可能的其他 Android 虚拟机，都必须实现这 3 个接口，这样才能保证 Android 系统正确地使用和控制它们。所以如果通过 FindSymbol 无法找到它们中的任何一个接口函数的话，都将导致失败。

Step2@ AndroidRuntime::start。函数 startVM 虽然很长，但实际完成的核心工作只有如下两个：
- 初始化虚拟机参数

和 Hotspot 等 JDK 标准虚拟机一样，Dalvik/Art 同样支持一系列的配置参数，而且它们在很多参数属性上是相似的，譬如 "-Xms" "-Xmx" "-XX:BackgroundGC=" 等。Android 初始化这些参数所采用的默认值通常来源于系统变量，例如下面所示的两条语句：

```
parseRuntimeOption("dalvik.vm.heapstartsize", heapstartsizeOptsBuf, "-Xms", "4m");
parseRuntimeOption("dalvik.vm.heapsize", heapsizeOptsBuf, "-Xmx", "16m");
```

分别指定了堆空间的起始值和最大值。
- 调用 JNI_CreateJavaVM

上述步骤中的所有参数值将保存在 mOptions@AndroidRuntime 中，这是一个 JavaVMOption 类型的全局变量，然后通过 JNI_CreateJavaVM 这一标准接口传递给具体的虚拟机实现。

一旦 JNI_CreateJavaVM 成功返回后，那么就可以认为虚拟机已经处于就绪状态，并可以接受一系列的 JNI 调用了。

> 小结：
> 要点 1. Android 虚拟机无论是 Dalvik 或是 Art 都以动态链接库的形式提供功能，并且需要实现固定的 3 个接口以保证兼容性。
> 要点 2. 从操作系统的角度来讲，虚拟机程序和普通的进程并没有什么本质区别。
> 要点 3. 虚拟机分为 Java 和 Native 两个层面，它们之间需要有效的通信互访机制，即 JNI。通常情况下虚拟机的创建者和管理者位于 Native 中，然后利用 JNI 来与 Java 进行访问操作；反之亦然。在 startVm 这个场景下，JNI_CreateJavaVM 成功执行后会得到一个 JNIEnv 的指针变量，这是后续访问 JVM 的关键所在。
> JNIEnv 的定义在 jni.h 中，它是对 JNINativeInterface 的 typedef，而最终的实现类则是 JNIEnvExt。

Step3@ AndroidRuntime::start。经过上面两个步骤的努力，虚拟机已经成功创建（具体过程后续小节有详细分析）完成了，此时我们需要通过回调函数通知用户，即 onVmCreated。在 app_process 这个场景中，用户是指继承于 AndroidRuntime 的 AppRuntime，后者则实现了自己的 onVmCreated。具体代码可以参见 App_main.cpp 文件。

Step4@ AndroidRuntime::start。为虚拟机注册本地函数，代码如下：

```
/*static*/ int AndroidRuntime::startReg(JNIEnv* env)
{
    /*这条语句是保证后续线程的创建都可以被attach到虚拟机上的关键*/
    androidSetCreateThreadFunc((android_create_thread_fn) javaCreateThreadEtc);

    env->PushLocalFrame(200);

    if (register_jni_procs(gRegJNI, NELEM(gRegJNI), env) < 0) {
        env->PopLocalFrame(NULL);
```

```
        return -1;
    }
    env->PopLocalFrame(NULL);

    return 0;
}
```

PushLocalFrame 和 PopLocalFrame 的作用是管理局部引用的生命周期，它们必须配套出现。所以一旦我们在某个函数中使用了 PushLocalFrame，那么在此函数的每一个可能的出口（如 return 语句）都必须要有相应的 Pop 操作，否则会引发程序异常。

函数 register_jni_procs 用于注册一个 RegJNIRec 列表中包含的所有 Native Method，包括下述所示的节选：

```
static const RegJNIRec gRegJNI[] = {
    REG_JNI(register_com_android_internal_os_RuntimeInit),
    REG_JNI(register_android_os_SystemClock),
    REG_JNI(register_android_util_EventLog),
    REG_JNI(register_android_util_Log),
    …
```

以 register_android_util_Log 为例，它最终调用的是 Java 虚拟机中的 RegisterNativeMethods，并且将实现 Log 功能所涉及的几个本地函数注册到 Java 层的"管理者"中，如下所示：

```
static JNINativeMethod gMethods[] = {
    /* name, signature, funcPtr */
    { "isLoggable",      "(Ljava/lang/String;I)Z", (void*) android_util_Log_isLoggable },
    { "println_native",  "(IILjava/lang/String;Ljava/lang/String;)I", (void*) android_util_Log_println_native },
};
```

我们再对照分析一下 Java 层提供的 Log 接口：

```
/*frameworks/base/core/java/android/util/Log.java*/
public static native boolean isLoggable(String tag, int level);
…
public static native int println_native(int bufID,int priority, String tag, String msg);
```

通过上面的注册过程，Java 层的 isLoggable 及 println_native 就与本地层的实现（android_util_Log_isLoggable 以及 android_util_Log_println_native）"对接"成功了。从 JNI 的内部实现角度来看，JVM "管理者"所做的工作是将这些本地函数设置为 ArtMethod 的 JNI 入口。我们在后续小节中还会有进一步分析。

Step5@ AndroidRuntime::start。"万事俱备，只欠东风"——现在我们要做的就是把任务下发给虚拟机了。大致流程是先利用 GetStaticMethodID 找到目标类（ZygoteInit）中的 main 函数，然后再通过 CallStaticVoidMethod 来执行它，从而开启一个 Java 程序的"生命之旅"。我们会在后续小节进行详细解析，这里先不赘述。

这样一来典型的 Android 虚拟机的启动过程就讲解完了。从调用者的角度来看，使用 Android 平台的虚拟机只有 5 个核心步骤；从系统内部实现的角度看，隐藏在这 5 个步骤后的原理却是相当复杂的。所以接下来我们就要深入到它们的内部来为大家呈现一场虚拟机的"内部盛宴"了：

- 启动和初始化虚拟机的内部实现过程

即上述的 Step1-Step3,将在本小节剩余内容中做详细分析。

- 虚拟机是如何执行 Java 程序的

对应上述 Step4-Step5 的内部实现，将在后续小节中进行讲解。

其中 Step1-Step3 的最核心工作又体现在 startVm 这个函数中，因而我们针对它来做重点分析：

21.5 Android 虚拟机的典型启动流程

```cpp
/*frameworks/base/core/jni/AndroidRuntime.cpp*/
int AndroidRuntime::startVm(JavaVM** pJavaVM, JNIEnv** pEnv)
{…
    if (JNI_CreateJavaVM(pJavaVM, pEnv, &initArgs) < 0) {
        ALOGE("JNI_CreateJavaVM failed\n");
        goto bail;
    }
}
…
```

前面我们提到过，startVm 函数的大部分篇幅都是在处理 JavaVMOption 对象——从名称不难看出，它是 Java 虚拟机的配置选项集合，包括"-Xms""-Xmx""-XX:BackgroundGC"等。大家不难发现 Android 虚拟机和标准的 Java 虚拟机所支持的参数种类和样式都是非常相似的。除了处理配置参数之外，startVm 函数会在末尾调用到 libart.so 或者 libdvm.so 提供的一个重要接口，即 JNI_CreateJavaVM。

在 Art 虚拟机场景下，JNI_CreateJavaVM 函数是由 java_vm_ext.cc 文件提供的，具体对应的源码目录是/art/runtime，如下所示：

```cpp
/*art/runtime/java_vm_ext.cc*/
extern "C" jint JNI_CreateJavaVM(JavaVM** p_vm, JNIEnv** p_env, void* vm_args) {
    …
    RuntimeOptions options;
    for (int i = 0; i < args->nOptions; ++i) {//解析所有的虚拟机选项
        JavaVMOption* option = &args->options[i];
        options.push_back(std::make_pair(std::string(option->optionString),
                          option->extraInfo));
    }
    bool ignore_unrecognized = args->ignoreUnrecognized;
    if (!Runtime::Create(options, ignore_unrecognized)) {//创建一个Runtime运行时对象
        ATRACE_END();
        return JNI_ERR;
    }
    Runtime* runtime = Runtime::Current();
    bool started = runtime->Start();//通过Runtime来启动其所管理的虚拟机
    if (!started) {//处理启动失败的情况
        …
    }
    *p_env = Thread::Current()->GetJniEnv();
    *p_vm = runtime->GetJavaVM();//获得已经启动完成的虚拟机实例，并通过函数出参传递给调用者，
                                 //以便后者可以在需要的时候访问和控制虚拟机
    ATRACE_END();
    return JNI_OK;
}
```

JNI_CreateJavaVM 首先会通过一个 Static 函数 Runtime::Create 来创建单实例对象 Runtime（希望大家已经能"条件反射"般地联想到这是单实例的典型样式），并调用 Runtime::Init 来初始化虚拟机——包括 Image 的加载、垃圾回收器的雏形等。我们可以把 Runtime 理解为 Android 虚拟机的"大总管"，它负责提供 Davlick/Art 的运行时环境。用户提供的所有虚拟机选项也都会交由 Runtime 处理。

Runtime::Init 函数很长，其中最值得我们关心的是它对 boot.art 和 boot.oat 的加载过程，如下所示是节选的核心代码：

```cpp
/*art/runtime/runtime.cc*/
bool Runtime::Init(const RuntimeOptions& raw_options, bool ignore_unrecognized) {
…
    heap_ = new gc::Heap(…);//Step1. 创建堆管理对象
…
    java_vm_ = new JavaVMExt(this, options.get());//Step2. 创建Java虚拟机对象

    Thread::Startup();
    Thread* self = Thread::Attach("main", false, nullptr, false);//Step3. 主线程Attach
…
```

```
  class_linker_ = new ClassLinker(intern_table_); //Step4. 新建Class Linker
//Step5. 初始化Class Linker
if (GetHeap()->HasBootImageSpace()) {//当前Heap中是否包含Boot Image(如boot.art)
  std::string error_msg;
  bool result = class_linker_->InitFromBootImage(&error_msg);
  …
} else {
  std::vector<std::string> dex_filenames;
  Split(boot_class_path_string_, ':', &dex_filenames);

  std::vector<std::string> dex_locations;
  if (!runtime_options.Exists(Opt::BootClassPathLocations)) {
    dex_locations = dex_filenames;
  } else {
    dex_locations = runtime_options.GetOrDefault(Opt::BootClassPathLocations);
    CHECK_EQ(dex_filenames.size(), dex_locations.size());
  }

  std::vector<std::unique_ptr<const DexFile>> boot_class_path;
  if (runtime_options.Exists(Opt::BootClassPathDexList)) {
    boot_class_path.swap(*runtime_options.GetOrDefault
                                (Opt::BootClassPathDexList));
  } else {
    OpenDexFiles(dex_filenames,
                 dex_locations,
                 runtime_options.GetOrDefault(Opt::Image),
                 &boot_class_path);
  }
  instruction_set_ = runtime_options.GetOrDefault(Opt::ImageInstructionSet);
  std::string error_msg;
  if (!class_linker_->InitWithoutImage(std::move(boot_class_path), &error_msg)) {
    LOG(ERROR) << "Could not initialize without image: " << error_msg;
    return false;
  }
…
```

Step1@Runtime::Init.创建Heap对象，这是虚拟机管理堆内存的起点。我们将在后续小节中做专门介绍。

Step2@Runtime::Init.创建一个JavaVMExt对象。需要特别留意的是gJniInvokeInterface，这里存储的是JNI的预置函数，后续我们还会有专门介绍。

Step3@Runtime::Init.在创建ClassLinker之前，需要先Attach主线程。那么这里的"Attach"应该怎么理解呢？我们可以从源码的角度来回答这个问题：

```
/*art/runtime/Thread.cc*/
Thread* Thread::Attach(const char* thread_name, bool as_daemon, jobject thread_group,
                       bool create_peer) {
  Thread* self;
  Runtime* runtime = Runtime::Current();//注意：Runtime是进程单实例
  …
  {
    MutexLock mu(nullptr, *Locks::runtime_shutdown_lock_);
    if (runtime->IsShuttingDownLocked()) {
      /*如果Runtime已经处于关闭状态，那么将拒绝新线程的Attach*/
      LOG(ERROR) << "Thread attaching while runtime is shutting down: " << thread_name;
      return nullptr;
    } else {
      Runtime::Current()->StartThreadBirth();
      /*StartThreadBirth和EndThreadBirth必须配套使用。它们分别会对一个全局变量
      threads_being_born_执行加1和减1的操作。换句话说，如果threads_being_born_的当前值不为0，
      那么就表示当前有一个Thread正在初始化*/
      self = new Thread(as_daemon);//新建一个线程类
      self->Init(runtime->GetThreadList(), runtime->GetJavaVM());//执行初始化
      Runtime::Current()->EndThreadBirth();//初始化结束
    }
  }
```

```
    CHECK_NE(self->GetState(), kRunnable);
    self->SetState(kNative);//设置当前状态为kNative,即运行在Native环境中
    …
    return self;
}
```

从这个 Attach 函数中我们可以窥伺出 Android 虚拟机线程管理机制的一点端倪。Dalvik/Art 和 Java 标准虚拟机一样都支持多线程,管理这些线程的重任就落在了 Runtime 的身上。每一个刚"出生"的线程,都首先需要通过 Init 函数注册到 Runtime 内部的线程列表中,如下所示:

```
void Thread::Init(ThreadList* thread_list, JavaVMExt* java_vm) {…
    tlsPtr_.jni_env = new JNIEnvExt(this, java_vm);
    thread_list->Register(this);
}
```

虚拟机中的每个线程都有自己独立的 JNI 环境,所以上述代码段中会为新线程分配一个自己的 JNIEnvExt,紧接着再将自己注册到 thread_list 管理列表中。

我们知道,Android 虚拟机既要能执行 Java 代码,也必须能处理 Native 层的实现,而且这两种情况是需要区分对待的。以 Thread::Attach 为例,它当前处于 Native 环境中,因而线程状态会被置为 kNative。Art 虚拟中的线程还有很多其他状态,如下所示(大家可以参考每个状态后面的注释了解它们的含义,我们就不赘述了):

```
enum ThreadState {
    //                                  Thread.State      JDWP state
    kTerminated = 66,      // TERMINATED TS_ZOMBIE Thread.run has returned, but Thread* still around
    kRunnable,             // RUNNABLE          TS_RUNNING      runnable
    kTimedWaiting,         // TIMED_WAITING     TS_WAIT         in Object.wait() with a timeout
    kSleeping,             // TIMED_WAITING     TS_SLEEPING     in Thread.sleep()
    kBlocked,              // BLOCKED           TS_MONITOR      blocked on a monitor
    kWaiting,              // WAITING           TS_WAIT         in Object.wait()
    kWaitingForGcToComplete, // WAITING         TS_WAIT         blocked waiting for GC
    kWaitingForCheckPointsToRun, // WAITING     TS_WAIT         GC waiting for checkpoints to run
    kWaitingPerformingGc,  // WAITING           TS_WAIT         performing GC
    kWaitingForDebuggerSend, // WAITING         TS_WAIT         blocked waiting for events to be sent
    kWaitingForDebuggerToAttach, // WAITING     TS_WAIT         blocked waiting for debugger to attach
    kWaitingInMainDebuggerLoop, // WAITING      TS_WAIT         blocking/reading/processing debugger events
    kWaitingForDebuggerSuspension, // WAITING   TS_WAIT         waiting for debugger suspend all
    kWaitingForJniOnLoad,  // WAITING           TS_WAIT         waiting for execution of dlopen and JNI on load code
    kWaitingForSignalCatcherOutput, // WAITING  TS_WAIT         waiting for signal catcher IO to complete
    kWaitingInMainSignalCatcherLoop, // WAITING TS_WAIT         blocking/reading/processing signals
    kWaitingForDeoptimization, // WAITING       TS_WAIT         waiting for deoptimization suspend all
    kWaitingForMethodTracingStart, // WAITING   TS_WAIT         waiting for method tracing to start
    kStarting,             // NEW               TS_WAIT         native thread started, not yet ready to run managed code
    kNative,               // RUNNABLE          TS_RUNNING      running in a JNI native method
    kSuspended,            // RUNNABLE          TS_RUNNING      suspended by GC or debugger
};
```

Step4@Runtime::Init.成功将主线程 Attach 到 Runtime 环境中以后,现在可以创建 Class Linker 了。简单来说,这个"类链接器"的职责是管理 Java Class 以及 Class 内部的所有对象。

Step5@Runtime::Init. 初始化 Class Linker。根据当前环境中是否存在 Image Space 可以细分为如下两种情况：

情况 1. Heap 中包含了 Boot Image Space 的情况

大家应该能猜想到这里的 Image 默认指的是 boot.art（注意：不排除用户自己提供一个定制的 Image 的可能性）。此时 Class Linker 可以直接调用 InitFromBootImage 来从 Image 文件中提取出 Boot Class Path，并保存到 boot_class_path_ 中。

GetHeap()函数获取的是前面 Runtime::Init 中创建的 gc::Heap 类型的 heap_ 成员变量，即内存堆管理器。而 GetHeap()->HasImageSpace()则用于判断当前堆对象中是否含有 Image 空间。怎么理解 Image Space 呢？

先来看一下函数 HasBootImageSpace，它的实现如下所示：

```
bool HasBootImageSpace() const {
    return !boot_image_spaces_.empty();
}
```

其中 boot_image_spaces_ 是一个 std::vector<space::ImageSpace*>类型的变量，这说明 ImageSpace 的数量理论上可以不止一个（虽然当前版本中实际还是只有一个 ImageSpace）。

ImageSpace 继承自 MemMapSpace，后者又继承自 ContinuousSpace，表明它是一个连续的空间；另外系统中还有很多不连续的空间，它们会继承自 DiscontinuousSpace，如图 21-52 所示。

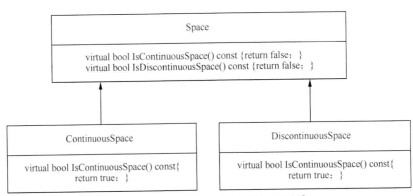

▲图 21-52　连续和不连续空间的继承关系

换句话说，继承自 ContinuousSpace 的对象为连续空间；反之继承自 DiscontinuousSpace 的对象则为不连续空间。依此判断逻辑，结合代码分析我们可以得出属于连续空间的对象有：ImageSpace、ZygoteSpace 等。

ImageSpace 是在 Heap 构造过程中同步生成的，对应语句如下：

```
space::ImageSpace* boot_image_space = space::ImageSpace::CreateBootImage(
    image_name.c_str(),
    image_instruction_set,
    index > 0,
    &error_msg);
```

其中 image_name 的赋值分为两种情况，其一是使用 Android 虚拟机调用者（例如 AndroidRuntime）主动通过"-Ximage"参数指定的一个 Image；如果调用者没有这么做，并且当前 compiler_callbacks_ 为 null 的话，那么程序将把它默认赋值为：

GetAndroidRoot()+ "/framework/boot.art"，即/system/framework/boot.art

我们在前面小节说过，系统会在必要的时候（Android M 版本中是在应用程序的安装过程中）通过 dex2oat 把 APK 中的 Dex 编译为本地的机器码。在这一操作过程中，dex2oat 事实上也会启动一个虚拟机，所以这里的 compiler_callbacks_ 即是这种编译器场景下的"回调函数"。

因为 Android 中的虚拟机是以动态库的形式（如 libart.so）存在的，并对外提供 JNI_GetDefaultJavaVMInitArgs、JNI_CreateJavaVM 和 JNI_GetCreatedJavaVMs 三个公共的接口。所以它并不会特别关心调用者是 zygote 或是 dex2oat 抑或是其他对象。

关于 Image Space 及其他 Space 的更多分析，可以参见后面的 Heap 小节。

情况 2. 当前 Heap 中没有包含 Image 的情况

通常这种情况会发生在 dex2oat（因为 dex2oat 也会启动一个虚拟机，并通过指定 "compilercallbacks" 来获取回调）进程中，此时需要调用 InitWithoutImage 来确定 Boot Class Path。InitWithoutImage 的入参 boot_class_path 实际上是一个 DexFile 的 Vector 对象，其中的所有元素都会被 AppendToBootClassPath 添加到 boot_class_path 中。

对于情况 1，系统只需要直接加载 image 就可以了；而另一种情况下虚拟机系统就只能通过手工来主动创建和加载 Dex 文件了。

至此 VM 的创建和初始化就基本上完成了。接下来 jni_internal 中的的 JNI_CreateJavaVM 会通过调用 Start 函数来启动已经成功创建的虚拟机对象，其中涉及改变当前线程的运行状态、创建 ClassLoader 等各个环节。

下面我们给出虚拟机在创建和初始化阶段的流程图，如图 21-53 所示。

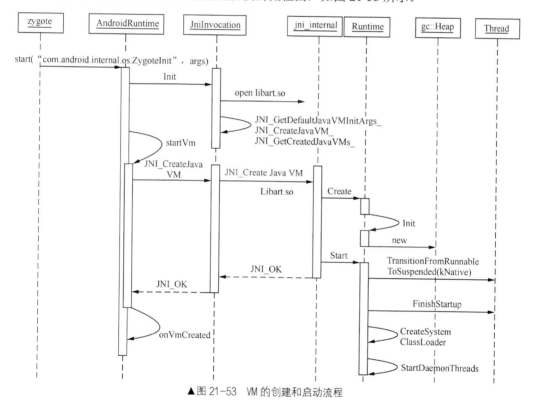

▲图 21-53　VM 的创建和启动流程

21.6　堆管理器和堆空间释义

从前面小节的学习中，我们知道 Heap 堆管理器将在 Runtime::Init 中完成构建和初始化。

Android 虚拟机中的堆空间有多种不同类型，它们在 Heap 类中都有对应的成员变量，如表 21-9 所示。

表 21-9　　　　　　　　　　　　　　堆空间类型及释义

Member	Description
std::vector<space::ContinuousSpace*> continuous_spaces_;	所有的连续空间集合，对象将被保存在一个连续的内存范围内
std::vector<space::DiscontinuousSpace*> discontinuous_spaces_;	所有的不连续空间集合，对象可能会被分散存储
std::vector<space::AllocSpace*> alloc_spaces_;	可用于内存分配（包括已经分配出去）的所有空间集合
space::MallocSpace* non_moving_space_;	不能被移动的对象记录在这里，这和 Art 中采用的 Compact 内存回收算法有关联
space::RosAllocSpace* rosalloc_space_;	Art 中的堆内存分配器（allocator）有多种类型，这个空间是专门为 kAllocatorTypeRosAlloc 分配器服务的
space::DlMallocSpace* dlmalloc_space_;	同上，这个空间是专门为 kAllocatorTypeDlMalloc 分配器服务的
space::MallocSpace* main_space_;	GC 用于保存和复制进程状态更新的空间，通常情况下就是上面两个空间之一的代名词
space::LargeObjectSpace* large_object_space_;	这个空间简单来说用于大体积对象的存储

为什么我们需要这么多的 Space 变量，它们之间又有什么关联呢？

首先，需要强调的是，这些空间并非完全独立的。更确切地讲，上述变量所描述的部分空间区域是存在重叠的。例如 continuous_spaces_ 是一个 vector 变量，它表示 Heap 中所有连续空间的集合；而 main_space_ 本身也属于连续空间，它们是对同一空间的不同维度的描述。

从继承关系上来看，这些 XXSpace 之间可以说是"息息相关"的，如图 21-54 所示。

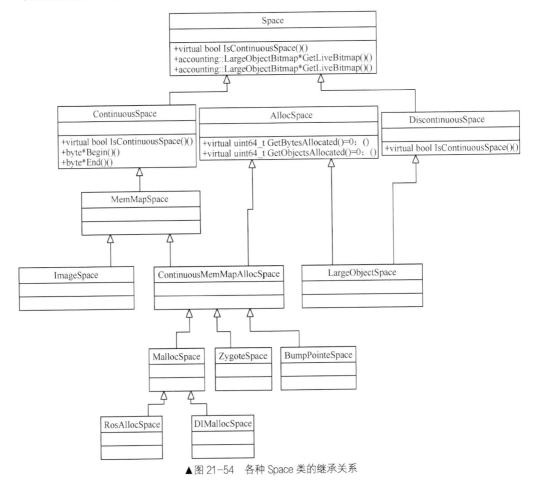

▲图 21-54　各种 Space 类的继承关系

21.6 堆管理器和堆空间释义

最顶层的类有两种，即 Space 和 AllocSpace。前者提供了与"存储空间"有关的属性，而 AllocSpace 则负责对象的分配管理。如果把上述的关系图理解为非严格意义上的"树"，那么其树叶节点则由 ImageSpace、RosAllocSpace、DlMallocSpace 等元素组成——这些元素才是 Space 的真正载体。Space.h 中专门为它们分配了对应的类型值，如下所示：

```
enum SpaceType {
  kSpaceTypeImageSpace,          →  ImageSpace
  kSpaceTypeMallocSpace,         →  DlMallocSpace
  kSpaceTypeZygoteSpace,         →  ZygoteSpace
  kSpaceTypeBumpPointerSpace,    →  BumpPointerSpace
  kSpaceTypeLargeObjectSpace,    →  LargeObjectSpace
};
```

这么多类型的 Space 对象，它们在 Android 虚拟机运行时环境中的内存布局是怎么样的呢？解答这个问题的办法是阅读 Heap::Heap 构造函数的代码实现，答案如下：

ImageSpace……	Oat File	ZygoteSpace	Other spaces	Large Object Space

（1）ImageSpace 后面紧跟着的是与它对应的 Oat 文件。

（2）如果 separate_non_moving_space（代表我们需要单独的 non moving space）为 true，则分为两种情况：其一是当前进程为 Zygote，那么此时 Non moving space 的起点是 Zygote Space；否则就是单纯的 non moving space。

（3）如果上述的 separate_non_moving_space 为 true，那么接下来的 Space 的起始地址是低地址空间（300M）。Other spaces 需要根据垃圾回收器的类型而定，例如 kCollectorTypeCC 对应的是 Region Space。

（4）用于分配内存的核心区域叫做 MainSpace，它的类型属于 RosAllocSpace 或者 DlMallocSpace。

还有一个问题相信也是大家所关心的——即这些 Space 中提供的存储空间究竟从何而来，又是在什么时候申请得到的呢？

以 ImageSpace 为例，它是 Runtime::Init 创建 Heap 对象时，由后者在构造过程中同步生成的。下面我们重点分析一下这个流程：

```
/*art/runtime/gc/heap.cc*/
    for (size_t index = 0; index < image_file_names.size(); ++index) {
      std::string& image_name = image_file_names[index];
      std::string error_msg;
      space::ImageSpace* boot_image_space = space::ImageSpace::CreateBootImage(
          image_name.c_str(),
          image_instruction_set,
          index > 0,
          &error_msg);
```

Android N 版本中支持多个 image 文件，这一点从 image_file_names 这个 vector 也可以看出来。对于 image_file_names 中的每一个元素，我们通过 CreateBootImage 来生成它们对应的 Boot Image。CreateBootImage 函数很长，但真正生成 Image 的地方在于它调用的 Init 函数，因而我们重点讲解一下后者（分段阅读）：

```
/*art/runtime/gc/space/Image_space.cc*/
ImageSpace* ImageSpace::Init(const char* image_filename,
                             const char* image_location,
                             bool validate_oat_file,
                             const OatFile* oat_file,
                             std::string* error_msg) {
…
  std::unique_ptr<File> file;
```

```cpp
{
  TimingLogger::ScopedTiming timing("OpenImageFile", &logger);
  file.reset(OS::OpenFileForReading(image_filename));
  …
}
ImageHeader temp_image_header;
ImageHeader* image_header = &temp_image_header;
{
  TimingLogger::ScopedTiming timing("ReadImageHeader", &logger);
  bool success = file->ReadFully(image_header, sizeof(*image_header));
  …
}
…
const auto& bitmap_section =
            image_header->GetImageSection(ImageHeader::kSectionImageBitmap);
const size_t image_bitmap_offset = RoundUp(sizeof(ImageHeader) +
                                  image_header->GetDataSize(),kPageSize);
const size_t end_of_bitmap = image_bitmap_offset + bitmap_section.Size();
if (end_of_bitmap != image_file_size) {…
  return nullptr;
}
```

首先要做的是打开 Image 文件（多数情况下以 .art 为后缀名），然后提取 Header 头部。我们在前面小节曾经简单介绍过 Image Header，它包含的信息很多——比如 Image 内容区域和其对应的 Oat 区域的起始地址、所占的空间大小、是否支持 PIC（Position Independent Code）等。在这个场景中我们主要想获取如下这些信息：

- image_begin_ 和 image_size_

这两个值可以通过 image_header.GetImageBegin() 和 image_header.GetImageSize() 获得，前者表示 Image 文件期望的内存映射地址，后者则是映射的区域大小。

- image_bitmap_offset_ 和 image_bitmap_size_

Bitmap 是什么？它用于描述 Image Space 中各个对象的"存活"信息，是 GC 垃圾回收器的工作基础之一。不过 Image Space 比较特殊，它是不需要进行垃圾回收操作的（类型为 kGcRetentionPolicyNeverCollect），所以理论上并不需要像其他类型的 Space 那样提供 Live Bitmap 和 Mark Bitmap 两类 Bitmap。

Image 内部会被分为 7 个 Section，定义如下：

```cpp
enum ImageSections {
  kSectionObjects,
  kSectionArtFields,
  kSectionArtMethods,
  kSectionDexCacheArrays,
  kSectionInternedStrings,
  kSectionClassTable,
  kSectionImageBitmap,
  kSectionCount,  // Number of elements in enum.
};
```

通过 GetImageSection（ImageHeader::kSectionImageBitmap）得到的是一个 Bitmap 区，它主要用于垃圾回收过程。从上面的 enum 值可知，这个区域位于 Image 文件的尾部：

```cpp
std::vector<uint8_t*> addresses(1, image_header->GetImageBegin());
if (image_header->IsPic()) {//支持位置无关特性
  // Can also map at a random low_4gb address since we can relocate in-place.
  addresses.push_back(nullptr);
}

std::unique_ptr<MemMap> map;
std::string temp_error_msg;
for (uint8_t* address : addresses) {
  TimingLogger::ScopedTiming timing("MapImageFile", &logger);
  std::string* out_error_msg = (address == addresses.back()) ? &temp_error_msg : nullptr;
```

```cpp
    const ImageHeader::StorageMode storage_mode = image_header->GetStorageMode();
    if (storage_mode == ImageHeader::kStorageModeUncompressed) {
      map.reset(MemMap::MapFileAtAddress(address,
                                         image_header->GetImageSize(),
                                         PROT_READ | PROT_WRITE,
                                         MAP_PRIVATE,
                                         file->Fd(),
                                         0,
                                         /*low_4gb*/true,
                                         /*reuse*/false,
                                         image_filename,
                                         /*out*/out_error_msg));
    } else {…
    }
    if (map != nullptr) {//按优先级来处理，一旦成功就没有必要尝试后续的 address 了
      break;
    }
  }
  …
```

得到了 Image Header 以后，接下来就可以考虑它的内容区域了。要完成的任务也很好理解，实际上就是把 Image "有用"的内容读取到内存中来，以便后续直接访问使用。和普通文件不同的是，Image 是被直接映射到内存中的，因而并不需要繁琐的初始化过程。这同时也是它能加速应用程序启动速度的秘诀所在。

MapFileAtAddress 的第一个参数是 Image 希望被映射到的内存地址，这个值优先取 Image Header 中设定的 image_begin_——因为采用这个地址将 Image 映射到内存中来，意味着后面我们就不需要为它的内部地址引用做很多修正工作了，所以相对而言效率会高一些。如果 Image 支持 PIC 的话，我们也可以考虑把它 map 到 low_4gb 内的任何地址上。上述代码段中的 for 循环会根据 addresses 中存储的元素逐一尝试 MapFileAtAddress，一旦有一个成功的话就不用再考虑后续低优先级的 address 了。另外，Image 目前支持多种存储方式，即 kStorageModeUncompressed（不压缩）、kStorageModeLZ4 和 kStorageModeLZ4HC（后面这两种都采用了 LZ4 无损压缩技术，它的优点在于压缩和解压缩过程的速度都相当快。具体可以参考 https://code.google.com/p/lz4/）。

接下来 MapFileAtAddress 会进一步调用 MapInternal，而后者最终则是通过 mmap 来完成对 Image 的内存映射操作。真正的映射地址，以及其他相关信息都会被封装在一个新创建的 MemMap 中，并传递给上述代码段中的 map 变量：

```cpp
  DCHECK_EQ(0, memcmp(image_header, map->Begin(), sizeof(ImageHeader)));

  std::unique_ptr<MemMap> image_bitmap_map(MemMap::MapFileAtAddress(nullptr,
                                                bitmap_section.Size(),
                                                PROT_READ, MAP_PRIVATE,
                                                file->Fd(),
                                                image_bitmap_offset,
                                                /*low_4gb*/false,
                                                /*reuse*/false,
                                                image_filename,
                                                error_msg));
..
{
  TimingLogger::ScopedTiming timing("RelocateImage", &logger);
  if (!RelocateInPlace(*image_header,
                       map->Begin(),
                       bitmap.get(),
                       oat_file,
                       error_msg)) {
    return nullptr;
  }
}
// We only want the mirror object, not the ArtFields and ArtMethods.
std::unique_ptr<ImageSpace> space(new ImageSpace(image_filename,
```

```
                                            image_location,
                                            map.release(),
                                            bitmap.release(),
                                            image_end));
    …
    Runtime* runtime = Runtime::Current();
    CHECK_EQ(oat_file != nullptr, image_header->IsAppImage());
    if (image_header->IsAppImage()) {…
    } else if (!runtime->HasResolutionMethod()) {
      runtime->SetInstructionSet(space->oat_file_non_owned_->
                                 GetOatHeader().GetInstructionSet());
      runtime->SetResolutionMethod(image_header->
                                 GetImageMethod(ImageHeader::kResolutionMethod));
      …
    }
    …
    return space.release();
}
```

提醒大家注意的是，上述代码段中共出现了两个 MemMap，分别用于映射 Image 和 Bitmap。前面我们介绍过，假如 Image 被映射到的内存地址取的是 Image Header 中设定的 image_begin_，那么就不需要做额外的重定位工作——此时 RelocateInPlace 经过判断后会直接返回。

另外，Boot Image 中还包含很多公共的函数（例如 Resolution Method、CalleeSave Method）和配置（Instruction Set），它们也都需要被提取并保存到 Runtime 中，以保证后续程序代码的正确执行。

到目前为止，我们分析的都是 Image 文件已经存在的情况下的处理过程，那么如果是 Image 文件缺失的情况呢？这时候就涉及 Image 的产生过程了（这样一来下一次就可以直接使用 Image 来加快速度了），即 GenerateImage 的实现：

```
/*art/runtime/gc/space/Image_space.cc*/
static bool GenerateImage(const std::string& image_filename, InstructionSet image_isa,
                          std::string* error_msg) {
  const std::string boot_class_path_string(Runtime::Current()->GetBootClassPathString());
  std::vector<std::string> boot_class_path;
  Split(boot_class_path_string, ':', boot_class_path);//boot class 以冒号为分隔符
  if (boot_class_path.empty()) {//Boot Class Path 不存在，无法生成 Image
    *error_msg = "Failed to generate image because no boot class path specified";
    return false;
  }
  if (Runtime::Current()->IsZygote()) {//当前如果是 Zygote 进程的话，清除所有 cache 文件
    LOG(INFO) << "Pruning dalvik-cache since we are generating an image and will
 need to recompile";
    PruneDexCache(image_isa);
  }

  std::vector<std::string> arg_vector;

  std::string dex2oat(Runtime::Current()->GetCompilerExecutable());//dex2oat 程序路径
  arg_vector.push_back(dex2oat);

  std::string image_option_string("--image=");
  image_option_string += image_filename;
  arg_vector.push_back(image_option_string);

  for (size_t i = 0; i < boot_class_path.size(); i++) {
    arg_vector.push_back(std::string("--dex-file=") + boot_class_path[i]);
  }

  std::string oat_file_option_string("--oat-file=");
  oat_file_option_string +=
                      ImageHeader::GetOatLocationFromImageLocation(image_filename);
  arg_vector.push_back(oat_file_option_string);

  Runtime::Current()->AddCurrentRuntimeFeaturesAsDex2OatArguments(&arg_vector);
  …
  return Exec(arg_vector, error_msg);//运行 dex2oat 程序来生成 Image 文件
}
```

在生成 Image 之前首先要确定系统指定了哪些 Boot Class Path。从名称上不难看出，这些路径既是 Image 的"输入源"，也是与"Boot"息息相关的——换句话来说，它是为大部分应用程序所共用的"Class"的集合地。

那么 Boot Class Path 是在哪里指定的呢？通常情况下，Runtime::Init 会把正确的值保存到 Runtime 对象内部的成员变量 boot_class_path_string_ 中（上述代码段中 GetBootClassPathString 函数返回的就是这个变量）。而 Runtime 会根据以下两点来确定出 Boot Class Path 的具体值：

- 环境变量 BOOTCLASSPATH；
- 虚拟机调用者通过"-Xbootclasspath:"参数特别指定的 Boot Class Path。

而且后者的优先级（如果存在的话）要高于前者，这就好比是司机首先得遵守交警的现场指挥一样。不过需要注意的是，如果当前有可用的 Boot Image，那么 Boot Class Path 将直接来源于它，而不会再重新计算。

Android 旧版本中，环境变量 BOOTCLASSPATH 通常会在 init.rc 或者其 import 的 rc 文件中被 export 到系统中；最新的 Android 版本中对此进行了调整，改由编译系统来完成这个任务。具体而言，Android 系统工程/system/core/rootdir 目录下的 Android.mk 会在 PRODUCT_BOOTCLASSPATH 这个变量发生改变时重新生成 init.environ.rc 文件。而后者实际上又是由 init.environ.rc.in 这个模板文件加上一些必要的处理步骤创建出来的，例如：

```
# set up the global environment
on init
    export ANDROID_BOOTLOGO 1
    export ANDROID_ROOT /system
    export ANDROID_ASSETS /system/app
    export ANDROID_DATA /data
    export ANDROID_STORAGE /storage
    export ASEC_MOUNTPOINT /mnt/asec
    export LOOP_MOUNTPOINT /mnt/obb
    export BOOTCLASSPATH %BOOTCLASSPATH%
    export SYSTEMSERVERCLASSPATH %SYSTEMSERVERCLASSPATH%
```

Android.mk 会根据当前的实际情况填充"BOOTCLASSPATH"和"SYSTEMSERVERCLASSPATH"的具体值，然后导出到 init.environ.rc 文件中。那么 PRODUCT_BOOTCLASSPATH 中包含哪些必要的路径呢？

```
/*build/core/dex_preopt.mk*/
DEXPREOPT_BOOT_JARS := $(subst $(space),:,$(PRODUCT_BOOT_JARS))
DEXPREOPT_BOOT_JARS_MODULES := $(PRODUCT_BOOT_JARS)
PRODUCT_BOOTCLASSPATH := $(subst $(space),:,\
$(foreach m,$(DEXPREOPT_BOOT_JARS_MODULES),/system/framework/$(m).jar))
```

从上面这段脚本的处理逻辑来看，PRODUCT_BOOTCLASSPATH 最终需要依赖于 PRODUCT_BOOT_JARS 才能得到正确的结果。PRODUCT_BOOT_JARS 属于产品类属性，典型的范例如下：

```
PRODUCT_BOOT_JARS := \
    core-libart \
    conscrypt \
    okhttp \
    core-junit \
    bouncycastle \
    ext \
    framework \
    telephony-common \
    voip-common \
    ims-common \
...
```

其中 framework 包含了各种 API 的真实的实现（开发者在编译时使用到的 android.jar 事实上只是一个空的 Stub 实现，更多细节可以参考本书 SDK 章节）；而 core-libart 对应的是 AOSP 工程目录下的 libcore 目录，是基础能力的集合。早期 Dalvik 版本中对它的命名是 "core.jar"，所以 Art 虚拟机在初始化时如果发现 BOOTCLASS 仍沿用了这个文件名的话，会自动将其替换为 "core-libart"（具体实现在 ParsedOptions::Parse 中）。

Android N 版本中引入了 OpenJDK，所以 AOSP/libcore 下面的编译主要分为两部分：

- openjdk_java_files

即与 openjdk 相关的文件，有一个名为 openjdk_java_files.mk 的脚本与之对应，主要包括了 AOSP/libcore/ojluni 目录下的内容。通过 openjdk_java_files、non_openjdk_java_files 和 icu4j 可以编译出名为 core-all 的 Java 包。

- non_openjdk_java_files

与非 openjdk 相关的文件，有一个名为 non_openjdk_java_files.mk 的脚本与之对应，主要包括了 AOSP/libcore/dex、AOSP/libcore/luni、AOSP/libcore/dalvik 几个目录下的内容。上述的 core-libart 就是由 non_openjdk_java_files 和 icu4j 相关的一系列文件编译而成的。

另外，PRODUCT_BOOTCLASSPATH 会负责将 PRODUCT_BOOT_JARS 中的各个 jar 文件组成 "/system/framework/[JAR_NAME].jar" 序列，并且保证各个 jar 之间以 ":" 为分隔符,从而形成最终的结果。

理解了 Boot Class Path 的赋值过程后，我们继续分析前述的 GenerateImage 函数。因为 Boot Class Path 以冒号为分隔符，所以 GenerateImage 通过这个关键词就可以把所有路径解析成 vector 对象，即 boot_class_path——如果这个变量为空的话，说明当前并没有指定启动类路径，那么会导致程序出错返回。另外，假如当前进程是 Zygote，那么在 dalvik-cache 下生成新的 Image 之前，我们会首先调用 PruneDexCache 来清理掉一些 "垃圾"。

接下来该 dex2oat 出场了。第一步自然还是要找到 dex2oat 程序的存储路径，即 GetCompilerExecutable。默认情况下，dex2oat 在设备中的位置是/system/bin/dex2oat（非调试版本）或者/system/bin/dex2oatd（调试版本）。查找到的结果将会被保存到 arg_vector 这个变量中，其他需要被保存的重要参数及它们的值分别是：

- "--image="

由 image_filename 指定，即前面所述的 boot.art 的存储路径。

- "--dex-file="

boot_class_path 中的每个 jar 都会通过--dex-file 单独传递给 dex2oat 程序。

- "--oat-file="

通过 GetOatLocationFromImageLocation 从 image 文件中提取出 Oat 文件的路径，提取过程简单来讲就是把 Image 路径结尾的 3 个字符改为 "oat"。换句话说，"--oat-file" 默认情况下得到的结果值是 "/system/framework/boot.oat"。

这些参数中的 "--dex-file=" 是 dex2oat 的 "输入" 参数，其他两个则属于 "输出" 参数。我们特别强调这点，是因为根据经验来看不少开发人员都容易在这个问题上 "栽跟头"。

GenerateImage 函数的最后会调用 Exec 来执行 dex2oat 程序，这个函数也是我们需要关注的：

```
/*art/runtime/utils.cc*/
bool Exec(std::vector<std::string>& arg_vector, std::string* error_msg) {
    …
    const char* program = arg_vector[0].c_str();//将 arg_vector 转化为字符指针
    std::vector<char*> args;
    for (size_t i = 0; i < arg_vector.size(); ++i) {
        …/*转化过程*/
```

```
    }
    args.push_back(NULL);

    //fork一个进程来执行 dex2oat 程序
    pid_t pid = fork();//孵化出一个新进程
    if (pid == 0) {//子进程
      setpgid(0, 0);//设置 group id
      execv(program, &args[0]);//执行 dex2oat 程序
      PLOG(ERROR) << "Failed to execv(" << command_line << ")";
      exit(1);
    } else {
      if (pid == -1) {//进程孵化失败
        *error_msg = StringPrintf("Failed to execv(%s) because fork failed: %s",
                                  command_line.c_str(), strerror(errno));
        return false;
      }
      int status;
      pid_t got_pid = TEMP_FAILURE_RETRY(waitpid(pid, &status, 0));
      if (got_pid != pid) {
        *error_msg = StringPrintf("Failed after fork for execv(%s) because waitpid failed:"
                                  "wanted %d, got %d: %s",
                                  command_line.c_str(), pid, got_pid, strerror(errno));
        return false;
      }
      if (!WIFEXITED(status) || WEXITSTATUS(status) != 0) {
        *error_msg = StringPrintf("Failed execv(%s) because non-0 exit status",
                                  command_line.c_str());
        return false;
      }
    }
    return true;
}
```

这个函数的实现逻辑并不复杂。首先是逐一处理函数入参 arg_vector 中的所有元素，除了将它们转化为 char*指针外，还需要保存到 args 这个新的 vector 中。

接下来通过 Linux 中创建新进程的经典方式——fork 来孵化出 dex2oat 的承载进程。其中 pid==0 的情况属于新孵化出的子进程，在这个分支中我们会调用 execv 来加载和运行目标程序（即 dex2oat），并由后者完成 Image 和 Oat 文件的生成工作。

同时父进程也会继续运行。因为 fork 函数是在父进程中被调用的，所以它的返回值自然在这一环境中是可见的。换句话说，代表 dex2oat 所在进程的 pid 值不会是 0；如果是-1 的话，表示 fork 函数执行失败；否则 pid 就代表了 dex2oat 的进程 id 号。那么父进程中应该承担哪些工作呢？答案是：等待。具体来说就是调用 waitpid 主动等待 dex2oat 完成任务，再根据这个程序的运行结果来决定最终结果是 false（失败）或者 true（成功）。

所以总结来说，dex2oat 既可以被用于编译 Oat，还担负着生成 Image 的责任。

21.7 Android 虚拟机中的线程管理

我们知道，Android 虚拟机是支持多线程的。那么虚拟机中的线程是如何管理（重点关注创建和挂起两个核心流程）的，和 Linux 线程又有什么区别和联系呢？这些我们本小节所要回答的问题。

21.7.1 Java 线程的创建过程

我们知道，Java 代码中可以通过多种方式来创建一个线程，比如下面这种典型的做法：

```
Thread thread= new Thread();
```

Thread 提供了不同的构造函数来满足开发者的各种场景需求,不过它们最终都会调用同一个 Create 函数:

```
/*libcore/libart/src/main/java/java/lang/Thread.java*/
public Thread() {
    create(null, null, null, 0);
}
```

大家需要注意的是,此时新的线程其实还没有被创建出来——这要等到 Thread.Start()时才生效:

```
public synchronized void start() {
    checkNotStarted();
    hasBeenStarted = true;
    nativeCreate(this, stackSize, daemon);
}
```

其中 nativeCreate 是一个本地层的函数,如下所示:

```
/*art/runtime/native/java_lang_Thread.cc*/
static void Thread_nativeCreate(JNIEnv* env, jclass, jobject java_thread,
                                jlong stack_size, jboolean daemon) {
    Thread::CreateNativeThread(env, java_thread, stack_size, daemon == JNI_TRUE);
}
```

很明显,Java 层的 Thread 类最终关联的是 native 层中的 Thread.cc:

```
/*art/runtime/Thread.cc*/
void Thread::CreateNativeThread(JNIEnv* env, jobject java_peer, size_t stack_size, bool is_daemon) {
    CHECK(java_peer != nullptr);
    Thread* self = static_cast<JNIEnvExt*>(env)->self;
    Runtime* runtime = Runtime::Current();

    // Atomically start the birth of the thread ensuring the runtime isn't shutting down.
    bool thread_start_during_shutdown = false;
    {
        MutexLock mu(self, *Locks::runtime_shutdown_lock_);
        if (runtime->IsShuttingDownLocked()) {
            thread_start_during_shutdown = true;
        } else {
            runtime->StartThreadBirth();
        }
    }
    …
    Thread* child_thread = new Thread(is_daemon);//创建新线程类
    …
    pthread_t new_pthread;
    pthread_attr_t attr;
    CHECK_PTHREAD_CALL(pthread_attr_init, (&attr), "new thread");
    CHECK_PTHREAD_CALL(pthread_attr_setdetachstate, (&attr, PTHREAD_CREATE_DETACHED), "PTHREAD_CREATE_DETACHED");
    CHECK_PTHREAD_CALL(pthread_attr_setstacksize, (&attr, stack_size), stack_size);
    int pthread_create_result = pthread_create(&new_pthread, &attr,
        Thread::CreateCallback, child_thread);
    …
}
```

StartThreadBirth 和 EndThreadBirth 需要配套使用,用于表示当前有新线程在"孵化"中,这点我们在 Runtime::Init 分析 main 线程的创建时就已经描述过了。接下来会创建一个新的线程类 Thread,不过这时还未 fork 出一个线程。真正的转折点出现在 pthread_create 函数中,它是由 pthread 提供的标准的线程创建接口(这也意味着,Java 程序中的线程是由操作系统线程来承载的)。声明如下:

```
int pthread_create(pthread_t *tidp,const pthread_attr_t *attr, (void*)(*start_rtn)(void*),
    void *arg);
```

第 1 个参数代表的是指向线程标志符的指针；第 2 个参数是线程的属性值；第 3 个参数代表这个新线程的入口地址，在这个场景中传入的是 Thread::CreateCallback；最后的 arg 变量是新线程的入口函数所需要的参数。

新的线程孵化出来以后，系统会主动调用它所提供的入口函数，如下所示：

```
/*art/runtime/Thread.cc*/
void* Thread::CreateCallback(void* arg) {//arg 即 Thread 类对象
  Thread* self = reinterpret_cast<Thread*>(arg);
  Runtime* runtime = Runtime::Current();//一个进程中只存在唯一的 Runtime 实例
  …
  {
    …
    CHECK(!runtime->IsShuttingDownLocked());
    self->Init(runtime->GetThreadList(), runtime->GetJavaVM());
    Runtime::Current()->EndThreadBirth();
  }
  {
    ScopedObjectAccess soa(self);

    // Copy peer into self, deleting global reference when done.
    CHECK(self->tlsPtr_.jpeer != nullptr);
    self->tlsPtr_.opeer = soa.Decode<mirror::Object*>(self->tlsPtr_.jpeer);
    self->GetJniEnv()->DeleteGlobalRef(self->tlsPtr_.jpeer);
    self->tlsPtr_.jpeer = nullptr;
    self->SetThreadName(self->GetThreadName(soa)->ToModifiedUtf8().c_str());
    Dbg::PostThreadStart(self);

    // Invoke the 'run' method of our java.lang.Thread.
    mirror::Object* receiver = self->tlsPtr_.opeer;
    jmethodID mid = WellKnownClasses::java_lang_Thread_run;
    InvokeVirtualOrInterfaceWithJValues(soa, receiver, mid, nullptr);
  }
  // Detach and delete self.
  Runtime::Current()->GetThreadList()->Unregister(self);//线程生命周期即将结束

  return nullptr;
}
```

执行到上述这个函数时，我们就已经"摆脱"了原先的旧线程，进入新的"征程"了。那么刚创建的线程需要完成哪些核心工作呢？

（1）毋庸置疑，它首先需要被纳入虚拟机的统一管理中，完成这个任务的是 self->Init。

（2）为下面第 3 点中的函数调用准备好所需参数，更确切地说就是指 receiver 和 mid。其中 mid 代表了某个特定 Java 函数的唯一 ID 号。在我们这个场景中，它被赋予的值是 WellKnownClasses::java_lang_Thread_run（WellknownClasses 如其名称所示，代表了一些常用的基础类，以及基础类中包含的成员函数、变量的集合，譬如 java.lang.Thread、java.lang.ClassLoader、dalvik.system.VMRuntime 等。它们都在 Well_known_classes 中以 static 变量的形式存在）。WellknownClasses 在完成自身初始化的同时，也会为其负责的所有常用类逐一做初始化工作。以 java_lang_Thread_run 这个常用类为例，它的初始化过程如下所示：

```
/*art/runtime/well_known_classes.cc*/
void WellKnownClasses::Init(JNIEnv* env) {…
  java_lang_Thread = CacheClass(env, "java/lang/Thread");
  …
  java_lang_Thread_run = CacheMethod(env, java_lang_Thread, false, "run", "()V");
  …
```

在分析 Cache 的实现之前，我们先来思考一下，WellKnownClasses 的 Init 函数应该由谁来调用呢？我们前面已经提过，JNIEnv 是线程相关的，也就是说每个线程都有自己的 JNI 环境。换句话说，虚拟机中有哪个线程需要负责加载 java.lang.Thread 这样的常用类呢？

没错，是主线程。具体的调用流程是 Runtime::Start ->Runtime::InitNativeMethods-> WellKnown Classes::Init，有兴趣的读者可以自行分析源码了解详情。

接下来我们继续分析 CacheClass 的实现：

```
/*art/runtime/well_known_classes.cc*/
static jclass CacheClass(JNIEnv* env, const char* jni_class_name) {
  ScopedLocalRef<jclass> c(env, env->FindClass(jni_class_name));
  if (c.get() == nullptr) {
    LOG(FATAL) << "Couldn't find class: " << jni_class_name;
  }
  return reinterpret_cast<jclass>(env->NewGlobalRef(c.get()));
}
```

不难发现，查找 Class 的重任落在 env->FindClass 这个函数上面。其中 env 代表的是一个 JNI 运行环境，它是线程相关的。这个场景中的 env 来源于 self->GetJniEnv()，而 self 是 Runtime 对象通过 Thread::Current()获取的，也就是 Runtime 自身所在的线程。GetJniEnv 得到的是一个继承自 JNIEnv(它是对_JNIEnv 的 typedef)的 JNIEnvExt，它的成员函数 FinClass 的定义如下：

```
/*art/libnativehelper/jni.h*/
struct _JNIEnv {
    /* do not rename this; it does not seem to be entirely opaque */
    const struct JNINativeInterface* functions;
    …
    jclass FindClass(const char* name)
    { return functions->FindClass(this, name); }
```

functions 会在 JNIEnvExt 构造时被指定为一个全局的函数列表，如下所示：

```
/*art/runtime/jni_env_ext.cc*/
JNIEnvExt::JNIEnvExt(Thread* self_in, JavaVMExt* vm_in)…{
  functions = unchecked_functions = GetJniNativeInterface();
  …
}
```

GetJniNativeInterface 返回的是一个全局变量 gJniNativeInterface，这个列表中指向的是 jni_internal 文件中的函数，其中 FindClass 的最终实现如下：

```
/*art/runtime/jni_internal.cc*/
static jclass FindClass(JNIEnv* env, const char* name) {
    CHECK_NON_NULL_ARGUMENT(name);
    Runtime* runtime = Runtime::Current();
    ClassLinker* class_linker = runtime->GetClassLinker();
    std::string descriptor(NormalizeJniClassDescriptor(name));
    ScopedObjectAccess soa(env);
    mirror::Class* c = nullptr;
    if (runtime->IsStarted()) {
      StackHandleScope<1> hs(soa.Self());
      Handle<mirror::ClassLoader> class_loader(hs.NewHandle(GetClassLoader(soa)));
      c = class_linker->FindClass(soa.Self(), descriptor.c_str(), class_loader);
    } else {
      c = class_linker->FindSystemClass(soa.Self(), descriptor.c_str());
    }
    return soa.AddLocalReference<jclass>(c);
}
```

从这个函数可以看到，函数的查找过程最终是由 Class Linker 来负责的，我们将在后续小节做详细介绍，现在先不赘述。

（3）执行本线程所承载的程序代码。譬如开发者在 Android 应用程序中通常会启动一个新的线程来从远端服务器下载文件；或者启动新线程执行一些耗时的运算操作等。一个典型的 Java 线程用法是开发人员通过继承 Runnable 来提供新线程所需完成的功能。开发者自定义的 Runnable 对象会将被保存在 Thread.target 变量中，而后者又会在 Thread::run()函数中被调用，如下所示：

```
/*libcore/libart/src/main/java/java/lang/Thread.java*/
public void run() {
    if (target != null) {
        target.run();
    }
}
```

这样一来我们就不难理解 Thread::CreateCallback 所要承担的主要任务了：它需要在 Native 层调用并执行 Java 层中的 run()函数。所以问题就转化为 CreateCallback 怎么才可以找到 run()所对应的 Java 代码，然后运行它呢？

大家应该猜到了，完成上述工作的实际执行者是 InvokeVirtualOrInterfaceWithJValues：

```
/*art/runtime/reflection.cc*/
JValue InvokeVirtualOrInterfaceWithJValues(const ScopedObjectAccessAlreadyRunnable&
        soa, mirror::Object* receiver, jmethodID mid, jvalue* args) {
    …
    mirror::ArtMethod* method = FindVirtualMethod(receiver, soa.DecodeMethod(mid));
                                /*查找到正确的ArtMethod*/
    uint32_t shorty_len = 0;
    const char* shorty = method->GetShorty(&shorty_len);
    JValue result;
    ArgArray arg_array(shorty, shorty_len);
    arg_array.BuildArgArrayFromJValues(soa, receiver, args);
    InvokeWithArgArray(soa, method, &arg_array, &result, shorty);/*执行函数*/
    return result;
}
```

Android 虚拟机提供了很多函数来帮助程序从 Native 层发起并调用到 Java 函数，例如 InvokeWithArgArray、InvokeWithJValues 等。从函数名称 InvokeVirtualOrInterfaceWithJValues 可以看出，它会试图查找并执行一个虚函数或者接口函数。输入参数中的 mid 代表了函数的唯一 ID 号；jvalue 是这个函数所需的参数；另一个重要的参数变量 receiver 则是 mid 函数所归属的类。

查找过程由 FindVirtualMethod 完成：

```
/*art/runtime/reflection.cc*/
static ArtMethod* FindVirtualMethod(mirror::Object* receiver, ArtMethod* method)
    SHARED_LOCKS_REQUIRED(Locks::mutator_lock_) {
    return receiver->GetClass()->FindVirtualMethodForVirtualOrInterface(method,
                                                    sizeof(void*));
}
```

简单来讲，receiver->GetClass 得到的是一个 Class 类的描述，借此才能得到它所包含的 Virtual Method 或者 Interface；ArtMethod 类是虚拟机内部对函数的描述结构。不论函数最终是通过 Java 解释器来执行，还是直接使用它所对应的 OAT 机器码来完成，都由 ArtMethod 来决定。

对于 InvokeWithArgArray 的具体实现过程，我们在后续小节还会有详细分析。

21.7.2 线程的挂起过程

虚拟机中的线程在很多场景下都需要被挂起，例如当垃圾回收器工作时（注意：并不是所有 GC 情况下都需要线程挂起）、程序正在等待调试器的连接等。所以学习虚拟机线程管理的一个必要环节，是了解线程的挂起过程。本小节我们将以 ThreadList::SuspendAll 为线索来探寻 Art 虚拟机是如何处理线程挂起操作的，以及大家在开发过程中又有哪些需要特别注意的地方：

```
/*art/runtime/thread_list.cc*/
void ThreadList::SuspendAll(const char* cause, bool long_suspend) {
    Thread* self = Thread::Current();
    …
```

```cpp
    {
      ScopedTrace trace("Suspending mutator threads");
      const uint64_t start_time = NanoTime();

      SuspendAllInternal(self, self);
#if HAVE_TIMED_RWLOCK
      while (true) {
        if (Locks::mutator_lock_->ExclusiveLockWithTimeout(self,
                                       kThreadSuspendTimeoutMs, 0)) {
          break;
        } else if (!long_suspend_) {
          UnsafeLogFatalForThreadSuspendAllTimeout();
        }
      }
#else
      Locks::mutator_lock_->ExclusiveLock(self);
#endif

      long_suspend_ = long_suspend;

      const uint64_t end_time = NanoTime();
      const uint64_t suspend_time = end_time - start_time;
      suspend_all_historam_.AdjustAndAddValue(suspend_time);
      if (suspend_time > kLongThreadSuspendThreshold) {
        LOG(WARNING) << "Suspending all threads took: " << PrettyDuration(suspend_time);
      }
      …
    }
    …
  }
```

ThreadList 是当前虚拟机中管理的线程的集合体，SuspendAllInternal 的任务就是通知它们全部进入挂起状态。简单来讲，它采取的作法是通过给各个线程置位 kSuspendRequest 来请求后者进入 Suspend，并将该线程对应的 tlsPtr_.suspend_trigger 置为无效的 nullptr。这样一来当线程执行到它的 Check Point 访问上述变量时，就会引发 SIGSEGV 的段错误，从而通过预先注册的 fault hander（参见前面小节的讲解）逐步执行到 Suspension check 的处理函数，即 art_quick_implicit_suspend 中。

函数 art_quick_implicit_suspend 是一个汇编函数，主要目的是跳转到 artTestSuspendFromCode 中，后者会在将过一系列调用后最终进入 TransitionFromRunnableToSuspended。

TransitionFromRunnableToSuspended 函数最关键的两步操作，其一是 TransitionToSuspendedAndRunCheckpoints，负责把当前线程状态切换为挂起状态；其二就是 Locks::mutator_lock_->TransitionFromRunnableToSuspended，主要目的在于释放当前线程持有的 mutator_lock_ 的 Shared Lock。这些知识点我们在讲解信号机制时还有详细描述，这里只有了解大致处理过程就可以了。

那么系统如何判断是不是所有线程都已经挂起成功了呢？这是借助于 Locks::mutator_lock_ 实现的。因为 Darwin 系统不支持带超时功能的 lock，所以需要通过 HAVE_TIMED_RWLOCK 宏来区分对待（除非当前系统是 Apple，否则这个宏的值为 1）。ThreadList::SuspendAll 中的 while 循环的执行逻辑如下：调用 ExclusiveLockWithTimeout 来获取 Exclusive Lock，并设置超时时间（目前为 kThreadSuspendTimeoutMs=30 秒）。如果线程无法在指定时间内进入挂起状态，那么 ExclusiveLockWithTimeout 返回 false，同时如果 long_suspend_ 不为 true，那么就会引发致命错误，并调用 UnsafeLogFatalForThreadSuspendAllTimeout 来打印出详细的错误信息。例如下面是从 Android Bug 反馈系统上摘录的一个真实范例：

```
A/art: art/runtime/thread_list.cc:173] Thread suspend timeout
A/art: art/runtime/thread_list.cc:173] mutator lock level=46 owner=18446744073709551615 state=1 num_pending_writers=0
A/art: art/runtime/thread_list.cc:173] DALVIK THREADS (20):
A/art: art/runtime/thread_list.cc:173] "main" prio=5 tid=1 Native
A/art: art/runtime/thread_list.cc:173]   | group="main" sCount=1 dsCount=0 obj=0x731a5000 self=0xb3c25400
A/art: art/runtime/thread_list.cc:173]   | sysTid=1966 nice=0 cgrp=default sched=0/0 handle=0xb7723ea0
A/art: art/runtime/thread_list.cc:173]   | state=S schedstat=( 0 0 0 ) utm=12 stm=21 core=0 HZ=100
A/art: art/runtime/thread_list.cc:173]   | stack=0xbf715000-0xbf717000 stackSize=8MB
A/art: art/runtime/thread_list.cc:173]   | held mutexes=
A/art: art/runtime/thread_list.cc:173]   kernel: futex_wait_queue_me+0xc5/0xfe
A/art: art/runtime/thread_list.cc:173]   kernel: futex_wait+0xb9/0x1ca
A/art: art/runtime/thread_list.cc:173]   kernel: do_futex+0x8c/0x7a3
A/art: art/runtime/thread_list.cc:173]   kernel: sys_futex+0x88/0xdb
A/art: art/runtime/thread_list.cc:173]   kernel: syscall_call+0x7/0xb
A/art: art/runtime/thread_list.cc:173]   native: #00 pc 000132d0  /system/lib/libc.so (syscall+32)
A/art: art/runtime/thread_list.cc:173]   native: #01 pc 007fbc77  [stack] (???)
A/art: art/runtime/thread_list.cc:173]   at android.database.sqlite.SQLiteConnection.nativeExecute(Native method)
A/art: art/runtime/thread_list.cc:173]   at android.database.sqlite.SQLiteConnection.execute(SQLiteConnection.java:555)
A/art: art/runtime/thread_list.cc:173]   at
```

"Thread suspend timeout"明确指出这是因为挂起线程失败导致的问题。那么线程挂起成功与否和 ExclusiveLockWithTimeout 的执行过程有什么必然的联系呢?

我们知道,Locks::mutator_lock_是一个 MutatorMutex 指针,如下:

```
mutator_lock_ = new MutatorMutex("mutator lock", current_lock_level);
```

而且 Locks::mutator_lock_又继承自 ReaderWriterMutex,这就是我们在本书操作系统同步互斥章节中曾专门介绍过的读写锁。它在各个状态下所允许的操作及结果如表 21-10 所示。

表 21-10　　　　　　　　　　　操作及结束

State	ExclusiveLock	ExclusiveUnlock	SharedLock	SharedUnlock
Free	Exclusive	error	SharedLock(1)	error
Exclusive	Block	Free	Block	error
Shared(n)	Block	error	SharedLock(n+1)	Shared(n-1) or Free

因为 Art 中的很多函数都需要 mutator_lock_ 的"读取锁",这一点我们通过搜索关键词"mutator_lock_"就可以确认了:

```
Class.h (art\runtime\mirror):    bool IsArrayClass() SHARED_REQUIRES(Locks::mutator_lock_);
Class.h (art\runtime\mirror):    bool IsClassClass() SHARED_REQUIRES(Locks::mutator_lock_);
Class.h (art\runtime\mirror):    bool IsThrowableClass() SHARED_REQUIRES(Locks::mutator_lock_);
Class.h (art\runtime\mirror):    bool IsReferenceClass() const SHARED_REQUIRES(Locks::mutator_lock_);
```

当调用上述这类函数时,一个必要的前提条件是成功获得 mutator_lock_的 Shared Lock,否则编译器会报错。另外获取到 Exclusive Lock 的前提则是所有的 Shared Lock 都得到释放(即 Free 状态),否则就会进入 Block 状态。换句话说,如果所有线程都可以在预定时间内进入挂起状态(各个线程申请的 Shared Lock 会被同步释放),那么 ExclusiveLockWithTimeout 就能够在 Timeout 之前成功返回 true;否则 30 秒超时后任务未完成,就会引发 fatal error。

通过 mutator_lock_的方式可以很好地达到对虚拟机线程的挂起控制,这其中的设计实现还是蛮巧妙的,值得大家借鉴学习。

21.8 Art 虚拟机中的代码执行方式综述

伴随着 AOT、JIT 等技术的出现,Java 虚拟机的执行方式已经不单纯是"解释器"这一种了。以 Art 虚拟机为例,大家可以思考一下它所面对的代码环境是什么样的?

(1) 使用 Java 语言编写的代码

此时有如下两种情况。

Case1: Dex 字节码在 Interpreter 中执行。

需要注意的是，Java 代码在 Interpreter 中并不一定就是解释执行，它还可能是 JIT 执行。

Case2: Dex 字节码经过 dex2oat 转化后的本地机器码的执行。

（2）使用 C/C++等语言编写的代码

Case3: 使用 C/C++编写的函数，通常会被编译成.so 文件，并利用 JNI 技术参与到 Android 应用程序的运行中。JNI 本地函数和上述的 Case2 都是对本地机器码的执行，所以它们存在相似之处

另外，以上 3 个 Case 并不是完全孤立的———换句话说，它们存在互相调用的情况。这无疑进一步加剧了 Art 的处理难度，大致如图 21-55 所示。

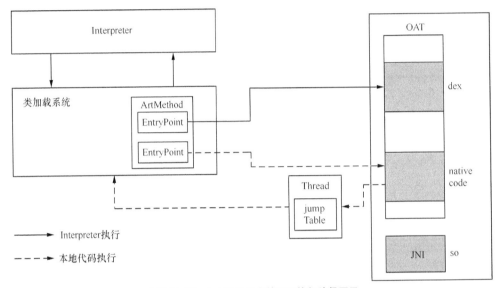

▲图 21-55 Art 虚拟机中的代码执行路径图示

（1）字节码在 Interpreter 中的执行过程

当 ArtMethod 确认需要通过 Interpreter 来执行本函数时，将交由后者来解析执行字节码（也可能是 JIT）。在此过程中如果遇到 invoke-XX 命令的话，Interpreter 会通过 DoInvoke 函数（interpreter_common.h）来查找和确定目标对象，并跳转过去。每一个目标对象都对应一个 ArtMethod，查找的工作则由类加载系统完成。DoInvoke 与类加载系统之间的桥梁是 FindMethodFromCode，核心实现如下：

```
/*art/runtime/entrypoints/entrypoint_utils-inl.h*/
template<InvokeType type, bool access_check>
inline ArtMethod* FindMethodFromCode(uint32_t method_idx, mirror::Object**
                                   this_object,ArtMethod* referrer, Thread* self) {
  ClassLinker* const class_linker = Runtime::Current()->GetClassLinker();
  ArtMethod* resolved_method = class_linker->GetResolvedMethod(method_idx, referrer);
  if (resolved_method == nullptr) {
    StackHandleScope<1> hs(self);
    mirror::Object* null_this = nullptr;
    HandleWrapper<mirror::Object> h_this(
        hs.NewHandleWrapper(type == kStatic ? &null_this : this_object));
    constexpr ClassLinker::ResolveMode resolve_mode =
        access_check ? ClassLinker::kForceICCECheck
                     : ClassLinker::kNoICCECheckForCache;
    resolved_method = class_linker->ResolveMethod<resolve_mode>(self,
                                                method_idx, referrer, type);
  }
  …
```

上述代码段的逻辑是：首先通过 ClassLinker 的 GetResolvedMethod 来确定系统之前是否解析过这个函数，如果答案是肯定的，就没有必要重复解析了；否则我们需要利用 ResolveMethod 来查找和获取目标函数。ResolveMethod 的工作主要分为 3 个环节，即定位 Dex、定位 Class，最后才是定位 Method。

一旦成功获取到目标函数对应的 ArtMethod 后，DoInvoke 紧接着利用模板函数 DoCall 来执行 ArtMethod。DoCall 的实现在 interpreter_common.cc 中，它的职责是准备好各种 arguments，然后进一步调用 DoCallCommon。后者中真正去执行的 ArtMethod 的核心语句摘录如下：

```
...
if (LIKELY(Runtime::Current()->IsStarted())) {//Runtime 已经启动完成的情况
    ArtMethod* target = new_shadow_frame->GetMethod();
    if (ClassLinker::ShouldUseInterpreterEntrypoint(
        target, target->GetEntryPointFromQuickCompiledCode())) {
      ArtInterpreterToInterpreterBridge(self, code_item, new_shadow_frame, result);
    } else {
      ArtInterpreterToCompiledCodeBridge(self, code_item, new_shadow_frame, result);
    }
} else {
    UnstartedRuntime::Invoke(self, code_item, new_shadow_frame, result, first_dest_reg);
}
```

正常情况下 Runtime 都已经启动完成，所以我们只要根据 ShouldUseInterpreterEntrypoint 的返回结果就能判断出下一步的动作——如果此函数的返回值表明执行该 ArtMethod 对应的函数需要使用 Interpreter，那么接下来的处理就相当于从 interpreter->interpreter（使用 ArtInterpreterToInterpreterBridge）；反之就说明需要进入本地代码执行，因而是 interpreter->compiled code（使用 ArtInterpreterToCompiledCodeBridge），如图 21-56 所示。

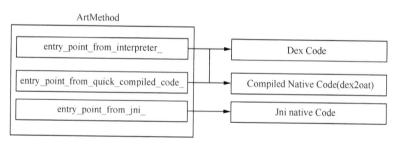

▲图 21-56　ArtMethod 中的 EntryPoint

我们知道，ArtMethod 是对 Java 函数（包括 JNI 函数和非 JNI 函数）的运行时抽象。如果是 JNI 函数，那么就应该获取到它所对应的 so 中的本地代码来执行；如果是非 JNI 函数，那么会有两种情况：即通过 Interpreter 来解释执行它的字节码；或者是直接执行 dex2oat 后生成的 Native Code。具体选择哪种方式会受到多重因素的影响，譬如当前是否处于调试状态（调试模式下需要解释执行），函数是否有对应的 Oat Code（并非所有 Java 函数都可以编译生成 Oat Code）等。值得一提的是，ArtMethod 中的几个 entry_point 变量在 Android 历代版本中的改动都较大，其中 entry_point_from_interpreter_在 Android N 版本中已经被移除并采用其他方式替代；entry_point_from_jni_成员变量如果改名为"entry_point_to_jni_"或许更能表达它的设计初衷。这些请大家在阅读源码时特别注意。

那么 ArtMethod 中的这些 Entry Point 是在什么时候被赋值的呢？答案是 LinkCode：

```
/*art/runtime/class_linker.cc*/
void ClassLinker::LinkCode(ArtMethod* method, const OatFile::OatClass* oat_class,
                           uint32_t class_def_method_index) {
  Runtime* const runtime = Runtime::Current();
  if (runtime->IsAotCompiler()) {//当前虚拟机进程是 dex2oat，直接返回
```

```
    // The following code only applies to a non-compiler runtime.
    return;
  }
  // Method shouldn't have already been linked.
  DCHECK(method->GetEntryPointFromQuickCompiledCode() == nullptr);
  if (oat_class != nullptr) {
    const OatFile::OatMethod oat_method =
                  oat_class->GetOatMethod(class_def_method_index);
    oat_method.LinkMethod(method);//为ArtMethod指定Native Code
  }
  const void* quick_code = method->GetEntryPointFromQuickCompiledCode();
  bool enter_interpreter = ShouldUseInterpreterEntrypoint(method, quick_code);
                          //是否需要使用解释器来执行这个函数

  if (!method->IsInvokable()) {//函数允许被执行吗？譬如抽象函数
    EnsureThrowsInvocationError(method);
    return;
  }

  if (method->IsStatic() && !method->IsConstructor()) {//静态非构造函数
    method->SetEntryPointFromQuickCompiledCode(GetQuickResolutionStub());
  } else if (quick_code == nullptr && method->IsNative()) {//本地函数
    method->SetEntryPointFromQuickCompiledCode(GetQuickGenericJniStub());
  } else if (enter_interpreter) {//需要解释执行的情况
    // Set entry point from compiled code if there's no code or in interpreter only mode.
    method->SetEntryPointFromQuickCompiledCode(GetQuickToInterpreterBridge());
  }

  if (method->IsNative()) {
    // Unregistering restores the dlsym lookup stub.
    method->UnregisterNative();

    if (enter_interpreter || quick_code == nullptr) {
      const void* entry_point = method->GetEntryPointFromQuickCompiledCode();
      DCHECK(IsQuickGenericJniStub(entry_point) ||
                          IsQuickResolutionStub(entry_point));
    }
  }
}
```

LinkCode 中首先需要注意的就是 oat_method.LinkMethod(method)这个语句，因为 ArtMethod 所对应的机器码就是通过这个函数获取的。我们来看一下它的代码实现：

```
/*art/runtime/oat_file.cc*/
void OatFile::OatMethod::LinkMethod(ArtMethod* method) const {
  CHECK(method != nullptr);
  method->SetEntryPointFromQuickCompiledCode(GetQuickCode());
}
```

OatMethod 中包含的两个变量——即 begin_ 和 code_offset_，它们的取和结果，就是本函数对应的机器码在内存中的加载地址（后者是基于前者的偏移量）。GetQuickCode()就是根据它们来获取到 QuickCode 的，然后再通过 ArtMethod 自身的 SetEntryPointFromQuickCompiledCode 设置其为 Compiled Native Code 的入口点。

ShouldUseInterpreterEntrypoint 在多种情况下会返回 true：Quick Code 不存在；或者程序特别约定了只能使用解释器（并且当前不能是 Native 和 Proxy 函数）等。

接下来 LinkCode 需要根据调用者所处的不同环境（虚拟机解释器环境，本地代码执行环境等）来做差异处理，为 EntryPoint 赋予正确的值。

我们回到 ClassLinker::LinkCode 函数中继续分析。剩下还有下列几种可能性需要考虑：

- 静态非构造函数

静态非构造类型的函数比较特殊，需要另行处理。因为静态函数是不需要实例化对象的，所以可能会出现它的调用时间早于类初始化时间的情况。为了防止错误的发生，Art 虚拟机设计了

21.8 Art 虚拟机中的代码执行方式综述

名为"Quick Resolution Trampoline"的 Stub。它的工作原理简单来讲就是延迟确认静态函数的 Entry Points，具体是在 ClassLinker::InitializeClass 中，即 Class 初始化时通过 FixupStaticTrampolines 来重新调整静态函数的入口地址。而此时 SetEntryPointFromQuickCompiledCode 中暂时设置的是 GetQuickResolutionStub。

- Native 函数并且 Quick Code 不存在

此时设置的入口是 GetQuickGenericJniStub。

- 需要解释执行的情况

此时设置的入口是 GetQuickToInterpreterBridge。

- 其他

除此之外就可以保持 LinkMethod 中的设置，即函数的 Compiled Native Code。

顺便提一下，虚拟机中有一些约定俗成的关于"跳转"的术语，例如 Stub、Trampoline、Ricochet 等。Stub 是一种"桩"，顾名思义它们并非真正的实现体，而是为了某些"意图"而设计的中间过程。Trampoline 属于 Stub 的一种，而且有趣的是这个词的原意是"蹦床、弹床"，这和某些场合下需要从 Caller 途经 Stub，再"跳"到 Callee 的设计理念是相当吻合的。

LinkCode 函数的最后，还有一段代码是针对 JNI 的处理，其中的核心是调用 UnregisterNative。这个函数会把 Jni Entry Point 设置为 GetJniDlsymLookupStub，即通过 Dlsym 这种标准的方式来完成查找动作。

接下来我们选取 GetQuickToInterpreterBridge 来做详细分析，以加深大家的理解。它的返回结果是一个名为"art_quick_to_interpreter_bridge"的汇编函数——后者的职责是帮助处于 Quick Code 环境中的 Caller 函数能够正确调用需要解释器执行的 Callee 函数，如下所示：

```
    .extern artQuickToInterpreterBridge
ENTRY art_quick_to_interpreter_bridge
    SETUP_REFS_AND_ARGS_CALLEE_SAVE_FRAME r1, r2
    mov     r1, r9              @ pass Thread::Current
    mov     r2, sp              @ pass SP
    blx     artQuickToInterpreterBridge    @ (Method* method, Thread*, SP)
    ldr     r2, [r9, #THREAD_EXCEPTION_OFFSET]  @ load Thread::Current()->exception_
    // Tear down the callee-save frame. Skip arg registers.
    add     sp, #(FRAME_SIZE_REFS_AND_ARGS_CALLEE_SAVE - FRAME_SIZE_REFS_ONLY_CALLEE_SAVE)
    .cfi_adjust_cfa_offset -(FRAME_SIZE_REFS_AND_ARGS_CALLEE_SAVE - FRAME_SIZE_REFS_ONLY_CALLEE_SAVE)
    RESTORE_REFS_ONLY_CALLEE_SAVE_FRAME
    cbnz    r2, 1f              @ success if no exception is pending
    vmov    d0, r0, r1          @ store into fpr, for when it's a fpr return...
    bx      lr                  @ return on success
1:
    DELIVER_PENDING_EXCEPTION
END art_quick_to_interpreter_bridge
```

我们在分析 art_quick_to_interpreter_bridge 之前首先需要清楚它的调用者都有哪些，这样有助于理顺上下文环境。从前面 LinkCode 中的解析，我们知道 art_quick_to_interpreter_bridge 是作为一个 bridge 被设置成 Quick EntryPoint 的。这个入口真正派上用场的一个地方，在于 ArtMethod 的 inovke 函数。具体的函数调用流程是：ArtMethod::invoke->art_quick_invoke_stub/art_quick_invoke_static_stub->quick_invoke_reg_setup-> art_quick_invoke_stub_internal——最后的 art_quick_invoke_stub_internal 属于汇编函数，在它内部会进一步调用 LinkCode 中设置的入口，相应语句如下：

```
ldr     ip, [r0, #Art_METHOD_QUICK_CODE_OFFSET_32]
```

根据 ldr 的语法规则，在上述语句之前的寄存器配置操作就直接决定了 art_quick_to_interpreter_bridge 这个函数的可用参数了，整理如下：

r0=method pointer

r1-r3=core registers

r9 = (managed) thread pointer

不过在最终调用 artQuickToInterpreterBridge 之前，各寄存器值其实又做了一些调整，即：

r0=method pointer

r1=Thread::Current

r3=SP

这和 artQuickToInterpreterBridge 这个 C 函数的原型是匹配的：

uint64_t artQuickToInterpreterBridge(ArtMethod* method, Thread* self, ArtMethod** sp)

其中 method 代表被调用的函数(callee)，self 表示当前线程，sp 是一个指向代表 caller 的 ArtMethod 指针变量的指针（因为 sp 实际上是一个栈，它的栈顶位置保存的是 ArtMethod*）。

函数 artQuickToInterpreterBridge 的关键点有两个：其一是为 Interpreter 的运行提供栈帧，即 ShadowFrame。ShadowFrame 有点类似于 Java 标准虚拟机中的 Stack Frame，它用于存储方法中的本地变量表、操作栈、方法出口等信息。当然，Android 虚拟机是基于寄存器来实现的，而标准 Java 虚拟机则基于栈来实现，所以它们两者在栈帧的具体结构上有一定差别。

ShadowFrame 是由 artQuickToInterpreterBridge 通过如下语句创建的：

ShadowFrame* shadow_frame(ShadowFrame::**Create**(num_regs, nullptr, method, 0, memory));

Create 函数会根据 memory 大小生成一个栈帧：

```
static ShadowFrame* Create(uint32_t num_vregs, ShadowFrame* link,
                ArtMethod* method, uint32_t dex_pc, void* memory) {
    ShadowFrame* sf = new (memory) ShadowFrame(num_vregs, link, method, dex_pc, true);
    return sf;
}
```

num_regs:目标函数所需要的寄存器数量。Android 程序在被编译成 Dex 前，会为每个函数提供一个名为 registers_size_ 的变量，记录了为保证本函数正常运行所需的寄存器数量，以便虚拟机在运行态时可以正确分配资源。

method：代表目标函数的 ArtMethod*。

memory：上述寄存器所占用的内存空间。

ShadowFrame 同时还提供了不少操作这些寄存器的方法，如 GetVReg、SetVReg 、GetVRegFromQuickCode 等。Interpreter 在工作过程中，需要通过 ShadowFrame 来完成字节码的解析和执行。

函数 artQuickToInterpreterBridge 的另外一个关键点是调用 Interpreter 提供的 EnterInterpreterFromEntryPoint 来真正切入到解释器中。因为栈帧已经创建，因而 EnterInterpreterFromEntryPoint 主要做的是一些合法性检验工作——如果一切正常的话，就可以调用 Execute 来真正地解析和运行字节码了。最终的执行结果将通过 r0 返回给调用方，然后再层层回传。

这样一来 interpreter 的执行就与 ArtMethod 的实际情况完美地结合起来，保证了 interpreter 中本地代码执行和字节码解释执行两种状态之间的正确切换。

（2）本地代码的执行

本地代码的执行也会遇到和 interpreter 中类似的问题，即如何处理不同函数间的跳转关系——这其中的关键就在于本地代码如何与类加载系统建立无缝连接。本地代码为了解决这个难题所使用的"银弹"是 Jump Table。

这同时也是 AOSP 工程中/art/runtime/entrypoints 文件夹下数十个源文件所要完成的工作。EntryPoint 的主体有 3 个，即 Interpreter(Android N 版本中的实现发生了变化，不再独立保留 Interpreter

21.8 Art 虚拟机中的代码执行方式综述

EntryPoint)、Quick（早期虚拟机版本中除了 Quick 外还有 Portable 实现，不过目前也已经被移除了），以及 JNI。它们在 entrypoints 目录下都有对应的子文件夹。

我们知道在早期的 Art 虚拟机版本中，它同时支持 Portable 和 Quick 两种机制。其中 Portable 实现外部函数引用的做法和前面小节介绍的 ELF 规范中的动态链接方式是非常类似的，这或许也是它"Portable"名称的由来。Quick 机制则"另辟蹊径"，它并不需要像 ELF 那样去执行动态链接的过程，而是通过几个 EntryPoint 就可以完成对外部函数的调用过程。

EntryPoints 是由 Thread 的几个全局变量管理的，如下所示：

```
/*art/runtime/Thread.h*/
class Thread {...
    JniEntryPoints jni_entrypoints;
    QuickEntryPoints quick_entrypoints;
```

它们会在 Thread::Init 中通过 InitTlsEntryPoints 来得到初始化：

```
/*art/runtime/Thread.cc*/
void Thread::InitTlsEntryPoints() {...
    InitEntryPoints(&tlsPtr_.jni_entrypoints, &tlsPtr_.quick_entrypoints);
}
```

InitEntryPoints 在多种主流的硬件架构上都有定义，如 x86、Arm、mips（都同时支持 32 和 64 位版本）等。以 Arm 平台为例，其实现如下：

```
/*art/runtime/arch/arm/Entrypoints_init_arm.cc*/
void InitEntryPoints(JniEntryPoints* jpoints, QuickEntryPoints* qpoints) {
    // JNI
    jpoints->pDlsymLookup = art_jni_dlsym_lookup_stub;

    // Alloc
    ResetQuickAllocEntryPoints(qpoints);

    // Cast
    qpoints->pInstanceofNonTrivial = artIsAssignableFromCode;
    qpoints->pCheckCast = art_quick_check_cast;

    // DexCache
    qpoints->pInitializeStaticStorage = art_quick_initialize_static_storage;
    qpoints->pInitializeTypeAndVerifyAccess = art_quick_initialize_type_and_verify_access;
    qpoints->pInitializeType = art_quick_initialize_type;
    qpoints->pResolveString = art_quick_resolve_string;
    ...
    // JNI
    qpoints->pJniMethodStart = JniMethodStart;
    qpoints->pJniMethodStartSynchronized = JniMethodStartSynchronized;
    qpoints->pJniMethodEnd = JniMethodEnd;
    qpoints->pJniMethodEndSynchronized = JniMethodEndSynchronized;
    qpoints->pJniMethodEndWithReference = JniMethodEndWithReference;
    qpoints->pJniMethodEndWithReferenceSynchronized =
                        JniMethodEndWithReferenceSynchronized;
    qpoints->pQuickGenericJniTrampoline = art_quick_generic_jni_trampoline;
    ...
    // Invocation
    qpoints->pQuickImtConflictTrampoline = art_quick_imt_conflict_trampoline;
    qpoints->pQuickResolutionTrampoline = art_quick_resolution_trampoline;
    qpoints->pQuickToInterpreterBridge = art_quick_to_interpreter_bridge;
    qpoints->pInvokeDirectTrampolineWithAccessCheck =
        art_quick_invoke_direct_trampoline_with_access_check;
    qpoints->pInvokeInterfaceTrampolineWithAccessCheck =
        art_quick_invoke_interface_trampoline_with_access_check;
    qpoints->pInvokeStaticTrampolineWithAccessCheck =
        art_quick_invoke_static_trampoline_with_access_check;
    qpoints->pInvokeSuperTrampolineWithAccessCheck =
        art_quick_invoke_super_trampoline_with_access_check;
```

```
    qpoints->pInvokeVirtualTrampolineWithAccessCheck =
        art_quick_invoke_virtual_trampoline_with_access_check;

    // Thread
    qpoints->pTestSuspend = art_quick_test_suspend;
…}
```

变量 jpoints 和 qpoints 分别对应 JNI 和 Quick 两个主体。它们的数据结构各不相同，例如 JniEntryPoints 的实现如下：

```
struct PACKED(4) JniEntryPoints {
    // Called when the JNI method isn't registered.
    void* (*pDlsymLookup)(JNIEnv* env, jobject);
};
```

JniEntryPoints 结构体中只有 pDlsymLookup 一个函数指针，只有当 JNI Method 没有注册的情况下它才会被调用。

QuickEntryPoints 可以说是最重要的一个 EntryPoint，因为 Art 中的一大特性就是将 Dex 转成了 Oat——这是虚拟机运行速率得以提升的一大根因。可以看到，QuickEntryPoints 包含的内容很多，从 Alloc、Cast、DexCache、Field 访问控制、Math 计算等都有涉及。这样一来 Oat 中的本地代码在需要访问上述分类中的函数时，就完全可以通过这些 entrypoints 入口地址来获取了。由于这种访问是不涉及动态链接过程的，所以理论上讲会比传统方式来得快（这是其被命名为"Quick"的最主要原因）。

Thread 中提供的上述这些入口函数如何可以让 Oat 中的本地代码方便地访问到呢？这就是 Android 虚拟机的调用约定中将寄存器 r9 用于保存 Current Thread 的用意所在了，我们在后续小节中还有更详细的分析。

只要 dex2oat 编译生成的 native code 遵循 r9 寄存器的约定，那么本地代码就可以在必要的时候通过这个寄存器找到上述的 Jump Table(Entry Points)，进而重新回到 Runtime 环境中，然后借助于类加载系统来找到和调用目标函数，从而实现本地代码对外部函数的引用。这样一来无论是解释器还是本地代码，它们都可以做到"互联互通"了。

21.9 Art 虚拟机的"中枢系统"——执行引擎之 Interpreter

接下来的章节内容中我们将逐一揭开 Android 虚拟机执行程序的 3 种主要方式，分别是 Interpretation、JIT 和 AOT。

我们知道在 Android Dalvik 时代，解释器其实是有 C 可移植版本和汇编代码两个版本的。但是 Android Art 在取代 Dalvik 的早期，却只提供了 C 语言实现的 Interpreter。猜测这很可能是因为当时 Art 虚拟机中引入的 AOT 实现大幅提升了虚拟机性能，它的作者们认为 Interpreter 已经处于相对"弱势"的地位，甚至是可有可无的（除了某些特殊情况）状态，所以也就没有特意去关心解释器的效率问题了。但是到了 Android N 版本时这种情况又发生了变化。简单来说，Art 虚拟机是一个 Interpreter+JIT+AOT 大融合的环境，这 3 种执行方式各有优缺点，并不存在非此即彼的关系。因而为了达到它们三方之间的一种最佳平衡，Android 虚拟机团队不得不重新选择在 Interpretation 上加大功夫，于是又出现了汇编版本的解释器。具体原因和细节我们在下一小节讲解 JIT 时还会有阐述。

本小节我们着重来分析 Android N 版本中解释器的内部实现原理。

Interpreter 对应的源码路径是 art/runtime/interpreter，除了不多的几个 C++ 源文件外，其他与平台相关的汇编代码则保存在子目录 mterp 里。

21.9 Art 虚拟机的"中枢系统"——执行引擎之 Interpreter

和所有标准 JVM 虚拟机中解释器所担负的职责类似，Android 系统给解释器分配的任务也是解析字节码并予以执行。解释器的抽象模型可以表示如图 21-57 所示。

输入源既可以是最原始的编程语言，也可以是类似于 Java 中的 Bytecode 的这类中间表示。从这个角度来看它和编译器的区别在于：前者是对程序语义的执行结果，而编译

▲图 21-57 模型

器则是用另一种语言来表示原始语言（通常原始语言比编译器输出语言高级，例如从 C 语言编译成机器语言）。解释型语言并不代表完全不需要编译，事实上很多解释器的内部实现也是先编译源码，然后才加以执行。只不过对于用户来说编译的过程是透明未可知的，从而让人产生了"解释执行的错觉"。从编程语言的角度而言解释器并没有被规定具体的实现方式，所以我们说解释型语言或者编译型语言，在定义上都应该加上限定词——即它们的"主要/主流"实现方式是解释执行或者编译执行，这样才不至于引起误解。

对于 Android 虚拟机中的解释器，输入源特指的是 Android 字节码。大家可以先思考一下对于这种线性的字节码序列，解释器应该如何执行它们呢？

首先可以想到的是用一个 switch 语句来分别处理每一条字节码，类似下面这样的代码结构：

```
while(NOT_END){
    switch(opcode){
        case CODE_1:
            do_something;
            break;
        case CODE_2:
            do_something;
            break;
        …
    }
    取新的指令;
)
```

这事实上就是 Java 虚拟机经典的 switch 型解释器的雏形。它的内部结构虽然相当清晰简洁，但是却存在一个致命的问题——效率低下。这其中的"罪魁祸首"是每条指令的执行都需要"漫长"的判断过程——即从 CODE_1 开始，直到匹配到正确的目标指令，如此循环往复。这样一来当指令数量达到一定规模时，这种结构的弊端就非常明显了。

Android N 版本也提供了 switch 类型的解释器，其入口函数是 ExecuteSwitchImpl，核心代码如下所示：

```
/*art/runtime/interpreter/interpreter_switch_impl.cc*/
template<bool do_access_check, bool transaction_active>
JValue ExecuteSwitchImpl(Thread* self, const DexFile::CodeItem* code_item,
                         ShadowFrame& shadow_frame, JValue result_register,
                         bool interpret_one_instruction) { …
do {
  dex_pc = inst->GetDexPc(insns);
  shadow_frame.SetDexPC(dex_pc);
  TraceExecution(shadow_frame, inst, dex_pc);
  inst_data = inst->Fetch16(0);
  switch (inst->Opcode(inst_data)) {
    case Instruction::NOP:
      PREAMBLE();
      inst = inst->Next_1xx();
      break;
    case Instruction::MOVE:
      PREAMBLE();
      shadow_frame.SetVReg(inst->VRegA_12x(inst_data),
                           shadow_frame.GetVReg(inst->VRegB_12x(inst_data)));
      inst = inst->Next_1xx();
```

```
        break;
…
    }
} while (!interpret_one_instruction);
```

从这个函数可以看出 Android 中的 switch 型虚拟机符合我们前述的经典结构。

既然 switch 类型的虚拟机效率上存在重大缺陷，那么我们是否有什么改进方法呢？

相信大家会很自然地想到 Goto 方式。没错，Switch 结构最大的问题在于需要逐一去寻找"每一条指令所对应的处理函数"，那么如果我们将指令与其处理函数直接建立"一对一"的联系，性能问题理论上就迎刃而解了。可以参考 Android 里的具体实现，在 interpreter_goto_table_impl.cc 的 ExecuteGotoImpl 函数中：

```
template<bool do_access_check, bool transaction_active>
JValue ExecuteGotoImpl(Thread* self, const DexFile::CodeItem* code_item, ShadowFrame&
shadow_frame, JValue result_register) {
                    static const void* const
                    handlersTable[instrumentation::kNumHandlerTables][kNumPackedOpcodes] = {
    {
    // Main handler table.
#define INSTRUCTION_HANDLER(o, code, n, f, r, i, a, v) &&op_##code,
#include "dex_instruction_list.h"
    DEX_INSTRUCTION_LIST(INSTRUCTION_HANDLER)
#undef DEX_INSTRUCTION_LIST
#undef INSTRUCTION_HANDLER
    }, {
    // Alternative handler table.
#define INSTRUCTION_HANDLER(o, code, n, f, r, i, a, v) &&alt_op_##code,
#include "dex_instruction_list.h"
    DEX_INSTRUCTION_LIST(INSTRUCTION_HANDLER)
#undef DEX_INSTRUCTION_LIST
#undef INSTRUCTION_HANDLER
    }
};
…
```

根据 Goto 结构的设计思路，我们首先需要构造一个数组。不难看出上述代码段中的 handlersTable 是一个二维数组，包含了 "Main" 和 "Alternative" 两种 Handler Table。其中 Main Table 是正常情况下的指令处理函数的集合，Alternative Table 则主要在 Instrumentation（Android 虚拟机提供的一种插桩机制，以保证单步调试、Tracer 等可以正常工作）的情况下发挥作用：

```
…
HANDLE_INSTRUCTION_START(MOVE)
    shadow_frame.SetVReg(inst->VRegA_12x(inst_data),
                         shadow_frame.GetVReg(inst->VRegB_12x(inst_data)));
    ADVANCE(1);
HANDLE_INSTRUCTION_END();

HANDLE_INSTRUCTION_START(MOVE_FROM16)
    shadow_frame.SetVReg(inst->VRegA_22x(inst_data),
                         shadow_frame.GetVReg(inst->VRegB_22x()));
    ADVANCE(2);
HANDLE_INSTRUCTION_END();
…
```

上述代码段中的 HANDLE_INSTRUCTION_START 用于定义一个 opcode 的 label，如下所示：

```
#define HANDLE_INSTRUCTION_START(opcode) op_##opcode:
```

前面在定义 handlersTable 时，每一项的取值都是 **&&op_##code**，这样一来 opcode 就和它对应的处理代码建立起关联了。

另外，ADVANCE 宏用于取出并跳转到下一个指令去执行，从而保证程序的正常运行；HANDLE_INSTRUCTION_END 的主要用途是"分隔"各个指令——因为 ADVANCE 会跳转到其他指令去执行，所以任何情况下程序如果走到 HANDLE_INSTRUCTION_END 的话就说明出现了严重的问题，此时会导致程序的崩溃。

最后我们再来讨论一下汇编语言实现的解释器。

需要强调的是，基于汇编的解释器并不是 Android N 版本或者 Art 虚拟机独创的，因为早在 Dalvik 时代 Android 就提供了 portable 和 fast 两种版本的解释器了，它们分别是由 C 和汇编语言编写完成的。所以这次 Android N 版本中引入汇编解释器只能说是它"重返疆场"。

汇编解释器虽然执行效率高，但缺点也是明显的——它需要针对不同的硬件架构进行适配。目前 Android N 版本中已经支持 arm、arm64、mips、mips64、x86 和 x86_64 等多种硬件体系，它们都统一被放置在 art/runtime/interpreter/mterp 目录下。每一个 opcode 的处理代码都以一个单独的.S 文件来提供，例如 op_aget.S、op_aget_char.S、op_aput.S 等。

至于具体是采用 switch、Goto 抑或是 Assemble 解释器，首先是由 kInterpreterImplKind 变量决定的——它的初始值是 kMterpImplKind，即汇编解释器。然后我们还需要根据运行过程中的实际情况来做调整。某些情况下汇编解释器是无法满足程序的运行需求的，例如它并不能有效支撑所有的 instrumentation 和 debugging 的场景。此时我们就要选择切换到 switch 或者 Goto 类型来保证程序的正常运行。

21.10 Art 虚拟机的"中枢系统"——执行引擎之 JIT

和 AOT 相反，Just-in-time compilation 是一种动态编译，意味着它是在程序运行过程中才执行的编译工作。JIT 在 Android 虚拟机中的应用历史是比较有戏剧性的，具体描述如下所示：

Android Dalvik 时代：JIT 是虚拟机中保证运行效率的重要保障机制。

Android ART（N 版本之前）：JIT "退隐江湖"。

Android ART（N 版本开始）：JIT 又"重出江湖"。

21.10.1 JIT 重出江湖的契机

除了技术方面的考虑外，有的时候"政治"原因事实上更有权利决定一项技术的"生死"，这一点无论在大公司还是小公司都是一样的。当然，这类因素并不属于本书所要考虑的范围，我们还是专注在技术领域的分析吧。

在本章的开头，我们已经对 Art 与 Dalvik 做了性能对比，可以看出前者确实是存在优势的。支撑 Art 的核心技术是 AOT，它和 JIT 从理论上讲是两个概念。不过这并不能说明 JIT 就一无是处。相反，它们各有优缺点——譬如 JIT 显然比 AOT 更节省存储空间；而且不需要在程序安装，或者每次系统升级/应用程序升级后都做 AOT 优化。图 21-58 所示是我们在 Android N 版本之前会经常看到的一个用户界面。

由于 Google 安全补丁更新越来越频繁，这就意味着用户很可能会在一个月甚至更短的时间内经历图 21-58 所示的优化过程。从而给 Android 的用户体验带来新的挑战。

那么我们是否有可能将它们做一个融合，取各家所长，补双方所短呢？

这或许是 Android N 中引入 JIT 的一个重要原因，我们可以从 Google I/O 2016 会议上提供的材料得到一些启发，如图 21-59 所示。

▲图 21-58　用户界面

第 21 章 Android 虚拟机

	Optimizing Apps	App install	Storage	Battery Memory
AOT		★	★	★★★★★
JIT		★★★★★	★★★★★	?
JIT/AOT		★★★★★	★★★★★	★★★★★

▲图 21-59 Android N 版本中重新引入 JIT 技术的潜在优势

（引自 Google I/O 2016）

可以看到 JIT 和 AOT 的结合在 Android 虚拟机的多个方面上都带来了可喜的提升，接下来的几个小节中我们将逐一揭晓隐藏在这些新变化之后的实现原理。

21.10.2 Android N 版本中 JIT 的设计目标及策略

JIT 在设计初期主要设定了如表 21-11 几个目标，并提出了相应的设计策略：

表 21-11　　　　　　　　　　　　　　　目标及策略

考 量 因 素	设 计 策 略
保证程序的安装速度以及更新时的处理速度	因为不需要在程序安装时执行 AOT 预编译，所以不会出现漫长的安装等待
保证程序的启动速度	Android N 版本中的 JIT 至少采用了如下几种方式来保证程序的启动速度： （1）足够快的解释器，可以参考前一小节的分析 （2）调整 Dex 的 verification 时机，见下面的详细说明 （3）在运行过程中记录影响启动速度的 Classes，并做特别优化 （4）为应用程序提供 Image。在之前的版本中，只有 boot.art 具有这种特性，而 Android N 版本将这种优势扩大到了所有的应用程序中
避免 JIT 导致程序卡顿	JIT 的编译过程在独立的线程中完成，并且给 UI 线程更高的优先级
电池续航	只编译那些有必要的函数
内存使用	新的 GC 策略，保证无用的内存占用被及时清理

为了保证程序的启动速度，Art 开发小组做了如下一系列针对 Gmail 的实验，如图 21-60 所示（图例无特别说明均引用自 Google I/O 2016）。

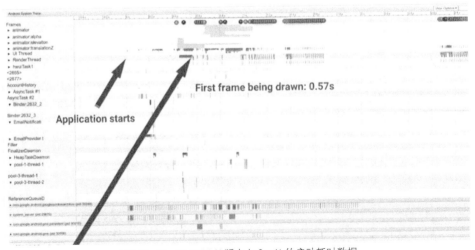

▲图 21-60 Android M 版本上 Gmail 的启动耗时数据

21.10 Art 虚拟机的"中枢系统"——执行引擎之 JIT

（1）首先在 Android MashMallow 上启动 Gmail，并利用 SysTrace 抓取到如图 21-60 所示的数据。

可以看到在 Android M 版本上 Gmail 启动第一帧所需时间为 0.57 秒。

（2）紧接着是在 Art 小组实现的第一个 JIT 版本上针对上述步骤中的同一个程序展开实验。

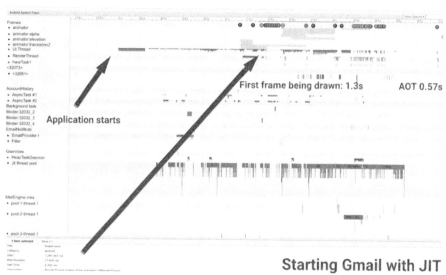

▲图 21-61　Android N 上第一个 JIT 版本启动 Gmail 的耗时数据

从图 21-61 所示可以看到这种情况下启动第一帧所需时间为 1.3 秒，差不多为 AOT 版本中的 2 倍。

（3）那么是什么原因导致了 JIT 情况下的启动速度变慢呢？如图 21-62 所示。

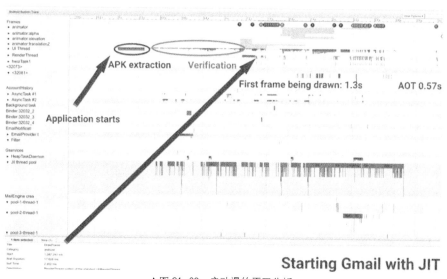

▲图 21-62　启动慢的原因分析

由图 21-62 可以看到，在第一帧显示之前 APK 经历了 Extraction 和 Verification 两个阶段，它们都将在一定程度上拖慢启动速度。因而 Art 小组一方面尝试将这两个动作前移到程序的安装阶段，另一方面在解释器的提速上做了很多工作（包括提供汇编版本的解释器），最后让程序的启动速度有了明显改善，如图 21-63 所示实验结果。

841

第 21 章　Android 虚拟机

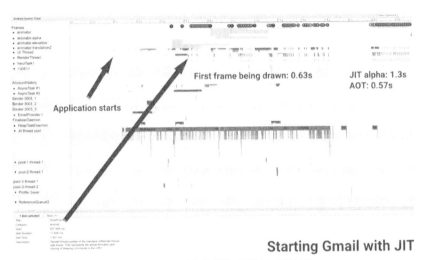

▲图 21-63　经过优化后的 JIT 版本实验结果

采取了多种改进措施后，Gmail 程序在 Android N 版本中的第一帧启动时间降低到了 0.63 秒，和 AOT 已经非常相近了。

21.10.3　Profile Guided Compilation（追踪技术）

从前面章节的学习中，我们知道 Android M 版本中的 AOT 编译有两个主要的执行时机，即 ROM 系统编译时以及第三方应用程序安装时。那么大家可以思考一下，JIT 编译又该在什么时候执行才是最合适的呢？

根据 JIT 的设计理念，它显然不会像 AOT 那样对程序的大部分 Java 代码都进行编译（注意：理论上这是可以配置的），所以必定需要一套追踪机制来决定哪一部分代码需要被执行 JIT——即"热区域"的确定。和传统的 JIT 不同的是，Android N 版本中的追踪技术又被称为"Profile Guided Compilation"。

Profile Guided Compilation 的基本工作原理如图 21-64 所示。

Step1. 当应用程序第一次启动时，只会通过解释器执行，同时 JIT 会介入并针对 hot methods 执行优化工作。

Step2. 上述执行过程中还将同步输出一种被称为"Profile information"的信息，并按一定规律保存到文件中。Profile 文件属于程序属主"私人"持有。

Step3. 上述两个步骤会被重复执行，因而 Profile information 得到不断地完善。

Step4. 当设备处于 idle 状态并且同时还在充电时，就进入了 Profile guided compilation 服务。这个编译过程将以 Profile information 文件为输入，最后的输出则是二进制机器代码。后者会被用于替代原始应用程序的相应部分。

那么我们需要在 Profile information 中记录哪些必要的数据呢？

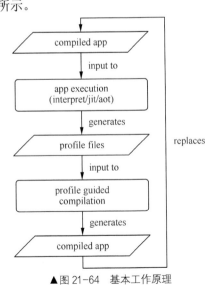

▲图 21-64　基本工作原理

- Hot Methods

即需要离线优化的函数。

- 影响程序启动速度的 Classes
用于进一步优化程序的启动速度。
......

Step5. 在经过上述步骤后，应用程序在后续启动时就可以根据实际情况来在 AOT/JIT/Interpretion 中择优选取一种执行方式了。

JIT 在 Android N 版本中有专门的源代码目录，即 AOSP/art/runtime/jit。它在 Runtime::Start 中会被启动，如下所示：

```
/*art/runtime/runtime.cc*/
bool Runtime::Start() {…
  if (jit_options_->UseJIT()) {
    std::string error_msg;
    if (!IsZygote()) {
      CreateJit();
    } else if (!jit::Jit::LoadCompilerLibrary(&error_msg)) {
      // Try to load compiler pre zygote to reduce PSS. b/27744947
      LOG(WARNING) << "Failed to load JIT compiler with error " << error_msg;
    }
  }
}
```

JIT 相关的选项 jit_options_ 是在 Runtime::Init 中赋值的，其中是否启用 JIT 由下面语句判断：

```
jit_options->use_jit_ = options.GetOrDefault(RuntimeArgumentMap::UseJIT);
```

而 RuntimeArgumentMap::UseJIT 的具体值取决于系统变量 "dalvik.vm.usejit"，后者将由 AndroidRuntime 在启动虚拟机时和其他 VM 选项一起处理。

毫无疑问 JIT 系统是一个单实例，静态函数 Jit::Create 负责这一实例的生成工作。JIT 的核心工作都是在自己独立的线程中完成的，以避免对程序运行性能造成影响（即 Jank 事件）。

根据 Profile Guided Compilation 的工作原理，JIT 模块所要完成的主要任务如下：

- 监测程序的运行情况，获取"感兴趣"的信息

这个工作具体是由 JitInstrumentationListener 完成的，它和我们在本章中分析的 Instrumentation 是息息相关的，大家可以自行阅读代码了解详情。

- 将获取到的信息保存到文件中

具体是由 ProfileSaver 这个类完成的。

- 翻译热点函数

实时翻译运行过程中的热点函数的能力是由 libart-compiler.so 或者 libartd-compiler.so 提供的，具体对应的是 jit_compile_method 函数，并保存在 JitCodeCache 中。这样一来某个 ArtMethod 在执行时除了考虑 AOT 和 Interpretation 之外，还需要综合参考 JIT 保存在全局变量 code_cache_ 中的结果。

了解了 JIT 模块的职责后，读者们可能还有这样的疑问，即 AOT 又是在什么时候由哪个模块负责执行的呢？我们在下一小节中来回答这个问题。

21.10.4　AOT Compilation Daemon

为了满足 Profile Guided Compilation（JIT）的编译特点，我们需要一个独立的 Daemon 来响应 Offline AOT Compilation。Daemon 的概念相信大家并不陌生，Android 系统中拥有多个与之类似的守护程序，例如 adbd、netd 等。

当 AOT Daemon 启动后，它的核心处理逻辑如图 21-65 所示。

- 当设备同时处于 idle 和充电状态下时，Daemon 被唤醒并通过遍历来分析系统中的所有应用程序，以决定是否需要执行 AOT 操作。

- 如果应用程序是"共享"的，那么需要对它执行完全的编译动作。
- 否则查找应用程序中是否有对应的 Profile 文件。如果答案是否定的话，直接放弃;反之进入真正的 Profile guided compilation。

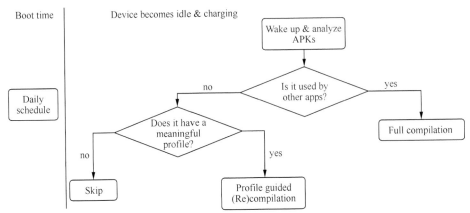

▲图 21-65 AOT Daemon 的核心处理逻辑

Profile guided compilation 事实上也属于 AOT 技术的范畴，所以它完全可以在复用 Android M 版本 dex2oat 的基础上再进行部分改造。这一点我们从 dex2oat.cc 文件针对 option 的处理中亦能看出一些端倪:

```
…
else if (option.starts_with("--profile-file=")) {
        profile_file_ = option.substr(strlen("--profile-file=")).ToString();
    } else if (option.starts_with("--profile-file-fd=")) {
        ParseUintOption(option, "--profile-file-fd", &profile_file_fd_, Usage);
    } else if (option == "--host") {
```

我们通过内容小结来帮助大家将所有知识点做一个"串接":

- 不同于 Marsh Mallow 中针对所有应用程序预先执行 AOT 的做法，Android N 版本并不会在应用程序安装过程中调用 dex2oat。一方面，这种新变化大幅加快了程序的安装速度，解决了系统更新时用户需要经历漫长等待的问题;另一方面，由于程序的首次启动必须通过解释器来运行，Android N 版本必须采用多种手段（新的解释器、将 Verification 前移等）来保证程序的启动速度不受影响。
- 应用程序除了解释执行外，还会在运行过程中实时做 JIT 编译——不过它的结果并不会被持久化。另外，虚拟机会记录下应用程序在动态运行过程中被执行过的函数，并输出到 Profile 文件里。
- AOT compilation daemon 将在系统同时满足 idle 和充电状态两个条件时才会被唤醒，并按照一定的逻辑来遍历执行应用程序的 AOT 优化。由于参与 AOT 的函数数量通常只占应用程序代码的一小部分，所以整体而言 Android N 版本中 AOT 结果所占用的空间大小比旧版本要小很多。

21.11 Art 虚拟机的"中枢系统"——执行引擎之本地代码

前面几个小节我们综述了虚拟机中代码的执行过程，并且对 JIT、Interpreter 两种方式进行了扩展分析。现在是时候阐述虚拟机中另一个重要的执行引擎了，即本地代码的执行过程。

我们可以从以下两个角度来思考:

21.11 Art 虚拟机的"中枢系统"——执行引擎之本地代码

- Zygote

我们知道,Zygote 是一切 Android 应用程序的"鼻祖",而这个"孵化器"自身除了包含一小部分本地代码外,其他绝大部分也是通过 Java 语言实现的。这意味着它也需要启动一个虚拟机实例来执行代码程序。而 Zygote 本身的功能又是比较单纯的,所以它是我们分析虚拟机中代码执行过程的一个很好的介入点。

- Apk 应用程序

Android 虚拟机的最大价值体现在应用程序中。一旦我们掌握了 Zygote 中是如何利用 Art 虚拟机来为其服务的"脉络"以后,那么对 APK 应用程序部分的理解就只要侧重于和 Zygote 的差异部分就可以了。

大家应该注意到了,Zygote 在调用 AndroidRuntime 的 start 函数时传入了一个 Class 名称,如下所示:

```
runtime.start("com.android.internal.os.ZygoteInit", args);
```

这个 ClassName 参数代表的是需要被执行的类对象。一旦虚拟机启动完成后,就会首先调用这个类中的静态 main(String[] args)方法。我们在前述小节中已经分析过 AndroidRuntime::start 中的大部分内容了,下面重点看一下与 ZygoteInit 相关的部分:

```
/*frameworks/base/core/jni/AndroidRuntime.cpp*/
void AndroidRuntime::start(const char* className, const Vector<String8>& options)
{…
    char* slashClassName = toSlashClassName(className);
    jclass startClass = env->FindClass(slashClassName);
    if (startClass == NULL) {
        ALOGE("JavaVM unable to locate class '%s'\n", slashClassName);
        /* keep going */
    } else {
        jmethodID startMeth = env->GetStaticMethodID(startClass, "main",
            "([Ljava/lang/String;)V");
        if (startMeth == NULL) {
            ALOGE("JavaVM unable to find main() in '%s'\n", className);
            /* keep going */
        } else {
            env->CallStaticVoidMethod(startClass, startMeth, strArray);
        }
    }
    …
}
```

JniInvocation 中的 Init 和 startVM 函数分别用于初始化和启动虚拟机,然后 onVmCreated()会被回调来通知持有者虚拟机的最新状态。这些知识点我们在前面小节中已经分析过了,大家如有不清楚的地方可以回过头去阅读。

接下来 AndroidRuntime::start 就可以处理 className(即这个场景中的 ZygoteInit)了。首先把类名中的"."全部转换成 slash 符号("/"),得到如下的结果:

```
com/android/internal/os/ZygoteInit
```

这样做的目的之一是便于虚拟机根据类名来查找到类的存储地址。

如果读者用过 Java 反射机制,一定会对它的强大之处印象深刻。反射机制可以在运行阶段动态加载并实例化一个类对象,在某些场合下可以为程序提供非常灵活的实现。AndroidRuntime::start 中对 className 的处理过程实际上与反射机制的原理是非常相似的。它们都需要回答下面的几个问题:

- 问题 1. 如何快速查找到包含了目标类的 Package 包;
- 问题 2. 如何加载并实例化 className 所指示的类对象。

与标准 Java 虚拟机不同,Android 系统采用的是 Dex 文件格式,而且还需要考虑事先已经做好优化(odex 或者 OAT 等)的情况。

另外，针对 Art 虚拟机还需要额外回答：
- 问题 3. Java 代码是如何与 OAT 中的 Native Code 准确对应起来的呢？

本小节接下来的内容中我们将给出上述 3 个问题的答案。

AndroidRuntime 运行在 JNI 环境中，其中 jclass、jstring、jobjectArray 实际上是 void*指针的 typedef 类型；env 变量则属于 JNIEnv* 类型，用于提供 JNI 环境下的各种处理函数。在这个场景中，查找 className 的关键在于 env->FindClass。这个函数经过多层封装后，最终对应的是 jni_internal.cc 中的 FindClass，核心实现如下所示：

```
/*art/runtime/jni_internal.cc*/
  static jclass FindClass(JNIEnv* env, const char* name) {
    …
    if (runtime->IsStarted()) {
      …
      c = class_linker->FindClass(soa.Self(), descriptor.c_str(), class_loader);
    } else {
      c = class_linker->FindSystemClass(soa.Self(), descriptor.c_str());
    }
    return soa.AddLocalReference<jclass>(c);
  }
```

从上述代码段中可以看出 FindClass 将面临下面两种选择：

- runtime->IsStarted()为 true 的情况

IsStarted()用于指示当前的运行时环境是否已经启动成功，它是基于 started_变量得出的结论，而这个变量在 Runtime::Start()时会被置为 true。

这种情况下我们可以调用 class_linker 的 FindClass 方法来查找目标类。

- 虚拟机运行时环境还未启动完成的情况

此时不能直接使用上述的方法，需要改由 FindSystemClass（此时程序相关的 Class 还未进入 Ready 状态）来完成查找工作。

我们在前面初始化和启动虚拟机小节曾经分析过 Class Linker，简单而言它扮演的是"类链接器"的角色——任何与目标程序以及虚拟机本身相关联的类、类中的方法等都属于它的管辖范围。换句话说，class_linker 中的所有 Class 类、Jar 包、甚至 Dex、Image 文件都可能成为 FindClass 的搜索范围。

首先来看下 ClassLinker::FindClass（Thread* self, const char* descriptor, Handle<mirror::ClassLoader> class_loader）函数参数的来源：

- Thread* self

JNIEnv 对应的线程。

- char* descriptor

通过 std::string descriptor(NormalizeJniClassDescriptor(name)) 转换而来。NormalizeJniClass Descriptor 会把 name 中的"."转换为"/"，其结果可能是："La/b/C;"或者"[La/b/C;"。在我们这个场景下 descriptor 对应的是：com/android/internal/os/ZygoteInit。

- Handle<mirror::ClassLoader> class_loader

类加载器。

诸如 Handle<mirror::ClassLoader>这样的模板定义在虚拟机中还有很多，我们有必要做一下解释。对于那些从虚拟机的 Heap 中分配的对象，那么大家试想一下：如果系统中发生了 GC，并且垃圾回收器挪动了对象的位置，那么原先那些指向老位置的变量该怎么办呢？这就是 Handle 的存在价值了。因为它所包含的元素对于 GC 是可见的，有利于后者对引用关系进行自动化的重新调整，而这一点显然是强指针所无法胜任的。

21.11 Art 虚拟机的"中枢系统"——执行引擎之本地代码

Handle 通常是由 HandleScopes 分配的，譬如 class_loader 这个变量：

```
StackHandleScope<3> hs(self);
Handle<mirror::ClassLoader> class_loader(hs.NewHandle(klass->GetClassLoader()));
```

我们首先创建了一个 StackHandleScope 变量，它是一个模板类，所带的数字表示所能容纳和管理的 Handle 上限。从 StackHandleScope 这个名称可以推断出，它是一个局部的栈对象，因而不能通过 new 等方式创建。而且当这个栈对象的生命周期结束后，其所管理的 Handle 也会被释放。

Handle 具体是由 NewHandle 负责生成的，如下所示：

```
/*art/runtime/handle_scope-inl.h*/
template<size_t kNumReferences> template<class T>
inline MutableHandle<T> StackHandleScope<kNumReferences>::NewHandle(T* object) {
  SetReference(pos_, object);
  MutableHandle<T> h(GetHandle<T>(pos_));
  pos_++;
  return h;
}
```

其中 NewHandle 的函数入参是 klass->GetClassLoader()，即 ClassLoader*。这就是需要通过 Handle 管理的对象。NewHandle 首先会调用 SetReference 来表示它被引用了（pos_是一个 unsigned int 值）。紧接着我们需要提供一个容器 MutableHandle，后者继承自 Handle 类。GetHandle 的实现并不复杂，如下：

```
/*art/runtime/handle_scope-inl.h*/
inline Handle<mirror::Object> HandleScope::GetHandle(size_t i) {
  DCHECK_LT(i, number_of_references_);
  return Handle<mirror::Object>(&GetReferences()[i]);
}
```

可见它是利用 GetReferences() 来获取一个 StackReference 的指针，然后供生成的 Handle 来构造（Handle 中有一个 StackReference 类型的变量 reference_）。这样一来 Handle 中针对目标的操作在任何时候都可以保证是正确的了。

有了这些背景知识，现在我们可以进一步分析 ClassLinker::FindClass 的内部实现了：

```
/*art/runtime/class_linker.cc*/
mirror::Class* ClassLinker::FindClass(Thread* self, const char* descriptor,
                                       Handle<mirror::ClassLoader> class_loader) {
  …
  mirror::Class* klass = LookupClass(descriptor, class_loader.Get());//情况1
  if (klass != nullptr) {
    return EnsureResolved(self, descriptor, klass);//成功找到 Class 对象
  }
  if (descriptor[0] == '[') { //情况2.class 还未加载，且为数组类的情况
    return CreateArrayClass(self, descriptor, class_loader);
  } else if (class_loader.Get() == nullptr) {//情况3. Class 是非数组类，且还未被加载过，
                                              //同时 class loader 为空
    ClassPathEntry pair = FindInClassPath(descriptor, boot_class_path_);
                                              //搜寻 boot class 路径
    if (pair.second != nullptr) {
      return DefineClass(self, descriptor, hash, NullHandle<mirror::ClassLoader>(),
                         *pair.first, *pair.second);
    } else {…
    }
  } else if (Runtime::Current()->UseCompileTimeClassPath()){//情况4.搜寻编译时指定的类路径
    …
  } else {//情况5.ClassLoader 不为空的情况
    ScopedObjectAccessUnchecked soa(self);
    mirror::Class* klass = FindClassInPathClassLoader(soa, self, descriptor,
                                                      class_loader);
    if (klass != nullptr) {
      return klass;
    }
```

847

```cpp
ScopedLocalRef<jobject> class_loader_object(soa.Env(),
                      soa.AddLocalReference<jobject>(class_loader.Get()));
  std::string class_name_string(DescriptorToDot(descriptor));
  ScopedLocalRef<jobject> result(soa.Env(), nullptr);
  {
    ScopedThreadStateChange tsc(self, kNative);
    ScopedLocalRef<jobject> class_name_object(soa.Env(),
                        soa.Env()->NewStringUTF(class_name_string.c_str()));
    if (class_name_object.get() == nullptr) {
      DCHECK(self->IsExceptionPending());  // OOME.
      return nullptr;
    }
    CHECK(class_loader_object.get() != nullptr);
    result.reset(soa.Env()->CallObjectMethod(class_loader_object.get(),
                        WellKnownClasses::java_lang_ClassLoader_loadClass,
                        class_name_object.get()));
  }
  if (self->IsExceptionPending()) {…
  } else if (result.get() == nullptr) {…
  } else {
    // success, return mirror::Class*
    return soa.Decode<mirror::Class*>(result.get());
  }
}
…
}
```

FindClass 函数的目标很明确，就是为了找到 descriptor 所对应的 Class 实现，然后将其加载到内存中并转化为 Class 对象。

首先，FindClass 会通过 LookupClass 确认这个 Class 是否已经被成功加载过。如果答案是肯定的话，直接从 ClassLoader 对应的 Class Table（如果 ClassLoader 为空的话，则使用 boot_class_table_）中返回正确的值。否则就进入情况 2——数组类的判断中。不过我们这个场景下显然不属于后面这种情况，因而可以直接跳过这一步。

接下来就进入非数组类的处理中了。又有如下几种可能性：

情况 3：class_loader 为空的情况

按照双亲委派的原则，此时可以调用 FindInClassPath 在 Boot Class Path 中尝试查找目标对象。具体需要处理哪些路径在前述小节中对此已经有过详细阐述，这里不再赘述。

FindInClassPath 的内部实现并不复杂，它会在一堆 DexFile 中寻找哪个文件中包含了 descriptor 所描述的类——如果找到的话就返回一个 ClassPathEntry 对象。当然，找到 ClassPath 还只是万里长征的起点，我们仍需要进一步执行加载、实例化、初始化类对象等多个操作才能真正让这个 Class 类变成可用状态。Class Linker 也提供了各种包装函数（如 DefineClass）来完成这一系列操作，后续我们再针对这些知识做详细分析。

情况 4：编译时特别指定了类路径的情况

UseCompileTimeClassPath 这个函数直接返回 use_compile_time_class_path_ 变量值，而后者实际上与 dex2oat 的调用参数中是否含有 "-Ximage:" 有关。换句话说，只有承载 dex2oat 的虚拟机实例才会有 Compile Time Class Path。

情况 5：即便上述几种情况都无法找到正确的类，FindClass 也还未到"山穷水尽"的地步。它会接着尝试调用 FindClassInPathClassLoader，而这个函数所做的努力又分为两个方向：

其一，寻找 boot_class_path_ 下的所有 DexFile。

其二，寻找 PathClassLoader 中包含的 DexPathList 中的所有 Dex 元素，如下所示：

```java
public class BaseDexClassLoader extends ClassLoader {
    private final DexPathList pathList;
```

而 DexPathList 管理的 Dex 文件保存在其下的 dexElements 数组中，即：

21.11 Art 虚拟机的"中枢系统"——执行引擎之本地代码

```
private Element[] dexElements;
```

这样一来，应用程序自身加载的 Dex 就可以在此时发挥作用了。

如果 FindClassInPathClassLoader 依然没有收获的话，程序才会通过 class_loader 自定义的 loadClass 来加载目标类对象。而假若这根"最后的稻草"仍然"一无所获"的话，那么 FindClass 就只能返回空指针了，并且还会引发"Class Not Found"类的错误。

紧接着我们再具体分析一下 FindInClassPath 的内部实现：

```
/*art/runtime/class_linker.cc*/
ClassPathEntry FindInClassPath(const char* descriptor,
                    size_t hash, const std::vector<const DexFile*>& class_path)
  {for (const DexFile* dex_file : class_path) {
    const DexFile::ClassDef* dex_class_def = dex_file->FindClassDef(descriptor, hash);
    if (dex_class_def != nullptr) {
      return ClassPathEntry(dex_file, dex_class_def);
    }
  }
  return ClassPathEntry(nullptr, nullptr);
}
```

可以看到，这个函数的返回值是 ClassPathEntry，它其实是对 DexFile 文件位置的一种描述方式。查找过程也并不复杂，直接遍历 class_path 中的所有 dex 文件就可以了。其中最关键的还是 FindClassDef 这个函数：

```
/*art/runtime/dex_file.cc*/
const DexFile::ClassDef* DexFile::FindClassDef(const char* descriptor, size_t hash) const {
  DCHECK_EQ(ComputeModifiedUtf8Hash(descriptor), hash);
  // If we have an index lookup the descriptor via that as its constant time to search.
  Index* index = class_def_index_.LoadSequentiallyConsistent();
  if (index != nullptr) {
    auto it = index->FindWithHash(descriptor, hash);
    return (it == index->end()) ? nullptr : it->second;
  }
  // Fast path for rate no class defs case.
  uint32_t num_class_defs = NumClassDefs();
  if (num_class_defs == 0) {
    return nullptr;
  }
  // Search for class def with 2 binary searches and then a linear search.
  const StringId* string_id = FindStringId(descriptor);
  if (string_id != nullptr) {
    const TypeId* type_id = FindTypeId(GetIndexForStringId(*string_id));
    if (type_id != nullptr) {
      uint16_t type_idx = GetIndexForTypeId(*type_id);
      for (size_t i = 0; i < num_class_defs; ++i) {
        const ClassDef& class_def = GetClassDef(i);
        if (class_def.class_idx_ == type_idx) {
          return &class_def;
        }
      }
    }
  }
  ...
}
```

大家还记得我们前面小节分析过的 DexFile 文件格式吗？它的 Header 中有一个成员变量 class_defs_size_ 专门用于指示当前 DexFile 中包含的 Class 的数量；而另一个成员变量 class_defs_off_ 则指向用于描述各个 Class 具体信息的数组。

这样一来，查找某 Class 是否存于 DexFile 中就很简单了。不过 FindClassDef 函数中很大一部分比重的代码其实是为了让整个查找过程更加高效，有兴趣的读者可以自行分析一下。而我们最关心的是查找过程是如何执行的，这部分涉及的核心语句如下：

```
    for (size_t i = 0; i < num_class_defs; ++i) {
      const ClassDef& class_def = GetClassDef(i);
      if (class_def.class_idx_ == type_idx) {
        return &class_def;
      }
    }
```

其中 num_class_defs 得到的就是 class_defs_size_；GetClassDef(i)对应的是 class_defs_[idx]，而且这个数组实际上就是通过 class_defs_off_ 偏移量得到的。还需要特别注意的是 type_idx 这个变量，它的数据类型是 uint16_t（即 unsigned int）。从字面意思上理解代表的是 Class 的"序号"，那么它具体又是如何被计算出来的呢？答案在于下面这 3 个语句中：

```
onst StringId* string_id = FindStringId(descriptor);
const TypeId* type_id = FindTypeId(GetIndexForStringId(*string_id));
uint16_t type_idx = GetIndexForTypeId(*type_id);
```

descriptor 在我们这个场景中对应的是 com/android/internal/os/ZygoteInit。FindStringId 实际上是去查找 DexFile 中偏移量为 string_ids_off_ 的一个 StringId 数组中 descriptor 所对应的数组项。StringId 这个结构体中的 string_data_off_ 指向的是一个 String 字符串，这样就可以与 descriptor 进行字符串匹配了。GetIndexForStringId 得到的是 descriptor 在 StringId 数组中的具体序号（这里获取序号的方式比较奇怪）。FindTypeId 得到与 StringId 对应的 TypeId，而 GetIndexForTypeId 则是 TypeId 在 type_ids_ 数组中的序号。

得到正确的 ClassDef 后，接下来就可以构建 ClassPathEntry 了，这个对象实际上是对 std::pair<const DexFile*, const DexFile::ClassDef*>的 typedef。

不过工作还没有完成，这一点从 Class 的状态表中也可以看出来：

```
/*art/runtime/mirror/Class.h*/
enum Status {
    kStatusRetired = -2,  // Retired, should not be used. Use the newly cloned one instead.
    kStatusError = -1,
    kStatusNotReady = 0,
    kStatusIdx = 1,  // Loaded, DEX idx in super_class_type_idx_ and interfaces_type_idx_.
    kStatusLoaded = 2,  // DEX idx values resolved.
    kStatusResolving = 3,  // Just cloned from temporary class object.
    kStatusResolved = 4,  // Part of linking.
    kStatusVerifying = 5,  // In the process of being verified.
    kStatusRetryVerificationAtRuntime = 6,  // Compile time verification failed, retry at runtime.
    kStatusVerifyingAtRuntime = 7,  // Retrying verification at runtime.
    kStatusVerified = 8,  // Logically part of linking; done pre-init.
    kStatusInitializing = 9,  // Class init in progress.
    kStatusInitialized = 10,  // Ready to go.
    kStatusMax = 11,
};
```

kStatusNotReady:如果 FindClass 无法查找到目标类，那么我们需要分配一个 Class 对象，并将状态迁移到 kStatusNotReady。

kStatusIdx: 紧接着我们从 DexFile 中读取 Class 信息，用于填充上述的 Class 对象，并将状态迁移到 kStatusIdx（表明 super_class_ 还未填充），而且此时的 Class 可以被插入 ClassTable 中。

kStatusLoaded: 如果获取 Class 锁成功，我们就可以调用 ResolveClass 来将状态迁移到 kStatusLoaded 了（此时 super_class_ 已经处理）。

kStatusResolved: 此状态表明 linking 已经完成。

上述各状态数值的大小就代表了它们在状态机中的变迁逻辑，其中核心的几个状态变迁关系如图 21-66 所示。

21.11 Art 虚拟机的"中枢系统"——执行引擎之本地代码

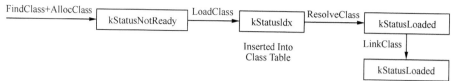

▲图 21-66 Class 的核心状态变迁

所以说查找到目标对象只是第一步，我们还得经历上述的核心状态迁移才能最终让 Class 达到可用状态，这些工作大多是在 DefineClass 中完成的：

```
/*art/runtime/class_linker.cc*/
mirror::Class* ClassLinker::DefineClass(Thread* self,
                                const char* descriptor,
                                size_t hash,
                                Handle<mirror::ClassLoader> class_loader,
                                const DexFile& dex_file,
                                const DexFile::ClassDef& dex_class_def) {
    StackHandleScope<3> hs(self);
    auto klass = hs.NewHandle<mirror::Class>(nullptr);
    …
    if (klass.Get() == nullptr) {
      // 分配一个 Class 空间，并将状态迁移到 kStatusNotReady
      klass.Assign(AllocClass(self, SizeOfClassWithoutEmbeddedTables(dex_file,
                        dex_class_def)));
    }
    mirror::DexCache* dex_cache = RegisterDexFile(dex_file,
        GetOrCreateAllocatorForClassLoader(class_loader.Get()));
    …
    klass->SetDexCache(dex_cache);
    SetupClass(dex_file, dex_class_def, klass, class_loader.Get());

    // Mark the string class by setting its access flag.
    if (UNLIKELY(!init_done_)) {
      if (strcmp(descriptor, "Ljava/lang/String;") == 0) {
        klass->SetStringClass();
      }
    }

    ObjectLock<mirror::Class> lock(self, klass);
    klass->SetClinitThreadId(self->GetTid());

    // Add the newly loaded class to the loaded classes table.
    mirror::Class* existing = InsertClass(descriptor, klass.Get(), hash);
    if (existing != nullptr) {//Table 中已经存在此 Class
      return EnsureResolved(self, descriptor, existing);
    }
    LoadClass(self, dex_file, dex_class_def, klass);
    …
    auto interfaces = hs.NewHandle<mirror::ObjectArray<mirror::Class>>(nullptr);

    MutableHandle<mirror::Class> h_new_class = hs.NewHandle<mirror::Class>(nullptr);
    if (!LinkClass(self, descriptor, klass, interfaces, &h_new_class)) {
      // Linking failed.
      if (!klass->IsErroneous()) {
        mirror::Class::SetStatus(klass, mirror::Class::kStatusError, self);
      }
      return nullptr;
    }
    …
    }
    …
    return h_new_class.Get();
}
```

这个函数很长，核心的操作由 AllocClass、SetDexCache、SetupClass、InsertClass、EnsureResolved、LoadClass 和 LinkClass 等组成。

其中 AllocClass 即 "Allocate Class"，它负责申请 Class 对象所需的内存空间。而且这块内存是从 Runtime::Current()->GetHeap() 中获得的——这样一来就将它纳入 GC 的统一管理中了。需要分配的空间大小由 SizeOfClassWithoutEmbeddedTables 计算得到，有兴趣的读者可以自行分析其中的实现细节。

SetupClass 简单来讲用于对 Class 对象进行初始化。InsertClass 则负责将本次已经加载的 Class 保存到一个已加载列表中，这样后续如果再次使用时就不需要再"大费周章"了。根据这个函数的返回值可以判断出要插入的对象是否已经存在——正常情况下返回值为 nullptr，但也有特例：譬如其他线程也在尝试做同一个 Class 的插入操作，而且比我们先行完成了。当然，这种情况下我们还需要调用 EnsureResolved 来确保 Class 得到正确的解析处理。

LoadClass 是将 AllocClass 申请的空间真正填满内容（成员变量、成员函数等）的一个函数，这也是后面 Class 中的函数能被正确执行的关键所在。代码实现如下：

```
/*art/runtime/class_linker.cc*/
void ClassLinker::LoadClass(Thread* self, const DexFile& dex_file,
                const DexFile::ClassDef& dex_class_def,
                Handle<mirror::Class> klass) {
  const uint8_t* class_data = dex_file.GetClassData(dex_class_def);
  if (class_data == nullptr) {
    return;  // no fields or methods - for example a marker interface
  }
  bool has_oat_class = false;
  if (Runtime::Current()->IsStarted() && !Runtime::Current()->IsAotCompiler()) {
    OatFile::OatClass oat_class = FindOatClass(dex_file, klass->GetDexClassDefIndex(),
                                               &has_oat_class);
    if (has_oat_class) {
      LoadClassMembers(self, dex_file, class_data, klass, &oat_class);
    }
  }
  if (!has_oat_class) {
    LoadClassMembers(self, dex_file, class_data, klass, nullptr);
  }
}
```

首先我们需要从 DexFile 中找到 Class 数据（每个 Class 数据由 class_data_item 构成）所在位置，这个偏移量保存在 class_data_off_ 中。假如这个值为空的话，代表当前的类并没有包含任何成员函数和成员变量，因而流程可以直接结束。紧接着查找这个 Dex Class 所对应的 OatClass，判断规则是它们的 index 值是否一致。具体来说，我们需要调用 klass->GetDexClassDefIndex 来得到 Dex Class 的序号，然后利用 FindOatClass 来获得 Oat Class 对象。当然，执行这种对应关系的前提是 Runtime 已经启动，并且 IsAotCompiler 的返回值是 false——即非 AOT 编译器的情况。什么意思呢？就是指当前的进程首先不能是一个 Compiler（或者说当前进程不是 dex2oat），而且没有使用 JIT 在做编译。所以对于一般的 Android 程序来说都会执行这个代码分支。

不管有没有 Oat Class,程序都会调用 LoadClassMembers。我们来看一下这个函数的内部实现：

```
/*art/runtime/class_linker.cc*/
void ClassLinker::LoadClassMembers(Thread* self, const DexFile& dex_file,
                   const uint8_t* class_data,
                   Handle<mirror::Class> klass,
                   const OatFile::OatClass* oat_class) {
  {
    ClassDataItemIterator it(dex_file, class_data);
    //加载静态成员变量
    const size_t num_sfields = it.NumStaticFields();
    ArtField* sfields = num_sfields != 0 ?
                        AllocArtFieldArray(self, num_sfields) : nullptr;
    for (size_t i = 0; it.HasNextStaticField(); i++, it.Next()) {
```

21.11 Art 虚拟机的 "中枢系统" ——执行引擎之本地代码

```
      CHECK_LT(i, num_sfields);
      LoadField(it, klass, &sfields[i]);
    }
    klass->SetSFields(sfields);
    klass->SetNumStaticFields(num_sfields);
    DCHECK_EQ(klass->NumStaticFields(), num_sfields);
    //加载普通成员变量
    const size_t num_ifields = it.NumInstanceFields();
    ArtField* ifields = num_ifields != 0 ?
                                 AllocArtFieldArray(self, num_ifields) : nullptr;
    for (size_t i = 0; it.HasNextInstanceField(); i++, it.Next()) {
      CHECK_LT(i, num_ifields);
      LoadField(it, klass, &ifields[i]);
    }
    klass->SetIFields(ifields);
    klass->SetNumInstanceFields(num_ifields);
    DCHECK_EQ(klass->NumInstanceFields(), num_ifields);
    //加载成员函数，根据函数类型的不同，加载方式也会有区别
    if (it.NumDirectMethods() != 0) {//static、private 等类型的函数
      klass->SetDirectMethodsPtr(AllocArtMethodArray(self, it.NumDirectMethods()));
    }
    klass->SetNumDirectMethods(it.NumDirectMethods());//Direct Method 的数量
    if (it.NumVirtualMethods() != 0) {//加载虚函数
      klass->SetVirtualMethodsPtr(AllocArtMethodArray(self,it.NumVirtualMethods()));
    }
    klass->SetNumVirtualMethods(it.NumVirtualMethods());//虚函数数量
    size_t class_def_method_index = 0;
    uint32_t last_dex_method_index = DexFile::kDexNoIndex;
    size_t last_class_def_method_index = 0;
    for (size_t i = 0; it.HasNextDirectMethod(); i++, it.Next()) {
      ArtMethod* method = klass->GetDirectMethodUnchecked(i, image_pointer_size_);
      LoadMethod(self, dex_file, it, klass, method);
      LinkCode(method, oat_class, class_def_method_index);
      uint32_t it_method_index = it.GetMemberIndex();
      if (last_dex_method_index == it_method_index) {
        // duplicate case
        method->SetMethodIndex(last_class_def_method_index);
      } else {
        method->SetMethodIndex(class_def_method_index);
        last_dex_method_index = it_method_index;
        last_class_def_method_index = class_def_method_index;
      }
      class_def_method_index++;
    }
    for (size_t i = 0; it.HasNextVirtualMethod(); i++, it.Next()) {
      ArtMethod* method = klass->GetVirtualMethodUnchecked(i, image_pointer_size_);
      LoadMethod(self, dex_file, it, klass, method);
      DCHECK_EQ(class_def_method_index, it.NumDirectMethods() + i);
      LinkCode(method, oat_class, class_def_method_index);
      class_def_method_index++;
    }
    DCHECK(!it.HasNext());
  }
  self->AllowThreadSuspension();
}
```

LoadMembers 可以分为 3 个部分，分别负责加载静态成员变量、普通成员变量和成员函数。ClassDataItemIterator 是一个 Iterator,它的每一项都对应一个 class_data_item。NumStaticFields 返回的是当前 Class 中静态变量的数量，它是在如下构造函数中赋值的：

```
ClassDataItemIterator(const DexFile& dex_file, const uint8_t* raw_class_data_item)
    : dex_file_(dex_file), pos_(0), ptr_pos_(raw_class_data_item), last_idx_(0) {
  ReadClassDataHeader();
  if (EndOfInstanceFieldsPos() > 0) {
    ReadClassDataField();
  } else if (EndOfVirtualMethodsPos() > 0) {
    ReadClassDataMethod();
  }
}
```

ReadClassDataHeader 将从 ptr_pos_，即 raw_class_data_item 所指向的区域中读取变量和函数的数量，并保存到 header_ 中。对于加载到的所有信息，都将通过 kclass 这个变量进行保存，以便后面的代码执行可以顺利进行。

我们再回到 DefineClass 函数的分析中。LoadClass 之后还剩最后一步操作，即 LinkClass。它也是 ClassLinker 的意义所在——建立各个 Class 之间的关联。比如父子类之间是如何重载的，实现多态性的 VTable 和 ITable 应该怎么处理等。

以 LinkClass 中的 LinkMethods 为例，它的主要工作是处理好多态性的实现。多态允许程序在运行中再绑定具体的函数，给程序带来了很多灵活性和便利性。多态的具体实现虽然与编译器有关联，但是它们的基本原理都是类似的。当我们在 Class 中定义一个虚函数（严格来讲，Java 没有虚函数的概念，或者说函数默认就具有虚函数的行为）的时候，Compiler 会为它添加一个隐藏的成员变量，而后者会指向一个函数指针数组。这个数组就是被大家所熟知的 VTable（Virtual Method Table），它包含的各个指针的具体值需要在运行时才能得到最终确定：

```
bool ClassLinker::LinkMethods(Thread* self,
                              Handle<mirror::Class> klass,
                              Handle<mirror::ObjectArray<mirror::Class>> interfaces,
                              ArtMethod** out_imt) {
    self->AllowThreadSuspension();
    return SetupInterfaceLookupTable(self, klass, interfaces)
            && LinkVirtualMethods(self, klass, /*out*/ &default_translations)
            && LinkInterfaceMethods(self, klass, default_translations, out_imt);
}
```

LinkMethods 的处理主要分为两个步骤：其一是先链接虚函数，然后再链接接口中的函数。链接的本质就是把对函数的索引号引用变成真正的目的地址，以便程序的正确执行。

LinkVirtualMethods 用于对虚函数进行处理，它在执行逻辑上会分为两个部分（分别对应函数实现中的 if 和 else 两个分支）——即当前类是否有自己的 SuperClass。我们知道，Java 语言中只有"最顶端"的 Object 才允许没有父类，因而对绝大多数的类来说，它们都会走前半部分的分支。这种情况下，当前类的 VTable 首先是从父类获取到的，然后以此为基础进行"改造"。

VTable 在代码实现中采用的是 mirror::PointerArray 数据结构。这个 Array 的最大值是 num_virtual_methods + super_vtable_length，也就是父类中已有的数组大小加上类自身的虚函数个数。我们给 VTable 分配的空间大小（AllocPointerArray）也是以这个数为基准的。VTable 的初始化也很简单，就是将 Super Class 中的各个 entry 复制到 VTable 中来。而且如果 num_virtual_methods 为 0，说明这个函数并不需要再做其他额外工作，那么这种情况下函数可以直接结束返回。

VTable 完成初始化后，接下来就需要处理当前类中的情况了。我们可以来思考一下，如何分步骤来完成对 VTable 的改造呢？实际上无非就是两个原则：

- 查询 Super Class 的 VTable 是否有被这个类 override 的函数；
- 对于那些与父类没有直接关系的新函数，添加到 VTable 的末尾。

LinkVirtualMethods 的核心处理流程也是遵照上面这两点展开的，只不过出于性能等因素的考虑，它还加入了很多其他改进措施。有兴趣的读者可以自行阅读代码了解。

理解了 VTable 的处理过程后，我们再来进一步分析 IfTable。相信很多读者会有这样的疑问，既然已经有了 VTable，为什么还需要 IfTable 呢？

IfTable 从字面上很容易理解，是指 Interface Table，它对应的代码实现是：

```
HeapReference<IfTable> iftable_;
```

而 IfTable 数据结构定义如下：

```
class MANAGED IfTable FINAL : public ObjectArray<Object> {…
```

21.11 Art 虚拟机的"中枢系统"——执行引擎之本地代码

简单来说,IfTable 是多个 Interface 和其对应的 method 列表的集合。

根据 Java 语言的规定,一个 Class 虽然只能继承自(extends)一个类,但却可以实现(implements)多个接口。如图 21-67 所示。

这一点我们从两个 Table 的定义对比也可以窥见一二:

```
HeapReference<IfTable> iftable_;
HeapReference<PointerArray> vtable_;
```

其中 IfTable 继承自 ObjectArray<Object>:

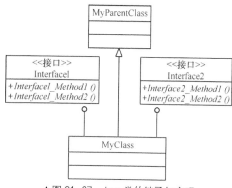

▲图 21-67 Java 类的继承与实现

```
class MANAGED IfTable FINAL : public ObjectArray<Object> {
```

所以说 VTable 只解决类的 extends 关系,而不负责类的 implements 关系,后者的实现就交由 IfTable 来完成了。

这样一来,FindClass 的整个实现过程就分析完成了。

得到 Class 对象之后,下一步需要理解的是怎么执行 Class 类中的函数。为了便于大家阅读,我们再将 start 函数中的相关代码摘取如下:

```
        jclass startClass = env->FindClass(slashClassName);
        if (startClass == NULL) {
            ALOGE("JavaVM unable to locate class '%s'\n", slashClassName);
            /* keep going */
        } else {
            jmethodID startMeth = env->GetStaticMethodID(startClass, "main",
                "([Ljava/lang/String;)V");
            if (startMeth == NULL) {
                ALOGE("JavaVM unable to find main() in '%s'\n", className);
                /* keep going */
            } else {
                env->CallStaticVoidMethod(startClass, startMeth, strArray);
            }
        }
```

Zygote 希望 AndroidRuntime 启动的 Class 类是 com.android.internal.os.ZygoteInit,入口函数则是 "main"。因而 AndroidRuntime::start 首先通过 GetStaticMethodID 来从上述加载的 startClass 中获得 main 函数的 jmethodID。这个 ID 值是后续 main 函数能得顺利运行的前提条件(它实际上是一个_jmethodID 指针)。GetStaticMethodID 的源码实现在 jni_internal.cc 中,如下所示:

```
/*art/runtime/jni_internal.cc*/
  static jmethodID GetStaticMethodID(JNIEnv* env, jclass java_class, const char* name,
                                     const char* sig) {
    CHECK_NON_NULL_ARGUMENT(java_class);
    CHECK_NON_NULL_ARGUMENT(name);
    CHECK_NON_NULL_ARGUMENT(sig);
    ScopedObjectAccess soa(env);
    return FindMethodID(soa, java_class, name, sig, true);
  }
```

CHECK_NON_NULL_ARGUMENT 宏用于确保参数不为空,否则函数直接结束并返回 null。可见起主要作用的是最后的 FindMethodID:

```
/*art/runtime/jni_internal.cc*/
static jmethodID FindMethodID(ScopedObjectAccess& soa, jclass jni_class,
                              const char* name, const char* sig, bool is_static)
    SHARED_LOCKS_REQUIRED(Locks::mutator_lock_) {
  mirror::Class* c = EnsureInitialized(soa.Self(),
                                       soa.Decode<mirror::Class*>(jni_class));
```

```
  ArtMethod* method = nullptr;
  auto pointer_size = Runtime::Current()->GetClassLinker()->GetImagePointerSize();
  if (is_static) {
    method = c->FindDirectMethod(name, sig, pointer_size);
  } else if (c->IsInterface()) {
    method = c->FindInterfaceMethod(name, sig, pointer_size);
  } else {
    method = c->FindVirtualMethod(name, sig, pointer_size);
    …
  }
  …
  return soa.EncodeMethod(method);
}
```

这个函数的目标是根据参数 name 来查找到正确的 methodID。在我们这个场景中，name 对应的是 "main"，而且 is_static 等于 true（因为 main 是静态函数）。换句话说，上述代码段中真正调用的实现函数是 FindDirectMethod：

```
/*art/runtime/mirror/Class.cc*/
ArtMethod* Class::FindDirectMethod(const StringPiece& name,
                            const StringPiece& signature, size_t pointer_size) {
  for (Class* klass = this; klass != nullptr; klass = klass->GetSuperClass()) {
    ArtMethod* method = klass->FindDeclaredDirectMethod(name, signature,
                                              pointer_size);
    if (method != nullptr) {
      return method;
    }
  }
  return nullptr;
}
```

查找 Direct Method 的过程并不复杂，就是按照继承关系不断搜寻。FindDeclaredDirectMethod 最终是通过 Class 中的 direct_methods_ 数组来找到所需的 ArtMethod 的，其中 signature 代表函数的原型——例如 main 函数对应的是 "([Ljava/lang/String;]V"。Class 中的成员变量 direct_methods_ 是 Class Linker 为目标 Class 加载数据时赋值的，具体而言是在 LoadClassMembers 中调用 SetDirectMethodsPtr 实现的。建议大家可以和前面介绍的内容结合起来分析，相信会有更深刻的理解。

找到的 ArtMethod 指针会通过 jmethodID 数据结构包装后再返回给 GetStaticMethodID，进而为 startMeth 赋值。JNI 中自定义了不少类似于 jmethodID 的数据结构（如 jfieldID、jobject、jclass 等），它们大多数是对基础数据类型的 typedef（如 void*）。那么 jmethodID 只是对 ArtMethod* 简单的强制类型转换吗？我们发现 FindMethodID 最后 return 的是 EncodeMethod(method)。它和另一个配套的 DecodeMethod 的声明如下：

```
jmethodID EncodeMethod(mirror::ArtMethod* method) const;
mirror::ArtMethod* DecodeMethod(jmethodID mid) const;
```

也就是说，"编解码" 之间的关系如下：

```
Encode: ArtMethod->jmethodID; Decode: jmethodID->ArtMethod
```

获取到 Method Id 后，接下来就要考虑如何才能真正地执行这个函数。在我们这个场景下，运行 main 函数所使用的 JNI 接口是 CallStaticVoidMethod：

```
/*art/runtime/jni_internal.cc*/
  static void CallStaticVoidMethod(JNIEnv* env, jclass, jmethodID mid, ...) {
    va_list ap;
    va_start(ap, mid);
    CHECK_NON_NULL_ARGUMENT_RETURN_VOID(mid);
    ScopedObjectAccess soa(env);
    InvokeWithVarArgs(soa, nullptr, mid, ap);
    va_end(ap);
  }
```

21.11 Art 虚拟机的"中枢系统"——执行引擎之本地代码

因为所要被执行的函数事先是未知的，函数所带的参数也是不确定的，所以 CallStaticVoid Method 采用的是不定参的格式。如果大家对这种类型的函数感到陌生的话，建议可以先自行查阅相关资料了解详情：

```
/*art/runtime/reflection.cc*/
JValue InvokeWithVarArgs(const ScopedObjectAccessAlreadyRunnable& soa, jobject obj,
jmethodID mid, va_list args)
    SHARED_LOCKS_REQUIRED(Locks::mutator_lock_) {
…
  mirror::ArtMethod* method = soa.DecodeMethod(mid);
  mirror::Object* receiver = method->IsStatic() ? nullptr :
                                    soa.Decode<mirror::Object*>(obj);
  uint32_t shorty_len = 0;
  const char* shorty = method->GetShorty(&shorty_len);
  JValue result;
  ArgArray arg_array(shorty, shorty_len);
  arg_array.BuildArgArrayFromVarArgs(soa, receiver, args);
  InvokeWithArgArray(soa, method, &arg_array, &result, shorty);
  return result;
}
```

因为传入的参数是 jmethodID，所以需要先通过 DecodeMethod 把它转成正确的 ArtMethod。我们知道，函数如果是静态的（IsStatic）话，那么可以不需要实例化就直接调用；反之就要指定它所对应的对象——在上述代码段中指的是 receiver，它是由 obj 这个参数 Decode 而来的。另外，shorty 字符串是对目标函数原型的描述，以便后续可以精确定位。

一切准备就绪以后，开始调用 InvokeWithArgArray，而后者又会进一步调用 ArtMethod::Invoke：

```
/*art/runtime/art_method.cc*/
void ArtMethod::Invoke(Thread* self, uint32_t* args, uint32_t args_size,
                       JValue* result, const char* shorty) {
…
  ManagedStack fragment;
  self->PushManagedStackFragment(&fragment);
  Runtime* runtime = Runtime::Current();//注意,Runtime 实例是进程唯一的
  if (UNLIKELY(!runtime->IsStarted() || Dbg::IsForcedInterpreterNeededForCalling(self,
this))) {…//当前 Runtime 还未启动，或者当前是调试模式下，那么需要使用 interpreter
  } else {…//不需要解释器，直接执行函数对应的 Native Code
    bool have_quick_code = GetEntryPointFromQuickCompiledCode() != nullptr;
    if (LIKELY(have_quick_code)) {…
      if (!IsStatic()) {
        (*art_quick_invoke_stub)(this, args, args_size, self, result, shorty);
      } else {
        (*art_quick_invoke_static_stub)(this, args, args_size, self, result, shorty);
      }
      …
    }else {…//函数没有找到对应的 Native Code，报错
    }
  }
  // Pop transition.
  self->PopManagedStackFragment(fragment);
}
```

ArtMethod::Invoke 是虚拟机中最关键的函数之一，它有点类似于目标函数执行之前的"分发器"。这个函数很长，上述代码段是其中的核心实现。

它的处理逻辑如下：

- !runtime->IsStarted() || Dbg::IsForcedInterpreterNeededForCalling

如果 runtime 还没有启动完成，或者当前处于 debug 状态（这是因为调试程序时有可能需要单步执行或者 Step into 到函数内部，必须使用 Interpreter 才能完成），那么就走 interpreter 这个分支。Interpreter 代表当前的函数由"解释器"来执行字节码，而不是直接调用通过 dex2oat 转化成的本地机器代码。

第 21 章　Android 虚拟机

- 非 interpreter 的情况

大部分情况下，我们都可以直接执行已经被预先编译好的机器码，这也是保证 Art 虚拟机性能相较于 Dalvik 有较大幅度提升的基础条件之一

对于 arm、i386 等硬件平台架构，invoke 将利用 art_quick_invoke_stub 或者 art_quick_invoke_static_stub（静态函数的情况）来运行目标函数。不过这两个函数都只是做了一下简单的中转，它们会进一步调用 quick_invoke_reg_setup 来完成任务：

```
/*art/runtime/arch/arm/quick_entrypoints_cc_arm.cc*/
template <bool kIsStatic>
static void quick_invoke_reg_setup(ArtMethod* method, uint32_t* args, uint32_t args_size, Thread* self, JValue* result, const char* shorty) {
  uint32_t core_reg_args[4];      // r0 ~ r3
  uint32_t fp_reg_args[16];       // s0 ~ s15 (d0 ~ d7)
  uint32_t gpr_index = 1;         // Index into core registers. Reserve r0 for ArtMethod*.
  uint32_t fpr_index = 0;         // Index into float registers.
  uint32_t fpr_double_index = 0;  // Index into float registers for doubles.
  uint32_t arg_index = 0;         // Index into argument array.
  const uint32_t result_in_float = kArm32QuickCodeUseSoftFloat ? 0 :
      (shorty[0] == 'F' || shorty[0] == 'D') ? 1 : 0;//结果值是否涉及浮点数操作

  if (!kIsStatic) {
    core_reg_args[gpr_index++] = args[arg_index++];
  }

  for (uint32_t shorty_index = 1; shorty[shorty_index] != '\0'; ++shorty_index, ++arg_index) {
    char arg_type = shorty[shorty_index];
    if (kArm32QuickCodeUseSoftFloat) {
      arg_type = (arg_type == 'D') ? 'J' : arg_type;  // Regard double as long.
      arg_type = (arg_type == 'F') ? 'I' : arg_type;  // Regard float as int.
    }
    switch (arg_type) {
      case 'D': {…
      }
      case 'F':
        …
      case 'J':
        …
      default:
        if (gpr_index < arraysize(core_reg_args)) {
          core_reg_args[gpr_index++] = args[arg_index];
        }
        break;
    }
  }
  art_quick_invoke_stub_internal(method, args, args_size, self, result,
                                 result_in_float, core_reg_args, fp_reg_args);
}
```

上述这个函数的作用是为后续执行汇编代码准备好各种寄存器参数（它的函数名也很好地诠释了这一点），并将结果保存在 core_reg_args 和 fp_reg_args 中。其中 core_reg_args 负责处理通用功能部分，而 fp_reg_args 属于特殊寄存器，专门用于浮点数运算。浮点数在计算机中用于近似表示一个实数，由尾数、阶码和阶码的基数组成。IEEE754 标准对浮点数的运算有严格规定，有兴趣的读者可以自行查阅学习。我们这里只需要知道符点数运算需要特殊寄存器的支持就可以了。

我们在前面小节专门讲解过 AAPCS——需要特别指出的是，Art 虚拟机在调用汇编代码时并没有严格遵循 AAPCS 规则。这一点从 invoke 函数的处理流程中也可以看出来。在 quick_invoke_reg_setup 的实现中，core_reg_args 数组大小为 4，分别对应 r0-r3 这几个通用寄存器； fp_reg_args 大小为 16，对应的是 s0-s15。另外，gpr_index、fpr_index 和 fpr_double_index 是数组中的序号。另外，除了 gpr_index 需要预留 r0 给 ArtMethod 指针所以初始值为 1 外，其他数组的 index 都是从 0 开始计算的。

总体来说，各主要寄存器的作用如表 21-12 所示。

表 21-12　　寄存器的作用

Registers	Description
r0	指向目标函数（ArtMethod）的指针
r1	指向目标函数（ArtMethod）所需的参数数组（如果函数没有参数，则为 null）
r2	上述参数数组的大小（bytes）
r3	指向当前线程的指针
[sp]	JValue* result
[sp + 4]	result_in_float 的值
[sp + 8]	core register argument array
[sp + 12]	fp register argument array

对于非 static 的情况，quick_invoke_reg_setup 首先复制 args 中的所有数据（指针）到 core_reg_args 数组中。接着进入一个 for 循环来逐一处理 shorty 字符串中的元素。shorty 变量是通过 ArtMethod::GetShorty 获取到的，简单来说它是对函数原型的"简写"，表示（shorty 的第 0 个元素代表的是函数的返回值，因而循环语句是从数组的序列 1 开始的）。表 21-13 展示的是常见的数据类型对应的简写，供大家参考。

表 21-13　　数据类型对应的简写

数 据 类 型	简　　写
double	D
long	J
float	F
int	I
boolean	Z
char	C
byte	B
short	S
void	V
object	L 如：Ljava/lang/String
array	[如：[Ljava/lang/String

如果在 for 循环语句对 shorty 的处理过程中发现了 double 和 float，那么我们需要引入特殊寄存器 fp_reg_args。不过在我们这个场景中（针对 main 函数的调用），并没有涉及浮点数的运算，所以可以直接略过。

针对寄存器的处理完成后，下面就要真正地去执行目标函数了，完成这一步操作的是 art_quick_invoke_stub_internal。这个函数是由汇编代码编写而成的，它需要解决如下的核心问题点：

（1）如何调用和执行目标函数；
（2）函数结果值是如何传递的。

因为 C 函数 quick_invoke_reg_setup 调用 art_quick_invoke_stub_internal 时的实参格式如下：

```
art_quick_invoke_stub_internal(method, args, args_size, self, result,
                    result_in_float, core_reg_args, fp_reg_args);
```

根据 ARM 的 ATPCS 规范，C 语言在调用汇编代码时的参数如果超过 4 个，那么余下部分就需要通过栈来传递。进入 art_quick_invoke_stub_internal 函数时具体的参数分布示意图如下所示：

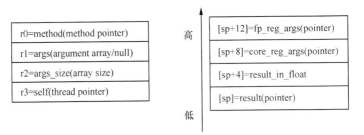

由上图可见，最终的函数结果值（result）将通过[sp]所指向的地址向外传递。大家在分析 art_quick_invoke_stub_internal 源码过程中也可以验证一下。

调用目标函数（在我们这个场景中指的是 ZygoteInit::main 函数编译生成的 Native Code）使用的是 blx 这条指令。ARM 体系中常用的几种跳转指令包括：B、BL、BX、BLX 和 BXJ 等。其中 BL 和 BLX 都会将 PC（Program Counter）的下一个值保存到链接寄存器（Link Register）中，并且把需要跳转的目标地址存入 PC 寄存器中。

接下来我们逐行分析 art_quick_invoke_stub_internal 这个汇编函数，以帮助大家理解它的实现原理。其中标注了 ".cfi*" 的代码并不会影响函数的最终执行结果，因而可以直接略过。为了方便阅读，我们把所有分析都以注释的方式放在了相应代码行的后面，如下所示：

```
/*art/runtime/arch/arm/quick_entrypoints_arm.S*/
ENTRY art_quick_invoke_stub_internal
    SPILL_ALL_CALLEE_SAVE_GPRS      @将需要修改的寄存器(共 9 个)压栈，以便后面恢复
    mov     r11, sp                 @ 将栈指针保存在 r11 中
    mov     r9, r3                  @ 将 r3=method 的值保存在 r9 中

    add     r4, r2, #4              @ r4=r2+4=args_size+4,需要额外分配 4 个参数空间
    sub     r4, sp, r4              @ r4=sp-r4,预留所有参数所需要的空间，为函数调用做准备
    and     r4, #0xFFFFFFF0         @ 保证 16 字节对齐
    mov     sp, r4                  @ sp=r4,即 sp 指向预留的空间并且做了对齐操作的最终地址

    mov     r4, r0                  @ 保存目标函数地址到 r4 中，因为 r0 立即要被用作它用
    add     r0, sp, #4              @ r0=sp+4, 为 memcpy 准备参数。函数 memcpy(dest,src,bytes)
                                    @ 带 3 个参数,r0 对应 dest,r1=args 对应 src,r2=args_size 对应 bytes
    bl      memcpy                  @ 调用 memcpy, 从而把目标函数所需的参数全部复制到 sp 指定地址中
    mov     ip, #0                  @ ip=0
    str     ip, [sp]                @ [sp]=null, memcpy 是从 sp+4 开始复制的，换句话说预留了个位置

    ldr     ip, [r11, #48]          @ ip=[r11+48],加载 fp 寄存器数组指针(注意之前已经将原始 sp 保存到 r11 中)
                                    @ 有读者可能会疑问怎么是#48 呢？这是因为函数一开头我们通过
                                    @ SPILL_ALL_CALLEE_SAVE_GPRS 压栈了 9 个寄存器，因而 9*4+12=48
    vldm    ip, {s0-s15}            @ 将内存中的内容复制到 s0 - s15 寄存器

    ldr     ip, [r11, #44]          @ ip=[r11+44],加载核心寄存器数组指针
    mov     r0, r4                  @ 还原 r0 为目标函数地址
    add     ip, ip, #4              @ ip=ip+4,跳过 4 个字节
    ldm     ip, {r1-r3}             @ 将内存中的内容复制到 r1 - r3
    ...
    ldr     ip, [r0, #Art_METHOD_QUICK_CODE_OFFSET_32]   @ 获取目标函数的入口地址
    blx     ip                      @ 调用目标函数
    mov     sp, r11                 @ 还原栈指针
    ldr     r4, [sp, #40]           @ 加载 result_is_float
    ldr     r9, [sp, #36]           @ 加载 result 指针
    cmp     r4, #0
    ite     eq
    strdeq  r0, [r9]                @ 将 r0/r1 保存到 result 指针所指向地址中
    vstrne  d0, [r9]                @ 将 s0-s1/d0 保存到 result 指针所指向的地址中
```

```
        pop     {r4, r5, r6, r7, r8, r9, r10, r11, pc}          @ 还原所有寄存器
END art_quick_invoke_stub_internal
```

寄存器的数量是非常有限的,而当我们需要占用到某些已经赋值了的寄存器时,可以先把它们保存到内存中,这个过程被称为寄存器溢出(Spill)。除了上述注释所示的内容外,我们还需要特别注意的是 ART_METHOD_QUICK_CODE_OFFSET_32,它的定义如下:

```
/*art/runtime/asm_support.h*/
#define Art_METHOD_QUICK_CODE_OFFSET_32 36
ADD_TEST_EQ(Art_METHOD_QUICK_CODE_OFFSET_32,
            art::ArtMethod::EntryPointFromQuickCompiledCodeOffset(4).Int32Value())
```

那么这个宏定义的作用是什么呢?ADD_TEST_EQ 可以为我们回答这个问题。这个函数会验证传入的两个参数(即 ART_METHOD_QUICK_CODE_OFFSET_32 和 art::ArtMethod::EntryPointFromQuickCompiledCodeOffset(4).Int32Value())是否相等,换句话说就是:

ART_METHOD_QUICK_CODE_OFFSET_32=
    art::ArtMethod::EntryPointFromQuickCompiledCodeOffset(4).Int32Value()

而 EntryPointFromQuickCompiledCodeOffset 函数的定义是:

```
static MemberOffset EntryPointFromQuickCompiledCodeOffset(size_t pointer_size) {
    return MemberOffset(PtrSizedFieldsOffset(pointer_size) + OFFSETOF_MEMBER(
        PtrSizedFields, entry_point_from_quick_compiled_code_)
        / sizeof(void*) * pointer_size);
}
```

绕了一个"大弯",事实上 EntryPointFromQuickCompiledCodeOffset 所要获取的就是 entry_point_from_quick_compiled_code_ 这个变量在 ArtMethod 类中的偏移量,以便 art_quick_invoke_stub_internal 中可以顺利跳转到它所指定的 Entry Point 中。

进入 ART_METHOD_QUICK_CODE_OFFSET_32 时的参数分布如图 21-68 所示。

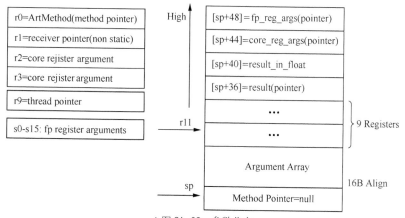

▲图 21-68　参数分布

从前面小节针对 Entry Point 的学习我们知道,它的赋值取决于函数的实际情况——比如常见的一个值是 art_quick_resolution_trampoline,如下所示:

```
ENTRY art_quick_resolution_trampoline
    SETUP_REFS_AND_ARGS_CALLEE_SAVE_FRAME r2, r3
    mov     r2, r9                  @ 从图 21-68 可知,r9 代表的是当前的 Thread
    mov     r3, sp                  @ 堆栈指针保存到 r3 中
    blx     artQuickResolutionTrampoline  @ (Method* called, receiver, Thread*, SP)
    cbz     r0, 1f                  @ is code pointer null? goto exception
```

```
        mov     r12, r0
        ldr     r0, [sp, #0]              @ 将正确解析完成后的函数对象保存到r0中
        RESTORE_REFS_AND_ARGS_CALLEE_SAVE_FRAME
        bx      r12                       @ 进入目标函数真正的入口地址
1:
        RESTORE_REFS_AND_ARGS_CALLEE_SAVE_FRAME
        DELIVER_PENDING_EXCEPTION
END art_quick_resolution_trampoline
```

这段汇编代码的关键点有两个,其一是调用 artQuickResolutionTrampoline,其二是根据这个函数返回值(目标函数的真实地址)来开展工作。汇编函数 art_quick_resolution_trampoline 首先要为调用 C 函数 artQuickResolutionTrampoline 做好参数准备——因为类似于r9这样的寄存器是不符合 C 语言的调用规范的,必须先做处理。不难理解,它传递给后者的参数包括:r0=ArtMethod*(callee,但有可能为"伪目标",参见后续分析),r1=receiver*(类的实例对象,仅非Static 的情况下有效),r2=r9=thread*,r3=sp=ArtMethod**。

接下来我们来详细解析 artQuickResolutionTrampoline 的内部实现。这个函数很长,我们采用分段阅读的方式:

```
/*art/runtime/entrypoints/quick/quick_trampoline_entrypoints.cc*/
extern "C" const void* artQuickResolutionTrampoline(
    ArtMethod* called, mirror::Object* receiver, Thread* self, ArtMethod** sp)
    SHARED_LOCKS_REQUIRED(Locks::mutator_lock_) {…
    ClassLinker* linker = Runtime::Current()->GetClassLinker();
    ArtMethod* caller = QuickArgumentVisitor::GetCallingMethod(sp);
    InvokeType invoke_type;
    MethodReference called_method(nullptr, 0);
    const bool called_method_known_on_entry = !called->IsRuntimeMethod();
    if (!called_method_known_on_entry) {//called是否代表了真正的函数对象
        uint32_t dex_pc = caller->ToDexPc(QuickArgumentVisitor::GetCallingPc(sp));
        const DexFile::CodeItem* code;
        called_method.dex_file = caller->GetDexFile();
        code = caller->GetCodeItem();
        CHECK_LT(dex_pc, code->insns_size_in_code_units_);
        const Instruction* instr = Instruction::At(&code->insns_[dex_pc]);
        Instruction::Code instr_code = instr->Opcode();
        bool is_range;
        switch (instr_code) {
          case Instruction::INVOKE_DIRECT:
            invoke_type = kDirect;
            is_range = false;
            break;
          case Instruction::INVOKE_DIRECT_RANGE:
            …其他case 类同,直接省略
        }
        called_method.dex_method_index = (is_range) ? instr->VRegB_3rc() :
          instr->VRegB_35c();
    } else {//虽然代表了真正的函数对象,但还未解析完成。比如Static 函数
        invoke_type = kStatic;
        called_method.dex_file = called->GetDexFile();
        called_method.dex_method_index = called->GetDexMethodIndex();
    }
```

总体来说,程序中会有如下两种常见情况需要使用到 artQuickResolutionTrampoline:

- 普通函数延迟解析

这有点类似于我们在前面学习到的动态链接库中的 GOT/PLT 机制——即只有当函数第一次被调用时才会去执行解析动作,而不是在一开始就完成所有函数的解析,这样做无疑可以提高程序的运行效率。

系统怎么区分出函数是第一次被调用呢?从上述代码段中不难发现,分水岭在于 IsRuntimeMethod 这个函数。它的内部实现只有一条语句,即:

```
dex_method_index_ == DexFile::kDexNoIndex
```

换句话说，Runtime Method 这种类型的函数的最大特征是 index 值为无效的 kDexNoIndex。

一旦程序判断出 called 指向的是一个 Runtime Method，那么接下来的重点自然是：系统根据什么线索来找到真正的目标函数并替代这个"伪函数"呢？大家可以结合前面已经学习过的知识点，自行思考一下有哪些对我们有用的信息。

没错，就是调用者（caller）提供的字节码序列。因为 invoke 这个字节码命令本身是带有描述目标对象的参数的，如此一来我们只要沿着这一条"路径"就可以找到目标函数（保存在 called_method 中）所对应的 index 值了。参考范例如下：

```
invoke-virtual {v4, v1}, Lcom/example/myapp/MyActivity;.setContentView:(I)V // method@0007
```

- 静态函数延迟解析

前面在学习 LinkCode 时已经介绍过，Static 函数因其特殊性需要用到延迟解析技术，对应的就是上述代码段中的 else 分支部分。因为此时 called 对象中的 index 已经代表了目标函数的索引值，意味着我们不需要再像前一种情况那样大费周章地去做查找工作了：

```
…
const bool virtual_or_interface = invoke_type == kVirtual || invoke_type == kInterface;
// Resolve method filling in dex cache.
if (!called_method_known_on_entry) {
  StackHandleScope<1> hs(self);
  mirror::Object* dummy = nullptr;
  HandleWrapper<mirror::Object> h_receiver(
      hs.NewHandleWrapper(virtual_or_interface ? &receiver : &dummy));
  DCHECK_EQ(caller->GetDexFile(), called_method.dex_file);
  called = linker->ResolveMethod(self, called_method.dex_method_index, caller, invoke_type);
}
```

得到了目标函数的索引值后，接下来就可以利用 ClassLinker 提供的 ResolveMethod 来得到目标对象（ArtMethod）了。当然，只有当 called_method_known_on_entry 为 false 时才需要执行这一步操作：

```
const void* code = nullptr;
if (LIKELY(!self->IsExceptionPending())) {…
  if (virtual_or_interface) {…//虚函数或者接口函数，涉及多态性
    ArtMethod* orig_called = called;
    if (invoke_type == kVirtual) {
      called = receiver->GetClass()->FindVirtualMethodForVirtual(called,
                                                    sizeof(void*));
    } else {
      called = receiver->GetClass()->FindVirtualMethodForInterface(called,
                                                    sizeof(void*));
    }
    …
  } else if (invoke_type == kStatic) {//静态函数
    const auto called_dex_method_idx = called->GetDexMethodIndex();
    if (called->GetDexFile() == called_method.dex_file &&
        called_method.dex_method_index != called_dex_method_idx) {
      called->GetDexCache()->SetResolvedMethod(called_dex_method_idx, called,
                                                    sizeof(void*));
    }
  }
  // 目标函数所在类是否已经初始化过
  …
  linker->EnsureInitialized(soa.Self(), called_class, true, true);
  if (LIKELY(called_class->IsInitialized())) {//已经初始化过的情况
    if (UNLIKELY(Dbg::IsForcedInterpreterNeededForResolution(self, called))) {
      code = GetQuickToInterpreterBridge();
    } else if (UNLIKELY(Dbg::IsForcedInstrumentationNeededForResolution(self,
                                                    caller))) {
      code = GetQuickInstrumentationEntryPoint();
    } else {
```

```
        code = called->GetEntryPointFromQuickCompiledCode();
    }
} else if (called_class->IsInitializing()) {…//初始化未完成的情况
} else {
    DCHECK(called_class->IsErroneous());
}
  }
  …
  *sp = called;
  return code;
}
```

相信大家已经从上述的代码段中看出了我们所面临的第二个障碍了,即多态性——此时需要根据 this 指针(即 receiver)来判断函数是否被重载。大家可以自行学习 FindVirtualMethodForVirtual 和 FindVirtualMethodForInterface 来了解其中的实现细节。

最后,我们还需要利用 ClassLinker 的 EnsureInitialized 来确保目标函数所在的类是否已经成功初始化。以初始化完成的情况为例,此时就可以确定出目标函数的入口地址了。

如果是因为调试的原因需要强制使用 Interpreter,那么入口地址会被设置为 GetQuickToInterpreterBridge;如果是需要启用 Instrumentation(后续小节有专门介绍)的情况,入口地址会被设置为 GetQuickInstrumentationEntryPoint;否则入口地址是 GetEntryPointFromQuick CompiledCode。

我们需要注意函数结尾的如下几行语句:

```
  *sp = called;
  return code;
}
```

第一行语句表示 sp 栈顶位置将保存真实的目标函数对象(called)。

第二行语句表示 artQuickResolutionTrampoline 函数的返回值是 called 的入口地址。

所以当 artQuickResolutionTrampoline 成功返回后,art_quick_resolution_trampoline 首先会判断 r0 的值是否为 0。如果答案是否定的,那么紧接着就把 r0 赋值给 r12,并从 sp 栈顶加载真实目标对象到 r0,然后跳转到入口地址(r12);否则就跳转到 art_quick_resolution_trampoline 中的 exception 进行异常处理。

这样 Art 虚拟机就成功地执行了字节码被编译生成的本地机器码了。

21.12 Android x86 版本兼容 ARM 二进制代码——Native Bridge

目前手机等终端设备使用 ARM 芯片的居多,但这并不代表 Android 系统只能运用在一种硬件平台之上。事实上,Android 系统本身是希望可以在更多的芯片平台上运行的,而且这种愿景也被越来越多的芯片厂商所支持——其中就包括 Intel 的 x86 架构。

Android x86 版本至少在如下几个场景中具有应用价值:

- 终端设备

不管是手机、平板或是智能家居,均有不少厂商已经在 x86 架构上实现了 Android 产品。

- PC 和笔记本电脑

PC 上运行 Android 系统并不是什么新鲜事了,而且已经有几个开源组织在专门从事这方面的工作。大家如果有兴趣的话可以搜索了解详情。

- Android x86 模拟器

Android 模拟器长期以来广受诟病的缺陷就是"巨慢无比"。这其中的一个重要原因就是 ARM 版本的 Android 系统需要经过"翻译"才能运行于普遍采用 x86 架构的研发机器之上。换句话说,假如我们可以直接为开发人员提供 x86 版本的模拟器镜像,那么无疑可以极大地提高模拟器的性

21.12 Android x86 版本兼容 ARM 二进制代码——Native Bridge

能,从而满足开发人员的工作需求。根据笔者和 Intel 员工的交谈得知,他们和 Google 在 x86 版本上开展过紧密的合作,其输出成果就是目前越来越好用的 SDK 中的 x86 模拟器了。

愿景总是很美好的,但 Android x86 版本如果希望在市面上得到广泛应用,有一个核心问题是必须要解决的——那就是如何在 x86 版本中兼容 ARM 二进制代码。

可能有如下两种方案可以解决上述这一问题:

方案 1. 让各应用程序厂商在提供 ARM 库的同时,一并打包提供 x86 库

这个方案理论上讲可以很好地解决问题,而且 Google 为此也给开发者提供了很多便利——比如 NDK 就已经支持将源码同时编译成针对多个芯片架构的机器码。但是话说回来,并不是所有应用程序厂商都愿意承担这种额外的工作;同时,添加新的库文件也意味着 APK 体积的增长,这也是我们需要考虑的问题。

方案 2. 在我们没有办法保证所有厂商都从"APK 源头"来配合解决问题的情况下,如何从 Android 系统层面来提高对 ARM 二进制代码的兼容性就成了"必然的选择"。

这种方案也有几种实现方式,包括但不限于:

- Intel Houdini

Intel 为了提高自己的芯片销量,在较早时期就开始思考并解决与 ARM 库的兼容性问题。可惜的是 Intel 并没有将这一成果作为开源项目贡献给 Android 社区,而是只将这一技术授权给采用 Intel 芯片的设备厂商。Intel 考虑问题通常是从硬件芯片的销量角度出发,它并不关心软件本身所带来的直接价值(例如将 Houdini 作为技术方案收取费用)。不过因为芯片销售是 Intel 的业务主航道,所以它的这种做法本身倒是无可厚非的。

- Qemu User Mode

另一种在 Android x86 平台中兼容 ARM 的实现方式是利用 Qemu User Mode。我们知道,Qemu 有两个主要的工作模式,即 Sysytem Mode 和 User Mode。前者表示用 Qemu 来模拟一个完整的"硬件平台",包括 CPU、内存及外围设备等;后者的例子则包括了著名的 Wine——它的主要职责就是以一种轻量级的方式让 Windows 应用程序可以运行于 POSIX-Compliant 的操作系统之上。

- Native Bridge

从 Android 5.0 开始,Google 官方提供了一个名为 Native Bridge 的中间模块,以支撑不同机器平台在运行非对应平台代码之间的问题(如 x86 平台需要运行 arm 代码,就需要转换过程)。由于兼容性问题的解决是和具体硬件芯片相关联的,所以 Native Bridge 只能是起到"框架"的作用。而具体填充什么内容,则由芯片厂商(例如 Intel)来完成

本小节我们将重点分析 NativeBridge 和 houdini 结合方案的部分实现原理。其中 NativeBridge 的实现主体在/system/core/libnativebridge 中,只有一个 native_bridge.cc 文件。

那么 NativeBridge 具体会在程序运行中的什么时候起作用呢?

我们知道,Java 层的代码如果要能顺利调用到 native 函数,首先得保证这个函数所在的 library 已经被成功加载到内存中。通常情况下,开发人员会使用 System. LoadLibrary()来预先把一个 so 库加载到内存中。这个函数只是起到一个中转作用,它又会通过 Java 层的 loadLibrary 来进一步判断是否需要加载库。如果答案是肯定的话,那么程序会利用 doLoad 来完成具体的加载过程。后者将通过 nativeLoad 来简单调用一个已经利用 well_known_classes.cc 完成 init 的本地层 C++函数 Runtime_nativeLoad:

```
/*libcore/luni/src/main/java/java/lang/Runtime.java*/
static jstring Runtime_nativeLoad(JNIEnv* env, jclass, jstring javaFilename,
                        jobject javaLoader, jstring javaLdLibraryPathJstr) {
  ScopedUtfChars filename(env, javaFilename);
  …
```

```
  SetLdLibraryPath(env, javaLdLibraryPathJstr);

  std::string error_msg;
  {
    JavaVMExt* vm = Runtime::Current()->GetJavaVM();
    bool success = vm->LoadNativeLibrary(env, filename.c_str(), javaLoader,
                                         &error_msg);
    …
  }
  env->ExceptionClear();
  return env->NewStringUTF(error_msg.c_str());
}
```

其中 javaLdLibraryPathJstr 有点类似于 Linux 中的 LD_LIBRARY_PATH 环境变量，它用于指示 library 的搜索路径。这个路径是保证后续动态库可以成功加载的关键：

```
/*art/runtime/java_vm_ext.cc*/
bool JavaVMExt::LoadNativeLibrary(JNIEnv* env, const std::string& path, jobject
class_loader, std::string* error_msg) {…
  SharedLibrary* library;
  Thread* self = Thread::Current();
  {
    // TODO: move the locking (and more of this logic) into Libraries.
    MutexLock mu(self, *Locks::jni_libraries_lock_);
    library = libraries_->Get(path);//首先判断是否已经加载过这个library
  }
  if (library != nullptr) {//已经加载过的情况
    …
    return true;
  }

  Locks::mutator_lock_->AssertNotHeld(self);
  const char* path_str = path.empty() ? nullptr : path.c_str();
  void* handle = dlopen(path_str, RTLD_NOW);//打开library文件
  bool needs_native_bridge = false;//是否需要native bridge
  if (handle == nullptr) {//正常途径打开library失败
    if (android::NativeBridgeIsSupported(path_str)) {//当前不一定支持native bridge
      handle = android::NativeBridgeLoadLibrary(path_str, RTLD_NOW);//通过native bridge
                                                                   //加载所需的库文件
      needs_native_bridge = true;
    }
  }
  …
  bool created_library = false;
  {//创建一个Shared Library
    std::unique_ptr<SharedLibrary> new_library(
        new SharedLibrary(env, self, path, handle, class_loader));
    MutexLock mu(self, *Locks::jni_libraries_lock_);
    library = libraries_->Get(path);//有lock的保护，以处理好多线程情况下的竞争关系
    if (library == nullptr) {//为nullptr说明其他线程还没有完成对library的加载
      library = new_library.release();
      libraries_->Put(path, library);
      created_library = true;
    }
  }
  …
  bool was_successful = false;
  void* sym;
  if (needs_native_bridge) {
    library->SetNeedsNativeBridge();
    sym = library->FindSymbolWithNativeBridge("JNI_OnLoad", nullptr);
  } else {
    sym = dlsym(handle, "JNI_OnLoad");
  }
  if (sym == nullptr) {
    VLOG(jni) << "[No JNI_OnLoad found in \"" << path << "\"]";
    was_successful = true;
  } else {…
  }
```

21.12 Android x86 版本兼容 ARM 二进制代码——Native Bridge

```
        library->SetResult(was_successful);
        return was_successful;
    }
```

LoadNativeLibrary 的目的用一句话来简单概况，就是加载目标库并执行它的入口函数。通常 JNI_OnLoad 就是 jni 库的入口函数，开发人员会利用它来完成一些初始化操作。不过这个函数倒不是必须要存在的，所以即便是最终找不到 JNI_OnLoad，也并不代表一定是出现程序异常了（此时会有 log 打印出来，作为 warning）。加载目标库的过程基本上分为两条途径，即正常加载和借助 native bridge 加载的情况。换句话说，我们首先利用 dlopen 来尝试打开目标 library，假如成功的话，那么接下来就可以走正常渠道；否则通过 NativeBridgeIsSupported 进一步判断是否支持 native bridge，假如答案是肯定的话才会利用 native bridge 加载所需的动态链接库，具体使用的函数是 NativeBridgeLoadLibrary。

接下来需要创建一个新的 SharedLibrary。可以看到我们实际上是先 new 了一个 SharedLibrary，然后再去竞争 libraries lock——这是为了避免多个线程情况下，可能出现其他线程也需要加载同一个 library 的竞争环境。假如最后的结果显示 library == nullptr，那么表明我们是第 1 个加载 library 的，此时就需要将 library 存储到 libraries_ 中。

接下来的操作分为两种可能性。如果 needs_native_bridge 为 true，表明当前出现了目标库与平台不兼容性的情况，解决的办法就是利用 library->FindSymbolWithNativeBridge 来查找到 JNI_OnLoad；否则就是普通的情况，此时只需要通过 dlsym 就可以较容易地定位到目标函数 JNI_OnLoad 了。

上述的分析中，我们还需要对 NativeBridgeIsSupported 和 FindSymbolWithNativeBridge 做更深入的解析。其中 NativeBridgeIsSupported 本身的实现很简单：

```
bool NativeBridgeIsSupported(const char* libpath) {
    if (NativeBridgeInitialized()) {
        return callbacks->isSupported(libpath);
    }
    return false;
}
```

在 native bridge 已经初始化的情况下，通过 callbacks 提供的 isSupported 来得到结果。那么 callbacks 是什么呢？为了让大家有一个全局的认识，我们可以从 native bridge 的初始化过程入手来进行讲解。

Native bridge 的生命周期包括 5 个状态，即：

```
enum class NativeBridgeState {
    kNotSetup,                  // 最初始的状态
    kOpened,                    // dlopen native bridge 后转移到这个状态
    kPreInitialized,            // pre-initialization 成功后转移到这个状态
    kInitialized,               // 初始化成功后转移到这个状态
    kClosed                     // 发生错误或关闭 native bridge 后转移到这个状态
};
```

接下来的讲解就按照 native bridge 在各个状态间的迁移展开。

我们知道，Android 应用程序是由 Zygote 孵化出来的，而后者又是寄居于 AndroidRuntime 之上的。当 AndroidRuntime 在启动一个虚拟机时，它同时也会对 native bridge 执行相关的配置，如下所示：

```
/*frameworks/base/core/jni/AndroidRuntime.cpp*/
int AndroidRuntime::startVm(JavaVM** pJavaVM, JNIEnv** pEnv, bool zygote)
{…
    property_get("ro.dalvik.vm.native.bridge", propBuf, "");
    if (propBuf[0] == '\0') {
```

```
        ALOGW("ro.dalvik.vm.native.bridge is not expected to be empty");
    } else if (strcmp(propBuf, "0") != 0) {
        snprintf(nativeBridgeLibrary, sizeof("-XX:NativeBridge=")
                + PROPERTY_VALUE_MAX,"-XX:NativeBridge=%s", propBuf);
        addOption(nativeBridgeLibrary);
    }
```

简单来讲，系统变量 "ro.dalvik.vm.native.bridge" 是 native bridge 的 "开关"。即如果它不为 0，那么就表示这个变量用于存储 native bridge library 对应的名称；否则就表示当前不需要启用 native bridge。AndroidRuntime 中所做的这一配置会通过 "-XX:NativeBridge=" 传递给虚拟机，以便后者在初始化的时候应用起来：

```
bool Runtime::Init(const RuntimeOptions& raw_options, bool ignore_unrecognized) {…
    std::string native_bridge_file_name =
                         runtime_options.ReleaseOrDefault(Opt::NativeBridge);
    is_native_bridge_loaded_ = LoadNativeBridge(native_bridge_file_name);
```

其中 native_bridge_library_filename 就用于指示 native bridge 对应的 so 库的路径，它最开始就是由 AndroidRuntime::startVm 赋值的。真正去加载 Native bridge 的地方在 LoadNativeBridge 中：

```
/*art/runtime/native_bridge_art_interface.cc*/
bool LoadNativeBridge(std::string& native_bridge_library_filename) {…
    return android::LoadNativeBridge(native_bridge_library_filename.c_str(),
                            &native_bridge_art_callbacks_);
}
```

需要注意的是，Art 虚拟机代码中存在两个 LoadNativeBridge 函数，上面所示的代码段是其中的第 1 个，它起到 "interface" 的作用，以此来屏蔽不同虚拟机之间的差异。上述函数中 native_bridge_art_callbacks_ 代表了 Art 虚拟机相对于 native bridge 的回调接口，它是一个 NativeBridgeRuntimeCallbacks 结构体，如下所示：

```
static android::NativeBridgeRuntimeCallbacks native_bridge_art_callbacks_ {
    GetMethodShorty, GetNativeMethodCount, GetNativeMethods
};
```

第 2 个 LoadNativeBridge 会根据上一个函数传递的参数来加载具体的 native bridge library，核心代码如下：

```
/*system/core/libnativebridge/native_bridge.cc*/
bool LoadNativeBridge(const char* nb_library_filename,
                const NativeBridgeRuntimeCallbacks* runtime_cbs) {…
    if (nb_library_filename == nullptr || *nb_library_filename == 0) {
        CloseNativeBridge(false);
        return false;
    } else {
        if (!NativeBridgeNameAcceptable(nb_library_filename)) {
            CloseNativeBridge(true);
        } else {
            // Try to open the library.
            void* handle = dlopen(nb_library_filename, RTLD_LAZY);//打开对应的library
            if (handle != nullptr) {
                callbacks = reinterpret_cast<NativeBridgeCallbacks*>(dlsym(handle,
                                            kNativeBridgeInterfaceSymbol));
                if (callbacks != nullptr) {
                    if (VersionCheck(callbacks)) {
                        native_bridge_handle = handle;
                    } else {…
                    }
                } else {
                    dlclose(handle);
                }
            }
            if (callbacks == nullptr) {
                CloseNativeBridge(true);
```

```
        } else {
            runtime_callbacks = runtime_cbs;//保存与runtime之间的通信接口
            state = NativeBridgeState::kOpened;//状态迁移
        }
    }
    return state == NativeBridgeState::kOpened;
}
```

当我们在实现类似函数时,首先应该思考的是上述这个函数是否需要lock的保护?我们知道,当程序执行到这里时还没有创建其他线程。意味着并不存在多线程竞争的环境,所以在LoadNativeBridge中还不需要锁保护。

LoadNativeBridge 的处理逻辑并不复杂,因而我们不对细节部分做过多分析。它的主要任务就是按照 nb_library_filename 打开 native bridge 的动态实现库,然后 dlsym 找到名为 kNativeBridgeInterfaceSymbol 的符号。kNativeBridgeInterfaceSymbol 是一个字符串,被赋值为"NativeBridgeItf"(这个名字猜测可能是 NativeBridgeInterface 的简写),换句话说 native bridge library 必须要暴露一个 NativeBridgeItf 接口。而至于 native bridge library 的具体名称,则由"ro.dalvik.vm.native.bridge"来决定。所以说任何基于 native bridge 的实现(如 houdini)都需要配置这个系统属性。

至此 native bridge 就加载成功了,不过流程还没有结束,因为我们在使用它之前还需要先做初始化。那么什么时候执行初始化呢?这个时机当然应该是在应用程序的虚拟机正式工作前。具体而言,是由 Zygote 孵化器来控制的。我们在本书的系统启动章节对 Zygote 有详细的描述,如果有需要大家可以结合起来阅读。在 native bridge 这个场景中,我们只需要补充两点知识:

- 当有一个 Android 新应用程序需要启动时,Zygote 会介入处理,并调用 forkAndSpecialize。
- 当 fork 结束时,callPostForkChildHooks 会被调用。

函数 forkAndSpecialize 以及它所调用的其他函数的作用是在 Zygote 中 fork 出一个子进程,并通过一系列改造将其转变为目标应用程序。另外,这些工作的主体并非在 Java 层,而是在 native 层,所涉及的最核心的一个 jni 函数是 nativeForkAndSpecialize,后者又会进一步调用 ForkAndSpecializeCommon:

```
/*frameworks/base/core/jni/com_android_internal_os_Zygote.cpp*/
static pid_t ForkAndSpecializeCommon(…) {…
    bool use_native_bridge = !is_system_server && (instructionSet != NULL)
        && android::NativeBridgeAvailable();//是否需要使用native bridge
    if (use_native_bridge) {
        ScopedUtfChars isa_string(env, instructionSet);
        use_native_bridge = android::NeedsNativeBridge(isa_string.c_str());
    }
    if (use_native_bridge && dataDir == NULL) {…
        use_native_bridge = false;
        ALOGW("Native bridge will not be used because dataDir == NULL.");
    }
    …
    if (use_native_bridge) {
        ScopedUtfChars isa_string(env, instructionSet);
        ScopedUtfChars data_dir(env, dataDir);
        android::PreInitializeNativeBridge(data_dir.c_str(), isa_string.c_str());
    }
…
    env->CallStaticVoidMethod(gZygoteClass, gCallPostForkChildHooks, debug_flags,
                    is_system_server ? NULL : instructionSet);
    …
} else if (pid > 0) {
}
return pid;
}
```

是否 zygote fork 出来的所有进程都需要 native bridge 呢？不一定。譬如当前是 system server（系统类的进程都是针对硬件平台编译出来的，不会出现这种问题），或者 native bridge 不可用（此时说明系统中没有开启这个功能，或者是功能不可用），或者 data 路径为空等情况下就无需 native bridge。另外，即便上述条件都满足，但当前进程并不存在兼容性问题（比如当前是 x86 平台，而且动态链接库也是针对 x86 编译的），那么当然也不需要 native bridge。

如果确定必须使用 native bridge，那么还应该对它进行 pre-initialize，即：

```
/*system/core/libnativebridge/native_bridge.cc*/
bool PreInitializeNativeBridge(const char* app_data_dir_in, const char*
instruction_set) {...
  const size_t len = strlen(app_data_dir_in) + strlen(kCodeCacheDir) + 2; // '\0' + '/'
  app_code_cache_dir = new char[len];
  snprintf(app_code_cache_dir, len, "%s/%s", app_data_dir_in, kCodeCacheDir);
  state = NativeBridgeState::kPreInitialized;//状态迁移

#ifndef __APPLE__
  if (instruction_set == nullptr) {
    return true;
  }
  size_t isa_len = strlen(instruction_set);
  …
  char cpuinfo_path[1024];

#ifdef HAVE_ANDROID_OS
  snprintf(cpuinfo_path, sizeof(cpuinfo_path), "/system/lib"
#ifdef __LP64__
      "64"
#endif  // __LP64__
      "/%s/cpuinfo", instruction_set);
#else   // !HAVE_ANDROID_OS
  // To be able to test on the host, we hardwire a relative path.
  snprintf(cpuinfo_path, sizeof(cpuinfo_path), "./cpuinfo");
#endif

  // Bind-mount.
  if (TEMP_FAILURE_RETRY(mount(cpuinfo_path,          // Source.
                               "/proc/cpuinfo",       // Target.
                               nullptr,               // FS type.
                               MS_BIND,               // Mount flags: bind mount.
                               nullptr)) == -1) {     // "Data."
    ALOGW("Failed to bind-mount %s as /proc/cpuinfo: %s", cpuinfo_path, strerror(errno));
  }
#else // __APPLE__
  UNUSED(instruction_set);
  ALOGW("Mac OS does not support bind-mounting. Host simulation of native bridge impossible.");
#endif

  return true;
}
```

不难发现，pre-initialize 时还未与真正的 native bridge（如 houdini）产生关系，而是虚拟机本身为 native bridge 的运行而所做的一系列准备工作。真正初始化 native bridge 实现体的地方在 Runtime::Start 中，进一步讲是 Start 调用的 InitNonZygoteOrPostFork 函数中。因为在我们这个场景下 action 为 NativeBridgeAction::kInitialize，所以 InitNonZygoteOrPostFork 内部会根据这一 action 的值来执行 InitializeNativeBridge，从而完成对 native bridge 的初始化。

接下来我们再回答另一个问题，即 NativeBridgeLoadLibrary 是如何通过 native bridge 来加载目标对象的：

```
/*system/core/libnativebridge/native_bridge.cc*/
```

```
void* NativeBridgeLoadLibrary(const char* libpath, int flag) {
  if (NativeBridgeInitialized()) {
    return callbacks->loadLibrary(libpath, flag);
  }
  return nullptr;
}
```

不难发现，系统直接调用了 native bridge 实现体所提供的 callbacks->loadLibrary，而最终如何完成对目标库的加载则由 native bridge 的实现体厂商（如 Intel 提供的 houdini）来全权负责。因为 houdini 并不是开源项目，无法直接对其内部实现展开阐述。不过网上已经有不少利用特殊手段对其进行分析的资料，有兴趣的读者可以搜索阅读，如图 21-69 所示。

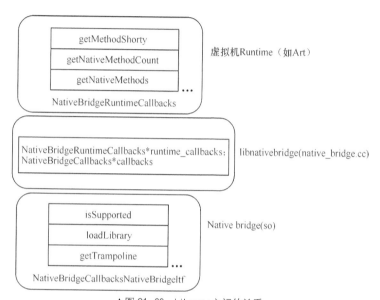

▲图 21-69　Library 之间的关系

最后我们再来小结一下本小节出现的 3 个 library 之间的关系。

- Native bridge 的具体实现会被封装在一个 so 库中

如果用户没有通过 "-XX:NativeBridge=" 特别指定的话，那么 so 库的名字就使用默认值。另外，native bridge 的 so 库需要 expose 一个名为 "NativeBridgeItf" 的接口，对应的是 NativeBridge Callbacks 结构体，其中实现了 isSupported、loadLibrary 等关键函数。值得一提的是，系统中允许多个 native bridge 的存在

- libnativebridge 只是一个中介，它所提供的 callback 函数在内部又会调用真正的 native bridge 库的实现（如 Intel 提供的 houdini library）。

- jni 库

这是需要被 native bridge 处理的目标对象。在我们本小节的分析范围内，特指需要在 x86 平台上运行的 ARM 动态链接库

21.13　Android 应用程序调试原理解析

调试是应用程序开发过程中不可或缺的一个环节，相信读者们都不会陌生。得益于各类 IDE 工具（如 Eclipse、IntelliJ 等）的辅助，开发人员调试 Android 应用程序可以说是相当简单的。以 Android Studio 为例，调试 Java 代码的步骤如下：

Step1. 在 Android Studio 中打开你的工程；
Step2. 在需要调试的地方打上断点；
Step3. 单击 Debug 按钮；
Step4. 选择需要运行应用程序的目标设备（Optional）；
Step5. 开始调试。

效果如图 21-70 所示。

▲图 21-70　Android 应用程序调试效果

当然，这看似简单的几个步骤背后隐藏的技术细节却是很复杂的。我们将在本小节对此展开分析。

21.13.1　Java 代码调试与 JDWP 协议

JDWP，即 Java Debug Wire Protocol，是被调试的目标 Java 程序与调试器之间的一种协议规范，在 Java 世界中被广泛应用。它在 Android 中的主体框架如图 21-71 所示。

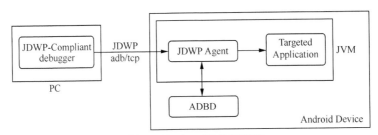

▲图 21-71　Java 调试原理简图

在以 JDWP 为基础的调试器方案中，主要会涉及如下几个角色（以 Android 虚拟机为例）：

- JDWP-Compliant Debugger

调试器通常运行于 PC 端，它会借助于 JDWP Agent 来控制运行于设备端的目标程序。我们知道，开发机与设备的连接既有可能是 TCP/IP 的方式（如模拟器），也有可能是 USB 等硬件连接线的方式。在我们接下来的分析中，主要侧重后面这种情况。

- JDWP Agent

Agent 和目标程序一样，都运行于设备端的虚拟机中，并且与调试器之间以 JDWP 规范进行数据传输。

- 目标程序

目标程序即是调试对象，它受 JDWP Agent 的控制，而后者则接受来自 Debugger Client 的指令。

- ADBD

即 ADB Daemon。它是 ADB 在设备端的监护程序，负责开发平台与设备之间的通信，调试过程也同样需要 ADBD。

下面我们以一个典型的 Android 平台上 Java 程序的调试过程为范例来做细化讲解。

Step1@Android 平台 Java 程序的调试过程——ADBD 初始化阶段

当 ADBD 启动的时候,它会创建一个名为 "\0jdwp-control" 的 Unix Server Socket,这是万里长征的第一步。如果一个 Java 程序需要被调试的话,那么虚拟机会启动一个新的 JDWP 的 Daemon 线程,后者将负责与 "\0jdwp-control" 建立连接。这个连接会一直保持活跃状态,直到 JDWP 进程终止。

因为调试的进程有可能不止一个,所以 ADBD 内部维护着当前活跃的 JDWP 进程的一个列表。ADBD 可以通过 "device:debug-ports" 和它们进行通信。从源码的角度来分析,ADBD 会在 adb_main 中调用 init_jdwp 来完成对 jdwp 的初始化动作:

```
/*/system/core/adb/jdwp_service.cpp*/
int init_jdwp(void)
{
    _jdwp_list.next = &_jdwp_list;
    _jdwp_list.prev = &_jdwp_list;
    …
    return jdwp_control_init( &_jdwp_control, JDWP_CONTROL_NAME,
                              JDWP_CONTROL_NAME_LEN );
}
```

其中_jdwp_list 是当前可调试进程的存储列表;JDWP_CONTROL_NAME 对应的是 "\0jdwp-control"。另外,jdwp_control_init 负责创建一个 AF_UNIX 类型的 socket,并监听来自 JDWP Agent 的连接请求。

Step2@Android 平台 Java 程序的调试过程。被调试的目标 Android 应用工程,将通过如下命令来启动:

```
am start -D -n "com.example.hellojni/com.example.hellojni.HelloJni" -a android.intent.action.MAIN -c android.intent.category.LAUNCHER
```

这里的 "-D" 参数是一个关键点,它表示我们希望开启应用程序的调试状态。以这种状态启动的 App 在启动过程中会主动等待来自 Debugger 的 Attach 请求。

Step3@Android 平台 Java 程序的调试过程。在 Art 虚拟机中,当应用程序启动后,会由 Runtime 在 DidForkFromZygote 中负责启动一个 JDWP 线程,如下所示:

```
/*art/runtime/runtime.cc*/
void Runtime::DidForkFromZygote(JNIEnv* env, NativeBridgeAction action, const char* isa) {
  …
  Dbg::StartJdwp();
}
```

Runtime 使用专门的管理类 Dbg 来支持 Debugger 功能。Dbg 内部维护着一个名为 gJdwpState 的全局 JdwpState 变量,后者用于记录 JDWP 的当前状态:

```
/*art/runtime/Debugger.cc*/
void Dbg::StartJdwp() {
  if (!gJdwpAllowed || !IsJdwpConfigured()) {//程序当前是否符合调试条件
    // No JDWP for you!
    return;
  }
…
  gJdwpState = JDWP::JdwpState::Create(&gJdwpOptions);
  …
}
```

当前程序如果要进入调试环境,需要同时满足下面两个条件:

- gJdwpAllowed

这个变量用于表示 Zygote 是否允许调试。又可以分为如下两种情况:

Case1: 系统变量 ro.debuggable 为 1,这种情况下表示所有的程序都可以被调试,因而在量产的设备中是不允许的。

Case2：当系统请求 Zygote 孵化一个新进程时，可以通过"--enable-debugger"来显式地要求后者将目标进程置为可调试状态。这个请求的原始来源就是 AndroidManifest 中的 android:debuggable 配置，Android 系统在 ActivityManagerService 中会对此进行处理，相应代码段如下所示：

```
/*frameworks/base/services/core/java/com/android/server/am/ActivityManagerService.java*/
private final void startProcessLocked(ProcessRecord app, String hostingType, String
   hostingNameStr, String abiOverride, String entryPoint, String[] entryPointArgs) {…
            if ((app.info.flags & ApplicationInfo.FLAG_DEBUGGABLE) != 0) {
                debugFlags |= Zygote.DEBUG_ENABLE_DEBUGGER;
                // Also turn on CheckJNI for debuggable apps. It's quite
                // awkward to turn on otherwise.
                debugFlags |= Zygote.DEBUG_ENABLE_CHECKJNI;
            }
            …
```

- IsJdwpConfigured 返回结果为真

这个函数用于查询 jdwp 是否已经配置完成。正常情况下，runtime 会在初始化时通过 Dbg::ConfigureJdwp 来执行 jdwp 的配置工作。

只有上述两个条件都满足的情况下，Dbg 才会创建一个 JdwpState 变量。下面我们再分析一下 JDWP::JdwpState::Create 这个函数，并重点了解它是如何与 Adb 建立关联的：

```
/*art/runtime/jdwp/jdwp_main.cc*/
JdwpState* JdwpState::Create(const JdwpOptions* options) {
  Thread* self = Thread::Current();
  Locks::mutator_lock_->AssertNotHeld(self);
  std::unique_ptr<JdwpState> state(new JdwpState(options));
  switch (options->transport) {
    case kJdwpTransportSocket:
      InitSocketTransport(state.get(), options);
      break;
#ifdef HAVE_ANDROID_OS
    case kJdwpTransportAndroidAdb:
      InitAdbTransport(state.get(), options);
      break;
#endif
    default:
      LOG(FATAL) << "Unknown transport: " << options->transport;
  }
  {…
    CHECK_PTHREAD_CALL(pthread_create, (&state->pthread_, nullptr, StartJdwpThread,
                      state.get()),"JDWP thread");
    …
  }
  if (options->suspend) {/*suspend="y",意味着需要等待直到debugger成功连接上，或者主动去连接debugger成功后才允许程序继续往下运行*/
    {
      ScopedThreadStateChange tsc(self, kWaitingForDebuggerToAttach);
      MutexLock attach_locker(self, state->attach_lock_);
      while (state->debug_thread_id_ == 0) {
        state->attach_cond_.Wait(self);
      }
    }
    …
  }
  return state.release();
}
```

在讲解上述这个函数之前，我们先来补充一些背景知识。

Android 虚拟机和大部分的桌面型 JVM 一样，它们都提供了若干配置参数来允许用户对调试器进行调整。

Android 虚拟机中的调试器支持的核心选项如表 21-14 所示。

表 21-14 支持的核心选项

Options	Description
transport	Communication transport mechanism. 支持以下两种类型： ● TCP/IP Sockets 即 dt_socket。譬如模拟器通常情况下就是以 TCP/IP 的方式进行通信的 ● Over USB through ADB 即 dt_android_adb。开发机与 Android 真机设备以 USB 线连接后，可以通过 ADB 进行通信
server	默认值 "n" 这个选项指明虚拟机要以 Client 或者 Server 的方式运行。如果是后者，那么它会等待 debugger 发起的连接请求；Client 的情况正好相反，它需要主动去连接 debugger
suspend	默认值 "n" 简单来讲就是虚拟机在执行程序代码之前是否要进入挂起状态。如果设置为 "y"，那么表明虚拟机在执行程序代码前会先处于挂起状态，以便等待来自 debugger 的连接（或者虚拟机主动完成与 debugger 的连接——取决于上面的 server 模式）
address	address 代表虚拟机需要连接/或者监听的 IP 地址以及 port 号（只对 dt_socket 的情况下有效）。 当 server 模式设置为 "n" 时，address 的格式是 hostname:port； 当 server 模式设置为 "y" 时，address 的格式可以是 hostname:port，也可以只是 port。 如果 port 是 0，代表当前将首先尝试在端口 8000 进行监听——如果失败的话，依次再尝试 8001、8002 等
help	用于显示 Usage 帮助信息
launch, onthrow, oncaught, timeout	这些选项目前会被虚拟机直接忽略掉

下面是一个 Android 虚拟机的配置范例：

```
-agentlib:jdwp=transport=dt_android_adb,suspend=y,server=y -cp /data/foo.jar Foo
```

它代表虚拟机将开启 debugging 功能；并作为服务端来等待客户端的连接请求；同时连接通道采用的是 adb。

我们再回过头来分析 JdwpState::Create 函数。首先需要根据 transport 类型的不同来完成两种情况下的初始化，即 InitSocketTransport 和 InitAdbTransport。对于前一种情况，JdwpState 中的成员变量 netState 将是一个 JdwpSocketState 对象；而如果是 Adb Transport，则对应的是 JdwpAdbState——这两种 State 的基类都是 JdwpNetStateBase。根据表 21-14 中的描述，如果 VM 是 Server 的话，那么它的 Port 端口要么来源于用户的特别指定（保存在 JdwpOptions 中），要么从 Port 8000 开始尝试，直到最大值 8040 为止。

Create 最重要的任务是启动一个新线程 "JDWP Thread"，对应的处理函数是 StartJdwpThread。如果 options 中指定了 suspend=y，那么当前线程需要等待 JDWP Thread 完成与 Debugger 的通信连接后才能继续往下执行。因而当前线程会在 attach_cond 上等待，而 JDWP 则需要在完成操作后主动发信号给它以解除等待。

StartJdwpThread 将进一步调用 JdwpState::Run 来开展具体工作。而且对于 adb 这种情况，事实上采用的都是 server=y 的配置，因而完成与 ADBD 通信任务的载体函数是 JdwpAdbState::Accept。根据我们前面讲解的内容，不难判断出 Accept 将利用名为 "\0jdwp-control" 的 Unix Socket 与 ADBD 建立连接，并且在成功后发送当前进程 ID 给对方。下一个 Step 中我们将进一步分析 ADBD 如何处理 VM 的 JDWP 连接请求。

Step4@Android 平台 Java 程序的调试过程。ADBD 中响应 JDWP 连接请求的具体函数是 jdwp_process_event。如果接收到的 PID 经过解析后确认格式无误的话，ADBD 会通过 jdwp_process_list_updated 来更新自己维护的一个进程列表。紧接着程序分为两个方向：

- VM JDWP Thread

如果是 suspend=y 的情况，则一直等待直到完成与 debugger 的连接;否则应用程序继续执行代码。

- ADBD

ADBD 是 debugger 和 Jdwp Thread 之间的"媒人"，它会响应来自 debugger 的请求，并为它们牵线搭桥。

Step5@Android 平台 Java 程序的调试过程。经过前面步骤的努力，此时已经是"万事具备，只欠东风"了——Debugger 就是这阵东风。

运行于开发机之上的 Debugger 如果想连接到目标 JVM 中的 Jdwp Thread，它首先需要使用如下命令：

```
adb forward tcp:<hostport> jdwp:<pid>
```

当 adbd 收到上述命令时，它将执行如下操作：

```
/*system/core/adb/services.cpp*/
int service_to_fd(const char *name)
{…
    } else if (!strncmp(name, "jdwp:", 5)) {
        ret = create_jdwp_connection_fd(atoi(name+5));
…
```

因为"jdwp:"属于特殊服务标志，所以 ADB 可以很容易地把它转发给 Jdwp Service，后者对此的核心处理逻辑是：先从 ADBD 维护的_jdwp_list 中查找到正确的 JDWP Process，在此基础上调用 adb_socketpair 产生一对 SocketPair。SocketPair 是一种全双工的通信机制，可以保证通信双方的同时读和写操作。其中第 1 个 Socket 将与 ADB 的 local socket 进行绑定；而另一个 socket 则发送给 JDWP Thread（此时正处于 ReceiveClientFd 的状态）。JDWP Thread 在后续操作中就可以利用这个 socket 描述符和 debugger 建立直接的数据通信（包括 JDWP-Handshake、彼此间的调试命令等）了。图 21-72 所示是对 Socket 连接关系的描述图。

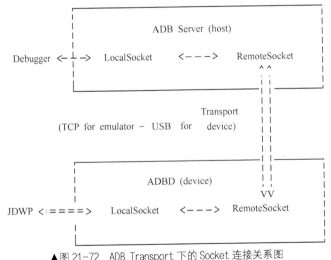

▲图 21-72　ADB Transport 下的 Socket 连接关系图

至此，位于开发机器上的 Debugger 就已经和运行于设备端 JVM 之中的 JDWP Thread 建立起关联了。假如是 suspend=y 的情况，JDWP 需要主动发送信号给 JVM 主线程，以便后者

（处于等待状态，此时 UI 界面上也会有相应提示）可以恢复运行。应用程序进入调试状态后，Debugger 按照 JDWP 的严格约定向 JDWP Thread 发送命令，以控制程序执行单步、断点等调试操作。

接下来我们以单步调试为例子，进一步分析 JDWP、Debugger 和 Art 之间的关系。

图 21-73 所示是它们的关系简图。

要注意区分这里的 Instrumentation 和我们在做 Android 应用程序单元测试时所使用的 Instrumentation 测试框架。后者用于"监控"Android 系统与应用程序之间的通信，从而实现类似于白盒测试这种需要深入 App 内部来完成的任务。

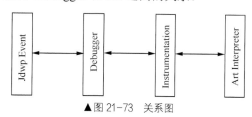

▲图 21-73　关系图

图 21-73 中的 Instrumentation 有异曲同工之妙，只不过目标对象变成了 Art 虚拟机。Instrumentation 提供了一个 AddListener 接口，意味着任何对虚拟机运行过程中相关数据感兴趣的模块都可以请求"监听"。譬如除了 Debugger 之外，另一个重要的 Instrumentation 应用就是 Trace，它是 SDK 中 Trace Viewer 的实现基础：

```
/*art/runtime/Instrumentation.cc*/
void Instrumentation::AddListener(InstrumentationListener* listener, uint32_t events) {…
```

那么虚拟机都暴露了哪些信息给外界呢？这是通过上述 AddListener 的最后一个参数，即 events 来表达的：

```
enum InstrumentationEvent {
  kMethodEntered = 0x1,     //函数进入
  kMethodExited = 0x2,      //函数退出
  kMethodUnwind = 0x4,      //
  kDexPcMoved = 0x8,        //PC 指针发生了变化
  kFieldRead = 0x10,        //域读取
  kFieldWritten = 0x20,     //域写入
  kExceptionCaught = 0x40,  //异常发生
  kBackwardBranch = 0x80,   //
};
```

不难理解，Debugger 的工作要涵盖 3 个方面：

- 初始化；
- 利用 Instrumentation 获取虚拟机的实时运行状态；
- 根据开发者的调试请求来控制虚拟机的执行情况。

针对单步调试的场景，Debugger 在初始化过程中会创建一个 JdwpState 对象，用于管理与 Jdwp 协议相关的事情。同时，它也负责调用 Instrumentation::AddListener 来为自己添加感兴趣的 InstrumentationEvent——譬如与单步调试相关联的 kDexPcMoved。

调试过程中 Art 虚拟机需要运行于解释器模式下。Art 中的 Interpreter 有两种实现类型（Android N 版本中又增加了一种汇编解释器），即 kSwitchImpl 和 kComputedGotoImplKind。不过无论哪一种解释器，它在每执行一条字节码命令时都会调用类似如下的语句：

```
if(UNLIKELY(instrumentation->HasDexPcListeners())) {
  instrumentation->DexPcMovedEvent(self,
                    shadow_frame.GetThisObject(code_item->ins_size_),
                        shadow_frame.GetMethod(),dex_pc);
}
```

UNLIKELY 是 GCC 提供的一个有趣的功能，用于提高 CPU 的执行效率。简单来说，为了使 CPU 的 Pipeline 尽可能处于满负荷的状态，我们可以设计让它提前加载下一条要执行的语句。但是在某些情况下，这种设计并没有起到应有的效果。例如一个 if(condition)..else 语句，在条件没

第 21 章 Android 虚拟机

有确定之前，我们并不能确定程序在运行时会走哪个分支，这样导致的结果就是 CPU 提前加载的语句很可能用不上。因而 GCC 提供了 LIKELY 和 UNLIKELY 等属性，这样开发人员可以"帮助"CPU 来更精准地判断出应该提前加载的指令。

只要注册了 Listener，那么 HasDexPcListeners 就会返回 true。这种情况下会调用 DexPcMovedEvent，这个函数的主要工作是遍历 Instrumentation 中所有注册了的对象。Debugger 中重载了 DexPcMoved 函数，后者的核心关键在于 UpdateDebugger：

```cpp
/*art/runtime/Debugger.cc*/
void Dbg::UpdateDebugger(Thread* thread, mirror::Object* this_object,
                ArtMethod* m, uint32_t dex_pc,
                int event_flags, const JValue* return_value) {
    …
    if (IsBreakpoint(m, dex_pc)) {//程序当前执行到断点了吗
      event_flags |= kBreakpoint;
    }

    const SingleStepControl* single_step_control = thread->GetSingleStepControl();
    if (single_step_control != nullptr) {
      CHECK(!m->IsNative());
      if (single_step_control->GetStepDepth() == JDWP::SD_INTO) {…
      } else if (single_step_control->GetStepDepth() == JDWP::SD_OVER) {
        int stack_depth = GetStackDepth(thread);//当前线程的函数栈

        if (stack_depth < single_step_control->GetStackDepth()) {
          // Popped up one or more frames, always trigger.
          event_flags |= kSingleStep;
          VLOG(jdwp) << "SS method pop";
        } else if (stack_depth == single_step_control->GetStackDepth()) {
          // Same depth, see if we moved.
          if (single_step_control->GetStepSize() == JDWP::SS_MIN) {
            event_flags |= kSingleStep;
            VLOG(jdwp) << "SS new instruction";
          } else if (single_step_control->ContainsDexPc(dex_pc)) {
            event_flags |= kSingleStep;
            VLOG(jdwp) << "SS new line";
          }
        }
      } else {
        CHECK_EQ(single_step_control->GetStepDepth(), JDWP::SD_OUT);
        …
      }
    }

    // If there's something interesting going on, see if it matches one
    // of the debugger filters.
    if (event_flags != 0) {
      Dbg::PostLocationEvent(m, dex_pc, this_object, event_flags, return_value);
    }
}
```

大家试想一下，开发人员在 IDE（例如 Android Studio、Eclipse）中调试程序时，通常会涉及哪些操作呢？

- 断点

譬如打断点、取消断点、查看断点等。

- Step Into

单步执行，而且会进入被调用的函数。

- Step Over

单步执行，但不会进入被调用的函数。

- Step Out

执行完本函数剩余的代码，并返回到调用者函数中。

......

开发人员在 IDE 中所做的上述操作，都会通过 Jdwp 协议实时发送给设备端，并由后者做好记录。对于单步调试来说，开发者的不少请求是由 Thread（单步调试是针对某个线程环境执行的，因而是线程相关的）内部的一个 SingleStepControl 对象来负责管理，外界可以通过 GetSingleStepControl 访问它。

有了这些背景我们理解 UpdateDebugger 就简单多了。这个函数的核心思想就是判断程序是否已经执行到了某个我们"感兴趣"的关键点，包括开发者设置的 BreakPoint,开发者 StepInto、StepOver、StepOut 命令所对应的目标位置等。针对 3 种 Step 操作的处理过程是类似的，我们结合 StepOver 来讲解一下上述 UpdateDebugger 函数的代码逻辑：如果当前的函数堆栈深度小于原先的深度，说明程序已经从子函数中返回来了，因而 event_flags 会被设置为 kSingleStep；否则，如果两者堆栈深度一样，那么有可能是 StepOver，即它们的代码行数发生了变化。一旦这些"兴趣点"被发掘出来，程序会调用 PostLocationEvent 来做进一步处理。这个函数的核心工作有两个，其一是向 Jdwp 的另一方（比如 IDE）发送消息，告知对方最新的状态；其二是根据 Suspend Policy 来判断当前是否需要挂起所有（或者部分）虚拟机线程。

这样一来整个调试过程——PC 端和设备端的连接、JDWP 的基本原理，断点/单步操作的双方交互等内容就讲解完成了。不过 JDWP 是一个相对成熟的调试协议，其中还包含了很多其他细节。建议读者可以自行查阅 Java 官方发布的 JDWP 规范，并结合 Android 虚拟机的具体实现来做更深入的分析。

21.13.2　Native 代码调试

Android 系统既支持 Java 语言，同时也允许开发者使用 C/C++等 Native 语言来编写程序。所以开发人员不可避免地需要一个基于 Native 语言的调试环境。

随着 Android 放弃 Eclipse ADT，转而投向基于 IntelliJ 的 Android Studio 的怀抱，越来越多的开发者开始采用这一新工具来开展项目。客观来讲，Android Studio 相对于它的"前辈们"确实有其特色所在。但它毕竟还"太年轻"，在不少方面还不够"成熟稳定"。譬如针对 Native 代码的调试，Android Studio 虽然在最新的版本中已经支持，但仍在不断改进中。Android Studio 对此也并不避讳，在其界面上会有如下提示：

> NDK support is an experimental feature and all use cases are not yet supported.

所有与 NDK 相关的功能都仍处于实验阶段——这或许也是不少开发者反映 Android Studio "坑"很多的原因。

即便如此，Android 的 NDK 调试机制还是有不少地方值得大家学习。接下来我们先通过 NDK 的典型调试流程来让读者对如何利用 Android Studio 调试 Native 代码有一个直观的认识（注：调试 Native 代码有很多种选择，这里所示的只是其中一种，大家可以根据实际项目需求选择最佳的方案）。

Step1. 新建 Android Application 工程；
Step2. 添加 JNI 源文件，以及其他 C/C++文件。

在 Android Studio 中添加 C/C++文件有很多种途径。在早期版本中，开发者需要先手工生成 Class 文件，再利用 javah 生成 C/C++的头文件，然后才能编辑源代码。这种手工配置的方式既繁琐又浪费时间——Android Studio 显然也意识到了这点，所以它正尝试利用 Gradle 来为开发者提供更为便捷的实现方式。

可能是因为上述这项功能还处于实验阶段，所以事实上 Gradle 配置起来也很麻烦。具体过程大家可以参考 Android 官方的详细介绍。

配置完 Gradle 之后，接下来我们就可以创建 JNI 目录了，如图 21-74 所示。
然后在 jni 目录下创建 C/C++源文件，示例如图 21-75 所示。

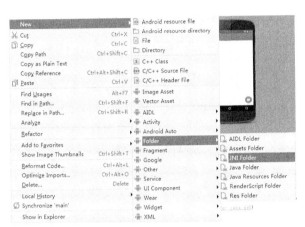

▲图 21-74　JNI 目录

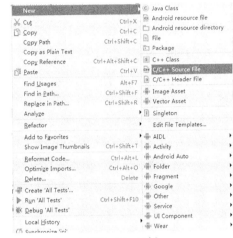

▲图 21-75　示例

完成上述这些工作后，我们就可以根据项目的具体需要来添加和编写 C/C++代码了。如果希望运行代码的话，直接使用 Android Studio 的 Run 功能就可以了；如果想调试代码，还需要做一下 Android Native 方面的配置，示例如图 21-76 所示。

最终的调试效果如图 21-77 所示。

了解了 Native 程序的典型调试流程后，我们再来分析上述过程中所涉及的内部原理。

Android Studio 中同时支持两种 C/C++调试器，即 GDB 和 LLDB。不过无论是哪种调试器，它们的基本原理是类似的。所以我们选取 LLDB 这个新型的调试器为例来做细化讲解。

通过 LLDB 调试 Android Native Application 的原理简图如图 21-78 所示。

▲图 21-76　配置

▲图 21-77　Android Native 应用程序调试效果

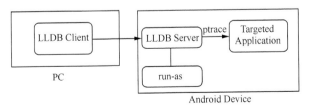

▲图 21-78　Android Native Debug

21.13 Android 应用程序调试原理解析

我们可以从 Android Studio 输出的 Log 中，得出整个调试环节将涉及的所有 adb 命令，从中就可以窥探出交互过程了：

```
##命令行1:
DEVICE SHELL COMMAND: am force-stop com.example.hellojni
Launching application: com.example.hellojni/com.example.hellojni.HelloJni.
###命令行2:
DEVICE SHELL COMMAND: am start -D -n
"com.example.hellojni/com.example.hellojni.HelloJni" -a android.intent.action.MAIN -
c android.intent.category.LAUNCHER
###命令行3:
DEVICE SHELL COMMAND: run-as com.example.hellojni mkdir /data/data/com.example.hellojni/lldb
###命令行4:
DEVICE SHELL COMMAND: run-as com.example.hellojni mkdir /data/data/com.example.hellojni/lldb/bin
###命令行5:
DEVICE SHELL COMMAND: cat /data/local/tmp/lldb-server | run-as com.example.hellojni sh -c 'cat > /data/data/com.example.hellojni/lldb/bin/lldb-server; chmod 700 /data/data/com.example.hellojni/lldb/bin/lldb-server'
Starting: Intent { act=android.intent.action.MAIN cat=[android.intent.category.LAUNCHER] cmp=com.example.hellojni/.HelloJni }

###命令行6:
DEVICE SHELL COMMAND: cat /data/local/tmp/start_lldb_server.sh | run-as com.example.hellojni sh -c 'cat > /data/data/com.example.hellojni/lldb/bin/start_lldb_server.sh; chmod 700 /data/data/com.example.hellojni/lldb/bin/start_lldb_server.sh'

###命令行7:
Starting LLDB server: run-as com.example.hellojni /data/data/com.example.hellojni/lldb/bin/start_lldb_server.sh /data/data/com.example.hellojni/lldb /data/data/com.example.hellojni/lldb/tmp/platform-1454849510931.sock "lldb process:gdb-remote packets"
Now Launching Native Debug Session
Debugger attached to process 5186
```

从上述可以看到，整个过程涉及的命令种类和数量都不少。我们接下来对它们逐一进行讲解。

命令行1：

```
DEVICE SHELL COMMAND: am force-stop com.example.hellojni
Launching application: com.example.hellojni/com.example.hellojni.HelloJni.
```

命令行2：

```
DEVICE SHELL COMMAND: am start -D -n
"com.example.hellojni/com.example.hellojni.HelloJni" -a android.intent.action.MAIN -
c android.intent.category.LAUNCHER
```

上述这两条命令比较简单，它们的任务是通过/system/bin/am 这个 shell 脚本来启动目标进程 HelloJni 的 Main Activity。

而第 3 条命令行就没有那么好理解了：

```
DEVICE SHELL COMMAND: run-as com.example.hellojni mkdir /data/data/com.example.hellojni/lldb
```

主要的疑问如下：

- run-as 是什么？
- /data/data/com.example.hellojni/lldb 是 hellojni 的私有目录，那么 shell 为什么有权限创建它呢？

我们知道，Linux 平台上的调试系统普遍借助于 ptrace 来实现。但是一个不容忽视的问题是——ptrace 并非"等闲之辈"，它需要特殊的权限才能被正常使用。那么 gdb（或者 LLDB）在没有 root 的手机上如何跨越这个障碍呢？

总体来说，有如下几种备选方案：

881

Solution1：将调试所用的手机做 root 处理

这不但是最"笨"的一种办法，而且也显得有些"旁门左道"，所以绝对不会是 Android 所推崇的最佳方式。

Solution2：让 GdbServer 与被调试程序运行于同一个进程中

由于 Android 系统对于两个程序运行于同一个进程之中有严格的门槛限制，所以这也不会是我们的首选方式。

Solution3：找一个有权限的"中介"帮忙搞定这个事

这就好比我们想在一个高档小区找人，无奈身为访客没有权限随意进出。怎么办呢？大家的第一反应可能是找门卫。一方面门卫是小区对外的"接口"，访客是可以接触到的；另一方面他们也有正常的渠道可以联系到业主。这样一来问题就简单了：只要我们能提供足够的信息证明自己"并不是坏人"，而且与小区业主确实是"有关系"的，那么就可以请门卫代为传话，最终也就可以达到让"目标业主"现身的目的了。

程序 run-as 的作用和"门卫"有点类似。它的权限位设置如图 21-79 所示。

```
1|shell@hwmt7:/ $ ls -l /system/bin/run-as
-rwxr-x--- root     shell        9440 2016-01-21 21:21 run-as
```

▲图 21-79 run-as 是 Native 调试成功的关键点之一

由图 21-79 可见，run-as 的 Owner 虽然是 root，但所属的群组却是 shell。这样设计的目的就是让我们（adb shell）有权限（shell 对应的权限位是"r-x"）来调用这个"门卫"，从而保证后续操作的顺利开展。从"run-as"这个名字也可以看出，它表达的是让对象 A 在运行时具有和对象 B 相同的某种属性。

那么具体是指哪些属性呢？下面是 run-as 的使用语法：

```
run-as <package-name> [--user <uid>] <command> [<args>]
```

其中<package-name>代表对象 B 的包名；<command>代表对象 A；<args>则表示 run-as 所需的各种参数。

那么 run-as 是借助了什么"魔法棒"来让对象 A"脱胎换骨"呢？

事实上它的实现原理并没有那么复杂，简单而言就是 run-as 会迫使<command>所指示的对象 A 以对象 B 的 User ID 来运行。核心代码实现如下所示：

```c
/*system/core/run-as/run-as.c*/
int main(int argc, char **argv)
{
    const char* pkgname;
    uid_t myuid, uid, gid, userAppId = 0;
    int commandArgvOfs = 2, userId = 0;
    PackageInfo info;
    struct __user_cap_header_struct capheader;
    struct __user_cap_data_struct capdata[2];
    …
    /* 调用 run-as 的必须是 shell 或者 root，以避免它被滥用的情况*/
    myuid = getuid();
    if (myuid != AID_SHELL && myuid != AID_ROOT) {
        panic("only 'shell' or 'root' users can run this program\n");
    }

    memset(&capheader, 0, sizeof(capheader));
    memset(&capdata, 0, sizeof(capdata));
    capheader.version = _LINUX_CAPABILITY_VERSION_3;
    capdata[CAP_TO_INDEX(CAP_SETUID)].effective |= CAP_TO_MASK(CAP_SETUID);
    capdata[CAP_TO_INDEX(CAP_SETGID)].effective |= CAP_TO_MASK(CAP_SETGID);
    capdata[CAP_TO_INDEX(CAP_SETUID)].permitted |= CAP_TO_MASK(CAP_SETUID);
    capdata[CAP_TO_INDEX(CAP_SETGID)].permitted |= CAP_TO_MASK(CAP_SETGID);
```

```
    /*赋予run-as自身SUID和SGID的权利*/
    if (capset(&capheader, &capdata[0]) < 0) {
        panic("Could not set capabilities: %s\n", strerror(errno));
    }
    pkgname = argv[1];//对象B的包名

    /* 处理用户通过"-user"主动提供了user id的情况*/
    if ((argc >= 4) && !strcmp(argv[2], "--user")) {
        userId = atoi(argv[3]);
        if (userId < 0)
            panic("Negative user id %d is provided\n", userId);
        commandArgvOfs += 2;
    }

    /* 根据包名获取到相对应的userId */
    if (get_package_info(pkgname, userId, &info) < 0) {
        panic("Package '%s' is unknown\n", pkgname);
    }
    …
    /* calculate user app ID. */
    userAppId = (AID_USER * userId) + info.uid;

    /* 对象B不能是system package */
    if (userAppId < AID_APP) {
        panic("Package '%s' is not an application\n", pkgname);
    }

    /* 对象B必须已经设置了可调试标志位 */
    if (!info.isDebuggable) {
        panic("Package '%s' is not debuggable\n", pkgname);
    }

    /* 检查data路径是否有效 */
    if (check_data_path(info.dataDir, userAppId) < 0) {
        panic("Package '%s' has corrupt installation\n", pkgname);
    }

    uid = gid = userAppId;
    if(setresgid(gid,gid,gid) || setresuid(uid,uid,uid)) {
        panic("Permission denied\n");
    }//通过setresgid和setresuid保证run-as具有setuid和setgid的权利,这是成败的关键

    …
    /* cd进入对象B的data目录下*/
    if (TEMP_FAILURE_RETRY(chdir(info.dataDir)) < 0) {
        panic("Could not cd to package's data directory: %s\n", strerror(errno));
    }

    /*运行对象A,此时对象A已经具有对象B的User Id了*/
    if ((argc >= commandArgvOfs + 1) &&
        (execvp(argv[commandArgvOfs], argv+commandArgvOfs) < 0)) {
        panic("exec failed for %s: %s\n", argv[commandArgvOfs], strerror(errno));
    }

    /* Default exec shell. */
    execlp("/system/bin/sh", "sh", NULL);

    panic("exec failed: %s\n", strerror(errno));
}
```

从上述代码段的注释中,读者们应该已经发现了如下几个实现要点。

- run-as的权限控制

为了防止run-as被滥用,我们需要对用户身份进行验证。换句话说,就是只有shell和root才有资格使用这个特殊的程序;另外,目标对象B不可以是System Package,而且必须设置了debug标志位——对于Android应用程序来说,也就是应该在AndroidManifest.xml中显式声明了android:debuggable=true。

- run-as 需要具备 setuid 和 setgid 的权限

我们在本书安全机制章节中会对 Linux 平台下的各权限位做较为详细的分析，希望大家可以结合起来阅读。与 Linux 中 passwd 作法不同的是，run-as 并没有给文件本身直接设置 SUID 和 SGID 权限位，而是在它运行时再通过调用 capset 来改变自己的 capacity。一旦 capset 成功后，run-as 就有权限利用 setresuid 和 setresgid 来设置 uid 和 gid 为目标对象 B 的 User ID 和 Group ID 了。

- run-as 通过 exec 系列 API 来调用目标对象 A

一旦 run-as 的当前 UID 和 GID 已经被设置为目标对象 B 后，它会进一步利用 execvp 和 execlp 等 API 来加载和运行对象 A。

经过这 3 个方面的努力后，对象 A 在运行时就具有目标对象 B 的 UID 了。在命令行 3 这个场景中，就是 mkdir 以 hellojni 的 UID 运行后，得以创建后者的私人目录/data/data/com.example.hellojni/lldb。命令行 4 到命令行 6 的原理也是类似的，我们就不赘述了。

命令行 7：

```
run-as com.example.hellojni
/data/data/com.example.hellojni/lldb/bin/start_lldb_server.sh /data/data/com.example
.hellojni/lldb /data/data/com.example.hellojni/lldb/tmp/platform-1454849510931.sock
"lldb process:gdb-remote packets"
```

在这个命令中，对象 A 对应的是 start_lldb_server.sh，目标对象 B 是指 com.example.hellojni，而后面几个是 args 参数。Android Studio 在执行调试之前，会首先将一些文件 push 到设备的临时存储空间中，如下所示：

```
shell@HM2014501:/data/local/tmp $ ls
com.example.hellojni
lldb-server
start_lldb_server.sh
```

其中 start_lldb_server.sh 的核心实现如下：

```
#!/system/bin/sh

LLDB_DIR=$1 ###LLDB 的工作目录是/data/data/com.example.hellojni/lldb
BIN_DIR=$LLDB_DIR/bin

LOG_DIR=$LLDB_DIR/log
TMP_DIR=$LLDB_DIR/tmp

export LLDB_DEBUGSERVER_LOG_FILE=$LOG_DIR/gdb-server.log
export LLDB_SERVER_LOG_CHANNELS="$3"
export LLDB_DEBUGSERVER_DOMAINSOCKET_DIR=$TMP_DIR

rm -r $TMP_DIR
mkdir $TMP_DIR
export TMPDIR=$TMP_DIR

rm -r $LOG_DIR
mkdir $LOG_DIR

cd $TMP_DIR # change cwd

# Send SIGTERM for all spawned processes.
#trap "kill 0" SIGINT SIGTERM EXIT

# lldb-server platform exits after debug session has been completed.
$BIN_DIR/lldb-server platform --listen $2 --log-file $LOG_DIR/platform.log --log-cha
nnels "$3" </dev/null >$LOG_DIR/platform-stdout.log 2>&1
```

这个脚本的最后一行负责启动 lldb-server，并在 platform-1454849510931.sock 端口上监听事件，保证后续调试操作的顺利进行。这样 PC 端（通常是 IDE）和设备端就通过 LLDB（或者 GDB）建立起关联了，接下来它们只需要按照规定的调试协议来互相通信就可以了。

当然，关于 lldb-server 还有很多实现细节，譬如它是如何与 IDE 配合执行单步调试命令的；如何将程序当前正在执行的指令与源代码行数实现无缝对接的；如何控制目标对象的执行逻辑的等。有兴趣的读者可以自行分析 AOSP 工程中/external/lldb 里的源码了解详情。

21.13.3　利用 GDB 调试 Android Art 虚拟机

相信不少开发者遇到过 Art 虚拟机或者 Android 系统服务崩溃的情况。虽然系统会为此打印出一个 BackTrace，但从实践经验来看光靠这些信息想解决问题可以说是"大海捞针"。那么我们是否还有更好的办法来解决 Art 虚拟机或者 Android 自身服务的 Bug 呢？答案是肯定的，那就是利用调试手段来跟踪系统的内部实现。

前两个小节我们所讲解的调试是针对应用程序的，其中 Jdwp 适用于 Java 语言，而 GDB（和 LLDB）则被认为是 Native Code 的调试利器。再往深层次思考一下，既然 GDB 可以调试本地代码，而且是基于 ptrace 这类 Linux 提供的能力，那么理论上是不是也适用于 Android 系统服务（不光是 Art 虚拟机，还包括 Zygote、ServiceManager 等）呢？

本小节我们就来验证上述这个观点是否正确。

事实上系统程序的调试原理和上一小节所述的内容是基本类似的，区别在于应用程序是在 IDE（或者其他开发环境）中发起的调试过程，这为开发人员节省了很多手工的操作。

以调试 Art 虚拟机为例，典型步骤如下：

Step1. 准备好所需的调试器程序和文件。包括：GDB Client、GDB Server、Symbols、目标程序等。GDB 本身也是一个开源的项目，开发者如果有兴趣的话可以自行下载并编译出它的可执行文件。我们这里直接采用 Android 系统工程中提供的全套 GDB 工具，所在目录是：

AndroidRoot\prebuilts\gcc\linux-x86

开发人员需要根据被调试对象所属的具体平台来选择对应的子文件夹，譬如 arm、x86 等。

Step2. 将 GDB Server 推送到设备端

如果是 Android 模拟器，那么在设备的/system/bin 目录下已经保存了 gdbserver；而对于已经上市的 Android 设备，多数情况下这个 Server 端程序已经被移除了，此时我们需要将它手工推送到设备端

Step3. 利用 ps 命令查找需要调用的目标程序的 PID 值

值得一提的是，GDB 既支持对已经在运行的程序进行调试，同时也可以主动启动一个被调试程序的进程实例——这就意味着它可以控制和调试目标进程的启动过程。

我们本小节想要调试的对象是 Art 虚拟机，并且知道它是以 libart.so 的形式存在的，而加载 Art 库的进程即是应用程序本身。或者更确切的说，是 app_process（因为所有应用程序都是由 Zygote 孵化出来的，而后者则又是基于 app_process 产生的）。

例如我们可以选取前述小节的求和小程序为调试对象，如下所示：

```
shell@hwmt7:/ $ps
u0_a272    21143 3671   1574624 48976 ffffffff 00000000 S com.example.myapplication
```

即 PID 值是 21143

Step4. 通过 GDB Server 来 Attach 目标进程

我们这个例子中采用 Attach 的方式来控制目标对象，所使用的命令如下：

```
gdbserver :1234 --attach [PID]
```

成功 Attach 上以后，gdbserver 会显示如下信息：

```
# Listening on port 1234
```

Step5. 将 Target 设备的端口映射到开发机上

这个步骤是保证 GDB Client 可以顺利连接上 Server 的关键。所使用的命令范例如下：

```
adb forward tcp:1234 tcp:1234
```

Step6. 现在是"万事俱备，只欠东风"了，这阵风毫无疑问就是 Host 机上的 GDB Client。我们首先要做的就是让它与 Server 端建立连接，命令范例如下：

```
arm-eabi-gdb  ##启动 GDB 客户端
file out/target/[platform]/symbols/system/bin/app_process  ##选择目标对象的主体程序，在我
##们这个例子中就是 app_process。
target remote :1234  ##与 Server 建立连接
```

此时 GDB 连接已经成功建立起来了，只不过在调试过程中还无法与源代码对应起来。为了解决这个问题，我们还需为目标程序设置带有调试信息的库文件。范例命令如下所示：

```
set solib-absolute-prefix /out/target/product/[XX]/symbols
set solib-search-path /out/target/product/[XX]/symbols/system/lib
```

一切准备就绪。接下来我们就可以使用 GDB 提供的一系列命令进行各种调试操作了，譬如 b（设置断点）、s（单步）、r（继续运行）等。如果大家不熟悉这些命令的使用方法的话，也可以输入 help 来查阅详细的帮助信息。

Step7. 为需要调试的 Art 虚拟机（大家要始终记住一点：虚拟机其实就是一个 so 库）功能设置对应的断点。例如我们希望调试 ArtMethod::Invoke 这个函数的处理逻辑，经查函数入口处在 art_method.cc 文件中的行数是 370，那么可以使用如下命令设置断点：

```
b art_method.cc:370
```

如果以函数名来设置断点，那么要注意函数所属的 Name Space 亦要指定，范例如下：

```
(gdb) b Invoke
Function "Invoke" not defined.
Make breakpoint pending on future shared library load? (y or [n]) n
(gdb) b art::ArtMethod::Invoke
Note: breakpoint 17 also set at pc 0xb4a2f4ac.
Breakpoint 18 at 0xb4a2f4ac: file art/runtime/art_method.cc, line 369.
(gdb)
```

这样一来当程序成功运行到 invoke 函数时就会自动停下来了，如下所示：

```
(gdb) c
Continuing.

Breakpoint 14, art::ArtMethod::Invoke (this=this@entry=0x6ffd7220,
    self=0xb4e36a00, args=args@entry=0xbebb2ce4, args_size=4,
    result=result@entry=0xbebb2ccc, shorty=0x7057ad24 "L", shorty@entry=
    0xb4a285b9 <art::JniMethodEnd(unsigned int, art::Thread*)+12> "\370\304 \324
\370\234\060\020h\331h\335`\031a\304\370", <incomplete sequence \304>)
    at art/runtime/art_method.cc:370
370        if (UNLIKELY(__builtin_frame_address(0) < self->GetStackEnd())) {
(gdb)
```

另外，GDB 也可以对汇编代码进行调试，而且使用过程和 C/C++ 并没有本质区别。一个简单的范例如下所示：

```
(gdb) b quick_entrypoints_arm.S:909
Breakpoint 4 at 0xb4a6d7d2: file art/runtime/arch/arm/quick_entrypoints_arm.S, l
ine 909.
```

利用 GDB 调试可以在某些场合下很好地帮助我们理解 Art 这种复杂系统（当然，其他 Android 子系统也同样适用）的内部实现，建议大家在实践中充分应用好这一利器。

第 22 章 Android 安全机制透析

22.1 Android Security 综述

毋庸置疑，安全性一直是 Android 系统重点改进的方向之一（其他方向还包括系统性能等），它有专门的团队来负责安全性方面的改进工作——这是一项需要不断迭代演进的工作，同时也需要很多探索和"攻防之间的相生相克"过程。Android 安全小组的活动包括但不限于如下几项（见图 22-1）。

- 在一个 Android 新版本的早期阶段，负责安全性的团队会首先构建一个可配置和可扩展的安全模型。
- 接着在开发上述平台模型的过程中，他们还会根据 Android Security Team、Google 的 Information Security Engineering Team，以及其他安全顾问的审视建议来实时调整安全策略。
- 除此以外，他们还会把设计方案开放给任何感兴趣的第三方人员，以便可以集合各方的建议来完善安全机制。
- 上述 3 个活动是在版本 Release 之前完成的，但并不代表 Android 系统发布后就一定没有安全性方面的问题了。所以 Google 还提供了各种其他反馈途径，来允许任何人对 Android 的安全性提出质疑和建议。
- Android Security Team 每个月也都会提供安全方面的更新包给 Google Nexus 手机，以及各设备开发商。

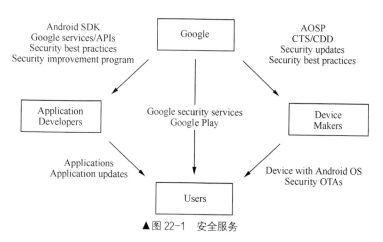

▲图 22-1　安全服务

总体来说，Android 系统主要从如下几个角度来保障安全性：
- 在 Linux Kernel 层应用各种安全机制，例如后续小节将会讲解到的 DAC、SELinux 等；

- 所有的应用程序都被强制运行在自己的 sandbox 中；
- 严格的进程间通信安全控制；
- 应用程序签名；
- Permission 机制；

……

当然，我们也可以从内核层和应用程序层来考查 Android 系统的安全性：

（1）Kernel 层的安全保障

Linux Kernel 经过这么多年的发展，其在安全性方面的长足进步是有口皆碑的，因而基于其上的 Android 系统自然可以利用已有的基础来做扩展实现。总体来说，Kernel 为 Android 系统提供的关键安全特性包括但不限于：User-based Permission Model、Process isolation、Extensible mechanism for secure IPC 等。

我们知道，每一个 Android 程序对于内核来说都是独立的进程，意味着它们之间可以充分利用 UID 和 GID 机制来做安全隔离。当然，Android 系统为所有应用程序都提供了 Unique User ID，而不是像很多其他操作系统那样，让多个进程以同一个 User 身份来运行——我们可以把这种做法称为具有 Android 特色的 Sandbox。

内核的文件系统访问机制和 UGO 模型在 Android 系统中也同样适用。每个应用程序都有自己的私有数据，在没有特别允许的情况下，其他任何个体都无权访问，以避免破坏情况的发生。我们将在后续小节中做更详细分析。

除此之外，Android 还引入了 Security-Enhanced Linux，并根据其自身情况扩展而成 SEAndroid。这使得设备即便是在被 Root 的情况下，也能尽量降低他人对重要资源的破坏力。我们在后续小节中对此同样有详细剖析。

（2）应用程序层的安全保障

默认情况下，Android 应用程序仅能访问一些非常有限的系统资源（见图 22-2）。对于那些很可能影响用户体验，及网络、数据、费用相关的操作，系统都会做严格的控制。例如：

- Camera functions；
- Location data (GPS)；
- Bluetooth functions；
- Telephony functions；
- SMS/MMS functions；
- Network/data connections。

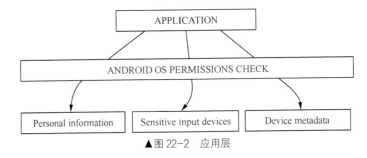

▲图 22-2　应用层

如下则是一些可能会产生费用的程序操作范例：

- Telephony；
- SMS/MMS；

- Network/Data；
- In-App Billing；
- NFC Access。

相信大家已经想到了，完成上述安全保障的是 Android 开发人员很熟悉的 Permission 机制，我们也会在后续小节中做详细解读。

除此之外，对于大家非常关心的目前的一些主流技术，比如设备 Root、程序加固、程序注入等，也将在本章节内容中得到阐述。

22.2 SELinux

22.2.1 DAC

在学习 MAC 之前，我们有必要先了解一下 DAC，即 Discretionary Access Control。Discretionary 的字面意思是"任意的、自主的"，它很好地解释了 DAC 这种控制方式——客体的属主可以自主决定是否将全部或部分访问权限授予其他主体。主体通常是指进程/线程，而客户则是文件，文件夹、TCP/UDP 端口、内存段、IO 设备等各种资源。

举个例子来说，Linux 系统中的 UGO（User、Group 和 Others）权限模型就是 DAC 的一种表现形式。按照 UGO 的规定，权限主要分为读、写和执行 3 种，并且需要分别指定 User 用户、Group 属组和 Others 对客体的访问权限。我们来看一个实际的例子：

```
[xs@lap~]$ ls -l
total 40
drwxr-xr-x  2 xs xs 4096 2010-05-24 17:04 Desktop
drwxr-xr-x  6 xs xs 4096 2010-05-24 13:10 Documents
drwxr-xr-x  9 xs xs 4096 2010-05-27 15:25 Download
-rw-rw-r--  1 xs xs    0 2010-05-28 10:21 example.txt
```

上面方框内的字符串就是 UGO 的一个典型范例。其中第一个字母位表示当前被描述对象是文件还是文件夹，后面 9 个字母则分别表示 User、Group 和 Others（它们各占 3 个字母位）对这个文件的权限，比如 rwx 表示对象同时拥有读写和执行权限；rw-则表示有读写权限但缺乏执行权限。

值得一提的是，事实上 Linux 系统中还有一些比较特殊的权限位，例如 SUID 和 SGID。从字面意思上理解，SUID（Set User ID）及 SGID（Set Group ID）分别表示此可执行文件具有设置 EUID 和 EGID 的能力——程序中除了 UID 和 GID 外，还有 EUID 和 EGID 两个特殊 ID，它们的默认值和前二者是分别对应的。而当程序执行了带有 SUID 和 SGID 的文件时，它的 EUID 和 EGID 会被重新设置为此文件属主的 UID 和 GID。换句话说，它就具备了该文件属主（或 Group）的资源访问权限，从而扩大了其原有的权限范围。SUID 和 SGID 就好比一扇门，只要你进得去，就可以拥有更广阔的空间。或者你也可以把它理解为一次婚姻结合，让原本属于两个不同家族的人共享了双方原有的一些权利（如出入对方家族的住宅，看一些私人物品等）。

在设备 root 过程中，通常会使用到的 su 文件就具备上述这个特性。它在 ls 命令中得到的权限位是：

```
-rwsr-sr-x root root0
```

另外，SUID 和 SGID 在 Linux 系统中还有不少其他应用场景。例如 Linux 用户的密码存储在 /etc/shadow 等文件中，毫无疑问它们都属于需要被重点保护的对象，因而理论上只有 root 权限的进程才可以修改它们。但这同时也会出现一个矛盾，即普通用户如何更改自己的密码呢？打破僵局的是 passwd。因为这个可执行文件的属主是 root，而且具有 SUID 权限，这样一来执行它的进程就拥有了 root 权限，从而可以完成密码修改等关键操作。

有的读者可能会有这样的疑问——除了 Read/Write 之外，文件的创建和删除权限又是如何决定的呢？事实上 Linux 中的所有对象都可以被看做是"文件"，文件夹本身也不例外。换句话说，文件的创建和删除权限的决定权被牢牢掌握在包含它们的文件夹中。

22.2.2 MAC

MAC（Mandatory Access Control）是相对于 DAC 而言的。在强制控制方式中，主体访问客体的权力取决于操作系统的具体控制规则，而不是由属主自行决定。简单来说，当一个主体尝试去访问客体时，内核会首先检验本次访问是否符合安全规则，以决定是否允许操作的执行。

另外，MAC 不允许用户制定或者修改权限规则，不管这种行为是有意还是无意的。所有权限策略都由一个 Security Policy Administrator 控制。

22.2.3 基于 MAC 的 SELinux

SELinux（Security-Enhanced Linux）是一个负责安全管理的 Linux 内核模块，它提供了完善的机制来支持访问控制（Access Control）方面的安全策略，比如 MAC（Mandatory Access Controls）。

SELinux 最开始是由美国国家安全局开发的，后者于 2000 年的 12 月 22 日在开源开发社区发布了第一个基于 GPL 协议版本的 SELinux。一开始的时候，开发人员需要手工将 SELinux 应用到内核源码中，但很快它的出色表现就赢得了大家的青睐，于是 Linux Kernel 从 2.6 版本开始就将它合并到主线中了。后来 SELinux 又被逐步应用到多个 Linux 发行版本中，从而为提升 Linux 系统的安全可靠性发挥了重要作用。

大家可以先从 NSA 的 SELinux 开发小组的如下声明中来感受一下：

"NSA Security-enhanced Linux is a set of patches to the Linux kernel and some utilities to incorporate a strong, flexible mandatory access control (MAC) architecture into the major subsystems of the kernel. It provides an enhanced mechanism to enforce the separation of information based on confidentiality and integrity requirements, which allows threats of tampering and bypassing of application security mechanisms to be addressed and enables the confinement of damage that can be caused by malicious or flawed applications. It includes a set of sample security policy configuration files designed to meet common, general-purpose security goals."

由此可见：
- SELinux 的架构核心是 MAC；
- SELinux 是针对内核的一系列"patch"，它们会"渗透"到内核的各个子系统中形成强大的保护网；
- SELinux 希望基于 confidentiality 和 integrity 来建立起对信息的隔离访问控制；
- SeLinux 是一个可配置的、灵活的安全机制。

SELinux 作为 Linux Kernel 下的一种安全机制,很早之前就已经被集成到内核的主版本中了，但对于 Android 系统来说，这种保护直到 5.0 才得到全面和正式的应用。SELinux 在安全方面至少可以给 Android 系统带来三大好处：
- SELinux 可以全面保护 Android 中的各种系统 daemon，让它们避免来自恶意程序的危害；
- SELinux 可以完全控制 Android 应用程序与内核层之间的交互，也能控制应用程序对系统资源的访问；
- SELinux 提供了非常灵活的安全策略配置机制，使得 Android 系统无缝集成这一成熟机制成为可能。

接下来我们首先从框架层面来认识一下 SELinux 的全貌，如图 22-3 所示。

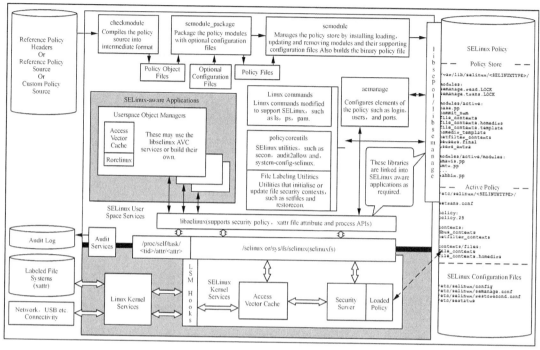

▲图 22-3　SELinux 架构图
引用自 selinuxproject 官方网站

首先大家要清楚一点，即 SELinux 架构的底层基础是 Linux Security Modules（LSM）。LSM 是 Linux 2.6 内核标准的一部分，并遵循 GNU GPL 开源协议。简单来讲，它的宗旨就是帮助 Linux 内核可以通过灵活的方式支持一系列第三方安全模块。比如下面这些都是基于 LSM 框架并已经获得 kernel 官方批准的优秀项目：

- AppArmor
- AppArmor 是一个基于路径名的 MAC 服务，而且不需要对文件系统进行标签化。
- SMACK
- 其全称为 Simplified Mandatory Access Control Kernel。
- Tomoyo
- 基于名称的一种 MAC 实现。
- SELinux
- 这是本小节的主角（见图 22-4）。

SELinux 在 Linux 内核工程中的源码位置是 kernel\security\selinux，其下的文件结构如图 22-5 所示。可以看到，SELinux 涉及的源文件并不多，有兴趣的读者可以自行挑选阅读。

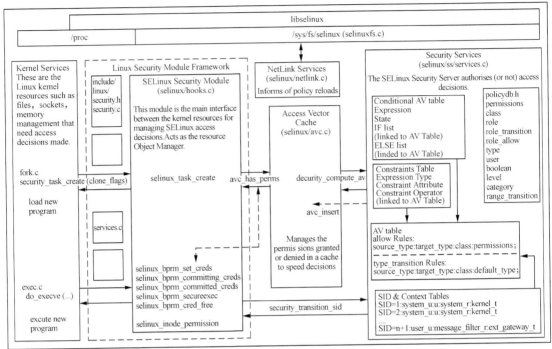

▲图 22-4　SELinux 主要模块关系图

引用自 selinuxproject 官方网址

include	2015/1/11 15:07	文件夹	
ss	2015/1/11 15:07	文件夹	
.gitignore	2014/11/23 3:33	GITIGNORE 文件	1 KB
avc.c	2014/11/23 3:33	C 文件	23 KB
exports.c	2014/11/23 3:33	C 文件	1 KB
hooks.c	2014/11/23 3:33	C 文件	147 KB
Kconfig	2014/11/23 3:33	文件	6 KB
Makefile	2014/11/23 3:33	文件	1 KB
netif.c	2014/11/23 3:33	C 文件	8 KB
netlabel.c	2014/11/23 3:33	C 文件	13 KB
netlink.c	2014/11/23 3:33	C 文件	3 KB
netnode.c	2014/11/23 3:33	C 文件	9 KB
netport.c	2014/11/23 3:33	C 文件	7 KB
nlmsgtab.c	2014/11/23 3:33	C 文件	7 KB
selinuxfs.c	2014/11/23 3:33	C 文件	44 KB
xfrm.c	2014/11/23 3:33	C 文件	11 KB

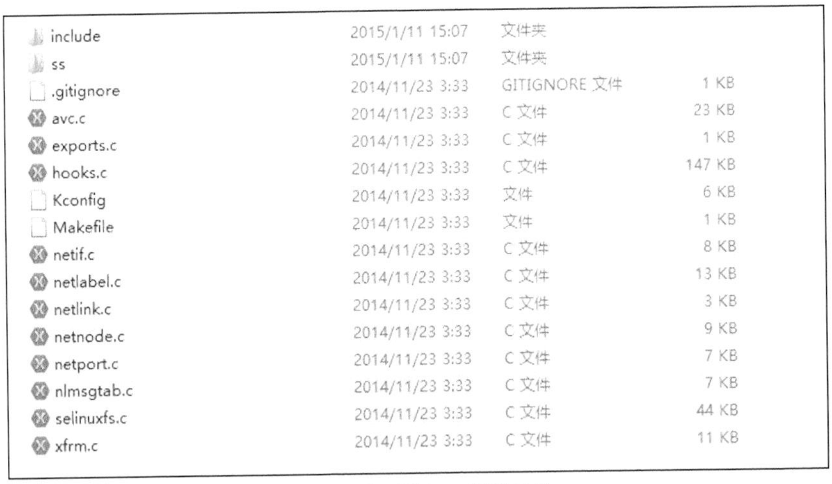

▲图 22-5　SELinux 源码目录

22.3　Android 系统安全保护的三重利剑

Android 系统的安全性一直以来都是大众诟病的重点之一。相对于 Apple 系统的闭源策略，Android 的开源和开放性无疑会引发更多安全方面的潜在风险。

但是我们也要看到，Android 系统一直在努力提升自身的安全性，例如它基于 SELinux 扩展出了 SEAndroid，即 Security Enhancements for Android™ (SE for Android)。

起初，SEAndroid 只是将 SELinux 引进到了 Android 系统中，以控制恶意应用程序所带来的危害。随着时间的推移，这个项目已经不仅仅是使用 SELinux 这么简单了，Android 针对自身的

22.3 Android 系统安全保护的三重利剑

特点做了不少关键的扩展和改进——Android 从 4.3 版本开始支持 SELinux；Android 4.4 版本则将 SELinux 变成了强制模式；而到了 Lollipop 时期，Android 中所有的服务和应用程序都能得到 SELinux 的全面保护了。

不过需要特别指出的是，Android 并没有因为"新欢"（SEandroid）而摒弃"旧爱"（DAC 访问机制）。这两种安全机制之间是一种"与"的关系，它们共同构成 Android 安全控制的两堵坚实的城墙——任何核心资源的访问操作都需要同时符合 SEandroid 和 DAC 的安全控制。如图 22-6 所示。

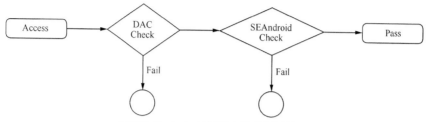

▲图 22-6 Android 系统中的双重保护机制

另外，上层应用程序还同时受到 Permission 机制的约束。所以接下来我们将通过 3 个小节来分别针对它们做细化分析。

22.3.1 第一剑：Permission 机制

不论是 Android 应用程序开发者还是系统程序员，相信都不会对 Permission 机制感到陌生。简而言之，Permission 是 Android 应用程序、Android 系统和用户的基础安全保障。任何类似于读写用户私人数据（譬如 E-mail 和联系人）、应用程序文件或者网络访问等行为都需要首先经过系统的权限授予。

那么 Permission 具体是如何发挥作用的呢？

我们知道，Android 应用程序运行于进程沙盒（Sandbox）中。Sandbox 是分离运行程序的一种安全手段。它常被用于为不被信任的程序（比如未知的第三方软件，无法核实的网址等）提供特殊的运行环境。目的是显而易见的，就是为了防止这些程序产生各种形式的破坏。这也就决定了运行于其中的程序将受到高度控制，特别是对于资源的访问更是如此。

正因为如此，Android 中的应用程序在默认情况下都没有访问资源或数据的权利，当它们希望执行类似操作时就要显性地做出申请，即声明各种 Permissions。声明过程并不复杂，主要是通过 AndroidManifest.xml 中的<uses-permission>标签来完成。下面是 Android 官方提供的一个例子：

```
<manifest xmlns:android="http://schemas.android.com/apk/res/android"
    package="com.android.app.myapp" >
    <uses-permission android:name="android.permission.RECEIVE_SMS" />
    ...
</manifest>
```

可以看到，这个应用程序范例主动申请了一个接收短信的权限。

表 22-1 是 Android 系统中的一些常见权限的节选，大家可以熟悉一下。

表 22-1 常见 Permission 释义

Permissions	Description
BATTERY_STATS	允许应用程序收集电池相关的数据
BROADCAST_SMS	允许应用程序发送"设备接收到新 SMS 的广播"
CALL_PHONE	允许应用程序发起一个主叫通话

Permissions	Description
CAMERA	允许应用程序使用摄像头硬件设备
FLASHLIGHT	允许应用程序使用闪光灯
INSTALL_PACKAGES	允许应用程序安装 Packages
INTERNET	允许应用程序打开网络 sockets
LOCATION_HARDWARE	允许应用程序使用相关硬件设备中的定位功能
READ_CALENDAR	允许应用程序读取日历数据
READ_CALL_LOG	允许应用程序读取用户的通话记录
READ_CONTACTS	允许应用程序读取通信录

系统会在以下两种情况中使用到应用程序在 AndroidManifest.xml 中声明的 Permission（注意：Android M 以上版本中针对某些核心权限的处理过程发生了变化，参见 Runtime Permission）：

- 应用程序安装时

在应用程序的安装过程中，会在设备屏幕弹出一个提示框指明此 APPLICATION 声明的所有权限。如果用户拒绝了它的权限申请，那么安装过程将直接失败；否则系统的 Package Installer 才会继续进行。一个典型范例如图 22-7 所示。

- 应用程序运行过程中

- 当应用程序在运行过程中执行已经申请过权限的操作时，Android 系统并不会再次询问用户。这样做的目的是为了不反复骚扰用户，造成不好的用户体验。

随着 Android 版本的演进，不断会有新增的 Permissions 被加入到系统中——而且新的平台版本针对某些核心权限的控制也呈现逐步加强的趋势。比如 Android 旧平台（API 等级 3 及以下）中是可以不用申请 WRITE_EXTERNAL_STORAGE 的，但随后的版本中就明确规定了应用程序必须显式声明这一权限了。大家应该能想到，这种变化首先要解决的一个问题是，新平台如何保证对老应用程序的兼容性。

▲图 22-7　应用程序安装过程中的权限申请

Android 针对这个问题的解决办法是：系统会自动判断是否可以为旧平台版本中的应用程序添加新平台版本中的对应权限。具体来说，当老应用程序的 targetSdkVersion 属性低于该权限出现时的 API 等级，那么系统将自动为其授权，以保证它在新平台上可以继续稳定地运行。

那么对于那些没有按照要求申请权限的应用程序，系统会有哪些强制手段呢？接下来我们以网络访问为例，具体剖析下 Android 系统是如何利用 Permission 机制来控制应用程序权限的。

Android 系统会为设备中所有受保护的资源"贴上"Permission 标签，并提供便捷的通道供开发人员主动申报相关的权限。下面是系统规定的，访问网络资源需要主动申请的 Permission：

```
<uses-permission android:name="android.permission.INTERNET"></uses-permission>
```

22.3 Android 系统安全保护的三重利剑

如果应用程序希望访问网络功能，那么它需要在 AndroidManifest.xml 中添加上述的语句，否则系统就会抛出异常。如图 22-8 所示。

```
05-25 21:45:54.430  21958-22006/? E/AndroidRuntime: FATAL EXCEPTION: Thread-1231
    Process: com.example.myapp, PID: 21958
    java.lang.SecurityException: Permission denied (missing INTERNET permission?)
        at java.net.InetAddress.lookupHostByName(InetAddress.java:464)
        at java.net.InetAddress.getAllByNameImpl(InetAddress.java:252)
        at java.net.InetAddress.getAllByName(InetAddress.java:215)
        at com.android.okhttp.internal.Network$1.resolveInetAddresses(Network.java:29)
        at com.android.okhttp.internal.http.RouteSelector.resetNextInetSocketAddress(RouteSelector.java:188)
        at com.android.okhttp.internal.http.RouteSelector.nextProxy(RouteSelector.java:157)
        at com.android.okhttp.internal.http.RouteSelector.next(RouteSelector.java:100)
```

▲图 22-8 网络权限缺失所导致的异常情况

当应用程序在设备中安装时，PackageManagerService 会扫描 APK，提取出其中声明的<uses-permission>加以保存，并根据具体情况将其加入系统的相应群组中。接下来的安全检查分为两种情况：既有可能是 Android 系统提供的 API 自身就会针对程序身份和操作做安全检查；也有可能是 API 在进一步调用内核层的功能时，由于应用程序不是相应群组的成员而触发安全问题——不难发现，上述这个范例就是因为执行到 lookupHostByName 时，Android 系统 catch 到了一个 SecurityException 而导致的失败。

类似的例子还有很多，例如不少应用程序都需要访问 SDCARD 目录下的文件，此时也会有安全检查的过程。对于开发人员来说，Java 的标准 API 就提供了文件访问的能力，因而 java.io.File 是他们比较常用的一个类。Android N 版本中的核心库(libcore)会分为两部分，其一是移植自 OpenJDK 的，被保存在/libcore/ojluni 路径下；其二是 Android 的差异实现，主要集中在/libcore/libart 和其他相关目录中。以下面的语句为例：

```
String FILENAME = "hello_file";
String string = "hello world!";

FileOutputStream fos = openFileOutput(FILENAME, Context.MODE_PRIVATE);
fos.write(string.getBytes());
fos.close();
```

这里的 FileOutputStream ::write 会调用 IoBridge.write，后者则进一步通过 Libcore.os.write 来写数据到文件中。Libcore.os 是一个 BlockGuardOs 类型的静态变量，定义如下：

```
public final class Libcore {…
    public static Os os = new BlockGuardOs(new Posix());
```

BlockGuardOs 构造函数所带参数代表的是实现了 Os 接口的一个类对象，即 Posix。在我们这个场景中，Posix 提供的 write 功能又将调用 native 函数 writeBytes 进入本地层。关系如图 22-9 所示。

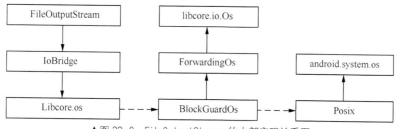

▲图 22-9 FileOutputStream 的内部实现关系图

首先，Android 系统需要对程序的某些文件写入行为（其他行为也是类似的）进行拦截，以便执行诸如 StrictMode 之类的检查。比如在我们这个场景中：

```
/*libcore/luni/src/main/java/libcore/io/BlockGuardOs.java*/
public int write(FileDescriptor fd, byte[] bytes, int byteOffset, int byteCount)
throws ErrnoException, InterruptedIOException {
        BlockGuard.getThreadPolicy().onWriteToDisk();
        return os.write(fd, bytes, byteOffset, byteCount);
    }
```

StrictMode 是辅助开发人员进行应用程序调优的一种模式，它提供的多种策略可以让我们甄别应用程序在运行过程中是否在磁盘读写、网络访问、运行性能等多个方面存在不足，从而有针对性地进行改进。

另外，从操作系统的层面来说 Java API 也属于上层实现，因而它的功能是要由操作系统的接口来提供支撑的——这有点类似于 libc 库和系统 API 之间的关系。譬如上述 os.write 就是由 Posix 提供的，实现如下：

```
/* libcore/luni/src/main/java/libcore/io/Posix.java*/
public int write(FileDescriptor fd, byte[] bytes, int byteOffset, int byteCount)
throws ErrnoException, InterruptedIOException {
        //This indirection isn't strictly necessary, but ensures that our public interface
        //is type safe.
        return writeBytes(fd, bytes, byteOffset, byteCount);
    }
    private native int writeBytes(FileDescriptor fd, Object buffer, int offset, int
byteCount) throws ErrnoException, InterruptedIOException;
```

可以看到 writeBytes 是一个 native 函数，它在内部可以通过 C/C++库来进一步完成应用程序的 write 请求。不过到目前为止，我们似乎还没有看到系统是如何对应用程序进行文件写入权限的检查的。大家可以先想想看权限检查应该放在哪一个阶段比较合适呢？

对于 Android 6.0 之前的系统，答案就在于当应用程序在 AndroidManifest.xml 中声明了 WRITE_EXTERNAL_STORAGE 时，那么它所归属的 Groups 中就会有 AID_SDCARD_RW(1015)，这样一来该应用程序就具有写入 SDCARD 的能力了。反之如果没有声明 WRITE_EXTERNAL_STORAGE，那么应用程序就无法向 SDCARD 正确地写入数据了。图 22-10 中的左边是应用程序申请了 WRITE_EXTERNAL_STORAGE 权限的情况，右边则是没有申请权限的情况。我们使用的命令是：cat /proc/<pid>/status）如图 22-10 所示。

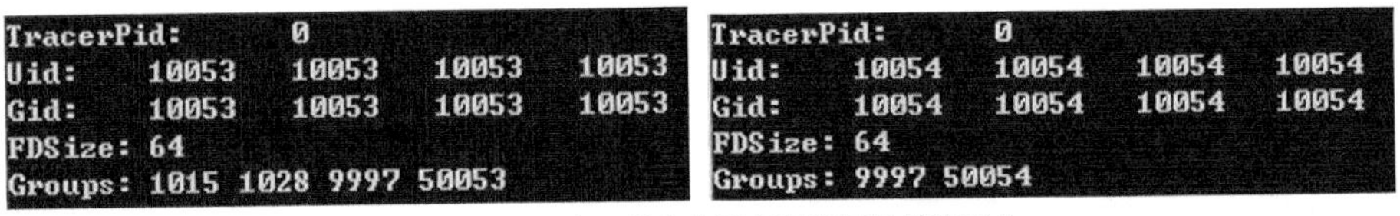

▲图 22-10　应用程序申请权限前后的情况对比

Android 6.0 和后续版本中因为加入了 Runtime Permission 的功能，权限的控制方式也有所变化。应用程序不光要在 AndroidManifest.xml 中主动声明需要使用到的所有普通和敏感权限，而且需要在运行过程中显式地请求敏感权限（除非用户已经允许过这一权限，并勾选了"不再询问"的选项）。用户同意或者拒绝应用程序的动态权限申请则会直接影响到它所能看到的"Mount View"，从而决定了应用程序是否可以成功向 SDCard 中写入数据。更多细节可以参见本书其他章节的分析。

22.3.2　加强剑：DAC（UGO）保护

即传统的 Linux UGO 文件访问机制。从图 22-11 中可以看到，即便是最新的 Android 操作系统，仍然没有摒弃这个传统的安全保障手段——毕竟经历了这么多年的考验，UGO 的表现虽然中规中矩，但依然能起到一定的保护作用。

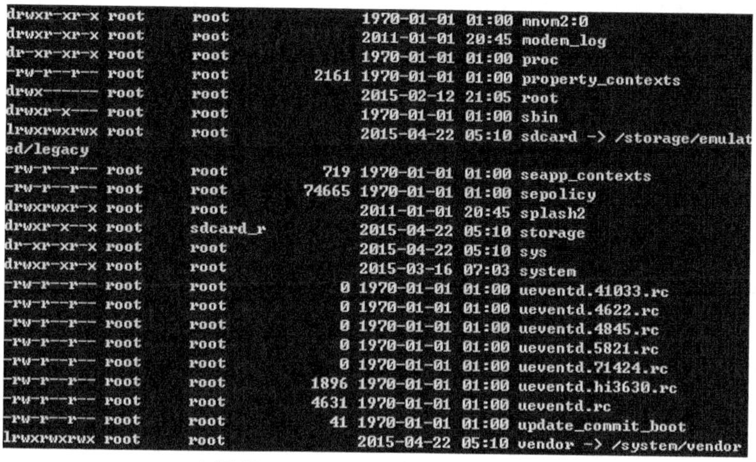

```
drwxr-xr-x root     root              1970-01-01 01:00 mnvm2:0
drwxr-xr-x root     root              2011-01-01 20:45 modem_log
dr-xr-xr-x root     root              1970-01-01 01:00 proc
-rw-r--r-- root     root         2161 1970-01-01 01:00 property_contexts
drwx------ root     root              2015-02-12 21:05 root
drwxr-x--- root     root              1970-01-01 01:00 sbin
lrwxrwxrwx root     root              2015-04-22 05:10 sdcard -> /storage/emulat
ed/legacy
-rw-r--r-- root     root          719 1970-01-01 01:00 seapp_contexts
-rw-r--r-- root     root        74665 1970-01-01 01:00 sepolicy
drwxrwxr-x root     root              2011-01-01 20:45 splash2
drwxr-x--x root     sdcard_r          2015-04-22 05:10 storage
dr-xr-xr-x root     root              2015-04-22 05:10 sys
drwxr-xr-x root     root              2015-03-16 07:03 system
-rw-r--r-- root     root            0 1970-01-01 01:00 ueventd.41033.rc
-rw-r--r-- root     root            0 1970-01-01 01:00 ueventd.4622.rc
-rw-r--r-- root     root            0 1970-01-01 01:00 ueventd.4845.rc
-rw-r--r-- root     root            0 1970-01-01 01:00 ueventd.5821.rc
-rw-r--r-- root     root            0 1970-01-01 01:00 ueventd.71424.rc
-rw-r--r-- root     root         1896 1970-01-01 01:00 ueventd.hi3630.rc
-rw-r--r-- root     root         4631 1970-01-01 01:00 ueventd.rc
-rw-r--r-- root     root           41 1970-01-01 01:00 update_commit_boot
lrwxrwxrwx root     root              2015-04-22 05:10 vendor -> /system/vendor
```

▲图 22-11　Android 系统中的 UGO 机制

UGO 机制在 Android 系统和 Linux 中的表现基本上是一致的，只不过我们还要额外思考的一个问题是：Linux 是一个多用户系统（注：Android 也支持多用户的概念，但和传统的多用户系统有不小的差异），但是 Android 则不存在"用户登录"的过程，那么它是如何区分不同"User"的呢？

在回答这个问题之前，我们可以首先对安全机制做一个抽象，如图 22-12 所示。

▲图 22-12　安全机制的抽象

无论具体的安全机制怎么变化，它们本质上要回答的问题是不变的，即主体访问客体的规则是什么。

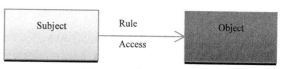

依照这一基础原理，我们当然需要思考一下 Android 系统下的主体是谁？没错，无非还是进程/线程。那么这样就好办了，Linux 系统既然是通过当前登录的用户身份来给予主体相应的 UID 和 GID 等属性，那么 Android 系统也完全可以制定另外一个规则，来赋予每个主体自己的 UID 和 GID。具体而言，Android 系统中运行的进程的 UID 和 GID 是由 PackageManagerService 分配的，而且是在 APK 安装之初就确定下来了（更为有趣的是，每一个 APK 都会被赋予一个不同的 UID）——和 Linux 的做法相比其实就是"换汤不换药"。我们可以参考 Process.java 中对 UID 的分类，如表 22-2 所示。

表 22-2　UID 分类

UID	Value	Description
ROOT_UID	0	Root UID
SYSTEM_UID	1000	UID under which system code runs
PHONE_UID	1001	UID under which telephony code runs
SHELL_UID	2000	UID for shell
LOG_UID	1007	UID for log group
WIFI_UID	1010	UID for WIFI supplicant process
MEDIA_UID	1013	UID for mediaserver process
DRM_UID	1019	UID for DRM process
VPN_UID	1016	UID for VPN services
NFC_UID	1027	UID for NFC service process
BLUETOOTH_UID	1002	UID for Bluetooth service process
FIRST_APPLICATION_UID	10000	为应用程序预留的 UID 区域的起点值
LAST_APPLICATION_UID	19999	为应用程序预留的 UID 区域的终止值

这样一来 Android 中的 UGO 机制和 Linux 中的经典实现就没有太大区别了。对于 Linux UGO 的更多信息，建议大家可以自行查阅相关资料了解。

22.3.3 终极剑：SEAndroid

相信不少开发者都会有过类似的经历——虽然 "×××一键 ROOT 神器"显示手机已经 root 成功了，但访问一些文件时仍然会发生权限不足的错误。这实际上就是得益于 SEAndroid 对设备的全面保护了。

与 SEAndroid 相关的一系列重要的 Papers 和出版物如下所示，大家可以和本小节内容结合起来阅读理解：

- The Case for SE Android, Linux Security Summit 2011, Sep 2011.
- The Case for Security Enhanced (SE) Android, Android Builders Summit 2012, Feb 2012.
- Security Enhanced (SE) Android, LinuxCon North America 2012, Aug 2012.
- Middleware MAC for Android, Linux Security Summit 2012, Aug 2012.
- Security Enhanced (SE) Android: Bringing Flexible MAC to Android, 20th Annual Network and Distributed System Security Symposium (NDSS '13), Feb 2013.
- Laying a Secure Foundation for Mobile Devices, 20th Annual Network and Distributed System Security Symposium (NDSS '13), Feb 2013.
- Laying a Secure Foundation for Mobile Devices, International Council on Systems Engineering (INCOSE) Chesapeake Chapter Monthly Meeting, Aug 2013.
- Security Enhancements (SE) for Android, Android Builders Summit 2014, Apr 2014.
- Protecting the Android TCB with SELinux, Linux Security Summit 2014, Aug 2014.

在开启了 SEAndroid 的设备中，通过 Adb 命令 getenforce 可以得到如下信息：

```
shell@hwmt7:/ $ getenforce
getenforce
Enforcing
```

这个状态从 Android 4.4 以后就成了一种强制行为了，除非传递给内核的参数中带有 androidboot.selinux=permissive——此时不符合 SEAndroid 规则的非法访问只会被记录成 log，系统并不会强制禁止它的执行，SEAndroid 的发展时间表如图 22-13 所示。

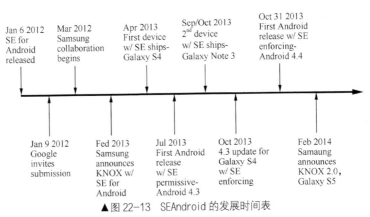

▲图 22-13　SEAndroid 的发展时间表

（引自 Security Enhancements (SE) for Android, Android Builders Summit 2014）

我们在上一小节对安全机制进行了一个抽象，并提出它需要回答的问题是——主体访问客体的规则是什么。对于 SEAndroid 来说，这个问题也同样适用。

22.4 SEAndroid 剖析

在 SEAndroid 机制中，主体和客体的安全标签与 UGO 相比发生了非常大的变化。我们可以通过如下命令来显示客体的 SEAndroid 安全标签：

```
ls  –Z  [Object]
```

比如下面所示的例子：

```
C:\Users\xs0>adb shell
shell@hwmt7:/ $ ls -Z /system/bin/vold
ls -Z /system/bin/vold
-rwxr-xr-x root     shell            u:object_r:unlabeled:s0 vold
shell@hwmt7:/ $ ls -Z /init
ls -Z /init
-rwxr-x--- root     root             u:object_r:rootfs:s0 init
```

还可以通过如下命令来显示主体的 SEAndroid 安全标签：

```
ps  –Z  [Subject]
```

比如下面所示的例子：

```
shell@hwmt7:/ $ ps -Z com.huawei.ca
ps -Z com.huawei.ca
LABEL                          USER      PID   PPID  NAME
u:r:system_app:s0              system    3381  2421  com.huawei.ca
shell@hwmt7:/ $ ps -Z adbd
ps -Z adbd
LABEL                          USER      PID   PPID  NAME
u:r:adbd:s0                    shell     31297 1     /sbin/adbd
```

由于 SEAndroid 涉及的知识面比较多，我们将分为几个小节来对其进行深入分析。

22.4 SEAndroid 剖析

22.4.1 SEAndroid 的顶层模型

我们在前面讲解 Linux UGO 时针对安全机制所做的模型抽象对于 SEAndroid 也是适用的。只不过它的 Label 不再是 UID/GID 了，取而代之的是 "user:role:type:security" 这个 SELinux 的安全上下文；安全规则也不再是简单固定的 UGO，而是需要由 sepolicy 来定义具体的访问权限了。另外，SEAndroid 主要通过 Label 中的 Type 来定义安全策略，所以又被称为 Type Enforment（这也是它的 .te 文件后缀的由来）。

根据 SEAndroid 顶层模型的描述（见图 22-14），我们不难理解它在设计过程中需要重点回答如下几个问题。

▲图 22-14　SEAndroid 的顶层模型

- Label 的格式和安全规则的定义

  Label 是由 4 个部分组成的，它们又分别有哪些具体的规定？除了 Google 原生的设计外，各设备厂商是否可以自定义自己的安全规则？

- 系统是在什么时候，如何确定某个 Subject（主体）的具体 Label 的？

- 系统是在什么时候，如何确定某个 Object（客体）的具体 Label 的？
- 系统是在什么时候，又是如何应用 Subject 和 Object 之间的安全规则的？

22.4.2 SEAndroid 相关的核心源码

与 SEAndroid 相关的源码目录主要是。
- /system/sepolicy：安全策略源文件所在目录，大多数是以.te 结尾的文件。
- /system/sepolicy/tools：包含了编译安全策略文件所需的一系列工具。
- /external/libselinux：用于生成支撑 Android 系统中实现 Selinux 的一个动态库。

其中 external/libselinux 中相关的源码文件结构如图 22-15 所示。

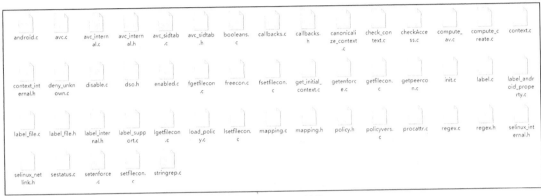

▲图 22-15　文件结构

系统预定义的安全规则放置在/system/sepolicy 中；各厂商自定义的 te 文件则多数位于/device/[manufacturer]/device-name/sepolicy 目录下，如图 22-16 所示的范例。

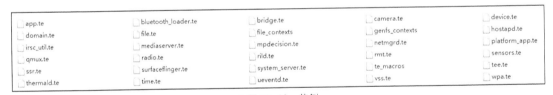

▲图 22-16　范例

其中：
- file_contexts

既包括编译过程中文件的安全标签，也用于在运行时态对设备节点、socket 端口、init.rc 产生的/data 目录进行安全标签的规划。当你创建新的安全策略时，在某些情况下需要更新这个文件来分配新的标签。而为了让新标签生效，我们必需重新编译文件系统 image 或者执行 restorecon。

- genfs_contexts

这个文件用于为不支持扩展属性的文件系统（例如 proc 和 vfat）添加标签。这个配置将作为核心策略的一部分被加载。

- property_contexts

这个文件用于制定 Android 系统各属性的标签，以确定哪些进程可以设置它们。它将在系统启动时的 init 进程中被加载，或者是当 selinux.reload_policy 被置于 1 时被重新加载。

- mac_permissions.xml

Middleware MAC policy，即 MMAC。这个文件会根据应用程序的签名以及包名（可选）来

22.4 SEAndroid 剖析

为它们分配 seinfo 标识。然后在 seapp_contexts 中，系统将把 seinfo 作为一个 key 来决定给某些 App 分配特殊的标签。这个文件将在 system_server 启动时被加载读取。

- seapp_contexts

这个文件用于为 App 进程和/data/data 文件夹指定标签。系统读取 seapp_contexts 的时机为：

（1）当一个 App 在 zygote 进程中被启动时；
（2）当 installd 在启动时；
（3）当 selinux.reload_policy 属性被置为 1 时。

另外，Android 系统也允许各设备商定制自己的安全策略。如果大家有需要的话，可以参见 /device/lge/hammerhead/BoardConfig.mk 中的例子。这个编译脚本中包含了若干以 BOARD_SEPOLICY 开头的变量，用于指明厂商的自定义规则。如下所示：

```
BOARD_SEPOLICY_DIRS += \
        device/lge/hammerhead/sepolicy

# The list below is order dependent
BOARD_SEPOLICY_UNION += \
        app.te \
        bluetooth_loader.te \
        bridge.te \
        camera.te \
        device.te \
        domain.te \
        file.te \
        hostapd.te \
        irsc_util.te \
        mediaserver.te \
        mpdecision.te \
        netmgrd.te \
        platform_app.te \
        qmux.te \
        radio.te \
        rild.te \
        rmt.te \
        sensors.te \
        ssr.te \
        surfaceflinger.te \
        system_server.te \
        tee.te \
        thermald.te \
```

大家可以阅读后续小节，学习针对 policy 定制的更多详细信息。

22.4.3 SEAndroid 标签和规则

标签（label）是 SEAndroid 机制的基础，它用于为策略和行为提供匹配条件。Android 系统中的任何资源（包括 Socket、文件、进程等）都有自己对应的标签。

标签的基本格式是：

```
user:role:type:mls_level
```

各属性释义如下：

- User

在 SEAndroid 中 User 代表用户，而且到目前为止的可选值只有 "u" 一种（有可能是预留的属性）。

如下是/system/sepolicy/users 文件中的内容：

```
user u roles { r } level s0 range s0 - mls_systemhigh;
```

- Role

在 SEAndroid 中代表角色。和 User 类似，这个属性的可选值也比较固定：对于主体来说是 r，对于客体来说则是 object_r。

下面是 /system/sepolicy/roles 中的内容：

```
role r;
role r types domain;
```

- 其中"role r"声明了一个名为 r 的角色；而"role r types domain"则表示它是与 domain（主体 Type）相关联的，见下面一项的说明
- Type

SEAndroid 中定义了超过 130 种的 Type 类型，比如 device type、process type（又被称为 domain）、file system type、network type、IPC type 等。

下面是 /system/sepolicy/domain.te 中的部分内容：

```
# Rules for all domains.
# Allow reaping by init.
allow domain init:process sigchld;
# Read access to properties mapping.
allow domain kernel:fd use;
allow domain tmpfs:file { read getattr };
# Search /storage/emulated tmpfs mount.
allow domain tmpfs:dir r_dir_perms;

# Intra-domain accesses.
allow domain self:process {
    fork
    sigchld
    sigkill
    sigstop
    signull
    signal
    getsched
    setsched
    getsession
    getpgid
    setpgid
    getcap
    setcap
    getattr
    setrlimit
};
```

- Security level(Multiple Level Security)

MLS 的格式为：[: category list] [- sensitivity [: category list]]

在 Android 系统的 Type Enforment 中，4 个标签属性中只有 Type 才是决定安全策略执行结果最重要的考量参数，所以我们可以在分析过程中有所侧重，有针对性地提高效率。

22.4.4 如何在 Android 系统中自定义 SEAndroid

本小节我们将介绍 Android 系统应用 SEAndroid 需要做哪些工作，以及各设备厂商如何才能自定义安全规则。

Step1. 在内核中开启 SELinux 支持。

对应的变量如下所示：

```
CONFIG_SECURITY_SELINUX=y
```

Step2. 修改内核启动参数，具体来说是在 Android 工程中添加如下的命令行：

```
BOARD_KERNEL_CMDLINE := androidboot.selinux=permissive
```

Step3. 以 permisive 模式启动系统，然后可以看到在启动过程中会遇到哪些 denials。

在 Ubuntu 14.04 及以后：

```
adb shell su -c dmesg | grep denied | audit2allow -p
out/target/product/board/root/sepolicy
```

在 Ubuntu 12.04：

```
adb shell su -c dmesg | grep denied | audit2allow
```

Step4. 评估上一步中的输出结果。

SELinux 的 log 消息都包含了 "avc:" 字符串，因而可以很容易地找到。

通过这一评估结果，我们可以知道目前有哪些违反规则的行为，然后有针对性地进行更正。如下是一个典型的例子：

```
avc: denied { connectto } for pid=2671 comm="ping"
path="/dev/socket/dnsproxyd"
    scontext=u:r:shell:s0 tcontext=u:r:netd:s0 tclass=unix_stream_socket
```

其中 { connectto } 代表的是发生的形为。整个句子表示有人尝试去连接一个 unix stream socket。

参数 scontext 代表的是发起上述形为的主体的具体环境。在这个例子中就是某个以 shell 运行的程序。

参数 tcontext 是客体的具体环境。在这个例子中就是一个 unix_stream_socket 的所有者 netd。

而 comm="ping" 表示的是当 denial 发生时究竟执行了什么语句。

Step5. 鉴别出哪些设备或者其他新增文件需要添加 Label。

Step6. 使用现存的或者新增的 labels 为客体添加标签。可以借鉴工程中的 *_contexts 文件来看一下别人是怎么做的，包括如何新增标签。如下例子所示：

```
###########################################
# Root
/       u:object_r:rootfs:s0

# Data files
/adb_keys    u:object_r:adb_keys_file:s0
/default\.prop     u:object_r:rootfs:s0
/fstab\..*    u:object_r:rootfs:s0
/init\..*    u:object_r:rootfs:s0
/res(/.*)?    u:object_r:rootfs:s0
/ueventd\..*     u:object_r:rootfs:s0

# Executables
/charger     u:object_r:rootfs:s0
/init      u:object_r:rootfs:s0
/sbin(/.*)?    u:object_r:rootfs:s0

# Empty directories
/lost\+found     u:object_r:rootfs:s0
/proc      u:object_r:rootfs:s0
```

Step7. 为系统中的所有由 init 启动的 services(process 或 daemon)分配一个自己的 domain。

如何识别出这些 services 呢？官方推荐了几种方法：

（1）从 init.<device>.rc 文件中获取

（2）检查 dmesg 输出中所有与“init: Warning! Service name needs a SELinux domain defined; please fix!”相关的语句

（3）通过 ps –Z | grep init 来检查有哪些 service 是以 init domain 来运行的，如图 22-17 所示；

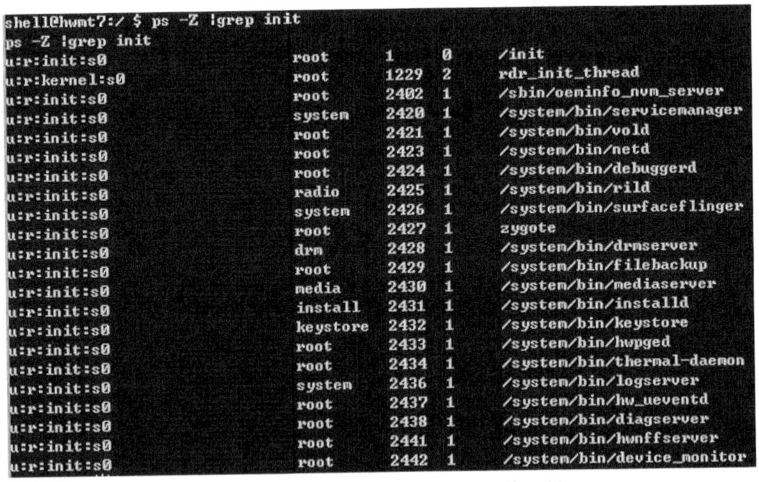

```
shell@hwmt7:/ $ ps -Z |grep init
ps -Z |grep init
u:r:init:s0          root      1     0   /init
u:r:kernel:s0        root      1229  2   rdr_init_thread
u:r:init:s0          root      2402  1   /sbin/oeminfo_nvm_server
u:r:init:s0          system    2420  1   /system/bin/servicemanager
u:r:init:s0          root      2421  1   /system/bin/vold
u:r:init:s0          root      2423  1   /system/bin/netd
u:r:init:s0          root      2424  1   /system/bin/debuggerd
u:r:init:s0          radio     2425  1   /system/bin/rild
u:r:init:s0          system    2426  1   /system/bin/surfaceflinger
u:r:init:s0          root      2427  1   zygote
u:r:init:s0          drm       2428  1   /system/bin/drmserver
u:r:init:s0          root      2429  1   /system/bin/filebackup
u:r:init:s0          media     2430  1   /system/bin/mediaserver
u:r:init:s0          install   2431  1   /system/bin/installd
u:r:init:s0          keystore  2432  1   /system/bin/keystore
u:r:init:s0          root      2433  1   /system/bin/hwpged
u:r:init:s0          root      2434  1   /system/bin/thermal-daemon
u:r:init:s0          system    2436  1   /system/bin/logserver
u:r:init:s0          root      2437  1   /system/bin/hw_ueventd
u:r:init:s0          root      2438  1   /system/bin/diagserver
u:r:init:s0          root      2441  1   /system/bin/hwnffserver
u:r:init:s0          root      2442  1   /system/bin/device_monitor
```

▲图 22-17　以 init domain 运行的进程

（4）通过如下命令查看是否还有其他需要注意的遗漏项：

```
$ adb shell su -c dmesg | grep 'avc: '
```

Step8. 在 BOARD_CONFIG.mk 中为 BOARD_SEPOLICY_*赋值。这点我们在前面小节已经提到过了。

Step9. 检查 init.<device>.rc 和 fstab.<device>来确保所有“mount”使用的都是已经正确添加了标签的文件系统，或者已经指定了 context=mount 选项。

Step10.书写安全策略来确保所有被限制的权限都可以得到合理的管理。这一步我们将在下一小节中做展开讨论。

22.4.5 TE 文件的语法规则

我们接着前一小节的步骤，讲解一下安全策略的书写与注意事项。

在 SEAndroid 中，安全策略文件通常以 .te 为后缀名，比如 adbd.te、app.te、Bluetooth.te、device.te 等。厂商自定义的 te 文件建议放置在/device/manufacture/[device-name]/sepolicy 文件夹下，并通过 BOARD_SEPOLICY 变量来将它们添加到编译环境中，以保证安全策略可以被正确纳入到系统中加以实施。

在自定义安全策略的过程中，有如下几个注意事项：

- 切记不要删除目前已有的安全策略文件。建议各个厂商根据自己的实际需要，新增针对某些资源的保护策略；
- 为所有新增的 daemons 新增安全策略；
- 在合适的情况下，尽量使用已经定义过的 domain；
- 对于从 init 中启动的任何进程，都确保它有独立于 init 的 domain；
- 在书写安全策略前，先要了解清楚它的规则，多参考别人已有的范例；
- 在可能的情况下，将核心策略提交给 AOSP 工程组。

另外，以下是 Android 官方给出的 "Not to do list"：

- 创建一个不兼容的安全策略；
- 允许终端用户自定义安全策略；
- 允许 MDM 策略的自定义；
- 让用户感觉处处都充满了策略违规行为，造成很差的用户体验；
- 添加后门。

还有一点也是我们反复强调的，即一开始在调试阶段可以只开启 permissive 模式，来找出当前系统中还存在哪些问题，然后不断迭代地解决这些问题，最终在量产时再开启强制模式。

在前述 Label 的基础上，Policy 的基本格式是：

```
allow domains types:classes permissons:
```

上述格式中的几个关键字的释义如下：

- Domain

用于标识单一进程或一系列进程。

- Type

用于标识客体（文件、Socket 等）或一系列客体。

- Class

被访问的客体（文件、Socket 等）的具体种类。

- Permission

可以被允许的操作（读、写等）

除了上述规则格式所提到的关键词外，我们还可以通过属性（attribute）来指定 domain 或者 Type——它们都可以与任意数量的 attribute 相挂钩。换句话说，当一条规则是通过 attribute 来书写的话，那么系统将自动把其中的 attribute 解析成具体的 domains 和 Types。

举个例子来说，如下的一条策略：

```
allow domain null_device:chr_file { open };
```

这条策略允许与属性值 domain 相关联的进程可以打开"Type 为 null_device，class 为 chr_file"的客体。值得一提的是，null_device 用于标识/dev/null 设备。

下面我们以 adbd.te 为例讲解一下如何书写一个合格的安全策略文件。

```
//Note 1:
allow adbd shell:process noatsecure;
//Note 2:
allow adbd self:capability { setuid setgid };
//Note 3:
net_domain(adbd)
//Note 4:
allow adbd adb_device:chr_file rw_file_perms;
allow adbd functionfs:dir search;
allow adbd functionfs:file rw_file_perms;
//Note 5:
allow adbd devpts:chr_file rw_file_perms;
//Note 6:
allow adbd shell_data_file:dir create_dir_perms;
allow adbd shell_data_file:file create_file_perms;
//Note 7:
allow adbd sdcard_type:dir create_dir_perms;
allow adbd sdcard_type:file create_file_perms;
//Note 8:
allow adbd anr_data_file:dir r_dir_perms;
allow adbd anr_data_file:file r_file_perms;
//Note 9:
allow adbd system_file:file rx_file_perms;
//Note 10:
binder_use(adbd)
binder_call(adbd, surfaceflinger)
allow adbd gpu_device:chr_file rw_file_perms;
//Note 11:
allow adbd adb_keys_file:dir search;
allow adbd adb_keys_file:file r_file_perms;
```

首先要说的是，SEAndroid 安全策略文件使用的是 M4 语言，因而支持一系列预定义的宏。大家可以参考 Gnu 官方网站了解详情。

我们在前面小节提到过，TE 文件的基本语句格式如下：

> allow domains types:classes permissons:

接下来针对上面的 adbd.te 具体分析一下。

Note 1: 这条语句比较特殊，它表明不能对 shell 的环境做净化（sanitize）或者打开 shell 的 fds。为了让大家更好地理解 noatsecure，我们首先要知道什么是 atsecure。

当一个应用程序初始化另一个程序时，它首先执行 fork，然后通过 execve 来把程序加载到内存中——后面这一加载动作通常是由 binary loader 完成的，在 Linux 中对应的是 ELF Loader。而 ELF auxiliary vectors 则是由 loader 设置的一系列参数，它们为应用程序提供了与操作系统相关的特殊信息。比如 AT_SECURE。这个参数用来告诉 ELF 动态链接器 unset 一些可能会对系统产生潜在威胁的环境变量，如 LD_PRELOAD。所以简而言之，noatsecure 将关闭对环境的净化功能。

Note 2: 允许 adbd 对 shell 执行 setuid 和 setgid。
Note 3: 创建并使用网络 Sockets。
Note 4: 允许访问/dev/android_adb 和/dev/usb-ffs/adb/ep0。
这是因为 adb_device 对应的是/dev/android_adb.*，定义在 file_contexts 中：

```
/dev/android_adb.*    u:object_r:adb_device:s0
```

Note 5: 允许使用一个虚拟 tty。
Note 6: 允许 adb pull/push 指定的文件夹：/data/local/tmp，定义如下：

```
/data/local/tmp(/.*)?  u:object_r:shell_data_file:s0
```

Note 7: 允许 adb pull/push sdcard。
Note 8: 允许 adb pull 指定文件夹：/data/anr/traces.txt，因为只有 read 的权限。
Note 9: 允许运行/system/bin/bu。
Note 10: 允许与 surfaceflinger 进行 binder 的 IPC 通信。
Note 11: 允许读取/data/misc/adb/adb_keys。

22.4.6　SEAndroid 中的核心主体——init 进程

SEAndroid Subject 的载体是进程，换句话说设备中运行的绝大部分进程都应该是和安全上下文相关联的，这样才能保证系统在判断它们是否具有访问客体权限时"有据可依"。

我们知道，init 是 Android 系统运行的第一个进程，包括程序孵化器——Zygote 在内的所有后续进程都是由它直接或间接启动的。可想而知，SEAndroid 对系统的实时保护也一定和 init 有关联——例如 policy 文件的加载就是在 init 中进行的。另外 init 本身也是系统中的一个进程，因而本小节将以它作为 SEAndroid 的主体代表来进行详细剖析。

init 程序对应的源码目录是/system/core/init。我们首先看一下它的 main 函数中与 SELinux 相关的实现：

```
/*system/core/init*/
int main(int argc, char **argv)
{
    …
    selinux_initialize(is_first_stage);
```

由此可见，init 进程的 main 函数是系统初始化和启用 SELinux 的起点，其中 selinux_initialize 的核心实现如下：

```
/*system/core/init/init.cpp*/
static void selinux_initialize(bool in_kernel_domain) {
    Timer t;

    selinux_callback cb;
    cb.func_log = selinux_klog_callback;
    selinux_set_callback(SELINUX_CB_LOG, cb);
    cb.func_audit = audit_callback;
    selinux_set_callback(SELINUX_CB_AUDIT, cb);

    if (in_kernel_domain) {
        INFO("Loading SELinux policy...\n");
        if (selinux_android_load_policy() < 0) {
            ERROR("failed to load policy: %s\n", strerror(errno));
            security_failure();
        }
        …
    } else {
        selinux_init_all_handles();
    }
}
```

在 N 版本之前，init 进程会通过 selinux_is_disabled 来判断当前 SELinux 是否被禁用了——此时存在如下两种可能的情况：

Case 1: /sys/fs/selinux 无法访问，这很可能是 SELinux 没有编译进内核中，或者通过内核命令参数 "selinux=0" 关闭了。

Case 2: 系统属性 ro.boot.selinux 的值为 disabled。

紧接着的重点是 selinux_callback，它的源码实现在 selinux.h 中：

```
/*external/libselinux/include/selinux*/
/* Callback facilities */
union selinux_callback {
    /* log the printf-style format and arguments,
       with the type code indicating the type of message */
    int
#ifdef __GNUC__
    __attribute__ ((format(printf, 2, 3)))
#endif
    (*func_log) (int type, const char *fmt, ...);
    /* store a string representation of auditdata (corresponding
       to the given security class) into msgbuf. */
    int (*func_audit) (void *auditdata, security_class_t cls,
                char *msgbuf, size_t msgbufsize);
    /* validate the supplied context, modifying if necessary */
    int (*func_validate) (char **ctx);
    /* netlink callback for setenforce message */
    int (*func_setenforce) (int enforcing);
    /* netlink callback for policyload message */
    int (*func_policyload) (int seqno);
};
```

可以看到，selinux_callback 是一个 union 数据结构，在调用时需要同时指定所针对的是哪种类型的回调，如下所示。

- SELINUX_CB_LOG: (*func_log) (int type, const char *fmt, ...)

回调 log 信息，并通过 type 指示 log 类型。

- SELINUX_CB_AUDIT: int (*func_audit) (void *auditdata, security_class_t cls, char *msgbuf, size_t msgbufsize)

将 auditdata 中的数据以一定格式保存到 msgbuf 中。

- SELINUX_CB_VALIDATE: int (*func_validate) (char **ctx)

验证 ctx 这个安全上下文环境。

- SELINUX_CB_SETENFORCE: int (*func_setenforce) (int enforcing)

  用于 setenforce 消息的回调。

- SELINUX_CB_POLICYLOAD: int (*func_policyload) (int seqno)

  用于安全策略加载时的回调。

上述的 selinux_initialize 函数中设置了两个回调函数，即 log_callback 和 audit_callback。

接下来初始化函数将继续运行并加载安全策略。我们在前面小节已经讲解过，这些安全策略是专门为 Android 系统设计的，因而它的实现是在 android.c 中：

```
/*external/libselinux/src/android.c*/
int selinux_android_load_policy(void)
{
    int fd = -1, rc;
    struct stat sb;
    void *map = NULL;
    static int load_successful = 0;
    if (load_successful){//已经加载过 policy 了
      selinux_log(SELINUX_WARNING, "SELinux: Attempted reload of SELinux policy!/n");
      return 0;
    }

    set_selinuxmnt(SELINUXMNT);
    fd = open(sepolicy_file, O_RDONLY | O_NOFOLLOW | O_CLOEXEC);
    …
    if (fstat(fd, &sb) < 0) {
        selinux_log(SELINUX_ERROR, "SELinux:  Could not stat %s:  %s\n",
                sepolicy_file, strerror(errno));
        close(fd);
        return -1;
    }
    map = mmap(NULL, sb.st_size, PROT_READ, MAP_PRIVATE, fd, 0);
    …
    rc = security_load_policy(map, sb.st_size);
    …
    munmap(map, sb.st_size);
    close(fd);
    selinux_log(SELINUX_INFO, "SELinux: Loaded policy from %s\n", sepolicy_file);
    load_successful = 1;
    return 0;
}
```

在 Android N 版本之前，系统首先会尝试 mount selinux 的结点 SELINUXMNT，即 "/sys/fs/selinux"。如果这一步失败的话，又有两种可能性：

Case 1: errno ==ENODEV

设备不存在，这种情况下说明 SELinux 在系统中没有被启用，因而直接返回错误码

Case 2:errno == ENOENT

目录不存在，此时需要新建一个 SELINUXMNT 文件夹。如果 mkdir 仍然失败，则直接返回错误;否则重试上面的 mount 操作。

假如 mount 成功，我们紧接着就需要先保存当前的挂载节点，即 set_selinuxmnt(mnt)。这个函数会把 mnt 的值存储到通过 strup 重新分配的一个字符串，然后让 selinux_mnt 指向它。变量 selinux_mnt 是全局的，用于实时存储运行过程中的 SElinux 挂载点。

Android N 版本中的处理方式发生了一些变化，简单来说就是不支持动态重加载 policy 了。所以可以看到 selinux_android_load_policy 通过 load_successful 变量来判断系统是否已经加载过安全策略了，如果答案是肯定的话，函数会直接返回。

接着尝试打开策略文件 sepolicy_file。在 Android N 版本之前，它是一个数组，定义如下：

```
static const char *const sepolicy_file[] = {
    "/sepolicy",
    "/data/security/current/sepolicy",
    NULL };
```

变量 policy_index 的初始值为 0，但是会随着 set_policy_index 的调用而可能产生变化。

Android N 版本中的情况则更为简单，即 sepolicy_file 只代表 "/sepolicy" 一种可能了。

如果 open 成功的话，将接着执行 fstat。这个函数的作用是获取文件的当前状态，并把结果存储到 stat 数据结构（上述代码中对应的是 sb 变量）中。

如果上面步骤执行正常的话，我们就可以开始内存映射 mmap 了，即将 fd 描述的文件映射到 sb.st_size。注意 mmap 的第一个参数给的是 NULL，然后通过函数返回值将指针传递给 map 变量。一切准备就绪后，函数接着执行 security_load_policy：

```
/*external/libselinux/src/load_policy.c*/
int security_load_policy(void *data, size_t len)
{
    char path[PATH_MAX];
    int fd, ret;

    if (!selinux_mnt) {
        errno = ENOENT;
        return -1;
    }

    snprintf(path, sizeof path, "%s/load", selinux_mnt);
    fd = open(path, O_RDWR);
    if (fd < 0)
        return -1;

    ret = write(fd, data, len);
    close(fd);
    if (ret < 0)
        return -1;
    return 0;
}
```

可以看到，这个函数主要是通过 snprintf 来组成一个新的路径（即在 selinux_mnt 的尾部加上 "/load"），并将这个 path 指示的文件打开，然后把 data（即 "/sepolicy" 安全策略文件）中的内容写入到路径中。概括来说，就是把 Android 的策略文件通过 SELinux 的挂载点写入到内核中。

执行完上述函数和 selinux_android_load_policy 后，我们回到 selinux_initialize 中继续分析。如果加载策略失败的话，说明当前系统出现了非常严重的问题，因而设备将直接重启并进入 recovery 模式。

如果策略加载成功，接下来还需要初始化 sehandle，然后调用 security_setenforce 将系统的 SELinux 设置为合适的状态，即：

如果系统属性 ro.boot.selinux 没有设置或者为 enforcing，进入 enforcing 状态；否则，如果 ro.boot.selinux 等于 permissive，则进入自由模式：

```
/*external/libselinux/src/setenforce.c*/
int security_setenforce(int value)
{
    int fd, ret;
    char path[PATH_MAX];
    char buf[20];

    if (!selinux_mnt) {
        errno = ENOENT;
        return -1;
```

```
        }

        snprintf(path, sizeof path, "%s/enforce", selinux_mnt);
        fd = open(path, O_RDWR);
        if (fd < 0)
            return -1;

        snprintf(buf, sizeof buf, "%d", value);
        ret = write(fd, buf, strlen(buf));
        close(fd);
        if (ret < 0)
            return -1;

        return 0;
    }
```

由上述代码段可知函数 security_setenforce 和前面讲解的 security_load_policy 是类似的，均是通过向 selinux_mnt 下的文件写入数据来与内核中的 SELinux 进行通信。这样一来我们就把 Android 上层的安全策略成功写入到 Linux 的 LSM 模块中，并设置了正确的防护模式了，如图 22-18 所示。

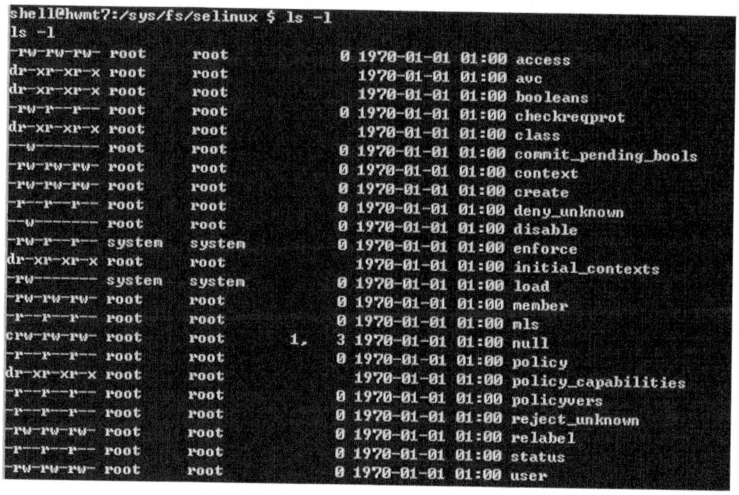

▲图 22-18　/sys/fs/selinux 文件结构

从本小节的分析大家应该不难发现，init 程序向 SELinux 设置的 policy 策略通常情况下就来源于设备根目录下的 sepolicy 文件，而后者又是由 AOSP 工程下的/enternal/sepolicy 的各种.te 编译而成的。

那么 init 进程自身的安全上下文是什么呢？

在 Android 旧版本中，它是在 init.rc 中通过 setcon 接口直接指定的；目前版本中的实现则略为复杂，会把 init 拆分成两个阶段。

Stage1：

此时 init 进程运行在 kernel domain 中，同时 selinux_initialize 的函数入参 in_kernel_domain 为 true，所以说前述的安全策略的加载过程就是在这一阶段完成的。

在执行完第一阶段的 selinux_initialize 后，init 进程的 main 函数会 re-exec 程序，并人为地添加一个参数 "--second-stage"，从而进入第二阶段。

Stage2：

此时 in_kernel_domain 为 false，并且 init 进程运行于 init domain 下。

另外，init 文件的安全上下文关联是由 restorecon("/init") 完成的，对应的源码如下所示：

```
/*system/core/init/init.cpp*/
if (is_first_stage) {
    if (restorecon("/init") == -1) {
```

```
            ERROR("restorecon failed: %s\n", strerror(errno));
            security_failure();
    }
```

函数 restorecon 会在 system/sepolicy/file_contexts 提供的信息中（注意：file_contexts 会和其他策略一起放在设备的/sepolicy 文件里）去查找上述指定的路径，最终匹配到如下内容：

```
/init                    u:object_r:init_exec:s0
```

也就是说 init 文件的 type 是 init_exec（可执行文件）。

除了 init 外，系统中还运行着很多其他的进程，例如 zygote(app_process)、各应用程序进程等。读者可以在本小节的基础上自行分析它们的安全上下文是如何完成关联操作的。

22.4.7 SEAndroid 中的客体

SEAndroid 中的客体包括系统文件、应用程序文件、系统属性等很多被保护的资源对象。为了简化分析，本小节我们以应用程序文件为例来讲解一下它们是如何关联安全上下文的。

与系统文件这类预置的资源不同（系统文件主要由 file_contexts 来设定安全上下文），应用程序的文件多数是在程序安装或者运行过程中才会产生，而且用户设备将要安装哪些应用程序事先是未知的，所以针对它们的处理方式也需要更加灵活。

我们知道，应用程序专有的数据存储目录在/data/data 中，因而问题自然而然地转化为：这个目录下的文件夹和文件是如何关联安全上下文的呢？进一步来讲，它们又是由 PackageManagerService 和 installd 在应用程序的安装过程中创建的，所以需要重点关心的就是这两个系统服务了。

应用程序的具体安装过程在本书其他章节已经有过详细分析，这里不再赘述。我们只要知道 PMS 会调用 installer.java 中的 install 接口来发起一个安装过程就可以了，原型如下所示：

```
public int install(String uuid, String name, int uid, int gid, String seinfo)
```

大家应该注意到了最后一个函数参数 seinfo，它是 PMS 通过前面小节曾讲解过的 system/sepolicy 下的专门文件 mac_permissions.xml 来获取的（应用程序签名和 seinfo 有对应的映射关系）。

系统服务 installd 将响应 PMS 的安装请求，并通过 selinux_android_setfilecon 来为应用程序的 data 目录设置上下文安全环境，实现如下：

```c
/*external/libselinux/src/Android.c*/
int selinux_android_setfilecon(const char *pkgdir,
                    const char *pkgname,
                    const char *seinfo,
                    uid_t uid)
{
    char *orig_ctx_str = NULL;
    char *ctx_str = NULL;
    context_t ctx = NULL;
    int rc = -1;

    if (is_selinux_enabled() <= 0)//SELinux 是否开启
        return 0;

    rc = getfilecon(pkgdir, &ctx_str);
    if (rc < 0)
        goto err;

    ctx = context_new(ctx_str);
    orig_ctx_str = ctx_str;
    if (!ctx)
        goto oom;

    rc = seapp_context_lookup(SEAPP_TYPE, uid, 0, seinfo, pkgname, NULL, ctx);
    if (rc == -1)
```

```
            goto err;
        else if (rc == -2)
            goto oom;

        ctx_str = context_str(ctx);
        if (!ctx_str)
            goto oom;

        rc = security_check_context(ctx_str);
        if (rc < 0)
            goto err;

        if (strcmp(ctx_str, orig_ctx_str)) {
            rc = setfilecon(pkgdir, ctx_str);
            if (rc < 0)
                goto err;
        }

        rc = 0;
out:
        freecon(orig_ctx_str);
        context_free(ctx);
        return rc;
err:
        selinux_log(SELINUX_ERROR, "%s:  Error setting context for pkgdir %s, uid %d: %s\n",
                    __FUNCTION__, pkgdir, uid, strerror(errno));
        rc = -1;
        goto out;
oom:
        selinux_log(SELINUX_ERROR, "%s:  Out of memory\n", __FUNCTION__);
        rc = -1;
        goto out;
}
```

libselinux 是对 SELinux 的上层封装，以使程序可以非常方便地使用 SELinux 机制。在上述这个函数中，我们首先判断当前是否已经开启了 SELinux 安全机制，只有在答案是肯定的情况下，才需要执行下一步操作。紧接着的 getfilecon 是获取目录路径的当前安全上下文(目录的默认安全上下文将继承自它的父目录)，并将其保存在 ctx_str 变量中。有了这个基础后，再创建新的 context 就有依据了——前后两个 context 最大的不同在于 Type，而新的 Type 值则由 seapp_context_lookup 来负责获取。

最后，如果两个 context 之间存在差异的话(strcmp 不等于 0)，那么我们就调用 setfilecon 来为应用程序的目录设置新的环境，从而完成它的安全上下文关联。

22.5 Android 设备 Root 简析

如何获取 Root 权限是 Android 中一个老生常谈的话题。Root 这个词虽然大家都耳熟能详，但是究竟应该如何定义它呢？从系统设计的角度来看，Root 是一个"名词"，它代表的是一个操作系统（如 Linux）的最高权限用户（Superuser）。Linux 操作系统中，不同 user 针对同一个文件的操作权限是有区别的，而 Root 则拥有至高无上的权利——理论上讲它对任何文件都具有"生杀予夺"（注意：在开启了 SEAndroid 的设备上，Root 的权限受到了限制）的大权。也因为它的权利过大，所以通常情况下用户将以普通的权限来运行系统，后者则会被加以各种强制约束。

Android 操作系统虽然没有用户登录的概念，但却也有 UID 的存在。而除了系统开始时短暂的"放权"外，所有后续启动的应用程序都只有非常有限的普通权限。由此就引申出了 Root 的动词用法，即"获取 Root 权限"。"道高一尺，魔高一丈"，Root 技术总是要随着 Android 系统的更新换代而"天天向上"。

目前市面上已知的 Root 手段既有手工的，也有各种"××一键 Root"之类的便捷工具。不过，大家应该知道，并非所有 Android 设备都可以被轻松 Root。这一方面和 Android 版本有关——通常情况下版本越高，Root 的难度也越大。这同时也说明了 Android 项目在安全性保护方面也在日趋成熟。另一方面，一些设备厂商们为了更好地保护用户的利益，也会对产品实施"刷机加锁"（比如华为系列手机就有类似的保护）。这就意味着各位发烧友们可能需要先进行解锁操作后，才有办法实施各种 Root 方案。当然，很多大的设备厂商也会提供专门的渠道来帮助确实有需要的用户完成加解锁操作，例如华为 EMUI 提供的官方网址如下：

> http://emui.huawei.com/cn/plugin.php?id=unlock&mod=detail

那么如何才能越过系统设置的重重障碍，获取到 Root 权限呢？我们就以曾经风靡一时的"adbd 提权"为例，为大家阐释一下利用系统漏洞达到"非法"手段的大致原理。

不过在讲解这个 Root 手法之前，我们有必要先补充一些基础知识。

相信做过 Android 开发的人都清楚，Android 原生模拟器默认情况下提供的就是 Root 权限。我们可以通过 adb shell 来针对模拟器做一下验证，如下所示：

```
C:\Users\xs0>adb shell
root@generic:/ #
```

为什么模拟器中的 shell 可以获取到 Root 权限呢？原因就在于系统属性的配置。我们知道，adb 最终是通过设备中的 adbd 来完成任务的，而 adbd 的父进程其实就具有 Root 权限。当 adbd 启动后，会调用如下的函数来判断是否要主动降低权限：

```c
/*system/core/adb/adb.c*/
static int should_drop_privileges() {
#ifndef ALLOW_ADBD_ROOT
    return 1;
#else /* ALLOW_ADBD_ROOT */
    int secure = 0;
    char value[PROPERTY_VALUE_MAX];
    property_get("ro.kernel.qemu", value, "");
    if (strcmp(value, "1") != 0) {
        property_get("ro.secure", value, "1");
        if (strcmp(value, "1") == 0) {
            // don't run as root if ro.secure is set...
            secure = 1;
            property_get("ro.debuggable", value, "");
            if (strcmp(value, "1") == 0) {
                property_get("service.adb.root", value, "");
                if (strcmp(value, "1") == 0) {
                    secure = 0;
                }
            }
        }
    }
    return secure;
#endif /* ALLOW_ADBD_ROOT */
}
```

上面这段代码的逻辑是：如果没有定义 ALLOW_ADBD_ROOT，那么就直接返回 1，表示需要降权。否则接着判断系统属性"ro.kernel.qemu"，如果值为 1 表示当前是 qemu 模拟器，那么就直接返回 0，表示不要降低权限；如果当前不是模拟器也仍然有机会获取到 Root 权限——不过必须满足"ro.secure"没有被置为 1，或者当前是可调试状态（"ro.debuggable"为 1）且"service.adb.root"为 1。

状态梳理图如图 22-19 所示。

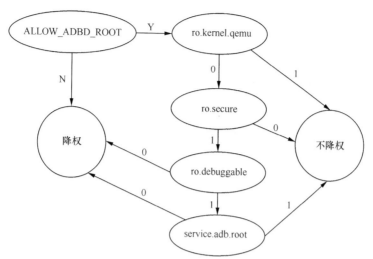

▲图 22-19　adbd 是否需要降权的判断逻辑

也就是说，adbd 在一开始时是以 Root 权限来运行的，并且会在后期利用 should_drop_privileges 的返回结果来判断自己是否需要执行降权操作。对这个过程的梳理给了我们至少如下两点启发：

- 如果在真机设备中，should_drop_privileges 也可以像模拟器中的情况那样返回 0，那么 adbd 或许就会一直以 Root 权限来运行了；
- 即便是 should_drop_privileges 本身返回 1，但是 adbd 在执行降权操作时失败了，那么它也可能会一直以 Root 权限来运行了。

上述这两条其实就是早期 Android 版本中 adbd 提权的重要依据，很多 Root 手法就是利用它们来达到目的的。譬如有一个研究小组，就使用了一种巧妙的手法来让 adbd 的降权操作失败——首先，在系统中产生足够多的 shell 用户僵尸进程；然后强制结束掉原有的 adbd 进程，迫使它被重启。因为内核对于用户可以运行的进程数量是有限制的，所以 adbd 在切换到 shell 身份时就会遭遇失败。再加上早先 Android 版本对此并没有做必要的处理，最终得到的结果就是 adbd 会以 Root 身份来一直运行，我们的目标也就达到了。

除此之外，Root 过程还有很多常用的手法，例如利用栈溢出来执行非法操作；利用"0 地址"造就特殊的函数调用等。

一旦有可控的程序获取到了 Root 权限后，接下来我们还可以执行如下几步操作。

Step1. 将 su 程序放置到 /system/bin 下。
Step2. 将 Superuser.apk（或者其他管理者程序）放置到 /system/app 下。
Step3. 管理权限申请。

这样做的目的是方便我们对 Root 权限进行管理。举个例子来说，如果系统本身已经被 Root，那么也可以通过下面的方法来为 adbd 提权：

```
D:\game>adb shell
shell@Lan779:/ $ su
shell@Lan779:/ #
```

这种方式需要得到系统中 Root 管理者的批准，Android 系统中最有名的 Root 管家是 Superuser，界面如图 22-20 所示。

其他应用程序在已 Root 设备上的提权过程也是类似的。

了解了 adbd 的提权示例后，我们再来讨论下如何在程序中判断当前设备是否被 Root 过？

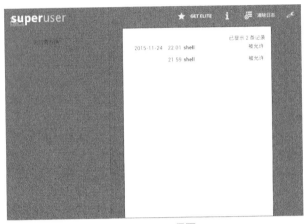

▲图 22-20 界面

典型的方法有两种，其一是读取/system/bin/或者/system/xbin 目录下是否存在 su 程序；其二就是直接执行 su 程序并观察执行情况，范例如下：

```
Runtime.getRuntime().exec("su");
```

当然，这两种方法都可能有缺陷，并不能保证 100%的准确性。不过对于大多数应用场景还是有参考价值的。

Root 本身是一个相对复杂的过程。随着时间的推移，和 Android 系统的不断更新换代，"攻"与"防"之间的较量也在更替进行，复杂程度也越来越高。在这些 Root 方法中，很多都是借助于系统自身的漏洞（而且多数属于 Linux 的漏洞）来完成的。随着漏洞不断被填补，发掘新的漏洞的难度也越来越大了。当然，还有一个方法也值得一试，即"带 Root 的 Rom"包。因为 Android 系统本身就是开源的，所以要制作一个带 Root 权限的 Rom 包并非难事。这也在另一侧面带火了刷机市场，导致市面上各式各样的 Rom 品种层出不穷。

22.6 APK 的加固保护分析

APK 加固保护是近几年应用程序开发的一个趋势，它的出现和当前的市场环境有很大关系。

中国互联网协会 12321 所提供的报告显示，"2015 年 12 月，共有 269 款 App 受到了 12321 举报中心和应用商店的联动下架处置。被下架 App 数量比 11 月增加 83 款，环比增加 44.6%。在 269 款具有危害风险的 App 中，具有恶意行为的 App 有 195 款，具有恶意广告行为的 App 有 71 款，具有色情内容的 App 有 14 款"，如图 22-21 所示。

而这些被下架的 App 中，不乏一些知名软件。它们并非有意制造恶意行为，而是因为没有做好加固保护，给不法之徒提供了"可趁之机"——例如被植入木马，广告等。

从技术实现的角度来看，入侵 App 的手段有很多。换言之，加固保护方式也需要覆盖这些可能的场景，包括但不限于如下几种：

- 防止二次打包；
- 防止反编译；
- 防止篡改；
- 防止调试；
- 防止窃取；
- 防止注入。

22.6 APK 的加固保护分析

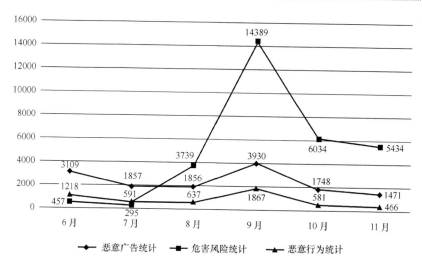

恶意广告统计含：私自获取手机号、私自获取用户位置、私自获取安装软件、私自获取通讯录、私自加载可执行文件、私自启动服务、私自获取 IMEI、私自读取用户账户、私自自启动、私自唤醒手机屏幕
危害风险统计启：低度风险、中度风险、高度风险
恶意行为统计含：恶意扣费、隐私窃取、远程控制、恶意传播、资费消耗、系统破坏、恶意欺诈、流氓行为

▲图 22-21 2015 下半年 App 问题统计
（来源于 12321）

接下来我们对其中的经典保护手法进行细化讲解。

（1）防止二次打包

如果 Android 应用程序未采取任何保护措施的话，那么对其进行二次打包还是比较容易的。这主要是由于 Android 系统对程序的要求只是自签名，而不需要权威机构的认证。因而部分不法之徒完全可以解析原有的 APK 文件，添加或者篡改其中的内容，然后二次打包来得到一个新的程序文件。那么如何防止程序被二次打包呢？

我们知道，Android 系统虽然是自签名，但是在安装时还是会做校验工作——任何无法通过校验的程序都是无法正常使用的（详细信息可以参考本书应用程序打包章节）。因而对于那些被篡改了内容的 APK 文件来说，如果希望能在 Android 系统中正常运行的话，就必须经过重签名。换句话说，只要我们可以检测出程序的签名和原始签名是否产生了差异，那么理论上就能侦查出 APK 被篡改的情况了。

防止二次打包的一个典型处理逻辑是：
Step1. 程序启动；
Step2. 获取当前 APK 的签名；
Step3. 获取正确的签名；
Step4. 判断二者是否有变化。

虽然步骤并不复杂，但其中的实现细节还需要进一步斟酌。比如在程序的什么地方启动上述逻辑，如何获取到正确的签名，判断签名是否变更的代码段是否也可能被人破解并篡改等。假如验证二次打包的代码本身就存在安全隐患，那么它的输出结果就存在不可确定性了。这些都是我们在为 App 设计安全保护时需要去深究的。

（2）防止反编译

反编译是利用一定手段，获取到程序可读代码（因为混淆机制的存在，通常情况下是没有办法完全还原出原始代码的）的过程。获取到的程序可读代码，可以被用于分析程序内部的运行逻辑。因而如何守住这一轮攻击，对于保护程序也至关重要。

当前市面上已经有很多成熟的反编译工具，除了收费版本外，还不乏一些主流的开源工具（例如 ApkTool 和 ApkAnalyser 都可以从 github 找到对应的源码工程）。这些反编译工具的功能都是类似的，包括但不限于：反编译、修改、优化、dex 转 jar、签名、打包等。

防止反编译的一个关键点在于，如何让上述这些工具（或者其他同类衍生产品）或者反编译手法"功败垂成"。

一个最直接的办法，就是对保护对象进行加密。譬如，如果是为了防止 APK 中的代码被反编译，那么就可以对其中的 dex 文件执行加密操作。当然，仅仅对 dex 做加密是不够的，因为我们还需要告诉 Android 系统如何运行被处理过的 dex，即程序在运行过程中的解密操作。

典型的处理步骤如下所示：

Step1. 将原 classes.dex 做加密操作，并将处理后的结果（假设名称是 encrypted.data）转移至 APK 的其他路径中（如 assets 或者 resource 中）。

Step2. 对程序进行加壳处理（也可以将 encrypted.data 存储到壳程序的 dex 中）。

Step3. 当程序运行时，首先会执行壳程序（通常是通过 JNI 和 so 动态库实现的），后者会根据预先设计的逻辑来加载 encrypted.data。

Step4. 壳程序对加载后的 data 进行解密操作。

Step5. 执行解密后的 dex 代码。

上述步骤中我们提到了一个重要的概念——壳（Shell）。Shell 并非是 Android 系统首创的，它的诞生由来已久，例如 Linux 或者 Windows 操作系统中也经常采用这种技术来防止程序被破解。其基本原理可以参见图 22-22。

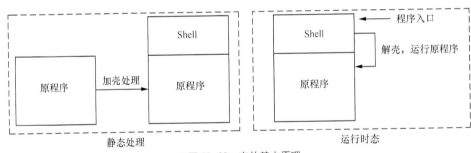

▲图 22-22　壳的基本原理

在 Android 系统中，壳的一个典型应用就是上面所提及的 dex 加密。其内部原理和图 22-22 所述的是基本一致的，只不过在细节处理上有些差异。大家可以从"攻"和"防"的角度来再多思考一下，在 Android 系统中应该如何具体落地加壳措施才是最安全的。

（3）防止篡改

执行篡改的前提是可以正确反编译出代码，而篡改之后的 APK 能正常运行于 Android 系统中的条件则是二次打包，所以理论上来讲做到我们前面分析过的两点就可以有效阻止篡改事件发生了。

（4）防止动态分析调试

那么有没有可能在不改变 APK 的情况下，来完成一些"非常规"的操作呢？答案是肯定的，比如利用调试手段来获取 APK 的某些关键内部信息。

在 Android 系统中，能否调试应用程序是需要同时满足多个条件（譬如 AndroidManifest.xml 中需要指明 android:debuggable="true"）的，因而我们可以从这些条件入手防止 APK 被调试。

另外，除了预置这些条件外，我们还需要阻止第三方人员非法篡改它们。一个简单的做法是在代码中做二次检查，确保这些条件符合我们最初的设置。

22.6 APK 的加固保护分析

（5）防止模拟器运行

在某些情况下，模拟器可以为非法分析 APK 提供便利条件，例如：
- 模拟器可以很方便地获得 root 权限；
- 模拟器对应用程序调试条件的限定相对宽松。

所以对于将要发布的应用程序，我们可以通过一些必要的手段来阻止它们(或者增加难度)被安装和运行于模拟器中。模拟器和真机从多个方面都存在差异，包括但不限于：
- 模拟器中的 IMEI 号并不是真实的硬件设备号；
- 模拟器中的 dev 目录下有某些特殊的文件，例如/dev/socket/qemud；
- 模拟器中的 build 信息和真机存在差异；

例如模拟器的 BRAND 可能为"generic"，HARDWARE 可能为"goldfish"；

……

虽然以上这些信息经过努力都是可以被伪造出来，但不法分子多少都需要付出一些额外的代价。所以在一定程度上可以提高破解的难度，为应用程序增添更多的安全性。

本小节的最后，我们再来对加固技术做个小结。现有的加固技术虽然很多，但它们大多具备如下几个特点。

- 这些技术的实现都是在应用程序进程中完成的，换句话说它们的能力在一定程度上会受限于 Android 系统。模型如图 22-23 所示。

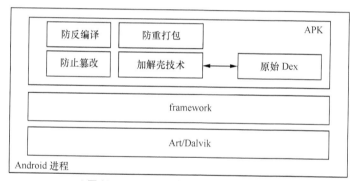

▲图 22-23　Android 加固技术实现模型简图

- 多数加固技术会运用到反射等技术来完成一些系统禁止的"非法"操作

这样一来随着 Android 系统策略的收紧，它们的处境也会越来越困难。譬如从 AndroidN 版本开始，Android 系统就不允许应用程序使用非标准 NDK 的接口；对于反射调用系统接口的做法也予以控制。这些问题都是加固技术所需要去重点考虑的。

- 所有加固技术都必须遵循标准的 Android 应用程序生命周期
- 在系统调用加固程序所提供的代码之前，它们必须处于就绪状态
- 例如加壳技术会对 dex 或者部分函数进行加密保护，那么就必须保证系统在访问特定函数之前，后者已经被解密并且处于正确的状态，这样一来应用程序才能正常地运行。

"攻"和"防"是一个相生相克的过程，相信随着 Android 系统的不断发展，市面上会出现更多的加固和解固技术，敬请期待。

第 4 篇

Android 系统工具

Android 系统这个"大杂烩"不仅融合了众多知名的开源大项目，同时也有各式各样的小工具。这也是开源工程的一大好处，可以最大限度地使用已有资源，从而防止重复开发。而且通过合理的组织，各个工程项目又有自己独立的发展方向，形成"百花齐放"的局面。

一方面，这些工具是 Android 系统不可或缺的一部分，如 adb，adt，logcat 等。无论是系统移植、驱动开发人员，还是上层应用程序的开发者，相信都不可避免地要借助它们来完成项目的研发工作。另一方面，我们在实际项目经验中发现，不少工程人员对这些工具"只知其一，不知其二"。换句话说，只对他们常用的一些功能熟悉，而当项目提出新的需求时就束手无策了。

这主要是因为不少人没有系统地研究过这些工具的实现原理，所以还未形成完整的"知识体系"。本篇内容将同时从理论和实践两个角度来思考这些项目研发中的常用工具，希望读者在学习后对它们能有更彻底的认识。

第 23 章　IDE 和 Gradle

第 24 章　软件版本管理

第 25 章　系统调试辅助工具

第 23 章 IDE 和 Gradle

Android Studio 除了让越来越多的开发者了解到 IntelliJ 这个优秀 IDE 平台的存在外，还同时"带红"了另一个工具，这就是"Gradle"。

相信大家对这个新一代的自动化编译工具并不陌生，因为 Android Studio 上的应用程序开发默认情况下就采用了 Gradle 做为自动化构建工具，如图 23-1 所示。

▲图 23-1　Gradle 是 Android Studio 默认的自动化工具

那么 Gradle 为什么可以得到 Google 如此的青睐，它和以前的 Ant、Maven 自动化构建工具相比有什么区分呢？对于普通开发人员来说，如何迅速掌握 Gradle 的核心要点，并融入到这一新家庭中来呢？

这些都是我们在本章节中所要回答的问题。

23.1　Gradle 的核心要点

科技的发展历史折射出一个潜在的规律，即一个新技术的出现总是伴随着行业棘手问题的解决而来。也只有在这种背景下产生出来的新技术，才能在"适者生存"的环境中获得更好的发展。

对于不少开发人员来说，新技术的出现对他们则是"有利有弊"的。"利"的方面就是可以帮助他们更快地解决工作中的难点，摆脱旧技术瓶颈带来的噩梦般的"修修补补"；"弊"也是明显的，比如他们需要对现有工作做升级改造，需要学习一门新的技术甚至语言等，这些都意味着精力和时间成本的投入。

换句话说，如果一门新技术可以满足以下两点条件，那么无疑将获得更多人的喜爱。
- 条件 1：较为全面地兼容开发者的现有工作。
- 条件 2：学习曲线相对平缓。

Gradle 是在 Ant、Maven 等自动化编译工具"前辈"们的基础上发展起来的。从它的官方宣传中可以看到，Gradle 从一开始就吸收了以上这些工具的优势，并通过开创性的技术来弥补它们中的不足。从这个角度上来讲，Gradle 是满足条件 1 的。不过，由于 Gradle 的很多知识点对于开发者人员而言是从未接触过的（譬如 Groovy 语言和 DSL，更多的人可能是"只闻其名，未见其身"），所以初学者如果想迅速掌握 Gradle 并非易事，甚至有些分析人员将 Gradle 的学习曲线定义为"非常陡峭"；也有部分开发人员在 Gradle 官方论坛表达了他们在学习 Gradle 过程中的烦恼，比如下面这位：

"Being a newbie, I often struggle with creating the wiring necessary for writing and automated testing custom plugins. It's a big leap for a not-so-smart guy like me to go from Java/Ant/Ivy to Groovy/DSL/Gradle.

…

Let me throw out another idea that might be unpopular: Provide more APIs and examples in pure Java. I think you might find more adopters if the learning curve didn't appear to be so steep. Sometimes, Groovy is the only way you can do some things. However, I constantly find myself being tripped up having to learn Groovy at the same time as Gradle. If I could just learn one thing at a time, that would have been better. It'd be great if the adoption curve had a roadmap with examples & APIs that were initially Java based with a few necessary Groovy closures and let people discover the more elegant solutions later on."

上面这段话反映出了不少初学者的"烦恼"——对于 Groovy 等新语言的不熟悉，阻碍了他们学习 Gradle 的步伐。再加上 Gradle 在超越前辈们的同时，也需要更多创新点。对此，《Building and Testing Gradle》有过精确的描述，如下所示：

"Gradle is occasionally described as a Groovy-based Ant. That would be the role that

Gant fills, but Gradle has much more ambitious aims. Gradle offers the flexibility of

Ant, which many teams still cherish, but with the dependency management style of

Ivy, the intelligent defaults of Maven, the speed and hashing of Git, and the metaprogramming power of Groovy. That potent best-of-breed blend is an intrinsic motivator for joining the Gradle movement."

但是对于开发者，特别是普通应用程序开发人员而言，并不是所有这些优秀的特性对他们都是必需的。如何避免少走弯路，把精力放到我们需要用到的知识点的学习上，既是 Gradle 初学者共同的诉求，同时也是接下来我们想要帮助大家达成的目标。

23.1.1 Groovy 与 Gradle

如果把 Gradle 构筑的编译工程比作"大厦"的话，那么毫不夸张地说，Groovy 是这栋大厦的"地基"。Gradle 正是站在巨人的肩膀上，充分利用了 Groovy 语言本身的优秀特性才能获取如此迅速地发展。

我们不希望在本书中大谈特谈 Groovy 的各种语法，因为大家完全可以查阅专门的资料来获取这些信息。本小节的重点是为大家剖析 Groovy 中与 Gradle 相关的重要特性，以帮助大家迅速理解 Gradle 的使用和内部基本原理。

在学习 Gradle 的过程中，我们一定要记住下面这句话，这有利于大家在游走于 Gradle 所构筑的摩天大楼中不至于迷失方向：

第 23 章 IDE 和 Gradle

> Gradle 脚本是基于 Groovy 语言的，因而它一定需要遵循 Groovy 的语法

Groovy 和 Java 语法很类似，从这个角度来说可以在一定程度上降低开发人员学习新语言的难度。同时，Groovy 和 Java 可以达到二进制级别的兼容——换句话说，对 JVM 而言它们两者没有任何区别。Groovy 还可以使用 Java 中的各类 API，两者可以进行混合编程。这些都是 Groovy 这个动态语言与生俱来的优势。

（1）与 Gradle 相关的 Groovy 核心特性 1：闭包 (Closure)

先来让读者有一个感性的认识，下述代码段就使用到了闭包：

```
def greeting = { "Hello, $it!" }
assert greeting('Patrick') == 'Hello, Patrick!'
```

第一行语句中，我们定义了一个闭包 greeting;然后在第二个语句中，通过向闭包传入"Patrick"来使用它，并判断输出结果是否符合预期。大家应该会觉得这和函数调用有点类似，只不过更为新颖，而且控制更加灵活。

官方对 Closure 的定义如下：

A closure in Groovy is an open, anonymous, block of code that can take arguments, return a value and be assigned to a variable.

它的基础语法规则如下：

```
{ [closureParameters -> ] statements }
```

顾名思义，closure 需要一对"{}"来将所要表述的代码块(block of code) "框"起来，并作为一个整体对象来处理。[closureParameters ->]则用于表示这个闭包中所需的各种参数，类似于 Java/C 等语言中的函数参数。"[]"表示这一字段是可选的，譬如我们在上面举的例子中就没有带任何参数声明。不过这并不代表这种情况下 Closure 是没有参数的，只是 Groovy 会自动帮我们判断和分析，从而省去了人工书写的繁琐过程。紧随参数的是真正的代码实现部分，即"statements"，对应我们例子中的"Hello, $it!"。

为了加深大家的理解，我们再从 Groovy 官方文档中摘录部分合法的 Closure 样式来供大家参考，如下所示：

```
{ -> item++ }                                        样式 1

{ println it }                                       样式 2

{ it -> println it }                                 样式 3

{ name -> println name }                             样式 4

{ String x, int y ->
    println "hey ${x} the value is ${y}"             样式 5
}

{ reader ->
    def line = reader.readLine()                     样式 6
    line.trim()
}

{ item++ }                                           样式 7
```

样式 1：A closure referencing a variable named item。

样式 1：通过"->"来显式分隔开闭包参数和代码实现。

样式 2：使用隐含的参数"it"。

样式 3：实现和上一样式同样的功能，只不过这一次参数是显式的。

样式 4：在某些情况下最好使用显式的参数。
样式 5：在闭包中使用两个参数。
样式 6：闭包中可以包含多条代码语句。
样式 7：完全不使用参数的情况。

如果需要了解闭包的更多详细资料，建议大家可以参考官方的文档说明。

（2）与 Gradle 相关的 Groovy 核心特性 2：Command Chains

Groovy 可以让开发者完成不需要圆括号(parentheses)的函数调用。举个例子来说，有如下一个函数：

```
void turn(String direction)
{
    //Do sth
}
```

在 Java 语法下，我们想表达"向左转"时用的是 turn("left")；而 Groovy 下则可以让函数调用看上去更为自然：

```
turn left
```

（注：个人认为这种"自然"是相对而言的，对于习惯于严格的语法规则的开发人员来说，这种"随性"的方式反而有可能让他们"无所适从"。因而凡事都有两面性，应该一分为二地看待问题）。

不仅如此，Groovy 还可以在上述的基础上让多次的连续函数调用间不需要书写"."。也就是说当向左转了以后还需要向右转，那么 Groovy 中的表达就是：

```
turn left then right
```

这句话对应的函数调用则是：turn("left").then("right")。

这就是 Groovy 的 Command Chains 想要达到的效果。

当然，这种表达方式如果遇到没有函数参数的情况就要特别注意了，比如：

```
select(all).unique().from(names)
```

显然如果还按照之前的方式来表达就会引起混乱，因而我们需要这样来调用：

```
select all unique() from names
```

因为风格不统一，这个语句多少看起来有点奇怪。所以在使用 Groovy 的这一特性时，建议大家多想一下有没有可能出现类似的现象，不然很可能是"得不偿失"的。

（3）与 Gradle 相关的 Groovy 核心特性 3：运算符重载

Groovy 中的不少运算符会被映射为针对对象的常规函数调用。譬如：

```
a+b      会被 Groovy 解释为   a.plus(b)
a-b      会被 Groovy 解释为   a.minus(b)
a[b]=c   会被 Groovy 解释为   a.putAt(b,c)
```

开发者可以灵活利用这个特性来达到一些特殊的效果。比如 Gradle 脚本中添加一个 task 可以采用如下的语句：

```
task helloWorld << {
    println 'hello, world'
}
```

也可以通过如下语句来为同一个 task 添加多个 action：

```
task multiAction
multiAction << {
  println 'This is '
```

```
}
multiAction <<{
    println 'multiAction'
}
```

那么当我们执行"gradle multiAction"时，会打印出"This is multiAction"。

（4）与 Gradle 相关的 Groovy 核心特性 4：　动态类型

Gradle 和不少脚本语言一样，可以不需要显式地声明变量类型，而由系统在运行时动态地识别出变量的类型。如下代码范例所示：

```
private TestFile hashFile(TestFile file, String algorithm, int len) {
    def hashFile = getHashFile(file, algorithm)
    def hash = getHash(file, algorithm)
    hashFile.text = String.format("%0${len}x", hash)
    return hashFile
}
```

可以看到，变量 hashFile 和 hash 都没有特别指明它们所属的类型，这样并不会导致任何问题（当然，主动声明也是可以的，比如变量 len 和 algorithm）。另外，各个语句间不需要像 C++/C 和 Java 那样以分号";"相隔，这种做法普遍存在于各类脚本语言中。

23.1.2　Gradle 的生命周期

和其他自动化编译工具一样，Gradle 也有其生命周期，具体而言包括 Initialization、Configuration 和 Execution 三个阶段，如图 23-2 所示。

▲图 23-2　Gradle 的生命周期

- Initialization

在初始化阶段，Gradle 的主要职责是定位有哪些需要处理的 build 文件。当 Gradle 启动后，它会分析开发者是希望编译单个工程还是多个工程。如果是前者的话，它会识别出一个单独的 build 文件并作为下一阶段的输入；而如果是多个工程的情况，它需要找出潜在的多个 build 文件并让它们成为下一阶段重要的编译依据。

- Configuration

在配置阶段，Gradle 会根据上一阶段的结果主动处理单个或多个 build 文件。可想而知这些文件对它而言都是 Groovy 脚本，相当于是 Gradle 解释执行了一个由 build 源代码组成的编译"小工程"。

不过需要特别注意的是，此时并不意味着 Gradle 已经开始进行真正的工程编译了，它在这一阶段的目标产物实际上是一个由 task 所组成的 DAG 图（Directed Acyclic Graph）。这一点和我们在本书 Android 系统编译章节所讲的 Make 自动化工具非常相似，因为只有先决定出 Target 的依赖关系，才能够保证其正确地获取最终的目标产物。

另外，这一阶段会主动回调开发者编写的各种 hook 方法（如果有的话）。

- Execution

这是真正体现 Gradle 价值的一个阶段，它会基于上一步中的 DAG 结果来生成目标产物。毋庸置疑，Gradle 对各个 task 的执行顺序是严格按照它们的依赖关系的。所有的 build 活动（包括编译源码、拷贝文件等）在 task 中定义的 action 都将在这一阶段得到执行。

开发者同样可以为这一阶段设置各种 hook 方法，以按照自己的需求来改变 Gradle 的编译行为。

经过这 3 个阶段，Gradle 才能完成它的自动化编译使命。由此可以推断，Gradle 本身的编译过程不会很快，在某些情况下(比如依赖于网络包)甚至会出现让用户感觉"缓慢"的现象。当然，鉴于 Gradle 所提供的非常灵活的实现方式，这些代价都还在可接受的范围。

23.2 Gradle 的 Console 语法

Android Studio 对采用 Gradle 进行编译的方式进行了封装，让开发者只需单击几个按钮就可以完成工作了。因而如果开发者不需要对 build 脚本做任何修改，那么我们并不一定要掌握 Gradle 的 Console 语法;反之如果我们希望了解 build 脚本的运行过程，并根据自己的需求来编辑 build 文件，那么 Gradle 的命令行控制方式是大家必须要熟悉的。

从 Gradle 官网上下载的发行版本目录结构如图 23-3 所示。

其中 bin 目录下保存的就是 Gradle 的可运行文件，如图 23-4 所示。

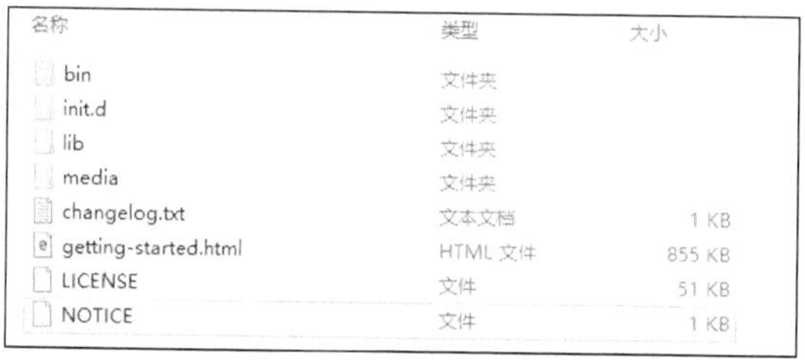

▲图 23-3 目录结构 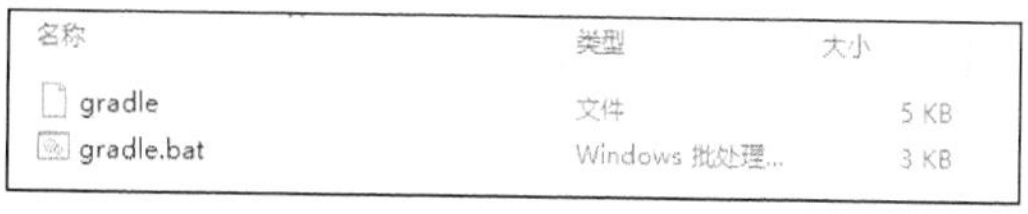   ▲图 23-4 可运行文件

Windows 系统下对应的是批处理文件 "gradle.bat"。Gradle 是基于 Groovy 语言的，换句话说它的运行环境依赖于 JVM，所以这个 bat 文件的主要任务就是初始化虚拟机，并通过以下语句来启动和运行 Gradle 的核心程序:

```
"%JAVA_EXE%" %DEFAULT_JVM_OPTS% %JAVA_OPTS% %GRADLE_OPTS% "-Dorg.gradle.appname=%APP_BASE_NAME%" -classpath "%CLASSPATH%" org.gradle.launcher.GradleMain %CMD_LINE_ARGS%
```

Gradle 的命令行语法如下所示:

```
gradle [option...] [task...]
```

目前支持的 option 如表 23-1 所示。

表 23-1   Gradle 的主要 option 释义

Option	Description
-?, -h, --help	打印帮助信息
-c, --settings-file	指定 Gradle 的 settings 文件
-b, --build-file	指定 Gradle 的 build 文件
-g, --gradle-user-home	指定 Gradle 的 user home 目录
-d, --debug	打开调试模式
--daemon	使用 Gradle daemon 来编译工程。Daemon 是一个守护进程，优点是可以在非首次编译时加快速度，缺点则是可能会因为持续运行而引发的不可预期的编译问题。这和 Jack Server 的原理是基本一致的。开发者可以根据自己的需求做折衷选择
--gui	打开 Gradle 的 GUI 操作界面，参见后面的截图
--parallel	多线程并行编译工程。Gradle 会计算出最合适的线程数量
-x, --exclude-task	需要在编译时被排除的 task

第 23 章　IDE 和 Gradle

更多命令行选项，大家可以通过使用"gradle --help"来获取和学习。

Gradle 也提供了 GUI 形式的控制方式，主界面如图 23-5 所示。

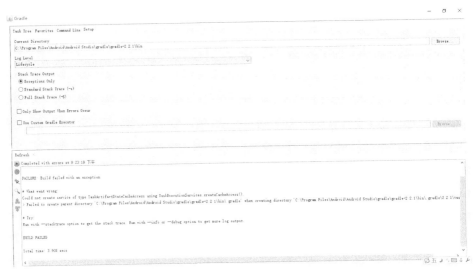

▲图 23-5　Gradle 的 GUI 主界面

不过 Gradle 所提供的上述 GUI 还不能满足 Android Studio IDE 的需求。所以它自己对 Gradle 进行了一定的 UI 封装，如图 23-6 右边部分所示的"Gradle tasks"。

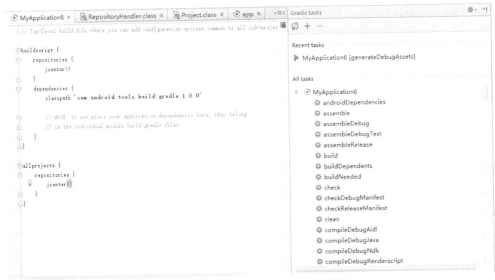

▲图 23-6　Android Studio 对 Gradle 的封装

Gradle 提供了查询工程项目中所有可用任务的命令，即"gradle task"。一旦用户使用了这个命令，Gradle 会通过解析 build 脚本来分析针对这个工程项目的所有 tasks。上述的"Gradle tasks"实际上就是针对这一命令的图形化。我们可以通过一个小实验来做一下验证，就是给 build 脚本的最后面手工添加一个 task，如下所示：

```
task aNewTask{
    println "This a new task"
}
```

23.3 Gradle Wrapper 和 Cache

然后单击 Gradle tasks 中的 ⟳ 来刷新列表，更新后的结果如图 23-7 所示。

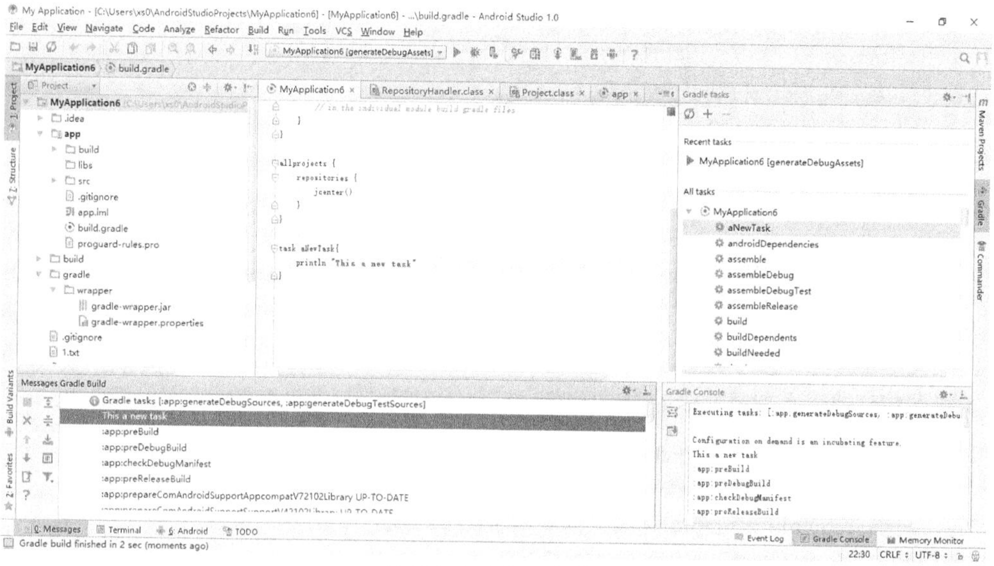

▲图 23-7　更新后的结果

可以看到左下角的 Message 框中打印出了我们这个新 Task 中定义的 Action，即 "This is a new task"，同时右边部分的 "All tasks" 也列出了新增的这个任务。我们从这个小实验还可以得出另一个结论：Gradle 在 Configuration 阶段会首先处理 Project Level 的脚本，然后才是各个子项目。

23.3　Gradle Wrapper 和 Cache

Android 开发人员对于 Gradle Wrapper 应该不会陌生，因为不论是 IntelliJ 还是 Android Studio，都提供了 Wrapper 相关的配置项，如图 23-8 所示。

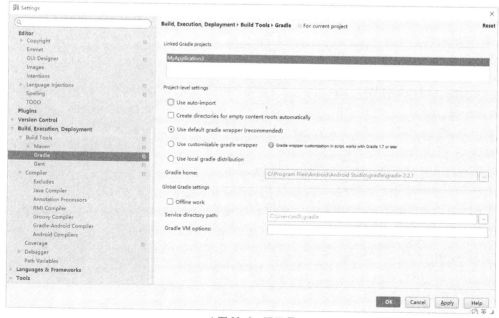

▲图 23-8　配置项

929

图 23-8 中提供了 3 个单选项。

- Use default gradle wrapper

这是推荐的方式，使用 wrapper 形式的 Ggradle。

- Use customizable gradle wrapper

使用定制的 Gradle Wrapper。

- Use local gradle distribution

使用本地的 Gradle 版本。

从上述几个选项中大家应该能大概猜测到，Wrapper 是一种类似于"包装纸"的东西——我们只能看到外面的"接口"，而里面的具体实现方式则由 Wrapper 来决定。这样的话我们就可以不要求开发机器上一定要预先安装 Gradle 了，Wrapper 会根据需要自动连接网络，并下载 Gradle 版本来完成编译工作。

当我们新创建一个利用 Gradle 来构建的 Android 工程（注：这里需要特别说明的是，Android 工程并非只能通过 Gradle 来构建。譬如早期的 Android 应用程序开发大部分是在 Eclipse 中完成的,而默认的构建工具是 Ant。随着 Android Studio 指定 Gradle 为默认的构建方式以后，越来越多的开发者采用它来代替之前的构建工具）时，IDE 会自动为我们生成一个 Gradle 目录，其中就包含了 Wrapper 实现，如图 23-9 所示。

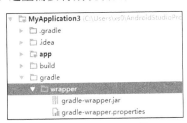

▲图 23-9　Gradle 目录

如果我们手工删除掉这个 Gradle 文件夹,那么 IDE 中的 Gradle 配置选项就会发生变化，如图 23-10 所示。

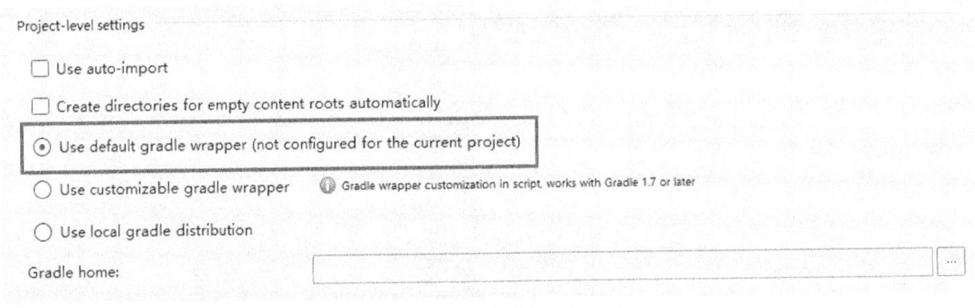

▲图 23-10　配置选项的变化

因为无法找到可用的 Wrapper，IDE 会自动将之前的"recommended"更换为"not configured for the current project"。

通过上面的描述，我们知道 Wrapper 应该随工程文件一起被 check in 到 version control 库中。这样做的另一个好处是，用户总可以使用到与工程最匹配的 Gradle 版本来完成编译，同时也意味着持续集成服务器上不需要预先安装和配置 Gradle 了。

那么 Wrapper 是如何做到这些的呢？

事实上，除了前面所述的 Wrapper 文件外，新建的 Android 工程根目录下还有几个重要的可执行文件，如下所示：

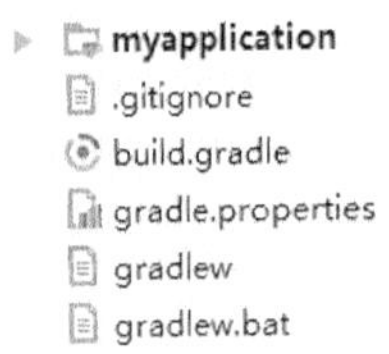

其中 gradlew.bat 针对的是 Windows 平台，而 gradlew 则适用于其他操作系统平台。这和前一小节中所见的 Gradle 命令行程序可以说是"如出一辙"。我们只要保证 Gradle 和 gradlew 在"包装纸"上保持一致，那么对调用者来说就可以做到"透明"了。

理解了 Gradle Wrapper 的实现原理后，我们最后再简单分析一下 gradle cache。可想而知，Gradle 程序本身，及 Gradle 脚本中描述的工程中的各种依赖关系库在构建阶段都需要在本地存在。换句话说，如果发现这其中有任何文件缺失的话，Gradle 有责任通过开发者声明的 jcenter、maven 仓库去获取并下载。为了避免多次地重复下载，Gradle 会在本地建立一个 cache 来保存这些文件。

Gradle 同样提供了选项来帮助开发人员管理 cache，大部分 IDE 则提供了更为便捷的 GUI 界面，如图 23-11 所示是 IntelliJ 中的截图。

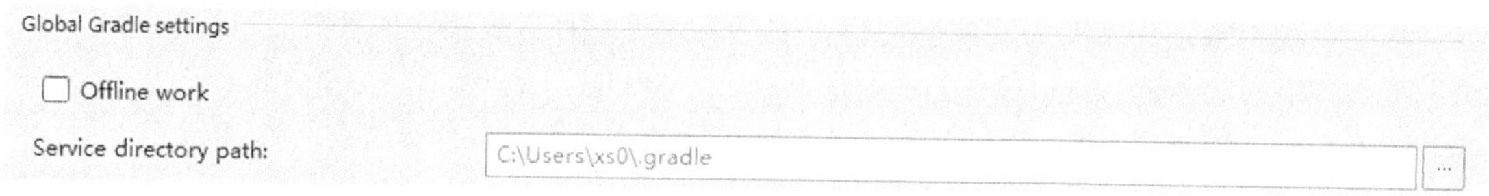

▲图 23-11　IntelliJ 截图

"Offline work"会告诉 Gradle 不要尝试连接和使用网络功能。这会出现两种情况，假设本工程所需的所有依赖文件和内容在本地都可以找到，那么 Gradle 仍然可以顺利地完成编译工作；否则它会报错，并提示开发者有哪些无法找到的文件。

"Service directory path"就是 Gradle 保存缓存文件的地方，在 Windows 操作系统下通常对应的是用户目录。大家可以做一个实验来证实我们的猜测：准备两台 PC，其中一台可以正常连接网络，此时新创建的 Android 工程应该可以成功编译通过；另一台机器无法使用网络，并只预先安装了 Gradle 的发行版本，此时新创建的 Android 工程应该会有依赖文件无法找到（譬如 id 值为 'com.android.tools.build:gradle:1.0.0' 的 Gradle 插件）。此时如果我们把第一台机器的"Service directory path"文件夹中的内容复制到第二台机器的相应位置，那么后者也同样可以正常构建和运行了。

关于 cache 还有很多技术细节，有兴趣的读者可以自行研究 Gradle 的源码来了解详情。

23.4　Android Studio 和 Gradle

23.4.1　Gradle 插件基础知识

Gradle 支持通过插件的方式来扩展功能，以保证开发者可以按照自己的需求来完成自动化构建。而且 Gradle 插件允许以任何语言编写——当然前提是插件代码最终可以被编译成字节码。实际上 JVM 的宗旨是成为一个通用的规范标准，因而它并没有强制限定开发人员必须通过 Java 语言来编写能在虚拟机上运行的程序。Groovy、Scala、Clojure 这些语言都充分利用了 JVM 的这一特点，既在巨人的肩膀上实现了自身语言的独特优势，同时也保证了与其他 JVM 程序的兼容性，可谓一举多得。

除了语言的选择外，Gradle 还提供了如下几种插件编写方式"任君选择"：

- Build Script

你可以在 build 脚本中直接完成插件代码的编写。这种方式的缺点是，代码只能在一个脚本中使用，优点是开发编译都很方便，而且 Gradle 会自动将其加到 classpath（注意，这个 classpath 不是指应用程序工程中的 classpath）中。因而适合于插件代码不多，且不需要与其他工程共用的情况。

- buildsrc 工程

除了应用程序工程，Gradle 脚本同样也可以作为工程进行管理。默认情况下，Gradle 会自动处理如下路径下的插件源码，并将其添加到 classpath 中：

```
[Project_root]/buildSrc/src/main/groovy
```

这种方式的可见范围相比上一种要大一些，即这个应用程序工程的所有 build 脚本中都可以使用，但也仅限于本应用程序范畴。

- Standalone project

以独立工程的形式来实现 Gradle 插件是不少开发者的选择，特别是那些应用范围广泛的插件，如 android plugin。在这种情况下，插件以 JAR 包存在，并支持在一个包中包含多个插件。

接下来我们将以一个简单的范例来让大家对上述第一种方式实现的插件有一个直观的认识；下一个小节中的 android gradle plugin 则是 Android Studio 工程提供的以 Standalone 方式存在的 Gradle 插件：android plugin。对于第二种方式感兴趣的读者可以自行查阅官网资料。

按照 Gradle 的规定，用户自定义的 Gradle 插件需要实现 Plugin 接口。当我们在 build 脚本中使用插件时，则可以通过 apply plugin: [PLUG_IN]来指明。然后 Gradle 会调用该插件中的 apply 函数，实例如下：

```
apply plugin: GreetingPlugin

class GreetingPlugin implements Plugin<Project> {
    void apply(Project project) {
        project.task('hello') << {
            println "Hello from the GreetingPlugin"
        }
    }
}
```

上述插件范例用于添加一个名为"hello"的 task。值得一提的是，Gradle 会通过函数参数传入一个重要的对象，即工程对应的 Project 实例——这个变量可以说是插件参与到工程中的"桥梁"，例如 GreetingPlugin 就使用到了 project.task。

这个范例虽然简单，但"麻雀虽小，五脏俱全"，其他复杂的 Gradle Plugin 就是在这些基础上构建起来的。

23.4.2 Android Studio 中的 Gradle 编译脚本

本小节我们以 Android Studio 中的编译脚本为基础，结合 Gradle 内部的实现原理来帮助大家理解 Android Studio 中应用程序的编译过程，以及 Gradle 所支持的 Standalone 方式的插件。图 23-12 即是通过 Android Studio 新建一个工程后由 IDE 产生的 build 脚本。

值得一提的是，这个例子很好地解释了 Gradle 的 Multi-project 结构。从图 23-12 中可以看到，Android Studio 自动生成了两个 Gradle 脚本，一个是面向整个 Project 的，另一个则属于 module 的管辖范畴。Project 和 Module 是 IntelliJ 平台管理工程文件的两个概念，类似于 Eclipse 中的 WorkSpace 和 Project。除此之外，IntelliJ 中还包含 Facet、SDK 等重要元素，它们共同组成这个日益取代 Eclipse 平台的 Project Structure。如图 23-13 所示。

除了 Project 和 Module 级别的 build.gradle 外，Multi-project 还需要一个 settings.gradle，这个文件的内容很简单，如下所示：

```
/*settings.gradle*/
include ':app'
```

23.4 Android Studio 和 Gradle

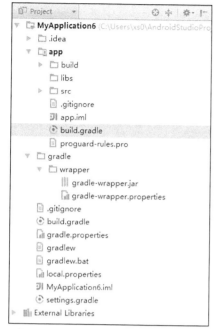

▲图 23-12 采用 Gradle 的默认 Android 应用工程

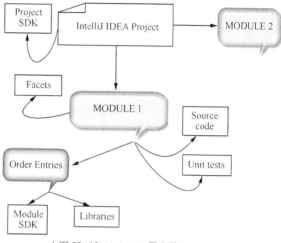

▲图 23-13 IntelliJ 平台的 Project Structure
（引用自 IntelliJ 官方文档）

include 用于包含想要被编译的所有子项目，我们这个范例中只有一个 module，即 app。如果有多个子项目的话，会以 "," 分隔。

接下来我们再看一下 Project 层级的 Gradle 脚本都包含了哪些内容：

```
/*build.gradle (Project Level)*/
buildscript {
    repositories {
        jcenter()
    }
    dependencies {
        classpath 'com.android.tools.build:gradle:1.0.0'

        // NOTE: Do not place your application dependencies here; they belong
        // in the individual module build.gradle files
    }
}

allprojects {
    repositories {
        jcenter()
    }
}
```

这和大家以前用的 Ant、Maven 等工具应该有显著区别。这种区别实际上会带来两面性：对于初学者来说，可能会不太适应这种变化；对于熟悉 Gradle 的人来说，这种转变又的确能给他们带来更多的便利。

相信刚接触 Gradle 的人在看到上述脚本时一定会有一连串的疑问："buildscript""allprojects"是什么？它们内部包含的 "repositories" 是属性值吗？又有哪些其他的属性是可供使用的呢？

还记得我们在前面小节特别提醒大家注意的准则吗？即 "Gradle 脚本是基于 Groovy 语言的，因而它一定需要遵循 Groovy 的语法"。

Gradle 为了提高脚本的可读性，在 Groovy 的基础上做了不少工作。譬如上面所列的 build.gradle 中的 buildscript 实际上是一个函数，其后所跟着的以大括号包含的内容是函数的参数——closure。更具体地说，上述脚本中出现的"buildscript""allprojects"都属于 Script Block。大家可以参考 Gradle 的官方文档，如图 23-14 所示。

```
Build script structure
A build script is made up of zero or more statements and script blocks. Statements can include method calls, property assignments, and local
variable definitions. A script block is a method call which takes a closure as a parameter. The closure is treated as a configuration closure
which configures some delegate object as it executes. The top level script blocks are listed below.

Block                    Description
allprojects { }          Configures this project and each of its sub-projects.
artifacts { }            Configures the published artifacts for this project.
buildscript { }          Configures the build script classpath for this project.
configurations { }       Configures the dependency configurations for this project.
dependencies { }         Configures the dependencies for this project.
repositories { }         Configures the repositories for this project.
sourceSets { }           Configures the source sets of this project.
subprojects { }          Configures the sub-projects of this project.
publishing { }           Configures the PublishingExtension added by the publishing plugin.
```

▲图 23-14 Build script structure
（引用自 Gradle 官方网址）

根据 Gradle 的官方描述，build script 是由 statements+script blocks 组成的。其中 statements 可以包括函数调用、属性赋值，以及局部变量的定义等；而 script block 是将闭包作为参数的一个函数调用——这种特性让它们看起来更像是一些配置项，从而提高了可读性。

按照面向对象的编程思想，读者们可能会想这些函数都属于哪些对象呢？这就要得益于 Goovy 语言的灵活性了。以 build.gradle 中经常看到的 buildscript 为例，它实际上等价于 project.buildscript。其中 Project 是 Gradle 定义的一个全局的 Project 对象。换句话说，上述这些函数都属于 org.gradle.api.Project 中定义的函数。例如 buildscript 的定义如下：

```
buildscript { }
Configures the build script classpath for this project.
The given closure is executed against this project's ScriptHandler. The ScriptHandler is passed to the closure as the closure's delegate.

Delegates to:
    ScriptHandler from buildscript
```

由此可见 buildscript 的闭包是以一个 ScriptHandler 对象为 delegate 的，这也就解释了为什么我们在 buildscript 中可以使用 repositories、dependencies 等函数的原因了，因为后者都是在 ScriptHandler 中定义的。

Project 中还有不少常用的函数，它们的释义如表 23-2 所示。

表 23-2   Project 核心成员函数释义

函 数 声 明	释　　义
void buildscript(groovy.lang.Closure closure);	为这个项目配置编译脚本的 classpath。ScriptHandler 会作为 closure 的 delegate 传递给它

函 数 声 明	释 义
void allprojects(groovy.lang.Closure closure);	为这个项目和它所有子项目做配置。 全局的 Project 变量会作为 closure 的 delegate 传递给它
org.gradle.api.AntBuilder ant(groovy.lang.Closure closure);	用于在 build 文件中执行 ant 任务。AntBuild 会作为 closure 的 delegate 传递给它
| void artifacts(groovy.lang.Closure closure); | 为这个项目配置 published artifacts。ArtifactHandler 会作为 closure 的 delegate 传递给它。<br>官方范例如下：<br>```
configurations {
  //declaring new configuration that will be used to
associate with artifacts
  schema
}

task schemaJar(type: Jar) {
  //some imaginary task that creates a jar artifact
with the schema
}

//associating the task that produces the artifact with the
configuration
artifacts {
  //configuration name and the task:
  schema schemaJar
}
``` |
void configurations(groovy.lang.Closure closure);	配置该项目的 dependency configuration。ConfigurationContainer 会作为 closure 的 delegate 传递给它
void dependencies(groovy.lang.Closure closure);	配置该项目的依赖关系。DependencyHandler 会作为 closure 的 delegate 传递给它
void repositories(groovy.lang.Closure closure);	配置该项目的 repositories。RepositoryHandler 会作为 closure 的 delegate 传递给它

现在大家可以对照上述的分析来理解 Android Studio 生成的默认工程了。譬如 buildscript 中的 closure 语句：

```
repositories {
    jcenter()
}
dependencies {
    classpath 'com.android.tools.build:gradle:1.0.0'
}
```

表示 Gradle 在 build 阶段需要到 jcenter 仓库中查找名为'com.android.tools.build:gradle:1.0.0'的 jar 包，这是后面我们将要分析的 android plugin 的实现体。如果不加上这句依赖的话，Gradle 将无法正常生成 DAG，并报错，如图 23-15 所示。

▲图 23-15 报错

"allprojects"则预先设置了 jcenter 做为所有子项目的依赖关系包存储仓库。另一个常见的仓库是 maven，对应的函数是 mavenCentral，开发者可以根据自己的实际需求进行选择。

接下来我们再分析一下上述范例工程中 sub-project 的 build file，如下所示：
```

```
apply plugin: 'com.android.application'

android {
    compileSdkVersion 21
    buildToolsVersion "21.1.1"

    defaultConfig {
        applicationId "com.example.xs0.myapplication"
        minSdkVersion 15
        targetSdkVersion 21
        versionCode 1
        versionName "1.0"
    }
    buildTypes {
        release {
            minifyEnabled false
            proguardFiles getDefaultProguardFile('proguard-android.txt'), 'proguard-rules.pro'
        }
    }
}

dependencies {
    compile fileTree(dir: 'libs', include: ['*.jar'])
    compile 'com.android.support:appcompat-v7:21.0.2'
}
```

上面这个 build.gradle 很明显是针对 Android 工程的，它使用到了 id 值为 "com.android.application" 的插件，并通过 apply 函数把它引入到 Gradle 的脚本中。这个 plugin 对应的 jar 包是我们前面看到的'com.android.tools.build:gradle:1.0.0'。而 apply 则属于 org.gradle.api.Project 提供的函数，只有通过调用这个函数来显式声明我们需要用到的插件名，才能保证插件中提供的各种函数和属性能在 Gradle 中正常使用。

大家应该已经猜到了，上述脚本中的"compileSdkVersion 21"和"buildToolsVersion "21.1.1" "等看似参数配置的写法实际上也是函数调用。这些函数都是在 Android 的 Gradle 插件中声明的。大家可以通过如下命令获取到源代码，并自行阅读分析：

```
$ repo init -u https://android.googlesource.com/platform/manifest -b gradle_2.2.0
$ repo sync
```

另外，Gradle 的源码下载与编译流程，也可以参见 Gradle 官方网站的介绍，我们这里不做赘述。

上面所说的 buildscript 函数的源码声明如下所示：

```
/*subprojects/core/src/main/groovy/org/gradle/api/Project.java*/
public interface Project extends java.lang.Comparable<org.gradle.api.Project>, org.gradle.api.plugins.ExtensionAware, org.gradle.api.plugins.PluginAware {
    java.lang.String DEFAULT_BUILD_FILE = "build.gradle";
    java.lang.String PATH_SEPARATOR = ":";
    java.lang.String DEFAULT_BUILD_DIR_NAME = "build";
    java.lang.String GRADLE_PROPERTIES = "gradle.properties";
    java.lang.String SYSTEM_PROP_PREFIX = "systemProp";
    java.lang.String DEFAULT_VERSION = "unspecified";
    java.lang.String DEFAULT_STATUS = "release";
    …
    void buildscript(groovy.lang.Closure closure);
    …
}
```

当然，对于普通开发人员来讲，我们学习 Gradle 的最主要目的是了解清楚如何配置和使用它，从而让它更好地为 Android 应用程序开发过程服务。只有先把"知其然"做好了，才有可能进一步地"知其所以然"。

第 24 章 软件版本管理

对于 Android 这种规模的大项目,软件版本管理非常重要,因而我们首先为大家介绍其中的相关知识。当然,如果读者对这部分内容已经很熟悉,可以直接略过并进入下一章节的学习。

24.1 版本管理简述

20 世纪计算机发展的早期,软件项目的普遍开发特点如下(有点类似于家庭式作坊):
- 开发人员数量很少,甚至往往只是由个人单独完成的;
- 项目所涉及的源文件不多,完成的功能相对单一;
- 开发人员之间的沟通通常是面对面的。

在这种情况下,工作人员完成一个软件项目的研发并不需要太多交互。因此他们可以独立编写、修改、调试代码,并在个人的机器上进行项目源文件的存储和管理。这个阶段还没有出现软件版本管理的概念,开发过程存在一定的主观随意性——软件源码的管理完全取决于开发人员自身的专业素养和研发习惯。

随着软件行业的不断发展,软件开发复杂度越来越大,而且项目源码的数量也呈现出指数级增长。比如 1991 年 Linux 的 0.11 版本发布时,其代码总量不过 2 万多行;而到了 2.6.0 版本发行时,这个数字已经变成了近 6 百万——只由一个人或者几个人来完成一个大型的现代软件项目已经成为天方夜谭。调查资料显示,Windows 7 操作系统项目的技术开发人员超过了 2000 人,并分布在世界各地。而作为开源项目的翘楚,Linux 也早已不再是由 Linus Torvalds 一人来维护升级。全球每天都有新人不断加入这一伟大项目的开发工作中。

面对如此庞大的开发团队,有如下几个问题不可避免:
- 如何做好这么多开发人员的项目分工;
- 如何协调他们之间的交互;
- 如何有效地把每个人的工作成果快速体现在整个项目上;
- 如何处理好冲突,如多个开发人员同时对同一个文件进行修改;
- 如何做文件的历史追踪和回退;
- 如何做好每个源文件、每个版本的信息记录工作。

以上这些疑问都是一个版本管理系统所必须要解决的。Android 系统首选 Git 作为版本管理的工具——虽然它是一个功能相当强大的版本管理系统,但不少人抱怨其使用方法过于烦琐,易用性比较差。为此 Android 系统又特别提供了一个方便的小工具,即 Repo。本书编译章节对此已经有过介绍,不清楚的读者可以回头复习。

24.2 Git 的安装

一款杰出开源工具的先天特质,很大程度上取决于其创始者的背景与个性——就好比一个新生儿流淌的血液中，与生俱来便继承了其父母辈们的优良与糟粕基因一样。开源项目并不是为赢利而生的，很多情况下是业余爱好者或技术狂热者的杰作，因此更大程度上可以摆脱商业的束缚，影射出技术者本身的专业素养与思维习惯。

Git 和 Linux "系出同门"，都出自于 Linus Benedict Torvalds 之手。英文俚语中，"git" 这个单词代表了 "无用的人"。这位出生于荷兰的技术领袖对 Git 的解释是：

> "I'm an egotistical bastard, and I name all my projects after myself. First Linux, now git."

这是 Linus 的一种自嘲，不过也隐约体现出了 Git 所想表达的含义——简单，傻瓜式的管理方式。

由于 Git 起初是用于取代 Bitkeeper（Bitkeeper 是 Linux 早期采用的版本控制系统，直到 2005 年才和 Linux 社区脱离关系。这其中的恩恩怨怨直接触发了 Linus 对 Git 的开发）来维护和管理 Linux Kernel 的，因此其很多特性都具有 Linux 的影子，而对 Windows 等其他操作系统的支持不太好。后来得益于 Git 的广泛应用，一些类似于 msysgit 的工具也开始流行起来，以保证 Git 在 Windows 环境下能正常运行。

24.2.1 Linux 环境下安装 Git

和大部分其他工具一样，Linux 环境中的 Git 安装分为两种方式，即源代码编译安装和 "Package 包" 直接安装。

1. 源代码编译安装 Git

这种方法相对于安装包要麻烦一些，而且容易出错。如果读者只是想使用 Git 这个工具，并不打算研究其源码实现，那么建议采用下一小节的方式进行便捷安装。

如果选择从源代码安装，首先要从官网上下载 Git 源码及它的依赖包。如下所示：

- Git 源代码；
- Curl；
- Zlib；
- Openssl；
- Expat；
- Libiconv。

假如操作系统中有 yum（比如 Fedora）或者 apt-get（Debian，Ubuntu 环境中）工具，那么还可以选择以下方式来安装依赖包：

```
$ yum install curl-devel expat-devel gettext-devel openssl-devel zlib-devel
$ apt-get install libcurl4-gnutls-dev libexpat1-devgettext libz-dev libssl-dev
```

Git 源码下载完成后，我们就可以进行编译和安装了。根据官方的建议，这个过程如下：

```
$ tar -zxf git-1.7.2.2.tar.gz
$ cd git-1.7.2.2
$ make prefix=/usr/local all
$ sudo make prefix=/usr/local install
```

这样我们就完成 Git 的源代码安装了。如果需要的话，还可以通过 Git 来管理 Git 源码。

2. 直接安装 Git

这种方式比较方便，适用于一般的 Git 使用者。

对于 Linux 用户（安装有 yum 工具的系统）：

```
$ yum install git-core
```

对于 Linux 用户（安装有 apt-get 工具的系统）：

```
$ apt-get install git-core
```

对于 Mac 用户，又可细分为以下两种方法。

- 图形化的安装方式。下载地址是：
```
http://code.google.com/p/git-osx-installer
```
- 通过 MacPorts 安装。指令如下：

```
$ sudo port install git-core +svn +doc +bash_completion +gitweb
```

24.2.2 Windows 环境下安装 Git

Windows 环境下安装 Git 也有两种方式。

其一是基于 Cygwin。

其二是直接下载安装 msysGit。

其中 msysGit 和普通的 Windows 应用程序的安装并没有区别。其提供的以"exe"为后缀名的安装包下载地址是：

```
http://code.google.com/p/msysgit/downloads/list
```

▲图 24-1 安装界面

安装界面如图 24-1 所示。

它有两个工作界面可供不同使用习惯的用户挑选，对比图如图 24-2 所示。

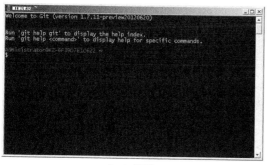

Bash 界面

GUI 界面

▲图 24-2 对比图

24.3 Git 的使用

24.3.1 基础配置

Git 要求的配置并不多，使用也相对简单。下面我们进行简单介绍。

1. git config

"git config"为用户配置 Git 提供了统一的接口。针对不同级别的对象（系统级、用户级和项目级），Git 都可以分别进行配置。这几个级别的配置将根据优先级依次覆盖，有点类似于 C++ 中的继承关系，即一方面"子类"继承了"父类"的大多数属性，另一方面"子类"又可以重写"父类"的某些特性。

各级别的配置文件分别存储在。

- /etc/gitconfig。系统级配置，对所有用户和项目有效。我们在使用 git config 时如果传入 --system 选项，就可以配置系统级别文件。
- ~/.gitconfig。用户级配置，对当前用户有效。我们在使用 git config 时如果传入--global 选项，就可以对用户级配置进行修改。
- .git/config。项目级配置，只对这个项目有效，因此配置文件放置于项目的 git 目录中。

根据上面的分析，我们知道 .git/config 中的信息将覆盖~/.gitconfig，而后者又将覆盖 /etc/gitconfig 中的配置。

2. 个人信息

Git 要求每个用户都提供个人信息，这样就可以鉴别出代码提交者的身份。具体内容包括用户名和邮箱地址。比如：

```
$ git config --global user.name "Xuesen Lin"
$ git config --global user.email xslin@ThinkingInAndroid.com
```

用户可以根据需求来加上--global 等选项。

3. 编辑器选择

Git 允许用户自由选择合适的编辑器。当它需要用户输入信息时，会自动调用事先设置好的编辑器类型。比如你习惯使用 emacs 进行文字编辑，那么可以用以下命令进行设置：

```
$ git config --global core.editor emacs
```

4. 差异比较工具选择

"差异比较"在 Git 中是个常用的操作，而且用户同样可以定制自己喜欢的工具。比如以下命令会将其设置为 vimdiff：

```
$ git config --global merge.tool vimdiff
```

根据官方的说明，Git 除了可以支持 kdiff3、tkdiff、meld、xxdiff、emerge、vimdiff、gvimdiff、ecmerge 和 opendiff 等差异分析工具外，还能匹配用户自己开发的类似工具。读者可以参阅官方文档来了解详情。

5. 配置信息列表

当完成配置后，用户可用以下命令来查看目前已经设置好的各项值：

```
$ git config --list
user.name=Xuesen Lin
user.email=xslin@ThinkingInAndroid.com
color.status=auto
color.branch=auto
color.interactive=auto
color.diff=auto
```

24.3.2 新建仓库

对于 SVN、CVS 等集中式的版本控制系统，整个项目只有一个仓库（repository）。这样的集中式管理有利于项目文件的统一维护，不过缺点也显而易见，即用户必须连上服务器才能开始提交。

Git 属于分布式的版本管理系统，每个开发者都可以单独拥有完整的本地仓库。这就意味着提交代码的动作在很大程度上可以不依赖于服务器——开发者先离线提交到本地仓库中，最后再统一 push 到服务器上。因为这一特点，Git 的提交动作很快，几乎瞬间就能完成。当然，不论什么系统都有其最佳的适用场合，并不存在绝对的优劣之分，读者要根据自己的实际项目需求来决定采用何种系统。

仓库的新建具体分为两种，即本地新建一个空仓库或者克隆一个已有仓库。

1. 本地新建仓库

我们来举个例子进行说明。

假设有一个简单的工程项目，包括的文件及目录结构如下所示。

```
./
|-- src
       |----- main.c
       |----- utility.c
       |----- utility.h
       |----- Makefile
|-- bin
|-- Makefile
|-- Readme.txt
```

如果我们要在本地为这个项目建立一个仓库，可以在其根目录下执行以下命令。

```
$ git init
```

得到的 Git 返回信息为：

```
Initialized empty Git repository in /home/android/Work/ThinkingInAndroid/GitTest/.git/
Initialized empty Git repository in /home/android/Work/ThinkingInAndroid/GitTest/.git/
```

说明我们已经成功创建了一个本地仓库。这时会发现在根目录下多了一个 .git 目录，其文件结构及作用如下：

```
.git
|-- branches    #新版本不再适用，一般是空的
|-- hooks       #hooks 脚本文件
|-- info        #指定需要忽略的文件
|-- objects     #存储 Git 的 4 个重要的数据对象，后面小节有详细解释
|-- refs        #分支指向的提交
|-- config      #设置文件，可以参见本章中的配置小节
|-- description #一些项目的描述信息
|-- HEAD        #指出当前在哪个分支
```

这些文件都是 Git 进行版本管理控制所需的信息，后面的原理小节中我们还会进一步分析。

2. 克隆已有仓库

因为是克隆，相当于把一个已经存在的项目镜像了一遍。

比如我们在本书的基础篇中曾讲解过如何下载 Android 系统的源码。其中克隆 kernel/common 的命令如下：

```
git clone git://android.git.kernel.org/kernel/common.git
```

克隆一个 git 项目的通用格式为：

```
git clone [--template=<template_directory>]
[-l] [-s] [--no-hardlinks] [-q] [-n] [--bare] [--mirror]
[-o <name>] [-b <name>] [-u <upload-pack>] [--reference <repository>]
[--separate-git-dir <git dir>]
[--depth <depth>] [--[no-]single-branch]
[--recursive|--recurse-submodules] [--] <repository>
[<directory>]
```

Git 支持多种数据传输协议，上面的范例中就用到了其中的 git:// 协议。更多协议（如 SSH、HTTP/S 等）的详细解释，读者可以参阅官方文档进行了解。对于一般的用户来说，只要知道如何使用这些协议即可。

执行了克隆命令后，通常情况下可以得到类似下面的提示信息（它给出了所有对象的个数、下载进度以及项目文件的解析进度等）。

```
Cloning into 'input'...
remote: Counting objects: 2437563, done.
remote: Compressing objects: 100% (373783/373783), done.
remote: Total 2437563 (delta 2040660), reused 2435598 (delta 2039738)
Receiving objects: 100% (2437563/2437563), 491.78 MiB | 315 KiB/s, done.
Resolving deltas: 100% (2040660/2040660), done.
Checking out files: 100% (38572/38572), done.
```

24.3.3 文件状态

Git 管理下的文件状态如图 24-3 所示。

在 Git 版本管理系统中，每个文件都有其特定的状态。我们分别来解释这些状态的含义。

- 未跟踪状态（untracked）

说明这个文件还没有纳入 Git 的管理范畴。除此之外的其他 3 种状态都可以划归为"已跟踪状态"。显然，对于一个刚刚克隆完成的项目，它的所有文件都处于已跟踪状态。

- 未修改状态（unmodified）

说明这个文件已经在 Git 的管理下，而且相对于上一次提交没有任何修改。

- 已修改状态（modified）

说明这个文件相对于上一次提交有了新的变化，而且它还没有被暂存。

- 已暂存状态（staged）

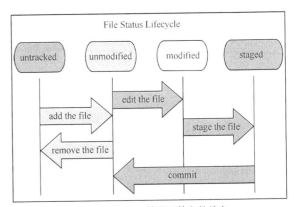

▲图 24-3　Git 管理下的文件状态

只有当一个文件被 stage 后，它才能在下一次的 commit 动作中被提交。提交过后，它又将变成 unmodified 状态。

明白了这几个状态的含义后，我们再来看看如何查询某个文件的当前状态。只要执行以下命令即可。

```
git status [<options>...] [--] [<pathspec>...]
```

比如我们前一小节新建的 Git 范例项目中，执行查询命令后得到的信息如下。

```
# On branch master
#
# Initial commit
#
# Untracked files:
#   (use "git add <file>..." to include in what will be committed)
#
#
#
#
#
nothing added to commit but untracked files present (use "git add" to track)
```

可以看到，所有的文件/目录都处于未跟踪状态。

我们可以通过如下命令把一个文件/目录加入 Git 的管理中：

```
git add [-n] [-v] [--force | -f] [--interactive | -i] [--patch | -p]
[--edit | -e] [--all | [--update | -u]] [--intent-to-add | -N]
[--refresh] [--ignore-errors] [--ignore-missing] [--]
[<filepattern>...]
```

例如执行如下命令：

```
git add Makefile
```

此时工程文件的状态发生了一定变化，如下所示。

```
# On branch master
#
# Initial commit
#
# Changes to be committed:
#   (use "git rm --cached <file>..." to unstage)
#
#       new file:   Makefile
#
# Untracked files:
#   (use "git add <file>..." to include in what will be committed)
#
#       readme.txt
#       src/
#
```

由此可知，Makefile 这个文件已经从 Untracked 状态转型成功。

对于目录而言，git add 则会将其所包含的所有文件/子目录都加入 Git。

比如执行：

```
git add src
```

新的状态如下所示。

```
# On branch master
#
# Initial commit
#
# Changes to be committed:
#   (use "git rm --cached <file>..." to unstage)
#
#       new file:   Makefile
#       new file:   src/Makefile
#       new file:   src/main.c
#       new file:   src/main.o
#       new file:   src/utility.c
#       new file:   src/utility.h
#       new file:   src/utility.o
#
# Untracked files:
#   (use "git add <file>..." to include in what will be committed)
#
#       readme.txt
#
```

如果要删除已经 add 的文件，可以使用：

```
git rm [-f | --force] [-n] [-r] [--cached] [--ignore-unmatch] [--quiet] [--] <file>...
```

在进行这一步操作时，要格外小心——如果你只是想解除文件与 Git 的管理关系，那么要加上 --cached 选项，否则会把源文件删除掉。关于更多注意事项和使用方法，可以使用 git 帮助进行了解：

```
git help [-a|--all|-i|--info|-m|--man|-w|--web] [COMMAND]
```

24.3.4 忽略某些文件

在实际的项目开发过程中，往往有很多中间文件，如编译出来的 .o、log 跟踪文件等。一方面，这些文件并不需要进入版本树中；另一方面，如果不把它们 add 进 Git，那么每次执行 git status 时又都会出现 untracked 文件提示，这显然也不太方便。

为了避免这种情况，我们可以在项目根目录下创建一个名为 ".gitignore" 的文件来记录那些不想被跟踪的文件。".gitignore" 文件的书写格式如下：

- 以注释符号 # 开头的行都会被 Git 忽略。
- 遵循标准的 glob 模式匹配。

比如上面例子中的 bin 文件夹处于 untracked 状态，如果想忽略此目录中的所有文件，可以通过编辑".gitignore"文件来达到目的。范例如下：

```
#This line will be ignored
bin/
```

再次执行状态查询命令，会发现 bin 目录已经不再被追踪显示。如下所示。

24.3.5 提交更新

"提交更新"是把项目中被修改的文件保存进本地仓库的一个重要动作。不过要特别注意，只有那些被 staged 的文件才会被提交。

提交命令很简单，格式如下：

```
git commit [-a | --interactive | --patch] [-s] [-v] [-u<mode>] [--amend][--dry-run]
[(-c | -C | --fixup | --squash) <commit>]
[-F <file> | -m <msg>] [--reset-author] [--allow-empty]
[--allow-empty-message] [--no-verify] [-e] [--author=<author>]
[--date=<date>] [--cleanup=<mode>] [--status | --no-status]
[-i | -o] [--] [<file>...]
```

执行命令后，Git 会自动调用文本编辑器（配置小节里讲解过如何设置默认的编辑器类型）来让用户描述本次的提交操作（比如为什么提交、有哪些更改等）。例子如下所示。

完成操作后，Git 会提示最终的提交结果。如下所示。

24.3.6 其他命令

Git 支持的命令相当丰富，几乎覆盖了版本管理和查询的方方面面。下一小节的原理分析中我们还会根据场景需要再对其他常用命令进行讲解。另外，建议读者通过"man git"或者"git –help"来获取更多信息（特别是一些高级命令的使用方法）。

24.4 Git 原理简析

无论多么复杂的系统，总是基于某一个（或几个）核心原理扩展开的。这个基石就像我们散文写作的中心思想一样，可以有效地保证即使文章的"形"再散，都不会影响到"神聚"。本书基础篇里读者曾系统地学习了 Android 的编译系统——它乍看起来相当庞大可怕，但只要抽丝剥茧，就会发现其实它所基于的 make 依赖原则相当简明易懂。

版本管理系统也类似。因此，首先我们要理解它所要做的核心任务是什么。

很显然，就是"版本的管理"。或者更具体地讲，就是：

针对每个项目文件各个修改版本的统一有序的管理。

下面我们画一个抽象图来帮助读者理解这一"中心思想"。

假设有一个项目工程，其文件关系如下。

```
A
|-- B
     |----- D
|-- C
     |----- E
     |----- F
```

那么经过多次提交操作后，版本管理系统中的抽象图可能如图 24-4 所示。

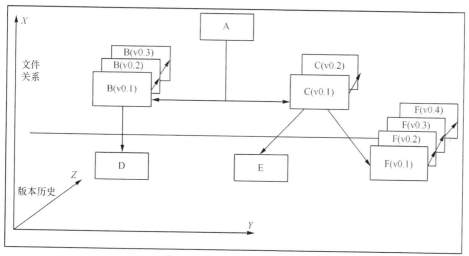

▲图 24-4　版本管理系统的抽象图

下面来解释下这张图的含义。

- 首先它是一张三维立体图，其 x、y 坐标系组成的平面代表了项目文件的构成以及它们之间的关系。比如 A 包含了 B 和 C，而 C 又进一步包含了 E 和 F。z 坐标给出了每个文件的版本修改历史，其中括号中的 v 表示 version，后面的数字随每次修改记录而递增。

- 要特别强调一下，这是一张某一特定时刻下的版本管理图。换句话说，随着时间的推移，管理图是在不断变化的。比如源文件的修改、新增或者删除，都会导致整个系统图的更新。

- 在实际版本管理系统的实现中，每一个节点往往代表了一个具体的文件或者目录。比如在这个例子中，A、B、C 3 个节点显然是目录，而其他节点可能是目录或者文件。

- 对于同一个节点的不同版本，有的版本管理系统只会记录它们之间的差异部分，而有的系统则会完整记录文件的每一个版本。举个例子，F 节点目前已经有 4 个版本。如果只记录每个版本间的差异，那么我们如果想取得 F 的 v0.2 版本文件，则需要和 v0.1 文件进行差异比较，再还原出整个源文件。而如果文件的每个版本都有单独的记录，那么可想而知提取指定版本的文件内容就会快很多——缺点就是会占据一定的存储空间，即典型的"以空间换时间"的做法。

明白了版本管理系统的基础知识后，我们接下来对照 Git 来看看它是怎么做的。

24.4.1 分布式版本系统的特点

我们一直在强调 Git 是一种分布式的版本管理系统（DVCS）。与之相对的，就是集中式的管理系统（CVCS），如图 24-5 所示。那么，这两种机制间有什么本质的区别呢？通过对前几小节内容的了解，相信读者已经有了初步的概念。

如图 24-5 所示，集中式的版本控制系统需要一台服务器的支持才能完成提交、合并等重要操作。这就意味着开发者必须与服务器取得连接才能正常工作。如果服务器发生故障，很可能会导致整个项目开发进展停滞。

要特别指出的是，Git 虽然是分布式的管理系统，但并不意味着它不能以集中式的控制方式工作；相反，图 24-5 所示的工作流也是 Git 的一种常用形式。正如我们一直在强调的，问题不在于选择哪个工具——这不是目的，真正的目的是根据实际项目需求来选择最合适自己的工具。

除了集中式的管理外，Git 的工作流形式还可以有很多种。因为每个开发者都并非纯粹的"消费者"，他们除了取得远程仓库上已有的代码外，自己也可以成为"生产者"——通过将自己设为共享仓库来让其他人获取到他们编写的代码。

接下来我们引用 Git 官方文档上的一个例子来分析其他两种比较常用的 Git 工作流方式。

第一种方式通常被运用于像 GitHub 这样的网站，称为"管理员工作流"（Integration-Manager Workflow）。

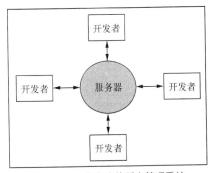

▲图 24-5　集中式的版本管理系统

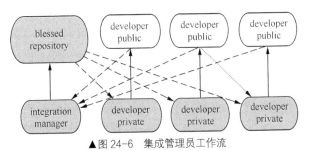

▲图 24-6　集成管理员工作流
注：引用自 http://git-scm.com/book。

其示意图如图 24-6 所示。

集成管理员模式的流程一般是：
- 管理员维护公共主仓库；
- 开发者将公共仓库的项目文件克隆到本地；
- 开发者根据需求进行项目研发；
- 开发者将项目修改推送到他们自己的公共仓库中；
- 开发者与管理员取得联系，要求管理员拉取修改文件；
- 管理员从开发者的公共仓库获取到最新修改；
- 管理员做本地合并并验证；
- 管理员将验证后的修改推送到主仓库中。

24.4 Git 原理简析

另一种方式称为"司令与副官工作流"（Dictator and Lieutenants Workflow）。顾名思义，这是一种多层级的工作方式。就好比一个军队中有司令、副官、军长、师长等管理员，权力逐层下放，分而治之，如图 24-7 所示。

具体流程是：

- 只有司令员才可以向公共主仓库推送修改；
- 普通开发者通过公共主仓库获取到项目文件；
- 普通开发者根据需求进行项目研发；
- 副官们将开发者的修改合并入他们的分支中；
- 司令员将副官们的分支合并入他的主分支中；
- 司令员将最终结果推送至公共主仓库中。

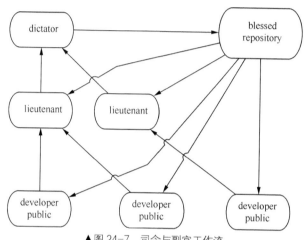

▲图 24-7 司令与副官工作流

这种形式的开发模型比前两种都要烦琐些，一般只会被应用于超大型项目的管理中。比如 Linux 内核的开发就采用了类似"司令与副官工作流"的方法。对于普通项目的研发，并不见得适用。

24.4.2 安全散列算法——SHA-1

在进入 Git 的分析前，读者还有一个基础知识需要补充，即 SHA-1。

SHA（Secure Hash Algorithm）是由美国国家标准与技术研究院（National Institute of Standards and Technology）发布的一系列安全散列算法。其初始版本 SHA-0 于 1993 年诞生于美国国家安全局（National Security Agency）。但是第一个版本很快就因某些未曾公开的缺陷而被撤销，随后便被 SHA-1 取代。

SHA-1 到目前为止都还被认为是安全可靠的。它可以从小于 2^{64} 位的信息中产生一串 160 位的摘要，因此通常被用于做数据的完整性校验。有兴趣的读者可以自行研究其算法原理，而学习 Git 只需要知道它的几个理论特性即可。

- 不可逆性

即我们没有办法从 160 位的摘要中还原出原始的数据。可以想象一下，如果我们可以从结果推导出初始值，甚至于近似值，那么基于这种散列的加密过程显然是没有任何意义的。

- 无碰撞性

碰撞的意思是两个不同的原始数据，产生同样的摘要结果。实际上，散列的碰撞是无法避免的。因为散列是从 A->B 的变换过程，而且 B 的大小只有 160 位——那么从数学概率的角度来说，一定存在碰撞的可能。所以，我们只能保证理论上是不会发生碰撞的。

- 摘要长度不变

不论原始数据多长（当然必须小于 2^{64} 位），其输出结果一定是 160 位。

在 Git 的设计中，SHA-1 被广泛用于为某个对象（下一小节中有详细讲解）产生唯一的摘要值。因为这个值是唯一的，这样在理论上就可以把 N 个不同的对象彻底区分开来。这和我们一般情况下使用文件名来区别不同文件对象的想法有很大不同。Git 里的对象文件名并不是真正项目中的文件名，而是这个对象内容的 SHA-1 散列值——而其真正的文件名存储在指向它的 tree 对象中。

我们在接下来的小节中具体分析这些对象。

24.4.3 4 个重要对象

Git 里有 4 个重要的对象（object）支撑起整个版本管理系统，即 blob、tree、commit 以及 tag。刚开始接触 Git 的读者，可能对这些对象没有太多的概念。为了直观起见，我们仍然引用 git-scm 网站中提到的一个例子来进行具体说明。

这个例子针对的是这样一个项目：

```
./
|-- README
|-- LICENCE
|-- test.rb
```

经过 commit 动作后，几个对象间的关系如图 24-8 所示。

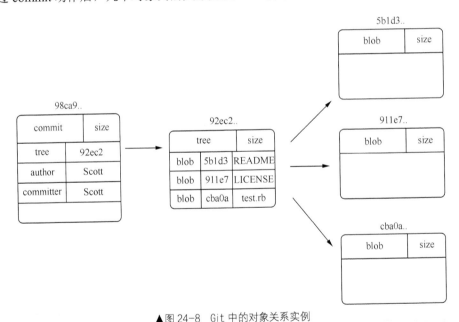

▲图 24-8 Git 中的对象关系实例

接下来将针对这个范例来分析各个对象。

1. Blob 对象

在 Git 中，Blob 对象用于存储文件内容。比如这个范例中有 3 个 blob 对象，分别用于储存 README，LICENCE 以及 test.rb3 个文件信息。

特别提示：Blob 的文件名是如何获得的呢？

24.4 Git 原理简析

首先对项目文件的内容进行 SHA-1 运算以得到 160 位数据（以 4 位来表示一个字符。共有 40 个字符，范围是'0'-'9'、'a'-'f'）后，再将这 160 位数据值进行相关校验和运算，最后仍然得到 160 位数值。取前两个字符建立子目录，剩下的字符才作为 blob 文件名。因此如果细心观察，就会发现实际上 blob 文件名只有 38 个字符。

与很多其他的版本控制系统相比，Git 对同一项目文件不同版本的内容存储有独到之处。

通常情况下，一个版本控制系统会对被修改的项目文件做版本差异运算，然后只保存这一差异值。比如项目文件 A，上一个版本是 v0.1。那么对 A 经过修改后再提交，它的新版本是 v0.2。

我们通过运算得到两版本间的差异为Δ，即：

$$\Delta = \mathrm{diff}(A^{v0.1}, A^{v0.2})$$

最终被保存到系统中的就是这个版本差异Δ。也就是说，如果想还原出文件 A 的 v0.2 版本内容，那么需要再次对两个版本文件进行差值运算，如图 24-9 所示。

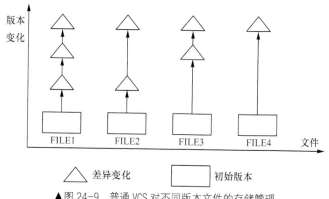

▲图 24-9 普通 VCS 对不同版本文件的存储管理

Git 的做法则有很大不同。它保存的并不是版本间的差异，而是整个修改后的文件内容（注意：其实不是单纯地保存内容，还需要进行 SHA-1 运算等操作），如图 24-10 所示。

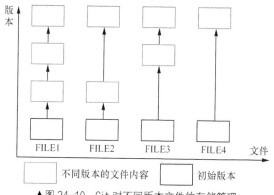

▲图 24-10 Git 对不同版本文件的存储管理

显然，Git 所采用的方式将增加系统对存储空间的要求。不过在当今的 IT 世界里，磁盘等存储设备容量越来越大，价格也越来越低，因此这种空间换时间的方法还是有其可取之处的。特别是由此带来的 Git 分支管理的快速与便捷，都是其他版本管理系统所无法比拟的。在接下来的小节中，我们还会谈到由此带来的 Git 在分支管理上的优势。

对于一个 blob 对象，记录它的全局标签是 SHA-1 串值。因此我们可以利用 Git 提供的工具来快速显示一个文件的内容。比如前面例子中的"utility.c"文件，其唯一标志值为"0acdfa4e476d05

01f84b1cd9f48f90d088bfe247",我们可以通过以下命令来得到文件内容。如下所示:

另外,我们也可以使用图形化的工具来帮助理解各个版本间的关系和变化。比如,gitk 就是一个很不错的分析工具。它的主界面如图 24-11 所示,有兴趣的读者可以自行参阅其官方资料。

2. Tree 对象

前面所展示的例子中,tree 对象的内容如图 24-12 所示。

可以看到,tree 对象 "92ec2…" 包含了 3 个 blob 对象,即此项目的几个源文件。通过记录这 3 个文件的唯一标志值,tree 可以非常方便地指向它们。Tree 对象有点类似于目录的概念,因此它不仅可以指向 blob,还可以指向 tree 对象,就好像一个目录下也可以有子目录一样。

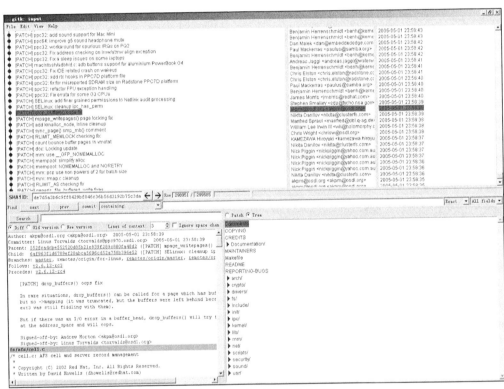

▲图 24-11　gitk 的一般用户界面

通过 Git 的如下命令,我们能获知一个对象的类型。

```
git cat-file -t <OBJECT>
```

例子如下所示:

Tree 对象将众多的 blob 和 tree 组织起来,形成一棵无环树结构,这是后面我们将提到的 commit 对象的基础。

另外，通过如下命令可以打印对象的内容：

```
git cat-file -p <OBJECT>
```

范例如下所示：

```
s@ubuntu:~/gittest$ git cat-file -p fee5cc
tree e625d6b666b55cce10185fb2cc0ebc919f91787b
author lxs <lxs@xxx.com> 1471705562 -0700
committer lxs <lxs@xxx.com> 1471705562 -0700

This is the first commit
```

3. Commit 对象

Commit 对象，从名称就可以猜到它是记录每次提交相关信息的一个对象。我们仍然结合前面小节的例子来为读者进行讲解，如图 24-13 所示。

▲图 24-12　tree 对象的内容　　　　▲图 21-13　实例

它包括如下信息：

- Tree 对象。这是本次提交所涉及的所有文件的集合。和前面看到的情况一样，commit 指向 tree 对象的唯一标志符。
- 作者（author）。本次修改者的名字。
- 提交者（commiter）。本次提交者的名字，它可以和作者不同。比如在管理员模式中，开发者做了修改工作，但管理员才是最终的提交者。
- 备注（comment）。对于本次提交的说明备注，这将有利于我们追踪每次版本的内容变化。

对于非初次提交，它可能还会有"parent"说明——这个栏位将指向上一次的提交对象。比如图 24-14 展示的是 3 次提交后的 commit 对象关系。

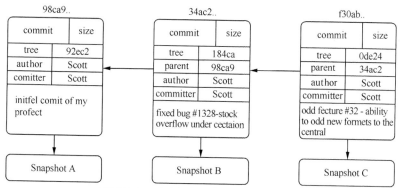

▲图 24-14　多次提交后的 commit 对象关系图

由于"parent"的存在，我们可以很方便地追溯到任意版本的历史记录，并推算出每个版本发生了哪些修改。而这种推算的性价比很高，因为我们实际只是创建了一个个的 commit 对象，占据了非常有限的存储空间。这种链式结构的 commit 关系图也是 Git 中分支管理的基础之一，它为分支管理的快速性提供了本质保障。

我们可以通过以下命令来查看一个 commit 对象：

```
gitshow -s --pretty=raw <OBJECT>
```

结果显示如下：

```
android@android-VirtualBox:~/Work/ThinkingInAndroid/GitTest$ git show -s --pretty=raw d889964aaafcef3ce56fd31007c70174cb62e79d
commit d889964aaafcef3ce56fd31007c70174cb62e79d
tree 5d8fcf8d3895496eb70febaaa50a234040f1ec7b
parent 0df9ec62189dc8dd63e8ae655673efc98396a2c8
author Xuesen Lin <android@android-VirtualBox.(none)> 1340938774 +0800
committer Xuesen Lin <android@android-VirtualBox.(none)> 1340938774 +0800

    second commit
```

值得一提的是，通过每次 commit 所指向的 tree，事实上都能得到整个项目的全部文件的最新状态。这样做的好处是非常明显的，即不用遍历提交树就可以还原出工程状态。如下是我们在 Android N 版本中针对 art 虚拟机子项目执行"git cat-file -p [最后一次 commit 所对应的 tree 对象]"命令所得到的结果范例：

```
100644 blob c4cf98b37c0e25fb0626d53dec10b157b76d662e    .gitignore
100644 blob 3467f1d0623c219d00b40c4459b51b4196047c82    Android.mk
100644 blob 341df784001c0c231c38a98068b930434bf5e235    CleanSpec.mk
100644 blob e69de29bb2d1d6434b8b29ae775ad8c2e48c5391    MODULE_LICENSE_APACHE2
100644 blob d27f6a671456e9306054955acb1fba006c9b1ba0    NOTICE
040000 tree 8e7bef719166e764d0dc56db899770fb43285f41    build
040000 tree b5107b82e7a74225d4d2dc153ad0a29998d47050    cmdline
040000 tree 81d9b8747e46dd9090cde5ea661ecbee3efd3e91    compiler
040000 tree f1853f69a2ea0a781c9d47c16e52841e04a2ee45    dalvikvm
040000 tree 840eb7e7f4044b65d5cb58c68dafa682ad1a2c0a    dex2oat
040000 tree 95f2df3ea034dc874d42b71936182695ff571dd9    disassembler
040000 tree 193f1eb445c0be22e7640ae33b5cf73880beb603    imgdiag
040000 tree 06b8a2f10a772a0cccc816bf27d0460858de280e    oatdump
040000 tree 5b58a7bd1c94c5ee7bd85e6a4616ae01da9a3f3b    patchoat
040000 tree 8235cca340a59548587fbd5fb9c4044df64dc0ec    runtime
040000 tree 92b7e5463186a11354b6b84ab43a009bb999ecc2    sigchainlib
040000 tree 7224495c1c89b3e7bbdb635733d9cfc2b62f0454    test
040000 tree a44699f198fece860db285541e5f8f559c97becd    tools
```

4. Tag 对象

标签对象为冗长的 SHA-1 字符串提供了便捷的记忆方法。就好比我们一般不会去记住某个网站的 IP 地址一样——因为只要知道网站域名，自然有 DNS 去做解析工作。

一个 tag 对象通常包括如下信息。

- Object（对象名）。这是由 SHA-1 计算出来的。
- Type（类型）。对象的类型。
- Tag（tag 名称）。我们创建 tag 对象时提供的名称。
- Tagger（tag 创建者）。创建本条 tag 对象的人。
- Message（信息）。描述这条 tag 的相关信息。
- Signature（签名）。如果创建 tag 时选择了签名，这条标签就附有签名信息。

创建、列出、删除和验证一条 tag 可以用如下命令。

```
git tag [-a | -s | -u <key-id>] [-f] [-m <msg> | -F <file>]
<tagname> [<commit> | <object>]
git tag -d <tagname>...
git tag [-n[<num>]] -l [--contains <commit>] [--points-at <object>]
[--column[=<options>] | --no-column] [<pattern>...]
[<pattern>...]
git tag -v <tagname>...
```

读者可以通过 git –help 命令来获取详情。

事实上，对 tag 的操作会体现在.git 管理目录下的 refs/tags 中。每个 tag 对象会形成一个独立的文件，这样可以方便管理、查找和引用。

24.4.4　三个区域

在前面小节中，我们提到过 Git 中的所有文件都有 4 种状态。那么，这几种不同状态下的文件都分别是如何存储的呢？

在 Git 的管理中，总共维护了 3 个特殊区域来做存储工作。它们分别是：工作目录（Working Directory）、暂存区（Staging area）以及仓库（Repository）。

其关系如图 24-15 所示。

要正确理解这 3 个区域，可以先看看.git 路径中的各管理文件和目录结构。官方文档并没有严格给出这 3 个区域的划分。因此从物理存储的角度来看，它们并非我们设想的 3 个独立的存储区域。针对 Git 的管理特点，可以这样理解它们的关系：

▲图 24-15　Git 中 3 个区域的概念

- 工作目录是项目文件所在的地方。一般情况下，它与.git 目录是同级的。这里存放着开发者可以直接修改的众多项目文件，因此称之为工作目录。
- 暂存区域（Staging Area）其实是一个文件。对照 Git 的实现思想，暂存区应当是.git 目录下的 index 文件。这里记录着下一次需要提交的文件信息。开发者可以通过 git add 将新的文件或者已修改的文件加入这一区域中。对于那些未 staged 的项目文件，即便已经修改，也不会在下一次的提交中被更新到仓库中。因为有中间的暂存区域，开发者可以决定哪些文件是需要被提交到仓库中的、哪些则是没有必要的；而且如果发现有问题，也能很方便地撤销操作。
- 仓库（Repository）。这通常是指本地仓库，即.git/objects 目录下的各对象文件。这里存储了所有版本项目文件的内容。对于一个大型项目来说，这些文件的数量可以轻易达到百万以上的级别，因此需要压缩和打包手段。如果你用 git clone 从远程仓库创建过项目，应该会发现克隆下来的 objects 目录下没有任何对象存在，而在/info 和/pack 目录下则有几个比较大的文件。这就是 Git 对松散对象实行的打包管理。

我们可以通过以下命令来做到这点：

```
git gc [--aggressive] [--auto] [--quiet] [--prune=<date> | --no-prune]
```

比如对于一个在本地创建的 Git 项目，经过多次操作后，objects 目录下的文件情况如下所示。

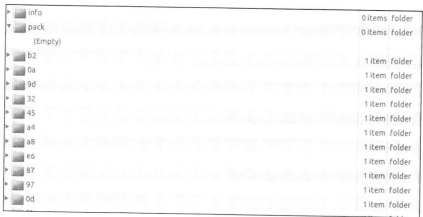

可以清楚地看到，/info 和 /pack 在起始时是空的，不包含任何对象。我们接下来执行 gc 命令，如下所示。

之后可以得到新的结果如下所示。

此时松散的 object 对象已经得到最大程度的打包和压缩处理，取而代之的是几个新文件。这种打包方式对于我们节省存储空间、提高处理效率以及推送文件到远程仓库，都是大有帮助的。

24.4.5 分支的概念与实例

分支（branch）管理是 Git 的一大特色——它所提供的快速与便捷的分支操作是开发者选择 Git 的主要原因之一。

1. 什么是分支

如果查阅 Git 资料，就会发现分支这个词被频繁地提及。那么，什么是分支呢？从字面来理解，它应该是类似于江河分流的概念，即从主干上分叉开来而形成的小体系（在水文学中，支流是指汇入另一主干水体的河流，而分流则是相反的）。人们为了防止某些水系的规模太大造成洪水，或者为了农业，经常会进行人工分流的动作。

在版本控制系统中，branch 代表了这一代码分支的源头是主干（master）；而且在初始状态时，它和主干的内容是一模一样的。而后随着开发的推进，分支逐渐有了自己独立的进度空间，和主体间便互不干扰了——直到另一时刻，基于项目的需求，我们可以再将这一分支合并入主干。创建分支的一个常见情景是：为项目开发一个新的功能（feature）。因为每一个新的功能开发都有一段或长或短的稳定期，直接在主枝上操作难免会影响到整个项目的稳定性，在这种情况下我们会选择创建一个分支来承载新功能的开发。

对于市面上的很多版本控制系统，新建分支意味着整个项目工程的复制——而这通常是烦琐而耗时的。Git 基于自身的特点，提出了另一种高效的实现方式。

简而言之，就是：

Git 中的分支，其实只是一个指针。

虽然实际过程会稍微复杂一些，但上面这句话却是 Git 分支的核心理念，因此请读者务必牢记住。后面我们再针对具体实例来慢慢解释这种说法的缘由。

2. Git 中的分支指针

前面小节我们曾用简图描述过一个简单项目执行了 3 次提交后的 commit 对象关系。除了图中所示的链接外，其实还有一个分支指针没有标注出来。我们对简图做了修改，如图 24-16 所示。

我们说分支是一个指针，更进一步讲，它是指向某个 commit 对象的指针；而且在默认情况下，项目处于 master 开发分支中。因此从图中可以看到，分支指向了"f30ab..."这个 commit 对象。分支是一个动态变化的指针，每次提交后都会指向当前分支的最后一个 commit（注意是针对当前分支的提交，其他分支的 commit 动作不会受影响）对象。

比如在 3 次提交后又有新的提交，那么指针就会变成如图 24-17 所示。

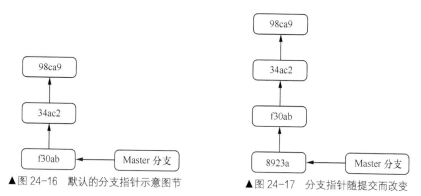

▲图 24-16　默认的分支指针示意图节　　▲图 24-17　分支指针随提交而改变

接下来我们通过实例进一步讲解分支的基本操作。

3. 分支管理的基本操作

明白了分支指针的概念后，我们再来看看多分支的情况。

分支的管理包括新建、查看、删除等多种操作，都可以通过以下命令来完成：

```
git branch [--color[=<when>] | --no-color] [-r | -a]
[--list] [-v [--abbrev=<length> | --no-abbrev]]
[--column[=<options>] | --no-column]
[(--merged | --no-merged | --contains) [<commit>]] [<pattern>...]

git branch [--set-upstream | --track | --no-track] [-l] [-f] <branchname> [<start-point>]

git branch (-m | -M) [<oldbranch>] <newbranch>

git branch (-d | -D) [-r] <branchname>...

git branch --edit-description [<branchname>]
```

比如我们要新建一个名为"branch_basic"的分支，可以使用：

```
git branch branch_basic
```

此时再查看分支情况，可以看到已经创建成功如下所示。

```
android@android-VirtualBox:~/Work/ThinkingInAndroid/GitTest$ git branch
  branch_basic
* master
```

带"*"号的是当前的工作分支。可见虽然我们成功创建了一个新的分支，但并没有切换到这上面来。Git 是通过 .git 目录下的 HEAD 文件来记录当前的工作分支的。一般情况下，这个文件的格式如下（表示当前在 master 分支中）：

```
ref: refs/heads/master
```

开发者需要通过以下命令来切换分支：

```
git checkout branch_basic
```

此时就切换到了新分支上，如下所示。

第 24 章 软件版本管理

而且分支关系图同时发生了变化，如图 24-18 所示。

就像在 C 语言中我们会给指针赋予一个初始值一样，Git 的新建分支也会有一个原始指向。默认情况下，新的分支的指向和 master 分支一样。

现在我们对项目文件进行修改，并完成提交动作。这样一来，分支指针也会发生相应的变化，如图 24-19 所示。

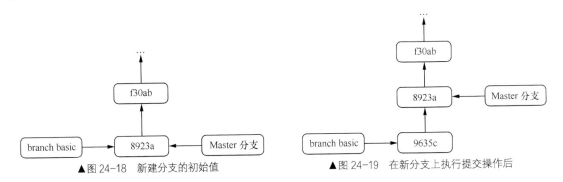

▲图 24-18　新建分支的初始值　　　　▲图 24-19　在新分支上执行提交操作后

此时两个分支就出现了分离。假如此时再次切换回到主分支，然后做一些修改并提交，情况就又有了新变化，如图 24-20 所示。

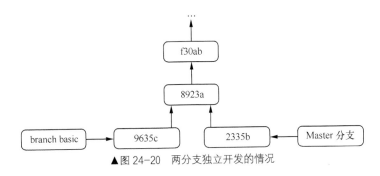

▲图 24-20　两分支独立开发的情况

随着开发的推进，会衍生出更多的分支，由此产生各种复杂的情况。不过由于 Git 中创建分支的高效率，它鼓励开发者新建分支。当然一旦项目开发进展到一定程度，我们还是应该考虑把分支合并到主干上；而且与上图不同的是，我们一般不会让 master 分支出现在分叉上，而是新建另一分支来完成图中所示的 master 工作。

4. 主干发布，分支开发

目前业界有很多版本分支的管理方式，其中使用非常广泛的一种就是"主干发布，分支开发"。从字面意思上不难理解，这种开发模式的核心思想是将变化的部分（包括新特性，问题修复等）通过拉出分支的方式进行独立开发，来达到保持主干稳定的目的。这样一来在发布新版本的时候，管理员只需要从主干上取代码就可以了；而新开发的特性或者修复的问题亦可以在验证后合并到主分支。同理，"主干开发，分支发布"的特性也是类似的。总的来说它们各有优缺点，需要根据不同的项目诉求来做正确的取舍。

不论情况多么复杂，版本管理系统所要做的核心工作仍然是我们在本章开头所提出的抽象图。读者可以根据这几个小节的讲解，来仔细思考一下 Git 是如何完成这些核心工作的。

Git 提供的很多其他命令在本章中并没有涉及。另外，它的服务器部署我们也没有去探究。不过我们所讨论的这些命令，都是开发者在实际工程项目中经常会用到的。特别是本章在对 Git 分析过程中给出的诸如"版本管理抽象图""分支是指针"等概念，都是这个系统最基础也最核心的设计理念。"万变不离其宗"，相信读者在阅读了本章内容以后再去使用或者深入解析 Git，就会发现它已经变得不再难懂了。

第 25 章　系统调试辅助工具

本章将向读者讲解 Android 系统调试需要用到的几个核心工具，即 Emulator、Android 和 ADB。

25.1 万能模拟器——Emulator

Android 系统中自带的 Emulator 几乎能模拟"手持设备"的所有硬件和软件特性（除了用户不能拨打实际电话外）——不论对应用程序开发还是系统移植，这都是非常实用的。尤其是对前者，模拟器提供的定制功能让用户可以轻松创建出各种硬件配置的"设备"，这无疑为我们验证产品的兼容性和可靠性节约了大量的时间。

Android 的模拟器是基于 QEMU 的。后者也是一个开源项目，由法国计算机程序员 Fabrice Bellard 编写。这位实现最快圆周率算法的作者另一知名开源项目是 Ffmpeg，感兴趣的读者可以了解一下。

秉承本书的一贯"作用"，我们将先对 QEMU 进行一定程度的解析——从中让读者明白 QEMU "已经做了哪些"，然后再来看看 Android "选择了哪些""废弃了哪些"以及"改良了哪些"。这样即便脱离了 Android 的环境（如读者想将模拟器运用于其他非 Android 项目中），也都不会再觉得无从下手了。

接下来将分为两个方向展开——首先，我们会介绍 QEMU 这个模拟器，让读者对它有个感性的认识；然后我们会讲解 Android 模拟器从 QEMU 中继承和扩展出的一些重要特性。

25.1.1 QEMU

1. 虚拟化技术

要想了解 QEMU，就需要先补充虚拟化技术的一些背景知识。

虚拟化（virtualization）是对某种事物的虚拟实现——这些事物并不是真实存在的，而是通过特定手段创建出来的。比如目前我们已经可以虚拟出操作系统、存储设备等。虚拟化技术是实现"云计算"的基础，也是当前研究领域的一个热门课题。本章我们主要以硬件虚拟化为讲解重心。

提供虚拟化技术的软件在发展早期被称为"控制程序"，后来则慢慢变为"Hypervisor"或者 VMM（Virtual Machine Monitor）。从字面就能看出来，它是运行于其上程序（Guest Software）的控制和监督者；而且 Guest Software 并不只局限于某种程序，某些情况下它甚至是指整个操作系统。如在工程项目中，我们经常需要在虚拟机上运行 Windows 或者 Linux 操作系统，如图 25-1 所示。

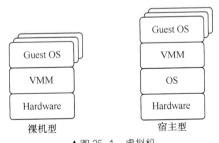

▲图 25-1　虚拟机

根据 VMM 的功能描述，我们可以很自然地联想到：它的运行环境是什么样的呢？
- 对于直接在底层硬件上执行的 VMM，我们称为 Native 或者 Bare Metal 型。

这种方式不需要底层操作系统的支持，因为 VMM 本身就是宿主。目前这类虚拟机中比较有名的有：Oracle VM Server for SPARC、KVM（Kernel Virtual Machine）、VMWare EXS/ESXi 以及 Microsoft Hyper-V 等。

- 同样，如果是安装于其他操作系统之上的 VMM，就被称为 hosted 类型。它的宿主操作系统通常只是普通的操作系统。比如我们在 Windows 操作环境中安装的 VirtualBox 就属于这种方式。其他比较受欢迎的此类 VMM 有：VMWare Workstation、Bhyve 等。

除了自身的运行环境外，VMM 为 Guest OS 提供的支撑方法也有多种分类，以下列出其中比较核心的几种。

- 全虚拟化（Full virtualization）

全虚拟化可以让运行于其上的客户操作系统不用做任何修改。可想而知，这就要求 VMM 提供完整的硬件模拟，包括处理器、物理内存、各种外设、时钟等。这种技术的难点是如何实现客户操作系统特权指令的执行。因为在 VMM 的控制下，可能会有不止一个客户操作系统存在。它们都被禁止改变对方的状态，或者去篡改 VMM 的运行值。对于这一问题，不同的 VMM 开发商有各自的实现——同时这也是影响 VMM 执行效率的重要因素之一。

这种虚拟技术的优点是不需要更改 Guest OS，因此得到了广泛的应用。我们所熟悉的，如 Oracle VM、Virtual PC、Vmware Workstation、KVM、QEMU、Paralles Workstation 等都采用了这种技术。

- 半虚拟化（Partial virtualization）

又翻译为"部分虚拟化"，是和"全虚拟化"类似的一种技术。它们都为 Guest OS 提供了硬件的模拟，只不过半虚拟化技术需要让 Guest OS 根据自己提供的接口做部分修改，以符合诸如特权指令运行的要求。

这种方式的优点在于整体运行速度比全虚拟化要快，而且架构也精简些；缺点也很明显，即需要 Guest OS 做相应修改。这类 VMM 的代表有 Xen 以及 Microsoft Hyper-V 等。

- 硬件辅助虚拟化（Hardware-assisted virtualization）

准确地说，这种技术是用于协助上面两种方式来完成优化的。硬件辅助的意思是，借助于专门针对虚拟化技术而提供的硬件支持来大幅改善上述方法中的不足，以使 VMM 的运行速度更加接近于实际物理机。当前众多主流的虚拟机产品都支持硬件辅助，如 Virtual Box、Vmware Workstation、Microsoft Virtual PC、KVM 和 Xen 等。

明白了虚拟化技术的分类、功能及工作方式后，我们再切入 QEMU 应该就不会感到陌生了。

2. QEMU 简介

读者之前如果没有接触过 QEMU，那么最好先去阅读以下几篇文章。
- "QEMU, a Fast and Portable Dynamic Translator"。

这是 QEMU 作者写的一篇论文，具有绝对的权威性。
- "QEMU Emulator User Documentation"。

这篇文章是 QEMU 使用指南，可以作为入门文档。
- 对于开发者而言，如果想学习 QEMU 内部实现原理或者希望修改 QEMU 源码，可以参阅官方推荐的指南。

总的来说，QEMU 有两种工作模式。

- 全系统模式

在这种方式下，QEMU 可以模拟出一个完整的系统，包括若干个处理器和外围设备。

- 用户模式

在这种方式下，QEMU 可以在一个 CPU 上运行针对另一 CPU 所编译的程序。

在全系统模式下，QEMU 支持以下硬件设备：

PC (x86 or x86_64 processor)

ISA PC (old style PC without PCI bus)

PREP (PowerPC processor)

G3 Beige PowerMac (PowerPC processor)

Mac99 PowerMac (PowerPC processor, in progress)

Sun4m/Sun4c/Sun4d (32-bit Sparc processor)

Sun4u/Sun4v (64-bit Sparc processor，in progress)

Malta board (32-bit and 64-bit MIPS processors)

MIPS Magnum (64-bit MIPS processor)

ARM Integrator/CP (ARM)

在用户模式下，支持的硬件设备为：

x86 (32 and 64 bit)

PowerPC (32 and 64 bit)

ARM, MIPS (32 bit only)

Sparc (32 and 64 bit)

Alpha, ColdFire(m68k)

CRISv32 和 MicroBlaze CPU

3. QEMU 的安装与编译

在使用 QEMU 前，我们需要先安装它。和大部分软件一样，它既可以直接使用安装包的形式来安装，也可以通过源码编译后再进行安装。

如果是选择前者，可以在系统中使用以下命令。

Debian/Ubuntu：

```
$ sudo apt-get install qemu
```

Red Hat/ Fedora：

```
$ yum install qemu
```

Gentoo：

```
$ emerge qemu
```

如果希望通过源码编译来安装，下载地址是：

```
$ git clone git://git.qemu.org/qemu.git
```

编译过程很简单，可以选择在 Linux 或者 Windows 下完成操作，甚至也可以在 Linux 下编译 Windows 版本的 QEMU。我们推荐在 Linux 下编译生成可执行程序。方法如下：

```
#下载后，先解压 QEMU 源码包
$ ./configure
$ make
$ make install  #就这么简单
```

4. QEMU 的常用功能

下面分几个类别来讲解 QEMU 的常用功能。

（1）标准选项如表 25-1 所示。

表 25-1　　　　　　　　　　　　　　　　标准选项

选　项	说　明
-h	显示帮助然后退出
-version	显示版本信息然后退出
-machine [type=]name[,prop=value[,...]]	选择被模拟的机器。可以使用-machine?来获知可使用的机器列表
-cpu model	选择 CPU 模式。同样可以使用-cpu?来获得可用的选项列表
-smp n[,cores=cores][,threads=threads][,sockets=sockets][,maxcpus=maxcpus]	设置模拟的 CPU 数目。不同硬件设备支持的最大 CPU 数量是不同的。比如 PC 机支持的最大数是 255 个，而 Sparc32 则只有 4 个
-fda file -fdb file -hda file -hdb file -hdc file -hdd file -cdrom file	将 file 所指向的文件作为系统的相应存储器设备
-drive option[,option[,option[,...]]]	新建一个设备
-mtdblock file	以 file 指定的文件作为板上的 FLASH 存储设备
-sd file	以 file 指定的文件作为 SD 卡设备
-boot [order=drives][,once=drives][,menu=on|off][,splash=sp_name][,splash-time=sp_time]	设定启动顺序
-m megs	设置虚拟内存大小（M 字节）。默认值是 128MB
-k language	设置键盘语言，如 fr 表示法语。默认情况下是 en-us
-audio-help	显示音频子系统帮助

（2）USB 选项如表 25-2 所示。

表 25-2　　　　　　　　　　　　　　　　USB 选项

选　项	说　明
-usb	使能 USB 驱动
-usbdevice devname	添加 USB 设备，如鼠标、移动硬盘、串口设备等
-device driver[,prop[=value][,...]]	添加设备驱动

（3）文件系统选项如表 25-3 所示。

表 25-3　　　　　　　　　　　　　　　　文件系统选项

选　项	说　明
-fsdev fsdriver,id=id,path=path,[security_model=security_model][,writeout=writeout][,readonly][,socket=socket|sock_fd=sock_fd]	定义新的文件系统设备
-virtfs fsdriver[,path=path],mount_tag=mount_tag[,security_model=security_model][,writeout=writeout][,readonly][,socket=socket|sock_fd=sock_fd]	虚拟文件系统
-name name	设置 guest 名
-uuid uuid	设置系统的 UUID 值

（4）显示选项如表 25-4 所示。

表 25-4　　　　　　　　　　　　　　　显示选项

选　　项	说　　明
-display type	设置显示类型
-nographic	将 QEMU 变为命令行样式
-alt-grab	通过 Ctrl+Alt+Shift 按键来获取鼠标
-ctrl-grab	通过右 Ctrl 键来获取鼠标
-spice option[,option[,...]]	使能 spice 远程桌面协议
-rotate	将图形左转
-full-screen	全屏显示
-g widthxheight[xdepth]	设置初始图形分辨率和深度

（5）网络选项如表 25-5 所示。

表 25-5　　　　　　　　　　　　　　　网络选项

选　　项	说　　明
-net nic[,vlan=n][,macaddr=mac][,model=type][,name=name][,addr=addr][,vectors=v]	创建新的网络接口
-net user[,option][,option][,...]	使用用户模式的网络栈
-net tap[,vlan=n][,name=name][,fd=h][,ifname=name][,script=file][,downscript=dfile][,helper=helper]	VLAN 连接
-net bridge[,vlan=n][,name=name][,br=bridge][,helper=helper]	设置桥接

（6）针对 Linux/Multiboot 如表 25-6 所示。

表 25-6　　　　　　　　　　　　　　针对 Linux/Multiboot

选　　项	说　　明
-kernel bzImage	将 bzImage 指定的文件作为内核映像文件
-initrd file	设置系统的 initial ram disk
-dtb file	设置 dtb 映像文件

（7）调试选项如表 25-7 所示。

表 25-7　　　　　　　　　　　　　　　调试选项

选　　项	说　　明
-serial dev	为模拟器指定串口设备。比如在 Windows 下，可以通过-serial COMn 来指定模拟器需要使用宿主机的某个串口
-monitor dev	将虚拟机的 monitor 转向到主机的 dev 上
-pidfile file	将 QEMU 的进程 PID 保存到 file 中
-singlestep	以单步调试的模式运行模拟器
-S	系统开始时不要启动 CPU，只有当输入 'c' 时才继续
-gdb dev	等待 gdb 的连接
-s	-gdb tcp::1234 的简写
-d	输出 log 文件到/tmp/qemu.log

续表

选项	说明
-D logfile	将上面的 log 保存到 logfile 路径中
-L path	设置 BIOS、VGA BIOS 和键盘布局文件地址的目录
-bios file	设置 BIOS 文件名。结合上面选项找到 BIOS 文件
-enable-kvm	使能 KVM 的全虚拟支持。这个选项只有当我们在编译时打开了 KVM 支持选项才有效
-no-reboot	退出而不是重启
-no-shutdown	当 guest 关机时，不退出而是停止模拟器
-loadvm file	以文件 file 中保存的系统状态启动
-show-cursor	显示鼠标 cursor
-readconfig file	从 file 中读取系统配置文件
-writeconfig file	将系统配置文件写入 file 中

以上几个列表给出了 QEMU 最常见的一些用法。接下来在 Android 模拟器的学习过程中，读者可以思考：

- Android 模拟器继承了 QEMU 的哪些"基因"；
- 如何从 QEMU 入手来为 Android 模拟器添加新功能。

25.1.2 Android 工程中的 QEMU

Android 项目中的 QEMU 源码主体在 external/qemu 中。不过我们并不分析它的源码实现，而是从它提供的功能和特性中来体会 Android 对 QEMU 的改进。

1. 命令行基本用法

使用 Android 模拟器的一般格式为：

```
emulator -avd <avd_name> [-<option> [<value>]] ... [-<qemu args>]
```

它所提供的选项非常丰富，下面将分为多个类别来分别说明。

（1）使用 AVD 如表 25-8 所示。

AVD 为模拟器 z 提供了一个"虚拟设备"（外观、基本的硬件配置等都是可以调整的，可以参见下一小节关于 Android 工具的讲解）。

表 25-8　　　　　　　　　　　　　　使用 AVD

选项	说明
-avd <avd_name>	为模拟器指定一个 AVD。这个选项是必需的

（2）磁盘映像文件如表 25-9 所示。

表 25-9　　　　　　　　　　　　　　磁盘映像文件

选项	说明
-cache <filepath>	设置 cache 分区的映像文件 如果没有，系统将创建一个临时文件来代替
-data <filepath>	设置 user-data 的映像文件。如果没有，系统会寻找名为 userdata-qemu 的映像文件来代替
-initdata <filepath>	当利用 -wipe-data 重置 user-data 时，将这里指定的文件复制到新的 user-data；否则模拟器将复制 <system>/userdata.img 的值

续表

选 项	说 明
-nocache	不使用 cache 分区
-ramdisk \<filepath\>	设置 ramdisk 映像文件
-sdcard \<filepath\>	设置 SD 卡映像文件
-wipe-data	重置 user-data。见上面-initdata 的描述

（3）系统相关如表 25-10 所示。

表 25-10　　　　　　　　　　　系统相关

选 项	说 明
-cpu-delay \<delay\>	为 CPU 设置延迟。有效值是 0~1000
-gps \<device\>	重定向兼容 NMEA 的 GPS 到某个字符设备。注意：设备的书写必须符合 QEMU 串口设备的格式。可以参见前面 QEMU 的"-serial -dev"选项
-nojni	运行时关闭 JNI 检查
-qemu	传递参数给 QEMU。注意：如果使用此选项，必须保证它是放在最后面的，因为其后的所有选项都将被认为是要传递给 QEMU 的
-qemu -enable-kvm	使能 KVM 加速。这个选项只有当系统编译时选择了支持 KVM 才会有效
-qemu -h	显示帮助信息
-gpu on	打开 GPU 图形加速
-radio \<device\>	将 radio 设备重定向到字符设备。格式同上面-gps 的描述
-timezone \<timezone\>	设置时区信息，而不是用模拟器所在主机的时区
-version	显示版本号

（4）UI 相关如表 25-11 所示。

表 25-11　　　　　　　　　　　UI 相关

选 项	说 明
-dpi-device \<dpi\>	设置模拟器的 dpi 值，默认值为 165
-no-boot-anim	关闭模拟器的启动时动画
-no-window	关闭模拟器的图形窗口显示
-scale \<scale\>	调整显示窗口的比率。有效值为： 　0.1~3，表示调整因子 　\<数值\>dpi 　Auto。表示让模拟器自动选择最佳数值
-noskin	不使用模拟器外观
-keyset \<file\>	使用指定的键盘绑定。即主机按键与模拟器按键的对应关系
-onion \<image\>	使用指定的 overlay 图像
-onion-alpha \<percent\>	设置 onion 外观的透明度，默认值为 50
-onion-rotation \<position\>	设置 onion 外观的位置，必须是 0、1、2 或 3

（5）网络相关如表 25-12 所示。

25.1 万能模拟器——Emulator

表 25-12　　网络相关

选项	说明
-dns-server <servers>	设置 DNS 服务器
-http-proxy <proxy>	设置 HTTP/HTTPS 代理 格式为： http://<server>:<port> http://<username>:<password>@<server>:<port>
-netdelay <delay>	设置网络延迟值，模拟比较真实的网络环境
-netfast	即 -netspeed full -netdelay none
-netspeed <speed>	设置网络速度，默认值为 full。可选值有如下几种： • gsm（GSM/CSD） Up: 14.4, down: 14.4 • hscsd（HSCSD） Up: 14.4, down: 43.2 • gprs（GPRS） Up: 40.0, down: 80.0 • edge（EDGE/EGPRS） Up: 118.4, down: 236.8 • umts（UMTS/3G） Up: 128.0, down: 1920.0 • hsdpa（HSDPA） Up: 348.0, down: 14400.0 • full（no limit） Up: 0.0, down: 0.0 • <num> 自定义上传和下载值都为 num • <up>:<down> 分别设置上传和下载值为 up 和 down

（6）调试相关如表 25-13 所示。

表 25-13　　调试相关

选项	说明
-logcat <logtags>	使能 logcat 输出。注意：为了不影响运行效率，部分手机厂商对 logcat 进行了过滤和控制，这种情况下开发者需要到厂商指定的设置中去手动打开 logcat 功能
-shell	创建一个 root 权限的 shell 终端
-shell-serial <device>	使能 root 权限的终端并指定字符设备来与之通信
-show-kernel <name>	打印内核信息
-trace <name>	使能代码追踪，并写入指定文件
-verbose	使能 verbose 模式的输出，等价于 -debug-init

（7）帮助信息相关如表 25-14 所示。

表 25-14　　帮助信息相关

选项	说明
-help	显示一系列模拟器选项的帮助信息
-help-all	显示启动选项的帮助信息
-help-<option>	显示特定启动选项的帮助信息
-help-debug-tags	显示 –debug <tags> 的帮助信息
-help-disk-images	显示模拟器硬盘映像文件的使用帮助

续表

选 项	说 明
-help-environment	显示模拟器环境变量帮助
-help-keys	显示当前按键的绑定信息，参见"-keyset <file>"选项的说明
-help-keyset-file	显示如何定义新的按键绑定
-help-virtual-device	显示如何使用 AVD

25.1.3 模拟器控制台（Emulator Console）

我们知道，Android 系统的每个模拟器都将占用两个端口。其中一个用于和 adb 进行通信，另一个就是控制台专用端口——由此可见，模拟器控制台的端口号一定是偶数。控制台为自动化测试提供了强有力的保障，读者可以参考本书中讲解测试内容的章节来了解更多信息。

连接一个控制台的语法如下：

```
telnet localhost <console_port>
```

如果不清楚 console_port 的具体值，可以先用 adb devices 进行查询。

完成连接后将会有如下提示。

然后我们就可以向模拟器发送命令了。通用格式如下：

```
命令<空格>子命令
```

例如利用 sms 命令发送一条短信给模拟器，应遵循如下格式：

```
sms    send    12345           content
命令 子命令 号码（参数）内容（参数）
```

表 25-15 详细描述了 Emulator Console 中的常见命令，以供读者查阅。

表 25-15　　　　　　　　Emulator Console 中的重要命令一览表

命 令	子命令	参 数	说 明
avd 模拟器的状态控制	name		显示当前控制台连接上的模拟器名
	status		该模拟器的运行状态
	start		启动模拟器，用于执行了 avd stop 后的恢复
	stop		停止模拟器，此时整个模拟器处于挂起状态，但不会主动关闭
	snapshot	list	用于"截屏操作"
		save <name>	
		load <name>	
		del <name>	
cdma	ssource	<source>	设定当前的 CDMA 套餐订阅（subscription）源
	prl_verstion	<version>	导出 CDMA 的当前 PRL 版本
event 向模拟器发送硬件事件，这条命令在自动化测试中是比较常用的	Send	<type>:<code>:<value> [...]	向模拟器发送指定的事件，其中<type>,<code>值可以分别用下面的 types 和 codes 子命令来查询

续表

命令	子命令	参数	说明
event 向模拟器发送硬件事件，这条命令在自动化测试中是比较常用的	types	NONE	列出所有支持 event 类型的别名，如下所示： EV_SYN　　EV_KEY EV_REL　　EV_ABS EV_MSC　　EV_SW EV_LED　　EV_SND EV_REP　　EV_FF EV_PWR　　EV_FF_STATUS EV_MAX
	codes	\<type\>	查询某个类型中包含的子代码数量：EV_KEY（405 个） EV_REL　（2 个） EV_ABS　（7 个） 其余类型（0 个） 比如 EV_REL 中的 code 值为： REL_X REL_Y
	event text	\<message\>	发送组成\<message\>的按键事件流
geo 发送地址位置信息（GPS）给模拟器	fix	\<longitude\>\<latitude\> [\<altitude\>]	提供 GPS 修正值 \<longitude\>：经度，以十进制表示 \<latitude\>：纬度，以十进制表示 \<altitude\>：高度，以米为单位
	nmea	\<sentence\>	发送一个 NMEA 0183 标准的句子给模拟器。当前只支持"$GPGGA"和"GPRCM"
gsm 模拟 GSM 通信，如电话、GPRS 数据等	call	\<phonenumber\>	模拟一个来电通话
	accept	\<phonenumber\>	将一个通话的状态切换至"active"——前提是这个通话处于"waiting"或者"held"
	busy	\<phonenumber\>	挂断一个去电通话，将状态改为"busy"，前提是此通话处于"waiting"
	cancel	\<phonenumber\>	结束一个来电或去电通话
	data	\<state\>	改变 GPRS 数据连接的状态，可选值为： • unregistered ——当前无可用网络 • home ——正在 home 网络中 • roaming ——正在漫游 • searching ——正在搜索网络 • denied ——仅紧急电话可用 • off ——无可用网络，同 unregistered • on ——和 home 选项一样
	hold	\<phonenumber\>	将状态改为"hold"——前提是当前状态为"active"或者"waiting"
	list	NONE	列出当前所有的通话以及它们的状态
	voice	\<state\>	改变 GPRS 连接的状态，可选值为： • unregistered ——无可用网络 • home ——正在主网络中 • roaming ——正在漫游 • searching ——正在搜网 • denied ——仅紧急电话可用 • off ——无可用网络 • on ——正在主网络中
	status	NONE	当前 GSM 数据和语音的状态
kill	NONE	NONE	关闭模拟器
network 管理网络连接相关设置	status	NONE	当前网络的状态，包括当前的上传和下载速度等
	speed	\<speed\>	动态改变网络速度，可选参数请参见 AVD 章节中的网络相关描述

续表

命令	子命令	参数	说明
network 管理网络连接相关设置	delay	<delay>	可以通过设置"延迟值"来模拟尽可能真实的网络环境，可选参数如下（以毫秒为单位）： ● gprs GPRS（150～550） ● edge EDGE/EGPRS（80～400） ● umts UMTS/3G（35～200） ● none 没有延迟 ● <num> 模拟精确的延迟值，以"毫秒"为单位 ● <min>:<max> 设置"延迟值"的范围
network 管理网络连接相关设置	capture	start <file>	捕获"网络包"数据并保存
		stop	停止捕获
power 电池和充电状态	display	NONE	显示电池和充电情况
	ac	<on|off>	开启/关闭 AC 充电
	status	<unknown|charging|discharging|not-charging|full>	将电池状态设置为指定状态
	present	<true|false>	设置电池存在状态
	health	<unknown|good|overheat|dead|overvoltage|failure>	设置电池的健康状态值
	capacity	<percentage>	设置剩余电池量（0～100）
quit/exit	NONE	NONE	退出控制台
qemu	monitor	NONE	进入 qemu monitor 状态，然后可以发送 qemu 支持的命令，如 info，commit，eject 等。详细命令释义请参见 qemu 的官方说明文档。这一命令可以看成模拟器的高级扩展项，在某些情况下可以发挥重要作用
redir 管理端口转向（Port Redirection）	list	无	列出当前所有的端口转向
	add	<protocol>:<host-port>:<guest-port>	新增一个端口转向 <protocol>: 可以是"tcp"或者"udp" <host-port>: host 上需要打开的端口号 <guest-port>: 数据将要路由到的终端端口号
	del	<protocol>:<host-port>	删除一个端口转向，参数同上
sms 短信	send	<senderPhoneNumber> <textmessage>	模拟 SMS 来信 <senderPhoneNumber>：电信号码 <textmessage>：SMS 内容
	pdu	<hexstring>	发送 SMS PDU 包

25.1 万能模拟器——Emulator

续表

命　令	子命令	参　数	说　明
sensor 管理传感器信息	status	NONE	列出当前所有传感器的状态信息，包括： acceleration（加速器） magnetic-field（罗盘） orientation（方向传感器） temperature proximity
	get	<sensorname>	得到某个传感器的当前值
	set	<sensorname><value-a>[:<value-b>[:<value-c>]]	设置某个传感器的值
window	scale	<scale>	改变模拟器的窗口大小

25.1.4 实例：为 Android 模拟器添加串口功能

使用过 Android 模拟器的读者应该会发现，它没有提供串口功能。这对于应用开发人员来说影响不大，因为他们基本上不会有类似需求。但是对于系统工程人员来说，串口的使用还是比较广泛的。比如不少 Android 产品要求通过串口去控制蓝牙、GPS 模块；或者产品与 IPOD 设备通过串口进行连接通信等。

可想而知，如果我们能在 Android 模拟器上仿真串口功能，那么就可以大大减少程序开发和调试上的麻烦，如图 25-2 所示。

接下来分步骤说明上图的实现过程。

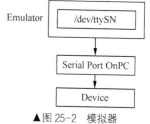

▲图 25-2　模拟器

（1）首先需要启动一个带串口的模拟器。根据前几个小节的分析，读者应该已发现 QEMU 本身是支持串口模拟的，只是 Android 没有继承这一"基因"——因此我们可以通过向 QEMU 传递参数来达到目的。比如在 Windows 操作系统环境下，可以建立如下脚本：

```
"C:\Program Files\Android\android-sdk\tools\emulator" -avd Device_Android4.3 -qemu -serial COM1
```

第一个参数是 emulator 程序本身，最好用双引号来将整个路径包含起来。

-avd 选项指明需要启动的 AVD，也可以根据需要来指定具体的 system，kernel 等映像文件。这里我们采用的都是默认的系统映像。

最后，我们通过-qemu 选项传入需要模拟的串口，即 COM1。这个 COM1 是 PC 主机上真实存在的串口设备（可以通过 Windows 中提供的设备管理器来查看）。当然，我们也可以创建虚拟的串口。比如利用软件工具在机器中创建一对虚拟串口 COM3/COM4，然后让 emulator 使用 COM3，而串口分析工具则打开 COM4，这样就可以实现 emulator 和分析工具间的通信了。这在实际工程项目中是非常有用的一种调试手段。

（2）经过上一步骤，我们成功启动了一个带串口的模拟器。接下来，还需要找出这个串口在/dev 下的名称。按照 Android 模拟器的实现，它会在系统的/dev/ttySN 串口设备编号上，为新增的串口分配一个名称（N 表示有多个串口，依次递增）。

比如系统本身已有/dev/ttyS0、/dev/ttyS1，那么新加的串口就变成了/dev/ttyS2。

我们需要为这个串口设备设置权限，这样才能为后续的读写操作提供可能。命令如下：

```
#adb shell
# chomd 777 /dev/ttyS2
```

（3）到这一步，串口已经基本可用。读者可以写个应用程序来测试下，或者下载著名的开源项目 serial-port-api 程序（http://code.google.com/p/android-serialport-api/）来进行测试。它的主界面如图 25-3 所示。

▲图 25-3　主界面

这样我们就成功地在 Android 模拟器中添加了串口功能，并且经过测试验证和真实设备的串口操作没有任何区别。读者如果还有其他需求，也可以参照本节讲解的方法来尝试"改造"Android 模拟器。

25.2 此 Android 非彼 Android

这个工具取名为"Android"并不是很恰当，既会引起误解，也没有表达出工具本身的真正用途。它的主要功能有 3 个，即：
- 管理 AVD（Android Virtual Devices）；
- 管理 Android 项目；
- 管理 Android SDK 平台、插件、文档等。

它是一个命令行程序，语法如下：

```
android [global options] action [action options]
```

如果是在 Eclipse 下开发，ADT 本身已经集成了"Android"这个工具的功能，因此开发者一般情况下不需要直接通过命令行的形式来操作。

我们来看看它的常见用法。

（1）全局选项如表 25-16 所示。

表 25-16　　　　　　　　　　　　　全局选项

选　　项	说　　明
-s	silent 模式，这时只有 error 才会输出
-h	显示帮助
-v	Verbose 模式，即无论 error，warning 或者 information 信息都会输出

（2）管理 AVD 和 SDK 如表 25-17 所示。

表 25-17　　　　　　　　　　　　　管理 AVD 和 SDK

动　　作	选　　项	说　　明
avd		启动 AVD 管理器
sdk		启动 SDK 管理器
create avd	-n <name>	AVD 的名称

续表

动 作	选 项	说 明
create avd	-t <targetID>	使用 ID 为 targetID 的系统映像文件。获取可用的 ID 列表,可以用"android list targets"。一般的列表格式如下: id: 1 or "android-3" Name: Android 1.5 Type: Platform API level: 3 Revision: 4 Skins: HVGA (default)、HVGA-L、HVGA-P、QVGA-L、QVGA-P ABIs : armeabi
	-c <path>|<size>[K|M]	设置 SD 卡的映像文件或者新建一个容量为 size 的 SD 卡
	-f	强制生成 AVD
	-p <path>	此 AVD 相关文件的存放路径
	-s <name>|<width>-<height>	此 AVD 使用的皮肤文件
delete avd	-n <name>	删除指定的 AVD
move avd	-n <name>	需要移动的 AVD 名称
	-p <path>	目标路径
	-r <new-name>	为 AVD 重新命名
update avd	-n <name>	更新 AVD

(3) 管理项目如表 25-18 所示。

表 25-18　　　　　　　　　　　　　　　管理项目

动 作	选 项	说 明
create project	-n <name>	新建项目名
	-t <targetID>	同"create avd"一样
	-a	默认的 Activity 名
	-p <path>	项目路径
update project	-n <name>	需要更新的项目名称
	-p <path>	项目路径
	-l <library path>	需要添加的库的存放路径
	-s <subprojects>	更新子目录下的项目
	-t <targetID>	同创建时的选项
create-test-project	-n <name>	创建测试项目
	-p <path>	项目路径
	-m <main>	项目名称
update-test-project	-p <path>	测试项目的路径
	-m <main>	需要测试的"主类"
create-lib-project	-k <packageName>	新建的库项目的包名
	-p <path>	项目路径
	-t <targetID>	同前面的描述
	-n <name>	项目名称
update-lib-project	-p <path>	库项目的路径
	-l <libraryPath>	需要添加的库的存放路径
	-t <name>	同之前的 targetID 描述

（4）为 AVD 添加硬件支持。

在开发某些应用程序时，我们可能需要特定硬件设备的支持。以下列表给出了 AVD 所有支持的硬件属性，开发者可以在 AVD 目录下的 config.ini 文件中添加相应属性的赋值语句如表 25-19 所示。

表 25-19　　　　　　AVD 目录下的 config.ini 文件中添加相应属性

硬件支持	属性	描述
内存	hw.ramSize	物理内存大小，默认值为 96M
触摸屏	hw.touchScreen	是否需要触摸屏，默认值为"yes"
轨迹球	hw.trackBall	是否有轨迹球，默认值为"yes"
键盘	hw.keyboard	是否有 QWERTY 键盘，默认值为"yes"
DPad（Directional pad）通常用于游戏控制	hw.dPad	是否有 DPAD，默认值为"yes"
GSM modem	hw.gsmModem	是否有 GSM Modem，默认值为"yes"
摄像头	hw.camera	是否有摄像头，默认值为"no"
摄像头水平方向最大像素	hw.camera.maxHorizontalPixels	默认值为"640"
摄像头垂直方向最大像素	hw.camera.maxVerticalPixels	默认值为"480"
GPS	hw.gps	是否有 GPS，默认值为"yes"
电池	hw.battery	是否有电池，默认值为"yes"
加速器	hw.accelerometer	是否有加速器，默认值为"yes"
音频录制	hw.audioInput	是否有音频录制设备，默认值为"yes"
音频回放	hw.audioOutput	是否有音频回放设备，默认值为"yes"
SD 卡	hw.sdCard	是否有 SD 卡支持，默认值为"yes"
Cache 分区	disk.cachePartition	是否使用/cache 分区支持，默认值为"yes"
Cache 分区大小	disk.cachePartition.size	/cache 分区的默认值为"66MB"
LCD 屏密度（density）	hw.lcd.density	AVD 屏幕的默认密度为"160"

25.3 快速建立与模拟器或真机的通信渠道——ADB

ADB（Android Debug Bridge）可以让研发人员快速建立与模拟器或真机的通信渠道。正如其名称所表示的，它是一座调试的桥梁——并且基于命令行格式。

25.3.1　ADB 的使用方法

对于一般的开发者而言，ADB 是一个可执行程序，位于 SDK 安装路径下的 platform-tools 目录中。它的安装也非常简单——用户只要下载 Android 的 SDK 即可。当然，如果希望在任何地方都可以调用到 ADB，那么可以考虑将它的存储路径加入系统 Path 中。

如果是在 Eclipse 开发环境下，甚至不用直接接触到具体的 ADB 命令。因为 Android 的 ADT 工具已经内部集成了对 ADB 的调用。比如只需要在 Eclipse 下通过单击工程右键，然后选择"Run as-> Android Application"来将应用程序安装到指定的目标设备中，而不必亲自调用 ADB 的"应用程序安装命令"。

接下来我们介绍 ADB 中常用的一些命令，通用格式如下所示：

```
adb[-d|-e|-s <serialNumber>]<command>
```

25.3 快速建立与模拟器或真机的通信渠道——ADB

因为 ADB 是一种多对多的架构（多个 ADB Client 以及多个目标设备，下一小节有详细讲解），所以在使用 ADB 命令时，需要特别指定我们所针对的目标对象。如果不清楚设备对应的"serialNumber"，可以先执行如下查询命令：

```
adb devices
```

这样就可以得到当前所有目标设备的状态了，如下所示。

```
C:\Documents and Settings\Administrator>adb devices
List of devices attached
emulator-5554   device
emulator-5556   device
```

以上格式是：

```
[serialNumber][state]
```

其中 serialNumber 又由"类型"和"端口号"组成，以"-"隔开；State 则有两种状态，即：
- Offline. 说明当前设备没有连接或无响应。
- Device. 说明当前设备已经和 ADB Server 正常连接。

比如上面的例子中共展示了两个模拟器设备（emulator），端口号分别为 5554 和 5556，而且都处于正常连接状态。

接下来就可以向指定设备发送 ADB 命令了。如下所示是我们通过 ADB 在 emulator-5556 上安装一个 APK 应用程序的命令。

```
C:\Documents and Settings\Administrator>adb -s emulator-5556 install C:\AutoTest
_Ex02_Calculator.apk
50 KB/s (42878 bytes in 0.828s)
        pkg: /data/local/tmp/AutoTest_Ex02_Calculator.apk
Success
```

表 25-20 是对 ADB 常用命令的释义，更多详情可以参见官方文档。

表 25-20   ADB 重要命令一览表

所属类型	命 令	描 述	说 明
Options	-d	只将 adb 命令发送给唯一的 USB 连接设备	如果用 USB 连接的设备并不是唯一的，将会返回错误
	-e	只将 adb 命令发送给当前唯一运行的模拟器实例	如果当前运行的模拟器实例超过一个，将会返回错误
	-s <serialNumber>	将 adb 命令发送给指定的模拟器/设备。比如前一个例子中指定在 emulator-5556 上安装了一个应用程序	如果没有指定，将会产生错误
General	devices	将显示当前所有连接的模拟器/设备	返回结果的格式我们在上面已经描述过了
	connect <host>[:<port>]	通过 TCP/IP 连接目标设备	host 代表目标设备的 IP 地址，port 是端口号。如果不指定 port，默认采用 5555 端口
	disconnect [<host>[:<port>]]	断开与目标设备的 TCP/IP 连接	host 代表目标设备的 IP 地址，port 是端口号
	help	显示 adb 的帮助信息	
	version	显示 adb 的版本信息	
Debug	logcat [<option>] [<filter-specs>]	将 log 信息打印到屏幕上	
	bugreport	将 dumpsys, dumpstate 和 logcat 信息打印到屏幕上	
	jdwp	显示可用的 JDWP 进程列表	

续表

所属类型	命令	描述	说明
Data	install <path-to-apk>	将指定路径下的应用程序安装到模拟器或者设备中。可以参考上面的例子	
	pull <remote><local>	将模拟器或设备上的指定文件复制到开发环境机器上（Adb Client 和 Server 所处的环境）	
	push <local><remote>	将开发环境机器上的特定文件复制到模拟器或设备中	
Scripting	get-serialno	打印出模拟器/设备的 serialno	
	get-state	打印出模拟器/设备的状态	
	wait-for-device	当设备不处于在线状态时，这个选项会暂停命令的执行，直到相应设备可用	参见表格后面的注解 1
Server	start-server	这个命令用来检查 adb server 是否正在运行，如果没有，会将其启动	
	kill-server	这个命令会终止正在运行的 adb server	
Shell	shell	这个命令用来启动一个 shell 环境	
	shell [<shellCommand>]	和上面不同的是，这个命令会直接执行用户指定的 shell 命令，结束后便会退出 shell 环境	

注解：这个选项通常放置在 ADB 命令前面，表示此命令会一直等待，直到其针对的目标设备处于可用状态。比如下面这个例子：

```
adb wait-for-device shell getprop
```

在使用这个选项时，有一点读者应该特别注意——对于那些需要在设备完全启动的状况下才能成功执行的 adb 命令，这个选项可能会不起作用。比如我们之前提到的安装应用程序的命令，如果系统在还没有启动完成前 adb 命令就开始执行，那么安装任务很可能会失败。

一般情况下，开发人员通过 USB 线将研发机（PC）与目标设备进行连接，然后就可以通过 ADB 向目标设备发送各种命令了。但这并不代表 ADB 只能通过 USB 连接——比如它也支持 TCP/IP 网络的互联方式。下面我们就举例说明如何通过 WiFi 来实现 ADB 的连接，如图 25-4 所示。

▲图 25-4　通过 Wi-Fi 连接 ADB

- 要实现研发机与目标设备的 TCP/IP 连接，首先要保证它们是可以通过网络互相访问的（一般情况下，需要两者处在同一个网络环境中，如局域网）。
- 将目标设备设置为 TCP/IP 监听状态。可以执行以下命令来完成这一设置（此时研发机与目标设备还是需要通过 USB 连接，否则无法发送 ADB 命令）：

```
adb tcpip <port>
```

命令中的 port 指定了目标设备将在哪个端口进行监听，因而后续的连接命令要和这里的端口设置保持一致才能成功。

- 拔除目标设备与研发机的 USB 连接，为下面的"无线连接"做准备。

25.3 快速建立与模拟器或真机的通信渠道——ADB

- 此时目标设备已经在指定的端口进行监听（IP 地址通常是由 WiFi 路由器自动分配的，我们不能指定）了，研发机可以通过如下命令与设备实现 WiFi 互联：

```
adb connect <host>[:<port>]
```

其中，host 是目标机的 ip 地址，而 port 就是上面 tcpip 命令设置的监听端口。

- 通过以上几个步骤，研发机中的 ADBServer 和目标设备上的 ADBD（见下面小节的分析）就实现了 TCP/IP 的连接。此时如果打开 Eclipse 中的 DDMS，就可以发现目标机已经处于 online 状态。后续操作和 USB 连接时的情况没有任何差别。

25.3.2 ADB 的组成元素

ADB 虽然采用的是客户端/服务器模型，但与普通 C/S 模型有一个很大的区别，即它的框架中包含了 3 个重要组成部分。

- ADB Client

ADB 客户端运行在研发机（PC）设备上。比如我们在 Windows 操作系统下的 Eclipse 中进行开发，那么 ADB Client 就运行在 Windows 环境中。

- ADB Server

和 C/S 模型中的理解不同，ADB 的服务端程序和客户端一样，都运行于研发机设备上。这是因为 ADB Server 主要有两方面的任务。

其一，管理研发机设备与目标设备/模拟器的连接状态——这两者是"多对多"的关系，所以需要有一个"管理者"。

其二，处理 ADB Client 的连接请求。

- ADB Daemon

Daemon 作为后台进程运行在目标设备/模拟器中。它将与 ADB Server 进行通信连接以完成一系列 ADB 的命令请求。

如图 25-5 所示。

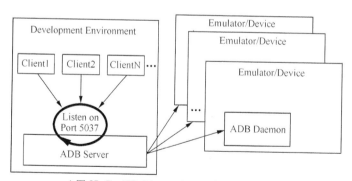

▲图 25-5 ADB Client、Server 和 Daemon 示意图

当用户需要发送 ADB 命令时，将首先启动一个 ADB Client。随后 ADB 会检查 Server 程序是否已经在运行，否则它还会启动 Server。ADB Server 将绑定在 TCP 的 5037 端口上并开始等待客户端程序的连接。

另外，ADB Server 也会主动扫描有效的模拟器/设备。扫描所用的端口范围是 5555～5585 的奇数号——读者可能会奇怪为什么只用到奇数号。这是因为每一个模拟器/设备都需要用到两个端口号，分别用于 console 和 adb 的连接。举个例子，如果一个 emulator 已经和 ADB Server 建立了连接，那么下一个 emulator 分配到的端口号就如表 25-21 所示。

表 25-21　emulator 分配到的端口号

端口号	用途
5556	console
5557	adb

这样就有效保证了多个目标设备的同时运行和管理。

25.3.3　ADB 源代码解析

ADB 源代码在 Android 工程目录下的/system/core/adb/中。从前面小节的分析中我们知道 ADB 是由 3 部分元素组成的，即 ADB Client、Server 和 Daemon。但从源代码的角度来分析，ADB 的设计者并没有将这 3 个元素的源文件单独分隔开来——而是采用了包括宏在内的巧妙方式来区分它们。这在一定程度上加大了我们阅读源代码的难度。为了更好地理解每一组成部分，读者可以先从 ADB 的 makefile 文件入手，了解各个模块所对应的源文件——对于 ADB makefile 的详细分析我们其实在本书基础篇中已经提前讲解了，不清楚的读者可以回头复习。

表 25-22 直接给出了各模块所对应的源文件。

表 25-22　各模块所对应的源文件

模 块 名	源文件列表
ADB Host （ADB Client/ADB Server）	adb.c
	console.c
	transport.c
	transport_local.c
	transport_usb.c
	commandline.c
	adb_client.c
	adb_auth_host.c
	sockets.c
	services.c
	file_sync_client.c
	$(EXTRA_SRCS)，与操作系统环境有关
	$(USB_SRCS)，与操作系统环境有关
	utils.c
	usb_vendors.c
Adb Daemon	adb.c
	backup_service.c
	fdevent.c
	transport.c
	transport_local.c
	transport_usb.c
	sockets.c
	services.c
	file_sync_service.c
	jdwp_service.c

续表

模 块 名	源文件列表
Adb Daemon	framebuffer_service.c
	remount_service.c
	usb_linux_client.c
	log_service.c
	utils.c

由表可知，3 个组成元素在很大程度上复用了代码。

接下来我们以 ADB 的主函数为入口来分析其内部源码实现。

ADB Client，Server 和 Daemon 的 main 函数都在 adb.c 中。源代码如下：

```
int main(int argc, char **argv)
{
#if ADB_HOST//通过这个宏来区分 ADB Host 和 Daemon
    adb_sysdeps_init();
    adb_trace_init();
    D("Handling commandline()\n");
    return adb_commandline(argc - 1, argv + 1);
#else
    adb_qemu_trace_init();
    if((argc > 1) && (!strcmp(argv[1],"recovery"))) {
        adb_device_banner = "recovery";
        recovery_mode = 1;
    }
    start_device_log();
    D("Handling main()\n");
    return adb_main(0, DEFAULT_ADB_PORT);
#endif
}
```

从上面这段代码可以看出，ADB 的主函数将通过 ADB_HOST 宏来判断当前程序是 ADB Host 或者 ADB Daemon——这就意味着 ADB_HOST 在编译时会有所区别。对于 ADB Host、makefile 中加入了额外的编译选项。如下所示：

```
LOCAL_CFLAGS += -O2 -g -DADB_HOST=1 -Wall -Wno-unused-parameter
LOCAL_CFLAGS += -D_XOPEN_SOURCE -D_GNU_SOURCE
LOCAL_MODULE := adb
```

而对于 ADB Daemon，这个宏定义发生了变化。

```
LOCAL_CFLAGS := -O2 -g -DADB_HOST=0 -Wall -Wno-unused-parameter
LOCAL_CFLAGS += -D_XOPEN_SOURCE -D_GNU_SOURCE
```

可见当 ADB_HOST 为 1 时，代表 ADB Host；否则为 0 时，表示 ADB Daemon。以下两个小节我们将分别分析在这个宏区分下的 ADB Host 和 ADB Daemon。

1. ADB Host 源码解析

本小节我们选择一条具体的 ADB 命令来完整解析它的实现过程——同时也是本书自动化测试篇中将会用到的一个重要命令。如下所示：

```
$ adb shell am instrument com.ThinkingInAndroid.AutoTest/android.test.InstrumentationTestRunner
```

（1）ADB 命令的典型处理流程。

上述的 ADB 命令用于启动 Android 的 InstrumentationTestRunner，并承载如下测试包的运行：

```
com.ThinkingInAndroid.AutoTest
```

其流程如图 25-6 所示。

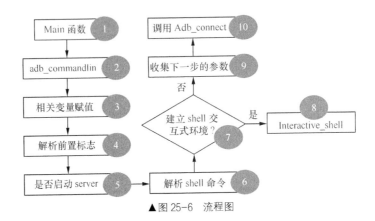

▲图 25-6　流程图

① 关于 main 函数我们前一个小节已经做过分析了。

② 如果是 ADB Host，那么 main 函数将会调用 adb_commandline 来解析用户要求执行的命令。也就是说，ADB Host 与用户的交互接口就是一条条命令。

③ 在 adb_commandline 函数中，首先会对一些重要变量进行赋值，如 ADB Server 的端口号，便是在这里通过读取环境变量 ANDROID_ADB_SERVER_PORT 得到的。

④ 前置标志为当前命令的运行提供了限定条件，如我们之前所看到的-d，-e 将在这一步进行解析。另外，到目前为止我们只知道可以通过 ADB_HOST 来区分 Host 和 Daemon，而 Host 中其实同时包含了 Client 和 Server，它们又是如何区别的呢？

事实上，ADB Server 是由程序自动启动的——即如果主函数的 argv[0]中带有"server"或者"fork-server"参数（这是 ADB Client 用于孵化 ADB Server 的特殊标志），那么变量 is_daemon 将被置 1——这将在下一个步骤中产生影响。

⑤ 根据上述的参数解析结果，程序会判断是否要启动 ADB Server：如果是最终调用 launch_server。后者则负责启动 Server，关键语句（Windows 操作系统中）如下：

```
ret = CreateProcess(program_path, /* program path  */
        "adb fork-server server",/* the fork-server argument will set the
                                    debug = 2 in the child*/
        NULL, /* process handle is not inheritable */
        NULL, /* thread handle is not inheritable */
        TRUE, /* yes, inherit some handles */
        DETACHED_PROCESS, /* the new process doesn't have a console */
        NULL, /* use parent's environment block */
        NULL, /* use parent's starting directory */
        &startup, /* startup info, i.e. std handles */
        &pinfo );
```

读者可以自行理解函数各参数的含义，然后体会下这种设计的巧妙之处。

⑥ 到了这一步，才真正开始处理我们的"shell"请求——后面的几个步骤都是围绕这个请求展开的。

⑦ 如果用户的命令是"adb shell"，即不带任何参数的情况，那么将启动一个交互式的 shell 环境。如下所示：

```
C:\Documents and Settings\Administrator>adb shell
root@generic:/ #
```

否则程序会直接执行用户指定的 shell 指令，而不提供交互环境。比如这个例子中，对应的 shell 指令是：

25.3 快速建立与模拟器或真机的通信渠道——ADB

"am instrument com.ThinkingInAndroid.AutoTest/android.test.InstrumentationTestRunner"那么当指令完成以后，ADB 将自动退出 shell 环境。

⑧ 这一步就是创建交互式 shell 环境的地方，在这个例子中不会执行到。

⑨ 在连接 ADB Server 之前，程序会对"已经处理过"和"未处理"的参数进行整理。另外，为了把这几个参数合并为一个有效的字符串，参数中包含空格的地方还需要加上引号。

⑩ 将上一步得到的参数传入 adb_connect——这个函数要处理的事情比较多，我们接下来专门进行讨论。

（2）函数 adb_connect 的处理流程。

图 25-7 描述了 adb_connect 的整体调用流程。

① adb_connect 函数开始执行。

② 先查询当前 ADB Server 的版本号。目的有两个，即获知当前是否有 Server 在运行，以及它的版本号是否符合要求（见下面第 4 步）。

③ 对上一步的结果进行判断。

④ 如果成功查询到当前 Server 的版本，说明 ADB Server 已经启动。这时还应进一步检查它的版本号是否符合要求。

⑤ 如果当前正在运行的 ADB Server 版本不符合要求，将会被系统强行结束并重新启动。流程和下面的第 6 步是一样的，因此在代码实现中直接用 goto 语句进行了跳转。如果 ADB Server 的版本号也通过了检查，那么程序将直接进入第 7 步。

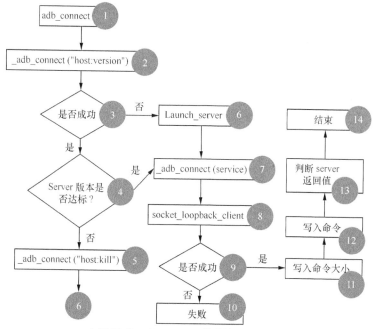

▲图 25-7 adb_connect 的整体调用流程图

⑥ 启动一个 ADB Server。不同操作系统环境下的实现略有差异，所以源码中使用了宏来进行区别控制。我们以 Linux 环境为例来简述下。

● 建立一个通道，这样父子进程才能进行通信。

● Fork 一个新进程。我们知道，通过 Linux 的 fork 接口"孵出"的新进程程序执行点和原先进程完全一样。因此代码中需要通过判断进程号来区分父子进程——当 pid 为 0 时，代表当前是子进程；否则便是父进程。如果读者对这些基础知识不是很熟悉，建议查阅 Linux 相关资料。

相关源码实现如下：

```
if (pid == 0) {//Child 进程(也就是被 fork 出来的 ADB Server 所在进程)
    adb_close(fd[0]);
    dup2(fd[1], STDERR_FILENO);
    adb_close(fd[1]);
    char str_port[30];
    snprintf(str_port, sizeof(str_port), "%d", server_port);
    int result = execl(path, "adb", "-P", str_port, "fork-server", "server", NULL);
    fprintf(stderr, "OOPS! execl returned %d, errno: %d\n", result, errno);
} else  {//Parent 进程，也就是 ADB Client 所在进程
    …
```

ADB Server 运行于子进程中。因此上述代码段中 pid 为 0 的分支，又调用了 execl 来真正加载 Server 程序；同时读者会发现它其实还是复用了 adb 的程序主体，只是函数参数变成了"fork-server"和"server"。我们在前面已经讲解过这两个特殊标志的含义，它们将在 adb_commandline 中被用于判断当前是否为 Server 进程。

对于 ADB 中代码的高度复用，我们可以打一个比方——ADB 程序就像一把"瑞士军刀"，无论用户希望使用的是小刀、叉子甚至圆珠笔、镊子等，都只需通过传入相应的参数来轻松得到。

⑦ 一旦 ADB Server 启动后，ADB Client 就可以开始连接它了。

⑧ socket_loopback_client(__adb_server_port, SOCK_STREAM)。这里会尝试连接 127.0.0.1 本机地址的 ADB Server 端口。即向 ADB Server 发起连接请求。

⑨ 判断和 ADB Server 的连接是否已经成功。

⑩ 未能成功连接 ADB Server，任务失败。

⑪ 如果和 ADB Server 连接成功，我们就可以向其发送数据了——要特别注意首先需要发送的是命令数据的字节数，然后才是命令数据本身。

⑫ 如果传送命令大小成功，这里将接着传输命令数据。在本例中，对应的是"shell:am instrument com.ThinkingInAndroid.AutoTest/android.test.InstrumentationTestRunner"。

⑬ 完成上两步操作后，就可以通过 Server 的返回值来判断命令是否执行成功。实际工作由 Adb_status 完成——当 Server 返回值为"OKAY"时，表示成功；返回值为"FAIL"时，表示失败。

⑭ 流程结束。

2. ADB Daemon

我们知道 adbd 程序运行于目标设备端（模拟器或真实设备），那么它是在什么情况下启动的呢？先来看看 init.rc 中关于 adbd 的描述：

```
# adbd is controlled via property triggers in init.<platform>.usb.rc
service adbd /sbin/adbd
    class core
    socket adbd stream 660 system system
disabled
    seclabel u:r:adbd:s0

# adbd on at boot in emulator 模拟器的情况下
on property:ro.kernel.qemu=1
    start adbd
```

可见根据当前是模拟器或者真实设备，启动 adbd 的条件有所区别。本书的原理篇中对 init.rc 的语法规则有详细分析——如果读者对语法还不是很清楚，可以先回头阅读再来分析上述这段内容。

"Service"说明 adbd 是一种可执行的服务程序，其存储路径在文件系统中的/sbin/adbd。后面紧跟的 disabled 选项告诉系统，不要在这里直接启动它——init.rc 文件的其他地方会去显示调用这个服务。

如果是模拟器的情况下（即 property:ro.kernel.qemu=1），那么将直接 start adbd。

另外，ADB Daemon 与前一小节 ADB Host 的内部源码结构类似，有兴趣的读者可以自行研究。我们将在下一小节中重点讲解 Daemon 和 Host 间的通信协议。

25.3.4　ADB Protocol

Protocol 是事物之间沟通的桥梁。无论是在工程技术领域还是日常生活中，无时无刻都充满了协议的束缚——有的是人为强制规定的，如 3GPP 组织给出的全球性的通信协议；有的则是约定俗成的，如顾客在超市买东西，都是先付款后才能把货物带走，这就是顾客与店家的隐含协议。

ADB 程序本身并不复杂，但"麻雀虽小，五脏俱全"，所以它也加入了严格的协议规范。具体而言分为两部分，即：

- ADB Client 与 ADB Server 间的通信协议；
- 以及 ADB Server 与 ADB Daemon 间的通信协议。

下面我们逐一讲解。

1. ADB Client <- -> ADB Server

ADB 协议的初衷就是让 Server 能响应 Client 的各种请求，而 Client 也能正确识别请求的执行结果。

从 Client 的角度来看，它向 Server 发送请求的流程如图 25-8 所示。

- ADB Client 需要先通过本机 IP 地址（127.0.0.1）的 5037 端口（注意：ADB Server 的默认监听端口是 5037，不过用户也可以通过设置 ANDROID_ADB_SERVER_PORT 来做自定义），来与 ADB Server 建立连接。
- 连接成功后，首先发送数据的大小（用 4 个字节表示，并且为十六进制）。比如我们希望通过"host:version"来查询版本号，那么它的数据大小就是"000C"。
- 传送真正的数据内容，如上一步所说的"host:version"。

对于 Server 来说，它响应 Client 的过程如图 25-9 所示。

▲图 25-8　ADB Client 向 Server 发起请求

▲图 25-9　ADB Server 响应 ADB Client 的请求

- 如果请求被成功执行，Server 将向 ADB Client 返回"OKAY"。
- 否则当有错误发生时，ADB Client 将收到 ADB Server 发送的"FAIL"。
- 有一个特殊的情况，就是当我们查询版本号时，Server 将直接返回一个 4 字节、十六进制的数值来表示版本号。

ADB Client 和 Server 间目前支持的协议请求并不多，我们在表 25-23 中做统一解释。

表 25-23　　　　　　　　　　ADB Client 与 Server 间的协议释义

Service 类别	请求	说明
Host Service（Host Service，是指 ADB Server 自身就可以成功响应，而不需要与具体的 Android 设备进行沟通的那部分请求）	host:version	向 ADB Server 查询内部版本号。在这种情况下 Server 不会给出 OKAY 或者 FAIL 的答复，而是直接返回一个 4 字节、十六进制表示的版本号
	host:kill	请求 ADB Server 程序退出。这通常是因为 Client 检测到当前正在运行的 Server 不符合要求，因此强制要求其退出（比如 Server 的版本号过老，就可能发生这种情况）
	host:devices	向 ADB Server 查询当前可用的 Android 设备列表以及它们的状态。ADB Server 首先会回应查询是否成功（OKAY 或者 FAIL）。在 OKAY 的情况下，随后将发送一个 4 字节、十六进制的数据大小说明，最后才是具体的数据。ADB Client 收到后进行解析得到设备的状态列表。值得一提的是，当列表传输结束后，ADB Client 和 Server 间的连接将会终止。这和下面的命令有本质的区别
	host:track-devices	这个命令是 host:devices 的升级版。它们完成的功能是一样的，区别在于 host:track-devices 在传送完列表后，并不终止客户与服务端的连接。这就意味着当这些设备有变动时（添加、删除等），Server 会主动发送通知给 ADB Client，而不需要客户端不断发送查询才能实时跟踪到设备状态
	host:emulator:<port>	这个查询比较特殊，它是在有新的模拟器启动时，发送给 ADB Server 的，这样 Server 就可以知道一个新的模拟器实例启动了
	host:transport:<serial-number>	这个命令用来实现我们之前提到的-s 选项。<serial-number>用来区分各 Android 设备，当用-s 指定某个特定设备后，其后的命令才将发送到运行于此设备之上的 ADB Daemon 上
	host:transport-usb	这个命令用来实现-d 选项，将数据发送到通过 USB 连接的设备上。如果当前有多个符合条件的设备，命令将失败
	host:transport-local	这个命令用来实现-e 选项，将数据发送到通过 TCP 连接的模拟器上。如果当前有多个符合条件的模拟器，命令将失败
	host:transport-any	当没有指定-s、-d、-e 中的任何一个选项时，将默认按这种情况处理——即发送给任何可用的设备/模拟器，不过如果有多个符合条件的设备/模拟器，将会失败
	host-serial:<serial-number>:<request>	这个命令表示 Client 要求 ADB Server 针对某指定的（serial-number）设备进行查询
	host-usb:<request>	这个命令是 host-serial 的变种，表示请求的目标是当前唯一通过 USB 进行连接的设备。如果 USB 连接的设备不存在或有多个，这个命令将失败
	host-local:<request>	这个命令也是 host-serial 的变种，表示请求的目标是当前唯一的模拟器实例。假如没有符合要求的模拟器，或者有多个实例存在，命令都将失败
	host:<request>	此命令告诉 ADB Server，将请求发送给任何可用的模拟器或设备
	<host-prefix>:get-serialno	返回对应设备或模拟器的 serial number，格式型如"emulator-5554"，可以参考我们之前的描述
	<host-prefix>:get-state	以字符串形式返回指定设备的状态
	<host-prefix>:forward:<local>:<remote>	请求 ADB Server 将 local 的连接转为 remote 所指定的地址。其中，<host-prefix>可以是 host-serial/host-usb/host-local/host 中的任何一个 <Local>的格式有： • tcp:<port> 如果是 TCP 连接的情况 • local:<path> 如果是 Unix Local Domain Socket 的情况 <Remote>的格式有： • tcp:<port> 如果是 TCP 连接的情况 • local:<path> 如果是 Unix Local Domain Socket 的情况 • jdwp:<pid> 如果是 JDWP 线程的情况

续表

Service 类别	请求	说明
Local Service	shell:command arg1 arg2 ...	在设备的 shell 环境下运行 command 命令，并返回结果或者错误描述。其后的 arg1, arg2 需要以空格隔开。 注意：如果某个参数的内容中包含有空格，需要用引号将此参数组织起来。 这个命令和下面所描述的命令类似
	shell:	这个命令用来实现"adb shell"。和上面的区别在于，它会启动一个交互式的 shell 环境来承载用户的下一步操作
	remount:	请求 adbd 以"可读可写"的模式重新挂载设备文件系统，而不是只读。在做"adb sync"或者"adb push"前执行这个命令是有必要的。不过要注意在某些版本中这个命令是无效的
	dev:<path>	打开设备中的文件，以便 ADB Client 进行读/写操作。这个命令通常用于调试，不过因为权限问题，并不是所有设备都支持。其中<path>参数是从设备的文件系统根目录开始的全路径
	tcp:<port>	尝试连接本机上的 tcp <port>端口
	tcp:<port>:<server-name>	尝试去连接<server-name>机器上的 tcp <port>端口
	local:<path>	尝试连接 Unix Domain Socket
	localreserved:<path> localabstract:<path> localfilesystem:<path>	这些命令是上面 local:<path>的变种，通常用于其他 Android 系统支持的 Socket 命名空间
	log:<name>	用于实现"adb logcat"。它用于打开一个系统的 log（dev/log/<name>）并允许 Client 进行读取，权限是只读

	framebuffer:	这个命令用于获取屏幕截屏并将数据回传给 Client。
		当 ADB Server 响应了"OKAY"以后，它会接着传送一个 16 字节的结构体，定义如下：
		{
		uint32_t depth; //framebuffer 的深度
		uint32_t size; //framebuffer 的大小（字节表示）
		uint32_t width; //framebuffer 宽
		uint32_t height; //framebuffer 高
		}
		在当前的实现中，深度是 16，大小为宽*高*2。
		这个命令需要特殊的权限支持才能完成

	recover:<size>	这个命令用于向设备传送一个 recovery 镜像。 其中<size>是此镜像文件的大小。它将在设备中做如下操作： - 创建一个/tmp/update 文件 - 读取文件大小，然后读取文件内容写入上面创建的新文件中 - 当上面工作完成后，将创建一个文件，名为：/tmp/update.start。 注意：此命令只有在设备处于 recovery 模式下才会生效；否则/tmp 这个目录是不存在的，连接将会被马上终止
	jdwp:<pid>	连接运行于<pid>进程中的 JDWP 线程
	track-jdwp	这个命令用于周期性地发送 JDWP Pid 列表到 ADB Client。 每次返回的数据格式如下： <hex4>：数据的大小，还是以 4 字节、十六进制表示。 <content>：pid 列表描述。每个 pid 以下面的格式表示： <pid>"\n"
	sync:	这个命令用于启动文件同步服务。它是"adb push"和"adb pull"的实现前提

2. ADB Server<- ->ADB Daemon

ADB Server 和 ADB Daemon 间的交互，官方文档中称之为一个"transport"。目前系统支持两种形式的 transport。如下所示：

- usb transport

顾名思义，这说明 ADB Server 和 Daemon 是通过 USB 线进行连接的。通常对于真实的 Android 设备，都采用这种形式。

- local transport

对于运行于研发主机之上的模拟器，ADB Server 将通过 TCP 端口直接与其连接。

当然，local transport 的连接方式并不局限于模拟器。换句话说，ADB Server 与真机设备同样也可以进行 TCP 连接与通信。另外，locoal transport 也并不仅仅适用于 ADB Server 与 Daemon 运行于同一主机的情况——理论上它们可以分布在世界各地的任何角落，只不过到目前为止 ADB 还没有实现这一功能。

25.4 SDK Layoutlib

Layoutlib 是 SDK 系统工具集中的一个重要组成部分，它是 Android IDE（如 Eclipse、Android Studio 等）实现 UI 界面预览的关键。

Layoutlib 在 Android 源码工程中的路径是：/frameworks/base/tools/layoutlib，主要组成元素如下所示。

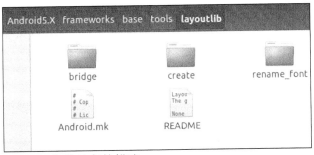

我们先来看下 README 文件对它的描述：

```
/*README*/
Layoutlib is a custom version of the android View framework designed to run inside Eclipse.
The goal of the library is to provide layout rendering in Eclipse that are very very
 close to their rendering on devices.

None of the com.android.* or android.* classes in layoutlib run on devices.
```

大家注意看一下上述描述中的两个重点：

- Custom version of the android View framework

这句话说明它是基于 Android View 框架的一个定制版本。或者用更直白的话来讲，就是它根据自己的需求对 View 框架进行了改写。那么目的是什么呢？

- Provide Layout rendering in Eclipse

可能有的读者已经猜到了，其目的就是为了给 Eclipse（IntelliJ IDEA 和 Android Studio 的情况也是类似的）等 IDE 提供程序的 UI 界面渲染功能。

大家参考图 25-10 所示的截图应该就很清楚了。

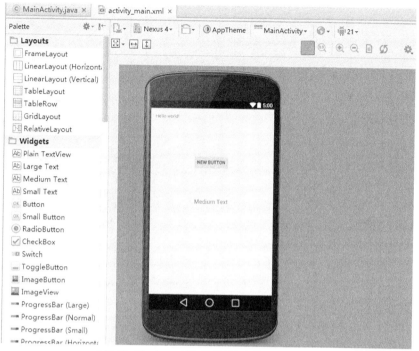

▲图 25-10　Layoutlib 负责 IDE 中的 UI 界面渲染

图 25-10 中 activity_main.xml 这个 layout 的界面效果可在右侧的手机框中实时显示出来，借助的就是 Layoutlib 这个工具。它的作用有点类似于 Android 模拟器，但是在原理上却有极大差异——Emulator 是处于"运行时状态"的，它需要借助于系统 Image 来呈现界面效果；而 Layoutlib 产生界面的过程则是"静态"完成的。

但是在处理这个"静态"界面的过程中，Layoutlib 和 Emulator 一样会用到系统 Image 提供的元素，比如 View Framework。只不过这些系统元素需要做一些必要的改造，才能为 Layoutlib 所用。不难推断，实现渲染 UI 界面这样一个功能，实际上是要做大量工作的。

读者可能会有疑问，既然 Layoutlib 承担的任务并不简单，那为什么 /frameworks/base/tools/layoutlib 中的源码并不多呢？这是因为上述的文件夹目录只包含了 Layoutlib 的部分实现，真正的"大头"还在于 Android View Framework，以及如何改造 view framework。大家如果有兴趣的话可以分析一下 Layoutlib 的 Android.mk 和源码实现，从中就可以梳理清楚它与 View Framework 之间"千丝万缕的关系"了。

25.5　TraceView 和 Dmtracedump

我们知道，Android 开发者可以在代码中添加 Debug 类提供的各种调试函数，然后通过 SDK 中的 TraceView 工具来做有针对性地分析。接下来我们通过一个简单的范例来实际演示下 TraceView 的用法。

Step1. 新建 Android 工程。

创建一个简单的 Android 应用程序工程，你可以通过各种 IDE 来快速完成这一步

Step2. 在需要被追踪的起点和终点分别加上 Debug 提供的各类配套函数。譬如在 Activity 的 onCreate 和 onStop 中添加起止函数：

```
@Override
public void onCreate(Bundle savedInstanceState) {
    Debug.startMethodTracing("TraceTest");
    super.onCreate(savedInstanceState);
    setContentView(R.layout.main);
}

@Override
protected void onStop() {
    super.onStop();
    Debug.stopMethodTracing();
}
```

"TraceTest" 是 trace 文件的名称，默认值是 dmtrace.trace;如果没有特别指定的话，这个文件的最大值是 8MB。程序从 startMethodTracing 开始记录数据到缓存中，并在 stopMethodTracing 时将这些数据写入文件——如果在此之前文件大小达到上限，则系统将提前结束录制，并有相应提示。

因为 trace 文件会被保存到外部设备（如 SD 卡）中，所以程序必须要申请 WRITE_EXTERNAL_STORAGE 权限，否则运行时会报错。

Step3. 运行应用程序，LogCat 中会有 trace 文件创建成功与否的提示，如下所示：

```
15:09:48.262  13472-13472/com.example.TraceTest I/dalvikvm: TRACE STARTED: '/storage/emulated/legacy/TraceTest.trace' 8192KB
15:14:21.277  13472-13472/com.example.TraceTest I/dalvikvm: TRACE STOPPED: writing 278282 records
```

Step4. 我们可以用 ADB 工具将上述的 trace 文件拉取到本地进行分析

```
adb pull /storage/emulated/legacy/TraceTest.trace D:\
```

Step5. trace 文件虽然是文本格式，但直接查看并不方便，因而我们需要借助 TraceView 工具来加快分析。截图如图 25-11 所示。

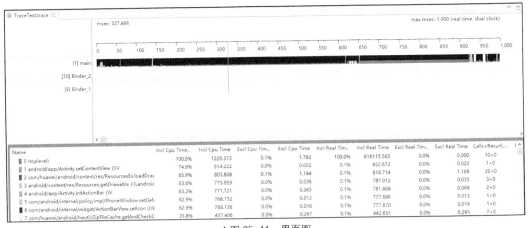

▲图 25-11　界面图

TraceView 分为两个部分：

- Timeline Panel

上半部分是一个时间轴，逐行展示各个线程的执行情况。向右为时间递增方向，并以不同颜色区分各被调用的函数。

- Profile Panel

下半部分提供了每个函数所花费时间的统计信息。根据官方文档的说明，目前有两种类型的时间统计：Inclusive 和 Exclusive times。后者是指本函数运行所花费的时间，而 inclusive 则是本函数及它所调用的函数的时间总和。调用和被调函数分别被称为"parents"和"children"，并分别以紫色和黄色显示。

因为 trace 中保存了各个函数间的调用关系，我们自然而然地想到是否可以由此生成函数间的"调用树"呢？答案是肯定的，而且 Android 也提供了现成的工具来达到这一目标，即 Dmtracedump。不过这个工具生成调用树的速度比较慢，感兴趣的同学可以自行尝试。

值得一提的是，上述内容中只讲述了 trace 机制的其中一种关键用法。事实上它是 Android 虚拟机内部的重要组成部分，并支持多种工作方式，总结如下：

- 通过系统属性来控制 trace

当 AndroidRuntime 启动一个虚拟机时（可以参见本书 Android 虚拟机章节的分析），它会通过解析各种系统参数来对后者进行配置，其中与 trace 相关的处理如下所示：

```
/*
 * Tracing options.
 */
property_get("dalvik.vm.method-trace", propBuf, "false");
if (strcmp(propBuf, "true") == 0) {
    addOption("-Xmethod-trace");
    parseRuntimeOption("dalvik.vm.method-trace-file",
                       methodTraceFileBuf,
                       "-Xmethod-trace-file:");
    parseRuntimeOption("dalvik.vm.method-trace-file-siz",
                       methodTraceFileSizeBuf,
                       "-Xmethod-trace-file-size:");
    property_get("dalvik.vm.method-trace-stream", propBuf, "false");
    if (strcmp(propBuf, "true") == 0) {
        addOption("-Xmethod-trace-stream");
    }
}
```

一旦虚拟机参数中带有使能 Trace 的控制选项后，Runtime::start() 内部就会主动调用 Trace::Start() 来完成对 trace 的启动，最终效果和前述添加 Debug.startMethodTracing 的方法是一样的。

- 利用/system/bin/am 来控制 trace

保存在 bin 路径下的 am 是一个 shell 脚本，它提供了 Activity 相关的很多操作，包括本小节所讲解的 trace 机制。具体实现上，am 将运行 am.java 文件，后者则进一步利用 ActivityManagerService 所提供的服务来开启/关闭 trace。因为 AMS 和各个应用程序进程间保持着通信关联，所以可以很容易地把 trace 控制消息推送给它们。各应用程序会在主线程中处理这些消息，而且它们同样也是借助于 Debug.startMethodTracing/Debug.stopMethodTracing 来开关 trace 的。有兴趣的读者可以阅读 ActivityThread 中的 startProfiling 和 stopProfiling 了解详情。

- 利用 Debug.startMethodTracing/Debug.stopMethodTracing 来控制 trace

这也是本小节前面部分所讲解的方式。这种手法需要源代码的配合，因而操作上有一定局限性；优点就是可以精确地将 trace 范围控制在特定的代码行处。

由此可见 trace 支持的控制方式也是挺多的，开发人员可以根据实际情况选择适合自己的具体手段。

25.6 Systrace

Android 的 SDK 中还提供了一个分析应用程序 UI 运行性能的工具，名为 Systrace（对应的文件夹是 SDK/platform-tools/systrace）。Systrace 是由 Python 书写完成的，因而用户在使用前需要安装 Python 的运行环境。

经验表明应用程序需要保证 60 帧/秒的 UI 绘制速率才能让用户感觉到交互过程是"流畅"的，所以我们在开发程序时需要有工具来帮助衡量应用程序是否达到了这一要求——Systrace 就可以做到这点。另外，它还额外提供了针对系统和应用程序在内的很多其他有效的分析方式，通常情况下我们可以结合起来分析。

第 25 章 系统调试辅助工具

Systrace 的启动方法比较多，既可以在 IDE 中通过单击按键的方式来调用，也可以利用 Android Device Monitor 中的 ▦ 来启动，还能直接通过命令行的方式来运行，格式如下：

```
python systrace.py [options] [category1] [category2] ... [categoryN]
```

其中 Options 各项内容及释义如表 25-24 所示：

表 25-24　Systrace 支持的各类选项及释义（针对 Android 4.3 及以上版本）

Options	Description
-h, --help	显示帮助信息
-o <FILE>	指定 HTML 报告的文件名称
-t N, --time=N	指定需要跟踪的时间长度，默认值是 5 秒
-b N, --buf-size=N	指定最大的 buffer size，以 KB 为单位
-k <KFUNCS> --ktrace=<KFUNCS>	指定需要跟踪的内核功能，是一个以逗号分隔的列表
-l, --list-categories	指定需要被跟踪的类别标签。可选的包括： gfx --- Graphics input --- Input view --- View wm --- Window Manager ……
-a <APP_NAME> --app=<APP_NAME>	需要被跟踪的应用程序的包名列表，以逗号分隔。要特别注意的是，开发者需要在代码中添加 trace 类提供的各种接口才能生效
--from-file=<FROM_FILE>	从文件中生成一份 Systrace 报告
-e <DEVICE_SERIAL> --serial=<DEVICE_SERIAL>	从连接的设备中选择需要被跟踪的设备

Android Device Manager 把这些选项进行了图形化，如图 25-12 所示。

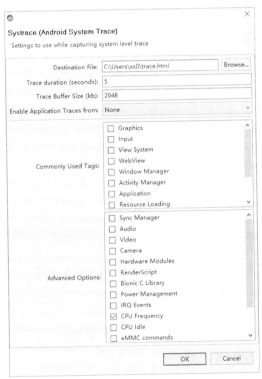

▲图 25-12　Systrace 的图形化界面

25.6 Systrace

图 25-13 所示是捕获"sched gfx view wm"所生成的一个报告范例。

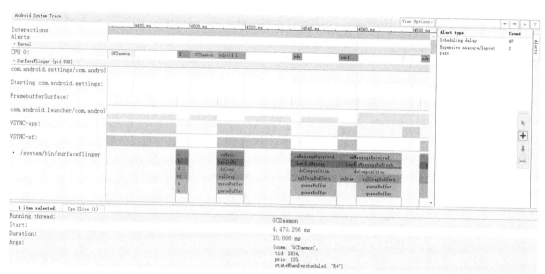

▲图 25-13　报告范例

在分析的过程中，我们要特别注意那些绘制时间超过 16ms 的操作，因为这些很可能是导致掉帧，进而引发界面"不流畅"的罪魁祸首。同时 Systrace 也提供了引导信息来帮助开发者改善这些问题，譬如右上角的 Alert 就是对于程序中当前存在问题的警示;而对于消耗时间过长的操作，则会有特别标注，如图 25-14 所示。

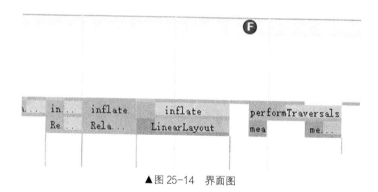

▲图 25-14　界面图

红色的图标 F（运行图可看到颜色）表示当前的操作远超过常规时间，因而需要用户特别注意。

关于 Systrace 的更多用法与信息，希望读者可以结合实际的性能优化范例来学习体会，相信会有不小的收获。

当然，这些分析工具并不是 Android 操作系统专有的。事实上我们要看到 Android 在 Instruments/Profiler 工具上与 Apple xCode、Visual Studio 和 Tizen 等操作系统还有一定的差异。其中 Apple xCode 以完备的 Instruments 而备受开发人员喜爱，如图 25-15 所示。

Apple xCode 提供了各种类型的监测工具，包括 Memory Leak、CPU、GPU 等。开发者可以在如上所示的统一界面中添加所要监控的对象，以直观的方式查看 profile 结果。

而 Tizen 系统则明显吸收了 xCode 的这些"优势"，所以在功能上它们是比较相似的——只不过前者暂时还没有 xCode 做得那么完善。功能截选如图 25-16 所示。

第 25 章 系统调试辅助工具

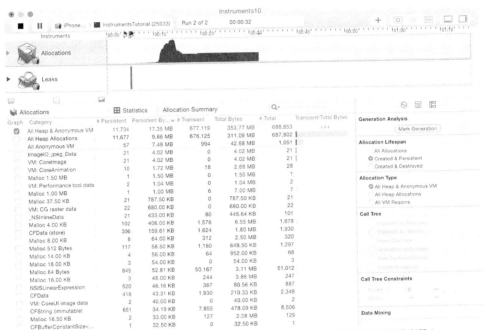

▲图 25-15 Apple xCode 提供的 Instruments 工具（其是开发人员分析问题的利器）

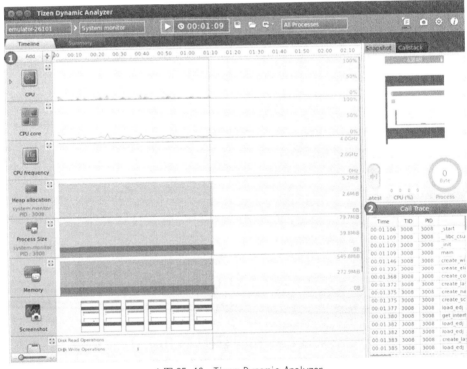

▲图 25-16 Tizen Dynamic Analyzer

不同操作系统中的监控机制存在不小的差异，因而体现在具体的实现上就难免有些不同。合理利用系统提供的性能监测和问题定位工具有利于我们尽早发现隐藏在程序中的潜在问题，从而有效提高代码的可靠性和程序的稳定性。

最后我们对 Android 中的常用 Profile 工具做了一个小结，供大家参考借鉴。如表 25-25 所示。

25.6 Systrace

表 25-25　　　　　　　　　　　Android 常用工具一览表

Tool	Description
Traceview	提供了程序中各个线程和函数的执行起始时间，以及单个函数内部具体的时间消耗
Dmtracedump	从 trace log 中生成图形化的函数调用关系图
Memory Monitor	以时间顺序展示程序对 Heap 内存空间的占用情况
Heap Viewer	占用内存空间的各个对象的详细信息，包括对象所属 Class，所属线程、分配内存的代码位置等
Allocation Tracker	这一项和前述两项是 Android 系统中分析应用程序内存问题的"最佳搭档"。一个典型的使用流程是：我们首先使用 Memory Monitor 来观察程序是否经常性发生 GC 事件（问题是否存在）——答案如果是肯定的，开发者再进一步利用 Heap Viewer 来甄别出候选的可疑对象类型（导致问题的可疑对象是什么），并借助于 Allocation Tracker 来确定发生问题的代码在哪个位置（问题是如何产生的）。大家可以参阅本书第 5 章节中对内存管理优化的分析
Memory Analyzer Tool	MAT 并非由 Android 系统提供，而是 Eclipse 基金会开发的一款通用型的 JVM 内存问题诊断分析器。如果开发人员在使用上述几个内存工具后仍无法解决问题，可以尝试通过 MAT 来做进一步分析。
Hierarchy Viewer	分析应用程序的 UI 界面框架，从而找出是否有影响性能的冗余实现
Systrace	可以让开发者对整个 Android 设备中的进程和线程执行情况进行分析。这个工具的独特优势是可以针对 UI 界面的各个绘制帧进行跟踪，并从中得出是否存在掉帧的情况，同时还有相应的解决方法推荐
Tracer for OpenGL ES	用于辅助开发人员分析 OpenGL ES 程序中的代码问题。如捕获 OpenGL ES 的命令以及各帧的信息
Development Tools（安装于 Android 设备上）	各个 ROM 厂商通常会定制自己的开发调试设置，如图 25-17 所示的范例截图

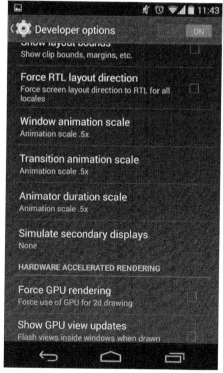

▲图 25-17　Developer Options 范例图

25.7 代码覆盖率统计

代码覆盖率是用于衡量测试用例完整性的重要手段之一,可以说绝大多数对质量要求严苛的公司都会对此有量化要求。例如笔者曾和 Google 内部人员做过交流,他们通常都会要求项目的代码覆盖率达到 85% 以上。

从技术角度来看,实现代码覆盖率的方法很多,它们大致可以被归为图 25-18 所示的几个分类。

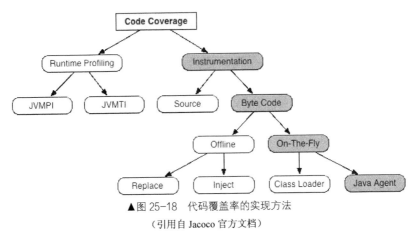

▲图 25-18 代码覆盖率的实现方法
(引用自 Jacoco 官方文档)

目前主流的代码覆盖率工具有 Emma、Jacoco、Clover 等。Jacoco 因为其功能全面,开源社区活跃等诸多优点,可以说是当前 Java 界最流行的代码覆盖率工具之一。

其中 Eclemma 是一个 Eclipse 插件,其开始的版本中使用的是 Emma,后来则改用 Jacoco 作为它的核心基础库。

总的来说,代码覆盖率框架支持两种工作模式,即 On-the-fly instrumentation 和 Offline instrumentation。

On-the-fly 简单而言就是利用代码覆盖率工具自己的 Class Loader 来代替程序原先的加载器,并在动态运行时加入代码覆盖率统计信息。这种方式有一定的局限性,例如无法适用于如下的场景:

- 不支持 Java Agents 的运行时环境;
- 在部署时无法配置 JVM 参数的情况;
- 需要将字节码转化为其他虚拟机码的情况,如 Android Dalvik VM;
- 与其他 agents 会产生运行时冲突的情况;
- 需要被 Boot Class Loader 加载的类。

由于上述这些原因,Android 系统选择的是代码覆盖率工具(以前是 Emma,目前是 Jacoco)的另一种工作模式,即 Offline instrumentation。典型的命令如下所示:

```
java -cp emma.jar emma instr -m overwrite -cp to_be_instrumented.jar
```

其中 to_be_instrumented.jar 是需要被统计的对象,会被事先做插桩处理。具体到 Android 的编译环境中,代码覆盖率工具通常需要处理的对象是$(full_classes_jarjar_jar)。为了保证收集的覆盖信息可以与源代码建立起正确的关联,通常要求 Java 编译的是 Debug 版本。

Android 早期版本中使用的代码覆盖率套件是 Emma,后来则逐步切换为 Jacoco。另外,随着

Android M 版本中 Jack 编译器的出现，情况又发生了一些变化。因为 Jack 编译器会直接生成 dex 产物，导致很多依赖于 Java 中间输出文件的工具无法正常使用，这其中就包括了代码覆盖率工具。按照 Google 内部的一些资料来看，他们也在尝试解决这个问题——Android N Preview 版本中发布的 Jacoco 子项目或许会是一个比较好的解决方案。

这一点从编译脚本中也可以看出来。如下是 Android M 版本里的实现：

```
/*build/core/java_library.mk*/
ifeq (true,$(EMMA_INSTRUMENT))
ifeq (true,$(LOCAL_EMMA_INSTRUMENT))
ifeq (true,$(EMMA_INSTRUMENT_STATIC))
LOCAL_STATIC_JAVA_LIBRARIES += emma
endif # LOCAL_EMMA_INSTRUMENT
endif # EMMA_INSTRUMENT_STATIC
else
LOCAL_EMMA_INSTRUMENT := false
endif # EMMA_INSTRUMENT
```

与之对应的 Android N 版本中的实现：

```
/*build/core/java_library.mk*/
ifeq (true,$(EMMA_INSTRUMENT))
ifeq (true,$(LOCAL_EMMA_INSTRUMENT))
ifeq (true,$(EMMA_INSTRUMENT_STATIC))
# Jack supports coverage with Jacoco
LOCAL_STATIC_JAVA_LIBRARIES += jacocoagent
endif # LOCAL_EMMA_INSTRUMENT
endif # EMMA_INSTRUMENT_STATIC
else
LOCAL_EMMA_INSTRUMENT := false
endif # EMMA_INSTRUMENT
```

由于历史原因，Android 编译脚本中与代码覆盖率相关的功能仍然沿用"Emma"这个词，但是内部实现却一直在发生变化，这一点需要大家特别注意。如无特别说明，下面内容中所提到的 Emma 是指通用的代码覆盖率工具，而不区分具体类型。

上述两个脚本中涉及 3 个重要的变量，其中 EMMA_INSTRUMENT_STATIC 会把 Emma 的核心 jar 包加入所有开启了 Emma 功能的模块中（从 java_library.mk 和 package_internal.mk 等共用脚本中对 EMMA_INSTRUMENT_STATIC 的处理过程也可以看出这点）。

和 EMMA_INSTRUMENT_STATIC 不同的是，EMMA_INSTRUMENT 只对 libcore 起作用。LOCAL_EMMA_INSTRUMENT 则是一个本地变量，是各个模块中使用 Emma 功能的控制开关。

接下来我们讲解在 Android 系统中开展代码覆盖率统计（以 Framework 为例）的典型操作步骤：

（1）Android M 版本之前（默认使用的是 emma.jar）

Step1. 在/frameworks/base/Android.mk 中与 Framework.jar 相关联的部分添加如下两行语句：

```
LOCAL_MODULE := framework
EMMA_INSTRUMENT := true ##新增语句，打开 EMMA 开关
LOCAL_EMMA_INSTRUMENT := true ##新增语句，允许 Framework 这个模块进行代码覆盖率插桩
```

Step2. 在编译版本之前，先执行如下语句：

```
export EMMA_INSTRUMENT_STATIC=true
```

Step3. 清除之前的编译结果：

```
make clean
```

Step4. 执行编译。

在编译过程中，java.mk 会根据上述的配置条件进行 Emma 相关处理，具体如下：

```
$(full_classes_emma_jar): $(full_classes_jarjar_jar) | $(EMMA_JAR)
    $(transform-classes.jar-to-emma)
```

编译系统中的函数统一定义在 definitions.mk 中，如下所示：

```
/*build/core/definitions.mk*/
define transform-classes.jar-to-emma
$(hide) java -classpath $(EMMA_JAR) emma instr -outmode fullcopy -outfile \
    $(PRIVATE_EMMA_COVERAGE_FILE) -ip $< -d $(PRIVATE_EMMA_INTERMEDIATES_DIR) \
    $(addprefix -ix , $(PRIVATE_EMMA_COVERAGE_FILTER))
endef
```

因为 Emma 的插桩能力体现在一个名为"emma.jar"的 Jar 包中，所以我们需要调用 Java 命令来运行它。Emma 支持多种参数配置，例如-outfile 用于指定 em 文件（详细记录了 Emma 对目标所做的插桩内容，以便后面和采集到的运行数据进行合并，最终得到代码覆盖率）的路径，即 $(PRIVATE_EMMA_COVERAGE_FILE)=$(intermediates.COMMON)/coverage.em。输入参数 $<指的是第一个依赖条件，譬如在这个场景中对应的是 $(full_classes_jarjar_jar)。而 "-d" 表示输出路径，具体值是 $(PRIVATE_EMMA_INTERMEDIATES_DIR)=$(intermediates.COMMON)/emma_out。如果对这些知识点不清楚的话，建议大家可以参考一下本书的编译系统章节。

编译成功后，Framework 对应的代码覆盖率中间产物如图 25-19 所示。

Step5. 将上述步骤中输出的最终软件版本刷写到设备/或模拟器中。

Step6. 执行测试过程，收集代码覆盖率统计文件 coverage.ec。

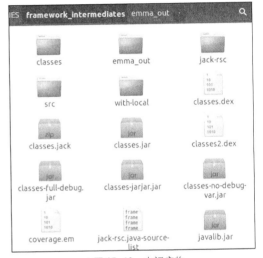

▲图 25-19　中间产物

Step7. 利用 Emma 提供的 report 功能，结合 coverage.ec 和 coverage.em 文件生成最终的报告。典型命令如下：

```
java -cp path/to/emma.jar emma report -r html -in coverage.em -in coverage.ec
```

可见 Android 系统中自带的 Emma 工具使用起来还是比较方便的。大家如果在项目开发中有类似需求，建议可以充分利用 Android 提供的已有工具，达到事半功倍的效果。

（2）Android N 版本（默认使用的是 jacoco）

由于 Jack 编译器的工作原理限制，Android 系统需要对原先的代码覆盖率统计方式进行调整。例如在 java.mk 中，full_classes_emma_jar 已经不复存在，同时 built_dex_intermediate 的定义也发生了改变：

```
/*build/core/java.mk*/
ifeq ($(LOCAL_EMMA_INSTRUMENT),true)
$(built_dex_intermediate): PRIVATE_JACK_COVERAGE_OPTIONS := \
    -D jack.coverage="true" \
    -D jack.coverage.metadata.file=$(intermediates.COMMON)/coverage.em \
    -D jack.coverage.jacoco.package=$(JACOCO_PACKAGE_NAME)
else
$(built_dex_intermediate): PRIVATE_JACK_COVERAGE_OPTIONS :=
endif
```

中间过程的 dex 文件会包含插桩后的信息，它的生成过程是：

```
$(built_dex_intermediate): $(jack_all_deps) | setup-jack-server
    @echo Building with Jack: $@
    $(jack-java-to-dex)
```

$(jack-java-to-dex)的定义在 Definitions.mk 中，它最终会调用 jack 这个工具链来把 Java 编译成 dex，并且会根据上述的 PRIVATE_JACK_COVERAGE_OPTIONS 选项同步生成插桩信息。这样一来 Android N 版本中代码覆盖率统计的成功与否，很大程度上就取决于 jack 这个编译器的内部实现了。

值得一提的是，AOSP 工程的 external/jack 目录下是空的，jack 的真正源码目录是 toolchain/jack。参见如下网址：

https://android.googlesource.com/toolchain/jack/

而且我们在 git clone jack 项目时，还需要加上特定的分支信息（因为其 master 分支也是空的）。大家可以参考如下的命令行范例：

```
git clone https://android.googlesource.com/toolchain/jack -b ub-jack
```

另外，jacoco 生成报告的方式和 Emma 还是有些差异的，大致有如下几种方法。
- jacoco 插件

如果你是通过 IDE（Eclipse、Android Studio 等）创建的工程项目（如 Android 应用程序工程），那么推荐使用集成的 jacoco 插件，这样可以省去很多麻烦
- Ant/Maven

假设是非 IDE 的工程，那么在收集到覆盖率数据后，我们可以利用 Ant/Maven 来生成最终的报告（到目前为止，jacoco 并不支持命令行形式的报告生成方法）。
- 使用 jacoco 提供的 API 接口

Jacoco 虽然不支持命令行来生成报告，但我们仍然可以利用它提供的 API 接口来编写自己的报告生成工具。Jacoco 官方为此还提供了一个参考范例。

25.8 模拟 GPS 位置

开发人员在某些情况下需要模拟 GPS 坐标位置，例如为地图软件构建全球各地的测试场景——此时我们就可以用到 Mock GPS Location。

Android 系统也考虑到了类似的诉求，并提供了一定的方法来帮助开发者更方便地达成目标。不过随着版本的升级换代，系统提供的具体辅助方式也在不断调整。以真机设备（模拟器上 Mock Location 的方法有很多，比如利用 DDMS 提供的专用 Panel，用 Emulator Console 来发送命令等）来说，旧版本的 Android 系统会在开发者选项中提供一个"允许模拟位置"的开关。在这个选项打开的情况下，我们再借助于某些专用程序便可以实现 GPS 信息的模拟；而新版本 Android 系统中的控制粒度更细了，需要用户精确选择可以做 Mock Location 的程序，对比如图 25-20 所示。

而且对于那些希望出现在"Select mock loction app"列表中的应用程序，它们还得在 Androidmanifest.xml 中显式声明下面属性：

```
<uses-permission android:name="android.permission.ACCESS_MOCK_LOCATION" />
```

Android 6.0 之前，开发者可以利用 Settings.Secure.ALLOW_MOCK_LOCATION 来判断当前是否开启了位置模拟功能；而 Android 6.0 之后这个变量就被废弃了，开发者可以尝试使用 isFromMockProvider 来做类似的检测。

▲图 25-20 Android 开发者选项中位置模拟功能的变化

（左：6.0 之前　右：6.0 之后）

当我们需要将系统的 GPS 坐标设置成某个指定地点时，可以调用 LocationManager 中提供的 setTestProviderLocation 接口，范例如下：

```
String providerString = LocationManager.GPS_PROVIDER;
Location mockLocation = new Location(providerStr);
mockLocation.setLatitude(123);
mockLocation.setLongitude(123);
mockLocation.setAltitude(30);
…
locationManager.setTestProviderLocation(providerString, mockLocation);
```

如果程序声明了 ACCESS_MOCK_LOCATION，就可以通过上述方法来产生模拟的位置了，从而完成测试目标。

欢迎来到异步社区！

异步社区的来历

异步社区（www.epubit.com.cn）是人民邮电出版社旗下 IT 专业图书旗舰社区，于 2015 年 8 月上线运营。

异步社区依托于人民邮电出版社 20 余年的 IT 专业优质出版资源和编辑策划团队，打造传统出版与电子出版和自出版结合、纸质书与电子书结合、传统印刷与 POD 按需印刷结合的出版平台，提供最新技术资讯，为作者和读者打造交流互动的平台。

社区里都有什么？

购买图书

我们出版的图书涵盖主流 IT 技术，在编程语言、Web 技术、数据科学等领域有众多经典畅销图书。社区现已上线图书 1000 余种，电子书 400 多种，部分新书实现纸书、电子书同步出版。我们还会定期发布新书书讯。

下载资源

社区内提供随书附赠的资源，如书中的案例或程序源代码。

另外，社区还提供了大量的免费电子书，只要注册成为社区用户就可以免费下载。

与作译者互动

很多图书的作译者已经入驻社区，您可以关注他们，咨询技术问题；可以阅读不断更新的技术文章，听作译者和编辑畅聊好书背后有趣的故事；还可以参与社区的作者访谈栏目，向您关注的作者提出采访题目。

灵活优惠的购书

您可以方便地下单购买纸质图书或电子图书，纸质图书直接从人民邮电出版社书库发货，电子书提供多种阅读格式。

对于重磅新书，社区提供预售和新书首发服务，用户可以第一时间买到心仪的新书。

用户账户中的积分可以用于购书优惠。100 积分 =1 元，购买图书时，在 使用积分 里填入可使用的积分数值，即可扣减相应金额。

特别优惠

购买本书的读者专享异步社区购书优惠券。

使用方法：注册成为社区用户，在下单购书时输入 S4XC5 使用优惠码 ，然后点击"使用优惠码"，即可在原折扣基础上享受全单9折优惠。（订单满39元即可使用，本优惠券只可使用一次）

纸电图书组合购买

社区独家提供纸质图书和电子书组合购买方式，价格优惠，一次购买，多种阅读选择。

社区里还可以做什么？

提交勘误

您可以在图书页面下方提交勘误，每条勘误被确认后可以获得100积分。热心勘误的读者还有机会参与书稿的审校和翻译工作。

写作

社区提供基于 Markdown 的写作环境，喜欢写作的您可以在此一试身手，在社区里分享您的技术心得和读书体会，更可以体验自出版的乐趣，轻松实现出版的梦想。

如果成为社区认证作译者，还可以享受异步社区提供的作者专享特色服务。

会议活动早知道

您可以掌握IT圈的技术会议资讯，更有机会免费获赠大会门票。

加入异步

扫描任意二维码都能找到我们：

异步社区　　微信服务号　　微信订阅号　　官方微博　　QQ群：436746675

社区网址：www.epubit.com.cn

投稿 & 咨询：contact@epubit.com.cn